KB043366

지은이

헤르만 라우텐자흐 *Hermann Lautensach*

독일의 지리학자로 괴팅겐대학교, 베를린대학교에서 지리학 이외에 수학, 물리학, 화학을 공부하고, 펭크(*Penck*) 교수의 지도 아래 1910년 박사학위를 취득하였다. 이후 김나지움의 지리교사로 시작해 기센대학교, 브라운슈바이크대학교, 그라이프스발트대학교, 슈투트가르트대학교 등에서 재직하였다. 그가 저술한 『코레아 : 저자의 여행과 문헌에 기초한 지지(*Korea: Eine Landeskunde auf Grund eigener Reisen und der Literatur*)』, 『지리적 형태변이 : 경관체계학 연구(*Der geographische Formenwandel: Studien zur Landschaftssystematik*)』, 『이베리아 반도(*Die Iberische Halbinsel*)』는 지지의 표준서로 인정받고 있다.

옮긴이

김종규

경희대학교 문리과대학 지리학과와 동대학원을 졸업하고, 독일 킬대학교 지리학과에서 박사학위를 받았다. 현재 경희대학교 이과대학 지리학과 교수로 재직 중이다.

강경원

경북대학교 지리학과와 서울대학교 환경대학원 환경계획학과를 졸업하고, 독일 킬대학교 지리학과에서 박사학위를 받았다. 현재 공주교육대학교 초등사회과교육과 교수로 재직 중이다.

손명철

관동대학교 지리학과와 서울대학교 대학원을 졸업하고, 서울대학교 사범대학 지리교육과에서 박사학위를 받았다. 현재 제주대학교 사범대학 지리교육과 교수로 재직 중이다.

코레아

일제 강점기의 한국지리

코레아

일제 강점기의 한국지리

초판 1쇄 발행 2014년 3월 3일
초판 2쇄 발행 2018년 5월 28일

지은이 헤르만 라우텐자흐
옮긴이 김종규 · 강경원 · 손명철

펴낸이 김선기 **펴낸곳** (주)푸른길
출판등록 1996년 4월 12일 제16-1292호
주소 (08377) 서울특별시 구로구 디지털로 33길 48 대륭포스트타워7차 1008호
전화 02-523-2907, 6942-9570~2 **팩스** 02-523-2951
이메일 purungilbook@naver.com
홈페이지 www.purungil.co.kr

ISBN 978-89-6291-250-0 93980

이 도서의 국립중앙도서관 출판시도서목록(CIP)은 서지정보유통지원시스템 홈페이지(http://seoji.nl.go.kr)와 국가자료공동목록시스템(http://www.nl.go.kr/kolisnet)에서 이용하실 수 있습니다.(CIP제어번호: CIP2014003649)

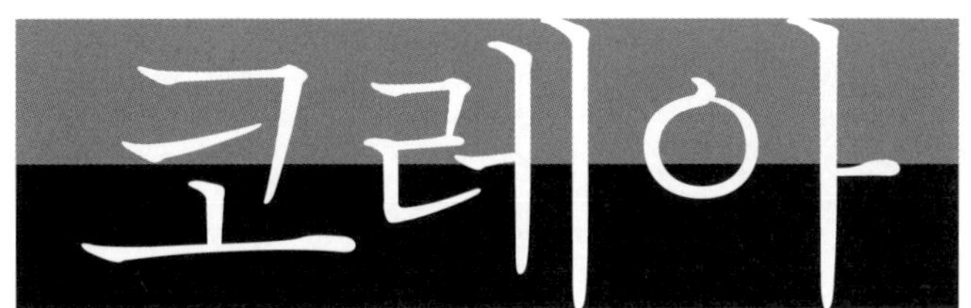

일제 강점기의 한국지리

한 이방인 지리학자의
1930년대 한반도 연구

헤르만 라우텐자흐 지음
김종규 · 강경원 · 손명철 옮김

푸른길

옮긴이 서문

이 책의 저자 헤르만 라우텐자흐(Hermann Lautensach, 1886~1971)는 괴팅겐 대학교 및 베를린 대학교에서 지리학 이외에 물리학, 수학, 화학을 수학하고, 1910년에 유명한 지형학자인 알브레히트 펭크(Albrecht Penck)의 지도하에 박사학위를 취득하였다. 1911년에서 1927년까지 김나지움에서 지리 교사로 재직하였다. 1927년에 기센 대학교에서 조교 생활을 시작하였으며, 42세였던 1928년에는 교수자격시험(Habilitation)을 통과하여 1932년에 동 대학교에서 교수가 되었다. 한국 지지를 저술하기에 앞서 이미 유라시아 대륙의 서쪽 끝에 위치한 반도인 포르투갈(Portugal, 1932, 1937) 지지를 저술하였다. 포르투갈과 동 위도상의 유라시아 대륙의 동쪽 끝에 위치한 반도인 한국을 연구하기 위해 1933년에 기차로 러시아와 시베리아를 경유하여 한국에 왔으며, 한국에서 8개월 동안 약 15,000km(8,900km는 낡은 포드자동차를 이용, 1,600km는 도보, 4,500km는 열차 또는 선박을 이용)를 여행하였다. 1934년에는 브라운슈바이크 공과대학교의 교수로 취임하여 18개월간 재직하였고, 1935년부터 그라이프스발트 대학교에 교수로 재직하였다. 1937년에 포르투갈의 쿠임브라 대학교에서 명예박사학위 취득하였고, 1945년에 『코레아: 저자의 여행과 문헌에 기초한 지지(Korea: Eine Landeskunde auf Grund eigener Reisen und der Literatur)』를 발간하였다. 1947년에 슈투트가르트 공과대학교에 새로 설립된 지리학과 교수로 부임하여 1954년 정년퇴임 때까지 재직하였다. 1952년에는 지지 연구 이론서인 『지리적 형태변이: 경관체계학 연구(Der geographische Formenwandel: Studien zur Landschaftssystematik)』를, 1964년에는 포르투갈 연구를 이베리아 반도 전체에 확대한 『이베리아 반도(Die Iberische Halbinsel)』를 발간하였다. 그가 저술한 3권의 지지서는 지지의 표준서(Standardwerk)로 인정받고 있다. 그는 이러한 업적으로 한노 벡(Hanno Beck)이 저술한 『위대한 지리학자들(Große Geographen)』에서 칼 트롤(Carl Troll, 1899~1975)과 함께 20세기 후반의 위대한 지리학자로 평가되고 있다. 그뿐만 아니라 그는 동료 지리학자인 칼 트롤로부터 "논쟁의 여지가 없는 지지(地誌)의 대가(der unbestrittene Meister der Länderkunde)"라는 칭호를 부여 받기도 했다.

1945년에 쾰러 출판사(Koehler Verlag)에서 발간된 『코레아』는 지지를 지리학의 핵심 분야로 본 라우텐자흐의 한 연구 결과이다. 이 책은 당시 지리학 연구의 큰 틀을 이루었던 비교지지(Vergleichende Länderkunde) 연구를 위한 것이다. 그는 자신이 한국 지지를 연구한 이유를 『코레아』가 발간되기 이전에 한국 관련 문헌들이 대부분 "서구의 언어로 저술된 한국에서의 개략적인 느낌을 기술한 여행기"이거나 학술적 연구의 경우에도 "일본인들이 행한 지역계획의 성향을 지닌 불명료한 것"이라는 점을 지적하면서 "한국 각지에 대한 지리학 지식을 담은 옛 자료와 최근의 자료를 종합하고, 동시에 경험적 관찰에 근거하면서 한국 전역과 주요 지역에 대하여 학문적으로 깊이 있게 지리학적 연구를 시도하는 것은 매우 흥미 있는 일"이기 때문으로 밝히고 있다.

책의 부제에서도 알 수 있듯이 그는 이 책을 저술하기 위해 제주도에서 백두산에 이르는 한국 전역을 총 4회에 걸쳐서 여행했다. 그는 여행 중에 100여 종 이상의 상관상 중요한 식물을 채집했고, 수집한 식물을 바로 서울에 소재한 중앙입업시험장에서 확인한 후 완벽한 식물목록을 가지고 독일에 가서 정리하였다. 그 외에도 많은 사진, 암석과 토양의 견본, 정부간행 지형도와 지질도, 수백 권의 일본 서적 및 소책자도 독일로 가져갔다.

그는 한국 여행의 주요 결과를 정리하여 3편의 논문으로 발표했고, 지리학 문헌의 조사 내용도 편집했으며, 지리학적 주제와 관련한 10편의 논문과 한국 내 몇몇 지역에 관한 4편의 개별 연구논문집도 저술했다. 특히 한국의 기후에 대한 부분은 두 명의 제자에게 박사학위 논문으로 작성하게 하였다(한 편의 박사학위 논문은 제2차 세계대전으로 인하여 미완성되었으나 정리된 자료를 저자가 이용하였음).

이 책은 4부 41장과 참고문헌 목록, 내용 및 인명 색인, 한자 지명의 한국 발음 지명 색인으로 구성되어 있다. 제1부는 7장으로 구성되어 있으며 여기에서는 한국의 지리적, 역사적 배경을 다루고 있다. 각 장은 각각 지리적 위치와 경계, 지형 개관, 지명과 표기, 행정구역 구분, 민족·국가 및 문화사, 지리상의 발견과 탐험의 역사, 저자의 문제제기와 여행의 항목으로 나누어

살피고 있다. 제2부는 6장으로 한국의 자연과 고문화를 다루고 있는데, 1장에서 5장까지는 지질구조와 지형, 기후, 하천과 해양, 식물피복, 야생동물생활 등 한국의 자연적 특성을 다루고, 6장에서는 옛 한국의 인문지리적 특성이라는 제목하에서 일본의 영향을 받기 이전의 한국의 모든 인문지리적 특성과 특히 구한말에서 저자가 이 책을 기술할 당시까지 지리적 의미를 지닌 현상들을 중점적으로 기술하고 있다. 제3부는 16장으로 기존의 행정구역이 아닌, 지리적 특성에 기초한 한국의 지지적 지역을 구분을 하고, 이 지역구분에 기초하여 16개 지역(북부 동해안 지역, 개마고원 지역, 백두산 지역, 압록강과 평북 지역, 대동분지, 황해반도, 경기 지역과 수도 서울, 한강 상류 지역, 영흥만 지역, 금강산을 포함하는 태백산맥, 울릉도, 경상분지, 지리산을 포함하는 소백산맥, 충청-전라 지역, 남해안 지역, 제주도)의 자연적 특성과 인문적 특성을 앞선 제2부에서 다루어진 한국 전역에 대한 개관보다 상세하게 기술하고 있다. 더불어 각 지역의 끝 부분에서는 이들 지역 내에서 대표적인 자연적 특색이나 도시들을 별도로 다루고 있다. 제4부는 12장으로 되어 있는데 일본의 해외속령으로서 한국이라는 제목하에 일본이 한국에 영향을 미치게 된 근거와 역사, 한국 내의 일본인 인구요소, 인구의 성장과 분포, 경지, 삼림, 어장, 광업과 공업, 취락, 도로와 수송, 해외무역, 대일본의 일부로서 한국, 요약(한국의 지리적 특성의 본질과 변화)을 다루고 있다. 참고문헌 목록에는 정기간행물 55종, 관계 도서와 지명사전 24종, 지도 23종 외에도 본문의 각장에서 다루고 있는 38개 분야에 대한 936편의 저서와 논문 목록이 실려 있다. 참고문헌 목록에는 우리에게 잘 알려져 있지 않은 많은 수의 서양 참고문헌이 수록되어 있어서 해당 분야를 연구하는 데 좋은 참고자료가 될 것이다.

이 책의 내용 중에서 특히 제4부는 라우텐자흐 부인이 영어 번역판(Katherine and Eckart Dege 번역, 1988)이 나올 때 구두로 우려를 표했던 바와 같이, 우리나라 독자들의 오해가 있을 수 있다. 전반적으로 일본과 동맹 관계에 있던 독일인의 관점으로 본 일제 강점기하의 한국에 관한 내용을 다루고 있기 때문이다. 그러나 여기서 우리가 유념해야 될 점은 다음과 같은 사실이다. 첫째로 지은이가 당시에 참고할 수 있었던 한국에 관한 문헌은 극소수의 한국인이 저술한 문헌 이외에 대부분 서구의 언어나 일본어로 저술된 것이라는 사실이다. 둘째로 저자가 기존의 문헌에 대해 기술한 바와 같이 서양인들의 여행기는 단기간의 여행 체험에 기초한 피상적인 내용이고, 일본인들이 기술한 내용은 한국을 식민지로 지배하기 위한 기초연구이므로 당연히 그들의 지배 목적을 위해 정확한 한국의 현황 파악뿐만 아니라, 한국인들을 비하시키는 내용도 포함되어 있었을 것이다. 이러한 점이 내용상 문제가 될지라도 현 시점에서 우리가 유의해야 할 것은 정확히 80년 전에 우리나라가 제3자인 서양인에게 어떻게 보였느냐 하는 점이다.

이 책은 발간 후 한국의 소수 지리학자들에게만 알려져 있었다. 홍경희(1994)는 『일본에서 발행된 한국지리 관계 문헌 목록』 p.5에서 "저자가 상당수의 한국지리 문헌 목록을 처음으로 본 것은 6·25 사변 때의 일이다. 헤르만 라우텐자흐의 "*Korea: Eine Landeskunde auf Grund eigener Reisen und der Literatur*"를 입수한 것이다. 이 책 참고문헌의 대다수는 일본 문헌이었는데, 어떻게 서양인이 그 많은 일본 문헌을 읽고 소화하였는지 놀라움을 금할 수 없다."라고 기술하고 있다. 그러나 독일어로 저술되어 있었고, 우리나라에서 희소하였기 때문에 관심이 있는 사람들조차 접하기 어려웠다. 이후 데게 부부(Katherine and Eckart Dege)에 의해 영어로 번역되어 1988년에 슈프링어 출판사(Springer Verlag)에서 "*Korea – A Geography Based on the Author's Travel and Literature*"라는 제목으로 출판되어 우리나라에 소개되었다. 그럼에도 불구하고 이 책을 이해하기는 쉽지 않았는데, 그 이유는 라우텐자흐가 후에 그의 한 논문에서 밝히고 있듯이 이 책이 전문가를 위해 저술된 연구지지(Forschungsländerkunde)였기 때문이다.

이러한 점을 고려하여 이 책의 한국어 판 제목은 『코레아: 일제 강점기의 한국지리』라고 하였다. 책의 내용이 저자의 1933년 여행과 1945년 이전의 참고문헌 및 통계를 기초로 하고 있기 때문에 역사지리적 측면에서 우리의 과거를 복원하는 데 많은 도움이 될 수 있을 것이다. 우리나라의 지리학사, 지지 연구의 방법론, 역사지리학 등의 연구와 역사학, 사회학 등 인접 학문 분야에 도움이 될 수 있기를 바란다.

역자들은 1945년에 발간된 독일어 원본을 기준으로 번역하였으며, 데게 부부의 영역본을 참고하여 독일어만으로 번역할 때 나타날 수 있는 오역을 줄이기 위해 노력하였다. 특히 독일어 원본에 모든 한국의 한자 지명이 일본어 발음으로 표기되어 있었는데 데게 부부의 영어본이 정확한 우리말로 지명을 표현하는 데 도움이 되었다.

이 책을 번역하면서 서양, 일본, 중국 등의 학자들의 인명은 원저의 표기를 그대로 사용하였다. 그 이유는 우리말로 정확하게 표현하는 것 자체도 쉽지 않을 뿐더러 독자들이 참고문헌 목록에서 알파벳으로 정리된 목록을 쉽게 확인할 수 있도록 하기 위함이다.

일부 일본어 발음으로 표기된 지명 중에서 한글 지명으로 확인할 수 없는 것은 알파벳으로 표기된 일본어 발음 지명을 그대로 표기하였다. 그리고 우리나라에 진출했던 일본 회사명, 벼 품종 명칭 등 일본어 명칭 중 확인할 수 있는 것은 한글로 표기하였으나, 확인할 수 없었던 것은 원저에 있는 그대로 알파벳으로 표기하였다.

언어적인 문제에서 기존의 『독일어사전』만을 참고해서는 우리말로 번역하는 것이 쉽지 않아 dict.cc English-German Dictionary(http://www.dict.cc)와 Wikipedia The Free Encyclopedia (http://en.wikipedia.org/wiki/Main_Page)를 참고하였으며, 우리말로 정확하게 번역하기 위해 국립국어원 표준국어대사전(http://www.korean.go.kr)을 이용하였다.

본 역서가 전공 학술서적인 관계로 번역 과정에서 두 가지 문제가 있었다. 먼저 이 책이 지지서이기는 하나 저자가 이 책에서 자연과학 및 인문·사회과학의 방대한 분야를 다루고 있어 해당 분야의 적절한 우리말 학술 용어를 찾는 것이 문제였다. 또한 저자가 이용했던 학술 용어들 중 상당수가 현재 통용되지 않는 과거의 용어들이라 적절한 현재의 우리말 학술 용어를 찾는 것도 문제였다. 따라서 지리학 전공자들인 역자들조차 자연지리학의 학술 용어를 우리말로 옮기는 것은 쉽지 않았다. 이러한 문제를 해결하기 위해서 가능한 한 구할 수 있는 많은 전공 사전을 참고하였다. 번역을 위해서 자주 참고한 전공사전 및 서적으로는 양승영의 『지질학사전』(1998), 대한지질학회의 『한국의 지질』(1999), 町田貞 등 편집의 『地形學辭典』(1981, 二宮書店), 한국지구과학회 편의 『지구과학사전』(2009), 한국기상학회의 『대기과학용어집(영 · 중 · 한 · 일)』(1996), 吉野正敏 등 편의 『氣候學 · 氣象學辭典』(1985, 二宮書店), 한국해양학회 편의 『해양과학용어사전』(2005), 한국생물과학협회 편의 『생물학사전』(1998), 정태현의 『조선삼림식물도설』(昭和 18년), 이창복의 『대한식물도감』(1989), 원병오의 『한국포유류목록』, 입업시험장의 『한국조류분포목록』 등이 있다. 특히 식물 분야는 학명이 많이 바뀌어 정태현의 『조선삼림식물도설』에서 우리말 식물명을 찾아서 표기하고, 신 학명은 구 학명 뒤에 이창복의 『대한식물도감』에 수록된 학명을 대괄호 안에 표기하였다. 독일어로만 표기된 식물명은 우리말과 신 학명으로 바꾸어 표기하였다.

내용 색인은 앞에 우리말로 번역된 표제어를 쓰고 괄호 안에 원저의 독일어 표제어 및 일본어 발음 지명을 그대로 기록하였다.

지명은 "제1부 제3장 지명과 그 표기"에서 기술하고 있는 문제점 때문에 우리나라 한자 지명을 일본어 발음으로 표기하여 별첨한 지도에 나오는 지명을 확인하는 일이 쉽지 않았다. 따라서 독자들의 편의를 위해 원저에 수록된 거의 모든 지명을 한글순의 지명 색인과 일본어 발음순의 지명 색인으로 정리하여 수록하였다. 그리고 원저를 참조하여 괄호 안에 별첨된 지도 1과 4에서 해당 지명의 위치를 표시하고, 영역본을 참조하여 위도와 경도 및 UTM 좌표를 기록하였다. 그러나 해당 지명의 페이지 숫자는 그 분량이 너무 방대하여 기록하지 못했다.

여러 전공 사전을 참고해서 긴 기간 동안 번역했음에도 불구하고 오역이 나타난다면 그것은 역자들이 좀 더 열심히 노력하지 않았던 탓일 것이다. 그리고 교정을 하면서 계속 좀 더 나은 표현으로 바꾸고 싶었으나 완벽한 번역은 있을 수 없기에 이제는 끝내야 한다고 생각했다. 이 점에 대해서는 이 책의 방대함을 고려하여 독자들께서 이해해 주시기를 부탁드린다.

이 책이 나오기까지 본인들이 담당한 번역의 모든 내용 수정 및 편집을 본인에게 위임해 주신 공동 역자 공주교육대학 강경원 교수님과 제주대학교 손명철 교수님께 감사드린다.

이 책이 나올 수 있게 도와주신 많은 분들께 감사드리며, 모든 분들을 일일이 열거할 수 없다는 점이 아쉽다. 그럼에도 특별히 번역 작업 중에 여러 가지 조언과 참고문헌 작업이 용이하도록 영역본의 파일을 주신 데게 부부에게 깊은 감사의 뜻을 전하고 싶다. 끝으로 본인이 췌장암 투병 중이라 시일을 많이 끌었음에도 불구하고 넓은 아량으로 이해해 주신 ㈜푸른길의 김선기 사장님과 편집부 선생님들께 고마움을 전하고 싶다.

2014년 3월

옮긴이 대표 김종규

지은이 서문

지리학자는 미지의 나라를 알고자 하는 충동을 못 이겨 엄청난 희생을 감내하면서도 비유럽 지역의 지지문제(地誌問題)를 밝히려고 기나긴 연구여행(研究旅行, Forschungsreise)을 떠난다. 이러한 깊은 개인적 체험 덕분에 우리는 지구 상의 여러 나라에 관한 지식을 넓힌다. 동시에 모국에서 익숙한 것과 전혀 다른 기준을 끊임없이 적용하게 만드는 환경을 연구하는 것보다 더 잘 자국의 지리학 연구에 대한 새로운 의식을 고취시키는 것은 없다. 이러한 목적으로 필자는 제1부 끝에 이 책의 과제를 기술하면서 제시한 이유들로 한국을 선택했다.

동아시아의 한 나라에 대한 지리학 연구는 오랜 문화 발달이 갖는 의미와 그 나라의 모국어로 된 문헌과 자료를 함께 고찰해야 한다는 당위성 때문에 특히 어렵다. 한국의 경우에 이러한 어려움은 좀 더 심각해진다. 한국에는 다양한 외국 문화가 서로 중첩되어 있고, 한국에 관한 일본의 문헌을 구하기가 때로 무척 어렵기 때문이다. 이러한 문헌을 번역할 때 필자를 도와준 일본과 한국의 강사들에게 진심으로 감사하다. 정부 발행 지도에 한자로 쓰인 지명을 일본어나 한국어로 정확히 읽는 것만 해도 매우 어려운 일이었다. 이럴 때 베를린 일본연구소(Japaninstutut zu Berlin)에서 일본어 발음에 대해 도움을 받았다. 이 연구소의 소장 M. Ramming 교수에게 특히 감사드린다. 지명은 p.37에서 설명한 이유 때문에 일반적으로 유일하게 신뢰할 수 있는 한자로 쓰인 지명의 일본어 발음으로 표기했다. 그렇지만 이 책의 끝에 한국어 발음으로 표기된 이들 지명에 대한 방대한 색인을 수록했다. 문헌 정보의 출전이 빈약하게 나온 경우도 있는데, 이럴 경우 저자의 관찰로도 어쩔 수 없으면 그에 대한 기술은 부족할 수밖에 없었고 방법론과 관련하여서만 연결시켜 설명했다. 그러한 경우에 저자는 일본 신문의 기사나 논설을 이용했는데, 특히 가장 최근의 보도에 주목했다. 킬 세계경제연구소(Das Institut für Weltwirtschaft und Welthandel in Kiel)와 함부르크 세계경제기록보관소(Hamburger Weltwirtschaftarchiv)는 많은 신문을 보유하고 있다. 저자는 이들 기관의 친절함에 매우 감사드린다. 이와 같은 신문 자료는 이미 방대해진 참고문헌 목록에 끼워 넣거나 본문에 일일이 각주 처리하는 것을 생략했다. 그 외에 참고문헌을 통해 증거를 제시하지 않은 모든 설명은 전적으로 또는 대부분 필자의 관찰에 근거한 것이다.

한국에 관해 유럽 언어로 된 최근의 저작물은 드물 뿐더러, 지리학 전문서는 지금까지 전혀 없기 때문에 필자는 지리학과 인접 학문 사이의 내용적인 경계를 엄격하게 설정하지 않았다. 오히려 지리학의 목표 설정과 관련이 있는 한 지질구조, 식물, 민족학 등의 분야에서 저자 자신의 관찰을 포함시켰다. 저자는 내용을 정리하는 방법론에서 논의되고 있는 지역의 특성에 꼭 맞는 새로운 방법을 모색했다. 이러한 방법으로 제4부에서 한국에서 일본인의 활동이 지리적으로 미친 영향을 추적하여 밝혀낼 수 있었다.

한 권의 전문서는 대개 처음부터 끝까지 단숨에 읽혀지지 않는다. 그러므로 더러 내용의 간단한 반복을 피하지 않았다. 내용을 간단하게 반복하면 독자들은 굳이 너무 많은 참조 페이지를 지루하게 찾아다니지 않아도 된다. 본문 중 소괄호 속의 아라비아숫자는 참고문헌 목록에 수록된 서적과 학술지의 논문을 가리킨다. 로마 숫자는 정기간행물이며, 알파벳 대문자는 관련 도서이다. 알파벳 소문자는 지도를 뜻한다.

엔화의 금본위 평가절하는 하지 않았다. 일본 화폐의 국제적인 평가절하에도 불구하고 이 나라에서는 매우 낮은 인플레이션만 있었기 때문이다. 따라서 서로 다른 연도의 생산액과 투자액은 평가절하되지 않은 엔화 단위로만 비교되었다. 그에 반해서 일본 또는 영미 도량 단위로 제시된 자료를 포함하는 측정량은 미터법으로 환산되었다. 인구수에 관한 자료는 특별한 언급이 없는 한 1936년 또는 1937년 자료이다.

일본 당국은 저자가 한국을 여행하는 동안 만족할 만큼 지원해 주었다. 특히 저자는 조선총독부, 일본제국 육군 조선군사령부, 베를린 주재 일본대사관, 경성(京城, 서울) 소재 지질조사소, 경성-청량리(淸凉里) 소재 임업시험장, 수원(水原)과 사리원(沙里院)의 농사시험장, 그리고 경성, 도쿄(東京), 교토(京都)의 수많은 학자들에게도 감사드린다. 마찬가지로 저자는 대담하고 능숙한 자동차 기사와 박식한 통역사에게 심심한 감사를 드린다. 오흥근 씨와 지동순 씨, 이 두 한국인이 계속 동행하지 않았더라면 실행했던 만큼의 여행은 사실상 불가능했다. 게다가 수많은 여러 한국인들이 지역 안내인, 짐꾼 또는 마부로서 용감하게 나를 도왔다. 또한 내 조국도 먼 나라까지 도움의 손길을 뻗쳤다. 도쿄 주재 독일대사관 및 독일문화연구소(獨日文化硏究所), 재한 독일인이 저자에게 상당한 충고를 해 주었고, 마음이 편하도록 호의를 베풀어 주었다.

여행 비용은 독일학술재단(Deutsche Forschungsgemeinschaft), 기센 대학협회(Gießener Hochschulgesellschaft)와 저자가 공동으로 부담하였다. 지도와 그림은 세 명의 제도사 A. Schott, Fr. Siepmann, H. Ehser 씨가 지칠 줄 모르는 열의를 가지고 그렸다. 몇몇 지도는 그라이프스발트 대학 지리학과의 실습 과정에서 학생들이 제도하였다. 출전을 밝히지 않은 그림은 저자가 직접 그린 것들이다. 한국에서 구한 사진을 복제한 사진 번호 1, 2, 5, 13, 14, 24, 25, 30, 38, 41, 58, 71, 82를 제외한 사진들도 필자가 직접 찍은 것이다. 지도 제도비는 독일제국연구자문회의 해외학술부(Kolonialwissenschaftliche Abteilung des Reichsforschungsrates)가 부담했다. 그라이프스발트 소재 에른스트-모리츠-아른트 대학교(Ernst-Moritz-Arndt Universität zu Greifswald)의 친선 및 후원협회(Die Gesellschaft von Freunden und Förderern)에서 상당한 금액의 인쇄 비용을 보조했다. 독일 외무부의 지리 부서와 베를린 소재 독일협회(獨日協會) 역시 이 책의 출판을 지원했다. 저자의 아내는 피곤함도 잊은 채 타자로 원고를 작성하였고, 매일 곁에서 전문적인 조언을 해 주었다. Krebs 교수와 정부자문위원 Zorell 박사가 원고의 교정을 보았다. 끝으로 늘 이해와 협조를 아끼지 않으면서 이 책을 출판해 준 K. F. Koehler 출판사에 감사드린다.

그라이프스발트에서 1942년 11월

헤르만 라우텐자흐

차 례

제2부 자연과 고문화 *101-266*

제3부 한국의 여러 지역 *267-527*

제4부 일본의 해외 속령으로서 한국 *529-663*

도표 차례

I. 유색지도(책 후면에 별첨)

지도 1에 대한 설명: 이 지도는 대부분 Kokusai Bunka Shinkôkai의 Map of Japan and adjacent Regions를 기초로 제도했으며, 본서 저자의 필요에 따라 보완되었다. 이 지도는 본서에서 언급된 대부분의 지명을 포함하고 있다. 어미가 –산, –도(섬), –봉(정상), –리(마을) 등으로 끝나는 경우에는 지면관계 상 경우에 따라 생략되었다. 같은 이유로 본문에서 ô와 û는 ō로 표기되었다. 정오표: 방안 A2에서 Shingishû(신의주)에서 북동쪽 10mm 지점에 Gishû(의주)가 들어가야 한다. 방안 B2에서 Shôbunrei 대신에 Karyorei로 표기되었다. 방안 B4에서 Onye대신에 Onyô로 표기되었다. 방안 B4와 C4에서 Chûshû와 Shôshû의 밑줄이 생략되어야 한다. 방안 B5에서 Nankei 대신에 Nankai로, Loyaku 대신에 Joyaku로 표기되어야 한다. 방안 C5에서 Kaya밑에 1430대신에 1490으로 표기되어야 한다.

II. 흑백지도

별도

III. 사진

별도

IV. 본문에 포함된 지도 목차

V. 표*

* 역자 주: 라우텐자흐의 원저에는 표목차가 없으나 독자의 편의를 위하여 표목차를 포함시켰다.

제1부

지리 · 역사적 배경

■ 역자 주: 라우텐자흐는 '기초와 가정(Grundlagen und Voraussetzungen)'이라고 제1부의 제목을 붙였으나, 본 역서에서는 '지리적 · 역사적 배경'으로 번역하였다.

1. 지리적 위치와 경계

해수면이 약 90m 정도만 하강하면 서해 전역과 연이은 동중국해의 일부는 건조해져서 한국은 반도의 특성을 잃고 아시아 대륙 속으로 사라질 것이다. 화북(華北)의 동해안은 현재의 한국 동해안까지 약 800km 동쪽으로 이동할 것이다. 그에 반하여 동해안은 해수면 하강을 통해서 미미한 해안선의 이동만을 할 뿐이다. 그 이유는 동해는 심해이고, 육지의 해안에서 멀지 않은 곳에서 해수면 아래로 3,000m 이상 하강하기 때문이다. 해수면 위의 육지 사면의 급경사도는 한국의 동해안 전역에서 해수면 아래로 연장되어 있다. 200m의 등심선(等深線)이 불과 해안에서 4km까지 근접하고, 1,000m 등심선은 8km 정도까지 근접한다.

플라이스토세 빙기 동안에는 대륙빙하의 형성으로 인하여 많은 양의 물이 육지 상에 포획되어 나타난 해수면 변동의 결과로 실제로 앞서 언급한 정도(90m)로 해수면이 낮게 위치했다. 따라서 그 당시에 한국은 실제로 동아시아 대륙의 본체에 속해 있었고, 식생지리적으로나 기후적으로 서쪽으로부터의 영향을 강하게 받았다. Y. Otuka의 고지리도(古地理圖)에서 나타나는 바와 같이(327, p.453), 제삼기 대부분의 시기에도 이와 같은 상황이었다. 한반도 남쪽에 위치한 제주도도 빙기 동안 아마도 대륙과 연결되었을 것이다(883). 지질적인 현재에 한국은 기후에 있어서만 빈번하게 서쪽으로부터의 영향을 받는다. 이와 같은 영향은 특히 겨울에 강한데, 겨울에는 서해안이 해양의 영향을 받는 동해안보다 훨씬 더 춥다. 게다가 산둥반도(山東半島)의 지질구조와 그 대안(對岸)에 있는 한국의 일부 사이에 구조적인 관련성이 있다. 그에 반하여 인류지리 분야에서는 이러한 관련성이 매우 작다. 그 이유는 한국의 서해안은 매우 위험하고, 한국인과 중국인 둘 다 농민으로서 그들의 항해는 수천 년을 통해 주로 연안 해역에 제한되어 단지 어획과 해적 활동의 목적으로만 행해졌기 때문이다. 오로지 이러한 분야에서만 서해 상에서 두 민족 간의 역사적 관계가 있었다. 중국의 전함대는 드물게만 한국까지 파견되었다.

수천 년 동안 중국이 한국에 깊게 미친 문화적 영향은 바다가 아닌 육로를 통한 것이었으므로 서쪽으로부터가 아니라 북쪽 또는 북서쪽으로부터 왔다. 그리고 중국이 한국인의 생활을 군사적으로 침범한 것 역시 육로로 이루어졌다. 마찬가지로 북쪽으로부터 국경을 넘어 대규모의 인종적, 민족적, 문화적 영향이 선사시대와 역사시대에도 만주 중부에서 한국에 이르렀다. 그에 상응하는 영향이 남쪽으로부터, 즉 180km 폭의 대한해협으로 한반도와 분리된 일본 열도의 남서단으로부터 왔다. 그에 반하여 일본은 한번도 동쪽으로부터 동해를 건너 한국을 침범한 적이 없었다. 그 이유는 불교 전성시대에 일본인이 한국을 명명하였던 경칭(敬稱)인 "서쪽 보물의 나라(das Westliche Land der Schätze)"가 동해 쪽으로 그 방어선을 돌리고 있기 때문이다. 동해 상에서 일본의 가장 중요한 관문인 쓰루가(敦賀)에서 W. E. Griffis(45)에 의해 1871년에 발견된 한국과의 과거 문화적, 외교적 관계를 보여 주는 기념물은 확실히 동해안이 아니라 남해안을 거쳐 미카도(御門) 제국에 도달했을 것이다. **따라서 가장 중요한 분야에서 서쪽의 화북과 동쪽의 일본 열도 사이의 위치가 아니라 북쪽의 만주와 남쪽의 일본 열도 끝 사이의 위치가 한국에 대해서 결정적으로 중요하다.** 한국은 북북서에서 남남동 방향으로 아시아 본토로부터 돌출한 육교(陸橋)이다. 동시에 온대계절풍 아시아 지역의 순대륙성 부분과 순해양성 부분 사이의 **점이지대**(漸移地帶)이다.

실제의 한반도는 청천강 하구와 성천강 하구에서 시작한다(별도 1). 서한만(西韓灣)과 동한만(東韓灣)의 만입(灣入)은 이곳에서 170km의 폭으로 육지를 잘록하게 한다. 그러나 이보다 남쪽으로 짧은 거리에 있는 황해반도(黃海半島)가 이곳에서 산둥반도를 향해 서해로 돌출해 있다. 장산곶(長山串)은 산둥반도의 서단으로부터 불과 180km의 거리에 있다. 그러나 이곳에서 한반도의 폭은 320km정도로 넓어진다. 서울이 위치한 위도에서는 다시 그 폭이 190km로 좁아진다. 목포와 장기곶 사이의 넓은 남단에서 그 폭이 320km로 다시 넓어진다. 한반도 폭의 이러한 모든 변화는 서해안의 만(灣)들과 반도들로 인하여 나타나는 반면, 동해안은 단조롭고 전혀 단절되지 않는 철형호상(凸型弧狀)의 지형을 나타낸다. 동해안에서 이 구간의 전체 길이는 580km에 달한다. 서해안과 남해안에 위치한 수천 개의 도서는 지리적, 정치적으로 당연히 한국에 속한다. 이들 도서는 과거 본토의 돌출부였다가 서해와 대한해협을 침수한 후빙기의 해수면 상승으로 인하여 섬으로 분리되었다. 제주도도 한국에 속한다. 정치적, 언어적, 문화적으로 제주도는 한반도에 속하는 반면, 자연지리적 관점에서는 제주도가 규슈(九州)와 분명한 관련성을 드러낸다. 2,000m 이상의 깊이에서 솟아 있는 화산심인 울릉도 역시 한국에 속하는데, 동해의 한국 측 해안에서 130km 거리에 있어 본토에서 육안으로 볼 수 있다. 그에 반하여 대한해협의 중앙에 솟아 있는 두 개의 섬 쓰시마(對馬島) 섬은 수백 년 이래 민족적, 정치적으로 일본에 속하여 한국에 속하는 것으로 고려되지 않는다.

과거 조선 및 대한제국과 현재 조선총독부의 한국(영토)은 한반도에 제한되지 않는다. 한국은 북쪽의 아시아 대륙으로 다소 확장되는데, 이 확장부는 이곳에서 남쪽으로 반도의 목을 향해 불룩하게 돌출해 있다. 정치적 경계는 이미 500년 이상의 기간 동안 한국의 최고봉이자 화산인 백두산(白頭山, 2,744m)에서 발원하는 압록강과 두만강에 의해 형성되었다. **대륙성 북부 지방**

(kontinentales Nordkorea)은 압록강 하구와 두만강 하구 사이에서 570km의 폭을 이루는 반면, 이 방향의 수직 최대 폭은 230km이다.

압록강–두만강 선은 지질 및 지형적으로 단지 몇몇 장소에서만 뚜렷한 경계이다. 더욱이 기후 및 식물지리적 관점에서 보면 압록강–두만강 선을 경계라고 할 수도 없다. 한반도 북단과 만주 평원 사이의 광대한 산악 지역 그 자체가 확연한 점이지대(漸移地帶)이다. 과거 수천 년 동안 한국은 문화적으로 다른 방향보다 북쪽으로부터의 영향을 크게 받았지만, 문화지리적 분야에서 압록강–두만강 선은 지난 수백 년 동안 중국과 한국의 정치를 지배했던 긴 기간의 국경의 기능과 뚜렷한 고립주의 경향(Abschließungstendenz)으로 인하여 지리적 경계로서 실제로 좀 더 확실하게 되었다. 최근에 한국인들이 이 국경을 넘어 이주하여 두만강 북쪽으로 이어지는 만주 간도(間島) 지방 인구의 80%가 한국인이다. **그럼에도 불구하고 지지 연구에서도 압록강–두만강 선은 북쪽으로 한국의 경계를 비교적 가장 잘 설정할 수 있는 선이다.** 정치적 북쪽 경계의 중간에 해당하는 백두산 지역과 주변의 현무암 대지에서만 정치적 경계가 남동부 지역은 조선총독부의 관할하에 있고, 나머지 세 방향의 지역들은 만주에 속하도록 뚜렷한 개성을 지닌 이 지역을 나눈다. 이 지역에서는 지리적 경계와 정치적 경계가 일치할 수 없다. 여기서는 백두산 지역 전체를 한국의 지리적 단위에 포함시키겠다.

국가적(정치적), 지리적 단위인 한국은 두만강의 최북단 지점(43°02′)으로부터 제주도 남쪽 해안의 작은 섬인 마라도(馬羅島, 33°06′)까지 이르러 남북의 길이가 1,100km이다. 한국 최남단의 위도는 규슈 북부 혹은 모로코 중부에, 최북단은 홋카이도 남부 혹은 스페인의 북부 해안에 상응한다. 이와 같이 상당한 경선 방향의 범위에서 실제 반도의 면적은 1/2을 조금 넘을 뿐이다. 육지의 경계선은 1,329km이고, 도서를 제외한 바다의 경계선은 8,637km이다. 도서를 포함시키면 해안선의 길이는 현재 18,204 km이다(XLIII). 이 길이는 Schröter가 1904년에 부정확한 지도를 이용하여 측정한 길이보다 훨씬 더 길다(354). 도서의 총수는 3,479개인데, 그중 1,164개는 그 둘레가 1km 이상이며, 이들 도서의 해안선 길이는 8,334km이다.

한국은 남북의 길이가 상당함에도 불구하고 반도의 폭이 좁기 때문에 면적이 220,741km²에 불과하다. 백두산 지역을 포함하면 한국의 총면적은 약 237,000km²가 된다. 이 크기는 거의 일본의 혼슈(223,520km²), 영국(228,275km²) 혹은 Carl Ritter(133) 이후 자주 비교되었던 제1차 세계대전 이전의 이탈리아의 본토 면적(238,900km²)에 상당히 정확하게 상응한다. **따라서 동아시아 본토의 나머지 광대한 면적과 비교하면 한국은 소규모 독립체로 이 점에 있어서 확정적으로 동아시아 해양 주변의 외부 지대(der maritim-periphere Außengürtel)에 속한다.**

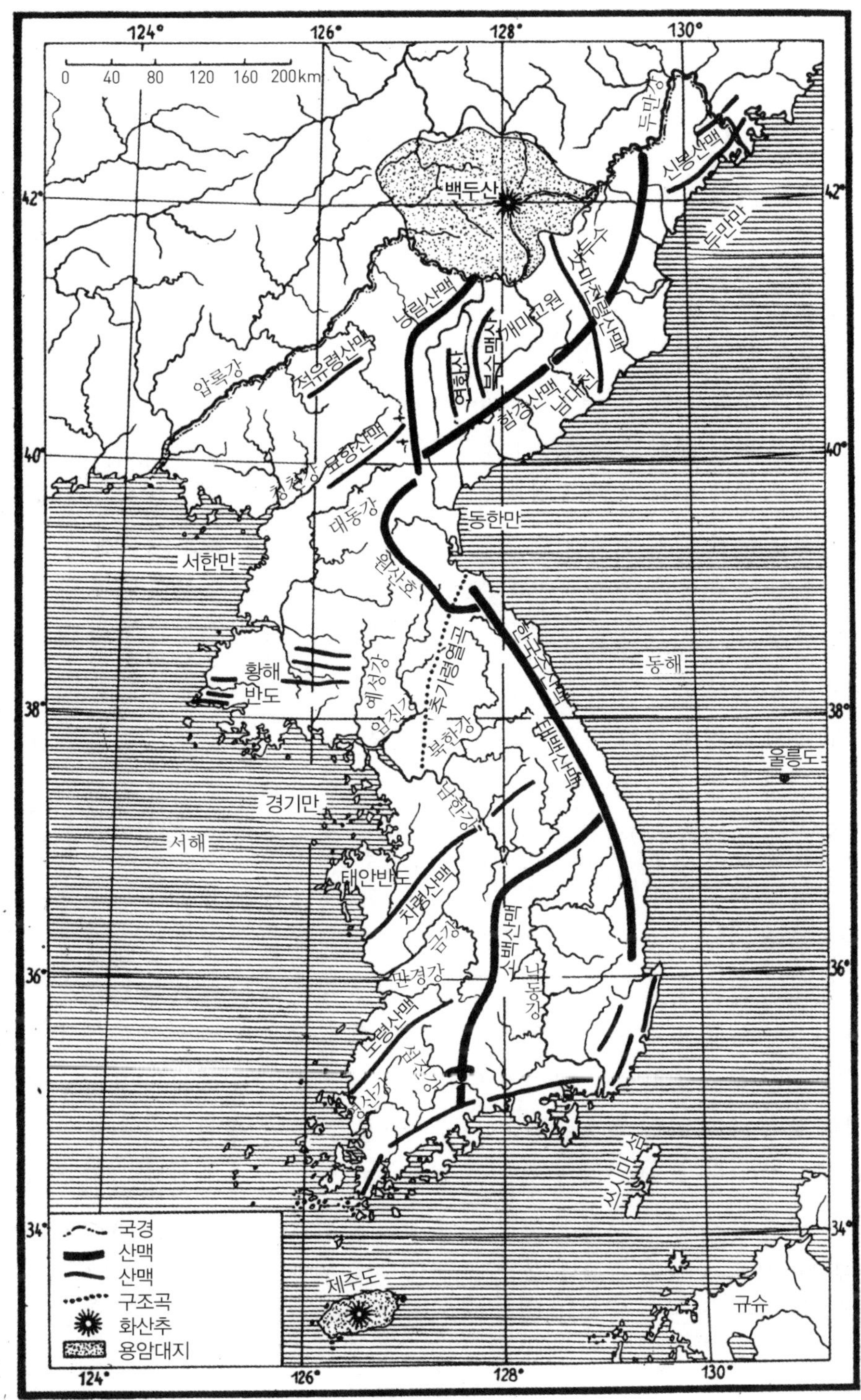
124°
126°
128°
130°
0 40 80 120 160 200km
42°
40°
38°
36°
34°
백두산
두만강
신봉산맥
두만만
낭림산맥
개마고원
마천령산맥
함경산맥
부전령산맥
적유령산맥
압록강
묘향산맥
청천강
대동강
동한만
서한만
언진산맥
황해
반도
예성강
임진강
추가령열곡
북한강
남한강
태백산맥
동해
울릉도
경기만
서해
태안반도
차령산맥
금강
만경강
소백산맥
낙동강
노령산맥
영산강
섬진강
대마도
제주도
규슈
국경
산맥
산맥
구조곡
화산추
용암대지

[별도 1] 지형 개관도

2. 지형 개관

일본 열도와 마찬가지로 한국에서도 전체 지역의 소규모성(Kleinräumigkeit)은 각 부분들의 협소성(Engräumigkeit)과 결부된다. 한국은 고도의 산악국가(ein hochgradig gebirgiges Land)인데, 그 이유는 거의 모든 곳에서 절대적 침식기준면(侵蝕基準面)에 가깝게 깊이 개석되어 여러 부분들로 이루어진 것처럼 보이기 때문이다. 먼저 개관을 고찰하기 위해 동아시아의 계단단층구조(階段斷層構造, Landstufenbau)[1](351)에 관한 Richthofen의 개념에서 시작할 수 있다. 한국은 "만주 단층지괴"에 속한다. 한반도 기점(起點)의 바로 북쪽에 이 계단단층의 퉁구스호와 한국호(韓國弧, koreanischer Bogen)가 만나는 **"측면 연쇄부**(側面連鎖部, Flankenkettung)"가 있다. 한반도는 남북 방향으로 경선을 따라 달리는 한국호의 날개부를 이룬다. 개략적으로 한반도는 주향산릉(走向山稜, First)이 동해안에 매우 근접하여 달리는 **경동지괴**(傾動地塊, Pultscholle)로 고찰될 수 있다. 서해의 해저는 완사면(Pultfläche)이 현재 침수된 가장 낮은 부분으로 이루어진다. 서해안으로부터 완사면이 동쪽으로 주향산릉까지 점차 높아져서 급경사의 단층애(斷層崖, Stirn)로 동해안에서 끝난다. 완사면의 하천들(Pultflüsse)은 거의 동해안에 근접한 주향산릉에서 발원한다. 그중 가장 길고, 가장 지류가 잘 발달한 수도(首都)의 하천인 한강(漢江)은 동해로부터 20km의 거리에서 발원하여 황해반도의 남쪽에 있는 한강 하구에 이르기까지 482km를 흐른다. 임진강(臨津江)이나 대동강(大同江)도 이와 대동소이하다(별도 1).

Richthofen은 적도 방향으로 달리는 퉁구스호의 서익(西翼)이 한국호의 북익(北翼)과 겹쳐서 전자의 주향능선이 산맥으로서 대륙부 북부 지방(kontinentales Nordkorea)의 전 남측 주변부를 관통한다는 견해를 가졌다. 한국호 북익의 주향산릉은 한국 대륙부(Kontinentalkorea)에서 이 호의 광범위한 연쇄를 나타내는 단지 경선 방향의 단층들을 통해서만 암시된다. Richthofen은 당시에 이 두 호(弧)의 상호관계가 실제로 하나의 패러다임으로 제시될 수 있다고 믿었다(351, IV, p.9). 실제에 있어서, 적어도 지형에 관해서만 말한다면 그 반대가 된다. Motizuki(396)의 좀 더 최근의 용어를 사용하면 한국호는 측면 연쇄부에서 "지배적(dominant)"이고, 퉁구스호는 "열세(rezessiv)"이다. 반도의 경동지괴는 북쪽으로 적어도 압록강까지 한국 대륙부로 완전히 뚜렷하게 도달하고, 그에 따라서 그 주향산릉은 반도로부터 거의 단절되지 않고 거대한 산맥으로서

1 역자 주: Murawski, Hans, 1983, *Geologisches Wörterbuch*에 의하면 Richthofen은 단층운동으로 인하여 형성된 Schollentreppe (=Staffelbruch)를 의미하므로 "Landstufe"를 계단단층(Staffelverwerfung)으로 번역하였다.

한반도 주향산릉의 연장부의 형태로 북쪽으로 달린다. 따라서 대륙부 북부 지방의 서반부는 지형적으로 한반도의 지형과 같다. 중강진부터 하류 쪽으로 흐르는 압록강과 그것에 평행한 청천강은 서남서로 흐르는 동일계의 완사면의 하천들에 속한다.

주변 지역을 포함한 주향산릉은 북동 지역을 제외한 한국 전역의 경선 방향으로 달리는 실제 척량산맥(脊梁山脈)을 이룬다. 저자는 이 산맥을 **한국주산맥**(韓國主山脈, Koreanische Hauptkette)이라 명명하겠다. 일본인들은 이 산맥 중 대륙 부분을 낭림산맥(狼林山脈), 반도 부분을 태백산맥(太白山脈)이라고 불렀다. 그러나 단 하나의 지명이 바람직할 것이다. **낭림산맥 및 태백산맥은** 각각 한국주산맥의 부분들로 간주될 수 있다. 낭림산맥의 최고봉은 2,262m(Gage, 와갈봉, 臥碣峰)까지 솟아 있다. 산맥을 횡단하는 재들은 1,300 내지 1,500m(설한령, 雪寒嶺: 1,427m) 고도에 위치한다. 한국주산맥은 동한만의 가장 내측 부분, 즉 영흥만(永興灣=원산만, 元山灣)[2] 주위를 호(弧)의 형태로 달리는데, 이곳에는 1,000m를 넘는 정상의 수가 비교적 적다(하람산, 霞嵐山: 1,486m, 매봉산, 鷹峰山: 1,665m). 여기서 한국주산맥은 Kotô(352)가 "추가령지구대(楸哥嶺地溝帶, Chugaryong Graben)"라고 명명한 원산–연천(漣川) 방향으로 달리는 대각선 계곡(Diagonaltalung)과 교차한다. 뒤(p.119 이하)에 가서 관찰하겠지만 이것은 순수한 구조 지구대(ein echter tektonischer Graben)가 아니므로 **추가령열곡**(Chugaryong Furche)이라 부르겠다. 추가령열곡에서 서해와 동해 사이의 분수령이 거의 600m 고도에 놓여 있어 이곳에서 동해안으로부터 수도로 향하는 가장 중요한 길이 열린다. 태백산맥은 간만의 차가 매우 작은 동해로부터 불과 20~30km의 거리를 두고 해안선을 따라 호상(弧狀)으로 달린다. 따라서 산맥의 동측에는 단지 유로가 짧은 하천들이 사주(砂洲)로 차단된 좁은 해안평야로 유입한다. 짧고 좁은 해안 충적평야는 끝이 둥글게 무딘 바위곶(Felskaps)이 있는 산취(山嘴, Gebirgssporne)에 의해 서로 분리되어 있다. 그 북단에서 태백산맥은 장관의 금강산(金剛山)에서 1,638m에 이르고, 거기서 약간 남쪽의 설악산(雪岳山)에서 심지어 1,708m에 이른다. 대관령(大關嶺: 865m)은 동해안의 중부를 한강 유역과 연결한다. 태백산맥은 이 대관령 이남에 있는 태백산(太白山)의 산맥 교차점(Gebirgsknoten)에서 다시 1,573m로 솟아오르고, 그 후 천천히 낮아져서 포항(浦項)–경주(慶州)–대구(大邱)를 잇는 동서 방향으로 달리는 폭넓은 구조곡에서 끝난다.

한반도의 남동부에서 계단단층지괴(Landstaffelblöcke)의 2차적인 특성이 우세하다. 여기에서는 Tokuda(362)와 Motizuki(395, 396, 397)가 동아시아의 호상열도(弧狀列島, Inselbogen)와 호상반도(弧

2 역자 주: 흔히 영흥만(永興灣)이라 칭하는데, 라우텐자흐는 원산만이라고 명명하였다. 본 번역서에서는 우리나라에서 통용되는 영흥만이라고 번역하였다.

狀半島, Halbinselbogen)의 개별 요소를 안행 형태의 배열(雁行形態의 配列, kulissenförmige Anordnung) 개념으로 접목시킨 북북동–남남서 방향으로 달리는 산지와 계곡이 나타난다. 장기(長鬐)반도에서부터 부산까지 달리는 해안산맥의 뒤에는 서쪽으로 경주–양산(梁山) 간의 구조곡이 이어지고, 그다음에 가지산(加智山)에서 1,240m 고도에 이르는 거대한 산맥이 이어진다. 그러나 무엇보다도 태백산의 산맥 교차점에서 한국주산맥으로부터 남서 방향으로 "남부 지방의 대각선 산맥(Südkoreanische Diagonalkette, 소백산맥, 小白山脈)"[3]이 분기한다. 이 산맥은 우선 254m 고도의 추풍령(秋風嶺)까지 점차 낮아지다가 다시 높이 상승하여 남해안에서 불과 40km 떨어진 지리산(智異山)에서 1,915m에 이른다. 이 소백산맥과 앞서 언급한 산맥 사이에 한국 남동부 지역의 매우 특징적인 현상이 되는 낙동(洛東)분지[4]가 전개된다. 수량이 풍부한 낙동강은 여러 지류를 가진 삼각주(三角洲)가 있는 부산의 바로 서측 간만의 차가 작은 대한해협(大韓海峽)의 동단으로 유입한다.

앞서 언급한 강들과는 달리 소백산맥에서 발원하는 훨씬 남쪽에 있는 금강(錦江)과 영산강(榮山江)이 서쪽으로 흐르는 완사면의 하천들과 합친다. 압록강에서 영산강까지 서해로 유입하는 모든 하천들은 그 하류에 소규모 충적평야를 형성했다. 이들 평야는 한국주산맥에서 남서 방향으로 달리는 횡단산맥들(Querkämme)의 산각(山脚, Ausläufer)인 낮은 구릉지들로 서로 분리된다. 서해의 극심한 조차(潮差)는 고도가 낮으나 일반적으로 암석으로 이루어진 반도와 섬들로 둘러싸인 모든 하구역(Trichtermündungen)을 형성시켰다. 그리하여 압록강 하구로부터 반도의 남서단까지, 위험한 조류(潮流, Gezeitenströmung), 해저사주들(海底砂洲, Sandbänken), 단애들과 도서들이 많은, 유난히 폭풍우가 심한 바다에 면한 서해안을 따라서 고도가 낮은 비옥한 한 분지를 그다음 분지가 뒤따른다. 반도의 서측은 경상분지와 함께 항시 농경 지역이었다. 이 지역들은 동해와 만들이 잘 발달되지 않은 동해안 지역을 등지고 있다(별도 1).

위에서 강조한 바와 같이 Richthofen의 견해로 대륙부 북부 지방의 동반부는 퉁구스호의 서익(西翼)으로 고려될 수 있다. 그러므로 이 동반부도 마찬가지로 그 완사면이 한국의 주경동지괴(Hauptscholle)와 다르게 북쪽 또는 북서쪽으로 지향된 경동지괴를 이루고 있다. 이 지괴의 주향산릉은 다시 동해안과 평행하게 달리는데, 처음에 북동 방향을 달리다가 남대천(南大川)의 이북에서는 북북동 방향으로 달린다. 한국 주경동지괴의 주향산릉과 다르게 이 주향산릉은 해안으로부터 40~60km의 상당한 거리를 두고 있다. 이 주향산릉은 대체로 북동 방향으로 갈수

3 역자 주: 소백산맥(小白山脈)을 의미하므로 이하 소백산맥이라 부르겠다.

4 역자 주: 경상분지를 의미하므로 이하 경상분지라 부르겠다.

록 고도가 높아져서 순수한 의미의 한국의 최고 정상인 관모봉(冠帽峰)에서 2,541m에 이른다. 그 이름을 빌어 이 주향산릉을 **관모산맥**(=함경산맥, 咸鏡山脈)[5]이라 칭하겠다. 압록강과 두만강의 상류로 유입하는 남측 지류들[장진강(長津江), 부전강(赴戰江), 허천강(虛川江), 서두수(西頭水)]은 이 완사면의 경사 방향을 따라 흐른다. 이 지류들은 절대 침식기준면(絕對侵蝕基準面, absolute Erosionsbasis)에서 멀리 떨어져 있기 때문에 서부 지방의 하천들보다 훨씬 덜 깊게 하각작용을 받았다. 곡저(谷底)는 500~1,400m의 고도에 위치하고, 주향산릉을 횡단하는 재들은 1,300~1,600m의 고도에 위치한다. 이미 1744년의 『대청제국지리(die chinesische Reichsgeographie)』와 『후한서(後漢書, die Chronik der jüngeren Handynastie A.D. 25-220)』에 나타나는 명칭으로 거슬러 올라가서 이 완사면은 일본의 지질학자들에 의해 **개마고원**(蓋馬高原, Kaimaplateau)이라 명명되었다. 저자는 개마고원(Kaimahochland)이라는 명칭을 택하겠다. 그 이유는 이 완사면이 이미 언급한 계곡들의 하상 위에 매우 두드러진 기복을 갖기 때문이다. 낭림산맥과 평행하게 부전강의 동측을 따라 달리는 능선은 낭림산맥보다 좀 더 높고(북수백산, 北水白山: 2,522m), 압록강과 두만강 사이의 분수령(分水嶺)이 마천령산맥(摩天嶺山脈)에 의해 이루어지는데, 이 산맥은 북서쪽으로 갈수록 고도가 높아져서 남포태산(南胞胎山)에서 2,435m 고도의 정상을 이룬다.

함경산맥의 서측 연장부에서 주지괴의 주향산릉의 서쪽에 전자의 연장부로 간주될 수 있는 산맥이 있다. 이 산맥이 묘향산맥(묘향산, 妙香山: 1,909m)이다. 이와 평행하게 좀 더 북서쪽에 압록강으로부터 멀지 않은 적유령산맥(狄踰嶺山脈, 숭적산, 崇積山: 1,994m)이 달린다. 이 두 산맥은 청천강(淸川江) 분지에 의하여 분리된다.

대륙성 북부 지방은 평균고도뿐만 아니라 정상들의 고도도 한국 전역에서 가장 높다. 지도 1에서 나타나듯이 이곳에만 1,500m 이상의 광대한 지역이 있으며, 한국의 다른 지역에서는 정상이 2,000m 한계에 도달하지 않는 반면, 이곳에서 많은 정상들이 2,300m의 고도를 넘는다. 그러나 기복량(起伏量, Reliefenergie)은 최근의 개석(開析, Zerschneidung)이 바로 최고 정상들이 있는 지역에 도달한 곳에서만 고산 특성을 갖는다. 이것은 거의 함경산맥의 동해 측에서만 그렇다.

그럼에도 불구하고 함경산맥의 동해 측 사면은 반도상의 태백산맥의 상응하는 사면보다 넓고, 좀 더 심하게 개석되었다. 이것은 특히 함경산맥의 북동부에서 그렇다. 이곳에서 고산의 전면에 독자적인 지형과 지질 특성을 갖는 중산성 지역(中山性地域, Mittelgebirgslandschaft)이 발달했다. 이 중산성 지역은 성진(城津)과 무수단(舞水端) 사이에서 시작하여 그곳으로부터 두만강으

5 역자 주: 함경산맥(咸境山脈)을 의미하므로 이하 함경산맥이라 부르겠다.

로 둘러싸인 한국의 최북동단까지 연장된다. 그러나 이곳에도 아직 1,000m 경계를 넘는 많은 정상이 있다.

한국의 곶 무수단과 우수리의 곶 포보로트니(Povorotny) 사이 개마지괴(Kaima-Scholle)의 북동 연장부에 최대 340km 폭과 115km 깊이의 만이 전개된다. 두만강이 이 만의 중앙으로 흘러들어 가기 때문에 두만강의 이름을 따라 이 만이 가장 적절하게 명명될 것이다. Richthofen(351, II, p.8)은 이 만을 퉁구스호 내에서의 함몰(陷沒, Einbruch)로 생각했고, 규모에 있어서 이 만을 크게 능가하는 베이징만(北京灣=발해만, 渤海灣)과 비교했다(별도 1).

북쪽으로 경사진 개마고원은 압록강 상류의 북쪽 함몰지(Senkungsfeld)에서 끝난다. 이 함몰지는 엄청난 양의 현무암으로 채워졌다. 이 현무암은 백두산으로부터 모든 곳에서 경사가 바깥을 향해 외측으로 기울어져서 넓은 대지(臺地)를 이룬다. 대지의 중앙에 한국의 최고봉인 산성 분출암으로 이루어진 외륜산(Ringgebirge)이 솟아 있다. 외륜산 내부의 함몰칼데라(Einsturzkaldera)는 상당한 크기의 호수로 채워져 있으며, 그 호수면은 최고봉에서 500m 아래에 위치한다.

3. 지명과 그 표기

앞에서 언급한 지명과 뒤에 나오는 거의 모든 지명은 지도 1에 표기되어 있다. **지금까지 한국에는 통일된 지명 표기 방법이 전혀 없어 혼란한 상태이다.** 따라서 많은 여행기에서 나타나는 지명을 학술적으로 이용하기가 어렵거나 불가능하여 마을, 강, 산 등의 이름을 확실하게 찾을 수 없다. 한국의 지명을 정확하게 표기할 수 있는 방법은 한자로 지명을 표기하는 것이다. 중국, 일본, 그리고 한자가 통용되는 여타의 나라와 같이 둘 혹은 셋, 드물게는 네 글자의 한자로 하나의 지명이 표기된다. 이러한 한자 지명은 오늘날에도 대체로 통용된다. 그러므로 다른 동아시아 지역과 마찬가지로 한국에서도 모든 지명은 일정한 의미를 가지며, 음절(Silben)과 자모서법(子母書法, Buchstabenschrift)을 쓰는 지역과 같은 방식으로 어원과 어의를 언어학적으로 연구할 필요는 없다. 몇몇 예를 살펴보면 다음과 같다. 대덕산(大德山, Berg der großen Tugend), 천불봉(千佛峰, Gipfel der tausenden Buddhas), 천마산(天摩山, Himmelberührungsberg), 칠봉산(七峰山 Siebenspitzenberg), 황룡산(黃龍山, Gelbdrachenberg), 백운대(白雲臺, Hügel der weißen Wolken), 금강산(金剛山, Diamentgebirge), 음지골(서늘한 음지의 계곡, Tal des kühlen Schatten), 구룡폭포(九龍瀑布, Neundrachenfall), 비봉(飛鳳, Fliegender Phönix), 남대천(南大川, Großer Südfluß), 황해도(黃海道, Gelbmeerprovinz), 신안주(新安州, Neue Bezirkstadt des Friedens), 남대문(南大門, Großes Südtor), 영평사(永平寺, Kloster des Ewigen Ruhe).[6] 이 중 많은 지명은 경관의 미에 대한 한국인의 뛰어난 감성, 미신, 불교 혹은 유교 윤리관과 관련이 있다.

물론 모든 지명을 한글, 즉 언문으로도 표기할 수 있다(p.64). 그러나 한글 지명은 몇 안 되는 소축척의 한국 고지도에만 나타날 뿐이다. 그 밖의 모든 한국 고지도에는 한자 지명이 적혀 있다. 마찬가지로 최근에 일본정부에서 발간한 지도 및 지도첩도 국내용으로 만든 경우 한자 지명을 사용하였는데, 그 지도는 거의 대부분 1:1,000,000 이상의 소축척지도이다.

한국 지도 상의 한자 지명은 어떠한 언어로도 읽혀질 수 있으나 실제로는 중국어, 한국어, 일본어로만 읽는다. 중국식 발음은 중국 원전을 번역한 것이거나 주로 중국 원전을 참고하여 저술된 과거의 유럽 문헌에서 사용되었다. 이러한 것으로는 du Halde(125), d' Anville(126), Klaproth(131), Carl Ritter(133) 등의 문헌이 있다. 현재까지 한국식 발음은 선교사가 쓴 책자나 논문들에서 선호되며, 그 외에 이상하고 불필요하게도 유럽 여러 나라의 관용 해도 상에도 부분적으로 표기되고 있다. 물론 한국인에 의해서 유럽어로 발간된 몇 안 되는 지지에 이용될 수 있는 책에도 한국식 발음으로 표기되어 있다. 한국식 발음에 의거한 지명 표기는 일본어 지명사전 한 권과 영어로 출판된 두 권의 사전에서도 볼 수 있다(U. V. W). 그러나 현재 한국에 관한 학술문헌 중의 대부분은 일본어로 쓰여 있거나, 일본인에 의해 영어로 저술되어 있다. 따라서 한국 지명 표기의 극심한 혼란 속에서는 한자로 표기된 지명을 일본식 발음으로 읽는 것만이 가능하다.

세 가지 다른 언어로 발음할 수 있는 지명을 다시금 여러 방식의 유럽 자모서법(子母書法)으로 옮겨 썼기 때문에 혼란은 더욱 가중되었다. 프랑스 선교사들은 불어 발음에 맞게 한국 지명을 음역(音譯)하였고, 영어식 표기법의 수많은 다양성으로 인하여 모호해질 수 있음에도 불구하고 영어권 선교사들은 자주 한국 발음을 영어식 발음으로 옮겨 썼다. 중국에서 영어로 저술된 한국에 관한 책들은 중국식 발음에 따른 영어 표기를 하였다. 특히 불행한 것은 러시아어로 표기된 경우인데, 한국어 발음을 러시아어로 정확하게 옮기기에는 러시아어의 자음과 모음 수가 크게 부족하기 때문이다. 한국에 관한 프랑스와 러시아의 책들을 독일어로 옮긴 번

6 역자 주: 몇 개의 지명은 구체적으로 라우텐자흐가 어디의 무엇을 말하는 것인지 명확하지 않다.

역가들은 한국의 지명을 독일어 발음에 맞게 일치시키려는 노력을 전혀 하지 않고, 이들 원저의 지명 표기법을 그대로 쓰거나 러시아어의 키릴문자를 한 번 더 독일어로 옮겨 썼다. 그리하여 백두산을 M. A. Podschio는 러시아로 **Бай Тай**로 옮겨 쓰고, 그것을 번역한 V. Ursyn-Pruszynski(156, p.3)는 이것을 독일어로 Baj-Taj로 표기했다. 이렇게 이중으로 훼손된 지명을 식별하기 위해서는 뛰어난 언어 지식이 요구된다. 그러나 다른 독일 저자들은 이렇게 다른 외국어로부터 와전된 표기를 그대로 수용하였다. 예를 들어 Ritter(133)는 프랑스 원전에 쓰여진 한국 지명을 부분적으로 사용했다(125, 129, 131).

한국 제2의 도시이자 가장 오래된 수도(首都)의 이름을 나타내는 두 자의 한자에 대해 러시아를 제외한 유럽의 책과 지도 및 지구의(地球儀)에서만도 비교할 수 있는 56개의 서로 다른 표기들을 발견했다.

Feanjo, Heijô, Heizyô, Hejo, Hëzyô, Hpieng-Yang, Hpyeng yang, Peng Yang, Phieung-iang, Phingjang, Phionjan, Phjöng Jang, P-hjöng-jang, Phôngyang, Phöngyang, P-hyeng-yang, Phyong An, Phyongjang, Phyôngyang, Phyöng-an, Phyöngyang, Piengan, Pieng-'an, Pien-giang, P'iéng-iang, Pieng-jang, P'ien-Jang, Pien-yang, Pieun-Yang, Pin-an, Pingan, Pinggan, Ping-jang, P'ing-jang, Pingyan, Ping-yang, P'ing-yang, Pinjam, Pinjang, Pinyan, Pinyang, Pion-Anj, Piongyang, P'jöng-jang, Pjöng-jang, Pjöngyang, Pöngyang, Pyangan, Pyeng-yang, Pyeung-yang, Pyongyang, P'yongyang, Pyöng-jang, Pyöngyang, P'yöngyang, P'y ngyang(두 음절 간의 하이픈이나 두 번째 음절이 대문자 혹은 소문자로 되어 있거나 하는 등의 사소한 차이는 여기에 포함시키지 않았다. 그 외에도 추측하건데 결코 완전하지 못할 이 목록은 키릴문자로 쓰여진 지명 표기까지 고려한다면 아마도 훨씬 더 길어질 것이다. 끝으로 이 도시와 그 이전의 이 지역(Vorläufer)이 A.D. 1세기경에는 다른 도시명, 즉 다른 한자로 표기된 지명을 가졌다는 사실은 고려하지 않았다. 이 56개의 모든 지명 표기는 동일한 두 개의 한자에서 유래한 것이다.)

일본식 발음에 의존한다면 처음 5개의 지명 표기 방법을 제외하고 이 사례에서 제시된 모든 지명 표기법은 배제된다. 이 5개 중에 Feanjo와 Hejo는 오래되고 틀린 것이기에 더 이상 논할 필요가 없다. 따라서 Heijô, Heizyô, Hëzyô만이 남게 된다. 그러나 이 표기도 완벽하다고는 볼 수 없다. 말하자면 불행히도 일본에서조차도 두 개의 서로 다른 표기법을 두고 논란이 분분하다. 최근에 와서 조선총독부와 이에 속한 연구소의 간행물에 쓰기로 합의된 새로운 표기법이 일본로마자회(Nippon-Rômazi-Kai: Japanische Gesellschaft für Lateinschreibung)에 의해 제안되었다. 이 표기법은 두 가지 일본의 음절문자(가나)의 개개 음절을 동일한 문자의 결합으로 표현하는 것이 골자인데, 즉 어떠한 개개의 사례에 있어서도 철자들이 동일하게 결합된 상태로 발음되는 것을 원칙으로 삼고 있다. 이 표기법은 문자의 결합으로 쓴 단어들을 일본 음절 철자로 쉽게 다시 그대로 환원시킬 수 있는 장점을 갖고 있다. 그러나 이러한 장점은 일본어에 능통하지 않은 사람에게는 별 의미가 없다. 따라서 일본로마자회의 표기법은 처음부터 부적절한 관점으로 이루어졌다. 게다가 그 표기법은 독일인에게는 너무나 생소한 여러 자음의 발음기호를 사용한다. 예를 들면 Tyûsyû는 대략 Tschuschu처럼 발음되고, Syuotu는 Schuots, Syôzyô는 Schodjo, Zyôsin은 Djoschin, Zyôsyasyô는 Djoschascho, siti는 schitsch 등으로 발음된다. 그러므로 이와 같은 옮겨 쓰기는 독일인에게 완전히 불필요한 것이다. 그리하여 저자는 헵번(Hepburn)사전에서도 채택한, 오래된 1885년의 로마자회(Rômazi-Kai, Gesellschaft für lateinische Schreibung)가 제안한 소위 일본어식 발음의 표준표기법(Standard-Transkription der japanischen Aussprache)을 고수하겠다. 이 표준표기법에서는 자음은 영어식 발음으로, 모음은 이탈리아어식 혹은 독일어식 발음으로 표기하여 중국의 지명을 표기하는 웨이드-길즈 표기법(Wade-Giles-System)에 상응한다. 국제문화신관계회(Society for International Cultural Relations; Kokusai Bunka Shinkôkai)와 같은 권위 있는 기관도 일본 영토를 표기한 훌륭한 '일본과 주변 지역도(Map of Japan and adjacent Regions, 1937)'에서 로마자회의 표기법을 이용한다는 사실을 확인하여 저자는 매우 만족했다. **따라서 저자는 본서에서 한국의 지명을 표기함에 있어 로마자회의 표기법에 의거하여 한자 지명의 일본식 발음을 이용하기로 하겠다.** 그렇게 하면 특별히 아래에서 보는 바와 같이 발음된다.

ai는 a-i(독일어 Kaiser 카이저에서 ai)와 같음
ei(ë)는 ee와 같음(Geisha 게이샤)
ô(ö)와 û(ü)는 장모음 o와 u와 같음
o와 u는 단모음 o와 u와 같음
j는 대략 dj(영어의 journal과 같음)와 같음

y는 독일어의 j와 같음
sh는 sch와 같음
ch는 tsch와 같음
z는 유성음 s와 같음
s는 무성음 s와 같음

참고문헌 목록에 수록된 영문 제목에 나타나는 수많은 저자명과 지명을 원전의 제목과 지명에 따라 일본로마자회의 표기법으로 제시해야 했기 때문에 여기서 음절의 표기상 차이점을 다음과 같이 서로 대비시켰다.

로마자회: shi(n) | chi(n) | tsu | fu | ji(n) | sha | shu(n)'sho | cha | chu | cho | ja | jun(n) | jo
일본로마자회: si(n) | ti(n) | tu | hu | zi(n) | sya | syu(n) syo | tya | tyu | tyo | zya | zyu(n) | zyo

따라서 일본로마자회의 표기법에는 수도의 이름이 Keizyô, 국명은 Tyôsen으로 표기되었다. 이 단어들은 당연히 참고문헌 목록상에서 특히 빈번하게 나타난다.

앞서 강조했듯이 한국의 지명들은 2~4개의 한자로 구성되고, 각 글자는 특정 개념을 상징하고 있어서 어떤 의미를 가진다. 독자들에게 이러한 내용을 이해시키기 위하여 저자는 한국 지명에서 가장 빈번히 나타나는 개념들을 합성한 단어들에서 일반적인 일본어 발음으로 아래에 열거하겠다.[7] 이들 단어의 의미는 방금 언급한 내용이라서 보나커의 지도용어사전(Bonackers Kartenwörterbuch, Berlin-Friedenau, 1941)과 일치하지 않음을 밝혀 둔다.

이 작은 목록에서 알 수 있듯이 단음절 일본어 단어는 자주 여러 의미를 가진다. 이것은 비단 상기의 경우에만 국한되는 것이 아니고 다른 여러 사례에서도 그러하다. 예를 들어 kintô는 곧 금도(金島, Goldinsel)를 의미한다. Hakutôzan은 반대로 흰머리산(백두산, Weißkopfberg)을 가리킨다.

오로지 한국 문화와 관련되는 사물명과 인명을 표기하는 경우에만 저자는 한국식 발음을 사용하겠다. 따라서 예를 들어 한국 왕릉의 '홍살문(Rotpfeiltor)'을 hongsalmun, 한국의 지게를 tsige, 조선의 제1대 왕을 T'ätjo, 고대 한국 역사상 가장 강력했던 국가명을 Silla와 같이 표기하였다. 저자는 이러한 단어들을 순수한 독일 표준표기법에 의해 적었다. 이와 같은 방법을 이미 Knochenhauer(214)가 권하였고, Gente(217)가 적용하여 좋은 성과를 거두었다. 또한 A. Eckardt는 그가 쓴 훌륭한 한국어회화 문법책에서 이 방법을 적용했다. 독일어로 한국어를 표기하기가 특히 좋은데, 그 이유는 ä, ü, ö와 같은 발음을 한국어에서 자주 사용하기 때문이다. 몇몇 특수한 사례에 있어 저자는 일본식 발음의 지명에 한국식 발음도 함께 표기하겠다.

끝으로 지명의 혼란을 더욱 가중시키는 것은 조선왕조의 쇄국정책 시기인 18세기 말과 19세기 초반의 3/4분기에 유럽인들이 해양 탐험을 할 때 한국 해안에 있는 산, 만, 곶 등의 이름을 그들이 임의로 고안해서 명명했기 때문이다. 동해에는 러시아식 지명이, 서해와 남해안에는 영국과 프랑스식 지명이 많이 나타난다. 이런 식으로 프린스 제롬 만(Prince Jérôme-Golf, 프린스

7 역자 주: 원저의 목록에는 한글 지명이 없으나, 역자가 추가로 한글 지명을 포함시켰다.

국어		일본어	독일어
홍	紅	aka	rot
안	安	an	Ruhe
마	馬	ba-	Pferd-
죽	竹	chiku-	Bambus-
-진	鎭	-chin	-Festung(한국어)
장	長	cho	lang-(Raum oder Zeit)
중	中	chû-	mittel-
대	大	dai-	groß-
전	田	-den	-Feld
도	道	-dô	-Provinz
동	洞	-dô	-Dorf(한국어)
부	府	-fu	Siedlung mit Stadt–recht
악	岳	gaku	Bergspitze
월	月	gatsu	Mond, Monat
강	江	-gawa	-Fluß
오	五	go	5
국	國	goku	Land, Gebiet
군	郡	-gun	-Bezirk(Kreis)
군도	群島	-guntô	-Inselgruppe
팔	八	hachi	8
백	白	haku	weiß
반도	半島	-hantô	-Halbinsel
평	平	hei	Fride
동	東	higashi	Ost-
포	浦	-ho	Bucht, Strand
봉	峰	-hô	Bergspitze
북	北	hoku-	Nord-
백	百	hyaku	100
일	一	ichi	1
사	寺	-ji	buddh. Kloster
성	城	-jo	-Burgstadt, Festung
상	上	jô-	ober-
십	十	jû	10
화	火	ka	Feuer
하	下	ka-	unter-
해	海	-kai	-Meer
해협	海峽	-kaikyo	-Meerenge, Sund
상	上	kami-	ober-
천	川	-kawa-	Fluß
경	京	kei-	Residenz-*
금	金	kin	Gold
북	北	Kita-	-Nord-
황	黃	kô	gelb
호	湖	-ko	-kleiner See
항	港	-kô	-Hafen
강	江	-kô	großer Fluß, Strom
국	國	koku	Land, Gebiet
흑	黑	kuro	Schwarz
고	古	kyû-	alt-

국어		일본어	독일어
구	九	kyû	9
마	馬	ma-	Pferd-
마	摩	-ma-	-Berührung-
만	萬	man	10,000
송	松	matsu	Kiefer
면	面	-men	Großgemeinde, Fläche
남	南	minami-	Süd-
문	門	mon	Tor
맥	脈	-myaku	-Gebirgskette
중	中	naka-	mittel-
남	南	nan-	Süd-
년	年	nen	Jahr
이	二	ni	2
일	日	nichi	Tag
서	西	nishi	West-
온천	溫泉	onsen	Heißquelle
령	嶺	-rei	-Paß
열도	列島	retto	Inselkette
리	里	-ri	kleinere Gemeinde
림	林	-rin	-Wald
육	六	roku	6
용	龍	ryû-	Drache-
서	西	sai-	West-
갑	串	-zaki	-Kap
삼	三	san	3
산	山	-san	-Berg
서	西	sei-	West-
천	川	-sen	kleiner Fluß
사	四	shi	4
칠	七	shichi	7
도	島	-shima	Insel
신	新	shin-	neu-
진	津	-shin	-Hafen
류	流	-shio	-Strömung
소	小	shô-	klein-
주	州	-shû	-Provinzhauptstadt
수	水	-sui	-Wasser, Bach
대	大	tai–	groß-
단	端	-tan	-Kap
철	鐵	tetsu–	Eisen-
대	臺	tei	kor. Festhalle
도	島	-tô	-Insel
동	東	tô-	Ost-
만	灣	-wan	-Bucht
갑	岬	-zaki	-Kap
		-zan	-Berg

* 역자 주: 독일어로 수도를 의미하는 Hauptstadt가 더 정확하다.

임피리얼 군도(Prince Impérial-Inselgruppe), 브러튼만(Broughton-Golf), 서어 제임스 홀 군도(Sir James Hall-Inselgruppe: Basil Hall(p.85)이 에딘버러 지리학회장인 그의 아버지의 이름을 따라 명명), 오클랜드 산(Mt. Auckland), 해밀턴 항(Port Hamilton), 라자레프 항(Port Lazareff), 운코프스키 만(Unkoffsky-Bai), 페시추로프 곶(Kap Peschtschuroff), 곤차로프 섬(Gontscharoff-Insel) 등이 명명되었다. 이러한 지명은 토착의 한국 지명이 알려지지 않은 상태에서만 존재할 수 있으나, 오늘날에도 유럽에서 발행한 근대적인 지도첩이나 해도에서 종종 명맥을 유지하고 있다. 이런 지명을 지은 위대한 유럽의 항해가에게 우리는 경의를 표해야 한다. 뒤에 가서 그들의 업적을 상세하게 논하기로 한다(p.84 이하). 그러나 종래 지명 혼란의 불안정한 상황을 해결하기 위해서는 급격한 해결책이 필요한데, 그것은 앞서 언급했듯이 토착 지명을 일본어식 발음을 기초로 하여 표기하는 방법밖에 없다. 옛 탐험가들도 그들이 선택한 타국의 낯선 지명들을 단지 임시방편으로 고안했다. 예를 들어 Broughton은 부산만을 '초산항(Chosan-Harbour)'이라고 서슴없이 명명했는데, 그 이유는 그가 주민으로부터 Chosan이라는 말을 듣고서 곧바로 이것을 바로 항만에 연관시켰기 때문이다. 그러나 이러한 경우는 매우 드문데 그 이유는 쇄국정책의 시대에 선원의 상륙은 단지 예외적으로만 가능했고, 한국인과의 의사소통이 거의 불가능했기 때문이다. 그러므로 저자는 해양발견시대의 유럽식 지명을 완전히 배제하나, 단 하나의 예외만 사용한다. Quelpart는 『하멜(p.65, 80)의 수난사』[8]를 통해 유럽 전역에 잘 알려져서 널리 통용되는 개념이 되었기 때문에 Saishûto(제주도)로 대치함은 적절하지 않다.

저자는 만주의 지명은 중국식 발음으로 표기하고, 위에서 언급한 웨이드-길즈 표기법을 이용하였다. 또한 저자는 국경 하천들을 한국식 또는 일본식 발음(Amnok 혹은 Ôryoku, Toman 또는 Tomon)이 아닌 유럽 전역에 잘 알려진 중국식 지명인 Yalu(압록강)와 Tumên(두만강)으로 각각 표기하였다.

8 역자 주: 우리나라에 일반적으로 『하멜 표류기』로 알려져 있으나, 라우텐자흐는 『Leidensgeschichte von Hamel』로 표기하여 『하멜의 수난사』로 직역하였다.

4. 행정구역 구분

14세기에서 15세기로의 전환기에 한국은 팔도(八道)로 나뉘어 있었다. 각 도의 경계는 그동안의 모든 정치적 세파를 견디며 현재까지 유지되고 있다. 이미 과거에 '좌도'와 '우도'로 각 지방이 구분된 후에 최북단의 두 개 도와 최남단의 세 개 도만이 1896년에 각각 두 개의 별개 도로 세분되었다. 중부에 위치한 세 개 도들은 분할되지 않은 상태로 남아 있다. 이러한 분할로 인하여 생긴 새로운 도는 옛 명칭을 보유하되 '남'과 '북'을 도명에 추가하여 구분된다. 옛 북동부 지방인 함경도는 남북이 아닌 북동과 남서의 관계적 위치로 상호 접하며, 두 충청도는 더욱이 동서로 위치하고 있다는 사실을 강조할 만하다(별도 2). **한국의 행정구역 구분은 중국식 선례에 따라 이루어졌고, 그 구역은 과거나 현재에도 중국과 마찬가지로 변함없이 중요한 역할을 한다. 따라서 그 행정구역에 관한 지리적인 평가는 한국지리 연구의 전제조건이라고 하겠다.**

중부 지방의 서측은 수도 서울을 포함하여 수도 지방(경기도, 京畿道)이라는 이름을 갖는다. 다른 7개 도의 이름은 간쑤 성(甘肅省), 장쑤 성(江蘇省), 안후이 성(安徽省) 등과 같은 중국의 지방명을 표본으로 삼아 명명했다. 즉 그 지방의 대표적인 두 개 도시명의 첫 음절을 결합하여 새로운 지명으로 삼았다. 지명을 이루는 각 문자는 한자로 표기되므로 특정한 의미를 가지며, 새로 만든 지명도 결합된 의미를 갖게 된다. 이런 식으로 명명된 도명을 북에서 남의 순서로 나열하면 p.44의 표와 같다.

이름을 따 온 대표적인 도시들의 위치는 별도 2에서 보는 바와 같다. 대체로 도명의 의미는 객관적으로 잘 설명되지 못하는 것 같다. 오히려 그 지명들에서 명명 당시 한국 정부 관리들 사이에서 지배적이었던 중국의 영향을 받은 고상한 철학적 정신을 알 수 있다. 항상 다른 어떤 지방보다도 전화(戰禍)를 더 많이 체험한 한국의 북서 관문 지방에 '평안(平安)'이라는 지명이 부여된 것은 확실히 명명자들 역시 피할 수 없었던 역설적 표현이다. 황해도(黃海道)의 경우는 첫 음절에 '황'과 '해'를 뜻하는 두 도시가 이 지방에 있어서 지리적으로도 매우 적절한 개념인 황해도(Gelbmeerprovinz)라고 명명될 수 있었던 것은 우연의 일치이다. 이 지명은 다른 어느 지역보다도 명확하게 이차반도(二次半島)에 위치한 서부 지방에 적절한 이름이다. 강원도(江原道)의 '강(Fluß)'과 '원(Wiese)'의 의미를 지리적 특수성에 기인하는 것으로 보려면 이 지방에서 한강의 모든 본류들이 발원하는 것으로서 보는 것이 가장 적절하다.

현재의 13개 도에 대한 가장 중요한 지리적 통계자료는 별도 2와 p.46의 표에서 보는 바와 같다.

한국의 각 도들은 프로이센(Preußen)의 주들보다 평균적으로 약간 작다. 그 규모 간의 편차는 프로이센과 한국이 거의 같다. 최소 면적을 가진 한국의 도는 헤센(Hessen) 주의 크기에 상응하고, 가장 큰 도는 1938년 이전의 폼메른(Pommern) 주의 면적과 비슷하다. 전반적으로 도의 면적은 북에서 남으로 갈수록 작아진다. 이는 남으로 갈수록 지형적으로 분리된 개개 지역들의 규모가 작아지고, 농업적 토지이용도와 인구밀도가 증가한다는 사실을 반영한다. 일본인은 대체로 조선시대의 각 도의 도청소재지를 그대로 두었으나, 정치적 의도로 함경북도의 도청소재지를 경성(鏡城)에서 나남(羅南)으로, 평안북도의 도청소재지를 의주(義州)에서 신의주(新義州)로, 경상남도(慶尙南道)의 도청소재지를 진주(晉州)에서 부산으로, 충청남도(忠淸南道)의 도청소재지를 공주(公州)에서 대전(大田)으로 각각 이전시켰다. 새로운 도청소재지는 일본인이 거주하는 비중이 가장 높은 도시들이다(별도 75).

함경북도(咸鏡北道)는 한반도의 최북동부 지방이다. 이 지방은 두만강에 의해 둘러싸여 있고, 위에서 언급한 특색대로 좁은 중산성 산맥으로 이루어져 있으며, 그 배후에 함경산맥의 고산들과 원시림으로 덮인 개마고원 동부의 고원이 솟아 있다. 인구밀도가 가장 낮은 이 지방과 함경남도 사이의 경계는 두만강과 압록강 사이의 분수령과 함께 위에서 방금 언급한 마천령산맥을 따라 달린다.

함경남도(咸鏡南道)의 중심부는 개마고원의 주요부와 이 지역의 동해쪽 남사면의 면적이 가장 넓은 지방이다. 그러나 그 서남단의 돌출부는 영흥만 주위의 비옥한 저지 평야를 포함한다. 서쪽의 경계는 전반적으로 낭림산맥의 주향산릉을 따라 달린다.

북서부 지방들인 **평안북도**(平安北道)와 **평안남도**(平安南道)는 낭림산맥의 주향산릉에서 남서 방

한국 도명(道名)의 기원

도명		대표적 도시명		도명의 의미
일본어	한국어	일본어	한국어	
Kankyôdô	함경도	Kankô, Kyôjô	함흥, 경성	완벽한 거울
Heiandô	평안도	Heijô, Anshû	평양, 안주	평화로운 고요
Kôkaidô	황해도	Kôshû, Kaishû	황주, 해주	황해
Kôgendô	강원도	Kôryô, Genshû	강릉, 원주	강과 초원
Chûseidô	충청도	Chûshû, Seishû	충주, 청주	청랑한 충성
Keishôdô	경상도	Keishû, Shôshû	경주, 상주	상스러운 경축
Zenradô	전라도	Zenshû, Rashû	전주, 나주	완전한 땅

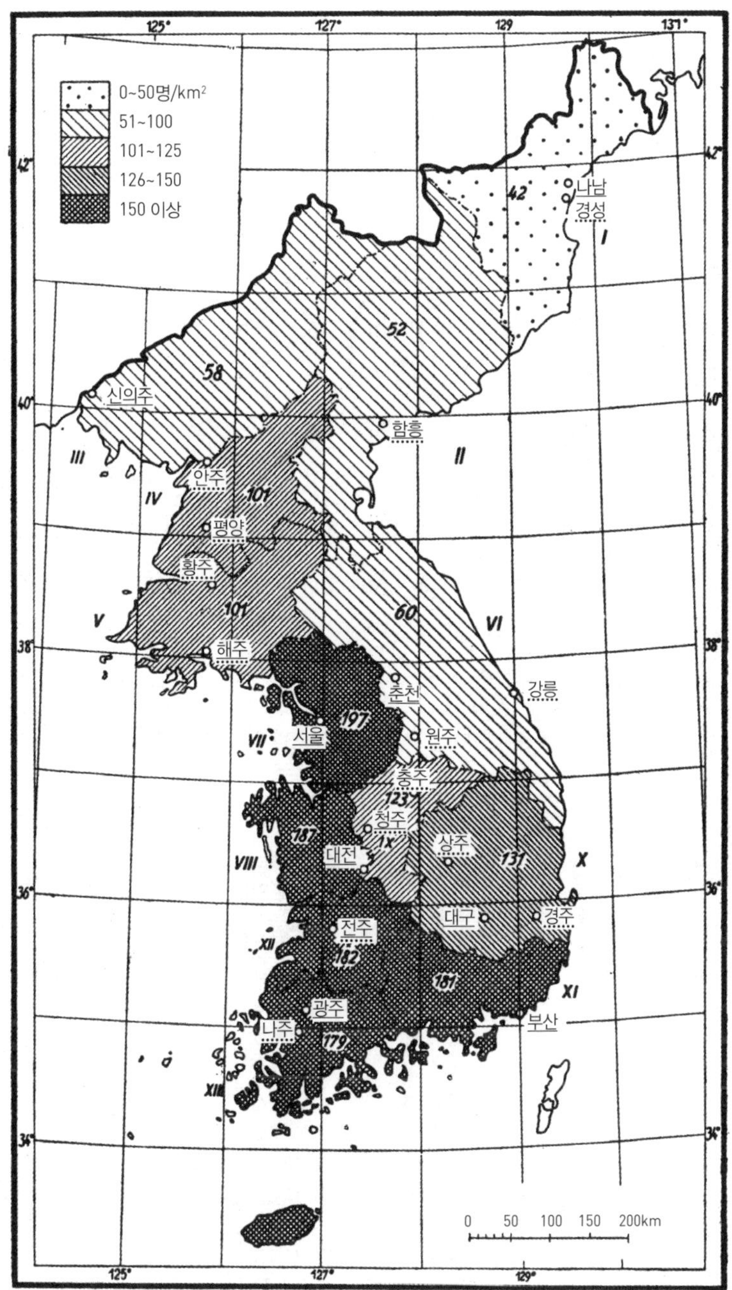

[별도 2] 각 도와 도청소재지들

등충선은 각 지방의 인구밀도(1938년 말)를 나타낸다. 도청소재지는 지명 밑에 직선을 그었고, 도명이 기원한 도시명들 밑에는 점선을 그었다. I－함경북도, II－함경남도, III－평안북도, IV－평안남도, V－황해도, VI－강원도, VII－경기도, VIII－충청남도, IX－충청북도, X－경상북도, XI－경상남도, XII－전라북도, XIII－전라남도향으로 서한만(西韓灣)에 이르는 일반적인 서부 완사면에 전개된다. 양도(兩道)의 경계는 처음에는 능선 경계(묘향산맥)이고, 그 후에는 하천 경계(청천강)이다. 황해도와의 남부 경계는 위와 동일한 특성을 나타내는데, 궁극적으로는 대동강의 삼각강 하구로 경계지어진다. 한국주경동지괴 상의 다른 모든 도에서와 같이 이 지역에서도 동부 지역은 산악 지형이어서 인구는 서해안에 근접한 비옥한 분지 내에 밀집되어 있다.

황해도(黃海道)는 이 지방의 이름을 딴 황해반도를 포괄하고, 동쪽으로는 한국주산맥 중간의 안부까지 연장된다. 거의 대부분의 지역이 200m 고도 아래에 놓여 있어 황해도는 이미 중간 수준의 인구밀도를 나타낸다.

강원도(江原道)는 황해도와 대조적으로 주산맥의 축을 따라 달리는 한국주산맥의 전 남측 지맥과 한강 수계의 발원 지역을 포함한다. 강원도는 한국의 척추와 등에 해당하는 지방으로서 중부 지방의 평균 인구밀도와 비교하면 이 지방의 인구밀도는 극히 낮다.

경기도(京畿道)는 수도를 둘러 싼 지방으로 서부 지방의 입지의 모든 우위성을 지니고 있다. 게다가 경기도의 중심적 입지와 상대적으로 양호한 동해안으로 통하는 교통로(추가령열곡과 대관령) 때문에 다른 서부 지방보다 우위의 입지를 갖는다. 경기도의 범위는 한강 유역의 서부와 일치한다. 경기도는 전 인구의 거의 30%를 차지하는 수도로 인하여 최고의 인구밀도를 가진 지

각 도별 주요 통계자료

도명		면적(km²)	주민 수(명) 1938년 말	인구밀도(명/km²) 1938년	도청소재지명	
					일본명	한국명
함경북도		20,347	860,191	42.3	Ranan	나남
함경남도		31,979	1,662,369	52.0	Kankô	함흥
평안북도		28,445	1,648,041	58.0	Shingishû	신의주
평안남도		14,925	1,507,579	101.0	Heijô	평양
황해도		16,732	1,695,858	101.4	Kaishû	해주
강원도		26,263	1,566,375	59.6	Shunsen	춘천
경기도		12,814	2,528,829	197.4	Keijô	서울
충청남도		8,106	1,518,552	187.2	Taiden	대전
충청북도		7,418	905,284	122.0	Seishû	청주
경상북도		18,989	2,479,662	130.6	Taikyû	대구
경상남도		12,305	2,225,467	180.9	Fusan	부산
전라북도		8,531	1,553,106	182.1	Zenshû	전주
전라남도		13,887	2,482,438	178.9	Kôshû	광주
한국	1938	220,741	22,633,751	102.5	Keijô	서울
	1940	220,741	24,326,327	110.2		

방이 된다.

충청남도(忠淸南道)의 입지는 황해도에 상응한다. 황해도의 경우와 유사하게 충청남도는 수심이 깊은 금강 하구역에서 경기도를 향한 측과 경계를 이룬다. 전국에서 두 번째로 높은 이 지방의 인구밀도는 황해도와 비교하여 훨씬 더 양호한 기후 때문이다.

유일하게 해안에 면하지 않으면서 가장 면적이 좁은 도는 동쪽으로 소백산맥의 주향산릉에 이르는 충청북도(忠淸北道)이다. 해안으로부터 격리된 산악 입지로 인하여 인구밀도는 낮다.

경상남 · 북도(慶尙南 · 北道)는 엄밀히 경상분지와 일치하여 자연지리적 특성으로 구획된 전형적인 행정단위의 예가 된다. 양 도의 사이를 동서 방향으로 가로지르는 경계는 가야산(伽倻山)에서 1,490m[9]의 고도에 이르는 횡단산맥(Querrippen)을 따르는 계단단층지괴(p.33)와 일치한다. 경상남도는 경상북도에 비해 보다 훨씬 더 낮은 지대에 놓인 논농사지대이다. 그 밖에 한국의 남동 관문으로서 이 지방의 특성이 부각된다. 따라서 경상남도의 인구밀도는 경상북도보다 높다. 주로 경상북도의 주민들이 이주한 울릉도는 경상북도에 속한다.

끝으로 전라도(全羅道)는 겨울이 온화하고, 여름이 더운 한국의 남서부에 위치한다. 넓은 도서지대와 제주도도 전라도에 속한다. 전라도 또한 문주산[10]에서 620m의 고도에 이르는 횡단산맥에 의해 서로 분리되어 있다. 주로 낮은 고도, 비옥한 토양, 양호한 기후 및 교통조건으로 인하여 인구밀도가 매우 높다.

한국의 도 경계는 500년 동안의 시험을 거쳐서 지형 및 기후와 같은 자연조건에 매우 민감하게 적응하여 도 경계의 일부 미세한 부분을 제외한다면 실제로 어떤 근본적인 개선이 불가능하며 또한 필요하지도 않다. 각 도의 경계는 대부분의 구간에 있어서 중요한 분수령을 따라 달린다.

지방들은 군(郡, Bezirken)들로 이루어져 있다. 현재 220개의 군과 18개의 시(府)가 있다. 군 내의 대구역(Großgemeinde)은 면(面)이라 부르며, 현재 2,365개의 면이 있다.

9 역자 주: 1,430m의 오기인 것 같다.

10 역자 주: 라우텐자흐가 문수산(文殊山)을 오기했다.

5. 민족, 국가 및 문화사[11]

한국의 역사는 위에서 개관한 지리적 특성과 밀접한 관련성이 있다. 한국은 몇 번이고 반복하여 북쪽 혹은 북서쪽으로부터 바다에 생소한 동아시아 제 민족들이 유입하여 과거 수 세기 동안 한국의 인종(Rassentum)과 민족성(Volkstum)에 영향을 준 막다른 골목(Sackgasse)의 역할과 동시에 아시아 대륙에 발판을 마련하기 위해 남방 민족, 특히 일본인이 이용한 '육교'로서의 역할을 하였다(Richthofen 253, p.466; Trautz 57). 일본인 Kuno의 다음과 같은 주장은 명확한 정설이다(87, p.23). "중국, 일본, 한국은 지리적, 정신적, 정치적으로 매우 밀접하게 관련되어 중국 또는 일본의 흥성(興盛, Aufstieg)이 다른 두 국가에 영향을 미치고, 동양에서 우세함이 한 나라에서 다른 나라로 넘어가면 작고 미약한 한국은 두 열강 사이에 놓인 군사적 침입의 통로였다." 본서에서 한국의 역사는 그 발전과정에서 방금 언급한 지정학적인 관점을 가시화하는 정도로, 그리고 특히 한국의 역사가 지리적인 현재(geographische Gegenwart)를 이해하는 데 어떻게 기여하는가, 즉 어떻게 한국의 역사가 현재의 경관상(景觀像, Landschaftsbild)에서도 가시화될 수 있는 결과들을 초래하였는가만을 고찰하겠다. 달리 말하면 한국 역사가 오늘날의 경관 속에서 가시적으로 어떤 형태로 나타나는 결과들을 보여 주는가이다. 저자는 우선 Hulbert(42, 43, 70), Ross(44), Griffis(45–47), Courant(50), Parker(48), Longford(53), Franke(56), Eberhard(52), Kuno(87), v. Siebold-Hoffmann(132) 등의 연구와 Klaproth(129, 131), Pfizmaier(134, 136), Nocentini(157) 등의 번역서들을 바탕으로 이 주제에 접근하겠다.

구석기시대(舊石器時代)의 명확한 자취가 지금까지 한국에서는 나타나지 않았다. 이와 대조적으로 신석기시대(新石器時代, Neolithikum)와 동기시대(銅器時代, Äneolithikum)[12]에 속하는 유적지는 발견되었다(11–13). 그 분포는 해안 지역에 좁게 국한되어 있다. 지속적인 다른 연구가 이러한 규칙을 증명한다면, 한국의 내륙은 당시에 비거주지였음에 틀림없다. 그 유적지들은 지금까지 주로 최북동단, 낙동강 하구 지역, 서울 부근, 황해반도의 남반부 및 평양 주변의 대동분지의 5개 지역에서 발견되었다(그림 1). 이 유적지의 대부분은 조개무지(패총)들이다. 발굴목록에 의하

11 역자 주: 라우텐자흐가 보는 한국의 역사는 일본인 사학자들의 문헌을 인용하여 그 영향을 많이 받았으므로 그대로 수용하기에는 매우 많은 문제점이 있으나, 다른 한편 당시의 서양인들이 우리의 역사를 어떤 편견을 가지고 보았는지 알 수 있다. 따라서 본 역서에서는 원문에 충실하여 역자들의 주관으로 의역하는 일이 없도록 노력하였다.

12 역자 주: 신석기시대와 청동기시대의 중간 시기이다.

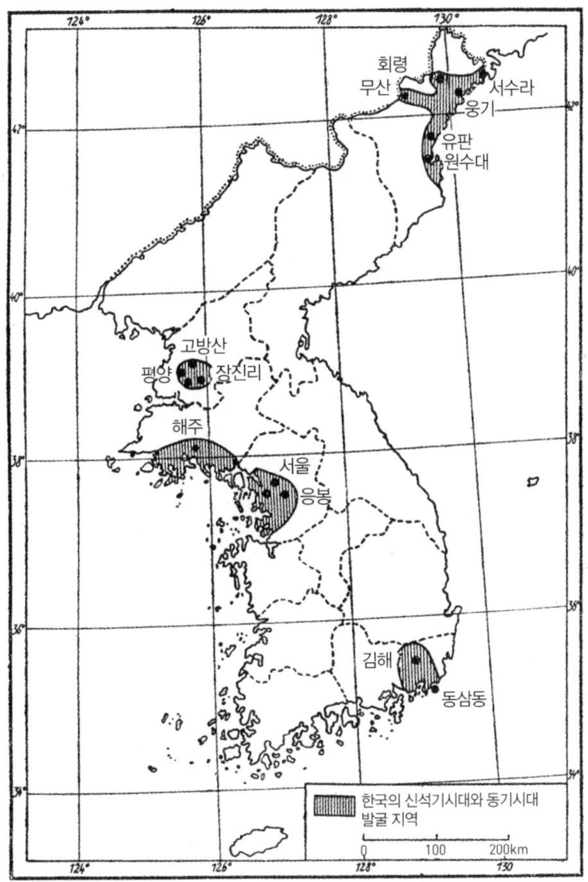

그림 1. 한국의 선사유적 발굴지

여 Sh. Yokoyama는 '해안문화(Küstenkultur)'와 '구릉지문화(Hügelkultur)'로 구분하였다. 발굴지들이 해안에 직접 접하고 있는 해안문화는 대체로 신석기시대에 해당하고 일본의 조몬문화(繩文文化)에 가깝다. 해안문화는 생계를 주로 어업에 의존했다. 해안문화에서는 동시에 수렵과 채집도 병행했다. 북동부의 유판(油阪)에 살던 어부들은 호두를 채집하였고, 부산의 동삼동(東三洞)의 어부는 여러 사슴종들을 사냥했다(12). 평양의 맞은편 사동(沙洞)과 장진리(將進里)에서는 사슴과 멧돼지를 사냥했다(22). 이와 같은 사실은 현재 거의 헐벗은 발굴지 주변 지역이 신석기시대에는 삼림이 무성했음을 증명하는 것이다.

구릉지문화는 해안 부근의 구릉지를 선호했고 농경을 영위했다. 이 문화는 일본의 조몬문화보다 늦은 야요이문화(彌生文化)와 유사하다. 아마도 일본 서부와 한국 남부 지역을 통괄하는 동

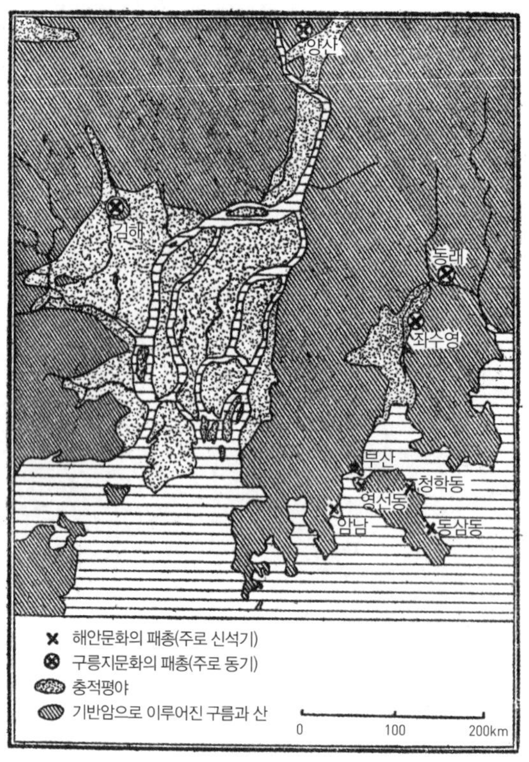

그림 2. 남동부 지방 낙동강 하구 부근의 신석기시대와 동기시대 발굴지(출전: Sh. Yoko-yama)

일한 동기시대 야요이문화권이 발달했던 것 같다. Ohyama(10)는 일본 야요이문화의 조상들이 한국에서 유래했고, 일본 야요이문화권의 금속가공물품이 한국에서 수입되었다는 견해를 가졌다. R. Torii(1, 2)도 이와 유사한 증거를 제시했다. 야요이 이주민은 사실상 퉁구스계 종족이었을 것이다. 그러므로 역사시대에 지속적으로 반복하여 나타나는 한국 남부 지방과 일본 사이의 문화적 유대는 이미 선사시대부터 있던 것이었다.

그림 2에서 보는 바와 같이 낙동강 하구 부근에서 네 개의 해안문화와 구릉지문화의 발굴지들이 나타난다. 특히 유명한 김해패총(金海貝塚)은 후자인 구릉지문화에 속한다(13). 중국 동전의 발견으로 미루어 볼 때 김해패총의 연대는 B.C. 2세기로 추정된다. 일본의 야요이문화는 이미 그 이전에 농경문화를 발달시켰는데, 김해패총에서도 쌀알들이 발견되었다. 아마도 벼농사는 동중국의 해안문화권(W. Eberhard 7, 8, A. Herrmann 73)에서부터 한국 남부 지방과 일본 서부에 전파되었을 것이다. Z. Nakaya(3,4)도 이와 같은 견해를 주장한다. 김해에서 발견된 동전 역시 이

와 같은 사실을 암시한다. Yokoyama가 강조하듯이, 한국 구릉지문화의 도자기는 오늘날까지 유지되는 특징을 갖고 있다.

퉁구스-한국식의 석관묘(21)와 특히 고인돌도 아마 이들 선사시대의 유물들로 추측되는 시대에 속한다고 할 수 있겠다. 그림 3은 고인돌의 분포를 보여 준다. 대륙부에 속한 한국 북부 지방을 제외한다면 고인돌은 종래의 해안 및 구릉지문화의 발굴지들의 분포보다 훨씬 더 내륙 지역과 고도가 높은 지역에까지 분포한다. 한국식 고인돌은 길이가 9m까지에 이르는 편평한 덮개석(Deckstein)을 가진, 규모가 웅장하고, 홀로 서 있는 구조물이다. 한국에는 매끄럽게 분리되는 단단한 암석들(剝落岩石: 천매암, 편마암, 화강암)이 풍부하여 고인돌의 축조가 용이했다. 기존의 연구(15-19, 22)를 통해 보면 한국의 고인돌은 북서 유럽의 거석묘(巨石墓, Megalithgräber)들과 매우 유사하다는 것을 알 수 있다. 이러한 맥락에서 한국인 중에 푸른 눈에 밝은 머리카락색을 가진 사람이 있다는 사실은 아마도 중요하다. 그리고 Koppelmann(67)과 Güntert의 연구결과에 의하면, 물론 Jensen(68)이 그들의 연구결과를 대부분 부정하지만 한국어가 인도게르만어와 어떤 특이한 접촉이 있었을 것으로 여겨진다. H. F. K. Günther는 '동아시아에 섞여 있는 북구 인종의 피(nordischer Einschlag in Ostasien)'에 대한 다양한 징표를 수집했다(『아시아의 인도게르만족 중 북구 인종(Die Nordische Rasse bei den Indogermanen Asiens München)』 1934, pp.194-207). Baelz(17)는 이미 지구 상 최대 대륙의 서단에서 동단까지 인구이동이 있었을 것이라고 간주하고, v. Eickstedt는 그의 『인류의 인종학과 인종사(Rassenkunde und Rassengeschichte der Menschheit, Stuttgart, 1934)』라는 저서에서 엄청난 인구이동이 방사되는 핵(Ausstrahlungsherd)으로 간주한 중앙아시아와 북아시아의 인종역학(Rassendynamik)에 관한 심오하고 방대한 시각을 제시하였다. 반면에 한국의 고인돌이 동남아시아의 거석문화(20)와 관련이 있을 수 있는지에 관한 문제는 아직까지 진지하게 조사되지 않았다.

중국과 특히 한국의 사관(史官, Chronisten)들과 역사가들이 전하는 전설은 최근의 선사시대의 연구방법론(prähistorische Methode)에 의하여 추론된 시대보다 훨씬 이전부터 시작한다. 의심할 여지 없이 실제적인 근거를 바탕으로 하고 있지만 처음에 이들 내용은 적잖이 전설적 특징을 지니고 있음은 말할 나위 없다. 복잡한 한국의 역사과정이 별도 3에 그래프로 제시되어 있고, 중국과 일본의 역사도 나란히 수록되어 있다.

한국인들은 그들의 역사를 전설적인 구전에 의거하여 단군(檀君)까지 소급한다. 단군은 천상에서 지상으로 내려온 하느님의 아들(창조자의 아들, Schöpfersohn)과 여자로 변신한 암곰과의 사이

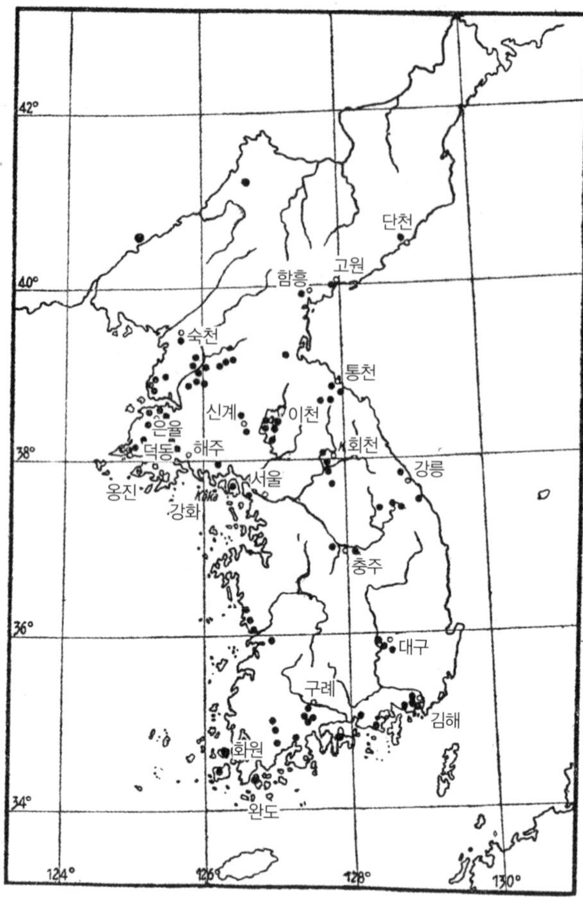

그림 3. 고인돌의 분포(출전: R. Torii)

에서 태어난 후손이라고 전해진다. 야만인들이 묘향산[13](p.35) 위의 박달나무(Berberis)[14]아래에서 그를 발견하여 왕(단군, Santtalprinz; 박달왕자)으로 추대했다. 이 시기가 B.C. 2332년[15]으로 전해진다. 묘향산의 한 동굴이 오늘날에도 단군을 생각나게 하며, 묘향산은 한국의 5대 성산 중의 하나이다. 또한 1904년에 단군을 숭앙하는 종교단체가 한 한국인에 의해 설립되었다(582, p.203).

한국인의 명확한 인종적 특징과 신화에서 나타나는 고대의 특성을 살펴보면 오늘날의 퉁구스인

13 역자 주: 묘향산보다는 백두산설이 보다 지배적이다.

14 역자 주: 라우텐자흐가 *Berberis vulgaris*를 생각하여 독일어로 Santtalbaum이라고 표기하였으나 *Berberis vulgaris*는 우리나라에 없는 수종이다. *Berberis*에 속하는 수종으로는 우리나라에 당매자나무(*Berberis poiretii*), 매자나무(*Berberis koreana*), 매발톱나무(*Berberis amurensis*) 등만이 있어서 설화에 따라 본 번역서에서는 '박달나무'로 번역하였다.

15 역자 주: 우리나라에서는 2333년으로 전해진다.

과 같은 체형을 가진 사람들이 이미 고대에 만주 중부로부터 한국 북부로 이동했음이 사실인 것 같다(Wedemeyer 86, Haloun 76). 그리고 이 전설은 이와 같은 사실에 기인하는 것 같다. 아마도 한국인의 종교적 관념 속에 지금도 여전히 큰 역할을 하고 그에 상응하는 경관적 표현을 지배하는 무속(巫俗) 특성이 이 원시시대에 이미 북쪽으로부터 한국으로 도래했을 것이다(Clark 580, Umehara 65, Hentze 66). 또한 한국이 국가적 독립을 유지하던 조선 말기까지 민족의 사회구조를 지배했던 봉건제도도 매우 이른 시기에 북쪽으로부터 전래했을 것이다. 이 봉건제도는 공히 만주인의 선사적(先史的) 조직의 특징이기도 했다. 만주 중부로부터 한국에 미친 정치적, 민족적, 문화적 영향은 11세기까지 계속 반복되어 나타난다. 그 이유는 한·만 국경 지역에는 사실상 민족 이동을 방해하는 장벽이 없기 때문이다.

북부 지방에 지대한 영향을 준 두 번째 방사 지역(Austrahlungsgebiet)은 북중국이다. 상왕조(商王朝)의 멸망과 더불어 기자(箕子)는 B.C. 1122년에 북중국에서 5,000~10,000명의 추종 유민을 이끌고 육로를 통해 한국으로 이주하여 고대 중국에서 왕샨(Wang-hsien)으로 불리던 평양에 정착했다. 당시 북부 지방에서는 유일한 곡식으로 기장만이 재배되었는데, 기자는 벼와 보리의 경작, 양잠과 직조술을 중국으로부터 북부 지방에 전파시켰다. 사실상 조(*Setaria italica* Beauv.)와 기장(*Panicam miliaceum* L.)은 Vavilov에 따르면 곡물의 유전자 중심지를 동아시아로 하는 작물에 속한다. Vavilov는 쌀보리(裸麥)와 콩의 원산지도 동아시아이며, 한국도 이러한 종의 원산지에 포함된다고 했다. 따라서 이러한 작물과 또 다른 재배작물들이 한국에서 자생했다고 볼 수도 있다. 물론 밀은 위와 같은 원산 식물에 속한 것 같지는 않다. 밀이 중국으로부터 한국으로 전파된 것인지는 아직 확실하지 않다. 그 이유는 Hulbert가 강조한 바와 같이 밀의 한국명이 중국식의 이름이 아니기 때문이다(557). Hulbert는 밀 외에도 검은 콩, 세 가지 고량(수수) 종류 중 두 가지 종류, 들깨와 메밀도 중국에서 오지 않은 대부분 토착 작물로 분류하였다. 기자 전래설의 관점에서 보리와 쌀은 B.C. 2000년대의 밀기에 중국에서 한국 북서부 지방으로 유입되었다고 볼 수 있다. 이와 대조적으로 남부 지방에는 쌀이 해상을 경유하여 남쪽에서 도래했을 것이다. 중국에서 육로로 한국에 전파된 여타의 농작물은 중국의 재배작물 중 가장 역사가 깊은 세 번째의 고량 종류(73)와 여러 종류의 콩이다. 아마 그 당시에 이미 한국에서 대마도 재배된 것으로 보인다. 하지만 대마 또한 중국의 유명한 5대 농작물에 속한다. 기자는 반야만적 토착민들을 현명하게 평화적으로 통치하는 가운데 그와 그의 유민들이 토착어를 배우고, 중국 문화의 장점을 소개했다고 전해진다. 한국인들은 오늘날까지도 평양 도성 북측 외곽의 기자묘를 숭배하는데, 기자는 신비에 싸인 위대한 성인으로서 추앙을 받는다.

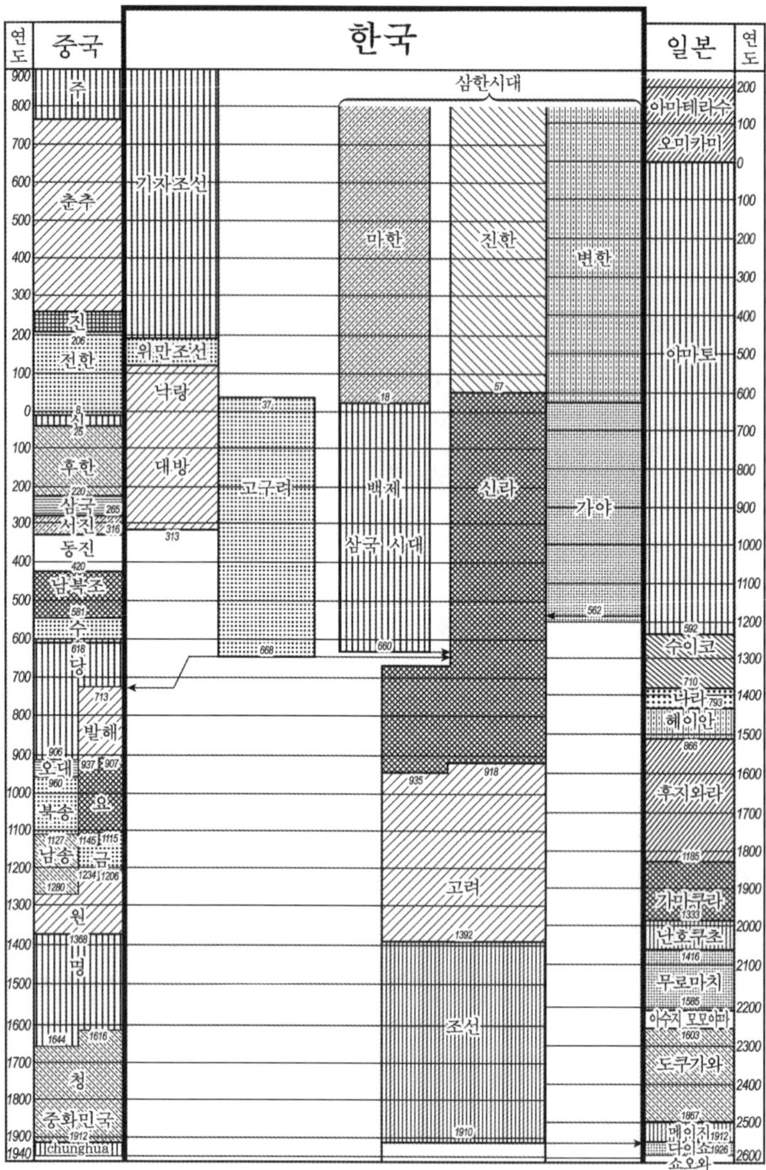

[별도 3] 한국사 연대표

중국과 일본의 연대표와 대비(출전: 조선총독부)

그는 이미 그의 국명을 **조선**(朝鮮)이라 명명하여 그것이 다시 동아시아의 도처에서 현재의 한국을 일컫는 국명이 되었다. 물론 이 고조선(古朝鮮)은 지역적으로 오늘날의 조선과 일치하지 않는다. 고조선은 랴오둥(遼東)반도를 포함하고 그곳으로부터 한반도의 북서부 지역까지 이르렀다.

조선이라는 단어에 대한 모든 부정확한 번역이 현재까지도(예: 227) 유럽의 문헌 속에서 아침의 고요(독: Morgenruhe, 영: morning calm), 아침의 여명(독: Morgendämmerung, 영: dawn), 아침의 평화(독: Morgenfrieden), 아침의 정적(靜寂, 독: Morgenstille), 아침노을(독: Morgenrot), 아침의 맑음(독: Heiterkeit des Morgens)으로 통용되고 있다. 이미 3,000년이나 된 오랜 명칭의 실제적인 해석은 오역을 기초로 하여 빈번히 다소 취향에 맞춰 번역되었고, 한국에 관한 다수의 책에서는 이러한 명칭을 부제로 달고 있다. 그러나 이미 Klaproth(131, p.145, 주1), Hulbert(43, p.70), Baelz(51, p.5) 등이 Ch'ao-hsien 내지 Tscho-ssön이라고 발음되는 두 글자의 한자는 '신선한 아침(Morgenfrische)'을 의미할 수 있다고 자주 강조하였다. 그러므로 조선국(Tschossönguk)을 '신선한 아침의 나라(Land der Morgenfrische)'라고 번역하는 것이 최상이다. 그러나 그 이름이 이러한 의미의 의도를 기초로 하고 있는지는 매우 불확실하다. 본래 Ch'ao-hsien(朝鮮)은 비중국계의 기원과 이름을 가진 대동강의 북부에 살던 부족을 칭한다는 Franke의 주장이 아마도 옳은 것 같다(56 I, p.326). 그에 따르면 조(朝, Morgen)와 선(鮮, Frische), 이 두 자의 한자는 부족의 이름을 중국식으로 발음하여 유사하게 들리기 때문에 선택되었다. 이러한 것은 새로 나타나는 개념에 상응하게 문자가 없는 경우에 취하는 중국의 통용 방식이다. Franke의 이러한 견해는 1744년에 발간된 『대청제국지리(大淸帝國地理, Große Chinesische Reichsgeographie)』의 내용 중에서도 근거를 찾을 수 있다(131, p.93).

B.C. 108년에 조선국[16]은 한무제(漢武帝)의 육상 및 해상 연합 공격 이후에 멸망했다. 이로써 랴오둥반도와 한국의 북반부는 중국의 직접적인 지배하에 놓이게 되었다. 한국 북서부는 대방(帶方)과 낙랑(樂浪)으로 불리는 두 개의 정치구역으로 분리되었다(그림 4). 낙랑은 발달한 문화를 꽃피워 유명해졌는데, 그 문화는 최근 수십 년 동안 일본인에 의한 방대하고 모범적인 발굴을 통해 전모가 드러났다(23-32). 이 문화는 선적으로 중국 문화이고, 중국 한왕조(漢王朝)시대의 높은 예술 수준을 엿볼 수 있게 한다. 낙랑의 중심지 역시 평양의 주변에 위치하였다. 평양의 바로 남쪽, 대동강 건너편의 약 30m 정도 높이에 위치한 단구상[17]에 최대 6m 높이에 이르는 이 시대의 반구형 낙랑고분군이 있는 넓은 지역이 있다(그림 5). 그 면적은 동서로 8km이고, 남북으로 4km가 된다. 1926년까지 일본인이 발굴한 것은 1,386개의 분묘에 달했고, 상당수는 이미 그 이전에 파괴되었다. 저자는 아주 훌륭하게 문양을 새긴, 고분에서 출토된 벽돌들이 인

16 역자 주: 라우텐자흐는 조선국이라고 하였으나 기자조선을 의미한다.

17 역자 주: 수면으로부터가 아닌 해발고도를 의미한다.

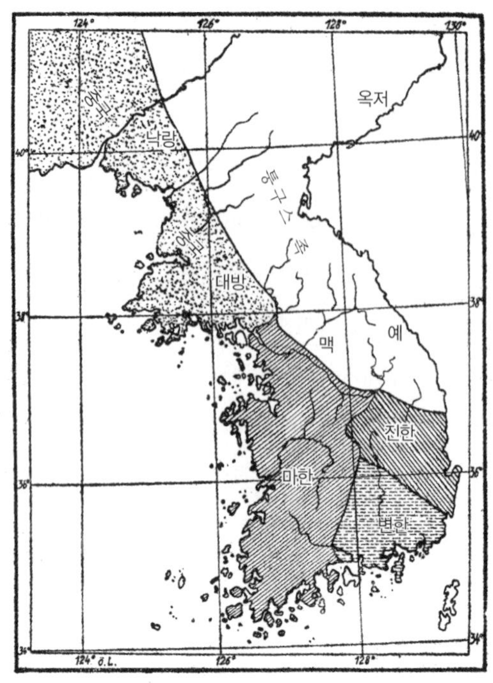

그림 4. B.C. 1세기경 '삼한'시대의 한국의 정치 지역(Wedemeyer)

근 농가의 벽돌로 쓰인 것을 보았다. 각각의 고분에는 정방형의 방이 있는데, 그 방의 벽은 유약을 바른 벽돌로 이루어져 있다. 그 바닥에는 두꺼운 널빤지가 깔려 있고 각각 적어도 두 개의 관이 들어 있다. 저자가 취한 널빤지 표본을 일본의 중앙산림청(das japanische Zentralforstamt)에서 판별한 결과, 신갈나무·가래나무·느티나무(*Ulmacee abelicea serrata* [*Zelkova serrata*]) 등인 것으로 밝혀졌다. 엄청난 양의 판자가 사용되었기 때문에 지금의 황폐한 평양 주변이 과거 낙랑시대에만 하더라도 앞에서 언급한 수목들로 이루어진 삼림으로 덮여 있었을 것이다. 묘실의 천장에 사용된 판자는 잣나무와 주목(朱木)으로 이루어져 있는데, 이 나무들은 아마도 대동강을 따라 하류 쪽으로 뗏목에 의해 운반된 것 같다. 판자들은 아프가니스탄에서 발견되는 특이한 대각선의 배열을 보인다. 따라서 중국 및 한국의 건축이 아마도 아프가니스탄에 영향을 주었거나 또는 그 역의 관계가 성립할 가능성이 있다(75, p.26 이하, 그림 38과 47). 관 자체는 일부 남중국의 측백나무과에 속하는 종(*Chamaecyparis*)으로 이루어져 있다(27). 이러한 방식의 아름다운 분묘는 중국 지배 시대의 말기와 낙랑군의 멸망(313년) 이후 고구려시대에도 계승되었다. 내벽의 벽돌 장식이 사라지고 대신에 그 자리에 다채로운 벽화가 들어섰는데, 벽화에는 여러 가지 다

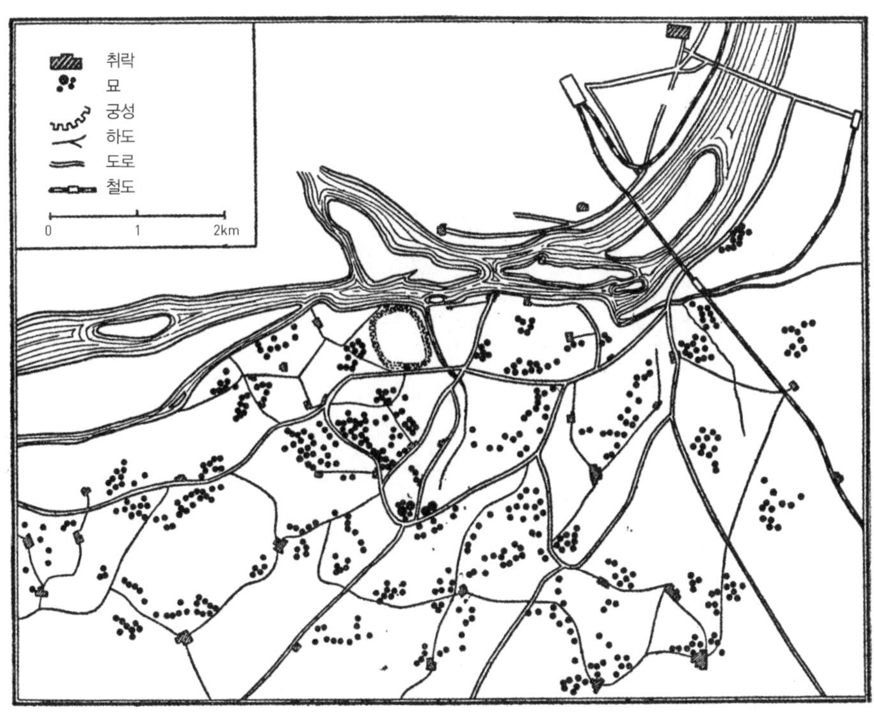

그림 5. 평양 주변 낙랑시대(B.C. 108~A.D. 323년) 고분 지역(출전: 정부공식지도)

른 것도 그려져 있으나 4~7세기 사이의 인종과 의상이 나타나 있다(571). 고구려 분묘의 다수는 평양의 서쪽에 위치한다.

북부 지방은 상기했듯이 만주 중부와 특히 중국의 영향을 크게 받아 발전한 반면, 한국의 남반부는 **3개의 부족 연맹**으로 구성되었는데 개개 부족 간과 한국 북부 지방의 주민의 언어는 서로 달랐다. **마한**(馬韓)은 중부 지방과 남부 지방의 서측에 걸쳐 있었고, **진한**(辰韓)은 남부 지방의 동측을 차지했다. 한편 **변한**(弁韓)은 앞서 언급한 두 나라 사이에 남쪽으로부터 쐐기 모양으로 돌출해 위치했다(그림 4). 각각 1,000호에서 10,000호를 통괄하는 총 78개의 부족이 삼한에 속했다(131). 당시 약 2,000,000명의 인구가 살았다고 추정되며, 현재는 동일한 면적에 11,000,000명의 인구가 거주한다. 중국의 문헌은 **삼한**의 부족이 언어, 풍습, 가옥 형태와 그 밖의 다른 것들에 있어서 북부 지방과 매우 상이했다고 강조한다. 옛 문헌에 따르면 특히 마한은 남방 민족들, 말하자면 규슈의 주민들과 유대 관계가 있었다고 추측되며, 그러한 관계는 선사시대에 관한 기록을 통해 알 수 있다. 앞에서 기술한 '구릉지문화'는 삼한시대에 해당한다. 마한에 관해서 기술한 중국의 문헌들에 따르면 마한 주민은 농경 생활을 영위하고, 촌락에서

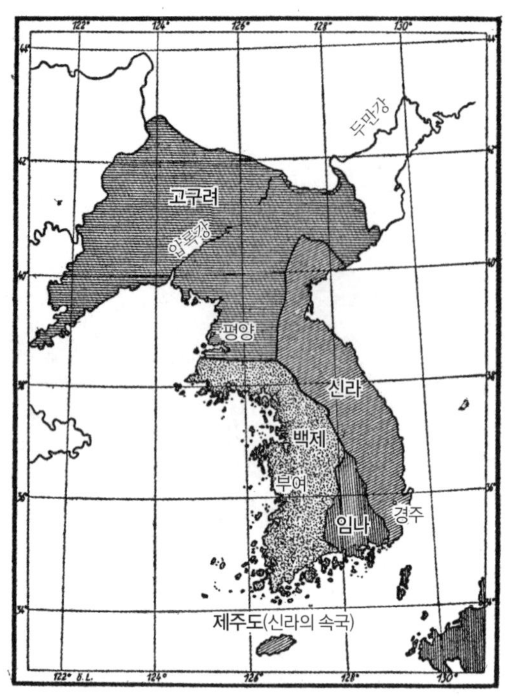

그림 6. 550년경 삼국시대의 한국의 정치적 구분(출전: Kunto)

살았으며, 소나 말을 수레를 끄는 짐승(Zugtiere) 또는 타거나 등짐을 지어 나르는 동물(Reit- oder Tragetiere)로 사용하지 않았다. 그들의 가옥은 무덤처럼 땅을 파서 만든 움집이었고, 지붕에 출입문이 있었다. 그들이 진주를 소유했다는 사실을 보면 이보다 후에 황해반도의 해안에서 유명했던 진주조개잡이가 이미 그 당시에 시작되었음을 암시한다. 또한 꿩과 사과 모양으로 생긴 맛없는 한국 배가 마한의 기호식품으로 이미 전해진다. 진왕조와 한왕조(B.C. 206년)의 교체기에 즈음하여 중국의 유민이 진한에 망명하였는데 그들의 영향으로 인하여 진한의 문화 수준이 괄목할 만큼 향상되었다. 중국의 유민들은 울짱을 친 요새취락들(Palisadenstädte) 내에서 살면서 뽕나무를 재배하고, 양잠을 행했으며, 비단을 짰다. 그들은 또한 우마차를 사용하고, 철을 만들 수 있었다. 변한의 문화적 내용은 진한과 흡사했다. 그러나 중국의 문헌에는 변한의 농작물 중 쌀이 크게 부각되어 있는데 이러한 사실은 김해패총의 유물과도 잘 일치한다(p.50).

진한은 중국 유민의 영향 아래 맨 처음 왕국을 형성했고, 영토가 곧바로 확장되었다. 개국의 시기는 B.C. 57년이다. 이때부터 전설적이고 신비적인 특성을 지닌 한국의 역사는 껍질을 벗는다. A.D. 504년부터 이 왕국은 신라(新羅, 일: Shiragi, 중: Xinlo)로 불린다. 비옥한 경상분지가 그

나라의 중핵 지역이 되고, 거기서 수도인 경주가 발전하였다. 신라 건국 20년 후인 B.C. 37년에 압록강의 북측에서 이미 언급한 **고구려**(高句麗, 일: Kokuri, 중: Kaokouli)가 개국하여 국력을 키우면서 점차 남쪽으로 성장하여 마침내 낙랑과 대방을 병합했다. 끝으로 B.C. 18년에 고구려의 한 유민이 한국 남부의 서반부에 **백제**(百濟, 일: Kudara 또는 Hyakusai, 중: Petsi)를 건국했다. 백제의 수도는 A.D. 371~475년까지 현재의 서울이었고, 그 후 수백 년 동안 금강변의 부여(夫餘)였다. 서기 원년의 바로 이전부터 7세기까지 이르는 한국사의 시대를 **삼국시대**라고 한다(그림 6).

중국의 문헌은 삼국 중에서 남부에 위치한 백제와 신라, 그리고 북동부 지방의 옥저(沃沮)에서 다섯 가지 곡식 및 과일들과 채소들이 중국의 것들과 동일하다는 것을 강조했다. 그러므로 당시에 이미 중국 문명의 영향이 한국 전역에 상당히 전파된 것으로 보인다. 특히 평화 속에 번영하고 인구가 조밀한 국가였던 **신라**에서는 더욱 그러했다. 경주 부근의 사찰, 불탑, 왕릉, 기념사적물 등이 오늘날에도 그 당시의 번영을 말해 준다. 신라는 예술과 과학, 특히 천문학(84)의 산실이었으며, 진한의 문화적 업적을 계승하여 발전시켰다. 6세기 이래 불교는 신라의 번영에 기여했다. 경주와 그 주변에는 808개 사찰이 있었다고 한다. 아마도 한문은 한국 내 다른 국가에서보다도 신라에서 일찍이 통용되었을 것이다. 512년에 신라는 울릉도를 정복하였고, 그 이후로 계속 울릉도는 한국의 지배하에 놓여 있다.

신라와는 달리 산지가 더 많고 기후가 혹독한 **고구려**는 토양이 척박하고 생산적인 농경지가 빈약했다. 그 결과 고구려는 호전적이었고 한편으로 남쪽으로 이웃한 신라 및 백제와 다른 한편으로 중국과 빈번히 반목 상태에 있었다. 고구려는 중국의 정벌 공격을 저지시키는 한편, 남쪽의 두 이웃 나라에 대한 중국의 정치적 압력을 때때로 억제시켰다. 고구려의 중심 지역은 313년부터 다시금 평양을 중심으로 하는 대동분지의 하류 지역이었다. 그곳으로부터 한국의 북반부 전체가 고구려에 속했고, 일시적으로는 현재의 황해도 지방과 강원도의 북부가 포함되기도 했다. 고구려는 만주의 남서부까지 영토를 확장했고, 한때는 산해관(山海關) 부근의 만리장성(萬里長城)에 이르렀다. 그 결과로 고구려시대에 다수의 퉁구스족이 북부 지방으로 다시금 이주했다. 고구려의 수도는 본래 압록강의 북측에 위치한 국내성(國內城: 환도 丸都)이었으나, 427년에 평양으로 천도했다. 비록 중국과 잦은 충돌은 있었지만 중국에 인접한 관계로 말미암아 중요한 중국의 문물을 신라와 백제보다 앞서 수용했다. 중국 문물 중에는 서기(西紀)의 시작과 더불어 곧 고구려에 나타난 유교(儒教)와 372년에 수용된 불교를 들 수 있다.

백제는 당시에 지속적으로 자족을 했고, 농경과 수공업을 높은 수준으로 발달시켰다. 백제는 이웃의 신라와 고구려보다 강하게 일본과의 정치적 유대를 추구하여 이를 통해 다른 두 나라에 맞서 국가의 존립을 유지했다. 삼국의 다른 두 나라에서보다 유교가 더욱 팽배했다.

한국에는 두 개의 정치적, 전략적으로 중요한 관문이 있는데 이 관문들은 대각선상에 마주 보고 위치한다. 북서쪽 관문은 남만주 및 북중국과의 연결 통로인 압록강 하구이다. 북서 지방의 역사 경과와 수도 평양의 운명이 이 관문의 중요성에 대해 반복해서 설득력 있는 증거가 된다. 남동부의 출입 관문은 낙동강 하구 지역에 위치한다. 중간에 쓰시마 섬이 교각처럼 놓여 있는 좁은 대한해협은 일본 열도로 향하는 통로이다. 상기했던 바와 같이 이 관문을 통하여 이미 기원전부터 **일본 남서부와의 인종적, 문화적 관계**가 성립되었다. 삼국시대에 걸쳐 이와 같은 관계는 더욱 강화되었다. 교역이 활발히 이루어지고 있었으며, 교역에는 낙동강 하구 지역뿐만 아니라 인접한 백제도 참여했다. 심지어 백제는 한때 일본과 보다 밀접한 관계를 가졌다. 따라서 한국은 그 당시에 지리적 위치에 의해 중국과 일본 사이의 문화적 중개 역할을 하였다. 그러한 과정 중에 남부 지방에서 일본으로 552년에 불교가, 2년 후에는 중국의 달력이 각각 전해졌다. 마찬가지로 한국은 양잠, 도자기 제조술, 직조술, 제지술 등을 일본에 전했다. v. Siebold(132 I, p.14)는 이러한 한일 관계를 다음과 같이 기술하고 있다. "이제 한국(Koorai)으로부터 식민주의자들이 자주 왔다. 비록 피 흘리는 전쟁에 의해 차단되기도 하지만……, 두 나라 간의 교통은 활발해졌다. 그리고 『신연대기 405(neuere Datierung 405)』에 따르면 285년경 한국에서 일본으로 유교가 전파되었고, 지금 일본의 풍속개량교본(Schule der Sittenver feinerung)이 되었다. 그 당시에 관한 일본의 연대기(Jahrbücher der Japaner)에는 중국보다 훨씬 잦은 교류를 했던 백제로부터 예술과 과학이 언제 일본인에게 전파되었는지가 상세히 기록되어 있다." 그리하여 남부 지방은 일본에게는 '서쪽 보물의 나라'가 되었다(p.29).

그러나 남해안, 특히 낙동강 하구는 또한 일본의 해적과 침략을 위한 관문이 되기도 했다. 인접한 일본과의 한국의 최초의 적대적인 접촉들에 관한 1차 사료들이 A. Wedemeyer(86)와 Y. S. Kuno(87)에 의해 주의 깊게 연구되었다. 이 사료에 따르면 일본이 그들의 도서에 국가를 성립한 후, 서기 시작 무렵 첫 10년대까지 신라에 속한 가야(加耶) 지역을 일본의 보호령으로 하였다. 이전의 변한 지역과 유사하게 가야는 한국 남해안의 중앙에서부터 쐐기모양으로 북쪽을 향해 돌출해 있었다. 이 보호령은 **임나**(任那, 일: Minama)라고 불렸다. 일본의 사료들은 그 밖에도 362년(『신연대기』에 따름)에 일본 진구황후(神功皇后)가 신라에 전투 없이 항복을 강요하였다고 기록하고 있다. 또한 백제는 물론 심지어 고구려도 일본의 통치권을 받아들였다고 전한다. 그것이 사실이라면 일본은 삼국시대에 한국 내의 분규가 있던 중에 지속적으로 무력 공격을 했고, 늦어도 4세기부터는 한국의 남부 지방을 점령했을 것이다. 일본의 영향이 특히 강하게 미친 곳은 백제이다. 그러나 562년에 교량적 거점인 임나를 신라에게 빼앗겼다. 이때부터 한국에 대한 일본의 정치적 영향은 여러 차례의 노력에도 불구하고 오랫동안 쇠퇴하였다.

7세기 전반부에 중국의 황제는 또 다시 엄청난 대군을 이끌고 고구려를 수 차례 공격했다. 이러한 공격은 놀랄 만한 용맹을 지닌 고구려에 의해 늘 실패로 돌아갔다. 북서쪽으로부터의 육지를 통한 공격이 성과 없이 진행된 후에 중국은 해상을 통하여 한국 남부 지방을 침략할 방안을 모색했다. 중국은 660년에 신라와 연합하여 백제를 공격하려고 서쪽으로부터 서해를 거쳐 함대를 파견했다. 백제에 유리하게 형세를 돌리려 했던 일본의 시도는 한국 서해안 지역에서 육상 및 해상 전투에서 중국에 패함으로써 좌절되었다. 고구려 또한 668년에 나당연합군에 의해 멸망했다. 그 후 수년간 중국과 신라와의 치열한 전투가 계속되었다. 결국에 가서는 중국이 한국에 대한 주권을 행사하게 되었다. "수와 당 왕조의 시대에 …… 어떠한 나라도 한국만큼이나 중국에 맞서서 불요불굴의 정신, 강한 분투와 상당한 희생을 감수하고, 또 그만한 저항을 했던 나라도 없었다"(Franke 56 II, p.410). 그러나 사실상의 승리자는 중국이 아닌 신라였다. 그 이유는 당 왕조가 신라에 대해 불완전한 종주국으로서 만족해야 했기 때문이다. 신라는 그때부터 한반도 전역을 지배하였다. 그리하여 처음으로 영토의 통일이 실현되었다. 그때 이래 한 번도 통일이 와해된 적이 없었다. 그다음 수백 년 동안에 일본은 완전히 배제되었다. 그러나 수천 명의 한국 유민, 특히 백제의 유민이 일본으로 이주하여 정착했다. 일본 서부 및 동부에 그때부터 백제구(百濟區, Kudara-Bezirk)와 고려구(高麗區, Kôrai-Bezirk)가 있었다. E. Baelz(522, p.443 이하)는 814년에 발간된 일본의 사료, 신센쇼지로쿠(新#姓氏録)에 근거하여 그 당시 일본의 1,100개의 귀족 가문 중 170개 가문이 한국에서 온 혈통이라고 밝혔다.

이로써 한국 역사의 첫 번째 주요 시대가 막을 내린다. 한국의 초기 역사는 각각의 부족 집단 및 왕국 간의 내적 투쟁, 문화 수준의 근본적 차이, 추측하건대 인종 및 언어의 실제적인 차이로 특징지어진다. 이러한 상위성은 좁은 산악국가 내에서의 빈번하지 못했던 교류에 의해 형성된 것이다. 그리고 한국의 초기 역사는 항상 외부로부터 오는 영향에 의해 갱신되었는데, 이것은 만주 중부의 부족 집단으로부터 북쪽에서, 북중국의 문화 중심지로부터 북서쪽에서, 그리고 일본 열도로부터 남쪽에서 오는 영향을 육교로서 경험한 것이다. 이렇듯 외부의 영향 속에서 압록강 하구의 대륙 관문과 낙동강 하구의 해양 관문인 두 개의 주요 관문이 항상 결정적인 역할을 했다.

그 뒤 오늘날 대륙부에 속한 한국 북부 지방은 처음에는 여러 자주적인 나라들로 발전하였고, 일부는 발해국(渤海國, Staat B'o-hai)과 같은 높은 문명 수준을 가진 나라가 되었다(Matveeff 77). 따라서 한국 영토의 통일은 원래 실제의 한반도에 국한되어 이루어졌다. 북부 지방의 국가 형태 변화는 만주 남동부 지역의 부족민들이 대거 압록강과 두만강의 남부에 있는 인구밀도가 낮고 더러는 황폐한 산악 계곡에 새로 이주하는 결과를 초래하였다.

통일신라에 있어서 내적 평화와 질서는 문화 발달의 기초가 되었다. 고대 신라의 언어, 법률, 문명은 이제 한반도 전역에 걸쳐 파급되었고, 단일 한민족의 탄생을 준비했다. 불교가 강성하게 파급되고, 수많은 사찰이 생겨났다. 한자에 대한 지식이 상위 계급에게 일반화되었다. 자체 음절문자인 이두(吏讀)의 개발이 독립적인 신라의 문화적 성과이다(78, 79). 이두는 설총(薛聰: 7~8세기의 전환기)이라는 해박한 정치가로부터 비롯되며, 이두를 만든 이유는 한국어가 중국어와는 전혀 유대가 없는 별개 언어로서 교착어(膠着語)이기 때문이다. 그러나 광대한 범위에 걸쳐 뛰어난 중국 문화가 이 시대에 지배적이었다. "의심할 바 없이 한국은 중국에게 크게 감사해야 한다. 그러나 다른 한편으로는 중국 문화가 어느 정도 한국민에게 해를 입히기도 했다. 한국인들은 아직도 형성기에 놓여 있었다. 한국인은 그들의 자력을 곧 인식하기 시작했고, 바로 이때에 그들은 그들의 독자적인 노력을 위한 모든 동기를 앗아갈, 이미 완성된 좀 더 오래된 문명의 산물로 가득 차 있었다. 애초에 사람들의 천재성이 압도되었으며, 중국의 이상에 넋이 사로잡혀 지적인 정체성을 결코 회복하지 못했다"(Hulbert 43, p.76).

이러한 중국 문화의 과도한 도입이 마침내 신라를 무기력하게 만들어 나라는 멸망하였다. 과거 고구려 귀족 가문 출신인 **왕건**(王建)이 일부 지역을 지배하는 왕으로 추대되었다. 기력이 쇠한 신라왕은 935년에 이 기력 있고, 용맹하며, 개성이 강한 군주에게 양위했다. 이전에 신라로부터 독립하였고 왕건에 대항하여 전쟁을 치른 후백제 역시 곧 왕건에 패배했다. **실제로 918~938년 사이에 지속된 격변 후에 지도자만을 바꾼 새로운 국가 통합이 이루어졌다.** 그러나 미약하나마 중국에의 예속성은 여전히 유지되었다. 933년부터 고려의 왕은 신하임을 자처하는 징표로서 중국의 역서(曆書)를 매년 하사받았다. 왕건은 개성(당시에는 송도)을 수도로 삼고, 예전 북부 지역에 있던 국가인 고구려의 이름을 빌어 **고려**(高麗, 일: Korai, 중: Kaoli)라고 국호를 정하였다. 법률가인 Kibat-Gotha가 저자에게 전한 바와 같이 '산악의 수려'로 이 이름을 해석하는 것은 무리가 있다. 이 경우도 역시 아마도 고대의 비중국계 부족의 명칭이 두 자의 한자를 통해 음성학적으로 변환 표기된 것 같다. 말하자면 중국인과 일본인이 이미 오랫동안 한국을 고려라고 칭했기 때문이다(131, p.93). 기원 전환기에 만주 중부의 부여(扶餘) 땅에서부터 압록강을 건너 고구려로 이주한 사람들을 이미 **코라이**(Kôrai) 또는 **카올리**(Kaoli)라고 칭했다. **한국인과 한국**

은 후에 유럽인들에게도 동일한 이름으로 알려졌다(p.78 이하).

고려는 1033년부터 거란에 대항하여 한국 북부 지역에 장성을 쌓았는데, 거란의 침입을 제외한다면 938년부터 그 후 300년간은 사실상 내·외적 평화가 지속하였다. 동아시아의 양대 열강은 그들 스스로를 유지하는 데 급급했다. 국가로서 한국은 처음으로 국경을 현재의 국경인 압록강안까지 확장했다. 1150년에는 제주도가 고려에 복속되었다. 국가 행정은 계속하여 중국의 표본에 따라 정비되었다. 한국은 관료제를 확립하고, 불교는 강력한 힘을 얻게 되어 국왕 자신까지도 마침내 승복을 걸쳐야 했다. 현재까지도 한국에 존속하는 1,336개소의 사찰 중 대부분이 고려시대에 창건된 것이다. 마찬가지로 돌에 새겼거나 돌로 만든 최대 26m에 달하며 흰 석회를 바른 거대한 불상(미륵)들도 이때의 것이다. 이러한 불상을 당시 숭배의 중심지였던 도처에서 지금도 볼 수 있다(41).

고려시대의 13세기 중엽에 푸젠(福建) 지방의 국제무역조사관인 Chau Ju-Kua(Zhao Ruua)는 그가 여전히 신로(Hsinlo)라고 불렀던 한국에 관해 소견을 썼다. Chau Ju-Kua는 한국 문화경관의 다양한 요소가 중국의 것과 유사하다는 점을 강조했다. 한국의 토양이 벼농사에 매우 적합하다고 전했다. 가정에서 쓰는 그릇이며 다른 도구들도 모두 놋쇠로 제조되었다고 한다. 주산물로는 인삼, 수은, 사향, 잣, 개암, 조개, 약초, 면복, 도자기, 돗자리 등이었다고 한다.

고려 말기의 왕궁은 음모, 모반, 그리고 살인으로 질식할 정도였다. 그리하여 고려는 1231년에 국토를 침범한 몽골 침입에 무기력하였다. 수 차례의 용맹한 저항에도 불구하고 제주도를 포함한 전 국토는 아주 짧은 기간 내에 정복되었다. 몽골의 끊임없이 반복된 침입의 결과로 고려는 Ratzel이 그의 『인류지리학(Anthropogeographie)』이라는 저서 중 「모로코에서 한국에 이르는 정착문화와 유목문화 사이의 변방」에서 다룬 폐허의 나라들 중의 하나가 되었다. 애초에 쿠빌라이 칸은 고려에 대해 선린우호의 태도를 취했다. 그는 일본을 정복하기 위한 육교로서 고려의 도움을 확신했다. 그러나 1274년과 1281년에 고려 함대의 도움을 안고 실행된 정벌 시도는 완전히 실패하였고, 이때 수천 명의 고려인이 전사했다.

중국에서 몽골 왕조가 붕괴된 후 고려는 자연히 다시 해방되었다. 그러나 고려 왕조도 동시에 내적 분규에 의해 종식을 고했다. 최후의 왕이 이성계(李成桂) 장군에게 막 융성해 가는 중국의 명 왕조를 치라는 명을 내렸을 때, 그는 입록강(위화도)에서 회군하여 왕권을 무너뜨렸다. 이러한 상황에서 그는 1392년에 스스로 왕위에 즉위하였다. 막대한 권력과 정치적 식견을 가진 그가 태조(太祖)라는 칭호를 얻어 국가의 재조직에 착수했다. 이로써 정치적인 주권을 확립한 한국의 마지막 왕조인 조선시대가 개막되었다.

새 국가는 일찍이 서북 지방이 가졌던 조선(朝鮮)이라는 이름을 명나라로부터 부여받았다. 수도는 고도의 지정학적 정략을 지닌 태조에 의해 한강 하류에 위치한 한양(漢陽)으로 천도되었으며, 그때 이래로 변경되지 않았다. 그러나 한양이라는 지명은 곧 주민들 사이에서 널리 서울로 통용되어 불렸다.

8도의 구분과 그 명명은 조선의 건국자로부터 비롯했다(p.43). 개성 궁궐 내 도덕의 타락으로 말미암아 권위가 실추된 불교는 조선시대에 와서 크게 쇠퇴하였다. 그리하여 오늘날 남아 있는 사찰들은 대체로 접근이 어려운 산악에 위치한다. 대신 유교가 국교로 지정되었고, 유교의 가르침은 점차 민중 속에 뿌리를 내렸다. 중국과의 문화적 유대는 더욱 강화되었다. 현재의 한국 의복은 명나라 때의 중국 옷이다. 조선의 일상복에서 지배적인 흰색 역시 중국에서 유래하였는데, 그것은 중국식 상복의 색깔이나 한국에서는 이미 상복의 의미를 잃었다.

명나라는 조선 왕조와 매우 긴밀한 우호 관계를 유지하였다. 조공 관계도 엄격하게 강요되지는 않았다. 1393~1450년 사이에 조선의 왕이 보낸 조공물은 주로 아마포, 삼베, 면포, 말 등이었다. 면화 재배가 당시 조선에서 상당한 정도로 이루어지고 있었음에 틀림없다. 말 사육이 어느 정도로 성행했는지는 1423년 한 해 동안의 공물이 10,000마리의 말이었다는 사실로 짐작할 수 있다(72, p.8 이하).

1404년부터 호구조사(戶口調査)가 실시되었으며 그 자료는 오늘날에도 전한다. 25자[18]로 이루어진 한국의 표음문자인 언문을 발명한 사람은 세종(世宗: 1418~1450년)이라고 불리는 제4대 왕이다(Courant: H). 동아시아에서 유일한 한글의 발명이 세종 때에 이루어졌고, 이미 1403년부터 중국의 고전들이 한자로 된 금속활자를 통해 인쇄된 이후, 독일보다 10년 정도 앞서 한글로 된 책을 교체할 수 있는 금속활자로 인쇄하는 일이 가능하게 되었다(82). 세종은 1425년에 지표에 스며드는 강수량을 측정하게 했고, 1441년에는 주철로 된 측우기를 제작하도록 했다. 그리하여 그가 함께 참여한 강우량의 측정은 유럽보다도 약 200년 정도 앞선 것이다(401). 1442년에 세종은 또한 농업에 관한 한 권의 책(농사직설, 農事直說)을 출판하였는데, 그 책에는 전국 각지에 적합한 작물과 토지이용 방법이 적혀 있다. 또한 세종 때에 북동부의 두만강까지 영토가 확장되었다. 이리하여 500년 이상 동안이나 국경이 지금의 상태로 고정되었다. 제7대 왕인 세조(世祖: 1455~1468년)는 농업, 삼림, 예술 및 과학의 육성자로서 그의 업적 또한 훌륭한 조상의 업적에 못지않았다. 조선이 새로운 최후의 전성기를 누렸던 이 평화의 시대가 향후 200년 동안 지속

18 역자 주: 28자가 정확하다.

되었다.

1592년부터 거의 50년 동안의 기간은 육교라는 조선의 위치가 다시금 조선인에게 불행한 역할을 하였다. 타이코사마(太子樣)라는 경칭을 지닌 일본왕 도요토미 히데요시(豊臣秀吉) 총사령관이 동부·남부·내륙 아시아에서 일본이 지배하는 대제국을 건설하려는 계획을 수립하고, 중국에 대하여 전쟁을 치르려는 의도로 우선 조선의 육교(한반도)를 공략했다. 이 거창한 계획은 완전히 무산되었으나, 조선은 7년 동안 끔찍한 전쟁과 폐허화의 무대가 되었다. 1598년 도요토미 히데요시가 사망했을 때 출정은 중지되었다. 수많은 일본인이 남부 지방에 잔류하는 한편, 일본의 침략 기간 동안 엄청난 수의 조선인이 일본에 끌려갔다. 특히 남부 지방의 자기와 도기를 만드는 모든 공인들을 일본으로 데려갔다. 그 결과 그때까지 조선에서 번창하던 도자기 제조업은 사양화되었다(85). 조선은 그 후 수십 년 동안 에도막부(江戸幕府)에게 매년 조공과 함께 사신을 파견하였다. 그 이전에 포르투갈인이 일본에 전한 담배 재배를 이 사신들이 1615년에 조선에 전파했다. 말하자면 조선은 1598년부터 지리적 위치에 상응하여 수백 년 동안 이중의 조공을 바치는 부담을 안게 되었다.

7년 전쟁의 끔찍한 폐허에서 국토가 채 회복되기도 전에 만주족이 1627년부터 조선의 약화를 틈타서 북쪽으로부터 여러 차례에 걸쳐 다시 국토를 황폐화시켰다. 이때부터 조선은 청나라에도 조공을 바쳤다. 만주족이 중국을 지배했을 때 이러한 부담은 감소하였고, 차후에 더욱 줄어들어서 마침내는 단지 중국에 대한 복종을 공식적으로 승인하기만 하면 되었다. 중국과의 정치적 관계는 이때부터 계속 우호적으로 유지되었다.

공포의 기간을 통하여 쓰라린 경험을 한 후 조선은 250년 동안 완전한 쇄국정책을 펼치기 시작했다. 황제의 사절단은 예외로 하고 모든 외국인의 입국과 조선인의 출국, 그리고 외국인과의 교역은 사형의 벌로서 엄금했다. 쇄국 시기의 말엽에 다수의 유럽 서적에서 기술된 바와 같이(45, 169, 213) 조선은 폐쇄된 나라(은자의 국가, the hermit nation; 금지된 나라, the forbidden land)가 되었다. 배가 좌초하여 조선 해안에 표류한 선원들은 그들의 여생을 조선에서 보내야만 하였다. 해상 조난은 나가사키(長崎) 부근의 작은 섬인 데시마(豊島) 섬으로 향하는 항로 상에서 주로 네덜란드 선원이 겪었다. 당시 일본도 조선과 마찬가지로 쇄국정책을 실시하고 있었는데, 데시마 섬은 유일하게 외국인의 거주를 허용하던 곳이었다. 1653년에 제주도의 남서 해안에서 좌초된 네덜란드의 범선 스페르베르(새매, Sperber)호와 그 배의 병참장교(서기)로 있던 헨드릭 하멜(Hendrik Hamel) 및 그의 생존 동료들이 겪은 13년 동안의 억류는 널리 알려져 있다(171-173).

심지어 중국에 만주 왕조가 성립되기 전에 만주족과 조선의 왕은 압록강의 북서 하안 지역에 중국 거리 단위로 최대 100리(위도 약 0.5° 혹은 대략 55km)의 폭과 약 500km 길이의 땅을 무인지대(無人地帶)로 설정할 것을 협정하였다. Petermanns Mitteilung의 계산에 의하면(1881, p.72) 그 면적은 13,882km²에 달한다. 이 **중립지대**(neutraler Streifen)가 설치될 때 4개의 도시와 다수의 마을들이 철거되었다. 이 지대를 통과하는 사람은 사형의 엄벌로 다스렸다. 유럽의 지도첩에 현재까지 수록되어 있듯이(d'Anville 126, 참고문헌 XXXI 참조) 이 중립지대의 북서부 경계를 따라 목책이 설치되어 있었다. 1869년에 이 중립지대에 관해 상세히 기술한 Richthofen(140, 141, 253)은 그가 고려문을 찾아갔을 때 목책 대신에 단지 뚜렷하지 않은 산병호(散兵壕)만을 볼 수 있었다고 한다. 그러나 당시에도 중국 세관이 이 중립지대의 북서 경계 상에 여전히 자리하고 있었다. 하지만 이 중립지대는 양측 접경 지역의 안전을 보장하는 원래의 목적을 충족시키지 못했다. 대신에 그곳은 야생동물뿐만 아니라 난민과 도둑의 은신처가 되었고, 이 불법 행위에 관해서 조선의 왕은 1875년에 베이징 측에 대해 불평을 토로하였다. 베이질리(北直隸, 톈진 부근의 지방)의 성장인 이홍장은 이에 대응하여 함포로 무장한 군함과 함께 군대를 압록강 상류 쪽으로 파견한 결과 그 사이에 수많은 선량한 농민이 이 중립지대에 거주하고 있다는 것을 확인하였다. 이때부터 이 지역을 중국이 점령하였고, 관세구역의 경계도 압록강안으로 이동되었다(44, p.270; 45, p.182; 204, p.199 이하). 그와 같은 완충지대가 1715년에는 두만강의 연안에도 설정되었다(131, p.119). 그리하여 1909년까지 간도(間島) 지방의 영토 귀속 문제가 늘 논란이 되었다(p.547).

중국이 북경조약(1860년)으로 우수리 지방을 러시아에 할양할 때에도 조선은 여전히 절대적인 쇄국정책을 고수하였다. 북경조약에 의해 차르제국(러시아)은 두만강의 하구 쪽 25km 범위에 걸쳐 조선과 국경을 접하게 되었다. 두만강을 건너는 일은 사형의 엄벌로서 금지되었고, 두만강 연안의 부락들은 내륙 쪽으로 이동되었고, 동시에 경원(慶源)에 있던 시장도 폐쇄되었다.

또한 해안의 취락은 부분적으로 15~16세기 동안 왜구(倭寇)의 위험을 고려하여, 일부는 17~18세기 사이에 지속된 전통적인 쇄국정책으로 말미암아 가능한 한 내륙으로 이동되었다. 이로써 유럽의 탐험대가 때로 배로부터 '신선한 아침의 나라'를 바라보고 얻은 금지된 황무지라는 인상을 갖게 된 이유가 설명된다.

조선이 이 250년 동안 가졌던 외부 세계와의 유일한 연계는 **사신단**의 파견이었는데, 왕은 매년 조공을 바치고 돌아오는 길에 청나라 황제로부터 달력을 얻어 오기 위해, 가장 양호한 도로이긴 했지만 겨우 우마차가 통과할 만한 길을 따라 압록강 연안의 의주와 고려문을 거쳐 북경으로 사신을 파견하였다. 마찬가지로 중국에서도 매년 서울로 사신을 보냈다. 이 사신들은 먼 길을 우회해야 함에도 불구하고 육상교통로로 여행하였다. 조선의 사신이 북경에 가져갔던 공물의 종류를 보면 '폐쇄된 나라'의 경제적 부강의 정도를 짐작할 수 있다. 그 공물의 종류는 Tschu(아마도 저마(Boehmeria)[19]일 것이다)라는 식물의 섬유로 짠 모시, 자수 놓은 비단(호박직, 琥珀織), 면직물, 엮은 돗자리, 백색 공단, 백미, 흰 볏짚, 사슴가죽, 늑대모피, 검(칼) 등이었다. 이와 같은 목록은 Klaproth(131, p.167 이하)가 번역한 1744년에 발간된『대청제국지리』에 나타난다. 이와 마찬가지로 조선의 왕이 일본의 왕에게 보낸 선물에 대해 1786년에 Rinsife가 기술하였다(131, p.21, 유사한 기록은 Courant 900, p.14). 그 공물은 인삼 뿌리, 호랑이 및 표범가죽, 양질의 녹색가죽, 물고기 가죽, 비단필, 최상품의 백색 면수건, 말, 사냥매 등이었다. 연중 몇 번에 걸쳐 조선 상인들이 고려문과 훈춘의 시장에서 기타의 상품들을 파는 행위가 허용되었고, 일본인들에게는 쓰시마 섬에서 팔았다. 그 상품들은 사금, 납, 생사(生絲), 비단, 호골(虎骨)로 제조한 가루약, 호랑이 털, 호랑이 모피, 여우 모피, 담비 모피, 들고양이 모피, 사슴뿔(Panten)[20], 쇠가죽, 생선 및 건어물, 해삼, 단맛 나는 해초(*Fucus saccharinus*), 인모(人毛), 콩, 기장, 대마, 기름종이, 대나무 부채와 종이 부채 등이었다(141, II, p.163–165; 156, p.241 이하). 중국인이 극히 매료하는 인삼 뿌리의 수출은 왕의 전매(專賣)로 되어 있었다. **이러한 수출 품목을 보면 조선이 동아시아에서 자급자족 경제를 영위한 국가임을 알 수 있다. 조선 내 광활한 삼림에서는 가치 있는 동물의 사냥이 가능했고, 해산물의 획득도 중요한 역할을 하였다. 중요한 식량 작물과 섬유 작물의 경작이 행해졌으며, 광산업은 막 시작 단계였으나 수공업은 일부 지역에서 매우 높은 수준에 이르렀다.**

중국과 일본에서는 **기독교**가 이미 16세기에 터전을 마련한 반면, 이 작은 '신선한 아침의 나라'에서 초기에는 선교 사업이 등한시되었다. 조선에서 기독교 신앙의 최초의 흔적은 1777년까지 소급되는데, 조선인에 의해서 처음으로 전파되었다. 기독교 운동은 급속히 확산되었으나 곧 조선 조정의 박해를 받았다. 1836년에는 최초의 프랑스 신부가 신분 탄로를 막기 위해 조선식 상복을 걸치고 압록강 국경을 건너 조선에 도래했다. 다른 선교사들도 일부는 동일한 경로를 따라 혹은 배로 서해를 건너서 도착했다. 그들은 1839년에 와서 기독교 박해를 받아 사멸했다. 모든 박해 중 가장 잔인했던 것은 1866년에 시작된 사옥(史獄)들이었다. 이때 9명의 프랑스 주교 및 선교사들과 약 20,000명의 조선인 신도가 희생을 당하였다. 개국 이후에 프랑스 천주교 선교단은 이 무수한 순교자의 수난으로 인해 유리한 기반을 확보했는데, 그들은 이를 기반

19 역자 주: *Boehmeria nivea* Hook et. Arn이 저마(모시)이므로 저마로 번역하였다.

20 역자 주: Panten이 무엇을 의미하는지 독일어 사전에서 찾을 수 없었으나 Dege가 deer antlers라고 영역하여 사슴뿔로 번역하였다.

으로 매우 빠른 성과를 올렸다. 후에 독일 베네딕트 선교단이 왔는데, 1927년 이래 베네딕트 선교단은 함경남·북도에서 하나의 특수한 사도신부보좌직(ein Apostolisches Vikariat)을 할당받았다(94, 99). 쇄국정책이 막 끝났을 무렵 수많은 개신교회들의 선교활동 또한 시작되었다. 개신교의 선교는 주로 영국과 특히 미국 선교사에 의해 이루어졌다(95–98).

수백 년에 걸친 완전한 쇄국정책은 결과적으로 **한국 문화를 크게 쇠퇴시켰다.** 모든 외부로부터의 자극, 모든 비교 가능성, 그리고 국가 간의 경쟁은 배제되었다. 국왕은 귀족, 즉 양반 계층의 탁월한 관료 계급에 힘입어 절대군주로서 통치했다. 양반들은 매우 탐욕스러웠고, 임의로 세금을 올려 농민들을 수탈했다. 아마도 대단히 오래된, 1894년(갑오개혁, 甲午改革)에 마침내 철폐된 이 전통적인 계급제도(p.53)는 이제 와서 불행한 결과를 초래했다. 양반 외에 평민(농민, 상인, 공인)과 천민(종, 백정, 승려 등)의 두 계급이 또한 공존했다. 이 두 개의 하부 계층은 점점 더 가난에 찌들었다. 이 계급제도는 문명의 진보로 나아가는 모든 추진력을 억눌렀으며, 물질적인 빈궁과 더불어 정신적 빈궁도 수반하였다. 가장 끔찍했던 전쟁 기간 뒤에 250년간의 이러한 정체 상태는 조선을 거의 일본과 만주의 침략 때와 같은 상태에 머무르게 했다. 1870년경의 조선은 여러 측면에서 중국의 명대(1368~1644년)에 비견될 수 있었다. 그래도 정부 관료와 양반 계층 내에는 이러한 문화와 문명의 미라 같은 상태와는 현저히 대비 되는 관례적인 국가적 긍지가 있었다. 이에 관해서는 19세기의 2/3분기까지 공포된 수많은 법령들을 보면 짐작할 수 있다. 조선은 쇄국정책 때문에 모든 새로운 발전의 가능성을 자력에만 의존했다. 동아시아가 수 세기 동안의 관조적 자만으로 말미암아 유럽에 의해 강탈을 당할 때 이 작은 나라는 그 어느 때보다도 동아시아에 영향력을 행사하는 열강들의 정책에 농락되었다.

1842년에 중국이, 그리고 1854년에 일본이 각각 유럽 열강과 미국에 의해 국경 개방을 강요받은 이후에 작은 조선 역시 동일한 과정을 거치리라는 것은 오로지 시간의 문제였다. 그보다 수십 년이 지난 후에야 조선이 개방된 것은 우선 조선이 소국인지라 정책 목표로 덜 중요하였기 때문이었다. 게다가 기력이 왕성하고 잔인한 섭정자인 대원군(大院君)의 정책이 그 과정을 다소 지연시켰으나, 말할 나위 없이 대원군의 정책이 나중에는 한국을 보다 어려운 상황으로 몰고 간 셈이 되었다.

러시아의 제독 Putiatin이 Pallas라는 순양함을 타고 부산으로부터 두만강 하구에 이르는 한반도의 동해안을 탐험했는데, 이때에 원산만(영흥만) 내에서 'Port Lazareff'라고 부른 매우 양호한 부동항을 발견했다(236). 그 이후 러시아는 합병의 의지를 갖게 되었는데, 그것은 우수리 지방을 획득하고 블라디보스토크를 건설(1860년)한 이후에 더욱 강렬해졌으나, 끝내 실현되지는 못하였다. 프랑스 선교사 살해에 대한 사죄를 요구하기 위해 1866년 한강 하구를 제압하고 서울 쪽으로 침입한 프랑스 함대의 시도(병인양요, 丙寅洋擾)는 사소한 실패를 한 후 Roze 제독에 의해 까닭 없이 중단되었다. 같은 해에 미국의 종범선(縱帆船), General Sherman호가 대동강을 거슬러 평양 부근에 올라와 항행이 불가능해지자 조정에 의해 인위적으로 조성된 외세에 대한 적개심을 가졌던 조선인은 또 한 번 승리를 자축했다. 또한 1871년에 있었던 미국의 보복 공격(신미양요, 辛未洋擾)도 별 성과를 거두지 못했다(92). **그러나 그때까지 미성년이었던 고종이 정사를 맡음으로써 쇄국정책은 막을 내렸다**(1873년). 조선의 개국으로 인한 첫 번째 부당 이득자가 유럽 열강이 아닌 스스로도 막 개방한 일본이었다는 것은 동아시아 전역의 추후 상황 전개의 조짐이었다. 메이지시대(明治時代)의 개막과 더불어 1867년에 비로소 일본은 대대적인 개혁을 단행하였고, 이미 1876년에는 조선에 대한 적극적인 정책을 전개할 능력을 가졌다. 도서제국(일본) 쪽으로 바로 도약할 수 있는 육교(조선)를 유럽의 강대국에 양보할 수는 없었다. 같은 해에 한 일본 배의 선원들이 강화도 해안에서 포격(운양호 사건)을 받자 일본은 오래 전부터 일본의 재외상관(在外商館)이 상주하고 있던 부산과 아울러 서해안과 동해안에 각각 한 군데씩 일본의 통상을 위한 항구를 개방해 줄 것을 약속하는 조약(강화도 조약)을 체결하자고 조선정부에 강요하였다. 이에 부응하여 1880년에 원산항을 개방하고, 잇따라 1883년에 수도의 외항인 인천(仁川: 당시 유럽인은 제물포라 함)항을 개항하였다.

이로써 일본이 개입한 한국 역사의 세 번째 시대가 시작되었다. 1882~1892년 사이에 고종은 미국, 영국, 독일, 러시아, 이탈리아, 프랑스와 오스트리아-헝가리제국과 유사한 무역협정 체결을 해야만 했다. 이전보다 더욱 많은 외국인이 조선에 입국했는데, 그중에 유럽인은 소수였고 일본인이 대다수이었다. 20세기로의 전환기에 조선에 거주한 외국인의 수는 다음과 같다. 일본인 19,200명, 중국인 3,500명, 미국인 230명, 영국인 110명, 프랑스인 95명, 러시아인 70명, 독일인 50명(260, p.253). 일본과의 교역은 조선 조정이 쇄국정책을 포기한 후에 급속도로 진전되었다. 조선의 해상관세청(Seezollverwaltung)은 중국식 표본을 따랐고, 초대 관세청장은 묄렌도르프(P. G. Möellendorf, 1883~1885년)라는 독일인이었다. 1884년에 서울의 궁궐에서는 친일파와 친청파 사이에 피나는 당쟁이 발생했다(갑신정변, 甲申政變). 두 강대국은 이로 인하여 쌍방이 공히 조선으로부터 군대를 철수하기로 한 톈진조약을 체결하였다. 유럽 문물의 현저한 증대 현상이 서울과 제물포, 그리고 그 밖의 개항장에서 급속히 나타났다. 그러나 대부분 민중의 생활수준은 그로 인하여 향상되지 않았다. 이러한 시대적 상황에서 외국인에 대한 반감을 가진 민족 철학에 기초한 동학(東學)이 득세하게 되었다. 1893년에 동학혁명이 일어나자 고종은 중국에 도움을 청하게 되었다. 그로 인한 청나라 군대의 재주둔은 조선에서의 주도권 쟁탈전인 **청일전쟁**의 외적 요인이 되었다(1894~1895년). 이 육교(조선)에서의 군사적 상황의 전개는 평양을 중심으로 하는 대동분지의 전략적 중요성을 다시 한 번 증명해 주었다. 이 단기간의 치열한 전쟁은 일본의 완승으로 끝났다. 러시아, 독일과도 결탁한 프랑스의 개입으로 일본은 전승의 결실 대부분을 잃었으나 중국으로부터 조선의 공식적 독립을 선언하는 데 이바지했다. 실제의 상황을 은폐시키면서 고종은 그 후 즉시 황제 칭호를 사용하는 동시에 조선의 국명을 대한제국으로 개칭했다('삼한' 부족연맹에서 유래한 큰 한나라).

1894~1895년 청일전쟁의 실제적인 전승국은 **러시아**임이 곧 밝혀졌다. 러시아는 만주 지역에서 그들의 영향력을 엄청나게 확대하였고, 이제 막 일본이 차지한 태평양 연안의 부동항인 뤼순(旅順, Port Arthur)을 1898년에 할양받았으며, 그 밖에 만주 지역을 통과하는 시베리아횡단철도의 부설권뿐만 아니라, 하얼빈(哈爾濱)부터 뤼순까지의 지선을 건설하는 허가를 중국으로부터 얻어 냈다. 대한제국의 궁중에서는 또 다시 끊임없는 음모가 들끓었는데 이번에는 친일파와 친러파 사이의 투쟁이었다. 실권 없는 고종은 속수무책으로 그들의 손아귀에 있었다. 고종은 서울의 러시아 공사관에서 망명자의 신분으로 일 년 이상을 보냈다(아관파천, 俄館播遷). 대한제국의 독립이 다시금 보장된 1896년과 1898년에 러시아와 일본 사이에 체결된 두 번의 협정도 이러한 상황을 안정시키지는 못했다(Yamagata-Lobanoff 조약과 Nishi-Rosen 회의). 중국정부가 의화단운동(義和團運動)에서 완패한 이후에 대한제국에 대한 러시아의 우위가 점차 강화되었다. 특히 부산 부근의 마산항 주변과 압록강 지역의 삼림지와 용암포(龍岩浦) 부근의 압록강 하구에서 러시아의 권한에 속한 조차지(租借地)들은 일본의 강한 반발을 불러일으켰다. 마침내 대한제국 내에 러시아 군대가 진입하고 러시아의 화약고와 식량 저장고가 설치되었다.

이 육교(대한제국)가 이제 완전히 세계 최대의 대륙 강대국(러시아)의 손에 넘어가는 것을 막기 위하여 신생 일본은 1904~1905년에 주로 만주에서 결전을 치른 유명한 러일전쟁을 감행하였다. 그 전쟁은 마침내 쓰시마 해전을 통해 일본의 승리로 돌아갔다. 대한제국은 이제 **일본의 보호령**이 되었다. 초대 통감(統監)은 저명한 이토 히로부미(伊藤博文) 후작이었다. 그가 1909년에 하얼빈에서 한 한국인(안중근)에 의해 암살된 후에 일본은 1910년에 완전한 '합방(合邦)'으로 치달았다. 대한제국은 **일본의 조선총독부**가 되었으며, 국명도 **조선**으로 환원되었다. 수도인 서울은 게이조(京城)라는 지명으로 바뀌었다. "새 시대를 맞아 일본은 애초에 그들이 알고 있는 매우 어려운 상황에 있는 이웃 나라의 근본적인 개조를 의도하지는 않았다. 일본의 기대는 조선이 일본의 우호국으로서 다소의 자치권을 확보하고 스스로 유지할 정도의 수준에서 독자적으로 발전하고 개조하는 것이었다. 한반도의 노쇠, 조정과 왕실의 내부에서 야기된 어려움, 유럽인의 야망, 한마디로 그러한 상황들이 점차 아주 자연스럽게 일본의 계획을 수정하도록 한 것이었다(A. Halot, 브뤼셀 주재 일본 영사, 714, p.71 이하).

일본제국으로의 합병과 더불어 신선한 아침의 나라에는 지리적 현재(die geographische Gegenwart)가 시작되었다. 조선이 소국이면서 불행한 지리적 위치에 있고, 또한 사회조직의 약점으로 인하여 늘 당해 온 기구한 국가적 운명을 생각하면 동정을 살 만하다. 그러나 정치적 상황을 현실적인 관점에서 본다면 1876~1910년의 기간 동안에 조선이 자유독립국가로서 독자적 의지대로 발전해야 한다는 문제는 더 이상 있을 수 없었음을 인식해야 한다. 문제는 단지 조선이 러시아제국에 예속되느냐 혹은 일본제국의 일부분이 되느냐는 것이었다. 당시에 일어난 결정은 두 가지 가능성 중에서 조선에게는 보다 유리한 것이었다. 왜냐하면 조선과 인종적, 언어적, 공간적으로 연관되고, 러시아가 할 수 있는 것보다는 근접한 조선에서 해결해야 할 과제에 대해서 좀 더 강하게 그들의 힘을 집중하여 쏟아 부을 수 있는 일본에 의해 조선이 발전되었기 때문이다. 청일전쟁의 초기이었던 1894년 10월 13일에 이미 Richthofen은 다음과 같은 예언을 하였다(253, p.474 이하). "조선은 자력으로는 발전을 기할 수 없다. 그러기에는 상술과 경영 정신이 결핍되어 있고, 또한 국민은 이미 진전된 국제관계의 와중에 속수무책으로 놓여 있다. 다시 갱생할 것만 같은 중국의 멍에는 실상 …… 미약했으나 결코 조선인에게는 더 이상 도움이 되지 못한다. 그와는 대조적으로 일본인과 같이 근면한 국민의 영향은 만일 현명하고 공정하게만 발휘된다면 자원의 개발, 산업의 재정비, 국민의 물질적·정신적 촉진(개선)을 일으킬 만하다. 조선 남부 지방의 일본 식민지화의 초기에 관한 어느 영국 세관원의 열성적 기술도 이와 같은 판단을 대변한다. 만약 일본이 조선 통치에 한 역할을 담당한다면 타이코사마(太子様) 즉, 도요토미 히데요시의 일본이 아니라, 현재의 전쟁 수행이 보여 주는 바와 같이 물질적 우위와 아울러 유럽 문명의 인도적 이상을 채택하는 새로운 일본일 것이다."

한국의 형성과정을 보면 지리적 조건이 정치적으로 미치는 영향을 명확히 알 수 있다. 한국은 소국으로서 수천 년을 통해 문화적으로나 군사적으로 크게 압도하는 대륙 세력인 중국과 현저하게 크지는 않지만 도서 환경으로 인하여 보호되고 인구가 많은 해양 세력인 일본 사이에 놓여 있다. 이 두 양국 사이에서 한국은 이리저리 유린당해 왔다. 그러므로 단지 이들 두 강대국이 스스로의 내부 문제에 집착할 때만 자력에 의한 발전을 모색할 수 있었다. 비록 북중국, 한국, 일본이 동서 방향으로 나란히 놓여 있지만, 그래도 역사적인 움직임은 한반도를 통한 남북 방향에서 이루어졌다. 그 이유는 한국이 남북으로 뻗어 있는 육교를 이루고 있기 때문이다. 북쪽으로부터는 퉁구스-만주와 중국의 영향이, 남쪽으로부터는 일본의 영향이 유입했다. 북쪽으로부터의 영향은 인종의 형성에 크게 작용했고, 현재에도 범인들의 종교적 태도 속에 뿌리박고 있다. 중국의 영향이 전국에 걸쳐 문화적 태도를 크게 형성한 반면, 일본의 영향이 1876년 이래 과거 2세대에 걸쳐 해가 갈수록 더욱 강하게 한국의 지리적 특징을 크게 결정하였다. 이러한 사실을 감안해 볼 때 이 육교(한국)의 주민들이 그들 역사의 초기 수천 년 기간 동안을 지배했던 개개 부족과 국가들의 분리를 극복한 것은 대단한 성과이며, 또한 언어, 문자, 생활양식, 민족의식의 측면에서 이웃 나라와는 크게 상이한 고유의 문화지리적 특성을 가진 단일국가를 이룬 것은 놀랄 만한 일이다.

6. 지리상의 발견과 탐험의 역사

한국과 같은 유럽에 알려지지 않은 유서 깊은 문화국가에 대한 탐험의 역사는 다양한 관점으로 고찰될 수 있다. 물론 유럽인에게 한국에 관한 서양의 지리적 지식의 발전은 매우 중요한 것이다. 그러나 한국인 스스로가 모국에서 수행한 지리학 및 지도학 업적을 간과하려는 것은 잘못된 일이다. 왜냐하면 서양은 지난 1880년대까지도 이러한 업적에 관해 전혀 아는 바가 없었고, 또한 한자로 인쇄된 이러한 종류의 서적들이 지금까지 현대 유럽에서 행해진 연구에서는 거의 이용되지 않았기 때문이다. 끝으로 한국에 관한 지리적 지식을 확대하기 위해서는 쇄국정책의 말기까지 조선에 관해 유럽에 알려진 거의 모든 정보를 전달한 이웃의 두 강대국에서 추적하는 것도 유익할 것이다. 이러한 후자의 내용은 아래에서 유럽 탐험사의 범주 내에서 다루어져야 할 것이다. 이와 대조적으로 **한국인 스스로에 의한 한국지리의 발전**에 대하여 우선 짧게 다루도록 하겠다.

12세기 이래로 한국인은 높이 평가받을 만한 무수한 한국 역사 서적들을 발간했다. Hulbert(42; Kor. Rev.1, 1901, p.30 이하)는 그 가운데 8권을 제시한다(102, 103, 106과 101 및 836도 비교). 이와 대조적으로 지리 서적들은 실로 드물다. 물론 항시 반복되는 전쟁의 와중에서 특히 인쇄술의 발명 이전에 단지 몇몇 사본들만 존재했던 때에 가치 있는 서적들이 완전히 사라졌을 것이라는 가능성을 감안해야만 한다.

가장 중요한 지리서로는 55권으로 된 『**동국여지승람**(東國輿地勝覽)』[21]을 들 수 있다. Trollope는 그의 심오한 지식을 피력한 논문 『한국의 서적과 그 저자들(Corean Books and their Authors)』(101, p.98)에서 『동국여지승람』을 '한국의 유일한 지리서'라고 밝혔다. Hulbert(42)에 따르면 이 책은 1420년경에 조선인 **노사신**(盧思愼)이 집필하기 시작했다.[22] 이 책은 1470년에 그 작업을 속행한 **서거정**(徐居正: 1420~1488년)이 완성시켰고, 1537년에 인쇄되었다. 1~3권은 수도 서울을 다루고, 4권과 5권은 구수도(舊首都)인 송도(開城)를 다루며, 나머지 50권은 각각 3~12권으로 8개 도를 다루고 있다.

B. Kotô(352, p.6)는 그 밖에 조선의 지리학자 **이중환**(李重煥)을 언급하였다. 이중환은 18~19세기의 전환기에 생존했다. Kotô가 그의 책 『조선팔역지(朝鮮八域誌: 조선 팔도에 관한 책)』를 번역한 견본은 지리학자 이중환이 이미 한반도의 산맥들 간의 관계뿐만 아니라 한반도의 지세와 만주 및 중국의 산맥들 간의 관계를 고찰하고 있었음을 보여 준다.

가장 유명한 한국의 역사서인 1145년에 완성된 **김부식**(金富軾 102)의 『**삼국사기**(三國史記: 삼국의 역사)』는 34~36권에서 신라의 지리를, 37권에서 고구려와 백제의 지리를 각각 다루었다. Trollope(101, p.101)는 세 권으로 된 『동경지(東京誌: 경주의 역사)』를 소개하는데, 『동경지』는 신라의 수도인 경주의 역사뿐만 아니라 지리도 다루고 있다. 전반부는 1590년에, 후반부는 1837년이 되어서야 인쇄되었으며, 이에 상응하는 평양에 관한 역사서는 이 도시의 건축물, 성곽, 산물 등에 관해 전한다. 금강산과 금강산 경관의 아름다움을 기록한 조선의 책은 무수히 많다. Gale은 그 책들 중에서 인상적인 견본들을 번역했다(864). 그중 가장 중요한 것은 홍응길(16세기)이 지은 책일 것이다.

그 외에 Nocentini(157)는 그의 조선의 역사와 지리에 관한 중국 서적의 번역주해에서 조선의 고지도뿐만 아니라 그가 『조선지리편람(Geographisches Kompendium von Korea)』이라 칭한 그에 속한 원문도 이용했다. 그는 이 자료의 저자와 출판연도에 관해서는 밝히지 않았다. 그러나 그의 발췌 내용을 보면 원문이 가치 있는 지지적인 내용를 포함하고 있음을 알 수 있다. 끝으로 M.

21 역자 주: 라우텐자흐는 『여지승람』을 『지표를 기술한 지도(地圖)보고서(Erdbeschwerte Kartenberichte)』라고 독일어로 표기하나, 데게는 이것을 『Survey of Korean Geography』라고 영어로 번역하였다. 그리고 이 책은 내용상으로 보아 『여지승람』이 아니라 『동국여지승람』을 의미한다.

22 역자 주: 라우텐자흐가 인용한 Hulbert의 기술 내용에 있어서 연대나 내용이 정확하지가 않다. 방동인(1976, p.124-125) 저 『한국의 지도』에 의하면 노사신은 성종의 명에 의하여 1476년(성종 7년)에 『동국문사(東國文士)』의 시문(詩文)을 모아 양성지의 지리지에 합쳐 실었으며, 1478년 서거정이 『동문선(東文選)』을 편찬하였다고 기록되어 있다.

Courant은 그가 펴낸 탁월한 『조선도서목록(Bibliographie Coréenne(H))』에서 신경준의 '팔도육대로고(八道六大路考, Examen des six grandes routes de la Corée)'와 '팔도표(八道表, Itinéraires des huit provinces)'와 같은 인쇄되지 않은 지리적 내용을 담은 원고들에 대해서도 언급한다. 그리고 Trollope는 지난 세기 말엽에 조선의 예조(禮曹)에서 출판한 『조선지리교과서(Textbook of Korean Geography)』를 언급하였다(829, p.7).

이중환의 저서를 제외하고 이러한 책들의 지리적 내용은 주로 산악, 하천, 그리고 첫 번째부터 네 번째 계층까지의 관청이 소재한 도시명과 그 특징들을 열거하고 있을 뿐이다. 이 책들은 그 밖에도 조선의 역사에 관한 저작들이 흔히 지리적인 정보를 전하는 것처럼 역사적 사실을 언급하고 있다. 이러한 고서의 방법론을 보면 지리적인 내용과 역사적인 내용을 다루는 데 있어서 하등의 명확한 구분이 없다. 이러한 사실은 홍봉환(107)이 편찬한 것과 같은 백과사전에도 마찬가지로 적용된다.

현대에 와서 한국 학자들은 지금까지 탁월한 업적을 남기고 있지 않다. 언급할 만한 학자가 있다 해도 그들의 대다수는 일본 서적을 출판하는 일에 참여하는 근면한 조수들이다. 예를 들면 T. T. Keng이라는 한국인은 일본인인 J. Kokumen과 함께 괄목할 만한 『한국 삼림의 수종에 관한 개관(Übersicht über die Baumarten in den koreanischen Wäldern)』을 썼다(486). 특히 독자적이면서 지리학적으로 크게 이용될 수 있는 저서는 미국에서 교육받고, 평양 소재의 미국 숭실전문학교(Union Christian College of Korea)의 농학 교수로 있는 이훈구(李勳求)가 펴낸 책이다. 그의 대표적 저서 『조선농업론』(700)은 한국 연구에 있어서 높이 평가받을 수 있는 만주로의 한국 이민에 관한 것으로서 『만주와 조선인』은 한글로 쓰였으며, 그가 행한 한국의 토지이용과 농업에 관한 광범위한 연구성과(605)는 영어로 저술되었다.

한국인이 작성한 국토에 관한 고지도들은 훨씬 더 많다. Ôtani가 1933년에 발간한 『한국고지도목록(Katalog über alte koreanische Landkarten)』을 보면 외국인이 작성한 42개의 지도 외에 한국인이 제작한 지도가 78개 되며, 그중 세 개의 지도가 복제되었다(109). 그 가운데 특히 강희제(康熙帝) 때에 서울의 왕궁에 걸려 있었던 조선전도가 유명하다(p.80). 조선의 기독교도인 김대건이 1846년에 프랑스 신부들을 위해 조선의 자료를 바탕으로 하여 프랑스어를 기입하여 지도를 제작했는데, 이 지도의 축소판이 1849년에 프랑스 지리학회지(Bulletin de la Société géographique)에 발간되었다. C. Gottsche는 1861년에 서울에서 발간된 약 1:150,000 축척의 23장의 조선지도를 1884년에 구했으며(188, p.249), 후에 독일의 지질학자 B. Knochenhauer가 1897년부터 1899년까지 채굴 가치가 있는 금광을 탐사할 목적으로 여행할 때 그가 아래와 같이 서술한 지도첩을 사용했다(214, p.85). "20장으로 전국을 나타내고, 그 축척이 대략 1:240,000인 큰 조선 고지도는 내가 길을 찾는 데 도움이 되었다. 도로는 직선으로 되어 있고, 산악은 그림 같이 크게 확대되어 기재될 정도로 그 표기는 단순하고 유치하였으나, 표시된 거리는 적어도 남부 지방에서는 실제와 일치하였다." 아마도 이들 두 지질학자들은 동일한 지도를 사용한 것 같고, Courant(H II, p.485)이 언급한 **대동여지도**(大東輿地圖)였던 것 같다. 이 지도는 조선이 독립되어 있을 당시에 작업된 명백히 크게 진보한 대축척지도이면서 가장 현대적인 지도학 작품이다. Chaillé-Long은 그중 제주도 도엽을 출판하였다(195, 196).

그 외 저자가 아는 모든 조선 고지도는 한 면 위에 전국을 기재한 소축척지도였다(v. Siebold 132, VII, 참고문헌 XI와 XV 비교). 그 지도들의 표기는 Knochenhauer가 강조한 것보다 더 유치했다. 윤곽은 전반적으로 크게 부정확했고, 천문학적 위치 지정은 몇몇 경우에 한하여만 수행된 것임에 알 수 있다. H. Cordier가 언급하고 그가 모사(模寫)하여 복제한 바 있는 18세기의 14장의 지도로 이루어진 조선지도첩도 이와 같이 유치하였다(111). 그는 그 밖에 서울전도, 수도권 지도 및 팔도지도를 각각 한 부씩 가지고 있었다. 조선 고지도에 관한 비판적 논의는 이만 그치기로 한다.

아랍인들의 교역항해는 아시아의 해안을 따라 중국까지 행해졌다. 이러한 과정을 통하여 한국은 서양에 알려지게 되었다. 인도와 중국에 관해 상인 Sulaimân이 851년에 쓴 보고서에 한국은 신라라는 이름으로 나타난다(112). 그 보고서의 마지막 문장(p.72 이하)에 다음과 같이 기술되어 있다. "중국은 바다를 두고 신라라는 섬과 경계를 이룬다. 그 주민의 피부색은 희고, 중국 황제와 선물을 교환한다. 그들은 황제와 선물을 교환하지 않으면 신라 땅에 비가 내리지 않는다고 믿는다. 어떤 아랍인도 아직 이 나라에서 여행을 하지 않아서 아랍인들에게 이 민족에 관해 아무런 내용도 알려줄 수가 없다."

수십 년 후인 870~892년까지 회교 국왕(Kalif) Motamid의 궁정에서 일하던 Ibn Khordâdhbeh는 그의 저서 『도로와 지방에 관한 책(Buch der Straßen und Provinzen)』에서 다음과 같이 기술했다. "중국의 저 편에 미지의 땅이 있다. 그러나 Kantu에 인접한 곳에 높은 산들이 솟아 있다. 그 산들은 금이 풍부한 신라 땅에 속한다. 신라를 방문하는 회교도들은 자주 양질의 금 때문에 그곳에 정착하고 싶어 한다. 신라의 수출품은 Ghorraib, 키노수지(樹脂: 키노나무의 수액), 알로에(沈香), 녹나무, 못, 말안장, 자기, 지도첩, 계피, Galanga 등이다." 위의 기록은 Richthofen에 의해 밝혀졌으며, 저자 역시 그의 독일어 번역을 인용했다(141, Vol.1, p.575 이하). 아마도 Richtofen은 최근에 Journal Asiatique에 게재된 Khordâdbeh 저서의 번역문을 인용한 것 같다. Richthofen은 Ghorraib를 인삼이라 하고, 키노수지는 후에 한국에 관해 중국 저자들에 의해 자주 회자되던 황금색을 나타내는 한국인의 값비싼 도료(옻나무, *Rhus vernicifera Decne*[23]에서 추출)라고 밝힌다. 또 Galanga는 생약재인 *Alpinia Galanga*라고 했다. 그러나 그는 Khordâdbeh가 언급한 그 모든 산물이 한국에서 생산될 수는 없다고 매우 정확히 지적하고 있다.

아랍의 학자 Abu Zaid Hasan도 916년경에 술라이만 보고서(Sulaimân-Bericht)에 관한 그의 논술에서 한국을 언급했으며(112, p.93), 947년에는 중국해까지 항행한 아랍의 역사학자이자 지리학자 Mas'üdi는 『금세광(金洗鑛, Die Goldwäschen)』이라는 책을 썼다. 이 책의 제목은 프랑스어로 『Les prairies d'or』로 부정확하게 번역되었다(113). Mas'üdi는 그의 책 속에서 한국에 관해 다음과 같이 기술하고 있다(I, p.346). "중국의 바다 건너에는 신라와 신라에 속한 도서를 제외하고 기록에 나타나는 어떠한 왕국이나 지방도 없다. 이라크나 또는 다른 나라로부터 와서 신라를 여행한 외국인이 후에 신라를 떠나는 일은 드물었다. 신라는 공기가 맑고, 물도 청정하며, 토지는 비옥하고, 모든 물산이 풍성하다. 주민은 중국의 제 민족 및 신라가 지속적으로 선물을 보내는 왕들과 우호적인 관계 속에서 산다. 전하는 바에 의하면 신라인들은 아무르계의 대계보(大系譜) 중 일부이며, 중국인이 중국 땅을 차지한 것과 같이 신라 땅에 정착하여 살고 있다."

그러나 무엇보다도 **1154년의 에드리시**(Edrisi) **대지도와 본문**은 언급할 만한 가치 있는 내용을 포함하고 있다. 이 대지도(115)에는 해안선이 동쪽으로 향하다가 북쪽으로 꺾어지고 maidalü(K. Miller에 의하면 상하이)라는 도시명이 쓰여 있는 육지의 전면에서 동남쪽 모퉁이에 군도(群島)가 나타나 있는데 그중 5개 섬에 신라(al sila)라는 이름이 쓰여 있다. 위에서 언급한 바와 같이 그 지명이 이전의 아랍인들의 교역항해시대의 잔재이며 한국을 언급한다는 사실은 의심할 바 없다. 에드리시(114)의 본문에서는 다음과 같이 언급한다. "이 섬(Almaid)에서부터 무수하고 조밀하게 놓여 있는 신라의 섬들로 여행할 수 있다. 거기에는 Ankuah(Campbell, 252에 의하면 안주 Anshû)라는 도시가 있는데, 그 지역은 토지가 비옥하고 모든 종류의 산물이 풍부하여 방문하는 외국인이면 누구나 거기에 정착하고 돌아가는 것을 꺼린다. 그곳에는 엄청난 양의 금이 있어서 주민들은 개나 원숭이 목걸이조차 금으로 만든다. 또한 그들은 금으로 옷감을 짜서 판다." 여기서 묘사된 일부 내용은 과거의 한국에는 부합될지 모른다. 무엇보다도 이 내용은 금 채취와 금세공에 적용된다. 그러나 동시에 에드리시 대지도 상에서는 아시아 대륙의 동안에서 대략 한국

---

23 역자 주: 옻나무의 학명 *Rhus vernicifera Decne*은 이창복의 『대한식물도감』에 의하면 *Rhus verniciflua* Stokes로 표기되어 있다.

이 놓인 위도에서 훨씬 북쪽으로 육지와 좁게 연결된 달걀 모양의 반도가 나타나는데, 그 지명은 gezire al jäküt(히아신스 섬, Hyazinthen-Insel)라고 쓰여 있다. 본문에는 이에 관하여 다음과 같이 적혀 있다. "Khirkhir의 왕이 사는 이 도시(Miller에 의하면 베이징)는…… 지협에 의해 대륙으로부터 분리되고 환상(環狀)의 산지로 둘러싸여 있는 히아신스 반도와 이웃하고 있다. 그 산지의 최정상은 막대한 노고 없이는 오르기 힘들 정도로 접근하기 어려운 곳이며, 반도의 최저부에는 도달이 불가능하다. 전하는 바에 따르면 그 지역에 독사가 있고 히아신스가 풍부하다. 주민들은 이 가치 있는 보석을 구하는 데 특수한 영업술과 기술을 이용한다." 내용을 보면 히아신스란 익히 아는 지르코늄 광석이다. 한국에 실제로 지르코늄이 흔한지를 저자는 확인하지 못했다. 이 서술의 여러 가지 특성으로 보아 Miller가 히아신스 반도라고 상정한 랴오둥반도보다는 한국일 가능성이 더 높다. 아시아의 동측에 관한 에드리시의 기술 내용은 Sulaimân, Khordâdhbeh, Mas'üdi 등의 보고서에 비해 사실과 크게 다르고, 이 내용이 한국이라고 판단될 수 있는 두 개의 분리된 지역을 기록하고 있다는 사실은 놀랄 만한 일이 아니다.

유럽인이 직접 한국에 관해 전할 수 있었던 것은 그로부터 몇백 년 후의 일이다. 최초의 소식은 프랑스의 루이 9세의 명에 의해 1253~1255년 사이에 타타르를 여행하고 여행 중에 카라코룸에 있는 몽골의 왕 Mangu의 궁전에 도달하였던 프란시스코 승려인 Wilhelm Rubruk으로부터 유래한다. 거기서 그는 파리 출신의 금세공가인 Wilhelm Buchier를 만나서 그와의 대화 내용을 보고하였다(116, p.328 이하). "Et narravit michi magister W. quod ipsi vidit nuntios quorundam hominum qui dicuntur Caule et Manse, qui habitant in insulis quorum mare congelatur in hyeme, ita quod tunc possunt Tartari currere ad eos, qui offerebant triginta duo milia tumeniascot (Gulden) annuatim dum modo dimmiterent eos in pace." Caule는 중국인이 말하는 Kaoli, 즉 한국인을 말함은 의심의 여지가 없다. 아마도 기술 내용상 압록강이 겨울에 결빙한다는 사실이 이 보고서의 근지에 깔려 있다(p.175). 몇몇 섬이 있는 압록강 하구는 만(灣)과 유사하다. 그러나 실제로 한국 해안에서 겨우내 결빙하는 해협(Sunde)은 없다.

1271~1295년까지 그 유명한 여행을 했던 마르코 폴로(Marco Polo)도 한국에 대해 언급했다. 그는 쿠빌라이 칸(K'ubilai-Khan)의 영도 아래 중국제국에 병합된 네 개 지방에 관하여 기록했다(117, Lib. II., Kap. V): "Et tunc quidem quatuor provincae accesserunt ditioni eius, quarum nomina sunt Funotia, Cauli, Barscol & Sinchintingui."

그 후 조선이 새로이 유럽의 시야에 나타나서 다시 완전히 사라지지 않기까지 300년의 세월이 흘렀다. 그것은 중국 및 일본에서 기독교 선교활동의 정착과 관련되어 나타났다. 이 선교사들은 Coria 혹은 Coray 나라에 관한 소식을 유럽에 전하였다. 그러나 1650년까지도 그 이름만이 겨우 알려졌을 뿐이다(118). 그리고 이 당시의 지도 상에는—아마도 Rubruk의 보고서를 근거로 하여— 조선이 섬으로 나타나는데, 때로는 남북으로 길게 뻗은 그 형태가 실제에 가까운 반도로 나타나기도 한다.

일본에 파견된 포르투갈의 선교사인 신부 Luis Froës는 로마에 있는 예수이트 교단 원장에게 보내는 1590년(정확히 1592년)의 연례보고인 「Corai, altrimente detta Koria」(118, 252)를 통하여 조선에 대한 도요토미 히데요시(豊臣秀吉)의 침략에 주의를 환기시켰다. 같은 해인 1592년에 저명한 이탈리아 태생의 예수이트 교단의 신부인 마테오 리치(Matteo Ricci)가 난징(南京)에서 조선 소식을 접했다. 이 사실을 마테오 리치의 수행원인 Trigault가 유럽에 전했는데 그는 그의 대여행기에서 도요토미 히데요시의 조선 침략에 관한 내용을 다음과 같이 기술했다(122, p.316 이하). "Nanchinum ubi ventum, omnia formidinis plena repererunt. Nam Japones suis finibus egressi regnum Coria infestis armis impetiuerant." 그러므로 도요토미 히데요시의 침략 때문에 조선이라는 국명은 단번에 유럽으로 여러 차례 전해지게 된 것이다. 타이코사마(太子様)의 어느 한 부대에 편승하여 유럽인도 최초로 조선에 갔다. 그는 마드리드 출신이면서 포르투갈 예수이트 교단 신부인 Gregôrio de Céspedes(88)였다. 그러나 그가 1594년과 1595년에 걸친 겨울에 조선으로부터 보내 온 편지에는 조선에 관한 별다른 내용은 없었다(p.131 비교).

도요토미 히데요시의 침략 이래로 조선의 국명은 유럽에서 출판된 지도 상에서 더 이상 사라지지 않았다. 1595년 포르투갈인 Ludoico Teisera의 'Japoniae insulae descriptio'라는 지도에도 'Corea Insula'가 기재되었는데, 이 지도는 1612년의 A. Ortelius의 Theatrum Orbis Terrarum에 110번 도엽으로 출판되었다. 그리고 같은 해인 1595년에 출판된 유명한 네덜란드 수문학자 Jan Huygen van Linschoten(120, 지도 V)의 여행기에 포함된 동아시아의 지도에도 조선은 Ilha de Corea라고 기재된 대륙에 인접한 거의 원에 가까운 섬으로 나타나고 있다. 또한 Mercator(1607~1633년)와 Blaeuw(1635년)의 지도첩, Jansson(1650년), Sanson(1652년), Duval d' Abbeville(1681년) 등의 지도책에도 Corey 혹은 Coria라는 명칭이 중국과 일본 사이에 남북으로 길게 뻗은 도서 상에 표기되어 있다. 그러나 Linschoten은 이미 조선의 도서적 성격에 대해 의심을 표명했다. 그는 1599년에 그의 저서 『Japoniae Nova Descriptio』에 다음과 같이 기술했다. "Corea, indigenis Caoli, Japonensibus Coras dicitur, quae aut sit insula aut pars continentis nondum constat." 그리고 A. Pawlowski가 처음으로 확인한 바와 같이(159), 이미 16세기 초반의 유럽의 여러 지도에는 조선과 관계되는 위도 상의 아시아 대륙의 동안에 조선이 반도로 표기되어 있다. Sebastian Münster의 타이코사마(太子樣)에 포함된 지도들도 이들 지도에 속한다. 마찬가지로 Linschoten의 Itinerario에 동봉된(120, 지도 III), 1594년의 Petrus Plancius의 세계지도 상에도 조선을 이 지명과 함께 길게 뻗은 반도로 표기했다. 또한 Hakluyt도 1589~1600년(119)에 그가 출판한 『Principal Navigations』에 별첨한 조선의 지도를 반도 형태의 만주의 연장부로 표기하고, 그 지명을 Coray regnum으로 적었다. 그리고 몇 년 후에 독일인 Mathias Quade(121)도 조선을 반도로 인정했다. 1653년에 처음으로 출판된 예수이트 교단의 M. Martini(123)의 지도첩 내 도엽 5와 17에서도 조선은 너무 좁긴 했으나 상당한 규모의 반도(Corea Peninsula)로 나타난다. 그리고 지도에 딸린 소개 내용은 다음과 같다. "De Corea, insulane sit aut continens, varia est ac dubia apud Europaeos fama; at mihi certum omnino est, peninsulam esse." Sanson(1697)과 Homann(1716 이하)의 지도첩들은 이 점에서 Martini 지도첩의 사본들이다.

중국에 관한 Martini의 지도첩의 본문은 높이 평가할 만한 조선의 역사와 민속학적 개요를 최초로 소개하고 있다. 이 지도첩과 함께 조선에 관한 유럽인들의 지식의 새로운 시대가 시작되었으며, 이것이 유럽의 적극적 참여의 시작이기도 하다. 이 새로운 시대는 조선이 쇄국정책을 포기 할 때까지의 기간, 말하자면 대략 1650~1880년까지 지속되었다. 이 기간 동안 외국인들이 조선에 입국하는 것은 사형으로 금지되었다. 그러나 조선은 사신(使臣)의 여행, 육지와 해양의 국경을 통한 교역, 망명자, 죄수와 난파(難破) 등을 통하여 인접 강대국들과 미약하나마 관계를 가졌다. 그러나 이 인접 국가들에는 금단의 나라에 있는 비밀을 캐내려는 호기심에 가득찬 유럽인이 살고 있었다. 1842년 혹은 1854년까지는 인접 국가들에 유럽인들의 수가 매우 적었으나, 베이징에 있던 예수이트 교단의 선교사들과 데시마-나가사키에 주재한 네덜란드 상사회사 Handelskompagnie의 직원들은 최소한의 가능성도 활용할 줄 아는 호기심에 가득 찬 학자들이었다. 그러므로 사람들은 중국과 일본에 잠시 거주하는 조선인과 접촉하였고, 이를 통하여 조선과 조선 주민의 사정을 알게 되었다. 유럽인은 중국어와 일본어로 된 조선에 관한 자료를 번역하고 일본이나 중국에서 얻은 조선지도를 유럽문자로 표기하여 발행하였다.

이 시기의 초엽에 중국에서 선교사로 활동하였던 Martini의 저서 외에도 한 권의 책이 있는데, 이 책은 2차적 자료를 바탕으로 한 학문적 인쇄물의 종류에 속한 것이 아니라 조선에서 직접 목격한 보고 내용을 적은 것이다. 이와 같은 책은 향후 200년간 더 이상 나올 수 없었다. 이미 p.65에서 언급한 바와 같이 Martini의 지도첩과 본문이 처음 출간된 바로 그해인 1653년에 네덜란드의 스페르베르호가 제주도 해안에 닿았고, 1668년에 그 배의 병참장교였던 **헨드릭 하멜**(Hendrik Hamel)은 조선에서 체험한 13년간의 억류 생활에 관한 이야기를 로테르담에서 출판했다(171-173). 『하멜의 수난사』는 1670년에 불어로, 1672년에는 영어와 독일어로 각각 번역 출판되었다(124). 하멜이 당한 수난기의 진실성에 대한 의구심이 때로 일긴 했으나 의심의 여지가 없음이 밝혀졌다. 제주도에서 서울로 포로를 압송하는 길을 추적해 보면 상당한 진실성이 밝혀지고(v. Siebold 132 I, Gesch. Übersicht, p.89, p.159 이하), 그 길은 탐험가들이 다녀간 경로를 표시한 본서의 지도 상에 나타나 있다(별도 4). 물론 하멜은 내적으로 그 자신과 그의 동료의 운명에 신경을 써야 했고, 외적으로는 이동의 자유가 크게 속박되어 있었기 때문에 책에 풍부한 역사지리적인 내용을 담을 수가 없었다. 그러나 그 책은 이 불친절한 나라와 그 주민에 관한 더 많은 정보에 대한 큰 관심을 불러 일으키는 데 크게 기여하였다.

그중 조선 부분에 대해서 특히 Régis 신부의 공이 컸던 **1718년의 예수이트 교단의 지도**는 지도의 내용을 크게 향상시켰다. 그의 권유로 청나라의 강희제는 1709년에 지형자료를 수집하기 위하여 속국(조선)으로 사절단을 파견했다(158). 이 사절단은 당시 서울의 왕궁에 걸려 있던 지도를 모사하고(p.74), 해시계(Gnomon)를 이용하여 서울의 위도를 37°39′으로 측정했다. 예수이트 교단의 신부들이 직접 조선에 오지는 않았으나 Régis, Jartoux, Fredelli 등은 1709년에 압록강과 두만강의 하구까지 도달하여 그 위치를 측정했다. 이 언급한 지도는 잉골슈타트(Ingolstadt)와 나가사키에서 1612년에 관측된 월식, 사절단 일행의 노선 측량과 사절단이 조선에서 수집한 자료 등을 근거로 Régis와 Gaubli 신부에 의하여 수정되었다. 이것이 1718년에 중국의 예수이트 교단 지도첩에 포함된 조선지도의 기원이었다. 동일한 지도가 1735년에 출판된 **d'Anville 지도첩**(126)에 불어로 옮겨 쓰여진 도엽 XXXI에 수용되었다. 하천망과 도시들이 이 지도 상에 놀랄 만큼 정확히 제시되었다. 또한 한반도가 이미 남북 방향으로 정확한 거리로 나타난다. 동해안은 대체로 정확한 위도 상에 놓여 있으나 불룩하게 튀어나온 해안선의 특징을 살리지는 못하였다. 특히 서해안은 서해로 너무 멀리까지 연장되었고, 서해안과 남해안의 무수한 도서들은 거의 기재되어 있지 않았다. 따라서 한반도는 폭이 매우 넓고 둔중해 보이는데 특히 남반부가 그러하다. 경도 3°의 폭 대신에 d'Anville 지도 상에는 5.5°로 나타난다. Régis 신부는 그가 아래와 같이 언급하는 한(127 IV, p.70), 그가 얻어 낼 수 있는 지도학적으로 정밀한 각도를 올바로 측정한 셈이다. "우리는 정남과 정서의 방향을 잘 알 수 없었다. 그것을 알았더라면 우리는 조선으로부터 아시아의 일반 지리 기술(記述)에 관하여 기대할 수 있는 모든 것을 성취했을 것이다". 매우 다양한 형태를 가진 조선의 서해안이 어느 정도 정확하게 그려질 수 있게 될 때까지 아직도 100년은 더 걸려야 했을 것이다.

위에서 언급한 중국 사절단은 조선 고관들의 수중에 있었던 조선의 지리적 기술을 조사할 수 있었다. 이렇게 얻은 조선에 관한 지식을 Régis 신부는 지도에서뿐만 아니라 본문 기술에도 종합하였다. 이 지도의 내용이 du Halde의 유명한 중국에 관한 기술(125, 127)에 인용되었다. 이 저서의 조선 단원은 유럽인이 쓴 것 중에서 한국에 관한 최초의 상세하고 신빙성 있는 지리·역사적 기술이다. 이 책은 Carl Ritter가 그의 종합적이고 당대의 뛰어난 지지서인 『산악의 반도 한국(Gebirgshalbinsel Korea)』을 쓰는 데 이용한 주된 참고문헌 중 하나였다(133).

19세기에 조선에 관한 중국어, 일본어, 만주어 등으로 된 자료를 프랑스어로 번역하고 비판적인 주석을 붙인 J. Klaproth를 우선 당대의 대표자라고 언급할 수 있다. 가장 풍부한 역사지리적 정보를 그의 저서 『Aperç général des Trois Royanmes』(131)가 제공한다. 이 책은 1786년에 Yedo에서 일본인 Rinsife가 발간한 조선에 관한 기술 내용을 번역한 것과 1744년판 『대청제국지리(Tai t'sing i t'ung chi)』 중 조선에 해당하는 353장을 번역한 내용을 포함한다. 이와 마찬가지로 그 후에 Pfizmaier(134, 136), Scherzer(142, 154), Nocentini(157), Dimitrewski(148, 149) 등이 조선에 관한 극동 지역의 자료를 번역했다. 이러한 원전의 성격에 관해 위에서 언급했듯이 이 책들 속에서 역사적인 내용과 지리적인 내용이 명확히 구분되지 않는다는 사실을 알 수 있다.

Klaproth와 거의 동시대에 Ph. Fr. v. Siebold와 그의 제의에 고무된 J. Hoffmann은 조선에 관한 일본 원전을 연구했다. 그러나 일본 원전들은 이 두 학자에 의해 번역되어 출판된 것이 아니라 집대성되어 원전이 신판으로 정리되었고, 이 신판은 Siebold의 유명한 대전집(132)중 조선을 다룬 부분으로서 제7부에 포함되어 있다. 도쿄대학교에서 일하던 미국인 W. E. Griffis는 같은 방식으로 조선에 발도 디디지 않은 채, 1880년경에 조선의 역사와 민속에 관한 그 당시로서는 획기적으로 상세한 책을 저술했다(45). 그에 상응하는 방법으로 만주에서 7년간 거주한 스코틀랜드의 성직자 J. Ross는 거의 동시대에 중국 원전을 통해 조선을 연구했다(44).

Klaproth, v. Siebold, Griffis의 책과 같은 대부분의 책들은 일본에서 발간된 지도를 편저자들이 재작성한 조선지도를 첨부하고 있다. 이들 지도보다도 더 우수한 지도는 1875년에 1:960,000 축척의 'Chosen zen dsu(조선전도)'라는 이름의 일본 육군성(Kriegsministerium)이 작성한 것이며, 1883년에는 E. Satow(V)에 의해 잘 고안된 표기법으로 Petermanns Mitteilung에 출판되었다(150). 이 지도의 정확도는 면적 측정의 값이 218,192km²로 실제 면적에 매우 가깝게 나타난다는 사실에서 알 수 있다(Pet. Mitt. 1883, p.434, 앞의 p.30과 비교).

그러나 Siebold는 일본의 자료를 가지고 연구하는 데 만족하지 않았다. 그는 데시마 섬에

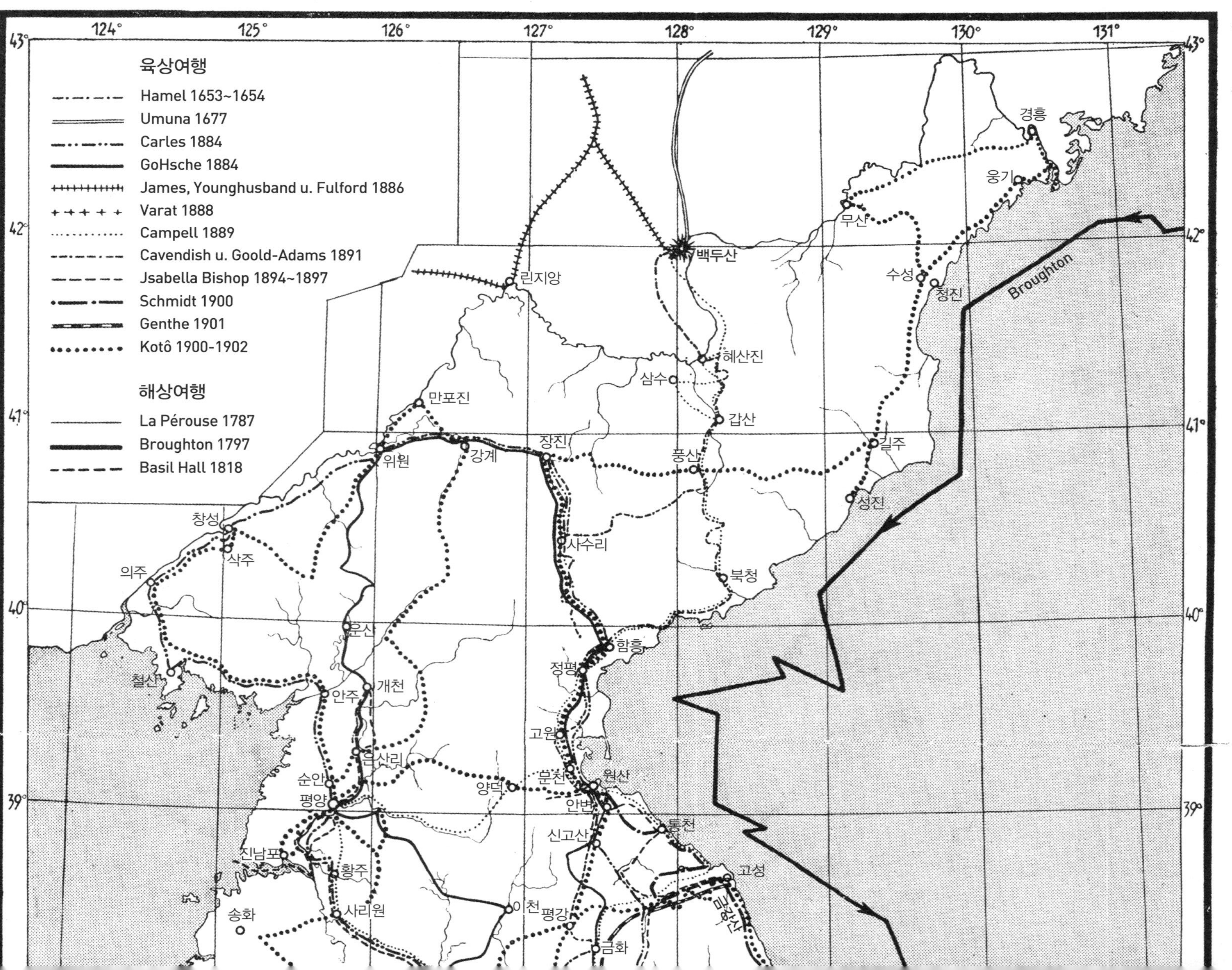
육상여행
Hamel 1653~1654
Umuna 1677
Carles 1884
GoHsche 1884
James, Younghusband u. Fulford 1886
Varat 1888
Campell 1889
Cavendish u. Goold-Adams 1891
Jsabella Bishop 1894~1897
Schmidt 1900
Genthe 1901
Kotô 1900-1902
해상여행
La Pérouse 1787
Broughton 1797
Basil Hall 1818
Broughton
백두산
린지앙
혜산진
삼수
갑산
만포진
위원
강계
장진
풍산
길주
성진
경흥
웅기
무산
수성
청진
사수리
북청
창성
삭주
의주
운산
함흥
정평
철산
안주
개천
고원
순안
평양
양덕
문천
원산
안변
통천
신고산
진남포
황주
고성
송화
사리원
평강
금화

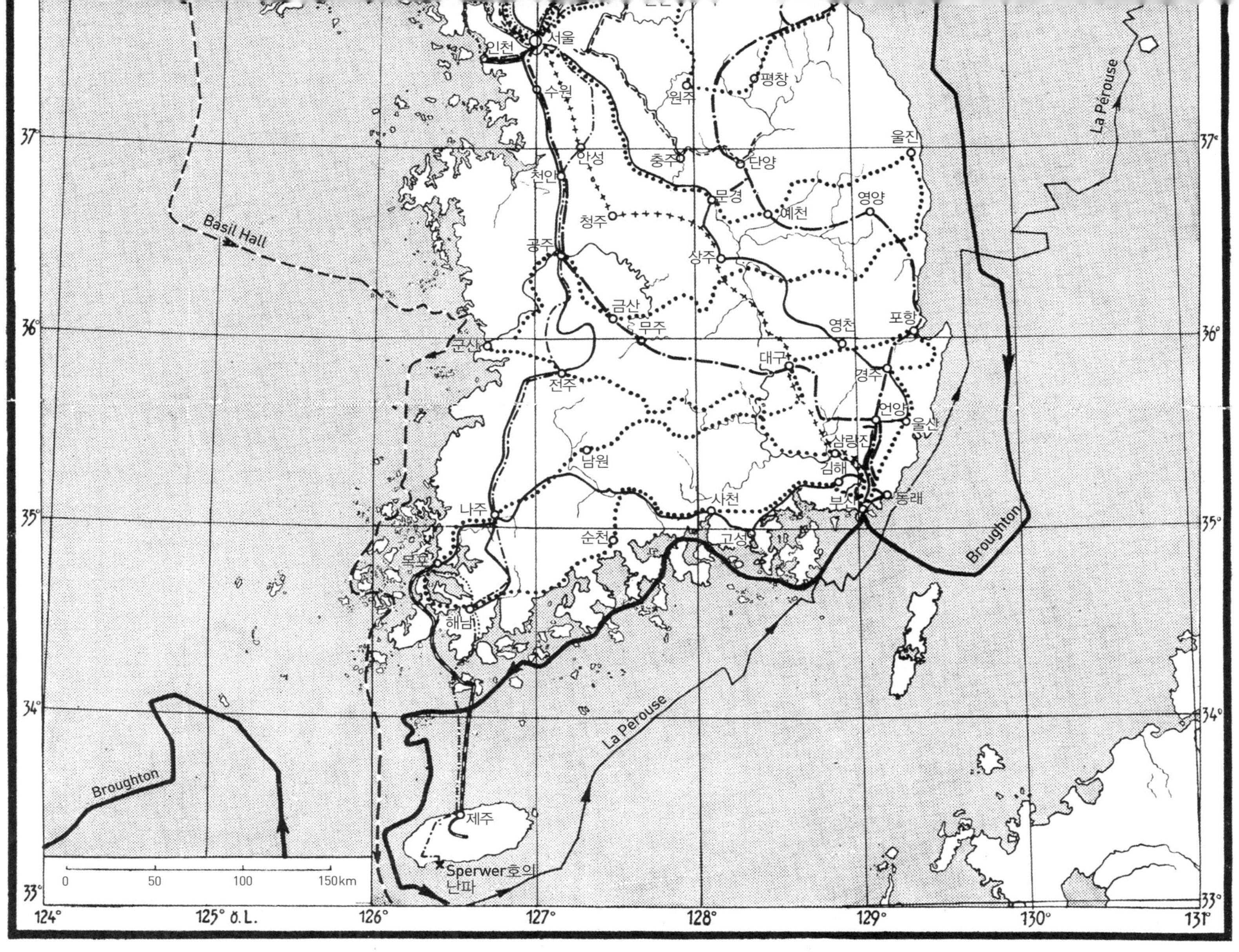

[별도 4] 조선 내와 그 주변에서 지리상의 탐험여행 경로(1653~1902년)

체재하는 동안 난파를 당한 조선인들을 만날 기회가 있었는데, 그 조선인들은 고국으로 돌아갈 수 있는 방도가 생길 때까지 나가사키에서 일본인들의 보호를 받고 있었다. 그는 또한 쓰시마와 부산의 왜관에서 일했던 일본인 장교 및 공무원들로부터 조선에 관한 다른 정보를 얻었다. 그는 이미 조선에서 실제로 존재하는 두 가지 인종형을 식별하고 기술할 수 있었으며, 그 인종들의 세밀한 그림을 그렸다. Siebold와는 관계없이 Richthofen은 독자적으로 1869년에 고려문을 방문하여 동일한 인종형들을 확인하였고, 조선의 민족과 경제에 대한 관찰과 정보를 수집하였다(140, 141, 253). 또한 그는 산둥과 랴오둥 지방에서 행한 그의 지질·지형학 연구를 기초로 조선 북부 지방의 산지구조에 대한 명확한 외삽적 귀결을 이끌어 내려고 시도했다(141). 자료들을 인접 국가들에서 수집하였던 이 시대의 또 다른 책들 중에는 베이징에 오래 상주한 러시아 대리공사였던 M. A. Podschio의 책이 있다(240). 이 책은 쇄국정책이 끝난 후에야 비로소 출간되었는데 독일어로 번역(156)되기는 했으나 잘 알려지지 않았다. 이 책의 신빙성은 전반적으로 결여되지만 그 시대의 다른 책에서 언급하지 않은 지리적으로 가치 있는 무수한 자료를 포함하고 있다.

이 시대의 폐막과 더불어 나온 책은 1874년에 출간된 조선교회사에 관한 Ch. Dallet 신부의 대작이다(137). 이 책은 프랑스 선교단의 수많은 보고서에 의거하고 있다. 제목에서 알 수 있듯이 이 책의 대부분의 내용은 얼마 전에 그 정점에 달했던 가혹한 천주교 박해를 지극히 상세하게 묘사한 것이다. 그러나 거의 200쪽에 이르는 서문은 신선한 아침의 나라의 지리적 현황을 다룬다. 서문에서는 물론 선교사들이 가진 자연과학적 지식의 부족함이 여실히 나타나고, 지형에 관한 내용은 매우 무미건조하고 틀에 박힌 것이다. 그럼에도 불구하고 이 서문은 Reclus가 『Nouvelli Géographie Universalle』(146)이라는 그의 책 중에서 조선에 관한 내용을 쓰는 데 주된 참고서였기에 이 내용은 그의 책을 통하여 널리 알려지게 되었다.

부가적으로 개국의 시작까지 이르는 이 시기의 후반부는 '10,000개의 섬을 가진 나라'의 해안선을 측량하고 연안의 수심을 측정하는 등의 유럽의 항해 탐사로 특징지어진다. 이러한 과정을 통하여 비로소 지도에 매우 불명료하게 나타나던 조선의 수리적 위치가 천문학적 위치 측정을 통하여 확인되었고, 이러한 방법으로 조선과 외국을 위한 조선 지도가 오늘날 누구나 아는 바와 같은 특징을 가진 형태를 마침내 갖추게 되었다. 이러한 측지 작업은 남해안과 서해안의 다도해 지역에서는 매우 긴 시간을 요했으며, 독일의 전함도 포함된 유럽의 전함과 특히 일본인들에 의해 최근에 완성될 수 있었다. 또한 수없이 많은 이러한 탐사선들이 일시적으로 정박하였고, 그러는 사이에 조선의 특성에 관한 개략적 인상을 얻게 되었다. 이러한 작업의 본래 목적은 전적으로 학문적인 것이었으나, 19세기 중엽부터는 경제적, 정치적 의도가 병행되었다. 항해 탐사를 통하여 해안에 인접한 지리적 대상에는 p.40 이하에서 언급했던 바와 같이 영국, 프랑스, 러시아식의 지명이 붙여졌다(별도 4).

수많은 용감한 항해가 중에서 그 첫째는 비운의 La Pérouse인데 그는 태평양의 대탐험항해를 하던 중 3년째에 조선 연안을 통과했다(160). 1787년 5월 21일에 그는 Bussole호와 Astrolabe호라는 배로 제주도의 남해안을 따라 항행하여 쓰시마 섬과 조선 사이의 대한해협을 조선 쪽에 근접하여 통과하였고, 5월 27일에는 지금까지 조선인과 일본인만이 알고 있고, 어떠한 유럽의 지도에도 표기되지 않은 울릉도를 발견하였다. 그는 울릉도를 항행에 동행했던 천문학자 Dagelet의 이름을 따서 명명했다. 그보다 10년 후에 W. R. Broughton 선장은 영국의 범선인 전함 Providence호로 반대 경로를 취하여 두만강 하구에서 부산에 이르는 전 동해안을 따라 항해했다(161). 이때 그는 동한만(東韓灣)을 발견하고 자신의 이름을 따서 Broughton 만이라고 칭하고 부산에 상륙했다. 그리고 위험한 경로를 택하여 다도해를 거쳐 한반도의 남서단과 제주도를 통과하였다.

1816년 Amherst 경은 어느 한 영국 사절과 함께 중국에 파견되었다. 그의 명을 받아 이 기회에 Murray Maxwell과 Basil Hall 등의 선장들이 Alceste호와 Lyra호를 각각 타고 Petschili[24] 만 내와 조선 서해안 탐험항해를 수행했다(162–164). 이 항해를 통하여 d'Anville의 지도에서 나타난 것보다 조선의 서해안은 경도 2° 정도 동쪽으로 이동되었다. 또 북쪽 방면에서 해안으로부터 멀리 떨어진 몇몇 제도(諸島)를 발견하였고 남쪽 주변에서 격심한 조류가 밀려드는 한 군도(群島)의 존재를 확인했다. Alceste호의 선상 주치의는 McLeod였는데 그는 이 항해에 관한 기록을 남겼다(165).

1832년에 선장인 H. H. Lindsay와 Mark Brandenburg[25] 출신의 선교사인 Karl Gützlaff가 동승하고, 광둥(廣東) 소재의 영국–동인도회사로부터 탐사 준비를 한 Lord Amherst호라는 또 다른 영국 배가 동일한 수역을 탐사했다. Lord Amherst호는 무역협정 체결을 위한 조선 정부와의 접촉을 헛되이 기대하면서 인천에 인접한 서해 상에서 장기간 정박했다. 이때에 Gützlaff는 조선인에게 **감자** 재배법을 가르쳐 주었다. 이 탐사를 통하여 얻게 된 조선에 관한 지식의 확대는 별로 없었다(166, 167).

---

24 역자 주: 발해만을 가리킨다.

25 역자 주: 독일 베를린 주변 브란덴부르크(Brandenburg) 내의 동부 지방.

1845년에 Edward Belcher 경은 영국 전함 Samarang호를 타고 와서 그 배의 지속적인 호위를 받으면서 해안 부근의 육로로 제주도를 3주 동안 일주하였다. 그는 이때에 해안선의 형태에 관해 유용한 최초의 지도를 그렸고, 이 지도는 그의 여행기(168)에 1:390,000 축척으로 출판되었다. 비록 주민의 일부가 적개심을 보여서 취락 내로의 접근은 거의 불가능하였으나 그럼에도 불구하고 그의 여행기는 제주도의 지지적 지식에 관한 많은 가치 있는 정보를 담고 있다. Belcher 경은 그해 가을에 북쪽으로 한반도를 에워싼 다도해 지역으로 가서 세 개의 작은 섬들로 둘러싸인 양항을 발견하고 Port Hamilton(거문도)이라고 명명했다. 그는 그의 배를 타고 34°40′, 말하자면 한반도 해안에 근접한 곳까지 도달했다.

이듬해에 프랑스의 한 전함이 조선 서해 상에 나타났다. Guérin 선장 휘하에 Sabine호는 섬들을 측지하면서 조선 남서해안 군도들의 서측 외곽을 따라 북위 34°~37°까지 항해했다. 대원군의 프랑스 신부 처형에 대한 반응으로서 이러한 프랑스 전함의 접근은 쇄국정책이 종료되기까지 세 번이나 더 있었다. La Gloire와 La Victorieuse라는 쾌속 범선들로 이루어진 함대는 암초 투성이이고 조류가 거센 경기만에서 완전히 좌초되었다. 선원들은 어느 한 섬에 도착하여 본국인으로부터 구조를 받고 상황을 설명할 수밖에 없었다. 그리하여 학술조사 또한 불가능하였다. 마지막 방문은 위에서 언급한 1866년의 Roze 제독이 행한 비운의 탐험으로 한강 하구 지역의 수문지적 조사를 하였다. 그는 또한 프랑스 해군장교인 H. Zuber에게 조선과 조선 주민에 관해 관찰자료를 수집하고 개략적이지만 신빙성 있는 논문을 출판할 기회를 부여하였다(174). Roze 제독의 탐사를 전후하여 영국 측 업무를 맡아 보던 함부르크 출신의 유대인 상인 Ernst Oppert(169)는 조선 정부 측과 교역 관계의 교섭을 위해 세 차례의 헛된 시도를 했다. 미국인 Jenkins와 프랑스 신부 Féron도 참여한 세 번째의 시도는 해안에서 가까운 무덤에서부터 왕가의 유물을 도굴하려다가 실패로 돌아간 사건이며, 이 일은 특히 미국에 대한 많은 분개를 불러 일으켰다('International body snatching Expedition'). 그러나 세 번의 시도는 적어도 해도(海圖)를 개선하는 데 기여하였다. 또한 이미 언급한 러시아의 순양함 Pallas호는 서해안에 상응하는 부산에서 두만강 하구에 이르는 해안선의 측지 작업을 수행하였다(236).

이 시대의 말기에는 조선의 지세가 1:1,500,000 축척에 표기될 수 있을 정도로 개략적인 수준으로 알려지게 되었다. 또한 조선의 행정, 역사, 문화, 행정구역, 예의범절 및 풍습, 경제의 개관 정도가 알려졌다. 이러한 지식을 지리적으로 종합, 정리하는 일이 여러 차례 시도되었다. Carl Ritter의 훌륭한 집대성(133)은 Reclus의 기술(146)을 크게 능가하는 것이다. 그는 1834년에 구할 수 있는 모든 문헌을 이용하여 대가답게 조선의 지리적 주요 특징을 종합하였다. 물론 그의 저서는 무수한 문헌의 내용을 너무 상세히 인용하여서 장황하기도 하다.

그러나 1880년경에도 기후에 관한 개략적 정보와 주민의 농경생활양식을 제외하고 조선의 각 지역에 관한 정보나 자연지리적 내용에 관한 어떠한 관념도 없었다. 예를 들면 B. Reclus(146, p.662)는 1882년에 와서도 조선에는 참나무가 전혀 없다고 주장했다. 그러나 지금도 완벽하다고 자부하지 않는 『조선 삼림의 수종에 관한 조사(Übersicht über die Baumarten in den koreanischen Wäldern)』(486)라는 책에는 적어도 22개 종류의 참나무를 열거되어 있고, 그 나무들의 실제적인 특징도 정확히 알려져 있다. 이러한 사실은 다만 수백 년 동안의 쇄국에서부터 연유된 지리적 지식의 부족 때문이다. 지형적으로는 당시에 조선이 유럽에 속하는 터키 지역만큼이나 알려진 편이나, 지지적으로는 신선한 아침의 나라인 조선에 관하여 마치 열대의 중앙아프리카 이상으로 알려진 바가 없었다.

개국과 더불어 처음으로 공사관과 영사관의 공무원, 상인, 신문기자, 신·구교의 선교사, 해군장교, 후에는 러시아의 간부장교, 세계 관광 여행자 등의 식견 높고 관심 많은 유럽인이 몰려들었으나 이와 대조적으로 학자들의 방문은 매우 드물었고, 그중 지리학자의 방문은 전무했다. 이들 중 매우 많은 사람들은 오랫동안 미지의 상태로 극비의 베일에 가려져 있었고, 또한 그 때문에 외부로부터 호기심과 기대를 모았던 조선을 여행했다. 그런 후 그들은 대개 그들의 여행 인상을 글로 피력했다. 조선에 관한 서적과 함께 여행기들이 처음으로 일시에 쏟아져 나왔다. 아직도 여전히 불완전한 언더우드의 문헌목록(B)에는 1595~1880년까지 러시아어를 제외한 서구 언어로 쓴 조선에 관한 서적이 총 152권으로 나타난다. 대조적으로 1881~1931년 사이의 서적은 이 문헌목록에서 2,730권에 달한다. 수많은 여행기와 인쇄된 여행보고서 중에서 현대적 지지(地誌)로서 유용한 것은 유감스럽게도 거의 없다. 그 책들의 내용은 여행 체험을 순서대로 정리하고 일부 내용은 이미 이전에 잘 알려진 민속학적 내용을 되풀이하는 데 그칠 따름이다. 모두 이러한 방식으로 저술된 수십 편의 여행기가 있고, 전문학술잡지에 발표된 보고 내용조차도 이보다 나은 것이 없을 정도이다. 처음 답사하는 곳을 다루는 여행기인 경우에 지명의 혼동으로 말미암아 무용지물이 되지 않는 한에 있어서 적어도 지리적 개별 지식을 확대하는 데 기여한다. 수십 년이 지나면서 여행기의 수효는 점차 줄어들긴 했으나 그들 서적 중에는 그래도 아래와 같이 부각시킬 만한 훌륭한 서적들이 있다. 조선과 그 주민에 관한 신·구교의 선교사들이 쓴 책들은 대개 협의로 볼 때 여행기의 부류에 속하지 않는다. 대부분의 책들이 장기간 조선에 체류하면서 폭넓게 주민들과 일상의 접촉을 행한 남성들이 쓰긴 했으나 그 책들이 전하는 지리적인 정보는 놀랍게도 매우 적다. 기술 내용들은 빈번히 피상적이고 생동감이 결여되었으며, 때로는 사회적, 정치적 상황에 대해서 빈번히 반일적 관점으로 편파적으로 설명하는 도덕적 측면들이 부각되고 있다. 저자는 선교사들이 쓴 지리학적으로 훌륭하고 높이 평가할 만한 두 권의 책을 알게 되었는데, 이 책들은 위와 같은 기존의 수준을 크게 탈피한 것이다. 전 독일 베네딕트회의 신부인 A. Eckardt가 편찬한 『한국예술사(*Geschichte der koreanischen Kunst*)』(571)와 Ch. A. Clark의 『옛 한국의 종교들(Religions of old Korea)』"(580)이 바로 그 책들이다. 그 밖에 영어로 출판된 정기간행물(I–IV, XLIX, L, LIX) 속에 주로 선교사들에 의해 집필된 지리학적으로 가치 있는 개별 논문들이 있다.

1882년 초여름 조선 정부가 아직 두 앵글로색슨 국가(미국 및 영국)와 어떠한 통상협정도 체결하지 않았을 무렵 최초의 정찰여행이 시작되었다. 이 정찰여행은 처음에 인천–수원–서울의 해안 인접 지역에 국한되었다(J. C. Hall: 1882년 10월, H. A. C.I: Bonar 1883년 3~4월, P. Lowelll: 1883~1884년 겨울, 175–179). 미 해군의 S. B. Bernerston은 1884년 7월에 서울에서 평양까지 여행하였고, 평양에서 그는 단신으로 은둔하며 살고 있는 프랑스 신부들을 제외하고는 최초의 서구인이었다(182). **조선에서의 최초의 공식적인 유럽 여행자는 영국영사** W. R. Carles**였다**(186, 187). 1883년 12월에 금강산 방면으로 단기여행을 한 뒤 1884년 가을에 처음으로 압록강과 장진에 이르는 북부 지방의 대답사를 하였다(별도 5에 경로 표시). Carles는 추가령열곡에 이르러 기복을 덮고 있는 특색 있는 대용암대지를 발견하고 이 지역의 지형 상태를 소상하게 기록했다. 불행히도 후에 그의 업적은 일본의 지질학자 Kotô의 권위에 눌려서 감추어졌다. 전반적으로 Carles는 그가 관찰하고 체험한 것을 간략하면서도 객관적으로 기록했다.

Carles와 거의 같은 시기에 이전에 일본에서 일했고 묄렌도르프(P. G. Von Moellendorf)에 의해 조선에 초청된 **독일의 지질학자** Carl Gottsche **박사**가 조선을 여행했다(p.69). 1883년에 단기 방문을 한 후 이듬해 8개월을 조선에 체류하였다. 1884년 6월 11일부터 8월 15일까지 Gottsche는 남해안까지 여행을 하고, 9월 18일부터 11월 28일까지는 Carles가 간 길과 유사한 경로를 택하여 북부 지방으로 두 번째 여행을 하였다. Gottsche는 조선에서 총 2,550km의 거리를 여행하였다. 그는 조선의 북반부와 남반부를 자신의 관찰을 통해 알게 된 수십 년 동안의 유일한 유럽 여행자였다. 그는 관찰에 능한 자연과학자였으며, 그가 조선의 지질과 광상에 대한 개관을 파악한 점은 높이 평가할 만하다(309, 330). 그는 15년 동안 Petermanns Mitteilung이라는 잡지에 조선여행기에 관해 평론을 도맡아 왔는데, 그것을 통해 그의 조선 및 서적에 관한 해박한 지식을 엿볼 수 있다. 다만 그가 베를린지리학회(die Berliner Gesellschaft für Erdkunde)에서 행한 한

번의 강연(188)을 제외하고는 조선에 관한 어떠한 지리 서적도 집필하지 않았다는 것은 퍽 유감스러운 일이다. 그는 저자가 지금에야 쓰고 있는 이 책과 같은 한국지리서를 이미 20세기로의 전환기에 쓸 수 있는 능력을 가졌을 것이다. 한국 연구에 대한 그의 업적은 지금까지 너무나 외면되었는데, 그 이유는 추측하건대 그가 다른 여행자들과 달리 한국에 관한 대저작을 펴내지 않았기 때문일 것이다. 한국에 관하여 구속을 받지 않은 목격자가 맨 처음으로 상세하게 쓴 책은 P. Lowell의 책(179)이다.

마찬가지로 1884년에 영국인 Gowland가 서울에서 부산까지 여행을 하였고(184), 영국의 총영사인 W. G. Aston이 서울에서부터 개성까지 여행하였다(178). 1884년 12월에는 정치적 불안정[26]의 결과로 여행자의 입국이 감소하였다. 이후 몇 년 동안 단지 미국인 G. C. Foulk (183)와 독일인 F. Kraus(191, 192)의 체류만이 언급될 정도이다. 이들은 공히 방대한 양을 집필하지는 않았으나 읽을 만한 가치 있는 글을 썼다. 1888년에 프랑스인 Ch. Varat가 서울에서 부산까지 여행을 했고, 그 경로는 Gottsche와 Gowland가 간 길과 동일하며, 그는 대중 여행잡지에 방대한 양의 삽화를 포함하는 각광받는 글을 썼다(194). 같은 해 가을에 미국의 총영사인 C. Chaillé-Long이 제주도를 방문하였으나 제주 부사의 부정적 태도로 말미암아 큰 성과를 얻지 못했다(195, 196).

조선에 관한 지식은 또 다시 1888년에 영국의 영사관 직원인 C. W. Campbell의 여행에 의해 큰 진전을 보였다. 그는 여러 사찰을 포함하여 금강산을 방문한 최초의 유럽인이었으며, 아울러 러시아인이 아닌 백인으로서는 최초로 조선 북동부 지방을 순회하였다(197). 그의 목적지는 1886년에 영국인 James, Younghusband, Fulford가 만주 쪽에서 최초로 등정한 백두산이었다(190). 그가 서울에서 너무 늦은 계절에 출발할 수밖에 없어서 놀랍게도 백두산에서 겨울의 초설을 만나 정상을 눈앞에 두고 돌아서야만 했다. 그러나 지리학적으로 그의 여행은 빛나는 성과였다. 그의 측지 작업에 대하여 런던 소재의 왕립지리학회(R. Geographical Society zu London)는 그에게 상을 수여했다.

최후의 순간 그가 달성하지 못했던 것을 3년 후에 홍콩 주재의 영국인 장교인 그의 동포 H. G. Goold-Adams가 성취하였다(202). Goold-Adams 또한 서울을 떠나 그의 동료인 A. E. Cavendish와 함께 대체로 Campbell의 경로를 따라서 갔다. 그러나 이 두 사람은 금강산에 들르지 않고, 장진–갑산(개마고원)을 경유하는 우회 경로를 택했다. 혜산진 근처에서 Cavendish

26 역자 주: 갑신정변을 의미한다.

는 되돌아간 반면 Goold-Adams는 10월 16일에 외륜산에 도달하여 '천지(天池)'를 조망했다. 그들이 함께 목적으로 삼았던 여행과 사냥에 관한 기록은 Cavendish가 도맡아 쓰다시피 했으며 책으로 출판되었는데, 이 책에는 새로운 사실들이 많이 기록되었다(203). 인천에 소재한 큰 독일수출상사의 소유자로서 조선에 관해 가장 산지식을 가진 C. Wolter와 함께 1891년 조선을 여행한 독일영사 E. Brass는 그의 풍부한 관찰들을 다만 한 번의 상세한 강연 내용을 통하여만 발표하였다(201).

그 밖에 성격상 크게 다른 세 권의 여행기가 있다. A. H. Savage-Landor는 호감을 주는 세계여행가이다. 그 또한 조선에 관해 새로운 사실들을 전달함에 공명심 없이 매력적으로 집필했다(205). E. v. Hesse-Wartegg도 또한 조선을 여행했는데 새로운 곳을 탐험하지 않고 알려진 장소만을 찾았다. 그러나 그의 책은 독일어로 된 조선에 관한 초유의 상세한 내용을 기술하였고, 그 내용은 고서적, 조선인과 조선에 사는 유럽인들로부터 수집한 정보, 조선 정부에서 발간한 공보물 등에 근거를 두었다. 특히 저자는 조선을 중국과 일본의 세력 사이에 놓인 전장(戰場)으로 묘사하려 했다(204). 후에 인도의 부왕(副王)이 된, 1893년에 원산에서 서울까지 여행했던 G. N. Curzon의 관찰은 훨씬 심오하고 몰입하게 만드는 것이었다. 조선에 관해 상세히 다룬 그의 저서 『극동의 문제(Problems of the Far East)』는 여타와 비교할 때 여행기가 아니라 뛰어난 정치서적이다(206, 865).

1894년 1월에는 여행 관련 분야에서 이미 명성을 날린 여류 여행작가 Isabella Bishop(본명은 Bird)이 처음으로 조선에 왔다. 그녀는 1897년 3월까지 조선을 네 번이나 여행했다. 그녀의 여행경로에는 배로 한강 상류를 거슬러 올라간 것을 제외하면 특별한 점은 없었다. 그럼에도 불구하고 얼마 후 그녀가 쓴 두 권으로 된 책, 『조선과 그 이웃나라들(Korea and her Neighbours)』(207)은 조선에 관한 그 어떠한 책보다도 많은 관심을 불러일으켰다. 사실상 이 책은 이 시대의 어떤 여행기와 비교하더라도 가장 종합적이며, 철저하고, 신빙성 있는 조선에 관한 저작이다. 금강산의 탐방과 금강산 승려의 삶에 대한 기술은 유명해졌다. 스스로 체험한 여행 인상의 기술과 경관 형태와 색채에 관한 뛰어난 묘사는 민족, 문화, 당시의 정치적 상황 등에 관한 전반적인 설명과 어우러져 있다. 이 책은 1894~1897년까지 동요하는 역사를 생생한 경험을 통해 증언해 준다. 또한 최초로 조선의 무속신앙이 심도 있게 다루고 있다. 또한 저자는 식물계에 대해서도 처음으로 상세한 정보를 전한다. 따라서 Isabella Bishop의 책은 주목을 끌 만한 충분한 가치가 있다.

같은 해와 그 이듬해에 걸쳐 독일인 지질학자 B. Knochenhauer(214), 일본에서 근무하던 저명한 독일 의사 E. Baelz(218,522), 영국인 Willis와 L. O. Warner(199), 그리고 프랑스인 D. Lièvre(212)와 M. Monnier(215)의 여행이 있었다. 그들 중 M. Monnier는 금강산에 대하여 세심하게 기술했다.

1901년에는 쾰른 신문의 주재원 신분으로 Siegfried Genthe 박사가 조선에 왔다. 그는 마부르크(Marburg)대학에서 Theobald Fischer의 지도하에 페르시아 만에 관한 논문으로 박사학위를 취득하였는데, 학위취득의 이전과 이후에도 세계여행을 많이 했다. 조선 내에서 그가 한 많은 여행 가운데서도 금강산 탐방과 특히 제주도의 한라산 및 기생화산의 초등(初登)은 언급할 가치가 있다. Genthe가 모로코에서 살해된 지 몇 년 후 Georg Wegener는 Genthe가 그의 신문 관계 일로 대략 1년 동안 조선에 머무르면서 쓴 기사들의 일부를 모아 상세한 전기적 서문과 더불어 편집, 출판하여 그들의 스승인 Fischer에게 봉정했다(217). Genthe는 긴장감 넘치는 체험을 기술했고 지리학적 토대 위에서 실재적 경관 묘사를 행했다. 동시에 그는 숙달된 기자의 날카로운 통찰력을 바탕으로 최근 조선의 정치적 추세와 민족·사회적인 상황을 명쾌하고 다방면적 시각으로 써 내려갔다. Genthe의 책은 조선에 관한 여행기 중에서 최상에 속한다.

Bishop과 Genthe의 책은 일대 정점이 되었다. 러일전쟁은 곧바로 어려운 시련을 겪은 조선에 관한 책과 논문의 홍수를 초래했다. 특히 세 개 언어로 출판된 영국인 A. Hamilton의 다방면적 기술(219), 민족학적 세부 내용을 강조한 E. Bourdaret의 책(261), 이탈리아의 재외공관원 C. Rosetti(216)의 포괄적인 책, 폴란드인 W. Sieroszewski의 개략적 서술(220)을 언급할 수 있다. Sieroszewski는 1937년에 계속하여 두 권으로 된 한국에 관한 책을 썼는데, 그 책은 폴란드어로만 출판되었다(290). 한국의 문화를 가장 광범위하고 심오하게 파악한 저서는 미국의 선교학교 교수인 H. B. Hulbert의 『The Passing of Korea』이다. 이 책은 한국적 생활양식과 수년 동안의 일상 접촉을 기초로 하였다(43). 독일에서 많이 읽혀진 대수도원장 Norbert Weber(226)가 쓴 책은 지리학적으로 새로운 사실이 적은데, 무엇보다도 그의 여행이 한국 내의 극히 좁은 지역에 국한되었기 때문이다. 그것에 비한다면 Sten Bergmann은 매우 뛰어난 현대적 저서를 썼다. 그는 1935년부터 1936년에 걸쳐 북부 지방에서 야생 조류의 생활과 분포를 연구하고 스웨덴의 자연사박물관을 위해 동물을 채집할 목적으로 일부 아직도 알려지지 않은 길을 택하면서 한국을 답사했다. 여행 체험과 사냥 목적의 여행에 관한 기술을 했고, 개개 한국 동물에 관한 구체적인 기술과 더불어 한국인의 일상 생활을 스케치하기도 했다(227–230).

『J. M. Velter, 악마와 가면. 미지의 한국과 몽골 지역의 사냥꾼과 연구자로서』(Köln 1934, 156p.)와 같은 책은 제목의 관점에서 허구와 사실 사이의 경계를 고의적으로 모호하게 해 버려서 연구목적에 있어서는 물론 하등의 가치가 없다는 것을 강조하고 싶다.

지난 60년 동안에 출간된 기타의 한국에 관한 서구의 서적에 대해서는 여기서 언급을 생략하도록 하겠다(참고문헌 목록을 참조할 것). 40년간 결간이 없이 수많은 주요 지리학 논문을 게재하고 있는, 한국에서는 유일한 유럽의 학술잡지인 Transactions of the Korea Branch of the R. Asiatic Society만은 특별히 소개해야겠다(1). 서구의 한국문헌에서 볼 수 있는 바와 같이 한국지리에 관한 내용이 얼마나 미흡한지는 최근에 발간된 Handbuch der Geographischen Wissenschaft(289), Géographie Universelle(278), 그리고 이탈리아의 Geografia Universale Illustrata(288)에서와 같이 불만스러운 종합정리를 시도한 것을 보면 알 수 있다. K. Haushofer가 쓴 『세계교역지리(Geographie des Welthandels)』(275)가 보여 주듯이 경제, 교역, 교통에 관한 분야에 대하여 우리가 가진 지식이 더 나은 편이다.

위에서 확인했듯이 전반적으로 미흡한 결과는 아래의 사실을 감안하면 쉽게 이해될 것이다. 여행기들은 한국의 지리적 문제의 복합체(Problemkomplex)를 체계적인 작업분할방법으로 하나하나 해결하려는 의도를 가진 학자들에 의해 저술된 것이 아니다. 여행자들은 그보다는 여행체험에 관심을 가진 문외한들에게 지식을 제공하고, 그 외에 정치적 사건들의 발발로 자주 관심의 초점이 된 이 나라에 대해 가능한 한 많은 것을 전달하고 싶어 했다. 여행경로의 선택뿐만 아니라 책의 내용에 있어서도 학문적으로 고안된 계획을 근거로 하지 않았다. 모든 여행작가들은 말하자면 처음부터 다시 시작한 셈이다.

E. Bretschneider가 소상히 전하듯이(234), 1885~1904년 사이에 때를 같이하여 간행된 조선에 관한 러시아 문헌들은 전혀 다른 양상을 보여 준다. 러시아는 조선과 접경하는 유일한 유럽국가이다. 위에서 언급한 시기에 조선은 제정 러시아의 영토 확장 정책의 대상이 되었다. 그러므로 조선에 관한 연구는 러시아의 학자들과 관원들에 의해 체계적으로 수행되었고, 급격히 괄목할 만한 성과를 가져왔다. 서구의 여행자들이 주로 서울에서 여행을 착수한 것과는 달리, 러시아인들은 흔히 우수리 지방에서 출발하여 경흥(慶興)에 접한 두만강을 건너 육로로 한반도에 들어왔다.

하지만 그들 중 최초로 한반에 들어온 상인 P. M. Delotkewitsch는 반대의 경로를 택했다. 그는 선편으로 인천에 도착하여 1885년 12월부터 1886년 2월까지 서울과 원산을 거쳐 동해안을 따라서 블라디보스토크로 돌아갔다(237). 1885~1887년까지 폴란드의 자연과학자 J. Kalinowski는 북동부 지방에서 바르샤바 대학교를 위한 동물을 채집했다. 1889년 5월에는 Webel 중령이 블라디보스토크–경흥–원산–평양–서울의 경로를 답사하였고(238), 1895년과 1896년에 걸쳐서 Alftan 중령이 같은 길을 택하여 원산에 도달했다(239). 같은 해에 Strelbitzki 중령은 경흥에서부터 출발하여 함경북도 북부의 무산과 두만강의 발원지를 경유하여 갑산과 장진, 강계(江界)를 경유하여 만주로 여행하였다. 그는 동쪽으로부터 백두산을 등정한 최초의 유럽인이었다(235). 1896년 왕립러시아지리학회(die Kaiserlich Russische Geographische Gesellschaft)는 만주와 북동부 지방의 연구를 위한 학술조사단을 파견했다. 조사단은 독일광산기술자 E. Ahnert, 식물학자 W. L. Komaroff, 동물학자 A. Jankowski와 한 사람의 지리학자로 구성되었다. 그들은 우선 만주를 조사하고 1897년에야 조선에 입국했다. 이때의 경로는 훈춘–경원–회령–무산–두만강 발원지–백두산–삼수를 잇는 길이었다. Komaroff는 거기서부터 만주로 되돌아갔고, Jankowski는 원산으로 갔다(244). 1900년에 A. J. Zweginzoff는 북부 지방 전역을 답사했다(242). 그리고 같은 시기에 동물학자인 P. I. Schmidt는 다시 왕립러시아지리학회의 위임으로 원산으로부터 금강산을 거쳐 동해안을 따라 강릉에 도착한 후, 해안을 벗어나서 내륙을향하여 단양–영주–포항을 거쳐 부산으로 갔으며, 끝으로 공주–수원을 거쳐 서울에 도착했다(별도 4에 경로표시, 243).

이러한 사실을 감안해 볼 때 러시아인들은 다른 서구인들이 접근하지 않았던 조선 지역, 특히 북부와 동부를 중심으로 체계적 연구를 행했다. 북부와 동부 지방은 전쟁 수행의 경우에 러시아 측을 위한 점령 지역으로서 우선적으로 고려될 수 있는 곳이다. 이러한 노력의 결과로서 러시아 재무성은 1900년에 조선에 관해 3권으로 된 방대한 총람을 발간했다. 그 속에는 서유럽인들의 연구결과와 러시아어로 기입한 1:1,355,000 축척의 지도가 포함되었다(245). 이 저작은 객관적 견지에서, 특히 실용적 관점에서 쓰인 국가지(國家誌: 정치지리서)이며, 세기의 전환기에 즈음하여 조선에 관한 지식을 신빙성 있게 정리한 것이다. 그러나 이 책은 발생적·인과적 관계와 지역지리적 기술을 바탕으로 이루어진 지지서라고는 할 수 없다. 위에서 언급한 A. J. Zweginzoff는 1904년에 N. A. Korf와 함께 북부 지방의 20베르스타(Werst) 단위의 지도를 제작했다(지도 상에서 1 러시아 인치가 20 러시아 베르스타이므로 축척은 1:840,000임). 무엇보다도 러시아의 원전을 바탕으로 프러시아의 육군소장 Krahmer는 거의 주목을 받지 못했지만 내용이 매우 믿을 만하고 풍부한 조선에 관한 국방(군사)지리개관을 출판했다. 『일본에 대한 러시아의 관계(Die Beziehungen Rußlands zu Japan)』라는 제목 때문에 그 책이 독일어로 된 최상의 한국 관계 요람(263)인 줄 알기가 어려웠다.

러시아 측으로서는 불운한 1904~1905년 사이의 전쟁의 발발과 조선이 일본의 손아귀에 들어감으로써 러시아의 계속적인 조선 연구는 불가능하게 되었고, 따라서 조선에 관한 출판물도 드물게 되었다(246, 247 참조). 그리하여 일본인에 의한 조선 연구의 마지막 시기가 시작되었다. 일본인의 현대적 연구는 이미 1905년 이전에 시작하였다. 예를 들자면 일본의 지질학자 B. Kotô는 1900~1902년 사이에 남부뿐만 아니라 북부까지 조선 대부분의 지역을 14개월 동안 쉬지 않고 도보여행을 하면서 조사했는데, 답사경로의 총연장은 6,300 km에 달했다(352, 312, 별도 5에 경로 표시).

애초부터 일본의 연구는 새로 차지한 조선에 관한 학문적 문제에 대하여, 독일에서는 겨우 지난 10년대(1930년대)에 와서야 완전한 돌파구를 열었던 바와 같은 태도로 출발했다. 그것은 다름 아닌 철저하게 전문화된 연구를 바탕으로 한 지역개발계획이었다. 일본은 또한 다른 연구 분야를 등한시하지도 않았다. 그리하여 일본은 곧 조선 고대문헌을 연구하고, 고고학적 연구를 수행했으며, 이 일을 자력으로 독자적인 프로그램하에서 실행했다. 그러나 우선적으로 그러한 연구는 조선총독부의 국토계획의 의도를 반영하는 실용적 과제를 지향했다.

이러한 사업을 위한 우선적 기초는 당연히 매우 정확한 측지 작업이다(292). 조선총독부는 이 작업을 제1차 세계대전 중에 은밀히 진행하게 했다. 군사 지역을 제외한 한국 전역의 1:50,000 축척의 지형도가 간행되었다(경위선구분지도, Gradabteilungskarte. 각각의 도엽은 15′의 경선 간격과 10′의 위선 간격에 해당하며 총 723도엽. 하천은 파랑색으로 표기, 기타 모든 도식은 검정색. 주곡선의 간격은 20m. 군사 지역 주변의 지표는 갈색 음영으로 표기. 지명은 한자로 기입하고 한국식 발음을 부가적으로 일본 표음문자로 표기). 이 뛰어난 지도는 지세 표기에 있어서 저자가 여러 차례 검증한 결과 정확도가 높았다. 반면에 도로망은 후에 크게 수정된 계획에 의거하여 표기되었으므로 그러한 점에서 이 지도는 때로 이용될 수 없었다. 또한 한국 전역이 1:200,000 축척의 개략도로 간행되었다(60′경선 간격과 40′위선 간격으로 분할된 65개 도엽. 1 도엽은 따라서 1:50,000 16도엽의 면적에 해당. 기타의 내용은 1:50,000 지도와 같음). 특별히 문화적 중요성을 갖는 10개 지역에 대해서는 그 밖에도 몇몇 도엽이 연속되는 1:25,000 축척의 지도가 제작되었다(7.5′의 경선 간격과 5′의 위선 간격으로 분할된 총 97개 도엽. 주곡선의 간격은 10m). 끝으로 45개 도엽의 공용 도시지도가 1:50,000 축척의 4색으로 간행되었는데, 대부분은 이미 너무 낡았다. 또 13개 도에 대해 1:500,000 축척의 지도가 4색으로 인쇄되었는데, 회갈색의 주곡선은 100m의 표고를 나타낸다. 일본인이 제작한 1:100,000, 1:200,000, 1:500,000 축척의 만주 지도들은 북부 지방까지도 포함하고 있다(292).

1:1,000,000 축척의 세계지도 상에서 조선은 일본 정부가 일을 맡은 도엽 중 4개의 도엽을

차지하는데, 그중 3개 도엽이 간행되었다. 그러나 조선은 이 지도보다도 얼마 전 'Society for International Cultural Relations'에서 발행한 매우 훌륭한 1:2,000,000 축척의 **일본 및 인접 지역의 지도**(Map of Japan and adjacent Regions) 상에 더 정확히 나타난다. 본서에 별첨한 지도 1은 대체로 바로 이 지도를 기초로 하였고 지명도 이에 따랐다(p.40과 비교). 1:1,000,000 세계지도를 제외하고는 앞서 언급한 공용지도에는 어떠한 유럽어로도 표기되지 않았다. 일본과 특히 조선총독부는 이러한 지도의 측량과 간행의 일을 매우 훌륭히 수행했다.

이러한 바탕 위에서 지난 25년간 지역계획 연구가 이루어졌다. 최근의 **지질학 연구**는 B. Kotô의 연구기반 위에 이루어졌다(312). Kotô의 연구를 통하여 층서학(層序學) 발전의 기초가 정립되고, 최근에는 T. Kobayashi(319–324)와 기타 학자들에 의해 이 연구가 계승되었다. 그러나 그 개요에 있어서 Richthofen의 명철한 사고로부터 극단적으로 비약된 B. Kotô의 구조적·지형학적 개념(352)들은 전반적으로 기각되어야만 했다. T. Kobayashi 또한 지형학의 기초 정립에 진전을 가져왔다(380). 공식적인 지질조사는 조선총독부 지질연구소의 초대 소장인 S. Kawasaki와 당시의 후계자 I. Tateiwa에 의해 열성적으로 이루어졌다. 현재 한국 전역에 대한 **두 장으로된 1:1,000,000 축척의 지질개관도**가 있다(j). 풍부한 내용과 함께 19개 주제를 담고 있고, 총 63장으로 된 **1:50,000 축척의 조선지질도첩**이 지금까지 지형도를 바탕으로 하여 동일한 축척으로 간행되었다(l). 그 밖에도 많은 구조지질학, 층서학, 광상학에 관한 논문들이 발표되었고, 특히 Bulletin on the Geological Survey of Chôsen, Report on the Geological Survey of Coalfields in Chôsen, Journal of the Geological Society of Tôkyô에 많이 실려 있다.

일본인들은 을사보호조약과 동시에 개항장에 이미 설치되어 있던 것에 더하여 **기상관측망**을 구축하고, 점차 박차를 가하여 전역으로 확대해 나갔다. 이 기상관측망은 1933년에 이르러 조선총독부 관측소(인천 소재), 15개의 관측소와 234개의 간이관측소를 설치하여 총 250개의 관측소에 달했다. 그 결과 1907년 이래 매년 『조선총독부 관측소연보(Annual Report of the Meteorological Observatory of the Government-General of Tyôsen)』를 간행했다(XIV).

지난 10년 이래 또한 주변 해역과 여기서 자생하는 어류의 생물학적 관계에 관한 **해양학 연구**가 이루어졌다. 한국의 **식물학과 식물지리학**은 특히 T. Nakai의 노고에 의해 크게 발전하였다. Nakai는 식물지리에 관한 6권의 지역연구 논문집을 저술(766, 826, 860, 879, 902, 935)했을 뿐만 아니라, 방대한 분량의 『Flora silvatica Koreana』를 저술했는데 1909~1936년 사이에 21권이 출판되었다(480–484).

최근 식물지리에 관한 연구는 서울 청량리 소재의 조선총독부 중앙임업시험장에 의해 수행되었다. 중앙임업시험장에 의해 이미 수많은 지리학적으로 유용한 **산림연구논문집**(486, 488)과 목본식물 및 대나무 수종에 관한 도첩(t)도 출간되었다. 중앙임업시험장 소장은 높이 존경할 만한 T. Kaburaki이다. 임학 연구는 특히 H. Uyeki가 도맡아 하고 있다(488–492).

중앙임업시험장에 상응하는 권업모범장(勸業模範場)[27]은 서울 남쪽의 수원에 소재하며, 산하 전국 각지에 연구소의 분소를 두고 있다. rnjs업모범장의 주축을 이루는 연구원은 I. Nagai, T. Nakagawa, T. Takasaki와 N. Takahashi이다. 이 연구소에서는 종자 개량, 육종, 비료, 인공관개, 농기구, 토지 개량 등과 관련된 시험장과 식물 및 동물, 특히 잠사와 관련된 학교를 운영한다. 그 밖에 권업모범장에서는 한국 수도(水稻)의 주요 품종과 분포(620), 주요 작물의 분포와 육종(624) 등에 관한 기초 연구결과를 출판한다.

끝으로 이와 같은 지역연구의 일환으로 한국 **하천**에 관한 연구를 들 수 있다(수위, 유량, 홍수, 유수조절, 수자원이용, 451–453).

이 모든 연구는 시종일관 분석적이며 거의 한국 전역을 전체로서 다루고 있다. 이 연구들은 지역지리에 유용한 도움을 주긴 하지만, 완성된 기틀을 정립하지는 못했으며, 그들의 목적에 부응하여 대체로 일본어로 출판되었다. 또한 이 연구들은 조선총독부가 발행하였는데 조선총독부가 단지 관공서와 연구소의 업무용으로 소량만 출판하였므로 일반 서점에서는 판매되지 않는다. 그러므로 생각하건대, 무엇보다도 저자가 한국을 떠난 후 이와 같은 중요한 출판물들이 인쇄된다면 그 출판물들을 접하지 못할 것 같다.

간혹 한국에 관한 지리학적으로 평가받을 만한 내용을 담은 주요 논문들이 발간되나 대체로 그리 잦은 편은 아니다. 이 책의 참고문헌 목록에 실린 가장 중요한 일본 본토의 잡지에서조차 같은 형편이다. 오로지 한국의 지리만을 다루는 정기간행물은 아직까지 없다. '인문지리'는 서울에서 발행되는 인류지리학 잡지이나 그 내용은 한국에만 한정되지 않는다.

그 밖에 일본에서 영문으로 출판되는 한국에 관한 출판물이 있다. 우선 『Annual Report on Administration of Chôsen, compiled by the Government-General of Chôsen』을 언급할 수 있겠는데, 이 출판물은 1908년 이래 매년 속간되었고, 1923년까지 『Annual Report of Reforms and Progress in Chôsen』(VI)이라는 이름으로 간행되었다. 이 인상적인 조선총독부연보는 선전문구로 도색되어 있는 일종의 삽화를 넣은 통계연보이다. 연보의 내용 구성과 개개 부분의 내용은 특별한 사건이 일어나 기재할 필요가 있을 경우를 제외하고는 해마다 큰 변화가 없었다.

27 역자 주: 1906년 일제 통감부가 설치하여 1929년 조선총독부 농사시험장으로 개칭되었다.

때로 특별히 경축할 사유가 있을 때 한국 각지에서의 성과에 대한 내용을 영문판으로 발간했다. 뒤에 언급하겠지만 일본인은 이러한 발전에 대해 긍지와 함께 만족한 눈으로 보았고, 따라서 때때로 서구인의 관심을 끌 정도로 그들의 업적을 힘써 자랑했다. 예를 들어 삽화가 많이 든 그러한 편람 중에는 『Thriving Chôsen. A Survey of twenty-five Year's Administration』(304)과 조선은행 창립 10주년 기념으로 발간한 T. Hoshino의 『Economic History of Chôsen』(716)이 있다. 『Japanese Journal of Geology and Geography』 또한 거의 영문으로만 출판되었는데, 그 속에는 다른 출판물들에서 일본어로 발표되었던 많은 논문들이 게재되어 있다(XXVII). 내용은 일본제국 전체를 대상으로 하나 한국지리에 관한 것도 필연적으로 포함된다. 유감스럽게도 그 잡지의 지리학적 내용은 거의 전적으로 지형에만 국한되어 있다.

일본인은 한국에 관한 가장 중요한 지리적 지식을 일본어로 정리하는 시도를 수차례 해 왔다(297−299, 306). 19권으로 된 『일본지리풍속대계』(299)는 최대의 식민지인 한국에 관해 총 800쪽이 넘는 두 권의 책을 할애했는데, 그중 제1권은 전국을, 제2권은 13개 도를 각각 다루고 있다. 방대하고 치밀하게 삽화를 넣은 이 책은 일반 대중의 구미에 맞추었으므로 그 내용은 우선 수려한 경관, 한국인의 예의범절과 문화관습에 대한 있는 그대로의 기술과 일본 식민정책의 성과에 중점을 두었다.

7. 저자의 문제제기와 여행

결론적으로 현재 한국에 관한 연구의 학문적 상황은 아래와 같다. 한편으로 유럽에서 출판되는 대중적인 여행기는 크게 개략적 느낌을 근거로 하거나, 일부 산 체험을 바탕으로 기술한 것이며, 다른 한편으로는 엄밀히 학문적이긴 하나 지역계획의 성향을 지닌 일본인들의 본질상 당연히 불명료한 분석적 연구작업으로 대별할 수 있다. 한국 각지에 대한 지리학 연구논문집은 극히 드물다. 따라서 지리학의 지식을 담은 옛 자료와 최근의 자료를 종합하고, 동시에 경험적 관찰에 근거하면서 한국 전역과 주요 지역에 대하여 학문적으로 깊이 있게 지리학 연구를 시도하는 것은 매우 흥미 있는 일이다. 이것이 바로 본 저서의 목적이다.

문제해결을 위하여 저자는 1933년 3~11월 사이에 한국을 답사했다. 저자는 먼저 수도 서울과 그 주변 지역을 한 달간 조사하면서 충분한 시간을 보냈다. 그 후 서울을 기점으로 네 번의 답사를 했다(별도 5). 첫 번째 답사는 4월 22일부터 6월 15일까지였다. 이때의 여로는 4,300km에 달했다. 조사 지역은 37°45'의 남부에 위치하는 한반도의 절반이었다. 이때 동서 방향으로 네 차례 횡단하고 일부 서해안과 동해안을 따라 종단도 했으며, 울릉도에 5일간 체류했다. 두 번째 여행은 국토의 북서부 지역에서 행했다(6월 28일부터 8월 8일까지 총 3,200km). 우선 옛 수도인 개성으로 간 후, 황해반도를 순회하여 대동강 하구 지역을 거쳐 평양으로 갔다. 그리고 나서 철옹산과 묘향산의 산악 지역 내 대동강의 상류 지역을 조사했다. 그리고 희천(熙川)과 강계를 지나 중강진의 대압록강호에 도달하고, 압록강을 따라 하류로 와서 벽동(碧潼)에 다다랐는데, 대체로 하천변에는 도로가 없었으므로 높은 재와 지류들이 합류하는 계곡들을 건넜다. 벽동에서부터 방향을 남쪽으로 틀어 박천(博川)에 도달하고, 다시 압록강 쪽으로 방향을 바꾸어 삭주(朔州)로 갔다. 그리고나서 압록강을 따라 용암포가 위치하는 하구까지 갔다. 그 후 남동 방향으로 서해안을 따라 여행하고, 한반도의 중심부를 관통하여 임진강 지역의 용암대지를 거쳐 서울로 돌아왔다.

세 번째의 여행(8월 21일부터 10월 18일까지. 4,600km)은 열차를 타고 압록강 하구까지 가서 비행기 프로펠러를 장착한 배를 타고 압록강을 거슬러 700km를 여행하여 신갈파진(新乫坡鎭)에 도착했다. 압록강의 남동 굴곡부(Knie)에 위치한 혜산진(惠山鎭)에서 출발하여 8월 30일과 9월 7일 사이에 백두산에 올랐다. 사람이 거주하지 않는 이 지역의 원시림 속에서 조랑말을 끄는 마부와 함께 저자는 중국의 산적들을 두 번이나 만나 털렸다. 혜산진에서부터 남쪽으로 향하여 동해안의 북청에 이르렀고, 거기서부터 특히 어려운, 해안을 따라 북동쪽으로 향하는 구간에 접어들었다. 예정 밖의 여행길로 관모봉을 왕복한 후, 한국 최북동단 지역을 조사하고, 해안을 따라 남쪽으로 되돌아왔다. 함흥으로부터 다시 북쪽으로 장진까지 예정 밖의 여행을 하면서 낭림산맥에 있는 맹부산에 올랐다. 그 후 영흥만을 돌아 금강산으로 가서 가을 단풍철을 맞은 금강산을 구경했다. 동해안을 따라 남쪽으로 향하여 간성에 이르렀고, 마지막으로 한반도를 횡단하여 서울로 되돌아왔다. 이틀을 머문 뒤, 제주도로 향한 네 번째의 여행(1,400km)을 착수했다. 열차 편으로 서울에서 목포까지 가서 배로 섬의 북측 항구인 제주에 도착했다. 제주를 출발하여 오래 전에 형성된 중앙화산인 한라산에 올랐으며, 섬을 일주하는 210km의 여행을 하는 도중, 여러 군데 예정 밖의 답사를 도보로 했다.

총 15,000km의 여정을 마쳤는데, 그중 8,900km는 낡은 포드 자동차로, 1,600km는 도보로 했고, 4,500km는 열차 또는 선박을 이용했다. 수일간 지속되는 도보여행 시에 남부 지방에서는 짐꾼의 도움을 받았고, 북부 지방에서는 조랑말을 이끈 마부와 동행했다. 도보여행의 난관은 때로 매우 심했다. 왜냐하면 하천이 침식기준면에 거의 도달하여 고도의 차가 크지 않은 경우에도 경사가 극히 가파르고, 산사면을 덮은 원시림과 2차 관목식물군락에는 길이 없었기 때문이었다. 저자가 오른 대부분의 산정들은 15년 혹은 20년 전 일본의 측지 조사 이후로 아무도 가 보지 않은 곳이다. 많은 산을 유럽인으로서는 저자가 초등했다. 절대(해발)고도가 1,000m 이하라지만 산을 오르는 데에는 때로 10~12시간을 쉬지 않고 걷거나 바위를 타고 기는 일이 필요했다. 또한 낡은 자동차로 하는 여행이 힘들었다. 길이 험하여 때로는 시속 10~20km로 가야 했고, 자주 통행을 위해 힘들게 길을 보수해야만 했다. 여러 번 깊은 계곡에 떨어질 뻔했으나 아슬아슬하게 모면했다. 여름의 홍수로 인해 다리가 파괴되었기 때문에 강을 건너는 일이 특히 어려웠다.

별도 5가 보여 주듯이 가능한 한 전국 각지를 두루 빠짐없이 살펴보려고 노력했다. 저자가 답사한 경로를 정사각형 방안의 망상으로 변환된 형태로 표기해 본다면 방안의 간격, 즉 인접한 여행경로 사이의 거리는 30km쯤 될 것이다.

이 여행 중에 저자는 100여 종 이상의 상관상 중요한 식물을 채집했고, T. Kaburaki 소장이 친절히도 닥치는 대로 바로 중앙임업시험장에서 확인해 줌으로써 완벽한 식물목록을 가지고 독일로 올 수 있었다. 그 외에도 저자는 수많은 사진, 암석과 토양의 견본, 정부 간행 지형도와 지질도, 수백 권의 일본 서적 및 소책자도 독일로 가져왔다.

그리하여 저자는 현대의 방법론적 관점에 입각하여 한국지리를 쓸 수 있다고 믿는다. 여행의 주요 결과를 정리하여 일련의 논문을 통해 이미 발표했고(231–233), 지리학 문헌의 조사 내용도 편집하였으며(A), 전국적 차원에서 각 지리학적 주제와 관련하여 연구(14, 100, 292, 398, 559, 583, 595, 601, 618, 697)함과 동시에 한국 내 몇몇 중요한 지역에 관하여 개별 연구논문집을 저술하였다(775, 778, 843, 876, 883).

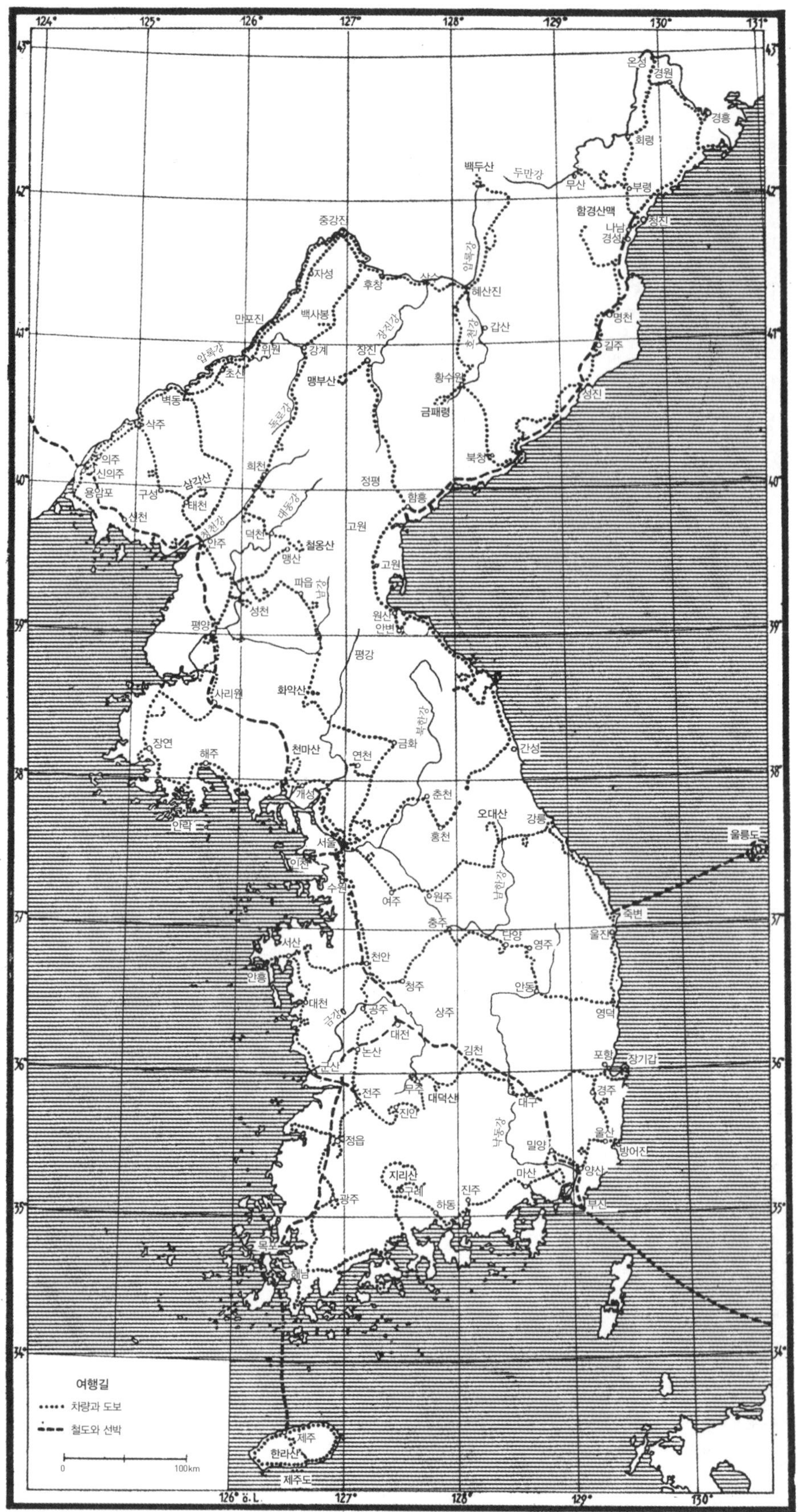
124°
125°
126°
127°
128°
129°
130°
131°
43°
42°
41°
40°
39°
38°
37°
36°
35°
34°
온성
경원
경흥
회령
백두산
두만강
무산
부령
함경산맥
나남
청진
경성
중강진
자성
후창
혜산진
만포진
백사봉
갑산
명천
위원
강계
장진
길주
초산
맹부산
황수원
성진
벽동
금패령
삭주
의주
신의주
희천
북청
삼각산
정평
용암포
구성
대천
함흥
선천
안주
덕천
고원
철옹산
맹산
고원
파읍
성천
원산
안변
평양
평강
사리원
화악산
금화
장연
해주
천마산
연천
간성
개성
춘천
오대산
강릉
안악
홍천
서울
울릉도
인천
수원
여주
원주
죽변
충주
단양
영주
울진
서산
천안
청주
안흥
안동
대천
공주
상주
영덕
대전
논산
김천
포항
장기갑
군산
전주
무주
대덕산
대구
경주
진안
정읍
밀양
울산
방어진
지리산
마산
양산
구례
진주
광주
하동
부산
목포
해남
제주
한라산
제주도
126° ö. L.
여행길
차량과 도보
철도와 선박
0
100km
[별도 5] 저자의 여행 경로

제2부

자연과 고문화

1. 지질구조와 지형

한국은 지질구조상으로 대륙의 전면에 있는 호상열도(弧狀列島)들과는 적은 특성만을 공유하는 뚜렷한 동아시아의 일부이다. 국토 면적의 1/2 이상을 점유하는 편암과 화강암이 지배적이며, 최근에 형성된 화산원추구(火山圓錐丘)가 거의 없다는 특징이 한국을 만주 남동부 및 산둥반도와 결부시키는 반면 일본 열도와는 분리시킨다. 편암의 주향, 지표 암석의 층서와 최근에 분출한 현무암의 중요성 등의 관점에서 북부 지방과 만주 남동부 사이에는 밀접한 관련성이 있다. 두만강이 굽이쳐 흐르는 한국의 북동단은 만주 동부 및 우수리 지역 남부와 층서적 관련성을 갖는다. 황해반도는 부분적으로 랴오둥반도 및 산둥반도와 그에 상응하는 관련성을 갖는다. 한국의 남동부 지역, 특히 주로 백악기 암석으로 이루어진 경상분지만이 이 시기의 쓰시마섬, 규슈 북서부, 시코쿠 서부와 동일하게 발달하였다. 일본 열도에 가장 가까이 위치한 울릉도와 제주도는 일본 열도와 보다 밀접한 유사성이 있다.

최근에 매우 귀중한 일본제국 지질구조 개관을 영어로 발표하고(327), 이미 그 이전에 한국의 지질에 관하여 중요한 논문을 발표한(319–323) T. Kobayashi는 부분적으로 Kotô(312, 352)와 Yamanari(885)의 과거 연구결과와 관련하여 한국을 일련의 **층서적–구조적 주요 지역**으로 구분하였다. 저자에 의하여 일부 수정된 주요 지역은 다음과 같다(별도 6).

1. 두만강 지역, 2. 길주–명천 지역, 3. 동개마고원–백두산 지역, 4. 서개마고원–평북지괴, 5. 평원지괴, 6. 평남조산대(지향사), 7. 경기지괴, 8. 옥천조산대(지향사), 9. 영남지괴, 10. 경상분지, 11. 제주도와 울릉도.

두만강 지역은 갈탄(褐炭)을 함유하는 제삼기층이 널리 분포하고, 주로 사암, 셰일 및 해성(海成) 석회암으로 이루어진 석탄기–페름기층으로 인하여 이미 언급한 바와 같이 만주 동부 지역에 가까운 특수한 지위를 갖는다. 이 구조 지역은 함경북도 중산성산지(中山性山地)의 북익(北翼)을 이룬다(p.36 비교). 어대진(漁大津)과 무수단(舞水端) 사이에서 동해로 돌출한 반도인 이 지역의 남익(南翼)은 **길주–명천 구조지역**(吉州–明川構造地域)을 포함한다. 길주–명천 지역은 아마도 동북아시아 고산습곡지대 최남서 연장부가 될 것이다. 길주–명천 지역은 서쪽에 인접한 동개마고

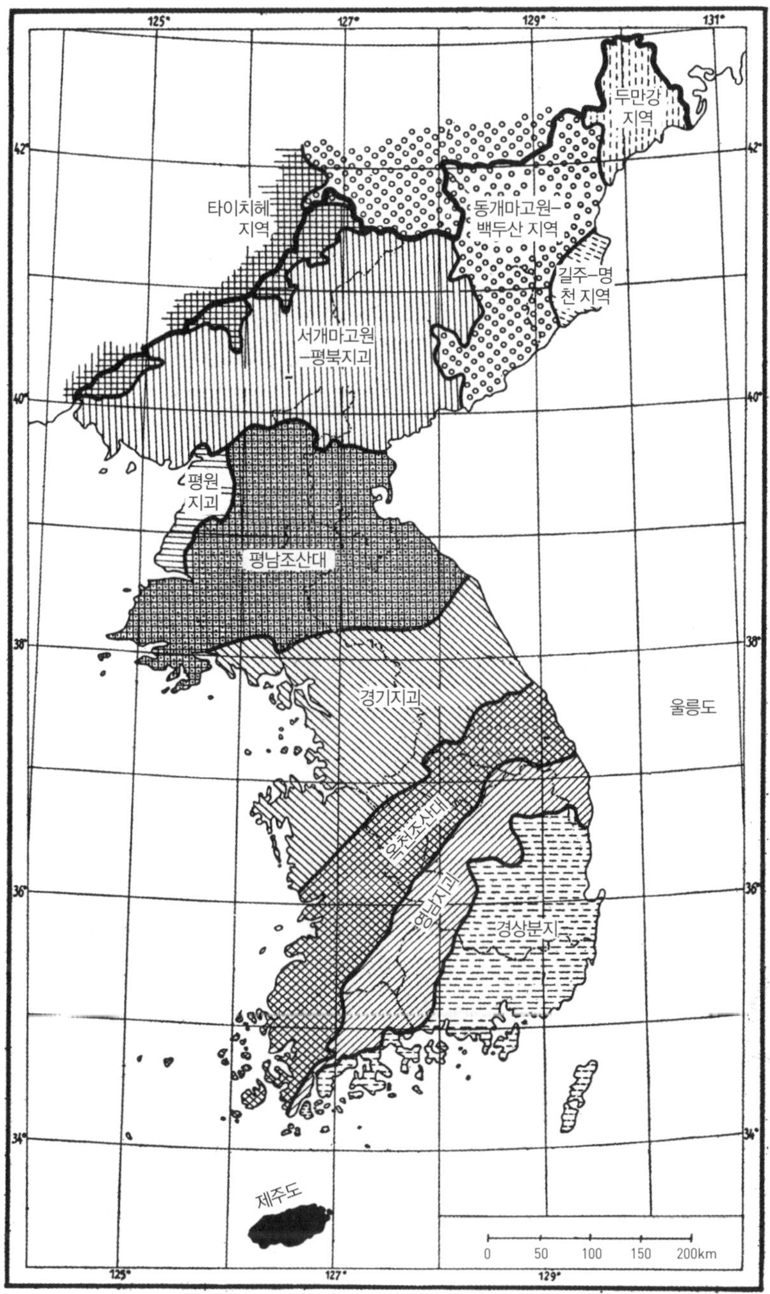

[**별도 6**] 한국의 지질–구조적 지역구분(주로 Kobayashi에 의거함)

원 지역과 이 지역을 구분하는 층후가 매우 두껍고, 다양한 발달을 한 제삼기층 때문에 주목할 만하다. 길주–명천 지역은 두만강의 만이 함몰할 때 남은 작은 규모의 육지부이다(p.36). 길주–명천 지역은 함몰 이전에 동해에 의해서 얕게 침수되어서 명천통의 지층이 퇴적되었다. 길주–명천지구대는 길주–명천 지역의 중앙을 관통하여 북북동–남남서 방향으로 달리고, 칠보산지루(七寶山地壘)로 동해에서 끝난다. I. Tateiwa(744)와 F. Yamanari(743)의 세밀한 지질조사를 기초로 이 지구대의 형성 시기는 대체로 마이오세 전기로 추정될 수 있다. 두만강의 만도 대체로 동일한 시기에 형성되었을 것이다. 그렇지만 길주–명천 지역의 현 지형은 지구대–지루대 발달의 직접적인 결과는 아니다.

동개마고원과 백두산 지역은 신제삼기와 제사기의 분출암으로 덮여 있다. 산성암과 염기성암의 분출이 수차례 교대로 일어나 오래된 기반암의 대부분을 덮고 있다. 이 지역의 남부에는 '마천령계'의 시생대 암석이 그 밑에 널리 분포하고, 그중에 운모편암 및 각섬석 외에 변성석회암이 큰 역할을 한다.

서개마고원지괴와 평북지괴는 함경남도의 서반부와 평안북도 전역을 점유한다. 이 지괴는 Richthofen이 이미 랴오둥반도 상에서 확인한 주로 서남서–동북동 주향을 달리는(Kotô: 랴오둥 방향), 넓은 지역에 분포하는 선캄브리아기의 '회색화강편마암'으로 이루어져 있다. 추측하건대 이 엄청난 지괴는 놀랄 만한 일을 가져올 수 있는 정밀한 연구를 아직 필요로 하고 있다. 저자는 이 지괴에서 매우 상이한 암석학적 성질을 가진 심한 변성작용을 받은 암석들을 발견하였다. 이 암석들은 아마도 연대가 오래되지 않은 화강암의 관입을 받은 것으로 보인다. 압록강 방면으로 이 고지괴(古地塊)는 사일루리아기와 백악기 사이의 거의 모든 층에 속하는 개개의 부분적으로 큰 조각의 지층으로 덮여 있다(인접한 만주의 타이치헤 지역). 압록강 최하류 양측에 분포하는 소위 의주통이 이에 속한다. 현재까지 고생대 암석으로 간주된 화강암이 관입된 의주통의 부분적으로 심하게 변성작용을 받은 암석들은 최근에 쥐라기 암석으로 증명되었다(325, 785).

청천강(淸川江)과 대동강 하구 사이의 해안 지역을 점유하고, 그 지역에 위치한 평원군(平原郡)의 이름을 따라 명명된 **평원지괴**(平原地塊) 역시 소규모의 화강암이 관입된, 현재까지도 알려지지 않은 연대의 변성퇴적암으로 이루어져 있다.

평남조산대는 한반도의 목과 대체로 장전(長箭: 금강산)–해주를 연결하는 선까지의 황해반도를 포함하는 남부의 인접 지역을 점유한다. 평남조산대는 원생대에서 트라이아스기에 이르는 연대를 가진 주로 석회질의 퇴적암으로 이루어져 있다.

인접한 **경기지괴**는 수도가 위치한 경기도의 이름에 따라 명명되었다. 경기지괴는 남동쪽으로 대체로 강릉–군산을 연결하는 선에 이르러 강원도 중부로부터 경기도 전역을 통과하여 충청남도의 북서부에까지 이른다. 경기지괴에는 다시 '연천계'(각섬석, 운모편암, 천매암)의 변성퇴적암에 연결되는 '회색화강편마암'이 주로 분포한다. 편마암과 편암은 Pumpelly에 따르면 소위 중국 방향이라 명명되고, Richthofen에 의하여 중국 남부에서 널리 분포하는 것으로 확인된 중국 방향을 달린다(남서–북동, Kotô: 중국 방향). 이 지괴의 대규모 화강암괴도 동일한 방향의 주향을 이룬다. 이 주향은 경기지괴에서뿐만 아니라 다음의 두 구조 지역에서도 지배적으로 나타나서 특히 한반도의 주향 특징으로 나타난다. 따라서 한반도의 구조 지역들은 이 방향으로 대상의 배열을 하게 된다.

약 50km 폭의 **옥천조산대**(沃川造山帶)는 다시 주로 캄브리아기에서 백악기까지의 비변성퇴적암으로 이루어져 있다. 옥천조산대는 옥천군(沃川郡)의 이름에 따라 명명되었으며, 남동부에서 태백산–진도(太白山–珍島)를 연결하는 선으로 경계가 설정된다. 따라서 옥천조산대는 강원도 남부에서 충청북도와 전라남·북도의 서반부를 통과하여 한반도 남서단까지의 범위를 갖는다.

영남지괴는 다시 경기지괴의 특성을 갖는다. 영남지괴는 경상분지[1]의 백악기 퇴적층으로 덮여 있는 남동부 소엽(小葉)의 선(gelappte Linie)에서 끝난다. 영남지괴는 울진(蔚珍)부터 섬진강(蟾津江) 하구까지 대체로 남서 방향으로 달린다. 따라서 한편으로는 전라도와 충청북도 사이와 다른 한편으로는 전라도와 경상도 사이의 경계를 대체로 달린다.

경상도의 동부 1/3 지역은 **경상분지** 중에 한국에 속하는 지역이다. 이미 언급한 바와 같이 백악기에 경상분지는 일본 열도의 서단과 함께 쓰시마 섬이 그 중앙에 위치하는 층서 지역을 이루었다(327, p.371, p.402). '신'화강암('新'花崗岩, Neogranit)으로 대체된 이 시기의 암석 형성은 이 저지에 동일한 특성을 부여하였다. 동부 지역은 이 지역에서 신제삼기 후기까지 연장되는 제삼기 암석 분포로 특징지어진다(연일통).

끝으로 **제주도**와 **울릉도**는 거의 예외 없이 가장 최근의 분출암으로 이루어져 있다.

따라서 한국의 지역은 크게 **세 개의 지괴와 두 개의 조산대가 번갈아 나타나는 것**으로 특징지어진다. Kobayashi는 이들 지괴와 조산대 간의 관련성을 다음과 같이 특징지었다(324, p.589). "두 개의 음(陰)의 요소, 양(陽)의 평북 지역과 경기 지역 사이의 평남 요소와 경기와 영남의 양의 지대 사이의 옥천 요소가 지향사의 역할을 한다. 이들 지향사 또는 곡에는 원생대에서 오르

1 역자 주: 라우텐자흐는 이를 '쓰시마분지'라고 하였으나 '경상분지'를 의미하므로 경상분지라고 부르겠다.

[별도 7] 지질연대표

시대	계	통	층	암석학적 특징	층후(m)	주요 분포 구조 지역	비고
홀로세				하천 주변의 충적평야. 이토와 모래 개펄. 사주. 가장 최근의 화산활동			
플라이스토세				넓은 현무암대지, 유문암과 조면암, 성층화산(백두산, 울릉도, 제주도). 해성 서귀포층(제주도). 계곡의 단구, 석회동 안의 퇴적물, 적색 낙랑 점토, 관모봉층군의 빙하퇴적물			
전기 플라이오세		연일통	연일층	셰일	400	장기반도의 서부	
			천북층	역암	200		
중기 마이오세–올리고세까지		칠보산통		화강반암, 알칼리 유문암, 알칼리 현무암, 유문암		여러 지역, 대체로 동해안의 작은 지역들	
		침식기					
		명천통	만호동층	사암, 역암, 석탄	1,000		길주–명천지구대의 층들의 층서와 층후가 기록되었음. 다른 소규모 분포지역에서는 층서와 층후가 부분적으로 전혀 다르다.
			함진동층	이회암 단괴를 포함한 셰일	200		
			평육동층	역암, 사암, 셰일(해성)	600		
		용동통	용동현무암층				
			용동층	셰일, 사암, 석탄	80		
에오세	침식기						
후기 백악기		불국사통		화강반암, "신"화강암, 섬록암, 석영반암, 흑색규장암질반암		경상분지에서 경주 주변	이 기의 "신"화강암은 관입암으로 한국의 전 지역에 출현. 불국사는 경주 부근의 사찰.
			〈Taishu〉	흑색 셰일, 사암			
중기 백악기	경상계(후기 대동계)	신라통	주사산층	응회암을 포함하는 반암	1,000	경상분지	대구 지역의 층들의 층서와 층후가 기록되었음. 다른 지역들에서 같은 암석학적 특징을 가짐. 신라는 나라명 신라에 따라 명명(A.D. 최초의 천년) 낙동은 낙동강, 경상은 경상도를 따라 명명.
			건천리층	흑색 셰일, 사암	800		
			채약산층	응회암을 포함하는 반암	200~500		
			대구층	적색 셰일, 사암	2,000		
			학봉층	응회암을 포함하는 반암	0~250		
			신라층	역암	200~600		
전기 백악기		낙동통	칠곡층	적색 및 흑색 셰일	550~950	경상분지	
			진주층	흑색 셰일, 회색 사암	1,000		
			하산동층	적색역청질점토, 셰일, 사암, 역암	1,300		
			낙동층	사암, 부분적인 역청질 셰일, 역암	700		
후기 쥐라기	대보 조산운동						대보(대방) 40쪽 참조

	대동계		개화리층	역암	70	[illegible] 상에서 드물게 나타나는 지괴	석학적 특성을 가진다. 대동은 대동강의 이름을 따라 명명.
			아미산층	셰일층과 사암층이 교호, 무연탄	750		
			월명산층	사암층이 사이에 있는 역암	30~350		
후기 트라이아스기	송림 조산운동: 약한 습곡작용, 특히 조산대에서						
중기 트라이아스기	평안계	대자원통		화석이 없는 적색 역암		평남지대, 옥천지대와는 조금 다르고, 층후가 조금 더 두꺼움. 두만강지대에서 단지 홍점층	평안은 평안도의 이름을 따라 명명
전기 트라이아스기		녹암통		화석이 없는 녹색 셰일 및 사암	300~1,000		
트라이아스-페름기		고방산통		사암, 셰일, 무연탄	500		
페름기-석탄기		사동통		사암, 셰일, 무연탄	100		
중기 석탄기		홍점통		해성 석회암, 적색 사암과 셰일	300		기반암: 적색 셰일(평남) 또는 arcose(옥천)
전기 석탄기–후기 오르도비스기	후기 낙랑 대결층(평행부정합)						낙랑 42쪽 참조
중기 오르도비스기		만달통		두꺼운 층후의 석회암과 돌로마이트	600	평남지대. 옥천지대에서도 나타나나 층서가 조금 다름	조선=한국 운산=평양의 북동쪽 지명. 순천도 같음 양덕=남강 상류의 군청소재지
전기 오르비스기–중기 캄브리아기		초산통 (“대석회암통”)	신창층	이회암, 석회질 셰일과 석회암 층이 교호	100		
			은산층	돌로마이트와 석회암, 부분적인 결정암	800		
			임촌층	흑색 셰일	80		
후기와 중기 캄브리아기		양덕통	순천층	셰일, 적색 점판암	500~1,000		
			양덕층	규암, 운모질 셰일	200		
원생대	상원계	사당우통	마전리층	석회암, 담회색 돌로마이트, 흑색 셰일	500	단지 평남조산지대	상원=평안남도의 군 성천=같은 도의 면 조선계와 상원계를 합쳐서 낙랑복합체라고 부름
			성전층	석회암, 담회색 결정질 돌로마이트	1,600		
		직현통	상원운모편암층(또한 천매암)		660		
			상원규암층		100		
	후기 고구려 침식면						
시생대	“기반암 복합체”	“회색 편다암”(회색 화강편마암, 안구상편마암), 고구려화강암.–변성퇴적암: 마천령계(변성석회암, 결정질 돌로마이트, 운모편암, 흑운모편마암, 각섬암). 연천계(각석암, 운모편암, 천매암). 옥천계(상동)			13,000~28,000	모든 지괴	고구려는 나라명 고구려 마천령=함경도 사이의 경계 산맥 연천=서울 북방의 면 옥천=충청북도의 군

* Dogger는 중부 쥐라기를 칭하는 통의 명칭이고, Lias는 하부 쥐라기를 통의 명칭임. 한국동력자원연구소(1982)의 『한국의 지질』(p.64–65)에는 이에 대하여 다음과 같이 기술되어 있다. “송하진(1938)은 원래의 '하부 대동계'를 하부는 선연통, 사부는 유경통으로 분류하여 Liassic과 Dogger에 해당하는 지층으로 보았으나 Kobayashi(1951) 등에 의하여 트라이아스기 최상부를 그 하한으로 간주하기도 하였다.

도비스기까지와 석탄기에서 트라이아스기까지의 두꺼운 퇴적층이 퇴적되었다. 반면에 경기와 영남의 양의 지역은 평북의 대부분 지역과 함께 실제로 퇴적층이 없이 시생대의 변성암 상에 위치하나, 넓은 범위가 신화강암으로 관입되었다. 양의 면상에 퇴적된 쥐라기 퇴적층의 작은 조각만이 랴오둥 방향과 중국 방향의 습곡운동의 영향을 받지 않았다."

앞에서 기술한 구조적인 설명은 이미 **층서 발달**의 기본 특성을 포함한다. 제3부에서 세부적인 지형에 관한 개개의 설명을 더 잘 이해시키기 위하여 첨부한 지질연대표(별도 7)는 층서 발달의 전체 목록을 포함하고 있다. 대부분 I. Tateiwa의 지칠 줄 모르는 연구에 의하여 확인된 다음과 같은 기본 사실을 이 지질연대표를 통하여 알 수 있다.

한국 전역의 기본구조는 매우 층후가 두꺼운 회색편마암과 마찬가지로 시생대 '고구려' 화강암 및 그에 상응하여 심하게 변성된 매우 두꺼운 퇴적암층의 '기반암복합체(Basiskomplex)'로 이루어져 있다. 이 전체 기본구조는 주로 지괴들에서 나타나고, 후기 고구려 침식평탄면에 의하여 단절되었다. 이 침식평탄면 상에는 원생대 **상원계**와 고생대 전기 **조선계**로 이루어진 **낙랑복합체**의 주로 석회암과 셰일로 된 지괴가 놓여 있다. 오래되지 않은 퇴적층과 마찬가지로 상원계와 조선계는 주로 습곡대에 퇴적되어 이미 매우 빠른 시기에 형성되기 시작하였다. 상부 오르도비스기와 하부 석탄기 사이의 시기에 유래하는 지층들은 한국에서 비로소 최근에야 발견되었으나 지리적으로 큰 의미는 없는 규모이다. **평안계**의 사암, 셰일, 무연탄은 조선계 지층 바로 위의 거의 모든 지역에 지층을 이루고 있다. 이들 암석은 중부 석탄기와 중부 트라이아스기에 걸쳐 있다. 그것에 이어지는 상부 트라이아스기의 **'송림운동'**은 그 내부에 하부와 중부 쥐라기 **대동계**의 두꺼운 층후의 역암, 사암 및 석탄맥을 포함하는 셰일이 퇴적된 분지들을 형성하였다.

상부쥐라기에 대규모 **대보조산운동**이 일어났다. 대보조산운동은 시생대 습곡운동 이후에 가장 중요한 구조운동으로서 중국 북동부의 두 번째 Yenshanian 조산시계(造山時階, 363)와 일본 열도 상의 Sakawa 조산운동의 Hida 시계(327)에 상응한다. 지괴 내에서 대동 퇴적층은 이 조산운동으로 인하여 거의 교란을 받지 않고 남아 있으나, 두 지향사의 두꺼운 퇴적층은 매우 심한 습곡운동과 단층운동의 영향을 받았다. 평남지대의 습곡은 랴오둥 방향의 주향을 갖고, 옥천지대의 습곡은 중국 방향의 주향을 달린다. 전자에서는 습곡운동이 지배적인데, 부분적으로 규모가 큰 오버트러스트가 발달하였다. Kobayashi(327, p.517)는 평남지대의 구조를 모식적으로 그림 7에 표현하였다. 후자에서는 북서쪽으로부터 습곡운동의 압력에 의하여 특히 Y. Yoshimura가 영월(寧越) 지역에서 연구한 와상중첩구조(瓦狀重疊構造, Schuppenstruktur)가 형성되었다(846, 847). 개개의 와상중첩구조는 그 자체에 심한 비틀림(Stauchung)과 습곡운동의 흔적을 나타낸다. 이러한 구조의 전형적인 상태는 Y. Yoshimura에 의하여 그림 8에 나타나 있다. 대보습곡운동으로 인하여 지향사의 지층들은 부분적으로 동력변성작용을 받았다. 그러나 이러한 변화는 고산습곡산지와 같은 정도의 규모와 강도를 갖지는 못하였다.

대보조산운동으로 한국 주요부의 지층구조와 지질구조의 주요 특성이 완성되었다. 그 이후로 넓은 지역에서의 집중적인 퇴적작용은 경상분지와 옥천지대의 남서반부에서만 일어났다. 이들 두 지역에서는 상부 대동계라고도 부르는 백악기 **경상계**의 층후가 매우 두꺼운 지층이 퇴적되었다. **경상계**의 암석학적 특성은 하층인 **낙동통**에 있는 사암과 역암 및 부분적으로 역청이 들어 있는 셰일과 중층인 **신라통**에 있는 특히 매우 두꺼운 일련의 화성암들로 특징지어진다. 후자 중에는 반암층과 응회암이 특히 널리 분포한다. 경주에 있는 유명한 **불국사**(佛國寺)를 따라 명명된 경상계의 가장 상부통인 불국사통은 거의 예외 없이 화성암으로 이루어져 있다. 석영반암이 특히 많이 나타나는 여러 종류의 매우 다양한 화성암 이외에 불국사통에는 관입암도 나타난다. 섬록암 외에 특히 신화강암이 나타난다. 섬록암과 신화강암은 경상계 지층뿐만 아니라 한국의 모든 지괴와 조산대를 관입하였고, 시생대 고구려화강암보다 훨씬 더 넓은 지역에서 나타난다. 그러므로 각 지방의 면적 중 화강암 지역이 차지하는 비율이 매우 높다. 이 비율은 충청남도(35.0%), 전라북도(32.7%), 함경북도(32.2%)와 강원도(30.8%)에서 매우 높다. 신화강암의 관입은 한국의 모든 구조 지역에서 상부 백악기의 층후가 매우 두꺼웠고, 그 이후에 침식이 일어났다는 가정을 전제로 한다. 이 침식작용은 주로 에오세 동안에 일어났다.

한국의 내륙 지역에는 **제삼기 퇴적물**이 없다. 제삼기 퇴적물은 단지 주변 지역에만 분포하고, 상당수가 부분적으로 매우 층후가 두꺼운 팔레오세와 마이오세에 지상에서 형성된 것이다. 부분적으로 갈탄(褐炭)을 포함하는 사암, 역암과 셰일이 주로 이에 해당한다. 제삼기 퇴적층의 대부분은 동해안 부근에 분포한다. 서해안에서는 신안주(新安州)와 봉산(鳳山)에서만 제삼기 퇴적층이 나타난다. 황해도의 사리원(沙里院) 동쪽 봉산탄광의 하부 마이오세는 부분적으로 해성인데, 이 시기 한반도 동쪽으로부터 동해의 범람이 있었다는 사실을 증명한다. 길주–명천지구대의 주변 지역과 장기반도와 그 부근에서 올리고세에 1차와 신제삼기와 플라이스토세에 2차의 매우 상이한 암석학적 성질을 지닌 많은 양의 화산물질이 분출되었다. 장기반도와 그 부근 지역에는 위에서 언급한 연일통의 600m 층후의 신제삼기 퇴적물도 분포한다.

한국에는 **광상**(鑛床)들이 풍부한데, 그중에서 일부는 경제적으로 매우 중요하다. 광업에 관해서는 제4부 제7장에서 다루도록 하겠다. 본장에서 저자는 주로 Inouye(310)와 Kawasaki(315)의 개관에 의거하여 전술한 내용과 관련시켜서 광상의 지질 특성에 관하여 간단한 개관을 기술하겠다.

금광상은 석영맥, 접촉대와 충적층에서 주로 나타난다. 금을 함유하는 석영맥은 주로 고생대 '회색편마암'에 있다. 회색편마암이 가장 중요한 금광상이다. 회색편마암에는 어느 곳에서나 황산염광물(黃酸鹽鑛物)이 풍부하고, 이들 광물 중에서 특히 황철석(黃鐵石)과 황비철석(黃砒鐵石)에 빈번하게 금이 함유되어 있다. 접촉광상은 평안조산대의 석회암에서 나타나며, 특히 석회암에 화강암이 관입한 지역에서 나타난다. 금광상은 지층 사이에 침투하거나, 절리에 불규칙한 괴상으로 퇴적되었다. 사금의 퇴적은 어느 곳에서나 원래의 광상에서부터 멀지 않은 하상력(河床礫)에서 나타나며, 경우에 따라서는 그 산록으로부터 멀지 않은 곳에 분포한다. 때때로 1차 광상의 금은 하천에 의한 운반이 없이 풍화된 토양의 하층에 집적되기도 한다. 금광상의 세 가지 유형의 예로서는 운산(雲山)의 금광(북진(北進): 평안북도), 수안(遂安, 홀골: 평양으로부터 남동쪽으로 60km에 위치)과 1897~1901년까지 독일인들이 운영한 금성 광산(당고개: 북한강 상류의 회양부근)을 들 수 있다.

철광석은 자철석(磁鐵石), 적철석(赤鐵石)과 갈철석(褐鐵石)으로 나타난다. 티탄을 함유하는 자철석은 염기성의 화산암 내부 또는 그 주변에서 나타나고, 티탄을 함유하지 않은 자철석은 분리된 퇴적물의 형태로 오래된 변성암에서 나타난다. 이러한 자철석을 함유한 석영편암은 특히 충주 지역(충청북도), 무산(茂山: 함경북도)과 단천(端川: 함경남도의 해안)에 매장되어 있다. 적철광과 갈철광은 주로 조선계의 '대석회암통'에 렌즈상 또는 층상으로 매장되어 있다.

동광상은 금속을 함유한 맥, 접촉광상, 교대광상(metasomatische Lagerstätten)의 세 가지 형태로 나타난다. 가장 중요한 동광인 함경북도의 갑산(甲山) 동광은 세 번째 그룹에 속한다. 이 동광은 석회암에 들어 있고, 지층면을 따라 석회암을 대체시키는 매우 폭넓고 불규칙한 괴상의 황화물로 이루어져 있다. 첫 번째 그룹의 예로는 녹색의 반암에 있는 창원(昌原) 동광(경상남도의 마산부근)을 들 수 있다. 자성강(慈城江: 평안북도)의 동점(同点)에 있는 두 동광은 두 번째 그룹에 속한다. 이 동광상은 조선계 석회암과 셰일이 화강암과 접촉하는 곳에 매장되어 있다.

최근에는 **니켈광**도 한국에서 발견되어 채굴되고 있다. Kato(343)의 연구에 의하면 한국의 니켈광은 두 가지 상이한 유형에 속한다. 금성 광산(강원도 북부)에서는 니켈광이 상원계 변성퇴적암을 통과한 알칼리 분출암맥에 들어 있다. 다른 유형은 단천군(함경남도)의 운송리(雲松里) 광산에서 나타난다. 운송리 광산에서는 그 하부에 놓여 응결된 알칼리성 마그마로부터 유래한 열

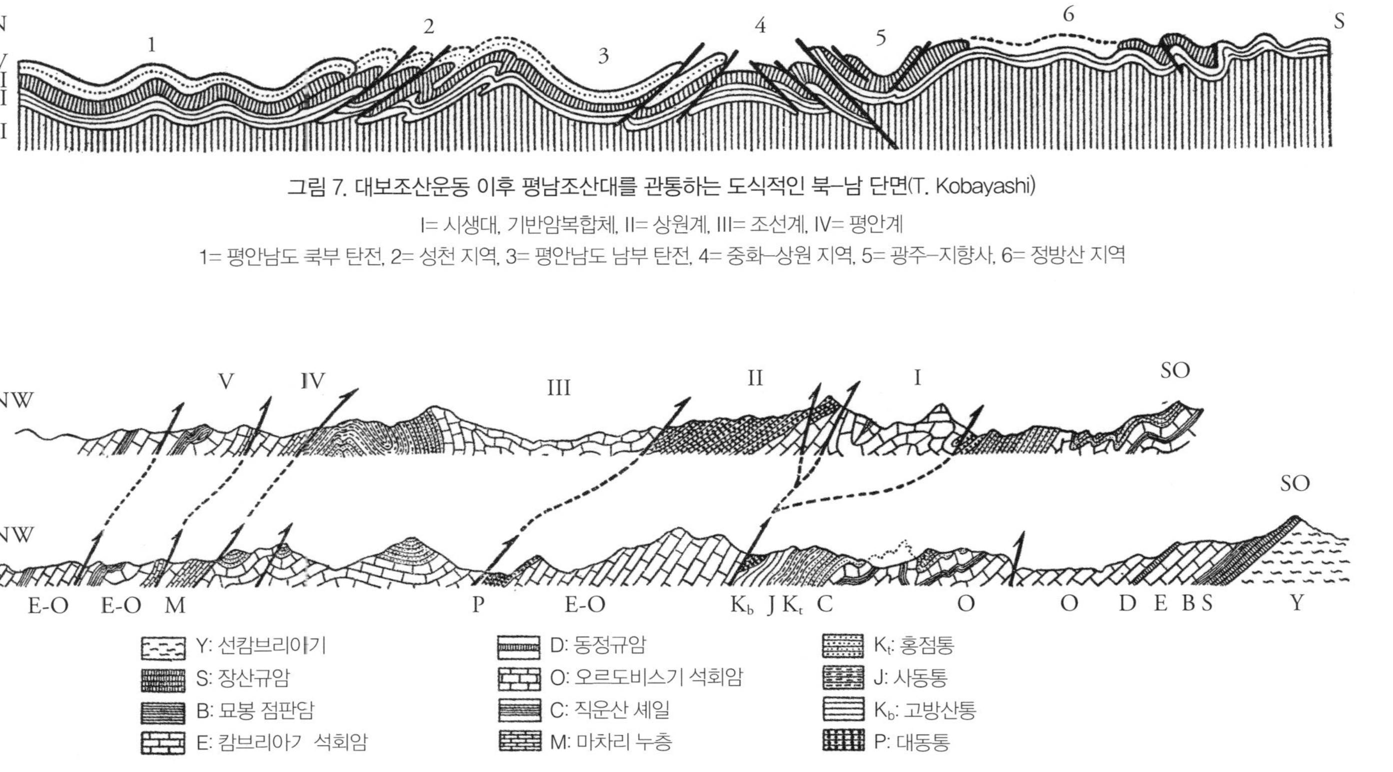

그림 7. 대보조산운동 이후 평남조산대를 관통하는 도식적인 북–남 단면(T. Kobayashi)

I= 시생대, 기반암복합체, II= 상원계, III= 조선계, IV= 평안계

1= 평안남도 북부 탄전, 2= 성천 지역, 3= 평안남도 남부 탄전, 4= 중화–상원 지역, 5= 광주–지향사, 6= 정방산 지역

그림 8. 영월 지역에 있는 옥천조산대의 와상중첩구조(J. Yoshimura)

I= 공수원 와상중첩구조, II= 덕포리 와상중첩구조, III= 마차리 와상중첩구조, IV= 모하리 와상중첩구조 V= 남애리 와상중첩구조

수용액(熱水溶液, hydrothermale Lösung)을 통해서 마천령계의 변성백운석 석회암이 변성교대작용(metasomatische Verdrängung)의 결과로 니켈광이 형성되었다.

흑연은 두 가지 형태로 나타나는데 하나는 인상(鱗狀) 흑연이고, 다른 하나는 토상(土狀) 흑연이다. 전자는 맥과 층의 형태로 나타나거나 또는 '회색편마암'에 양질로 분포하고, 후자는 시생대의 변성퇴적암 또는 평안계의 지층에 분포한다.

가장 중요한 **무연탄광상**은 석탄기-페름기의 사동통 상부층과 평양 부근과 먼 주변 지역의 평안계 페름기-트라이아스기의 고방산통 하층의 셰일과 사암에 매장되어 나타난다. 대동계에도 곳곳에 무연탄층이 매장되어 있다. 무연탄은 대체로 분탄이라 연료로 쓰기 위해서는 분탄을 연탄으로 만들어야 한다. 그러나 곳곳에서 괴탄도 나타난다. 한국의 무연탄과 석탄의 총매장량은 10억 톤으로 추정된다.

위에서 언급한 봉산 탄광과 신안주 탄광을 제외하면 **갈탄광**은 동해 부근의 제삼기 퇴적층에 국한된다. 가장 중요한 갈탄광은 회령(會寧: 함경북도) 부근, 길주-명천지구대, 고원(高原: 원산의 북부), 통천(通川: 강원도 북부), 장기반도 등지에 있다. 짙은 색의 갈탄은 대체로 많은 수분을 포함하고 부스러지기 쉽다. 관입현무암과의 접촉대에 있는 갈탄의 질이 더 좋다. 개개 갈탄광의 층후는 2m를 넘지 않는다.

한국의 기타 유용광물로는 특히 은, 아연, 납, 비스무트, 중석과 몰리브덴 광석 및 고령토, 명반석, 형석, 중정석과 운모 등이 있다.

Kato(339)의 상세한 설명과 관련하여 한국에서 **세 주요 금속 형성기**가 확인될 수 있다. 첫 번째 시기는 선캄브리아기로 금석영맥뿐만 아니라 퇴적철광상이 형성되었다. 두 번째 시기는 고생대 조선계로 대석회암통은 적철광과 갈철광을 함유한다. 끝으로 세 번째 시기는 백악기이다. 백악기에는 한편으로 반암의 분출과 알칼리성의 암맥과 관련하여 철, 니켈과 동광이 형성되었고, 다른 한편으로 신화강암 관입의 주변부에 금과 동의 접촉광상이 형성되었다. 대보조산운동의 전성기는 주요 광상 생성기(metallogenetische Epoche)가 아닌데, 그 이유는 이 시기가 관입과 분명한 관계가 없기 때문이다.

저자가 포르투갈에 대하여 시도하였던 바와 같이(Pet. Mitt. Erg. H. 213, 1932, pp.35-37), **광상의 층에 따른 한국의 지역 구분**은 아직 행해지지 않았는데, 그 이유는 대부분의 광물이 아직 Niggli의 개개 유형에 따라 분류될 수 없었기 때문이다. 그 외에도 이러한 지역 구분은 한국에서 이미 언급한 바와 같이 단순한 결과를 나타내지 않는데, 그 이유는 포르투갈에서와 같이 단일한 시기가 아니라 매우 복잡한 간섭 패턴을 나타내는 여러 광상 생성기와 관련이 있기 때문이다. E. Ahnert가 연구한 남만주의 광상 분포도 전혀 단순한 상태를 보여 주지 않는다(344).

한국의 지질구조와 층서를 연구하여 큰 업적을 남긴 B. Kotô(p.95)는 또한 **한국의 지형을 최초로 분석하려 시도하였다**(352). Kotô는 혼란스러운 산들로부터 산맥의 주향에 따라 체계화시키고, 이들에 한국의 명칭을 부여한 수많은 산맥들을 찾아냈다. 태백산맥은 북북서-남남동 방향을 달리고 세 개의 본령과 세 개의 2차령으로 이루어져 있다. 소백산맥은 대체로 남서 방향으로 달리는 부채꼴의 능선을 이룬다. 태백산맥과 소백산맥은 한국계산맥으로 요약된다. Kotô는 북부 지역에서 랴오둥산맥을 발견했는데, 그의 세 본령은 잘 알려진 랴오둥 방향의 주향을 달린다. Kotô는 대륙성 한국의 동부에서 '소 장백산'의 능선을 인지하였다. 평안 구조 지역은 대략 직각으로 교차하는 능선의 망으로 구분된다. 추가령지구대는 원산으로부터 남남서 방향으로 달리는데, Kotô에 따르면 이 방향으로 깔때기 형태로 벌어지면서 서해안에서 금강 하구로부터 군산까지의 전 지역을 포괄한다. Kotô는 충청도-전라도 지역에서 차령산맥(車嶺山脈)과 노령산맥(蘆嶺山脈)이라 명명한 두 개 축의 중국 방향의 습곡계를 인식하였다. 끝으로 최남단에서 Kotô는 한산계의 동-서 산맥들을 추적하였는데, 그 최남단 산맥은 대한해협에 놓인 해머 형태로 구부러진 반도들과 도서들 위를 달린다.

Kotô는 중국계의 두 축을 침식으로 인하여 고도가 낮아진 배사능(背斜稜)들로 간주하였다. 그 외에 Kotô는 다른 능선을 단층으로 분리되어 기울어진 지괴의 주향산릉으로 간주하였다. Kotô는 이들 단층을 지질학적으로 증명하지는 못하였으나 능선을 갖는 단애(階崖, Steilstufe)에서 단순히 추론하였다. Kotô는 이러한 지형적인 급사면을 지각 내부에까지 연장시켜 이들 계단을 단순히 단층이라고 간주하였다. 이들 급사면이 면하는 방향에 따라 Kotô는 이들 단층에서 일어났을 운동을 평가하였다. 이들 능선이 어느 정도 지역적(subaerial)인 침식에 의하여 형성이 된 것인지 또는 변화된 것인지의 여부에 관한 문제는 단 한 줄도 언급되지 않았다.

Kotô가 1903년 그의 책을 발간한 직후에 Pervinquière(355)와 Lorenz(356)는 한국의 지형에 대한 Kotô의 증명되지 않은 도식적인 해석을 반박하였는데, Kotô는 그 이후의 논문(312)에서 이에 대하여 매우 항의하였다. Pervinquière와 Lorenz의 이론은 무시되었다. 한국에서는 그다음 30년간 전혀 지형학적으로 연구되지 않았고, 그 이후에도 드물게 연구되었다. 그 결과로 Kotô의 연구결과는 예를 들어 『일본지리풍속대계(日本地理風俗大系)』(299, Bd. 16, p.26과 Bd. 17의 유색도표, pp.88-89)에 나타나는 바와 같이 현재에도 동아시아에서 빈번하게 한국의 지형을 이해하는 관건으로서 간주된다. 한국의 지질학 연구에서는 그사이 곳곳에서 그 방향이 Kotô의 생각에 상응하는 단층이 발견되었고, 한국의 지질부도의 개별 분책(分冊)에 대한 설명은 Kotô의 이러한 생각을 인용하였다. 그러나 여기서는 어느 경우에도 증명된 단층이 현재까지도 지형학적으로 나타난다는 것이 강조되지는 않았다. 이것은 예를 들어 강원도 남부에서 화강암 옆의 신라층의 띠(대)를 통하여 나타나고, 지표에 의해서 평탄하게 단절된 태백산맥 방향으로 달리는 단층에 적용된다(888). T. Kobayashi와 I. Tataiwa에 의하여 지난 10년간에 시작된 한국에서의 지형학 연구는 암암리에 Kotô의 연구와 전혀 다른 기초로부터 출발하였다. 이들의 연구에는 20세기의 초반에 Kotô와 함께 동시에 Richthofen(351)에 의하여 강조된 매우 적은 사실만이 내포되었다. Kotô의 유감스러운 추가령지구대만을 Kobayashi도 1941년의 그의 최근 저서(327)에서 실제성이 있는 것으로 간주하였다.

저자는 제1부에서 이미 **주요 지형 특성**을 개관하였다(p.32 이하). 따라서 본장에서는 본질적인 특성을 설명할 것이다. Kobayashi가 누차 강조한 바와 같이(324, 327, 380, 383) 한국의 지체(地體)는 대보습곡운동과 신화강암 관입에 의하여 심하게 경화되어 현 지형의 주요 특성을 결정하는 좀 더 최근의 융기는 과거의 구조와는 아무런 관련성도 없다. 이러한 사실은 특히 과거의 구조선이 랴오둥 방향과 중국 방향을 달리는 실제의 한반도 상에 적용되는 반면, 한국주산맥과 동해안은 한반도의 전 지체에서 북북서–남남동 방향을 달린다. 따라서 현 지형은 그 기본 특성에 있어서 지질구조와는 관련성이 없고, 별도 7에서 일목요연하게 나타나는 바와 같이 해안선은 육지화된 과거의 구조 지역들을 서로 관련 없는 여러 조각들로 단절하였다. 이러한 사실을 이미 Richthofen(351)이 인지하였으며, Motizuki는 최근에 한국주산맥과 같은 유형의 호상산맥(弧狀山脈, Gebirgsbogen)을 부정합호(不整合弧, diskordanter Bogen)라 칭하였다(395).

위에서 바로 인용하였던 연구들에서 Kobayashi는 한반도의 좀 더 최근의 지형 발달의 기점을 준평원으로 간주하였는데, 그 발달은 봉산탄전으로 증명된 하부 마이오세의 범람 이전에 일어났을 것이다. 실제로 Tateiwa(384)는 길주–명천 지역에서 칠보산–화강반암의 기반뿐만 아니라 장기반도 주변의 신제삼기 퇴적물의 기반으로서 평탄한 침식면을 확인하였다. 이 침식면은 그 위에 놓인 지층의 연대를 통하여 마이오세까지로 추정됨에 틀림이 없다. Kobayashi는 태백산맥 800~1,200m 고도의 주분수령 주변에서 최고의 정상(예: 오대산, 五臺山: 1,563m)들이 다시 650m까지 솟아 있는 평탄면을 발견하였다(그림 9). 정상부가 이러한 면의 잔재로 이루어진 이 산맥의 남부에 있는 한 산의 이름을 따라서 Kobayashi는 이 준평원을 **육백산면**(六百山面)이라고 칭하였다. Kobayashi는 한반도 전역에서 이에 상응하는 준평원의 잔재를 추적하여 이 잔재가 현재 비대칭적인 지배사의 형태로 융기된 것임을 확인하였다. 그러므로 이 곡륭운동(谷

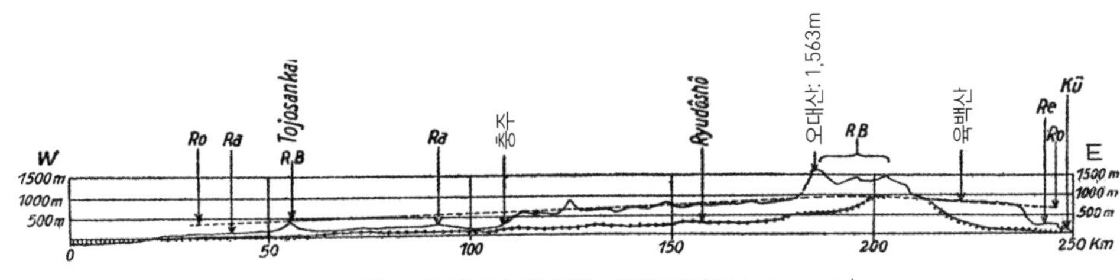

그림 9. 한반도의 중부를 관통하는 지형 단면(T. Kobayashi)

고도가 1:10으로 과장되었음. Ro=육백산면, Ra=낙랑준평원, Re=여도평야, Kü=해안단구, RB=육백산면과 낙랑준평원 상의 잔구(점선: 서쪽으로의 현 하천의 종단면: 한강)

隆運動, Aufwölbung)은 마이오세 이후 진행되었다. 동해의 지향사는 이 지배사와 대조를 이룬다. Kobayashi에 의하면 이에 상응하게 개마고원도 비대칭적으로 융기되었다. 육백산면의 융기축이 한국주산맥의 정상부와 일치하여 북북서–남남동 방향을 갖는 반면, 개마고원의 융기 축은 동북동 방향을 달린다.

Kobayashi는 그 외에 한반도의 서반부에서 매우 넓은 준평원을 추적하였다. Kobayashi는 특히 충주(忠州), 장호원(長湖院), 여주(驪州), 이천(利川)의 주변과 대동강 하류 지역에서 준평원을 조사하였다. 대동강 하류 지역에서 준평원은 이미 Nakamura에 의하여 확인되었고, 평양 남쪽 고분(古墳) 지역의 명칭(p.55)을 따라 낙랑준평원이라 명명되었다(361). 낙랑준평원은 서해안 부근 이 지역의 분지 산록 상에서 매우 넓고, 고립된 '잔구(殘丘, Monadnock)'들을 동반하는 주하곡을 따라 펼쳐져 한반도의 내륙으로 갈수록 좁아진다. 낙랑준평원은 이 방향으로 고도가 상당히 상승하여 지배사의 형성이 준평원의 발달 후에 지속되었다는 것을 보여 준다. 동해안의 좁은 여도평야(麗島平野)는 서해안의 낙랑준평원에 상응한다. Kobayashi는 낙랑준평원과 육백산면 사이에서 한강과 다른 하천들을 따라 세 개의 단구고도(段丘高度)를 추적하였다. 현재의 하곡들은 넓은 충적평야와 예리한 공격사면들(Unterscheidungshängen)로 낙랑준평원의 아래로 감입(嵌入)하였다. 따라서 Kobayashi에 의하면 한반도는 침식으로 인하여 두 개의 계단과 양면의 산록단구(독: Rumpftreppe, 영: piedmont benchlan)로 변화된 하나의 비대칭적 대습곡(大褶谷, Großfalte)이다(그림 9).

낙랑준평원이 실제로 존재한다는 사실은 의심할 여지가 없다. 최근의 지질조사에서 나타난 바와 같이 낙랑준평원은 평양 남쪽의 평안조산대에서 심하게 요동한 구조를 단절하여, 이 지역에서 두꺼운 층후의 테라로사층으로 피복되었다. 낙랑준평원 상에 다음에 설명할 이유로 뚜렷한 천이점(遷移點)을 갖고 상승하기 시작하는 잔구가 불쑥 솟아 있다는 것도 사실이다. 그렇지만 낙랑준평원 상의 침식평탄면은 때때로 면적이 좁고, 매우 상이한 고도를 갖는다. 영어로 저술된 Kobayashi의 논문이 저자의 한국 체류 기간 이후에야 비로소 발간되어 저자는 그의 논문을 알지 못한 채 그러한 많은 침식평탄면을 관찰하였는데, Kobayashi의 육백산면의 고도보다 훨씬 더 높은 고도(예: 평안남도와 황해도의 경계에 있는 하람산, 霞嵐山: 1,450m)에서도 몇 개의 그러한 침식평탄면을 관찰하였다. Tateiwa(384)도 확인한 바와 같이, 이들 중의 한 그룹이 지속적이며 비대칭적으로 휘어진 육백산면 고도 유형의 침식평탄면과 일치하는지 아직 귀납적으로 확실히 증명되지 않았다. **그러나 Kobayashi의 원리는 분명히 정확하다.** 한반도는 비대칭적인 지배사 또는 요곡(撓曲)과 같은 동측(flexurartige Ostseite)을 가진 경동지괴(Pultscholle)로서 융기되었다. 강원도 남부에서 태백산 방향으로 달리는 불국사 석영반암으로 채워진 암맥에서 알 수 있는 바와 같이 이 운동은 이미 상부 백악기에 시작되었으나 현 지형은 아마 실제로 융기가 시작되기 조금 전에 동해에 의하여 침수된 하부 마이오세의 준평원에서 출발하여 준평원 위에 솟아 있는 잔구들(Restberge)이 섬들로 되었을 것이다. 그보다 후기에 일어난 융기는 경사가 급한 동측 곳곳에서 계단단층으로 바뀌는 것과 같이 보이는 평탄한 요곡의 형태로 일어났다. 그러므로 동측의 하천들은 경사가 급하며 짧은 유로를 갖고, 두부침식(頭部侵蝕)을 통하여 서해로 유입되는 하천들을 잠식하여 주분수령을 서쪽으로 이동시켰다.

개마고원의 발달을 위와 매우 상응하는 것으로 생각할 수 있으나 개마고원에서의 기복 차이는 마이오세에 이미 매우 뚜렷하였다. 개마고원에서는 마이오세 때 일어난 바다에 의한 범람 역시 전혀 알려져 있지 않다. **그러므로 한국의 지형은 그 주요 특성에 있어서 Richthofen(351)이 가정했던 것과 유사하게 발달하였다.** 한국에서는 Richthofen의 인예단층(引曳斷層, Zerrungsbrüchen, 영: stretching fault)이 있는 계단단층호(階段斷層弧, Staffelbögen)가 대습곡으로 대체되어야만 한다. 그 외에 Richthofen 자신은 한국의 해안호(韓國의 海岸弧, koreanischer Küstenbogen)와 관련해서 수 차례 'Schwellung'이라는 용어를 사용하였다(351 II, p.10 이하). 그 외에도 앞에서 강조한 바와 같이(p.32) 퉁구스지괴(蓋馬高原地塊)의 만곡을 이루는 구조에 관한 그의 개념이 포기되어야만 할 것이다.

이미 마이오세 초기에 동해의 북서 해안과 서해안은 대체로 현재와 같은 해안선을 가졌다. Okuta의 분명하게 잘 증명된 지도가 이러한 사실을 뚜렷하게 나타낸다(327의 p.453에서 복사). Kobayashi의 지배사와 지향사의 개념이 아마도 그에 상응하는 지각 아래의 Sima운동(371, 387 참조)과 맞는다면, 동해는 하부 마이오세 이후에야 비로소 한국의 해안 부근에서 이미 2,000m 이하로 내려가고, 북동부에서 3,712m에 이르는 현재의 상당한 깊이에 도달하였음에 틀림없

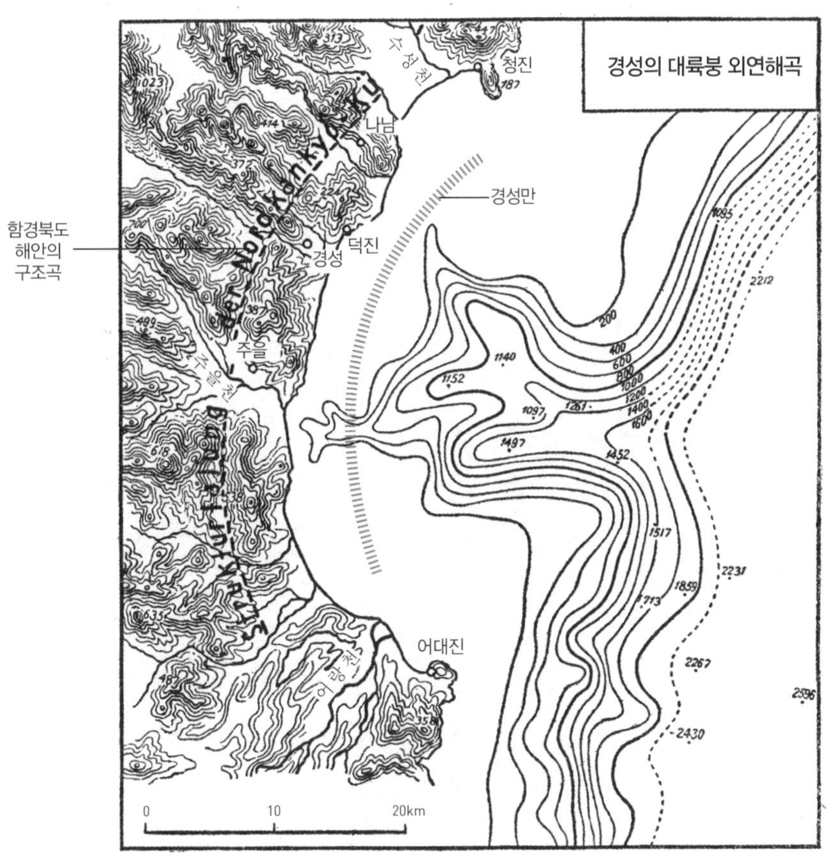

그림 10. 경성(북동부 지방)의 대륙붕 외연해곡(299에 의거하여 수정)

다. 경성(鏡城) 부근 함경북도 해안의 전면에는 Yabe와 Tayama(369, 386)에 의하여 처음으로 지적되었던 육지 쪽으로 분기한 익곡(溺谷)이 있다. 그림 10에서 이 익곡은 대륙붕곡(大陸棚谷, Schelfrinne)이 아니라, 대륙사면(大陸斜面)을 개석한 대륙붕 외연해곡(大陸棚外緣海谷, Schelfrandfurche)으로 나타난다. 최근 '해저요곡(海底凹谷, submarine valleys)'에 관한 엄청난 문헌을 조사하지 않더라도 이 경우에는 아마도 요곡선(撓曲線)의 전환점이 육지 쪽으로 이동하여 지배사의 영역으로부터 지향사의 영역으로 이동한 지역적(subaerial)인 발달일 것이라고 언급될 수 있다. 경성의 해저요곡이 단일 현상인지의 여부는 현재까지 알려지지 않고 있다. Y. Okuta는 그의 방금 언급된 지도(376도 참조)에서 플라이오세의 해안선이 마이오세와 오늘날의 해안선보다 훨씬 더 동쪽을 달리는 것으로 표시하였다. 저자도 식물지리학적 근거에서 울릉도가 대체로 제삼기 말에 다시 육지와 연결된 것으로 추정하였다(883, p.192). 예를 들어 울릉도의 고유종(固有種)인 너도밤

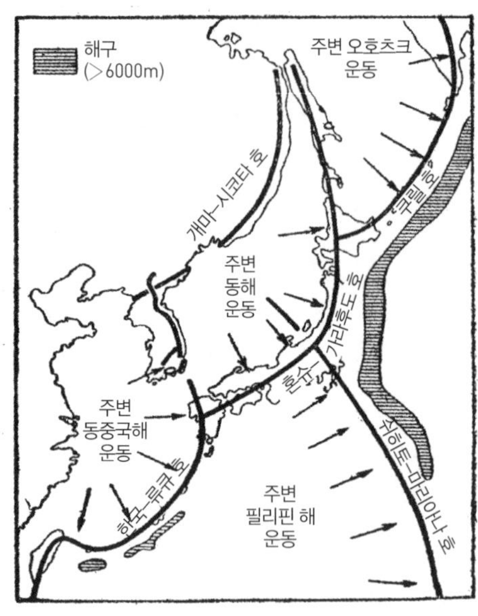

그림 11. 동아시아 북부의 주변 산맥호
(출전: Motizuki와 Kobayashi)

나무(*Fagus multinervis* Nakai [*Fagus crenata* var. *multinervis* (Nak.) T. Lee)가 남부 지방과 일본의 신제삼기 식물상과 가장 가까운 근친성을 갖는다는 사실이 이를 지적한다. 울릉도 식생의 매우 높은 고유도는 이 섬이 그 이후로 결코 본토와 연결되지 않았다는 사실을 추측할 수 있게 한다.

한반도 대습곡의 축, 그리고 이 축과 함께 동해안은 동아시아 주변 산맥들에 대하여 특징적인 동쪽 방향으로의 철형(凸形)인 호(弧) 형태를 갖는다. 이러한 '한국 해안호(koreanischer Küstenbogen)'의 연장부는 아마도 쓰시마 섬과 고토(五島) 섬 또는 규슈 서부를 지나 류큐 제도를 경유하여 달리는 것으로 추정된다. 이 호의 중심부에 동중국해가 위치하여, 일본의 지질학자들은 **주변 동중국해호**(Peri-Tunghai-Bogen)라 부른다(Motizuki 396, 그림 11). 아마도 내부에서 외부로의 수평운동이 이 호와 다른 호들의 형상에 관여한 것 같다.

동아시아 산맥호(山脈弧, Gebirgsbogen)들 중의 외부, 특히 호상열도로 발달한 외부 산맥호는 최초로 Tokuda(362)에 의하여 연구된 **안행구조**(雁行構造, Kulissenstruktur)를 보여 준다. 이들 섬은 그 축이 예각을 이루며, 호의 진행 방향으로 배열된 개개의 작은 블록들로 이루어져 있다. 이들 블록은 안행과 같이 배열되어 각각의 블록은 모든 앞선 블록에 대하여 호의 만곡 방향으로 앞으로 밀려서 옆으로 변위되었다. 쿠릴 열도에서 가장 뚜렷하게 나타나는, Tokuda에 의하여 개발된 이 모델을 그림 12에 제시되어 있다. Tokuda가 증명했던 대로 류큐 제도의 호는 이러한 안행구조를 갖는다(그림 13). 이러한 안행구조는 규슈의 서쪽 주변부에서도 발달하였다. 고토

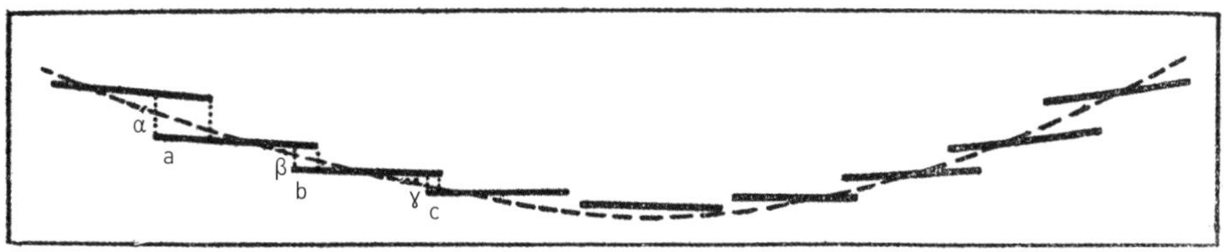

그림 12. 동아시아 호상열도의 안행구조 모식도(출전: S. Tokuda)
파선: 호가 달리는 방향. 굵은 직선: 각각의 안행. a, b, c: 안행의 돌출부. α, β, γ: 안행 간격

섬과 쓰시마 섬은 더 후면에 위치하는 동일한 유형의 안행구조이다. Tokuda뿐만 아니라 Motizuki(396)도 이러한 안행구조를 한반도에까지 적용하여 추적하였다. 저자의 관찰에 의하면 한반도에도 실제 안행구조가 존재하는데, 이미 p.34에서 강조한 바와 같이 경상분지의 남동단에서 특히 뚜렷하게 나타난다. 이 지역에서 직선의 산맥들이 북북동–남남서 방향으로 달리는데, 이것 역시 직선으로 달리는 곡들로 분리된다. Yamanari는 1924년에 이미 이 지역의 이러한 구조를 지적하였다(885). 저자가 증명할 수 있는 Yamanari의 기술에 의하면 이 지역에서는 기복에서 직접적으로 나타나는 구조운동이 아니라 단층계(單層系, Bruchsystem)를 따라서 암석이 풍화된 좀 더 오래된 단층계이며, 따라서 이들 단층계가 후에 계곡을 형성하게 된 것이다. 간단히 말하면 **직선의 계곡열**(溪谷列)**들은 구조곡이지 지구대가 아니다.** 아마도 소백산맥의 독특한 구조 역시 한반도 남동부의 이러한 구조적 특성과 어떤 관련성이 있을 것이다. 태백산맥에서는 경사가 급한 동사면을 필종하천(必從河川)이 해안에 직각으로 유입하는 대신에 남남서로부터 예각을 이루며 해안을 향하여 동해로 유입하는 수많은 직선의 계곡들이 있다. 이들 계곡 역시 아마도 이러한 유형의 안행구조곡에 속할 것이다. 이러한 여러 계곡들은 심지어 남남서쪽으로 주분수령을 넘어 서해로 유입하는 하천들의 유역까지 이른다(그림 13). 이러한 경우는 이미 여러 차례 언급된 추가령열곡(楸哥嶺裂谷)에서 가장 뚜렷하게 발날하였다. 추가령열곡은 원산의 동쪽으로부터 남남서쪽으로 서울 부근의 뚝섬까지 200km에 이르는 주분수령을 횡단하는 직선곡을 형성한다. 추가령열곡은 회색편마암, 화강암, 변성퇴적암과 조선계 지층을 통과한다. 저자는 그 주변부의 어느 곳에서도 최근의 단층운동을 발견하지 못하였다. 그러므로 추가령열곡은 추측하건대 한국 남동부 지방의 계곡과 같은 유형의 구조곡일 것이나. 이 구조곡의 북서단은 영흥만으로 유입하는 용흥강 유역에 위치한다. 개마고원 지역은 안행구조를 갖고 있지 않다. 개마고원 지역은 벌써 이러한 구조가 결여된 것으로 간주되는 동아시아 계단단층호의 내륙형에 속한다(397 참조). 그러므로 북서쪽으로부터 오게 되면 처음으로 한반도 상에서 오래된 형태

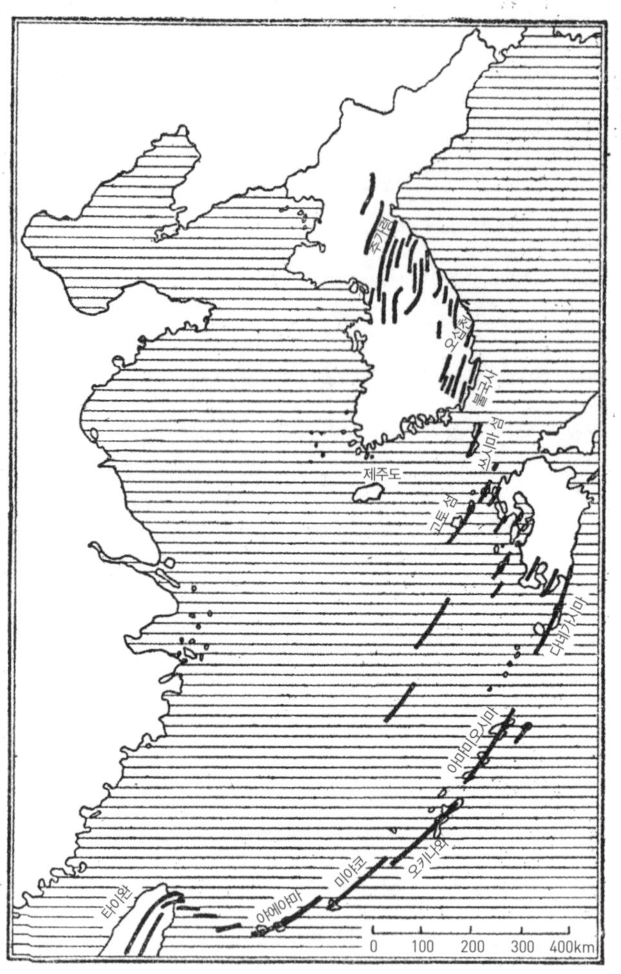

13. 주변-동중국해 호의 안행구조
: S. Tokuda, 한국은 저자에 의함)

의 구조곡에서 이 안행구조를 만나게 된다. 따라서 한반도는 구조적인 관점에서도 내륙호와 해안호 사이의 점이 지역이다.

한국에서 매우 흔한 **사행곡**(Mäandertäler)은 직선의 구조곡과 뚜렷한 대조를 이룬다. 경사가 급하게 동해로 유입하는 필종하천들에는 급경사로 인하여 곡사행천(Talmäander)이 없다. 그러나 서해로 유입하는 매우 많은 하천들에서, 특히 중류에서 곡사행천이 뚜렷하게 나타난다. 곡사행천이 큰 하천의 하류에도 있다는 사실은 대동강 하구 바로 위의 대만곡부(大彎曲部, riesige Daidôschlinge)에서 볼 수 있다. 곡사행천은 한국의 모든 암석에서 나타난다. 곡사행천은 화강암에서는 드물게 나타나지만 현무암층과 셰일 및 낙랑복합체의 석회암에서는 빈번하게 나타난다.

낙랑복합체의 석회암에서 비류강(沸流江)과 그 지류인 평원천(平原川)은 대단한 사행천인 반면, 그 바로 위의 화강암과 편마암에서의 계곡은 직선이며, 폭이 넓다(794). 여기서도 역시 곡류의 진폭은 하천의 크기와 잘 알려진 관련성을 갖는다. 수직으로 갈라지는 경향이 있는 평탄하게 놓인 암석층, 특히 주상(柱狀)구조를 갖는 현무암층과 또한 낙랑복합체의 평탄하게 놓인 부분들에서 곡사행천은 대칭적인 횡단면을 가져 활주사면과 공격사면 간의 차이를 알 수 없는 감입사행천(嵌入蛇行川, Zwangsmäander)에 속한다. 대동강의 대만곡부는 비대칭적이지 않은데, 그 이유는 이 대만곡부가 상류 쪽과 하류 쪽으로 흐르는 조석의 영향을 크게 받기 때문이다. 중국과 대조적으로 생육사행(生育蛇行, 독: Gleitsmäander, 영: ingrown meander)에서 사행천의 목(Mänaderhals)이 완전히 또는 거의 완전히 제거된 많은 경우들이 있다(Schmitthenner 379, p.92). 완전히 또는 거의 완전히 고립된 사행산각(蛇行山脚, Mäandersporne) 역시 두 사행천이 만나는 지점에서 때때로 발견된다. 개개의 사행천은 빈번히 암석 장애물의 전면에 위치한다(예를 들어 905, 남포(南浦) 도엽 참조: 개화리(開花里)–역암 전면에 대천천(大川川)의 사행천). 중강진과 압록강 하구 사이 압록강 지역에서 대하천이 소하천보다 훨씬 더 크게 사행하는 경향이 있다. 대하천의 사행천은 아마도 이미 최근 하각작용에 영향을 준 최후의 집중적인 융기 이전에 발달하였으나, 소하천의 사행천은 대체로 이 융기 이후에야 비로소 형성되었기 때문으로 보인다.

백악기 중부와 상부(신라통과 불국사통)에 지배적이었던 **엄청난 양의 화산암의 분출**은 제삼기를 지나 제사기까지 지속되었다(별도 6 참조). 신제삼기와 제사기의 화산암은 한국의 지각구조의 구조적인 구성 요소일 뿐만 아니라, 동시에 때때로 넓은 지역의 한국 지형에서 나타나는 다소 손상되지 않은 퇴적지형이다. 일본의 지질학자들은 대체로 산성과 알칼리성 화산암은 신제삼기에 속하고, 현무암은 제사기에 속한다는 견해를 갖고 있다(예: Tataiwa 318). 이러한 산성 화산암은 특히 백두산의 외륜산, 북포태산(北胞胎山: 2,239m)과 두류산(頭流山: 2,309m) 사이 마천령산맥의 정상 및 후자의 연장부인 울릉도에서 나타난다. Kawasaki(768)와 Tateiwa(318)는 일본의 북서부 해안 전면에 위치한 오키(隱岐) 섬을 포함시켜 이들 출현지 사이에서 내적 관련성을 찾아서, 직선의 열하를 따라 화산이 분출한 것으로 생각하였다('백두산 화산대, Hakutô Volcanic Chain'). 저자가 다른 논문에서 지적한 바와 같이(778), 백두산 외륜산의 산성의 유문암과 조면암은 주변을 둘러싼 거대한 고원의 현무암보다는 확실히 좀 더 최근의 암석으로 생각되며, 이 현무암은 마천령산맥의 유문암보다 좀 더 최근의 암석이다. 산성과 알칼리성의 용암은 한국에서 신제삼기 이후에 항시 교대로 분출하였던 것 같다. 문제 지역에 관하여 지금까지 발간된 몇 장의 지질도를 정확하게 조사하여도 이러한 사실이 나타난다(762, 특히 신복장(新福場) 도엽).

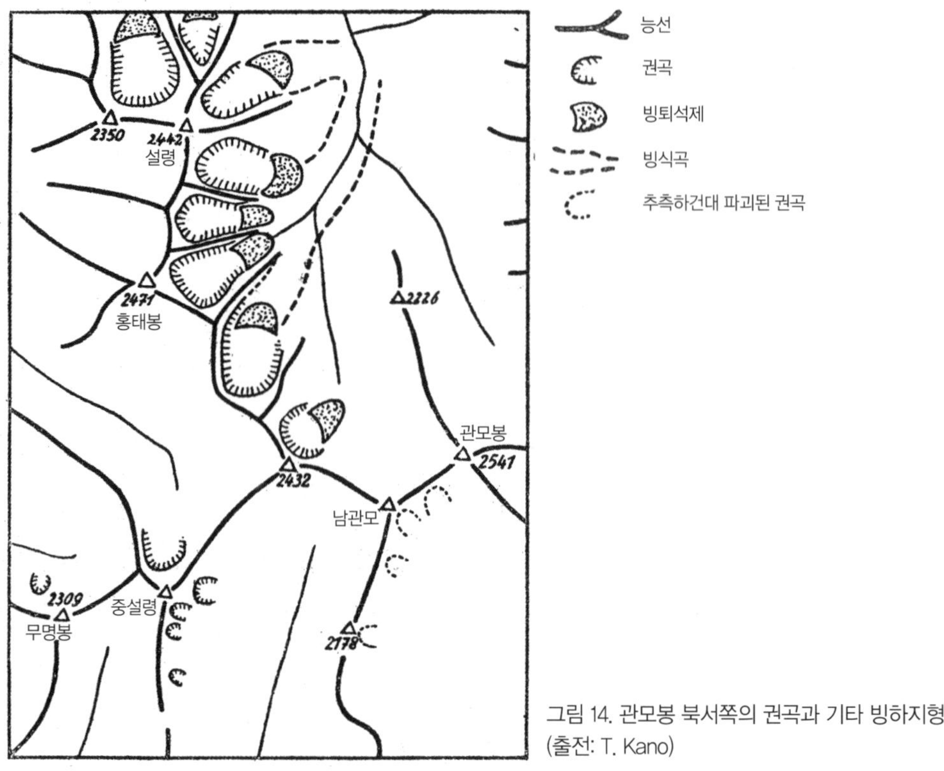

그림 14. 관모봉 북서쪽의 권곡과 기타 빙하지형 (출전: T. Kano)

최근의 화산 분출은 **성층화산**(成層火山)과 **용암대지**(熔岩臺地)의 두 가지 형태로 나타난다. 성층화산으로는 백두산, 울릉도의 화산과 제주도의 한라산 세 개뿐이다. 이들 화산들 사이에 주변 한국호를 연결(perikoreanische Bogenverbindung)하려는 Kobayashi(327, p.457, p.460)의 시도는 저자에게 대담한 것으로 여겨진다. 북포태산(北胞胎山)–두류산(頭流山) 능선의 용암류는 유문암으로 이루어져 있고, 그 외의 모든 용암류는 예외 없이 현무암으로 이루어져 있다. 이들은 대체로 서로 다른 지질시대에 속한다. 대규모로 주상절리(柱狀節理)가 형성되어 투수성이 커짐으로 인하여 용암류가 잘 보존되었다. 현무암 분출은 오늘날의 계곡과 분지들을 채워서 이것으로 그 분출이 근래에 있었음이 증명된다. 화산 분출은 특징적인 방법으로 빈번하게 유로를 변화시켰다. 대체로 화산 분출물 속으로 다시 100m의 깊이까지 하천에 의하여 침식되었다. 혜산진과 중강진 사이 압록강의 침식 협곡은 백두산 주변 지역 현무암대지 아래로 500m 깊이까지 감입하였다. 따라서 이 대지의 형성이 최후의 지형 현상은 아니라는 사실이 나타난다. 무산(茂山) 부근 만주의 지질조사에서 구분되는(758) 두만강 지역의 네 개의 현무암층 중에 가장 최근의 지층은 하수면 위의 단지 10~20m의 지표면 고도를 갖는 경사가 급한 하곡벽(河谷壁)이 있는 곡저평야(Sohlental) 아래에 깊이 위치한다. 그러므로 현무암층들은 매우 상이한 연대를 가지며 그에 상응하게 오늘날의 지형과 그들의 관련성도 상이하다.

추가령열곡은 거의 전 구간이 현무암류로 채워져 있고, 뚜렷한 천이점을 가진 과거의 곡벽들이 그 위의 넓고 평탄한 지표면 상에 솟아 있다. 이 평탄면 상의 겨우 600m 고도에 주분수령이 위치한다(p.33). 이러한 과정으로 Kotô가 오류를 범하는 견해를 갖게 한, 단순히 외적으로 지구대와 유사한 형태(grabenähnliche Form)의 인상을 불러일으킨다(352, Pl. I, 그림 3).

한국 역사에 의하면 제주도에서는 1002년과 1007년에 두 개의 기생화산 분화구에서 마지막 화산 분출이 있었다. 중국의 기록에 의하면 백두산은 1702년에도 부석(浮石)을 분출하였다고 한다. 그러므로 화산활동은 역사시대까지 지속됐던 것으로 보인다. 그럼에도 불구하고 한국에서는 일본 열도와 대조적으로 실제 화산활동이 끝났으며, 제삼기 이후로 계단단층호의 형성과 함께 집중적인 화산활동이 내륙으로부터 주변부로 이동하였다는 Volz(358)의 주장은 전반적으로 맞다.

한편으로 T. Kano(391)와 다른 한편으로 Y. Sasa와 K. Tanaka(393)는 서로 개별적으로 관모봉(冠帽峰) 정상의 북서쪽에서 빙기 빙하작용의 흔적을 발견하였다. 권곡(圈谷)들은 크게 개석된 고준평원(古準平原) 아래에 주로 동사면하에 일렬로 위치한다(그림 14). 그러므로 최종빙기에도 역시 눈을 가져오는 바람은 주로 서쪽 사분원으로부터 불어왔다. 권곡의 출구에 30m까지 높이의 빙퇴석제(氷堆石堤)가 권곡빙하의 말단부를 이루어 그 당시의 기후적 설선이 2,100m까지 이르렀음을 알 수 있게 한다. 훨씬 더 하부에 이르는, 덜 뚜렷하게 발달한 곡빙하의 단계는 대체로 약 100m 더 낮은 설선에 속한다. 불과 2,000m에 이르는 이러한 설선고도는 동아시아 대륙에 있어서는 예외적으로 낮은 고도이다. 이보다 위도가 3° 남쪽인 화북 우타이 산(五臺山)에서 최종빙기의 기후적 설선은 약 3,000m 고도에 위치하였다(399). 언급되고 있는 동아시아 대륙의 위도대에서 최종빙기의 설선은 북쪽으로 매우 가파르게 하강하였던 것 같다. 북부 싱안(興安)에서 Plaetchke가 최대 1,200m의 설선고도를 인식할 수 있는 권곡을 발견하였고, 저자 자신은 아무르(Amur) 철도에서 Mogocha의 북동쪽으로 10km 지점에서 겨우 900m 고도의 산에서 한 권곡을 보았다. 그러므로 북부 지방의 다른 2,200m가 넘는 정상들에서 권곡을 찾아볼 가치가 있다. 확실히 권곡 발달에 있어서 지형적으로 유리한 조건은 아마 어느 곳도 관모봉의 북서부보다 좋지는 못할 것이다. 남포태산(南胞胎山: 2435m)의 북사면에 마찬가지로 권곡과 같이 보이는 약 2,000m의 기저면 고도를 가진 한 요지(凹地)가 있다. 백두산 칼데라의 내부에 있는 세 개의 요지가 권곡인지도 저자는 의심을 갖는다(778). 이들 세 요지가 백두산 빙하작용의 증거라고 한다면 이들은 약 2,400m의 설선고도를 필요로 하여 최종빙기의 후퇴기에 속할 것이다.

두만강 하구로부터 부산에서 북북동쪽으로 55km 떨어진 곳에 위치한 방어진(方魚津)까지의 **동해안**은 곳곳에서, 특히 장기곶과 방어진 사이의 마지막 구간에서 단층의 특성을 갖는 매끈한 요곡해안(撓曲海岸, Flexurküste)이다. 저자는 장기반도의 동측에 대하여 이러한 단층의 특성을 증명할 수 있었다. 동해안은 이러한 매끄러움에도 불구하고 아마도 최종빙기의 최성기 이래로 전 세계적 해수면 상승에 그 성인이 있는 작은 규모의 최근의 내진만(內進灣, Ingressionsbucht)들을 갖고 있다. 이 중에 가장 규모가 큰 내진만은 추측하건대 구조함몰분지(tektonischer Einsenkungskessel)가 바다에 의하여 침수된 한국호(Koreabogen)의 북단에 위치한 영흥만이다. 내진 후에 시작된 직선화과정은 동해안에서 이미 매우 많이 진행되었다. 북쪽으로부터 해안을 따라 흐르는 해류와 매우 적은 간만의 차는 단애, 사주, 석호와 삼각주 평야의 형성에 있는 이러한 직선화과정을 촉진시켰다. 이러한 삼각주들 중에서 가장 규모가 큰 것은 비교적 긴 하천인 용흥강과 성천강에 의하여 영흥만의 주변에 퇴적되었다. 유판(油阪)과 원수대(元水臺)에 있는 신석기 유적(그림 1)은 신석기 시대에 이미 내진지형(Ingressionsform)들이 완전히 발달하였고, 사주와 사빈의 형성은 이미 동기시대 이전에 시작하였다는 것을 증명한다. 동해안의 해수면 상 20~150m 고도에 나타나는 해식대(海蝕臺)와 해성력과 조개로 덮여 있는 그보다 낮은 고도면은 것은 전 세계적 해수면 상승 이전에 일어난 육지 융기의 증거이다. 이러한 해식대는 하성단구(河成段丘, fluviatile Terrasse)의 형태로 하곡의 상류 쪽으로 연장된다. 양도군도(羊島群島)는 길주에서 남동쪽으로 해안에서 4km 떨어져 있다. F. Yamanari(743)에 의하면 이 세 섬 중에 두 섬은 가파른 단애 위 45m 고도에 해식대면에 의하여 끝이 단절된 플라이스토세 중기의 melanite[2] 현무암으로 이루어져 있다. 그러므로 북부 지방 해안에 널리 분포하는 40~50m 고도의 해안단구는 플라이스토세 중기 이후에 형성되었다.

남해안과 서해안은 이미 p.28에서 언급한 바와 같이 전혀 다른 특성을 갖고 있다. 후빙기 전 세계적 해수면 상승의 결과인 내진은 이들 해안에서 경사가 급한 해안 대신에, 아마도 그 이전에 서해의 전 지역을 점유하고(p.28), 남쪽으로 적어도 제주도까지 연장된 평야와 구릉지를 침수시켰다. 제주도 식물상의 고유도가 울릉도보다 훨씬 낮고, 그 씨가 바람이나 새에 의하여 전파되지 못하는 본토와 공통적인 많은 종, 예를 들어 참나무가 있기 때문에 제주도와 본토와의

2 역자 주: 티타늄을 포함하는 석류석(andradite garnet)의 흑색 변종이다.

연륙화(連陸化)는 울릉도의 연륙화보다 좀 더 최근까지 존속하였음에 틀림없다. 제주도, 추자군도(楸子群島)와 한반도 남서단 사이의 대륙붕은 최대 수심이 100m이기 때문에 최종빙기의 빙하성 해수면 하강은 제주도를 본토와 연결시키기에 충분하였을 것이다.

뷔름(Würm) 빙기 구저지 및 구릉지의 폭넓은 계곡들을 점유한 섬들과 돌출한 반도들 사이의 만들은 스페인 유형의 **리아스**(Rias)식 해안이 아니다. 어디든지 매우 큰 조차가 모든 만들을 채우고 수천 개의 섬들과 반도들의 사면 역시 활동 중인 단애가 없는 곳에서 다소 가파르게 해수면 아래에 잠기면, 스페인 리아스 해안의 인상을 표면적으로 얻을 수는 있다. 상상으로 사면의 급경사를 무의식적으로 해수면 아래로 연장시켜서 상당히 수심이 깊은 만의 인상을 얻게 된다. 그러나 6시간 후에 일부 갯골을 포함한 전체 만들에서 완전히 물이 빠지고 갈색으로 빛나는 이질 간석지가 나타나면 놀라움은 더욱 커지게 된다. 저자는 인천 부근 갯골의 바닥에서 만의 중앙에 있는 편암[3]의 노두를 발견하였다. 따라서 간석지 만의 층후는 얇다. 뷔름 빙기의 해안은 당시의 해수면 하강이 심층침식을 통하여 만의 내부까지 작용할 수 있는 범위보다 좀 더 멀었다.

동해안과는 대조적으로 남해안과 서해안 어느 곳에서도 사취와 사주를 거의 찾아 볼 수 없다. 남해안과 서해안의 만들은 수심이 얕음에도 불구하고 이 지역에는 지금까지 늪지가 거의 뚜렷하게 발달하지 않았다. 금강, 한강, 청천강과 압록강 같은 큰 하천의 하구만이 예외가 된다. 그 밖에 이들 지역에는 육지의 단단한 암석들이 주변에 육지를 이루지 못하고 간석지 밑에 잠겨 있다. 하천의 엄청난 홍수는 많은 양의 모래와 실트를 서해로 운반하지만 강한 조류가 이들 물질을 바다 쪽으로 운반하여 해저에 골고루 퍼뜨린다. 썰물 시에 물이 빠지는 위험한 해저사주(海底砂洲, Sandbank)들은 청천강 하구 전면에서 남남서 방향으로 평행하게 대상으로 100km나 뻗어 있다(독일해도, die deutschen Seekarten 참조). 그리고 위와 동일한 거리까지 한강 하구 전면의 해저지형은 조류에 의한 퇴적작용의 영향을 보여 준다. 섬들 사이의 좁은 수로들에서 조류는 침식작용도 하는 것 같다. Ogura는 서해안 전면에서 '많은 해저곡(海底谷, Submarine valley)들'을 발견하였다(470, 471). **그러므로 한국의 완사면을 흐르는 하천들의 주퇴적 지역은 영구적인 본토가 아니라 간석지**(Wattenmeer)**이다.** 서해의 대안에 위치한 중국 북동부와 대조적으로 한국에는 광범위한 충적평야들(Alluvialebenen)이 형성되지 못하였다.

조석의 차가 2m까지 감소하는 **낙동강 하구**의 상황은 다르다. 이 큰 강은 낙동강 하구에 폭

3 역자 주: 라우텐자흐는 'Schiefer(점판암)'라고 하였으나, 데게는 'schist(편암)'이라고 번역하였다.

10km, 길이 15km의 삼각주를 과거의 만안에 퇴적시켰다(그림 2). 이 만의 배후지 화강암 구릉지에 위치한 김해패총(金海貝塚)의 발굴물은 B.C. 2세기 야요이시대(彌生時代)에 해안이 매우 가까웠거나 또는 이 구릉지가 당시에 섬이었다는 사실을 심지어 추측하게 한다.

끝으로 위에서 방금 설명한 상이한 유형의 한국 해안들 사이에서의 차이는 1904년에 Schröter가 당시에 매우 불충분한 지도 자료를 근거로 계산한 다음과 같은 지형계측(地形計測) 수치로 증명된다(354). Schröter에 의하면 서해안은 그 전면의 섬들을 포함하여 5,500km, 남해안은 5,189km의 해안선의 길이를 갖고, 이와 반대로 동해안은 남북 간의 긴 거리에도 불구하고 단지 1,800km의 해안선 길이를 갖는다. Schröter는 '지절률(肢節率, Gliederungskoeffizient)'을 해안의 실제 거리(섬을 포함)와 해안 양끝 지점 간을 연결하는 직선거리 간의 비율로 정의하였다. Schröter는 압록강 하구와 37°45'N 간의 서해안의 지절률을 4로, 남해안은 11로, 동해안은 2.25로 계산하였다.

토양생성은 기후 및 자연식생의 보존 상태와 밀접한 관련성을 나타낸다. 낮은 고도와 중고도의 혼합림이 보존된 지역에는 **갈색토**가 지배적이다. 사면의 경사가 급하면 급할수록 갈색토는 표토에 좀 더 많은 기반암의 암편을 갖게 된다. 여름에 고온다습한 기후를 갖는 한반도의 벌채된 고도가 낮은 지역에는 밝고 때때로 눈에 띄게 물든 **적색토**(rote Böden)가 지배적이다. 석회암 지역의 이와 같은 고도에는 이미 언급한 테라로사가 발달하였다. 고도가 높은 지역에서 석회암 산지는 렌지나(Rendzina)로 덮여 있다. 최북동단에는 갈색토 대신에 포드졸(podzol) 토양이 나타난다. 뢰스(Löß)층은 한국의 어느 지역에서도 발달하지 않았다.

널리 분포하는 화강암은 적색토를 잘 생성하지 않는 경향이 있다(231, 377). 화강암에서 적색토의 생성은 화학적 풍화작용이 최종 단계에 이르러 양토를 생성할 수 있는 지역, 즉 사면의 경사가 매우 작고, 고도가 매우 낮은 지역에서 비로소 나타난다. 기후가 온화한 남해안에서만 사면의 경사가 보통인 지역에서도 화강암질의 적색토가 나타난다. 그 외에는 **황색의 암설토양**(岩屑土壤, Grusböden)[4]이 화강암 지역에서 지배적이다. 이 황색의 암설토양은 한반도의 북단(뿌리)에서는 약 400m까지, 남부 지방에서는 800m 이상의 고도까지 나타나고, 50° 경사까지의 사면에서 나타난다. 이 토양에서 화강암은 제자리(in situ)에서 매우 깊고(10m 이상), 심하게 화학적 풍화작용을 받아 삽으로 팔 수 있다. 이러한 풍화작용은 지표로부터, 그리고 절리로부터 내부까지 깊숙이 진행된다. 대체로 절리에 의하여 분리된 화강암괴 가장 내부의 핵에 큰 감자 형태

4 역자 주: Grus란 독일어로 결정암이 기계적 풍화작용을 통하여 모래에서 작은 역(6.3~2.0mm)까지의 입자 크기를 갖는 암설 물질이다(Murawski, Hans, 1983, *Geologisches Wörterbuch*, p.80).

의 붕괴되지 않은 잔재가 나타난다. 화학적으로 붕괴된 화강암괴는 여름 호우의 우식작용(雨蝕作用, abspülende Wirkung)을 받는 반면, 겨울에는 쐐기얼음(Spaltenfrost)으로 인하여 입자구조가 느슨해진다. 깊은 우곡(雨谷, Racheln)은 벌채된 화강암 사면을 파고 들어가고, 우곡 사면들은 서로 개석하여 식생의 마지막 흔적까지 사라져 버린다. 화학적으로 반 정도 풍화된 화강암은 공극률이 크기 때문에 이러한 화강암 지역을 흐르는 하천의 우곡 하상과 모래 하상은 때때로 큰비가 내린지 24시간 후에도 여전히 건조하다. 그러나 큰비가 한번 오게 되면 암설과 모래의 운반량이 엄청나다. 하천들은 매우 많은 양을 퇴적시켜 하상을 높이고, 하류 쪽에 위치한 곡저평야의 논을 위협한다. 하천은 곡저평야 상의 논보다 약 2~5m 정도 고도가 높아서 불안하게 보존되어 있는 모래 제방(Sandbank)으로 둘러싸여 있다. 하천의 엄청난 침식작용과 운반작용은 전적으로 여름의 홍수에 의해서 일어난다. 정상적인 수위 시에 이들 화강암 지역의 자생하천(自生河川, autochtone Flüsse)의 수량은 매우 적고, 수위가 낮다. 이들 하천은 넓은 모래 하상에서 여러 지류로 갈라진다.

화강암 지역에서 화학적 풍화작용과 기계적인 침식이 지배적인 지역 위에 식생이 없는 **헐벗은 암석 사면(Felshänge)과 암봉(岩峰, Felsgipfel)이 있는 지역**이 나타난다. 이들 암석 사면과 암봉은 대체로 이끼류로 덮여 있어서 화학적 풍화작용을 받은 최하단 사면 부분의 황색, 주황색 및 적색과 도처에서 매우 현저한 색깔의 대조를 이루는 암회색의 색깔을 갖는다. 화강암 지역에서 암석 사면과 정상은 네 가지 형태로 나타난다. 가장 빈번하게 나타나는 것으로 **둥근 암석돔(prallwölbiger Felspanzer)**이 있다. 이러한 암석돔은 500m 고도까지 완전히 매끄러운 사면을 형성할 수 있다. 암석돔은 때때로 모든 방향에서 sugarloaf(Glockenberge) 또는 dome-shaped mountains(Helmberge: Helm=鐵帽, Berge=山)로 된다. 이 암석돔은 기후적인 이유로 인하여 북동부 지방에서는 나타나지 않는다. 북동부 지방에서 이러한 암석돔을 형성하려는 약간의 경향은 단지 겨울에 온화한 동해안 지역에서만 나타난다. 한국의 기타 지역에서 암석돔은 고도 한계를 갖는데, 이 고도 한계는 금강산에서는 약 800m이고, 묘향산에서는 약 1,000m이다. 암석돔은 조립 또는 중립의 입자를 가진 화강암에서 나타나나 반암, 규암, 역암 및 각력암과 같은 지층이 없는 다른 암석들에서도 나타난다. 세립의 화강암, 뚜렷한 지층을 갖는 암석들과 편마암 및 운모편암의 암석돔은 한국에서 전혀 나타나지 않는다. 마찬가지로 암석돔이 절리와 좁은 간격으로 갈라진 틈이 암석을 관통하는 곳에는 없다. 암석돔의 사면에는 물리적 풍화작용, 특히 '하부로부터의 박리(剝離)'가 주로 나타난다(Schmitthenner 364, 379). 이러한 박리를 통하여 아치형의 판을 향해 수직인 10m 이상 되는 현애(懸崖, Überhänge, 영: overhanging cliff)들이 형성될 수 있다. 저자는 태천(泰川) 부근의 삼각산(三角山, 평안북도)에서 심지어 30m나 되는 현애도 관찰하였다. 저자는 한국의 어느 곳에서도 소위 '상부로부터의 박리'를 발견하지 못하였다. 서로 마주 보고 있는 불룩한 형태의 사면은 오히려 때때로 Kernsprung[5]에 의하여 분리된 종석(宗石, Schlußstein: 아치의 종석) 중에 위로 단추와 같은 형태로 나타나거나, 암설과 암편으로 피복되어 있는 수 미터 넓이의 능선에서 위로 끝난다. sugarloafs 또는 돔형 산지(dome-shaped mountains)의 성인은 인공적인 벌채와는 관련이 없다. 예를 들어 금강산과 개성(開城) 부근의 천마산(天摩山)과 같은 여러 산지에서 둥근 암석사면은 손상되지 않은 교목림 위에 바로 솟아 있고, 때때로 사면의 각이 좀 더 작아지는 곳에서 삼림이 있는 갈색토양층 아래로 사라진다.

sugarloafs와 돔형 산지는 암석학적으로, 그리고 절리구조가 완전히 동일한 암석으로 이루어진 고도가 낮은 주변에서 빈번하게 솟아 있다. 그러므로 이들이 솟아 있는 것 자체가 암석구조와 절리구조에 기인한다는 것은 불가능한 일이다. 후자는 오히려 왜 한 화강암 산지는 돔 형태를 갖고, 다른 인접한 화강암 산지는 왜 돔 형태를 갖지 못하는가를 설명할 수 있다. 그러므로 이러한 돔형 산지는 열대의 Inselberg 형태에 가깝다(N. Krebs, Über Wesen und Verbreitung der tropischen Inselberge. Abh. Pr. Ak. d. Wiss. 1942. Math.-naturw. Kl. Nr. 6).

암석돔의 사면들이 철형(凸形)의 호를 갖는 반면, 그 사이에 개석된 깊은 계곡은 때때로 요형(凹形)의 호를 가지며 마찬가지로 단단한 암석으로 이루어져 있다. 이들의 종단면은 특히 조립이거나 특히 큰 절리면 간격의 부분에서 매우 경사가 크다. 이렇게 크게 경사진 부분은 넓게 돌출된 계단의 특성을 갖을 수 있는데, 이 계단은 다시 하천 내부와 주변에서 하부로부터의 박리를 나타낸다. 측면 계곡도 그러한 계단으로 끝날 수 있다. 이들 모든 형태는 결정암 지역에서의 빙하지형을 크게 연상시킨다.

돔의 형태는 상부로 갈수록 **뾰족한 끝**(Rippen), **암주**(岩柱, Pfeiler), **평판**(Platten)과 **날카로운 능선**(Grate, 영: knife ridge)으로 바뀐다. 이러한 지형의 고도 변이는 단지 기후적으로, 특히 추운 겨울 기간에 증가하는 빙결 풍화(Frostverwitterung)의 강도로 설명된다. 지형의 차이는 곧 색깔의 차이로 나타난다. 이끼의 흑색 빛깔은 상부로 갈수록 지의류(地衣類)에 의하여 형성된 회백색으로 변한다. 매우 최근까지 절리를 따라 파쇄가 되지 않은 곳에서는 어디서나 암주의 모서리가 둥글게 되었다. 이렇게 둥글게 되는 현상은 여름의 따뜻한 빗물이 용해작용(溶解作用)을 일으켜서

5 역자 주: 건조기후 지역에서 주야간의 급격한 기온 변화 또는 일사와 호우로 인한 냉각으로 인하여 급격한 기온 변화가 나타나서 암석 또는 암괴가 때때로 요란한 폭음과 함께 파열되는 현상을 말한다(Murawski, Hans, 1983, *Geologisches Wörterbuch*, p.111).

나타난 결과이다. 이러한 용해작용은 때때로 버섯 또는 동물 형상과 유사한 매우 놀라운 개개의 형상을 형성할 수 있다.

또한 **용해작용**을 통하여 1m까지 깊이의 요지가 형성된다. 이 요지는 조립의 화강암 및 규암으로 된 뾰족한 형태와 둥근 형태의 지역에 있다. 저자가 수차례 관찰한 바와 같이 요지의 물은 폭풍우로 인하여 밖으로 튀어나오고, 새로 요지로 흘러들어 가는 빗물은 매번 용해도를 감소시킨다. 둥근 돔에 때때로 최대 경사 방향으로 도랑을 파는 0.5m 깊이까지의 우곡도 용해작용으로 설명된다.

세립자와 큰 절리가 있는 화강암 지역에서는 둥근 지형(wölbige Formen)들이 발달하지 않는다. 이러한 지역에서 뾰족한 형태는 주로 화학적 풍화작용이 지배적인 범위까지 내려온다. 대체로 세 방향으로 서로 수직으로 서 있는 매우 규칙적인 절리가 있는 곳에서는 독일에서 Klippen(chimney rock)의 형태로 알려진 **네모난 돌의 벽과 탑**(Quadermauer und -türme)[6]을 보게 된다. 이러한 유형의 봉우리를 한국어로 노적봉(露積峰)이라고 하는데, 그 이유는 동아시아의 채워진 쌀가마니가 둥근 모서리를 가진 육면체 모양을 갖기 때문이다.

끝으로 육면체가 화학적 풍화작용을 받는 완만한 또는 보통의 사면에서는 노적봉과 같은 형태 대신에 큰 감자 같이 보이는 암설 사면 위에 솟아 있는 **둥근 거력들의 더미**가 형성된다.

이미 언급한 바와 같이 마이오세 이후에 크게 융기한 한국주산맥에는 직선의 사면 단면이 지배적이다. 널리 분포된 결정질 점판암과 셰일에서 이들 사면은 측면 계곡들에 의하여 크게 개석되고, 능선은 횡단면에서 보면 때때로 매우 예리하다. 개마고원 지역의 형태는 이와 매우 유사한 지쳐 버리게 하는 균일성이 있는데 특히 그 남동 사면의 형태가 그러하다. 이와 반대로 한국의 서반부와 동해의 직접적인 인접 부분에서 보통의 경사각을 가진 사면들은 Schmitthenner가 중국(379)에서, Credner가 동남아시아(378)에서 기술한 것과 같이 단지 좁은 대상 지역에서만 발달하였거나 또는 전혀 없다. **고도가 높은 지역에서는 매우 큰 경사각을 가진 사면과 고도가 낮은 지역에서는 작은 경사각을 가진 사면이 지배적이다.** 때때로 두 형태계가 요각(凹角)의 천이점을 가지고 서로 직접 만난다. 화강암 지역에서 때때로 하부 형태계 영역은 주로 화학적 풍화작용이 일어나는 지역이고, 상부 형태계 영역은 암석 형태의 지역이다. 하부 형태계는 빈번히 구분 천이점을 가지고 넓은 충적곡저(Alluvialtalsohle)로 낙하한다. 이것이 산록구릉지대(Fußhügelzone)가 된다. 이러한 산록구릉지대가 서해로 천이점이 없이 낙랑준평원의 넓고, 보통

6 역자 주: 저자가 의미하는 바를 정확히 알 수는 없으나 토르(tor)를 의미하는 것 같다.

의 고도를 가진 개석된 지역으로 이어진다. 저자는 보통의 사면 경사각을 가진 지역이 온대계 절풍 지역의 기후에 의하여 나타나는 독특한 침식 형태를 통하여 소모된다는 Schmitthenner의 견해에 동의한다.

금강산과 오대산(강원도 중부)에서와 같이 조밀한 원시림이 곡저까지 덮여 있는 지역에서는 돌발적인 하천의 수량 변화에도 불구하고 암설의 운반이 뚜렷하게 나타나지 않는다. 홍수위까지 완전히 나지인, 풍화되지 않은 암석의 자연색으로 빛나는 요면의 둥근 암석 하상에는 매우 빈번히 역(礫)이 전혀 없다. 그럼에도 불구하고 삼림토양(Waldboden)의 포행(匍行)에 기인하는 많은 양의 물질이 계곡 하류 쪽에서 나타나는 많은 큰 거력으로 증명되는 바와 같이 이와 같은 암석수로(Gesteinskanäle)를 통하여 운반된다. 인공적으로 벌채된 지역이나 자연수목한계선 위의 지역에서 역(礫)의 운반은 비교할 수 없을 정도로 더 많다. 북부 아시아의 계절풍기후는 이러한 기록적인 무거운 하중의 운반에 특히 유리하다. 인공적으로 벌채된 지역의 표토가 제거된 벌거숭이의 급사면은 겨울에 동결파쇄(Frostsprengung)의 영향을 받게 되고, 여름에는 열파쇄(Temperatursprengung)를 받게 된다. 여름에는 동시에 엄청난 홍수가 굉장한 운반력을 제공한다. 풍화된 암석들은 엄청난 암석슬라이드(rock slide)로 인하여 급류가 흐르는 계곡으로 운반된다. 이러한 급류에서는 빈번히 4m에 이르는 직경을 가진 거력들을 볼 수 있다. 급류가 흐르는 계곡에서 계곡 아래 쪽으로 매우 빠르게 전폭이 아직 모가 나거나 단지 모서리만 둥글게 된 거력으로 채워진 곡저평야(Sohlentäler)가 된다. 이들 거력은 그 신선한 색깔에서 알 수 있듯이 매 홍수 시마다 계속 이동한다. 이들 거력은 때때로 하천 위의 시멘트 교량을 파괴하고, 파괴된 교량의 교각에 수 미터 높이로 쌓인다. 이러한 활동적인 사력하상(砂礫河床, Geröllbetten)들은 우선 전 계곡의 폭을 점유한다. 그러나 사력의 층후는 단지 수 미터에 지나지 않는다. 활동적인 저수위의 하상 또는 물이 없는 저수위 하상에서는 자주 이러한 퇴적물 사이에서 기반암이 보인다. 이동하는 사력은 매우 강력한 측방침식을 하므로, 이로 인하여 이미 여러 차례 언급하였던 구분천이점이 사면의 산록에 나타나게 된다. 이러한 유형의 비정상적으로 폭이 넓고, 얕게 퇴적된 계곡은 바다 쪽으로 지속되어 위에서 기술하였던 서해안과 남해안의 마찬가지로 얕은 간석지 만(Wattbuchten)들로 유입한다. 물론 사력의 크기는 바다 쪽으로 갈수록 빠르게 감소하며 여전히 폭이 넓은 사력 하상은 곧 현재 활동적이지 못해서 경지로 덮여 있는 충적곡저로 이어진다. 그러나 후자의 주변에 있는 구분천이점은 하구까지 남아 있다.

2. 기후

규칙적인 강수 측정은 이미 1442년 이래로 세종대왕의 명에 의해 조선의 여러 도시에서 행해졌다(p.64 참조). 이 강수 측정은 수백 년간 속행되다가 전쟁으로 인하여 중단되었다. 그 후 1770년에 강수 측정은 다시 계속되어 1776년 이후부터 현재까지 결측(缺測) 없는 서울의 강수자료가 존재한다(453, p.210−215에 재간). 이 서울의 강수자료는 1917년에 Wada(400)와 1938년에 Tada(401)에 의해 분석되었는데, Tada는 조화분석(調和分析)을 통해서 2, 6, 13, 35, 37년의 주기를 추출하였다. 조선왕조에서 다른 기후요소의 자료는 존재하지 않는 것 같다.

한국 땅을 밟은 최초 유럽인의 편지는 예수이트 교단 신부 Gregório de Céspedes (p.78)의 편지로, 한국의 기후가 일본의 기후와 매우 다르다는 사실을 이미 언급하였다. 이 신부는 1594~1595년의 겨울을 다음과 같이 기술한다. "한국의 추위는 매우 혹한이라 일본의 추위와 비교할 수 없다. 하루 종일 내 수족은 반마비 상태이고, 아침에 미사를 드리려 할 때 나는 내 손을 거의 움직일 수 없었다"(88, p.44). 또한 헨드릭 하멜의 보고(171−173)도 매년 반복되는 겨울의 추위와 많은 양의 눈에 대한 불평으로 가득 차 있으며, 대한해협의 폭풍에 관한 내용을 일부 포함하고 있다. 이보다 좀 더 정확한 기후요소에 관한 보고는 서양인들이 자유롭게 한국을 드나들 수 있었던 이후에야 비로소 시작된다. 이 보고들은 최초의 개항장인 인천, 부산, 원산의 기온과 강수자료를 근거로 하였다. A. Woeikow는 이 자료를 근거로 이미 1887년에 한반도 동해안의 기온이 서해안의 기온보다 겨울에 더 높고, 여름에 더 낮다는 사실을 밝혀서 현재에도 여전히 유효한 설명을 하였으며(402), 독일인 항무장 Mörsel이 보낸 관측자료를 기초로 하여 1891년에 Dinklage가 보고한 내용이 이보다 좀 더 상세하다. Dinklage의 짧은 논문(403)에는 한국 기후의 많은 특성이 정확하게 개설되었다. 이와 유사한 것으로 같은 해에 발표된 서울 주재 러시아공사 C. Waeber의 보고가 있다(404). 이보다 5년 후에 A. Supan은 한국 최초의 평균강수량에 관한 자료를 발표하였다(405).

p.95에서 강조한 바와 같이 일본인들은 을사보호조약과 함께 기상관측망을 설치하고, 그 후에도 계속하여 열의를 가지고 기상관측망을 확장하였다(406−410). T. Hirata(411)는 1916년에 최초로 기후지(氣候誌)의 형태로 이들 자료를 종합하였으며, 미국의 의사이자 선교사인 J. D. van Buskirk는 1919년에 일본의 자료를 기초로 등치선도가 포함된 주요 관측소 기후요소의 계절 변화에 관한 개관을 발표하였다. 그는 Huntington의 영향을 받아 한국의 기후가 인체에 미치

는 영향에 관하여 고찰하였다(412). Okada의 대기후도(m)와 동일 저자의 일본 전체에 관한 기후지(416)에는 한국이 포함된다. 이 기후지의 내용이 저자가 집필하려는 한국지지에 그대로 이용할 만큼 상세하지 못하고, 대축척이 아니라는 사실은 쉽게 이해될 수 있다. Okada는 단지 조선총독부 관측소(인천)와 15개 주요 관측소의 평균치만을 이용하고, 234개 간이관측소의 자료를 이용하지 않았으며, 그 외에 그가 이용한 평균치는 관측기간이 서로 다르다. 즉, 표준평년으로 환산되지 않았다. Okada가 발간한 평균치를 이용하여 Biel과 Moese는 최초로 일본의 기후에 지속원리(Andauerprinzip: principle of duration)를 적용하려 시도하였다(418). 이들 두 저자 역시 본문과 지도에 한국을 포함시켰다.

『조선총독부 관측소연보』에 발간된 방대한 자료를 저자의 지지 과제에 완전히 활용하기 위하여 저자는 남한과 북한의 두 기후지를 쓰게 하였다. 두 기후지에서는 1914~1933년 기간의 모든 관측소의 평균치가 계산되었다. 남부 지방[7]의 기후를 연구한 G. Schumacher의 박사학위 논문(413)은 발간되었다. Schumacher는 그의 논문에서 그 외에도 평균의 기초가 되는 과정을 요인적으로 파악하기 위하여 일본의 공식기상도를 분석하였다. E. Trojan이 작업한 북부 지방의 기후에 관한 학위논문(414)은 제2차 세계대전으로 인하여 중단되었으나 모든 평균치는 남아 있다.

본서에 수록된 거의 모든 기후도는 이 두 저자의 노고를 통한 계산을 기초로 저자가 제도하였다. 본서 제3부 개개 지역의 **기후표**는 동일한 20년 평균치를 이용하여 작성되었다. 이 기후표는 다음과 같은 관점에서 작성되었다. 한국에서 대부분 기후요소의 계절변화는 매우 주기적으로 단지 1회의 최고와 최저로 나타나며 개개의 국지적인 예외 현상만이 이 규칙으로부터 벗어난다. 이 기후표에는 계절변화의 최고치와 최저치가 수록되었다. 최고치는 거의 여름 달에 나타나고, 최저치는 겨울 달에 나타난다. 그러나 이들 최고치와 최저치가 출현하는 달은 모든 기후요소와 관측소에서 같게 나타나지는 않는다. 기후표 상단의 해당 칸에 최고치와 최저치가 가장 빈번히 출현하는 달을 기록하였다. 각 칸에서 편차가 나는 달은 설명 주에서 언급하였다. 한국의 등대관측소에서는 최고-최저기온이 관측되지 않는다. 따라서 이 기후요소의 자료가 경우에 따라 기후표에서 제시되지 않았다. 기후표와 본문에서 언급된 거의 모든 관측소의 위치는 지도 1에서 찾을 수 있다. 한국의 기후에 관한 좀 더 세부적이고 지역적인 개개의 특성은 각 해당 지역의 기후표를 이용하여 제3부에서 다루었다. 저자는 본장에서 한국 기후의 주

7 역자 주: Schumacher는 그의 논문에서 남부 지방(Südkorea)을 충청남도, 충청북도, 경상남도, 경상북도, 전라남도, 전라북도와 제주도로 정의하였다.

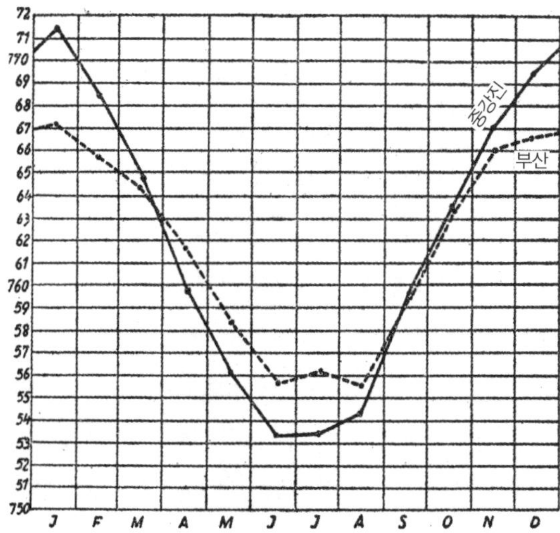

그림 15. 중강진과 부산에서 기압의 계절변화

요 특성만을 다루었다.

한국에서 기압의 평균적인 계절변화는 동아시아의 **기압배치형**과 관련하여 거의 2차 극대가 출현하지 않는 1회의 매우 단순한 주기성을 갖는다(그림 15). 최고기압은 1월에, 최저기압은 7월과 8월에 출현한다. 1월에 북부 지방의 기압은 남부 지방의 기압보다 높다. 한여름에는 이와 반대 현상이 나타난다. 이와 같은 사실은 Okada(m, 416) 또는 그 이전에, 물론 일부 주요한 오류가 있기는 하나, Froc(415)이 그린 동아시아 전체의 등압선도와 일치한다. 중강진과 부산의 기압차는 1월에 4.3mm, 7월에 −2.6mm이다. 그러므로 한겨울에는 남남동 방향으로 매우 강한 기압경도가 지배적이어서 탁월풍의 풍향은 북북서 내지 북풍이다. 이것이 유명한 겨울의 **대륙계절풍**(Landmonsun)이다. 한여름의 기압경도는 북서 방향으로 지향되고, 그 경도가 겨울보다 낮다. **해양계절풍**(Seemonsun)은 남남동 내지 남서 방향에서 불어온다. 따라서 이들 **탁월풍**은 1년 중에 두 번 180° 회전한다. 별도 11a의 지도는 대체로 이와 같은 규칙을 증명한다. 별도 11a에서 조선총독부 관측소(인천)와 15개 주요 관측소의 1월 **탁월풍향**은 실선의 화살표로 표시된다. 해양 상의 풍향은 네덜란드의 신지리부도(s)를 참조하여 기입하였다. 탁월풍의 풍향은 1914~1933년의 평균치에서 가장 빈도가 높은 것을 16 방향의 풍배도(Windrose)로 나타냈다. 때때로 두 번째로 빈번한 풍향도 함께 나타냈다. 화살표의 길이는 그 빈도에 상응한다. 파선의 화살표로 기입된 7월의 탁월풍향도 이와 같은 방법으로 나타냈다. 해양 상의 풍향은 네덜란드의 신지리부도(s)를 참조하여 기입하였다. 이 지도 상의 대부분의 해안관측소에서 1월에 북풍, 7월에 남풍이 탁월하다는 것을 볼 수 있다. 그러나 이 중에서 한 가지 중요한 예외는 동해안의 중부 두 관측소, 원산과 강릉에서 볼 수 있다. 이들 관측소에서는 1월에 서풍 내지 남서풍이 탁월한데, 그 이유는 분명히 겨울과 가을에 온난한 동해 상에 국지 저기압이 발달하기 때문이다. Okada(416, p.203)도 이와 같은 견해를 지지한다. 한국 내륙의 어느 지역에서나 풍향 화살표의 길이가 해안보다 현저히 짧다. 내륙 지역에서는 1월과 7월의 풍향 관측 중에 고요(무풍)의 비율이 높고, 풍향은 산악지형의 영향을 현저히 받아서 이 지역에서는 계절풍 순환의 규칙이 약화되거나 때때로 전혀 적용되지 않는다. 지형의 영향은 제주도의 북부 해안에 위치하고, 그 남쪽으로 폭넓게 가로 놓여 있는 한라산(漢拏山, 1950m)에 의하여 차단되는 제주에서 특히 뚜렷하게 나타난다. 제주에서 북북서풍은 겨울에 확실히 잘 나타나나, 그와 반대로 여름 계절풍은 한라산을 우회하여 동풍이 된다. 제주에서 7월 남남동풍의 빈도는 8.6%로 빈도가 네 번째로 높은 풍향이 된다.

평균**풍속** 또한 지형의 영향을 매우 강하게 받는다. 해안관측소의 평균풍속이 내륙의 풍속보다 훨씬 더 빠르다. 인천의 연평균풍속은 4.5m/sec이지만, 35km 내륙에 위치한 서울의 연평균풍속은 단지 2.2m/sec이다. 해안에서 가장 원거리에 위치한 관측소(초산 1.1m/sec)가 최저풍속을 갖는다. 한겨울의 기압경도가 한여름보다 크기 때문에 해안관측소의 평균풍속은 한여름보다 한겨울에 빠르다(예: 웅기 1월 7.9m/sec, 7월과 8월 3.5m/sec). 육지관측소들의 풍속은 평균적으로 느리나 때때로 여름 달의 풍속이 겨울 달보다 빠르다. 그 원인은 아마도 국지적인 지형의 영향에 기인할 것이다.

외부에서 발달한 기단은 계절풍에 의해 빈번히 한국으로 이동하게 된다. 겨울에는 북쪽에서 발달한 한랭한 기단이, 여름에는 남쪽에서 발달한 온난한 기단이 이에 속한다. 따라서 한국은 **현저히 강한 열적 계절변화**를 갖게 된다. 이 열적 계절변화의 폭은 지리적 위도에 따른 평균치보다 훨씬 더 크다. 한국의 1월 평균기온은 해당 위도 상의 평균기온보다 최남단에서 약 5.5℃ 낮으나, 최북단에서 22℃까지 낮다. 반대로 7월 평균기온은 해당 위도 상의 평균기온보다 최남단에서 약 0.5℃, 최북단에서 0~2℃높다. 그러므로 한겨울 음의 기온편차는 한여름의 양의 기온편차보다 훨씬 더 크고, 최북단의 기온편차가 최남단의 기온편차보다 더 두드러지게 나타난다.

마지막에 언급한 사실은 **한국은 기후에 있어서도 대륙권에서 해양권으로의 점이적인 나라라**는 것을 단적으로 보여 준다. 한겨울에 이와 같은 **열적인 점이적 특성**이 가장 강하게 나타난다.

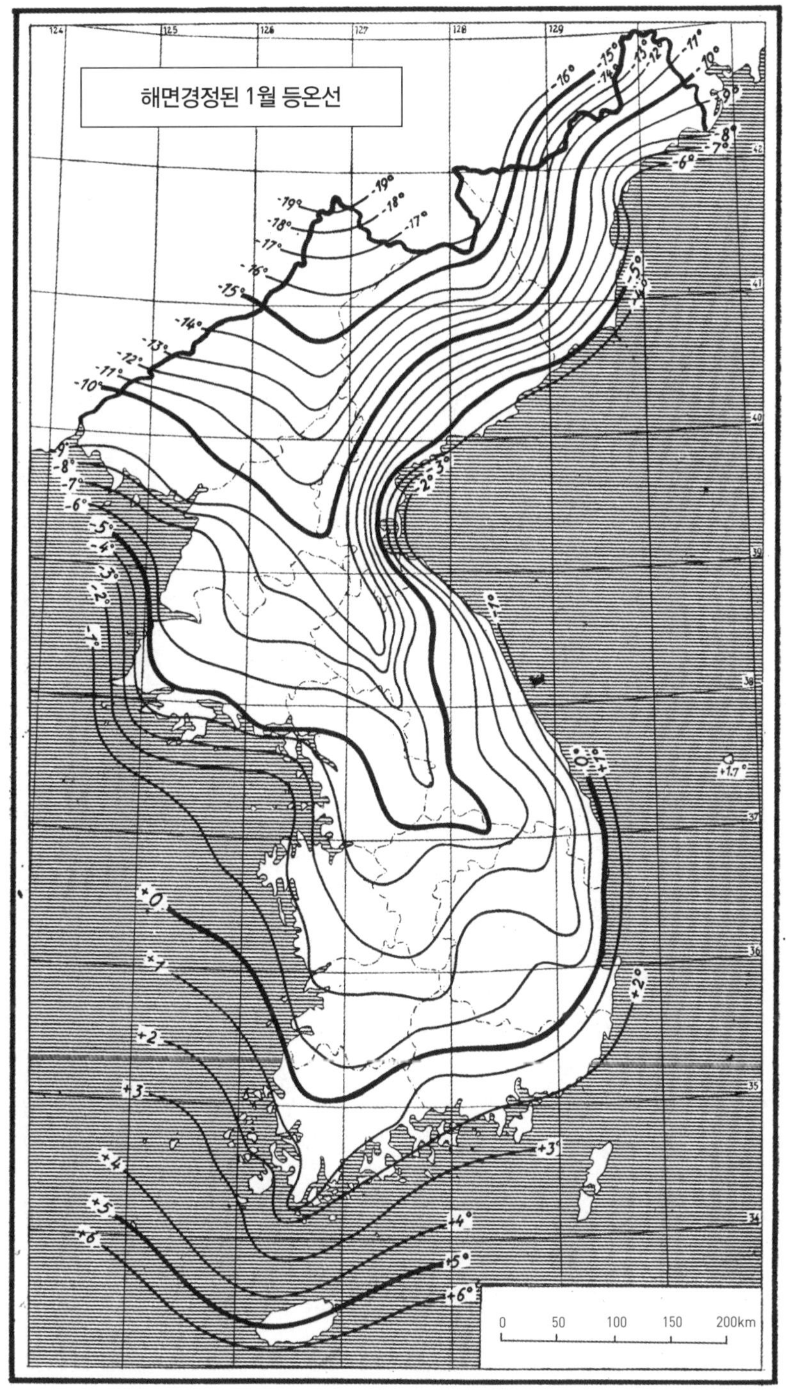

[별도 8] 해면경정된 1월 등온선

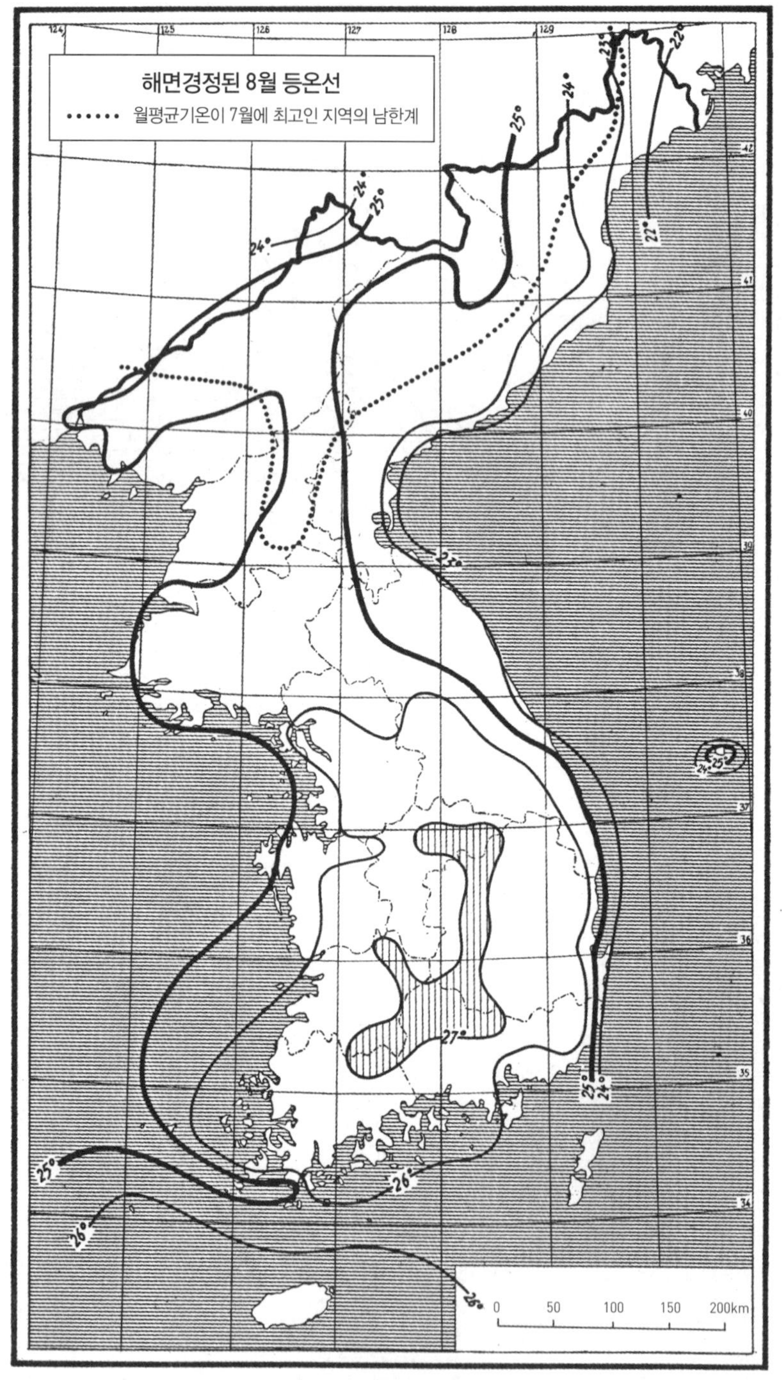

[별도 9] 해면경정된 8월 등온선

기온의 계절변화 측면에서 볼 때에 1월은 모든 관측소에서 **최한월**이다. 별도 13의 그래프는 이에 관한 모든 지역의 사례를 보여 준다. 대부분의 경우에 이와 같은 현상은 모든 개개의 해에도 적용된다. 단지 해양의 영향을 강하게 받는 남부와 서부의 섬들에서 개개 해의 기온의 계절변화에 있어서 빈번히 2월도 최한월이 되고(413), 북부에서는 드물지 않게 12월도 최한월이 된다(414). 별도 8은 해면경정된 1월 평균등온선도이다. 중강진에서 제주도 남쪽 등대섬 마라도(馬羅島)까지 1월 평균기온은 −19.4℃에서 6.0℃까지 상승한다. 또한 이 두 관측소는 각각 해면경정되지 않은 1월 평균기온의 한국 최저기온과 최고기온을 갖는다(−21.0℃와 5.8℃). 한국의 대부분 지역은 영하의 1월 평균기온을 갖는다. 0℃ 등온선은 한반도의 남부 외변(外邊)을 통과한다. 1월의 등온선은 한국 내에서 지구의 거의 모든 다른 지역보다 조밀하게 밀집되어 있다. 두 번째 특징으로서 이 지도에서 동위도 상의 내륙이 해안보다 춥다는 사실을 알 수 있다. 이 경우에 섬들은 인접한 육지관측소보다 훨씬 더 온난하다. 이 특징은 한반도의 남서단까지 추적된다. 한국의 극한(極寒) 지역은 해양에서 가장 멀리 떨어진 지역이다. 해안으로부터 관측소까지의 거리가 멀면 멀수록, 항상 부동(不凍)인 동해와 서해의 영향이 관측소까지 더 작게 미친다. 끝으로 세 번째 특징은 동해안의 관측소들이 서해안의 관측소들보다 약 1~6℃ 온난하다는 사실이다. 동해안의 관측소들은 태백산맥으로 인하여 북서 방향으로부터의 한기쇄도(寒氣殺到)로부터 보호되는 반면에 서해안의 관측소는 보호받지 못한다. 그리고 이미 Woeikow(402)가 인정한 바와 같이 동해안 중부의 탁월풍인 서풍 내지 남서풍은 태백산맥으로부터 동해안으로 하강할 때 단열(斷熱) 가열된다. 푄(Föhn) 바람은 원산에서 확실히 나타나고(p.429), 강릉에서도 푄 현상이 나타날 가능성이 있다(p.439 이하). 그 외에 한겨울에 천해인 서해의 수면은 심해인 동해의 수면보다 훨씬 더 냉각되어(p.180), 동쪽에서 부는 바람은 동해의 비교적 높은 해수면 온도를 인접 해안에 공급한다. 그러나 북북동 또는 남동 방향에서 불어오는 바람은 1월에 그 빈도가 원산에서 단지 10.7%, 강릉에서 6.4%일 뿐이다.

월평균최고기온은 1월의 월평균최저기온처럼 어느 한 달에 강하게 집중하지 않는다. 1914~1933년 기간에 7월과 8월은 모든 관측소에서 월평균최고기온을 갖는 달이었다. 최북단에서는 7월 최고기온이 지배적이고, 남쪽으로 갈수록 8월 최고기온이 나타나는 경우가 많다. 20년 평균을 보면 평균기온의 계절변화에서 7월 최고기온을 갖는 폐쇄된 지역이 뚜렷하게 구별된다. 8월 최고기온 지역에 대한 7월 최고기온 지역의 경계는 별도 9에 표시되었다. 그 해당 지역은 한국의 대륙성 북부 주변 지역이다. 그러나 7월과 8월 평균기온의 편차는 매우 작다. 이 사실은 별도 13의 기온곡선에서 볼 수 있다. 이 기온곡선은 항상 한여름에 평탄하다. 한국 대부분 지역이 8월 최고기온을 갖는다는 사실은 한국이 한여름에 주로 해양의 영향을 받는다는 것을 증명한다. 별도 9는 해면경정된 8월 등온선도이다. 이 별도 9에 의하면 8월에 남북 간의 기온차가 매우 작은 것을 알 수 있다. 특히 25℃ 등온선의 위치가 이 사실을 매우 분명하게 증명한다. 압록강변 혜산진(惠山鎭)의 해면경정된 8월 평균기온은 25℃로 한반도의 남서단 전면에 위치한 등대섬 어룡도(魚龍島: 24.1℃)보다 기온이 높다. 두만강과 압록강 상류 지역은 대륙적으로 매우 강하게 가열되는 반면에, 남서단 전면에서 상승하는 용승수(Auftriebwasser, p.182)는 기온을 하강시킨다. 한여름의 주기온경도는 남서에서 북동 방향으로 달린다. 북동단은 한여름에 최저기온을 갖는다. 8월에 해안 지역과 내륙 간의 대조는 물론 겨울과 반대이기는 하나 매우 분명하게 나타난다. 해안 지역과 특히 섬들은 내륙보다 약 1~3℃ 정도 기온이 낮다. 한반도의 폭이 넓은 남부 지역에 해면경정된 27℃ 이상의 평균기온을 가진 내륙 지역이 위치한다. 그러나 해면경정되지 않은 8월의 최고기온(26.9℃)은 남해안의 통영(統營)에서 나타난다. 동해안은 8월에 서해안보다 기온이 약 1~2℃ 낮다. 그 이유는 한여름에 동해의 수온이 서해의 수온보다 낮아(p.182), 육상으로 부는 바람이 차가운 수온의 영향을 해안 지역에 강하게 미치기 때문이다. 8월에 북북동에서 남동풍의 빈도는 강릉에서 31.3%, 원산에서 43.7%에 달한다.

8월에 지역적인 기온의 차이가 작기 때문에 **기온의 연교차도**(별도 10)는 1월 평균등온선도와 유사하다. 기온의 연교차는 8월 평균기온과 1월 평균기온의 편차로 계산되었다. 이 계산방법은 또한 7월 평균기온이 8월 평균기온보다 조금 높은 북부 주변 지역에도 적용시켰다. 기온의 연교차는 남쪽(마라도)의 20.6℃에서 북쪽(중강진) 42.7℃까지 증가한다. 연교차는 내륙에서 해안과 섬으로 갈수록 감소한다. 동해안의 연교차는 서해안보다 약 2~7℃ 적다. 이 사실은 **동해안이 기후적 관점에서도 한국의 해양성 외측**(die maritime Außenseite)**이라는 사실**을 다른 어느 것보다도 좀 더 분명하게 나타낸다.

기온 그래프(별도 13)는 **전체 계절변화 추이**를 나타낸다. 기온의 계절변화는 어느 지역에서나 2차 극대가 완전히 결여되어 뚜렷하고 단순한 1회의 연주기성을 갖는다. 극대에서 하강하는 곡선은 대체로 극대까지 상승하는 곡선보다 경사가 조금 급하다. 성진(城津)과 중강진 관측소는 최북단의 큰 계절적인 차이와 7월 최고기온을 보여 준다. 강화–춘천–강릉 관측소는 약 37°45′N에서 한반도를 통과하는 단면을 형성하여, 위에서 언급한 기온 특성에 관한 내용을 보여 준다. 서도(西島)는 서해 관측소의 작은 기온의 연교차를 보여 준다. 울릉도와 제주는 육지에서 멀리 떨어진 섬의 매우 온화한 겨울과 극히 작은 연교차를 보여 준다.

평균기온극값은 그 지역적 분포와 계절변화에 있어서 월평균기온 분포와 매우 유사한 특징

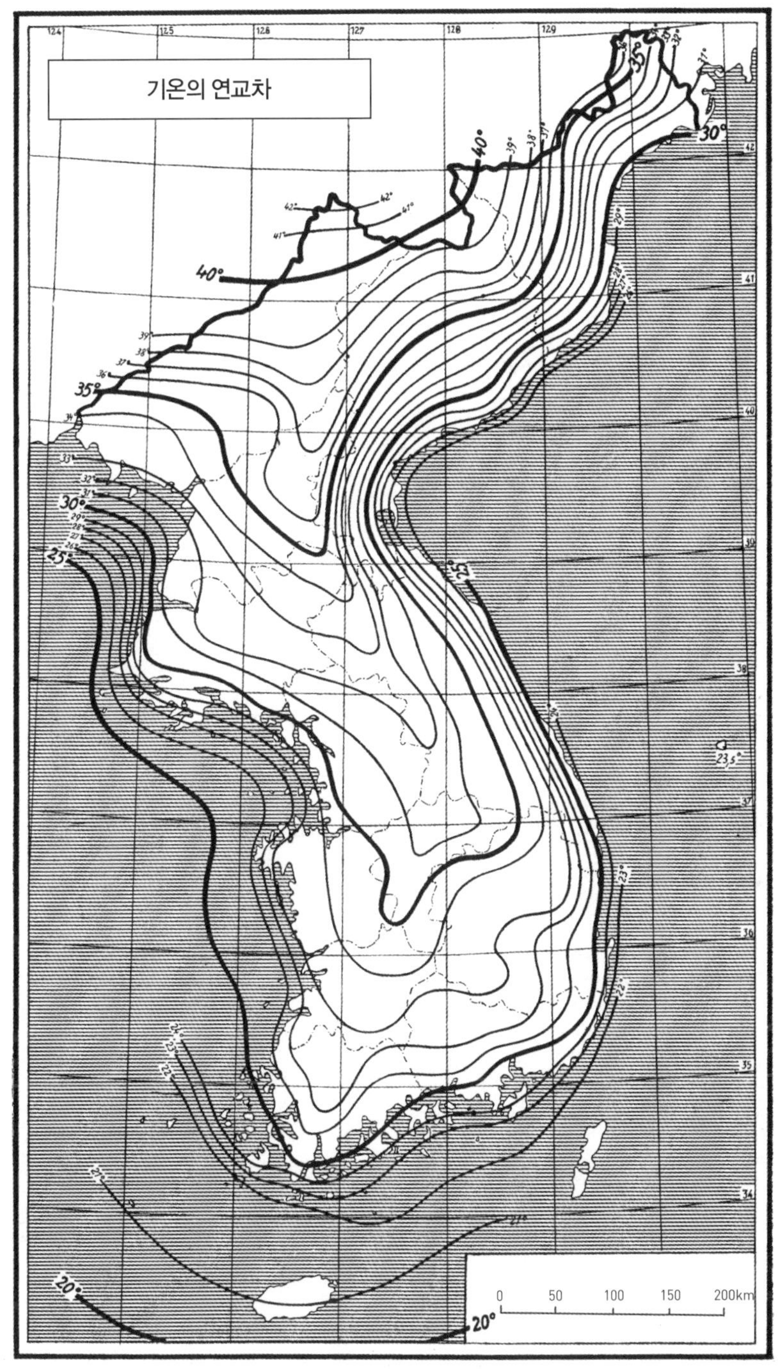

[별도 10] 기온의 연교차

을 보여 준다. 1월 최저기온은 북부 지방에서 매우 낮다. 개마고원과 압록강 대만곡부(大彎曲部, großer Yalubogen)의 모든 지역에서 **1월 최저기온**은 −20℃ 이하이다. 장진(長津)은 가장 낮은 최저기온(−29.1℃)을 갖는다. 최저기온은 물론 남쪽으로 갈수록 현저히 상승한다. 그러나 육지의 모든 지역에서 최저기온은 영하이다. 1월 평균최저기온의 최고치와 최저치의 편차는 31.2℃로 1월 평균기온의 편차(25.5℃)보다 더 크다. 제주는 1월에 영상의 평균최저기온(2.1℃)을 갖는 유일한 관측소이다. 최북단의 **1월 평균최고기온**은 −10℃ 이하이다. 중강진이 −12.2℃로 가장 낮은 1월 평균최고기온을 갖는다. 영하의 평균최고기온은 내륙에서 훨씬 더 남쪽에 이른다. 이 유형의 가장 남쪽에 위치한 관측소는 제천(提川: 37°8′N)이다. 그러나 동해안에서 영상의 평균최고기온이 나타나는 지역은 훨씬 북쪽, 즉 단천(端川: 40°28′N) 부근에서 시작한다. 그와 반대로 서해안에서 영상의 평균기온극값 지역은 이 지역의 겨울에 관하여 언급한 것과 일치하는 한강 하구(37°50′N)에서야 비로소 시작한다. 최고치(7.5℃)는 다시 제주가 갖는다. 1월 평균최고기온의 최고치와 최저치의 편차는 단지 19.9℃이다.

가장 높은 평균기온극값은 가장 높은 월평균기온과 거의 동일한 지역에서 7월에, 그 외의 대부분 지역에는 8월에 출현한다. 고도의 영향을 배제하면 평균기온극값은 한여름의 평균기온과 유사하게 작은 남북 간의 차이를 나타낸다. 한국에서 가장 높은 개마고원 1,150m의 고도에 위치한 풍산(風山) 관측소는 8월에 30.9℃의 해면경정된 최고기온을 갖고, 그와 반대로 제주는 29.7℃의 해면경정된 최고기온을 갖는다. 해면경정된 8월 평균최저기온은 18~23℃이고, 해면경정된 평균최고기온은 25~31℃이다. 해면경정되지 않은 가장 높은 월평균최저기온은 23.8℃(통영)이고, 가장 높은 월평균최고기온은 31.7℃(김천, 金泉: 남부 지방의 중심)이다.

절대최저기온은 12월에서 2월에 나타난다. 절대최저기온은 남부에서 −12~−14℃이고, 북부에서 −30~−40℃이다. 1914~1933년에 한국에서 가장 낮은 기온은 중강진에서 관측되었다(−43.6℃). 제주도에서 기온이 가장 작게 하강하였다(−5.7℃). **절대최고기온**은 7월 또는 8월에 측정되고, 때때로 6월과 9월에도 측정된다. 거의 모든 지역에서 절대최고기온은 35~40℃에 달한다. 특히 주목할 만한 것으로 개마고원의 고도가 높은 관측소들도 같은 범위의 절대최고기온을 갖는다는 사실이다. 중강진은 38℃의 절대최고기온을 갖고, 1914~1933년에 그로 인하여 81.6℃의 연교차가 나타났다. 한국에서 가장 높은 절대최고기온은 경주에서 42.0℃로 기록되었고, 가장 낮은 절대최고기온은 삼수(三水: 1,025m)에서 34.0℃였다.

매월 **기온의 평균일교차**는 이미 아는 바와 같이 평균최고기온과 평균최저기온의 편차로 계산될 수 있다. 평균일교차는 연중 해안 지역에서 작고, 내륙에서 크다. 여름에는 구름량이 높아서 여름의 일교차가 일반적으로 겨울보다 작다. 따라서 최대일교차는 개마고원에서 1월(장진 18.6℃)에 나타나고, 최소일교차는 남해안에서 8월(부산 6.7℃)에 나타난다.

평균최저기온이 0℃ 이하인 달을 **유상월**(有霜月, Frostmonate)이라고 한다. 제주는 유상월이 없는 한국에서 유일한 관측소이다. 육지의 최남단에서 일부 관측소는 2개월간의 유상월을 갖는다. 그 외의 지역에서 유상월은 남부 지방에서 3~5개월, 개마고원에서 6~7개월이다. 해안 지역의 유상월은 동위도 상의 내륙 지방보다 짧다.

결빙월(結氷月, Eismonate), 즉 평균최고기온이 0℃ 이하인 달은 남부 지방에는 없다. 개마고원의 결빙월은 4개월(12월~3월)까지 증가한다.

한국 대부분의 지역에서 5월에서 9월까지 5개월간 평균최고기온이 20℃ 이상이다. 남부에서는 10월이 평균최고기온이 20℃ 이상인 6번째 달로 추가된다. 남부 지방의 중심부에서는 4월이 포함되어 이 기간이 7개월로 증가한다. 그와 반대로 한국의 북동부 지역에서는 이 기간이 해안의 한류 또는 고도의 영향으로 4개월과 3개월로 감소한다. 고도가 높은 내륙에서는 6~8월, 해안에서는 7~9월의 기간이 이에 해당한다.

그림 16은 Biel과 Moese(418)가 **일평균기온 0℃ 이하의 지속 기간**을 주 단위로 표현한 것이다. 최남단의 섬들과 육지에서 일평균기온은 0℃ 이상이다. 북쪽으로 갈수록 이 주 수가 급격히 증가하고, 해안에서보다 내륙에서 빠르게 증가한다. 그리하여 개마고원의 북부에서는 이 기간이 마침내 20~24주에 달한다.

250개 관측소의 20년 평균을 기초로 저자는 **연평균강수량 분포도**(지도 2)를 그렸다. 사면과 정상에 관측소가 없어서 단지 연역적인 방법으로 지형을 고려하였다. 관측소 수가 비교적 적은 나라의 강수량 분포도와 마찬가지로 이 지도 역시 자료의 가능한 해석만을 표현한 것이다. 저자에게 이 지도는 물론 사실에 가장 가까운 것으로 생각된다. 매우 다양한 지역적 강수 분포 패턴은 풍부한 지표구조에 상응한다. 위에서 언급한 사실에서 다음과 같은 기본 특성이 인식될 수 있다. 1. 한반도의 북동부에서 낭림산맥까지는 강수량이 매우 적은 지역이다. 900mm 이상의 연평균강수량을 갖는 관측소가 하나도 없다. 해안 지역과 압록강 상류 및 두만강 중·상류 지역의 산맥으로 인하여 바다와 격리된 내륙이 특히 건조하다. 2. 황해반도와 그에 인접한 평안남도의 남서부 지역도 건조 지역이다. 3. 섬들은 그에 인접한 육지보다 건조하다. 황해반도 전면에 위치한 섬들에서 한국 최저연평균강수량(480mm, 490mm)이 기록되었다. John Lee는 중국의 해안 전면에 위치한 섬들에서 이와 같은 규칙을 발견하였다(426, 427). John Lee는 이 현상을 차가운 해수면으로 인한 하반년의 낮은 기온과 관련시켰다. 그러나 한국에서 이 현상

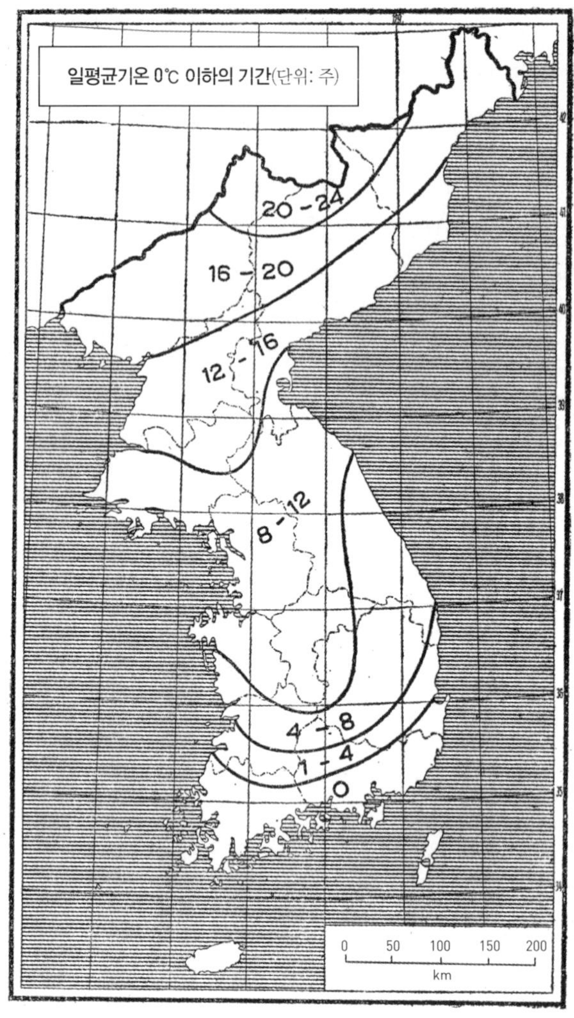

그림 16. 일평균기온 0℃ 이하의 기간(단위: 주)(Biel과 Moese)

은 소흑산도(小黑山島: 639m, 1,122mm), 울릉도(984m, 1,510mm), 제주도(1,950m, 1,380mm)와 같은 고도가 높은 섬들에서는 나타나지 않는다. 그러므로 저자는 대부분의 섬들이 고도가 낮기 때문에 지형성 강우가 아닌 강수 현상만을 갖는 것을 강수량이 적은 결정적인 요인으로 생각한다. 4. 해안에서 내륙으로 갈수록 강수량은 증가한다. 이 현상은 특히 서해안에 적용된다. 5. 한반도의 종축을 따라 다우 지역이 나타나고, 그 다우 지역의 후면에 개개의 핵으로 분리되는 연평균강수량이 점점 감소하는 소우 지역이 연결된다. 북부 지방에서 이 소우 지역은 파읍(破邑)-양덕(陽德)의 종곡(從谷)에 위치한다. 두 번째 중심 지역은 북한강 상류 지역이고, 세 번째는 남한강 상류 지역이다. 가장 규모가 크고 건조한 지역은 소백산맥 동쪽의 경상분지의 북부와 중부이다. 경상분지에서 강수량은 852mm까지 감소한다. 6. 낭림–태백산맥과 소백산맥은 강수량이 많은 지대임에 틀림없을 것이다. 이것은 금강산의 온정리(溫井里)가 낮은 고도(104m)에도 불구하고 연평균강수량 1,775mm로 현재까지 한국에서 최다우 관측소라는 사실이 증명한다. 7. 장항(長項)에서 부산까지 남해안 지역은 다우 지역이다.

연평균강수량 분포도에서 나타나지 않는 **연강수량의 변동률**은 매우 큰데, 이 사실은 경제 분야에서 새로 다루어질 것이다. 매우 습윤한 해에는 강수량이 평균치보다 90%까지 증가하고, 매우 건조한 해에는 평균치보다 57%까지 감소한다. 40% 이상 강수량이 부족할 경우 쌀 수확에 치명적인 영향을 미친다. 남부 지방에서 1915년, 1924년, 1932년과 특히 1939년에 매우 건조했고, 1916년과 1933년은 매우 강수량이 많은 해였다. 재해가 컸던 1939년에는 4~6월의 결정적인 기간에 연강수량의 2/3가 내렸다. 평균치로부터 개개 해의 연강수량의 평균편차는 1936년 The Scott. Geogr. Mag.(421)의 논문에 제시된 것보다 더 크다. 평균편차의 지역적인 분포 역시 v. Wissmann(420)이 기술한 것처럼 동에서 서로 단순히 증가하지는 않는다. 평균편차는 한편으로 서해안 전면의 섬들(28%까지)과 다른 한편으로는 북동단(31%까지)에서 가장 크다. 한반도의 중심 지역과 동해안 및 남해안에서 평균편차는 18% 이하로 감소한다.

개개의 해에 적용되는 사실은 또한 개개의 달에도 적용된다. 이들의 특징 역시 모든 관측소에서 매우 다양한 수치를 나타낸다. 하지만 매년 다음과 같은 주요 사실이 나타난다. 동반년은 특히 울릉도(p.456)와 제주도(p.521) 등의 소수의 섬들을 제외하고 하반년보다 근본적으로 강수량이 적다. 최소강수량은 12월, 1월 또는 2월에 내리고, 최대강수량은 7월 또는 8월에 내리는 경향이 있다. 그럼에도 불구하고 계절적인 분산은 매우 크다(413, p.18 이하). **평균강수량의 계절변화**에서 최대강수량은 대부분의 관측소에서 7월에 내린다. 단지 북동부 지역만이 이 규칙에서 예외이다(8월 최대). 최소강수량은 1월 또는 2월, 경우에 따라서 또한 12월 또는 3월에 내린다. 이 내용은 별도 13의 그래프에서 볼 수 있다.

이미 언급한 바와 같이 1월에 거의 대부분 지역에 매우 적은 **강수량**이 내린다. 북동단은 5mm 이하의 1월 평균강수량을 갖는다. 경원은 2.7mm로 최소 월평균강수량을 갖는 관측소이다. 한국의 주경동지괴에서 1월 평균강수량은 북에서 남으로 갈수록 증가한다. 또한 서해의 섬들과 해안은 1월 평균강수량이 내륙보다 적다. 동해안의 북동부 지역은 그와 반대로 강수량이 내륙으로 갈수록 감소한다. 한반도의 내륙에 다시 특히 강수량이 적은 중심 지역이 나타난다. 태백산맥 역시 한반도의 서사면보다 한겨울에 강수량이 더 많을 것으로 보인다. 이 사실은 육지에서 온정리(溫井里)가 가장 많은 1월 평균강수량(93mm)을 기록했다는 것에서 알 수 있다. 중부 지방의 동해안 역시 비교적 많은 월평균강수량을 갖는다. 절대적으로 가장 많은 1월 강수량은 위에 언급한 동해안 지역의 동쪽에 위치한 울릉도(116mm)에서 기록된다.

7월의 강수 분포는 1월보다 훨씬 더 복잡하다. 그 주요 특징은 연평균강수 분포와 유사하여 이에 관한 설명을 참조할 수 있다. 북동부 지역에 위치한 무수단(舞水端)이 최소강수량(91mm)을 갖고, 서울의 북쪽에 위치한 포천(抱川)이 최대강수량(468mm)을 갖는다.

월평균강수량의 계절변화 과정 중에 한겨울 최소강수량에서 한여름의 최대강수량으로의 변화는 대부분의 관측소에서 지속적으로 일어난다(별도 13). 강수량은 초봄에 현저히 증가한 후에 5월에 대부분의 관측소에서 거의 같거나 조금 감소한다. 강수량은 그 후 한여름의 최대강수량까지 증가하고, 9월까지는 강수량이 그리 적지 않다가, 그 후 강수량이 적은 10월과 겨울의 강수량까지 감소한다. 남부에서는 6~9월 전 기간이 우기(雨期)이고, 10월에서 3월까지 건기(乾期)이다. 북쪽으로 갈수록 주우기가 한여름에 가까워진다. 그러나 한여름의 우기(장마)는 계절변화에서 일본 열도의 '바이우(梅雨)'처럼 매우 뚜렷하게 두드러지지는 않는다(416, p.257-263).

강수량의 계절변화 추이에 따른 한국의 지역 구분을 하기 위하여 절대적인 월평균강수량은 무시하고, 연강수량에 대한 월강수량의 상대적 비율만 비교하였다. 관측소들은 우선 연강수량에 대한 강수량이 가장 적은 달의 비율에 따라 20‰, 20~35‰, 35‰의 세 그룹으로 구분되었다. 별도 12에서 겨울 강수량이 비교적 적은 지역(g), 비교적 보통인 지역(m), 비교적 많은 지역(k)이 수직선, 수평선과 교차선으로 각각 표시되었다. g는 거의 북부 지방 전역과 동해안을 제외한 중부 지방에서 지배적이고, 또한 남해안 부근의 좁은 분포 지역에서 나타난다. m은 동해안의 좁은 지역을 제외한 그 이외의 남부 지방 전 지역에 나타나는데, 그 분포 지역은 태백산맥을 지나 무수단까지 이른다. 끝으로 k는 육지에서 먼 섬인 소흑산도, 제주도, 울릉도와 동해안의 중부와 남부에 제한된다.

위의 구분과 상응하게 연강수량에 대한 강수량이 가장 많은 달의 비율에 따라 220‰, 220~300‰, 300‰의 세 그룹으로 관측소들이 구분되었다. 동일 지도 상에 여름 강우량이 비교적 적은 지역(G), 비교적 보통인 지역(M)과 비교적 많은 지역(K)을 점, 원, x표로 표시하였다. G는 육지에서 먼 섬들, 남부 지방의 섬들과 반도, 남부 지방의 남반부와 동해안을 따라 무수단까지의 좁은 대상 지역에서 지배적이다. 이들 지역에서 강수량은 여름 동안 비교적 고르게 분포되어 강수량이 가장 많은 달이 한 정점으로 두드러지게 나타나지 않는다. M은 북부 지방과 남부 지방의 광범위한 지역에서 나타난다. 중부 지방에서 M은 서해안에 국한된다. 끝으로 K는 한반도의 목(Halbinselansatz: 동한만과 서한만 사이의 지역)의 북쪽과 남쪽의 두 개의 분리된 분포 지역을 점유한다.

지도 상에서 심볼의 결합을 통해 g, m, k는 G, M, K와 조합될 수 있다. 이론적으로 9개의 조합된 유형이 나타나나, 그중 kM과 kK 두 유형은 실제로 출현하지 않는다. 따라서 7개의 유형이 남는다(별도 13과 비교).

1. gG(비교적 적은 최소강수량과 최대강수량): 남해안
2. gM(적은 최소강수량과 보통의 최대강수량): 북부 지방과 중부 지방의 북쪽 대부분 지역, 중부 지방의 서해안 전 지역
3. gK(적은 최소강수량과 많은 최대강수량, 계절변화 가장 큼): 한반도 목의 북쪽과 남쪽 지역
4. mG(보통의 최소강수량과 적은 최대강수량): 남부 지방의 남반부 대부분 지역. 태백산맥을 지나 북쪽으로 무수단까지의 좁은 대상 지역
5. mM(보통의 최소강수량과 보통의 최대강수량): 남부 지방의 기타 지역
6. mK(보통의 최소강수량과 많은 최대강수량): 이천–용인 주변의 중부 지방 남서쪽의 소 지역
7. kG(많은 최소강수량과 적은 최대강수량, 연변화의 균등성이 비교적 강함): 육지에서 멀리 떨어진 섬들과 남부 지방 및 중부 지방의 동해안 지역. 전체 분포는 대륙의 영향(3)과 동해와 대한해협의 영향(1,4,7)을 나타낸다.

한국의 모든 지역에서 강수량의 일부는 눈으로 내린다. 그러나 겨울 기후의 엄청난 지역적 차이, 즉 기온 차이로 연강수량에 대한 눈의 비율과 강설 현상이 나타나는 기간은 매우 상이하다. 1914~1933년의 평균에서 부산에서는 연중 8일, 중강진에서는 72일간 눈이 내렸다. 이것은 극치이다. 강설량에 관한 자료가 발행되는 13개 주요 관측소와 조선총독부 관측소(인천)의 연강설일수는 약 30일이다. 물론 겨울 3개월간에 가장 빈번히 눈이 내린다. 중강진에서는 평균적으로 12월 중 절반의 날에 눈이 내린다. 제주와 부산의 강설 기간은 12월부터 3월까지이고, 함경남·북도의 거의 모든 관측소에서는 10월부터 5월까지이다. 평년인 1931~1932년의 겨울에 중강진에서는 10월 25일~4월 24일 사이에 67일간 눈이 내렸다. 지속적이지는 않지만 이 강설로 인하여 10월 27일~4월 24일까지 눈이 쌓였다. 그와 대조적으로 제주에는 1931~1932년 겨울에 12월 12일~3월 15일 사이에 단지 18일간 눈이 내렸고, 12월 13일~2월 22일 사이에 단지 7일간 눈이 쌓였다. 적설의 깊이에 관해서는 체계적인 관측이 존재하지 않

는다. 다음의 표는 1909~1928년의 평균적인 초설과 종설, 첫서리와 끝서리, 정지 상태인 담수면의 초빙과 종빙의 평균출현일수에 관한 자료를 제공한다(Okada에 의함. 416, p.354-356).

한국의 거의 대부분의 지역에서 서리는 가장 이른 출현 시기와 가장 늦은 최종 기일을 가지기 때문에, 그 기간이 가장 길다. 강설의 경우는 그와 반대인 반면에 결빙 일시와 기간은 그 중간에 해당한다. 관측소들은 저위도에서 고위도순으로 배열되었다. 위도가 높아짐에 따라 대체로 최초 시기와 최종 시기의 기간이 점점 더 멀어지는 것을 알 수 있다. 이 규칙으로부터 예외 현상은 해안 지역과 내륙 간의 차이로 나타난다. 이러한 관점에서 인천과 인천에 인접한 서울을 비교하는 것이 특히 학술적으로 유용하다. 서울의 첫서리와 끝서리 간의 기간은 인천보다 약 27일 더 길다. 그러나 특히 식생에 대해서 매우 중요한 내륙 위치의 영향은 웅기(雄基)보다 위도 0.5° 이상 남쪽에 위치한 중강진에서 명백하게 나타난다. 중강진의 첫서리와 끝서리의 기간은 웅기보다 73일이 더 길다. 결론적으로 이 범위에서도 또한 동해가 서해보다 해안 지역의 겨울의 혹한을 좀 더 완화시킨다는 사실을 알 수 있다. 이 사실은 성진과 용암포(龍岩浦)를 비교함으로써 나타난다. 성진이 용암포보다 거의 위도 1° 북쪽에 위치하지만 결빙 기간은 약 8일, 유상 기간은 약 18일로 용암포보다 짧다. 강릉과 인천도 위의 관측소들처럼 자주 비교된다.

위와 상응하게 상대습도, 상대일조율(Jordan에 의함), 구름량(10분수), 안개일수의 자료를 표에 나

눈, 얼음과 서리의 첫날과 마지막 날의 평균출현일

지역	눈(평균)			얼음(평균)			서리(평균)		
	첫날	마지막날	기간	첫날	마지막날	기간	첫날	마지막날	기간
제주	12.7	3.16	100	–	–	–	12.24	3.20	87
목포	11.22	3.16	115	11.22	3.28	127	11.12	4.7	147
부산	12.20	3.9	80	11.19	3.25	127	11.7	3.29	143
전주	11.23	3.18	116	11.2	4.14	164	10.17	4.24	190
대구	11.27	3.19	113	11.3	4.4	153	10.23	4.11	171
인천	11.19	3.23	125	11.5	4.3	150	11.5	4.6	153
서울	11.18	3.27	130	10.23	4.11	162	10.14	4.21	190
강릉	12.6	4.2	118	11.12	4.4	144	11.11	4.8	149
평양	11.14	3.28	135	10.19	4.15	178	10.13	4.23	193
원산	11.17	4.4	139	11.2	4.7	157	10.24	4.15	174
용암포	11.12	3.26	135	10.18	4.16	180	10.11	4.23	195
성진	11.8	3.31	144	10.25	4.15	172	10.23	4.17	177
중강진	10.21	4.26	188	9.26	6.1	249	9.25	5.15	233
웅기	11.2	4.16	166	10.21	4.15	176	10.14	4.26	195

타냈다. 안개일수는 Okada의 저서에서 다시 인용하였다(416, p.352: 유감스럽게도 매우 상이한 기간과 부분적으로 매우 짧은 기간의 평균). 다른 자료는 Schumacher(413)의 학위논문과 Trojan(414)의 자료를 이용하였다. 계절변화를 뚜렷하게 하기 위하여 최고치, 최저치 및 이들 수치의 해당 달을 표기하였다.

대체로 이들 기후요소의 평균 계절변화는 기압, 기온, 강수의 계절변화처럼 단순한 주기성을 갖지 않는다. 계절풍과 함께 변화하는 겨울의 풍상 또는 풍하의 위치는 단순한 계절변화에 강한 교란을 야기시킨다. 계절풍의 리듬에 직접적으로 적응하는 **상대습도**가 단순한 주기성을 가장 잘 나타낸다. 상대습도는 물론 두 개의 계절풍 기단 상태에 상응하여 하계 최고와 동계 최저의 경향을 갖는다. 이와 같은 사실은 표에서 분명하게 읽을 수 있다.

구름량도 상대습도와 유사하다. 구름량의 최고치도 7월에 나타나고 최저치는 주로 1월에 나타난다. 또한 개개의 경우에는 적어도 2차적 최저치를 갖는 12월 또는 고요한 가을에 최저치가 나타난다. 제주는 넓은 해수면 위를 불어온 북계절풍(Nordmonsun)에 완전히 노출되어서 전

상대습도, 상대일조시간, 구름량과 안개빈도

지역	상대습도(%)				상대일조시간(%)				구름량				안개빈도			
	최저		최고		최저		최고		최저		최고		최저		최고	
	양	월	양	월	양	월	양	월	양	월	양	월	일수	월	일수	월
제주	69.0	11	81.1	7	27	1	63	8	6.3	4	8.7	1	0.0	12[1]	2.1	7
목포	70.0	3	85.3	7	46	12	68	10	5.1	10	7.7	7	0.3	10	4.2	7
부산	49.5	1	83.7	7	47	7	68	11	3.9	12[1]	7.4	7[6]	0.1	10	2.3	7
전주	70.0	3	79.5	7	47	12	67	10	4.8	10	7.7	7	0.4	1	1.3	5
대구	57.2	3	74.7	9	49	7	65	10	4.2	1	7.3	7	0.4	3	3.1	11
인천	66.0	2	85.9	7	44	7	68	10	4.3	10	7.4	7	0.8	10[2]	10.3	7
서울	63.0	3	78.5	7	42	7	66	10	4.3	1	7.7	7	0.9	3	1.8	5
강능	54.9	1	81.7	8	40	7	66	1	3.7	1	7.5	7	0.0	11[3]	1.7	7
평양	62.9	4	79.9	7	48	7	71	10	3.8	1	7.7	7	0.9	2	4.2	8
원산	50.0	1	81.7	8	41	7	68	1	3.3	1	7.6	7	0.1	10[4]	2.3	5
용암포	68.0	3	87.9	7	45	7	72	10	3.0	1	7.3	7	0.5	1	4.4	7
신의주	60.6	2	84.9	7	39	7	74	10	3.7	1[7]	7.9	7	–	–	–	–
성진	61.3	12	89.0	7	40	7	67	10	4.1	1	7.7	7	0.0	11[5]	7.5	7
초산	61.2	4	81.6	9	46	9	61	10	3.2	12	6.6	7[6]	0.0	1	4.5	9
중강진	60.8	4	81.2	8	44	5	63	2	3.8	1	7.1	7	0.0	5[6]	3.3	1
웅기	49.2	12	88.3	7	35	7	69	1	3.3	1	8.1	7	0.2	12[1]	10.9	6

[1] 또한 1월, [2] 또한 11월, [3] 또한 12월과 1월, [4] 또한 9월, [5] 또한 12월, [6] 또한 6월, [7] 또한 10월과 12월

혀 다른 계절변화를 보여 준다. 그러므로 제주의 최고구름량은 1월에 나타난다. 이것이 한국에서 가장 최고구름량이다.

구름량과 **일조시간**은 자연적으로 반대의 계절변화를 나타내는 경향이 있다. 제주의 1월 절대최고구름량은 같은 달의 절대최저일조시간과 일치한다. 따라서 제주에서 햇빛은 가조시간(可照時間)의 단지 1/4정도만 비친다. 그 외에 지배적인 7월 최고구름량은 7월의 최저일조시간과 일치한다. 목포와 전주가 제주와 마찬가지로 한겨울에 최저일조시간을 갖는 이유도 그 이전에 서해를 건너온 북서계절풍이 이 지역으로 불어오기 때문이다. 7월에 이들 관측소에 단지 2% 더 높은 2차의 최저일조시간이 나타난다. 그 위치로 인하여 두 계절풍이 주로 변질되지 않고 도착하는 웅기에서 여름의 최저일조시간과 겨울의 최고일조시간 사이의 반대 현상이 특히 두드러지게 나타난다. 웅기에서 구름량과 상대습도가 평행하게 달리는 계절적인 반대 현상 역시 두드러지게 나타난다. 그 위치가 유사한 부산에서도 거의 동일한 현상이 적용된다. 대부분의 다른 관측소들에서도 최고일조시간은 동반년의 어느 한 달에 나타나는데 바람이 없는 10월에 특히 잘 나타난다. 그와 반대로 제주에서는 8월에 최고치가 나타나는데, 그 이유는 제주가 8월에 해양계절풍의 풍하에 위치하기 때문이다.

이 세 기후요소의 최고치와 최저치는 대체로 큰 지역적인 차이를 보여 주지 않으므로 지도화시킬 필요는 없다. 그러나 한겨울에 구름량이 남에서 북으로 갈수록 급격히 감소하고, 상대습도는 서에서 동으로 갈수록 감소(Föhn)함을 지적해야만 한다. **안개의 빈도**는 이와 달라서 지역적인 차이가 크다. 내륙은 해안 지역들보다 일반적으로 안개빈도가 낮다. 해안 지역에는 두 안개 주발생 지역이 구별된다. 한 지역은 북동부 지역(성진 연평균: 25.7일, 웅기: 40.6일)이고, 다른 한 지역은 서해안 남부(인천: 40.9일, 목포: 19.8일)와 여름에 용승수로 인하여 연 70일 정도 안개일수가 나타나는 남서 군도(南西群島)이다. 연중 상당한 기간 동안 하강하는 서풍의 영향하에 있는 원산에서 부산까지의 동해안에 안개일수가 현저히 적다. 해안 지역에서 한여름에는 대기의 일반적 상태와 해수의 수온이 기온보다 낮은 이유로 인해 안개빈도가 가장 높은 기간이 된다(p.182 참조). 남서 군도에서는 6~7월에 때때로 3일 주야간 지속적으로 안개가 낀다. 동반년간 심하게 냉각되는 내륙에서 안개빈도의 최고치는 가을(대구, 초산) 또는 겨울(중강진)에 자주 나타난다.

위에 기술된 기후요소들의 지역 분포와 계절변화 그리고 이들 기후요소들의 상호 관계는 단지 **천후과정의 발생적 분석**을 통해서만 완전히 이해될 수 있다. 이러한 분석은 중국과 일본 기상학자들(428–450)의 기단, 저기압, 태풍 연구와 G. Schumacher(413)가 "Daily Weather Charts of the North Pacific Ocean"(東京中央氣象臺, 1926~1933년)의 등압선도를 기후학적으로 분석한 내용을 기초로 이루어졌다.

우리가 **겨울계절풍**(Mw)이라고 부르는 것은 실제로 수개월간 지속적으로 변화하지 않는 공기의 이동이 아니라 부분적으로 지속적이고, 부분적으로 단절된 상이한 발원지와 그에 상응하여 뚜렷하게 구분되는 특징을 가진 일련의 **한기쇄도**(Kaltlufteinbruch, 영: cold surge)이다. 동아시아의 한기쇄도를 세밀하게 연구한 Sjan-zsi Li(436)는 세 가지 동아시아의 유형을 구분했다. 그의 유형은 Schumacher(413)가 그의 연구와 무관하게 구분한 한국의 겨울계절풍 기압배치 유형에 상응한다. Li에 의하면 첫째 유형(Schumacher: Mwc)은 Kara Sea와 서시베리아에서, 둘째 유형(Mwa)은 동시베리아에서, 셋째 유형(Mwb)은 오호츠크 해에서 발원한다. 다른 저자들은 첫 번째와 두 번째 유형이 근접한 발원지를 갖는 것으로 추측한다(Arakawa 429, 428, Gherzi 431, Chang-Wang Tu 433). 앞의 두 유형은 접지기층에서 큰 수직 기온 경도를 갖는 대륙성 한대기단이며, 셋째 유형은 해양성 한대기단이다. 첫째 유형의 한기쇄도는 한국에서 북서풍과 관련된다. 중국 중부 상에 고기압 중심이 위치하고, 캄차카 반도 상에 저기압 중심이 위치할 때 북서풍이 한국에 도달한다. 이 유형의 한기쇄도는 1928년 5월 15일에 치푸(Chefoo, 현 지명: 옌타이, 煙臺)에서 수온주를 15분 동안 15.8℃ 하강시켰다(439). 이 북서풍은 자주 변질되어, 즉 조금 가열되면서 습기를 포함하여 한국에 도달한다. 한국 남서부 지역과 제주도의 겨울 강수는 부분적으로 이 북서풍에 기인한다. 새로운 한기쇄도가 정체된 그 이전의 한기쇄도 위로 밀고 나아갈 때, 첫 번째 두 유형의 작용하에서 한국 남서부와 제주도 이외의 지역에도 소량의 강수가 내리며 구름이 낀다. 첫째 유형의 한기쇄도로 인해 때때로 서해안의 목포까지 노란 황토의 먼지(황사)가 운반된다(438). 두 번째 유형의 한기쇄도는 거의 변질되지 않고 매우 한랭건조한 강력한 기단을 운반하는 북서풍 또는 북풍으로 나타난다. 이 Mwa 기단의 영향하에서 대체로 하늘은 완전히 맑다. 이때에 고기압 중심은 몽골에 위치하고, 저기압 중심은 쿠릴 열도 주변에 위치한다. 셋째 유형의 한기쇄도는 남서 방향으로 주변 해양의 회랑(周邊海洋의 廻廊, Randmeerkorridor)을 따른다. 이때에 고기압 중심은 바이칼 호 주변에 위치하고, 저기압 중심은 다시 쿠릴 열도와 알류샨 열도 주변에 위치한다. 이 한기쇄도는 태백산맥과 그 해안 지역에 비교적 많은 겨울 강수량을 내리게 하는 데 기여한다. Schumacher는 기압경도와 그에 따른 풍속이 빠르거나 늦은 데에 따라서 이들 세 유형을 각각 두 개의 하위 유형(1과 2)으로 구분하였다. Schumacher는 이들 세 유형이 강하게 나타날 때 Mwx_1으로 표시하고, 약하게 나타날 때 Mwx_2로 표시하였다. 한국에서

Mwx1 유형은 연평균 40.9일, Mwx2 유형은 80.5일간 나타난다.

여름 3개월간 Mw 유형은 완전히 나타나지 않는다. 한국은 이 기간에 다소 빈번히 남쪽에서 유입되는 **열대해양성기단**의 영향하에 있다. 이 기단은 해양의 고기압 지역에서 발원하여 대륙의 저기압 지역으로 유출된다. 이 기단은 하층에서 안정되고, 매우 습윤하다. Arakawa(428)는 이 상황의 일기에 관하여 '대체로 날씨가 좋고, 덥다'고 말한다. 최근의 다른 모든 **학자들도 일반적으로 이 여름계절풍**(Ms) **자체는 동아시아에 단지 매우 적은 강수량을 가져온다는 사실에 동의한다**(441, 426). 이 온난습윤한 기단이 정체전선에서 정체된 좀 더 한랭하고 좀 더 무거운 공기 위로 상승해야 할 경우에는 상황이 달라진다. 이것이 일본의 바이우와 한국의 한여름에 내리는 강수 중 일부의 원인이다. 이 경우에 좀 더 한랭하고 무거운 공기는 동해 상에 위치하는 것으로 나타난다. 부언하면, 동아시아의 기상학자들은 현재 해양계절풍이 그들의 나라에 가장 중요하거나 유일하게 여름에 강수량을 가져오는 것이라는 널리 알려진 견해를 정당한 이유로 거절한다. 맑고 바람이 없는 여름날에 변질된 열대해양성기단은 습윤불안정한 공기층을 갖게 되어, 국지적인 뇌우(雷雨) 현상을 일으킨다.

Schumacher는 여름에 육지 저기압과 아열대 태평양고기압으로 이루어진 활동 중심의 위치에 따라 다시 **세 가지 Ms 유형**을 분류하였다. Msa의 경우 저기압 중심은 만주 상에 위치하고, 고기압 중심은 일본 열도의 태평양 주변까지 진출한다. Msb의 경우 고기압 중심은 북동쪽으로 더 이동하고 저기압 중심은 몽골에 위치한다. Msc의 경우 저기압 중심이 바이칼 호 주변 지역을 지배하고 고기압 중심은 일본에서 동쪽으로 멀리 떨어진 곳에 위치한다. 다시 두 개로 강도가 구분되나, 그중에 강도가 더 높은 것은 단지 Msa1으로만 나타난다. 한국에서 이 세 가지 유형은 모두 남남서에서 남남동풍과 관련되며 a 유형과 b 유형은 구름을 가져온다. Schumacher는 또한 이들 각 유형이 한국에 매우 적은 강수량을 가져온다고 강조한다. 그의 집계에 의하면 Ms 유형은 5월에서 9월까지만 출현한다. Msa1 유형은 연평균 10.9일, Msx2 유형은 49.2일 출현한다. 따라서 그 빈도는 Mw 유형의 빈도보다 현저히 낮다(60.1: 121.4일). 그러므로 한국의 전체 계절풍 기압배치형[8]은 1년의 절반에 조금 미치지 못한다.

동아시아의 기상이 계절풍 외에 **저기압 기압배치형**(zyklonale Lage)에 따른 영향을 받는다는 사실은 이미 오래 전부터 알려져 있으며, 특히 실제적인 이유로 **태풍**(颱風)에 대한 연구가 이루어져 있다. 태풍은 매우 높은 경도와 강한 풍속을 가지나, 작은 직경을 가진 저기압성 소용돌이

8 역자 주: Wetterlage는 『대기과학용어집』에는 '일기상태'로 번역되었고, 『기후학 · 기상학사전』에는 '기압배치형'으로 번역되었다. 여기서는 '기압배치형'이 적절한 표현이라 이 용어를 사용하였다.

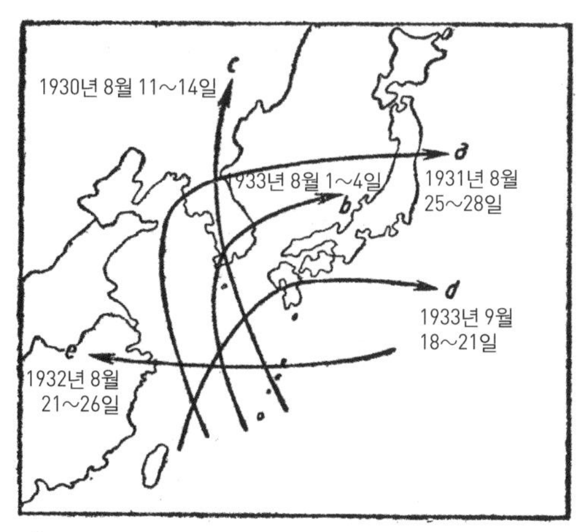

그림 17. 한국에 영향을 주는 태풍 경로(G. Schumacher)

(Luftdruckwirbel)이다. 태풍에서는 단지 열대기단만이 이동한다. 동아시아 대부분의 태풍은 적도전선(무역풍역전)을 따라 남태평양에서 발생한다. Li Sjan-Zsi(李憲之, 443)에 의하면 이 지역에서 태풍은 남반구의 겨울에 부분적으로 남반구의 한기가 북반구로 쇄도하여 발생한다. 태풍은 적도전선을 따라 아시아 대륙을 향해 이동한다(Deppermann). 태풍은 남부계절풍기단, 무역풍기단, 북부기단 간의 삼각기단점(三角氣團點, Dreimasseneck)에 도달하자마자 거의 같은 방향으로 대륙으로 이동하여 그곳에서 소멸하거나, 북동쪽으로 뚜렷하게 휘어서 그 후 무역풍기단과 북부기단 간의 전선을 따라 이동한다(415, 442). 이 태풍이 한국 주변을 통과할 때 한국의 기상에 영향을 미치며, 특히 늦여름에 그 영향이 크다. 동아시아의 모든 지역에서 늦여름에 태풍의 빈도가 가장 높으며, 이 사실은 Li Sjan-Zsi의 결과와도 완전히 일치한다.

Schumacher의 집계에 의하면 한국은 연중 14.2일간 태풍의 영향을 받는다. 이 기간은 7~10월이며 특히 8월과 9월에 집중된다. 이 소용돌이가 그 이전에 여름계절풍에 의하여 운반된 포화상태의 기단과 마주칠 경우에 특히 남부 지방에 단지산에 엄청난 비를 내리게 할 수 있다. 예를 들어 1927년 8월 4일에 태풍은 제주에 풍속 30.9m/sec의 남동풍과 함께 282mm의 비를 가져왔고, 1927년 9월 11일 동일 관측소에 301mm, 1933년 9월 20일에 남동해안의 울기갑(蔚崎岬)에 더욱이 353mm의 비를 가져왔다. 한국의 24시간 최대강수량은 항상 7~9월에 내리며, 주로 태풍에 의해 내린다. 태풍은 북부 지방에서보다 남부 지방에서 그 빈도가 좀 더 높고, 좀 더 파괴적이다. Schumacher는 기상도를 근거로 a~e로 표기된 한국에 강하게 영향을 미치는 5개의 태풍 경로를 발견하였다. 태풍 경로는 Schumacher에 의해 그림 17에 지도화되었다. 그는 해당 기압배치형을 Ta_1~Te_1로 표기하였다. 이 작은 지도는 태풍 경로 b, d, e가 단지 남부 지방에만 영향을 미치는 반면에 a와 c는 북부 지방에도 영향을 미친다는 것을 보여 준다.

한국의 천후는 두 번째 그룹의 저기압 일기상태, 즉 **온대저기압**의 영향을 좀 더 빈번히 받는다. 동아시아의 기상과 기후에 대한 저기압의 중요성은 최근에야 비로소 좀 더 주목을 끌게 되었다. 이것에 관하여 특히 Ooma(449), Tokuyama(445), Gherzi(446), Chang-Wang Tu(涂長望 443)와 무엇보다도 Shio Wang Sung(沈孝鳳, 447)의 연구를 언급할 수 있다. 온대저기압에는 열대기단과 한대기단이 작용하여 유럽에서처럼 온난역과 한랭역으로 이루어진다. Gherzie에 의하면 온대저기압의 상당수는 중국에서 온난습윤한 대기와 한랭건조한 대기의 접촉면에서 발달한다. 북쪽의 대기는 남시베리아 또는 아무르 강 하류 지역에서 온다. Tokuyama는 동해에서 발달한 21번의 저기압을 연구하였다. 이들 저기압은 동해가 주변 지역보다 온난한 겨울에 발달한다. 동중국해도 주요한 발생 지역이다. Mitchell(414)은 1925년 1월~4월 사이에 북반구에서 발달한 83개의 주요 저기압 중에 9개는 20~30°N, 120~130°E의 10° 방안에 그 발생 중심을 갖는 것을 발견했다. 이것은 모든 10° 방안 중에서 최고치이다. 저기압은 그 발생 중심에서 동쪽으로 이동한다. 이때에 이들 저기압은 한대전선을 따라 이동하는 뚜렷한 경향이 있다. 저기압은 해양 상에서 쿠로시오(黑潮) 해류와 함께 북동 방향으로 이동한다.

중국의 기상학자 Shio Wang Sung(沈孝鳳)은 그의 철저한 연구에서 1921~1930년간의 동중국과 그 주변 지역의 모든 온대저기압을 연구하였다(447). 그것은 841개였다. Sung은 이들 저기압을 그 발생 중심과 이동 경로에 따라 8개 유형으로 구분하였다. 그중 6개 유형은 Schumacher가 한국에 적용시키기 위하여 1926~1933년간의 일본기상도를 근거로 독자적으로 설정한 유형(a~f)에 상응한다. 그림 18에 Sung의 사계절에 대한 8개 유형의 경로를 지도화하였다. Schu-macher의 구분에 없는 III과 VII 외에 모든 유형은 한국의 기상에 영향을 미친다. 네 개의 작은 지도를 비교함으로써 저기압 경로가 계절에 따라 변위하는 것을 뚜렷하게 볼 수 있다. Sung에 의하면 저기압의 장축은 1,900km까지, 단축은 1,100km까지나 된다. 이동 속도는 겨울에 최고(62km/h까지)이고, 여름에 최저(27km/h 이상)이다. I 유형은 때때로 80km/h를 초과하는 이동 속도를 나타낸다.

저기압은 그 이전에 약한 계절풍 기압배치형(Mwx2 또는 Msx2)이 지배적이었으면, 경도가 최저이고, 한국 상공의 공기가 강한 바람의 이동에 지배되지 않았기 때문에 가장 쉽게 한국에 영향을 미친다. **그러므로 저기압 활동은 봄과 가을에 가장 강하다.** 이 사실은 Sung(447), Chu(竺可楨, 448), Ooma(449)와 Schumacher(413)의 연구결과와 일치한다. Schumacher의 저기압 경로 a(Sung의 I)는 일반적으로 겨울에는 북부 지방에만 영향을 미치나, 그와 반대로 여름에 저기압이 강하

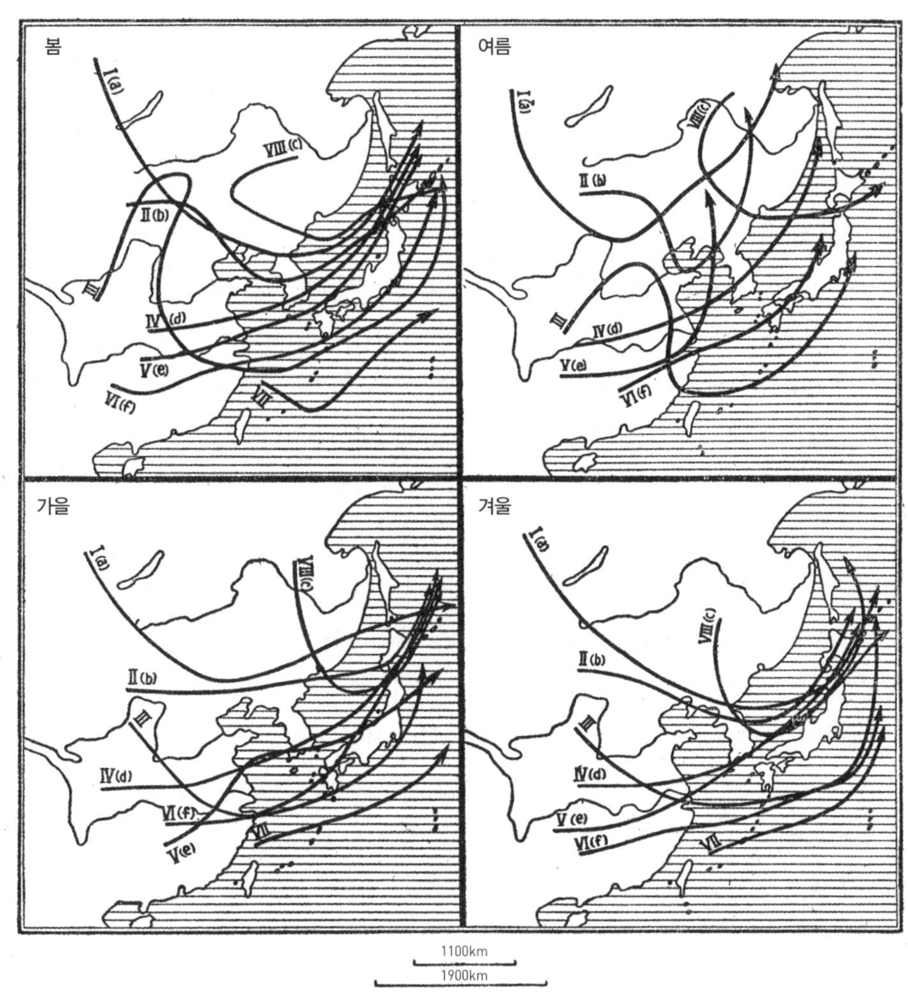

그림 18. 계절에 따라 변위하는 동아시아의 저기압 경로(I–VIII)(Shio Wang Sung)
a~e는 G. Schumacher의 명명에 상응함.

게 발달했을 경우 한국 전역에 영향을 미친다. 이 경우라도 남부 지방에는 대체로 강수 현상이 없다. b(II)의 경우도 이와 유사하다. 경로 c(VII)는 저기압이 동해를 통과할 때 전국에 많은 강수량을 가져온다. 경로 d(IV)는 남부 지방 또는 중부 지방을 통과하여 한국의 서반부에 강한 비를 내리게 한다. 저기압 경로 e(V)는 태풍 외에도 남부 지방 관측소에 해당 달의 최대강우량을 가져오며, 그 중심이 한반도의 축 주변에 위치할 때 모든 관측소에서 최대풍속이 기록된다. 끝으로 저기압 경로 f(VI)는 북풍이 불 때 남서부 지역과 제주도에 최대강우량을 가져온다. 중부 지방은 이때 적은 강수량을 갖고, 북부 지방에는 전혀 강우 현상이 없다.

저기압 경로 a(I)는 겨울에 드물지 않게 주기적으로 반복되어 나타난다. 한국의 기상 규칙 **삼한사온**(三寒四溫: 3일 추운 후에 4일 따듯한 날이 따른다)은 이 사실에 기인한다. Okada는 남만주와 한국에 대한 1929년 11월~1930년 3월 동안의 기온의 조화분석을 통해 이 규칙을 입증하였다(423). Takahashi와 Harada는 저기압 반복의 주기성은 대기에서 자유로운 7일간의 진동(freie, siebentägige Schwingung in der Atmosphäre)에 기인하는 것으로 추정했다(424, 440).

온대저기압은 한국에 비를 가져오는 가장 중요한 요인이다. Schumacher에 의하면 이 저기압은 한국의 기상을 연평균 105.9일 지배하고, 강수량의 대부분은 저기압성이다. 물론 저기압이 가져오는 강수량은 기온에 좌우되므로 여름에 겨울보다 강수량이 많다. 일반적으로 24시간 내에 측정된 최대강수량(평산: 490mm 1924년 7월 19일, 경기도 광주: 486mm 1920년 8월 1일)은 여름의 저기압에 기인한다. 서쪽에서 오는 저기압은 한국의 경동지괴 서사면에서 최대강우강도를 갖는다. 그러므로 낭림산맥의 비그늘에 위치한 북동부 지역은 연중 비교적 강수량이 적다. 남부 지방에서는 온대저기압 외에도 태풍이 한여름과 초가을의 강수량을 현저히 증가시키는 데 기여한다.

끝으로 한국에 영향을 미치는 마지막 기압배치형이 언급되어야 한다. 한국 자체상에 **고기압 지역**(H)이 발달한다. 이때에는 낮은 풍속의 바람이 중심으로부터 불어 나간다. 이 고기압은 대체로 중부 지방 위에 위치하여 북부 지방의 관측소들에는 남풍이 불고, 서부 지역의 관측소들에는 동풍이 분다. 또한 고요(무풍) 상태가 빈번히 지배적이다. 하늘은 대체로 맑으며, 일사와 방출복사가 모두 크다. 비는 오지 않는다. 이때 한국은 자생적(自生的)인 대기 상태를 갖는다. 이 기압배치형은 연평균 34.8일간 발달한다. Schumacher는 1926~1933년 기간에 **개개의 이미 기술한 기압배치형의 월평균빈도**를 일수로 계산하여 다음 표에 요약하였다.

이 표의 빈도자료의 분석과 위에 언급한 기후요소의 월평균에 이 분석을 응용하여 **한국 기후의 계절변화를 발생적으로 고찰**할 수 있다.

1월에는 겨울에 탁월한 북북서풍에서 북북동풍이 전형적으로 나타난다. 한반도 동해안에서만 동해 상의 저기압이 서풍을 흡입한다. 1월은 모든 관측소에서 평균적으로 최한월이다. 북과 남의 기온차는 이 달에 가장 크다. 동시에 이달은 평균적으로 가장 낮은 저극기온을 기록한다. 기온의 일교차가 크며, 특히 북부 지방에서 크다. 구름량과 상대습도는 제1차 또는 제2차 최저치를 갖고, 일조시간은 제1차 또는 제2차 최고치로 나타난다. 강수량은 때때로 최소이고, 그와 반대로 강설일수는 최대로 나타난다. 비교적 많은 강수량이 육지에서 멀리 떨어진 섬들과 동

주요 기압배치형의 월평균빈도일수

기압배치형	1월	2월	3월	4월	5월	6월	7월	8월	9월	10월	11월	12월	년	비율(%)
Mwx^1	9.2	6.1	4.6	1.2	0.0	–	–	–	0.8	4.0	6.2	8.8	40.9	11.2
Mwx^2	13.4	11.1	9.8	6.1	2.3	–	–	–	3.5	10.9	10.8	12.6	80.5	22.1
Msx^1	–	–	–	–	1.4	2.9	3.4	2.9	0.3	–	–	–	10.9	3.0
Msx^2	–	–	–	–	3.0	14.7	17.6	12.5	1.4	–	–	–	49.2	13.5
Tx^1	–	–	–	–	–	–	1.6	6.4	5.6	0.6	–	–	14.2	3.9
Tx^2	5.7	7.5	9.9	16.6	17.9	7.2	5.5	4.7	11.4	8.1	6.2	5.2	105.9	28.9
H	1.4	2.0	4.0	3.9	3.5	1.6	0.3	0.6	3.4	5.8	5.0	3.3	34.8	9.6
미결정	1.3	1.3	2.7	2.2	2.9	3.6	2.6	3.9	3.6	1.6	1.8	1.1	28.6	7.8
합계	31.0	28.0	31.0	30.0	31.0	30.0	31.0	31.0	30.0	31.0	30.0	31.0	365.0	100.0

Mwx_1=강한 겨울계절풍 기압배치형. Mwx_2=약한 겨울계절풍 기압배치형. Msx_1=강한 여름계절풍 기압배치형. Msx_2=약한 여름계절풍 기압배치형. Tx_1=태풍. Tx_2=온대저기압. H=한국 자체상의 고기압.

해안에 내린다.

겨울의 대륙고기압은 이 혹한(酷寒)의 겨울달에 가장 안정되고, 가장 강력하게 발달한다. 한국은 이 대륙고기압과 북태평양저기압의 중간에 위치한다. Mwx_1과 Mwx_2의 기압배치형은 1월에 최고에 이른다. 이 두 기압배치형은 1월의 31일 중 22.6일간 지배적이다. 이 사실이 방금 앞에서 요약한 전형적 특성의 대부분을 설명한다. 최저기온과 최대풍속은 Mwa_1 기압배치형에서 나타난다. 이 경우에 하늘은 유리처럼 투명하고, 방출복사가 매우 많다. 단지 국지적으로 땅안개가 발생한다. 북부 지방에서는 Mwx_2와 H 기압배치형에서 강력한 기온역전 현상이 일어난다. 강한 기압경도로 인하여 저기압 발달이 방해되므로, 저기압은 단지 5.7일간 나타난다. 이것은 12월 다음으로 최저일수이다. 이 저기압이 적은 강수량의 대부분을 내리게 한다. 이 저기압 일수 중 Mwb 기압배치형 외에 동해안에 강수량을 가져오는 Tc_2 기압배치형이 1.5일, 최남단의 해안과 섬에 비를 가져오는 Tf_2 기압배치형이 1.9일이다. 다음 예에서 서로 다른 1월의

1월의 기압배치형 빈도일수

	Mwx_1	Mwx_2	H	Ta_2	Tb_2	Td_2	Te_2	Tf_2	T=기온특성 Ni=강수량
1933년 3월	19	6	1	0	0	2	0	2	T: 매우 추움, Ni: 보통
1932년 1월	7	18	4	1	1	0	0	0	T: 비교적 온화함, Ni: 남부에 매우 적음, 북부는 조금 많음
1928년 1월	4	16	2	1	0	1	2	5	T: 좀 더 온화함, Ni: 남부는 비교적 강함, 북부는 적음

차이를 볼 수 있다.

이 예는 개개 해의 특징이 강하거나 약한 Mw 기압배치형과 서로 다른 유형의 저기압 빈도를 통해 어떻게 좌우되는가를 뚜렷하게 보여 준다. 1916년 1월은 특히 온난했다. 이 해에 한국의 전 남반부는 0℃ 이상의 평균기온을 기록했다. 1917년 1월에는 매우 추웠는데 이 해에 −5℃ 등온선은 한반도 최남단 주변에 놓였다(409, 끝에서 두 번째 지도).

어떤 해에는 **2월**에야 비로소 최저평균기온과 평균저극기온이 나타났다. 전국적으로 2월 평균기온은 1월 평균보다 조금 높다. 많은 관측소, 특히 북부의 관측소는 연평균 최저강수량을 갖고, 그 외에도 강수량은 1월보다 단지 조금 더 많다. 강설은 거의 1월만큼 빈번하다. 전체적으로 2월은 1월과 특성이 매우 유사하다.

천후유형(天候類型)의 빈도는 그에 상응한다. Mw 기압배치형의 빈도는 감소하고, 저기압 기압배치형은 증가한다. 특히 Mwx_1 기압배치형의 감소가 현저하다. 따라서 평균기온이 온화해지고, 풍속이 약해지는 현상을 설명할 수 있다. 저기압 기압배치형의 증가는 특히 Tf_2로 나타나서 최남단의 많은 관측소에서 강수량이 증가하는 이유를 설명할 수 있다.

3월 평균기온은 남부 지방에서 5℃ 이상, 중부 지방에서 0℃ 이상으로 상승한다. 남부 지방에서 3월은 강설이 있는 마지막 달이고, 때때로 북부 지방에서는 그와 반대로 1월의 빈도에 못지않게 나타나며, 심지어 일부 관측소에서는 평균적으로 1월보다 빈도가 더 높다(예: 신의주 1월 5.0일, 3월 6.7일). 서부와 남부 지방의 많은 관측소에서 3월에 상대습도의 절대최저치가 나타난다. 평균강수량은 이미 한겨울 달의 강수량보다 대체로 훨씬 많다. 여러 기후요소의 높은 평균치로 보아 3월은 첫 번째 점이기간이다. 개개의 해, 예를 들어 1933년 3월은 여전히 한랭건조한 겨울이었고, 1930년 3월은 이미 온난습윤한 봄이었다. 이러한 현상은 대륙고기압이 여전히 강하게 발달하였는가 혹은 대륙고기압이 약화되어 저기압 경로가 빈번히 한국권을 통과하는가에 좌우된다. 평균적으로 3월에 Mw 기압배치형의 빈도가 지속적으로 감소하고, 그에 따라 Tx_2와 H 기압배치형이 증가한다. Ta_2 기압배치형의 빈도는 북부 지방에서 현저하게 강수량이 증가하는 이유를 설명한다.

4월에는 월평균기온이 크게 상승하여 3월과 4월의 기온차는 연중 가장 크다. 또한 중부 지방과 북부 지방에서 평균기온이 이때부터 5℃ 이상이 되고, 대체로 이보다 더 높다. 그리고 대부분 지역에서 4월이 끝서리 기간이 되며 구름량과 강수량이 현저히 증가한다. 중부 지방 평야지대에서 4월은 때때로 강설 현상이 나타나는 마지막 달이다. 거의 모든 저지에서 마지막 서리가 나타난다.

몽골과 주변 해양 간의 기압경도는 거의 0이 된다. 따라서 저기압 기압배치형이 현저히 증가한다. 이 기압배치형은 16.6일로 4월 중 50% 이상의 날에 나타난다. 특히 한편으로 Ta_2 기압배치형이 빈번하고, 다른 한편으로 Tf_2 기압배치형이 빈번하여 최북단이나 최남단 모두 습윤하게 된다. b형과 d형의 저기압이 중부 지방에 많은 강수량을 가져온다. 그 사이에 한국의 북부 대륙이 훨씬 더워졌기 때문에 강한 Mw 기압배치형은 매우 드물게 나타나고, 더 이상 효력이 크지 않다. 4월에 Mw_2 기압배치형하에서는 대체로 하늘에 구름이 없으며 서늘하고 건조하며 약한 북풍을 가진 좋은 날씨로 나타난다.

5월에 남부 지방과 중부 지방의 기온은 15℃ 이상이 된다. 북부 지방의 기온 역시 이미 11~13℃나 되어 여름 기후의 지역적 균등성이 발달하기 시작한다. 남부 지방의 많은 관측소에서 강수량은 4월보다 적다. 그와 반대로 북부 지방에서는 강수량이 더욱 현저히 증가한다. 북부 지방에서는 마지막 강설과 서리가 나타난다. 상대습도와 구름량은 어느 지역에서나 크게 증가한다.

5월은 Mw와 Ms 기압배치형이 동시에 나타나는 상반년의 유일한 달이다. 그러나 Mw 기압배치는 이 계절에 서늘한 북풍과 함께 맑은 날씨를 가져와 그 영향력이 H 기압배치형과 크게 다르지 않은 약한 형태로 나타난다. H 기압배치형 시에는 절대최저기온이 나타난다. 구름이 끼고, 높은 상대습도를 가져오는 Ms 기압배치형이 Mw 기압배치형보다 더 빈번하다. 이 Ms 기압배치형은 5월에 풍속이 빠른 남풍과 관련되어 강한 형태로 나타난다. 그러나 5월은 특히 최고저기압 일수로 두드러진다. 17.9일의 Ta_2 기압배치형은 북부 지방과 중부 지방의 강수량 증가에 영향을 미치며, 그 외에 이 저기압은 남풍과 서풍으로 현저하게 기온을 상승시킨다. Tf_2 기압배치형은 때때로 남부 지방에 강한 강도로 많은 강수량을 가져온다.

6월 평균기온은 남부 지방과 중부 지방에서 20℃ 이상으로 상승하고, 북부 지방에서는 17~19℃로 상승한다. 평균최고기온은 24~29℃에 이르나, 절대최고기온은 37℃ 이상까지 상승한다. 강수량이 더욱 증가하고, 몇몇 해에는 6월에 그 최대치에 도달하기도 하였다. 공기는 무덥고 습윤하며, 구름량이 높아 한여름에 이르게 된다.

아열대 태평양고기압은 6월에 더욱 북쪽으로 확장하여 일본의 태평양 주변에 이르게 된다. 이 고기압이 6월 평균 17.6일 부는 여름계절풍의 근원이나 Msx_1 기압배치형은 단지 2.9일뿐이다. 그러나 이 기압배치형은 한국에 최고기온을 가져다 준다. **많은 강수량은 이 계절풍 기압배치형에 의해서가 아니라 저기압에 기인한다.** 저기압 기압배치형이 없을 경우에 1931년 6월과 같이 지속적인 Ms 기압배치형에도 불구하고 비교적 건조했다.

7월은 여러 측면에서 1월과 정반대이다. 탁월풍은 남 내지 남남동 방향에서 불어온다. 북부 주변 지역에서 가장 높은 월평균기온과 월평균최고기온이 기록된다. 이 북동부 지역을 제외한 모든 지역에서 평균강수량이 최대가 된다. 거의 모든 지역에서 강수강도, 상대습도, 구름량의 최고치와 상대일조시간의 최저치에 도달한다. 그리고 해안 지역에서 이달에 안개빈도가 최고에 달하여 완전히 한여름에 이른다.

6월과 비교하여 해양에서 육지로의 평균기압경도가 좀 더 강해진다. 따라서 여름계절풍은 21.0일로 최고빈도를 가지며 온대저기압 외에 처음으로 태풍이 분다. 이 온대저기압과 태풍은 수증기로 포화된 계절풍기단에서 엄청난 양의 비를 내리게 한다. 습윤했던 1926년 7월에 목포에 내린 378mm의 강우 중 338.5mm가 6일간의 저기압에서 내렸다. 다른 남부 지방의 관측소에서도 7월에 이와 유사하다. 그와 반대로 1929년 7월 10일부터는 안정된 계절풍 기상이 지배적으로 나타나 이날부터 7월 말까지 측정된 강수량은 남부 지방의 어느 관측소에서도 1mm가 되지 않았다. 그러므로 여름계절풍 자체는 사람들이 일반적으로 알고 있는 사실과는 달리 벼농사에 도움이 되지 않고 오히려 벼농사의 적(敵)이다.

8월은 북부 주변 지역을 제외한 모든 지역에서 가장 덥고 평균고극기온도 역시 최고치에 이른다. 남북 간의 기온차는 거의 없으며 단지 북동부 지역만이 동해로 인하여 비교적 낮은 기온을 갖는다. 동시에 북동부 지역은 8월에야 비로소 강수량 계절변화의 최고에 이른다. 하지만 7월과 8월 모든 기후요소의 자료는 아주 작은 차이만 있어, 1월과 2월처럼 7월과 8월은 매우 유사하다.

여름계절풍의 빈도는 8월에 다시 조금 낮아진다. 그러나 여름계절풍은 아직도 여전히 8월 중 보름 이상 지배적으로 나타난다. 계절풍기단의 기온은 연평균 기온 변화 중 8월 최고기온이 설명하는 바와 같이 7월보다 8월에 빈번히 조금 더 높다. 단지 북부 주변 지역에서만 대륙의 가열 현상이 8월에 더 이상 강하지 않아 이 지역에서는 평균적으로 기온이 조금 하강한다. 태풍의 영향은 7월에 비하여 현저히 증가하여 8월에 그 최대에 이른다. 8월의 최고풍속일이나 최대강수일은 적어도 남부 지방에서는 거의 예외 없이 태풍이 부는 날이다.

8월 평균기온에서 9월 평균기온으로의 기온 하강은 전국적으로 갑자기 크게 일어난다. 북부 지방에서 9월 말의 평균기온은 다시 15℃ 이하로 하강하기 시작하여 이른 첫서리가 내리기 시작한다. 그러나 중유럽의 척도로 보아 9월은 그 기온 특성에 따라 여전히 여름으로 간주될 수 있다. 평균적으로 여전히 강수량이 많으나 매년 9월 강수 현상의 특성은 매우 상이하다. 상대일조시간이 현저히 증가함에 따라 구름량과 상대습도는 감소한다. 그리고 평균풍속은 북동부 지역을 제외한 많은 관측소에서 제1차 또는 제2차 최저로 나타난다.

바이칼 호 주변의 대륙고기압이 9월에 다시 영향력을 갖게 되어 1.7일의 Ms 기압배치형 외에 다시 4.3일의 Mw 기압배치형이 아직은 대체로 약한 상태로 나타난다. 9월에 Msx_2와 H 기압배치형이 나타날 때 일시적으로 고요하고, 햇빛이 나는 특성을 갖는다. 그러나 저기압과 태풍일수의 빈도 합계는 하반년 중에 최고에 이르므로 이것으로 여전히 많은 9월 강수량의 원인을 설명할 수 있다. 일부 9월에는 Mw와 H 기압배치형이 지배적이고, 다른 9월에는 T 기압배치형이 지배적이므로 강수량 계절변화의 최고뿐만 아니라 최저도 9월에 내릴 수 있다는 사실을 9월 개개의 기압배치형 빈도와 관련시켜 설명할 수 있다.

9월에서 **10월**로 기온이 더욱 급속히 하강하여 대부분의 지역에서 첫서리가 시작한다. 또한 강수량은 평균적으로 9월보다 현저하게 적다. 개개 해의 최저강수량은 드물지 않게 10월에 나타난다. 북부 지방에서 서리가 내리고, 정지된 수면에서 결빙이 시작한다. 북부 지방과 중부 지방의 많은 관측소에서는 때때로 다시 눈이 내린다. 북부 지방에서 10월 평균기온은 5℃ 이하로 하강한다. 그러나 상대일조시간은 적지 않은 관측소에서 최고에 이르고, 일부 해의 10월은 9월처럼 고요하고, 햇빛이 비치며, 그와 반대로 일부 해에는 날씨가 나쁘고, 습윤한 가을이 된다. 첫 번째 유형은 1927년 10월이고, 두 번째 유형은 1931년 10월이다.

H 기압배치형이 5.8일로 평균최고에 이른다. 최저기온은 다시 10월의 거의 절반에 지배적인 Mw 기압배치형 때에 나타난다. 최고기온은 바다가 아직 온난하므로 저기압배치형 때에 나타난다. Td_1 태풍이 마지막으로 남부 지방의 기상에 영향을 미치며 Tx_2 기압배치형이 이보다 더욱 빈번하게 나타난다.

많은 관측소에서 10월에서 **11월**로의 기온 하강이 가장 급하게 나타나 대부분의 지역에서 이 달에 5℃ 경계에 미달한다. 북부 지방에서는 부분적으로 이미 영하의 월평균기온이 나타나며, 최남단에서도 서리가 내리기 시작하여 가장 최남단인 지역을 제외한 모든 관측소에서 강설, 서리와 결빙이 시작된다. 강수량이 겨울의 최저치에 가까워진다. 북부 지방에서는 11월에 이미 겨울이 시작한다.

11월에 겨울의 대륙고기압은 더욱 안정되고, Mw 기압배치형이 이미 17.0일간이나 지배적이다. Mwx_1 기압배치형은 11월에 다시 최고풍속과 최저기온을 가져오며 H와 Tx_2 기압배치형이 감소한다. Tx_2 기압배치형이 감소함에 따라 한국에 대한 해양의 영향이 감소한다.

12월에 거의 모든 북부 지방과 중부 지방에서 평균기온은 영하가 된다. 단지 남부 해안 지역에서만 평균기온이 여전히 5℃ 이상이나 12월부터는 이 지역에도 서리와 눈이 내리기 시작한다. 일부 해에는 12월이 최한월이 되기도 하며 대부분의 해에 강수량이 가장 적은 달이다. 동시에 강수강도도 대부분 최저에 달한다.

대륙고기압은 더 강해져서 혹한과 최고풍속을 가져오는 Mwx_1 기압배치의 일수가 8.8일로 증가한다. 게다가 겨울계절풍 기압배치형이 21.4일간에 걸쳐서 나타나며, 그 외에는 1월처럼 저기압 기압배치형(5.2일)만이 의미를 갖는다. 이 저기압은 기온을 온화하게 하며 강수 현상을 가져온다. 그러나 그 일수는 계절변화 과정 중 12월에 최저이다.

요약해서 **한국은 기후권에 있어서 시간적**(계절적)**으로나, 특히 겨울에, 공간적**(지역적)**으로 점이 지역의 특성이 완전히 나타난다**고 말할 수 있다. 사람들이 대륙계절풍이라고 부르는 한기쇄도는 동반년에 매우 낮은 기온과 대륙의 건조함을 가져온다. 북부 지방에는 이 한기쇄도가 다소 변질되지 않은 상태로 도달한다. 또한 이때에는 해양의 온화한 기온을 가져오는 빈도가 낮은 저기압이 주로 겨울 강수량을 가져온다. 대륙계절풍의 건조함과 추위는 한반도와 인접한 해양상을 지나오는 과정에서 완화되며, 저기압의 활동도 북쪽에서보다 남쪽에서 좀 더 많다. 그러므로 겨울의 기온과 강수량은 남쪽으로 갈수록 현저히 상승·증가한다. 여름에는 저위도의 고온다습한 공기를 한국에 가져오는 해양계절풍이 분다. 이 해양계절풍은 전국을 동일하게 온난한 공기로 덮어서 수 주일간 온실과 같은 공기가 지배적이며, 산들은 고도가 낮은 회색 구름층에 가려지고, 해안에는 안개가 낀다. 그러나 해양계절풍은 해양에서 변질된 대륙계절풍보다는 그리 많지 않은 강수량을 가져온다. 저기압과 태풍이 해양계절풍에 의해 습기를 포함한 한국 상공의 기단을 밀고 들어올 때 매우 많은 비가 내린다. 그 결과로 여름 강수량은 인도나 인도차이나에서처럼 계절풍에 대한 노출 방향에 크게 좌우되지 않는다. 그러나 이 저기압의 풍하에 위치한 지역, 즉 북동부 지역과 경상분지의 북부는 소우 지역이다. 한국은 열대 연중습윤기후에 상응하는 여름과 최남단은 아일랜드와 최북단은 페초라 분지(68.13°N, 54.15°E: 우랄산맥의 서부)의 기후와 유사한 겨울을 갖는다.

한국의 기후를 특별하게 종합적으로 고찰하려는 시도는 현재까지 없었다. Okada는 그의 저서(416)에서 일본제국의 기상요소들의 평균을 기후지(氣候誌)적으로 기술하는 데 제한하였다. 한국은 물론 세계기후구분도에도 나타난다. 저자는 Köppen의 유명한 기후구분과 유라시아 대륙의 기후에 관한 v. Wissmann(419)이 수정한 기후구분에 대해서만 언급하고자 한다. 꾸준하고 정력적인 학자들이 해당 문제를 연구한 지 수년이 경과함에 따라 Köppen의 기후구분도에서 각 기후지역의 경계는 당연히 변하였는데, 그 이유는 부분적으로 그동안에 수집된 기상자료를 이용할 수 있어서 좀 더 정확하게 기후지역의 경계가 설정될 수 있었고, 부분적으로 Köppen의 정의가 다소 수정되었기 때문이다. 그러므로 저자는 단지 Köppen의 최신기후구분도(Köppen-Geiger, Klimakarte der Erde. Wandkarte von Justus Perthes, Gotha 1929)와 그 기후구분도에 기초가 되는 정의만을 언급하겠다.

한국은 C 기후와 D 기후의 경계 지역에 위치한다. 대륙성기후의 특성이 나타나는 대부분의 관측소와 함경북도 해안관측소조차 최소한 4개월간의 월평균기온이 1℃ 이하로 D 기후지역에 속한다. 별도 11b는 전체 기상자료를 기초로 한 기후지역의 경계를 보여 준다. 중부 지방과 심지어 남부 지방의 산악 지역도 분명히 대부분 D 기후지역에 속한다. 그러나 이에 관한 증거를 제시할 수 있는 높은 고도에 위치한 관측소가 없기 때문에 C 기후지역 내에서 D 기후를 가진 작은 지역들은 지도화하지 않았다. 그러나 Köppen-Geiger가 설정한 C/D 기후의 경계는 지나치게 남쪽에 위치한다. 황해도, 평안남도 남서부의 모든 관측소와 함경남도의 해안에 인접한 관측소들은 C 관측소이다.

Köppen의 온대기후의 동계건조와(w)와 연중습윤(f) 지역 간의 경계 역시 한국을 관통한다. 주지하는 바와 같이 Köppen은 최소강수량을 갖는 달이 동반년에 나타나며, 이 최소강수량이 최대강수량을 갖는 달의 1/10보다 적을 때 이 지역을 동계건조(wintertrocken)로 표시하였다. 북부 지방과 중부 지방의 대부분 지역이 동계건조 지역에 해당한다. 연중습윤 지역은 남부 지방의 남쪽 2/3 지역에 제한되고, 동해안에서 아주 좁은 대상 지역으로 북쪽으로 무수단까지 연장된다. 위에서 강수량의 계절변화에 관하여 언급한 바에 의하면 이 사실은 쉽게 이해될 수 있다. 그러므로 한국에서 w/f 기후의 경계는 C/D 기후의 경계와 일치하지 않는다. 남부 지방의 Cf 기후와 북부 지방의 Dw 기후 사이에 넓은 Cw 기후지역이 존재한다. 그러나 Köppen-Geiger의 지도에는 이와 대조적으로 황해도의 남부 해안 지역만 Cw 기후로 나타난다.

끝으로 Köppen은 최난월과 최한월의 기온에 따라 기후를 다시 세분하였다. a 지역은 최난월에 22℃ 이상의 평균기온을, b 지역은 22℃ 이하의 평균기온을 갖는다. 해면경정되지 않은 최난월의 22℃ 등온선은 개마고원과 북동부 해안 지역을 포함한다. 실제로는 중부 지방과 남부 지방의 고도가 좀 더 높은 산악 지역도 b 지역에 속한다. 제주도의 한라산 정상 자체도 아마 최난월에 단지 약 16℃의 평균기온을 가질 것이다.

위에서 언급한 바에 따라 이론적으로 보면 한국에서 다음 8개의 기후형이 나타날 수 있다. Cfa, Cfb, Cwa, Cwb, Dfa, Dfb, Dwa, Dwb. C/D 기후의 경계가 항상 a/b 기후의 남쪽을 달리기 때문에 C와 b의 조합, 즉 Cfb와 Cwb는 실제로 존재하지 않는다.

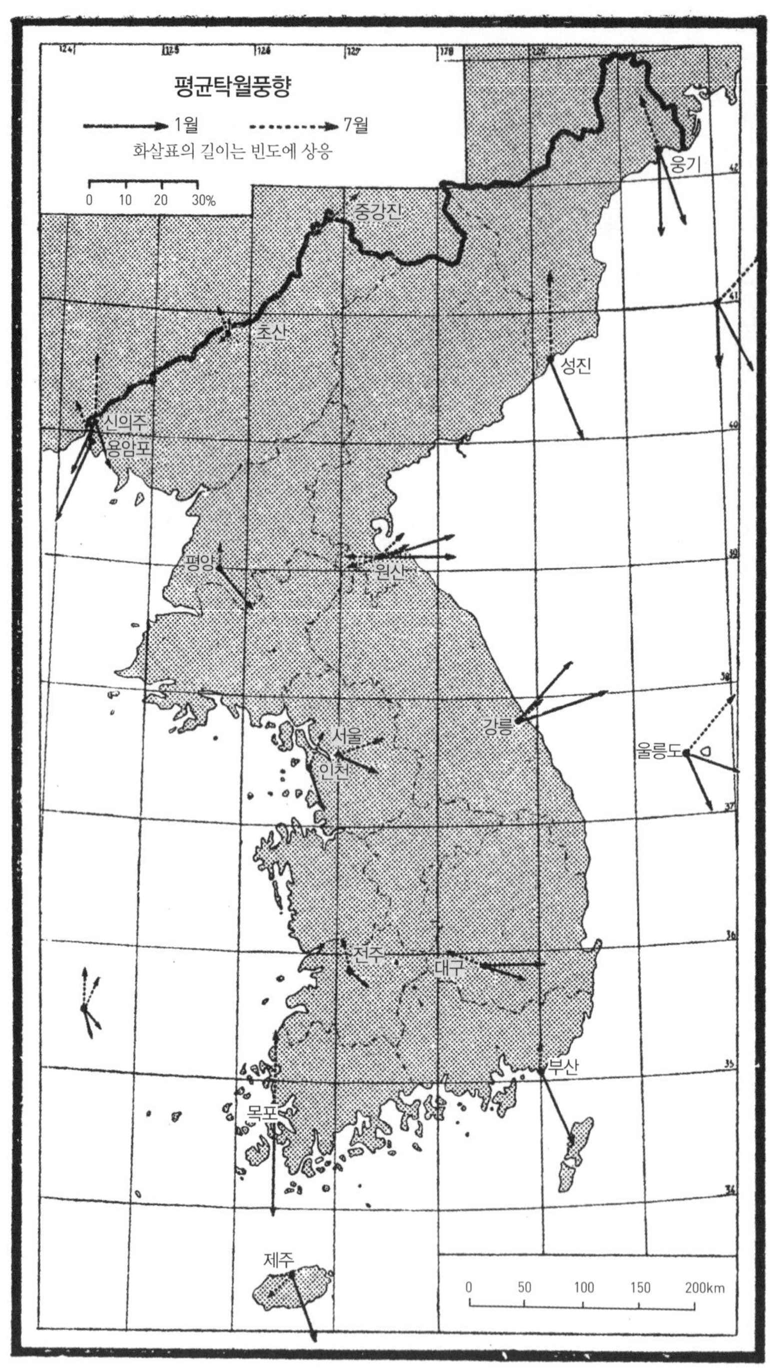

[별도 11] 평균풍향과 기후구분

a) 평균탁월풍향

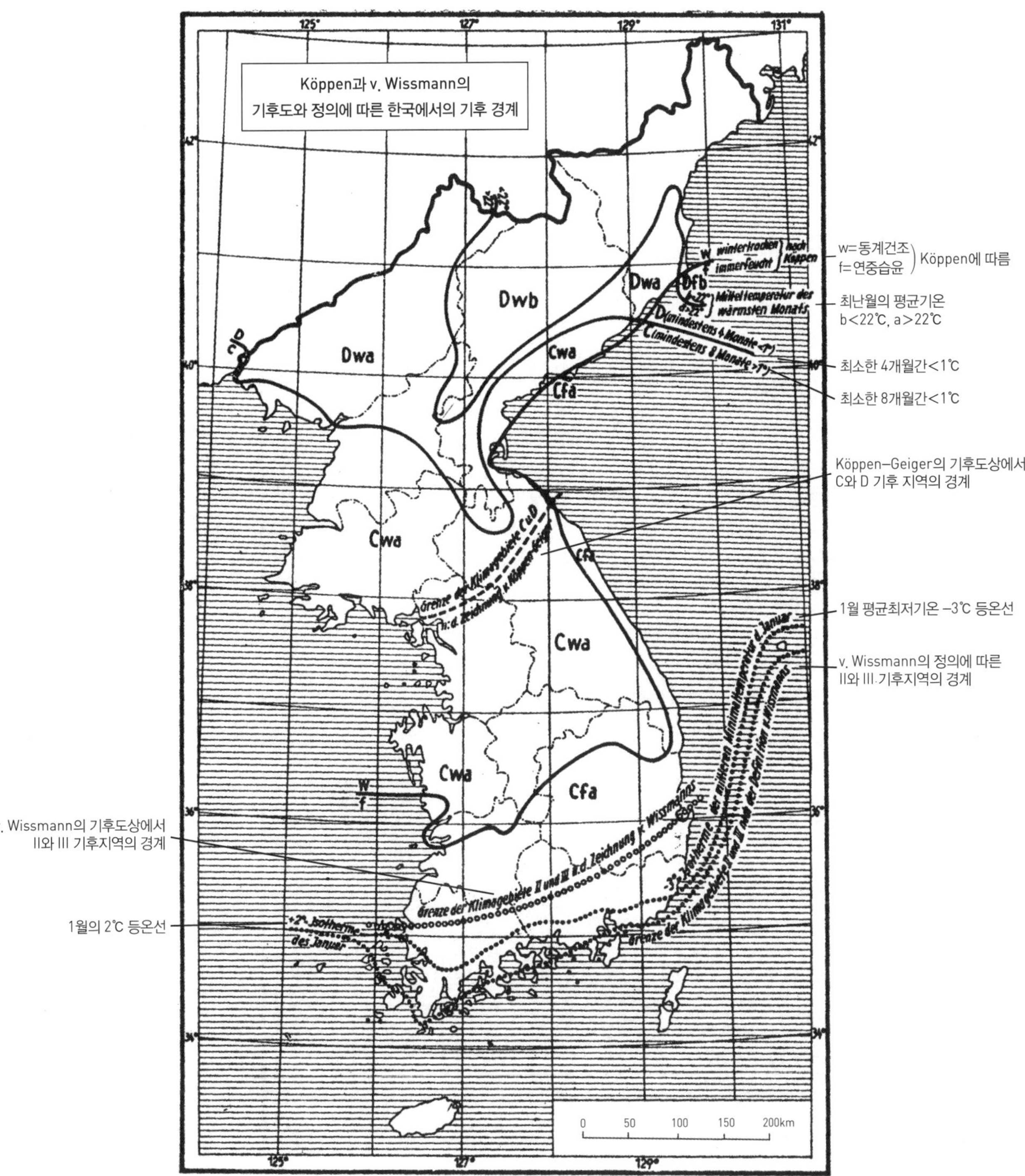

b) Köppen과 v. Wissmann의 기후도와 정의에 따른 한국에서의 기후 경계

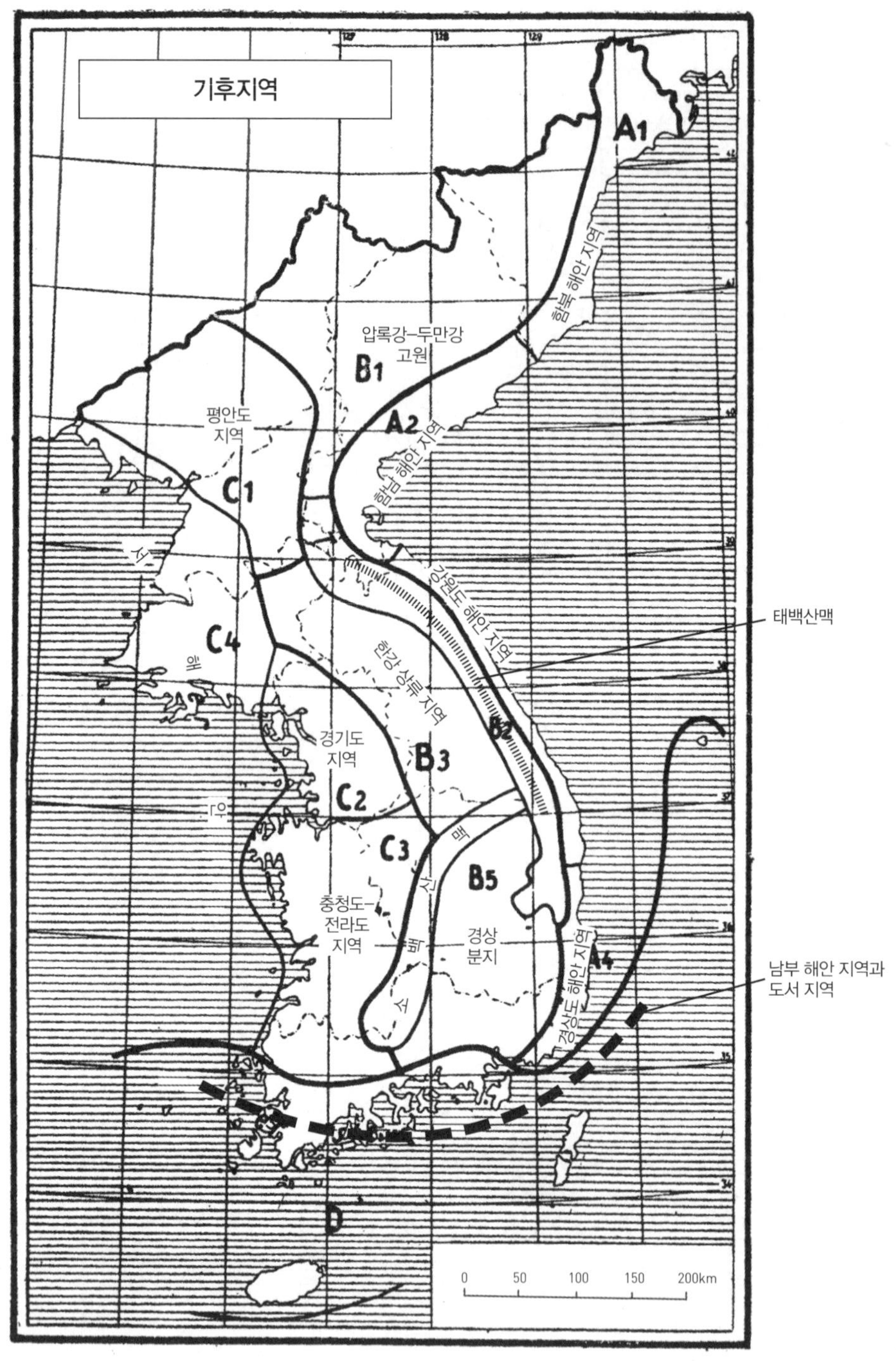
기후지역
A1
함북 해안 지역
압록강-두만강
고원
B1
평안도
지역
A2
함남 해안 지역
C1
강원도 해안 지역
태백산맥
C4
한강 상류 지역
B2
경기도
지역
B3
C2
C3
B5
충청도-
전라도
지역
경상
분지
A4
경상도 해안 지역
남부 해안 지역과
도서 지역
D
0
50
100
150
200km
c) 기후구분

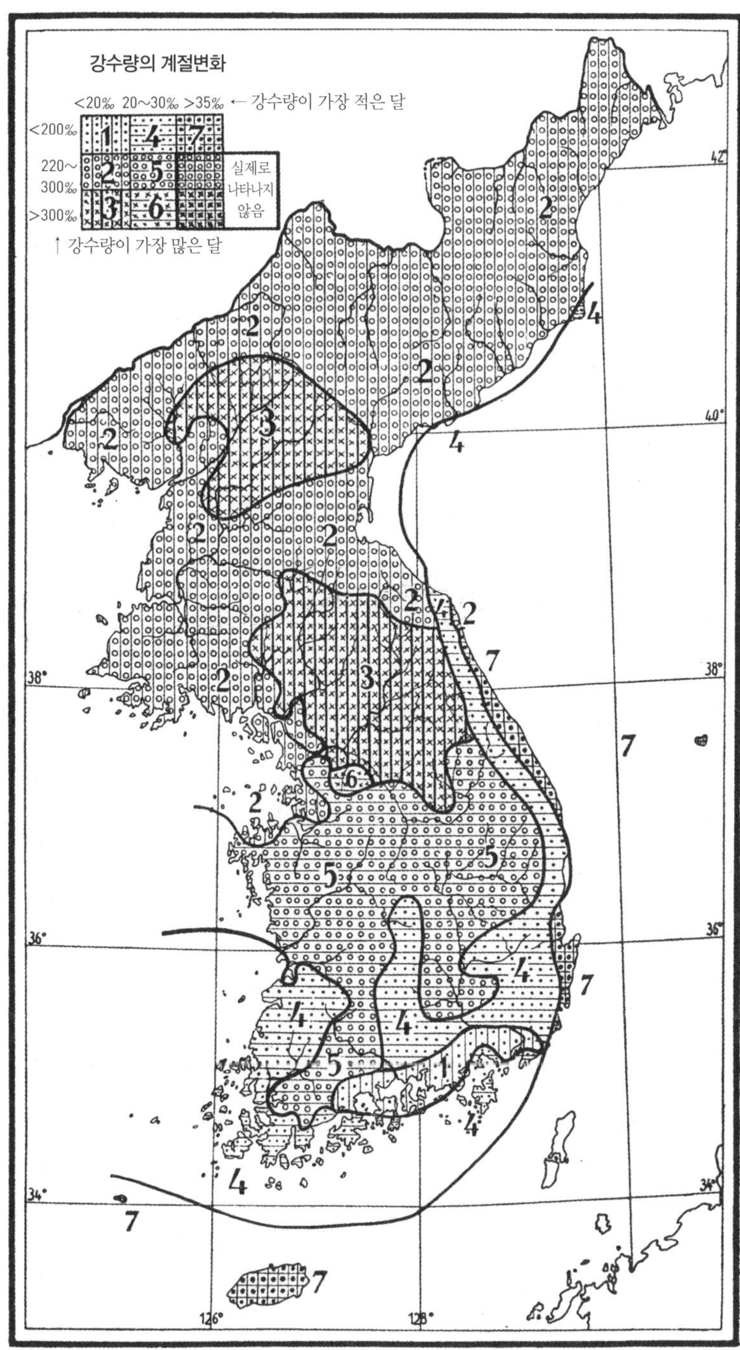

[별도 12] 강수량의 계절변화

또한 Dfa 기후를 나타내는 어떠한 관측소도 없으며, 작은 Dfa 지역은 아마도 함경북도 남부 해안에 존재할 것이다. 성진 관측소가 이 유형이 되려면 2월에 4mm 강수량만 더 있으면 된다. Dfb 기후는 성진에 인접한 등대관측소 무수단에서 나타난다. 그러므로 한국에는 실제로 Dwb, Dwa, Cwa와 Cfa 기후형만 존재한다. 중부 지방의 산악 지역을 제외하고 Dwb 기후형은 개마고원과 북동부 지역에서 지배적이고, Dwa 기후형은 평안북도 대부분 지역, 한국주산맥(태백산맥과 낭림산맥)의 원산호와 함경북도 남부에서 나타난다. Cwa 기후형은 중부 지방 대부분의 지역과 남부 지방의 북쪽 1/3 지역에서 나타난다. Cfa 기후형은 남부 지방의 남쪽 2/3 지역과 동해안에서 북쪽으로 마양도까지 나타난다(별도 11).

기후지역과 한국의 식생지리 구분 간에 명확한 관련성은 존재하지 않는다. 그러나 Köppen은 초기의 논문과 다시 최근 『Handbuch der Klimatologie』의 짧은 논문에서 C/D 기후의 경계를 1월의 −3℃ 등온선과 일치시킨다. 한국에서 이 등온선은 Köppen이 원하는 바와 같이 실제로 매년 눈으로 덮이는 지역을 포함하는 것 같다.

물론 Köppen의 위대한 업적을 손상시키려는 의도는 없다. 그러나 그의 기후구분이 정당하다고 고려될 때 한국과 같은 크기의 공간에서 그 성과를 재고하는 일 또한 중요하다. 위와 같은 입장으로 v. Wissmann(419)은 여러 결정적인 면에서 Köppen 기후구분과 다른 관점에서 유라시아 전체를 구분하였다. v. Wissmann은 최한월 2℃ 등온선으로 그의 기후지역 II와 기후지역 III을 구분하였다. 별도 11b에는 이 선이 한편으로 v. Wissmann의 지도와 다른 한편으로 Schumacher(413)의 기후평균치에 의하여 어디에 위치하는지가 나타난다. 그 차이는 실제로 매우 작고, 두 선은 상록(활엽)수식물군락의 북한계에 매우 가깝다. 적어도 유라시아 전체의 관점에서 저자가 그중의 한 기본 관점이 중요하지 않은 것으로 생각한다면, 이 차이에 관해서 언급할 필요는 없다. v. Wissmann은 최한월 +2℃ 등온선으로 주로 상록(활엽)수식물군락이 지배적인 지역과 주로 하엽(활엽)수식물군락이 지배적인 지역 간의 경계를 파악하려 하였다. 그러나 추위에 민감한 상록(활엽)수종 북한계의 결정적인 인자는 추운 야간 기온 또는 평균기온에서 단지 매우 약하게 나타나는 개개의 한기쇄도이다. 그러므로 주상록(활엽)수식물군락 지역의 북한계는 평균 또는 절대최저기온과 관련되어야만 한다. 남부 지방에서 이 북한계는 1월 평균최저기온 −3℃ 등온선과 상당히 일치한다. 별도 11b에 나타나는 바와 같이 이 등온선은 v. Wissmann이 설정한 경계와 v. Wissmann이 정의한 II/III 경계 사이를 달린다. 또한 이 등온선 남쪽에서는 1914~1933년 기간의 절대최저기온이 아주 드물게 −15℃에 이른다(p.137).

v. Wissmann은 개마고원과 한국주산맥의 연속 부분을 이 지역에서 고도 단계(h: Höhenstufe)

로서 나타나는 기후지역 IVT로 지정하였다. v. Wissmann은 Ⅲ/Ⅳ 경계를 4℃ 등온선으로 정하였다. 실제로 Wissmann이 설정한 지역은 연평균기온이 4℃ 이하인 관측소의 분포 지역과 일치한다. 그러나 저자에게 이해되지 않는 것은 이 지역을 T 유형(건조)으로 지정한 것이다. T 유형과 F 유형 간의 경계는 여름 강우 시에 센티미터로 측정된 월강수량(ρ)의 6배가 4개월 이상 월평균기온(τ)+7보다 작은 지역에 위치한다(4개월 이상: 6ρ<τ+7). 논의되고 있는 지역에서 모든 달의 6ρ는 τ+7보다 크다. 그러나 월평균기온이 −7℃ 이하인 달은 가장 건조한 달이므로 6ρ가 τ+7보다 결코 작을 수 없다. 그 이유는 6ρ가 항상 양이기 때문이다.

북부 지방에서 연평균 4℃ 등온선의 고도는 매우 상이하다. 매우 낮은 겨울 기온을 가진 대륙 특성이 매우 강한 지역에서 연평균 4℃ 등온선의 고도는 매우 낮다. 추운 겨울에는 그 고도가 400~500m로 하강한다. 그와 반대로 겨울에 온화한 동해안의 외측에서 연평균 4℃ 등온선은 그 지역 계곡 관측소의 자료를 외삽법(外挿法)으로 추정할 경우 대체로 1,100~1,200m의 고도에 위치할 것이다. 그리고 v. Wissmann이 설정하려 했던 것과 같이 이 등온선은 식물군락의 고도한계에 대한 어떠한 관련성도 갖지 않는다. 하엽(활엽)수와 관목에 대한 겨울 추위의 강도는 그리 중요하지 않다. 문제가 되는 것은 생육기간의 길이와 이 기간 동안 식물이 받는 열량이다. 그러므로 열적으로 단지 지속 원리에 의해서만 북부 지방의 1,400~1,500m 고도에 위치한 주로 혼합림 지역에서 침엽수림이 지배적인 지역으로의 점이지대가 파악될 수 있다(p.196 참조). 단지 유일한 관측소인 풍산(風山, 1,150 m)만이 점이지대의 고도 부근에 위치하기 때문에 현재까지 더 이상 다른 내용을 언급할 수 없다. 이보다 더 높은 고도에는 관측소가 없다.

특수한 기후학 목적이나 대규모 지역의 기후구분을 할 경우에 임계치를 이용하는 것이 분명히 장점이 있으나, 지지에서 이 임계치를 근거로 명확한 선으로 뚜렷하게 기후지역구분을 할 필요는 없는 것으로 생각된다. 그러므로 저자는 아래에서 순수한 정성적 특성으로 한국의 기후구분을 하는 데 만족한다.

좁은 동해안 지역(A)과 그 보다 훨씬 더 넓은 서부 지역(C)은 한반도의 축을 따르는 내륙 지역(B: Kerngebiet)과 뚜렷하게 구분된다. 이 세 지역은 북쪽에서 남쪽으로 거의 전국을 차지하고, 위도가 낮아짐에 따라 다시 몇 개의 지역으로 세분된다. 이들 기후지역은 한반도 남단에서 남부 해안 지역·도서 지역(D)으로 구분되며, 울릉도 역시 기후적으로 이에 속한다. 따라서 다음과 같은 기후지역구분이 나타난다(별도 11c).

A. 동해안 지역. 한국의 해양 외측 주변부. 비교적 온화한 겨울과 서늘한 여름. 비교적 적은 강

수량

1. 함경북도 해안 지역(기후 다이어그램 성진, 별도 13): 매우 적은 강수량, 특히 겨울에 적은 강수량. 추운 겨울. 서늘한 여름. 많은 여름 안개.
2. 함경남도 해안 지역: 남쪽으로 갈수록 강수량이 증가하고 겨울 기온이 상승. 푄 현상. 비교적 온난한 봄과 가을.
3. 강원도 해안 지역(강릉): 비교적 풍부한 겨울 강수량. 푄 현상. 매우 온화한 겨울. 비교적 서늘한 여름.
4. 경상도 해안 지역: 비교적 풍부한 겨울 강수량. 매우 온화한 겨울. 더운 여름. 안개 적음.

B. 중부 내륙 지역. 대륙성기후 특징의 경향

1. 압록강–두만강 고원(중강진): 한겨울에 안개 낀 분지에서 기온역전 및 한기의 호수들(Kaltluftseen)과 빈번한 강설이 있는 혹한의 복사기후. 7월 최고기온. 연교차의 극대치. 적은 강수량.
2. 태백산맥(온정리): 산악기후. 겨울에 눈이 많고, 여름에 안개와 비가 많음. 겨울의 추위는 위도가 낮아짐에 따라 감소.
3. 한강 상류 지역(춘천): 강수량의 대륙성 계절변화와 강수량의 대륙성 감소. 큰 기온 연교차의 경향.
4. 소백산맥: B2의 남부와 유사한 산악기후. 여전히 비교적 추운 겨울.
5. 경상분지: 적은 강수량과 더운 여름을 가진 분지 지역. 대륙적 기후요소들. 비교적 많은 강설일수. 큰 기온의 일교차.

C. 서부 지역. 대륙을 마주 보는 한국의 외측 주변부

1. 평안도 지역: 풍부한 연강수량. 추운 겨울. 더운 여름.
2. 경기도 지역(강화): 보통 추운 겨울. 더운 여름. 풍부한 강수량. 여름에 매우 높은 강수강도.
3. 충청도–전라도 지역. 온화한 겨울. 더운 여름. 풍부한 강수량. 겨울에도 비교적 강수량이 많음.
4. 서해안(서도): 비교적 작은 기온연교차. 매우 적은 연강수량. 강한 여름 안개.

D. 남부 해안 지역과 도서 지역(울릉도, 제주): 1월 평균최저기온 –3℃ 이상, 1월 평균기온 0℃ 이상. 드문 강설 현상. 매우 풍부한 강수량, 도서에는 또한 겨울에도 강수량 많음. 높은 강수강도. 연중 높은 상대습도와 구름량.

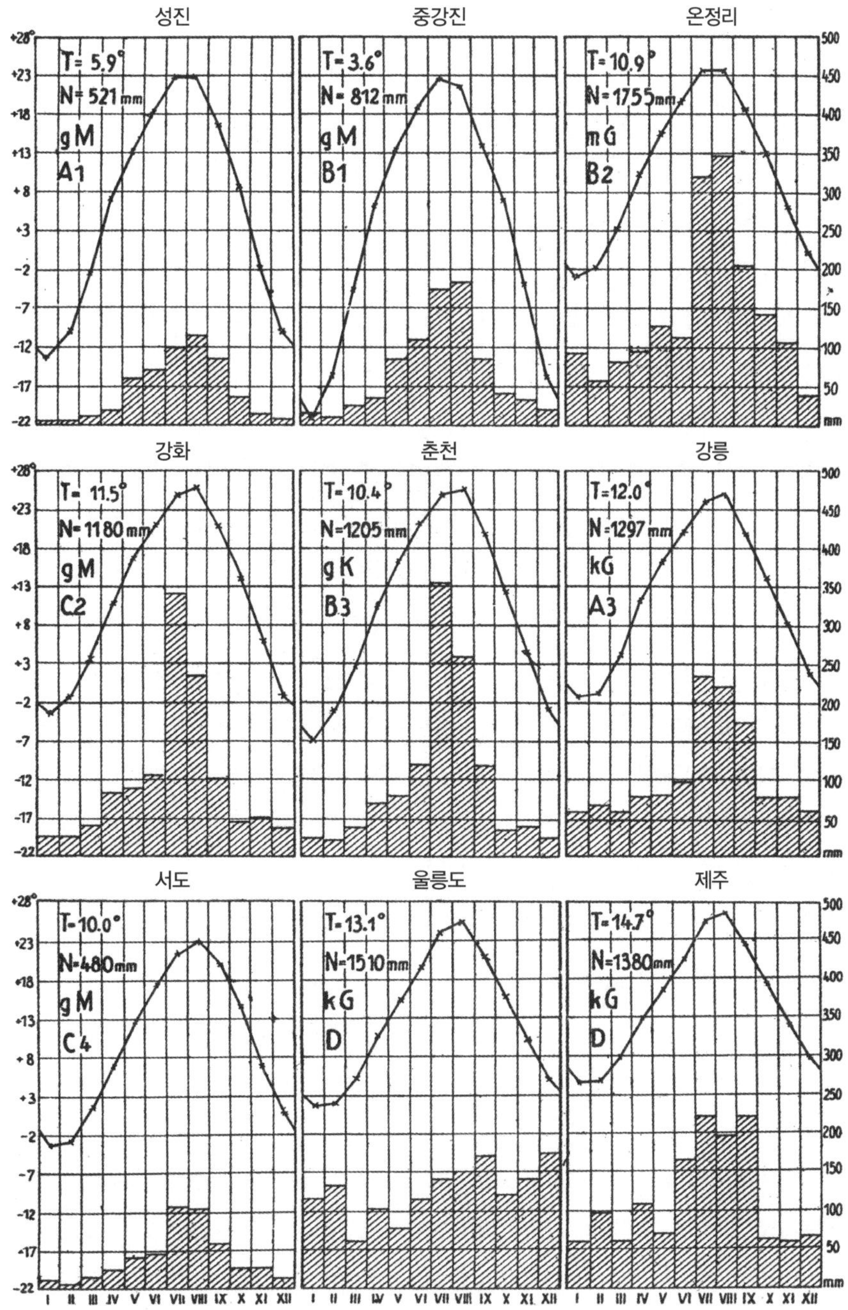

[별도 13] 선정된 관측소의 기후 다이어그램

꺾은선그래프는 월평균 기온의 계절변화, 막대그래프는 월평균강수량의 계절변화를 나타낸다.
t=연평균기온. N=연평균강수량 g, m, k, G, M, K는 강수량의 계절변화(별도 12), A1 등은 기후지역과 관련된다(별도 11).

3. 하천과 바다

한국의 큰 하천들에 관하여는 제3부에서 상세하게 다룰 것이므로 본 장에서는 일부 주요 특성만을 언급하여도 충분할 것이다.

한반도의 크기(p.29)는 확실히 큰 하계가 발달할 수 있는 범위를 제한한다. **주분수령**이 한반도의 축을 따른다고 하면 이 사실은 더욱 큰 하계가 발달할 수 있는 범위를 제한한다고 할 수 있을 것이다. 이미 서론에서 강조한 바와 같이 경동지괴의 특성은 주분수령이 어느 곳에서나 동해안으로부터 단거리를 유지하면서 달린다는 결과를 나타낸다. 그러므로 한반도에서 동해안으로 유입하는 하천들은 모두 매우 유로가 짧다. 단지 일부 하천만이 50km 이상의 유로와 1,000km^2 이상의 유역 면적을 갖는다. 완사면(Pultfläche) 상에서의 **하계의 발달**이 좀 더 뚜렷하다. 한반도의 중심에 **한강 수계**가 전개된다. 한강의 하구로 유입하는 **임진강**(臨津江)과 **예성강**(禮成江)을 한강 수계에 포함시키면 유역 면적은 38,522km^{2}가 되는데, 이것은 베저(Weser) 강(약 46,000km^2)의 유역 면적과 크게 차이가 나지 않는다. 그러나 베저 강과는 대조적으로 한강은 많은 지류로 인하여 유역 면적이 넓고, 가장 큰 한강 본류의 길이(482km)는 베저 강 본류의 길이(710km)보다 훨씬 짧다. 한반도의 남동부에서 태백산맥과 소백산맥의 지형적인 발달로 다시 큰 하계가 발달할 수 있다. 이 하계는 그 지역의 분지 형태에 완전히 적응한 매우 균등하게 발달한 **낙동강 수계**(洛東江水系)이다. 낙동강은 526km로 한반도에서 가장 긴 하천이나 그 유역 면적(23,860km^2)은 한강보다 작다. 한반도의 좁은 목 부분(Wurzelbereich)을 흐르는 **대동강**에도 이러한 사실은 적용된다. 이들 언급된 하천 외에 p.171의 표에 명시되어 있는 서해로 유입하는 여러 하천들이 있다. 이들 하천들은 유역이 하구 쪽으로 현저히 좁아지는 공통적인 특성을 갖고 있다. 그러므로 이들 하구 사이에는 매우 짧고 작은 해안하천(Küstenflüßchen)들과 개울들이 배수하는 다소 넓은 대상 지역이 있다.

대규모의 대륙부에 있는 하천들은 좀 더 넓은 유역 면적을 갖는다. 이 대륙부는 주로 **두만강**과 **압록강**에 의하여 지배된다. 압록강은 813km로 한국에서 가장 긴 하천이고, 두만강은 516km로 낙동강보다 조금 짧다. 주지하는 바와 같이 이들 두 하천은 국경을 이루나 압록강 지역의 단지 1/2과 두만강 지역의 1/4만이 조선총독부에 속한다. 대륙부에 속한 한국 북부 지방에서 서해 하천들(Gelbmeerflüssen)과 동해 하천들(Japanmeerflüssen)의 분수령은 더 이상 한국주산맥에 있지 않다. 압록강은 한국주산맥을 관통하여 마천령산맥까지 그 발원지를 이동시켰다(별도

1). 이러한 방법으로 개마고원의 주요부는 압록강 지역에 속하고, 서해와 동해 사이의 주분수령은 북동부 지역에서도 대부분 동해에 가깝게 위치한다.

최소한 1,000km^2의 유역 면적을 가진 모든 하천을 열거한 아래의 표는 **서사면 하천과 동사면 하천 간의 규모에서 엄청난 차이**가 나타난다는 뚜렷한 사실을 보여 준다. 표에서 동해안의 1,000km^2 이하의 유역 면적을 가진 작은 해안 하천도 열거한다면 그 차이는 좀 더 뚜렷해질 것이다.

한국의 하천에 관한 방대하나 유감스럽게도 상세한 내용이 지나치게 결여되어 있는 조선총독부의 조사보고서(453)에서 하천의 **물수지**에 관한 개관을 얻을 수 있다(I, p.276–285). 이 보고서에는 1927년까지의 모든 유량측정의 평균치가 계산되어 있다. 따라서 평균치는 매우 상이한 관측기간을 기준으로 했기 때문에 제한된 비교 가능성만을 갖고 있다. 유역의 강수량은 관측소의 평균으로 단순히 계산되었다. 높은 고도에 위치한 관측소가 없기 때문에 추측하건대 각 하천 유역의 고도가 높으면 높을수록 강수량의 오차는 더 클 것이다. 그러므로 유출률(Abfluß-faktor)은 아마도 그에 상응하여 좀 더 낮게 추정되었다. 그럼에도 불구하고 이러한 표에서 물수지에 관한 일련의 중요한 사실을 알 수 있다.

한국 하천의 길이와 유역 면적

하천명	길이(km)	유역 면적(km^2)	하천명	길이(km)	유역 면적(km^2)
서해 하천			대한해협 하천		
			탐진강	45	1,034
압록강	813	62,639[1)]	섬진강	212	4,897
대령강	150	3,635	낙동강	526	23,860
청천강	213	9,778	동해 하천		
대동강	431	16,465			
재령강	129	3,671	형산강	62	1,168
예성강	174	4,049	안변 남대천	82	1,162
임진강	254	8,118	용흥강	135	3,397
한강	482	26,355	성천강	99	2,338
안성천	76	1,722	북청 남대천	67	2,056
삽교천	61	1,619	단천 남대천	161	2,405
금강	402	9,886	북대천	118	1,373
만경강	99	1,602	길주 남대천	99	1,371
영산강	116	2,798	어랑천	103	1,898
			두만강	516	41,243[2)]

1) 이 중에 한국에 32,064km^2. 2) 이 중에 한국에 10,513km^2

한국의 물수지는 거의 예외 없이 여름에 결정된다. 겨울은 강수량과 증발량이 적어서, 물수지에 거의 영향을 미치지 못한다. 여름에는 고온임에도 불구하고 습도가 높기 때문에 증발량이 작아서 어느 곳에서나 강수량이 증발량보다 많다. 그 외의 **유출**은 넓은 지역의 삼림의 벌채로 인하여 촉진된다. 그러므로 한국의 어느 곳에서나 매년 강수량은 증발량보다 많아 많은 양이 유출된다. 한국 전역은 Penck의 습윤 지역(Humides Reich)에 속한다. **유출률**, 즉 강수량에 대한 유출량의 백분율은 어디서나 높다. 일본인들의 계산에 의하면 유출률은 상류와 중류에서 빈번히 70~75%에 이른다. 위에서 방금 언급한 이유로 보아 이 수치는 아마도 너무 높은 것 같다. 그럼에도 불구하고 한국에서도 사면의 급경사와 비교적 적은 증발량으로 인하여 산지가 특히 높은 유출률을 나타낸다는 사실에 대하여는 의심할 여지가 없다. 하류와 산악지형의 성

선별된 수위관측소에서의 하천의 물수지

하계	수위관측소	관측기간	강수량(mm)	유출량(mm)	유출률
대령강	용탄	1916~1927	1,388	896	64.6
청천강	북원	1923~1927	988	626	63.4
	북송리	1923~1927	1,187	893	75.2
대동강	무진대	1915~1927	1,194	719	60.2
	성천	1922~1927	1,072	545	50.8
	삼등	1917~1927	1,057	629	59.5
재령강	내대동	1924~1927	807	565	70.0
예성강	금천	1918~1927	1,173	633	54.0
임진강	연천	1919~1927	1,268	950	74.9
	전곡	1923~1927	1,312	941	71.7
한강	동양	1923~1926	1,187	886	74.6
	고안	1915~1927	1,319	882	66.8
	호명	1926~1927	1,417	736	51.9
금강	안남	1923~1926	1,168	523	44.8
영산강	마륵리	1916~1923	1,233	489	39.7
	나주	1915~1927	1,328	692	52.1
섬진강	옥정리	1923~1926	1,169	511	43.7
	송정리	1917~1926	1,270	676	53.2
낙동강	낙동리	1925~1927	806	596	73.9
	왜관	1924~1927	1,068	486	45.5
	현풍	1918~1927	971	474	48.8
용흥강	용반	1923~1925	998	582	58.3

격이 덜한 지역을 흐르는 하천의 수위관측소는 대체로 낮은 유출률을 나타낸다. 평균적으로 하반년에 보다 더운 남부 지방도 빈번히 좀 더 낮은 유출률을 나타낸다.

하천의 **수량**은 겨울에 최소인데 그 이유는 겨울에는 어느 곳에서나 강수량이 적고, 고도가 높은 곳에는 강수량의 일부가 눈으로 쌓이며, 심한 동결로 인하여 샘에서 물이 나오지 못하기 때문이다. 봄에, 특히 고산에서 발원하는 상류에는 보통의 융설수(融雪水)로 인하여 수위가 높아진다. 북부 지방에서는 이러한 융설수가 4월에 빈번히 나타난다. 남부 지방에서는 이러한 융설수로 인한 수위 상승이 때때로 봄의 일반적인 유량의 증가와 함께 상승한다. 강수량의 최대와 함께 유량의 최대는 한여름에 나타난다. 평균최대유량도 상대적으로 제한된다. 그러나 여름철 유량의 정상적인 변화도 **홍수**를 통한 급격한 증가로 중단된다. 그림 19는 세 가지 예를 보여 준다. 이 그림은 이러한 경우에 여름의 유량이 얼마나 엄청나게 증가하는 가를 보여 준다. 예를 들어 1926년 7월 16일에 고안(高安)에서 한강은 100m³/sec의 유량을 가졌고, 이와 대조적으로 같은 달 22일에는 14,400m³/sec였다. 기후를 다룬 장에서 논의된 바와 같이 여름의 강수량은 때때로 수일간에 국지적으로 많은 양의 비를 내리는 주로 저기압과 태풍에 기인한다. 국토가 수백 년간의 무분별한 이용으로 인하여 보호작용을 하는 삼림피복을 손실하여 이러한 호우는 필연적으로 그에 상응하는 홍수를 초래한다. 1923년 7월 28일~8월 1일의 대동강의 재해는 한반도의 목을 통과하는 Tb_2 저기압의 결과였고, 1923년 8월 13일의 압록강의 재해는 Tc_1 태풍, 1925년 9월 6~7일 경상남도의 막대한 홍수피해는 Tb_1 태풍, 1920년 7월 19~20일의 낙동강 홍수는 저기압 경로 c의 결과였다(452).

이러한 홍수의 참사는 주요 강수 현상과 함께 **주로 여름에 나타난다**. 한국의 사관(史官)들은 1407~1859년 동안에 서울 부근 한강에서 168회의 범람 피해가 있었음을 기록하였다. 이들 범람의 피해는 각각 4월에 2회, 5월에 5회, 6월에 15회, 7월에 76회, 8월에 44회, 9월에 17회, 10월에 4회, 11월에 2회, 12월에 1회, 1월에 2회 일어났다(453 I, p.357-365). 큰 하천들의 최고수위의 날짜도 마찬가지로 7월과 8월에 집중한다. 같은 달의 최저수위에서 압록강은 1926년 8월 27일 9.61m, 낙동강은 1925년 7월 13일 12.55m, 섬진강은 1924년 7월 23일에 14.21m, 임진강은 1924년 7월 21일에 16.80m, 그리고 한강은 1925년 7월 18일에 19.32m나 상승하였다. 하천들의 길이는 짧지만 홍수위는 세계에서 가장 높은 것에 속한다. 서해 하천의 하구역들은 이러한 홍수 시에 조석의 리듬을 완전히 잃게 된다.

이러한 홍수는 규칙적으로 곡저의 경지에 대단한 **피해**를 가져온다. 한국의 전체 경지 면적 중에서 홍수 피해를 받은 경지의 비율은 8.6%이나, 여러 하천 유역에서 홍수 피해를 받는 경지

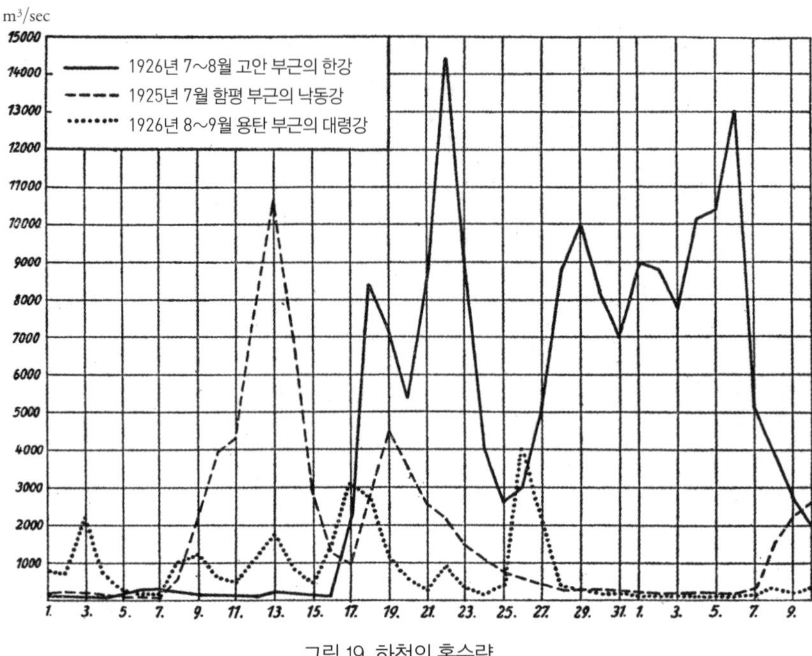

그림 19. 하천의 홍수량

의 비율은 이보다 훨씬 높다(한강: 13.5%, 청천강: 21.5%, 예성강: 24.9%, 용흥강: 28.0%). 1916~1927년의 기간 내에 대동강 수계 중에 본류에 의한 총피해액은 7,200,000엔이었고, 금강에 의한 피해액은 8,500,000엔, 낙동강에 의한 피해액은 33,900,000엔, 한강에 의한 피해액은 46,200,000엔에 달하였다. 1925년 7월 후반에 연속하여 내습한 태풍 경로 b와 c의 두 태풍에 의하여 일어난 한강과 임진강의 엄청난 홍수 피해는 이에 관한 상세한 연구논문을 쓰게 할 정도로 심각하였다(824). 1938년 9월 중순의 태풍은 1,309명의 사망, 346명의 실종, 666명의 부상을 초래하였다. 또한 6,413호의 가옥이 유실되고, 2,288호가 전파되었으며, 3,776호는 부분적인 피해를 입었으며, 42,335호가 침수되었다. 이 피해의 대부분은 남부 지방에서 일어났다.

한국의 하천들은 p.130에서 기술한 집중적인 사력운반과 그와 관련된 측방침식으로 인하여 하상이 매우 낮고, 하폭이 넓다. 더욱이 최근의 주지괴의 융기로 인하여 주운(舟運)이 매우 어렵다. 한국인들이 평저선(平底船: 바닥이 평탄한 배)으로 주운이 가능한 최후의 수단을 위하여 끈기 있게 노력하지 않았다면 주운이 가능한 유로는 좀 더 짧았을 것이다. 그러므로 재령강(載寧江), 예성강(禮成江), 만경강(萬頃江) 및 용흥강(龍興江)과 같은 여러 작은 하천에서 주운 가능성은 하류의 조석이 이동하는 부분보다 조금 더 연장된다. 이들 하천의 대부분에서 총유로의 1/4~1/3 구간에서만 주운이 가능하다. 용흥강의 예에서 볼 수 있듯이 하도가 짧고, 경사가 급한 동해

하천들에서는 간만의 차가 적기 때문에 주운이 가능한 구간의 비율은 좀 더 낮아진다. 하구의 바로 위에 최근의 융기지대를 선행하천(先行河川)으로 가로지르는 섬진강과 같은 하천에도 이와 같은 사실이 유사하게 적용된다. 큰 하천에서 절대적으로나 상대적으로 주운이 가능한 거리는 상당하다. 낙동강의 주운 가능거리는 거의 총유로의 1/3까지 증가한다. 그러나 이러한 비율은 이 산악 지역에서 단지 최후까지 이용이 가능했던 결과이다.

특히 짧은 하천에서는 조석의 영향이 미치는 범위에 지류가 유입하지 않는 본류에서만 주운이 가능하다. 그러한 지류가 매우 많은 큰 하천에서는 지류의 상류 쪽으로 주운이 연장된다. 이러한 사실은 특히 대동강과 한강에 적용된다. 이에 관한 모든 내용을 아래의 표에 제시하였다.

한국 하천의 주운이 가능한 거리와 조석의 영향을 받는 길이

강 이름	A km	B %	C km	D km	E %	강 이름	A km	B %	C km	D km	E %
대령강	67.5	45	69.2	25.6	17	금강	120.9	30	144.7	70.0	17
청천강	87.5	41	87.5	18.3	8	만경강	37.0	37	37.0	48.0	48
대동강	243.0	56	513.6	98.0	23	영산강	55.8	48	60.3	39.0	34
재령강	31.2	24	81.4	42.0	33	섬진강	59.8	28	62.4	14.8	7
예성강	39.0	23	53.4	51.9	30	낙동강	340.1	65	409.6	42.4	8
임진강	121.3	48	138.1	41.4	16	용흥강	18.7	14	20.5	15.0	11
한강	298.4	62	883.4	57.6	12	성천강	–	–	–	2.0	2

A=주하천의 주운이 가능한 거리, B=A의 하천 총길이에 대한 백분율,
C=하계의 주운이 가능한 총길이, F=하류의 조석의 영향을 받는 거리,
E=D의 하천의 총길이에 대한 백분율

북부 지방의 긴 겨울과 남쪽으로 갈수록 짧아지는 겨울 동안에 주운은 **하천의 결빙**으로 인하여 중지되는 반면에 바다는 국지적으로 단기간만 결빙된다(p.180). 중강진 부근의 압록강에서 하천의 결빙은 평균적으로 12월 17일에서 4월 5일까지 110일간이며, 압록강 하구의 용암포에서는 12월 9일에서 3월 26일로 108일간이다. 중강진 부근의 압록강 상류 쪽에서 용암포 부근의 하류보다 늦게 하천이 결빙한다는 사실은 중류에서 유속이 더 빠르기 때문이다. 평양 부근 대동강의 결빙기간은 평균적으로 12월 17일에서 3월 8일까지(82일간), 서울 부근 한강의 결빙기간은 12월 17일에서 3월 4일까지(78일간)이다. 경원 부근의 두만강은 11월 14일에서 3월 31일까지 138일간의 최장 결빙기간을 갖는다(454). G. Fochler-Hauke의 저서 『만주(die Mandschurei)』(p.16)에서 인용된 만주의 자료에 의하면 무산 부근 두만강의 결빙기간은 11월 28일에서 4월 7일까지로 131일간이다. 저자는 남부 지방의 하천들에 관한 자료를 알지 못한다. 결빙기간은 아

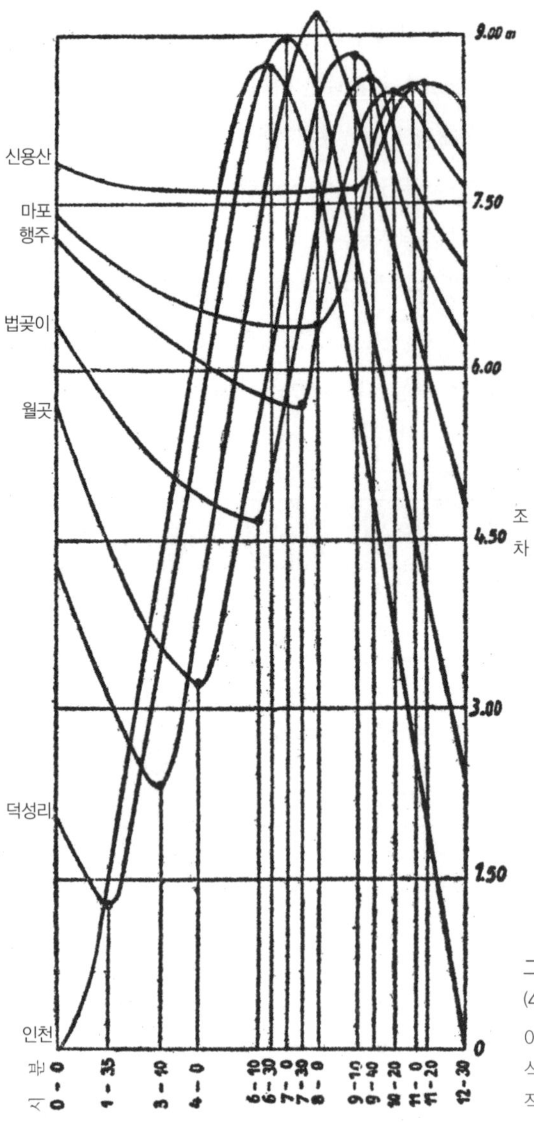

그림 20. 한강 하류에서 조석파의 상류 이동 거리 (453에 의거하여 제도)

이 그림은 인천을 기준으로하여 8개의 수위관측소의 조석곡선을 그린 것이다. 이들 수위관측소는 인천에서 시작하여 강화도와 육지 사이의 염하와 한강 하류에서 상류 쪽으로 서울 부근까지 달리는 선을 따라서 위치한다.

마도 크게 감소할 것이다.

이미 언급한 바와 같이 주운 가능성은 간만의 차에 의하여 크게 촉진된다. 실제로 증기선이 다닐 수 있는 하천 구간은 일반적으로 조석의 영향을 받는 부분을 넘지 않는다. 마지막 표는 이러한 조석의 영향을 받는 절대적인 길이와 하천의 총길이에 대한 조석의 영향을 받는 구간의 백분율도 포함한다. 조석의 영향을 받는 길이는 동해와 대한해협 하천들에서 짧은데, 그 이유는 이들 지역에는 간만의 차가 적기 때문이다. 이와 대조적으로 서해 하천들은 조석의 영향을 받는 길이가 상당히 긴데, 특히 하류가 국지적인 침강 지역에 위치한 대동강의 경우에 그러하다(p.392). 만경강과 같이 넓은 충적평야 위로 긴 거리 통과하여 흐르는 작은 서해하천들에서 조석의 영향을 받는 구간은 하천 길이의 거의 1/2이 된다.

그림 20은 **한강 하류의 조석의 추이**를 나타낸 것이다. 수위관측소의 배열은 인천에서 시작하여 강화도와 육지 사이의 염하(鹽河)를 따라 북쪽으로 올라가 서울 부근 신용산(新龍山)까지 실제의 한강을 따라 올라간다. 이 그림은 인천에서 이미 밀물 수위가 매우 높음에도 불구하고, 처음에 상류 쪽으로 만조 수위가 어떻게 상승하는가를 보여 준다. 간조 수위도 상류 쪽으로 물론 상승하는데, 실제로 밀물이 좀 더 강해서 간만의 차가 이 방향으로 급격히 더 작아진다. 이 그림은 조수가 상류 쪽으로 어떻게 이동하는가를 뚜렷하게 보여 준다. 이 조수는 11시간 20분 후에야 신용산에 도달한다. 서해 하천의 다른 삼각강에서의 조수 이동도 유사하게 나타난다. 대동강의 매우 깊은, 외부로부터 내부로 점진적으로 좁아지는 하구에서 만조 수위는 처음에 상류 쪽으로 높아진다. 재령강의 합류 지점에서야 비로소 만조 수위가 낮아지기 시작한다.

별도 14의 지도 중에 두 지도가 이러한 내용을 제시한다. 이 지도는 한국의 인접 해양에서 조석의 연구에 큰 기여를 한 S. Ogura(474, 476, 478, 479)의 연구결과를 제시한 것이다. 서해는 몇몇 지점에서만 수심이 80m 이상이 된다. 서한만의 수심은 50m가 되지 않고, 경기만의 수심은 겨우 20m이다. 서한만과 경기만은 큰 하천들의 퇴적작용의 영향을 광범위하게 받는다(p.357, p.396). 대한해협은 그 북부 1/2 지역에서 거의 100m 해수면 아래로 하강하여 부산과 쓰시마 섬 사이의 해협에서야 비로소 국지적으로 200m의 수심에 이른다. 그러나 대한해협의 북동단에서 수심은 급격히 깊어지고, 동해는 그 해저가 한국 해안의 가까운 곳에서 이미 1,000m 이하가 되고, 두만강 하구의 남동쪽 65km 지점에서 3,658m의 최대수심에 도달하는 심해이다.

그러므로 서해와 대한해협에서 **조석운동**은 해안의 수평구조 및 해저의 수직구조와 밀접한 관련성이 있다. **간만의 차**는 서해안에서 매우 크다. 대조 시에 평균 간만의 차는 육지의 남서단에서 약 4m에 이른다(별도 14). 대조 시에 평균 간만의 차는 북쪽으로 갈수록 커져서 경기만의 삼각강에서 가장 크다. 아산만(牙山灣)의 하구역에서는 평균 간만의 차가 거의 10m가 된다. 두 번째로 큰 간만의 차는 서한만에서 나타난다. 만조는 겨울과 봄보다 여름과 가을에 더 높다. 6~10월의 기간에 특히 남서폭풍이 불 때 경기만의 간만의 차는 11m까지 관측되었다(832).

서해에서는 주로 반일(半日) 간격의 조석 현상이 나타난다. Ogura(479)에 의하면 반일 간격의 간만의 차에 대한 전일 간격의 간만의 차의 비율은 남서단에서 0.36, 서해안 중부에서 0.19

와 서한만에서 0.25이다. 그러므로 전체 현상에 관한 좀 더 상세한 내용이 없어서 반일 간격의 조수간만의 등조차선로 M_2+S_2(별도 14) 그린 Ogura의 지도는 후자를 판단하는 데 좋은 자료가 된다. 조석파는 남쪽으로부터 서해로 유입되고 지구 자전으로 인하여 오른쪽으로 편향되어서 간만의 차는 중국 해안에서보다 한국 서해안에서 좀 더 크다. 별도 14에서 볼 수 있는 것과 같이 M_2 조류는 서해의 서반부에서 반시계 방향으로 회전하는 두 개의 무조(無潮, Amphidromien)[9]를 만든다.

M_2 조류는 남쪽으로부터 대한해협으로 들어와 한편으로 서해와 다른 한편으로 동해로 유입한다. 동해의 남서쪽 입구에서 M_2 조류뿐만이 아니라 M_1 조류에 의해서 형성되는 세 번째 왼쪽으로 도는 무조가 나타난다. 이 무조가 거의 전 동해 지역에서 지배적이다. **등조시선**(等潮時線, Flutstundenlinien)은 동해에서 서로 간격이 멀어서 동한만의 전 지역에서 거의 동시에 만조가 나타난다. 반일 주조의 조석은 동해로 들어가면서 간만의 차가 크게 감소하고, 평균 간만의 차가 0.25m 이하이다. 그러나 전체 간만의 차는 이보다 크다. 동해의 간만의 차는 일주조의 간만의 차로 결정된다. 그럼에도 불구하고 동해의 간만의 차는 서해보다 매우 작다. 이 간만의 차는 부산에서 두만강 하구까지 2.10~0.30m로 감소한다.

동해에서 **조류**의 역할은 매우 적다. 조류는 남쪽과 특히 서쪽의 섬들과 반도 사이의 좁은 해협에서 좀 더 강하다. 서해의 조류는 상승하는 조류에서는 북쪽으로 흐르고, 하강하는 조류에서는 남쪽으로 흐르며, 대한해협의 서반부에서는 각각 서쪽과 동쪽으로 흐른다. 좁은 해협에서 조류는 유속이 매우 빠르고(p.397, p.506) 해협에서의 퇴적작용을 방해하기 때문에 해협의 수심이 때로 주변 외양보다 더 깊다.

간만의 차가 약한 동해는 간만의 차가 큰 서해보다 **해류**의 영향을 좀 더 많이 받는다(별도 14). v. Schrenck(455)는 일본인들이 오야시오(親潮)라고 명명하고, 한 지류가 타타르 해협으로 유입하는, 그가 리만해류라고 부른 한류가 우수리 해안과 한국 북동부 해안을 따라 남쪽으로 흐른다는 견해를 가졌다. 실제로 한국 북동부 해안의 전면에 북동쪽으로부터 흐르는 한류가 존재한다. 그러나 이 한류는 두만강 하구 전면에서 매우 약하고, 지속적이지 못하며, 오야시오와는 관련이 없는 것 같이 보인다. 그러므로 M. Uda는 특수한 '**북한한류계**(North Chôsen Cold Current-System)'를 구분하였다(467, 468). 남서쪽으로부터 난류이며, 염도가 높은 쿠로시오해류의 한 지류인 '**쓰시마난류계**(Tsushima Warm Current-System)'가 넓은 전선을 이루며 동해로 유입한다. 이 두

9 역자 주: 조석의 효과가 나타나지 않는다(출전: 『해양과학용어사전』, 한국해양학회 편, 2005, p.24).

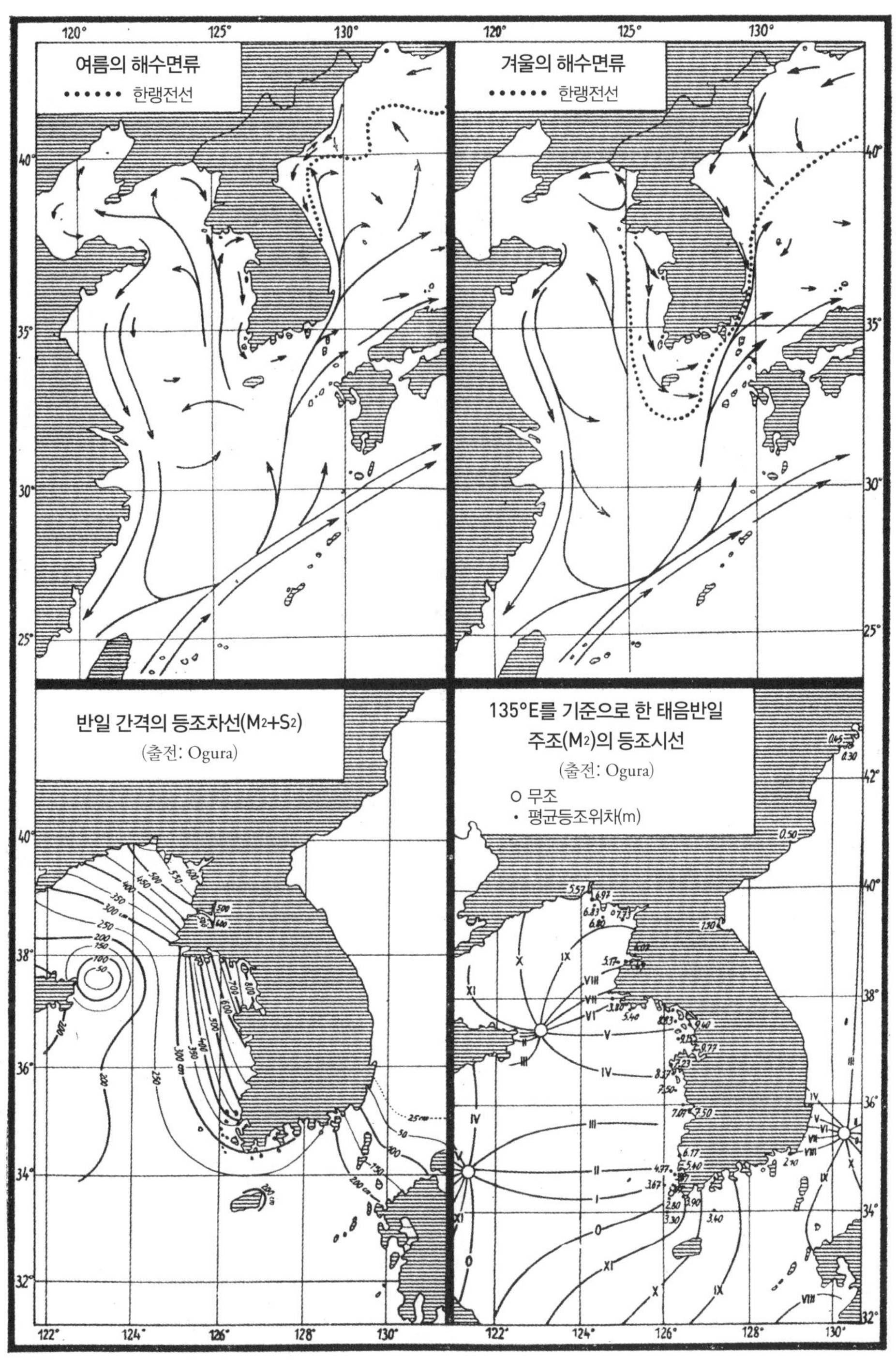

[별도 14] 한국 해역에서의 해류의 흐름과 조석의 이동(479와 p로 작성)

해류는 서로 수렴하여 부분적으로 중복된다. 대마도계의 상층(25m까지)은 서해와 동중국해의 낮은 염도를 가진 해수로 이루어져 있다. 한국의 동해안에서 지구 자전에 의하여 오른쪽으로 편향되는 좁은 지대의 한류는 계절에 따라 다소 멀리 남쪽까지 이른다. 두 해류의 경계는 **한랭전선**을 형성한다. 별도 14의 두 지도를 비교하여 알 수 있듯이 이 한랭전선은 계절에 따라 위치가 변한다. 여름에 난류의 한 지류는 한국 동해안으로부터 근거리에서 훨씬 북쪽으로 멀리 흘러서 동한만에서 한류와 함께 소용돌이를 이룬다. 겨울에 한랭전선은 장기곶과 부산 사이의 해안을 따라 근접하여 달려서 이 지역에서 한류가 표면을 거의 완전히 덮는다.

수온과 염도는 이들 해류와 밀접한 관계가 있다. 2월과 8월이 이들 두 해양학 요소의 계절변화에 있어서 극대의 달이므로 지도화하기 위하여 선정되었다(별도 15). 서해와 동해에서 **표면수의 염도**는 여름보다 겨울에 좀 더 높다. 염도는 9월에 가장 낮다. 9월에 염도가 낮은 이유는 아마도 하천수와 빗물로 인하여 염도가 낮아지기 때문이다. 서해의 염도가 동해보다 높다. 그로 인하여 서해의 염도가 동해보다 연중 높다. 그러나 서해에서는 특히 여름에 15~30m의 깊이에서 전형적인 수온약층(水溫躍層, Sprungschicht) 아래에 남쪽으로부터 유입되는 좀 더 염도가 높은 해저수가 있다.

해수면의 수온은 계절적으로나 지역적으로 훨씬 더 큰 차이가 난다. 동해는 서해보다 여름에는 수온이 조금 낮고, 겨울에는 훨씬 더 높다. 이러한 차이는 서해와 동해의 남반부에서 뚜렷하다. 해수면 수온의 연교차는 서해에서 16~23℃이고, 동해에서는 14~20℃이다. 그러므로 해수면 수온은 육지의 엄청난 계절적인 기온차에 비하여 매우 작다. 그럼에도 불구하고 지중해와 비슷한 위도대에 속한 바다임을 감안하면 방금 언급한 해수면 수온의 연교차는 매우 비정상적이라고 할 수 있다(G. Schott, 『인도양과 태평양의 지리, Geographie des Indischen und Stillen Ozeans, Hamburg』 1935, 참고문헌 XXIV). Uda의 월평균수온도를 기초로 G. Wüst가 작성한 등편차선도에 의하면 2월의 수온편차는 −5~−10℃이고 8월에는 5~7℃이다. 여름철 수온은 해수면 위의 기온과 특히 인접 해안의 기온보다 조금 낮고, 겨울의 수온은 이보다 훨씬 더 높다. 겨울에는 동시에 북부와 남부의 해수면 수온 간에 큰 차이가 있다. 동해의 등수온선 분포에서 한류와 난류의 영향을 뚜렷하게 알 수 있다. 해안을 따라서 차가운 해수가 남쪽으로 흐른다. 겨울과 봄에 38°N 부근에서 등수온선이 밀집하여 한랭전선의 위치를 유추할 수 있다.

2월의 0℃ 등수온선은 두만강 하구에서야 비로소 해안에 나타난다. 따라서 두만강 하구는 우수리 지역의 하구와 대조적으로 실제로 **부동**이다. 북부의 만들과 해협들은 단지 하천에서 온 유빙을 통하여서만 때때로 폐쇄된다. 이러한 현상은 특히 압록강과 청천강 하구, 해주만,

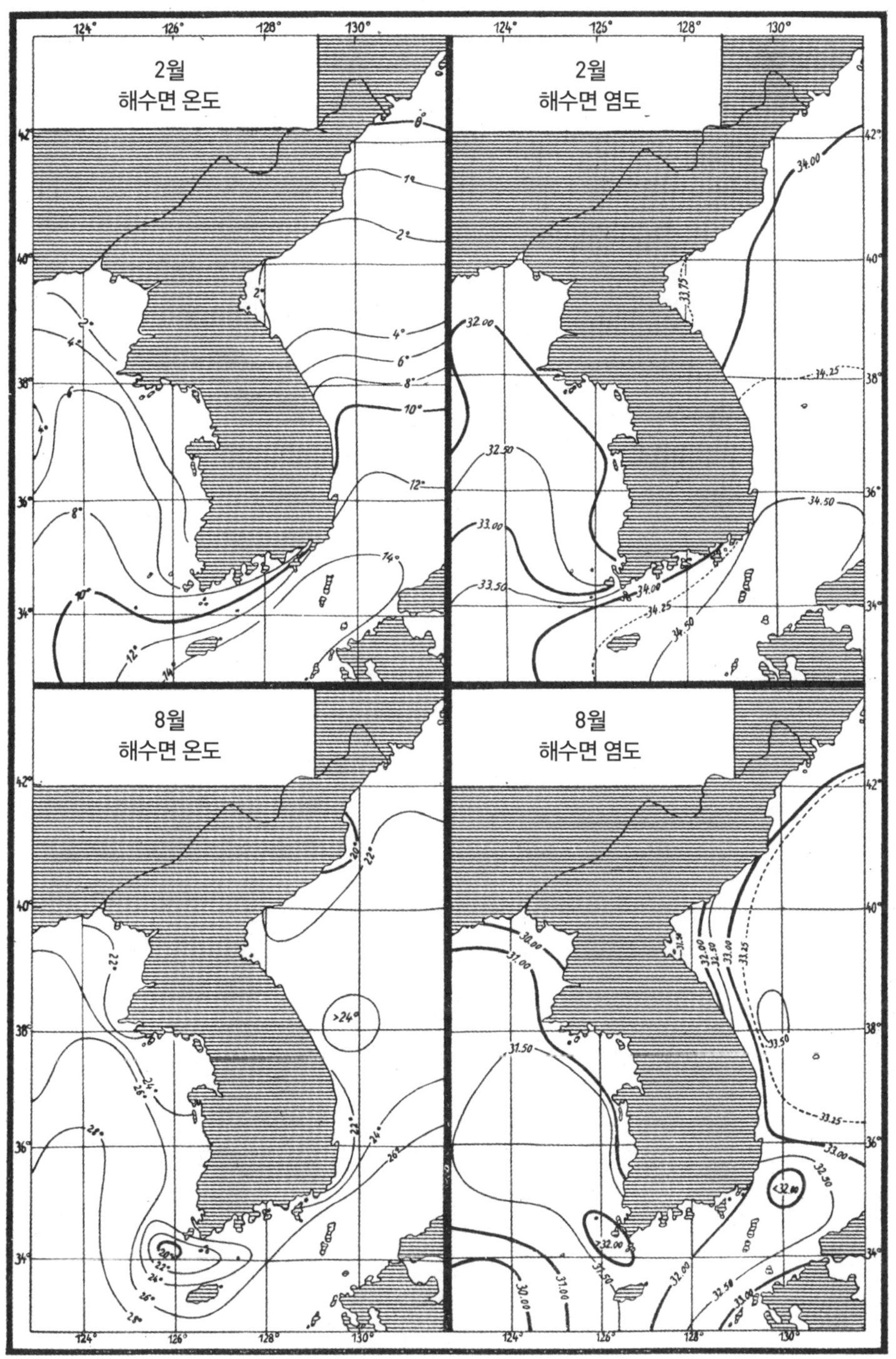

[별도 15] 한국 해역에서의 해수면 온도와 해수면의 염도(p에 의함)

마양도 해협, 웅기만과 서수라만에서 나타난다.

해수는 **낮은 수심**에서도 연중 매우 차다. 동해안의 중부에서 해안으로부터 동쪽으로 멀리 떨어지지 않은 수심이 100m인 곳에서 여름에 24℃의 해수면 수온보다 22℃나 낮은 **수온**이 지배적이다. 서해의 해저를 흐르는 해수의 수온은 8℃이다. 동해에서 난류는 해안 부근보다 해안에서 멀리 떨어진 심해에 도달한다. 울릉도 부근에서 100m 수심의 수온은 여러 달에 인접 육지 해안의 수온보다 약 10℃ 높다. 그러므로 두 수괴의 경계면은 육지 쪽으로 상승한다.

특수한 유형의 편차는 한여름에 한반도의 남서단에서 차갑고 염도가 높은 해수가 출현하는 것이다. 이 해수는 주변보다 약 6℃ 정도 더 차갑고, 약 1‰ 정도 염도가 더 높다. 추측하건대 이것은 해류들 간의 분류로 인해 위로 빨려 올라오는 **용승수**(Auftriebwasser)일 것이다.

한국에 면하는 두 주변 바다의 **색깔**도 매우 크게 차이가 난다(468의 p.117에 있는 지도와 지리부도 p). 세 측면으로부터 퇴적물을 갖는, 일부 큰 하천들이 유입하는 서해는 심해의 푸른색과는 거리가 먼 색깔을 가졌다. 한국의 해안에서는 Forel 표준수색(標準水色, standard color)의 9계급까지 색채의 배열이 올라가고, 남반부의 중앙에서 4가 나타난다. 외해에서는 동한만의 가장 내부에서 최고 계급이 나타나고, 두만강 하구에서 7인 반면에 외해에서는 어디서나 3으로 나타난다.

위에서 설명한 의견은 10년 전만 해도 불가능하였다. 그 이유는 한국에 면한 주변 바다에 관한 해양학이 그 이후에야 비로소 발전하였기 때문이다. 이보다 더 오래된 것으로는 v. Schrenck(455), Glocker(456), Mörsel(457)과 Schott(458)의 보고서와 연구논문 등이 있다. 1925년 이래로 이들 주변 바다에 관한 내용을 일본의 해양부도의 월평균도(月平均圖)와 논문에서 찾아 볼 수 있다. 그러나 지도가 소축척이고 관측소의 수가 적다. 한편으로 특히 지리부도 n과 Uda와 Okamoto(464)의 연구와 다른 한편으로 Suda와 Seiki(473)의 연구를 들 수 있다. 그러나 1932년 이래로 **도쿄 제국수산시험장**(東京帝國水産詩驗場)의 후원하에 수많은 조사선에 의하여 동시에 수행되는 광범위한 연구가 진행 중이다. 이러한 연구는 M. Uda(466-468)의 제안으로 이루어졌다. 1933년에 서해와 동해를 상세히 연구한 일본 주변 바다의 조석에 관한 S. Ogura의 표준서가 있다(479). 1924년 이래로 **부산에 소재한 조선총독부 수산연구소**에서 부록에 매년의 월별 평균해양도(지리부도 o)를 첨부한 연보와 보고서가 발간된다(XV, XVI). 특히 이 수산연구소는 1936년에 한국 주변 바다에 대한 매우 훌륭한 작은 해양지리부도를 발간하였다(p). 1935년까지의 모든 관측의 평균치가 이 해양지리부도의 월평균수온 분포도(0, 25, 100m), 월평균염도 분포도(0, 25, 100m), 월평균해류도에 수록되었다. 조석도를 제외하고 별도 14와 별도 15의 지도들은 이 해양지리부도에서 발췌하였다. 일본인에 의하여 수행되지 않은 선박 관측은 네덜란드의 지리부도(s)에 요약되어 있다. 한국의 수역에 대하여 네덜란드 지리부도를 이용할 수 있는 가능성은 경위도 1° 격자망의 적은 수의 관측으로 인하여 제한된다. The British Admirality의 두 Pilot Book(459, 460)과 'Seewart'에서 때때로 발간되는 지도서(738, 832), The British Admirality의 해도(q)와 독일해도(r) 역시 학문적으로 이용할 수 있는 많은 자료를 포함하고 있다.

4. 식물피복[10]

식물의 생육기간은 일평균기온이 5℃ 이상인 기간과 대체로 일치한다. 제주도의 저지대에서 일평균기온이 5℃ 이상인 기간은 연중 48~44주이다. 남해안에서 이 기간은 44~40주간 지속되고, 남부 지방의 기타 지역과 동해안 중부에서는 40~36주, 중부 지방의 기타 지역에서는 36~32주이며, 북부 지방에서는 32~28주가 된다(418). 따라서 제주도에서는 거의 연중 식물의 생육이 가능하고, 이와 대조적으로 북부 지방에서는 약 반년이 조금 넘는 기간 동안 가능하다. 따라서 식물 성장의 기온조건은 남쪽에서 북쪽으로 가면서 급격히 불리해지고, 내륙은 해안보다 생육기간이 짧으며, 산악 지역에서는 저지보다 고지에서 좀 더 불리하다. 그러나 짧은 생육기간으로 인하여 일어나는 여러 문제점은 저지에서, 심지어 개마고원에서조차 어느 곳에서나 거의 같은 한여름의 더위로 인하여 보상된다. 최고기온이 최대강수량과 일치한다는 사실이 특히 중요하다. 연강수량의 80~90%가 생육기간 동안에 집중적으로 내리고, 최남단에서는 심지어 90~100%가 내린다. 따라서 한국의 기후는 여러 관점에서 울창한 식물 성장에 적절한 조건을 제공한다.

생육기간 이외의 기간에 기온은 특히 중부 지방과 북부 지방에서 매우 크게 하강한다. 그 결과로 한여름 열대의 더위에도 불구하고, 식물 성장의 하엽요소(夏葉要素, sommergüne Elemente)들

10 역자 주: 라우텐자흐의 원저에 나타나는 식물학명이 현재의 학명과 다른 경우에는 라우텐자흐가 이용한 학명을 앞에 쓰고 [ ] 안에 현재의 학명을 표기하였다. 그리고 독일 식물명을 우리말로 표기할 때는 독일 식물명과 한국 식물명이 다르기 때문에 라틴어 학명을 찾아서 한국 식물명으로 표기하였다. 현재의 식물명은 이창복의 『대한식물도감』(1989)과 『식물분류학』(3정판)을 참조하였으며, 과거의 식물명은 정태현의 『조선산림식물도설』(소화 18년)을 이용하였다. 독일어 일반식물학 학술용어는 일본의 『이와나미(岩波) 생물학사전』(제3판)을 참고하였다.

이 지속적으로 한국의 대부분 지역에서 지배적이고, 상록요소(常綠要素, immergüne Elemente)들 중에는 단지 침엽수류만이 중요하다. 1월 평균최저기온 −3℃ 등온선을 넘어서는 최남단(p.166)에서만 상록활엽수가 경관상으로 중요하다. 이 좁은 주변 지역만이 아열대에 속한다. 한국의 다른 모든 지역은 온대에 속하여, 식물상과 식생이 중유럽의 원시 상태와 근본적으로 크게 차이가 나지 않는다. 그러므로 유라시아의 서부와 동부가 육지로 연계된 것을 고려하면 수많은 키가 큰 식물속이나 작은 식물속이 동일하다는 사실이 놀랄 만한 일은 아니다. 물론 이 사실은 주로 아고산(亞高山)식물종에 제한되어 매우 드물게만 적용된다. 그 이유는 한국의 중부로부터 중유럽까지의 직선(항공)거리가 9,500km나 되고, 그 사이에 식생 분포를 방해하는 수많은 기후적·지형적 장애 요인이 있기 때문이다. 그럼에도 불구하고 한국은 중유럽과 같이 **전북식물구계구**(全北植物區系界, Holarktische Florenreiche)**의 유라시아 삼림 지역**에 속한다.

그렇지만 어느 면에서 한국의 식물상(植物相)은 중유럽의 식물상과 근본적으로 구별된다. 한국의 식물상은 중유럽보다 **훨씬 더 종**(種)**이 다양하다.** 『일본통계연보(The Japan Year Book)』 1940~1941(XLI)의 최신 자료에 의하면 비교적 면적이 작은 한국이 883속, 3,070종과 550변종을 포함하는 160과를 갖고 있다. 이 중에 5개의 변종을 포함하는 161종만이 외래종으로 간주된다. 이들 종 중에 800종 이상이 상관상(相觀上) 중요한 목본(木本)에 속한다. 이러한 근본적인 차이의 원인은 부분적으로 한국에서 나타나는 기후 차이가 중유럽의 기후 차이보다 훨씬 더 큰 데에 기인한다. 그러나 이보다 더 중요한 것은, 이미 Hofmann(495, p.23)과 Wilson(496)이 강조한 바와 같이 한국이 플라이스토세에 대륙빙하로 덮여 있지 않았다는 사실일 것이다. 또한 한국의 빙기 기후는 확실히 현재보다 한랭하여 수목한계선(樹木限界線)은 북부 지방에서 약 1,300m로 현재보다 약 700m 낮았을 것이다(p.196 참조). 그러나 빙기 동안에 서쪽과 남쪽에 인접한 대륙붕이 건조하였기 때문에 식생이 후퇴할 수 있는 충분한 공간이 있었다(p.28). 그러므로 은행나무와 일부 목련과에 속하는 여러 식물이 제삼기부터 현재까지 변하지 않고 유지되었고, 다른 종들도 단지 매우 적은 변화만을 입었다. 빙기에 의한 여러 속과 종의 멸종 상태는 아마도 나타나지 않았을 것이다.

한국의 풍부한 식물상에 관하여 상상하기 위하여, 그리고 동시에 중유럽과 동일한 가장 중요한 속들을 열거하기 위하여, 특히 종이 풍부한 속들을 Mori(485), Uyeki(488), Kokumen-Ken(486) 등에 의거하여 언급하였다. 한국에서 나타나는 종과 변종의 수는 속명[11] 뒤에 표기하였다.

주목속(*Taxus*) 1, 소나무속(*Pinus*) 8, 잎갈나무속(*Larix*) 3, 가문비나무속(*Picea*) 3, 젓나무속(*Abies*) 3, 노간주나무속(*Juniperus*) 6 –버드나무속(*Salix*) 38, 사시나무속(*Populus*) 8, 서나무속(*Carpinus*) 7, 자작나무속(*Betula*) 15, 오리나무속(*Alnus*) 13, 밤나무속(*Castanea*) 2, 참나무속(*Quercus*) 22, 느릅나무속(*Ulmus*) 12, 마가목속(*Sorbus*) 7, 산사나무속(*Crataegus*) 3 – 배나무속(*Pyrus*) 14, 벚나무속(*Prunus*) 41, 단풍나무속(*Acer*) 28, 피나무속(*Tilia*) 12, 물푸레나무속(*Fraxinus*) 3, 개암나무속(*Corylus*) 6, 으아리속(*Clematis*) 20, 수국속(*Hydrangea*) 9, 조팝나무속(*Spiraea*) 12, 장미속(*Rosa*) 10, 사딸기속(*Rubus*) 25, 싸리속(*Lespedeza*) 14, 화살나무속(*Euonymus*) 15, 진달래속(*Rhododendron*) 18, 산앵두나무속(*Vaccinium*) 7, 수수꽃다리속(*Syringa*) 14, 인동속(*Lonicera*) 21 – 초오속(*Aconitum*) 25, 바람꽃속(*Anemone*) 13, 현호색속(*Corydalis*) 19, 미나리아재비속(*Ranunculus*) 14, 제비꽃속(*Viola*) 44, 쥐손이(*Geranium*)* 20, 양지꽃속(*Potentilla*) 30, 갈퀴속(*Vicia*) 29, 개불알풀속(*Veronica*) 23, 참취속(*Aster*) 24, 국화속(*Chrysanthemum*) 14, 방망이속(*Senecio*) 11, 부추속(*Allium*) 22, 나리속(*Lilium*) 14, 삼백초속(*Saussurea*) 45 – 꿩의밥속(*Luzula*) 8, 골풀속(*Juncus*) 14, 기장속(*Panicum*) 14, 포아풀속(*Poa*) 15, 방동사니속(*Cyperus*) 12, 사초속(*Carex*) 130, 가래속(*Potamogeton*) 19, 고사리속(*Polypodium*)* 19, 석송속(*Lycopodium*) 18.

이러한 상당히 불완전한 속들의 선별은 24개 종을 포함하는 6개의 침엽수속, 거의 모든 활엽수의 225개 종 및 변종을 포함하는 15개의 활엽수속, 171개 종을 포함하는 다른 목본의 12개 속, 347개 종과 변종을 포함하는 15개 속의 초본(草本), 249개의 종과 변종을 포함하는 9개 속의 화본과식물(禾本科植物)과 은화식물(隱花植物)을 포함한다. 그러므로 이와 같은 57개 속만이 한국에 있는 1,016개 이상의 종과 변종을 포함한다. 거의 모든 속들이 일반적인 독일어 명칭으로 표현될 수 있는 것으로 보아 이들이 중유럽에서 얼마나 깊게 뿌리를 내렸는가를 보여 준다.

그러나 이외에도 독일에 없는 수많은 속들이 있기 때문에 이들에 대하여는 기껏해야 독일어화된 명칭만이 있다. 특히 빈번하게 출현하는 속명을 들자면 다음과 같다. 개비자나무속(*Cephalotaxus*), 비자나무속(*Torreya*: 침엽수), 왕대속(*Phyllostachys*: 벼과), 조릿대속(*Sasa*), 돌참나무(*Lithocarpus*)*, 푸조나무속(*Aphananthe*), 느티나무속(*Zelkowa*), 뽕나무속(*Morus*), 오미자속(*Schisandra*), 후박나무속(*Machilus*), 국수나무속(*Stephanandra*), 다릅나무속(*Maackia*), 황벽나무속(*Phellodendron*), 초피나무속(*Zanthoxylum*), 굴거리나무속(*Daphniphyllum*), 마가목속(*Micromeles* [*Sorbus*]), 보리수나무속(*Elaeagnus*),

11 역자 주: 속명은 일반적인 독일어 식물명으로 표기가 되어 있으나, 이들 독일어 식물명이 한국의 속명과 일치하지 않아 라틴어 속명을 찾아서 우리말 속명으로 표기하였다. 속명 뒤에 * 표를 한 것은 라틴어로만 표기되어 있고, 우리말로 속명이 없거나 확실하지 않은 것이다.

음나무(*Kalopanax*), 오갈피나무속(*Acanthopanax Eleutherococus*), 두릅나무속(*Aralia*), 생강나무속(*Benzoin* [*Lindera*]), 때죽나무속(*Styrax*), 오동나무속(*Paulownia*). 대나무종을 제외하고 이들 속 중에 한국에서 출현하는 종들은 전부 상관적으로 중요한 역할을 하는 교목 또는 키가 큰 관목이다. 이들은 주로 동아시아의 속들로 이들 중에 상록수의 수가 훨씬 더 많다.

한국은 긴 국경으로 동아시아 대륙과 연결된다. 한국은 빙기 동안에 서쪽으로 동아시아 대륙과 연결되었다. 한국은 빙기 동안에 일본 열도와 매우 좁았거나 사라졌던 넓지 않은 해협으로 분리되었다. 그 결과로 인하여 식물상의 **고유도**(固有度)가 낮다. 이미 빙기 이전에 육지와 분리된 울릉도에서 고유도가 가장 높게 나타난다(p.458 이하). 울릉도는 울릉도의 고유종 중에 육지에는 없는 유일한 한국의 너도밤나무를 정착시켰다. 한반도 상에는 단지 유일한 고유수목속 버들과 친속인 채(새)양버들속(*Chosenia*)이 존재하나 고유**수종**의 수는 적다. 이들 고유수종의 분포는 대체로 좁아서 한국지리에서 그리 중요하지 않다.

그러므로 한국은 만주, 우수리 지역, 중국 북부 또는 일본 열도와 함께 대부분의 식물을 공유하는데, 이들 나라 중의 단 한 나라와 또는 여러 나라 내지 모든 나라와 동시에 공유한다. 한국의 종 중에 61%가 일본에서도 나타난다. 그러나 이 종의 수만으로 일본 식물상과 **한국 식물상과의 근친도**(近親度)가 과다하게 추정되어서는 안 된다. 이들 공유종(共有種)들 중에 매우 많은 종들이 동아시아 대륙에서도 나타난다. 동아시아 대륙과의 근친도는 일본 열도와의 근친도보다 훨씬 더 밀접한데, 그 이유는 한국이 동아시아 대륙과 겨울의 혹한을 공유하기 때문이다.

그러므로 수많은 상관상으로 중요한 식물이 북쪽으로부터 한국으로 들어왔다. 이들 식물이 내한식물(耐寒植物)인 한, 한반도의 해안에서 그 남한계를 갖고 도서에서는 기껏해야 어느 특정 고도대 상에서만 다시 나타난다. 이들에 속하는 수목들이 얼마나 남쪽으로 분포하는가의 순서에 따라서 중요 식물들을 배열하였다. 가장 키가 크고, 널리 분포하는 한국의 나무는 황철나무(*Populus maximowiczii Henry*: 50m까지의 크기), 피나무(달피, *Tilia amurensis* Kom. [*Tilia amurensis* Rupr.]), 동아시아의 코르크나무인 황벽나무(황경피나무, *Phellodendron amurense* Rupr.), 당마가목(*Sorbus amurensis* Koehne), 매우 중요한 단단한 목재를 제공하는 키가 큰 박달나무(*Betula schmidtii* Regel), 한국에 가장 널리 분포하는 참나무, 독일의 떡갈나무와 유사한 키가 매우 큰 나무(신갈나무, *Quercus mongolica* Fisch.), 복장나무(*Acer mandschuricum* Max.)와 복자기(*A. triflorum* Kom.), 매우 키가 큰 들메나무(*Fraxinus mandschurica* Rupr.), 가래나무(*Juglans mandschurica* Max.), 물박달나무(*Betula davurica* Pallas)와 물갬나무(*Alnus sibirica* Fisch [*Alnus hirsuta* var. *sibirica*(Spach) Schneid.]) 및 물오리나무(산오리, *A. hirsuta* Turcz. [A. *hirsuta*(Spach) Rupr.])(별도 16, Nr.7).

이들 내한식물의 반대가 규슈와 혼슈 서부의 다소 먼 남쪽으로부터 한국까지 이르는 추위에 민감한 협온성식물이다. 한반도의 남부나 심지어 제주도에서만 나타나는 이들 수목 중의 일부는 상록수(immergrün=i)이다. 이들 그룹은 다음과 같다. 녹나무(*Cinnamomum camphora* Nees. u. Eberm. [*Cinnamomum camphora* Sieb.], i), 키가 크고, 폭이 넓은 돌참나무(*Lithocarpus cuspidata* Nakai [*Lithocarpus edulis* Nakai], i), 종가시나무(*Quercus glauca* Thunb., i)와 붉가시나무(*Qu. acuta* Thunb., i), 동백나무(*Camellia japonica* L., i): 한반도의 남부와 멀리 떨어진 섬에서 매우 특징적인, 큰 적색 꽃으로 눈에 띄는 나무), 매우 검은 침엽을 갖는 비자나무(*Torreya nucifera* S. et. Z.), 곰솔(*Pinus thunbergii* Parl.), 현란한 주황색을 가진 꽃잎이 없는 화서(花序)로 장식된 개서어나무(*Carpinus tschonoskii* Max.), 왕대속(*Phyllostachys*)과 조릿대속(*Sasa*(i)), 총상화서(總狀花序)로 화려한 흰 종상의 꽃으로 장식된 잎이 큰 때죽나무(*Styrax japonica* S. et. Z.) 및 쪽동백나무(*St. obassia* S. et. Z.), 노란 산형화서를 갖는 서어나무(*Carpinus laxiflora* Blume), 작은 노란 꽃으로 장식된, 기름열매를 생산하는 생강나무(*Benzoin obtusilobum* O. Kuntze [*Lindera obtusiloba* Bl.])(별도 16, Nr. 1–5).

세 번째 그룹은 겨울과 여름을 필요로 하는 광온성(廣溫性, eurythermisch)으로 일본 열도로부터 한국의 저지를 지나 만주까지 이른다. 수많은 야생 벚나무와 야생 배나무가 이에 속하며, 그 수종들은 다음과 같은 종들이 있다. 잔털벗나무(*Prunus serrulata var. pubescens* Wils. [*Prunus serrulata var. pubescens* Nak.])와 산돌배(*Pyrus ussuriensis* Max.), 말오줌나무와 같은 모양의 잎을 가진 붉나무(오배자나무, *Rhus javanica* L. [*Rhus chinensis* Mill]), 떡갈나무(*Quercus dentana* Thunb.), 잎 주변이 심하게 톱니꼴로 된 좁은 잎을 가진 졸참나무(*Qu. serrata* Thunb.), 한국에서 가장 유명한 단풍나무로 작게 갈라진 잎이 가을에 붉고 노랗게 물드는 좁은단풍(*Acer pseudo-sieboldianum* Kom. var. *coreanum Nakai*), 키가 큰 물푸레나무(*Fraxinus rhynchophylla* Hance)와 가장 흔한 나무인 소나무(*Pinus densiflora* S. et Z). 소나무는 잎이 두 개씩 달린 얇고, 긴 침엽을 갖고, 동아시아의 화가들이 즐겨 화폭에 옮기는 우산 형태를 때때로 갖는다. 이 나무의 상부수목한계선은 400m에서 1,150m에 위치한다(별도 16, Nr.6).

끝으로 온량의 요구는 적으나 고온과 높은 건조함을 견디지 못하여 지형이 복잡한 한국의 상층지대에만 나타나는 한 수목 그룹이 지리적으로 중요하다. 따라서 이 수목들의 분포는 한국의 어디서나 하부 경계와 상부 경계를 갖고, 각종의 고도한계는 상이하다. 약 600~1,500m의 고도에 이르는 단풍나무 종들인 산겨릅나무(*A. tegmentosum* Max.), 부게꽃나무(*A. ukurunduense* Trautv. et Meyer)와 청시닥나무(*A. barbinerve* Max.)가 이들 수종에 속한다. 널리 돌출해 있고 가지 간의 간격이 넓으며, 넓은 가시모양의 담녹색의 침엽을 가진 젓나무(*Abies holophylla* Max.)의 한계선은 더 낮다. 이 수종은 사찰의 입구에 일렬로 심어질 정도로 불교 신도들이 좋아하는 나무이다. **잣나무**(*Pinus koraiensis* S. et Z.)는 남부의 가지산(加智山)에서 북부의 백두산까지 1,200m에서 700m로 하강하는 하부 한계선을 갖는 반면에(488), 상부 한계선은 남부에서 약 1,900m(지리산)에, 북부에서 1,600~1,700m(관모봉)에 위치한다. 이 큰 나무는 다섯 갈래의 긴 청록색 침엽('청송'[12])과 너도밤나무 열매 크기의 먹을 수 있는 종자를 갖는다('잣나무'). 그 표피는 암갈색이다. 화려한 흰 줄기를 가진 **분비나무**(*Abies nephrolepis* Max: 넓고, 끝이 갈라진 침엽을 가진)는 대체로 잣나무와 같은 하부 한계선을 가지나 상부 한계선은 이보다 좀 더 높다. 맹부산(猛扶山)에서 2,050m 고도까지 분비나무가 나타난다. 이와 같은 현상은 빈번히 독일 Weißtanne(*Abies alba*)와 군락을 이루는 작은 침엽을 가진 **가문비나무**(*Picea jezoensis* Carr.)와 종비나무(*P. koraiensis* Nakai)의 한계선에도 적용된다. 한국에서 유일한 **주목속**인 주목(*Taxus cuspidata* S. et Z.)은 독일의 주목과 대조적으로 위험이 없이 먹을 수 있는 적색의 단 열매로 10월에 장식된다. 이 수종의 하부 한계선은 35°30′N 이하에서는 1,400m에 위치하고, 40°30′N에서 700m에 위치하며, 울릉도에서는 심지어 해수면까지 하강한다. 제주도의 화산에서는 이 한계선이 기형적인 예로 거의 분화구(1,950m)까지 상승한다. **잎갈나무**(이깔나무, *Larix davurica* Turcz. v. *coreana* Nakai [*Larix gmelini var. principisruprechtii* (Mayr) Pilger])는 한국에서 가장 높은 고도까지 이르는 침엽수이다. 잎갈나무는 백두산에서 약 1,950m의 고도의 수목한계선을 갖고, 관모봉의 남사면에서는 2,200m까지의 고도에서 나타난다. 백두산을 제외한 북부 지방의 산지에서 흰 줄기를 가진 **사스래나무**(*Betula ermani* Cham.)가 침엽수(針葉樹) 위에 다른 100m 범위를 포함하는 지대를 이루는 수목한계선이 형성된다. 사스래나무는 관모봉의 남사면에서는 2,300m까지 이른다. 끝으로 북부 지방과 중부 지방의 결정질 암석의 정상에 눈잣나무(*Pinus pumila* Regel)로 이루어진, 위쪽으로 왜소한 관목으로 된 가장 높은 고도의 아고산 식물군락으로 이어지는 **왜송 지역**(矮松地域, Latschenregion)이 나타난다(별도 16, Nr.8과 9).

북쪽으로부터 한국으로 연장되는 첫 번째 그룹의 많은 수종들과 단지 높은 고도에만 분포하는 여러 수종들은 Wilson(497)에 의하면 남쪽과 고도가 낮은 곳으로 돌출하는 경향이 있다(northern aggressive types). 사시나무(*Populus tremula* L. v. *davidiana* Schneid. [*Populus davidiana* Dode]), 물오리나무(산오리, *Alnus hirsuta*), 물박달나무(*Betula davurica*), 사스래나무(*B. ermani*), 눈잣나무(*Pinus pumila*), 분비나무(*Abies nephrolepis*) 및 가문비나무(*Picea jezoensis*)와 종비나무(*P. koraiensis*)가 이들 수종에 속한다. 북쪽과 고도가 높은 곳으로 돌출하려는 그에 상응하는 수종들('southern aggressive

---

12 역자 주: 이창복(1989, 61)은 "재질이 좋으며, 심재가 연한 홍색이므로 홍송이라고도 한다."라고 기술하고 있어 라우텐자흐가 언급한 '청송'이 무슨 의미인지 분명하지 않다.

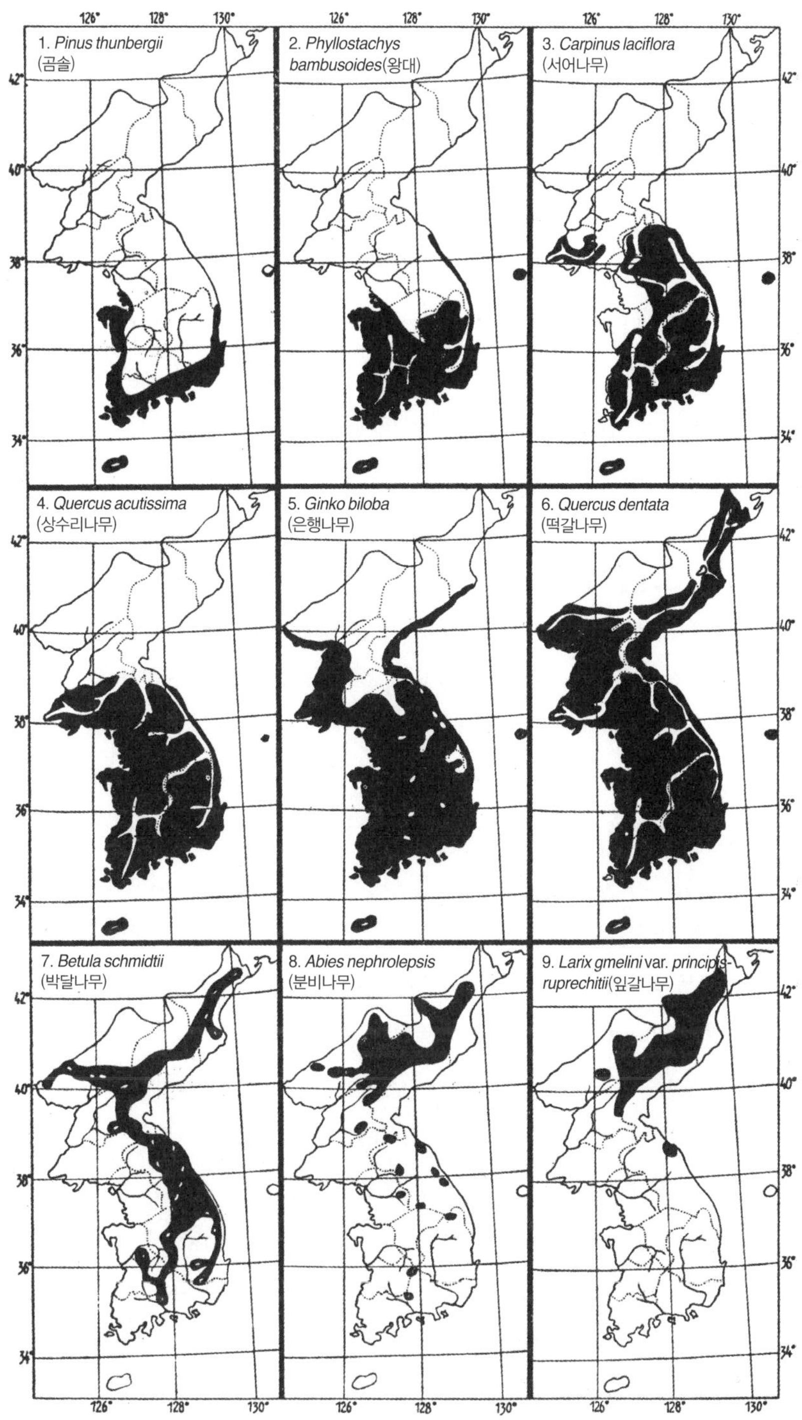

[별도 16] 한국 식물의 분포 유형의 사례(488과 638에 의함)

types')은 다음과 같다. 소나무(*Pinus densiflora*), 서어나무(*Carpinus laxiflora*)와 물푸레나무(*Fraxinus rhynchophylla*). 이들 수종들 사이에 남아 있는 수종들이 있다('types in posession'). 젓나무(*Abies holophylla*), 잣나무(*Pinus koraiensis*), 박달나무(*Betula schmidtii*), 당단풍(*Acer pseudo-sieboldianum*)과 복장나무(A. *mandschuricum*), 산돌배(*Pyrus ussuriensis*)와 개살구(*Prunus mandschurica* Koehne [*Prunus mandschurica* var. *glabra* Nakai]). 그러므로 한국의 식물상은 천천히 변화하고 있다.

한국의 원시 경관 상태는 다분히 순수 삼림 지역이었을 것이다(14). 이러한 결론을 이해시킬 수 있는 여러 이유들은 제1부에서 언급하였다(p.49, p.56). 단지 활동 중인 사구(砂丘)와 하천의 범람원만이 원래 삼림지가 아니었고, 수목한계선 위에 솟아 있는 제한된 좁은 지역이 이에 추가된다.

한국의 **현재 삼림 지역**은 161,670km²(1938년)로 나타난다. 이것은 전 국토 면적의 73%이다. 그러나 이 면적의 1/3만을 식물지리학적인 관점으로 삼림이라 할 수 있다. 삼림지를 일부 이용 가능한 초안(草案)으로 표시한 지도 4에는 키가 큰 나무가 차지하는 삼림 면적이 크게 나타나 있으나, 북부와 중부의 산맥이 나머지 삼림 지역의 대부분을 차지한다는 중요한 사실이 명확하게 제시된다. 남부 지방에서 지리산, 한라산과 같이 고도가 높고 경사가 급한 산지에만 여전히 삼림이 무성하다. 고도가 높은 모든 지역과 한국의 다른 대부분 지역에 있는 1,336개의 사찰 경내에 아직까지 다소 잘 보존된 삼림의 잔재가 남아 있다. 이들 사찰의 존속은 4세기까지 소급된다(p.59). 한국의 왕들은 대체로 사찰 주변의 삼림을 사찰이 소유하도록 하였다. 사찰들은 토지와 목재를 필요로 하는 주민들이 사찰 경내의 삼림을 파괴하는 것을 막을 수 있는 저지력을 가졌다. 왕들 역시 삼림을 보호하는 조치를 취하였다. 이러한 조치는 특히 서울과 개성 근교의 왕릉 주변에 대하여 좋은 결과를 가져왔다. 따라서 전체적으로 한국의 원시 경관 삼림을 식물상과 식물사회학적 특징으로 복원하기 위한 충분한 근거가 남아 있다. 이에 대한 매우 훌륭한 보조물로 조선총독부의 식생도(t)가 있다. T. Nakai의 수십 년간에 걸친 지칠 줄 모르는 연구결과의 많은 부분(480-484)과 식물조사 및 생태학적인 요구를 기초로 한 이 식생도는 128종의 목본식물과 대나무종의 분포 가능 지역을 제시한다. 이 조선총독부의 식생도와 저자 자신의 조사를 기초로 별도 17의 **식물군계분포도**(Verteilung der Pflanzenformation)를 작성하였다.

반도와 인접한 섬들을 포함한 한반도의 최남단과 육지에서 멀리 떨어진 섬들인 울릉도와 제주도의 고도가 낮은 지역들은 **주로 상록활엽수 지역**을 이룬다. 이 식물군계에 관하여는 제3부에서 상세히 다룰 것이다(p.512 이하). 이 식물군계는 제주도에서 400m까지, 육지에서 300m까지, 울릉도에서는 단지 200m 고도까지 이른다.

이보다 고도가 높은 지역과 이들 지역의 북쪽에서 **하록혼합림지대**(夏綠混合林地帶)가 시작된다. 하록혼합림지대가 월등하게 한국의 대부분 지역을 점유한다. 하록혼합림은 고도가 낮은 지역에서는 심지어 그 북한계선을 넘고, 위로는 높은 고도에서야 비로소 주로 침엽수림에 의하여 대체된다. 이 혼합림은 위에서 특징지은 매우 많은 수의 종들을 포함한다. 서울의 북동쪽에 위치한 최대 10km의 길이와 5km의 폭을 갖고, 50m에서 600m까지의 고도에 이르는 광릉(光陵)의 삼림에 관한 훌륭한 세부연구(p.401 이하와 참고문헌 Nr.826)에는 649종의 식물이 수록되었다. 50m 고도 이하에는 71개의 수종이 있다. 사람의 손이 닿지 않은 한국의 원시림에서 고도가 낮은 지역에는 낙엽활엽수가 월등하게 지배적이다. 위쪽으로 침엽수의 비율이 점진적으로 증가한다. 건조한 남사면에서 침엽수가 때때로 고도가 낮은 지역에서도 우선적으로 나타나는 반면, 북사면에서는 때때로 활엽수만이 지배적이다.

중유럽과 대조적으로 후자 중에는 **화려한 꽃**들로 구별되는 많은 종들이 있다. 이른 봄에 서어나무종들은 수많은 주황색, 갈색, 황록색으로 물든 꽃잎이 없는 화서로 만개한다. 그 후 곧바로 야생사과나무종, 야생벚나무종과 야생배나무종이 흰색, 분홍색과 적색으로 핀다. 개살구(*Prunus mandschurica* [*Prunus mandschurica* var. *glabra* Nakai]), 잔털벚나무(*Pr. serrulata* var. *pubescens*), 산돌배(*Pyrus ussuriensis*)와 털야광나무(*Malus baccata* Borkh. var. *mandschurica* Schneid.)의 꽃이 특히 화려하다. 한여름에는 웅대한 쇠물푸레(*Fraxinus sieboldiana* Bl.)와 같은 물푸레나무종과 마가목(*Sorbus commixta* Hedl.)과 점쉬땅나무(*Sorbaria stelliopila* Schneid[13] [*Sorbaria sorbifolia* var. *stellipila* Max. for. *glandulosa* T. Lee])와 같은 마가목속 및 다릅나무(*Maackia amurensis* Rupr. et Max.)와 음나무(*Kalopanax ricinifolium* Miquel[14] [*Kalopanax pictus*(Thunb.) Nakai])의 크고 흰 산형화가 만개한다. 꽃이 큰 피나무(*Tilia amurensis*)와 찰피나무(*T. mandschurica*)는 향기가 좋다.

때때로 마취성의 방향(芳香)을 내는 많은 수의 **관목**으로 꽃의 다양성이 커진다. 이에 속하는 것으로는 독일의 라일락과 유사한 고광나무종들, 수많은 까치밥나무종, 남부 지방의 치자나무(*Gardenia jasminoides* Ellis[15] [*Gardenia jasminoides* for. grandiflora Makino]), 좀병꽃(*Weigela florida* S. u. Z.[16] [*Weigela florida*(Bunge) A. DC. for. *brevicalycina* Uyeki])과 병꽃나무(*W. subsessilis* Nakai [*W. subsessilis* L. H. Bai-

---

13 역자 주: 정태현의 『조선삼림식물도설』에는 *Sorbaria stellipila* Schneid. var. *glandulosa* Nakai로 나타나 있다.

14 역자 주: 라우텐자흐가 원저에 표기한 이 학명은 정태현의 『조선삼림식물도설』에서도 찾을 수가 없어서 '음나무'의 학명을 대괄호 안에 표기하였다.

15 역자 주: 정태현은 *Gardenia jasminoides* Ellis var. *grandiflora* Nakai로 표기하고 있다.

16 역자 주: 정태현은 *Weigela florida* Sieb. & Zucc. f. *brevicalycina* Nakai로 표기하고 있다.

ley]), 장미, 흰색에서 보라색까지 꽃피는 싸리종, 현란한 분홍색, 적색과 보라색 꽃을 가진 진달래속, 목련, 말오줌나무, 두 가지 때죽나무종, 생강나무 등이다.

눈에 띄게 꽃피는 관목으로는 때때로 원시림의 통과를 어렵게 하는 수많은 목본 **덩굴식물**이 추가된다. 이에 속하는 것으로 개화기에 좋은 방향(芳香)을 내는 12cm 크기의 큰 별모양의 꽃이 피는 큰꽃으아리(*Clematis patens* Morr. et Decne.)와 같은 많은 덩굴종들, 이들 중에 향기로운 방향을 내며, 백색에서 점차로 황색을 갖는 꽃이 피는 인동(*Lonicera japonica* Thunb.), 보라색 접형화(蝶形花)로서 수직 20cm 길이의 이삭을 갖는 칡(*Pueraria hirsuta* Mats. [*Peuraria thunbergiana* Benth.]) 등이 있다. 다른 덩굴식물은 이들의 선명하게 물든 열매를 통하여 좀 더 눈에 띈다. 이들 식물로는 늦가을에 벚꽃색의 둥근 장과(漿果)가 열리는 매우 흔한 청미래덩굴(*Smilax china* L.), 가을과 초겨울에 많은 노란 열매가 달린 노박덩굴(*Celastrus orbiculatus* Thunb.), 황록색의 식용열매를 갖는 다래(*Actinidia arguta* Planch.)와 북부 지방에 매우 흔한 맛있는 보라빛의 흑색 열매를 맺는 왕머루(*Vitis amurensis* Rupr.) 등이다.

특히 높은 고도에서 흔한 덩굴식물인 미역줄나무(*Tripterygium regelii* Sprague et Takeda)는 늦여름에 매우 흰 꽃의 원추화서(圓錐花序)를 피우고, 흰색에서 후에 분홍색으로 변하는 수포 형태의 과실(翅果)이 열린다. 덩굴식물 쥐다래(*Actinidia kolomikta* Rupr. [*Actinidia kolomikta*(Max. et Rupr.) Max.]) 는 완전히 또는 부분적인 흰색의 잎을 가져서 한국 사람들은 '산설(山雪, Bergschnee)'[17]이라고 부른다. 이 흰색은 가을에 분홍색 또는 적색으로 바뀐다. 주로 바위를 타고 올라가는 독일의 '왕머루(Wilden Wein Rebe)'와 근친인 개머루(*Ampelopsis brevipedunculata* Koehne [*Ampelopsis heterophylla S.* et Z.])의 잎은 가을에 불빛과 같은 색으로 변한다. 한국 혼합림의 덩굴식물 중에 유럽산 송악속(*Hedera*, 독: Efeu)은 없다. 한국에는 상록의 남부 해안 지역에만 제한되는 단지 유일한 송악종인 송악(*Hedera Tobleri* Nakai [*Hedera rhombea* Bean])이 있다. 그러나 겨우살이속(*Viscum*)과 *Loranthus*의 기생 겨우살이는 혼합림의 나무에 흔하고, 상록의 특성 때문에 겨울에 이 지역에서도 특히 눈에 띈다. 그러나 그 꽃과 장과는 눈에 띄지 않는다.

하록혼합림 활엽수의 폭넓은 수관(樹冠)은 지상에서 40m 이상까지 솟아 있다. 이 수관은 대개 계단식으로 배열되어 있다. 이 활엽수 아래에 크고 작은 관목의 좀 더 낮은 층이 이어지고, 봄에 다양한 색으로 꽃피는 초본류가 지면을 덮는다. 지표식물(地表植物)로는 예를 들어, 짙은 홍자색 꽃이 피는 물봉선(*Impatiens textori* Miq.)의 봉선화속과 같은 뚜렷한 음지식물(陰地植物)이 있

17 역자 주: 정태현과 이창복의 문헌에서 '산설'이라는 명칭은 찾을 수가 없어서 라우텐자흐가 어디서 이 명칭을 들었는지 알 수 없다.

다. 한국 꽃들의 다양한 형태와 색채는 원래 크기의 150장의 천연색 수채화로 나타낸 L. Heddleston Crane의 훌륭한 저서에서 인상 깊게 묘사되어 있다(501). 잎의 색채는 봄에 엷은 녹색에서 짙은 녹색으로의 색조를 이룬다. 다양한 형태와 색채는 하나하나 흩어진 침엽수로 인하여 증대된다. 전체적으로 이러한 삼림은 여름철 열대기후에 상응하는 큰 효력과 무성함을 나타낸다. 이는 특히 1년생 초목이 때때로 4m의 크기에 이르고, 한 여름에 자란 잎들이 매우 큰 것에서도 확인할 수 있다. 잎이 특히 큰 목본식물들은 떡갈나무(*Quercus dentata*), 갈참나무(*Qu. aliena* Blume)와 신갈나무(*Qu. mongolica*), 찰피나무(*Tilia mandschurica* Rupr. et Max), 참오동(*Paulownia tomentosa* Koch [*Paulownia tomentosa*(Thunb.) Steud.]), 덩굴식물인 칡(*Pueraria hirsuta* [*Pueraria thunbergiana* Benth.]), 함박꽃나무(*Magnolia parviflora* S. et Z. [*Magnolia sieboldii* K. Koch]) 및 물황철나무(*Populus suabeolens* Fisch. [*Populus koreana* Rehder])이다. 저자는 칡 중에서 25×25cm의 잎과 떡갈나무 중에서 17×35cm의 잎을 수집하였다. 한국에서 성장하는 잎들 중에서 가장 큰 것은 북부 지방에만 나타나는 잎의 크기가 작은 책상의 크기에 이르는 초본인 개병풍(*Rodgerisia tabularis*)이다. 하록혼합림의 구성과 외관에 관한 지역적인 특성은 제3부의 각 단원에서 기술하겠다.

이러한 삼림의 활엽수와 활엽관목의 대부분은 고요한 가을에 중유럽의 다양함 및 영향력과는 동일하게 비교할 수 없고, 기껏해야 북아메리카의 중부와 비교될 수 있는 동아시아의 어느 곳에서나 유명한 아름다운 단풍이 든다. 이 단풍은 남부와 고도가 낮은 지역에서보다는 북부와 고도가 높은 지역에서 먼저 시작되어 9월 말에서 11월 초까지 남쪽으로 진행된다. 색채의 변화는 여름의 녹색으로부터 녹황색, 짙은 황색, 베이지색, 황갈색을 띠다가 낙엽이 질 때에 짙은 갈색으로 변한다. 이러한 색채의 변화에 속하는 식물로는 예를 들어 피나무(*Tilia amurensis*)와 같은 피나무속, 느릅나무(*Ulmus japonica* Sarg. [*Ulmus davidiana* Planch. var. *japonica* Nak.])와 같은 느릅나무속, *Salix integra* Thunb. 개키버들([*Salix purpurea var multinervis* (Fr. et Sav.)])와 같은 버드나무속, 까치박달(*Carpinus erosa* Blume [*Carpinus cordata* Bl.])와 같은 서어나무속, 박달나무(*Betula schmidtii* Regel.)와 금강개박달(*B. chinensis* Max. var. *lancifolia* Nakai)와 같은 자작나무과가 있다. 두 번째의 색채 변화는 녹색에서 분홍색으로 때때로 같은 잎이 잠시 동안 두 색을 공유하고, 주홍색, 심홍색, 붉은 포도색, 적갈색과 끝으로 밤색과 갈색으로 된다. 이러한 변화를 하는 것으로 가장 잘 알려진 것은 좁은단풍[17](*Acer pseudo-sieboldianum* var. *coreanum* [*Acer pseudo-sieboldianum* (Paxton) Kom. var. *koreanum* Nak.])이다. 시닥나무(*Acer tschonoskii* Max. v. *rubripes* Kom. [*Acer tschonoskii* var. *rubripes* Kom.]), 고로쇠나무(*A. mono* Max), 왕고로쇠(*A. mono* var. *savatieri* Nak.)와 신나무(*A. ginnala* Max.)와 같은 수많은 다른 단풍나무속이 이러한 색채 변화를 하는 나무에 속한다. 그 빈도로 인하여 산지 사면의 가을 색채에서 특히 큰 비중을 차지하는 참나무와 차빛귀룽(*Prunus padus* L. var. *rufo-ferruginea* Nakai), 화살나무(*Euonymus alatus* Sieb. [*Euonymus alatus*(Thunb.) Sieb.])와 개옻나무(*Rhus trichocarpa* Miq.)가 이에 추가된다. 적갈색 줄기를 갖는 산딸기(*Rubus crataegifolius* Bunge.)와 같은 관목도 이러한 색채 변화를 하는 수종에 속한다. 생열귀나무[18]와 같은 여러 종들은 단지 잎의 아랫면에만 단풍이 든다.[19]

한국의 고도가 낮은 모든 지역에서 이러한 원시림은 빈번히 단일종의 **소나무 숲**으로 대체되었다. 이러한 소나무 숲은 상록수지대에서도 무수히 나타난다. 소나무 숲은 많은 경우에 다소 손상되지 않고 보존된 혼합림과 공간적으로 밀접한 관련성을 갖고 이러한 지역에서 모든 점이 단계가 추적될 수 있다. 이러한 현상은 한국인들이 다른 나무들을 벌목함으로써 나타났다. 다른 소나무 숲은 한국의 왕조 시기에 과거에 벌채된 지역에 새로 식목된 것이다(p.64). 1789~1803년에 수원 주변의 군들에 550만 그루의 묘목을 심었다(605, p.182). 소나무는 400~500년간 성장하기 때문에 이와 같은 역사적 행위는 좀 더 과거로 소급될 수 있다. 다른 소나무는 산불로 개간된 후 방치된 토양 위에서 반자연발생적으로 성장하였다. 가장 최근의 소나무 숲은 지난 세대에야 비로소 제4부에서 다루어질 일본 산림청의 식목사업으로 조성되었다(p.587 이하). 이러한 많은 소림(疎林)은 지면에 무성하게 꽃이 핀 관목을 갖고 있다. 그러나 주민들이 마지막의 작은 식물까지도 긁어서 지속적으로 낙엽을 이용하기 때문에 대부분의 삼림에서 토양은 척박하다. 이 유일한 수종은 때때로 솔나방과의 한 종인 솔나방(*Dendrolimus speotabilis*)으로 인하여 크게 손상되었다. 이 소나무의 얇은 솔잎은 믿을 수 없을 정도의 짧은 시간에 소멸된다. 이 솔나방이 자신보다 더 긴 완전히 성장한 솔잎을 1분 30초만에 완전히 먹어 치우는 것을 저자가 확인하였다. 이렇게 병든 곰솔 숲은 창백한 녹색으로 고사한다. 이와 대조적으로 남부 지방의 해안 지역에만 나타나는 곰솔 숲은 솔잎이 두껍고 단단하기 때문에 거의 피해를 입지 않는다. 그러므로 이 지역에서는 소나무들 사이에 곰솔을 심어 보호지대를 만든다. 잣나무와 젓나무는 어느 곳에서도 단일종의 숲을 이루지는 못하나 하록삼림에 비교적 흔하게 산포되어 있다.

특수한 종 구성을 이룬 **식물군락**(植物群落, Ortsverein)은 곡저(谷底)에서 나타난다. 물론 남부 지방에서 곡저가 자갈과 모래로 채워져 있지 않는 한 현재에 곡저는 논밭으로 이루어져 있다. 그

---

18 역자 주: 라우텐자흐는 Daurische Rose라고 칭하였는데, 아마도 이것은 *Rosa davurica* Pall.를 독일어로 표현한 것 같아서 '생열귀나무'로 번역하였다.

19 역자 주: 정태현은 '조선단풍'이라 명명하였다.

러나 북부 지방에서는 이러한 식물군락이 특히 고도가 높은 곳에 많이 존재한다. 이 지역의 어느 곳에도 자연적인 목초지는 없다. 더욱이 홍수 수위 이외의 곡저는 위에서 언급한 전요식물(纏繞植物: 담장이, 칡 무리)이 특히 흔한 무성하게 우거진 삼림으로 덮여 있다. 이 **강변 저지의 삼림**[20]은 주변 사면에 없거나 드문, 높은 지하 수위를 선호하는 일정한 수종으로 그 특수한 특성을 갖는다. 이에 속하는 것으로 잎의 아랫면이 은빛으로 빛나는 갯버들(*Salix gracilistyla* Miq.), 채(새)양버들(*Chosenia bracteosa* Nakai), 느릅나무(*Ulmus davidiana* Planch. var. *japonica* Nak.)와 왕느릅나무(*U. macrocarpa* Hance) 및 물황철나무(*Populus suaveolens* [*Populus koreana*])가 있다. 그러나 갯버들, 오리나무와 버드나무가 중유럽과 같은 정도로 강변 저지의 삼림에 제한되지 않는다는 사실이 강조되어야 한다. 이들 종 중의 많은 종들이 사면의 숲에서도 마찬가지로 나타난다.

동해안과 제주도의 일부 제한된 **사구**에서 특별한 유형의 식물군락이 나타난다. 그 요소가 독일의 사구 식생과 유사한 특성을 가진 키가 작은 식물군락이 사구 위를 덮고 있다. 제주도에서 1차 천이(遷移)는 단지 순비기나무(*Vitex rotundifolia* L. fil.)로만 이루어져 있고, 2차 천이는 동일한 순비기나무속에 속하는 종, 긴 뿌리가 비활동 중인 사구 위에 퍼져 있는 찔레꽃(*Rosa polyantha* S. et Z. [*Rosa multifoora* Thunb.])과 한 개의 국화과(Aster)의 종으로 이루어져 있다.

자연하록혼합림의 매우 넓은 분포 지역은 남쪽으로부터 북쪽으로, 그리고 낮은 고도에서 높은 고도로 그 특성이 변화하나, 현재까지도 생태학적·식물사회학적 관점으로 분류를 할 수 없다. 잠정적으로 식물상의 관점에 의한 분류로 만족해야만 한다. Uyeki는 이러한 분류를 시작하였다(490-492). 여기서 그의 제안을 식생지리도(t)와 저자의 수집을 근거로 수정하였다. 별도 17은 **식생지리 구분도**이다. **네 개 지역**으로 구분되는데, 각 지역은 남쪽에서 고도대(高度帶)별로 시작된다. 첫 번째 세 개 지역은 북쪽으로 갈수록 낮은 고도로 내려와서 해안까지 이른다. 이들 세 개 지역은 동해안에서 서해안보다 좀 더 북쪽에 이른다. 네 번째 지역은 단지 침엽수림이 지배적인 고도대에서만 뚜렷하게 나타나고, 한국 내에서는 해안에 이르지 않는다.

네 개 지역의 분포는 물론 기후에 따라 결정되고, 제2장에서 설명한 기본 특성과 일치한다. 남부에는 규슈에서 건너온 식물종이 지배적이고, 북부에는 만주와 우수리 지역에서 넘어온 식물종이 좀 더 현저하다. 첫 번째 지역은 **대나무지대**(Bambusstufe)라 불렀는데, 그 이유는 이 지역에서 야생 대나무종이 전 분포 지역을 독점하지는 않으나 가장 빈번히 출현하기 때문이다. 대나무지대는 북쪽으로 동해안에서 38°N, 서해안에서는 37°N까지 이른다. 내륙 지역에서는 산

---

20 역자 주: 원전에는 Auwald(Aue=하중도, Wald=삼림)라고 표기되어 있으나 Dege는 bottomland forest라고 번역하였다. 본 번역서에서는 Dege의 번역본을 참고로 하여 '강변 저지의 삼림'이라고 번역하였다.

맥의 영향으로 인하여 훨씬 남쪽으로 후퇴한다. 많은 비특징적인 종들 외에 다음과 같은 수종과 관목이 이 지대에서 중요하다. 곰솔(*Pinus thunbergii*), 비자나무(*Torreya nucifera*), 눈개비자나무(*Cephalotaxus drupacea* S. et Z.[21] [*Cephalotaxus koreana* Nakai var. nana Nakai]), 개서어나무(*Carpinus tschonoskii* Max.), 초피나무(*Zanthoxyllum piperitum* D. C. [*Zanthoxyllum piperitum* A.P. DC.)와 개산초(*Z. planispinum* S. et Z.), 푸조나무(*Aphanante aspera* Planch.), 단풍나무(*Acer palmatum* Thunb. var. *coreanum* Nakai [*Acer palmatum* Thunb.]), 참가시나무(*Quercus stenophylla* Makino. [*Quercus salicina* Bl.]). 같은 종들은 남쪽과 고도가 낮은 지역으로 이어지는 상록수지대에서도 나타난다. 그에 상응하게 다음 지역에서 특징적인 식물은 대체로 대나무지대에서도 나타나므로 대나무지대에서는 그 수가 적다.

다음 지역은 때죽나무속에 속하는 두 종인 때죽나무(*Styrax japonica*)와 쪽동백나무(*St. obassia*)에 따라 **때죽나무지대**(Styraxstufe)라 명명하였다. 이 지대는 동해안에서 40°N까지 북쪽에 이르나, 서해안에서는 39°N에 조금 미치지 못한다. 반면에 내륙 지역에서는 지리산까지 후퇴한다. 이 두 때죽나무속에 속하는 종 이외에 이 지대에 특징적인 수종은 다음과 같다. 서어나무(*Carpinus laxiflora*), 상수리나무(*Quercus acutissima* Carruth.), 졸참나무(*Qu. serrata*), 떡갈나무(*Qu. dentata*), 느티나무(*Zelkowa serrata* Makino), 좀돌배나무(*Pyrus faurei* Schneid.)[22], 생강나무(*Benzoin obtusilobum* [*Lindera obtusiloba* Bl.], 참느릅나무(*Ulmus sieboldii* Dav. v. *coreana* Nakai [*Ulmus parvifolia* Jacq.])[23], 음나무(*Kalopanax pictum* Nakai [*Kalopanax pictus*(Thunb.) Nakai]).

세 번째 지역은 **참나무지대**(Eichenstufe)라고 명명하였는데, 그 이유는 이 지대의 원시림에서 참나무 개체 수가 가장 빈번하게 출현하기 때문이다. 북부 지방에는 참나무의 상부한계선이 약 1,100m, 남부 지방에서는 1,400m에서 1,500m까지에 위치한다. 남부 지방에서 참나무지대는 높은 산지 주변에 대상(帶狀)으로만 발달하였다. 대체로 소백산맥의 중부로부터 북쪽으로 참나무지대는 산지에서는 더 이상 단절되지 않는다. 함경북도와 평안남·북도에서 참나무지대는 어느 지역에서나 해안까지 하강한다. 이 지대에서 특징적인 것으로 간주될 수 있는 수종은 다음과 같다. 신갈나무(*Quercus mongolica*), 굴참나무(*Qu. variabilis* Blume), 향나무(*Juniperus chinensis* L.), 가래나무(*Juglans mandschurica*), 물푸레나무(*Fraxinus rhynchophylla*), 들메나무(*Fr. mandschurica*), 까치박달(*Carpinus erosa* [*Carpinus cordata* Bl.]), 두릅나무(*Aralia elata* Seem.), 산돌배(*Pyrus ussuriensis*), 찰피나무(*Tilia*

---

21 역자 주: 정태현은 *Cephalotaxus drupacea* Sieb. & Zucc. var. *nana* Nakai로 학명을 표기하였다.

22 역자 주: 정태현은 '좀돌배나무'라고 칭하였으나, 이창복의 도감에는 '돌배나무'(*Pyrus pyrifolia*)만이 수록되어 있고, 유사한 학명 *Pyrus calleryana* var. *fauriei*(Schneid.) Rehder는 '콩배나무'이다.

23 역자 주: 라우텐자흐가 표기한 학명으로는 어느 느릅나무종인지 알 수 없다.

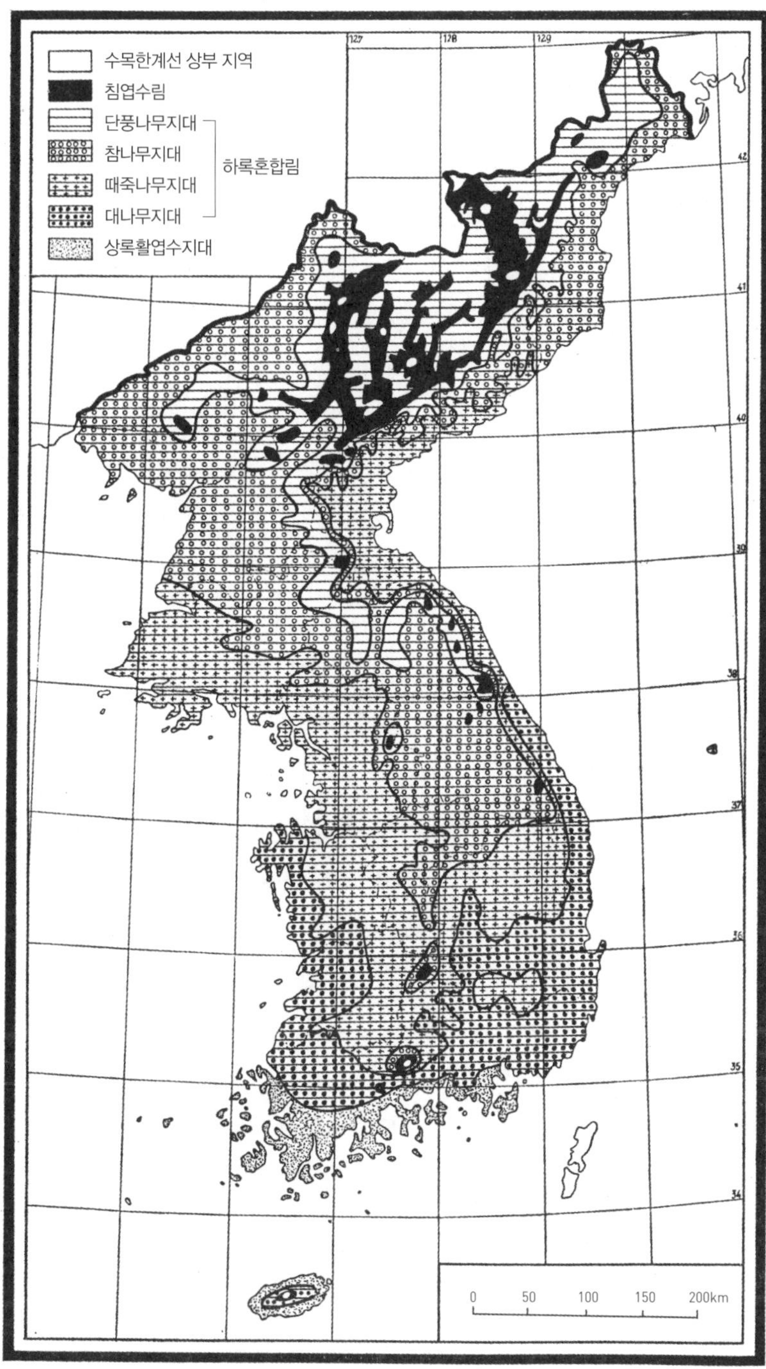

수목한계선 상부 지역
침엽수림
단풍나무지대
참나무지대
때죽나무지대
대나무지대
하록혼합림
상록활엽수지대
0 50 100 150 200km

[별도 17] 식물지리 구분

mandschurica), 물박달나무(*Betula davurica*), 박달나무(*B. schmidtii*), 좁은단풍(*Acer pseudo-sieboldianum* var. *koreanum*), 털야광나무(*Malus baccata* var. *mandschurica*), 황벽나무(황경피나무, *Phellodendron amurense*).

하록혼합림의 상부지대는 **단풍나무지대**(Ahornstufe)라 명명되었는데, 그 이유는 이 지대에서 적색 줄기의 시닥나무(*Acer tschonoskii* var. rubripes), 산겨릅나무(*A. tegmentosum* Max.), 부게꽃나무(*A. ukurunduense*), 복장나무(*A. mandschuricum* Max.), 청시닥나무(*A. barbinerve*), 고로쇠나무(*A. mono*) 및 왕고로쇠(*A. mono* var. *savatieri*)가 대표되는 수종이기 때문이다. 이에 당마가목(*Sorbus amurensis*), 청쉬땅나무(*Sorbaria stellipila* [*Sorbaria sorbifolia* var. *stellipila* Max.]), 피나무(달피, *Tilia amurensis*), 귀룽나무(*Prunus padus*), 개벚지나무(*Pr. maackii Rupr.*), 거제수나무(*Betula costata* Trautv.)와 짝짝에나무(*Syringa robusta* Nakai [*Syringa wolfi* Schneid. var. *hirsuta* Hatus])가 추가된다. 그 밖에 송백과(松栢科)나무, 특히 잣나무 및 젓나무와 가문비나무가 빈번히 나타난다. 남부 지방에는 단풍나무지대가 없는데, 그 이유는 이 지역에서 참나무가 침엽수림지대의 하부한계선까지 이르기 때문이다. 단풍나무지대는 낭림산맥과 관모봉산맥(함경산맥) 및 개마고원에 가장 널리 분포한다. 개마고원에서 이 고도대의 원시림은 물론 크게 파괴되었다.

혼합림에서 **주로 침엽수림**으로의 변화는 대체로 매우 점진적으로 일어나기 때문에, 그리고 이 변화 고도가 동일 산계(山系)에서 노출 방향과 토양에 따라 수백 미터 변화할 수 있기 때문에 이 중요한 고도한계선을 수치로 파악하기는 어렵다. 그럼에도 불구하고 이 고도한계선은 제주도 한라산 북사면에서 1,600m(p.523), 지리산에서 1,400m(p.484 이하), 오대산에서 1,450m(p.441), 하람산(霞嵐山)에서 1,100~1,400m(p.373), 압록강 대만곡부(鴨綠江 大彎曲部) 내부의 백삼봉(白三峰)에서 1,400m(p.359) 및 관모봉, 묘향산과 맹부산(猛扶山)의 남사면에서 1,400~1,500m(p.316 이하)에 위치한다. 그러므로 이 고도한계선은 육지 내에서 단지 국지적으로만 북쪽으로 하강하는 현상을 나타낸다. 남사면에서의 상부수목한계선은 관모봉에서 2,200m, 맹부산에서 2,150m, 백두산에서 1,950m에 위치한다. 남부 지방의 지리산과 한라산에서 이 상부수목한계선은 북부 지방의 정상에서보다 고도가 낮은데, 이러한 현상은 아마도 이들 지역에 적설이 많은 것과 관련이 될 것이다. 그러므로 전체적으로 수목한계선은 저위도임에도 불구하고 알프스보다 높지 않다. 따라서 혼합림의 상부수목한계선과 절대수목한계선 사이의 고도차는 북부 지방에서 550~800m에 이른다. 이 지대에서 지배적인 주로 침엽수림에서는 p.188에서 기술된 다음과 같은 수종들이 나타난다. 주목, 잣나무, 분비나무(남부에서 구상나무로 대체됨), 가문비나무(*Picea jezoensis* Carr.), 종비나무(*Picea Koreaiensis* Nakai) 및 세 낙엽송인 잎갈나무(이깔나무, *Larix Gmelini* Ledeb. var. *coreana* Nakai [*Larix gmelini* var. *principis-ruprechtii*(Mayr) Pilger]), *L. davurica* Turcz.

var. *coreana* Nakai[24]와 *L. davurica* Turcz. var. *principis ruprechtii* Rehd.[25]. 침엽수림대에서 활엽수로는 특히 다음과 같은 수종들도 계속 출현한다. 자작나무(*Betula japonica* Sieb. [*Betula platyphylla* var. *japonica* Hara]), 거제수나무(*B. costata*), 만주자작나무(*B. mandschurica* Nakai[26] [*Betula platyphylla* Sukatschev]), 박달나무(B. schmidtii), 사스래나무(*B. ermani*), 난티나무(*Ulmus laciniata* Schneid. [*Ulmus laciniata* (Trautv.) Mayr]), 피나무(달피, *Tilia amurensis*)와 황철나무(*Populus maximowiczii*). 여러 침엽수들은 송라(*Usnea longosissma* Ach.)로 성장 장애를 받는다.

침엽수림지대 내에서 각각 상이한 총림(摠林, Unterwuchs)을 갖는 여러 개개의 식물군락이 구분될 수 있다. Uyeki(492)는 특히 **젓나무–가문비나무형**(Tannen-Fichten-Typ), **낙엽송–젓나무형**(Lärchen-Tannen-Typ)과 순수한 **낙엽송형**(Lärchentyp)을 언급하였다. 첫 번째 두 유형은 구결정암(die alt-krystallinen Gesteinen)을 선호하고, 후자는 최근 화산퇴적물의 투수성이 있는 현무암과 부석 토양을 선호한다. 그러나 이들 유형들은 다른 장소에서 서로 직접적인 천이 관련성을 갖는다. 즉 번개 또는 부주의로 인한 화재가 낙엽송–가문비나무–젓나무 삼림에 난다면 송진이 많은 가문비나무와 젓나무는 가지가 낮게 매달려 있어 겨울에 침엽이 없는 낙엽송보다 좀 더 쉽게 탄다. 화재에 대한 저항력에 있어서 한국의 낙엽송은 그 유사종인 시베리아낙엽송(*Larix sibirica* Ledeb.)과 유사하다(R. Pohle in Z. G. E. Berlin 1971, p.209). 그러나 낙엽송도 함께 파괴되면 낙엽송은 자작나무 및 미루나무와 함께 먼저 다시 성장하는데, 그 이유는 이들 식물의 가벼운 씨가 먼 곳으로부터 바람에 의하여 운반되기 때문이다. 낙엽송의 묘목은 우선 자작나무와 미루나무의 그늘에서 성장하기 시작하여, 20~30년 후에는 좀 더 빨리 성장하여 마침내 이들 식물을 고사시킨다. 그 이후에 순수한 소림의 낙엽송림이 성장한다. 60~100년 후에 40m까지 크기의 나무 그늘에서 잣나무, 젓나무와 가문비나무가 다시 성장하여 약 150년 후에 과거의 낙엽송–가문비나무–젓나무형이 다시 복원된다(Wilson 496). 낙엽송이 없는 젓나무–가문비나무–삼림이 화재로 소실되어도 그 과정은 이와 상당히 유사하다.

2,000m 이상의 고도가 드물지 않은 대륙성 북부 지방에서는 넓은 면적이 삼림이 없는 지역까지 이른다. 그럼에도 불구하고 이 지역에도 **아고산지대**의 영역은 개개의 고립된 좁은 지역에 제한된다(별도 17). 이들 중에 가장 큰 지역은 약 22km의 직경을 갖는 백두산 화구호를 둘

24 역자 주: 정태현에 의하면 이 학명도 '잎갈나무'로 나와 있다.

25 역자 주: 이 학명의 우리말 명칭을 확인할 수가 없었다.

26 역자 주: 정태현에 의하면 '만주자작나무'의 학명은 *Betula latifolia* Komarov. var. *mandschurica* Nakai로 표기되어 있어서 라우텐자흐가 이 학명을 잘못 표기한 것 같다.

러싸고 있는 지역이다. 다른 지역들은 모두 이보다 훨씬 작다. 매우 키가 작은 이 식물군락에서 목본식물도 또한 비교적 많다. 이들에 속하는 것으로 눈잣나무(*Pinus pumila*), 노랑만병초(*Rhododendron chrysanthum* Pallas [Rhododendron aureum Georgi]), 황산차(*Rh. parvifolium* Adams)와 좀참꽃(*Rh. redowskianum* Max), 가솔송(*Phyllodoce coerulea* Bab. [*Phyllodoce coerulea* (L.) Bab.]), 시로미(*Empetrum nigrum*[27] [*Empetrum nigrum* var. *japonicum* K. Koch])와 들쭉나무(*Vaccinium uliginosum* L.)가 있다. 마지막의 두 수종은 여러 다른 수종과 같이 이 지역에서도 빙기의 잔존식물(殘存植物)이다. 이에 더하여 두 에델바이스종(솜다리, *Leontopodium coreanum* Nakai와 산솜다리, *L. leiolepis* Nakai), 여러 용담속(*Gentiana*) 종들, 자주꿩의비름(*Sedum telephium* L. [*Hylotelephium telephium* (L.) H. ohba]), 담자리꽃나무(*Dryas octopetala* var. *asiatica* Nakai)와 다른 키가 작고 아름답게 꽃이 피는 고산식물 꽃이끼(*Cladonia rangiferina*), 화본과식물(Gräser), 선태류(蘚苔類, Moose) 등이 있다.

이미 언급한 바와 같이 현재 공식적인 삼림지의 단지 1/3만이 삼림이라는 명칭을 붙일 수 있는 식물군락으로 이루어져 있다. 그러나 이 중에서도 흔히 더 이상 훼손되지 않은 1차삼림(Primärwälder)이라 할 수 없는 것들이 있다. 바로 앞에서 산불의 영향을 나타내는 주로 침엽수림인 지역에서의 예를 들었다. 앞에서 언급한 혼합림의 고도가 높은 두 지대에서 현재까지는 그러하다. 이 지역에는 **화전경작**(火田耕作)이 널리 분포한다. 화전과 화전으로 인하여 형성된 **2차와 3차 식물군락**은 제3부의 개마고원 지역에서 상세히 다루도록 하겠다(p.318 이하). 그리고 저자는 좀 더 높은 고도에 이르는 북부 지방과 중부 지방의 경관을 각각 평가하는 데에서 다시 화전경작에 관하여 다루도록 하겠다. 개마고원의 고지대에서 2차 식물군락의 최종 단계로서 참나무, 자작나무와 낙엽송으로 이루어진 소림이 형성된다. 따뜻한 토양을 선호하는 참나무는 1차 삼림에서보다 북부 지방의 2차 식물군락에서 훨씬 더 높은 곳으로 올라간다. 참나무는 북부 지방의 2차 식물군락에서 1,500m까지, 즉 자연림 단풍나무지대의 상부한계선까지 이른다. 제3부에서 많은 예를 들게 될 남부 지방 참나무지대의 2차 삼림은 훨씬 더 종이 많고 울창할 수 있다(p.440, p.484). 이 지역에서 침엽수가 현저히 감소함으로 인하여 참나무는 1차 삼림과 구별된다. 그러나 가끔 2차 삼림이 형성되지 않고, 단지 덤불 또는 잡초지가 형성된다.

고도가 높은 혼합림 지대에서 화전경작이 삼림 파괴의 주원인인 반면, 저지대와 상록수림지대에서는 삼림 파괴의 원인이 인간의 경제 활동에 있다. 저지대에서 경지는 대체로 충적곡저

---

27 역자 주: 라우텐자흐가 *Empetrum nigrum* L. var. *aciaticum* Nakai를 잘못 표기한 것 같다.

(沖積谷底)나 범람원으로 제한된다. 밭이 넓은 곳에서만 경지가 첫 번째 지역과 두 번째 지역에서 경사가 완만한 구릉지 위로 올라간다. Hofmann(494)이 보고한 바와 같이 질긴 풀과 잎의 재로 논을 시비(施肥)하기 위하여 과거에는 이 저지대의 반자연발생적인 식생도 태웠다. 이러한 행위는 현재 일본인들에 의하여 금지되었고, 저자는 이러한 규정을 위반하는 것을 보지 못하였으나 많은 양의 풀과 잎이 현재에도 여전히 이러한 용도로 잘리고 있다. 특히 저지대의 식생은 **연료 확보**를 위하여 파괴되는 것이 틀림없다. 집약적 농업이 이루어지고 있는 결과로 이 두 지역은 인구밀도가 높고, 겨울의 추위와 널리 보급된 온돌(p.224)에 여름밤에도 불을 지피는 나쁜 관습으로 인하여 1인당 연료 수요가 매우 많다. 그 결과로 사찰 주변 지역을 제외하고 주변 구릉지와 산지는 대체로 거의 남벌되었다. 한국의 왕들이 산림을 보호하려는 조처가 성종(成宗, 982~997년)의 시기까지 약 1,000년간 추적될 수 있을지라도 이러한 조처는 대부분 거의 실효를 거두지 못하였고, 특히 조선의 최근 수십 년간 더 그러하였다. 그러므로 **무분별한 벌채**는 특히 1870~1880년대에 크게 행해졌고, 현재에도 조선총독부의 엄격한 삼림 보호에도 불구하고 많은 나무들이 몰래 벌채되고 있다. 그러므로 곡저를 따라 부설된 철도에서 보면 한국은 대체로 삼림이 황폐한 나라로 보인다. 구릉지와 산지는 키가 작은 관목으로 덮여 있다. 어느 곳에서나 농부들과 어린이들이 부채 모양의 갈퀴로 관목 사이의 토양에서 마지막 한 잎까지도 긁고 있으며, 잔가지와 큰 가지를 줍고, 잎들을 훑으며, 관목을 자르고 있다. 매일 흰 옷을 입은 부인들과 어린이들이 푸른 관목의 사면 사이를 지나다니는 것을 볼 수 있으며, 남자들은 많은 양의 낙엽, 침엽, 잔가지와 큰 가지를 묵직한 지게에 실어서 집 뜰 안으로 운반하고 있다.

관목식물군락의 보존 상태와 종 구성은 토양, 여름의 강우강도와 특히 토지이용의 집약도에 따라 변한다. 관목식물군락의 보존 상태는 대도시 주변, 특히 서울 주변과 경상분지의 북부 및 그 동부 인접 지역에서 가장 빈약하다. **석회암 지역**은 일반적으로 상당히 균등하게 푸른색을 띠는데, 그 이유는 석회암 풍화의 부산물인 양토가 수분을 완전히 흡수하기 때문이다. 이와 대조적으로 **편암과 편마암 지역**에서는 관목식생이 때때로 조밀하지 못하여, 황량한 거력(巨礫)으로 덮인 토양이 나타난다. 이 관목들 사이에 화본과식물과 초본이 있다. 이 지역에서 관목식물군락은 주로 소나무, 여러 종류의 참나무, 특히 신갈나무(*Quercus mongolica*), 깃참나무(*Qu. mongolica* var. *mandschurica* Nakai[28] [*Qu. mongolica* var. *liaotungensis* Nakai]), 떡갈나무(*Qu. dentata*)와 졸참나무(*Qu. serrata*) 및 때때로 노간주나무속 관목으로 구성된다. 이들 군락 중에 좀 더 큰 것은 특히 무성하게

28 역자 주: 정태현은 *Qu. mongolica* var. *mandschurica* Nakai을 조선명(朝鮮名) 물갈나무 강원(江原) 참나무라 명명하였으나 이창복은 *Qu. mongolica* var. *liaotungensis* Nakai를 깃참나무라 명명하여 이에 따랐다.

성장한 덩굴식물로 특징지어지고, 이로 인하여 거의 통행이 불가능하게 된다. 이외에 이 군락은 삼림에서보다 관목림에서 좀 더 빈번하게 출현하는, 봄에 수많은 꽃이 만개하는 것으로 인하여 눈에 띈다. 이들에 속하는 것으로는 노란색의 개나리(*Forsythia viridissima* Lindl. [*Forsythia koreana*])과 같은 개나리속과 특히 그 다양함과 현란한 색채가 한국 봄의 식생지리학적 특징인 진달래속이다. 세 가지 가장 빼어난 것으로는 잎이 나기 전에 홍자색에서 분홍색의 꽃이 피는 진달래(*Rhododendron mucronulatum* Turcz.), 홍자색의 큰 꽃을 가진 산철쭉(*Rh. pukhanense* Lév. u. Van. [*Rh. yedoense* var. *poukhanense* (Lév.) Nakai])과 담홍색으로 아름답게 꽃피는 철쭉꽃(*Rh. schlippenbachii* Max.)이 있다. 편마암과 편암 상의 이 2차 식물군락에서 중요한 역할을 하는 다른 관목 그룹은 싸리 종들이다. 한국과 일본에서 이 종들이 매우 흔하여 Nakai는 이에 관한 특별한 연구를 하였다(484, 503도 참조). 이 종들은 매우 많은 작은 란셋(柳葉) 모양의 원 또는 순가락 형태의 잎을 갖고, 여름 내내 흰색 또는 보라색의 접형화(나비꽃)로 덮여 있다. 이 2차 식물군락으로 이루어진 관목 숲은 때로 완전히 사라지고, 그 자리와 또한 묘지에 화본과식물과 초본식물이 나타난다. 예를 들어 이 초지는 봄에 주황색의 원추리(*Hemerocallis disticha* Donne [*Hemerocallis fulva* L.])로 '한국의 장관(Glorien Koreas)'의 하나인 아름다운 꽃으로 장식된다(501). 관목식물군락은 화강암 토양 상에 다른 암석 상에서보다 좀 더 빈약하게 발달하였는데, 그 이유는 화강암 토양의 사질 암설 풍화산물이 크게 침식되기 때문이다(p.126). 그러므로 이 **화강암 토양 상**에서 특별히 차후에 더 논의될 일본의 조림사업이 실시되었다.

인간의 영향을 적게 받으면 받을수록 2차 식물군락은 동일 장소의 원식물군락과 좀 더 유사하다고 말할 수 있다. 그러나 이미 첫 번째 간섭(干涉)을 통하여 생태 조건은 장기간에 걸쳐서 근본적으로 변하였다. 입지 조건은 좀 더 건조하고, 더우며, 일조량이 좀 더 많다. 그 결과로 젓나무와 가문비나무가 사라진다. 이와 대조적으로 송백류, 참나무와 덩굴식물, 진달래와 싸리종들은 특히 흔하게 된다.

가장 가까운 주변의 **식물피복에 대한 한국인의 관계** 역시 매우 밀접하고 다양하다. 식물피복의 이용은 모든 농업에 있어서 가장 불가결한 구성요소를 이룬다. 화전경작의 단원에서 식물피복의 이용에 대하여는 차후에 논의하기로 하고, 본 장에서는 지속 경작에 대한 그에 상응하는 관련성만을 개괄하겠다. Uyeki(492)는 한국인이 난방에 이용하는 소나무의 목재, 가지 및 잎을 연간 4,000,000m^{3}으로 추정하였다. 젓나무는 목재가 약하기 때문에 이용 가치가 적은 반면에 은행나무의 목재는 밥그릇, 밥상 등을 만드는 데 이용되고, 주목은 마루용 목재, 젓가락과 빗으로 이용되며, 잣나무의 매우 단단한 목재는 관(棺)과 각재(角材)로 이용되고, 소나무는 건축자재, 항아리와 농기구, 잎갈나무는 전신주와 교량의 들보, 분비나무는 너와, 가구와 성냥, 코르크나무는 운반용 황소의 후면에 짐 싣는 안장을 고정시키기 위한 부드러운 차꼬, 박달나무의 매우 단단한 목재는 마차의 축으로 이용된다. 싸리나무의 가지로는 빗자루와 집 울타리를 만든다. 떡갈나무의 껍질은 가죽을 무두질하는 데 이용된다. 한국인들은 느티나무로 유명한 한국의 장롱과 궤를 만든다. 덩굴식물인 칡은 신발과 바구니 및 건축에 이용되는 질긴 줄을 제공한다. 동백나무의 열매는 화장용 기름을 제공한다. 잣나무의 잣은 10월에 부지런히 채집한 뒤 꿀로 반죽하여 맛있는 과자를 만들고, 또한 이 잣을 눌러서 식용유를 짠다. 다른 삼림 생산물 역시 많이 수집되어 식용으로 이용되는데, 이것으로는 버섯, 장과류(漿果類), 약용·요리용 향료식물, 뿌리와 열매가 있다. 유판(油阪, p.49)의 신석기유적지는 이 해안문화시대에 가래나무의 열매가 매우 중요하였다는 것을 증명한다. 다른 그룹의 삼림 생산물은 약용식물로 그 수가 매우 많다. 그중에 인삼(*Panax ginseng* A. C. Meyer)이 고래로 가장 중요한 위치를 차지한다. 인삼은 고도가 높은 산림에서 자라는 초본으로 그 흰 뿌리는 사람의 형상과 유사하다(Alraune, 505). 산삼은 한국과 특히 중국에서 강장제(强壯劑)와 미약(媚藥)으로 가격이 매우 비싸고, 그 약효가 재배 인삼보다 훨씬 좋다(p.255). 마지막 그룹의 삼림 생산물은 염색(染色)에 이용되는데, 이러한 것으로는 매우 노란색을 내는 치자나무(*Gardenia jasminodes* for. *grandiflora* Makino)의 포자낭(胞子囊), 뛰어난 광택제가 되는 옻나무(*Rhus verniciflua*, p.76), 검은 색소를 제공하는 물푸레나무(*Fraxinus rhynchophylla*)의 껍질 및 푸른 색소를 만드는 신나무(*Acer ginnala*)의 잎이 있다.

한국인들은 중국인들 다음으로 자연이 제공하는 마지막 가능성을 활용하는 데 있어서 많은 자극을 준 민족이다(69). 또한 외래종인 식물종들의 대부분은 중국에서 유래한다. 수많은 경우에 있어서 이와 같은 사실은 중국과 한국의 학자들에 의하여 증명되었다.

5. 야생동물생활[29]

한국 국토 면적의 약 1/3이 삼림과 관목식물군락으로 덮여 있기 때문에 야생동물의 생활공

29 역자 주: 라우텐자흐의 원저에 나타나는 동물학명이 현재의 학명과 다른 경우에는 라우텐자흐가 이용한 학명을 앞에 쓰고 [ ] 안에 현재의 학명을 표기하였다. 그리고 독일어로 표기된 동물명을 우리말로 표기할 때는 Wahrig Deutsches Wörter-

간은 여전히 넓다. 야생동물의 수는 그에 상응하게 많다. 광릉(p.402)의 작은 삼림의 동물목록에 504종의 고등동물이 들어 있다(826). 삼림과 관목지대 이외에 해변과 해안의 절벽은 다양한 활동의 장을 제공한다. 끝으로 경지, 특히 논밭 및 농촌 취락의 주변이 이에 추가된다. 야생동물의 존재는 상관적, 청각적으로 중유럽보다 훨씬 더 경관적으로 뚜렷하게 나타나서 한국지지에서 동물 세계와 그 생활의 지리적 고찰이 빠져서는 안 된다. 그렇지만 이러한 연구를 위한 기초연구는 매우 드물다. 한국의 조류에 관한 Cumming의 철저한 연구(508)를 제외하고, 동물학 측면에서는 지리학자에게 있어서 거의 중요하지 않은 동물목록만이 있다. 그리고 여행기 중에는 단지 Sten Bergman(227-229)의 훌륭한 책들만이 유용한 관찰 내용을 포함하고 있다. 그러므로 저자는 물론 매우 불완전할 수 있는 저자 자신의 조사만을 기초로 하였다. 따라서 다음의 설명은 내용이 그리 많지 않다. 저자는 제3부의 적절한 위치에서 각 지역의 동물생활을 다루도록 하겠다(p.336, p.441, p.458, p.485). 저자는 본장에서 해양 동물은 다루지 않겠다. 해양 동물은 제4부에서 어업과 관련하여 기술하도록 하겠다.

한국은 **동물상**(動物相)에 있어서 식물상과 마찬가지로 중유럽과 밀접한 근친성이 있다(p.184). 완전히 동일한 종의 수는 식물보다 더 많은데, 그 이유는 가장 넓은 대륙 상에서의 전파가 동물의 고유 운동을 통하여 용이하였기 때문이었다. 한국은 중유럽과 마찬가지로 고한대 지역(古寒帶地域, Paläoboreales Reich)에 속한다. 한국은 중국 북부, 만주 및 일본열도와 함께 고한대 지역의 만주 지방을 이룬다. 만주 지방이 포함하는 구역 중에 남동만주 구역과 남서만주 구역이 한국으로 연장된다. 개마고원과 기타 북동부 지방은 전자에 속하고, 한국의 나머지 지역은 후자에 속한다. 다음의 설명에서 빈번하게 알 수 있듯이 한국의 이 두 지역은 동물상에 있어서 뚜렷하게 구별된다.

수십 년전까지 만주호랑이(*Tigris tigris longipilis* Fitzinger)는 삼림과 관목의 왕자이었다. 만주호랑이는 그의 가까운 친족인 벵갈호랑이와 매우 닮았고, 겨울에 벵갈호랑이보다 좀 더 아름다운 호피(虎皮)를 가진 강한 동물이다. 민속 구전과 한국의 동화 세계는 이 호랑이에 관한 내용으로 가득 찼다. 호랑이는 연기와 불의 구름에서(in Wolken von Rauch und Feuer), 병풍(屛風), 천장과 대문의 그림에 자주 등장한다. 한국의 왕조 시기에는 특수한 호랑이 포수(砲手)들의 조합이 있었는데, 그 회원들은 1886년까지 대담한 전사로서 국가에 중요한 기여를 하였다. 호피와 호랑이 털은 과거에 드문 외국과의 교역에서 중요한 품목이었다(p.67). 1627년에 한국의 왕은 한국

---

buch에서 독일어 일반동물명의 라틴어 학명을 찾아서 우리말 동물명으로 표기하였다. 현재의 동물명은 원병오의 『한국포유류목록』(1976)과 임업시험장의 『한국조류분포목록』(1969)을 참조하였다.

을 침략한 청나라 군대에 전쟁 배상으로 다른 물품들과 함께 100장의 호피를 보냈다(72, p.13). 과거의 여행기에는 호랑이가 가옥, 동물과 사람을 습격하는 내용과 호랑이를 사냥하는 방법에 관하여 많이 기록되어 있다. 쇄국정책의 말기 이후에도 호랑이가 겨울에 때때로 서울의 거리에 나타났다. 저자 자신이 높은 산을 오르기 전에 소위 호랑이의 위험에 주의하라는 소리를 자주 들었으나, 정확한 조사에 의하면 이러한 경고는 거의 대부분 근거가 없는 것이었다. 만주호랑이는 현재 한국에서 거의 멸종되었다. 가장 외진 산지의 피신처, 특히 개마고원의 피신처에서만 곳곳에 배회하는 몇 쌍의 호랑이들이 동거한다.

만주호랑이와 연관성이 좀 덜한 검은색과 노란색 줄무늬를 가진 한국호랑이(*Tigris tigris coreensis* Brass. [*Panther tigris coreensis* Brass])는 아마도 자연에서 완전히 멸종된 것 같다. 이와 대조적으로 동아시아의 표범(*Pardus pardus orientalis* Schlegel [*Panthera pardus orientalis* Schlegel])은 북부 지방의 산악지대와 지리산에서 현재에도 여전히 비교적 빈번하게 나타난다. 청나라와 조선 왕의 최종적인 평화조약(1637년)은 연 142장의 표범 가죽을 제공하는 것이었는데, 1712년까지 이 숫자는 빈번하게 징수된 것 같다(72, p.25 이하). 현재에도 겨울에는 표범 사냥을 할 수 있다. 그러나 스라소니(*Lynx lynx* [*Felix linx cervaria* Temminck])와 삵(*Felis catus* [*Felix bengalensis*])의 수가 훨씬 더 많다. 고양이과의 이들 모든 종은 다른 포유동물과 조류를 잡아먹고, 혹한의 겨울 동안에는 궁핍하여서 취락 주변에까지 내려오는 겁 많은 산림동물이다.

한국의 곰도 숲에 사는 동물이다. Underwood(506)에 의하면 두 가지 종의 곰이 있다. 저자가 백두산 산림에서 목격한 곰(*Ursus tibetanus* [*Selenarctos tibetanus ussuricus* Heude])과 큰곰(불곰, *Ursus arctos orientalis* [*Ursus arctos lasiotus* Gray]). 이들 두 종의 곰 이외에 북쪽의 한랭한 삼림에 사는 다른 동면(冬眠)하는 동물들이 있다. 이들 동면하는 동물로는 오소리(*Meles melanogenys* Allen u. *Andrews* [*Meles meles melanogenys* Allen & Andrews])와 Sten Bergman에 의하면 개마고원에서 무리를 지어 스스로 판 구멍에서 사는 우는토끼(쉬노끼, *Ochotona coreana* [*Ochotona hyperborea coreana* Allen u. Andrews])가 있다(229, p.59).

늑대는 겨울에 만주에서 한국으로 이동한다. 이들 늑대 역시 두 가지 종이 알려져 있는데, 유럽 늑대의 한국 변종인 늑대(*Canis lupus coreanus subsp.* novus Abe, 507 [*Canis lupus chanco* Gray])와 늑대와 대조적으로 떼를 지어 나타나는 개와 유사하게 생긴 너구리(*Nycteroutes coreensis* Mori [*Nycteroutes procyonoides* koreensis Mori])이다.

원시림 주변에 사는 농부들, 특히 화전민들에게 귀찮은 존재는 멧돼지(*Sus coreanus* Heude [*Sus scrofa coreanus* Heude])이다. 체중이 160kg까지나 나가는 검은색, 철회색에서 회갈색 멧돼지 한 마리가 하룻밤 사이에 두 필의 소가 오전 중에 경작할 수 있는 면적의 농작물을 파괴시킬 수 있다. 여름과 가을 동안에 이 멧돼지들은 홀로 살며 주로 야생의 식물 뿌리와 인접한 경작지의 감자와 무를 먹고 산다. 이와 대조적으로 늦가을에는 15마리까지 무리를 지어서 얇은 적설층 아래의 도토리를 찾기 위하여 참나무 숲을 헤맨다.

Underwood에 의하면 삼림과 관목 지역에는 5종의 사슴속 *Cervus*이 있다. 암컷과 수컷 모두 뿔이 없는 하천 부근에 사는 고라니(*Hydrelaphus inermis* [*Hydropotes inermis argyropus*]), 회갈색의 사향노루(*Capreolus mandschuricus* Noak [*Moschus moschiferus parvipes* Holllister]), 작고, 엷은 황갈색 내지 짙은 갈색의 꼬리가 없는 대륙사슴(*Sika coreanus* [*Cervus nippon hortulorum* Swinhoe]), 독일에 있는 백두산사슴(*Cervus elaphus* [*Cervus elaphus xanthopygus* Milne-Edwards])과 여름에 큰 검은 점이 있는 우수리사슴(*Sika mandschuricus*)[30]. 히말라야에서 한국의 북부 지방까지 출현하는 산양(*Nemorhaedus raddeanus* Heude [*Naemorhaedus goral raddeanus* Heude])은 실제로 산악 지역에 주로 거주한다. 저자가 관모봉에서 본 산양은 여름에 수목한계선 위까지 올라갔다. 산양은 겨울에 낮은 고도의 암석과 쇄석 사면에서 먹이를 찾는다. 가로 퍼지고 작달막하며 힘이 센 산양은 영양(羚羊)과 유사하나 짧고 곧은 뿔을 갖고 있다.

다람쥐과의 한국 종은 삼림의 생활에 가장 잘 적응한다. 이것에는 세 종이 있다. 독일 다람쥐의 한국변종(청설모; *Sciurus vulgaris coreae* Sowerby) 외에 매혹적인 다람쥐(*Eutamias asiaticus orientalis* Bonhote [*Tamias sibiricus asiaticus* Gmelin])가 있는데, 이것은 개울 부근 음지의 암석 위를 우아하게 도약하면서 뛰어 다니는 지상 동물이다. 회갈색의 표피 위에 등에 네 개의 검은 긴 줄이 있다. Sten Bergman이 일목요연하게 설명한(229, p.193 이하) 북부 지방의 하늘다람쥐는 이보다 더 작은, 즉 독일의 Eichhörnchen의 약 반 정도 되는 크기를 갖는다. 하늘다람쥐는 매우 큰 반원의 튀어나온 검은 눈을 가진 야행성 동물로, 주간에 높은 나뭇가지에서 웅크리고 잔다. 하늘다람쥐의 부드러운 표피의 등은 은갈색이고, 배는 흰색이다. 하늘다람쥐는 앞다리와 뒷다리 사이의 비막(飛膜)으로 한 나무에서 다른 나무로 가볍게 이동할 수 있다. 넓고, 양측에 털이 무성하며, 단단한 황갈색의 꼬리는 평형봉으로 작용한다. 하늘다람쥐는 주로 활엽수림에 살고, 자작나무, 미루나무와 개암나무의 어린 싹을 먹고 산다.

삼림의 포유동물이 드물게 소음을 내는 반면에 많은 조류의 소리는 멀리서도 들을 수 있다.

---

30 역자 주: N. V. Turkin과 K. A. Satunin에 의하면 Mandschurische Sikahirsch(*Sika mandschuricus*)는 백두산사슴(*Cervus elaphus xanthopygus*)과 대륙사슴(*Cervus nippon hortulorum*)의 잡종으로 *Cervus sika mandschuricus*이나, 원병오의 목록에서 동물명을 찾을 수가 없어서 우수리사슴(Sika Deer)으로 번역하였다.

봄에는 특히 남부 지방에서 뻐꾸기의 울음소리가 숲속에 널리 퍼진다. Cumming(508)에 의하면 5종의 뻐꾸기가 있는데, 그중의 한 종은 독일의 토종 뻐꾸기(*Cuculus canorus telephonus* Heine)이다. 작은 두견이(*Cuculus poliocephalus*)는 매우 기묘한 6음절의 울음소리를 낸다. 활엽수림에서는 공허한 2음절의 야생비둘기 울음소리가 울린다. 그러나 4종 모두가 야생조류는 아니다. 그렇지만 이러한 사실은 매우 흔한 멧비둘기(*Stereptopelia orientalis orientalis* Latham)에 적용된다. 올리브 회색의 상체와 장미 빛 담황색의 하체를 가진 약 1/3m 길이의 천천히 소리 없이 깊은 삼림을 나는 이 새는 거의 신비롭다. 높은 삼림지대에서 어치의 까옥까옥하는 울음소리가 울려 퍼진다. 어치(*Garrulus glandarius Taczanowski* Lonnberg [*Garrulus glandarius brandtii* Eversmann])와 긴 부리를 가진 잣까마귀(*Nucifraga macrorhynchos* Brehm [*Nucifraga caryocatactes macrorhynchos* C. L. Brehm]). 야간에는 이 울음소리가 13종 정도 되는 부엉이류의 울음소리로 대체된다. 이것에 속하는 것으로 야행성 육식조류 중에 가장 눈에 띄는 것으로는 독일의 수리부엉이와 거의 근친인 수리부엉이(*Bubo bubo tenuipes* Clark [*Bubo bubo kiautschensis* Reichenow]) 및 여름밤에 금속성으로 울리는 울음소리가 숲속에 퍼지는 숨어 있는 소쩍새(*Otus japonicus* [*Otus scops stictonotus* Scharpe])가 있다. 이외에 낮에는 딱따구리의 나무 쪼는 소리를 멀리서도 들을 수 있다. 15종 중에 까막딱따구리(*Dryocopus martius martius* Linne)와 청딱구리(*Picus canus jessoensis* Stejneger [*Picus canus griseoviridis* Clark])를 들 수 있다.

주로 열매, 씨앗과 새싹을 먹고 사는 다른 야생조류 중에 다음과 같은 조류를 들 수 있다. 개마고원의 삼림에 제한되어 드물게 나타나며, 겨울에 눈구멍에서 자는 멧닭(*Lyrurus tetrix ussuruensis* Koths), 들꿩(*Tetrastes bonasia* Kuroda u. Mori [*Tetrastes bonasia vicinitas* Riley]), 회청색의 동고비 및 매우 흔한 박새류와 방울새류.

원시림과 반자연발생적인 관목 식물군락의 생활공간은 여러 관점에서 단지 점진적이며 근본적인 큰 차이는 없다. 따라서 키가 큰 나무나 고립된 상태에 완전히 의존하지 않는 원시림의 동물들은 사람들이 자주 다니고 취락에 가까운 **관목 식물군락**에도 출현한다. 다른 한편, 관목숲과 여름에 따뜻한 토양을 선호하는 동물들과 초본과 풀에 의존하는 동물들은 원시림보다 관목 식물군락에 좀 더 자주 출현한다. 다른 동물들은 다시 취향에 따라 두 생활공간 사이를 교대로 다닌다. 두 번째 그룹에 속하는 것으로 멧토끼와 쥐, 그리고 많은 조류가 있고, 후자 중에는 일부 철새들이 있다. 텃새(서식처를 바꾸지 않는) 중에는 그 울음소리가 때때로 총림에 울려 퍼지는 꿩을 특히 언급할 만하다. 꿩은 두 종이 있는데, 두 종 모두 목에 흰색의 띠가 있다. 만주꿩과 이보다 더 흔한 꿩(*Phasianus colchicus pallasi* Rothschild, 꿩 *Ph. colchicus karpowi* Buturlin). 한국인들은 이 두 종을 사냥매로 잡는다(229, p.110 이하). 이 사냥매는 한국에서도 야생으로 나타나는 매를 훈련시킨 것이다(*Falco peregrinus calidus* Latham [*Falco peregrinus japonensis* Gmelin]). 매사냥술은 한국에서 매우 오래된 것이다. 매사냥술은 이미 335년에 백제의 왕자에 의하여 일본에 전해졌다(p.67 참조). 관목숲의 새 중에는 수많은 지저귀는 새가 있는데 한국에서 가장 유명한 세 종은 쉬지 않고, 크고 맑은 피리소리를 내는 꾀꼬리(*Oriolus chinensis diffusus* Sharpe), 독일의 나이팅게일(Nachtigall)과 우는 방법만이 유사한 소위 휘파람새(*Horeites borealis* Campbell [*Cettia diphone cantans Temminck* et Schlegel])와 진홍가슴(*Luscinia calliope* Pallas [*Luscinia calliope calliope* Pallas])이다. 한국의 색깔이 아름다운 새, 즉 실제로 열로 된 깃털을 갖는 삼광조(*Tchitrea paradisi incei* Gould [*Terpsiphone atrocaudata atrocaudata* Eyton])도 이에 속한다. 부리와 눈 주위의 원은 엷은 청색이고, 머리는 빛나는 청흑색이며, 등은 보라색, 배는 흰색이다. 나이가 든 수컷은 매우 긴 보라색의 두 꼬리털을 갖고 있다. 관목 숲의 지상 동물 중에는 하반년에 원시림의 고도가 높은 지역에조차 있는 수많은 뱀이 있다. 삼각형의 머리를 가진 살모사과(*Dreieckskopf-Ottern*)에 속하는 *Ancistrodon Blomhoffi brevicaudus* Stejneger와 같은 여러 독사(毒蛇) 외에 때때로 길이가 2m 이상이나 되는 수많은 독이 없는 뱀들이 있는데, 예를 들어 Tigernatter(*Natrix tigrina* Boie)이다. 뱀의 천적으로 말똥가리속(*Buteo*), 큰매속(*Pernis*), 솔개속(*Milvus*), 개구리매속(*Circus*), 참매속(*Astur*), 조롱이속(*Accipiter*), 매속(*Falco*), 독수리(독수리 *Aegypius*, 수염수리속 *Gypaetus*) 및 수리(*Adler*)와 같은 맹금이 특히 나타난다. 검독수리(*Aquilia chrysaetus japonica* Sewertzoff)와 흰죽지수리(*Aquila heliaca Ricketti Swann* u. Wetmore [*Aquila heliaca heliaca* Savigny])를 비롯한 독수리속은 대체로 힘이 센 새이다.

경지를 생활공간으로 선택한 많은 동물들이 Kulturfolger[31]로 나타난다. 물이 채워진 모판과 논의 장식물에 속하는 것으로 이 얕은 못의 개구리 떼를 먹고, 주변의 키가 큰 소나무에 둥우리를 만든 한 쌍의 왜가리가 있다. 네 종 중에 독일의 왜가리(Fischreiher)와 가까운 친족인 왜가리(*Ardea cinerea rectirostris* Gould [*Ardea cinerea jouyi* Clark])와 녹색의 검은댕기해오라기(*Butorides striatus amurensis* Schrenck)가 가장 많다. 밭에서는 느시(너화 *Otis tarda dybowski* Taczanowski), 후투티(*Upupa epops saturata* Lönnberg)와 수많은 다른 독일의 들짐승, 예를 들어 들쥐, 두더지, 고슴도치, 까마귀, 메추라기, 종다리와 특히 까치를 볼 수 있다. 그러나 후자는 야생조류이다. 후자는 흑백의 깃털이 있는 까치(*Pica pica sericea* Gould)와 아름다운 물까치(*Cyanopica cyanus interposita* Hartert [*Cyanopica cya-*

31 역자 주: Kulturforger란 synanthropo Arten(영: synanthropic=인간 및 인간의 거주지와 관련된, 독: Arten=종(種))이라고도 표현되는데, 인간 활동의 직접적인 영향 범위 내에 생활공간이 있는 동식물의 종들을 지칭하는 말이다(참고문헌: Dietrich, Gerhard & Friedrich W. Stöcker, ABC Biologie, pp.460−461).

nus koreensis Yamashima])로 대표된다. 여러 Kulturfolger의 입지로서 남부 지방 마을 부근의 대나무 숲이 특히 선호된다. 이러한 곳에 사는 새들로 예를 들어 갈색의 귀를 가진 직박구리(*Microscelis amaurotis Hensoni* Stejneger [*Hypsipetes amaurotis hensoni* Stejneger]), 멧비둘기와 붉은머리오목눈이(*Suthora webbiana fulvicauda* Campbell [*Paradoxornis webbiana fulvicauda* Campbell])가 있다. 협의로 한국에서 제비류(제비 *Hirundo*, 털발제비 *Delichon*, 갈색제비 *Riparia*), 참새속(*Passer*), 지빠귀속(*Turdus*), 종다리속(*Alauda*)과 여러 다른 지저귀는 새들도 Kulturfolger이다.

해안에서의 동물 생활이 특히 풍부하다. 동해안은 어류가 많아서 선호되는 지역이고, 서해안은 넓은 간석지와 매우 다양한 지면으로 인하여 선호되며, 남서 해안의 수천 개의 암석단애는 방해받지 않는 거주 및 양육 장소를 제공한다. 해변의 포유류로 물범(*Phoca vitulina* [*Phoca vitulina largha* Pallas])이 나타나고, 겨울에 때때로 물개(*Callorhinus ursinus*)가 동해안에서 길을 잃는다. 그러나 해안의 조류가 훨씬 더 풍부하다. 한국에서 가장 큰 새로는 흰꼬리수리속을 친다. 이에 속하는 것으로 흰쭉지참수리(*Haliaeetus pelagius pelagius* Pallas)와 참수리(*Haliaetus pelagius niger* Heude)가 있다. 아름다운 푸른색 또는 붉은 물총새류(호반새속 *Halcyon*, 물총새속 *Alcedo*)는 물로 뛰어들어 버둥거리는 물고기를 물고 나온다. 이들 새는 모래 둑이나 자갈 둑에 구멍을 파서 둥우리를 만든다. 이에 추가적으로 가마우지류, 특히 주로 검은색의 민물가마우지(*Phalacrocorax carbo hanedae* Kuroda [*Phalacrocorax carbo sinensis* Blumenbach], 도요새류(학도요속 *Tringa*, Glottis, *Terekia*), 물떼새류(개꿩속 *Squatarola*, 물떼새속 *Charadrius*), 갈매기속(*Larus*), 바다쇠오리속(*Synthliboramphus*)과 바다오리속(*Uria*)이 있다. 마지막의 두 종은 한국에서 서태평양 분포 지역의 남한계에 이른다.

육지의 **담수호안**(淡水湖岸), **습지**와 **하천**도 유사한 종들의 서식지가 된다. 물가를 즐기는 동물로는 이미 고라니, 다람쥐와 왜가리(Reiher)를 언급하였다. 다른 동물로는 다음과 같은 것들이 있다. 알락개구리매(*Circus melanoleucus* Forster [*Circus melanoleucus* Pennant], 알락해오라기류(알락해오라기속 *Botaurus*, 덤불해오라비속 *Ixobrychus*), 물총새, 아비류(*Colymbus* [*Gavia*], 할미새속(*Motacilla*), 멧새속(*Emberiza*), 꺅도요속(*Capella*)과 쇠부리도요속(*Numenius*) 및 오리류(기러기속 *Anser*, 개리속 *Cygnopis*), 고니속(*Cygnus*), 오리류(오리속 *Anas*, 원앙이속 *Aix*, *Nyroca*)와 뜸부기과(쇠물닭속 *Gallinula*, 뜸부기속 *Gallicrex*)와 같은 수조류.

지구 상에서 가장 큰 대륙과 가장 큰 해양을 분리시키는 아시아의 동부 전선은 지구 상에서 가장 활발한 철새의 이동경로이다. 이미 언급한 많은 새들은 연중 특정 기간에만 기술한 한국의 서식지에서 체류하는 **철새들**이다. Cumming(508)은 텃새(permanent residents), 여름철새(summer residents), 겨울철새(winter visitor)와 나그네새(migrating visitor)로 구분하였다. 후자는 봄에만 북쪽으로 이동할 때 그리고 가을에만 남쪽으로 이동할 때 수일간 또는 수 주일간 한국에 체류한다. Cumming은 남부 지방의 텃새로 왜가리, 까마귀(*Corvus corone corone* L. [*Corvus corone orientalis* Eversmann]), 두 종의 까치류, 멧비둘기, 두 종의 꿩, 물총새(*Alcedo atthis japonica* Bonapart), 박새(*Parus major Takahashii* Momiyama [*Parus major wladiwostokensis* Kleinschmidt]), 흰 머리를 가진 알락할미새(*Motacilla alba leucopsis* Gould), 뿔종다리(*Galerida cristata coreensis* Taczanowski)와 푸른 가슴을 가진 멧새(*Emberiza cioides castaneiceps* Moore)를 들었다. **여름철새**는 다음과 같다. 꾀꼬리(Goldene Pirol)[32], 제비와 뻐꾸기, 붉은 꼬리를 가진 노랑때까치(*Lanius cristatus luzonensis* L. [*Lanius cristatus lucionensis* Linné]), 몇 종의 물떼새류와 검은댕기해오라기. 북극의 쇠솔새(*Acanthopneuste borealis borealis* Blasius [*Phylloscopus borealis* Blasius])는 단지 고산 지역에서 여름에만 머무는 새(Sommerstandvogel)이다. 고도가 낮은 지역에서 북극의 쇠솔새는 그 이름이 의미하는 바와 같이 북쪽으로 이동한다. 이와 같은 사실은 겨울을 중국 남부, 대만, 인도와 오스트레일리아에서 보내는 칼새(*Micropus pacificus pacificus* Latham [*Apus pacificus pacificus* Latham])에도 적용된다. Cumming은 **겨울철새**로 다음을 들었다. 여러 종의 기러기류와 여러 종의 오리과, 청회색의 검은목두루미(*Grus grus lilfordi* Sharpe), 갈가마귀(*Corvus dauricus dauricus* Pallas), 여러 종의 울새류, 온화한 겨울에만 남부 지방에 머무는 알락꼬리마도요(*Numenius cyanopus* Vieillot [*Numenius madagasca-riensise* Linné])와 여러 종의 섭금류. 끝으로 두 개의 큰 그룹이 **나그네새**에 속한다. 첫 번째 그룹은 해변새, 특히 물떼새류, 도요새류와 꺅도요류이다. 개꿩(*Squatarola squatarola hypomelaena* Pallas [*Squatarola squatarola* Linné])과 뒷부리도요(*Terekia cinerea* Guldenstadt [*Xenus cinerus* Güldenstadt])는 동시베리아와 알래스카에서 부화되어 겨울을 인도, 남아프리카와 오스트레일리아에서 보낸다. 두 번째 그룹은 곤충을 먹는 작은 새들, 특히 딱새류(삼광조 *Tchitrea* [*Tersiphone*], 큰유리새 *Cyanoptila* 등), 제비, 명금류(*Acanthopneuste*, 솔새속 *Phylloscopus* 등)과 할미새과(할미새속 Motacilla, 밭종다리속 *Anthus*)로 이루어진다. 붉은 꼬리를 가진 울새(*Larvivora sibilans* Swinhoe [*Erithacus sibilans* Swinhoe])는 여름에 남시베리아, 겨울에 중국 남부에 체류한다. Sten Bergman는 두만강 하구의 남서쪽 해안호에서 봄과 가을에 수천 마리의 오리와 기러기, 고니, 물닭, 도요새류, 두루미류와 꺅도요류 떼를 보았다. 이들이 이동할 때 다음과 같은 맹금은 이들을 추격한다. 흰꼬리수리, 독수리, 말똥가리, 참매, 매와 새매(229, p.45 이하, p.96 이하). 저자가 9월 29일에 이 호수를 찾아갔을 때 동일한 관찰을 하였다.

32 역자 주: Pirol은 꾀꼬리이나 Goldene Pirol이 꾀꼬리인지 확일할 수 없었다.

한국인들은 야생식물과 마찬가지로 다용도로 야생동물의 다양한 부분을 이용한다. 물론 유럽의 척도로 보아 목축이 덜 발달한 나라에서 사냥한 동물의 고기는 매우 높은 가치를 갖는다. 곰과 표범 고기의 수요가 특히 많다. 그러나 특히 동물의 부위가 의약품으로 이용되고, 이 경우에 미신(迷信)이 식물 약재와 마찬가지로 중요한 역할을 한다. 겨울철 외투로 사용할 수 있는 가죽을 가진 호랑이는 적어도 2,000엔의 가치는 되고, 이 중의 1/2은 고기, 뼈와 내장의 가격이다. 이것으로 특히 중국으로 수출되는 약재를 만든다(p.67). 곰, 산양과 멧돼지의 쓸개는 건조시켜, 분말로 만들어 청주에 타서 먹는다. 이 약품은 부인들의 산욕병발증(産褥併發症)을 막는다. 여러 동물의 생간(生肝)이 특히 효험이 있는 것으로 간주된다. 사슴, 그중 대륙사슴은 특히 뿔, 즉 녹용(鹿茸)이 나오는 나뭇가지 모양의 뿔 때문에 사냥한다. 이것을 톱으로 잘라 삶아서 말려 가루로 만든다. 이 녹용가루는 중국에서 회춘(回春)하는 약으로 명성이 높다. 생사탕(生蛇湯)조차 한국에서 효험이 있는 것으로 간주된다.

이 분야 역시 과거 중국의 영향이 강하게 나타난다. 중국에서와 마찬가지로 한국에서도 모든 살아 있는 동물들이 무분별하게 사냥되어 여러 방면에 이용된다. 한국 사람들은 구역질이라는 것을 잘 모른다. 그 결과로 야생동물 세계는 이미 그 수가 매우 크게 감소하였는데, 특히 남부 지방과 중부 지방의 인구밀도가 높은 지역에서 크게 감소하였다. 천 년간 동물을 죽여서 먹는 일을 금하는 불교가 큰 영향력을 갖지 않았다면 동물의 수는 좀 더 크게 감소하였을 것이다. 이와 같은 현상은 미신적인 두려움으로 인하여 현재에도 그 영향이 남아 있다. 사찰의 삼림 내에서는 현재에도 엄격한 사냥 금지와 동물을 먹지 않는 의무가 있다. 1916년에 야생동물(호랑이, 표범, 곰, 늑대, 멧돼지)에 의하여 129명이 살해되었고, 105명이 부상을 당하였다. 또한 이러한 일로 인하여 2,839수의 가축이 손실되었다(China Medical Journ. 32, 1918, p.176). 그러나 그 이후로 야생동물에 의한 피해는 크게 감소하였다.

6. 옛 한국의 인문지리 특성

1940년 10월 1일을 기준으로 한국의 총인구는 24,326,327명이었다(p.46). 그중 97%는 한국인이다. 그러므로 한국의 인문지리 특성은 지금도 여전히 한국의 인구 요소를 통하여 결정된다. 한국인은 한국 전역에 퍼져 있는 반면, 일본인은 주로 대도시 지역에 한정하여 분포한다. 식물 및 동물지리에 관한 앞선 장의 말미에서 설명한 바와 같이 한국의 인구는 한국의 자연환경과 밀접하고 다양한 관계를 지니고 있다. 이러한 폭넓은 관계는 수천 년의 역사 속에 뿌리를 내리고 있으므로 한국의 문화지리 특성은 지금도 한국적인 기원을 갖고 있다. 본 장에서는 이러한 특성에 관해서 다루고자 한다. 따라서 일본의 영향을 받지 않고 발달한 대부분 옛 한국의 왕조시대를 소급하여 한국의 모든 인문지리 측면을 다룰 것이다. 여기서는 대충 지난 세기의 전환기를 즈음한 시대의 옛 한국의 인문지리 특성을 주로 다루는데, 이 경우에 특히 전환기에서부터 현재에 이르기까지 지리적 의미를 가진 현상들을 중심으로 고찰하겠다.

한국은 대부분 주민이 걸친 흰 옷, 남성의 전통적인 헤어스타일과 갓처럼 동아시아에서 유례가 없는 독창적인 인문지리 특징을 가지고 있다. 그래서 한국인은 인종적으로 특히 중국인 및 일본인과 같은 동아시아의 타민족과 쉽게 식별된다고 흔히 주장된다. 그러나 사실은 그렇지 않다. 최근에는 많은 한국 남성들이 일본식 제복을 입고 있다. 따라서 일본인과 이들을 식별하는 것은 대체로 불가능하다. 유럽인만이 그들을 잘 구분하지 못하는 것은 아니다. 일본어를 잘하는 한국인 경찰관이 타지로 전속된 경우 그가 자의로 얼마든지 스스로를 일본인이라고 해도 자국민은 모를 정도이다. 동아시아에 사는 개개 민족 간에는 근본적인 **인종적 차이**가 없다. 대부분의 인종형이 각 민족에 내재하며, 다만 그 구성비에만 차이가 있을 뿐이다.

대부분의 한국인은 머리의 길이가 짧고(短頭), 후두부가 밋밋하다. Chantre와 Bourdaret(525)에 따르면 두장폭지수(頭長幅指數)는 평균 83.6에 달한다. 이마는 낮고 머리카락은 대부분 검은색 내지 푸른빛을 띤 검은색에 직모(直毛)이다. 체모(體毛)는 매우 적고, 수염은 대개 턱에만 있는데, 노인들은 숱이 적은 염소수염을 기르고 있다. 피부색은 대개 아주 밝은 황갈색인데, 농민들은 일반적으로 도시인들보다 다소 검은 편이다. 뺨의 색은 매우 붉고, 특히 여성의 경우 더욱 그러하다. 눈동자의 색은 전반적으로 갈색이다. 윗 눈꺼풀의 가장자리는 눈의 내측으로 심한 경사를 보여서 그리스의 곡절 부호(Zirkumflex)의 형태를 닮은 반면, 잘 발달된 몽골주름(Mongolenlidfalte)은 비교적 드물다. 한국인은 평균적으로 일본인보다 키가 상당히 크다. Baelz는 3cm 정도 차이가 난다고 한다(523). Kubo는 단지 3,719명을 표본으로 측정한 결과 평균신장을 164cm로 산출했다(528). 많은 양의 음식 섭취에도 불구하고 비만증은 별로 없다.

v. Siebold는 이미 한국인을 두 개의 인종 유형으로 구분하였다(132). Richthofen은 그와는 별개로 동일한 인종형을 확인하였다(140, 141). Baelz는 두 가지 인종형을 좀 더 상세히 연구하고 인종들의 분포를 지도에 나타냈다(520-523). 그는 **만주한국형**과 **몽골말레이형**으로 각각 명명하

였다. Baelz(522)는 Hulbert가 한국인은 드라비다족과 관계 있는 혈족이라고 한 견해(518, 519)에 대하여 정당하게 반박하였다. Baelz가 말하는 몽골말레이형은 여러 특징으로 보아 오히려 그 주분포 지역이 남중국과 인도차이나 반도에 위치하는, v. Eickstedt(『인류의 인종학과 인종사Rassenkunde und Rassengeschichte der Menschheit, Stuttgart』, 1934)가 주장하는 고몽골인종(Paläomongoliden)에 상응한다. v. Eickstedt는 만주한국형을 따로 분류하지 않고 중국형(Siniden)에 포함시켰다. 그러나 중국형에 대한 그의 기술 내용은 여러 가지 특징상으로 만주한국형과 일치하지 않는다. Balez의 연구결과를 알지 못하고 저자가 기록해 둔 내용을 보아도 같은 두 가지 인종형은 구분된다.

만주한국형은 몽골말레이형보다 키가 더 크며, 아주 날씬하고, 턱이 곧바르며(orthognath), 사지가 가냘프고, 엉덩이가 작으며, 얼굴이 긴 편이다. 코허리(Nasensattel)가 높고, 콧마루(콧날)가 좁으며 일직선이다. 더욱이 매부리코도 있다. 머리를 보통의 자세로 취했을 때 둥근 콧구멍이 정면과 측면에서 보이지 않는다. 입술은 얇다. 단지 광대뼈(Jochbogen)가 약간 튀어나와 있으나, 몽골주름은 드물다. 팔다리는 비교적 길다. "이 인종은 다른 동아시아 인종들과 비교하여 신장, 몸매와 인상 등에 있어 북중국과 한국에서 매우 걸출한 체형을 가진 품위 있고 귀족적인 인종이다(Baelz 520, p.183)." 만주한국형이 미모의 인종으로 간주되며, 한국의 기생은 대체로 이 인종형에 속한다.

몽골말레이형은 키가 작다. 코허리가 낮고, 코의 종단면(Nasenprofil)이 오목하다. 전면에서 넓게 벌어진 들창코의 구멍이 들여다보인다. 얼굴이 둥글며, 턱뼈(alveolare Profnathie)의 상부(상악, 上顎)가 넓고, 광대뼈가 확연히 돌출해 있다. 전체적 얼굴 윤곽은 편평하다. 턱뼈가 앞으로 튀어나온 경우가 상당히 많다. 입은 넓고, 입술은 다소 불룩히 나왔다. 몽골주름이 만주한국형에서보다 빈도가 좀 더 높게 나타난다. 눈이 깊숙이 들어가 있지 않으므로 이마선(Stirnlinie)이 눈을 지나 눈꺼풀까지 이어진다. 체형은 만주한국형보다 땅딸막하고 단단해 보인다. 굵직한 다리는 매우 짧다.

제1부의 역사에 관한 기술에서 한국을 북쪽과 남쪽으로부터 이동이 있었던 육교로 표현했다. 북쪽으로부터의 이동은 만주한국형 인종을 유입시켰다. 그리하여 만주한국형 인종은 남부 지방보다 북부 지방에 많은 반면, 몽골말레이형 인종은 남쪽으로부터 한국으로 유입했는데, Baelz의 견해에 의하면 쿠로시오해류가 인종과 문화 전파에 영향을 주었다. 물론 v. Eickstedt가 주장하듯이 아무르 지역에 지배적인 고몽골인종의 여러 가지 특성을 공유한 퉁구스인(북부 몽골인)에 대해서도 주목할 만하다. 따라서 Baelz가 구분한 몽골말레이형은 두 가지 상이한 개

별 인종형을 포괄한다고 할 수 있다. Krahmer도 또한 실제로 돌출한 광대뼈, 두툼한 입술, 경사진 눈(schiefe Auge) 등의 관점에서 두 개의 인종형을 구분했다(263). 그렇다면 오로지 하나의 인종형만 남쪽에서 한국으로 유입한 반면, 다른 하나는 북에서 유입했음에 틀림없을 것이다. 순수한 몽골말레이형의 수는 만주한국형의 수보다 현저히 많다. 저자는 몽골말레이형의 확연한 특징들이 지배적이고, 또 혼혈 중에서도 몽골말레이형의 특징이 외관상(phänotypisch) 우세하다는 인상을 받았다. 이것은 특히 얼굴의 형태에서 그러하다. 다른 한편으로 만주한국형의 보다 당당한 신장이 우성으로 작용한 것 같으며, 그때문에 한국인의 평균신장이 큰 것 같다.

가끔 어떤 **북방 인종**(nordrassische Merkmale)**의 특징**을 가진 사람도 있다. Oppert가 이미 확인한 바와 같이(169, p.8 이하), 성인보다는 어린이에게 그러한 특징들이 많이 나타난다. 특히 갈색 또는 금발의 두발색이 이러한 특징 중에 하나이다. 저자는 아주 푸른 눈동자를 가진 사람을 몇 번 보았다. 이미 Krahmer(263)는 가끔 그가 보았던 푸른 눈동자에 대해 지적했다. 어떻게 이 북방 인종의 유산이 한국에 도래했는지에 대한 의문에 대해서는 p.51 이하, Günther의 책(『Die Nordische Rasse bei den Indogermanen Asiens』, München 1934)과 v. Eickstedt의 책(p.259-333)을 참조하라고 언급하겠다.

끝으로 Baelz(520, p.172)는 북부 지방에 극소수이지만 **아이누 혈통**의 자취가 있다고 언급하고, v. Eickstedt와 마찬가지로 그것을 유럽계 인종의 혈통으로 분류했다. Koganei(524)도 이에 동의한다.

전체적으로 볼 때 한국인은 키가 크고 힘센 인종이다. 조선이 1392년에 권력을 장악하자마자 가구와 호구조사를 실시했다. 한국인 경제학자 이훈구(李勳求)는 조선 팔도의 호구조사에 관한 책을 저술하였다(605, p.405). 1404년과 1648년에 행했던 두 번째까지의 조사는 완벽하지 못했기 때문에 전면 무시되어야 했다. 그러나 1678년, 1717년, 1753년, 1807년, 1852년, 1904년에 각각 실시한 조사를 보면 225년간의 **인구분포와 이동**에 관한 개략적인 상황을 알 수 있다. 물론 절대 수치 그 자체에 비중을 두어서는 안 되는데, 그 이유는 이 절대 수치가 너무 작기 때문이다. 그러나 부정확한 정도가 각 시기와 각 지방별로 대략 비슷한 것 같으므로 지역별·시기별 차이를 비교하여 어느 정도의 결과는 얻을 수는 있다. 인구는 1678년 이후로 상당한 증가를 보이다가, 1807년의 후기의 조사 연도에 와서는 그 증가율이 둔화되었다. 1807년 이후에는 인구가 오히려 감소하기 시작하여 19세기 후반에 와서는 전반부보다 두 배 이상의 감소율을 보였다. 이러한 바람직하지 못한 현상은 일본에 의해 지배당하기까지 정부의 실정(失政)에 기인하는 것으로 이훈구는 평가한다. 저자가 계산한 8도의 인구율에서 알 수 있듯이, 226년 동안 지역 간의 변화 상태가 나타난다. 애초에 인구증가분의 주된 비중을 차지하던 삼남(三南) 지방에서 이미 1753년에 인구감소가 시작되었으며, 그 후 인구감소의 주요 부분을 차지했다. 두 개의 북부 지방에서의 인구감소는 미약하게만 나타났고, 함경도는 오히려 1852년과 1904년 사이에 다시 급증한 곳이다(p.546과 비교). 그러므로 인구의 중력(Bevölkerungsgewicht)이 점차 남에서 북으로 이동한 것이다. 1678년에 총인구의 52%가 거주하던 삼남 지방은 1904년에 와서 47%로 감소한 반면, 두 개의 북부 지방에서는 21%에서 26%로 증가했다. 그러므로 북부 지방은 지속적으로 개척지대의 성격을 갖는다. 쇄국정책 시기 말엽에 한국의 총인구는 약 10,000,000명으로 추정된다.

인구 변화의 부정적 상황은 아마도 부분적으로 **전염병** 확산의 결과이기도 하다. 과거에 전염병은 주로 육지를 통해 한국에 유입하였다. 1876년에 조약항구(개항장)의 개항 이후에도 전염병은 빈번히 육로로 한국에 유입하였다. 1895년에는 국경지대에서 600,000명 이상이 콜레라로 사망하였고, 1920년에는 서울에서만 약 13,000명의 사망자가 나왔다. 남자의 1/5을 헤아릴 정도로 많은 한국인이 천연두 자국을 지니고 있다. 그 외 한국 도처에서 치명적인 질병은 결핵과 장티푸스이다(537). 기타의 질병들은 열대 지방의 질병과 같은 것들인데 한국의 여름이 열대기후라는 사실이 여실히 나타난다. 백미(白米)는 인구가 조밀한 한국 전역에서 가장 중요한 기본 식량이 되지만, 각기병(脚氣病)은 드물다. 정미하는 과정 중에 소실되는 비타민은 생채소를 충분히 섭취함으로써 몸에 보충되기 때문일 것이다. 그러나 펠라그리[33](534, 535), 말라리아, 구충증(鉤蟲症, Hakenwurmkrankheit: 십이지장충)과 특히 남부 지방에서 창궐하는 나병(530–533) 등이 널리 퍼져 있다. 타로 토란 함유물(Taro의 Sapotoxin)이 나병을 유발하는 조건으로 알려져 있지만 타로 토란은 제주도에 일부 재배될 뿐 한국에는 없다. 선옹초(*Agrostemma githago*)[34]와 같은 야생잡초도 자생하지 않는다. 1937년까지도 남부 지방에는 13,786명의 병세가 심한 나환자가 등록되었다. R. M. Wilson의 발의에 의해 미국 선교회는 남부 지방에 나환자 수용소들을 건립함으로써 큰 공적을 올렸다. 일본 정부는 1917년에 시설이 양호한 나환자요양원을 전라남도의 고도(孤島)인 소록도(小鹿島)에 설립했는데, 현재 수천 명의 나환자를 수용하고 있다. 한일합방 이래 일본인은 그 밖의 전염병에 대한 대책에서도 성공을 거두었다.

상기한 한민족의 인종 구분이 그들의 **의식구조**에 상응하는 차이와 관련시킬 수 있는지에 대

33 역자 주: 비타민 B2의 결핍에 의한 설사 및 마비 증세를 동반하는 피부병.

34 역자 주: 밀밭에서 자라는 독초.

[별도 19]

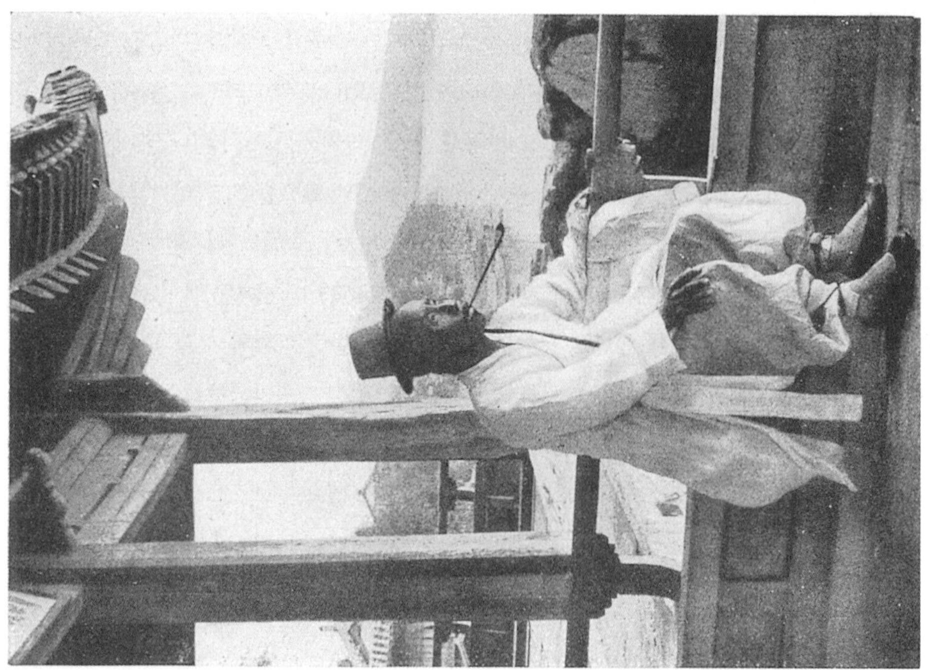

1. 평양 대동강안의 정자에 있는 한국인

2. 지게에 간장독을 지고 있는 한국인 옹기장이

[별도 20]

3. 갓 위에 유지(油紙) 모자를 쓴 한국인

4. 지게에 땔감을 지고 있는 젊은 한국인

해서는 지금까지 잘 밝혀지지 않고 있다. 그러나 국민의 심리적 구조 속에서 한국민은 동질적 집합으로 보이며, 그 집합체의 속성은 지난 350년간의 역사적 운명을 거치면서 형성된 것이다. 한국인의 특성에 관한 판단은 실로 매우 다양하다. 어떤 부류의 사람들에게는 한국인은 고문당하는 성자로, 다른 사람의 눈에는 세상에서 가장 업신여길 만한 국민으로 비춰진다는 A. J. Brown의 의견(704, p.VI)은 일리가 있다. 특히 미국 선교사들은 일본을 고발하는 의미를 포함한 전자의 태도를 취하는 반면, 그 외의 다른 부류에게는 후자의 관점이 지배적이다. 예를 들어 영국 Baedeker 여행 안내 시리즈 중 『Terry's Japanese Empire』(276, p.719 이하)의 모든 판에서 일관되게 씌여진 한국인의 성격과 그 영향에 관한 상세한 내용은 악의적이고, 냉소적으로 표현한 비판뿐이며, Isabella Bishop(207 I, p.4, 185, II, p.148, 189, 278 이하)과 같이 편견 없는 여행자의 판단도 거의 원칙적으로만 자제하고 있을 뿐이다.

일반적으로 한국인은 본래가 선량하고, 협조적이며, 손님을 후대하고, 부모와 자식에 대해 자상하고, 지적이며, 탁월한 언어 자질을 지니고 있다. 그러나 250년간의 실정(失政)이 한국인을 게으르고 무감각하게 만들었다. 이 시기에는 줄곧 사회정의가 부재했다. 탐욕스런 관리는 연약한 정부의 감독 소홀을 틈타서 양민들이 애써 얻은 것을 착취했다. 양민들은 기는 듯이 굴종하고 가난에 시달리는 것 외에는 이 착취 체제를 벗어날 아무런 방도가 없었다. 관리 계급인 양반 밑에 굴종하는 것과 관습에 대한 완강한 집착은 —이것이 쇄국의 필연적 귀결이었던 것과 같이— 유교의 폐해이다. 이 시대의 여파가 지금까지도 극복되지 않았다. 아직도 대부분의 한국인은 다만 가장 요긴한 필수적 욕구를 해결할 정도의 일만 하는데, 이 욕구는 믿지 못할 정도로 최소한이다. 어떠한 전망이나 노력도 없다. 정리되지 않은 농경지, 채집 경제로 황폐화된 삼림과 덤불, 많은 가옥과 악취가 풍기는 주변 상태 등이 이러한 의식에 대한 설득력 있는 증거를 제시한다. 한국 남자들은 거리나 그들의 오막살이집 앞에서 아무 일도 하지 않고 시간에 구애 없이 땅에 닿을 정도로 낮게 쪼그리고 앉아서 길이가 1m나 되는 작은 머리가 달린 장죽을 식사 때나 잠잘 적에만 곁에 내려놓고 항시 입에 물고서 시간을 허비한다. 할 수 있는 최대한의 일거리가 휴일도 없이 아침부터 저녁까지 고생해야만 하는 연약한 여성들의 어깨를 짓누른다. 나태한 기질은 노력 없이 돈을 벌자는 태도와 통한다. 단시간에 번 돈을 절제하지 않고 먹고 마시는 일로 탕진한다. 가장이 가족의 운명을 결정하는 현재에도 전반적으로 팽배하는 가부장제도(Clansystem)와 매우 원시적인 귀신 숭배는 매사의 행동을 통제한다. 모든 정신적 자세가 원초적 순진함(우매함) 속에 경직되어 있다. 서양 문물을 가까이 접한 한국인들조차 그들 국민의 단점과 그 타파의 필요성에 대한 인식이 부족하다. 독자적인 문화의 가치에 대한 지나친 자부심이 개선책을 모색하는 일을 어렵게 한다. 가장 호의적으로 한국인을 평가하는 사람들 가운데 한 사람인 Hulbert(43, p.27-44)는 한국인의 다양한 속성에 미친 불교의 영향을 간파한다(70, p.39). 그는 신비주의, 운명론, 비관주의, 정적주의(靜寂主義) 등 네 가지 종교적 기반을 한국인 속에서 발견한다. 천 년간 이어진 오랜 불교의 지배와 억압받은 역사적 운명 속에서 응결된 민족성이 현재의 이러한 정신적 자세의 원인이라고 할 수 있다. 그러나 Hulbert는 한국인은 중국의 합리주의와 일본의 이상주의의 아주 적절한 조화를 가진다고도 강조한다. 이러한 사실은 한국인이 점차 현재의 정체 상태로부터 탈피할 희망이 있다는 것을 제시한다. 또한 그러한 발전의 기미도 보인다.

"중국이 여러 관점에서 한국의 확대판이라고 말할 수 있다면, 또한 한국은 관찰자에게 중국의 축소판같이 여겨진다. 그러나 현재의 중국이 아니라 17세기 명왕조 때의 중국 상황을 의미하는 것이다." E. v. Hesse-Wartegg이 1895년에 『한국여행기』의 서문에 쓴(204) 이 말은 여전히 옛 한국의 문화지리를 이해하는 첫걸음으로서 인정받을 만하다. 『Transactions of the Korea Branch of the R. Asiatic Society(1900)』의 제1권에는 한국 문화의 근본적 특성의 기원에 관한 Gale(69)과 Hulbert(70) 사이에 벌어진 논쟁이 실려 있다. Hulbert가 토속적 측면들을 지나치게 강조한 반면, Gale은 문화생활의 총체적 현상들을 단연 중국의 영향으로 주장하고 그의 주장을 다음과 같이 요약했다. "현재의 한국은 중국에 근원을 두지 않은 어떠한 생활방식, 문헌, 그리고 사상도 없다"(p.44). 이러한 주장은 다른 주장과 마찬가지로 거의 옳지 않다. 본서의 제1부 역사에 관해 다룬 장에서 본래 한국의 문화와 중국에서 유입된 문화를 여러 차례 구별할 기회가 있었다. 그러나 지리적으로 중요한 의미를 가지는 주민 생활의 매우 많은 분야에서 비록 부분적으로 다소 변형은 되었으나 중국 특성들이 지배적이라는 것은 현재에도 의심의 여지가 없다. 하지만 널리 여행을 한 v. Hesse-Wartegg의 두 번째 주장 역시 옳다. 민주가 중국을 지배했을 당시 한국은 절대적인 쇄국과 그로 인한 문화 발전의 정체시대로 접어들었다. 그 결과 옛 한국의 근본적인 지리적 특성들이 일찍이 형성되었다. 그리고 중국으로부터 전래된 것에 관한 한, 적어도 명대(1368~1614년, 별도 3)까지 소급된다.

이러한 사실은 무엇보다도 흰색으로 말미암아 외관상 돋보이는 **의복**에서 나타난다. 여기서 저자는 단지 한국 본토에 대해서만 기술하겠다. 제주도의 경우는 도서의 폐쇄성 때문에 아직 전래의 특성을 간직하고 있다(p.525). 남자가 주로 입는 의복은 허리와 발목을 대님으로 묶는 품이 매우 넓은 한복 바지이다. 발에는 짚신이나 모전(毛氈)으로 창을 댄 베신을 신는다. 이러한 신들은 지난 수십 년 동안에 다양한 색상의 고무신으로 바뀌어 가고 있는데, 고무신은 베신과 마찬가지로 형태상 중국식이다. 상체에는 오른편 가슴 위에 옷고름으로 묶게 된 저고리를 입는다. 한국의 옷에는 단추와 단춧구멍이 없다. 외출 시에는 이 옷 위에 같은 방법으로 여미는 두루마기를 걸친다. 저고리와 두루마기에는 고급품일 경우 밥풀로 풀을 입힌 동정이 달려 있다. 나이 먹은 아이들도 남녀가 구별 없이 꼭 같은 옷을 입고 있기 때문에 소년과 소녀를 구별하기가 어렵다. 더욱이 공히 가르마를 탄 머리에다 같은 길이의 긴 머리를 땋고 있기 때문에 구별하기가 어렵다. 대개 조혼을 하는 것이 일반적인데, 남자는 혼인과 더불어 땋은 머리를 버리고 상투를 튼다. 천 년 동안 지속된 이 남성 권위의 상징인 상투는 정수리 위에 뼈 비녀로 고정시킨 손가락 길이의 뿔 모양을 하고 있다. 그 위에 주된 장신구가 얹혀지는데, 그것은 서양인의 시각에서는 너무 밀착된 넓은 테두리가 달린 원통형의 모자이다. 이것이 의관 중에 가장 값비싼 품목이다. 이것은 말총이나 대나무 오라기로 투시할 수 있게 짜서 검은색으로 칠한 것이다. 이 갓은 같은 재료로 만든 머리를 두르는 띠 위에 눌러 쓴다. 이 머리띠(망건)를 수십 년 동안 벗지 않는 경우도 더러 있다. 망건 위의 갓은 턱 아래로 묶은 끈으로 고정된다. 비가 올 때는 한국인이 접어서 늘 지니고 다니는 기름종이로 만든 삿갓을 그 위에 쓴다. 농부들도 큰 바구니 모양의 비 모자와 짚으로 만든 외투(도롱이)를 사용한다. 호주머니가 없으므로 허리둘레에 끈을 매어 거기에 담배쌈지와 기타 용구를 매단다.

의복들은 대개 면으로 만든 것이다. 무더운 여름에는 삼베와 얇은 비단으로 된 옷도 입는다. 그리고 도시인은 흔히 대나무 혹은 버드나무 가지로 짠 얇은 망을 알몸의 상체와 손목 관절에 씌워 통풍을 원활하게 한다. 추운 겨울에는 여러 가지의 옷을 겹겹이 입거나 혹은 따로 솜을 채워 만든 동복을 입는다. 그리고 발에는 천 조각을 누벼서 만든 버선을 신음으로써 추위를 막는다. 모직 옷은 존재하지 않으며 면양의 사육도 전혀 없다. 이러한 모든 재료들은 주민이 선호하는 흰색이다. 그리하여 농부들은 대개 때묻은 것 같이 보일 수밖에 없다. 그럼에도 불구하고 부녀자 노동의 큰 몫을 이 옷의 세탁에 할당해야 한다. 부녀자들은 샘이나 개울의 찬물에서 빨래를 해서 쌀풀을 먹인 다음 최종적으로 둥근 방망이로 다듬이질을 한 후 이 옷을 다린다. 이러한 일을 하는 단조로운 소리가 집안의 부녀자 방으로부터 밤 늦도록 울려퍼진다. 최근에는 비둘기 회청색의 바지 혹은 조끼도 가끔 볼 수 있다. 예로부터 남성들은 독특한 상복을 입는다. 아들은 부모의 사후에 3년간 부모에 대해 애도를 표해야 한다. 상복의 두루마기는 황갈색의 삼베로 만든 옷으로 자루처럼 품이 헐렁하다. 같은 색으로 된 어깨까지 드리워지는 두건을 쓰는데, 두건은 삼베로 씌운 성긴 나뭇가지 세공품이며 테두리가 곡선으로 접히고 뒤집어 놓은 주발 모양이다.

여성의 옷은 남성의 의복과 유사하다. 여성들은 바지 위에다 몸을 한 바퀴 반을 감싸는 치마를 입는데 서양 치마처럼 복사뼈까지 닿는다. 도시 여성들은 가르마를 탄 땋은 머리를 목덜미에서 틀어 묶는 반면, 농촌 여성들은 머리 위에 둥글게 감아 테 모양을 만들어 그것을 무거운 짐을 받치는 깔개로 사용한다. 그 이유는 부인들에게는 모자가 없기 때문이기도 하다. 여성의 옷도 흰색이 지배적이며 30세 이상의 여성들은 전통 의복을 입는 것이 규정이나 다름없다. 20세부터 30세까지의 여성은 밝은 자주색(다홍)의 옷을 흔히 입고, 20세 이하의 여성은 엷은 녹색과 분홍색을 걸친다. 어린이들은 가장 다채로운 색상을 입는데, 그 화려함이 성인들의 엄숙함에 비교하여 이상하리만큼 대조적이다. 가장 나이 어린 소아들은 여름에 자주 알몸으로 지저분한 곳에서 뒹군다.

최근 수십 년 동안 유럽식 의복이 일부 한국식 의복에 가미된 채 등장하였고, 도시 지역에서 급격히 확산되고 있다. 학교 아동들도 드물지 않게 회색의 면직으로 된 제복과 유사한 옷을 입는다. 몇 십 년 전에 두발의 유지를 위한 반란(을미의병)이 있은 후에 상투와 땋은 두발은 청년들과 소년층에서는 단발로 바뀌고 있다. 이로 인하여 한국 의상의 전형적 특징은 점차 사라져 가고 있다. 일본 정부는 흰옷이 매우 비경제적이므로 입지 말 것과 당면 과제에 대한 수용을 의미하는 단발을 권장한다.

도시와 농촌의 생활은 당연히 절기(節氣)와 밀접한 관련이 있다. **민속 절기**는 생활 관습에 의거하여 구분될 수 있다. 겨울은 거주 공간에 온돌 난방을 가동하는 기간(p.224)을 통하여, 또 여름은 얇은 옷을 입는 기간에 의해 정해질 수 있다. 따라서 봄은 겨울 난방 기간이 끝남과 동시에, 여름은 얇은 하복을 입기 시작할 때, 가을은 하복을 벗을 때, 겨울은 난방의 시작과 더불어 각각 시작된다. 『일본풍속지리대계』(299, Bd.16, p.62)에는 주요 기상관측소가 소재하는 각 도시마다의 주민생활에 따른 이러한 계절의 평균 기간이 적혀 있다. 그 내용은 다음 표에서 보는 바와 같다.

표에 따르면 봄은 균일한 전선을 유지하면서 남에서 북으로 북상한다. 한국 내에서 봄이 시작하는 시차는 $1^1/_3$개월이다. 여름은 가장 먼저 남동부 지역(대구)에서 시작하여 빠른 속도로 북쪽으로 이행한다. 제주와 압록강 하구 용암포 간의 시차는 단지 5일밖에 안 된다. 그러나 최북동단에서는 여름이 매우 늦게 시작한다. 원산과 웅기(雄基) 사이의 시차는 1개월이나 된다. 가을의 시작은 다시 균일한 전선을 유지하면서 북에서 남으로 이동한다. 국토의 남·북단에 놓인 지역 간에 봄이 시작하는 시차와 가을이 시작하는 시차는 거의 같다. 겨울의 시작은 내륙에서의 이른 냉각을 뚜렷하게 나타낸다. 대구에서조차 이미 11월 15일에 겨울이 시작된다. 그러나 겨울 시작의 남·북단 간의 차는 두 달이나 된다. 온난한 동해안에서는 서해안보다 15일 정도 늦게 겨울이 시작된다. 이에 상응하는 내륙의 불리한 점은 봄의 기간으로 알 수 있다. 동해와 대한해협의 해안에서는 내륙 지방과 서해안보다 봄 기간이 최고 30%나 길다. 여름의 길이는 위도에 따라 크게 다르다. 최북동단에서 여름이 특히 짧다. 제주는 웅기에 비해 여름의 길이가 두 배 반 이상이나 된다. 가을 기간도 남부보다 북부에서, 해안보다 내륙에서 각각 짧고, 동해안이 서해안보다 길다. 겨울 기간은 북쪽으로부터 남쪽으로 갈수록 상당히 균일하게 감소하여 마침내 절반 이하가 된다. 최남단에서는 봄과 여름이 길고, 가을과 겨울은 짧다. 최북단에서는 겨울이 다른 모든 계절을 압도한다.

의복과 마찬가지로 **주택 건축**도 중국과 밀접한 관련이 있다. 그러나 한국의 의복이 현재의 중국에는 없는 반면, 한국으로 전래된 건축 양식은 중국에 아직도 현존한다. A. Eckardt의 『한국예술사』와 훌륭한 삽화가 든 E. Boerschmann의 책을 비교해서 살펴보면 이러한 상호 관련성을 쉽게 확인할 수 있다. 그러나 초가의 오막살이와 같은 흔하고 원시적인 한국 건축물의 범주에서는 중국 양식이 외관상으로 두드러지게 나타나지 않는다. 중국의 가옥이 흔히 목조이

민속 계절의 시작과 기간

	계절의 시작				계절의 날짜 수			
	봄	여름	가을	겨울	봄	여름	가을	겨울
제주	3.1	6.15	9.30	12.20	106	107	81	71
목포	3.15	6.5	9.25	12.5	82	112	71	100
부산	3.5	6.15	9.25	12.10	102	102	76	85
전주	3.15	6.5	9.15	11.20	82	102	66	115
대구	3.15	6.1	9.20	11.15	78	111	56	120
인천	3.25	6.15	9.15	11.20	82	92	66	125
서울	3.25	6.10	9.15	11.15	77	97	61	130
강릉	3.20	6.10	9.15	11.30	82	97	76	110
평양	4.1	6.15	9.10	11.5	75	87	56	147
원산	4.1	6.20	9.10	11.20	80	82	71	132
용암포	4.5	6.20	9.5	11.5	76	77	61	151
성진	4.5	7.15	9.5	11.10	101	52	66	146
중강진	4.10	6.25	8.25	10.20	76	61	56	172
웅기	4.10	7.20	8.31	10.30	101	42	60	162

기 때문에 그 점에서 중국 양식이 한국에도 존재한다. 기와집에 관한 한 그 유사성이 매우 눈에 띄게 나타나고, 궁궐, 사찰, 암자 등의 건축물이 규모가 클수록 중국 영향이 놀랍게도 확연하게 나타난다. 중국 영향은 기와, 목재 기둥 및 대들보의 형태와 기술적인 구조의 유형까지의 세부 사항에 이른다. 다만 중국에는 석조가 많은 반면, 한국에는 목조나 목골구조물(木骨構造物)이 우세하다는 점에서만 상호 관계가 지리적으로 덜 부각된다. 이러한 근친성에도 불구하고 높은 수준의 한국 건축술은 다양한 근본적인 독자성도 아울러 갖고 있다. 그리하여 때때로 한국적 양식에 관해 언급할 수 있다.

한국의 취락은 도시에서조차 대부분 가옥이라기 보다는 오막살이라는 이름이 적절한 거의 예외 없는 단층건물로 이루어져 있다(574). 이미 언급했듯이 한국은 목골 혹은 목조건축술을 갖고 있다. 일찍이 1744년에 나온 『대청제국지리』는 충청도와 황해도에 대해 다음과 같이 전한다. "벽을 쌓아서 지은 건물은 없다. 가옥은 흙으로 지어졌고, 무덤의 형태를 갖는다"(131, p.92). 순수한 목조건축술은 화전경작과 밀접한 관계가 있고, 아직도 삼림이 풍부한 곳, 즉 높은 산악지대, 울릉도, 개마고원 등지에만 있다. 목조건축술에 대해서는 개마고원과 관련시켜서 다루도록 하겠다(p.326 이하). 또한 저자는 제주도의 가옥과 취락에 관해서도 여기서는 언급하는 것을 유보하도록 하겠다(p.526 이하).

그러므로 한국 대부분 지역의 가옥은 목골구조이다. 대들보는 대개 소나무 줄기를 절단해서 쓰고, 그것은 소나무의 형태에 따라 다소 구불구불하다. 주된 기둥을 땅에 묻힌 주춧돌 위에 세우고, 대들보(가름보, Querbalken) 및 이음들보(Abschlußbalken)와 결합되는데, 이음들보 위에 지붕을 올린다. 그 사이의 빈 곳은 인피(靭皮) 줄(Bastseil)로 묶은 서까래로 채운다. 서까래 사이에 다시 격자세공(格子細工, Flechtwerk)을 놓고, 끝으로 이렇게 설치한 외벽을 진흙으로 채워 바른다. 대체로 외벽은 진흙의 자연색을 지닌다. 오로지 부유한 사람들만 외벽에 흰 회칠을 한다. 풍화를 방지하기 위하여 때로 벽의 하부 바깥 쪽에만 돌을 둘러싼다. 아직 젖은 상태의 진흙벽에 돌을 밀어 붙여서 진흙으로 발라 막는다. 새끼줄이 이 넘어질 것 같은 돌을 벽 쪽으로 지지한다. 돌은 진흙바름의 밖으로 노출된다.

가옥은 칸(간)이라 불리는 공간들로 이루어진다. 칸에는 정상 규격이 있는데 개개 지역에 따라서 3×3m, 5×5m의 범위 내에서 각각 차이가 있다. 이 정사각형의 규격 외에도 직사각형(약 3×4m)도 있다. 진흙 벽으로부터 드러나 보이는 주기둥의 간격은 이 규격에 따라 세워진다. 때로 칸 사이의 내벽을 제거하여 여러 칸이 하나의 공간으로 통합되기도 한다. 가장 단순한 형태의 가옥은 나란히 연결된 2~3칸으로 되어 있다. 그래서 장방형의 평면구조를 나타낸다. 이것이 기본형이다(그림 21b). 이 기본형은 다양하게 변화한다. 이 장방형의 끝에 한편 또는 양측에 다른 칸들을 이어서 ㄱ자형, T자형 또는 양날개를 가진 형태가 나타나거나(그림 21a와 b), 아니면 집의 길이만큼 두 칸씩 나란히 붙혀서 겹집이 되기도 한다. 북부 지방에서 이러한 평면 형태가 남부 지방보다 다양한 편이다.

개개의 칸은 다양한 **용도**를 가진다. 한 칸은 늘 요리와 난방 용도로 쓰이고, 하나 혹은 그 이상의 칸은 각각 남녀 가족의 침실로 쓰인다. 부엌 바닥은 평탄한 지표면이고, 방바닥은 대략 무릎 높이의 정도로 부엌바닥보다 높다. 방바닥 밑에는 **바닥난방**(온돌)을 위한 연도(煙道)가 지나가고, 부엌에서 불을 땐다. 어느 곳에나 있으며, 매우 실용적인 한국 고유의 가옥 난방을 위한 화덕은 크면서 낮게 위치한 부뚜막에 설치된다. 가옥이 큰 경우 격리된 방은 따로 어느 한 외벽에 화덕을 갖고 있다(그림 21d). 땔감으로는 일상적으로 인근의 숲에서 구한 나뭇가지나 낙엽이 쓰인다(p.201). 연기는 연도의 끝에 있는 굴뚝으로 빠져나가서 아침이나 저녁이면 마을과 도시는 매운 연기로 휩싸인다. 목조건물이 위주인 지역에서는 속을 파낸 통나무로 된 실제적인 굴뚝이 화덕 위에 설치된다(p.327). 거기에서부터 굴뚝의 이용 방식이 목재가 부족한 북부 지방의 여러 지역으로 파급되었다. 이들 지역에서는 굴뚝은 못을 박아 판자를 결합시킨 것이나 단순히 진흙 관으로 만들었고, 날씨로부터 보호하기 위해 대개 짚으로 둘러쌌다. 굴뚝은 공장 굴뚝처럼 건물로부터 약간 격리되어 설치되었다. 온돌 난방은 솥에 불을 지필 때마다 작동하므로 한여름에 화덕과 연결된 주거 공간은 참을 수 없이 무덥다. 그러면 한국인들은 기꺼이 탁트인 툇마루에서 잠을 잔다.

가장 간단한 가옥구조에도 방 앞에는 방바닥 높이의 **툇마루**가 나란히 연결되어 있다. 그 툇마루는 방과 마찬가지로 결코 신을 신고 오르지 않는다. 가장 단순한 사례의 툇마루는 흙을 채워 그 위에 포장을 한 유형이다. 그러나 대개의 툇마루는 판자로 되어 있으며, 진흙 바닥 위에 장판지를 바른 방처럼 깨끗하게 유지된다. 보다 큰 집에서는 툇마루 대신 대청마루가 있거나 또는 대청마루가 첨가된다. 그 대청마루는 한칸 또는 여러 칸을 차지한다(그림 21d와 e). 툇마루와 대청마루는 둘 다 지붕으로 덮여 있다. 툇마루와 **대청마루**로부터 방으로 들어가는 곳에 목재로 된 격자문이 있다. 이 문은 쇠로 만든 경첩을 축으로 하여 움직이는 여닫이문으로서 말하자면 일본에서와 같은 미닫이문이 아니다. 문에는 창호지를 발라서 빛이 방으로 비친다. 특별한 점은 대개 창문이 없다는 것이다. 그러나 문지방이 약 60cm 정도로 높다. 그러므로 그 문이 방을 타고 들어가는 낮은 창문인 셈이다.

한국 가옥의 대부분은 평탄한 **우진각지붕**이다. 대조적으로 북서부 지방에는 **맞배지붕**이 흔

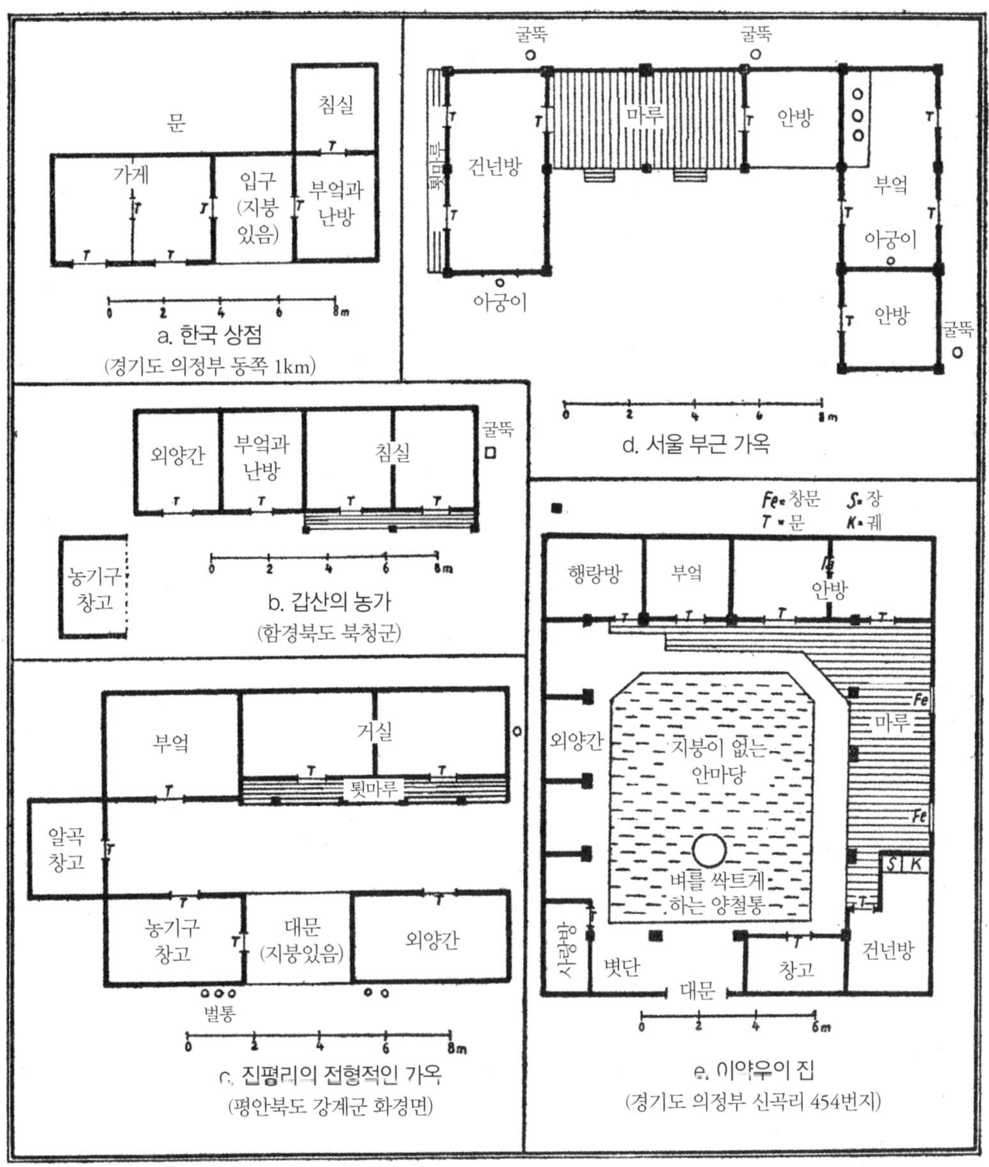

그림 21. 전형적인 주택과 정원의 평면구조(a–c와 e는 저자, d는 A. Eckardt에 의함)

한 편인데, 추측하건대 중국의 영향인 것 같다. 두 가지 사이의 변형으로서 북부 지방에 널리 분포하는 반우진각지붕이 있는데, 내림마루 아래에 약 1m 높이로 삼각형의 박공이 있다. 논농사 지역에는 지붕들이 짚으로 덮인 초가이다. 때때로 짚은 끝 술이 가지런하지 않은 채 처마 위에 올려져서 한 채의 가옥이 마치 큰 볏짚 더미처럼 보인다. 그리하여『대청제국지리』에서도 기술했듯이 동아시아의 무덤에 잘 비견된다. 그러나 대부분 처마에 얹혀지는 볏짚은 단정하게 절단되고, 이때 개개의 볏짚층이 기왓장처럼 용마루와 나란히 줄지워져 포개진다. 서로 반대 쪽으로부터 용마루와 맞닿는 볏짚을 비를 방지할 목적으로 넓게 짠 이엉으로 덮는다. 내림마루 쪽에도 대개 한자락의 이엉을 더 덮는다. 맞배지붕 위에는 짚이 밑으로 쭉 내려오고, 양끝은 적절한 장력을 주기 위해 무거운 돌로 당긴다. 상층의 볏짚은 부패로 인하여 3~5년마다 새로 간다. 새로 덮는 짚은 보통 제거되는 것보다 두터워서 지붕의 두께는 늘어만 간다. 그때문에 내림마루의 형태가 불분명하게 되는데, 그러면 지붕은 마치 뒤집어 놓은 보트처럼 보인다. 흔히 농가의 초가지붕 위에는 여름이면 박과 오이 덩굴이 지붕의 거의 반을 덮는다. 가을에는 지붕이 그 위에 널어 말린 고추로 인해 붉게 보인다. 초가지붕은 자주 갈아 주어야 하기 때문에 논농사 지역과 삼림 지역에 인접한 경계 지역의 목조가옥지대에서는 널지붕으로 바뀐다. 평안남도에서는 또한 그곳에 부존하는 석회질 셰일을 지붕 재료로 이용하고 있다. 미작 및 삼림 지역 외의 기타 지방에서 지붕은 새(억새), 수숫대, 갈대 등으로 되어 있다. 폭풍이 심한 해안 인접 지역 중 남부 지방에서는 대나무, 북부 지방에서는 새끼줄 혹은 식물 섬유로 짠 줄을 이용하여 흔히 지붕을 단단히 고정시킨다.

보다 부유한 사람들은 **기와지붕**을 올린다. 파인 쪽이 위로 향하도록 놓이는, 편평하면서도 굽은 암기와 위에 크게 만곡한 숫기와를 얹어 서로 결합한다. 숫기와는 돌출면이 위로 향하고 경사면을 따라 관(管)과 같이 아래로 뻗는다. 용마루와 내림마루 위에는 굽은 기왓장을 얹는다. 용마루와 내림마루에는 중국 건축에서 잘 나타나는 하늘을 향해 오목하게 굽은 곡선의 흐름이 있다. 그러나 중국에서 널리 분포하는 바와 같은 추녀 끝이 꺼꾸로 치솟은 지붕(Tingdach)은 없다. 옛 한국의 공공건물은 거의 기와지붕이다. 그러나 지금도 도시 내의 한국인 거주지구에는 초가집이 더 많다. 최근에 와서 유감스럽게도 볼품없는 아연 도금을 한 양철지붕으로 많이 바뀌었다. 평안북도의 군청소재지인 희천(熙川)의 사례를 살펴보면 초가집, 기와집, 양철지붕집이 각각 1/3씩이다. 평탄한 초가의 우진각지붕이 일색인 남부 지방보다 북부 지방에서는 지붕의 형태와 재료가 훨씬 다양하다.

누각(정자)들은 기와집의 건축과 매우 유사하다. 누각들은 도시에 근접한 곳의 풍광이 특히 빼어난 장소에서 한 폭의 그림처럼 자연과 어우러지고, 그것의 평화롭고 장중한 모습은 절벽, 계곡 혹은 외딴 구릉에서 단연 돋보인다. 그러나 누각에는 어떠한 측벽이 없다. 그리하여 사방을 한눈에 볼 수 있으며 주기둥은 엄청난 지붕의 하중을 견딜 수 있는 매우 강한 나무줄기로 되어 있다. 이러한 전망대 중에 다수가 2층이다.

한국인은 특히 집안의 여성들을 밖의 시선으로부터 차단하기 위해 바깥 세계에 대해 그들의 주택을 폐쇄하는 경향이 짙다. 그 때문에 가장 단순한 구조의 가옥에서는 툇마루 출입구에 짚 멍석을 걸어둔다. 그러나 대개의 가옥은 높은 **울타리**를 둘러침으로써 **안마당**이 있는 농가가 된다. 울타리는 싸리나무, 껍질을 벗긴 삼대와 수숫대 등으로 만든다. 부유층의 가옥에는 울타리가 진흙담 또는 돌담으로 대체된다. 이렇게 조성된 폐쇄 공간 내에서 농사(農舍)는 주거용 건물과 흔히 분리된다(그림 21b). 농사를 기와로 덮는 일은 거의 없다. 그러나 가난한 살림집에는 부엌 구석에 소, 몇 마리의 닭, 돼지 등을 기르고, 부엌과 방 사이에 벽이 없는 경우가 허다하다. 부잣집에는 주거용 건물과 농사가 마당을 둘러싸고 대문을 통해서 마당으로 들어간다(그림 21c). 완전하게 폐쇄될 수도 있어서 사각형의 마당이 되기도 한다(그림 21e). 마당의 한구석에는 흙으로 만든 커다란 갈색 항아리들이 있는데 그 안에 간장을 만들어 저장한다.

남부 지방에는 좁게 밀집한 **집촌**(集村)이 일반적이다. 북부 지방에서는 석회질 셰일과 최근에 형성된 용암대지 상에서와 같이 물을 얻기 어려운 곳에 흔히 집촌을 이룬다. 멀리서 보면 낮고 옹기종기 모인 잿빛의 둥근 초가지붕을 한 작은 집들이 때로 둥글게 마모된 큰 돌더미를 연상하게 한다. 북부 지방에는 이미 나 있는 길을 따라 형성된 촌락이 남한보다 좀 더 흔한 편이다. 흔히 산악지대에서는 경사가 심하므로 그러한 **선형 배열**(열촌)을 이루게 되었다. 큰 촌락의 중앙에는 단층으로 된 맞배지붕의 상점들이 가로를 따라 옹기종기 열을 짓고 있다. 중심부의 외곽에는 농가들이 보다 낮은 밀도로 분포한다. 집촌들은 인구밀도가 높은 지역에서도 드물지 않게 **소촌**(疎村)보다도 규모가 크지 않으나 촌락들은 짧은 거리를 두고 서로 떨어져 있을 뿐이다. 서부의 논농사 지역 중 많은 곳에서는 경작지가 불연속적으로 분포하므로 소촌이 형성된다. **산촌**(散村)은 북부의 개척지대에만 주로 국한되어 있다. 산촌도 북부에서 주로 개천이나 강을 따라 줄을 짓고 있다. 범람의 위험 때문에 하천에 직접 접하는 계곡촌락은 드물다. 낮은 단구면, 애추(崖錐) 혹은 활주사면(滑走斜面) 위가 주거지로서 선호된다. 홍수의 위험이 없는 곳에서도 흔히 사면의 산록에 취락이 형성되어 있고 비옥한 범람원은 거의 경작지로 활용된다. 동해안의 어촌들은 배를 쉽게 해안으로 끌어 올릴 수 있는 사주 상에 집촌을 이룬다.

신석기시대와 동기시대의 **정착**은 아직도 해안에 상당히 근접하였다(p.50). 거석문화시대에 이미 거주 지역의 확대가 일어났음을 알 수 있다. 한국에서의 정착은 낮은 곳부터 고도가 높은 곳으로 진행되었다. 한국의 취락은 현재에도 4/5가 농촌취락이므로 비옥한 토지와 밀접하게 결합되어 있다. 그러므로 다만 분지 내와 서부, 낙동강 지역과 북동부의 동해안 연안 등지의 평야에서만 큰 취락이 발달했다. 산지의 취락은 하천이 가장 비옥한 토양을 퇴적시킨 계곡에 좁게 발달하여 열촌(列村)이 형성되었다. 계곡과 관련된 취락은 그 장소명이 천(강)과 동(골)으로 끝나는 사례가 많다. 일본에는 없는 장소명의 어미인 동은 계곡에 위치한 작은 촌락을 뜻한다(W). 점으로 표기한 인구분포도(지도 3)는 **넓은 범위에 걸쳐서 발달한 취락과 선형(線形)으로 발달한 취락의 차이**를 매우 명확히 보여 준다. 산악 지역에 있는 영구농업취락은 깊게 침식된 계곡에 위치하므로 대체적으로 매우 높은 곳까지 이르지 않는다. 다만 불교 암자만이 그 예외이다(p.235 이하). 영구농업취락의 상한고도는 제주도에서 600m, 지리산 700m, 김천 부근의 금오산에서 800m(p.470), 금강산에서 다시 낮아져서 700m, 하람산에서 650m로서 위도가 낮은 곳에서는 낮게 나타난다. 최근에 와서 정부는 무허가로 거주하는 주민에게 도처에서 승인을 거부함으로써 거주 지역의 상부고도는 여기저기서 다시 약간 낮아졌다. 영구농업취락의 상한선은 깊이 침식된 계곡이 없는 개마고원에서는 훨씬 높은 고도에 이른다. 개마고원에 위치한 군청소재지인 풍산(風山)만 하더라도 해발 1,150m에 위치하고, 가장 높은 곳의 영구농업취락은 1,300m에 이른다. 따라서 기복의 영향으로 말미암아 취락의 고도상한선은 북쪽으로 갈수록 높아진다.

산지와 개마고원에서 조차 **화전민**(火田民. 555-564)의 **이동취락**은 좀 더 높은 곳까지 도달해 있다. 저자는 소백산맥에서는 약 1,200m 높이에서, 개마고원에서는 1,550m의 고지에서 화전민 취락을 보았다. 그 이유는 화전민들이 계곡에서 농사를 짓지 않고 계곡 위의 급경사지에서 경작을 하기 때문이다. 그리하여 영구취락과 화전취락의 상한고도 사이의 고지에는 또 하나의 큰 취락이 존재한다. 그럼에도 이러한 취락은 그리 많지 않아서 지도 3을 통해서는 확인할 수는 없다. 추측하건대 화전민은 현재 한국의 거주 지역을 점차 개척해 나가는 과정에서 지속적으로 최상부에 사는 주민일 것이다. 실제로 화전경작에 관한 가장 오래된 문헌이 전하는 바를 바탕으로 한 Oda(560)의 주장에 따르면 화전은 이미 신라시대에 존재했다. 화전민은 어떤 이유 때문에 생계를 유지하지 못하고 저지로부터 올라와야 했던 한국 주민 중 최하위 계층이다. 말하자면 동남아시아의 화전민과는 대조적으로 한국의 화전민은 분지나 계곡에 사는 사람들과 같은 민족이다. 그리고 진정한 의미의 이동화전민과 한국의 산지에서 관청에 등록된 숙전(熟田)에서 경작하는 정착화전민에 이르기까지 하나의 연속적 단계의 차이를 보여 준다. 진정한 의미의 '원시' 화전민은 그들이 경작하는 토지를 거리낌 없이 무분별하게 이용한다. 이 화전민은 자연 상태의 원시림을 불로 태워서 경지를 확보하고, 원시 경작 방법에 의해 토지로부터 만족할 만한 수확을 얻는 몇 년 동안만 경작한다. 농경지 근처에 화전민은 통나무집을 짓는다. 지력(地力)이 고갈되면 화전민은 이동 경작에 적절한 새로운 장소를 물색하여 거주지를 옮긴다.

그리고 오랫동안 이러한 과정을 밟은 후, 그 사이에 2차 삼림(二次森林)이나 적어도 잡초 및 관목이 자라 덮인 최초의 토지로 다시 돌아 오는 것 같다. 단순히 2차 수목림이나 2차 관목림을 불로 태워 개간하는 화전민은 일견 영구정착농민에 가깝다. 왜냐하면 그들 주위의 원시림이 극도로 접근이 힘든 장소에서만 그들과 격리된 채 부분적으로 겨우 자생하기 때문이다. 세 번째 유형의 집단은 이동 생활을 포기하고 영구취락에 거주하며 동시에 가축을 사육하고 그것을 통해 퇴비를 조달한다. 화전경작지는 따라서 보다 빈도가 높게 경작된다. 끝으로 네 번째 유형은 화전개간지뿐만 아니라 정식 허가를 받은 임차한 농지를 경작하는데 이 경작지는 화전과는 대조적으로 계곡이나 사면의 아래 기슭에 위치한다.

이렇게 연속적으로 다양한 단계 사이에 경계를 설정하는 것은 당연히 쉬운 일이 아니다. 1930년 당시에 이용되고 있던 화전은 약 2,000km²에 달했다. 그 면적은 국토의 1%, 경지 면적의 4.3%에도 못 미친다. 화전이 경관 훼손과 경제 손실에 끼친 효과는 수치가 제시해 주는 것보다 훨씬 크다(p.590 이하). 바로 앞서 구분한 네 번째 유형의 화전민을 포함한다면 조선총독부의 통계상 화전민은 137,678가구이다(605, p.158). 가구에 포함된 가구원 수는 족히 800,000명 정도에 달할 것이며, 그것은 총인구의 약 1/30을 차지한다. 저자가 관찰한 바에 근거하여 가장 중요한 화전민 지역을 별도 18에 표시했다. 중부와 남부 지방에는 단지 산악고지에만 화전민이 분포한다. 반대로 북부 지방에는 개마고원 전역과 그에 연속되는 남서부 지역이 포함된다. 화전농민의 취락과 경제에 관해서는 지역지리 부분에서 상세히 다루기로 하겠다(p.320 이하)

영구취락 중에는 한국의 **고도시**(古都市)들을 특별히 언급할 만하다. 지명이 주(州)로 끝나는 모든 취락과 성(城)이나 원(院)으로 끝나는 대부분의 취락은 이에 속한다(p.40 이하). 19세기 말엽에 나온 모든 여행기는 이러한 도시가 주는 전반적인 인상이 규모가 큰 촌락과 별반 차이가 없다는 점을 공히 기술하고 있다. 그리고 당시로부터 오늘날에 이르기까지 도시의 각 지구들도 변함없이 여행기의 기술 내용과 일치한다. 구도시 지역이 모든 도시에서 상당한 면적을 차지한다. 다만 고도시들이 성곽으로 둘러싸여 있었기 때문에 가옥이 촌락에서보다 좀 더 빽빽히 들어차 있고, 기와로 덮인 가옥의 비율이 좀 더 높다(p.410). 이러한 가옥들의 집합은 굽고 좁은 미로와 뒤섞여 있다. 보다 인상적이고 장중한 건물은 오로지 현존하는 군(郡)과 도(道)의 청사와 향교(鄕校)뿐이다. 향교는 조선시대에 모든 군청소재지마다 하나씩 세워졌다. 대조적으로 조선의 불교 배척의 영향으로 도시에는 불사(佛寺: 절)가 없다. 서울, 개성, 평양, 경주, 부여(扶餘) 등 옛 수도였던 도시에는 궁궐과 그 밖에 사적(史蹟)들이 있었다. 그러나 궁궐들이 석조건축물이 아니었으므로 그중 많은 고궁이 불에 타서 사라졌다. 그렇지만 오늘날에도 도시의 이미지에 기여하는 역사적 건물에 관하여 지역지리 부분의 군데군데에서 짚고 넘어갈 것이다. 같은 연유로 개인 소유의 가옥들도 그 양식은 오랜 역사를 가지지만 대개 축조된 지 얼마되지 않은 것이다.

이 책 제1부의 역사 개관은 한국의 육교적 위치가 얼마나 빈번하게 외침을 받았는지를 보여주었다. 이러한 운명으로 인하여 한국의 도시들은 전반적으로 방어시설을 구축하지 않을 수 없었으며, 아직도 상당 부분이 남아 있다. 그것이 없는 곳은 도로가 관통하거나 밀집한 도심과 저밀도의 시가지인 외곽 지역과의 대조를 보임으로써 방어시설의 위치를 확인할 수 있다. 방어시설로는 단지 수직으로 된 석조벽의 외측만 차단하는 높은 토성(土城)이 흔하다. 이러한 토성 중에는 일반적으로 현존하는 것이 적다. 그렇지만 그 방어시설을 현재에도 지니고 있는 소도시들이 있다. 해미(海美), 홍성(洪城), 금강 하구 북편의 남포(藍浦), 그리고 남해안 연변에 있는 영암(靈岩), 우수영(右水營)과 고흥(高興) 등이 그러한 사례이다. 북부 지방에서는 방어시설이 흔히 다듬지 않은 돌로 만든 누벽으로 되어 있다. 보다 규모가 큰 도시는 잘 다듬은 육면체의 돌로 된 높은 성벽으로 둘러싸여 있고, 이 석성은 때로 긴 구간에 걸쳐 보존되어 있다. 모퉁이의 성누각(城樓閣)과 성문들이 가장 견고하게 축조되었다. 특히 성문들이 많이 현존한다. 그 성문들의 예술적 가치 때문에 현재 그것들은 문화재로서 보존되고 있다. 성문들은 주된 천체 방향에 따라 이름이 붙고, 최소한 네 개는 있었다. 흔히 성문들은 지금 현대 도시의 한가운데에 홀로 서 있다. 성문의 하부구조는 높은 아치형의 문(홍예문, 虹霓門)을 형성하는 큰 육면체의 석재로 이루어져 있다. 그 위에 무거운 목조의, 때로 이층으로 된 상부 건축물이 축조되고, 이 상부구조는 곡선의 기와지붕을 가진, 앞에서 기술한 누각과 유사한 것이다. 이 상부구조는 압도하듯 가장 높이 치솟아 있으므로 옛 한국의 도시에서 가장 두드러진 건물이었다. 지금도 유럽식 다층건물이 바로 접하지 않는 한 성문은 부각된다. 고려시대에 지어진 개성의 남문은 현존하는 것 중 가장 오랜 역사를 갖는 비종교적 목적의 건물이다.

평지에 입지하는 도시에서는 도성이 구도시를 좁은 면적의 4방형(方形)으로 에워싼다. 북에서 남으로 내려오면서 그 실례를 들면 회령(會寧), 경성(鏡城), 해주(海州), 명천, 상주, 전주, 경주, 대정(大靜: 제주도) 등이 있다. 평지에 입지하는 도시에 인접하여 산이 솟아 있을 경우, 흔히 이 산이 도성 속에 포함된다. 그러면 이 도시는 결코 성내를 완전히 채워 시가지화되지 않는다. 이런 유형의 도시로는 강계(江界), 함흥, 정주, 연안(延安), 개성 등이 있다. 도시가 분지에 입지하는 경우, 성벽은 사방을 둘러싸는 산릉의 정상부를 따라 달려서 몇몇 안부(鞍部)에서는 시가지가 성벽까지 확대되어 접한다. 가장 적절한 예가 서울의 경우이다(p.409). 끝으로 몇몇 도시는 산정상부에 위치하여 성곽도 정상부의 대지에 축조되고, 성곽의 규모는 산정부의 면적에 따라 다르다. 또한 이 소규모의 도시에 사는 주민이 주로 농경에 종사하므로 경제와 교통 여건의 측면에서 이러한 위치는 매우 불리하다. 그러므로 이러한 사례는 드물다. 현재도 여전히 군청소재지로서 그러한 유형의 유일한 예는 영변(寧邊)에 있다(p.365). 또한 서울에서 남동쪽으로 18km에 있는 군청소재지인 광주(廣州)도 산정에 위치한다. 그러나 일본인은 군청사를 서울—충주 간 국도가 지나가는 낮은 곳에 위치한 경안(京安)이라는 마을로 이전시켰다.

이와 같은 요새화된 산악도시 외에도 국토의 도처에 산재하는 **피난성새**(避難城塞, Zufluchtsburg: 산성, 山城)가 있다. 산성에는 영구취락이 없거나 있다 해도 소촌 형태로 존재하는 것이 산악의 성곽도시와 다른 점이다. 산성은 일부 유명한 북한산이나 천마산과 같이 도시(서울과 개성)에 근접한 곳에 입지하여 도시의 주민을 긴급 시에 수용할 수 있어야 하고, 일부는 경부가도(京釜街道)에 접한 금오산(金烏山)이나 노령(蘆嶺: 서울—목포)에서 멀지 않은 내장산(內藏山)과 같이 주요 국도에 연하여 위치하기도 한다. 또 강화도라든지 봉강리(鳳崗里)와 안흥(安興)의 곶과 같이 바다로부터 침입에 대항하여 접근을 막을 수 있는 반도나 섬에 입지하기도 한다. 반상 범람 현무암과 화강암 관입은 정상부에서 높은 대지를 형성하게 하는 경향이 있고, 화강암의 경우는 대지가 흔히 sugarloaf에 의해 둘러싸여 있다(p.127). 이러한 입지 조건이 성곽을 축조하게 하는 요인이 된다. 산성의 테두리는 육중한 방형의 석재로 이루어진 성벽에 의해 폐쇄되고, 그 성벽의 모양이 중국의 만리장성과 흡사하다. 장중한 성문들이 내부로 향하는 몇 안되는 입구가 된다. 성내에는 수비대와 피난민을 위한 빗물통과 샘이 마련되어 있다. 오늘날에도 성내에는 궁궐 터, 사찰들 혹은 소촌 등이 있고, 소촌은 가끔 아직도 산성(山城) 또는 산성리(山城里)라는 지명을 갖고 있다. 이러한 산성 중에는 고도가 해발 1,000m에 이르는 것도 있다.

한국의 취락에 관한 고찰에서 불교 사찰들을 빼놓을 수가 없다. 그러나 사찰들이 **한국 경관의 종교적 영역**을 형성하는 유일한 특징은 아니다. 사찰에는 표현의 형태뿐만 아니라 종교적 배경에 따른 다양한 특징들이 있다(580-599, 299, 16권, p.94 이하). 『The Young East』라는 책에 나오는 통계에 의하면 한국에는 2,800,000명이 특정 종교에 적을 두고 있는 것으로 나타난다(581). 이 수치는 전 국민의 1/8에 해당하는데, 수치 자체도 너무 높게 추산된 것 같다. 즉 한국의 종교 생활은 그리 활성화된 것이 아니다. 이것은 조선시대를 거치면서 점차적인 문화 정체의 결과이다. 정치적 혼란과 기독교의 영향 아래 지난 세기를 거치면서 무수한 교파가 생겼고, 이 교파들은 19세기의 종교적 혼란을 증폭시키기만 했다. 그러나 지금까지 이 다양한 종파가 경관에 남긴 자취는 미미하다. 경관에 보다 큰 영향을 미친 것은 한편으로는 널리 확산된 민족종교, 즉 샤머니즘(무속신앙)의 성격을 가진 귀신 숭배이고, 다른 한편으로는 중국에서 이 땅으로 유입하여 크게 퍼졌으나 종교적 색채는 적은 공자의 생활철학과 부처의 초월적 신비주의(transzendente Mystik)이다. 이 세 가지가 한국에서 상호 영향을 주어 평범한 한국인은 신앙과 다양한 영역의 관습을 동시에 따른다.

샤머니즘은 한민족 형성의 상고시대에 만주로부터 이 땅으로 들어왔으며(p.53), 지금도 시베리아의 무속신앙과 밀접한 관계가 있다(Clark 580, p.173 이하). 샤머니즘은 물, 공기, 땅, 집, 마당, 토지 및 삼림과 심지어 환자 자신에게도 무수한 귀신이 있다고 믿는 신앙이다. 이 귀신에 대한 한국인의 태도 속에는 "숭배와 신뢰의 감정보다는 공포심이 우선한다. 종교의식은 예배와 봉사보다는 위로, 유혹, 복종으로 이루어진다(Gundert 582, p.189)." 고충스러운 일은 무술자(巫術者)의 직무이다. 판수[35]는 사악한 귀신을 집안으로부터 몰아내는 남자 소경들이다. 판수보다 효과적이고 영향력을 발휘하는 것이 무당인데, 무당은 악귀를 쫓아내기 위해 춤을 추는 여자이다. 한국의 **풍수**(風水)도 역시 귀신 숭배에 뿌리를 둔다. 한국의 풍수는 묏자리의 선택 시에 큰 의미를 지니며 그 선택은 풍수(중: Fengshui), 즉 문제시 되는 장소의 기의 성질을 파악하는 데에 달려 있다.

경관 표현에 나타나는 샤머니즘의 특성 중에서 가장 중요한 것의 하나는 **'오방장군'**(580, 586)에 대한 믿음이다. 동쪽 하늘은 청색, 서쪽은 백색, 남쪽은 적색, 북쪽은 흑색, 천정은 황색으로 상징되는 장군들이 각각 지배한다. 다섯 방향의 천체에 각각 색채를 부여하는 것은 심오한 자연상징주의를 드러내 보인다. 이 오방장군을 모시는 지주는 마을 어귀의 적절한 곳에 세워져 있다. 매년 그들에게 제를 올리고, 그럼으로써 장군들은 각 방향의 악귀를 마을로부터 멀리 쫓는다. **장군지주**는 높이가 3m까지 이르는 나무줄기이고, 위쪽 끝 부분에는 중국 청조의 고관 모자를 쓰고 인상을 찡그리고 이빨을 드러낸 사람을 닮은 얼굴이 조각되어 있다. 얼굴 아래에는 글씨가 새겨져 있으며 그 의미는 대략 '서방 백색왕. 동방 청색왕. 귀신을 쫓는다. 남성대장군'을 뜻한다. 몇 년마다 낡은 지주 옆에 동일한 형태와 글씨를 새긴 새로운 장군지주가 세워진다. 이때 낡은 지주는 그대로 두기 때문에 때로 5~6개까지의 지주들이 나란히 서 있는 경우도 있는데 낡은 지주는 다소 썩어 있다. 이와 같은 지주는 도처에 있으며 심지어 절의 입구에도 있는데, 이것은 상호 다른 세계의 종교적 영역이 융합된 징표이다. 겉보기에 이와 아주

35 역자 주: 국어사전에 '판수'는 점치는 일로 업을 삼는 소경으로 정의되어 있어 라우텐자흐가 판수를 잘못 이해한 것 같다.

유사한 **장승**은 그것과는 다른 상징적 유형이다. 장승은 그의 나쁜 행실로 말미암아 처형된 재상(宰相)에 대한 혐오감을 상기시키는 것이라고 전해지며[36], 동시에 이정표의 구실도 한다(Scott. Geogr. Mag. 1894, p.572와 Kor. Rep.1895, p.143). 장승도 꼭 같은 방식으로 새로 세워진다. 저자가 가장 최근에 본 장승에는 '지하여장군 무진년(1928년) 4월 5일에 세워 짐. 군청소재지까지 20리(한국의 1리는 약 400m)'라는 글귀가 씌어 있었다. 맞은 편의 가운데에 서 있는 장승에는 '천하대장군. 임진년(1892년) 5월 1일에 세워 짐. 서울까지 80리'라고 새겨져 있었다.

한국은 산악국이고, 주민은 산과 밀접한 관계를 맺고 있다. 그 관계는 **산신령**(산신)이 악마의 소굴에서 행사하는 중요한 역할 속에 잘 나타나 있다. 늦여름에 원시림 속에서 몇 주간을 보내며 산딸기, 버섯, 약초 잎, 약초 뿌리 등을 채집하는 여자들과 심마니들은 산신령에게 제를 올린다. 드물지 않게 산의 초입에 산신을 위해 지은 무거우며 곡선을 그리는 기와 또는 점판암으로 이은 지붕의 작은 산신당이 있는데, 그 안에는 노인이 중국 청조의 고관복 차림에 호랑이를 타고 있는 모습이 그려져 있다.

흔히 갈림길, 고갯마루나 산정상에 퍽 인상적인 형태의 나무 아래 또는 수목군락 아래에 쌓인 **돌더미**를 볼 수 있다. 그 돌더미를 성황당(城隍堂)이라 한다(문자 그대로 성터의 제단, 586). 지금도 흔히 길손들은 돌더미 위에 새 돌을 던져 올린다. 나무에는 글씨를 쓴 종이조각, 옷조각, 낡은 고무신 등이 제물로 걸려 있다(587). 바로 곁에는 장군지주나 당집이 서 있는데, 그 앞에서 가끔 무당굿이 벌어지며 소풍을 오는 곳이기도 하다.

끝으로 샤머니즘 요소의 경관적 표현은 **붙임바위**(Tr. Kor. Br. R. As. Soc. 5, I. 1914, p.47)이다. 접근로가 잘 나 있는 수직 화강암벽 혹은 바위에 길 가는 여인들이 자연적으로 움푹 패인 곳에 단단한 판석을 놓고 판석이 바위에 붙어 떨어지지 않을 때까지 문지르는 것이다. 이것은 다산을 기원하는 일종의 축수(祝手)이다.

조선시대의 한국이 가장 강한 특징을 나타낸 종교적 측면은 오륜(부자, 군신, 부부, 장유, 친구 간의 의무적 윤리)에 관한 학설을 포함하는 **유교**이다. 무속신앙의 관념이 광범위한 계층을 지배한 반면에 공자의 윤리학은 왕, 정부, 관리와 양반 등과 관련한 문제였다. 그러나 장례 및 제례의식과 더불어 공자의 가르침은 단순한 민중 속에 깊이 뿌리를 내렸고, 풍수와도 연관이 되었다. 한국에서 가장 중요한 공자의 성소는 10년 전에 일본인이 다시 문을 연 서울의 문묘(文廟)와 함께 대성전(大成殿)이다. 외관상 건축 양식이 불교의 대웅전과 유사한 대성전에서는 매년 두 번

36 역자 주: 박제상의 전설을 의미하는 것 같은데 여기서는 내용이 와전되었다.

에 걸쳐 대제례가 열리고, 이때 고관들이 참석한다. 위에서 이미 언급했듯이 향교는 국토 전역의 도시들에 산재한다. 향교는 지금은 대부분 학교나 경찰 주재소로 활용되고 있다. 이름난 향교와 서원(書院)이 개성, 옥산(玉山; 경주군), 도산(陶山; 안동부)에 있다. 서울에는 조선의 왕(고종)이 황제로 등극한 후인 1896~1898년에도 팔각정자(der achteckige Himmelstempel)가 건축되었다. 다른 왕궁과 마찬가지로 팔각정자는 지붕의 용마루에 원숭이와 유사한 작은 진흙 또는 금속으로 된 형상들을 지니고 있었는데, 그것은 소위 괴물상(잡상)이며 유교 영역에 미친 무속신앙의 영향이다.

그러한 영향은 조상숭배와 관련하여 가장 잘 드러난다. 옛 수도인 경주, 개성 그리고 현재의 수도인 서울 주변에 완전히 중국 양식을 가진 각 시대의 왕릉들이 세상을 등진 듯한 고요 속에 자리하며, 그 수효는 98기이다. 벌목이 엄금된 키가 큰 소나무 숲 속의 푸른 잔디밭에 묘지가 위로 길게 뻗어 있다. 잔디밭의 입구에 우아한 목조의 붉은 칠을 한 홍살문이 있다. 이것은 일본의 토리(鳥居)와 닮은 점이 없지 않으나, 두 개의 가는 가로대 사이에 수직의 나무살이 있는 것이 다르다. 홍살문은 중국의 파이팡(牌坊) 양식과는 전혀 관계없는 전형적인 한국의 건축물이다. 홍살문을 지나서 때로 정자각이 있다. 능의 바로 앞에는 육중한 돌로 만든 혼유석(상석)이 놓여 있고, 그 앞에는 불교 영향의 징표로서 돌로 된 명등석(석등)과 양측면에 마석과 함께 문인석과 무인석이 서 있다. 정자각의 오른편에 작은 비각이 있고, 그 안에 묘비가 있다. 왕릉 자체는 큰 반구형의 잔디로 덮인 더미이며, 산 쪽을 등진 U자형 편자 모양의 곡장으로 둘러싸여 있다(571, p.46 이하).

양반의 묘지는 양식으로 보아 왕릉과 유사하나 단지 규모가 작고 당연히 왕의 지위를 나타내는 상징이 없을 뿐이다. 양반의 묘 역시 삼면을 소나무가 둘러싸고 있다. 수적으로는 물론 평민의 수백만 기의 묘가 지배적이다. 그러나 평민의 묘지도 풍수지리의 관점에 의거하여 길지(吉地)에 놓여 있고, 그렇게 함으로써 사자(死者)가 안식을 누리고 후손도 귀신의 방문에 의한 흉사를 막는다. 여기저기 서 있는 기둥 모양의 비석과 더불어 때로 묘는 작은 반구형 흙더미의 모습으로 수백 기가 한군데 모여 있다. 그러나 간혹 해발 1,000m의 고도에 이르는 산지 또는 거기까지 오르는 데에는 실제로 등반 기술을 요할 정도인 산지에도 묘가 있다(591). 음력 2월(설)과 8월(추석)의 명절날, 연중 두 번에 걸쳐 한국인은 조상의 묘에 성묘를 가서 제례를 올리며, 이때 잿빛 혹은 녹색의 산기슭에는 도처에 흰 옷을 입은 사람의 형체가 쪼그리고 앉은 광경이 눈에 띈다. 그 밖에도 가족의 직계 남자 조상에게 위로 4대를 거슬러 매년 기일마다 같은 방식으로 제사를 지낸다. 장례식은 사자가 누구냐에 따라서 많고 적은 동행자의 큰 수고와 함께 상가에서 때로 멀리 떨어진 장지까지 행렬로 이루어진다. 애도하는 깃발이 앞장서고, 흰 천을 올려 덮은 무거운 상여를 많은 장정들이 짊어진다. 묘지의 손상은 중범죄로 여겨진다. 많은 묘지들이 농업 토지이용 공간을 축소시키고, 도로나 철도의 부설을 방해한다. 그 때문에 조선총독부는 공동묘지의 설치를 지시했는데, 이 조처는 아직도 확고히 전통에 뿌리를 둔 주민의 공감을 그리 얻지 못했다. 특정한 날과 관련되어 모든 국민이 동시에 관찰하게 되는 비종교적 민속 또한 한국 경관에 일시적 변화를 자아내는 것인데, 특히 어린이날, 단오절, 설날에 그러하다.

서기 372년 고구려에 들어와서 천 년 이래 한국의 국가적, 문화적 삶에 지대한 영향을 준 **불교**는 조선의 지배하에서는 탄압을 받아 쇠퇴하였다. 조선총독부는 1910년 이래 불교의 잔존 상태를 보존하고 재정 형편과 승려의 도덕성을 개선하는 일에 힘써 왔으나, 그 성과는 그리 크지 않았다. 공식 통계에 의하면 1939년 남자 승려와 비구니는 총 7,244명이고, 등록된 신도수는 194,800명에 불과했다. 하지만 어떠한 다른 종교도 불교만큼 지속적으로 경관 형성에 영향을 주지는 못했다.

4세기 말엽 이래로 한국에 **사찰**들이 건립되었다. 그러나 부석사와 같은 현존하는 최고(最古)의 사찰도 14세기 중엽에 와서야 건립되었다. 즉 이 시기는 불교의 교세가 최전성기에 달했을 무렵이며 아울러 쇠퇴의 직전이었다(p.63 이하). 그 이유는 대개의 사찰은 여러 번 불탔고 같은 장소에 유사한 형태로 복원되었기 때문이다. 대흥사(해남군)는 여덟 번이나 이러한 불운을 겪었다. 그러나 부처의 해탈을 상징하면서 절의 안뜰에 당당히 서 있는 장중한 불탑들 중에는 건립과 때를 같이 한 것들이 있다. 불탑들은 대개 육중한 돌로 만들었으므로 기념물적 성격을 지니고 있기 때문이다. 단지 속리산의 법주사(法住寺)에만 5층 기와지붕의 목조탑이 있다.

일찍이 도시나 그 근교에도 존재했던 수많은 사찰 중에서 대부분 산중에서 근근이 명맥을 이은 사찰들만이 남아 있다. 그것은 31본산과 1,305개의 부속 사찰이다. 큰 사찰들은 산기슭의 계곡 부분에 위치하며, 그 토지를 소유한다. 31본산이 실려 있는 화려한 사진첩(596)에는 머리 부분에 산에 대해서도 함께 소개한다. 사찰 중 큰 곳은 승려가 100명 이상이고, 상당수의 학승(Laienbrüder)도 거느리고 있다. 그러한 사찰은 촌락의 크기와 맞먹으나 건물의 규칙적 배열 및 규모와 예외 없는 기와지붕으로 인하여 한눈에 마을과는 구별된다. 큰 사찰로는 대흥사(大興寺), 송광사(松廣寺: 순천군), 선암사(仙岩寺: 순천군), 통도사(通度寺: 양산군), 유점사(楡岾寺: 금강산), 석왕사(釋王寺: 원산 부근) 등이 있다. 대사찰의 산하에 작은 사찰들이 산사면과 계곡에 있으며, 때로는 하나의 유일한 건물만으로 이루어지고 경우에 따라서 험준한 산길을 통해서만 접근할 수

[별도 21]

5. 벼의 도정 작업

후면에 전형적인 한국의 초가지붕을 가진 토담집. 오른쪽 옆으로 집에서 떨어져 있는 온돌의 굴뚝

6. 서울에서 북쪽으로 20km 떨어진 'Soguri' 마을의 남쪽 입구에 있는 장승

[별도 22]

7. 서울의 북쪽 의정부에 건축 중인 한국 점포

8. 태안반도의 전통적인 한국의 대농가

전면에 수박과 대마

있는 암자들도 대사찰에 포함된다.

사찰의 전국적 분포는 매우 불균등하다. 북동부 지방에는 수효가 매우 적다. 그 이유는 북동부 지방이 조선시대에 와서야 비로소 한국 영토가 되었기 때문이다(p.64). 물론 건국자의 고향인 함흥 부근에는 몇 개의 대사찰만 건립이 허가되었다. 북서부 지방에는 현재 겨우 몇 개의 사찰이 있을 뿐인데, 추측하건대 입지적으로 특별히 어려운 역사적 운명 때문인 것 같다. 중부 지방에는 오로지 동해안 지역과 서울 및 개성 주변에 사찰이 많다. 따라서 대부분의 사찰은 제주도를 제외한 남부 지방에 집중해 있다(583의 지도 참조).

깊은 산중의 사찰 주변은 경건하고 속세를 떠난 느낌부터 준다. 승려들은 검은 젓나무(*Abies holophylla*)를 심음으로써 이와 같은 분위기를 한결 고조시킨다. 낮은 산지에 위치하는 절에는 이와 대조적으로 입구에 이르기까지 벚나무 거리를 조성하여 4월에는 연분홍빛 벚꽃이 만발한다. 여러 사찰들은 조선시대에도 국왕의 보호를 받았다. 그러한 사찰의 입구에는 홍살문이 있다. 홍살문을 지나면 바로 육중한 기와지붕의 대문이 나타나며, 대문은 담장과 연결된 경우도 있다(Clark 580, p.47 이하). 사찰 본채로 들어가는 입구에 사천왕문(四天王門)이 있다. 문 통로의 오른편과 왼편에 각각 두 천왕이 그려져 있거나 조각되어 있다(867). 이 좁은 절 안마당에 크게 곡선을 그리는 반우진각지붕을 한 일련의 큰 방형의 건물들이 있고 붉게 단청한 목재 기둥이 지붕을 받친다. 전면의 벽은 섬세하게 만든 격자창이고, 다른 면은 보통 진흙을 바른 목골 구조이지만 도색되어 있고, 때로 다채로운 벽화가 그려져 있다. 대들보와 크게 돌출한 지붕의 처마 끝을 지지하는 기이한 박공도 화려하게 채색되어 있다. "한국의 궁궐 건축의 도색에 관해 기술하는 것은 쉬운 일이 아니다. 무지개가 집에 부딪혀서 잘린 조각들이 돌출한 목재 부분에 걸려 있는 것[37]이라고 독자들이 상상한다면 어떠한지에 대해 어렴풋이 영감을 얻을 것이다"(Hulbert 43, p.250). 지붕의 처마 끝에는 서로 음조를 맞춘 작은 청동으로 만든 풍경(風磬)이 매달려 있다. 모든 풍경의 추에 작은 사슬이 묶여 있고, 사슬의 끝에는 물고기 형상을 한 얇은 청동판이 달려 있다. 청동판에 바람이 불어오면 미묘한 음색을 내면서 풍경이 울린다. 건물들 중에 가장 중요한 건물들이 사각형의 절 안마당을 둘러싸고, 그 한가운데를 높은 석탑이 차지한다. 마당 뒷면의 돌계단 위에는 때로 이층 지붕을 한 '주건물(대웅전)'이 우뚝 솟아 있다. 대웅전 안은 육중한 들보(Gebälk) 아래에 창문도 없이 넓고 높은 실내가 어두침침하며, 불꽃이 일지 않고 타는 향 연기가 자욱하고, 금도금을 입힌 최소한 세 개의 불상이 있다. 벽에는 부처가 승려, 현

37 역자 주: 단청(丹靑)을 뜻한다.

자, 전사로 둘러싸여 있는 모습을 화려하게 그린 비입체적 그림들로 가득하다. 또 다른 불전에는 보살이 저승의 10인의 판관과 함께 있고 벽에는 **연옥**(煉獄, Fegefeuer)과 관련한 그림들이 걸려 있다. 세 번째 불전에는 '큰곰자리 일곱부처(칠성)'를, 또 네 번째의 매우 작은 불전에는 '고독한 성인(독성인)'을 각각 모시고 있다. 다섯 번째 불전에는 때로 청동이나 자기로 만든 작고 모습이 거의 같은 500개의 불상(오백나한)이 밀집하여 있다. 큰 사찰에는 몇 개의 불전이 더 있다. 다른 건물은 승려의 방, 강당, 객방, 부엌 등이다. 그 밖에 신자들의 시주판이 마련된 벽이 없는 건물이 있는데, 축일에는 많은 인파가 이리로 몰려오고, 오늘날에는 종종 속세의 환락에 시달린다. 또한 벽이 없는 휴게실과 거대한 청동 종이 거의 땅에 닿을듯이 걸려 있는 작은 종루가 있다. 절에 인접한 숲에는 큰 항아리 모양의 기념석, 소위 사리탑(부도: 浮屠 580, p.57)이 있는 묘지가 있다.

대부분의 승려들은 보통 흰 옷을 걸치며, 머리는 삭발하고, 목둘레에는 염주를 건다. 주지승은 회청색의 옷을 입음으로써 구분이 된다. 절에 소속된 승려의 직무는 영적인 사제의 역할도 아니고, 전도와 속세의 욕구로부터 구제하는 것도 아니며, 오로지 부처를 경배하는 것이다. 주된 종교의식은 밤이나 새벽에 이루어진다. 그때는 수평으로 매달린 목재 타종기가 동종을 쳐서 그 소리가 깊게 울려 퍼진다. 작은 종들과 큰북 및 징도 함께 울려서 큰 굉음이 고요한 숲의 계곡을 거쳐 멀리까지 울려 퍼진다. 승려들은 어두운 불전으로 들어가서 벽을 마주하여 꿇어앉는다. 사방에서 곡조도 없는 다음과 같은 단어로 된 염불이 들린다. "나무아미타불(아미타 부처님께 귀의합니다)".

p.63에서 언급한 미륵이라고 하는 회칠을 한 거대한 불상이 경내의 절벽 아랫부분에 새겨지거나 입상으로 여기저기에 있다. 그러한 '**흰 불상**'은 사찰 밖의 속세에서도 불교 양식의 흔적으로서 도처에서 눈에 띈다. 연중 하루, 즉 4월 초파일에는 속세가 부처님의 광명 아래에 놓이며, 석가탄일(釋迦誕日)을 경축하기 위해 색채가 화려한 연등(燃燈)이 가로에 걸리고, 시난해에 출생한 자의 영광을 위해 종이물고기가 바람에 불룩해진다.

최근에 나타난 종파로는 1906년에 동학농민운동(p.70)으로부터 발전한 **천도교**(천도에 관한 학설)만을 언급할 필요가 있다(Clark 580, p.144 이하). 천도교는 불교, 도교, 유교가 기독교적인 요소와 결합한 종교이다. 한때 수많은 신도를 확보했던 이 운동은 도시 지역에서 교당과 집회소를 운영하고 있다.

한국은 동아시아에서 **기독교**가 상대적으로 가장 강하게 발붙인 나라 중 하나이다. 이러한 진전은 옛 한국의 역사와 관련이 있으므로(p.67), 여기서 상세히 다루기로 하겠다. 1938년의 기독교 신자수는 500,300명을 헤아렸으며, 그중 113,833명이 로마가톨릭교회, 287,200명이 미국의 장로교, 54,628명이 영미의 감리교에 각각 소속되어 있다. 각 선교단체들은 여러 도시에 교회, 집회소, 학교, 병원 등을 건립했다. 그중 특히 높은 첨탑을 가진 교회를 비롯한 많은 건물들이 도시의 상징 건축물들이다. 그러나 울릉도의 도동(道洞)과 같은 작은 마을에는 예배당이 단순히 십자가를 단 초가의 한옥에 지나지 않는다. 기독교 건축 양식은 그 도래지에 따라 선교단체들 만큼이나 천차만별이다. 미국, 프랑스, 영국, 독일의 영향이 다양하게 뒤섞여 있다. 로마가톨릭의 베네딕트수도회가 오로지 독일 교회를 대표한다. 한국에 거주하는 독일인 40명은 대부분 이 수도회에 속한다. 그들의 활동은 1927년 이래로 함경남·북도에만 국한되어 있다(p.286). 원산 부근에 있는 덕원(德原)의 대수도원이 이들을 관할한다(p.427). 여기 원산, 고원(高原), 영흥, 함흥, 청진과 회령에서는 독일 양식의 벽돌로 지은 교회들이 있다.

유교와 불교에 의해 세워진 한국의 건축물들은 한국 예술이 창출해 낸 최고의 업적에 속한다. A. Eckardt가 이러한 건축물 속에서 특유한 한국적 요소를 대단한 미적 감각과 진정한 섬세함으로 중도를 이루어 내는 한국인의 능력의 표현이라고 본 것은 타당하다. "동아시아에서 이 고전주의는 한국인의 재능과 더불어 중국과 일본 사이에 놓인 한국의 운이 좋은 위치에 힘입은 것이다"(571, p.72, 204). 따라서 그러한 건축물들은 그 크기나 수효에만 그치지 않고 지리적·형태적 중요성도 갖는다.

바로 앞서 언급된 분야에서는 한국의 취락을 저변에 넓게 깔린 **농업**의 배경과 관계없이 다루었다. 그러나 취락과 농업 사이의 관계는 뗄래야 뗄 수 없는 것이므로 어느 하나 없이 다른 하나가 완전히 이해될 수는 없다. 일부 내용은 앞에서 이미 다룬 취락 부분에서 논의되었다. 그 밖의 내용은 농업에 관한 다음 부분에서 논의될 것이다(603, 605, 607, 609–612). 현재 한국 인구의 3/4 이상이 농업에 종사하는 것은 주지의 사실이다. 조선 말기의 농업 인구 비율은 이보다 좀 더 높았다. 농업만큼이나 경관상(景觀像)에 영향을 미친 다른 산업 부문은 없다. 여타 동아시아의 국가와 비교해 볼 때 가축 사육은 몇몇 부문에서 비교적 크게 발달하였다. 그러나 유럽의 기준에 비한다면 한국의 축산은 크게 낙후되어 있고, 더군다나 축산업이 농경과 유기적으로 결합되지 않아서 역축(役畜)으로서 소의 사육을 제외한다면 농업에서 차지하는 축산업의 중요성은 실제로 크지 않다.

한국은 기복이 심한 산악국이므로 불리한 지형과 기후 조건이 농업을 지속적으로 크게 제한한다. 그러나 화전민과 같은 한국 농업의 개척자들은 뒤(p.318 이하)에 가서 살펴 볼 개마고원의 예가 보여 주듯이, 이 어려움을 최후의 가능성까지 극복했다. 화전민만이 **경종농업의 상한계**를 지탱하고 있다. 중부와 남부 지방에서 저자는 해발 1,150~1,400m에 있는 화전을 보았고, 개마고원 상에서는 1,500~1,850m에 위치한 화전을 보았다. 여기서 단지 논의될 영구경작지의 고도한계는 상당히 낮다. 그것은 중부와 남부 지방에서는 단지 800~1,000m, 개마고원에서는 약 1,300m에 이른다. 그러나 이 정도의 높이에서도 평균사면경사가 매우 커서 토양에는 암석이 매우 많다. 그러므로 대부분의 농경지는 0~400m 사이의 고도대에 집중해 있으나, 이 고도에 속한 토지 전체가 농지로 이용되는 것은 아니다. 연속적으로 펼쳐진 농경지가 있는 넓은 평야를 한국에서는 보기 어렵다. 드물긴 하지만 평야라고는 큰 강들의 하류와 평양의 동부 및 남부와 같은 낙랑준평원에 넓게 전개된 범람원에 한정된다. 그 밖의 모든 곳에서는 관목림과 수목림으로 덮인 구릉이 시야에 들어오며, 그 구릉들이 생기 있는 멋진 정경을 자아낸다. 경지의 면적은 현재에도 국토의 20.8%에 불과하며, 조선시대에는 경지 면적이 이보다 좁았다.

강의 하류에 분포하는 점토질의 충적**토양**이 가장 비옥하다. 그러나 상류로 올라갈수록 토양은 일반적으로 급격히 사질로 바뀌며, 심지어 자갈이 많아진다. 그마저도 전국적으로 볼 때 비교적 양호한 농경지인 셈이다. 그 이유는 풍화토에서는 역(礫)이 풍부하고, 한국인들이 지금까지 이러한 난관을 완전하게 극복하지 못한 상태이기 때문이다. 경사각이 급할수록 역이 증가함은 당연하다. 그러므로 농경지는 곡저와 경사지의 하부에 크게 집중되어 있다. 따라서 경지분포도와 인구분포도(지도 3)는 유사한 패턴을 보여 준다. 특히 평안남도에 널리 분포하는 석회암은 가장 비옥한 풍화토를 이룬다. 석회암지대에는 점토질의 테라로사가 발달한다. 그러나 이 토양은 토양 하층에서 투수성의 큰 단점이 있으며, 그 때문에 관개경작을 하기 어렵다. 중부와 북부 지방의 계곡을 흔히 채우고 있는 현무암대지 상의 갈색토양도 마찬가지이다. 남부지방과 동해안 지역의 결정질 암석 상에서 강우에 의해 심하게 용탈된 적색토는 이보다 더 척박한 토양이다. 널리 분포하는 화강암지대의 황색풍화토는 가장 척박한 토양이다(p.126).

농작물의 생육에 가장 중요한 **기후 조건**은 자연 식생에 대한 기후 조건과 같다. 자연 식생에 대해서는 식물지리 부분의 서두(p.183)에서 개략적으로 살펴보았다. 5℃ 이상의 기온을 갖는 지속기간으로 계산되는 식물의 생육기간은 남부에서 북부로, 해안에서 내륙으로, 또 저지에서 고지로 갈수록 감소한다. 동위도 상에서 동해안 지역의 식물의 생육기간이 서해안보다 약간 더 길다. 그러나 키작은 일년생 농작물과 경지에서 행해지는 준비 작업의 가능성에 관한 한 또 다른 기후요소들이 중요하다. 저자는 한국의 접지기층(接地氣層)의 기후자료를 구하지는 못했다. 그러나 p.146에 있는 첫서리와 끝서리의 출현일 및 유상기간(有霜期間)은 중요한 참고자료가 된다. 이 표에서는 무상기간이 생육기간과 같이 동일한 경향의 큰 지역적 차이를 보이는 것을 알 수 있다. 제주의 무상기간은 278일인 반면, 중강진은 132일이다. 무상기간은 높이 1.5m의 관측소에서 측정한 평균기온으로 정해진 생육기간보다는 훨씬 더 짧다. 당연히 지표 상의 적설기간에 관한 자료 또한 매우 중요하다. 강설에 관한 p.146의 자료도 생육기간과 관련된 일련의 근거 자료를 제시한다. 그러나 p.146에서 강조했듯이 적설기간은 당연히 첫 눈과 마지막 눈 사이의 기간보다 훨씬 더 짧다. 야간의 끝서리와 첫서리가 내리는 날짜는 파종기간과 수확기간에 대하여 특히 중요하다. 서리에 관해서도 선별된 관측소에서 아래의 표에 제시된 표준 높이(1.5m)에서 측정한 관측자료만이 있을 뿐이다(620, p.11에서 발췌).

평균 무상기일수는 북쪽(갑산)에서 남쪽(부산)으로 갈수록 거의 두 배나 된다. 무상기일은 동위도 상에서 철원과 같이 고도가 높은 곳에 위치한 관측소에서 해주와 같은 낮은 곳에 위치한 관측소에서보다 짧다. 해안에 근접한 관측소(울진)의 무상기일이 격해도가 큰 관측소(청주)에서보다 길고, 동해안(고성, 부산)이 서해안(해주, 목포)보다 좀 더 길다. 한국에서 여름의 더위는 위도와 해안으로부터의 거리에 거의 종속되지 않고, 개마고원과 같은 고지에서조차 단지 약간의 차이만이 있을 뿐이다. 그러나 위에서 재차 언급한 바와 같이 파종과 수확 사이의 기간에는 근본적인 차이가 있다. 최고기온까지의 기온 변화 곡선은 북부 지방에서 매우 경사가 급한 반면, 남부 지방에서는 그보다 훨씬 완만하다. 따라서 각 지역의 농업 기후 조건은 기온에 있어서 큰 차이가 있다. 남부 지방과 중부 지방은 곡물의 가을 파종이 가능할 정도로 겨울이 퍽 온화하지만, 북부 지방은 겨울 추위가 매우 심하다. 북부 지방에서 모든 농작물은 여름에만 자라는 품종이므로 그루갈이와 간작을 위한 선택의 폭이 크게 제한된다.

기온이 높은 계절이 곧 강수량이 많은 계절로 80~100%의 강수량이 식물의 생육기간에 내려서 자연식생뿐만 아니라 농작물에도 매우 중요하다. 이 기간에 내리는 강우의 절대량은 벼를 비롯한 거의 모든 한국의 농작물에 평균적으로 충분하다. 그럼에도 한국에서는 밭벼(산벼)가 재배된다. 그러나 p.143 이하에서 지적했듯이 많은 해에 평년의 계절변화에 상당하는 강수량의 분포가 나타나지 않는다. 연강수량의 평균적인 변동성이 크다. 농작물에 대해서는 하반년에 비가 부족한 것이 과잉인 것보다 좀 더 중요하다. 따라서 이와 관련해서 여름계절풍 자체가 많은 강수량을 가져오지 않고, 태풍이나 저기압이 많은 비를 가져온다는 사실을 다시 한 번 강조해야만 하겠다(p.150, p.156). **그러므로 여름의 지속적인 계절풍의 발달도 농경에는 위험하다.** 그러나 태풍과 저기압이 강수량을 가져오는 주요인이므로, 이들이 때로 단시간 내에 많은 비를 가져온다. 그러한 기상재해는 득보다는 훨씬 많은 피해를 준다. 곡저부의 홍수 피해

한국의 끝서리와 첫서리

	관측소	관측소명	고도(m)	끝서리의 평균일자	첫서리의 평균일자	평균 무상기일
북부 지방	내륙	갑산	810	5.12	9.9	119
		온성	83	4.20	9.23	155
	해안	함흥	38	4.26	10.15	171
		성진[1)]	31	4.16	10.18	184
중부 지방	내륙	철원	220	4.6	9.6	152
		수원	37	4.24	10.10	168
		대전	50	4.24	10.10	168
	해안	해주[2)]	50	4.25	10.12	169
		평양[2)]	6	4.23	10.14	173
		고성[1)]	9	3.29	10.19	203
남부 지방	내륙	청주	44	4.21	10.10	171
		전주	51	4.18	10.20	184
		대구	51	4.11	10.26	197
		광주[3)]	39	4.25	10.18	175
	해안	울진[1)]	10	4.7	11.1	207
		목포[2)]	31	4.6	11.12	219
		순천	18	3.29	10.31	215
		부산[1)]	13	3.26	11.9	227

[1)] 동해안, [2)] 서해안에 인접, [3)] 전라남도의 도청소재지

에 관해서는 p.173 이하에서 논의되었다. 그러나 경사진 농경지도 집중호우의 피해를 입는데, 부분적으로는 우식(雨蝕)이나 토양 내에 사질의 증가 현상이 일어나고, 소나기나 우박에 의한 직접적인 작물 피해도 있다. 순수한 열대회전폭풍인 태풍은 실제로 우박을 동반하지 않는다. 그러나 온대저기압은 주로 봄철에 드물지 않게 우박을 동반하는데 그로 인해 새싹이 쉽게 손상된다. 조선총독부의 정확한 조사에 의하면 1931년에는 범람으로 인한 128,282ha, 우박으로 인한 23,663ha, 바람에 의한 625,438ha, 해충에 의한 520ha의 면적의 피해가 있어서 총 764,538ha의 면적이 피해를 입었으며, 이것은 총경지 면적의 16.6%이고(605, p.116), 총피해액은 7,700,000엔으로 추정되었다. 따라서 강수량이 집중하는 몇 달이 항상 농업에 유리한 것만은 아니다. 문제는 강수량의 월별 분포 패턴이다.

농업 및 토양·기후 기반에는 큰 장점과 아울러 많은 단점이 있기는 하지만 그 양상은 **심리적 전제**의 영역에서보다 암울해진다. 확실히 공정한 평가자였던 I. Bishop는 이미 다음과 같은 사실을 확인했다(207 I, p.185). "섬세하고 청결한 일본의 농업 및 근검한 중국의 농업과 비교해

볼 때, 한국의 농업은 어느 정도 낭비적이고 무질서한 상태이다." 사실상 한국의 경제 전반은 가장 참혹했던 전쟁의 파괴에 이은 250년간의 쇄국 때문에 지금까지도 고통받고 있다. 전반적인 의식구조에 상응하여(p.215 이하) 단지 가장 필수불가결한 정도의 농업 생산활동만이 이루어 진다. 그러므로 농경지는 때로 관리되지 않은 상태로 나타난다. 제주도를 제외하고는 그 어디에도 농지에서 돌을 골라 조성한 돌담으로 경지를 에워싼 것을 볼 수 없다. 큰 돌이 농지 위에 오랫동안 방치되고, 전년도 작물의 뿌리 줄기가 제거되지 않은 것을 흔히 볼 수 있다. 드물지 않게 잡초가 제거되지 않은 채 그대로 있다. 한국의 농기구에 관해 훌륭한 논문을 낸 Heydrich(558, p.21)는 다음과 같이 기술하였다. "한국 농부의 농기구들은 보잘것없고 대개 대충 만들어 볼품이 없다." 확실히 중노동 없는 농업 활동은 전혀 생각할 수 없고, 일요일의 휴무도 동아시아에는 없다. 그리하여 p.215 이하에서 언급한 무위도식은 도시보다 농촌이 덜하다. 그러나 최적 수요를 겨우 충당할 만큼 이상의 적절한 수확은 옛 한국의 어디에도 없고, 자발적으로 그 이상을 위해 일하는 사람이 오늘날에도 드물다. 번영과 현명한 농업 전망에 대한 의지는 상실되었다.

이러한 태도는 조선시대에 이미 **토지 소유 관계**가 좋지 않아서 더욱 더 심화된 것이다(614). 특히 남부 지방에서는 경지의 대부분을 대지주들이 소유했으며, 비옥한 논은 수확량의 반을 바치는 수탈 조건 속에서 경작되고, 토지는 1년 단위로 가난한 소작농에게 맡겨졌다. 척박한 북부 지방의 농지는 대체로 농부가 자영했다. 소작농과 지주 사이에는 소작관리인 혹은 중간 소작인(마름)이 흔히 존재했으며, 지주는 멀리 떨어진 도시에서 안락한 생활을 누렸다. 한상욱이라는 한국인은 1927년에 이에 관해 다음과 같이 말했다(607, p.59). "한국에는 지주가 소작료를 유럽과 같이 사전에 합의한 현금으로 받는 것이 아니라 대체로 흉작도 고려하지 않고 현물로 소작료를 받는, 매우 임의적이고 일방적으로 결정할 수 있는 것이 가장 큰 폐단 중의 하나다. 게다가 퍽 드문 일이긴 하지만 논란의 여지가 많은 문서화된 소작 계약이 있다. 궁극적인 계약 당사자가 지주이지만 통상적으로 소작인과 지주 사이에는 소작관리인이 있어서 그에게 권한이 주어지고, 그가 소작인들에게 마음대로 어려운 조건을 조작할 수 있다. 이러한 모든 폐해를 바로잡고 시정책을 강구하고자 하는 노력이 이미 수년 이래 시작하긴 했으나 이 소작제도가 수백 년 이래로 뿌리를 깊이 내리고 있고, 민중들은 어떠한 다른 제도를 알지 못하며, 전통을 타파하는 일이 당연히 매우 어렵다는 것을 생각하지 않을 수 없다."

이와 대조적으로 전반적인 **영농 규모**는 유럽의 척도로 보아 매우 작다. 따라서 한국의 영농이 지금도 상당히 조방적이고, 조선시대에는 더욱 조방적이었던 것은 경영 규모가 컸기 때문은 아니다. 보통 한 농가는 2~6필지의 농지를 경영한다. 한 필지의 면적은 밭농사 지역에서보다 논농사 지역에서 좁다. 그러므로 필지의 평균면적은 북에서 남으로 갈수록 감소한다. 이훈구(605, p.101)의 추산에 따르면 그것은 현재 함경북도에서는 109ac이고, 전라남도에서는 대조적으로 24ac에 지나지 않는다. 한국의 평균은 40ac이다. 이러한 농지는 과거에도 그러했고, 지금도 여전히 가장이나 가문의 연장자의 지시 아래 가족이나 가문에 의해 영농된다. 가족 구성원 스스로가 단독으로 필요한 일을 해낼 수 없는 경우는 공동체의 노동(품앗이)으로 해결한다. 품앗이는 4~12개의 이웃하는 농가가 동일한 시간에 걸쳐 서로서로를 위해 돌아가면서 일을 해주는 노동체계이다.

농업에 있어서도 **중국과 밀접한 관련**이 있다. 남부 지방, 특히 제주도의 경우에 일본과 연관을 가지는 것과는 달리, 북서부 지방은 당연히 중국과 관련이 깊다. 역사에 관한 부분에서 한국에서 재배되는 농작물의 도래지에 관한 적절한 내용의 논의가 있었다(p.53, p.65, p.85). 이에 대한 내용에서 한국 자체에서 경작된 전래의 농산물이 있는 반면, 많은 농작물이 중국에서 유입하였음을 시사했다. 또한 많은 농기구의 형태 및 그것의 사용법과 영농 방법이 중국과의 밀접한 관련성을 나타낸다.

쌀, 고량(수수), 고구마, 참깨, 면화, 모시(Chinanessel)[38], 닥나무, 대나무와 같은 아열대 작물이 한국에서 재배되는 농작물에는 속한다. 이 가운데 다년생 작물은 겨울이 온화한 남부 지방에 국한된다. 그 밖에 작물들은 국토 전역의 고도가 낮은 곳에서의 하계고온을 반영한다. **따라서 한국의 농업**은 한랭한 겨울을 잘 견뎌야 하는 **야생목본식물의 특성보다는 아열대의 특성을 훨씬 탁월하게 나타낸다.** 아열대와 온대성 작물의 경계에는 조, 옥수수, 콩, 대마, 뽕나무, 참외가 재배된다. 남부의 온대 지방에는 조, 기장, 나맥(쌀보리), 밀 등의 곡식과 대부분의 과수가 재배된다. 기후 조건에 크게 영향을 받지 않는 작물은 보리, 귀리, 감자, 메밀 등이며, 이러한 작물들은 작물재배 고도한계까지 이르는데, 특히 여기서는 화전민에 의해 경작된다. 그리하여 농작물은 매우 다양하다. 일본 통계에 의하면 현재 44개 농작물이 재배되며, 그것들은 대부분 조선시대에도 이미 재배되었던 것이다.

고대로부터 가장 중요한 곡물은 쌀이며, 대부분 관개답(수도)에서 재배된다(618, 620-623). 그러나 이미 언급한 바와 같이 한국에는 밭벼(육도; 陸稻)도 재배된다. 그러므로 인공관개는 수확을 보장하고 증대할 목적으로 행해진다. 관개답과 육도 재배지 사이에는 다양한 중간 형태의

38 역자 주: Chinanessel은 독일어 사전에서도 찾을 수가 없어서 모시(Chinesischer Hanf)로 번역하였다.

토지이용이 있다. 이 연속선상의 양극단에는 한편으로 밭작물과 함께 밭벼를 간작하는 밭이 있고, 다른 한편에는 포기로 이루어진 수도만 지속적으로 재배하는 관개답이 있다. 관개답에는 모판에서 자란 모가 이식된다. 그렇지만 손으로 볍씨를 뿌려서 포기로 이루어지지 않은 논도 있고, 또 모판에서 자란 모를 포기로 심는 밭도 있다. 논의 대부분은 강수와 지하수로 채워져 있고, 유수에 의해 관개되지 않는다. **그러므로 관개답과 육도전(陸稻田)을 구분하는 결정적 변수는 물을 가두는 장치인 논두렁으로, 논두렁은 경지를 평탄하게 골라서 그 주위를 물이 괴어 있도록 둘러막은 흙으로 된 낮은 두둑이다.** 오로지 강우와 지하수에 의존하는 천수답은 그 수효를 볼 때 지금보다 과거에 훨씬 더 많았다. 조선시대의 말경에는 논의 1/6만이 관개답이었다(p.566). 이러한 사실은 관개시설이 비교적 용이한 수단으로 갖추어질 수 있는 산악국이자 강우가 풍부한 이 나라에서 농업에 대한 의욕 상실을 나타내 주는 명확한 특징이라 하겠다.

이미 옛 한국에는 매우 **다양한 품종의 벼**가 재배되었는데, Hulbert(557, p.108)는 그중에서 8개 품종을 제시했다. 그중에는 익기 바로 전에 표피가 흑갈색으로 물들기 때문에 쉽게 눈에 띄는 점성을 함유하는 품종[39]이 있다. 한국인은 이 쌀가루에 물과 산나물을 섞은 덩어리를 식은 상태에서 떡메(떡을 치는 무거운 방망이)로 오래도록 두드려서 떡을 만든다. 그와는 달리 점성이 없는 쌀은 밥을 지어 먹는데, 이것이 부유층의 일상 주식이다. 토종벼의 수확량은 중간 수준이다. 품종에 따라 벼가 익는 기간도 서로 다르며, 각각 다양한 기후 조건에 잘 적응한다. 그러나 고지에서는 여름이 서늘하고 짧기 때문에 조생종이 재배될 수 없다. 그러므로 벼농사에는 고도 한계가 있는데, 남부와 중부 지방에서는 대략 750m 정도이다. 매우 드물게 개마고원의 논은 해발 1000m의 높이에도 있다. 쌀의 주산지는 기후 조건에 연유하여 조선시대에도 남부 지방이었다. 1404년과 1769년의 조사에 의하면 전체 논의 약 3/4은 오늘날의 남부 지방인 6개도에 편중되었다. 북쪽으로 갈수록 벼와 같은 수생식물이 당연히 서리에 매우 민감하여 끝서리와 첫서리가 재배 가능성을 크게 축소시킨다.

논의 분포는 더군다나 지형 및 지질 조건과도 관계가 있다. 한국 전통 농업의 낮은 집약도는 계곡 사면의 위아래로 놓인 급경사에 관개되는 계단식 논이 매우 드문 사실로도 알 수 있다. 이로서 한국의 관개답 지역의 경관은 말레이 해양 도서의 관개 지역과는 큰 대조를 보인다. 논은 지면을 평탄하게 고르기 쉬운 완경사지에 대부분 국한되어 있다. 그러한 곳으로는 특히 우선 토지가 가장 비옥한 충적곡저가 있다. 지도 4를 보면 논이 여러 하계망과 구조곡을 따라 분

39 역자 주: 찹쌀을 의미한다.

포하고, 동해안을 따라 사주 후면의 평야에 많이 분포함을 알 수 있다. 넓은 충적평야는 한반도의 서부와 낙동강 지역에만 있다. 이들 지역의 분지와 분지에 연속되는 저습지는 한반도의 서부와 남부의 연변에 관개답이 많이 분포할 수 있는 양호한 조건을 제공한다. 특히 구조곡 내의 현무암대지와 석회암지대와 같이 투수성이 양호한 지층을 이룬 지역에는 당연히 관개시설이 전반적으로 부족하다.

한국의 논농사 지역의 근본 구성 요소는 약 25cm 높이의 논두렁으로 둘러싸인 평탄한 논이다. 논의 크기와 형태는 지형 여건에 따라서 다양하다. 논의 크기는 평균 약 20a에 달한다. 그러나 아주 작은 '도미눈깔논'도 있다. 북부 지방에서는 논두렁에 콩과 참깨를 심는 빈도가 높다. 여름에 논이 하천의 홍수 수위에 이르면, 아래로부터 지하수가 논에 유입되고 논에는 통제할 수 없는 기간 동안 물이 찬다. 강우에 의해서도 논에 물이 고인다. 천수답에서 물이 한여름의 강한 더위에 노출된 채 고여 있으면 녹조류의 번식으로 탁한 녹색의 지독한 냄새를 풍기는 침액으로 변하는데, 그 속에서 호흡하는 벼 포기들은 발육의 장애를 받는다. 그 때문에 그러한 논에는 적어도 하나의 지하수 웅덩이(둠벙)가 있다. 이 웅덩이로부터 세 개의 기둥을 묶어 세우고, 배 모양으로 길쭉하게 판 통나무(용두레)의 가운데를 매달아 그 한쪽 끝을 쥐고 밀어서 최대 30리터의 물을 퍼 올린다.

관개가 되어야 할 논에는 하천에서 수로를 통하여 물을 끌어들인다. 물길을 내는 곳에는 흔히 돌 혹은 말뚝과 나무가지로 만든 보가 하천을 가로질러 설치된다. 그러나 이용할 만한 하천이 없을 시에는 용수가 개울로부터 인공으로 쌓은 뚝(방죽)에 저장된다. 방죽으로 둘러쌓인 수로는 매우 완만한 사면 위를 흐르고, 주수로에서 관개수로가 갈라져 논으로 유입한다. 간혹 주수로는 절벽을 끼고 목조버팀다리에 의해 이끌려지며 계곡 너머 저 편으로 통하기도 한다. 측면 계곡과 형성된 지 오래된 선상지에서는 드물지 않게 모든 개울이 관개에 이용되며, 이때 관개수로는 불필요하다. 그렇지만 이 경우에는 개울에 의해 운반된 쇄설물이 논에 쌓이지 않도록 하며 용수 과잉을 방지하도록 하는 조치가 필요하다. 이러한 목적의 배수로는 대개 논 주위의 바깥으로 우회하도록 설치된다. 배수로의 하상은 퇴적된 사력에 의해 높아져서 논보다 5m 정도나 높게 위치하기도 한다. 둑 위에는 포플러나 아카시아가 식수되어 있다.

옛날부터 이미 서해안과 남해안에 있는 간석지 만 내측 끝 부분은 도처에서 흙으로 쌓은 제방에 의해 차단되었다. 수문을 통하여 썰물 때에는 담수가 흘러 나가도록 조절했다. 이렇게 하여 얻은 이토(泥土)질의 습지 토양은 염분을 함유한 물이 뿌리에 닿는 것을 막기 위해 충분히 관개한 경우에 매우 많은 쌀의 수확을 가져왔다.

한국의 벼농사는 여름의 기온 조건에만 적합하므로 연중 쌀을 두 번 수확하기란 어디서나 불가능하다. 논에서는 밭에서와는 달리 간작(間作)을 하지 않으며, 매년 여름에 벼농사만을 한다. 그러나 남부 지방의 배수된 논에서는 보리, 쌀보리, 호밀이나 밀을 비롯한 겨울 밭작물이 재배되며, 경상남도에서는 대마도 재배된다. 겨울작물은 10월에 파종하여 6월에 수확한다. 수확 전에는 논의 한 모퉁이에 못자리를 만들어서 **겨울 밭작물**의 수확 후에 바로 논을 갈아 모심기를 할 채비를 한다. 그 밖의 모든 남부 지방의 논과 다른 지방의 논은 겨우내 휴경된다.

초봄의 날씨가 허락하는 대로 한국의 농부들은 **논과 모판 작업**을 시작한다. 때로는 갈색이나 흑색 황소가 끄는 쟁기로 가을에 이미 처음으로 논을 간다. 봄, 즉 3월과 4월에는 논두렁과 못자리가 정비된다. 이 작업에 전형적인 한국의 농기구(가래)인 큰 삼인용 삽이 사용된다. 한 사람이 가래를 지면을 향하여 누르고 다른 두 사람은 삽의 측면에 묶은 밧줄을 위로 당긴다. 때로 논두렁을 큰 나무망치로 쳐서 단단하게 한다. 그리고 논과 모판에 새로 쟁기질을 한다. 가능하면 논에 물을 채우고 사람이나 황소가 당기는 나무 갈퀴가 달린 논의 바닥을 고르는 도구(써레)를 가지고 진흙벌에 써레질을 한다. 모판은 작업 과정에서 논에 우선하여 설치된다. 논에서 이러한 작업이 5월 혹은 6월까지 계속된다. 재, 볏짚, 낙엽, 낡은 지붕 이엉이 퇴비로서 모판에 투입되고, 나중에는 논에도 투여된다. 끝으로 다시 물을 뺀 다음 모판을 가늠줄로 재서 사각형의 부분으로 나눈다. 각 모판 사이에는 약 20cm의 간격을 두고 있고, 모판의 폭은 이 사잇길에서 사람의 손이 닿을 수 있을 정도이다. 못자리의 진흙을 널빤지로 고르고 나서, 미리 싹 틔운 볍씨를 손으로 촘촘하게 모판에 뿌리며, 곧바로 물을 다시 못자리에 채우는데, 물은 모내기할 때까지 차 있다.

연중 논에서 하는 일은 모판에의 **파종**, **모내기**, **수확**으로 크게 삼분된다. 북부 지방에서는 여름이 짧기 때문에 남부 지방보다 파종을 일찍한다. 북부에서는 파종을 4월 초순이나 중순에 하는 반면, 남부 지방에서는 5월 초순까지 여유가 있다. 볍씨가 조생종일 경우 35~40일 후, 만생종일 경우는 45~50일 후에 각각 25~35cm의 크기로 자라나며, 이때 모내기가 행해진다. 따라서 모내기는 북부 지방이 남부 지방보다 훨씬 더 이르다. 북부 지방에서는 모내기를 5월 초와 말 사이에 실시하고, 남부 지방에서는 6월 초에서부터 7월 초까지로 늦어진다. 북부 지방에서는 대체로 9월 초와 말 사이에 수확하는 반면, 남부 지방에서는 11월 초까지 연장된다.

파종 이후에 **못자리의 손질**이 계속된다. 한 달 후에 분쇄한 닭똥과 식물의 재로 시비를 한다. 깃을 꽂고, 천 조각이나 허수아비를 통하여 새들을 놀라게 하여 쫓는다. 밤에는 모판 위에 옥외 등불을 설치하여 한국에서 가장 치명적인 벼의 해충인 이화명나방(*Chilo simplex* Butl [*Chilo sup-*

pressalis])[40]을 유인하여 박멸한다(623). 볍씨가 모판에서 자라는 기간 동안 계속해서 잡초를 뽑아 준다.

모는 마르는 것에 매우 민감하므로 푸릇푸릇한 모판에서부터 **모내기**를 하는 일은 매우 신속하게 이루어진다. 그 때문에 공동 작업을 한다. 모를 모판의 진흙으로부터 조심스럽게 뽑아서 다발로 묶는다. 모의 묶음은 같은 날 같은 시간에 대충 손 하나 깊이의 물이 차 있는 논에 분배되며, 바로 모내기가 시작된다. 모는 한자리에 8~10개로 된 포기를 손으로 심는다. 모포기를 일정한 간격(약 20cm)으로 붉은 면실로 매듭을 묶은 모줄을 이용하여 정확한 선상에 심는다. 신속히 진행되는 작업 속에서 모포기는 붉게 표시된 지점에 꽂힌다.

관개답은 이제부터 가능한 한 계속하여 물에 차 있게 된다. 벼는 천수답에서는 여름에 자주 연약한 황엽이 되는 반면, 관개답에서는 싱싱한 푸른빛을 발하면서 자란다. 가뭄 때에는 이웃 사람이 물을 훔쳐 가지 못하도록 밤에 감시를 한다. 그러면 밤새 감시인이 잡담하면서 피워 대는 담뱃불이 마치 반딧불처럼 도처에 반짝인다. 모내기를 마친 뒤 약 한 달 후에 처음으로 자루가 짧은 호미로 김을 맨다. 부지런한 농부는 여러 번 김을 맨다. 현란하지 않은 연두색의 꽃이 태풍이 오기 전에 만발한다. 낟알이 여물어 감에 따라 무거운 벼 이삭이 폭우로 말미암아 쓰러질 위험도 커진다. 그러면 농부는 서너 포기를 함께 묶음으로써 서로 지탱하도록 한다. 마침내 황갈색의 이삭이 땅에서부터 거의 사람의 키만큼 높이 달려 있게 된다.

수확하기 한 달 전쯤에 논에서 물을 빼 준다. 추수 때에는 벼 포기를 작은 낫[41]과 같은 기구(손낫)로 자르고, 논두렁에 널어서 말린다. 벼보다 보통 늦게 거두는 콩을 논두렁에 심은 경우는 논위의 마른 땅 위에서 볏단을 만들고 이것들을 십자 모양의 더미로 만든다. 타작은 농가의 마당에서 다양한 방법으로 하는데, 예를 들면 훑이(Riffelkamm)를 이용한다. 그러나 밭작물의 타작을 위해 비치한 도리깨를 사용하지는 않는다.

쌀 외에 다른 **논작물들**도 있다. 그러나 이 논작물은 극히 좁은 지역에 국한되어 재배된다. 이 가운데 대부분 밭작물에 속하는 **피**를 들 수 있는데(p.250) 논에서도 재배된다. 또한 그 뿌리가 조미되어 주식인 밥의 반찬으로 도시인의 미각을 돋구는 **수련**(*Nelumbo nucifera* Gaertn.)이 있는데 7월이면 붉거나 흰 꽃이 연못을 수놓는다. 그 밖에 **왕골**도 논작물인데 갈대와 같은 왕골잎으로 돗자리, 슬리퍼, 모자를 짠다.

---

40 역자 주: *Chilo simplex* Butl.를 찾을 수가 없어서 이화명나방(*Chilo suppressalis*)으로 번역하였다.

41 역자 주: 유럽의 낫은 긴 자루가 달려 서서 일할 수 있도록 되어 있으므로 이와 같은 표현을 썼다.

논작물의 종류는 몇 가지에 지나지 않고 그중에서도 쌀이 위주가 되는 반면, **밭작물**의 종류는 매우 많다. 밭작물들은 Nagai, Nakagawa, Takasaki 등의 세밀한 연구(624)와 Tanaka의 개괄적 연구(600)에서 다루어졌다. 벼농사 지역에서 관개답은 가장 낮은 저지, 곡저, 측면 계곡의 요지, 선상지 등에 위치하는 반면, 밭은 경사지에 널리 분포한다.

식량으로서 중요한 밭작물은 **기장류**이다. 이 기장류와 함께 보리가 가난한 서민층에서 쌀을 대신한다. Hulbert(557, p.205)에 따르면 과거 한국에는 6개 품종의 기장류가 재배되었다. 1.차조(차진 조), 2.메조(찰기없는 조), 3.기장(황색의 차진 기장), 4.메기장(황색의 찰기 없는 기장), 5.청장메(녹색의 차진 조), 6.피(원추화의 기장). 1과 2는 **큰조**(*Setaria italica* Beauv., Foxtail millet, 일: awa), 3과 4는 **기장**(*Panicum miliaceum*, Pendent millet, 일: kibi)이다. 6은 **피**(*Echinochloa crus galli* B.P., var. *Frumentaceum* Roxb., 일: hie)이며, 5는 저자가 모르는 것이다. 두 가지 조 종류는 과거 한국에 널리 분포했으며 지금도 그러하다. 조는 키가 1.5~2m에 달하고, 잎은 비교적 넓고 길다. 한 종류의 잎은 가을이 되면 포도주와 같이 붉게 변하며, 다른 한 종류는 그 잎이 연두색이다. 곤두선 털과 함께 알이 촘촘하게 박힌 이 두 종류의 이삭이 마치 여우꼬리처럼 생겼다. 첫 번째 종류의 이삭은 약 15cm 길이에 갈색을 띠며, 두 번째 종류는 25cm 정도로 길고 그에 상응하게 좀 더 굵고 노란색이다. 조 다음으로 피가 흔하다. Werth(554, p.57)가 전하는 바와 같이 우수리 지역에 사는 한인들도 피를 재배하며 심지어 주식으로 삼기도 한다. 암갈색의 이삭은 몇 가닥으로 나눠지고 각 가닥마다 알이 빽빽히 박혀 있다. 기장은 가장 드물게 재배되는 것이다. 기장의 이삭은 축 늘어지고 길며, 낟알은 윤기 나는 노란색인데, 과거에는 쌀값에 버금갈 정도로 가장 값비싼 기장류의 곡식이었다. 기장류는 벼보다 기온, 강수, 토양 등의 조건에 대한 내성이 강하다. 기장류는 벼보다 빨리 성장하므로 북부 지방에서 주식으로 한다. 기장대는 잘라서 소나 말의 여물로 쓴다. 북부 지방에서는 3월 하순과 4월 하순 사이에 조를 파종하여 8월 하순과 9월 중순 사이에 수확한다. 그러므로 조의 생육기간은 5개월이다. 피의 생육기간은 좀 더 짧으며, 특히 관개되는 경우에 더욱 짧다. 기장의 생육기간이 가장 짧으므로 개마고원에서도 다른 두 가지 기장류보다 널리 재배된다. 또 다른 주요 조 재배의 중심지인 제주도에서는 6월 중순에 파종하여 10월 하순에 수확한다. 그러므로 생육기간은 단지 넉달 열흘이다.(저자가 전에 쓴 논문들 속에서 한국의 기장류의 명칭을 일부 독일명과 라틴학명을 혼용하여 표기했다. 그 이유는 처음에 저자가 한국명으로만 그것들을 확인했기 때문이다. 저자가 가지고 온 이삭을 문헌의 내용 및 그림과 비교해 보고서야 유럽식 이름을 밝힐 수 있었다. 그러나 지난 번에 논문에 쓴 한국명은 여전히 정확하다.)

고량(수수, *Andropogon sorghum* Brot., 일: takakibi)은 간혹 기장류로 간주되나 외관상의 형태와 성장

조건은 크게 다르다. 수수는 새싹 때에는 마치 옥수수같이 보이며, 천천히 자라고 많은 강수가 필요하나, 그 이후에는 뿌리를 깊숙히 내려서 오랜 가뭄을 견딘다. 수수는 3m 이상으로 자라며 큰 이삭이 달린다. Hulbert(557, p.204)에 따르면 과거 한국에는 세 종류의 수수가 재배되었다. 그중 하나(눌수수=머리다발고량, var. *effusus* Körnicke)는 그 이삭이 성기고, 알곡 껍질이 짙은 자주색이며, 두 번째의 것은 이삭이 촘촘하며 적갈색의 껍질이다(목수수, var. *contractus* Körnicke)[42]. 세 번째의 종류는 그 이삭이 곤봉 모양으로 보인다. 뿌리가 깊고 줄기가 굵기 때문에 수수와 옥수수는 다른 작물보다 홍수에 더 잘 견디므로 홍수의 위험이 있는 곡저의 범람원에서 흔히 재배된다. 수수는 척박한 토양에서도 잘 자란다. 그러나 한국의 다른 기장류보다도 높은 기온을 요구한다. 그 결과 개마고원에서는 거의 재배되지 않으며, 다른 작물보다 늦게 파종하고 늦게 수확하며, 생육기간은 다른 작물보다 1~3주가량 길다. 수수는 식용과 사료로 쓰이며, 굵고 긴 수숫대는 가옥 건축에 이용된다.

앞서 언급한 모든 농작물이 예외 없이 여름작물인 반면, **보리**, **쌀보리**(나맥), **밀**, **호밀**은 남부와 중부 지방에서 겨울작물로서 재배된다. 더욱이 밀은 대부분 겨울작물이다. **밀**은 9월에 파종하여 6월에서 7월로 접어들 무렵에 수확된다. 북부 지방에는 겨울밀이 없다. 밀의 주산지는 초여름에 비가 적은 황해도와 평안남도의 비옥한 토지이다. 반대로 동해안 지역에는 초여름에 비가 많이 오므로 밀 경작에 난관이 따른다. 추위에 민감한 **쌀보리**도 역시 논에서 경작되지만 분포 지역은 1월에 −4℃의 등온선이 달리는 이남 지역이다. 다양한 품종의 **겉보리**가 예외 없이 가루로 사용되는 반면, 쌀보리는 일부 사료로, 또 일부는 식량으로 이용된다. 겉보리는 재배형태가 가장 다양한 곡식 작물 중의 하나이다. 북부 지방에서는 보리가 예외 없이 여름작물로서 재배된다. 농지의 고도에 따라서 3월 혹은 4월에 파종하여 6월 초와 7월 중순 사이에 수확한다. 따라서 생육기간은 단지 70~100일이다. 초봄에 건조하면 겉보리의 생육에 좋지 않다. 중부와 남부 지방에서는 겉보리가 겨울작물이다. 이들 두 재배 지역은 여름보리뿐만 아니라 겨울보리도 재배되는 중부 지방의 산악 지대에서 만나게 된다. 겨울보리 재배 지역에서는 남쪽으로 갈수록 가을 파종기가 늦어진다. 중부 지방의 산간지대에서 파종 시기는 9월 초이며, 제주도에서는 11월 초이다. 겨울철의 성장 속도는 남부 지방에서 훨씬 빠르므로 제주도에서는 5월 초면 벌써 수확을 하는 반면, 중부 지방은 6월 말이나 7월 초에 가서야 수확한다. 중부 지방에서의 보리 수확은 집중호우 때문에 자주 어려움을 겪는다. 다량의 겨울보리는 중부

42 역자 주: 먹수수를 의미한다.

지방의 서해안 지역을 포함하여 주로 남부 지방의 논에서 재배된다.

최근에 와서야 B. Laufer가 **호밀**이 중국을 비롯한 동아시아에서 재배된다는 사실로 주목을 끌었다(625). 그는 호밀이 당나라시대(618~906년)에 파미르 지역으로부터 중국에 전래되었을 것이라고 추측하였다. 저자는 놀랍게도 한국에서 호밀을 보았다. 더욱이 호밀의 재배 면적이 꽤 넓다(p.569). 재배지는 남해안 지역의 도서와 반도 지역을 포함한 남부 지방과 평안도 해안 지역이다. 남부 지방에서는 일부가 논에서도 재배되는 겨울호밀이 이에 해당한다. Hulbert(557)는 과거 한국의 밭작물 중에 호밀에 관하여 언급하지 않았다. 호밀이 오랜 옛날에 중국으로부터 전래되었는지, 아니면 최근에 일본이나 미국으로부터 한국으로 들어온 것인지에 대하여 저자는 모른다. 일본이나 미국에서 왔을 가능성이 많은데, 그 이유는 일본과 한국에서 호밀을 영어명인 rai(rye)로 부르기 때문이다.

도요토미 히데요시의 침략(p.65) 이후 곧 **담배**가 일본을 거쳐 한국에 들어 왔고, **옥수수**도 아마 함께 들어 왔을 것이다. 조선시대에는 거의 모든 농민이 자급을 위해 담배를 재배했다(628). 담배를 매우 선호했고, 지금도 마찬가지이다. 겨울작물을 수확한 후 그 경지에 담배를 심어서 9월이면 이미 수확한다. 옥수수는 남부 지방에서는 나방의 피해에 시달리므로 조금만 재배될 뿐이다. 반면에 8월 평균기온이 22~25℃에 달하는 북서부 지방과 중부 지방의 동부에서는 재배가 활발하다. 개마고원에서는 1,200m에 이르는 곳까지 옥수수가 재배된다. 옥수수는 많은 강우를 필요로 한다. 그 때문에 북부 지방에서는 4월 중순경에야 비로소 옥수수가 파종된다. 수확은 8월 중순과 9월 중순 사이에 이루어진다. 그러므로 옥수수의 생육기간은 더운 여름의 4개월간이다. 과거 한국에는 옥수수의 재배가 성하지 않았다.

한국의 **귀리**는 지금까지 위에서 언급한 중유럽의 다른 곡식작물과는 하등의 관계가 없다. 귀리는 메밀 및 감자와 작물 결합이 된다. 귀리는 여름이 서늘한 산간지대의 작물이다. 대부분은 8월 기온이 22℃ 이하인 개마고원에서 재배된다. 이미 옛 한국에서는 귀리를 곡식으로서 높이 평가했다. 귀리는 쌀처럼 혹은 쌀과 섞어서 밥을 짓는 데 이용되었다. 귀리짚으로는 양질의 황색 종이를 만들었다. 귀리 외에 기후와 토양을 가리지 않고 잘 자라는 **메밀**(일: soba)은 가장 중요한 화전작물이다. 메밀은 한국의 모든 밭작물 중에 가장 짧은 생육기간(고도에 따라 50~70일)을 필요로 하므로 겨울작물과 심지어는 여름작물을 수확한 토지에서 그루갈이 작물(Nachfrucht)로 재배된다. 메밀은 6월에 파종되고 9월에 수확된다. 메밀가루로는 국수라 불리는 일종의 마카로니를 만든다. 메밀이 그루갈이 작물로 선택되기 때문에 개마고원에서 시작하여 다른 산악지대를 거쳐 고도가 낮은 곳까지 한국 전역에서 두루 재배되는 반면, 1832년에 처음

들어온 감자(p.85)는 귀리와 유사하게 주로 높은 고지와 북부 지방에서 집중적으로 재배된다. 산간지대에서는 때로 멧돼지들이 습격하여 감자밭을 폐허로 만든다. 감자의 파종은 3월 말과 4월 중순 사이에 행해지나, 수확은 필요에 따라 6월 중순에서 10월 초순 사이에 이루어진다. 자주색 감자 품종이 흰 감자보다 빨리 숙성한다.

서부와 남부 지방, 그중에서도 특히 대도시 근교에는 추위에 매우 민감한 고구마(Batate)가 감자 대신에 도처에서 재배된다. 완도, 거제도, 제주도와 같은 몇몇 남해 도서에서 고구마 재배가 매우 성하다. 초봄에 서늘한 지방에서는 미리 온돌방에서 고구마 씨눈을 틔우게 되는데, 그렇지 않으면 이 아열대성 작물이 충분히 숙성할 시간이 부족하다.

동아시아에서는 곡식작물에 부수적인 밭작물로서 두류의 비중이 중유럽보다 월등히 높다. 한국에는 그중에서 경지를 적게 요하는 콩(대두, 일: daitsu)이 가장 중요하다(626). 한국은 콩 재배에 이상적인 기후 조건을 지니고 있다는 Tanaka(600, p.18)의 주장은 옳다. 더욱이 하계의 풍부한 강수량 때문에 만주보다 조건이 오히려 유리하다. 콩은 현재 다양한 재배 방식에 필수적인 밭작물이다. 또한 농부들은 일이 끝난 후 논두렁에 콩을 심는다. 논두렁에서는 콩이 퇴비 없이도 잘 자란다. 콩은 지금 한국 전역에서 재배되나, 적합한 기온 관계 때문에 개마고원에서 가장 적게 재배된다. 콩은 북부 지방에서는 3월 말과 5월 초 사이에 밭에 파종된다. 남으로 갈수록 파종 시기가 점차로 늦어져서 6월 말까지 연장된다. 10월에 수확되나, 제주도에서는 11월 초에 가서야 수확한다. 콩은 잎이 갈색이 되어 떨어지기 시작해야만 수확하므로 가장 오래 밭에 서 있는 밭작물이다. 콩은 식용으로도, 또 말의 사료로도 쓰인다. 삶은 콩은 또한 논의 비료로도 사용된다. 그러나 무엇보다도 콩에다 소금과 고추를 넣고 발효시키면 한국과 일본의 식탁에 반드시 올라 오는 매운 맛이 나는 마기 소스[43]와 비슷한 갈색의 간장이 된다. 또 콩으로 두부(일: tohu)와 된장(일: miso)도 만든다.

기타의 콩의 종류는 매우 다양하다. Hulbert(557)는 12개의 둥근 콩 종류와 9개의 긴 모양의 콩을 열거했다. 그중 가장 중요한 것들은 팥(*Phaseola radiatas* [*Vigna angularis*], 일: azuki), 주산지가 황해도로서 겨울밀 재배 후에 그루갈이로 파종되는 녹두, 빨리 자라는 땅콩, 갈색콩(팥)[44], 아무데서나 잘 자라는 강낭콩(영: kidney bean)이다. 그중 강낭콩은 거의 북동부 지방과 개마고원에서 주로 많이 재배되며, 여기서는 화전작물의 하나이기도 하다.

섬유식물 중에는 면화가 가장 대표적이다(627). 옛 한국에는 소위 재래종만이 재배되었다. 면

43 역자 주: 스위스 마기(Maggi)사에서 만든 액체 조미료의 상품명이다.

44 역자 주: 팥이 아니라 밤콩을 가리키는 것 같다.

화는 중국으로부터 한국에 전래되었을 것이다(p.64). 재래종은 일본을 거쳐 들어온 미국품종과 비교하여 빨리 성장하고, 섬유질이 짧고 굵으며, 내성이 강한 특징으로 구별된다. 면화는 북부 지방에서는 4월에 파종되어서 씨껍질(종피, 種皮)이 열리는 시기에 맞춰서 8월 말부터 수확되기 시작한다. 개별적으로는 10월에 접어들면서 수확되는 목화밭도 있다. 수확은 첫서리가 내리기 전에 끝나야 한다. 면화는 이미 옛 한국에서 가장 중요했던 섬유식물이다. 의복의 주종을 면화로 만든다(p.220).

두 번째로 중요한 한국의 섬유식물은 과거나 지금이나 국토 전역에, 심지어는 고지에서도 재배되는 **대마**(삼, 일: oasa)이며, 중부 지방의 서부에서 가장 적게 재배된다. 파종은 3월 말부터 하지만, 산간지대에는 어린 싹이 서리에 민감하므로 5월에야 파종된다. 대부분은 옷감을 짜기 위한 섬유 조달을 목적으로 수확된다. 북부 지방에서는 7월이나 8월에 수확된다. 메밀이 밭 가운데 자라는 동안 가장자리를 두른 삼은 그 씨앗이 여물도록 10월까지 베지 않고 둔다. 삼의 섬유로 밧줄을 만든다. 남부 지방에서 재배되는 품종은 후에 여러 용도로 쓰인다. 줄기는 3.7m까지 자란다. 껍질이 분리된 연황색의 삼대는 마당 울타리나 지붕 재료로 쓰인다. 흙구덩에 쌓아 놓은 삼대 줄기들을 수증기가 통과하면서 찌는 전통적인 방법으로 섬유를 분리한다. 증기는 하얀 구름이 되어 흙구덩이를 덮으면서 삼대와 지면 위로 모락모락 피어오른다. 그런 후 벗긴 섬유는 빨래처럼 빨랫줄에 널어 건조시킨다.

또 다른 섬유식물은 **저마**(모시: *Boehmeria nivea* u. viridis[45], 일: choma)이다. 추위에 민감한 이 식물은 주로 남부 지방의 서쪽 지방에 한정되어 있다.

버터가 전무하므로 식용유를 얻는 작물이 중요하나 그 재배 면적은 매우 좁다. 가장 중요한 것은 매우 오랜 역사를 갖는 **참깨**이다. 유럽의 골무 모양과 형태가 비슷한 이 식물은 희고 붉은 종 모양의 꽃으로 눈길을 끈다. 야생깨(들깨)의 기름은 다만 등잔을 켜는 데와 기름종이를 제조하는 데에 사용된다. 참깨에는 씨가 흰 것과 검은 것의 두 종류가 있고, 식용으로 재배된다. 흰 꽃이 피는 꿀풀과식물인 **들깨**(*Perilla ocymoides*[46], 일: egoma)는 그 씨앗으로부터 래커(lacquer)를 만드는 데에 쓰이는 기름을 얻는다. 들깨는 한국 전역에서 간작이 되며, 재배 면적은 넓지 않다. 끝으로 **아주까리**(*Ricinus communis*)가 있는데 키가 큰 아주까리는 한 그루씩 참외밭 주위에 흩어져 있다. 아주까리의 독특한 냄새는 참외를 해치는 곤충을 쫓는 역할도 한다.

끝으로 **참외 밭**은 그 자체가 한국 밭농사의 특징적 요소를 이룬다. 3월에서 4월로 접어들 무

45 역자 주: 저마의 현 학명은 *Boehmeria nivea Hook* et. Arn이다.

46 역자 주: 들깨의 현 학명은 *Perilla frutescens*(L.) Britt.이다.

렵에 참외를 심어 6월 중순부터 수확을 한다. 참외밭의 가장자리에는 참외가 익기 시작할 무렵부터 도난을 방지하기 위해 가족 구성원이 상주하는 나무로 만든 감시탑(원두막)이 서 있다.

필지의 크기가 대체로 작기 때문에 밭농사와 **원예농업** 간에는 근본적인 차이점이 없다. 모든 종류의 점이적인 중간 규모가 존재하며, 다양한 원예작물이 밭에서도 재배된다. 실제의 차이점은 다만 울타리에 있을 뿐이며, 그 규모에 있는 것은 아니다. 모든 농부는 집 옆에 밭(텃밭)을 가지고 있고, 거기서 자급에 필요한 채소를 가꾼다. 도시 주변에는 울타리 없이 원예작물을 재배하는 작은 밭들이 모여 있다. 여기서는 채소 농사가 이루어지며, 특히 지난 10년대(1920년대)에 이민 온 중국 사람들이 채소 농사의 효시이다. 주요한 원예작물로는 여러가지 순무 종류, 배추, 무, 오이, 참외, 호박, 토마토, 상추, 양파, 고추 등이다. 이들 중 많은 것이 날것으로 김치의 재료가 된다. 김치는 고추가 맵게 가미되어 유럽인이 먹기 어려울 정도인(독일의 Sauerkraut와 비교할 수 있는) 절인 채소인데 한국의 식탁에는 결코 빠지지 않는다.

원예농업에 가까운 매우 독특한 종류의 작물은 **인삼**(630, 631)이다. 이 매우 값비싼 뿌리는 야생삼(산삼)으로만 채집되지 않고(p.203), 이미 전통적으로 재배도 되었다. 이미 최초의 유럽인 여행자들(예: 178)이 개성 인근의 인삼 재배에 관해 기술하였다. 인삼은 호우, 강한 일사, 더위와 추위에 약한 음지식물이므로 북쪽이 개방된, 소나무가지 혹은 짚으로 덮은 길고 낮은 보호 차양 아래에서 재배된다. 인삼밭은 도난을 방지하기 위해 갈색으로 색 바랜, 잎이 무성한 나무가지로 울타리가 쳐져 있다. 보호 차양은 1.5×0.75m 크기의 여러 부분(칸)으로 나뉘어 있고, 칸마다 32포기의 인삼 모종이 재배된다. 인삼근은 6년마다 9월 중순에서 10월 말 사이에 수확된다. 최상품의 뿌리를 신선한 상태에서 증기로 찐다. 처음에는 눈처럼 희던 색이 찜으로써 붉게 변한다. 홍삼은 중국으로 수출된다. 그보다 품질이 낮은 것은 말려서 무게에 따라 포장하여 한약 상에게 판다.

축산이 성하지 않기 때문에 동물의 분뇨가 퇴비로서 극히 적게 이용되며, 아울러 식물 퇴비의 이용도 옛 한국에서는 그리 보편화되지 않았다. 논의 **시비**에 관해서는 앞에서 이미 언급하였다. 밭에는 농가에서 나오는 쓰레기, 재, 잡초, 토탄, 마구간 짚, 잔디, 낙엽 등으로 만든 혼합퇴비가 가끔 이용된다. 그러나 모든 작물에게 비료를 주는 것은 아니다. 채소, 참외, 호박 등의 밭에는 도시로부터 농촌으로 운반된 인분이 뿌려진다. 도시에서 먼 곳에서는 도로변에 농부들이 공중 변소를 설치하여 길손으로부터 인분을 얻는다.

술바닥이 없고 보습이 있는, 중국과 일본의 쟁기와 유사한, **갈고리쟁기**(Hakenpflüge)가 일반적이다. 두 마리의 소가 끄는 큰 멍에쟁기(Jochpflüge)로서 논밭의 무거운 흙을 간다. 산간지대에서는 한 마리의 소가 끄는 가벼운 쟁기가 지배적이다. 또한 작물이 심겨진 밭고랑 사이에 간작되는 땅을 가는 데에도 쟁기가 사용된다. 때로 가벼운 쟁기는 인력에 의해 끌려지기도 하며, 이때 남자는 쟁기를 잡고 여자가 이 힘드는 일을 하는 것이 한국 여성의 특징적 역할이다. 밭작물의 **파종**은 손으로 한다. 한국의 농업은 지금도 힘든 수작업에 의존하며, 기계는 사용되지 않는다. 좁쌀의 낟알은 크기가 매우 작으므로 단순한 씨앗 통(차조 통)을 이용하여 땅에 뿌린다. 부지런한 농부는 파종과 수확 사이에 여러 번 짧은 호미로 밭을 맨다. 월등히 가치가 높은 논에 대한 것만큼은 아니지만 일반적으로 필요한 때는 밭에 손질을 가한다. 예를 들어 작물의 잎으로부터 풀쐐기를 비로 쓸어 바가지에 담는 여자들을 저자는 여러 번 보았다. 추수는 앞서 언급한 낫으로 한다. 이때 묶음은 밭 위에 나란히 널어 건조한 후, 십자 혹은 원추형의 더미로 쌓는다. 특히 비가 많이 오는 산악지대에서는 짚으로 만든 덮개로 더미를 씌워 둔다. 밭곡식의 타작은 발로 밟거나 도리깨로 치거나 또는 물레방아로 이루어진다(p.328). 곡식 알은 키질을 통해 겨와 분리된다. 이 작업 중에 가사 부문과 잡초 제거의 일은 여성의 몫이다.

논이 완전히 평탄한 상태를 유지하지만 논이 겨울에 밭작물의 재배에 쓰이게 되면 쟁기질에 의해 매우 흔하게 **고랑과 이랑**이 생긴다. 하지만 평탄한 밭도 있다. 북부 지방에서는 남부보다 고랑이 깊고 넓게 조성된다. 남부 지방에서는 이랑을 내고 난 후의 고랑이 독일 감자밭 고랑의 약 두 배 규모에 달한다. 고랑과 이랑은 다양한 환경을 조성한다. 고랑은 강수가 많은 계절에 수분을 함양하고 겨울에는 눈이 채워져서 그 속에서 겨울 씨앗이 보호된다. 이랑은 특히 여름에 온도가 높고 비교적 건조한 환경을 조성한다. 평탄한 지표 상에서는 고랑은 가능하면 동서 방향으로 내게 된다. 그리하여 고랑에 있는 식물이 북풍에 보다 잘 견딘다. 경사지의 고랑은 우식(雨蝕)을 막도록 수평으로 나란히 만든다. 이랑이나 고랑이 공히 농사에 도움이 된다. 그러나 고랑과 이랑에 같은 작물이 재배되는 일은 결코 없다. 습도가 높은 산간에는 특별히 수분이 많은 고랑을 비워 두는 경우가 종종 있다.

관개답에서는 대개 단일 작물만이 재배된다. 마찬가지로 한국 전역에 걸쳐 많은 밭에서 **단일 작물**이 재배된다. 예를 들어 대부분의 화전과 하천변의 수수밭과 옥수수밭에서 단일 작물이 재배된다. 혼합 재배도 있으나 비교적 드문 편이다. 조와 피는 가끔 혼작되며, 콩넝쿨이 수숫대와 옥수숫대를 타고 자라기도 한다.

하지만 **간작**(間作)이 월등히 널리 성행한다. 간작이라는 것은 여러 작물이 같은 밭에서 서로 사이에 끼어서 혹은 차례로 나란히 배열되어 파종되고 추수되는 것이다. 개개의 밭작물이 간작에서 줄지어 재배되며, 줄의 폭은 0.5~1m이다. 간작은 흔히 밭고랑의 조성과 관련되며, 고랑과 이랑이 이러한 띠를 형성한다. 그러나 간작은 평탄한 밭에서도 이루어진다. 밭에서 겨울작물은 거의 간작으로만 재배되며, 겨울작물은 방금 언급한 이유로 말미암아 고랑에, 여름작물은 이랑에 각각 파종된다. 간작은 또한 겨울작물지대의 북한계선의 너머에서도 널리 행해진다. 여기서는 두 가지 혹은 그 이상의 여름작물이 평행선을 이루며 파종되고 수확되며, 고랑과 이랑이 있는 밭에는 부분적으로 이랑과 고랑을 각각 활용하기도 하고, 또 이랑만 활용하기도 한다. 간작 형태의 유형은 수없이 다양하다. 단순히 여름작물만 재배하는 곳에도 다음과 같은 간작의 유형들이 있다. 1. 콩–조, 콩–옥수수, 콩–수수, 참깨–면화, 참깨–메밀, 옥수수–수수, 옥수수–감자, 아주까리–참외(p.254), 대두–대마, 콩–감자. 2. 조–피–옥수수, 참깨–아주까리–면화, 참깨–콩–기장, 참깨–콩–대마, 참깨–참외–옥수수, 콩–참외–옥수수. 3. 참깨–면화–콩–참외. 말하자면 네 가지까지의 작물들이 결합하여 간작 체계를 이룬다. 겨울작물 경작지에서는 이러한 간작 유형의 다양성이 덜하다. 겨울작물에는 밀, 보리 혹은 호밀이 간작되고, 여름작물에는 대두, 기타의 두류 혹은 면화가 간작된다. 남부 지방에서는 심지어 뽕나무와 대나무 같은 다년생 목본식물도 때로 겨울작물의 열 사이에서 자라는 것을 볼 수 있다. 두 가지 이상의 겨울작물이 간작되는 일은 드물다. 저자의 관찰로는 보리–참외–옥수수의 결합이 고작이다.

북부 지방에서 특히 널리 성행하고, 그곳 기후 조건에 적응한 한 가지 특이한 간작의 유형은 다른 단일 작물을 재배하는 경지의 주위를 둘러싸서 0.5~2m의 넓은 띠를 형성하도록 충분한 일사량을 필요로 하는 작물을 심는 것이다. 이러한 경재화단(境栽化壇, Rabatten)에는 특히 참깨, 콩, 아주까리 혹은 메밀을 심는다. 즉 그것들은 주로 키가 작은 작물들이다. 이와 같은 가장자리의 경지가 수수, 옥수수, 조와 같은 키 큰 줄기식물을 경작하는 밭을 둘러싼다. 가장자리의 작물은 이런 방법으로 키 큰 식물의 사이에서 자라는 것보다 좀 더 빨리 잘 자란다.

Nagai, Nakagawa와 Takasaki는 위의 내용과 관련된 중요한 논문에서 **밭농사의 네 가지 윤작 체계**에 대하여 논했다(624, p.11). 그중 두 가지의 윤작 형태는 여름작물들로 구성되고, 나머지 두 가지 형태는 겨울작물로 이루어져 있다. 그러한 윤작의 유형들은 다음과 같다. I. 여름 곡식작물 혹은 두류작물의 단일 재배작물이 2년 혹은 3년 단위로 윤작됨. 2년 단위의 윤작은 한 예로서 첫해는 옥수수, 조 혹은 피를 경작하고, 다음 해에는 보리나 수수를 경작함. 3년 단위의 윤작은 첫해에 보리, 이듬해에는 조, 다음 해에는 수수, 콩 혹은 참외를 윤작함. II. 위에서 언급한 바와 같은 다양한 결합으로 여름작물을 간작하는 형태. III. 2년 3모작의 윤작 형태로 겨울작물과 여름작물을 결합. 예를 들면 10월에 겨울밀을 밭고랑에 파종하여 이듬해 6월에 추수함. 추수 전에 조를 이랑에 재배함. 다음 해 여름에 대두(콩)를 이랑에 재배함. IV. 2년 4모작으로 겨울작물과 여름작물을 결합시킴. 예를 들어 기장류를 5월에 이랑에 파종, 6월에 그 사이에 대두나 옥수수를 파종, 둘 다 9월에 차례로 수확. 다음 해 6월에 수확되는 보리를 곧바로 고랑에 파종. 보리의 수확 바로 전에 이랑에 메밀을 파종함. 다섯 번째로 겨울작물을 재배하는 1년 단위의 윤작 형태는 다음과 같다. 10월에 보리를 고랑에 파종하여 6월에 수확. 보리 수확 바로 전에 수수나 면화를 이랑에 파종. 보리 수확 후 대두를 고랑에 파종. 집중적인 시비를 하지 않는 경우에는 윤작의 과정 중에 지금도 얼마간 휴경이 이루어진다.

겨울철이 한랭하므로 모든 논작물과 밭작물은 일년생이다. 그러나 다양한 **관목과 수목**도 재배된다. 재배 면적으로 보아서는 논밭에 비할 바 없이 좁지만, 외관상으로 중부 지방과 남부 지방에서 큰 비중을 차지한다. 그중 첫째로 동아시아에서 자라는 관목인 **뽕나무**(*Morus alba* L.)를 들 수 있다(633). 뽕나무는 다양한 방식으로 재배되고 있다. 저자는 700m에 이르는 고지에서도 여러 번 이 나무를 보았다. 다만 겨울에 극심하게 추운 북부의 여러 지방에는 뽕나무가 없다. 뽕나무의 분포는 한반도에서 남쪽으로 갈수록 증가한다. 위에서 언급한 바와 같이 뽕나무가 간작되는 경지에서 이따금 줄지어 서 있다. 그러나 보다 흔한 것은 소규모의 뽕나무 밭이다. 과거 한국에서는 이 밖에도 야생 뽕잎이 이용되기도 했다. 뽕잎은 한국에서도 **누에치기**(양잠)에 이용된다. 이미 옛 한국에는 여름에 양반층의 비단옷이 널리 확산되었으며(p.220), 비단은 한국의 몇 안되는 교역상품에 속했다(p.67). 누에치기는 뽕잎이 무성한 봄과 가을에 각각 한 번씩 이루어지며, 봄 누에의 수량이 월등히 많다. 봄누에치기는 남부 지방에서 5월 초, 중부 지방에서 5월 10일부터 15일 사이, 북부 지방에서는 5월 20일과 6월 중순 사이에 각각 시작한다. 부화기는 알을 사전에 서늘하게 보관함으로써 조절된다. 누에는 약 25일 후 비단실을 잣기 시작하며 소나무 가지 위에서 번데기로 변한다. 평안북도에는 한때 더욱 성행했던 **야생누에치기**가 잔존하고 있다. 농부는 나뭇잎같이 푸른 누에를 집안에서 부화시킨 후 옥외 자연 속의 상수리나무 혹은 졸참나무(*Quercus acutissima* 혹은 *Qu. glandulifera* [*Qu. serrata*])에 풀어 놓는다. 이 숲의 누에는 육식성의 조류를 쫓기 위해 밤낮으로 보호·감시된다. 이 나무에서 번데기가 되고, 이 누에에 의해 생산된 비단실은 매우 굵고 강하기는 하나 광택이 없다.

닥나무(*Broussonetia kazinoki*, 일: kozo)도 뽕나무과(*Moraceae*)에 속하는데 추위에 매우 민감하므로 다만 주로 경상북도와 전라북도와 같은 남부 지방에서 재배된다. 닥나무의 속껍질로 구김살 없는 양질의 부드러운 종이를 만든다.

도시와 농가들의 주변에는 **과수**가 많다. 제주도에서만 자라는 감귤나무를 제외하고는 과수 또한 모두 낙엽수이다. 특히 황주를 중심으로 한 대동강의 최하류 지역에 있는 사과나무와 이미 삼국시대와 관련하여 언급한(p.58) 낙동강 하구 지역의 배나무를 제외하고 과수원을 이루고 있는 경우는 매우 드물다. 그 밖에 복숭아와 살구나무가 흔하다. 남부 지방에서 가장 경이로운 과수는 키 큰 감나무(*Diospyros kaki* Thunb.)이며, 맛있고 즙이 많은 주황색의 과일이 늦가을에 익는다. 한국에는 대략 총 십수 개의 감 종류가 재배된다. 오얏(자두)나무는 때로 관상수로서 재배된다. 그중 한 종류의 꽃은 조선시대의 국화였다. 오동나무(참오동, *Paulownia imperialis* S.와 Z. [*Paulownia tomentosa*], 오동, *P. coreana* Uyeki)도 심장 모양의 잎을 지니고, 보랏빛에다 향기나는 꽃을 피우는 관상수이다. 이 나무는 겨울이 비교적 온화한 지역에 국한하여 분포한다. 과수에 속하는 것으로는 두 가지의 밤나무 종류(약밤나무, *Castanea bungeana*와 밤나무, *Castanea crenata*)가 있는데, 원시림 속에서 자생하기도 하고 마을 주변에서 한 그루씩 혹은 소림으로 심어져 있다. 큰 깃털 형태의 잎을 가지고서 물푸레나무를 닮은 가래나무도 밤나무와 마찬가지이다. 밤나무와 호두나무는 상당히 높은 산간 계곡에도 분포한다.

끝으로 외관상 큰 비중을 점하는 목본식물은 **대나무**이다. 야생종 대나무(산대)가 대개 키작은 관목림을 이루면서 고지까지 널리 분포하는 반면(p.195), 재배되는 품종은 상록의 잎을 가지고 몹시 추운 겨울에만 잎이 바랜다. 대나무는 10m 높이까지 자란다. 한국의 대나무에는 왕대(*Phyllostachys bambusoides* S. et Z.)와 이대(*Pseudosasa japonica* Makino)가 있다. 두 종류가 공히 야생대나무보다 기후에 매우 민감하다. 전자는 제주도에서 해발 300m까지, 후자는 500m까지 분포하고, 더욱이 울릉도에서는 200m까지만 분포한다. 저자는 서해안의 태안반도와 동해안의 강릉까지의 지역에서 대나무를 보았다. 대나무가 동해안에서 위도 1° 정도 북상해 있다는 사실은 동해안의 겨울이 서해안보다 좀 더 온화하다는 사실을 의미한다. 또한 대나무는 남부 지방의 기의 저지에만 주로 분포한다. 남부 지방에서 대나무는 산기슭과 초가 마을들의 주위에서 마을을 가리면서 빽빽한 숲을 형성하고 있다. 대나무는 남아시아 및 동아시아의 전역에서 가옥 건축, 돛의 보강재, 도구 등에 이용된다.

농업지리의 유형을 통하여 한국 농업에 관한 고찰을 결론짓도록 하겠다. 이 결론은 당연히 이미 언급한 내용을 기초로 한 것이다.

1. 비경작지(산맥의 고지)
2. 화전경작, 대부분 영구 경작지(메밀, 귀리, 감자, 봄보리, 조, 기장, 옥수수, 대두, 강낭콩, 대마. 뽕나무는 없음).
3. 가을 파종이 없는 영구 밭농사(조, 수수, 옥수수, 메밀, 대두, 팥, 감자, 대마, 여름밀).
4. 가을 파종이 있는 영구 밭농사. 낮은 집약도(겨울보리, 겨울밀, 조, 피, 수수, 벼, 귀리, 옥수수, 메밀, 대두, 팥, 감자, 삼, 면화)
5. 가을 파종이 있는 영구 밭농사. 중간 정도의 집약도(겨울보리, 조, 피, 수수, 기장, 벼, 귀리, 대두, 팥, 강낭콩, 완두, 감자, 대마).
6. 가을 파종이 있는 영구 밭농사. 높은 집약도(겨울밀과 겨울호밀, 메밀, 대두, 팥, 녹두, 고구마, 재래면화, 사과).
7. 이모작이 있는 영구 밭농사(겨울보리와 겨울밀, 봄보리와 봄밀, 조, 수수, 귀리, 옥수수, 벼, 메밀, 대두, 팥, 감자, 재래 면화, 대마).
8. 가을 파종이 없는 집약적 관개 논농사와 밭농사(벼, 봄호밀, 봄보리, 조, 피, 기장, 수수, 옥수수, 대두, 팥, 재래 면화, 대마).
9. 논에 가을 파종이 없는 집약적 관개 논농사(벼, 겨울보리, 겨울밀, 조, 피, 메밀, 대두, 팥, 녹두, 감자, 재래 면화).
10. 논에 가을 파종이 있는 집약적 관개 논농사(벼, 겨울보리, 겨울쌀보리, 겨울밀, 겨울호밀, 밭벼, 대두, 팥, 녹두, 고구마, 들깨, 미국 면화, 대마, 저마, 감나무, 닥나무).
11. 논에 가을 파종이 있고 아열대 목본재배작물이 있는 집약적 관개 논농사(벼, 겨울보리, 겨울쌀보리, 겨울밀, 겨울호밀, 밭벼, 대두, 팥과 녹두, 고구마, 미국면화, 대마, 저 마, 닥나무, 감나무, 대나무).
12. 밭농사와 아열대 목본재배작물(겨울보리와 겨울밀, 조, 밭벼, 메밀, 대두, 고구마, 미국 면화, 대나무, 감귤, 차—옥수수, 감자).

이러한 12개 유형의 지역 분포는 별도 18에 나타나 있다. 분포 지역의 경계는 현 상태에 의거하여 설정했으므로 일제하의 지난 세대 동안에 걸쳐 일어난 변화가 감안되었다. 그러나 이러한 유형들이 이미 조선시대에도 모두 있었을 것이다.

축산에 관해서는 그 비중이 약하므로 언급할 것이 많지 않다(635). 가축의 사육은 수목의 잎이나 목초뿐만이 아니라 겨와 같이 경작으로 생기는 부산물을 이용한다. 더욱이 말에게는 특히 겨울에 많은 콩을 먹이고, 소에게는 조 같은 것을 먹인다. 그러나 그 어디에도 목축을 고려하여 농업활동을 결정하지는 않는다. 대개의 농가에서 사육되는 **닭**을 제외하면 **소**의 숫자와 비중이 가장 크다. 필수적인 역축으로서 소를 대개의 농가에서는 적어도 한 마리를 기르고 있다. 한국의 소는 동부아시아의 기준으로는 매우 크고 힘이 세다. 소는 운반과 경작에 이용되는 가축이다. 소는 과거에 무거운 물건의 운반을 거의 도맡았다. 우유를 조달할 목적으로 기르는 소는 거의 없다. **한국 말**은 작고 다루기 힘들지만, 매우 힘세고 지구력이 있는 가축이다(575). 한국 말은 몽골 조랑말과 유사한데, 아마 옛날에 몽골에서 한국으로 들어왔을 것이다. 몽골인은 한국의 조랑말 사육을 적극 장려했다(p.518). 지금도 말은 제주도에서 아주 특별히 사육된다. 그러나 최근에 와서 말 사육은 말과 소를 치는 현대적 목장이 있는 북동부 지방의 변경에서 활발해지기 시작했다. 조랑말은 교통과 운반 수단으로 이용된다. 최근에는 도시 내 거리의 궤도마차를 끄는 데에도 이용된다. 제주도에서만 말이 쟁기를 끄는 데에 이용될 뿐이며, 본토에서는 그것이 우스꽝스럽게 보일 것이다. 돼지 사육은 한국 전역에서 이루어지고, 심지어 개마고원에서도 행해지며, 동해안 지역이 가장 미약하다. 그러나 **돼지 사육**의 집약도는 유럽 수준에는 못 미친다. 재래종 돼지는 매우 작고(최대 중량 37kg), 발육이 느리므로 비경제적이다. **양의 사육**은 조선시대에는 금지되었다. 왕이 매년 제사를 올리는 데에 필요한 소량의 양을 중국에서 수입했다. **염소의 사육**은 특히 거제도를 중심으로 한 남부 지방에 편중되어 있다.

한국은 전반적으로 대외 교역에 의존하지 않는 자급 경제를 영위했을 뿐만 아니라, 개개의 가계도 생필품을 대부분 자급했다. 그러므로 **수공업**의 발달이 미약했다. 조선 초기에 번창했던 다양한 수공업 분야는 수차례의 전쟁을 통하여 소멸했거나 쇠퇴하였다(p.65). 지난 세대에 와서 우선 일본의 완제품을 수입하고, 최근에 와서는 국토의 산업화가 일어남으로써 수공업의 번창은 거의 기회를 얻지 못했다. 그럼에도 국토 경관에서 여기저기 눈에 띄는 전래되어 온 수공업들이 명맥을 유지하고 있다. 그것에 관해서는 이미 옛 한국의 공물과 수출 품목에서 잘 살펴보았다(p.67).

과거 한국에서는 풍부한 역청탄과 무연탄의 광상이 확인되지 않았다. 그리하여 채굴 가치가 있는 광상을 확인할 목적으로 한국을 여행한 Gottsche도 그의 여행기에서 "석탄의 부재"를 주장했다(188). 따라서 **목탄의 구득**이 큰 역할을 했다. 그러나 목탄의 조달은 특히 인구가 조밀한 지방을 중심으로 하여 남아 있는 삼림 자원을 심하게 황폐시켰다. 일본 주민은 덤불을 이용하는 일종의 온돌 난방을 다만 겨울에 극히 추운 북부 지방에서만 활용하기는 하나, 주로 일본 주민을 위한 목탄업은 지금도 활발하다. 저자는 지리산, 계룡산, 개성 인근의 천마산 등지의 남부 및 중부 지방의 산간에서 연기가 피어 오르는 숯가마를 직접 관찰했다. 서울 청량리에 있는 중앙임업시험장은 시험용 숯가마와 전시용 숯가마를 운영한다.

목탄업과 더불어 지금도 **제지업**이 활발하다. 기름종이를 비롯한 한국의 종이는 최고의 품질이다. Lapeyrière(260, p.243)에 따르면 옛 한국에는 53종의 종이가 있었고, 그중 14종은 기름종이이다. 종이는 닥나무 속피(p.220), 귀리 및 보릿짚 혹은 폐지로부터 생산된다. 완성된 종이는 옥외에 넓게 펼쳐 건조한다. 간혹 마을 전체 주민이 종이 생산에 종사하는데, 그러면 산기슭에 널린 종이는 수 킬로미터의 길이가 된다. 종이의 용도는 현재에도 창호지, 벽지, 신문지, 책 인쇄 및 서류용, 부채, 비 모자(p.218), 비옷 등 매우 다양하다.

옛 한국에서도 해수로부터 **식용 소금**을 얻었다. 동해안에서는 그와 같은 오래된 염전에서 지금도 소금을 생산한다. 거기에 있는 좁은 사주를 가로질러 작은 수로를 만들고 바닷물을 끌어 들인다. 수로를 통해 대략 1ac 면적의 잘 다져진 평지의 염전까지 바닷물을 끌어들이며, 다져진 지표 위에는 5cm 정도 두께의 흙이 황소가 끄는 써레에 의해 고루 분산되어 있다. 남자들이 여름철에 날씨가 좋은 날 두 번에 걸쳐 바닷물을 수로로부터 바가지로 퍼서 염전에 뿌린다. 5일 후면 증발에 의해 충분한 양의 소금이 응집된다. 염분을 함유한 흙은 더미로 쌓이며, 투수하는 나무 바닥이 있는 흙구덩이에 옮겨진다. 여기서 신선한 바닷물을 그 위에 끼얹는다. 염토로부터 염분이 용탈되어서 나오는 진한 염분 용액을 용기에 받아 낸다. 이것을 장작불을 때서 증발시킨다. 이렇게 얻은 한국 소금은 쓴맛나는 염분의 찌꺼기를 여전히 많이 함유하므로 품질이 나쁘다.

과거 한국의 많은 수공업 분야는 독특한 이동 업체였다. **제철업**이 그러한 부류에 속하며, **옹기공장**이 아직도 그렇다(568). 옹기공장은 셰일과 편마암이 풍화되어 생성된 점토를 찾아 장소를 이동한다. 점토는 물레 위에서 도기의 형태를 갖추며 곁에 임시로 설치한 가마에서 굽는다. '암수' 기왓장(p.226)도 도기류에 속한다. 숫기와는 작은 원통형을 반으로 쪼갬으로써, 암기와는 큰 원통형을 삼분함으로써 만들어진다. 옹기업체는 간장, 김치, 물, 곡물 등의 저장을 위한 사람 키만큼 거대한 옹기를 생산함으로써 지금도 존경받을 만한 일을 수행한다.

옛 한국의 **광업**도 또한 광업 기술적 사업이라기 보다는 수공업이었다. 그것은 노천 광업에 지나지 않았다. 한국에 관한 과거의 기록을 보면 금에 대한 언급이 줄곧 있으며, 때로는 지나치게 과장되었다(p.76 이하). 금가루는 공물과 교역 상품에 속했다(p.67). 그러나 오래된 금광도 거의가 다만 원시적인 사금 채취였다. 이 사금 채취는 지금도 도처에서 행해진다. 또 여러 곳에는 채굴 활동의 자취로서 폐석 더미가 있는 것을 볼 수 있다(569). 1895년 이래 외국의 업체

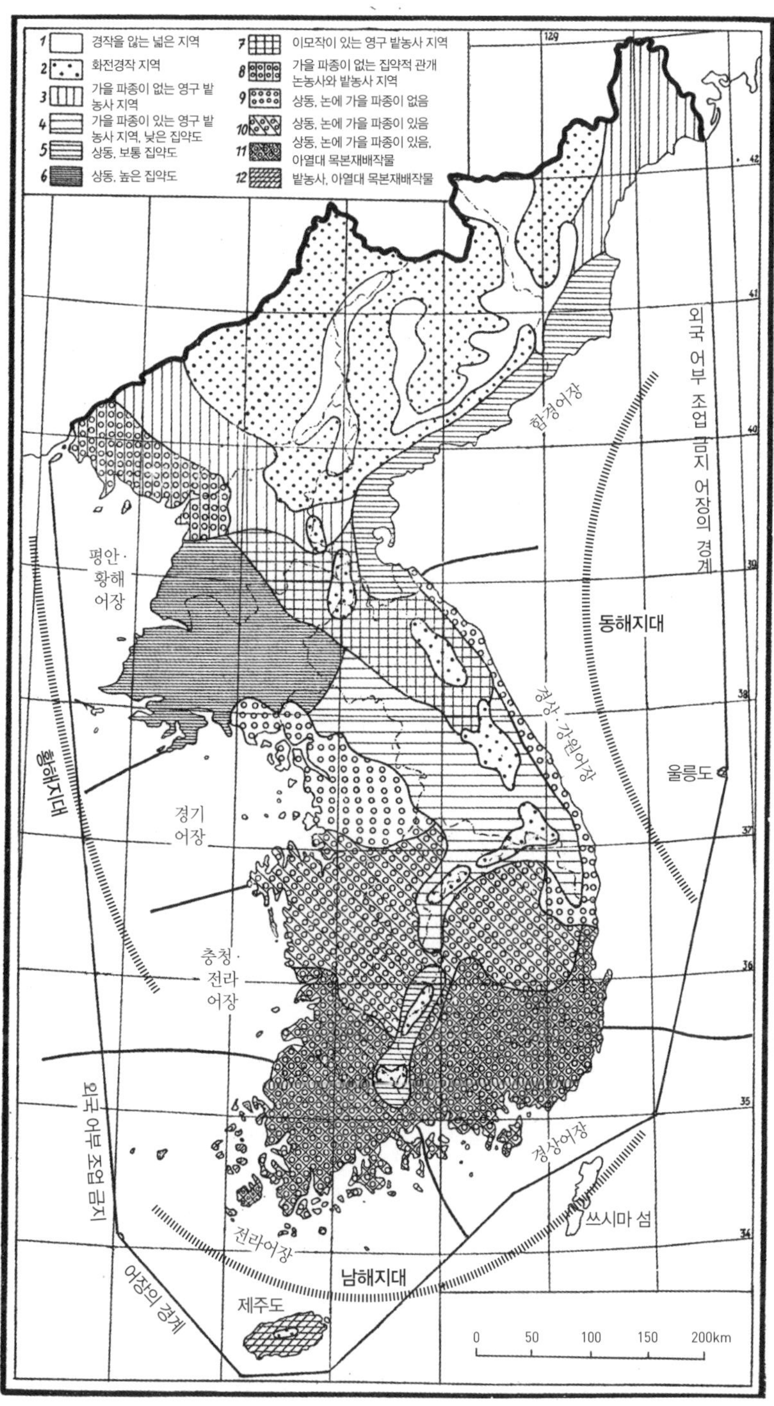

[별도 18] 농업 지역의 구분과 어업지대

들이 조선 왕으로부터 인가를 받아 한일합방 이전에 주요한 광상에서 대규모로 금을 캤다. 이들 중 3대 광업체는 운산(평안북도, 미국 업체), 수안(황해도, 영국 업체), 직산(충청남도, 일본 업체)에 있던 업체들이다. 두 개의 독일 업체도 각각 강원도의 금성(당고개)과 평북의 선천(宣川)에서 광권을 확보하여 활동했으나 얼마되지 않아 폐광했다.

업자가 생산한 상품들은 **행상**에 의해 며칠씩 걸리는 곳까지 운반되었으며, 상점 앞에 팔려고 내놓기도 했다. 이러한 짐을 운반하는 데에 남자들이 쓴 도구는 원시적 등받이인 지게이다. 여자들은 짐을 바구니에 담아 머리 위에 인다. 그 상품들을 열거하자면 옹기, 창호지를 바른 문짝, 의자, 궤짝, 목기, 바구니와 유기, 돗자리, 직물, 장작, 땔감(덤불), 소금, 청주, 쌀떡, 쌀로 만든 단맛 나는 엿, 두부, 군밤 등이다.

이 모든 상품들은 지금도 매우 인기 있는 **정기시장**에서 팔린다. 옛 한국에는 각 군마다 적어도 일주일에 5개의 장이 서야 했다. 장은 마을마다 돌아가면서 섰고, 취급하는 상품들은 저마다 차이가 있었다. 일본인들은 전통시장 질서의 기본 골격을 유지하게 했다. 흰 옷을 입은 남자들과 여자들은 각각 따로 무리를 지어, 위에서 언급한 바와 같이 지게를 지거나 짐을 머리 위에 이고 장으로 향한다. 무거운 짐은 황소가 끄는 바퀴가 두 개 달린 수레로 운반하거나 안장 위에 양편으로 큰 광주리나 자루를 걸쳐서 소나 말의 등에 실어 운반했다. 화전민 지역과 그 주변에서는 도로 사정이 극도로 나쁨으로 육상 썰매(Trockenschlitten)가 일상적인 운송 수단이었다(p.328). 지위가 높은 사람들은 지금도 말과 나귀를 타고 통행한다. 옛 한국에는 정부 관리와 그 밖의 많은 양반들이 가마를 탔으며, 지금도 이 구식의 교통수단을 가끔 볼 수 있다. 한국에는 그 밖에 한 달에 여섯 번 서는 780개소의 **우시장**이 있었다. 특히 수원 우시장이 유명하며, 지금도 성시를 이룬다. 옛 한국에서 시장권의 반경은 8~12km이며, 광활한 북부 지방에서는 심지어 20~24km의 반경에 달했다. 오늘날은 도로의 확충으로 시장권이 보다 확대되었다.

옛 한국의 **도로**는 믿을 수 없을 만큼 열악한 상태였다. 개국되기 수십 년 이전의 유일한 장거리 도로는 부분적으로만 수레를 이용할 수 있는 서울에서 의주에 이르는 사신(使臣)들이 이용하던 도로였다. 모든 과거의 여행기에는 짐꾼과 짐을 실은 짐승이 통과하기에도 쉽지 않은 도로 사정에 대한 불평이 한결같다. 2차적으로 중요한 간선도로들도 산악 지역에서는 지금도 동일한 상태에 머물러 있다. 탐험가들이 주로 간선도로만 이용했으므로 옛 한국의 가장 중요한 간선도로들은 지도(별도 5)를 통해 알 수 있다. 도로의 흐름은 자연히 지형조건에 크게 제약을 받았으며, 때로 구조곡을 따라 길게 뻗어 있다(p.119). 대하천은 나룻배로 건넜으며, 소하천은 우기에 흔히 철거되거나 홍수로 유실되는, 부서질 듯한 나무다리 위로 건넜다. 그러나 홍수시에는 나룻배도 간혹 일주일 정도 이용할 수 없게 된다. 가장 중요한 도로들은 수도 서울을 중심으로 방사상으로 뻗어 있다. 도로 상에는 매 12km마다 사람과 짐승의 숙박소(역원, 驛院)가 설치되는 것이 원칙이었다. 그러나 이러한 역원들은 때로 이용할 수 없는 상태였다. 그 외에도 역로에는 정부 관리가 묵어갈 수 있는 장소가 마련되어 있었다. 이러한 장소의 이름(차련관, 車輦館)은 지금도 지명으로 남아 있다. 많은 취락들이 시장 혹은 숙박소로서의 기능 때문에 발전하였다(660).

일부 하계망이 제한된 범위에 걸쳐 항행 가능했으므로 도로 교통 시설이 다소 개선되었다(p.174). **강배**는 낮은 흘수(吃水)를 가진, 갑판도 없는 좁고 긴 화물선이었다. 배는 대나무를 가로질러 댄, 면으로 된 돛을 달고 있다. 왜냐하면 배가 하천을 거슬러 올라갈 때는 서풍과 남풍을 이용하기 때문이다. 강마다 이용되는 배는 세부적으로 다양한 형태로 건조되는데, 그 차이는 강의 특성에 적응시킨 결과이다(p.174). 한강의 배는 최대 24m의 연장에 뱃머리가 크게 위로 치켜 올라가 있다. 뱃사람은 셋인데, 둘은 상앗대질, 배를 끄느 일, 노젓기 등을 담당하고 한 사람은 키를 잡는다. 대동강의 배는 고대(高臺)가 있고, 거기서 선장이 큰 키를 잡고 그 밖에 네 사람의 노잡이가 동승한다(576).

끝으로 현재까지 전해진 전통적인 통신시설을 언급할 필요가 있다. 그것은 **신호불**(봉화)인데 1894년에 전신이 도입될 때까지 이용되었다. 조선시대에는 5개의 통신로가 있었는데, 각 통신로는 해안과 국토의 변경에서 시작하여 서울의 남산에 집중하였다. 곶과 높이 솟은 산정에는 모르타르 없이 돌로 쌓은 낮고 넓은 봉화대가 설치되었으며, 그 유적들이 많이 남아 있다. 5개 통신로는 총 696개의 봉화대로 구성되었다(579의 지도 참조). 곶과 산은 서로 마주 보고 있으며, 밤에는 불빛으로, 낮에는 연기로 신호하여 계속 전달한다. 전달 내용은 1~5개의 신호체계에 의하며, 하나의 신호는 규정된 의미를 지닌다. 한 번의 신호는 평화, 다섯 번의 신호는 침입하는 적과의 전쟁을 의미한다.

현재에 이르기까지 실질적인 영향을 미치는 옛 한국의 인문지리 특성들에 대해 앞에서 논했다. 그 성격들은 아주 독특한 개성을 나타낸다. 이러한 특성 중 많은 것이 중국에 의한 것이거나 혹은 적어도 영향을 받은 것이라는 사실을 재차 강조하였다. 제4부에서는 지난 세대에 걸쳐 일본의 영향을 받아 일어난 한국의 지리적 본질의 급진적 변화에 대해 제시할 것이다. 그러므로 두 나라로부터의 영향이 한국이 중간 위치에 놓여 있고 소국이기 때문에 애초부터 기대될 수 있는 것과 같이 지리적 현 상황은 인문지리 분야에서도 동아시아의 다른 두 나라로부터의 영향을 받았다. 그러나 과거 중국과 최근 일본의 영향권을 넘어서 이 장에서 명확히 보여 준 바와 같이 한국은 매우 다양한 독자적 특성을 지니고 있다. 자연지리 분야에서 한국은 대륙으로부터 해양으로 변화하는 점이적 성격을 탁월하게 나타낸다. 인문지리 분야에 미친 자연지리 특성의 영향은 단지 양적이고 계절적인 차이에서만 빈번히 나타난다. 한국의 인문지리 특성은 놀랍게도 국토 전역에 걸쳐 근본적으로 동일하다. 그리하여 한국은 동아시아의 대 지역 속에서 작지만 매우 강한 지리적 개성을 지니고 있다. 앞서 기술한 이러한 개성의 모든 개별 특성을 뛰어 넘어 제3부에서는 지역적 차이를 논하기로 하겠다.

제3부

한국의 여러 지역

한국의 지지적 지역구분의 관점

Braun과 Hartnack(Pomm. Geogr. Ges., Gedenkheft zum fünfzigjährigen Bestehen, Greifswald, 1932)가 주장한 것처럼 한 지역의 형상 위에 인간 활동의 뚜렷한 자취가 남아 있는 모든 지역은 **'총체적 특성**(totalisierende Gestaltungsgrundzüge)'뿐만 아니라 **'중심적 특성**(zentralisierende Gestaltungsgrundzüge)'을 갖는다. 총체적 특성은 많든 적든 간에 해당 지역의 어느 곳에서나 존재하므로 해당 지역에 동등한 지역적(flächenhaft) 특성을 부여한다. 그러나 인접 지역들은 다른 총체적 특성을 갖는다. 이와 대조적으로 중심적 특성은 한 대도시와 같은 한 지점, 또는 하곡 또는 철도와 같은 한 선으로부터 출발한다. 이들 점이나 선은 아마도 그 이전에 고찰한 지역들의 경계에 위치하는데, 이들 지역은 지리적 총체성(geographische Totalität)에 의해서 균일한(einheitlich) 개체로 뚜렷하게 나타난다. 중심적 특성은 점 또는 선들로부터 총체적으로 고찰할(totalisierende Betrachtung) 때에 나타나는 다양한 지역들로 방사할 것이다.

중심적 지역 특성(zentralisierende Landschaftszüge)의 관점만으로 한국을 지역구분하려면, 그 주요 특성에 있어서 8~13도의 경계보다 적절한 지역구분을 찾을 수는 없을 것이다(p.43 이하). 한국의 **도 경계**는 500년 이상의 시험 기간을 거쳤으므로 행정과 경제의 필요성에 매우 적합하다. 예를 들어 금강 하구에서와 같은 도처에서의 근대화로 인하여 머지 않은 장래에 도 경계의 국지적인 변화가 필요하리라는 사실은 여기서 무시하고 넘어가도 될 부차적인 일이다. 한국 경관상(景觀像, Landschaftsbild)의 중심적 특성에만 비중을 두려면 각 도가 지역(지리적 경관, geographische Landschaften)으로서 간주되어 다루어져야 한다. 일본제국지리인 『일본지리풍속대계』(299)의 제16권과 제17권에 포함된 가장 방대한 한국지지가 이 방법을 따르며, 인문지리학·민속학 분야에 중점을 두었으므로 그 지역구분이 전체적으로 이 책의 목적에 합당하다.

그러나 특히 저자의 여행과 문헌을 기초로 한 본서에서는 한국 경관(지역) 특성의 인문지리학 측면과 동등하게 자연지리학 측면을 중요하게 다루었다. 인구가 희박한 지역에서는 인문지리학 측면보다 자연지리학 측면이 경관(외관, Physiognomie)에 더 큰 영향을 준다. 따라서 총체적 지역 특성들이 그에 합당한 비중을 갖는 새로운 지지적 지역구분(länderkundliche Gliederung)을 할 필요성이 나타난다.

총체적 지역 특성만을 언급한다면 주요 구분은 남서부 지방과 북동부 지방의 두 지역구분으로 될 것이다. 이러한 지역구분은 위에서 언급한 『일본제국지리』에 암시되었다(Bd.16, p.46). 이

『일본제국지리』에서는 압록강 변 의주 북쪽으로부터 강원도의 남단까지 북서–남동 방향으로 달리는 분리선으로 **'남서부 지방'**과 **'북동부 지방'**을 구분하였다. 남서부 지방은 서해와 대한해협 측의 주로 분지와 구릉으로 이루어진 지역이고, 북동부 지방은 대륙부에 속한 북부 지방과 한반도 동해안 지역에서 높이 솟은 산맥과 고원이 있는 지역이다. 저자가 이미 기술한 바와 같이(231, p.258 이하) 이러한 분리선도 인간에게 가장 중요한 경관을 형성하는 활동의 범위에서(im Bereich der wichtigsten landschaftsgestaltenden Betätigung des Menschen), 즉 농업에서 결정적인 역할을 한다. 이러한 기본적인 구분선을 기초로 남서부 지방과 북동부 지방을 세분하는 것은 어렵지 않을 것이다.

그러나 한국을 이러한 방법으로 지역구분하는 것은 단지 총체적 특성에 따른 것이고, 중심적 특성을 완전히 무시한 것이다. 압록강, 대동강, 금강 유역은 1차 구분선으로 완전히 분할될 것이고, 경제적으로 매우 중요한 하천, 도로, 철도에 의한 육상 교통체계는 고려되지 않은 것이다. **따라서 저자는 총체적 특성과 중심적 특성이 동등하게 고려되는 지역구분을 하려고 한다.**

자연권(Natursphäre)에서 한국은 대륙성 동아시아의 대규모 지역들과 주변부의 수평적·수직적으로 극도로 분할된 지역(die horizontal wie vertikal extrem gegliederten Landgebieten der Peripherie) 사이에 위치한 **점이지대**로 나타난다. 이러한 점이적 특성은 기온의 연교차 지도에서 가장 잘 나타난다(별도 10). 그러나 이러한 점이적 특성은 다른 많은 기후 특성에서도 역시 나타나고, 이와 함께 수문학, 자연식물피복, 농작물과 영농 방법, 건축과 경관의 계절변화에서도 잘 나타난다. 이러한 점이 현상은 북부 동아시아의 중심으로부터 그 주변부를 향해 나타나기 때문에 북북동–남남서 방향으로 진행된다. 한반도의 축은 이와 같은 방향을 갖는다. 바로 이러한 이유 때문에 한반도 상에서 점이 현상이 뚜렷하게 나타난다. **그러므로 1차 구분선은 한국을 관통하여 대체로 동서로 달려야 한다.** 단지 이렇게 달리는 1차 구분선을 통해서 중심적 특성이 그에 합당한 중요성을 동시에 부여받게 된다. 이러한 방법으로 지역과 하천의 관련성을 통해서 서로 밀접하게 관련된 부분 지역들은 함께 남게 되고, 인문지리학 분야에서 전통적인 한국의 해양부지성(海洋不知性, Meeresfremdheit)을 고려한 현재에도 여전히 중요한 한국의 수평적 지역구분이 그에 합당하게 고려된다.

대륙성 지역 또는 **북부 지방**과 한반도 및 도서 지역을 구분하는 것은 이 동서 방향의 구분선을 우선적으로 설정함으로써 고려될 만하다. 한반도 지역은 점이 현상의 방향으로 길게 연장되어 1차의 그와 같은 다른 선으로 **중부 지방**과 **남부 지방**으로 구분된다. 북부 지방과 중부 지방 간의 구분선은 서한만에서 동한만으로 달린다. 이 구분선이 달리는 세부 사항은 한편으로 대동분지와 영흥만 부근 지역, 다른 한편으로 낭림산맥을 단절하지 않는다는 저자의 의도로 정하였다. 따라서 이 구분선은 39½°N와 40°N 사이에 나타난다(별도 23). 이 선에서 밀 재배가 지금까지 그 북한계에 이른다.

중부 지방과 남부 지방 사이의 경계선에 관해서는 상이한 견해가 있을 수 있다. 저자는 동쪽에서 태백산맥의 주요부가 중부 지방에 포함되고, 경상분지와 소백산맥이 남부 지방에 포함되도록 이 경계선을 설정하였다. 서쪽에서는 해안의 수평적 만입이 이 지역에서도 가장 적절한 근거가 된다. 이 지역에서 저자는 경기만의 남동단, 즉 아산 부근의 안성천 하구로 경계선을 그어 그 남부의 큰 태안반도 전체가 남부 지방이 되도록 하였다. 중부 지방과 남부 지방 사이의 이 경계선은 수도 서울로부터 방사되는 중심적 특성이 필수적인 영역을 갖도록 충분히 남쪽을 달린다. 따라서 중부 지방과 남부 지방의 경계선은 37°N 주변에 나타난다(별도 23). 이와 같은 경계 설정은 동시에 다른 지지권들(länderkundliche Sphären)의 수많은 주요 특성을 고려한 것이다. 예를 들어 남쪽으로부터 이 경계선까지 미국 면화종의 재배와 밀 재배를 위해 겨울에 논이 이용되고, 북쪽으로부터 귀리와 옥수수 재배가 이 경계선에 이르는 것을 언급할 수 있다. 또한 이 경계선은 여러 수도종(水稻種)의 북한계 또는 남한계가 된다.

한반도의 축 방향으로 경관 형태가 변화하는 것을 강조한 이 1차 지역구분의 원칙에 이어 두 번째로 서해, 내륙, 동해 지역 사이의 차이가 추가된다. 이 두 번째 원칙에 따라 주요 지방(북부, 중부, 남부)이 각각 세분된다. 내륙 지역은 자연적으로 대륙성 북부 지방에서 가장 면적이 넓다. 이 내륙 지역은 **개마고원**과 **백두산 지역**으로 나타난다. 그 외에 북부 지방에서는 동해안과 서해안 지역이 구분되어야 한다. 서해안 지역은 **평북 지역**이다. 중부 지방은 그 북부 지역에서 폭이 좁고, 한국의 주산맥이 그리 높지 않아서 양측으로부터 해양의 영향이 내륙에까지 미친다. 따라서 중부 지방에서 특별히 내륙 지역을 분리시킬 필요가 없다. 그러므로 중부 지방의 유일한 내륙 지역인 **한강 상류 지역**은 한반도의 폭이 넓어지는 39°N 이남에서 시작된다. 중부 지방의 동해안에서는 **태백산맥**과 **영흥만 주변 지역**이 두 지역으로 구분된다. 다른 지역보다 복잡하게 분할되며, 인구가 조밀한 서해 측은 **대동분지**, **황해반도**와 **경기 지역**으로 3분된다. 남부 지방에서 **소백산맥**은 그 위치와 기복에 의해 즉시 나타나는 내륙 지역을 이룬다. 소백산맥은 동해 측에서 **경상분지**와 서해 측에서 **충청–전라 지역**에 이어지고, 대한해협에서 이 세 남부 지역은 **남해안 지역**으로 변한다. 끝으로 **제주도**와 **울릉도**가 각각 기술되었다(별도 23).

세 주요 지방 내 각 세부 지역 사이의 경계 설정 및 명칭 선정의 이유와 이들 지역의 개체성을 강조하는 것이 다음 16장의 과제이다. 끝으로 한 나라 지역구분의 정도는 물론 본서의 처음부터 규정한 표현의 척도에 좌우된다는 사실을 강조할 만하다. 물론 좀 더 세부적으로 지역구분을 할 수도 있다. 가장 큰 지역인 북부 지방에 대해서는 이러한 내용이 본문과 지도에서 암시적으로 기술되었다. 그 외에 중부 지방과 남부 지방의 몇 개의 선정된 세부 지역은 특히 상세하게 다루었다.

따라서 앞에서 언급한 내용을 근거로 다음과 같은 한국의 지지적 지역구분을 할 수 있다.

I. 북부 지방

1. 북부 동해안 지역 2. 개마고원 3. 백두산 지역 4. 평북 지역

II. 중부 지방

5. 대동분지 6. 황해반도 7. 경기 지역과 수도 서울 8. 한강 상류 지역 9. 영흥만 주변 지역 10. 금강산을 포함한 태백산맥 11. 울릉도

III. 남부 지방

12. 경상분지 13. 지리산을 포함한 소백산맥 14.충청-전라 지역 15. 남해안 지역 16. 제주도

1. 북부 동해안 지역

제1부의 지형개관에서 강조한 바와 같이 개마고원에서 동해안으로 향하는 사면이 태백산맥에서 동해안으로 향하는 사면보다 그 폭이 훨씬 더 넓다. 그러므로 전자의 지역은 후자와 대조적으로 지지적인 독자성이 있어서 따로 분리하여 다룰 필요가 있다. 그러나 개마고원과 동해안 지역 사이의 지지적인 경계를 이론(異論) 없이 설정하는 일은 매우 어렵다. 함경산맥(咸鏡山脈: 관모봉산맥, 冠帽峰山脈)[1] 남동 사면의 계곡과 산지에서 매우 상이한 고도에 이르는 동해안 지역의 개개 특성들은 이 경계 지역에서 점차로 개마고원의 특성으로 변한다. 1,000m 고도에서 이와 같은 변이가 일반적으로 끝난다. 그러므로 1,000m 등고선이 편의상의 경계선으로 적절

1 역자 주: 라우텐자흐는 함경산맥을 관모봉산맥이라 칭하였으나 이하 함경산맥으로 칭하겠다.

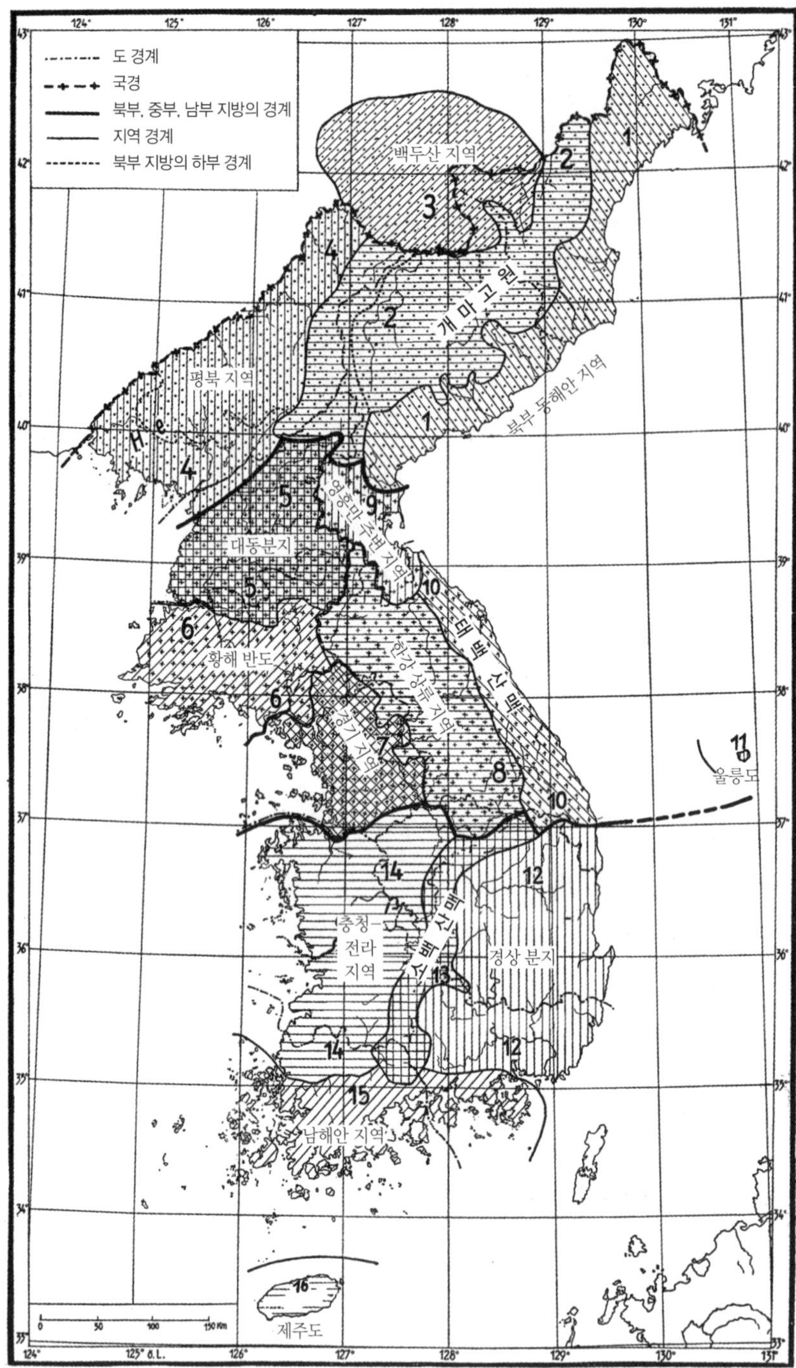

[별도 23] 지지적 지역구분

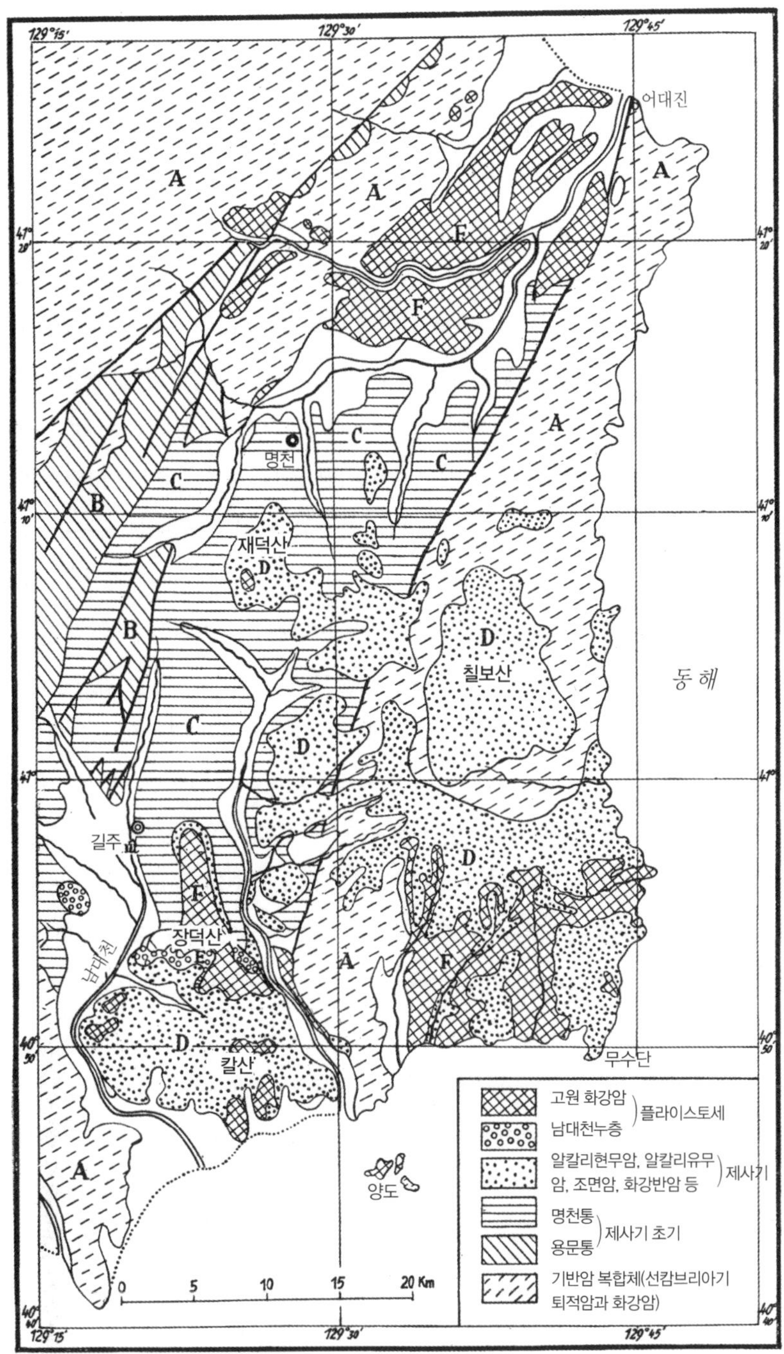

[별도 24] 길주–명천 지구대의 지질 · 지형 개관(출전: F. Yamanari, 필자가 보완)

하다. 따라서 이 고도를 상회하는 함경산맥의 모든 부분은 개마고원에 속하는 것으로 간주하겠다. 함경산맥은 바로 개마고원의 남동 주변부이다.

따라서 북부 동해안 지역의 내륙 경계선은 대체로 해안선과 평행을 이루며 해안에서의 평균 거리는 40km 정도이다. 북동부에서는 평균거리가 80km와 그 이상이 된다. 함경산맥 및 해안선과 더불어 북부 동해안 지역은 그 남반부를 특징짓는 북동 방향에서 점차 북북동 방향으로 선회한다. 남반부는 함경남도에, 북반부는 함경북도에 속한다. 이 두 반부 지역은 다른 면에서도 서로 적지 않은 차이를 나타낸다. 한국의 전 지역과 함께 북부 동해안 지역은 북동쪽으로 대두만강호(大豆滿江弧, großer Tumênbogen)까지 이른다. 대두만강호는 여러 인문지리 관점에서만 뚜렷한 지지적 경계가 된다. 그 외의 점에서는 인접한 만주 지역 및 우수리 지역과 매우 밀접한 관련성을 지니고 있다. 이 지역의 남서쪽 경계는 영흥만의 북쪽을 따라 달려서 백안리(白安里) 해안에 이르는 고도가 낮은 횡단능선이다. 따라서 이 지역의 길이는 450km이고, 면적은 약 17,000km²이다.

해안 지역의 특성에 상응하게 이 지역의 대부분에는 함경산맥으로부터 동해로 유입하는 짧은 유로의 단순한 **필종하천**들(必從河川, Abdachungsflüsse)이 지배적이다. 많은 직선상의 계곡은 오래된 구조적 파쇄대(構造的 破碎帶, alte tektonische Zerrütungszone)를 따라 달려서 구조곡임을 나타낸다. 그중에는 해안선과 직각을 이루지 않는 구조곡도 있다(p.119). 이러한 성인은 주을천(朱乙川) 하곡의 경우에는 온천대를 통하여(347), 성천강(城川江) 하곡의 경우에는 함몰된 제삼기층을 통하여 증명할 수 있다(750). 주요 필종하천은 성천강, 북청과 길주의 두 남대천(南大川), 북대천(北大川), 주을천(朱乙川) 등이다. 종곡(從谷) 구간이 나타나는 단천(端川)의 남대천 하계는 복잡한 구조를 보여 준다. 청진(淸津)에서 바다로 유입하는 수성천(輸城川)은 함경산맥 북익의 동쪽 산록을 따라 북쪽에서 남쪽으로 흐른다. 한 가지 풀리지 않는 수수께끼는 북위 43°까지 북쪽으로 물러난 만곡부를 가진 두만강의 유로이다. 이 만곡부로 인하여 두만강의 하상 경사가 낮아져서 크게 사행을 하므로 앞서 언급한 다른 하천들과는 크게 대조를 이룬다. 대두만강호 내에서 오룡천(五龍川)은 완전히 비정상적인 하계를 발달시켰다. 오룡천은 해안에서 불과 10km 떨어진 곳에서 발원하여 북쪽으로 흐르며, 동해안에서 55km 떨어진 신아산(新阿山)으로부터 머지 않은 곳에서 두만강에 합류한다.

따라서 '회령-웅기 지역(會寧-雄基地域)'으로 명명되는 두만강으로 둘러싸인 한국의 최북동단은 순수한 변경의 특성과는 거리가 먼 수문지적 독자성을 나타낸다. 지형의 측면에서도 특별한 점이 있다. 이 지역은 최근의 융기에 기인하는 해안선과 평행한 여러 개의 주향산릉(走向山

稜)이 발달하였다. 그중 가장 남쪽에 있는 신봉(新峰)산맥은 오룡천과 해안 하천들 사이의 분수령이다. 길주–명천 지역에도 이와 유사한 수문지적·지형적 독자성이 있으며, 이 지역은 폭넓은 반도의 형태로 동쪽으로 돌출해 있다.

북부 동해안 지역의 대부분의 하천들은 하류에서 **계곡들**이 측방침식을 통하여 매우 넓으며, 이들 계곡에서 규모가 큰 충적평야가 생성되었다. 이 하천들이 수목한계선 상부에 있는 함경산맥의 능선으로부터 오고, 그 밖에도 풍화와 중력이동(Massenversetzung)이 매우 활발한, 넓은 삼림 벌채 지역을 통해 흐르므로 하천의 암설 운반량은 엄청나다. 이들 하천은 유로의 가장 긴 구간에서 무질서한 사력 하상 위를 흐른다. 이들 하천은 하구 전면에서 여러 개의 지류로 분기한다. 상류는 폭이 좁고 깊은 V자곡을 이룬다. 함경산맥으로부터 해안으로 뻗어 나온 지맥들은 대부분 침식잔존물(Erosionsrelikte)들이다. 심한 변성작용을 받은 퇴적암으로 이루어지고, 함경남·북도 간의 경계를 이루는 마천령산맥(1,031m)은 독특한 특성을 가지며, 횡단융기축(transversale Hebungsachse)을 따라 발달한 것 같다(p.35).

일본의 지질학자들은 해안선과 평행을 이루는 많은 단층들을 발견했다. Tateiwa(750)는 이 단층들을 함경계(咸鏡系, Kankyôsystem)로 통칭했다. 이들 단층은 길주–명천 지역에서 가장 전형적으로 발달하였다. 이들 단층은 어느 곳에서도 직접적으로 지형적인 중요성을 갖지는 않으나, 부분적으로 이 방향을 따라 차후에 곡륭(曲隆, Aufwölbung)이 있었다. 다른 곳에서는 구조곡들이 단층들을 따른다. 이렇게 해서 형성된 해안과 평행한 구조들은 그 기복에 있어서는 2차적인 중요성만을 가지나, 교통에 있어서는 1차적 중요성을 갖는다(그림 10).

북부 동해안 지역의 지형은 중부 지방보다 최근에 일어난 내진(內進, Ingression)의 영향을 많이 받았는데, 이는 아마도 후빙기의 해수면 상승에 기인하는 것 같다(p.124). 비록 하천의 퇴적물로 인하여 과거에 침수된 바다의 1/2을 훨씬 넘는 부분이 다시 육지가 되긴 했으나, 아직도 규모가 크고 깊은 만(灣)들이 많이 있다. 북동쪽으로부터 흘러오는 해류(p.178)에 의해 일부 퇴적물도 이미 해안을 따라 운반되어 좁은 사주를 형성하였다. 척박한 사주 위에는 소나무 숲과 초본류로 덮인 무덤의 봉분들(Hügelgräber)이 있다(p.234). 곳곳에서 퇴적으로 인하여 돌섬(Felsinsel)들이 다시 육지화되었다. 때로 사주가 바다를 메워서 한편으로는 석호와 유사한 지형을 만들고, 다른 한편으로는 만을 형성한다. 사주의 후면에는 충적평야가 놓여 있는 반면, 다른 곳에서는 단애(斷崖)가 있는 갑(岬, Vorgebirge)의 형태로 산돌출부(Bergsporne)가 바다 쪽으로 돌출해 있다. 단애들이 또한 대다수의 작은 돌섬들을 둘러싸고 있다. 그중 많은 돌섬의 상부는 해식대(海蝕臺, Abrasionsplattform)이다. 이러한 형태 중 가장 전형적인 것이 웅기 부근에 있는 '알섬(卵島)'이다.

하나의 예외는 가장 큰 섬인 마양도(馬養島)이며, 들쭉날쭉한 단면이 179m 높이로 솟아 있어 남해안과 서해안의 전면에 위치한 섬들과 유사하다. 해식대들은 180m 고도까지의 육지에서도 나타나며, 육지 쪽으로 하안단구와 이어진다. 결론적으로 사건의 순서를 정리하면 다음과 같다. 갑작스러운 해안의 융기, 해식대들의 형성으로 인한 중단, 하천 침식에 의한 해식대의 개석(Zerschneidung), 내진(marine Ingression), 현재의 해수면 수준상에서 나타난 직선화 과정(平滑化過程, Ausgleichsvorgänge). A. Schultz의 설명에서 보는 바와 같이 남부 우수리 지역의 해안도 동일한 형태를 나타낸다(Das Ussuriland. Königsberg 1932, p.11).

북부 동해안 지역은 높은 산맥이 서향 내지 북서 방향으로 한국에서 가장 심하게 이 지역을 둘러싸고 있어, 한국의 여타 지역과는 매우 상이한 기후를 갖는다. 이 지역의 여러 기후 특수성 중에서 가장 중요한 것은 겨울 강수량이 매우 적을 뿐만 아니라 여름 강수량도 비교적 적으며, 여름 기온이 낮은 것이다. 여름 강수량이 적은 이유는 이 지역의 한 관측소인 성진에서 7월에 49.8%의 빈도를 갖는 해양계절풍이 대체로 비를 가져오지 않고, 오히려 이미 비를 거의 다 내린 채 이 비그늘에 도달하는 서쪽에서 동쪽으로 이동하는 저기압이 비를 가져오기 때문인 것으로 설명할 수 있다. 그러나 해양계절풍은 여름 기온을 하강시켜 해안 지역에 종종 수일간 지속할 수 있는 안개를 가져온다. 이 지역은 겨울에 대륙고기압의 영향을 강하게 받기 때문에 강수를 가져오는 저기압은 대체로 여름보다 좀 더 남쪽의 경로를 갖게 된다. 따라서 상당한 풍속을 가진 육지계절풍이 지배적이다. 성진에서 1월 육지계절풍의 빈도는 66%이다. 추측하건대 겨울에 개마고원의 주변에서 해안까지 연결되는 계곡에 Bora형의 바람도 불 것이나 이에 관한 확실한 증거가 현재까지 없다.

위의 특성 이외에도 이 지역 내에서는 기후의 뚜렷한 지역차가 나타난다. 즉 해안 지역의 기온이 압록강과 대동강 사이 서해안의 기온보다 온화한 반면에 여름과 겨울의 대륙의 영향(대륙도)은 내륙으로 갈수록 급격히 커진다. 그러므로 이 방향으로 연교차가 급격히 커지고, 또한 북부 동해안 지역이 3½°위도 범위에 걸치므로 지역 내의 양단 간에 역시 현저한 차이가 존재하며, 남서 방향으로는 어느 계절에나 기온과 강수량이 증가한다. 강수강도도 이 방향으로 증가한다. 이 사실은 북동과 남서 각각의 내륙과 해안 관측소 기후자료로 증명된다(이 원리에 관해서 p.132의 기후표 참조). 따라서 높은 상대습도(성진: 89%), 높은 구름량(웅기: 8.1%), 적은 일조시간(웅기: 35%)과 함께 연강수량의 1/5~1/4이 8월에 내린다. 때때로 7월의 1/2보다 더 많은 날에 비가 내린다. 그러나 여름의 강수량과 강수강도는 전국 평균보다 작다. 회령은 한국에서 가장 적은 연평균강수량을 갖는다(508mm). 겨울에는 비교적 건조하고 맑으며, 햇빛이 난다(웅기의 1월 상대습

북부 동해안 지역의 기후 자료

관측소	고도 (m)	기온							강수량								
		1월			8월		7월	연교차	1월				8월				연강수량
		평균 기온	평균 최저 기온	절대 최저 기온	평균 기온	평균 최고 기온	절대 최고 기온		평균 (mm)	‰	평균 강수 일수	강수 강도	평균 (mm)	‰	평균 강수 일수	강수 강도	
종성	49	−13.6	−19.2	−38.4	22.7[1)]	28.2[1)]	40.0	36.3	4.3	8	2	2.2	114	219	14[1)]	10.6	521
웅기	64	−9.1	−13.0	−26.0	21.2	24.6	36.4	30.3	5.6	7	4	1.4	191	249	18[1)]	11.9	769
함흥	38	−6.0	−12.5	−28.7	23.8	28.0	38.2	29.8	14.7	16	4	3.7	242	271	15[1)]	17.3	893
마양도	67	−3.9	–	–	22.1	–	–	26.0	14.2	23	7	2.0	131	211	13[1)]	10.9	620

[1)] 7월

도: 49.5%, 평균운량: 3.3, 일조시간: 69%). 이때 육지는 주변 해양과 관련이 없다. 겨울의 저온으로 인하여 만들의 북동단, 특히 웅기는 일부 해의 겨울에 동결되고, 해안 지역에서조차 1월의 1/4에서 1/3의 날에 눈이 내린다. 성진은 연평균 43.4일의 강설일을 가지며 웅기와 마찬가지로 단지 6~9월에만 눈이 내리지 않는다.

해안 부근 충적저지 상에 솟아 있는 널리 분포하는 화강암구릉 지역들은 **황색토 풍화**(Gelberdeverwitterung)의 영향을 받았다. 이 황색토 풍화는 작은 우곡(雨谷, Rachel)에 의해 개석되어 모래 및 그루스(grus) 더미를 이룬다(p.126). 강조했듯이 가장 온난하고 강수량이 많은 남서부에는 주황색 또는 붉은색의 풍화토가 있다. 그러나 돔형 산과 sugarloaf는 황색토 풍화지대 위에서는 잘 나타나지 않고 다만 형성의 첫 징후만 보일 뿐이다. 마천령산계의 결정질 석회암지대에서는 전형적인 **렌지나**(Rendzina)가 나타난다. 고지의 급사면에는 암괴가 많은 골격토양(Skelettböden)이 지배적이다.

충적범람원(Alluvialauen)이 무질서한 역하상(礫河床)으로 채워지지 않는 이상, 저지에 위치하는 토지는 대부분 경작되며, 고도가 높은 지역에서의 그러한 토지는 드물지 않게 원래의 종 구성이 다양한 종을 포함하는 강변 저지의 삼림(Auwald)으로 덮여 있다. 여기서는 버드나무종들(Weiden)[2]과 또 그것의 근친종인 채(새)양버들속(*Chosenia*)과 같은 습한 입지를 선호하는 나무들이 인근 사면의 활엽수와 공생한다. 이러한 강변의 저지의 삼림에는 덩굴식물이 특히 많다. 고무산(古茂山)의 위쪽인 수성천 계곡에서 저자는 500m 고도에 자라는 다음과 같은 삼림의 종 구성을 관찰했다. 박달나무(*Betula schmidtii*), 금강개박달(*Betula chinensis*), 황철나무(*Populus maximowiczii*),

2 역자 주: 독일어로 Weiden은 *Salix*(버드나무과)를 의미하여 단순히 버드나무종으로 번역하였다.

물황철나무(*Populus suaveolens* [*Populus koreana*]), 신갈나무(*Quercus mongolica*), 느릅나무(*Ulmus Davidiana* var. *japonica* [*Ulmus davidiana* Planch. var. japonica Nak.]), 왕느릅나무(*Ulmus macrocarpa*), 물오리나무(산오리, *Alnus hirsuta* [*A. hirsuta*(Spach) Rupr.]), 다릅나무(*Maackia amurensis*), 분버들(*Salix rorida* Lachschewitz.), 개키버들(*Salix integra* Thunb. [*Salix purpurea* var. *multinervis* (Fr. et Sav.)]), 채(새)양버들(*Chosenia bracteosa* Nakai), 신나무(*Acer ginnala.*). 단지 유일한 침엽수로서 소나무만이 있는 이 조밀한, 하록활엽수림의 총림(總林, Unterwuchs)으로 싸리속(*Lespedeza*)의 수종들, 아름다운 조팝나무과(*Spiräen*)의 수종들, 생열귀나무(Daurische Rose)[3] 등이 자생한다. 왕머루(*Weinreben*)[4]와 개버무리(*Clematis serratifolia* Rehder)의 덩굴이 큰 나무들을 타고 올라간다.

산사면의 높은 곳까지 대체로 인공적으로 벌채되고, 키 작은 **관목과 초본류 식생**으로 덮여 있다. 관목들은 싸리속에 속하는 수종들, 개암나무(Haselnuß)[5], 참나무속(Eichen) 수종들, 진달래과(*Rhododendren*) 수종들, 물푸레나무속(Eschen) 수종들, 소나무, 낙엽송 등이다. 여기저기에서 이와 같은 나무들은 이미 조선시대에 장중한 소나무로 대체되었고, 후에 일본인들이 이 황폐한 화강암의 사면에 동일한 소나무를 열성적으로 심어 가꾸었다. 습기가 보다 많은 지면 위에는 낙엽송을 심음으로써 큰 성과를 올렸다. 해발 500m부터는 순수한 소나무 숲에 신갈나무, 당단풍(*Acer pseudo-sieboldianum*)과 고로쇠나무(*Acer mono*), 갈매나무(*Rhamnus davurica*), 가래나무(*Juglans manchurica*), 매발톱나무(*Berberis amurensis*), 물푸레나무(*Fraxinus rynchophylla*), 찰피나무(*Tilia manchurica*), 산돌배(*Pirus ussuriensis*), 털아광나무(*Malus baccata* var. *manchurica*), 황벽나무(*Phellodendron amurense*), 나래회나무(*Euonymus macroptera*) 등과 같은 낙엽수목들과 낙엽관목들이 혼합되어 있다. 700m의 고도에 이르면 소나무는 더 이상 없고, 특히 박달나무, 금강개발달, 물박달나무(*Betula davurica*) 등과 같은 자작나무과가 이 **낙엽수림**에 나타나기 시작한다. 그 밖에 오리나속(Erlen) 수종들, 살구(*Prunus Ansu*)[6], 버드나무속 수종들 및 단풍나무속 수종들과 마가목(*Sorbus commixta*) 등이 있다. 또한 덩굴로 나무를 타고 오르는 왕머루와 기타 칡(*Pueraria hirsuta* [*Pueraric thunbergiana*])과 같은 덩굴식물도 함께 자란다. 여기까지의 삼림은 일반적으로 **참나무지대**로 분류된다(p.196). 동해안

---

3 역자 주: 라우텐자흐가 생열귀나무(*Rosa davurica Pall*)를 독일어로 daurische Rose라고 칭한 것 같다.

4 역자 주: Weinreben은 독일어사전에 포도(*Vitis vinifera L.*)라고 나와 있으나 이 지역에 포도나무가 있을 것 같지 않아서 왕머루라고 번역하였다.

5 역자 주: Haselnuß는 독일어사전에 *Corylus maxima*로 나와 있으나 우리나라에는 없는 수종이므로 개암나무로 번역하였다.

6 역자 주: 라우텐자흐는 야생살구나무(Wilde Aprikosenbaum(*Prunus Ansu*))라고 칭하였으나, 정태현의 『조선삼림식물도설』에 *Prunus Ansu*는 살구나무로, 이창복의 『대한식물도감』에는 *Prunus Ansu*는 없고, *Prunus armeniaca var. ansu Max.*가 살구로 나와 있어서 '살구'라고 번역하였다.

지역의 상한계인 약 1,000m의 높이에서 참나무는 사라지고 그다음의 **단풍나무지대**에서는 북부 지방의 침엽수가 점차 수를 더해 간다(p.187). 남서부에서는 해안의 위도에 따른 기후의 변화에 상응하여 **때죽나무지대**(Styraxstufe)가 참나무지대보다 저지에 자리잡고 있다(별도 17). 북동부에서는 이미 언급한 강가의 저지대 삼림 혹은 사면의 삼림이 우수리 지역의 종 구성과 일치하면서 강한 연관성을 나타낸다(A. Schultz. Das Ussuriland, p.36 이하). B. W. Skwortzoff는 청진까지 이르는 한국의 북동단을 만주식물상지대(mandschurisches Florenbezirk)로 간주한다(Bibl. Sbornik 2, 1932).

해안 부근 충적평야와 고도가 높아질수록 집약도가 떨어지긴 하지만 계곡의 곡저에서부터 최상류부 끝에 이르기까지 **벼농사**가 이루어진다. 벼농사의 집약도는 동위도의 서해안 지역만큼에는 크게 못 미친다(별도 78). 이 지방에는 밝은 색의 껍질을 갖는 일반 벼 외에 짙은 색의 껍질을 가진 찰벼도 재배된다. 동해안의 북부 지역에서는 오다요(大場)와 같이 가장 일찍 익는 벼 품종이, 남부 지역에서는 가급적 일찍 익는 소사이타이아(Soseitaia)와 카메노오(龜の尾)[7]같은 품종이 각각 재배된다. 논두렁에는 대두가 자란다. 북반부의 여러 곳에서는 논벼 대신에 관개답에서 피를 재배하기도 한다. 일부이지만 기장류와 쌀의 윤작도 행한다. 동해안 지역에서 때로 재배되는 논작물 중에는 왕골도 포함된다(p.249). 도처에서 관개수로가 강으로부터 분기되어 있다.

피는 동시에 **밭작물**이기도 하다. 밭에서는 피와 더불어 가을에 각각 붉은 잎과 황록잎을 갖는 두 종류의 조와 같은 기타의 기장류를 비롯하여 두 가지 수수, 보리, 귀리, 콩, 대두, 완두, 양배추, 참깨, 대마, 고추, 옥수수, 감자 등이 재배된다. 고도가 높은 산간 계곡에는 개마고원에 연이어 메밀 재배가 이루어진다. 개마고원에서 그러하듯이 여기에도 전형적으로 개울가를 따라 물레방아가 설치되어 있다(p.328). 이러한 밭은 사면의 아랫부분에 자리 잡고 있다. 위로 갈수록 덤불숲과 삼림이 현저하다. 높은 산간 계곡에는 자발적으로 정착한 한국 주민에게 조선총독부가 거주를 불허함으로써 지난 수십 년간 농업이 일부 쇠퇴하였다. 묵정밭은 무성한 덤불로 덮여 있다. 겨울이 한랭하고 여름이 짧으므로 이 지역에서는 개마고원과 마찬가지로 밀, 고구마, 면화 등과 같은 한국 내 많은 타 지방에서 전형적인 재배작물들이 없다. 그렇지만 최근에는 뽕나무와 다양한 과수 재배가 활발하다.

한국의 타 지방보다는 **소와 말의 사육**이 성한 편이다. 목축은 이미 조선시대에 시작되었고

7 역자 주: 일본어 발음으로 표기된 벼 품종의 한자명을 문헌에서 찾을 수가 없어 그대로 표기하였다.

일본인에 의해 열성적으로 개발이 진척되었다. 특히 회령–웅기 지역에는 수백 마리의 큰 말과 소가 풀을 뜯는 철조망을 친 큰 목장들이 있다. 연중 사용되는 소가 끄는 썰매가 동해안 지역에 널리 보급되었다(p.328).

전국적으로 주민 생업의 기초가 되는 농업 외에 해안 지역에서 매우 중요한 생업으로서 **어업**은 다른 해안 지역과는 비교할 수 없을 정도로 높은 집약도를 나타낸다(p.605). 가장 중요한 어항은 서수라(西水羅), 웅기, 청진, 어대진(漁大津), 독진(獨津), 성진(城津), 신창(新昌), 서호진(西湖津)이다. 고온과 저온의 수온 변화로 인하여 근해에는 한대성 어류와 온대성 어류가 매우 풍부하다. 6월부터 10월까지 어획이 행해지고, 지난 10년대에 엄청난 양에 도달한 **정어리 어획**이 가장 중요하다(p.594 이하). 두 번째로는 겨울에 이루어지는 명태잡이이다. 그 밖에 많이 잡히는 한대성 어류는 청어, 대구, 숭어류(Äsche), 가자미(Flunder), 연어(Hundelachs)이다. 한대성 어류 외에 고등어, 방어(Gelbschwanz), 도미(Seebrasse)와 같은 온대성 어류는 적은 편이다. 청어와 특히 정어리는 p.603에서 언급한 작은 어유공장에서 점차 많은 양이 가공된다. 어유공장들은 배를 대는 모래사장 위의 도처에 존재한다. 어유는 휘발유 통에 담겨져 많은 항구에서 일본으로 선적되고, 가공 후 건조된 찌꺼기의 일부는 국내에서 퇴비로 활용된다. 최근에 들어서 청진을 비롯한 항구도시에 냉동 창고와 어유, 어분, 통조림을 가공하는 공장이 들어섰다. 그러나 생선을 절이고 말리는 전통적인 저장법이 아직도 보편적이다. 1937년 북부 동해안 지역에서 14,500명이 어획에 종사한다. 어선 수는 5,641척이고 그중 371척이 동력선이다. 함경북도의 해안에서만 1936년에 3,600,000통(배럴)의 정어리(13,700,000엔), 320만 드럼의 어유(10,700,000엔), 710,470자루의 조제(粗製)어분(6,000,000엔), 225,000자루의 미세어분(1,100,000엔)을 생산했다.

운송이 편리한 해안을 위시하여 북부 동해안 지역의 도처에서 **광업**이 활발하다. 가장 중요한 것은 제삼기층의 갈탄 채굴이다. 그 밖에 단천군(端川郡)과 이원군(利原郡)에서는 금, 철, 은, 니켈광이 채광된다(343, 763). 마천령계의 흑연과 마그네사이트 광상이 성진군(城津郡)에서 채굴된다(762). 주을(朱乙) 부근은 화강암과 화강편마암지대에서 솟는 온천으로 유명하다(주을: 56.5°C, 주을온천: 60.8°C, 천평(天坪): 44°C, 보상동(甫上洞), 참고문헌 347 참조).

지난 10년 이래 **수력발전**의 개발은 매우 중요한 경제 활력소가 되었다. 개마고원과 해안 사이의 큰 낙차는 수력발전에 매우 유리한 조건이다. 가장 중요한 발전소는 1932년에 완공된 조선수전주식회사의 부전강(赴戰江)발전소와 저자의 한국 답사와 때를 같이하여 개발에 착수한 장진강(長津江)발전소(748, 749)이다. 부전강발전소의 용량은 200,000kW이고, 장진강발전소는 완공되면 320,000kW이다. 220,000kW 용량의 동일한 방식의 세 번째 발전소가 황수원강(黃

水院江)의 상류 지역에 계획되고 있다(p.304). 전자의 두 발전소는 함흥(咸興)의 북쪽 30km 지점에 위치한다[8]. 경사가 매우 급하기 때문에 인공호는 동해안 쪽이 아닌 분수령을 넘어서 북쪽으로 완만한 경사를 갖는 개마고원의 넓은 계곡에 자리잡고 있다. 물은 터널수로를 통하여 동해안으로 역류되고, 송출관에 급수된다. 부전호의 넓이는 24km^{2}이고 6억 7000m^{3}의 저수용량을 갖는다. 이에 속한 터널의 길이는 26.5km이다. 이 발전소의 압력 낙차는 999m나 된다. 장진강발전소의 댐은 저자의 체류 기간에 구진리(求眞里) 부근의 좁은 계곡에 건설되고 있었다. 이 거대한 두 사업은 함흥으로부터 분기하는 계곡 지역의 경제를 활성화하는 데 크게 기여했다. 물은 발전에 이용된 뒤 논의 관개에 재이용된다. 고압송전선은 함흥에서 청진, 평양과 서울로 향한다. 전력은 북부와 중부 지방의 조명과 동력 조달 외에도 화학공업에 공급된다. 함흥의 바로 남쪽에 인접한 흥남(興南)에는 다른 공장과 더불어 대규모의 질소비료공장이 건설되었다. 두 번째의 비료공장이 청진으로 향하는 고압선이 통과하는 극동(極東) 부근에 건립되었다. 지난 10년간에 전력시설이 북동부 해안 지역에서 크게 증가한 동력수요를 충당하지 못하여 부령(富寧)에 또 하나의 25,000kW의 용량을 가진 발전소 건설이 착수되었다. 위에서 언급한 발전소와는 대조적으로 부령발전소는 동해로 흐르는 수성천의 물을 이용한다.

개마고원과 달리 동해안은 주로 종단 방향의 교통로이지만 양호한 교통 여건을 지니고 있다. 이 종단 방향으로 조선시대에 이미 간선도로가 나 있었는데(p.264), 이 도로를 따라 Delotkewitsch(237)와 다른 러시아 탐험가들이 답사를 했다. 이 도로 하나만이 수도와 동북 변경 지방을 연결하는 것이었다. 일본인들은 이 도로를 군사적인 목적으로 양호하게 개수했다. 현대 기술을 바탕으로 개수된 이 도로는 알프스와 같이 험준한 725m나 되는 마천령을 통과한다. 이 도로는 원산으로부터 함흥과 성진을 거쳐 청진에 이른다. 청진으로부터는 여러 개의 양호한 도로가 회령–웅기 지역으로 연결된다. 도로의 지선들이 필종하천(必從河川)의 계곡들(Abdachungstäler)을 통하여 함경산맥의 능선을 넘어서 개마고원으로 나 있다. 함흥에서 성천강의 계곡을 통하고 황초령(黃草嶺)을 넘어서 장진강 지역에 이르는 도로, 함흥에서 금패령(禁牌嶺)을 넘어서 허천강 지역에 이르는 도로, 북청에서 후치령(厚峙嶺)을 넘어서 허천강 지역에 이르는 도로들은 그중에서 특히 중요하다. 이 교통로들은 한국의 타 지역과 개마고원을 연결하는 거의 유일한, 효율적 도로들이다. 도로 상에서는 우차와 화물자동차가 쌀과 그 밖의 일용품들을 개마고원으로 싣고 올라가며, 목재와 목가공품들을 해안으로 수송한다.

8 역자 주: 허천강의 지류이며 허천강발전소를 의미한다.

그러나 앞서 언급한 간선도로는 지금도 여러 곳에서 통행에 난관이 많다. 이 도로와 나란히 1928년에 완공된 **한국동북철도**(함경선)가 건설되었고, 그리하여 도로의 유지가 무시되었다. 함흥부터 성진까지는 철도가 대체로 해안에 인접해 있다. 충적저지에는 1km 이상의 긴 교량을 통해 건너야 하는 범람의 위험이 있는 하천들만이 장애물이다. 그러나 산록에서는 수많은 고가교와 터널이 필요하다. 성진을 지나서는 길주–명천 지구대(p.294 이하)가 있으므로 해안선을 벗어나고, 기술적으로 용이한 짧은 선로를 택하게 된다. 다시 좁은 해안 저지가 나타나는 어랑천(漁郎川) 하구에서 나남(羅南)까지는 철도가 해안을 따라 달린다. 나남을 지나 10km쯤에 있는 수성(輸城)에서는 청진에서 오는 구철도와 이 신철도가 연결되며, 여기서 마침내 해안을 벗어나 북으로 향하여 회령을 경유하여 남양동(南陽洞)에서 멀지 않은 곳에 있는 317m 길이의 철교를 통해 두만강을 건너서 만주로 들어간다. 이 철도는 서울–창춘(長春) 혹은 하얼빈(哈爾濱)을 잇는 장거리 교통로의 한 구간으로 동아시아 대륙 중 일본이 지배하는 지역의 내적 결합에 극히 중요하다. 동시에 청진에서 남양동 간의 철도는 쓰루가(敦賀) 혹은 니가타(新潟)에서 청진까지의 항로를 포함하여, 도쿄에서 하얼빈을 잇는 최단 교통로의 한 구간이다. 이 때문에 이 구간은 1933년 10월 1일에 남만주철도주식회사의 관할하에 들어갔으며, 마찬가지로 두만강 하류를 따라 달리며 일본 열도와 만주 사이의 교통을 주로 담당하는 나진–웅기–남양동 구간도 이 회사의 관할하에 놓이게 되었다.

위에서 언급한 간선철도로부터 지선들이 도로 체계와 매우 유사하게 산간 계곡으로 뻗어 있다. 함경산맥의 재들을 오르는 기술적인 어려움 때문에 이 지선들은 부분적으로 협궤이다. 그 중 가장 중요한 지선은 1937년에 개통된 길주–혜산진 간의 철로이며, 그 사이에서 분기되어 백암(白岩)에서 무산에 이르는 또 하나의 지선이 있다. 이 지선은 개마고원의 심장부를 관통한다. 고무산(古戊山)–무산 간의 지선은 그 철도가 현재 열성적으로 개발한 무산 철광산에서 철광을 운반해야 하므로 최근에 표준 궤도로 확장되었다(p.304).

다수의 **만**은 지난 20년 동안에 일본인이 현대적으로 건설하여 폭풍에 안전하며, 수심이 깊고, 거의 결빙되지 않는 **항구들**이다. 이들 항구는 어획, 연안 교통, 특히 생선·생선가공품 및 공산품의 수출을 비롯한 일본과의 교통에 기여한다. 이들 항구 중에서 특히 웅기항, 나진항, 청진항과 같이 최북동단에 위치한 항구들은 한국에서 유래 없는 급성장을 해 왔다. 이 항구들은 만주 중부를 배후로 삼는 수출항이 되었으며, 특히 대두를 많이 수출한다. 그 밖에도 일본은 유럽에서 청진을 경유하여 도쿄에 이르는 여객 수송 계획을 입안하고 있다.

이와 같은 항구와 위에서 언급한 연결 철도의 교통량은 지난 10년간 괄목할 만큼 증가했다.

한국의 북동부 변경 지역은 대일본경제권에 만주를 포함시키는 영향에 힘입어 한국의 어느 지역보다도 큰 성장을 경험했고, 특히 그 성장은 중국과의 개전(만주사변) 이후 현저했다. 개마고원의 동단과 러시아 우수리 지역의 남서단 사이에 놓인 이 지역에 하나의 관문이 열리게 되어 동만주로부터 교통이 편리한 해안에 이르기까지의 교통이 큰 난관 없이 원활해질 수 있고, 두만강의 만과 동해를 통하여 일본 본토의 대안에 닿을 수 있다(그림 57).

동시에 북동부 변경 지역은 중요한 전략 요충지이다. 이 지역은 동해의 북서안에 위치하여 일본 영토가 소련의 우수리 지역을 향하여 가장 멀리까지 진출해 있는 곳이다. 나남은 한국에 주둔하는 세 개 일본군 사단 중 한 개 사단의 본부가 소재하는 곳이다. 앞서 언급한 세 개의 큰 항구는 군대의 상륙을 위해서도 중요하다. 블라디보스토크로부터 불과 170km 떨어진 나진은 무역항일 뿐만 아니라, 군항으로서 개발되었을 것이다. 높이 솟은 대초도(大草島)에 의해 방어되는 깊은 만은 군항으로서 손색이 없다.

그 때문에 모든 노력과 투자는 바로 해안에 접하는 곳에 집중되어 있다. 지도 3에서 알 수 있듯이 함경산맥으로 올라가는 계곡에서 인구가 급격히 감소하는 반면, 이 지역에는 좁은 공간에 인구가 집중해 있다. 비록 좁은 해안지대에 위치한 군들이 대체로 함경산맥의 분수령까지 이르고 인구가 희박한 배후지를 함께 포함하지만(별도 76), 좁은 해안지대에 취락이 밀집되어 있으므로 동해안에 접한 군들의 인구밀도는 개마고원에 인접한 군들보다 훨씬 높다. 회령–웅기 지역과 길주–명천 지역을 제외하면 모든 큰 취락은 해안에 있거나 근접해 있다. 북동부 해안 지역에서의 광업, 공업, 해운업의 비중과 군사적 중요성으로 인하여 함경남·북도는 총인구 중 일본인의 비율이 가장 높은 4개 도에 속한다(별도 75). 일본인들은 일본 지배하에서 그들이 새로 건설했거나 작은 한국인 부락을 확장·개발한 취락에 집중해 있다. 총인구에 대한 일본인의 비율은 각각 웅기 12%, 회령 13%, 성진 15%, 함흥 17%, 나진 19%, 청진 20%, 흥남 31%, 나남 33%를 차지한다. 나남의 33%는 한국의 모든 도시 중에서 가장 높은 수치이다.

일본인들은 이들 도시 내에서 일본식 가옥을 통하여 한국인 지구로부터 한눈에 식별할 수 있는 분리된 주거 지역에 주로 거주한다. 한국인 거주 지구 내에도 주간선도로들의 직선화와 확장을 통하여 일본인의 활동은 두드러진다. 주간선도로 상에는 석조와 목조의 행정관청, 학교, 은행, 상점, 병원, 병영, 호텔, 기생집 등과 같은 공공건물이 자리 잡고 있다. 도시 내의 한국 가옥은 촌락에서와 같은 형태이다. 가옥은 낮은 지붕의 단층집이다. 한국 기와집은 도시에만 있으며, 도시 내에는 아직도 초가의 오막살이집들이 많다. 더구나 드물지 않게 석판으로 눌러 고정한 자작나무껍질로 지붕을 이은 집도 볼 수 있다. 이러한 지붕 위에는 돌 사이를 비집

[별도 25]

9. 한국 최북단 온성읍의 가로

한국의 가옥들이 중국의 영향을 많이 받았다.

10.신아산과 경흥 사이의 대두만강호

후면 우측: 만주. 하천이 사주를 형성. 전면: 최근의 관목 벌채 장면

[별도 26]

11. 동해로 흐르는 두만강 하구

후면 좌측: 소련 하안. 중간에 절벽이 있는 육지화된 바위섬. 하구는 대부분 좁은 하도 사주로 폐쇄되었다.

12. 두만강 하곡 신아산 부근 논에서의 피 수확 장면(1933년 9월 28일)

고 자라는 장미과에 속하는 *Cotyledon japonica* Max[9] 십여 그루 정도가 푸른색을 발한다. 여러 도시에서는 높은 건물에 속하는 교회들이 독일 구교와 북미 신교의 선교활동을 여실히 보여준다(747).

북동부 해안 지역에 관한 상세한 지지적 내용은 위에서 지적한 함경도의 북부 지역과 남부 지역의 차이에 기초를 두어야 한다. 북부 지역은 비교적 폭이 넓은 회령–웅기 지역, 길주–명천 지역, 그리고 폭이 좁은 주을 중심의 중간 지역으로 구분된다.

회령–웅기 지역의 북반부는 주로 평안계의 셰일, 역암(礫岩), 석회질 사암, 그리고 제삼기 초기에 형성된 판상의 사암, 역암과 셰일로 이루어져 있다(731). 곡밀도가 낮은 곳에서 이러한 암석들이 침식에 절단되지 않은 긴 산사면을 가진 웅장한 산지를 이룬다. 때로 정상부는 1:1,000,000 축척의 지질도에서 보는 것보다는 훨씬 넓은 범위에 걸치는 현무암으로 이루어져 있다(730). 가장 높은 증산(甑山: 1041m)은 동서 방향으로 달리는 날카로운 능선을 지니며, 다양한 진주암질의 현무암층(Perlit-Basaltdecken)으로 이루어져 있다. 이와 같은 높은 산들 사이에는 저지에 위치하는 곡저와 더불어 제삼기층의 분지들이 있으며, 대표적인 것은 회령, 행영(行營), 경원 분지이다. 경원 분지는 동쪽으로 국경을 넘어 만주까지 뻗어 있고, 훈춘은 이 분지의 중앙에 위치한다. 이 분지 내에서 수많은 두만강의 지류들이 갈라진다. 이러한 분지 내에서도 벼가 재배된다. p.279에서 지적한 작물의 밭농사는 경사가 완만한 산사면에서는 매우 높은 곳에서도 행해지며, 그 위에는 대체로 사람 키보다 작은 매우 앙상한 관목이 있다. 정상부가 대충 p.278에서 언급한 종 구성과 같은, 6~8m 크기의 2차 낙엽수림으로 덮여 있다.

취락들은 두만강의 지류(측면) 계곡을 따라 상류 쪽으로 뻗은 긴 형태를 가지는 열촌들이다. 종성(鐘城), 온성(穩城), 경원과 같은 규모가 큰 읍들은 하천변에 위치한다. 그러나 이 지역의 중심지에도 취락은 많지 않다. 회령(인구: 22,821명)은 함경선이 두만강에 접하는 곳에 위치한다. 두만강의 뗏목 수송 덕분으로 목재가공업이 여기서 성하게 되었다. 회령의 서쪽과 북쪽 인근에 탄광이 있으며, 전자는 제삼기층이고, 후자는 평안계층이다(731, 732).

회령–웅기 지역의 남반부는 위에서 언급한 남서–북동 방향을 달리는 산맥의 주향과 화강암과 평안계의 셰일로 이루어져 있다. 북서쪽에는 탑향봉(塔香峰: 826m), 남서쪽에는 송진산(松眞山: 1,146m)이 각각 정상을 이루고 있다. 이 산들은 일부 빽빽한 2차 삼림으로 덮여 있고, 그중

9 역자 주: 찔레나무를 의미하는 것으로 추정된다.

[별도 27]

13. 웅기항의 정어리 입하

어망에서 고기를 하역하는 장면

14. 웅기항의 어유통 야적 장면

[별도 28]

15. 남서쪽에서 본 길주-명천 지구대의 재덕산(833m)

16. 남산에서 본 무산 부근의 두만강 하곡

하천 건너편이 만주

일부는 낙엽송과 소나무가 식수된 것이다. 두 산맥은 두만강을 가로질러 만주–우수리의 경계 지역까지 뻗어 있다. 두 산맥의 북동단 사이에는 경흥 분지가 놓여 있는데, 이 분지는 만주의 좁다란 남동단을 지나 적어도 우수리 지역의 Jurijsk(Karantin)까지 연장되어 있다.

두만강은 두 개의 큰 사행만곡부에서 이 분지를 관통하여 흐른다. 두만강이 이 두 산맥을 관통하여 아마도 선행곡(先行谷)에 흘러들었을 것이다. 그리하여 계곡 내의 범람원은 곳에 따라 완전히 사라졌다. 한국의 국경도시인 경흥의 하류 쪽 8km 지점에서 두만강 하구 지역이 전개된다. 최종 빙기(Würm) 이후에 일어난 해수면 상승에 앞서 이곳은 화강암과 규암으로 된 구릉 지역이었다. 해수면 상승으로 인하여 이 지역은 수많은 도서로 분리되었다. 하중이 풍부한 두만강이 이 섬들을 양토질 퇴적물로 다시 결합시켰다. 많은 섬에는 바다 쪽에 발달이 정지된 해식애들이 아직도 있다. 각각의 평탄한 분지에는 퇴적이 없었기 때문에 사주에 의해 폐쇄된 석호가 형성되었다. 사주는 또한 가장 외곽에 놓인 섬에서 발달 중인 해식애들을 서로 연결시켰다. 그중 하나의 사주는 심지어 두만강 하구의 한국 측 절반도 막았다.

강수량이 적어서 516km의 긴 강임을 감안할 때 두만강의 유량은 연중 대부분 기간에 걸쳐 매우 적은 편이다. 두만강 유역의 풍화와 삭박작용이 매우 활발하기 때문에 하중이 매우 많고, 온성이 위치하는 두만강의 가장 북쪽 만곡부부터는 매우 많은 퇴적물이 쌓인다. 하구에서 50km 떨어진 곳도 하상의 폭은 200~300m에 불과하다. 홍수 시에는 두만강이 경사가 급한 해저 삼각주를 동해 쪽으로 형성한다. 그 때문에 두만강에서 훈춘 분지까지, 즉 하구로부터 100km까지만 밑바닥이 아주 얕은 한국의 평저선으로 운항할 수 있다. 그러나 두만강은 엄중히 상호 문을 닫은 국가들 간에 500년 이상에 걸쳐서 국경이었으므로 운항은 매우 드물다. 비록 현재까지 과거에 맹위를 떨친 도적의 위험이 아직도 도사리고 있지만, 만주에서 일본 세력의 확대와 더불어 국경의 성격이 점차 완화되었다. 두만강의 최하류 25km의 구간은 일본과 러시아 영토 사이의 국경이며, 여기서는 양측으로부터 도강하는 행위가 사형으로 금지되어 있다. 하구 지역의 한국 측 부분 중 유일하게 비교적 규모가 큰 지역은 육계도가 된 가장 외곽에 위치한 섬의 내측에 놓여서 안전한 위치에 자리 잡은 어항인 서수라이다.

경흥–Jurijsk 분지에서 **구조곡**이 시작한다. 이 구조곡은 우선 이미 언급한 두 개의 산맥 중에 해안에 좀 더 가까운 산맥을 대각으로 횡난하고 난 후, 웅기부터는 바로 해안선과 평행하게 달린다. 구조곡을 따라 달리는 파쇄대는 추측하건대 동해의 함몰과 관련하여 형성된 것 같다(p.117). 이 구조곡이 웅기에서 수성에 이르는 회령–웅기 지역의 해안 부근 지역을 특징짓는다. 내진으로 형성된 만 중에 좀 더 깊은 만은 이 구조곡까지 이른다. 그리하여 구조곡은 최고

355m에 이르는 재들 사이에 놓인 여러 계곡들로 이루어져 있다. 이 구조곡을 따라서 경흥–웅기–나진–청진을 잇는 도로와 웅기–나진을 잇는 철도가 나 있다. 급속한 속도로 성장하는 북부 동해안 지역의 항구도시들 간의 육로 연결을 위해서 이 구조곡은 매우 중요하다.

22,085명의 인구가 거주하는 **웅기**는 만을 둘러싼 화강암 산지의 산록을 따라 남동–북서 방향으로 길게 발달했다. 시가지의 축은 일본인의 상가인 본정(本町)과 한국 가옥들에 둘러싸인 본정의 북서부 연장부이다. 두 개의 큰 방파제로 막힌 항구는 수심이 6m이고, 연안에는 큰 하역장과 제재소가 있다. 수입품으로는 쌀, 수출품으로는 목재, 어유, 생선 퇴비 등이 주를 이루고 있다. 최근에는 만주산 대두, 콩기름과 콩깻묵(Sojapreßkuchen)의 통과항으로 발전하였다. 해상교역량은 21,700,000엔(1935년)으로서 웅기는 한국의 항구 중 9위를 차지한다.

나진의 발전 속도는 좀 더 빠르다(735–738). 한국의 작은 촌락이었던 이 취락을 저자가 방문했을 때, 남만주철도주식회사가 주도하여 도시와 항구를 정열적으로 한창 건설하는 중이었다. 공사는 3단계로 구분되어 있었고, 1947년에 완공될 예정이다. 만의 내측 전역에 골함석 지붕의 집들이 들어서 있다. 많은 주택, 상점, 백화점, 식당이 이미 완공되었다. 남서쪽으로 3km쯤에 22개의 가마를 갖춘 새 벽돌공장이 가동되기 시작했다. 두 바퀴가 달린 둔중한 한국식 우차가 큰 나무줄기를 이 신도시로 실어 날랐다. 인접한 후창동(厚倉洞)의 만 안에서는 화강암을 채석하여 선창과 부두를 건설하기 위해 나진으로 바지선에 실어 날랐다. 그 사이에 300~500m 길이의 부두 세 개가 완성되었고, 항구의 연간 하역량은 현재 3,000,000톤에 이른다. 만 안의 이탄토를 정비하여 수심을 깊게 하기 위한 거대한 준설기들이 항구에 있었다. 1931년의 인구조사에서 전혀 나타나지도 않았던 이 신도시의 인구는 1938년 이미 24,508명에 달했다. 1935년에는 벌써 교역량이 11,800,000엔에 이르고, 더구나 1938년에는 하역량이 1,730,000톤에 달했다. 나진은 국제항구이므로 제2차 세계대전의 개전 직전에 독일과 영국의 상선이 여기서 유럽으로 보낼 콩을 실었다. 나진은 증기여객선의 직항로를 통하여 쓰루가와 연결된다. 그러나 나진에 철도를 연결하는 일에는 큰 난관이 따랐다. 계획된 청진–나진 구간은 지형 여건 때문에 아직 부설될 수가 없었고, 다만 효율적이며 통행량이 많은 도로가 이를 대신한다. 그러나 1935년 이래 나진은 위에서 언급한 철도로 웅기와 두만강 계곡을 거쳐 남양동(南陽洞)과 연결되었다. 하지만 이 구간에 나진–웅기 사이에 3.8km 길이의 터널을 건설해야만 했다.

보다 인상적인 것은 **청진**의 발전이다(그림 22). 청진은 러일전쟁 이전에는 약 100명의 인구를 가진 작은 어촌이었다. 보호령(을사보호조약)의 설치 이후 1908년에 일본인이 이곳에 무역항을 열었고, 한일합방 후 항구의 확장과 더불어 빠르게 발전했다. 1913년 청진의 인구는 8,000명

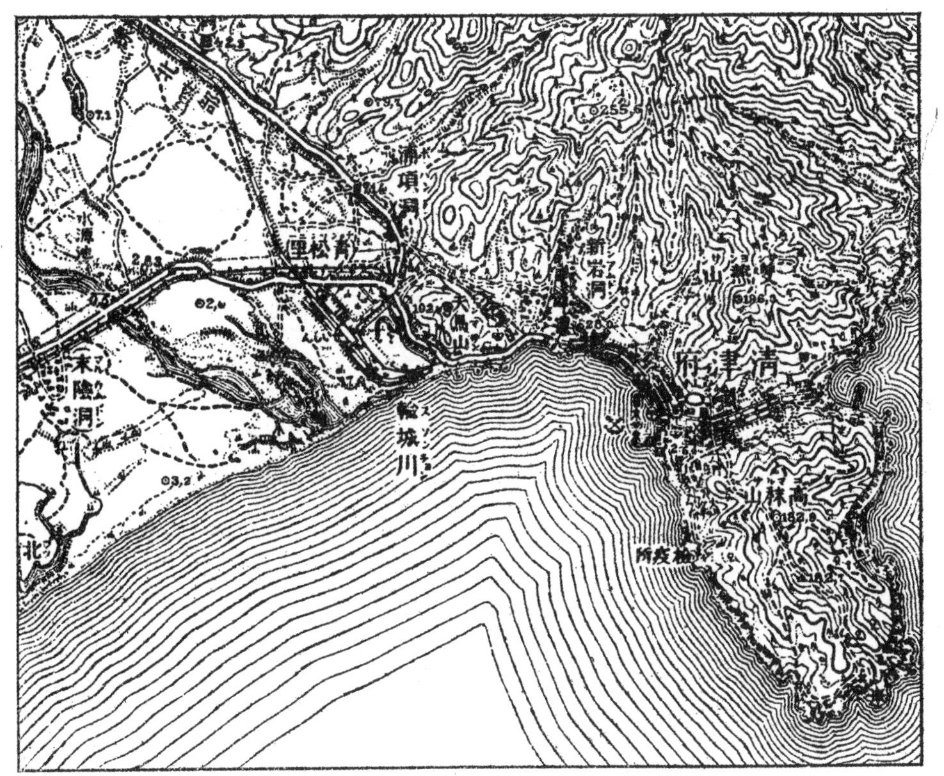

그림 22. 청진만(1:50,000 지형도를 그대로 복제)

이었다. 1928년에 청진이 함경선으로 한국의 간선철도와 연결되고, 1933년에 창춘으로 향하는 구간이 개통된 뒤 청진의 인구는 점점 더 빠른 속도로 증가하였다. 1928년의 인구는 23,407명, 1938년에는 72,353명이었으며, 이러한 증가 추세가 계속되고 있다. 구시가지는 내진만의 동쪽 모퉁이에 위치하는데, 이 만은 2km가량 남남동 방향으로 바다를 향해 돌출된 신이 많은 반도에 의해 보호된다. 낡은 방파제가 이곳에서 지금까지 어선들을 보호했다. 저자의 체류 기간 동안에 전체 만은 대규모 직선상의 방파제에 의해 폐쇄되어 가고 있었고, 창고시설과 항구의 철도 연결을 위해 바다를 간척했다. 쓰루가나 니가타를 잇는 대형 기선이 현재 선착장에 바로 정박할 수 있고, 이곳에 창춘–청진 간의 급행열차가 정차한다. 1934년의 수출입 물동량은 36,500,000엔, 1938년에는 93,300,000엔에 달했다. 따라서 청진은 현재 동해안의 수위 항구이다. 1933년에 완공된 앞서 언급한 항구에 이어서 서쪽에 두 개의 항구가 건설된다고 한다. 하나는 대형 선박의 정박에만 쓰이고, 다른 하나는 지금 수성천의 퇴적물을 준설하여 청진의

500척의 어선을 수용할 것이다.

청진은 교통량의 증가와 더불어 성장하였다. 사문암(蛇紋岩)으로 이루어진 급경사의 헐벗은 산(739)과 해안선 사이에 놓인, 앞서 언급한 구시가지에서 북서 방향으로 확장하였고, 이웃하는 좁은 계곡들과 그 사이에 위치하는 구릉들로 성장하였다. 무선국이 있는 산에 의해 나머지 도시지역이 분리되어 수성(輸城)과 나남에서 오는 도로의 교차점이 있는 수성천 평야의 주변에 하나의 교외 시가지가 발달하였다.

청진은 현재 동양 및 세계에서 '가장 큰 생선 집하장의 하나'이다(653). 더욱이 나진 및 웅기와는 대조적으로 청진은 지난 10년간 공업도시로 면모를 바꾸었다. 제철소는 무산 철광석을 가공하고(p.304), 배후지에 풍부한 삼림자원이 인조견공장이 들어서게 하였다. 만주의 대두가 여러 식품공장에서 기름과 콩깻묵으로 가공되고, 몇몇 공장은 어유와 어분을 생산하며, 다른 공장은 어유를 경화유(硬化油, Hydrogenhärtung)로 만들고, 기타의 공장에서도 정어리 통조림을 생산하며 다른 생선 저장방법으로 식품을 생산한다. 청진에서 생산된 어유와 어분만해도 1937년에 20,700,000엔에 이른다. 따라서 청진의 해상무역의 특징은 나진과는 근본적으로 다르다.

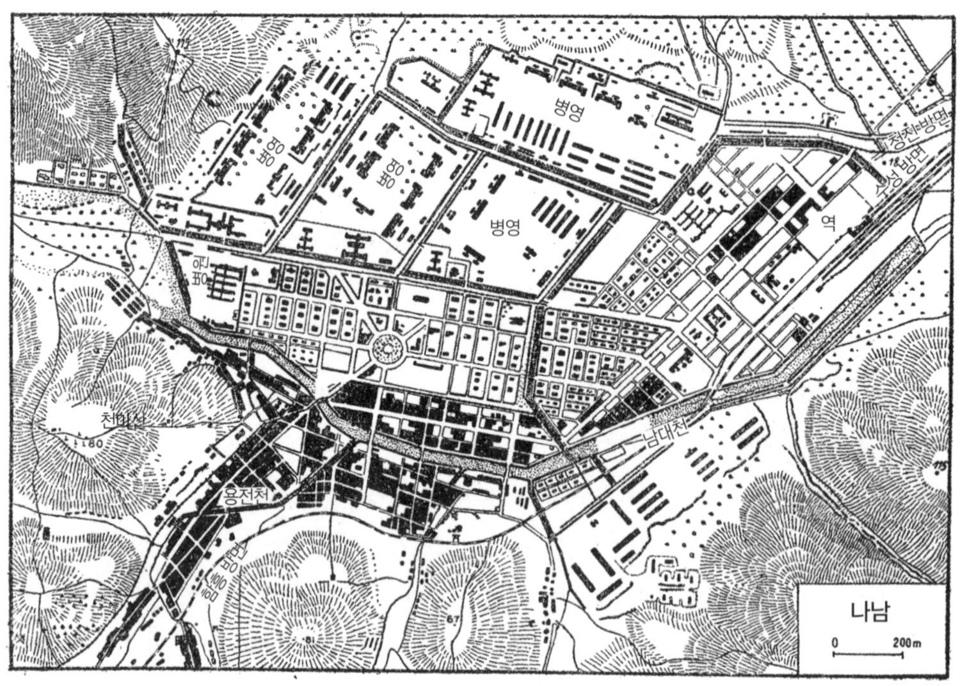

그림 23. 함경북도의 도청소재지 나남(출전: 『도설 조선지리풍속(圖說 朝鮮地理風俗)』

나진에서는 만주로부터의 통과화물의 하역이 76%를 점하나, 청진은 다만 21%에 불과하다.

동해안 지역 함경도 북부의 좁은 중간 구역은 많은 지류를 가진 수성천이 흐르는 삼각형의 충적평야와 함께 시작하며, 삼각형의 모퉁이에는 청진, 수성, 나남이 위치한다. 함경북도의 새 도청소재지인 **나남**은 역사가 짧은 일본의 행정 및 군사도시(인구: 21,258명)이다. 지도에서 뚜렷하게 네 개의 지구를 알아 볼 수 있다(그림 23). 남서 지구는 촌락의 특색을 지닌 한국인 거주 지구이다. 나남천(羅南川)을 따라 좁고 마찬가지로 단층으로 지은 일본인 상점거리가 있다. 북쪽으로 연결되는, 널찍하게 격자형으로 건설된 매우 깨끗한 중심 지구는 크고 아름다운 정원 안에 있는 일본식 및 유럽식의 우아한 저택들, 새로운 호텔들, 큰 학교건물들과 은행들로 이루어져 있다. 끝으로 북쪽과 북서쪽은 마찬가지로 널찍하게 지은 보병, 기병, 포병의 병영과 병원의 수많은 막사로 이루어져 있다. 따라서 나남은 도시계획과 기능상으로 한국에서는 유일무이한 모습이다.

위에서 언급한 수성천의 삼각형 평야로 단절되는 구조곡은 나남에서 다시 나타나고 해안과 8~10km의 간격을 두고 외측 해안선을 따라 항시 달리며, 바다 쪽으로 오목한 만곡부를 반복하면서 길주–명천 반도의 북쪽 끝까지 도달한다(그림 10). 구조곡의 총길이는 165km이다. 이 구조곡은 나남 바로 남쪽과 주을의 북쪽에 여러 개의 갈탄광(741)이 있는 제삼기 육성층을 포함하고 있으며, 여기서 다시 노출된 지구대의 특성을 갖는다. 해안 쪽에 있는 산지는 542m까지 벽처럼 솟아 있다. 또한 제삼기 퇴적층이 주구조곡을 비스듬하게 자르면서 주을온천의 직선 계곡에서 상류 쪽으로 달린다. 이 계곡은 온천으로 잘 알려져 있으며, 동일한 유형의 온천에 속한다고 볼 수 있다. 두 계곡이 교차하는 지점에서 그리고 동시에 주을천의 비옥한 충적평야의 북쪽 주변부에 꽤 규모가 큰 가촌(街村)인 주을(인구: 22,448명)이 있다. 나남과 주을 사이의 중앙이면서 또한 함경선이 통과하는 곳에 함경북도의 옛 도청소재지이며, 현재는 나남에게 그 지위를 넘겨준 경성이 있다(그림 54).

길주–명천 지역은 구조적·지형적으로 독립된 지역이며, 나머지 북동부 해안 지역에서 뚜렷한 독자성으로 두드러진다(별도 7). I. Tateiwa(744), F. Yamanari(742, 743), J. Makiyama(746) 등이 이 지역에 대해 철저한 지질연구를 수행했다. 이곳의 제삼기 중기의 퇴적물들은 용동통의 현무암층과 퇴적암층으로 이루어진다(명천통: 사암, 셰일, 1,800m 층후의 역암, 지질연대표 별도 6, 별도 24와 그림 24). 퇴적암층의 최상부는 만호동층이며, 그 층의 갈탄이 명천역으로부터 멀지 않은 곳에서 채굴된다. 이 제삼기 중기의 퇴적물들은 북북동–남남서의 주향을 지니고, 대략 20km의 폭과 75km의 길이를 가지며 북동부에서 큰 경성만 안으로 열리는 지구대 속으로 함몰했다. 지구대는 마이오세 중부와 상부의 전환기에 형성되었다. 동쪽을 따르는 단층은 이 지구대를 칠보산 지루와 분리시키는 반면, 서쪽에는 복잡한 계단단층이 있다. 마이오세 상부에 전 지역에서 평탄화작용이 일어났다. 이 평탄화작용은 이러한 지형적 영향이 언젠가 있었다면 직접적인 지구대 형성의 지형적 영향을 상쇄하였을 것이다(p.112). 플라이오세와 플라이스토세에는 알칼리 현무암, 알칼리 유문암, 조면암, 화강반암이 이 침식평야 위로 분출하여 과거의 지구대 주변을 덮었다. 남부에는 구플라이스토세층으로서 대략 150m 층후의 퇴적 남대천층도 부가적으로 존재한다.

플라이스토세 중기 이후로 길주–명천 지역은 크게 융기하였고, 그 후 지구대를 채운 비교적 연한 제삼기 중기층과 남대천층의 지층들이 부분적으로 침식되었다. 그리하여 지구대는 기복에 있어 저지대로 나타난다(그림 24). 그러나 현재 이 지역은 평야가 아니라 매우 다양한 형태의 구릉과 산악지대이다. 또한 이 지역은 세로로 단 하나의 하천이 흐르는 것이 아니라 그 대신에 그 남반부에서는 길주의 남대천 수계를 통하여 남동 방향으로 배수하고, 그 북반부에서는 극동천(極洞川: 명간천)을 통해 북동 방향으로 배수한다. 두 하천 사이의 분수령은 그 중간에서 최소 425m까지 내려온다. 또한 동쪽부터 지구대 주변 위를 흐른 단단한 화산암들은 층후가 두껍고, 주변의 경사가 급하며, 부분적으로 비스듬히 상승하는 탁상산지(卓狀山地, Tafelberge)로 깎였다. 그러한 탁상산지는 특히 지구대의 중앙과 남동부에 자리 잡고 있다. 그중 가장 인상적인 탁상산지는 재덕산(在德山: 833m)이다. 이 산은 보다 경사가 완만한 만호동층의 사면 쪽에 250m나 되는 높이의 용암벽으로 낙하한다. 침식은 지구대 내의 북반부에서 가장 크게 일어났다. 여기에는 개개의 탑상의 현무암 암전(岩栓, Vulkanischer Pfropf, 영: plug bysmalith)들이 평야 위에 90m까지 솟아 있다. 여기에 또한 플라이스토세의 어랑천 및 극동의 현무암이 침식받은 지구대로 흘러들어 약 200m 높이의 고원을 형성하였으며, 어랑천이 여러 사행천으로 다시 고원을 감입하였다. 동일한 현무암 암붕(岩棚, Basaltplatte, 영: basalt ledge)을 감입한 다른 계곡은 해안사주를 통해 막혀서 장연호(長淵湖)를 이루었다. Yamanari가 'Mesas'라고 칭한 플라이스토세 현무암으로 된 그 밖의 고원들은 지구대의 남쪽 끝 부근에도 있다.

다시 본래의 형체를 드러낸 지구대의 서측 주변부는 많은 봉우리를 가진 용동(龍洞) 현무암에 의해 형성된 톱니 같은 능선이고, 그 너머에는 높고 둥근 모양의 함경산맥의 능선과 고원이 솟아 있다. 이 두 산지는 지구대와 같이 남남서 방향을 달린다. 지구대의 발굴(Exhumierung)과 새로 개별적으로 일어난 플라이스토세 융기의 결과로 현재 칠보산지루(七寶山地壘)는 그 자체로 거대한 산맥으로 보인다. 칠보산지루는 반도의 동쪽 1/3에 해당하는 지역을 차지하고 바다로

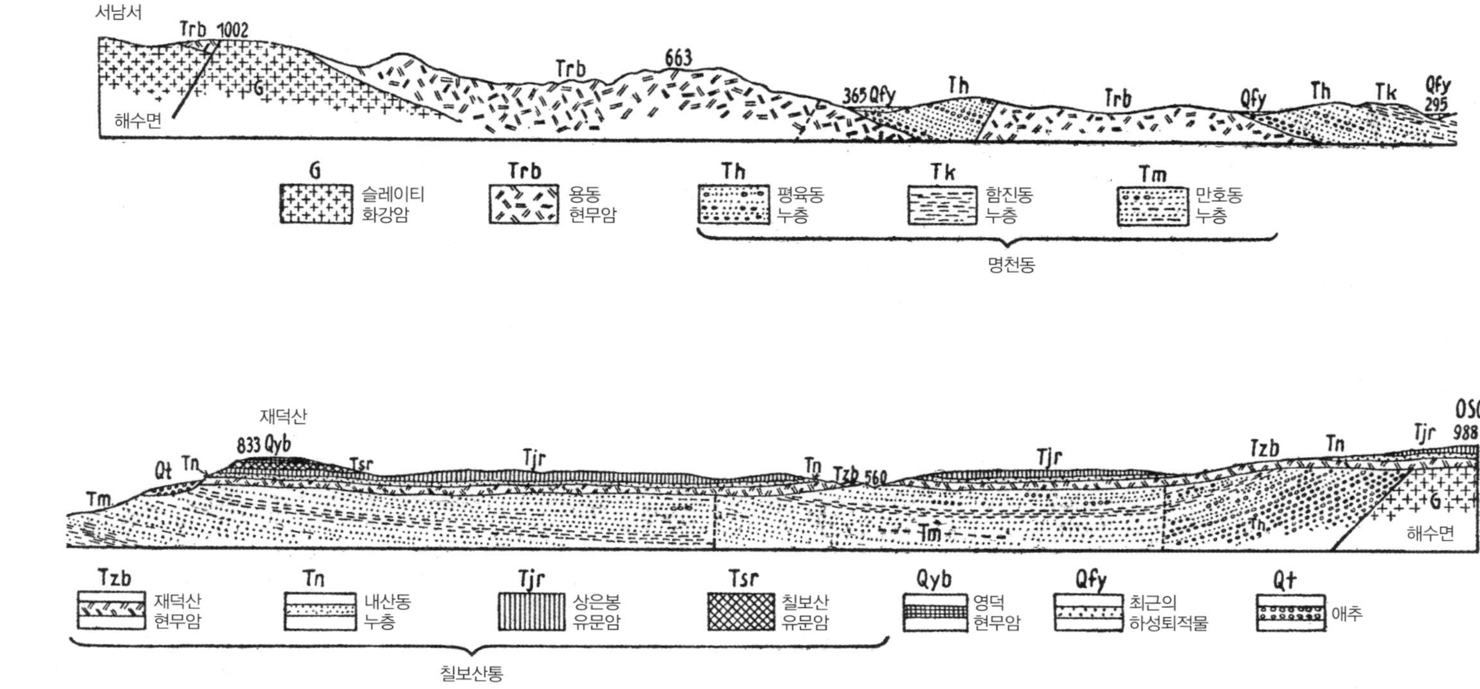

그림 24. 길주–명천 지구대의 지질 횡단면도(I. Tateiwa)

축척 약 1 : 75,000. 단면의 하부는 상부의 오른쪽 연장부이다. 범례는 두 부분 모두에 해당함.

급경사를 이루며 하강한다. 칠보산 지루에서는 칠보산 자체가 907m, 심지어 상응봉(上鷹峰)은 1,103m까지 솟아 있다. 지구대의 형성을 통해서 단층작용을 받은 고화강암은 칠보산 지루에서 신제삼기의 화강반암과 퇴적암인 사암층(Jiganformation)[10]으로 덮여 있다. 화산각력암으로 이루어진 후자는 침식에 의해 bastion, 석탑, 돌기둥 모양의 지형으로 해체되어 독일과 체코 사이의 Elbsandsteingebirge(체: Labsképiskovce)를 연상시킨다. 융기된 칠보산 지루의 남사면 상에는 플라이스토세의 용암류가 발달해서 해안에서는 주상절리의 절벽으로 끝난다. 그중 가장 최근의 용암류가 현재의 V자형 계곡의 하상을 채웠다.

길주–명천 전 지역은 상당히 황량한 인상을 준다. 지구대의 퇴적암 위에 군데군데 다만 키 작은 소나무와 잎갈나무[11]들이 있을 뿐이다. 탁상지와 Mesa는 주로 소떼가 방목되는 초지이다. 이 산지에서는 밤에 가축을 보호하는 축사와 건초 저장을 위한 창고들이 있다. 말하자면 여기서의 목축은 알프스 고산의 초지(Alm)에서 행하는 목축업과 같은 형태이다. 재덕산의 대지 정상부에는 네 개의 성문과 옛 한국의 수비대를 위한, 바위 속에서 물이 솟는 샘이 있는 과거의 피난성새가 있다. p.279에서 논한 밭작물의 재배는 길주–명천 지역에서는 비교적 좁은 면적을 차지하며, 벼의 재배는 거의 전무하다. 따라서 평균인구밀도는 낮다(별도 76). 주민은 침식계곡 내 비옥한 토지가 있는 저지에 집중하며, 특히 두 군청소재지 주변에 집중해 있다(지도 3).

위에서 논한 길주–명천 지구대의 교통상의 중요성은 바로 앞서 언급한 피난성새뿐만 아니라 길주와 명천의 두 개의 큰 시장을 통해서도 나타난다. 길주는 남대천의 여러 지구대 하천이 합류하는 곳이며, 쉽게 부서지는 남대천층과 제삼기 퇴적암이 침식되어 형성된 분지 상에 위치한다. 길주는 예로부터 우시장으로 매우 유명하다.

북부 동해안 지역의 남서반부는 상당히 간략하게 다루어질 수 있다. 그 이유는 이 지역에는 북부 동해안 지역의 특성에서 벗어난 독립적 중요성을 가진 지역들이 없기 때문이다. 그러므로 개관에서 제시된 이 장의 앞부분에서 언급된 모든 내용은 특히 남서반부 지역에도 적용되며, 거기서 기술된 특성에서 남서반부 지역의 실체가 거의 완벽하게 이해된다.

이미 강조한 바와 같이 동해안 지역의 계곡들 사이에서 해안을 향하여 돌출한 수많은 돌출부(Sporn)들 중에서 **마천령산맥**은 특별히 언급할 가치가 있다. 북쪽으로 백두산까지 이르는 이

---

10 역자 주: 원저에 Jiganformation으로 나와 있고, Dege가 사암층으로 번역하였으나 어느 층인지 명확하지 않다.

11 역자 주: 원저의 Wilsonlärche는 중국에서만 발견되는 *Larix mastersiana* Rehder & E.H.Wilson이나 우리말 명칭이 없어서 잎갈나무로 번역하였다.

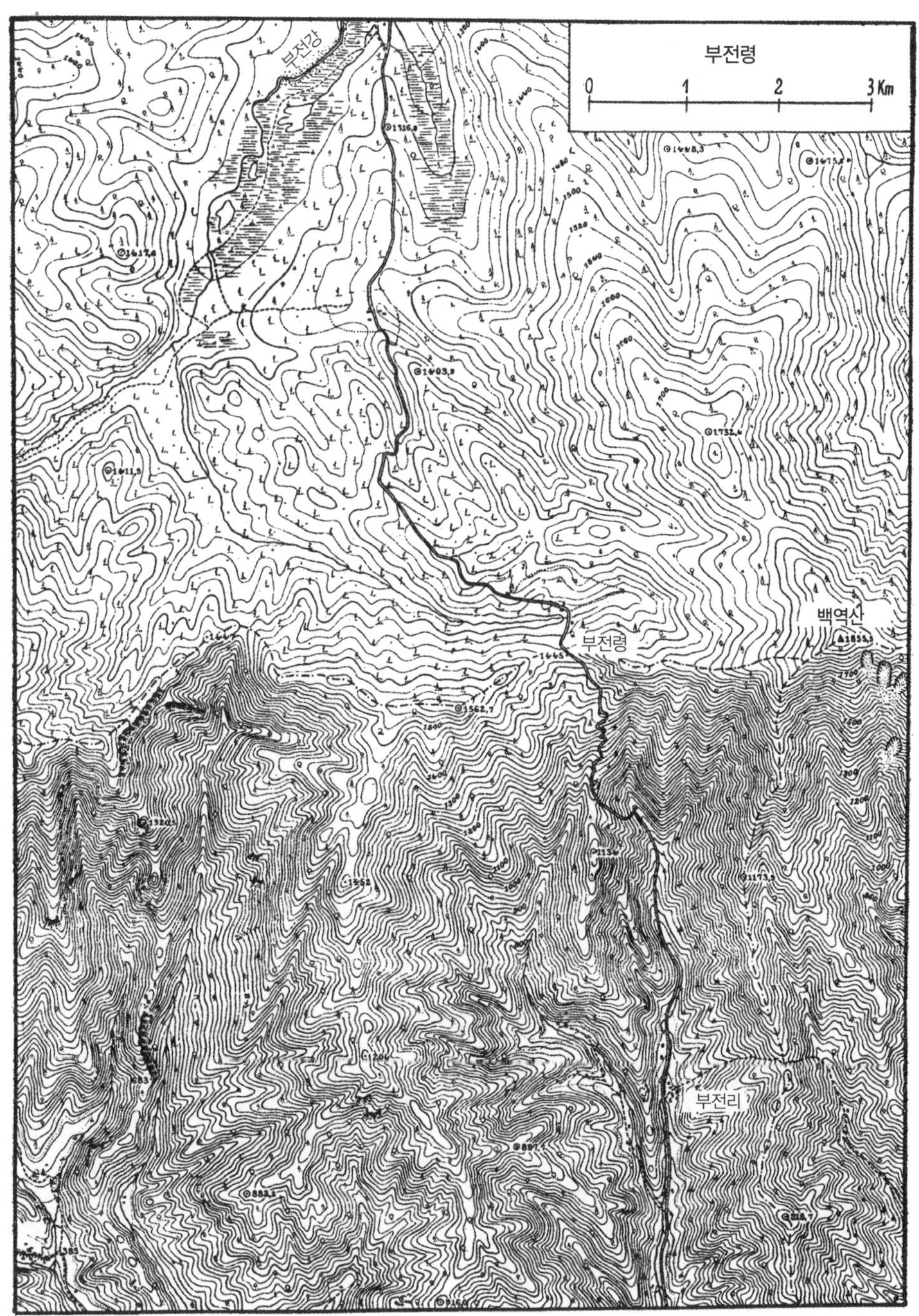

[별도 29] 부전령 주변 개마고원과 동해 사면 간의 지형적 대조(1:50,000지형도의 일부)

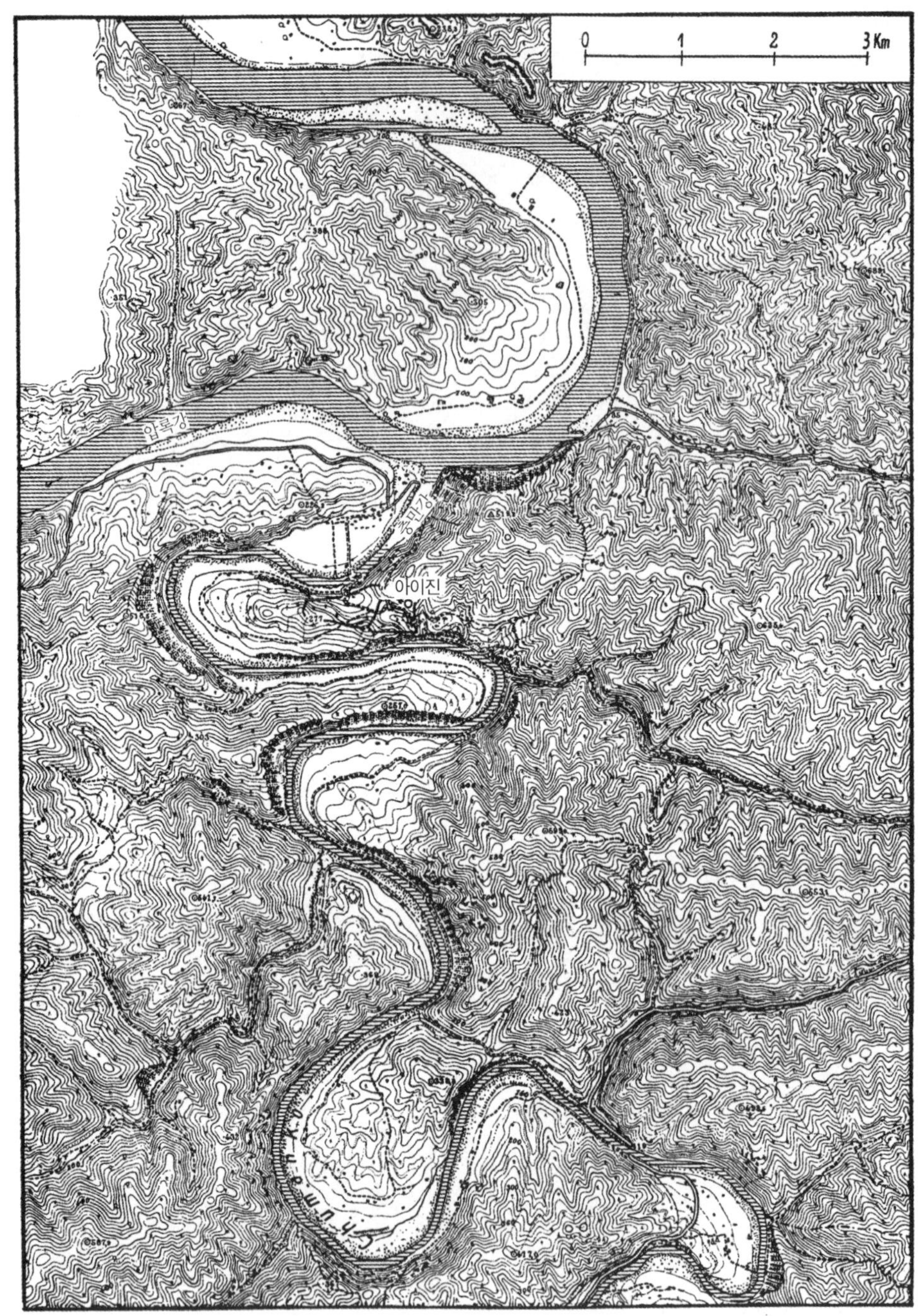

[별도 30] 압록강과 그 지류인 충만강의 사행천(1:50,000지형도의 일부)

산맥의 남단만이 여기서 고려될 것이다. 이 지역은 특히 결정질 석회암 셰일과 백운석으로 이루어져 있다. 남북으로 달리는 마천령산맥은 이와 같은 암석을 바탕으로 알프스와 같은 경사를 지니고, 800~1,000m 고도의 뾰족한 수많은 피라미드 형태의 봉우리를 형성한다. 급경사에도 불구하고 오늘날에도 화전경작이 렌지나(Rendzina) 위에서 행해진다. 토지가 부족하므로 정상 바로 아래까지 메밀, 참깨, 감자, 귀리가 재배되고, 저지에서는 기장류도 재배된다. 보다 넓은 면적의 경지가 황폐한 휴경지이며, 그 위에는 산쑥(*Artemisia Messerschmidtiana* [*Artemisia montana*])이 많이 자란다. 그 밖에 산사면은 한때 휴경지로서 키 큰 잡목림으로 덮여 있으며, 사면의 훼손이 가장 드물었기 때문에 경사가 급할수록 일반적으로 잡목림을 이루는 나무들의 키가 크다. 이 잡목림은 참나무, 단풍나무, 황철나무(Pappeln), 피나무(Linden), 버드나무(Weiden), 느릅나무(Ulmen), 자작나무, 소나무, 개암나무, 물들메나무, 황벽나무(*Phellodendron amurense*), 소영도리나무(*Weigela praecox*), 병꽃나무(*Weigela subsessilis*), 조팝나무(Spiräen), 싸리(Lespedeza), 산딸기속 수종(Brombeerarten)으로 이루어져 있다. 재(마천령: 하늘에 닿는 고개) 위에는 작은 절 주위에 몇 그루의 큰 원시림의 나무가 아직 남아 있다. 그 나무들은 물들메나무, 개살구, 팥배나무(*Micromeles alnifolia* [*Sorbus alnifolia*])이다. 같은 종류의 나무들이 이곳과 인접한 관목림에도 있는데, 원래 있었던 원시림도 같은 수종들이었을 것 같다.

북부 동해안 지역의 남서부 해안에는 수많은 작은 **항구**들이 있으며, 연안 항해, 철광석, 어유와 생선 퇴비를 일본으로 수송하는 역할을 담당한다. 작은 항구들은 인구밀도가 높은 충적평야 부근에 주로 입지하나, 모래 퇴적의 위험 때문에 사주가 아닌 인근의 암석해안 구간에 자리 잡고 있다. 서호진(西湖津, 인구: 13,915명)은 함흥과 흥남의 외항이고, 신창(新昌, 인구: 19,399명)은 북청(北靑, 인구: 20,829명) 및 후치령(厚峙嶺)을 넘어 개마고원까지 이르는 배후지의 외항이다. 이 항구들 중 최대 항구는 아직 함경북도에서 마천령산맥의 북동쪽에 위치하는 성진(인구: 23,496명)이다. 두 개의 방파세가 작은 어항을 보호하는 반면, 일본 기선은 외측 항구 밖의 정박지에 닻을 내려야 한다. 성진의 교역량은 8,200,000엔(1934년)으로서 전국 항구 중 11번째의 지위를 차지한다. 최근에 이 도시는 특히 마그네사이트 가공공장을 통해서 공업의 중요성도 갖게 되었다.

남서부 지역의 최대 도시는 **함흥**(咸興)이며, 예로부터 함경남도의 수도였다(그림 25). 바로 이웃하는 흥남을 포함한 1938년의 인구는 128,793명이었다. 함흥은 동해안 지역에서 가장 큰 삼각주평야로서 남북으로 45km 펼쳐진 성천강 평야(함흥평야)의 동측 주변에 위치한다. 함흥 시가지는 평야의 동측 주변에 치우쳐 흐르는 하천변에 접하여 전개된다. 이 도시는 삼각주 평야와 폭넓은 호련천(瑚璉川)의 측면 계곡 사이를 밀고 들어오는 북쪽으로부터 뻗어 나온 산 돌출부인 반룡산(盤龍山)의 산록과 사면 상에 홍수의 위험을 피하여 자리 잡고 있다. 아름다운 소나무 숲이 붉게 풍화된 토양 위에 무성하고, 이 소나무 숲을 관통해서 옛 도성(舊都城)의 잔해가 달린다. 이 산 돌출부의 위도에서 삼각주 평야는 좁아지고, 강은 이곳에 도달해서야 비로소 본류로 분기하기 시작한다. 그 때문에 바다로부터 이곳은 도로나 철도의 가장 편리한 횡단 지점이다. 호련천의 계곡과 오로리(五老里)의 위쪽에 있는 성천강 계곡은 서로 평행하게 달리는 구조곡들이다(750). 이 구조곡을 통하여 도시의 교통지리적 배후지가 멀리 북동 방향으로 동부 개마고원 지역(부전령, 赴戰嶺), 금패령(禁牌嶺))까지 확장한다. 삼각주평야의 북쪽 끝에서 흑림천(黑林川) 계곡이 성천강 계곡과 합류하며, 흑림천 계곡을 통해서 북쪽으로 황초령(黃草嶺)을 넘는 길이 서부 개마고원 지역으로 진입한다. 이와 같이 함흥은 도 전역의 중심지이다. 조선 태조(p.63 이하)의 부모 묘와 향교를 비롯한 유적지가 과거 이 도시의 중요성을 말해 준다. 시가지의 남부는 순수한 한국인 지구이다. 역으로부터 서쪽으로 뻗은 상점가가 중심을 이루고, 반룡산을 배경으로 한 북동부는 일본인 지구이다. 일본인 지구에는 도청사, 군사시설, 일본인 학교, 캐나다 장로교 선교회의 시설이 있다. 일본인 상점들이 점차 한국인 지구를 계속 잠식해 나간다.

북부 동해안 지역의 남서단은 붉게 풍화된 화강암과 변성편암으로 이루어진 구릉지이다. 이곳에는 소나무 숲이 드문드문 있으며, 떡갈참나무(*Quercus mccormickii*)와 개암나무의 관목림이 혼재한다. 북동쪽에서 흘러오는 해류는 성천강의 퇴적물들을 남서쪽으로 운반하여 여기에 해안선과 평행하는 수많은 해안사구로 이루어진 수 킬로미터 폭의 전지(Vorland)를 형성하였다. 이 퇴적물들은 최남서단의 과거 해진만으로부터 광포호(廣浦湖)를 나누어 놓았다. 광포호의 주변에는 관개가 잘되는 넓은 논농사 지역이 펼쳐져 있다. 한국주산맥의 장벽이 그 배후지에 솟아 있는 경관이 빼어난 이 지역의 중심에 정평군(正平郡) 소재지가 있다.

뚜렷한 경계가 없이 북부 동해안 지역은 여기서 원산만(영흥만) 지역으로 이어진다. 그러나 원산은 추가령열곡을 통하여 서울과 밀접한 관련을 가지므로 주변 지역을 포함하여 중부 지방으로 구분하는 것이 타당하다.

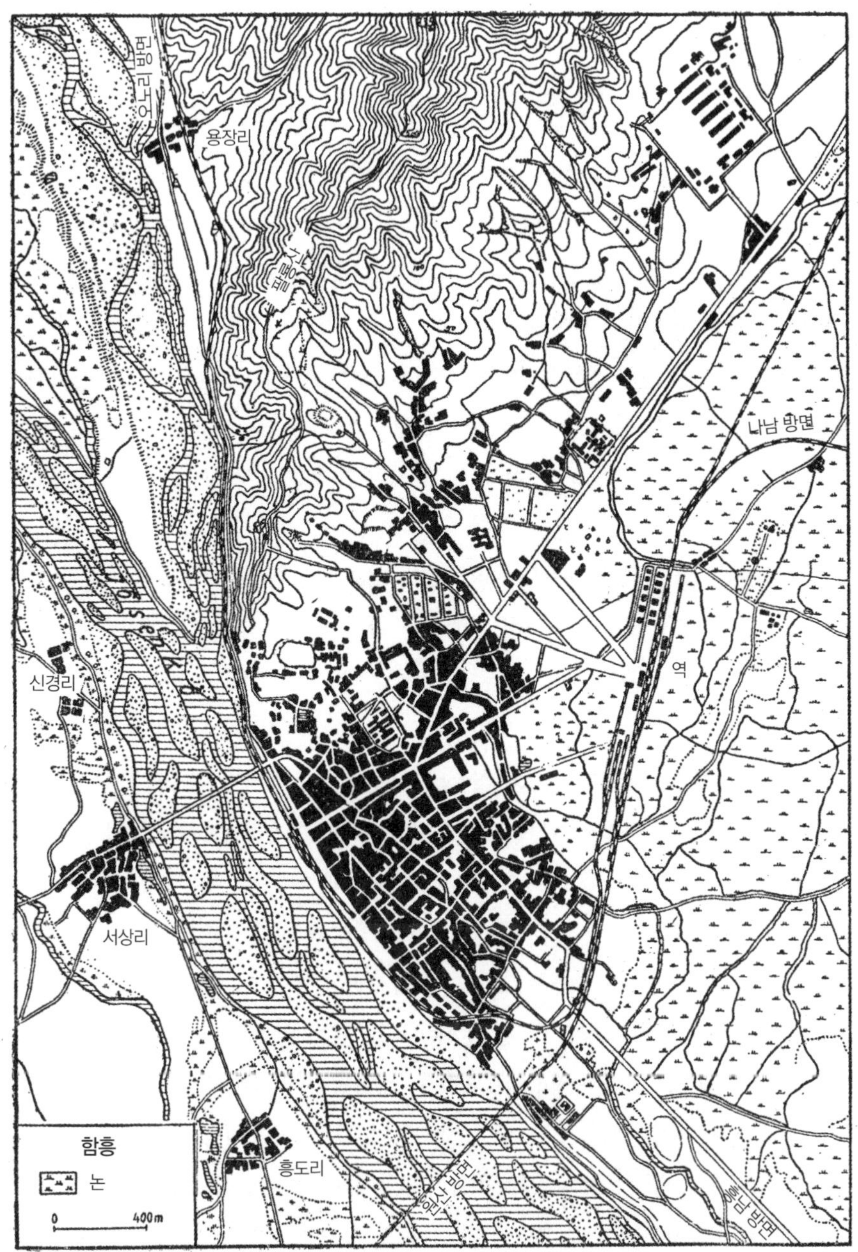

그림 25. 함흥과 주변 지역(출전: 『도실 조선지리풍속(圖說 朝鮮地理風俗)』)

2. 개마고원

개마고원(蓋馬高原)은 남동쪽에 놓인 함경산맥(咸鏡山脈)으로 갈수록 점차 고도가 높아지면서, 북쪽으로 압록강(鴨綠江)과 두만강(豆滿江)의 상류 지역까지 전개된다(별도 23). 이곳에서 개마고원은 백두산 지역의 현무암대지에서 끝난다. 개마고원은 서쪽에서 지지적으로 이 지역에 속하는 낭림산맥(狼林山脈)에 의해 평북 지역과 차단된다. 그리하여 개마고원은 북부 동해안 지역의 배후지이며, 그 지역과 구조적·지형적·기후적으로 밀접한 관계를 가지지만, 교통지리적으로는 관계가 느슨하다. 개마고원도 북부 동해안 지역과 함께 북동–남서 방향으로 길게 뻗어 있으며, 그 길이는 거의 400km에 달하고, 북서–남동 방향의 폭은 최대 160km이며, 그 면적은 약 30,000km^{2}이다.

p.35와 p.116에서 설명했듯이 개마고원은 주향산릉과 북서쪽으로 기울어진 대규모 경동지괴 혹은 그에 상응하게 형성된 비대칭적 지배사의 경사진 사면을 이룬다. 낭림산맥은 한국주경동지괴의 주향산릉(산맥) 북단이다. 이 두 산맥에 의해 개마고원은 크게 고립되어서, **한국에서 가장 뚜렷한 개별 지역**을 이룬다.

이러한 고립성은 우선 **수문지의 특성**에서 잘 드러난다. 이 하계망은 몹시 구불구불한 두 개의 협곡을 통해서만 외부 세계와 연결된다. 그 하나는 신갈파진(新乫破鎭)과 무창동(戊昌洞) 사이에서 압록강에, 다른 하나는 무산과 송학동(松鶴洞) 사이에서 두만강에 각각 연결된다. 압록강의 협곡이 있는 송전동(松田洞) 부근에는 계곡의 바로 남쪽에 접하여 거의 1,000m나 솟아 있는 깍아지른 듯한 봉우리들이 있다. 경동지괴의 주 경사면의 방향이 북쪽을 향하기 때문에 압록강과 두만강의 수문지의 곡선(谷線, Talweg)이 북쪽 연변에 치우쳐 있고, 개마고원의 배수도 같은 방향으로 이루어진다. 여기서 장진강, 부전강, 허천강, 서두수와 같은 지류들이 본류로 유입한다. 이 지류들의 색깔은 다뉴브 강과 그 지류들처럼 다양하다. 1933년 늦여름에 저자가 그곳에 있을 때 압록강의 최상류부는 어두운 색의 맑은 물이었다. 압록강 본류의 최상류보다 훨씬 더 긴 이 강에 합류하는 황수원강과 함께 첫 번째 큰 지류인 허천강은 밝고 혼탁한 색을 지니므로 압록강과 합류한 물은 연갈색이면서 불투명했다. 허천강의 좌측에 위치하는 두 번째 큰 지류인 장진강은 남쪽에 있는 또 다른 작은 지류들처럼 짙은 갈색의 맑은 물이며, 이 물은 그 지역에 있는 이탄으로부터 흘러든다. 이 두 가지의 색은 합류점 아래의 먼 곳까지 그대로 유지된다.

이와 같은 수문지 패턴 때문에 개마고원의 모든 부분은 한국의 다른 어느 지역보다도 절대 침식기준면으로부터 멀리 위치한다. 그러므로 제삼기 마이오세 이래 지속된 융기(p.116)로 인한 침식은 하류인 북쪽 지역에서만 일어났으나, 그 효과는 그 지역에서도 그나마 감소했다. 그리하여 개마고원은 한국에서 **가장 고도가 높은 지역**이 되었다. 지도 1에서 보듯이 북쪽의 계곡들만이 1,000m 이하의 고도이고, 두 산맥뿐만 아니라 내측의 산맥들도 긴 구간에 걸쳐 1,500m 이상, 심지어는 2,000m 이상으로 솟아 있다.

함경산맥의 개마고원 측과 동해 측 사면의 차이는 한국의 경관 형태 중에서 가장 인상적인 특징이다(별도 20). 함경산맥의 동해 측 사면 상에는 급사면의 평균경사도가 50°, 혹은 그 이상인 곳과 강력하게 솟은 능선에서 단절된 직선상의 단면도 있으며, 곡밀도가 높다. 이 계곡들은 모두 비대칭적 융기과정에서 연속적으로 진행된 강한 침식의 결과이다. 사면들은 큰 각력의 애추(崖錐)로 덮여 있으며, 대규모 슬럼프 현상(Rutschung, 영: slump)이 나타난다. 곡저는 잘 이동되는 하천의 거력(巨礫, Block), 중력(中礫, Geröll), 소력(小礫, Kies)으로 이루어져 있으므로 멀리서 보아도 빛난다. 침식의 강도는 이곳에서, 특히 수목한계선 위와 벌목된 곳에서 매우 강하다.

이와 대조적으로 개마고원 측에는 매우 다양한 고도의 넓은 **고원**(Hochfläche)**들**이 전개된다. 고원들은 북쪽에서부터 관모봉(2,541m) 정상과 함경산맥의 다른 산들의 정상까지 솟아 있다. 평탄하거나 적당한 경사를 가진 사면과 더불어 아주 완만한 하상경사와 폭넓은 하상을 가진 계곡들이 고원을 침식해 들어갔다. 900~1,400m 고도에 위치한 곡저들은 때로 늪이 되었고, 곡밀도는 낮다. 높은 고도에서는 솔리플럭션에 의하여 형성된 쇄설물(Solifluktionsschuttmassen)이, 좀 더 낮은 고도에서는 우곡(雨谷, Runsen)과 애추가 사면 아래로 뻗어 있다. 그러나 이미 두부침식(頭部侵蝕, rückschreitende Erosion)의 영향을 받는 개마고원의 북반부에는 이와 같은 폭넓은 하상을 가진 계곡이 없다. 이 지역에서는 압록강이 심한 사행을 하며 개석하였다. 압록강의 수면은 혜산진(惠山鎭)에서는 700m이며, 무창동(戊昌洞)에서는 단지 500m이다. 두만강도 압록강과 유사하다. 압록강의 침식곡은 바로 대규모의 백두산 용암대지의 주변을 따라 달린다(p.330 이하). 용암류에 의해 유로는 남측 주변으로 이동되었다. 용암류의 지표면은 혜산진 부근에서 1,000m, 중강진 부근에서는 800m 고도에 이른다. 압록강 계곡은 용암대지보다 300~500m 정도 낮은 고도에 위치한다. 이와 대조적으로 개마고원의 산들은 압록강의 바로 남쪽에 접하여 1,300~1,600m 높이로 솟아 있으므로 현무암대지의 고도 위로 높이 솟아 있다. 두만강 지역에서는 용암대지가 서두수와 본류의 인접한 구간 너머로 약간 동쪽으로 연장된다. 여기서도 개마고원의 산들이 현무암대지 위에 급경사로 솟아 있다. 이 지형 경계가 바로 개마고원과 백두산 지역 사이의 지역 경계이다(그림 29).

개마고원의 서반부는 랴오둥 방향(p.102)의 주향을 갖는 화강편마암과 '심하게 변성된 퇴적암'(편마암, 천매암, 셰일, 그레이와케, 결정질석회암)으로만 이루어져 있다. 도처에서 고구려화강암(Kokurigranit)이 이들 암석을 관입했다. 이와 반대로 개마고원의 동반부에서 구기반암군은 대동계와 경상계의 퇴적암뿐만 아니라 특히 **현무암질과 유문암질의 화산암**으로 덮여 있다. 화산암은 매우 상이한 연대를 갖는다. 그들 중에는 2,000m 이상의 고도에 존재하는 것도 있으며, 여기서는 화산암들이 부분적으로 늪이 많은 넓은 고원을 이루고 있다. 이 화산암은 신제삼기에 형성되었을 것이며(p.121 이하), 그 이후 지배사의 형성은 이 높은 고지까지 융기되었다. 최근의 분출은 현재의 계곡 내에서 일어났다. 그중 하나의 용암류는 황수원강의 계곡을 흘러 이어지는 허천강 계곡에서 갑산까지 이르렀다(763). 또 다른 용암류는 삼수천(三水川)의 계곡을 메웠다. 이미 언급한 하천들이 이 현무암류를 다시 120m의 깊이까지 개석하여서 현무암류의 표면은 하안단구의 형태를 갖게 되었다. 마찬가지로 후에 침식되어 하안단구가 된 세 개의 용암류가 두류산(頭流山) 지역으로부터 남쪽으로 동해안에 이르는 북대천(北大川) 계곡의 다양한 고도까지 흘렀다(762).

함경산맥은 북쪽에서 송학동(松鶴洞)에 위치하는 두만강의 협곡 부근에서 시작한다. 차유령(車踰嶺: 914m)에까지 이르는 북단에는 양측의 침식기준면의 고도차가 이곳에서도 작기 때문에 위에서 언급한 뚜렷한 비대칭성이 크게 나타나지 않는다. 이 지역은 더 이상 구고원들이 남아 있지 않은 화강편마암으로 된 봉우리가 많은 산지이다. 무산(茂山) 바로 옆에는 최근에 교통이 편리해짐에 따라 채굴되는 자철광(磁鐵鑛)-적철광(赤鐵鑛)이 석영편암 속에 부존한다. 철광석의 매장량은 4억 톤 이상으로 추정되어 무산 광산은 일본제국에서 가장 산출이 많은 광산 중의 하나이다(759, 760). 차유령을 넘는 무산-고무산(古茂山) 간의 철도가 철광석의 수송을 담당한다.

차유령의 남쪽에서 고원들이 전개되기 시작한다. 도정산(渡正山)에서 산맥은 처음으로 2,000m 이상으로 솟아 오르고, 여기서부터 남서단까지 매우 뚜렷하게 비대칭성을 나타낸다. 관모봉의 북북서쪽 설령(雪嶺: 2,442m) 부근에서는 p.123에서 언급했던 권곡(Kar)이 발달해 있다. 이 지역의 고원들이 화강암과 화강편마암 위에 있는 반면, 약간 남쪽인 괘상봉(掛上峰: 2,333m)과 만탑산(萬塔山: 2,205m) 사이에는 분수령을 형성하는 고원들이 현무암으로 이루어진 지역이 있다. 만탑산의 남서쪽에는 길주 남대천의 계곡이 함경산맥을 통해서 백암(白岩)을 지나 멀리 북서쪽으로 연장된다. 그 밖에도 동해 하천 측으로부터 최근의 분수령의 두부침식과 하천쟁탈(河川爭奪, Anzapfung)이 빈번하다.

남대천 계곡의 남서쪽에도 분수령을 이루는 고원들은 대개 현무암으로 이루어져 있다. 유문암층이 침식되어 생긴 높은 두류산(頭流山 2,309m)이 고원 상에 우뚝 솟아 있다. 고원들의 현무암층은 이곳에서 단천의 북대천과 남대천의 두부침식을 통해서 개개의 돌출부로 분리되었으며, 그 표층의 아래에는 마천령계의 심하게 변성된 퇴적암이 깊은 곳까지 노출되어 있다. 동점(銅店: 갑산군) 부근의 이 퇴적암 속에는 교통로의 개통을 고대하는 매장량이 풍부한 구리광상이 있다.

남서쪽으로 가면서 함경산맥은 고도가 낮아진다. 규암으로 이루어진 첨봉인 희사봉(希砂峰: 1,760m)의 북쪽에서 현무암대지는 끝나고 분수령을 이루는 고원들은 거기서부터 다시 형성된 지 오래된 암석에 위치한다. 삼봉(三峰: 1,987m)에서부터 산맥은 고도가 낮아져서 그 산맥 상의 재들은 동해안으로부터 개마고원으로의 매우 양호한 통행로가 된다. 주요한 고개는 후치령(厚峙嶺: 1,335m), 금패령(禁牌嶺: 1,676m), 부전령(1,445m, 별도 29), 황초령(黃草嶺: 1,200m)이다(p.281).

압록강과 두만강의 지류들 사이에는 주산맥에서 분기된 지점보다 군데군데 좀 더 높은 고도를 갖는 **측면 주향산릉들**(Seitenkämme)이 북쪽으로 달린다. 그중 개마고원의 기복에 대해서 가장 중요한 산맥은 이미 자주 언급한 **마천령산맥**(p.33)이며, 이 위로 압록강과 두만강 사이의 분수령과 함경북도와 함경남도 간의 경계가 달린다. 이 산맥은 백두산 현무암 대지 위로 가파르게 1,000m까지 솟아 있는 북포태산(北胞胎山: 2,239m), 남포태산(南胞胎山: 2,435m), 장군봉(將軍峰: 2,108m), 이들 세 산과 함께 백두산 지역의 깊숙한 북쪽에서 시작한다. 주로 화강암으로 이루어진 남포태산에서 최근에 흐른 용암류에 둘러싸인 현무암 분출 이전에 형성된 지형이 솟아 있다. 그 밖에 마천령산맥의 북반부는 80km 길이의 유문암층으로 이루어져 있는데 이 층은 크게 융기·파쇄되었으며, 이를 통해서 매우 상이한 고도를 갖게 되었고, 그 주위는 현무암이 둘러싸고 있다. 여기에는 군데군데 고층습원(versumpfte Hochfläche)이 있다. 이곳의 최저 지점은 지금까지 겨우 조랑말길이 나 있는 최가령(崔哥嶺: 1,572m)이다. 보다 남쪽에는 마천령산맥을 넘는 가장 중요한 고개인 남설령(南雪嶺: 1,790m)이 있는데, 이 고개는 길주 남대천의 발원지로부터 허천강 지역으로 통하며, 1937년 이래 길주–혜산진 간의 철로로 이용된다. 이 고개의 너머(남쪽)에서 마천령산맥은 함경산맥과 교차하며, 두류산의 주변에서 주로 현무암표층으로 된 또 하나의 새로운 정점을 이룬다. 금과 운모가 풍부한 안반더기 근처에서 마천령산맥은 마지막으로 1,800m 이상 솟는다(762). 마천령계의 편마암 사이에 끼어 있는 운모광상은 채광되고 있다. 안반더기에서 현무암 고원 지역이 끝나며, 그 남쪽으로 60km 정도 연장되는 산맥의 말단부는 거의 전적으로 심한 변성작용을 받은 퇴적암과 화강암에서 달린다(p.296).

측면 주향산릉들 중 가장 높은 지맥은 황수원강(黃水院江)–허천강과 부전강 사이에서 달린다. 이 측면 주향산릉들은 널리 불규칙하게 뻗어 나간 산악지역의 성격을 지니며, 거의 예외 없이 화강편마암으로 이루어져 있다. 남북 50km로 뻗은 연장 부분에는 둥근 형태의 정상부가 2,400m 이상의 높이로 솟아 있다. 최고봉들은 차일봉(遮日峰: 2,506m)과 북수백산(北水白山: 2,522m)이다. 저자는 멀리 서쪽에서만 **북수백산의 능선**을 바라보았다. 1:50,000 지형도 상에는 나타나지 않지만 좀 더 높은 정상들의 동측에는 권곡들이 있을 수 있다.

부전강과 장진강 사이에서 북으로 뻗어 있는 측면 주향산릉은 연화산(蓮花山: 2,335m)에서 정점을 이룬다.

끝으로 개마고원의 산맥들 중 가장 서쪽에 놓인 **낭림산맥**도 일련의 측면 주향산릉들 중에 하나이다. 그러나 p.33에서 강조했듯이 한국 전역의 지형에서 점하는 낭림산맥의 위치는 다르다. 이를 통해 낭림산맥이 앞서 기술된 개마고원의 측면 주향산릉과 구별되는 매우 중요한 특수성이 설명된다. 낭림산맥의 동사면은 다른 측면 주향산릉들의 특성도 공유한다. 그 특성은 높은 곳까지 서서히 고도가 증가하는, 거의 개석되지 않은 긴 사면들과 사면들 사이에서 폭넓은 하상을 갖는 넓은 계곡들로 나타난다. 그와는 달리 서사면은 압록강의 남쪽 지류인 자성강(慈城江)과 독로강(禿魯江), 그리고 청천강(淸川江)과 대동강(大同江)의 두부침식을 받는다. 서사면은 동사면보다 절대침식기준면에 훨씬 더 가깝게 놓여 있다. 그 때문에 서사면이 비록 주 완사면에 속하긴 하지만 훨씬 더 급한 사면들을 갖는다. 하상이 없거나 있다고 해도 매우 좁게 발달했다. 사면들은 톱니와 같은 주향산릉들과 봉우리들로 개석되었다. 서측의 계곡들은 낭림산맥의 분수령으로부터 25km 떨어진 곳에서 고도가 500~700m에 불과하나, 이와 대조적으로 동측 계곡들의 고도는 900~1,300m에 달한다.

낭림산맥은 장진강 하구에서 시작하여 처음에는 남서 방향으로 달리다가 희색봉(稀塞峰)에서 2,185m의 높이에 도달한다. 자성(慈城) 및 강계(江界)와 장진을 연결하는 가릉령(加陵嶺: 1,493m)과 아득령(牙得嶺: 1,479m) 사이에서 이 산맥은 남쪽으로 달리고, 둥근 형태의 맹부산(猛扶山: 2,214m)과 와갈봉(臥碣峰: 2,261m)에서 정상을 이룬다. 와갈봉에는 날카로운 첨봉(尖峰, Horn)과 권곡과 유사한 형태의 협곡(독: Wildbachtrichter, 영: ravine)이 존재한다. 좀 더 남쪽에는 옛 한국에서부터 유명했고, 또한 최초의 유럽인이 탐험여행할 때 이미 이용했던 설한령(雪寒嶺: 1,427m)이 있다. 소백산(小白山 2,184m)의 암주(岩株, stock)에서 **묘향산맥**(妙香山脈)이 남서 방향으로 분기한다. 묘향산맥의 구조적 상황에 대해서는 이미 수차례 언급했다(p.35). 묘향산맥은 2,014m의 낭림산(狼林山)에서 정상을 이루나, 소백산에서 60km 이상 떨어진 묘향산에서도 아직 1,909m에 달하며, 그 후, 낮은 고도로 매우 빠르게 하강한다. 1:50,000 지형도 상에는 묘향산맥에 낭림산맥이라고만 적혀 있다. 묘향산은 엄청나게 큰 장석이 섞인 화강암으로 이루어진, 매우 가파른 암벽과 경사가 급한 계곡을 가진 산이며, 하상의 절대고도가 겨우 50m밖에 안되는 청천강 곡저의 바로 옆에서 우뚝 솟아 있다. 낮은 사면 부분에는 둥근 암석돔(prallwölbige Felspanzer)들이 발달하여 도처에서 그 위로 폭포가 쏟아져 내리며, 보다 높은 곳의 칼날 같은 능선(Grat, 영: knife ridge)에서는 암석의 층리와 절리를 매우 뚜렷하게 알 수 있다. 주 낭림산맥은 소백산에서 남쪽을 향하여 이어지며 사수산(泗水山: 1,747m)에서 끝난다. 여기서 한국주산맥의 원산호(元山弧, Bogen)가 시작된다(p.33).

이 모든 측면 주향산릉들은 개마고원에 상당한 기복량(起伏量)을 주었다. 곡밀도가 낮으므로 개개의 사면이 길어서 상대적으로 작은 평균경사각에도 불구하고 산정들과 그것에 인접한 주요 계곡들 사이의 고도차는 1,500m까지 증가한다.

북부 지방의 이 고지(Hochburg)는 한국의 다른 어느 지역에서도 나타나지 않는 특성의 **특수기후**(Sonderklima)를 갖는다. 한국의 전 북동부를 지배하는, 이미 언급한 북부 동해안 지역의 기후 특성에 고산 특성(Hochlandnatur)과 격해도(隔海度, Meeresabgeschlossenheit)에 기인한 특성이 추가되어 새로운 기후 특성이 나타난다. 현재까지도 이 지역의 모든 기후 특성을 파악하기가 불가능한데, 그 이유는 이 지역에 단지 6개의 관측소만이 있기 때문이다. 6개 중에 한국에서 가장 높은 고도에 위치한 풍산 관측소(1,150m)가 있으나 이들은 모두 예외 없이 군청소재지와 국경도시에 설치된 계곡에 위치한 관측소들이다. 그러나 취락은 1,550m, 경작은 1,850m의 고도까지 이르고, 수목한계선은 2,000~2,150m의 고도에 위치한다. 기후적으로 볼 때 평북의 최북동부도 개마고원에 속한다. 그러므로 p.308의 두 표에 이 지역의 한 군데 또는 두 군데의 중요한 관측소의 기후자료를 분리선 밑에 함께 기록하였다.

이미 p.168에서 강조한 바와 같이 한국의 계절풍기후는 어느 지역에서도 개마고원과 그 북서 인접 지역에서와 같은 전형적인 대륙성기후 특성을 갖지 않는다. 이 지역은 서쪽과 남동쪽으로 바다와 격리되고, 북쪽으로는 대륙에 개방되어 매우 강한 대륙 효과가 나타난다. 표에서 겨울 기온이 극히 낮음을 알 수 있다. 이와 같은 특징은 정체된 찬공기풀(Kaltluftsee)이 형성되는 압록강 계곡의 분지에서 특히 잘 나타난다. 이 현상은 중강진보다 400m 정도 고도가 더 높은 혜산진에서보다 한국에서 해양으로부터 가장 먼(해안으로부터의 최단거리 220km) 관측소인 중강진에서 더 전형적으로 나타난다. 개마고원의 겨울은 고도가 높아질수록 대체로 온화해진다. 이

개마고원의 기후자료

관측소	고도 (m)	기온							강수량								
		1월			7월			연교차	1월				8월				연강수량
		평균기온	평균최저기온	절대최저기온	평균기온	평균최고기온	절대최고기온		평균 (mm)	‰	평균강수일수	강수강도	평균 (mm)	‰	평균강수일수	강수강도	
무산	470	−12.9	−19.2	−30.2	22.2	28.6	38.7	35.1	4.0	7	3	1.3	117	216	16	8.4	542
혜산진	725	−19.6	−28.5	−42.0	21.3	28.8	38.0	40.9	5.2[2]	9[2]	4[2]	1.3	135	241	14	11.3	559
풍산	1150	−16.4	−23.9	−41.5	18.2	24.3	34.5[1]	34.6	7.6[3]	12[3]	3	2.3[2]	174	272	15	13.4	647
장진	950	−19.8	−29.1	−43.0	19.1	25.4	34.8[1]	38.9	13.7[2]	17[2]	7	2.0[2]	189[4]	227[4]	17	12.3	829
후창	585	−18.7	−27.0	−40.0	22.0	28.1	39.1	40.7	12.2[2]	13[2]	5	2.4[2]	228[4]	234[4]	17	14.3	971
중강진	313	−21.0	−28.9	−43.6	22.6	28.9	38.0[1]	43.6	9.6[2]	12[2]	7[2]	1.4[2]	183	225	18	12.2	812

[1] 8월. [2] 2월. [3] 12월. [4] 7월.

관측소	첫서리			끝서리			첫얼음		
	가장 이른날	가장 늦은날	평균일	가장 이른날	가장 늦은날	평균일	가장 이른날	가장 늦은날	평균일
혜산진	8.22	9.25	9.12	5.17	4.19	4.29	9.18	10.15	10.1
풍산	8.28	9.18	9.9	6.15	4.22	5.22	9.21	10.12	10.1
장진	9.12	9.28	9.17	6.21	5.4	5.25	9.12	10.12	9.23
중강진	9.16	10.5	9.24	6.2	5.3	5.17	9.14	10.10	9.25

러한 사실은 풍산보다 837m나 더 낮은 곳에 위치한 중강진의 1월 평균기온보다 풍산의 1월 평균기온이 약 4.6℃ 좀 더 높은 것을 통해서 특히 잘 입증된다. 풍산과 대조적으로 장진은 고원 분지에 위치하므로 장진에서 이같은 강한 기온역전이 덜 뚜렷하게 나타난다. 차유령(車踰嶺)의 낮은 안부를 넘어 바다와 연결되는, 해안으로부터 70km 떨어진 두만강 변의 무산이 겨울에 가장 온화하다. 그럼에도 불구하고 무산의 겨울 기온도 인접한 동해안보다 현저히 낮다. 이 기온역전으로 개마고원은 겨울에 실제로 자생적 복사기후(autochthones Strahlungsklima)를 갖는 것으로 추측된다. 중강진이 1월 평균 55%의 고요(무풍)빈도를 갖는다는 사실이 이러한 추측을 뒷받침한다. 중강진에서 1월에 가장 빈도가 높은 풍향은 북동과 동북동이다. 이것은 만주에서 불어오는 육지계절풍의 영향이 결여되지 않는다는 사실을 보여 준다. 그러나 그 풍향의 빈도와 풍속은 동해안보다 중강진 분지에서 현저히 낮고 약하다. 실제 고원 상에서는 풍향의 빈도와 풍속 모두 좀 더 높고 강할 것이다. 그러나 이 지역의 관측소에서는 바람이 관측되지 않는다.

위의 표들에서는 개마고원의 겨울 강수량이 북부 동해안 지역에서처럼 한국의 평균에 비해 비정상적으로 낮은 것을 동시에 알 수 있다. 이에 따라 1월 평균구름량도 최저(중강진: 3.8)이고, 일조시간은 2월에 최고(63%)이다. 겨울 강수량은 중강진에서 전부 눈으로 내린다. 이 관측소에는 연평균 72일 눈이 내려 웅기의 거의 2배가 된다. 위도 42°가 되지 않는 저위도임에도 불구하고 중강진에서는 눈이 거의 반년간이나 쌓여 있다. 두 번째 표에서 나타난 바와 같이 풍산은 평균 3½개월 동안만 무상기간이고, 심한 경우에는 단지 2½개월 동안만 무상기간이다. 표에 수록된 다른 관측소들은 이보다 조금 나을 뿐이다.

개마고원의 여름은 그 고도에 비하여 온난한 편이다. 725m의 고도에도 불구하고 혜산은 웅기보다 7월에 더 더운데, 그 이유는 여름에도 이 지역이 바다의 영향을 적게 받기 때문이다. 예를 들어 중강진은 남서계절풍이 가장 강력하게 발달하는 7월에 단지 16.6%의 남서계절풍 빈도만을 갖는다. 한국의 거의 모든 다른 지역과 대조적으로 여름의 대륙성기후 특성은 평균적으로 7월이 최난월인 것으로도 나타난다. 그러나 한겨울과 편차가 나는 것은 고원 내의 여름 기온이 고도에 따라 감소하기 때문이다. 따라서 압록강 계곡보다 고도가 높은 곳에서 기온의 연교차가 좀 더 작으며 중강진의 연교차는 43.6℃로 한국에서 연교차가 가장 크다. 그러나 무설과 무상기간에 관한 자료에서 여름이 짧은 것을 알 수 있다. 기온곡선은 매우 급하게 최고기온에 이르고(별도 13), 대체로 7월과 8월에만 실제로 온난하다. 이렇게 여름에만 존재하는 대륙성기후의 기온의 계절변화에도 불구하고 이 계절에 비교적 빈번히 비가 내린다. 대체로 7월의 약 보름 정도 비가 내리며, 강수강도는 해안과 마찬가지로 높다. 또한 이 지역에 비를 가져오는 것도 주로 서쪽에서 다가오는 저기압, 특히 저기압경로 b의 저기압들이다(p.152 이하). 이들 저기압에 대해 낭림산맥은 물론 장애물이 된다. 그 결과로 여름 강수량과 연강수량은 실제 개마고원에서보다 서쪽 평안북도 지역에 훨씬 더 많다. 후창은 무산보다 7월 강수량이 2배 이상이나 된다. 그러므로 한국의 서부 및 남부 지방의 강수량과 비교하여 개마고원의 강수량은 그 고도에도 불구하고 어디서나 적다. 이것도 또한 개마고원의 대륙성기후 특성을 나타내는 것이다. 한국에서 대체로 그러한 것처럼 구름량의 최고(중강진, 7월: 7.1)와 일조시간의 최저(8월: 44%)는 한여름의 최대강수량과 관련된다.

한국적 기준으로 보아 매우 전형적인 기후의 대륙도(die Kontinentalität des Klimas: 대륙성기후)는 개마고원을 이와 인접한 남동부 만주 지역과 연계시킨다. **식물피복**도 이와 같은 근친성을 나타낸다. 백두산 지역을 제외하고는 한국의 어느 지역에서도 이곳만큼이나 만주-다우리아 식생 특징(mandschurische-daurische Vegetationseinschlag)이 나타나지 않는다. 두 번째 특징은 당연히 하반년 동안 고도에 따른 기온 하강에 상응하는 식생의 수직적 분포가 뚜렷이 나타나는 것이다.

[별도 31]

17. 관모봉(남서쪽)

관모봉 정상에서 바라 본 전망(날카롭게 침식된 동해 측 사면 위에 2,541m 돌출함)

18. 관모봉(북서쪽)

사진 19와 같은 지점에서 내부 사면의 평탄한 지형을 바라본 전망. 중앙이 관모봉 권곡의 주변부. 아고산성 목초지대(Mattenstufe)

[별도 32]

19. 남산에서 본 무산 군청소재지

토사가 심하게 퇴적된 두만강 하상의 뒤편 만주 측에는 약 100m의 하안단구를 형성한 신생의 현무암대지.

20. 포태리와 대평리(백두산) 사이의 화전경작

원시림에서 단지 그루터기뿐만 아니라 반 정도 타다 남은 나무도 서 있다. 경작을 한 후 방치되어 관목림이 발달하고 있다. 현재 화전으로 이용되는 경지는 이 관목을 제거한 것이다. 두 번째로 경작될 때에도 그루터기나 나무가 제거되지 않는다. 후면의 사면에는 메밀(흰 꽃)이 재배되고, 그 아래에 귀리와 감자가 재배된다(1933년 8월 30일).

[별도 33]

21. 금패령의 북동쪽 8km 지점에 있는 화전농가

22. 혜산진과 보천보 사이의 방치된 화전농가

직각으로 관목림이 단절된 후면은 화전경작지. 삼림은 볼 수 없음. 그러므로 화전농가는 통나무집이 아니다. 벽은 나무가지를 엮어 그 사이를 점토로 발라 만들었다. 지붕은 흙으로 덮어 그 위에서 풀이 자란다.

[별도 34]

23. 혜산진과 신갈파진 간의 도로상 P.1198 재에서 본 서쪽 전경.

화전이 있는 고산지. 만발한 메밀이 하얗게 빛남. 뒤는 압록강 계곡(1933년 8월 27일)

24. 낙엽송 삼림의 벌목꾼 가옥(개마고원)

통나무 굴뚝이 있는 통나무집. 나무운반용 썰매. 한국인 벌목꾼들의 겨울 의복

기후 조건이 허락하는 한 최대고도까지 완만한 사면에서 경작이 행해지는 개마고원 중심부의 원시림은 크게 훼손되었다. 원시림은 경작지의 한계선 이상에만 규모가 크게 연속된 상태로 남아 있다. 그러나 경사가 급한 낭림산맥 및 함경산맥의 외측과 개마고원 북반부의 감입사행(嵌入蛇行, Flußeinschnitte) 주변의 급사면에 아직도 넓은 면적의 원시림이 있다. 따라서 개마고원은 백두산 지역을 제외하고 한국에서 원시림이 가장 풍부한 지역이다(지도 4). 일본 통계자료에 의하면 생산 삼림지 면적은 압록강 연안의 한국 측 영토에 16,100km²이고, 두만강 유역에 4,100km²이며(299, Bd.17, p.356), 이 면적 중 단연 가장 큰 부분이 주변 산맥들과 함께 개마고원에 위치한다. 압록강 유역에서는 29%가, 두만강 유역에는 24%의 지역이 주로 활엽수림으로 덮여 있다. 그러므로 약 3/4은 침엽수림이다.

이들 삼림의 종 구성과 고도에 따른 변화를 세 가지 사례를 통해 기술하겠다. 천평(天坪)에서부터 북서쪽으로 남아천(南阿川)[12] 계곡을 따라 **관모봉**을 오르면 p.271에서 제시한 정의에 따라 여전히 동해안 지역에서 대략 해발 1,000m까지의 경계에 이르는데, 여기까지는 p.279에서 열거한 종 구성을 가지는 활엽수림이 지배적이다. 해발 900m에서 참나무가 사라지고 분비나무(*Abies nephrolepis*)가 나타나기 시작한다. 약간 더 높은 곳에서는 가문비나무(*Picea jezoensis*)가 나타난다. 곧 잎갈나무(*Larix davurica, Larix gmelini* var. *principis-ruprechtii*)와 한국산 잣나무(*Pinus koraiensis*)가 첨가된다. 피나무(*Tilia amurensis*), 박달나무(*Betula schmidtii*)와 금강개박달(*Betula chinensis*), 들메나무(*Fraxinus mandschurica*), 황철나무(*Poplus maximowczii*), 당단풍(*Acer pseudo-sieboldianum*)과 시닥나무(*Acer tschonoskii*), 산초나무(*Fagara schinifolia [Zanthoxylum schinifolium]*) 등의 활엽수림들이 저지로부터 여기까지 분포한다. 아직도 여기까지는 일반적 구분의 단풍나무지대(Ahornstufe)에 속한다. 그 밖에도 관목(Bodenwuchs)으로는 철쭉꽃(*Rhododendren schlippenbachii*), 진달래(*Rhododendren mucronulatum*) 및 참개암나무(*Corylus sieboldiana*)와 만성식물(덩굴식물)로는 다래(*Actinidia*)와 왕머루(*Vitis amurensis*)가 있다. 해발 1,050m에서 줄기가 흰 사스래나무(*Betula ermanii*)가 나타나며 여기서부터 수목한계선까지 위로 분포한다. 우스네아속의 거대한 지의류(*Usnea longissima [Dolichousnea longissima]*)의 매달린 술이 위로 갈수록 증가한다. 사람들은 해발 1,600m쯤에서 곳에 따라 앞서 언급한 분비나무, 가문비나무, 잎갈나무 등으로 된 거의 순수한 침엽수림을 통과해야 하고 그 안에 들메나무와 박달나무가 여기저기 한 그루씩 서 있으며, 거기서 관목이 선태류가 바닥으로 바뀐다. 또 다른 곳에는 단 한 종의 임분(林分)들이 있으며, 잎갈나무, 가문비나무, 사스래나무(*Betula ermanii*) 등

12 역자 주: 저자가 의미하는 하천은 보로천(甫老川)의 북쪽 지류이므로 북아천(北阿川)이 타당하다.

소림들이 군데군데 있다. 1,900m의 고도에서는 사스래나무가 우점종이 되기 시작한다. Asa 오두막(Asahütte)[13] 부근(2,100m)에서는 사스래나무 외에 잎갈나무만이 있다. 여기에서 수목들은 20m 높이까지 자라고 있다. 이끼, 순록이끼(Rentierflechte, *Cladonia rangeferina*)[14], 월귤(*Vaccinium vitis-idaea*) 등이 다채로운 색으로 조밀하게 지면을 덮고 있다. 2,200m에 이르러서야 잎갈나무가 사라지고 박달나무는 성장을 방해받는다. 그러나 관모봉의 북측에는 수목한계선이 때로 1,900m에서 이미 나타나고, 다만 협곡(독: Talrunsen, 영: ravine)에서만 가문비나무 숲이 해발 2,100m까지 분포한다. 최상부에 있는 박달나무 관목림의 주변에는 난쟁이소나무(Regföhre, 영: dwarp mountain pine)인 눈잣나무(*Pinus pumila*)가 나타난다. 정상부에는 초본류, 지의류(Moosen), 황산차(*Rhododrendron parvifolium*), 노란만병초(*Rhododrendron chrysanthum* [*Rhododendron aureum*]), 담자리꽃나무(*Dryas octopetala* var. *asiatica*), 산용담(*Gentiana algida Pallas*), 자주꿩의비름(*Sedum telephium* [*Sedum telephium* var. purpureum L.]), 월귤과 진퍼리버들(*Salix myrtilloides*), 물싸리(*Potentilla fruticosa*), 순록이끼 등과 같은 매우 키가 작은 아고산식물군락이 있다.

맹부산(猛扶山)에서 낭림산맥의 사례를 살펴보겠다. 관모봉이 단단하고 석영질이 많은 대신 운모가 적은 조립화강암으로 이루어진 반면, 맹부산의 전체 지역은 편마암으로 구성되었다. 관모봉의 남측과는 반대로 맹부산의 동측에서는 원시림이 1,300m 고도에서 처음으로 나타난다. 그 이유는 이곳에는 주민이 거주하는 넓은 곡저가 산록의 약 1,000~1,200m 고도에 위치하고, 인가 주변의 원시림이 훼손되었기 때문이다. 남아 있는 원시림의 하부 경계는 참나무지대의 상부 경계선 위에 놓여 있다. 이 원시림은 1,500m 고도까지는 관모봉의 동일한 고도(단풍나무지대)에서와 유사한 종 구성을 나타내는 혼합림이다. 1,500m부터 최대 1m에 이르는 눈측백(*Thuja koraiensis Nakai*)의 관목림이 특이하게 나타난다. 활엽수 중에는 들메나무가 우선 사라진다. 그 대신에 여기서도 사스래나무(*Betula ermani*)와 가문비나무는 산의 남동측에서만 약 2,050m까지 도달한다. 그보다 높은 곳에서는 키 작은, 성장 방해를 받은 자작나무로만 된 숲이 듬성듬성 펼쳐지며, 숲에는 최대 1.5m까지 이르는 초본류가 풍부하게 자란다. 다만 약 100m 고도의 폭을 차지하는 자작나무지대의 상부에는 초지가 위로 계속 전개된다. 초지에는 노랑만병초(*Rhododrendron aureum*)의 덮개가 분포한다. 산맥 능선부(2,200m)의 바로 아래에는 눈잣나무(*Pinus pumila*)가 나타나기 시작하는데, 지면에 바짝 붙어 높이기 기껏해야 20cm에 이르면서

13 역자 주: 일본어로 아침집 또는 베집을 뜻할 수 있으나 정확하지 않다.

14 역자 주: Rentierflechte는 학명으로 *Cladonia rangeferina*인데 우리말 학명을 찾을 수 없어서 순록(Rentier)이끼로 번역하였다.

맹부산의 봉우리들을 덮고 있다. 따라서 맹부산의 식물피복은 관모봉의 식물피복보다 전체적으로 종 수가 훨씬 적은데, 이것은 맹부산의 좀 더 강한 대륙성기후에 기인하는 것 같다.

끝으로 멀리 남서쪽으로 뻗어 있는 **묘향산**(妙香山)은 겨울에 훨씬 더 온화하고 여름에는 강수량이 좀 더 많은 기후지역에 솟아 있다. 여기에는 인간에 의한 영향을 거의 또는 조금밖에 받지 않은 원시림이 968년에 건립된 큰 사찰 보현사(普賢寺: 787m)가 있는 곡저 주변까지, 즉 200m까지 내려와 있다. 그 이유는 p.190에서 이미 언급한 바와 같이 사찰들은 수백 년 동안 주민에 의한 삼림 훼손을 막을 만한 힘을 가졌기 때문이다. 앞서 살펴 본 두 지역의 사례와는 달리 묘향산(1,909m)은 기후적인 수목한계선 이상의 고도에 이르지 못한다. 정상부에 삼림이 없는 것은 바위로 된 정상부의 경사가 급하기 때문이다. 여하튼 묘향산은 1,700m의 고도 사이에 북부 지방의 자연식생 단면을 연구하기 위한 기회를 거의 주지 않는다. 어느 고도에서도 삼림은 매우 다양한 종류로 구성되고 무성하다. 200m 고도에서는 특히 참나무과에 속하는 다양한 수종들로 식생의 특성이 나타난다(신갈나무: *Quercus mongolica*, 갈참나무: *Quercus aliana* Bl., 일부는 졸갈참: var. *acutiedentata* Max. [*var acuteserrata* Max][15], 졸참나무: *Quercus serrata*). 그 밖에 '하부 참나무지대'에는 느릅나무(*Ulmus davidiana japanica* Nak.), 피나무, 산돌배(*Pyrus ussuriensis*), 개살구(*Pyunus mandscharica* var. *glabra*), 당단풍, 고로쇠나무(*Acer mono*), 들메나무, 가래나무(*Julgans mandschurica*) 등이 있고, 또 추위에 민감한 약밤나무(*Castanea bugeana* Bl.)가 흔하고, 누리장나무(*Clerodendron trichotomum* Nakai [*Clerodendron trichotomum* Thunb])도 있다. 이 최하층지대에 있는 침엽수는 소나무(*Pinus densiflora*)와 젓나무(*Abies holophylla*)뿐이다. 이 최하층지대는 위로 대략 해발 600m까지이며, 여기서 앞서 언급한 두 종의 소나무과 수종도 사라진다. 해발 1,250m까지 신갈나무(*Quercus mongolica*)가 있다. 더욱이 두 번째 지대(상부 참나무지대)의 특징적인 식생은 이미 언급한 단풍나무과 수종들과 산겨릅나무(*Acer tegmentosum*), 박달나무, 까치박달(*Carpinus erosa* [*Carpinus cordata*]), 층층나무(*Cornus controversa* Hemsley), 두릅나무(Chinesische Aralie)[16], 마찬가지로 가시 돋힌 옻나무(*Rhus vernicifera*), 다릅나무(*Maackia amurensis*) 등이다. 아름다운 꽃이 피는 관목 숲과 덩굴식물이 그 아래에 자란다. 세 번째 지대는 단지 약 1,400m(단풍나무지대)까지만 이른다. 1,400m 이상의 고지에는 잣나무(*Pinus koraiensis*), 가문비나무, 분비나무 등을 비롯한 이끼로 덮인 침엽수가 이미 지배

15 역자 주: *Quercus aliena* var. *acuti-dentata* Max.를 찾을 수가 없어서 졸갈참(*Quercus aliena* var. *acuteserrata* Max.)으로 번역하였다.

16 역자 주: Chinesische Aralie의 학명은 *Aralia chinensis*로 우리나라에는 없는 수종이며, 저자의 일반명명방법과 달라 우리나라에는 있는 두릅나무(*Aralia elata*)로 번역하였다.

적이다. 여기는 진달래속 수종(*Rhododrendren*), 정향나무(*Syringa palibiniana* Nakai [*Syringa velutina var. kamibayashi* T. Lee]), 홍괴불나무(*Lonicera sachalinensis* Nakai), 배암나무(Koreanische Schneeball), 미역줄나무(*Tripterygium regelii*) 등과 같은 관목들이 있다. 최정상부의 덤불숲에는 눈잣나무(*Pinus pumila*), 눈측백(*Thuya koraiensis*), 지렁쿠나무의 잎모양을 가진(holunderblättrige) 산마가목(*Eberesche*), 사스래나무(*Betula ermani*), 개쑥갓(*Senecio campestris* [*Senecio vulgaris*])[17] , 솜다리(*Leontopodium coreanum*) 등이 있다.

기후적인 경작 고도한계 아래에 놓인 실제의 개마고원에는 한 번 또는 여러 번에 걸쳐 불탄 후에 원시림의 자리에 나타난 2차 및 3차 식물군락들이 있다. 이 식물군락들은 교목, 관목 혹은 잡초 군락로 발달하였다. 이 중 많은 부분이 사실상 원시림과 같은 식물 종들로 구성되어 있으며, 다만 성장의 형태와 빈도에서만 다를 뿐이다. 불에 강한 잎갈나무를 제외하고는 음지식물인 소나무속 식물은 이 2차 식물군락에는 나타나지 않는다. 이와 대조적으로 특히 신갈나무(*Quercus mongolca*)와 같이 따뜻한 토양을 선호하는 참나무속 수종들은 2차 식물군락에 매우 많고, 원시림보다도 더 높은 곳까지 분포한다. 참나무속 수종들은 남사면에서는 1,500m까지 나타난다. 마찬가지로 불탄 후 가장 빨리 자라기 시작하는 자작나무속 수종들이 매우 많다. 게다가 원시림에는 드물지만 건조한 토양과 일사량이 풍부한 상태를 이용하는 대량의 일정한 관목들이 특히 싸리속 수종들(Lepedezaarten)과 철쭉꽃(*Rhododendron schlippenbachii*)과 같은 2차 식물군락에서 경지를 점유하며 공생한다. 따라서 대개 드문드문 군락을 이루는 2차 삼림은 주로 참나무속 수종들, 자작나무속 수종들, 잎갈나무속 수종들로 이루어져 있다.

비옥한 토양 위의 관목군락은 때로 매우 다양한 종으로 구성되어 있다. 혜산진의 남쪽에 있는 P.1,247.6[18]의 정상에서 저자는 셰일 위에 주로 신갈나무(*Quercus mongolica*), 참개암나무(*Corylus sieboldiana*), 생열귀나무(*Rose davurica*), 싸리(*Lespedeza bicolor*)로 이루어진 무릎 높이의 식물군락을 관찰했다. 이 지역의 부수적인 식물(Beipflanzen)로는 사시나무(*oplus davidiana*), 피나무, 물박달나무(*Betula davurica*), 조밥나물(*Hieracium umbellatum*), 여러 취와 부쟁이 종류(Asterarten), 고사리(*Pteridium aquinum* var. *latiusculum*), 바이칼꿩의다리(*Thalictrum thunbergii* D. C. [*Thalictrum baikalense*])[19], 승마(*Cimicifuga heracleifolia* Kom.), 산쑥(*Artemisia Messerschmidtiana* [*Artemisia montana*])이 있다. 또 다른 그러한 관목군락에는 바로 앞서 언급한 것들 외에 잎갈나무, 자작나무속 수종들, 버드나무속 수종들, 물

17 역자 주: 라우텐자흐는 Feldkreuzkraut(*Senecio campestris*)라고 표기하였으나 Feldkreuzkraut의 라틴어 학명을 독일어사전에서 찾을 수가 없어서 Kreuzkraut [*Senecio vulgaris*]를 찾아 개쑥갓으로 번역하였다.

18 역자 주: P.1,247.6는 1,247.6m의 고도를 갖는 재이다.

19 역자 주: *Thalictrum thunbergii* D. C.를 찾을 수가 없어서 바이칼꿩의다리(*Thalictrum baikalense*)로 번역하였다.

푸레나무속 수종들, 단풍나무속 수종들, 버드나무속 수종들, 야광나무(*Crataegus naximowiczii* Schneid), 홍괴불나무(*Lonicera sachalinensis*)가 나타난다. 그러나 많은 수종들은 크게 용탈되어서 척박한 토양 위에 성장하고 종이나 개체수가 적고 발육이 빈약하다.

가장 빈약한 식분들은 특히 위에서 언급한 산쑥을 비롯한 잡초만을 전적으로 포함한다. 개마고원의 주민들은 말려서 잘게 쪼갠 쑥을 간질(癎疾)에 시달리는 어린이의 머리 위에 올려 놓고 뜸을 뜬다. 쑥이 아래까지 타 들어가면서 생기는 심한 고통을 통해서 간질이 낫는다고 한다. 실제로 저자는 특히 개마고원을 비롯하여 한국의 다른 여러 지역에서도 머리 선 바로 위에 대략 은화 1달러 크기의 머리가 벗겨진 흉터를 가진 사람들과 마주쳤다. 벗겨진 흉터는 뜸을 떠서 생긴 자국이다.

여기서 기술된 후계 식물군락은 부분적으로 다만 천이 단계일 뿐이다. 과거의 경작지에는 우선 잡초가 자란다. 새로이 사람의 손길이 닿지 않으면 몇 년후에는 잡초들 사이에 관목이 자라서 점차 한 길 이상 자랄 수 있어 마침내 2차 삼림이 생길 수 있다. 2차 삼림은 사람의 영향이 약하고 드물수록 식생의 종이 다양하고 원시림과 유사하게 되어 간다. 반대로 같은 경지에 자주 불을 질러 경작을 할수록 토양은 용탈과 침식에 의해 결국 매우 척박해져서, 철저한 삼림 관리 없이는 관목과 잡초 군락 외에는 아무 것도 자랄 수 없는 토양이 된다. 따라서 이 경우에 토양은 반자발적 최종 단계에 이르게 된다.

이러한 2차 식물군락의 발달은 자연적인 식생의 천이과정에 인간이 개입하는 경작 형태를 관찰해야 비로소 충분히 이해가 될 것이다. 이것이 바로 **화전경작**이다(559). 화전의 경작 형태(부대밭, budäbad)는 개마고원에만 국한되는 것이 아니라 중부와 남부 지방의 산지의 높은 고도대에서도 행해진다(p.228 이하). 그러나 개마고원은 화전경작이 가장 널리 분포하는 지역이다. 그림 26은 북부 지방의 화전분포도이다. 이 분포도에서 개마고원과 그 서부의 인접 지역에서 월등히 많은 화전의 분포가 뚜렷하게 나타난다. 그러나 이 분포도는 1916년 한 해의 상태를 제시하여 낭림산맥의 서쪽에 위치한 군들에서 실제 개마고원 지역보다 화전경작의 집약도가 높게 이루어지는 것을 알 수 있다. 그 사이에 많은 화전민이 비슷하게 개마고원에 정착했다. 그 이후로 화전취락이 개마고원의 중부에 얼마나 엄청나게 증가했는지를 다음의 사례에서 알 수 있다(561, p.26). 1924년에 개운성리(開雲城里: 삼수군, 三水郡)에는 87호의 농가가 114.9ha의 화전과 53.5ha의 영구 경작지를 소유하여 총경지 면적은 168.4ha이었다. 북부 동해안 지역의 범람 피해로 말미암아 그 후 몇 해 동안 매우 많은 인구가 유입했다. 이미 1928년에는 그 마을에 366

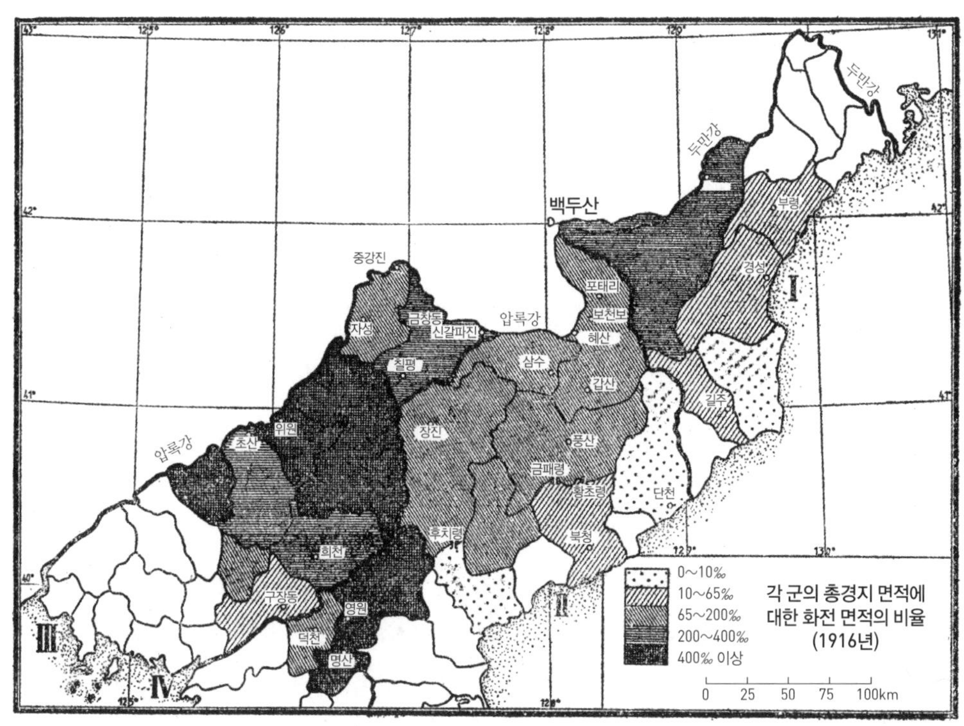

그림 26. 북부 지방 각 군의 총경지 면적에 대한 화전 면적의 비율(‰)

I=함경북도, II=함경남도, III=평안북도, IV=평안남도

음영이 들어가지 않은 군들에 대해서는 화전 면적의 비율이 알려져 있지 않음.

호의 농가에 화전이 1,088.4ha, 영구 경작지가 600.3ha이어서 총경지 면적은 1,688.7ha에 달했다. 즉, 농가수는 4년 동안 4배, 경지는 10배로 증가하였다. 이러한 사례는 이 밖에도 많으며, 1916년부터 1926년 사이에 총경지 면적에서 차지하는 화전의 백분율은 풍산군(風山郡)에서 9.2%에서 16.1%, 갑산군(甲山郡)에서 15.0%에서 19.6%, 그리고 장진군(長津郡)에서 심지어 17.8%에서 56.7%로 증가했다.

그러므로 화전경작은 오늘날에도 여전히 낮은 개마고원의 인구밀도 상승에 크게 기여했다. 개간할 수 있는 원시림의 풍부함, 지금까지 극히 인구가 적었던 지역의 광활함, 나머지 다른 삼림 지역들과 비교하여 낮은 사면들의 평균 경사 등 모든 것들이 저지에서 그들이 생존가능성을 잃고 산악지대의 냉혹함과 투쟁하고, 법을 어기면서 새로운 생활터전을 마련하기로 한 한국 주민들을 유인하는 작용을 했다. p.228에서 언급했듯이 한국 전역에서 화전민은 지금까지 지속적으로 원시림을 잠식해 나가면서 수백 년 동안 가장 높은 곳에서 정착해 온 인구계층이다. 한국 고지도를 보면 알 수 있듯이(p.74 이하), 개마고원에서도 좀 더 깊은 곡저 위의 여름에 기온이 높고 유리한 입지에는 이미 비교적 일찍이 정착이 이루어졌다. 아마도 그 취락들은 원래 화전민이었으나 오래 전에 정착하고 영구 경작으로 탈바꿈한 화전민촌일 것이다. 그러므로 현재의 화전민은 이 지역에서도 높은 고지에 정착하고 매우 혹독한 기후를 견뎌내야 했다. 이러한 것은 Sieroszewski가 다음과 같이 그때의 상황을 썼던(220, p.76) 일제시대 이전보다도 현재 더 심각하다. "국민이 참고 견뎌야만 했던 고난의 결과로 …… 경작의 일반적인 고도한계가 …… 거칠고 암석투성이인 한국에서 축복받은 일본에서보다 훨씬 더 높이 올라왔다는 것은 의심할 바 없는 사실이 되었다. 그들 자신의 관리들을 이겨낼 수 없었던 굼뜬 한국인들은 모국의 산악지대에서 폭풍,서리와 눈을 극복해 냈다." 최고 1,550m 높이의 취락과 1,850m 높이의 경작한계선을 갖는 이곳에서는 짧은 여름이 제공하는 마지막 가능성까지 최대한으로 이용되고 있어 앞에서 제시된 기후자료 값들로부터 약간의 음의 편차조차도 이미 화전의 수확에서 완전한 흉작을 일으킬 수 있다.

원시림 지역에서 지리적으로 매우 중요한 개간은 다음과 같이 이루어진다. 화전민은 삼림의 종 구성상 작은 차이에서 가장 유리한 토지를 식별한다. 혼합림 혹은 활엽수림이 침엽수림보다 선호된다. 그럼에도 불구하고 보다 높은 곳에 위치하는 화전은 침엽수림지대에까지 널리 분포한다. 비가 그친 가을에 선택된 삼림은 불로 태운다. 불을 지르기 전에 중간 굵기의 나무줄기를 가슴 높이에서부터 60~150cm의 폭으로 껍질을 벗긴다. 매우 큰 나무줄기는 도끼로 찍어 V자 모양을 낸다. 원시림을 불 질러 개간할 때 나무는 결코 뿌리까지 완전히 타지 않는다. 그루터기는 항시 남아 있고, 지면은 반쯤 탄화된 나뭇가지가 남은 것으로 덮인다. 만일 비가 와서 불이 너무 일찍 꺼지면, 검게 그을리고 나뭇가지가 떨어져 헐벗은 나무줄기만이 10m 혹은 그 이상의 높이로 공중을 향하여 서 있는다. 어디서도 그루터기를 파내는 일은 결코 없다. 화전의 땅을 갈고 비옥하게 하는 나뭇재를 섞는 것은 당연히 괭이로 하며, 이때 화전으로부터 반쯤 탄 나뭇가지는 제거하지 않는다. 화전민은 농사를 시작할 때에 소를 사기에는 너무 가난하기 때문에 마굿간 퇴비를 얻지 못하므로 토양은 급속도로 척박해진다. 따라서 토지는 3~5년 후에 방치된다. 그 토지 위에는 2차 식생이 성장한다. 흔히 동일한 화전농부가 아직도 그루터기나 키 큰 죽은 나무가 서 있는, 초기의 화전으로 나중에 다시 돌아와서 잡목림이나 2차 삼림을 개간한다. 이러한 순환과정을 몇 차례 되풀이하고 나면 경지는 점차 깨끗하게 정리된다. 그 사이에 농부는 아마도 몇 마리의 소를 살 수 있을 것이고, 그러면 쟁기로 밭을 간다. 아직도 여전히 서 있는 그루터기가 있을 경우는 남겨 두고 그 주위를 간다. 밭고랑은 토양침식을 줄이기 위하여 수평으로 내게 된다. Sieroszewski는 다음과 같이 기술했다(220, p.76). "어떤 밭들은 경사가 매우 급하여 이 밭을 손으로 가는 것이 내게는 가장 힘이 드는 근면함의 최고의 표현으로 보였다. 그리고 그 후에 나는 매우 가파른 경사지에서 두 마리 소를 부리며 일하는 한국 주민과 마주쳤는데, 높은 쪽에 서 있는 소의 발이 낮은 편에 있는 소의 등보다 높았다".

화전은 주로 사각형이며, 거의 정방형이다. 직각이 이루는 두 변은 등고선과 평행하며, 다른 두 변은 가장 큰 경사를 가진 방향을 취한다. 말하자면 직각이 지형에 가장 적합하다. 진척된 화전경작 지역의 도처에서 외딴 화전은 잡목 숲을 이룬 사면으로부터 하나씩 쉽게 눈에 띈다. 화전은 겨울에는 잡목 숲 나뭇가지들의 회색 바탕으로부터 희게, 봄에는 신록(新綠)의 바탕으로부터 갈색으로 보이며, 여름과 가을에는 작물과 작물의 생육 상태에 따라서 경지의 색깔이 연녹색, 녹색과 흰색(메밀꽃), 노랑색, 황갈색, 포도주와 같은 붉은색(조 종류의 가을 단풍) 등의 색깔로 변화무쌍하다.

우선 원시림 속에 개간된 각각의 경지 혹은 경지 위의 2차 식생들은 계속적인 개간의 과정에서 서로 접하게 되고, 원시림은 엄청나게 넓은 면적에 걸쳐 완전히 사라진다. 일반적으로 화전 개간은 저지에 있는 영구경작지에서부터 계곡 최상부를 거쳐 산지로 올라오므로 계곡 위로 또는 산지의 위쪽으로 올라갈 때에 공간적인 연쇄 상태와 더불어 시간적 변화 단계를 관찰하게 된다. 그러한 일련의 화전의 유형은 대략 다음과 같이 분류된다.

1. 벼, 옥수수, 귀리, 조, 대마, 감자, 대두 등을 영구 경작하고 거의 휴경이 없는 곡저 평야(Talaue) 혹은 분지.
2. 현재 영구 경작이 이루어지나 한때는 화전이었던, 경지 사이에 잡목 숲이 없는 완만한 사면. 가옥과 울타리에 소나무를 많이 사용한 것을 보면 최근까지지도 삼림이 무성했음을 알 수 있다.
3. 화전 개간지기 있는 배후 경사지 혹은 계곡 상부 시역. 거기에는 아직도 경지 사이에 탄화된 낮은 그루터기들과 화전 사이에 잡목림과 2차 삼림이 있다.
4. 2차 삼림 속에 화전 개간지가 있는 높은 고원 혹은 외딴 계곡 지역. 이곳에는 아직 타다 만 키가 큰 나무줄기가 서 있고, 타버린 나뭇가지가 널려 있다.
5. 개개의 1차 화전 개간지가 드문드문 있는 연속된 2차 삼림지와 반쯤 훼손되고 남은 원시림의 나머지.
6. 훼손되지 않은 원시림.

[별도 35]

25. 송화강 유출구(Ausfluß)에서 본 백두산 천지

전면의 20m 높이의 단구에 승려가 거주하지 않는 숭덕사(崇德寺)가 있다.

26. 압록강 상류의 일본식 뗏목

목재들은 긴 쐐기 형태로 묶여졌다. 뗏목의 선단 방향은 일본인 뗏목꾼이 지레목을 이용해서 유연하게 조종한다.

28. 위원과 초산 사이의 마전령*Hanffeldpaß) 상의 매우 경사가 급한 화전
(Hanffeld=대마밭, Paß=재) 화전과 관목으로 덮인 사면은 약 60°의 경사를 갖는다.

27. 낭림산맥의 맹부산(2,214m) 아래에 있는 왜송 및 자작나무 지역
눈잣나무(*Pinus pumila*)와 사스래나무(*Betula ermanii*)

저지에서 재배되는 가장 중요한 화전 작물은 조, 피, 보리, 대두, 강낭콩, 대마, 참깨이다. 고도가 높아질수록 귀리, 감자, 메밀 등이 점차 증가하고, 가장 높은 곳에서는 단일작물이 재배된다. 고도가 높아질수록 수확량은 점차로 감소한다. 거기서는 첫서리 및 늦서리와 멧돼지의 피해가 심한 위험을 초래하기도 한다. 4지대와 5지대에서는 경지를 가진 화전민이 주거 장소를 이동하므로, 반파 혹은 전파된 오두막들이 있다. 이러한 이동 화전민은 때로 얼마되지 않은 수확물들을 봄에 이미 다 소모해 버리고, 여름에는 딸기, 견과, 버섯, 산나물, 식물 뿌리 등으로 연명한다. 양봉은 모든 화전민뿐만 아니라 정착 농민 사이에서도 선호된다.

이미 강조했듯이 화전경작은 개마고원의 정착에 크게 기여했다. 그러나 화전경작은 오늘날에 이르기까지 갈수록 더욱 원시림을 파괴하여 점점 더 소중해지는 국가 재산을 크게 훼손하고 있다. 그러므로 일본 정부는 한일합방 후에 곧바로 화전민과의 싸움을 시작했다. 그러나 1934년에 이르러서야 비로소 원시림에서의 화전 개간이 거의 중단될 정도로 실효를 거두었다. 화전경작이 개마고원의 지리적 면모에 새겨 놓은 경관적 자취는 결코 완전히 사라지지 않을 것이다.

일본 산림청은 남아 있는 **삼림의 관리**를 맡았다. 현재는 원시림에서부터 자라는 만큼의 목재만 택벌(擇伐) 작업을 한다. 그러나 침엽수가 선호되므로 이로 인하여 또한 삼림의 종 구성상에 변화가 일어난다. 겨울에 벌채된 목재는 소를 이용하여 임도(林道)까지 운반되거나 직접 제재소로 운반된다.

그곳의 하천에서 뗏목 운반이 불가능할 경우 나무줄기는 약 7m의 길이로 잘려져서 판자와 바자(Flechtwert)로 만든 수로를 통해 아래쪽으로 운반되어 뗏목 운반이 가능한 하천까지 도달하게 된다. 나무줄기들은 그 끝에 파여진 구멍을 통과하는 참나무 가지를 이용하여 쐐기 형태의 뗏목으로 조립된다. 때로는 사람들이 먼저 작은 뗏목들을 만들고, 이 작은 뗏목들은 운반력이 충분한 하천의 입구에서 보다 큰 규모로 재결합된다. 압록강과 두만강의 하안에는 그러한 적환장이 많이 있으며, 그곳은 일부 물에 둥둥 떠 있는 거대한 목재 집합소로 두드러지게 나타난다. 그 주위에는 취락이 발달했다. **뗏목**은 한 사람 혹은 몇몇 용감한 일본인의 대단한 힘과 민첩함로 조종되며, 이러한 뗏목 제작의 방법은 일본에 기원을 둔다. 뗏목 사공은 쐐기 형태의 뗏목 중 두 번째 부분 위에 서서 거기서부터 뗏목의 키를 이용하여 첫 번째 부분을 조종한다. 혼신의 힘을 다해 저음으로써 뗏목이 측면으로 움직인다. 하천의 절벽 가장자리와 모래톱에는 드물지 않게 뗏목의 잔해가 걸려 있어 이 작업의 위험성을 단적으로 보여 준다. 소하천에서는

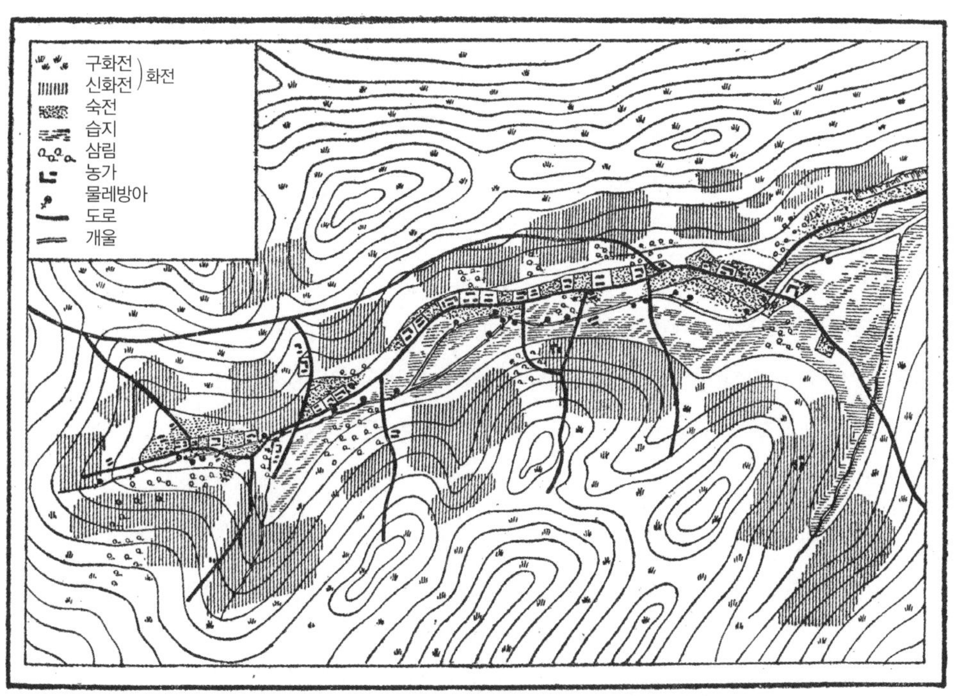

그림 27. 개마고원의 신남면 서흥리에 있는 화전민촌(출처: U. Oda).
축척 약 1 : 25,000

융설수와 여름비로 수량이 불어난 몇 개월 동안에만 집중적으로 뗏목 운반이 행해진다. 가장 작은 규모의 하천에는 보(洑)들이 일시적으로 물을 가두어 하천을 이용할 수 있게 한다. 예를 들면 맹부산의 동쪽에는 목재들이 서동강(西洞江) 계곡에 자리 잡은 서상리(西上里)의 목재 집하장에서 모여 절단된다. 뗏목의 운반은 여기서 매년 4월과 5월에 행해지며 때로는 6월까지 연장되기도 한다. 목재 집하장 바로 옆에서 서동강을 댐으로 막아 여기서부터 하천에 평행하게 달리는 목재 수로가 시작된다. 이 기간에는 매일 900~1,000개의 원목이 각각 장진까지 10km를 떠내려가며 거기서 작은 뗏목으로 조립된다. 심지어는 일본의 목재회사들이 목재를 반출하기 위하여 여러 곳에 긴 협궤철로를 부설했다.

개마고원에 화전민만 거주하는 것은 아니다. 촌락과 계곡 내 소촌락에 사는 **정착농민**의 수가 훨씬 더 많다. 논농사를 전혀 하지 않는 것은 아니지만 기후적인 이유로 한국의 어느 지역보다도 이 지역에서 논농사 비중이 작다(별도 78). 무산군에는 관개답이 총경지 면적의 0.6%에 달할 뿐이며, 갑산군은 2.4%, 삼수군은 1.7%, 풍산군은 0.1%, 장진군은 0.3%에 각각 달한다.

이곳에서 벼 재배는 거의 1,000m의 고도에 달하며, 이는 전국에서 가장 높은 고도이다. 벼가 자라는 데에 알맞는 생육기간이 5개월밖에 되지 않으므로 이곳에서 재배되는 품종은 조생종이어야 한다. 그러나 이러한 품종은 수확량이 가장 적은 것들이다. 벼 재배의 가능성이 이곳에서 얼마나 극단적으로 제한을 받는지는 다음의 사실을 보면 알 수 있다. 한국에서 가장 고지에 위치하는 논에 가장 인접한 지역인 장진에서 5월부터 9월까지 5개월 간의 평균기온은 14.8℃인 반면, 홋카이도의 논농사 지역의 최북단인 아사히가와(旭川)의 평균기온은 16.1℃이다. 그 밖에 영구경지의 밭작물들은 대체로 앞서 언급한 화전경작지의 밭작물과 동일하다. 이와 같이 일반적으로 이 두 가지 유형의 토지이용 사이에 연속적인 점이 현상이 존재한다. 귀리와 감자는 기후 조건 때문에 한국의 다른 어느 곳에도 이곳만큼 집중적으로 재배되는 곳은 없다(별도 80). 특히 참깨를 비롯한 많은 작물들은 다른 작물이 재배되는 경지의 주변에 경재화단작물(境栽花壇作物)로 흔히 재배된다(p.257 이하). 간작(間作)은 다만 초보적 단계로 진전된 반면, 매년 번갈아 재배하는 윤작(輪作)은 널리 성행한다. 기후 조건이 겨울 파종을 전혀 불가능하게 하므로 모든 밭작물들은 여름 작물이다.

현재의 많은 **정착촌락**들은 과거 화전농가 혹은 아주 작은 마을에서 지난 수십 년 동안에 상당한 규모를 갖춘 큰 마을로 발전한 것들이다. 대개의 취락은 계곡과 병행하는 도로를 따라 느슨하게 일렬로 흩어져 있다(그림 27). 작은 개울은 홍수의 위험이 있는 범위 내에서 과거에 형성된 강변의 저지의 삼림(Auwälder)의 남은 부분을 따라 흐른다(p.277). 소들이 영양분을 주로 잡목림에 의존하므로 초지는 별로 없다. 화전민은 양계 외에 돼지도 사육하며, 돼지는 밭작물의 찌꺼기와 삼림에서 수확되는 도토리로 사육된다.

한국의 다른 어느 지역보다도 개마고원에는 목재가 풍부하므로 규모가 좀 더 큰 읍에서도 모든 건축물에 목재가 영향을 주었다. 이러한 **목조건물**은 화전민에 의해 최초로 시작되었으며, 현재에도 화전민들이 가장 많이 짓는다. 또한 좀 더 큰 마을들은 화전취락에서부터 발달하여 왔으므로 큰 마을에도 목조건물이 지배적이고, 새 건물을 지을 때에도 인근에 목재가 충분히 있는 한 목조로 짓는다. '되는 대로 지은' 이동 화전민의 가옥은 항상 끝이 크게 돌출하도록 홈을 낸 원목으로 지은 원시적 통나무집이다. 이 집에는 한국의 모든 단순한 가옥과 마찬가지로 창문이 없다. 평평한 맞배지붕은 주로 널빤지(너와)로 이루어지고 알프스식과 같이 돌로 눌러 두었다. 가장 단순한 경우 내부 공간에는 하나의 방만 있다. 바닥의 좀 더 큰 부분은 진흙으로 돋운 상태이며, 그 밑에 온돌이 있다. 온돌은 지붕보다 높이 뚜렷하게 솟은 박공 측면에 있는 굴뚝에서 끝나며, 굴뚝은 속이 파인 나무줄기로 되어 있고, 공장 굴뚝처럼 집 곁에 떨어져

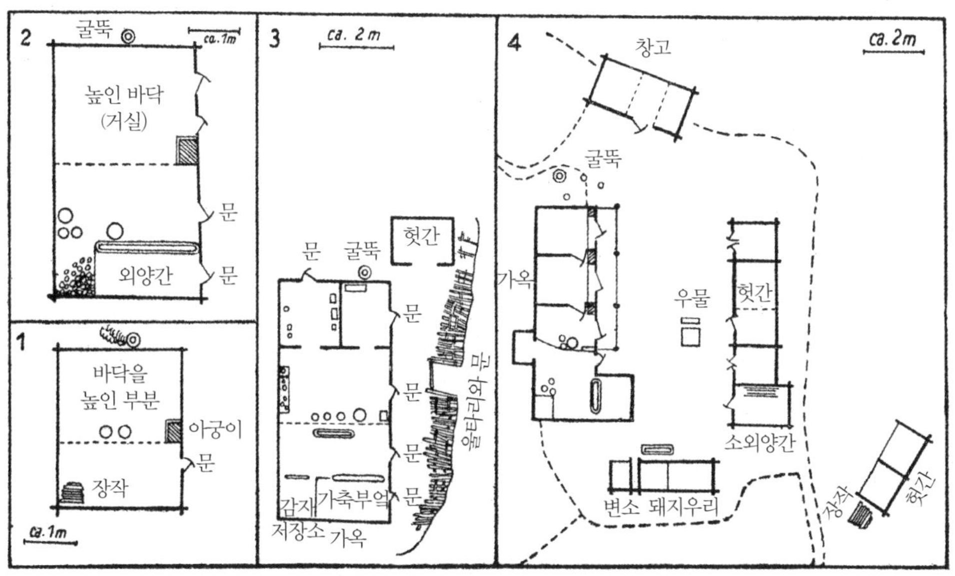

그림 28. 개마고원 화전민 통나무집의 평면 구조(출전: U.Oda)

홀로 솟아 있다. 겨울의 추위를 막기 위하여 통나무집의 나무줄기 사이의 빈틈에는 진흙을 발라 두었다. 이러한 원시적인 기본형에서부터 모든 개마고원의 가옥이 유래하였다. 화전민의 정착과 더불어, 특히 영구 경작으로의 점이과정에서 가옥은 점차 커지고 개선되었으나, 인근에 삼림이 존재하는 한 통나무집은 존속한다. 가옥은 점차 길어지고 여러 칸을 가지게 되었다. 가옥의 전면에는 저지로부터 올라오는 지면을 돋운 통로가 있으며, 그 통로 위에는 나무 기둥이 받치고 있는 너와지붕이 얹혀 있다. 이 지붕은 흔히 저지의 기와지붕과 초가지붕의 양식을 딴 우진각지붕이다. 가옥의 옆에는 부속 건물이 있고, 그 수는 점차 증가한다(헛간, 창고, 돼지우리, 소외양간, 개집, 옥외 변소, 우물 등). 부속 건물들도 또한 나무줄기로 대충 지은 것이다(그림 28).

정착농민과 마찬가지로 화전민도 목재가 부족하게 된 지역에서는 마침내 통나무집 건축을 포기해야만 한다. 그러면 저지에서 흔한 형태에 따라 수수깡을 얼기설기 엮어 측면 벽들을 세우고 진흙을 채워 만든다. 이러한 가옥의 너와지붕에는 자주 흙을 올려놓는데 그 위에 잡초가 무성하게 자란다. 굴뚝은 보통 모서리에 못을 박아 결합한 네 개의 판자로 만든다.

개마고원은 또한 다른 문화지리적 특수성을 통해서 특징지어진다. 그 특수성은 아마도 본래 화전민의 문화였을 것이나 나중에 다른 문화권에 의해 유지되었다. 일례로 너와집이 점차 남동쪽과 서쪽에 있는 저지로 확산된 것을 들 수 있다. 수송은 주로 소가 끄는, 두 개의 활주부로

된 **썰매**에 의존한다. 이 썰매는 여름에도 사용되어 도로 상에 자국을 낸다. 당연히 빨리 닳아 버리는 수송 도구의 활주부는 거의 모든 농가에서 손수 제작된다. 가늘고 잘 구부러지는 적당한 나뭇가지를 물에 담가서 돌로 누름으로써 원하는 굽은 형태가 되게 하여 그 상태로 건조시킨다.

또 하나의 독특한 문화경관적 요소는 **자동으로 곡물을 빻는 절구**이다. 이것은 앞서 자주 기술한 물레방아이다(203, p.75. 558, p.34.). 약 5m 길이의 목재 들보가 불균등한 지렛대로서 설치된다. 지렛대의 짧은 쪽에는 물통이 달려 있으며, 물통의 뒷부분은 남김 없이 빨리 물이 비워지도록 비스듬히 제작되어 있다. 물통 위에 달린 수관을 통하여 물통에 물이 차면 물통이 내려가고, 이때 긴 반대쪽의 지렛대 부분이 올라가고 물통이 충분히 내려가면 물이 비워진다. 그러면 반대편 지렛대 부분이 큰 힘으로 밑으로 떨어진다. 긴 들보의 끝에 붙은 나무 절굿공이가 땅바닥에 구멍을 파서 만든 절구에 들어 있는 곡물을 찧는다. 긴 지렛대와 곡물 절구는 주로 뾰족한 모양의 지붕 아래 설치되어 비를 막는다.

급류가 없는 계곡 상류 구간의 좀 더 큰 강 위에서는 또한 길고 좁은 모양의 **통나무배**를 보게 된다. 끝으로 나무로 만든 개마고원의 마지막 랜드마크로는 **비대칭형의 나무다리**가 있다(203, p.124). 나무다리는 두 줄로 늘어선 기둥들에 의해 지지된다. 상류 쪽에 서 있는 교각들은 유빙(流氷) 때문에 큰 사각(斜角)으로 서 있으며, 수평면에 대하여 최고 30°이하의 각도에 이르는 것도 있다. 하류 쪽에 있는 교각은 거의 수직을 이루며 상류 쪽의 교각과 홈으로 직접적으로 결합되어 있다. 다리 상판은 사각으로 선 교각의 상부에 얹혀져 있으며, 그 아래에 박아 넣은 목재 결합 쐐기에 의해 수평을 이루고 있다.

화전민 혹은 정착농민에 의해 경영되는 개마고원의 농업경제는 거의 자급적이다. 그 외에도 목재가공업과 더불어 몇몇 구리 및 철광산이 있고, p.280에 기술한 대규모 수력발전소의 인공호가 있다. 열악한 기후 조건과 척박한 토양 때문에 **인구밀도**는 그에 상응하게 극히 낮으나, 현재 비교적 빠른 속도로 증가하고 있다. 무산군과 장진군의 인구밀도는 각각 9.7명/km²과 13명/km²으로 전국에서 가장 낮다(별도 76). 두드러지게 큰 도시는 전무하다. 장진, 삼수, 갑산과 풍산은 옛부터 군청소재지이자 시장이다. 이곳에는 옛부터 전래되는 성곽과 성문이 현재도 일부 남아 있다. 무산, 혜산진, 신갈파진은 국경도시이며 동시에 수비대가 있는 곳이다. 따라서 도시의 모습은 비교적 일본식 색채를 상당히 강하게 풍긴다. 이들 도시를 경유하는 만주 남동부 지방과의 교통은 지금까지는 매우 미약했지만 이 지역에서 마적(馬賊)의 위험이 사라진다면 점차 증가할 것이다. 개마고원의 내부에서도 교통의 발달은 주로 자급적 성격의 경제구조 때문에 지금까지 미약한 실정이다.

무산은 두만강 위 10~20m 고도의 현무암 단구 위에 위치하며 고무산에서부터 오는 철도의 종착지에 위치한다. 약 5,000명의 인구를 가진 무산은 조밀한 장방형의 시가지를 이루고 있다. **신갈파진**은 압록강 대만곡부가 북쪽으로 감도는 곳에 위치한 원추형 충적추(沖積錐, Schutt-kegel) 위쪽을 향해 격자형으로 발달해 있다. 현 도시의 남동쪽에는 옛 한국의 국경요새의 유적이 있다. 가장 중요한 취락은 1890년에 작은 소촌이었던(197, 203) 데 반해, 1936년에는 이미 11,795명의 인구를 가진 **혜산진**이다. 만주의 작은 군청소재지인 장백부(長白府, Changpaifu)와 마주 보고 있는 혜산진은 바로 허천강이 압록강에 합류하는 지점의 경상계에 속하는 얇은 회색 셰일층과 회백색 응회암이 침식당한 압록강의 최상류부 내의 분지와도 같은 넓은 곳에 위치한다. 혜산진은 중요한 교통의 결절지이며, 1937년 이래 철도로 1,790m 고도의 남설령(南雪嶺)과 백암(白岩)을 경유하여 길주와 연결되어 있다(p.282). 혜산진의 배후에는 작은 탁상지가 있으며, 약 50m 높이에 있는 이 탁상지의 평탄면은 아마도 옛 단구의 잔해인 것 같다. 순전히 일본식으로 건설된 중심지에는 헌병대, 경찰서, 우체국, 일본 상점 등의 목조건물이 있다. 갑산 방면 도로에서 인접한 곳에 병영, 병원, 산림청의 높은 현대식 벽돌건물들이 우뚝 솟아 있다. 도시의 외곽은 한국식 가옥들로 이루어져 있다.

3. 백두산 지역

압록강과 두만강의 북쪽 한·만 국경지대 또한 주로 선캄브리아기에 강렬한 습곡작용을 받았고, 랴오둥 방향의 주향을 달리며, 이 지역에서 약한 습곡작용을 받은 고생대와 중생대의 퇴적층과 반암층이 그 위에 놓인, 고구려화강암이 관입된 편마암, 천매암, 각섬석 편암, 규암 등으로 이루어져 있다. 일본 지질학자들은 압록강 중·하류의 북서쪽에 있는 이 구조 지역을 타이치헤(Taizi He) 지역이라 부른다(p.104). 회령–웅기 지역에 인접한 만주 지방, 즉 간도(間島) 지방도 이 타이치헤 유형에 속하는데, 다만 여기서는 북동 방향으로 달리는 현무암대지(Basalt-tafel)들이 도처에서 그 기반암을 덮고 있는 것이 다르다. 이 한·만 국경지대의 양익(兩翊)이 지형적으로 사행천들에 의해 부분적으로 크게 침식을 받아 무수한 원정구(圓頂丘, Kuppen)들이 형성된 산악지대를 이루고 있다. 또한 이 중에 어느 원정구도 2,000m 높이에는 이르지 못한다. 이 타이치혜 지역은 지형적으로 아직 한국의 주경동지괴에 속한다. 따라서 산정의 고도는 북동쪽으로 갈수록 증가하여 중강진과 그 대안의 만주 도시인 Maoêrhshan[20](현 지명: 린장, 臨江)이 위치하는 지점에서는 해발 1,600~1,700m에 이른다. 간도 지방의 산지도 거의 같은 고도에 이른다.

백두산 지역은 이 양익의 중간에 위치해서 전혀 다른 형태를 나타낸다(775, 776). 백두산의 남동부만이 한국 영토에 속하지만 본서에서는 백두산 지역을 전체적으로 다루기로 하겠다. 그 이유는 이 지역이 자연지리적 측면에서 특이한 균질 지역이고, 이곳에 정착민이 거의 없기 때문에 한국의 북부 경계를 특징짓는 인문지리적 차이가 극히 미미하기 때문이다. 그러나 남동부 지역에 대해서만 학술적 연구가 이루어진 상태이고, 저자 역시 그 지역만 답사를 했으므로 남동부 지역을 위주로 기술하겠다. 저자는 백두산 지역에 관해 여기서 기술한 것보다 훨씬 더 상세하게 저자의 다른 논문에서 다루었다(778).

타이치혜와 간도의 산지들 사이에 거의 타원형의 등고선을 가진 거대한 **현무암 고원**(Basalthochfläche)이 있다. 장축은 동서 방향으로 약 190km이다. 남북 방향의 단축은 약 140km에 달한다. 따라서 백두산 지역의 총면적은 약 22,000km^{2}이다. 이미 언급했듯이 백두산 지역은 남쪽에서 혜산진과 린장 사이의 압록강 대만곡부에 접하는 반면, 동쪽에서는 대략 서두수를 약간 넘는 곳까지 이른다. 만주 지방에서의 백두산 지역 경계는 서두수가 두만강에 합류하는 지점에서 출발하여 대략 삼상동(三上洞)−안투−Lianj'iangkou−Taipingchuan−징유−린장을 잇는 선이다(그림 29). 백두산 화산의 중앙외륜산은 대략 이 타원형의 동쪽 초점에 위치하며, 그것의 정점이 2,744m에 이르는 한국의 최고봉이며 천지와 더불어 함몰칼데라를 둘러싸고 있다(p.36).

1,800~1,900m 고도에 달하는 백두산의 산록으로부터 현무암 고원이 주변부의 모든 방향으로 경사를 이루며 덮고 있다. 이 고원의 외측 주변부는 동부와 남부 어디서나 개마고원과 평북 지역의 정상부보다 고도가 크게 낮다. 백두산 지역은 북쪽으로 경사진 개마지괴의 최저부를 이룬다. 이 지역은 형성 시기가 오래된 암석들이 50~200m 층후의 거대한 용암으로 빈틈없이 덮인 함몰지이다(그림 30). 주를 이루는 현무암 분출은 아마도 제사기 플라이스토세 초기에 일어난 것으로 보인다. 그 이래로 함몰 지역은 다시 융기하여 압록강 및 두만강과 그 지류들은 현무암대지를 침식하였고 오래된 기반암을 깊이 감입하였다. 또한 후자의 과거 융기는

---

20 역자 주: Maoêrhshan의 한자지명은 "臺灣商務印書館, 中華民國 七十一年, 中國古今地名大辭典(六版)"에서도 찾을 수가 없어 그대로 표기하였다.

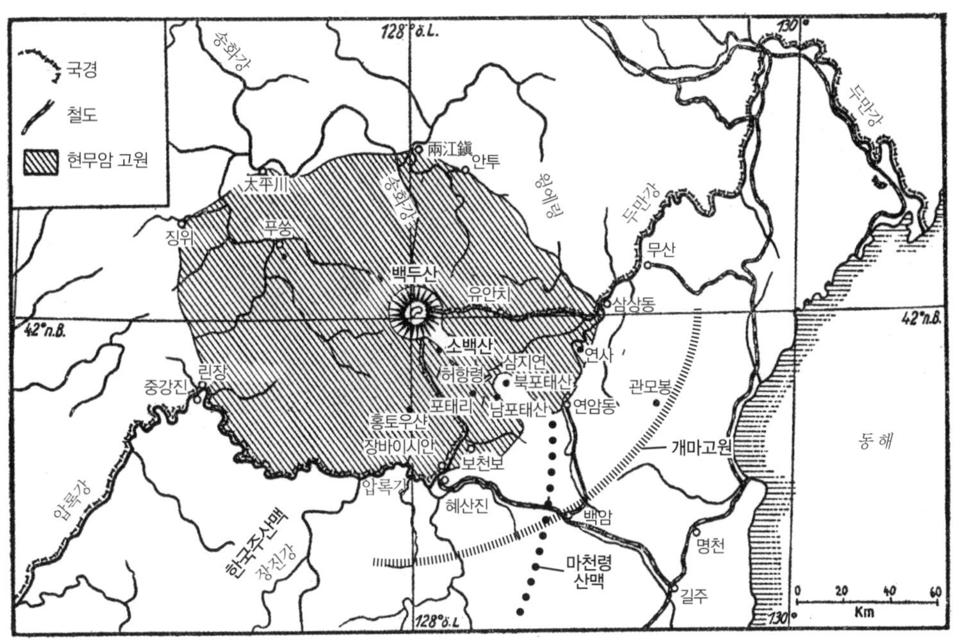

그림 29. 백두산 지역의 개관도

현무암 고원 내에서 계곡들을 따라 침식에 의해 노출된 지창(地窓, Fenster)의 형태를 드러낸다. 거대한 현무암주를 노출시키는 뚜렷하게 정의된 절벽과 함께 더불어 현무암 고원은 이 계곡을 따라 도처에서 하천에 의해 분리되어 있다. 린장의 남동부에서 현무암대지의 한 부분은 압록강을 통해서 본체로부터 분리되어 한국 영토 내에서 오수덕산(烏首德山: 800m, 그림 31)의 고원을 형성하였다. 중앙의 외륜산 주변에서 고원의 가장 높은 부분들에는 현무암 위를 부석층이 덮고 있다.

주상구조로 인해 현무암은 투수성을 갖는다. 그러므로 고원의 대부분에는 지표 유출이 없다. 이와 대조적으로 다른 곳은 완전히 불수투성인데, 아마도 거기에는 현무암의 최상층에 주상구조가 없거나, 현무암이 이미 지표에서 점토로 풍화되었기 때문일 것이다. 현무암의 지표면 경사가 완만한 곳에는 물이 고여서 여름철에 수많은 모기의 서식지가 되는 넓은 늪이 형성된다. 고원의 도처에 폐쇄된 작은 분지(Wanne)들이 있는데 이는 아마도 용암이 굳을 때에 곧바로 형성된 것 같다. 불투수성 지역에서 이러한 분지들 내에 호수들이 있다. 한국 측에 있는 호수들 중 가장 큰 호수는 삼지연(三池淵)이다. Yuan Chi(만주: Bôlhuri)도 그러한 호수이고, 그것은 한·만 국경에 연하여 두만강의 최상류부 바로 북쪽에 위치하며, 만주의 전설에 따르면 만주 왕조

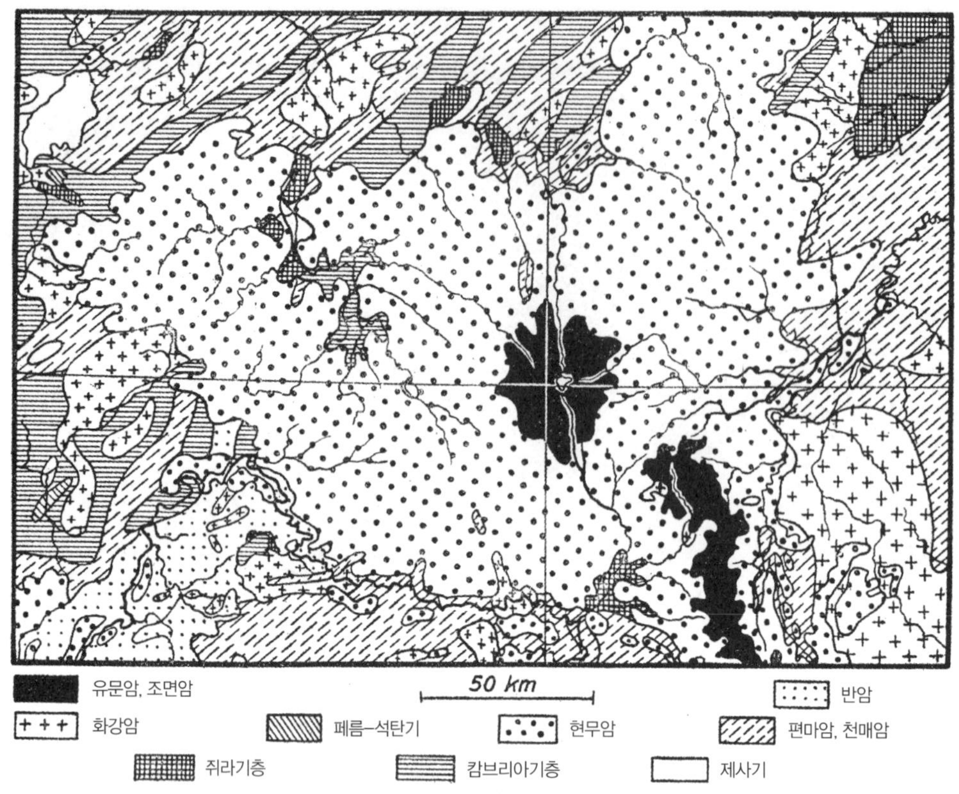

그림 30. 백두산 지역의 지질개관도(출전: Geol. Atlas of Eastern Asia)

의 기원지이다.

현무암 고원의 하계망은 방사상 구조이다. 이 방사상 계곡들 중 중요한 것들은 압록강, 두만강과 송화강의 최상류 계곡들이다. 송화강은 천지에서 발원하여 깊이 개석된 화구뢰(火口瀨, Barranco)로 북쪽으로 외륜산을 관통하여 유로를 만들었다. 압록강 대만곡부의 중국 측 지류들도 이 방사상의 작은 하천들에 속하며, 중국인들은 린장에서부터 위쪽으로 숫자로 이 하천들을 명명한다. 맨 마지막의 하천명은 '23번째 하천'(중: Ershisandaogou, 일: Nijusan-Dôkô)이다. 특히 백두산의 중앙외륜산에 인접한 곳을 비롯한 한국 측에 있는 이러한 계곡들의 대부분은 건곡(乾谷)이며, 여름의 우기에만 물이 흐른다고 볼 수 있다. James의 기록(190, p.255, 260)에 의거하여 판단하면 백두산의 북서쪽에 있는 개울들은 수량이 많고 좀 더 지속적으로 흐른다.

곳곳에서 고원 상의 균등한 경사면은 도처의 산봉우리들로 단절되는데, 그것은 국지적인 화산분출의 중심지이다. 백두산 중앙외륜산으로부터 북측과 서측에 있는 산봉우리들만이 낮으

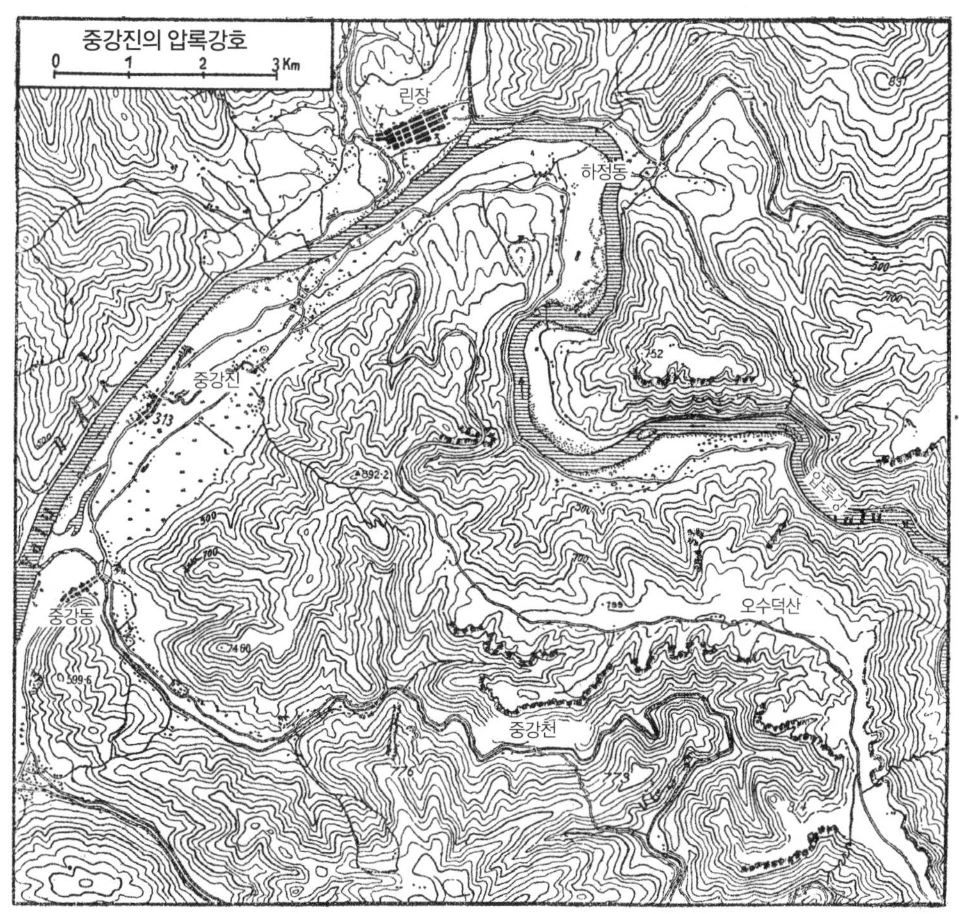

그림 31. 중강진의 압록강 만곡부

나, 남서쪽에는 약 1,900m까지 사화산인 홍토우샨(Hongtou Shan, 일: Kôtô-san)이 홀로 솟아 있다. 거의 단절 없는 고봉의 산맥은 남동쪽으로 뻗어 있다. 이 산맥은 백두산 중앙외륜산의 가장 가까운 곳에서 대연지봉(2,360m)과 소백산(小白山 2,174m) 산군으로 시작하며, 이 산들은 백두산의 중앙외륜산과 동일한 화산암으로 이루어져 있다. 그다음에 평탄한 안부(鞍部)가 이어지는데, 이곳이 허항령(虛項嶺 1,401m)이다. 허항령의 건너편에는 p.305에서 기술한 마천령산맥이 웅장한 포태산 정상(남포태산과 북포태산)들과 더불어 시작한다.

압록강 계곡의 깊은 곳에 위치한 혜산진과 중강진 관측소(p.308)의 평균치, 일본인들이 1934~1935년의 동계 원정 시에 행한 관측(776), 그리고 저자의 독자적인 기상 메모 이외에는 이용할 수 있는 다른 자료가 없기 때문에 백두산 지역의 기후 상태를 평가하는 것은 어렵다. 이들 자료에 의하면 백두산 지역의 기후는 개마고원의 기후와 매우 유사한 것으로 여겨진다. 분명히 이 지역의 겨울 기온도 매우 낮다. 일본인들의 동계 원정 시에 현무암 고원에서 기온이 −41.0℃까지 측정되었다. 그럼에도 불구하고 이 지역에서도 또한 압록강 계곡의 낮은 곳과 관련하여 겨울에 기온역전 현상이 나타나는 것으로 여겨진다. 겨울의 북서계절풍은 보호되지 않은 고원에서 중강진보다 분명히 훨씬 더 일정하게 분다(p.308). 동계 원정 시의 관측에 의하면 적설층은 외륜산 부근의 남동 지역에서 상당히 얇다. 그 남동부 외측에서 적설은 능선으로부터 자주 완전히 바람에 날려서 이 지역 적설에서 간간히 검은 띠(帶)들이 나타난다. 풍상측에 눈이 좀 더 많을 것이다. Kawasaki(768)는 외륜산 지역에서의 마지막 눈은 보통 8월 중순경에야 비로소 녹으며 첫눈은 10월 초순에 이미 내리는 것으로 보고한다. 여러 유럽의 여행자들은 천지가 10월 말에서 5월까지 동결하며, 7월까지 유빙이 천지에 떠 있는 것을 목격하였다. 그와 반대로 한여름에는 현무암 고원의 기온이 상당히 높을 것이다. 8월 30일 16시(1933년)에 저자는 현무암 고원의 개석된 계곡인 포태리(1,100m)에서 21.5℃를 측정하였다. 물론 이 지역에서도 여름은 우기이다. St. Bergman(229, p.78)은 1935년 7월 말에 고원에서 엄청난 양의 비로 고생하였다. 이때에 중앙암주(Zentralstock)는 때때로 수 주간 구름에 가려진다.

화구 주변으로부터의 전망을 기술한 모든 여행자들은 현무암 고원 위에 펼쳐진 **광대한 삼림지대**가 자아내는 깊은 인상을 쓰고 있다. 상부 수목한계선은 백두산 중앙화산체의 남동쪽에서는 1,900~1,950m 정도이므로 개마고원의 수목한계선보다 낮다. 그 이유는 부석층의 투수성과 건조도 때문인 것 같다. 수목한계선 아래에는 전역이 끝없는 자연 상태의 원시림으로 덮여 있다. 지금도 원시림은 고원의 상대적으로 낮은 부분이면서 습도가 높은 곳에서 가장 울창하게 성장한다. 이 지역에는 같은 고도대의 개마고원과 유사한 종 구성을 가진 풍부한 수종의 하록혼합림이 있다. 잎갈나무, 분비나무(*Abies nephrolepis*), 잣나무(*Pinus koraiensis*), 가문비나무(*Picea jezoensis*), 종비나무(*Picea koraiensis*)와 같은 침엽수종과 더불어 단풍나무속 수종들(산겨릅나무: *Acer tegmentosum*, 시닥나무: *Acer tschonoskii*, 청시닥나무: *Acer barbinerve*)와 자작나무속 수종들(자작나무: *Betula japonica* [*Betula platyphylla* var. *japonica*], 거제수나무: *Betula costata*, 사스래나무: *Betula ermanii*)이 공생하고 있고, 가을철에 붉은 열매가 열리는 당마가목(*Sorbus amurensis* Koehne)과 특히 습한 곳에 자생하는 버드나무속 수종들(닥장버들 *Salix sibirica* Pallas[21] [*Salix brachypoda* Kom.], *Salix starkeana* Willd.)도 혼합되어 있다. 습한 곳에는 원시림이 없이 트여 있으며, 그 속에 저자의 조랑말이 가끔 빠져서 배까

21 역자 주: *Salix sibirica* Pallas는 정태현의 『조선삼림식물도설』에 *Salix sibirica* Pallas var. *brachypoda* Nakai로 표기되어 있다.

지 물에 잠기기도 한 진퍼리새(*Molimia japonica*)의 늪을 이룬다. 건조한 곳에는 털개회나무(*Syringa velutina* Kom.), 민둥인가목(*Rosa acicularis* Lindl.), 멍덕딸기(*Rubus idaeus* L. var. *microphylla* Turcz.), 까막까치밥나무(*Ribes ussuriense*)와 까치밥나무(*Ribes mandschuricum*), 각시괴불나무(*Lonicera chrysantha* Turcz.), 귀룽나무(*Prunus padus*) 등의 총림이 무성하다. 개마고원의 같은 고도대와 유사하게 이 혼합림에는 기후적인 이유로 참나무속 수종들이 없다. 고원과 계곡들의 1,100m 이하의 고도에만 참나무속 수종들, 느릅나무속 수종들, 가래나무속 수종들이 있다. 따라서 현무암 고원의 혼합림은 대체로 단풍나무지대(p.198)에 속한다.

이와 유사한 종 구성의 원시림은 한때 현무암 고원 상의 건조한 부분들 위에도 형성되어 있었다. 그러나 이곳에서 원시림은 사냥꾼 및 도적의 부주의나 번개 때문에 일어난 산불로 크게 훼손되었다. 산불로 인한 자연도태는 개마고원과 마찬가지로 순수한, 밀도가 낮은 일갈나무 숲의 형성을 도왔으며, 그 속에 흰 줄기를 가진 자작나무만이 산재할 뿐이다(p.199). 지면은 키 작은 관목 숲으로 덮여 있고, 그 관목 숲에는 월귤(*Vaccinium vitis-idaea*)과 장지석남(Sumpfheidelbeere)[22]이 널리 분포한다. 나무가 전혀 없는 공지에는 그 밖에 초본류식물, 양치식물(Farne), 물싸리(*Potentilla fruiticosa* L.) 및 독일에 자생하는 바늘꽃속 식물(*Epilobium*) 등이 번성한다.

대부분의 활엽수는 약 1,500m 고도까지 이 원시림으로부터 사라지고, 대신에 주로 순수한 침엽수림으로 바뀐다. 개마고원 상에서 수목한계선까지 분포하는 사스래나무(*Betula ermanii*)는 이 원시림 속에서는 토양의 특성에 기인하여 찾아 볼 수 없다. 보다 온난한 기후 조건을 요하는 잣나무를 제외하고 이 원시림은 거의 위에서 언급한 침엽수들로만 이루어져 있다. 이 혼합된 침엽수림은 약 1,700m 고도까지 분포한다. 이 지대의 통행이 불가능함은 겨울에조차도 상대습도가 높아서 성장이 유리한 이끼(*Usnea longosissima*)의 집중적인 성장을 통해서 증가된다.

끝으로 최상층의 삼림지대는 개마고원과 달리 수목한계선까지 이르는 순수한 잎갈나무 숲으로 이루어진다. 그러므로 백두산에는 토양의 특성으로 인하여 자작나무지대뿐만 아니라 왜송지대(Legföhrenstufe)도 없다. 이 잎갈나무 숲들은 여기서 자연발생한 것이다. 간격이 넓은 나무들 사이에는 키 작은 식물들이 촘촘히 자라서 부풀어 오른 양탄자와 같은 층으로 덮여 있다. 순록이끼(*Cladonia rangiferina*)는 넓은 면적에 걸쳐 눈처럼 흰색을 띤다. 그 사이에 녹색 이끼(grüne Moose), 월귤 및 장지석남, 진녹색 잎의 노랑만병초(*Rhododendron chyrsanthum* [*Rhododendron aureum*]), 두송(*Juniperus communis*), 시로미(*Empetrum nigrum* var. Japonicum) 등이 번성하고 있다. 이러한 식물층

---

22 역자 주: Heidelbeer가 *Vaccinium myrtillus*이나 Sumpfheidelbeer(Sumpf=소택)는 확인할 수가 없어서 함경도의 습원(濕原)에서 자라는 상록소관목인 장지석남(*Andromeda polifolia* for. *acerosa* Hartm.)으로 번역하였다.

은 앞서 언급한 난장이 관목들의 잎이 연녹색, 진홍색, 장미색, 자주색으로 물드는 가을이면 특히 오색찬란하다. 백두산 삼림지의 좀 더 높은 지역들에서는 여기저기 초지가 전개되는데, 히말라야 식생에 관한 저명한 저술가인 Fr. Younghusband가 그곳의 초여름에 만발한 꽃들에 대하여 열광적으로 극찬한 바 있다.

동물 세계가 현무암 고원 상의 원시림의 자연에 적응하고 있다. 수십 년 이래 개마고원만큼이나 동물의 수가 줄어든 것은 아니지만 외관상으로 동물이 크게 두드러지지는 않는다. 큰 포유동물은 드물고, 작은 포유동물과 조류는 쉽게 숨어 버리는 주로 나뭇가지에 사는 동물(Wipfeltier)과 지상동물(Bodentier)들이다. 저자가 본 큰 포유동물들은 큰 사슴과 노루, 덩치가 큰 멧돼지들과 흑갈색의 곰 한마리이다. 시베리아호랑이(*Panthera tigris altaica*)이 및 아무르 표범(*Panthera pardus orientalis*)을 비롯한 실제 포식동물들은 오늘날 흔하지 않다. 다만 스라소니와 늑대 무리는 보다 흔한 편이다. 간간히 고요한 삼림 속에서 울리는 큰 가막딱다구리(*Dryocopus martius*)가 나무를 쪼는 소리를 들을 수 있다. 멧닭(*Tetrao tetrix*)은 어린 낙엽송의 새싹과 작은 낙엽송 가지로부터 먹이를 쪼고, 다양한 박새과의 새들(Meisenarten, 영: tit species)이 침엽수의 씨를 먹는 것을 볼 수 있다. 한국 내 타 지역에서는 드문 아름다운 청록의 깃털을 가진 파랑새(*Eurystomus orientalis calonyx* [*Eurystomus orientalis abundus* Ripley])는 곤충을 먹고 사는 작은 육식조이다(229). 올빼미속의 새들은 생쥐를, 독수리는 산토끼와 다른 지상동물을 잡아먹고 산다. 지상동물 중에는 시베리아 자고새(*Perdix barbata*), 들꿩(Haselhuhn), 멧닭(schwarze Walthuhn)[23]도 있다. 다양한 까치속에 속하는 조류들(Elsterarten)이 알곡을 좋아하므로 바로 현무암 고원 주변부에 있는 취락들의 근처에서 떼를 지어 살지만 때로는 원시림 속으로 깊숙이 들어오기도 한다. 까치는 만주에서는 성스러운 새로 여겨진다. 만주 왕가의 기원 설화에 의하면 까치는 두 번이나 결정적인 역할을 하였다(774).

서기 첫번째 천년기의 후반 수백 년 동안 발해국(渤海國)의 전성기(p.62)에 백두산 용암 고원과 하천 유역에는 아마도 현재보다 더 많은 인구가 정착했었을 것이다. 이러한 사실은 Matveeff(77)의 기술을 통해 추측할 수 있다. 개마고원의 화전이 1,850m 고도에까지 이르고 있는 사실이 과거와 현재에 활발한 정착이 가능했음을 증명하고 있다. 청나라의 강희제(康熙帝)의 사절 중 한 사람인 Umuna가 1677년에 쓴 답사기를 보면 백두산 원시림의 북측에는 그 당시 사람이 전혀 거주하지 않았음을 알 수 있다(129). 이와는 반대로 유럽인으로서 백두산을 초등한

23 역자 주: schwarze Waldhuhn(Rauhfußhuhn)은 독일어 사전에 멧닭과 Tetraonidae에 속하는 것으로 나와 있어서 그 분포 지역의 특징으로 보아 멧닭(*Lyrurus tetrix ussuriensis* Kohts)으로 번역하였다.

영국인 James, Younghusband와 Fulford(190)는 1886년에 그곳에서 중국인 농부들, 심마니, 담비 수렵인, 벌목꾼, 금채광인들을 만났으며, 그들은 널리 흩어진 통나무집에 살면서 동업했다. 청나라는 만주 왕조의 성산(聖山) 부근을 무인지대 및 황제의 사냥금지구역으로 보전하려고 했기 때문에 이 지역에서의 거주는 청나라 정부에 의해 금지되었다. Campbell(197)과 Cavendish 및 Goold-Adams(203)의 여행기에서 제시된 바와 같이, 당시에 백두산의 남측에서 취락은 혜산진의 위도를 넘어서 이루어지지 않았는데, 달리 말하자면 한국인이 압록강을 넘지 않았다. 그러나 1890~1910년 사이 최근 20년 동안에 계곡들에는 상당한 한국인의 작은 마을과 마을들이 북상했고, 더욱이 백두산 고원으로 올라오기 시작했다. 1911년에는 일본식 발음으로 'Tenshudô'라 불리는 가장 높은 곳의 작은 마을이 백두산 분화구 주변부의 남쪽으로 불과 24km 떨어진 곳에 설립되었다(768). 개마고원에서와 같이 이러한 한국 취락 지역의 확대는 화전경작에 기인한다. 이렇게 생긴 취락들은 현재 혜산진으로부터 북쪽으로 40km에 있는 계곡 지역까지 이른다. 여기서도 화전경작은 계곡의 사면과 고원 주변의 원시림을 파괴하고, 다양한 2차 식생의 발달을 초래한 결과 동일한 문화지리적 화전 지역이 발달하였다(p.325). 여기에도 곡저에 위치한 화전민 마을들은 정착취락으로 변모하였고, 동일한 작물들이 재배된다. 최근에는 무산과 혜산진에 있는 산림청의 지서(영림서)에 의해 벌채와 뗏목 수송이 감독을 받는 것을 볼 수 있다(770, 771).

지난 20년 동안에, 무엇보다도 만주의 지배자인 중국의 장작림(張作霖) 장군의 사망(1929년) 이래로 백두산 고원의 취락은 크게 감소하였다. 과거 장작림의 부하 군인들은 상당수가 도적으로 변하였다. 만주 전역에서 중요한 국내 정치 문제로 대두된 도적의 노략질은 백두산의 원시림을 근거지로 하여 크게 전성기를 이루어 한국 영토까지 침범하였다. 중국인과 한국인이 사는 작은 마을들이 약탈을 당하고, 곡물을 빼앗겼으며, 드물지 않게 집들도 불태워지고, 주민들이 살해되기도 하였다. 이끼와 풀로 지붕을 이은 도적의 통나무집들은 삼림 속에 널리 분포한다. 소백산에는 '한마을' 전체가 도적의 집들로 이루어진 곳도 있다고 한다. 도적의 위험으로 말미암아 화전민들은 백두산 고원을 떠나서 좀 더 큰 계곡 취락으로 이주했다. 한국 측 영토 내에서는 이러한 취락들이 작은 요새를 이루고 있으며, 일본 주재소(경찰지서)의 보호를 받는다. 만주 지역에는 지금까지 이러한 보호책이 별로 강구되어 있지 않으므로 만주에 사는 중국 농민의 고충은 매우 심하다. 도적에 의한 피해는 백두산 고원의 교통망이 정비된 후에야 제거될 수 있을 것이라고 전망된다. 지금까지 원시림 지역에는 사냥꾼이 이용한 좁은 길만 나 있고, 오래전부터 계획되었으며 지형으로 인한 건설상의 어려움이 별로 없는 허항령을 넘는 혜

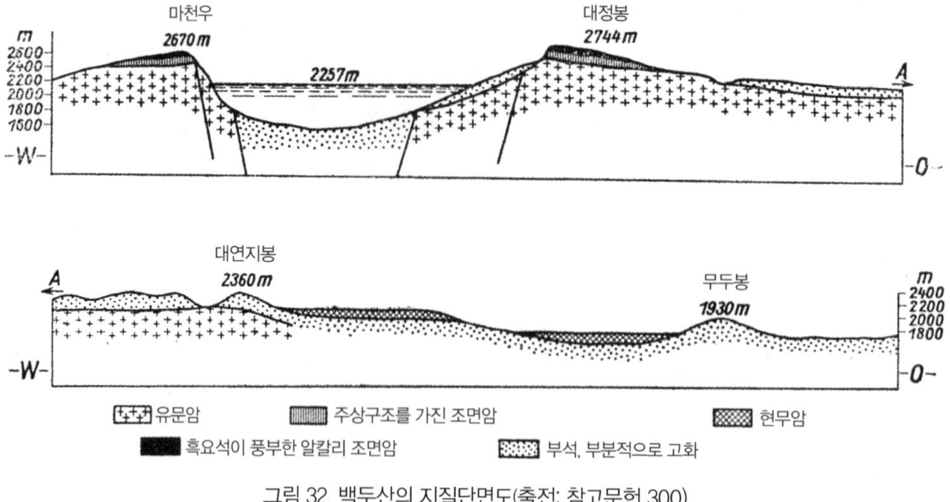

그림 32. 백두산의 지질단면도(출전: 참고문헌 300)

하단의 단면도는 상단 우측의 연장부이다.

산–무산 간의 도로는 아직 개통되지 않았다.

1,800~1,900m의 고도에서부터는 현무암 고원의 특성은 사라진다. 중앙 외륜산의 주변에서는 기복이 심하게 변하기 시작한다. 단단한 부석질의 모래와 화산재로 이루어진 완만한 돔형의 고지가 시작된다(그림 32). 그 위에는 군데군데 거대한 화산탄들이 흩어져 있다. 뿐만 아니라 그 사면에는 호상구조토(縞狀構造土, Streifenboden)가 모식적으로 뚜렷하게 발달되어 있다. 사면은 우식(雨蝕)에 의해 발달한 우곡들(Abspüllungsrinnen)에 의하여 개석되고, 부분적으로는 포상홍수(布狀洪水, Flächenspülung)를 통해서 침식되었다. 최근에 삭박(削剝)을 받은 곳에서는 부석들이 도처에 희게 빛난다. 겨울에는 눈 때문에, 여름에는 부석으로 인해 생기는 흰색으로 말미암아 백두산(흰머리산)의 이름이 유래하게 된 것이다. 빈약한 식생으로 덮인 사면에서 흰 부석의 색채는 바로 사라지고 연갈색과 윤기가 없는 녹색으로 보인다. 경사가 급하지만, 깊이 개석되지 않은 작은 계곡에는 식물피복이 보다 무성한 편이다. 거기에는 초여름에 다채롭게 꽃이 피는 아고산대의 식물군락이 성장한다. 큰오이풀(*Sanguisorba alpina* Bunge [*Sanguisorba stipulata* Rafin]), 자주꿩의비름(*Sedum telephium* var. *purpuream*), 오랑캐장구채(*Silene repens* Patr. [*Silene repens* Pers.]), 다양한 패랭이꽃(난장이패랭이꽃: *Dianthus morii* Nakai, 패랭이꽃: *Dianthus sinensis* L.), 조밥나물(*Hieracium umbellatum* L.), 바위구절초(*Chrysanthemum sibilicum* Fisch. var. *alpinum* Nakai).[24]

24 역자 주: *Chrysanthemum sibilicum* Fisch. var. *alpinum* Nakai는 확인할 수가 없어서 바위구절초(*Chrysanthemum zawadskii* var. *alpinum* Kitamura)로 번역하였다.

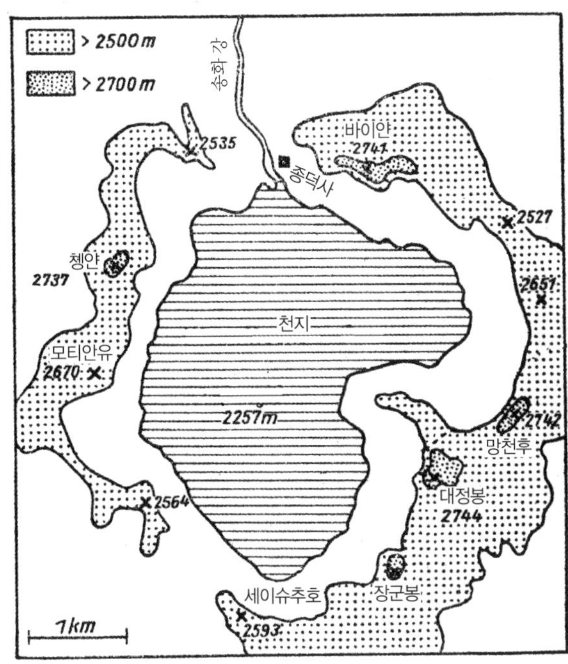

그림 33. 백두산 중앙 외륜산의 개략도

외륜산으로 이루어진 **분화구** 주변의 최대 직경은 4.5km이며, 외측 사면을 포함하는 전체 중앙 암주의 직경은 적어도 그 두 배에 달한다(그림 33). 따라서 고원 위로 솟아 있는 900m의 고도는 그 폭에 비하면 보잘것없다. 내측의 함몰칼데라는 외측에서는 볼 수 없으므로 사면이 작은 계곡들로 단절되고, 정상부에는 몇 개의 봉우리들이 있는, 폭이 넓은 돔형의 산체라는 인상을 준다. 이러한 사면들은 주로 산성의 용암으로 이루어져 있다. 남동쪽의 사면들은 거의 식물피복이 없이 황량하다. 단지 요지(凹地) 협곡 내에만 초본류, 초여름에 황금빛으로 꽃이 피는 노랑만병초(*Rhododendron chrysanthum*)로 된 엽침, 가을에 붉은색을 발하는 좁은잎돌꽃(*Rhodiola angusta*), 그리고 앞서 언급한 돌나물속 식물(*Sedum*)이 있다.

분화구 주변부의 고도는 매우 다양하다. 그 고도차는 한편으로 최근에 일어난 주된 분출의 시기에 생겨난 상이한 용암의 층후 및 성층에, 다른 한편으로 외측 사면들의 협곡 형성에 기인한다. 가장 낮은 지점(약 2,450m)은 남서쪽에 있다. 최고봉인 대정봉(大正峰) 외에도 다른 많은 봉우리들이 2,700m의 한계를 넘는다.

500m 높이까지 달하는 매우 가파른 **칼데라 내벽**으로 중앙 외륜산의 구조를 매우 뚜렷하게 알 수 있다. 오래된 주요 분출 시기에 형성된 암석들은 최근에 분출된 암석과 구별된다. 오래

된 분출 시기에 형성된 암석들은 풍부한 석영을 함유한 유문암이며, 풍화되어 진홍색을 띤다. 이 암석으로 된 과거 지표면은 두 시기 사이에 있었던 침식기에 형태상의 변화를 겪었다. 침식면 위에 최근의 용암이 분출하였고, 정상 부근의 이들 용암은 흑요석을 많이 함유하며 매우 단단하다. 마지막으로 몇몇 장소에는 최근에 형성된 용암이 단단한 부석질의 모래로 덮여 있다. 언제 이러한 서로 다른 분출 시기들이 일어났는지는 잘 알 수 없다. 가장 최근의 분출에 관한 중국의 기록에 의하면 백두산은 1702년에 분출했다고 전해진다(p.122). 그러나 분출의 중심(화공)은 알 수 없고, Umuna의 기록을 보면 1677년에 백두산의 칼데라는 지금의 모습 그대로였다(129).

외륜산 내측에 있는 넓은 분지가 함몰칼데라라는 사실은 의심할 여지가 없다. 칼데라를 채우고 있는 천지는 해발 2,257m에 위치한다. 그 수심은 지금까지 알려진 바 없으나 442m를 초과함에 틀림없다. 그러므로 천지의 수심은 지금까지 알려진 500m 이상의 깊이를 가진 전 세계의 9개 호수 다음으로 10번째임이 틀림없을 것 같다. 북동쪽 호안(湖岸)에 목걸이의 줄처럼 길게 늘어서 있는 유황-철분을 함유한 온천들은 함몰 시에 생긴 균열지대 위에 있는 것 같다. 대정봉에서부터 둘쑥날쑥한 능선이 굉장한 경사를 가진 톱니 모양의 바위로 덮인 채 방사상으로 칼데라 내부를 향해 돌출되어 있다. 그 능선을 이루는 용암이 일종의 암맥(Spaltenfüllung)임을 암시한다. 용암은 호수 쪽으로 멀리까지 돌출해 있고 호수의 둥근 형태를 중단시켰다. 암석은 이 암맥에 의해 크게 경화되어 함몰의 영향을 받지 않았음이 분명하다.

좀 더 최근의 이 단단한 용암의 단애 아래에는 거대한 애추(崖錐)들이 호수면까지 접하여 발달해 있다. 그중 거의 대부분은 현재 활동이 중지된 상태이다. 그 애추의 거력들 사이에는 키 작은 식생이 끊임없이 이어지는 덮개를 이룬다. 회백색의 지의류와 연녹색의 이끼들이 그 식생을 구성하는 가장 중요한 요소이다. 이러한 식생 사이에 때때로 그 덮개가 기껏해야 5cm 높이의 좀참꽃(*Rhododendron redowskianum*)의 큰 부분으로 인해 단절된다. 그 사이에 매우 키 작은 장지석남과 돌나물속 식물이 서 있다. 이와 같은 난장이 식물군락은 관모봉 정상의 그것과 유사하나(p.315), 그 식물의 종 수는 적다. 형성된지 오래되고 더 이상 진행을 멈춘 애추를 통해서 신선하게 여러 차례 분기된 충적제(沖積堤, Blockwälle)를 따라 활동 중인 격류산협(Wildbachrinne)들이 달린다. 그 형태는 이류(泥流)에 의해 형성된 아한대 지방의 우곡(雨谷)을 연상하게 한다. 형성 시기가 오랜 애추들은 팔걸이 의자와 같이 푹 파인 요지 내에 가장 잘 발달되어 있는데, 세 곳에서 화구벽의 고루 둥근 형태가 차단된다. p.123 이하에서 언급된 바와 같이 T. Kano(391)는 그것들을 권곡(圈谷, Kar)이라고 해석했으나 저자에게는 확실하지 않다(778).

천지로부터 송화강이 흘러 나가는 유출구의 오른편에 있는 20m 높이의 단구 위에는 1906년 이래 숭덕사(崇德寺)라는 작은 사찰이 있다. 이 암자는 만주 왕조(청)의 말엽 당시에 중국 영토였던 곳에 세워졌으며 주변에 사는 사람들의 전통에 따라 신성시되는 곳이었다. 그러나 이 사찰에는 승려가 기거하지 않았으며, 가끔 중국의 불교 신자나 도교 신도, 그리고 드물게는 한국인도 힘들게 천지까지 올라와서 순례를 하였다.

백두산이 위도상으로 로마와 같은 위치에 놓여 있지만 고도가 높고 계절풍 기후의 겨울 추위 때문에 많은 경관 요소들이 이보다 훨씬 더 북쪽에 위치하는 지역들과 밀접한 관계를 보여준다. 백두산 지역은 개마고원과 만주 북부 지방, 심지어 바이칼 호 사이의 점이지대이며, 개마고원과 더불어 한국의 타 지역과는 매우 다른 특색을 나타낸다. 잎갈나무가 수목한계를 이루는 이곳에서 중앙 외륜산 주변의 광대한 지역을 바라보면 더 이상 동아시아의 중앙에 와 있다는 인상을 받지 않게 된다. 위에서 언급한 상관상(相觀上)으로 중요한 다양한 식물들은 북쪽으로 널리 분포하고, 심지어 북유럽까지 가장 가까운 근친 종들이 나타나며, 더욱이 독일 미텔게비르게(Mittelgebirge)의 고지에서도 빙기의 잔존식물로서 분포한다. 한국 내에서 이러한 식물군락은 이국적인 높은 고도대를 이루며, 이러한 고도대는 개마고원의 정상부에만 지역적으로 극히 국한되어 분포한다. 끝으로 호상구조토와 이류(泥流)에 의해 형성된 우곡은 북극 부근 지역과의 관계를 이룬다.

백두산 외륜산의 정상에서 산체의 내측과 외측을 바라보면 그 광경이 어마어마하게 웅장하다. 외측을 바라보면 흰색으로 얼룩진 사면을 지나 그 너머 아래쪽에 단조롭고 끝없이 펼쳐진, 거대한 삼림지대의 고원이 시야에 들어온다. 내측을 바라보면 가파른 500m 아래에 사납게 폭풍이 쳐도 요동이 없을 것 같은 넓은 호수면이 보인다. 쾌청한 날에는 수면이 짙푸른색으로 빛나고, 화구벽의 형태와 색깔이 선명하게 수면에 비친다. 용암 아랫부분의 붉은색, 윗부분의 회색과 검은색, 그리고 반짝이는 부석 모래의 노르스름한 백색이 어우러져 반사되어 더욱 더 인상적이다. 이러한 이중의 광경이 대비를 이루는 조화로 말미암아 여행한 모든 이의 증언에 따르면 백두산의 경치는 지구 상에서 가장 감동을 주는 것이다.

[별도 37]

29. 대정봉(2,744m)에서 바라본 천지를 포함한 백두산 칼데라

30. 웅기만과 항구

4. 압록강과 평북 지역

평안북도가 위치하는 한국의 최북서 지역은 도의 이름을 따서 평북 지역이라 명명하였다. 사실상 이 지지적 단일체는 대부분이 도와 일치하여 도의 면적과 유사한 약 28,000km^{2}의 면적을 차지한다. 다만 최동단에 위치한 낭림산맥 전체를 개마고원에 포함시킨 반면, 도의 경계는 낭림산맥의 주향산릉을 달린다. 이와 대조적으로 도의 경계가 청천강의 하류를 따라 설정된 남부에서 저자는 청천강과 대동강의 분수령까지 이 지역을 연장하였다. 이 분수령은 묘향산맥의 연장선으로서 청천강과는 10~20km의 거리를 두고 남동쪽으로 청천강에 평행하게 달린다. 이리하여 청천강 하류 지역의 경제 및 교통지리적 단일체가 나누어지지 않았다. 그러므로 평북 지역은 낭림 및 묘향산맥과 압록강 사이에 있는 한국 북서부의 국경 지역이다. 평북 지역은 남서-북동 방향으로의 길이가 310km에 달하며, 서해안에서의 최대폭은 125km이다. 북동 방향으로는 50km로 그 폭이 좁아진다(별도 23).

평북 지역, 개마고원 지역과 백두산 지역은 한국에서 가장 중요한 하천인 **압록강**으로 상호 연관된다(779). 압록강은 평북 지역을 두 측면 상에서 에워싸고 흐른다. 압록강의 전 유로는 심한 **사행천**을 이루는 특징이 있다. 비록 발원지로부터 하구까지 직선상의 거리는 400km에 불과하지만, 사행천과 백두산 고원의 남쪽 주변부 따라 흐르는 대만곡부로 인하여 압록강의 전체 길이는 813km로 길어진다. 사행의 범위가 유출량과 더불어 하류로 갈수록 극히 모식적으로 뚜렷하게 증가한다. 사행의 범위가 가장 넓은 곳은 하구에서 상류 쪽으로 80km 떨어진 마지막 창성의 사행 구간이다. 자성강(慈城江), 독로강(禿魯江), 충만강(忠滿江), 삽교천(揷橋川)과 같은 평북 지역에서 발원하는 많은 지류들도 극심하게 사행하며, 본류인 압록강의 대만곡부에 인접하여 작은 직경을 갖는 지류의 사행만곡부들은 예외 없이 매우 인상적이다(별도 30). 사행천의 목들(Mäanderhälse)은 모든 발달 단계를 보여 주며, 완전히 형성된 환류구릉(環流丘陵 Umlaufberg)들도 흔하다. 가장 좋은 사례는 위원(渭原) 주변 지역이다(그림 34). 위원 부근의 사행천은 수직으로 서 있는 강한 변성작용을 받은 편암지대에서 발달하였으며, 2.5km의 폭과 4.5km의 길이와 약 300m의 비고를 갖는 사행핵(蛇行核, Mäanderkopf)을 감돌아 흐르는 반면, 사행천의 목은 불과 250m의 폭을 갖는다. 조금 하류 쪽으로 내려오면 P.326[25]의 잘 발달한 환류구릉이 있다. 저위

25 역자 주: 326m 고도의 재를 의미한다.

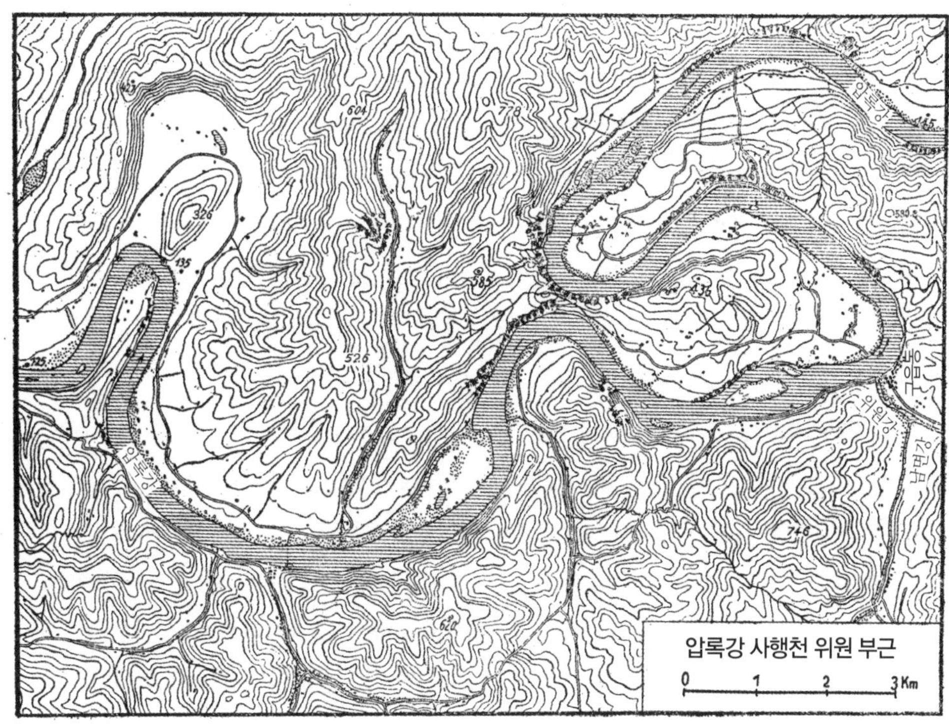

그림 34. 위원과 서쪽 인접 지역의 압록강 사행천(1:50,000 지형도의 일부를 단순화시켰음)

단구(低位段丘, Niederterasse)의 형성 시기에 환류구릉 부근에서 하천은 3.5km 길이의 곡류 구간에서 수직의 반암으로 된 암맥을 감돌아 흐르면서 암벽을 형성하였다. 그 후에 암맥의 좁은 부분에서 암벽의 중간이 관통되었다. 지금은 수직으로 무너진 암벽 사이를 단지 150m의 폭으로 하천이 흐르며 운항하기에 매우 위험한 급류를 이루고 있다.

하천 내에 있는 바위섬들은 하류 쪽으로 연포동(煙浦洞)에 이르는 곳까지인 상류 구간에만 국한되어 있다. 이와는 대조적으로 **퇴적제방**(Aufschüttungsbank)들은 신갈파진의 바로 아래에서 시작하여 하구 지역까지 계속 나타난다. 퇴적물의 입자는 기와처럼 층층이 쌓인 거력(巨礫, Geröllen)을 위시하여 자갈(礫), 모래, 점토에 이르기까지 하류로 갈수록 작아진다. 이와 같은 퇴적제방에는 두 가지 유형이 있다. 직선상의 하천에는 퇴적제방이 좁고 긴 쐐기 형태를 이룬다. 하천의 상류 쪽을 향하는 끝부분은 완만한 경사로 수면 상에 나타나지만, 하류 쪽을 향하는 폭이 넓은 부분은 최고 20m(!)까지의 높이로 솟아 급경사면을 형성한다. 이와 대조적으로 사행만곡부에서는 매우 빈번하게 제방들이 초승달 형태를 취한다. 이러한 퇴적제방은 공격사면을 따라 흐르는 외측 유로와 활주사면(滑走斜面)을 따라 흐르는 내측의 2차 유로(二次流路) 사이에 위치한다. 이러한 유형은 또한 한국 내의 다른 사행천에도 널리 분포한다. 중강진으로부터 하류 쪽의 구간에는 저위단구가 나타나기 시작하고, 창성(昌城)의 사행만곡부로부터 더 하류 쪽에는 퇴적제방이 끊임없이 나타난다. 마지막 65km의 유로 구간에는 수수와 다른 작물들이 재배되는 큰 규모의 곡저평야와 하중도(河中島)가 이러한 저위단구로 이루어진다. 곡저평야와 하중도 위에는 일부 자갈로 덮여 있기도 하지만 하천 위의 여러 고도대에 암석단구들이 발달하였다. 암석단구는 100m 고도에 가장 넓게 분포한다. 단구에 대한 체계적인 연구를 한다면 압록강 하곡의 지질사에 관한 좋은 결과를 확실히 얻을 수 있을 것이다.

형태적인 관점에서 **세 부분의 유로 구간**이 명확히 구분된다. 발원지로부터 혜산진까지는 압록강이 백두산 화산 지역의 방사상 하계망(放射狀河系網) 구간을 흐른다(p.332). 이곳에서부터 린장–중강진까지 압록강은 현무암 고원의 외연을 감돌아 흐르는 동시에 훨씬 더 높이 솟은 개마고원과 평북 지역의 북쪽 연변을 따라 흐른다(그림 29). 린장으로부터 하구까지 압록강은 남서 방향으로 경사진 한국주경동지괴 상의 사면을 따라 흐르는 완사면하천(Pultfluß)이다. 이 구간에서도 압록강은 한·만 국경지대의 정상 고도 아래에서 깊이 감입하였다. 한국 측에서 이러한 정상들은 해안으로부터 불과 60km 떨어진 지점까지도 1,000m 이상의 고도로 솟아 있다(천마산, 天摩山: 1,169m). 그러므로 압록강은 하구에 이르기까지 산악 하천(Gebirgsstrom)이다. 당연히 정상의 고도는 압록강과 그 지류들의 침식 결과 유로 쪽으로 갈수록 감소한다. 그러므로 Kotô(352)가 주장한 바와 같이 이와 같은 사실을 중강진으로부터 하류 쪽으로 유로를 결정한 완사면의 구조적 만곡(Einbiegung)에 대한 증거로 볼 수는 없다.

상류부 두 유로 구간의 지역에는 종종 하수면까지 이르는 광대한 **원시림**이 지금도 남아 있다(p.359). 아름다운 활엽 및 침엽수림은 압록강 하안을 따라 남서 구간으로 곳곳에 분포하는데, 만주 측보다는 한국 측의 강안에 좀 더 무성한 편이다. 그 이유는 한국 주민이 국내의 삼림을 훼손한 것보다 중국인들이 만주 지역의 삼림을 훨씬 더 크게 훼손했기 때문이다. 현재 또는 과거에 화전민이 개간한 정방형의 경지들은 벽동(碧潼)이 위치하는 하류 지역까지 강의 양안에 분포하고, 압록강으로부터 900m 이상의 높은 사면에 이르기까지 화전을 관찰할 수 있다.

상류 구간의 풍부한 삼림으로 인하여 압록강은 한국 최초의 **뗏목 운반 하천**이 되었다. 이 풍부한 삼림의 벌채권에 대한 각축이 러일전쟁의 표면적 이유 중의 하나였다(p.70). 이곳에 때로 일장기를 단, 일본식으로 건조되고 일본인 인부가 탄 뗏목들 외에도 중국의 뗏목들이 상당히 많다. 중국의 뗏목들은 만주에서 조립되고, 운행 도중 야간에는 역시 만주에 정박된다. 중국 뗏목은 일본의 뗏목보다 훨씬 둔중하다. 그것은 원목을 차례로 묶어 고정한 구부러지지 않는 넓은 사각형이며, 혜산진에서 하구 지역까지 운행하는 데에 3주가 걸리기 때문에 뗏목 위에 인부의 가족이 거주할 통나무집이 있다. 하구 지역에서 일본 뗏목은 신의주에서, 중국 뗏목은 대안에 있는 안둥(安東, 현 지명: 단둥, 丹東)에서 각각 분리 · 해체된다.

그리하여 다른 여러 인문지리적 분야에서 나타나듯이, 뗏목의 운영만 보아도 압록강의 **국경 특성**이 확연히 드러난다. 압록강 전 구간이 일본이 1931년에 만주를 점령하기까지 지속적으로 완강한 쇄국의 성향을 지녔던 두 국가 간의 경계를 이룬다는 사실은 1938년까지 혜산진과 신의주 사이의 700km가 넘는 본류 구간에 단 하나의 교량도 없었다는 사실을 통해서 더욱 뚜렷해진다. 1938년 이후에 지금 건설 중인 신안주(新安州)–강계(江界)–통화(通化) 노선의 철도에 의해 만포진(滿浦鎭) 부근에서 양안이 연결된다(p.365 이하). 한국 측의 촌락과 작은 마을에는 위에서 언급한 개마고원과 같은 한국식 가옥들이 있다. 이와 대조적으로 만주 측에는 한국인 외에 많은 중국인이 거주한다. 중국식 가옥은 전혀 다른 형태를 지닌다. 맞배지붕 양식을 취한 중국 가옥에는 창문이 있으며 우진각지붕은 전혀 없다. 그 지붕은 한국식 널지붕보다 경사가 급하며, 그 끝을 세심하게 다듬은 짚으로 이은 초가지붕이다.

구불구불한 계곡의 특징이 **육상교통**을 통한 계곡의 이용을 어렵게 한다. 더욱이 국경지대라는 특성이 이러한 어려움을 더욱 가중시킨다. 만주 지역의 압록강 연안에는 하천을 따라서 지금까지 그 어디에도 단 하나의 개선된 도로가 없다. 한국의 압록강 계곡은 주로 강안에 위치한 취락들 간의 통행을 위하여 짧은 구간만이 도로로 이용된다. 압록강 계곡을 따라 달리는 도로에 의해 연결된 이러한 취락들은 혜산진, 신갈파진, 금창동(金昌洞), 중강진, 만포진(滿浦鎭), 위원, 초산(楚山), 벽동, 창성(昌城)과 삭주(朔州)이다. 가장 하류부인 신의주로부터 상류 쪽으로 40km 구간에 걸쳐서만 도로가 단절 없이 넓고 직선인 계곡을 따라 달린다. 위에서 언급한 취락들도 하천과 평행으로 달리는 도로에 의해 서로 연결되어 있다. 하지만 이 도로들은 배후지를 관통하여 혜산진과 신갈파진 사이에는 1,198m까지, 중강진과 자성 사이에는 800m 이상(가산령, 佳山嶺: 825m), 초산과 벽동 사이에도 700m(탄령, 炭嶺: 797m)보다 훨씬 높은 재들을 넘는다.

이와 같은 대부분의 한국 **취락**들은 과거의 국경 요새(진영 취락)로부터 성장한 것들이며(예: 중강진은 압록강의 중류에 있는 진), 현재도 부분적으로 오래된 석벽들과 지붕이 있는 성문들이 남아 있다. 또한 취락들에는 아직도 그 밖에 많은 조선시대의 건물들이 있으며, 그중에는 풍광이 좋은 강 윗편에 세워진 아름다운 정자들이 있다(예: 만포진의 세검정, 洗劍亭). 일본인들은 병영과 병원을 취락 내에 짓고, 북미의 선교사들은 교회와 예배당을 건립했다. 이와 같은 다수의 국경

[별도 38]

31. 위원 부근 독로강의 사행천

32. 압록강 중류에서 물의 흐름을 거슬러 올라가는 한국의 범선

[별도 39]

33. 자성강을 가로지르는 뗏목 방축과 다리

34. 삭주 부근의 다양한 간작
참깨, 면화, 콩, 참외

[별도 40]

35. 'Kasando' 부근, 압록강의 지류인 자성강 계곡

논의 관개수로가 목재 고가교를 통해 계곡을 지난다.

36. 묘향산의 산록 보현사의 부도와 묘비

[별도 41]

37. 덕천 부근 조선계 석회암지대 내의 대동강 계곡

38. 평양에 매우 근접한 대동강 상류 계곡의 겨울 풍경

대동강은 전면 우측으로 흐른다. 좌측 하안(사진에서 오른 쪽)에 충적평야가, 우안에 정자가 있는 평안계 지층으로 이루어진 구릉이 있다.

소도시들은 방어 목적상 압록강에 바로 연한 곳이 아닌, 인접한 산들 사이에 입지한다. 의주를 제외하고는 압록강 연안의 어떠한 과거의 군청소재지도 직접 하안에 접한 곳은 없다. 압록강 계곡에 있는, 보다 규모가 큰 만주 지방의 도시들 내에는 흰색으로 칠한 망루를 포함한 정방형의 석축 성곽이 현재 잘 보존되어 있다.

신갈파진 부근에서 압록강의 유량은 장진강이 합류하여 크게 증가하며, 여기서부터 **주운**(舟運)이 시작한다. 그렇지만 위에서 언급했던 암초, 자갈과 퇴적제방으로 인하여 하류에 이르기까지 여전히 큰 위험이 도사리고 있다. 그뿐만 아니라 신갈파진과 중강진 사이의 150km 구간에서는 하천이 560m에서 320m로 고도가 감소하기 때문에 유속이 매우 빠르다. 그리고 수개월 동안은 결빙 때문에 주운이 중단된다(p.175). 주운에 있어서도 나라별로 차이가 나타난다. 중국의 정크선들은 면으로 된 돛이 수평으로 설치한 대나무 막대기들에 의해 팽팽히 고정된 반면, 한국 범선의 돛은 수직으로 된 밧줄에 의해 고정되어 있으므로 멀리서도 쉽게 알아 볼 수 있다.

이러한 범선들이 상류로 거슬러 올라갈 때에는 힘든 **예인 작업**이 필요하다. 끄는 밧줄은 돛대나 배의 전면에 있는 특별한 버팀대에 고정된다. 1~6명이 유속이 비교적 느린 활주사면의 하안에서 배를 상류 쪽으로 예인한다. 그리하여 곧 배를 예인하는 길이 강의 양안에 생기게 되고, 범선 교통이 활발히 이루어짐에도 불구하고 그 길은 매우 원시적이어서 뱃사람들은 배를 끄는 과정에서 자주 바위를 타고 넘어야만 한다. 매년 수천 명이 배를 예인하는 길을 이용하지만 이러한 난관이 지금까지도 극복되지 않은 것 또한 국경 지역이 가진 특색으로 인한 결과이다. 곡류 구간의 유로 방향이 바뀌는 지점에서 노와 돛을 이용해 배를 다른 쪽으로 이동시키는데 이때 상당히 뒤로 떠내려간다. 특히 연포동(煙浦洞) 위의 알바위(卵磐)라 불리는 급류에서와 같이 유속이 빠른 곳에서는 범선들이 모여서 강화된 협동 작업으로 예인 작업이 이루어진다.

10년 전부터 일본인은 압록강에 소위 **프로펠러보트**들을 운항시켰다. 프로펠러보트는 약 2m 폭에 최고 16m 길이를 갖는 평저선으로, 수심이 얕기 때문에 스크류 대신 비행기 프로펠러에 의해 추진된다. 이러한 배들은 활주 사면의 기슭을 따라 상류로 올라간다. 신의주로부터 신갈파진까지 상류로 거슬러 올라가는 데에 걸리는 시간은 4일이며, 하류로 내려오는 데는 2일이 소요된다. 이 프로펠러보트들은 한국 쪽 하안에만 정박한다. 교통에 불리한 자연조건과 국경 특성에도 불구하고 프로펠러보트들, 범선과 뗏목들로 인하여 압록강은 매우 활기가 넘치는 강이다.

일제하에서 만주의 발전이 진전됨에 따라 압록강의 국경 특성도 희미해질 것이다. 세계에서 가장 큰 발전소 중 하나인 **수풍수력발전소**는 이러한 발전의 중요한 계기가 되었다. 신의주에서 상류 쪽으로 80km 떨어진 마을인 수풍리(水豊里)에 압록강 계곡의 협곡을 가로질러 대규모의 댐이 건설되었다. 1941년 6월로 예상되는 주 수문의 폐쇄 시에 230km²가 수몰되며, 그중 2/3의 면적은 한국 영토에 해당한다. 그 이전에 80,000명의 주민이 이주해야만 한다. 이 발전소는 640,000kW의 전력을 생산하게 될 것이다. 이 발전소는 총 1,580,500kW를 생산하게 될 7개 압록강 유역 발전소 중 첫 번째 발전소이다. 다른 발전소들은 후창(厚昌), 자성, 만포진(滿浦鎭), 위원, 의주, 혼강구(渾江口)에 건설될 계획이다. 만주국과 한국의 대표들로 동등하게 구성된 기술위원회에 의해 1937년 이후부터 압록강의 행정 및 전력 생산이 관장된다.

압록강은 백두산 중앙외륜산의 남동사면에서 발원하며, **첫 상류 구간**에서는 우선 부석층이 약간 침식되어 형성된 우열을, 그다음에는 현무암과 그 기반암이 크게 침식되어 생긴 상상곡(箱狀谷, Kastental)을 통해 흐른다. 취락과 교통망은 이곳 계곡에는 없으며, 동쪽에 위치한 지류를 따라 발달해 있다. 이와는 대조적으로 뗏목 운반은 본류 상에서도 바로 시작된다. 혜산진 분지의 하류 쪽, 즉 허천강의 하구에 압록강을 가로질러 편비내(Faschienen)[26]와 암석더미로 이루어진 댐이 있다. 그 중간에는 열린 수문이 있고, 여기에서 건조된 큰 뗏목들을 이 수문을 통과하여 내려보낸다.

혜산진–린장 사이의 **주변 사행천 구간**(peripheren Mäanderstrecke)의 초반부 계곡 내에는 보통 논이 있는 곡저가 있다. 뗏목 취락들이 바로 하천변에 위치한 반면, 밭과 농부들의 작은 마을들은 활주사면의 위쪽에 위치한다. 신갈파진은 개마고원 북동부로 들어가는 관문이다. 이 주운의 종착지(신갈파진) 바로 하류 쪽에서 압록강은 낭림산맥의 북단과 접한다. 그전에 이미 300m까지 넓어진 하폭은 여기서 여러 차례 40m로 좁아진다. 금창동(金昌洞)의 동쪽에 조선계에 해당하는 층후가 두꺼운 석회암 지대 내에 가파른 공격 사면들이 발달해 있는데, 사면 상에는 침식을 받아 생긴 험준한 수식의 돌기둥과 암반늘이 복잡하게 혼재해 있다. 그 사이에는 초목이 무성한 삼림이 자라서 진정한 한국의 산악 풍경을 자아낸다.

린장–중강진 부근에 대동계와 경상계의 역암과 셰일이 분포된 지역에서 다시 교통과 취락 발달에 유리한 긴 형태의 폭넓은 구간이 있다(그림 31). 이곳에서 시작하는 **하류 구간**은 직선으로 비교적 넓으며, 상당히 폭넓은 곡저평야들이 험준하고 좁은 사행천의 협곡으로 변한다. 1:1,000,000 지질도 상에 전부 반암으로 잘못 표시되어 있는 이 쪼개지기 쉬운 화성암 지역에

26 역자 주: 방죽이 무너지지 않도록 대나 갈대를 엮어 둘러친 것을 말한다.

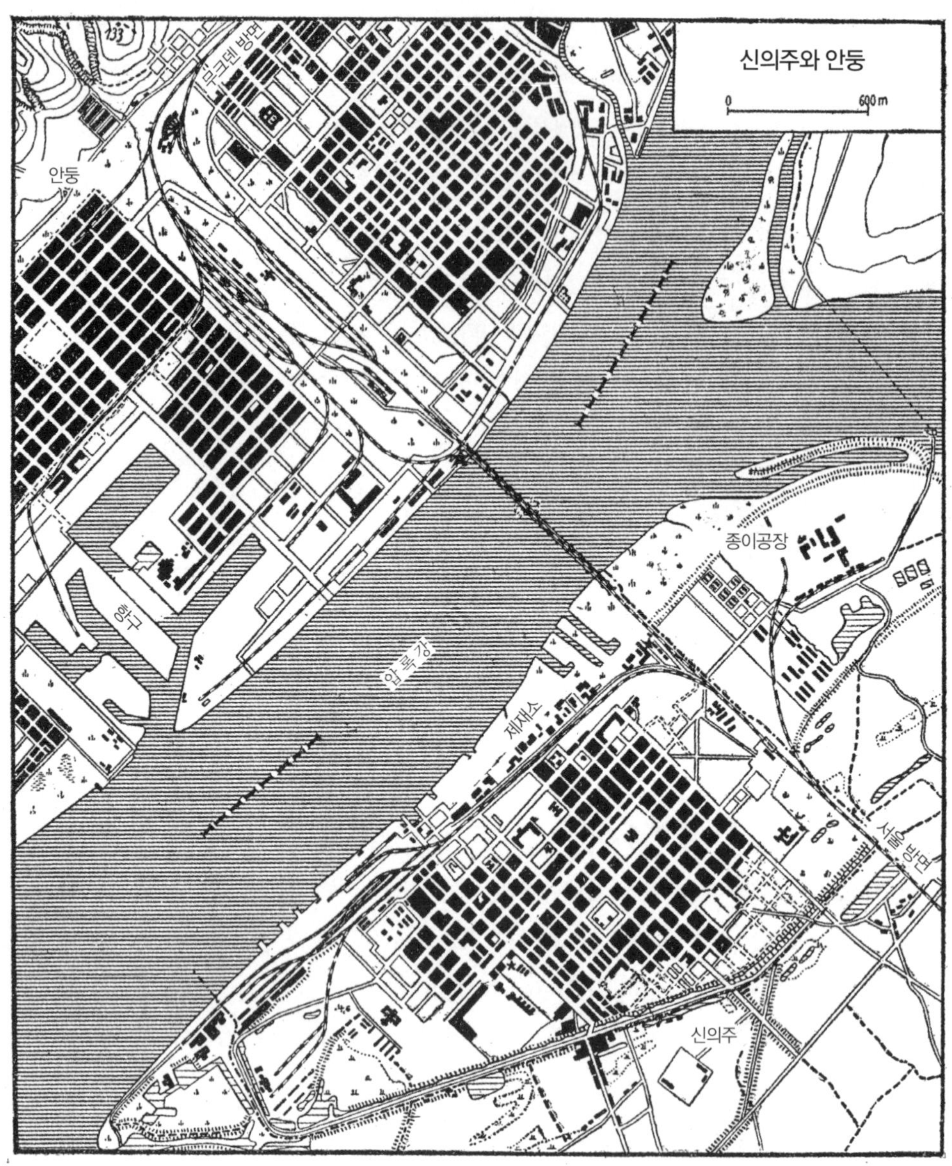

그림 35. 신의주와 안동(출전: 『도설 조선지리풍속(圖說 朝鮮地理風俗)』)

서는 사면들이 매우 가파르고, 종종 암벽을 이루고 있다. 창성에서 하류 쪽으로 압록강 계곡은 최종적으로 넓어지기 시작한다. 사면의 경사는 보다 완만하고, 높은 산들은 점차 드물어진다. 유로는 줄기로 갈라지고, 수풍리에서 하류 쪽으로는 조수도 느껴지기 시작한다. 압록강 곡저평야의 좁은 부분에서 소나무가 우거진 한국 측의 자연제방(Hochufer)에 북경–서울 간 사신로(p.66)가 압록강을 건너가는, 옛 한국의 유명한 관문인 **의주**가 위치한다. 현재 의주는 보잘것 없는 군청소재지이자 작은 시장도시이나, 아직도 과거의 아름다운 건축물 유적들을 보존하고 있다. 의주는 평안북도의 도하 지점과 도청소재지로서의 역할을 신의주에 넘겨 주었기 때문에 인구(10,392명)가 감소하고 있다.

의주로부터 하류 쪽으로 15km 떨어진 곳에서 여러 개로 갈라진 압록강의 줄기들이 다시 합류하여 저수위의 폭이 700m인 단 하나의 하상을 이룬다. 여기에는 약 5km 넓이의 범람원이 한국 측 압록강 계곡의 주변부로부터 북서쪽으로 분리되지 않고 전개된다. 이 지점의 하류 쪽에서 다시 하중도가 형성되기 시작하고, 강력한 조수가 흐르는 유로가 썰물 때에 모습을 드러내어 반짝이는 넓은 면적의 이질(泥質)의 뻘밭(Schlickwatt)이 있는 하구역(Mündungstrichter, 영: estuary)으로 넓어지기 시작한다. 1904~1905년에 걸친 전쟁(러일전쟁)이 끝난 직후, 일본인들은 이 지점에 차량도 통과할 수 있는 947m 길이의 다리와 함께 한국 간선철도를 부설하여 역사가 오랜 만주의 도시 안둥(安東, 현 지명: 단둥, 丹東: 1939년 인구는 219,777명)에 이르게 하고, 이 다리를 통하여 그들이 동시에 건설한 안둥–무크덴(Mukden, 현 지명: 선양, 瀋陽) 간의 철도와 연결했다. 여기에 일본인들은 **신의주**라는 도시를 건설했다(그림 35). 가로망은 한편으로는 하안과 평행하고, 한편으로는 하안에 수직인 단조로운 직교식 형태이다. 이 도시는 남쪽으로 제방에 의해 보호된다. 큰 목재 가공공장들이가 압록강을 따라서 길게 자리 잡고 있고, 이들 공장 앞에서 뗏목들이 분리된다. 그곳에는 오자회사(王子會社)의 큰 제지공장도 있다. 지속적으로 성장하는 이 도시의 인구는 1938년에 52,384명이었는데, 그중 16%는 일본인이었으며, 12%는 중국인이었다.

신의주는 1935년에 73,100,000엔의 총교역량을 기록하여 한국의 5번째 항구였다. 그러나 신의주는 해항(海港)이라기보다 오히려 하항(河港)이다. 그 이유는 수심이 얕은 압록강의 하구역(Flußtrichter)은 해양 선박의 운항에 큰 난관이 되며, 다만 최대 4m의 흘수선을 가진 배만이 통과할 수 있기 때문이다. 압록강의 한국 쪽 연안에 군청소재지인 **용암포**가 위치한다(용천(龍川)이라고도 부름, 인구: 13,566명, 그중 6%가 중국인). 용암포는 아직까지 불완전하게 확정된 신의주의 외항이나 중요한 어항이다. 둥근 창문을 지닌 몇몇 단층 석조건물들은 러시아인들이 이곳에 거점을 확보했고 용암포가 지정학적으로 최고로 민감한 지역이었던 시기에서 유래하는 것이다(p.70). 인근에는 결정질의 붉은색 구릉성 고기산지(古期山地, Altland)에 연이어 살랑살랑 소리를 내는 갈대(*Fragmites communis* Tr. [*Phragmites communis*])로 덮인 습지가 전개된다. 수많은 결정질 암석의 도서들이 최근에 일어난 내진(內進)의 증거로서 하구 전면 이질의 간석지 상에 돌출해 있다.

완사면의 특성에 상응하게 낭림산맥의 서사면에는 뚜렷한 산록이 없다. 거기에 있는 급경사의 예리하게 개석된 산지는 뚜렷한 경계가 없이 중강진의 압록강 대만곡부를 채우는 **평북 지역의 북동부 산지**로 이행한다. 이 산악 지방에는 지배적인 선들(leitende Linie)이 없다. 이 지역의 최고봉은 1,500m 이상이며(백삼봉, 白三峰: 1,556m), 최남동부에 좀 더 높은 산도 있다(백산, 白山: 1,875m). 독로강(禿魯江)의 남서쪽에서 압록강과 평행하게 달리면서 압록강과 청천강과의 분수령을 이루는 **적유령산맥**(狄踰嶺山脈)이 시작한다(숭적산, 崇積山: 1,994m). 적유령산맥은 남쪽으로 화강편마암, 화강암, 변성편암으로 이루어져 있으며, 100m 고도 이하의 넓은 면적의 **구릉 지역**으로 매우 점진적으로 남쪽으로 떨어진다. 이 구릉 지역은 서해안과 청천강 사이의 둔각부를 채우고, 이 구릉 지역을 통하여 대령강(大寧江)과 구룡강(九龍江)이 사면의 경사 방향으로 사행한다. 적색으로 풍화된 이 구릉 지역은 최근에 개석된 낙랑준평원의 남은 부분인 것 같다(p.115). 이미 언급한 하천들과 그 지류들을 따라서 구릉성 산지들 사이에 고도가 매우 낮은 충적지가 북쪽으로 널리 전개된다. 구릉 지역에서는 도처에 뚜렷한 경사천이점(Gefällsknick)을 가진 화강암 암석 돔들이 급경사를 이루며 상당한 높이로 솟아 있다. 그러한 산들 중의 하나가 태천(泰川)의 삼각산(三角山: 937m)인데, 이 산에는 거친 우열(雨裂)들도 있지만 거의 개석되지 않은 둥근 형태의 암석 사면들이 500m 고도에 달하며, p.128에서 기술한 돔형 산지의 현상(Felspanzerphänomen)이 여기서 극치에 이른다.

평북 지역의 기복에서 가장 주목할 만한 특징은 청천강 하구로부터 압록강의 금창동까지 달리며 곳에 따라 일직선의 계곡들(Talflucht)의 성격을 갖는 곡선(谷線, Tiefen Linie, Talweg)이다. 곡선은 묘향산맥 및 낭림산맥과 약간의 거리를 두고 산맥들과 평행하여 달리며, 평북 지역의 전체 길이를 관통한다. 청천강 계곡의 하류에 해당하는 첫 번째 구간은 희천(熙川)의 계곡교차점에 이르기까지 눈에 띄게 직선을 나타낸다. 이 구간은 이미 언급한 화강편마암과 대보조산운동에 의해 영향을 받은 고생대 퇴적암 사이의 경계선을 따라 달린다. 이 구간의 좌측에 조선계 석회암이 화강편마암 쪽으로 습곡되고, 중생대 암석이 조선계 석회암 쪽으로 습곡되어 있다. 청천강 하류 계곡의 직선 형태는 아마도 이 오랜 지질구조 때문에 생성되었을 것이다. 희천으로부터 상류 쪽에는 이 곡선이 사행하는 명문천(明文川)의 측면 계곡을 따라 상류 쪽으로 이어지고, 최고 815m 높이에 이르는 두 개의 계곡 안부(Talpaß)를 지나 독로강 중류까지 달리는데, 독로강 중류는 상류 및 하류와는 달리 일직선 계곡들의 방향인 북북동 방향을 취한다. 그리하여 강계가 위치한 계곡교차점에 도달하는데, 강계는 평북 지역의 북부에서 교통지리적으로 희천이 평북 지역의 남부에서 갖는 만큼의 중요성을 갖는다. 강계로부터 곡선이 지금까지의 진로를 벗어나 동쪽으로 직령(直嶺: 1,057m)을 넘어 자성강 계곡의 중류로 이어지고, 마침내 가산령(925m)을 넘어 후창과 금창동으로 향한다. 이 곡선이 그 북부에서도 구조적 기반을 지니고 있는지는 불확실하다. 화강편마암 지대 내의 곳곳에서 동일한 방향으로 습곡된 작은 부분의 퇴적암층이 있는 것으로 보아 이러한 가능성이 있을 수 있다. 평북 지역 내에서 종축 방향으로의 통행이 매우 미약함을 고려한다면 이 곡선은, 그 안에 5개의 재가 있긴 하지만, 교통지리적으로 매우 중요하다.

청천강 계곡의 하류부 중 구장동(球場洞) 부근의 좌측 사면에 **동룡굴**(洞龍窟)이라는 상당한 규모의 **석회암 동굴**이 조선계 석회암층 내에 발달해 있다. 현재까지 탐사된 총연장은 1,463m이다(788). 동룡굴에는 균열을 따라 생긴 몇 개의 통로와 최대 70m 높이에 150m의 폭을 갖는 큰 공간들이 있다. 우기에는 동굴 내 가장 낮은 곳에 개울이 흐르고, 낮은 곳에 위치한 큰 공간들의 바닥은 물이 차서 호수를 이룬다. 각 통로들과 큰 공간들은 많은 종유석과 석순들로 장식되어 있다. Kawasaki는 그것들 중 하나의 형성 시기를 60,000년으로 추정하고 있다. 다량의 동굴 점토는 곰과 멧돼지의 뼈를 포함하고 있는데, 그것들은 아마도 최종 빙기로부터 유래한 것 같다(p.123). 가장 흥미로운 것은 맨 아래 위치한 큰 공간들의 바닥에 수적석(水滴石, Tropfstein)으로 생성된 조흔(條痕 또는 무늬 Schlier)과 석회화단구(石灰華段丘, Sinterterrasse)이다. 석회화단구들은 약간 높은 주변부를 가져서 그 내부에 물이 고여 있다. 그 때문에 '계단식 논(Reisfeldterassen)'이라 불린다.

평북 지역이 끝나는 매우 얕은 서한만의 **해안**은 심하게 들쑥날쑥한 내진해안이다. 여기서는 흔히 구릉 지역이 바로 바다에 접한다. 대령강(大寧江)과 청천강의 합류 지점 바로 인근의 해안에 단단한 화강편마암으로 이루어지고 암괴류(Blockstrom)들로 주위가 둘러싸인 칠악산(七岳山)이 366m 높이로 솟아 있다. 화강암으로 이루어진 철산반도(鐵山半島)는 남쪽으로 멀리까지 돌출해 있다. 이 반도의 전면에는 수많은 갯골들이 나 있는 뻘밭(Schlickwatt) 및 모래 간석지(Sandwatt) 위에 신미(身彌)군도가 솟아 있다. 해안에서 인접한 구릉 지역은 늪지(Marsch)들로 둘러싸여 있는데, 늪지들은 만으로 각각 유입하는 하천 및 개울에서 좀 더 멀리 북쪽에까지 이른다. 가장 넓은 늪지는 청천강과 대령강이 함께 유입하여 형성된 하구의 만 부근이고, 특히 남쪽에서 이 늪지와 경계를 이루는 입석리(立石里)의 반도 상에서 늪지가 넓다.

개마고원을 논할 때 평북 지역 북동부의 **기후**는 한국 전역에서 가장 대륙성이 강한 기후로 기술되었다. 후창과 중강진 관측소의 기후자료는 이와 같은 사실을 증명한다(p.308). 900m가 되지 않는 고도에 위치한 동점(銅店) 부근 남신(南新)의 얼음 동굴은 겨울의 혹한에 대한 뚜렷한

평북 지역의 기후자료

관측소	고도 (m)	기온							강수량								
		1월			8월			연교차	2월				7월				연강수량
		평균 기온	평균 최저 기온	절대 최저 기온	평균 기온	평균 최고 기온	절대 최고 기온		평균 (mm)	‰	평균 강수 일수	강수 강도	평균 (mm)	‰	평균 강수 일수	강수 강도	
자성	330	−17.5	−25.1	−38.7	23.6[1]	29.4[1]	40.0[1]	41.1	11.4	12	5	2.2[2]	228	246	17	15.2	926
초산	190	−15.8	−22.8	−36.1	24.5[1]	29.8[1]	37.6[1]	40.3	11.3[3]	12[3]	5	1.9[3]	224	231	15	16.9[4]	958
희천	140	−11.5	−19.2	−36.0	24.1	29.4	37.0[1]	35.6	14.1	11	5	2.8	390	303	17	23.0	1290
신의주	6	−9.5	−14.5	−27.3	25.0	29.2	39.1	34.5	10.6	10	3[2]	2.7	265	258	16	16.8[4]	1028
구성	108	−9.7	−15.5	−31.0	24.3	28.9	36.5[1]	34.0	15.0[3]	13[3]	5	3.5	405	296	16	25.3	1366
대화도	102	−6.5	−	−	24.1	−	−	30.6	9.6[2]	14[2]	4[2]	2.0	158[4]	231[4]	13	13.1	686

[1] 7월 [2] 1월 [3] 12월 [4] 8월

증거가 된다. 모든 기후요소의 대륙도는 서해에 가까워질수록 감소한다. 그러나 서해안에서조차 동위도 상의 동해안보다 여름에 좀 더 덥고, 겨울에 좀 더 춥다. 동해안에서 함흥은 29.8℃의 연교차를 갖는 반면에 서해안으로부터 동일 거리에 위치한 안주는 34.7℃의 연교차를 갖는다. 만주로부터의 영향으로 인하여 압록강의 관측소들은 청천강의 관측소들보다 대륙성이 좀 더 강하다. 이 모든 사실은 평북 지역의 기후자료 표에서 증명된다.

북부(자성, 초산)는 개마고원에서와 같이 7월이 여전히 평균적으로 최난월인 반면에 해안으로 근접할수록 8월이 최난월이 된다. 이와는 달리 7월은 동해안 지역과 개마고원의 대부분 지역과는 대조적으로 거의 모든 지역에서 강수량이 가장 많은 달이다. 이와 동시에 7월은 해안 지역에서 상대습도(용암포: 87.9%)가 가장 높고, 일조시간(신의주: 39%)이 가장 적은 달이다. 해안 부근에서 여름계절풍은 북동부에서보다 좀 더 강력하며, 일정하게 분다. 신의주에서 남동과 남남서 간의 풍향은 7월의 관측 중 67.5%이며, 이와 대조적으로 초산에서 8월 관측 중 55.9%가 고요(무풍)이다. 여름 강수량은 해안으로 갈수록 증가하고, 해안 부근의 강수량은 남쪽으로 갈수록 증가한다. 구성은 북부 지방에서 유일하게 405mm 정도의 많은 7월 강수량을 갖는다. Mills는 강계에서 1911년 6월과 7월에 각각 24일간의 강우일을 측정했다(781, p.11). 한국의 모든 지역에서처럼 연평균강수량의 지역적 분포는 여름 강수량의 분포와 일치한다. 연평균강수량은 해안 부근 어느 지역에서나 1,000mm 이상이다. 이 지역에서도 해안의 전면에 위치한 섬들만 이보다 적은 강수량을 갖는다(대화도, 大和島).

그와 반대로 겨울 강수량은 어느 곳이든 적으며 내륙에서는 이때에 고요(무풍)일 경우가 많다. 초산은 1월 중에 61.5%가 고요(무풍)로 한국 최고의 기록을 갖는다. 해안 부근에서는 이와 반대로 육지계절풍이 매우 일정하게 분다. 신의주에서는 12월 관측 중 83.6%가 북동에서 북북서의 풍향이다. 이때에 상대습도는 최저(용암포: 58.5%)가 되고, 일조시간은 최고(72%)가 된다. 강설일수는 해안으로 갈수록 감소하여, 평균적으로 연간 27일로 중강진의 거의 1/3에 불과하다.

낭림산맥의 서사면을 덮고 있고 거의 훼손되지 않은 **원시림**과 p.315 이하에서 맹부산(猛扶山)과 묘향산의 사례로 기술했던 원시림의 종 구성은 북동부의 산지와 적유령산맥 쪽으로 연속되어 있긴 하나, 여기서는 곡(Talfurchen)을 따라 이루어진 화전개간과 그에 따른 2차 식물군락에 의해 단절되어 있다. 심지어 개간은 도처에서 현재 연녹색의 초지와 관목으로 덮여 있는 정상부 고원까지 이루어졌는데, 이는 독일 미텔게비르게(Mittelgebirge)의 삼림초지(Waldwiese)와도 같은 광경이다.

원시림의 수직 분포는 750m 고도의 자성강 곡저로부터 1,556m까지 솟아 있는 단단한 흑운모편마암으로 이루어진 백삼봉(白三峰)을 사례로 들어 기술하겠다. 최하층의 식생대는 1,150m까지 이르며, 활엽수림으로 이루어져 있는데, 그중에는 특히 신갈나무(*Quercus mongolica*)를 위시한 참나무속 수종들이 주종을 이룬다(참나무지대). 그 밖에도 고로쇠나무(*Acer mono*) 및 청시닥나무(*A. barbinerve*), 가래나무(*Juglans mandschurica*), 산개벚지나무(*Prunus maximowiczii*) 및 개벚지나무(*P. maackii*), 거제수나무(*Betula costata*), 회목나무(*Euonymus pauciflorus*)와 드물게 나타나는 젓나무(*Abies hollophylla*)와 주목(*Taxus cuspidata*)이 있다. 1,150m에서 1,300m 사이에는 침엽수가 좀 더 많아진다. 이미 낮은 고도에서 도처에 산재하는 잣나무(*Pinus koraiensis*)는 여기에서 가장 널리 분포하고 있다. 분비나무(*Abies nephrolepis*)와 가문비나무(*Picea jezoensis*)가 여기서 나타나고, 정상까지 위로 갈수록 점점 더 우위를 차지한다. 대략 단풍나무지대가 끝나는 1,400m 고도까지 피나무(*Tilia amurensis*)가 분포하고, 사스래나무(*Betula ermani*), 당마가목(*Sorbus amurensis*), 부게꽃나무(*Acer ukurunduense*) 및 산겨릅나무(*Acer tegmentosum*), 전요식물(쥐다래, *Actinidia klomikta*)과 미역줄나무(*Tripterygium regelii*), 관목림(조팝나무: *Spiraea prunifolia* for. *simpliciflora*, 싹사래나무: *Syringa robusta* [*Rhamnus yoshinoi*])은 정상 지역까지 분포한다. 그 당시에 측량을 위하여 벌채된 평탄한 정상부는 Riesenschierling[27]과 관목(꿩의다리의 일종, *Thalictrum tuberiferum* Max.[28])의 밀림으로 덮여 있다. 가산령(925m) 주변의 원시림은 보다 다양한 종의 식생들로 이루어져 있고, 낮은 고도에도 불구하고 침엽수식물들이 이미 널리 분포한다. 이러한 다양한 수종으로 묘향산의 삼림과 같은 방금 기술한 지역의 삼림이

27 역자 주: Riesenschierling은 독일어 사전에는 독(毒)당근으로 번역되어 있으나, *Conium* 속(屬)에 속하는 식물로 우리말로 어떤 식물명인지 알 수가 없다.

28 역자 주: *Thalictrum tuberiferum* Max.은 꿩의다리의 일종이나 어느 꿩의다리인지 확인하지 못하였다.

개마고원의 삼림과 구별된다(782, 783). 하천 유로변의 식물군락과 관련해서는 Mills가 행한 독로강 계곡에 관한 광범위한 생태학적 연구를 참조하기 바란다(781).

평북 지역의 **후계 식물군락**은 근본적으로 개마고원의 2차 식생과 유사하다. 그러나 후계 식물군락은 남서쪽으로 갈수록 기후 조건이 좋아져서 수종이 다양해진다. 탄령(炭嶺: 725m)의 관목군락에는 빽빽한 싸리속(*Lespedeza*) 수종들이 지배적이다. 두 번째로는 참나무속 수종들, 보리수나무속 수종들, 오리나무종들이고, 세 번째로는 물박달나무, 느릅나무, 난티잎개암나무(*Corylus heterophylla* Fisch.), 아기단풍, 사시나무와 황철나무들, 철쭉꽃, 양치식물, 초본류이다. 전요식물(덩굴식물)들이 이 관목림에 넓은 면적에 걸쳐 발을 들여 놓을 수 없을 만큼 무성하게 자란다. 서해안 지역에 가까워질수록 이 관목식물 군락에서 노린재나무(*Palura paniculata* Nakai var. *pilosa* Nakai [*Symplocos chinensis* for. *pilosa* (Nak.) Ohwi]), 독일의 Pfeifenstrauch(*Cphiladelphus coronarius*)와 근친인 얇은잎고광나무(*Philadelphus tennifolius* Rupr. et. Max.), 백당나무(*Viburnum* pubinerve Bl. var. *puberulum* Nakai [*Viburnum sargentii*])[29], 붉나무(오재자나무, *Rhus javanica* L.) 등과 같은 기후에 민감한 수종들이 나타난다. 특히 평북 지역 남부의 구릉지를 비롯한 고도가 낮은 곳은 드물지 않게 단순한 소나무 숲으로 이루어져 있다. 그러나 여기서 더욱 흔히 볼 수 있는 것은 조밀하게 거주하는 주민들에 의해 무분별하게 남벌된, 소나무, 노간주나무(*Juniperus rigida*), 참나무속 수종들과 밤나무로 이루어진 빈약하고 메마른 관목식물군락이다.

p.560의 표에서 나타나듯이, 평안북도는 **화전경작**이 가장 널리 분포하는 지방이다. 덕천(德川)–구장동(球場洞) 구간의 도로를 따라 평안남도에서 평안북도로 오게 되면, 이러한 사실이 경관에 미친 영향이 여실히 나타난다. 이러한 경제 시스템은 북쪽으로부터 남부 구릉 지역의 북한계까지 이르며, 예를 들어 삼각산(三角山)과 같은 그 지역의 가파른 화강암 돔형 산지에서조차 지금도 여전히 완전하게 경영되고 있다. 따라서 이 지역의 많은 경관 요소들이 개마고원의 요소들과 다름없게 된다. 그렇지만 남서쪽으로 가면서 원시림의 파괴가 증가함에 따라 풍부한 삼림에 기인하는 이러한 특성이 약해진다. 북동부 산악 지역에서만이 이러한 특성이 개마고원만큼이나 널리 순수한 형태로 발달하였다.

화전농업의 어려움은 개마고원보다 이 지역에서 좀 더 크다. 그 이유는 다른 여러가지 장애 외에도 종종 사면의 급경사가 추가되기 때문이다. 저자는 60°까지 이르는 사면에 위치한 화전들도 목격하였다. 토양침식을 막기 위하여 이곳의 산릉과 산정에는 어디에나 삼림과 관목림이

29 역자 주: 정태현의『조선삼림식물도설』에 털백당나무로 나와 있어 백당나무로 번역하였다.

있다. 그럼에도 침식이 일어나서 화전의 사면에 매우 흔하게 깊은 우열이 형성되고, 곡저가 황폐화되어 습지가 되었다. 전반적으로 낮은 지표의 절대고도로 인하여 화전경작은 또한 이 지역에서 고도가 낮은 지역으로 내려온다. 저자는 1,150m에서 가장 높은 고도에 위치한 화전을 목격하였다. 남서쪽으로 오면서 기후 조건이 양호해짐에 따라 화전에서 경작되는 작물이 다양해진다. 희천군(熙川郡) Emmedô(동명 미확인)에 있는 477.5ha의 큰 화전에는 연대는 알 수 없으나 조 50%, 팥 11.5%, 감자 11.4%, 옥수수 6.9%, 메밀 6.9%, 수수 6.5%, 콩 4.3%, 무우 2.2%, 대마 0.5% 등의 작물이 재배되었다(561, p.8).

화전개간지가 점차 숙전(熟田)으로 변함으로써 해가 갈수록 **숙전의 면적**은 지속적으로 증가한다. 이들 숙전에는 간작과 경재(境栽)가 널리 분포한다. 영구경작지에는 Emmedô에서 화전작물로 언급된 것 외에도 밭벼, 녹두, 참외, 채소와 심지어 재래면과 약간의 고구마도 재배된다. 그러나 희천군에서 미국 육지면을 재배하려는 시도는 실패로 돌아갔다. 의주군은 한국 옥수수 재배의 중심지이지만, 그 밖의 평북 지역에서도 많이 재배되므로 평안북도는 한국 수위 옥수수 생산 지역이다(p.571).

북동부 지역으로 750m 고도에 이르기까지 모든 계곡에는 **논**이 있다. 논의 면적은 남서쪽으로 갈수록 기후와 토양 조건이 양호해져 증가하며, 벼농사는 해안 부근의 곡저에서 지배적이고 늪지에서는 전적으로 벼농사만 이루어진다(지도 4 참조). 이 지역의 벼농사와 그 밖의 다른 문화경관의 특성에서 해안 부근의 남서부는 중부 지방의 서해안 경관과 유사하므로 평북 지역의 다른 지역과는 뚜렷이 구별되는 부분 경관으로서 구분될 수 있다(별도 23). 정주군(定州郡)에서는 벼농사가 차지하는 비중이 전체 면적의 19.3%, 용암포군(龍岩浦郡)에서는 28.0%에 각각 달하며, 그중 약 절반은 관개답이다. 이곳에는 쌀 외에도 관개답에서 왕골이 생산된다. 이 해안 지역은 중요한 쌀 잉여생산 지역 중의 하나이며, 이 쌀은 배편으로 일본에 반출된다.

늪지에서 집약적 벼 재배는 무엇보다도 일본인에 의해 운영되는 **수리조합**의 업적이다. Indô 수리회사와 Taishô 수리회사는 청천강 하구 지역에서 대규모의 간척 및 관개사업을 수행했고, Taishô 회사와 후지(富士)회사는 이러한 유형의 가장 큰 프로젝트를 전개하였는데, 그것은 압록강 하구의 남동쪽에 위치한 용암포군에서 벼농사를 위한 간척사업이다. 이와 같은 간척지들은 몇몇 결정질의 암석으로 이루어진 섬들이 흩어져 있던 과거의 간석지 위에 형성된 것이다. 외부 표면이 돌로 이루어진 직선상의 방조제에 의해 연안에 위치하는 좀 더 외측의 일련의 도서들이 연결되어 있다. 이리하여 두 개로 분리된 정방형의 간척지가 생겨났는데, 그중 규모가 더 큰 것은 압록강 하구에 접한 것으로서 1916년에, 다른 하나는 1926년에 완공되었다. 이 둘을 합친 총면적은 11,200ha에 달한다. 후지회사 소유의 4,950ha의 간척지에는 1,700호의 한국인 벼 재배 농가들이 거주하고 있다. 관개수는 간척지와 하천 사이의 분수계(分水界)인 제방의 아래에 뚫린 수로를 이용하여 삽교천(揷橋川)으로부터 얻는다. 삽교천의 상류에는 저수지가 건설되었다. 그 외에도 갈수기에는 고진강(古津江)에서 물을 끌어오는데, 고진강에는 30일분의 저수용량을 갖는 저수지가 있다. 또 다른 두 번째의 관개수로가 확장 사업에 이용된다. 과거 간석지의 경사를 슬기롭게 이용함으로써 서로 직교하는 관개수로 체계가 두 개펄을 통하게 파여 있다. 방조제의 5개 수문이 배수를 통제한다. 식수조달 때문에 농부들의 작은 마을들은 섬의 기슭에 주로 입지한다. 영농교육을 이수한 한 사람이 30가구를 단위로 하여 영농지도를 한다. 영농관리사무소는 벼시험장과 모판으로 둘러싸여 있는, 보다 완공 시기가 오래된 간척지의 대략 중앙에 위치한다. 자급량을 초과하는 수확량은 농부들이 영농관리사무소에 위탁하여 가격이 유리할 때에 판매한다.

평북 지역의 에너지는 또한 제2의 경제활동인 **광업**을 통해 더욱 증대된다. 동점(銅店)의 동채광(p.110)과 예를 들어 군청소재지인 개천(价川) 주변의 철 채광 및 채탄에 더하여 특히 금 채광이 있다. 금 생산에 있어서도 평안북도는 한국의 모든 지방에 앞선다(p.608). 금광은 하광동(下廣洞: 의주군), 자성, 길상동(吉祥洞)과 Chokei-dô(선천군) 및 교동(橋洞)과 삼성(三成: 구성군)에도 있다. 그러나 가장 오래되고 산출량이 많기로는 대개 군의 명칭을 따라 명명된 운산 금광이 있는 운산군(雲山郡)의 북부 지역과 이 지역에 연이은 창성군(昌城郡) 남동부의 대유동(大楡洞)이다(그림 36). 미국의 동양합동광업회사(Oriental Consolidated Mining Company)에 의해 1895년 이래 운영되는 운산 광산의 중심지는 북진(北進)에 있다(786). 눈에 뜨일 만한 일직선의 구룡강(九龍江) 계곡은 북진(北鎭) 부근에서 화강암과 화강편마암으로 단절되어 있는 파쇄대를 따르며, 이 파쇄대는 북서쪽으로 어자령(於自嶺: 474m)을 넘어 태천 지역[30]까지 뻗어 있고, 총연장은 35km이다. 게다가 이들 암석은 운모동석(chalkophyllite)으로 광염작용(impregnation)을 받은 여러 방향으로 달리는 석영맥에 의해 관입되었다. 이 회사는 북진 부근에 두 개의 분리된 수갱(竪坑)을 소유하고 있다. 수갱 중 하나는 대바우 광산이고, 다른 하나는 교동(橋洞) 및 진동(鎭洞) 광산이다. 두 광산이 공히 쇄광기를 하나씩 소유하고 있다. 북쪽으로부터 북진 부근으로 유입하는 측면 계곡의 양편에 2km의 거리를 두고 설치된 이 두 쇄광기는 협궤 철도로 연결되어 있다. 분쇄과정은 2단계로 이루어진다. 두 번째 분쇄과정에서 나오는 금을 함유한 석영모래는 세척과정을 통함으로써

30 역자 주: 창성에 대한 오기이다.

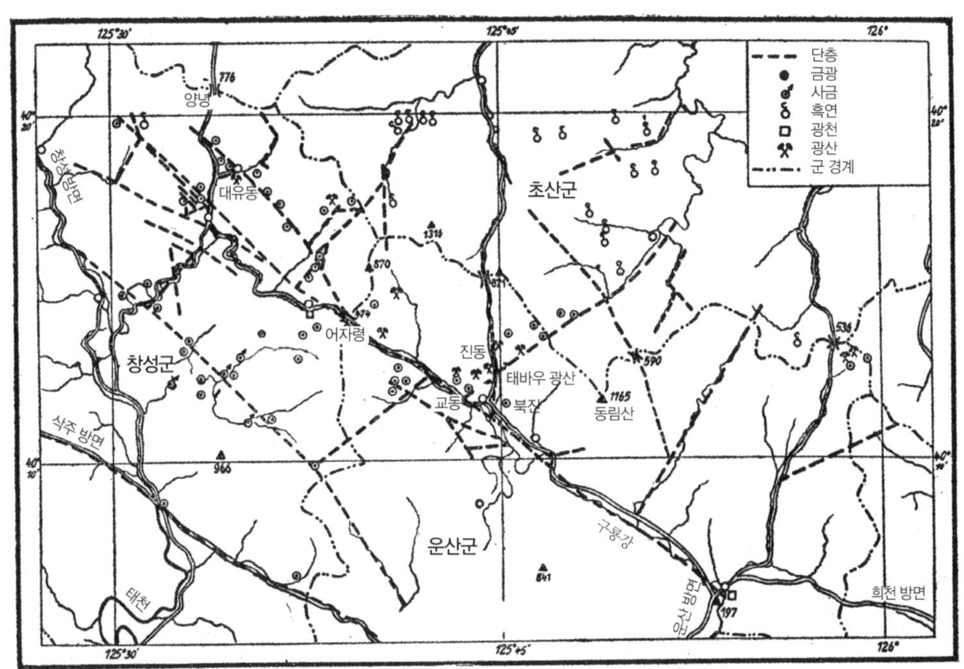

그림 36. 북진과 대유동의 금광(운산군과 창성군, 출전: Y. Kinosaki)

경사지고, 세로로 홈이 있는 진동판으로 흘러가며, 진동판 위에서 금이 선별되어 모인다. 선광 절차 후에 정광(精鑛)은 수은 처리장치 속에서 용탈되며, 최근에는 시안화법 처리장치도 도입되었다. 구북진은 두 계곡 사이의 모서리에 위치하며, 신북진은 아래편 광산을 마주 보며 측면 계곡 내에 길게 발달해 있는데, 큰 폐석더미로 된 산에 의해 구북진과 분리되어 있다. 인구(19,619명)는 지금도 급격히 성장하고 있다. 1895년부터 1938년까지 운산 광산에서는 80,000kg 이상의 금이 생산되었다. 대유동 광산은 1910년 이래 운영되는 운산 광산의 자회사이며, 후에 다른 외국 회사의 손에 넘어 갔다. 대유동 광산은 운산 광산에서 북서쪽으로 20km 떨어져 있다. 1937년 대유동 광산은 처음으로 운산 광산의 금 생산량을 초과했으며, 현재 한국에서 가장 생산량이 많은 금광이다. 이 두 광산은 1939년에 일본의 소유로 넘어 갔다.

청천강과 대령강에서는 **뗏목 수송**이 행해진다. 대령강은 다만 소나무 숲 지역에서 발원하므로 여기의 뗏목들은 최대한 허벅다리 굵기의 굽은 소나무 줄기로만 이루어졌다. 대령강에서는 주로 한국식 뗏목을 보게 된다. 한국식 뗏목은 작고 좁은 사각형의 형태를 이루고, 나무줄기들은 보다 너저분하고 정돈되지 않은 채 결합되어 있다. 전면과 후면에 각각 노가 달려 있다. 이

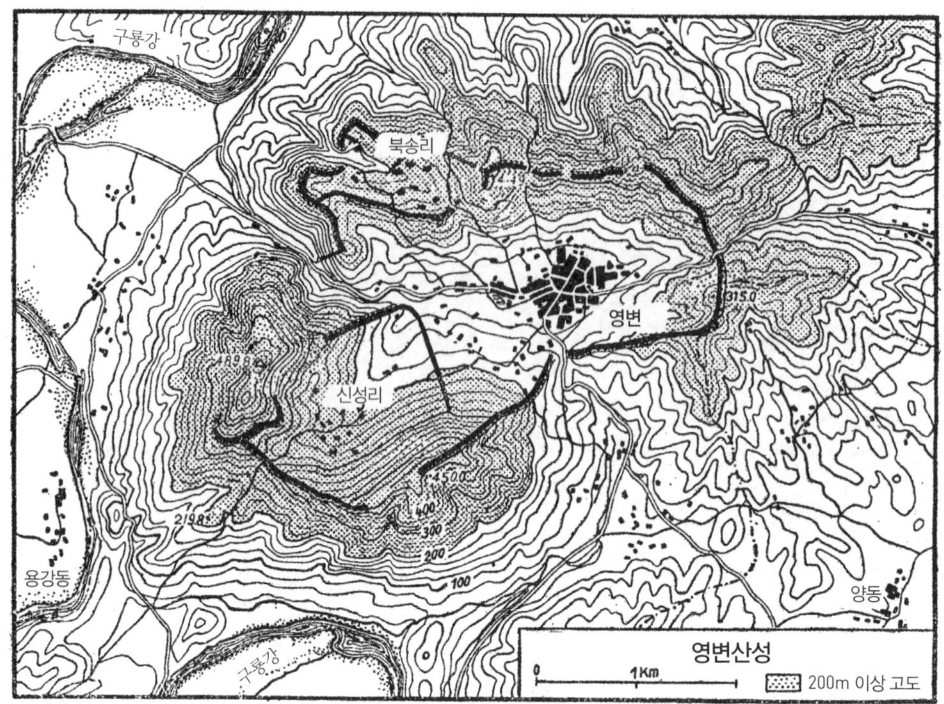

그림 37. 평안북도의 영변 산성(출전: 299)

와 대조적으로 청천강은 곧은 젓나무와 가문비나무의 줄기로 된 주로 일본식 뗏목을 운반한다. 목재는 박천(博川), 구장동(球場洞), 안주(安州)와 신안주(新安州)에서 가공된다. 청천강에서 작은 배의 운행은 상류로 희천까지 가능하다.

평북 지역의 해안에서 **어업**은 한국의 서해안 어획에서 가장 중요하다(p.604). 봄에는 가자미(Flunder)와 조기(Umberfisch), 여름에는 민어(Nibea), 삼치(Pferdemakrele), 상어(Hai), 갈치(Schwertfisch), 붉은도미(Rote Meerbrasse), 봄과 가을에는 새우(Garneelen), 가을에만 장어(Aale), 가을과 겨울에만 숭어(Äschen) 등이 어획된다.

압록강을 제외하고는 평북 지역에는 두 개의 큰 **교통로**가 있다. 그중 보다 중요한 교통로는 해안 지역을 관통한다. 옛날 한국의 사신로가 이곳을 통과했고, 그 사신로는 매력적인 구군청 소재지 안주에서 청천강을 건넜다. 현재 해안에 보다 근접한 **신안주** 부근에서 청천강을 다리로 건너는 한국의 간선철도가 구사신로를 대신한다. 신안주와 안주 사이의 관계는 신의주와 의주 사이의 관계와 같다. 급격히 성장하는 신도시인 신안주(13,029명)는 점차 안주(18,284명)를 능가할 것이다. 그 밖에도 간선철도에는 정주(定州: 12,502명)와 선천(宣川: 19,453명)과 같은 군청소재지들이 위치한다.

두 번째 교통로는 평북 지역의 **육상교통축**을 이루는 앞에서 기술된 곡선(谷線)을 따라 달린다. 지금까지 이곳에는 한국의 기준으로 엄청난 양의 버스 및 화물자동차가 통행하는 하나의 국도만이 통과했다. 1934년에 신안주로부터 강계(江界)에 이르는 철도가 부설되었다. 이 철도는 최근 수년 동안에 압록강 연안의 만포진(滿浦鎭)까지 연장되었고, 남만주를 통과하여 신징(新京, 현 지명: 창춘, 長春)까지 이르는 연장선이 곧 개통될 예정이다. 그렇게 되면 이 철도로 서울–신징 간 최단거리의 연결이 이루어질 것이다. **강계**는 평북 지역 상부 지역의 관문이다(17,898명). 강계는 위에서 기술한 계곡교차점 내 독로강의 북동 만곡부에 있는 20m 높이의 암석단구상에 좁게 위치한다. 옛 한국의 현청소재지였던 이곳은 한때 요새화되어 지금은 아름다운 소나무 숲으로 덮인 남산을 포함하는 도성이 있다. 그중에 인상적인 도성의 잔해와 당당한 북문이 아직도 보존되어 있다. 불규칙한 가로망 연변에 놓여 있는 단층의 한옥들도 여기서는 대부분 너와로 덮여 있으며 돌로 눌러놓았다. 그 밖의 일본화된 시가지에는 많은 행정관서와 군용건물들이 있다. 특히 강계는 북부 지방에서 일본 세력의 중요한 군사기지이다.

군청소재지인 **영변**(寧邊)은 현대적 교통로에서 격리된 채 구룡강(九龍江) 하류의 곡류 계곡 위에 높이 위치하는 크고 잘 보존된 옛 도성 내에 소재하며, 도성은 주변의 최고 490m에 이르는 화강암 돔형 산들을 따라 축조되어 있다(789, 그림 37). 영변군은 실크 생산으로 유명하다.

평북 지역의 **인구밀도**가 북동쪽에서 남서쪽으로 갈수록 매우 크게 증가하는 것은 앞에서 기술된 내용을 통해 쉽게 이해될 수 있다(별도 76). 인구밀도가 가장 낮은 군들은 북동 지역과 중앙(후창군: 17명/km^2, 강계군: 27명/km^2, 희천군: 26명/km^2)에 위치하며, 가장 조밀한 군들은 서해안 지역(정주군: 161명/km^2, 용암포군: 221명/km^2)에 위치한다. 평균적으로 평북 지역은 한국에서 인구밀도가 낮은 지역에 속한다(p.46).

5. 대동분지

우리가 대동분지(大同盆地)라고 부르는 지역은 **대동강**(大同江) 유역과 거의 완전하게 일치한다.

따라서 이 지역의 경계는 실제 반도의 가장 북쪽에 위치한 하천의 분수령 위를 달린다. 민물이 밀려 오는 대동강 대만곡부의 남단에 유입하는, 남쪽으로부터 흘러오는 재령강(載寧江)의 하계만이 황해반도로 고려되어, 독자적인 수문지 지역으로 간주될 수 있다. 동쪽에서 이 지역은 거의 어느 지역에서나 마찬가지로 분수령에서 끝나는 바로 평안남도의 경계까지 이른다. 서쪽에서는 재령강 하구와 대동강 하구 사이의 서해안에서 도 경계로 이 지역의 경계가 설정된다. 북서쪽에서 이 지역은 도 경계에 이르지 못하는 반면(p.344), 남동쪽에서는 도 경계를 상당히 넘어서 황해도로 연장된다. 북서–남동 방향으로 이 지역의 최대길이는 130km이고, 북동–남서 방향으로 220km이며, 그 면적은 약 16,000km^{2}이다(별도 23).

431km 길이의 대동강은 낭림산맥(狼林山脈)의 분기점에 있는 소백산(小白山)에서 발원한다. 시종일관 남서 방향을 유지하는, 거의 인접한 청천강과 대조적으로 대동강은 평양(平壤)까지 네 차례나 남북 방향에서 동서 방향으로 유로를 바꾼다. 이 경우에 대동강은 그 유역의 북서반부를 흐른다. 그러므로 좀 더 큰 지류들은 동쪽으로부터 유입하여, 한국주산맥(韓國主山脈)의 원산호(元山弧)에서 발원한다. 이들 지류는 마탄강(瘼灘江), 비류강(沸流江), 남강(南江)과 황주천(黃州川)이다. 이들 지류 역시, 특히 가운데의 두 지류는 주로 남남서와 서북서 방향으로 흐르는 유로로 이루어져서 서로 수직으로 만난다. 이렇게 매우 눈에 띄는 수문지적인 특징은 대보습곡의 방향과 관련되어(p.108), 그 성인이 구조적인 데 있는 것으로 생각된다. 이들 모든 하천은 상원계와 조선계의 암석 내에서 심하게 사행하는 경향이 있다. 이와 대조적으로 화강편마암과 평안계에서는 주로 직선의 유로를 갖는다. 비류강과 그 지류인 평원천(平原川)에 대한 이와 같은 사실은 이미 p.120에서 언급하였다. 군청소재지 성천(成川) 부근의 비류강 사행천이 상원계의 성천을 따라 명명된 성천층의 석회질 셰일에서 가장 잘 발달하였다(별도 6). 비류강이 남쪽에서 서쪽으로 유로를 바꾸는 이 사행천의 가장 남단의 목은 최저점의 높이가 단지 8m이고, 폭이 50m이다. 거의 1km 구간에서 사행천의 목은 최고로 100m의 폭을 갖고, 그 능선이 뾰족하다. 한국인들은 사행천의 시초, 목과 둥근 돌출부에서 12개의 '산'들을 구분한다. 하천의 반대편 도시 주변부에 이와 대면하여 640년 전에 건립된 아름다운 정자인 강설루가 서있고, 이 산들의 이름은 강설루 나무기둥들에 각각 한자로 새겨져 있다.

하구로부터 거의 100km 상류 쪽에 위치한 평양의 바로 아래부터 이곳까지 대체로 좁았던 대동강의 범람원이 넓어지고, 대동강은 지류를 형성한다. 그러나 대동강이 경상계의 경사가 급한 고도 200m 이상의 구릉 지역에 들어오자마자 유로는 다시 500m까지 좁아지고, 범람원이 완전히 끝나게 된다. 이 형태에서 하천은 대만곡부를 이루는데, 여기에서 재령강이 남쪽으로 향한 정점으로 유입한다(p.120). 이 대만곡부의 바로 후면에서 45km 길이의 하구역이 시작하고, 경암으로 이루어진 작은 반도가 북쪽과 남쪽으로부터 이 하구역의 안쪽을 향해서 솟아 있다. 하구역과 반도 사이의 얕은 만은 간석지와 갯골로 채워져 있다. 생태학적으로 독일의 퉁퉁마디(*Salicormia europaea*)에 상응하는 칠면초(*Suaeda japonica* Makino)가 많이 자라서 간석지의 색깔이 붉다. 하구역 외측의 북부는 수 킬로미터 폭의 모래 간석지(Sandwatt)이다. 썰물과 함께 거의 항상 많은 부유하중을 가진 대동강의 물은 서해로 멀리 운반된다.

최근의 내진의 영향은 하구역에만 제한되지 않고, 평양까지 미친다. 대동강의 수심이 평양의 상류 쪽에서 1~2m에 이르는 반면, 평양의 하류 쪽에서는 8m, 위에서 언급한 경상계 지층으로 들어가는 협곡에서는 수심이 18m까지 증가하고, 대만곡부의 보통 갈수기에는 11~14.5m에 이른다. 거센 밀물의 영향은 평양 위까지 미친다. 송림(松林)에서 봄의 간만의 차는 4m 이상에 이르나, 평양에서는 1.5m이다. 그러므로 3,000톤급의 해양 선박은 상류로 보산(保山)까지 예인되지 않고도 운항할 수 있고, 평양까지도 운항할 수 있다. 그러나 진남포(鎮南浦)로부터 상류로 대동강은 매년 수개월간 동결하여(p.175) 외항이 필요하다. 작은 평저선은 대동강의 약 240km 구간을 운항할 수 있다. 이 작은 범선의 운항은 대동강 본류에서는 은산리(殷山里)까지 가능하고, 비류강에서는 성천까지, 남강에서는 곡산(谷山) 북부까지 가능하다. 이보다 좀 더 상류 지역에서는 뗏목 운반이 시작된다. 이것은 이 지역에 침엽수가 적기 때문에 압록강(鴨綠江)에서와 같은 의미는 없으나, 추측하건대 이미 낙랑시대에 행해졌을 것이다(p.56).

대동분지는 평북 지역과는 전혀 다른 **지질구조**를 가졌다. 대동분지의 서해안 전역을 따라서 최대 40km 폭의 심하게 변성작용을 받은 평원지괴의 퇴적층이 달린다(p.104). 그 이외의 지역에는 평남지향사가 지배적인데, 여기서는 상원계, 조선계, 평안계, 대동계 지층이 대보조산운동으로 심하게 습곡작용을 받았다(791–807과 p.61, 63). 습곡의 축은 주로 동쪽으로 달린다. 지질연대표(별도 7)에서 나타나는 바와 같이, 처음에 언급된 상원계와 조선계는 주로 두꺼운 층후의 석회암, 석회질 셰일과 돌로마이트로 이루어져 있다. 이와 반대로 평안계 지층은 특히 사암, 셰일, 무연탄층으로 이루어져 있다. 평안계 지층은 두 개의 분리된 분포 지역에 제한된다. 남부의 분포 지역은 평양의 서쪽 평원지괴의 변성퇴적층 위에 심한 경사를 이룬 부정합면 위에 있고, 이 지역으로부터 56km 동쪽으로 달린다. 이것은 남강 하류의 삼등(三登) 부근에서 끝난다. 북부의 분포 지역은 대동강 중류에 위치하는데(792, 793), 장안산(長安山: 1,248m)에서 끝난다. 대동계 지층은 평양 부근의 제한된 범위에만 분포한다.

그 형성 시기가 원생대에서 Dogger[31]까지 이르는 이러한 습곡 지층의 거대한 그룹을 관통하

[별도 42]

39. 평양 부근 대동강

낙랑준평원의 구릉지 잔재와 후면의 충적평야. 한국의 뗏목과 간장독을 실은 배

40. 파읍–곡산 도로변의 하람산 기슭에 있는 작은 마을

지붕은 주로 점판암으로 덮여 있으나 초가지붕과 양철지붕도 있다. 목재굴뚝

[별도 43]

41. 평양의 도심 도로

일본인 상가와 낮은 한국인 상점

42. 황해반도 장연 부근의 목화와 콩의 간작

여 곳곳에 화강편마암의 섬들이 솟아 있다. 그러나 이것은 특히 신화강암에 의해 관입되었다. 이들 중에 가장 큰 것은 남강과 비류강의 발원지에 위치하고, 하람산(霞嵐山: 1,486m)의 남쪽 주변부 부근에서 끝난다. 이 관입접촉대에서 때때로 온광천(溫鑛泉)이 솟아오른다. 예를 들어 성천의 북서쪽에 있는 화강암으로 이루어진 숭화산(崇化山: 685m)의 남쪽 산록에 있는 용택(龍澤)이다. 성천온천으로 알려진 이 온천은 48℃의 수온을 갖는 식염탄산온천(食鹽炭酸溫泉)으로 자체의 압력으로 솟아오르는 물은 6m 깊이의 시멘트를 바른 우물에 모아서 온천 위에 건설된 온천장의 6개의 욕조에 공급된다.

위에서 언급한 각 계의 습곡 지층들은 대동강에서 평양으로부터 하류로 반암, 응회암, 사암과 역암으로 이루어진 경상계의 대에 의하여 그 위에 놓여 있다. 이 단단한 지층으로 인하여 대동강에 근접하여 고립된 해압산(海鴨山)에서 332m 솟아 있는, 위에서 언급한 대동강 대만곡부의 경사가 급한 구릉 지역이 형성된다.

평북 지역과 같이 대동분지도 북동쪽 주향산릉으로부터 남서쪽 서해안까지의 한국 주경동지괴의 사면에서 지대를 형성한다. 그 결과로 고도는 대체로 이 방향으로 감소한다. 그러나 대동분지는 단순히 비스듬히 기울어져서 침식된 테이블면과 같은 준평원은 전혀 아니다. 대동분지는 개별 특성들이 아직 분석되어야만 하는, 전체적으로 매우 복잡하여 쉽게 개관할 수 없는 기복을 가진 산악 지역이다. 그럼에도 불구하고 이 지역의 이름이 **대동분지**로 선정된 이유는 그 중심 지역인 평양 주변 지역의 특성이 그러하기 때문이다. 이 지역에 낙랑준평원이 전개된다(p.115). 낙랑준평원은 특히 평양의 남쪽에서 넓게 전개된다. **낙랑준평원**은 지하의 크게 습곡된 구조를 무차별하게 삭박하여, 적색토로 피복되고, 대동강의 지류들과 작은 하천들에 의하여 조금 개석되었다. 낙랑준평원은 약 30m의 고도를 갖고, 낙랑시대의 고분들이 있는(p.55 이하) 대동강의 남측 하안으로부터 중화(中和)와 황주(黃州)를 경유하여 50km 남쪽과 남동쪽으로 전개된다. 남쪽에서 낙랑준평원은 거의 700m까지 고도가 상승하고, 저자가 이것으로 황해반도와의 경계를 설정한 동서로 달리는 정방산(正方山)에서 끝난다. 남서쪽에서는 대동강에 의하여 노출된 경상계 지층의 경사가 급한 구릉 지역이 경계를 이루며, 북서쪽에서는 해안 부근에 위치함에도 불구하고 고도가 500m 이상이 되는 평원지괴의 산지와 구릉 지역이 경계를 이룬다. 낙랑준평원은 이렇게 둘러싸여 있어서 분지 바닥의 특성을 갖는다. 낙랑준평원의 지류는 대동강, 비류강과 남강의 상류 쪽으로 흐르고, 이 지역은 때때로 폭넓게 자갈로 덮여 있다. 이

31 역자 주: Dogger는 중부 쥐라기를 칭하는 통의 명칭이다(별도 6의 역자 주 참조).

준평원은 대체로 기반암의 투수성으로 인하여 잘 보존되었다.

대동분지 전역은 원거리에서 묘향산(妙香山)과 그 남서 지맥, 낭림산맥(狼林山脈)의 남단과 원산호(元山弧)의 산지로 둘러싸인다. 원산호의 산지는 북쪽의 백산(白山)에서 1,724m, 철옹산(鐵甕山)에서 1,095m의 고도에 이르고, 남쪽의 백산(白山)에서 1,452m 고도와 두류산(頭流山)에서 1,324m의 고도에 이르나, 그 사이에서 다시 900m까지 하강한다. 분수령에서 가장 낮은 곳은 양덕(陽德)의 북서쪽과 동쪽에 있는 거차령(巨次嶺: 557m)과 아호비령(阿虎飛嶺)이다. 평양에서 원산까지의 철도와 도로는 이들 재를 지나서 대동분지를 벗어나게 된다. 이 범위 내에서 깊게 개석된, 때때로 협곡과 같은 계곡들로부터 솟아 있는 대동분지 북동쪽의 산지는 대체로 위에서 언급한 분수령의 정상들보다 고도가 낮다. 이 중의 예외는 특히 장안산(長安山)과 하람산(霞嵐山)이다.

석회암 지역의 지형은 험하다. 빈번히 100m 이상의 수직 암벽들과 마주치게 된다. 이들 산지는 경사진 지층을 가지며, 경사면과 단애는 비대칭적이다. 빈번하게 지형은 수많은 개개의 첨예하거나 끌과 같은 형태의 정상과 경사가 급한 뾰족한 봉우리로 개석되었다. 특히 연암층 위의 상원계와 조선계의 경암층에서 드물지 않게 호그백(hogback)이 발달하였다. 석회암 지역의 하상은 때로 한여름의 우기까지 말라서, 황량한 흰색의 암괴가 도처에서 빛을 발한다. 이와 대조적으로 화강암과 화강편마암의 정상은 먼거리에서도 그 형태를 알아볼 수 있는 둥근 돔을 이룬다. 이들 둥근 돔은 낮은 고도에서 사질의 황색토로 피복되었으며, 소나무와 참나무 관목으로 이루어진 매우 빈약한 식생피복을 갖는다. 이와 대조적으로 석회암통의 보통에서 낮은 경사의 사면은 완전히 물로 포화된 점토질의 적색토로 피복되어, 거의 빈틈이 없이 2차 삼림, 관목 또는 초지로 덮여 있어 푸르다.

투수성이 있는 석회암 지역에는 **고지형**이 장기간 보존되어 계곡은 예리한 주변부를 가진 채로 개석되었다. 동부의 주분수령은 주로 석회암 지역 위를 달리고, 주분수령 영역의 높은 고도상에 이러한 고지형 요소들이 보존되어 있다. 이러한 경우의 예로 용흥강(龍興江)의 지류로서 동해로 유입하는 산성리(山城里)의 높은 고도에 위치한 계곡(Hochtal)을 들 수 있다. 분수령은 이 높은 고도에 위치한 계곡의 북측, 서측과 남측의 주변을 달린다. 이것으로 첨부된 지도의 여러 곳에서 나타나는 함경남도에서 평안남도 방향으로 15km 길이의 호스(관)와 같은 연장부에 대한 원인을 설명할 수 있다. 대동계에 속하는 동면강(東面江) 하곡의 곡저는 여기서 250m의 고도에, 산성리 하곡의 곡저는 550~650m의 고도에 위치한다. 그러므로 동면강(東面江)의 지류들은 넓은 전선을 따라서 산성리(山城里) 지역을 정복하듯이 전진한다. 이 지역에서 분수령은 때로 능선이 아니라, 경사가 급한 계단(Steilstufe) 위의 모서리일 뿐이다. 그러나 이러한 흥미 있는, 고도가 높은 곳에 위치한 계곡의 뿌리, 즉 관의 서쪽 끝에서 서쪽으로 맹산(孟山)을 향하여 급경사로 낙하하는 철옹산(鐵甕山)이 남아 있다.

석회암 지역의 완경사의 지면이 지하수면 위에 충분히 높게 위치한 지역에서 **카르스트 현상**이 나타난다. 이러한 카르스트 현상은 특히 '대석회암통'의 석회질 셰일에서 전형적으로 나타난다(별도 6). 이 석회암통에서 반복하여 큰 석회동들이 발달하였다(808). 돌리네에 의하여 깔때기 형태를 이룬 높은 지대가 고령산(高靈山: 543m)을 형성한다. 비류강 하구 바로 아래의 대동강 양안에 하단리(下端里) 카르스트 지역이 위치한다. 하단리 카르스트 지역은 낙랑준평원에 속하는 대동강 위 75m 비고(比高)의 구릉성 고원을 이룬다. 대동강으로부터 여러 짧고, 폭넓은 계곡들이 이 고원 쪽으로 뻗어 있다. 이들 계곡은 경사가 급하고, 때로 암석 사면에 의하여 고원으로부터 분리되며, 계곡의 상부 반원형의 곡벽에서 끝난다. 사면의 산록에서 카르스트의 샘이 발원한다. 곡저는 적색토와 쪼개진 풍화쇄설물로 채워져 있다. 고원은 40m 깊이까지의 한 개의 카르스트 분지 체계로 개석되었다. 이 분지의 바닥은 적색토로 피복되었으며, 그 사이의 주변부에 회색의 석회질 셰일암괴가 대량으로 있다.

대동분지의 **기후**는 평북 지역의 기후와 비교하여 주로 점진적이고 근본적으로 차이가 없어서 다음의 표로 짧게 다룰 수 있다.

처음의 세 관측소는 대동분지의 동반부에 위치하는데 양덕(陽德)과 곡산(谷山)은 서해안보다 동해안에 좀 더 가깝고, 진남포(鎭南浦)는 서해안에서 멀지 않고, 평양은 그 중심에 위치한다. 열대륙도(thermische Kontinentalität)는 북동에서 남서로 감소한다. 덕천(德川)보다 양덕(陽德)과 곡산(谷山)의 대륙도가 좀 더 낮은 것은 동해로부터의 영향에 기인한다. 서해안으로부터 등거리임을 고려할 때 대륙도는 만주에 접한 평북 지역에서보다 한반도에 속한 대동분지에서 좀 더 낮다. 그와 반대로 진남포를 동일 위도 상의 동해안에 위치한 수원단(水源端)과 비교하면 평북 지역에서처럼 이 지역에서도 서해안이 동해안보다 대륙도가 좀 더 높다는 사실을 밝힐 수 있다. 수원단은 1월 평균기온 −2.1℃, 8월 평균기온 24.0℃로 연교차가 단지 26.1℃인데 반하여, 진남포는 31.6℃이다. 저자는 대동강의 대만곡부에서 1933년 7월 6일 13시에 42.5℃를 직접 측정함으로써 여름에 대동분지 하류가 얼마나 더운가를 확인할 수 있었다. 평북 지역과 대조적으로 대동분지의 산악 동부가 서부보다 훨씬 강수량이 많다. 그리하여 해안 부근의 강수량이 적은 지대가 평북 지역에서는 해안 전면에 위치한 섬들에 제한되어 나타나는 반면 대동분지에서는 육지 내륙까지 연장된다. 대동분지의 연강수량에 대한 7월 강수량의 비율이 평북 지역보다 좀 더

대동분지의 기후자료

관측소	고도 (m)	기온								강수량								
		1월			8월			연교차	2월				7월				연강수량
		평균 기온	평균 최저 기온	절대 최저 기온	평균 기온	평균 최고 기온	절대 최고 기온		평균 (mm)	‰	평균 강수 일수	강수 강도	평균 (mm)	‰	평균 강수 일수	강수 강도	
덕천	135	−12.5	−20.1	−36.1	24.0	29.3[1]	38.0	36.5	13.1	11	4	3.3	355	301	15	23.7	1183
양덕	263	−10.9	−17.8	−34.0	23.4	27.9	36.6[1]	34.3	17.1	17	5	3.4	280	268	15	18.7	1048
곡산	157	−8.7	−15.5	−32.0	24.6	29.7	37.6[1]	33.3	19.8	16	5	4.0	420	334	15	28.6	1258
평양	51	−8.1	−12.6	−28.5	24.5	29.4	36.4	32.6	13.5	14	5	2.5[2]	258	277	15	17.2	937
진남포	10	−6.6	−10.6	−23.0	25.0	29.1	35.5[3]	31.6	12.6	18	5	2.5	193	273	14	13.8	705

[1] 7월, [2] 12월, [3] 6월

높다. 곡산의 연강수량에 대한 7월 강수량의 비율은 연강수량의 1/3로 증가하고, 그에 상응하듯이 이 달의 강수강도 역시 높다.

대동분지의 동부와 특히 북동부, 즉 한국주산맥의 영역에는 **원시림**이 잘 보존되어 있다. 그렇지만 이 지역에서 한국주산맥의 고도가 북부 지방보다 낮기 때문에 여러 곳에서 2차 식물군락이 원시림에까지 이른다. 하람산에서 주로 활엽수림과 침엽수림 사이의 경계는 부분적으로 이미 1,100m 고도에 위치하고, 부분적으로 1,400m 고도에 이르러서야 비로소 나타나기도 한다. 여름에 강수량이 많기 때문에 활엽수림이 대단히 울창하고, 수종이 다양하다. 이 지역의 900m 고도(참나무지대)에서 삼림은 참나무, 당단풍(*Acer pseudo-sieboldianum*)과 고로쇠나무(*A. mono*), 사시나무속 수종들, 버드나무속 수종들, 박달나무속 수종들, 산돌배, 벚지나무속 수종들(개벚지나무: *Prunus maackii*, 꽃벚나무: *Pr. serrulata*[32]), 가래나무, 들메나무[33], 물박달나무, 층층나무(*Cornus controversa*)와 황벽나무(*Phellodendron amurense*)로 이루어져 있다. 교목 아래에 나는 소목이나 잡초, 복층림의 최하층(Unterwuchs)에는 키 작은 나무로서 두릅나무, 덩굴식물로 왕머루와 다래나무속 수종들이 나타난다. 주로 침엽수림인 지대에서 하람산의 식생은 묘향산의 식생(p.316)과 매우 유사하다.

이 삼림에서 개간지 주변에 석회질 셰일 석판으로 덮은 지붕을 가진 두 개의 목조 사찰과 한

---

32 역자 주: *Pr. serrulata*는 벚나무(*Pr. serrulata* var. *spontanea*)와 꽃벚나무(*Pr. serrulata* var. *sontagiae*)가 있으나 *Pr. serrulata*만을 라우텐자흐가 언급하여 정확한 수종이 어느 것인지 알 수 없다.

33 역자 주: 라우텐자흐가 Chinesische Esche, 즉 중국물푸레나무라고 독일어로 표기하였으나 *Fraxinus* 중에서 *Fraxinus chinensis*가 없어서 이와 유사한 들메나무(*Fraxinus mandschurica*)로 번역하였다.

개의 제단이 있다. 음력 6월 15일에 이 제단에서 주변 마을에 거주하는 사람들이 제사를 지낸다. 좌측의 사찰에는 관심을 끄는 한 승려의 그림이 있다. 이 그림에는 불계(佛戒)에 따라 육류가 없는 제물을 바치는 장면이 그려져 있다. 하람산의 산신령에게 봉정되고, 남·여 산신의 그림을 포함하는 우측 사찰의 전면에서 마을 사람들이 모금한 돈으로 산 제물로 바치는 짐승이 도살된다. 제사를 지낸 후에 참석자들이 이 짐승의 고기를 나누어 갖는다. 늦여름부터 많은 심마니들이 산신으로부터 산삼을 찾는 영험을 받기 위하여 이곳에 제물을 바친다.

하람산 정상 고원 1,440m 이상의 고도에 매우 기묘한 후계 식물군락이 있다. 이것은 대체로 사람의 키보다 크지 않은 나무와 관목으로 이루어진 거의 통과할 수 없는 숲이다. 이들 수목은 겨울에 눈의 하중으로 인하여 폭이 넓고, 불규칙하게 가지를 뻗은 형태를 갖는다. 이러한 형태는 약 1m의 크기에 20cm 두께의 나무줄기를 가지고 수평으로 휜, 이끼로 덮인 주목에서 가장 뚜렷하게 나타난다. 결국 이 군락 중에 유일한 침엽수인 주목이 눈의 하중을 가장 많이 받는다. 이 지역에서 예외적으로 높은 고도에서 나타나는 신갈나무가 빈도로 보아서 두 번째 수종이고, 시닥나무(*Acer tschonoskii* var. *rubripes*)가 세 번째, 마가목(*Sorbus commixta*)이 네 번째 수종이다. 이러한 소로도 없는 숲에 한자로 시마대(試馬臺)라고 쓰여진 비가 서 있다. 한국의 구전에 의하면 이태조(李太祖)가 이곳에서 승마를 하였다고 한다. 현재 이 숲은 매우 울창하여, 저자가 정상으로부터 기념비까지 500m의 거리를 걸어가는 데 2시간 30분이나 걸렸다. 아마도 이 숲은 높은 고도와 많은 눈 때문에 이러한 기형의 형태가 남아 있는 한국에서 가장 오래된 2차 식물군락일 것이다.

이 지역에서도 곡저는 본래 강변 저지의 삼림(Auewald)으로 피복되어 있다. 저자는 덕천(德川) 부근의 대동강 하안에서 이러한 수풀의 종 구성을 조사하였다. 여름철에 후덥지근하게 더운 온실 공기와 같은 이 매우 울창한 삼림의 가장 상층은 느릅나무속 수종들과 버드나무속 수종들로 이루어져 있고, 중층은 물푸레나무종들, 하층은 넓은잎딱총나무(*Sambucus laptipinna*)와 *S. pinnatifolia*[34]와 빈추나무(*Prinsepia sinensis* Oliver [*Prinsepia sinensis* (Oliver) Oliver]), 느티나무(*Zelkowa serrata* Makino), 개머루(*Ampelopsis brevipedunculata* Koehne [*Ampelopsis heterophylla* S. et Z.]), 쥐방울덩굴(*Aristolochia contorta* Bunge), 노박덩굴(*Celastrus orbiculatus* Thunb.), 짝자래나무(*Rhamnus Schneideri* Lev. & Vnt. [*Rhamnus yoshinoi* Makino])와 개회나무(*Syringa amurensis* Rupr. var. *genuina* Max. [*Syringa reticulata* var.

34 역자 주: *Sambucus pinnatifolia*는 정태현의 『조선삼림식물도설』과 이창복의 『대한식물도감』에서 확인할 수가 없었다. *Sambucus pinnatifolia*는 정태현의 『조선삼림식물도설』에 있는 지렁쿠나무(*Sambucus latipinna* v. Miquelii f. *latifolia* Nakai)인 것으로 생각되나 현재의 명칭을 찾을 수가 없었다.

mandschurica (Max.) Hara])의 관목으로 이루어져 있다.

석회암 산지(山地)의 조밀한 **후계 식물군락**에서는 석회질을 선호하는 관목 및 수수꽃다리(*Syringia dilatata* Nakai)와 범부채(*Belamcanda punctata* Moench)[35]가 매우 흔하다. 저자는 석회암으로 이루어진 철옹산(鐵瓮山)의 각 정상 사면 900~1,095m의 고도에서 종이 풍부한 2차 관목림을 조사하였다. 결정암의 하람산에서 각 동일 고도 상에서 마주치게 되는 여러 수종 이외에 저자는 개박달나무, 개회나무(*Syringa amurensis* var. *genuina* [*Syringa reticulata* var. *mandschurica*(Max.) Hara])와 수수꽃다리(*S. dilatata*), 복자기(*Acer triflorum*), 회양목(*Buxus microphylla* var. *koreana*), 털고광나무(*Philadelphus lasiogynus* Nakai [*Philadelphus schrenckii* var. *jackii* Koehne]), 말발도리(*Deutzia parviflora* Bunge), 병꽃나무(*Weigela subsessilis* Nakai [*Weigela subsessilis* L. H. Bailey])와 조팝나무속 수종들(*Spiraea*)을 채집하였다. 결정암 상의 이러한 군락에서 흔한 싸리속 수종들과 진달래속 수종들은 없다. 대동분지의 모든 암석 상의 고도가 낮은 곳에서는 소나무가 지배적이거나, 심지어 유일한 수종으로 된 소생(疎生) 관목군락과 2차 삼림이 발달하였다.

낙랑시대 관(棺)의 목재 조사에서 평양 주변에 당시에 p.56에서 언급한 수종들로 이루어진 숲이 존재하였다는 사실을 추측할 수 있지만, 고도가 낮은 곳, 넓은 면적상에서의 벌채는 아마도 이미 수천 년되었을 것이다. 그러나 대동분지의 적색토는 물을 흡수할 수 있는 능력과 높은 비옥도로 밭농사에 매우 유리하다. '해안문화'(p.48)의 발굴물, 수많은 낙랑시대의 고분과 기자시대(p.53 이하) 이래로 한국 역사에서 항시 반영되는 평양의 역할은 평양의 넓은 주변 지역에서 **선사시대에 취락이 조밀했었음**을 예시한다. 다양한 재배작물과 세련된 영농 방법은 현재에도 북중국의 영향을 받았음을 암시한다.

그러나 대동분지에서 **관개경작**은 비교적 거의 발달하지 않았다. 평안남도의 경우 전체 경지면적 중에서 논의 비율은 16.9%로 평안북도보다도 훨씬 낮다(p.569). 그 이유는 기후와 사면 경사도에서 논농사에 유리한 이 지역의 넓은 경지가 무수성을 갖기 때문이다. 해안으로 갈수록 관개농업의 비율이 증가하는 것은 평안북도의 특징과 같다(별도 78). 평안지괴의 곡저에는 양호한 관개답이 많이 있다. 그러나 대동분지의 여러 다른 지역에는 여름철에 흐린 액이 끼는 천수답만이 있다. 이 지역에서도 아주 적은 면적을 이용하기 위하여 논둑에 콩과 참깨를 심는다. 평안남도에서는 적은 양의 논벼를 보충하기 위하여 비교적 밭벼를 많이 재배한다. 평안남도의 전체 벼 재배 면적의 11.4%가 밭벼 재배지이다. 밭벼는 대체로 작은 다발로 파종되며, 평탄한

35 역자 주: *Belamcanda punctata* Moench는 정태현의 『조선삼림식물도설』에서 확인할 수가 없어서 이창복의 『대한식물도감』을 참조하여 범부채(*Belamcanda chinensis* (L.) DC.)로 번역하였다.

밭벼 재배지는 논둑이 없는 것으로 논벼 재배지와 구분된다. 밭벼의 주 재배 지역은 평양 북쪽에 위치한다.

평안남도 총면적의 26%가 경지이기 때문에 이 지방은 경작이 잘되는 지역에 속한다. 이러한 이유는 비교적 양호한 기후, 지형과 토양 조건에 있다. 우선 이곳에서는 **밭**에 보리, 쌀보리, 밀과 같은 겨울작물이 재배된다. 북서부와 북동부 주변 지역을 제외하고 대동분지는 주요 밀 재배 지역이다. 조와 수수도 많이 재배된다. 일본인들은 평양 주변의 낙랑평야에서 사탕무 재배를 시도하였으나 실패하여 1932년에 다시 중단되었다. 많이 재배되는 다른 작물은 특히 산악의 강수량이 많은 동부 지역에서 900m 고도까지 재배되는 감자, 대마와 함께 재배되는 옥수수, 남서부가 주 생산지인 재래면, 피, 메밀, 콩, 팥, 녹두, 땅콩, 피마자, 고구마, 참외, 무와 채소이다. 동부에는 동시에 한국의 대표적인 담배 재배 지역 중의 한 지역이 있다. 그리고 뽕나무도 재배된다. 끝으로 과수원이 잘 발달하였다. 황주(黃州)의 사과는 한국 전역에서 유명하다. 이는 진남포에서 일본, 중국과 만주로 수출된다. 마을 주변에서는 복숭아나무, 살구나무와 밤나무도 자주 볼 수 있다. 참외밭과 과수원에는 수확기에 밤낮으로 사람이 망을 보는 원두막이 있다.

여름작물의 **간작**이 널리 분포한다. 간작되는 작물은 매우 다양하다(p.256). 콩, 특히 땅콩은 옥수수, 수수, 심지어 밭벼와도 **혼작**된다. 특히 여름에 일조량이 적은 산지의 계곡에는 경지의 둘레에 나무를 심는 **경재화단**(境栽花壇)이 흔하다(p.257 이하). 이러한 경재화단의 작물로는 피마자, 콩, 참깨 또는 들깨, 심지어 메밀도 있다.

화전경작은 현재도 여전히 존재하나 평안북도만큼 성하지는 않다(p.360). 그러나 과거의 화전경작이 경관에 미친 영향은 대동분지에서도 동부 산악 지역에서 매우 눈에 띄게 나타난다. 위에서 기술한 후계 식물군락은 추측하건대 모두 화전경작에 기인할 것이다. 저자는 철옹산에서 감자와 참깨가 재배되는 900~1,000m의 가장 고도가 높은 화전을 보았다. 일본의 산림청은 법령과 감시를 통해서 뿐만 아니라, 한국 미신의 교화와 이를 이용하여 현재 매우 집중적으로 화전경작을 금지하고 있다. 저자는 덕천(德川)의 남쪽 재에서 1.50m 높이의 그루터기까지 벌채된 잣나무를 보았다. 이 그루터기의 부패를 방지하기 위하여 한 조각의 나무껍질로 지붕처럼 덮었다. 그루터기에 걸린 경고판에 삼림보호에 대한 관청의 규정이 걸려 있었다. 그 아래의 껍질이 벗겨진 곳에 흰 바탕에 검은색으로 전통적인 한국의 관리의 형상과 다음과 같은 글이 있는 나무혼령의 그림을 보았다. "소화(昭和) 7년, 9월(1932년 10월). 나무제단, 감독관백(Baumbusch Opferung Grßer Aufseher)."

경제적 상황에 있어서 대동분지에서도 평북 지역에서처럼 가장 중요한 농업 이외에 광업활동이 나타난다. 이 지역에서는 석회암(p.107)에 화강암이 관입하는 접촉부에 수많은 **금광상**이 나타난다. 이들 금광상은 예를 들어 서흥리(西興里)와 순안(順安) 부근에서 채굴된다. 가장 오래된 금광은 남강 중류의 남쪽 수안(遂安, 홀골) 금광이다. Kotô는 다른 두 일본인의 연구를 기초로 수안 금광에 관한 연구를 하였다(312b, 310, 806, 807도 참조). 이 지역에서 화강암은 멀리서 볼 수 있는 언진산(彦眞山)에서 다시 1,120m까지 솟아 있다. 지표면에서 접촉부가 나타나기 때문에 북사면에서 산지가 매우 험하고 계곡이 발달하였으며, 식생이 빈약한 400m 고도 지역에 광산이 위치한다. 이 광산은 도로로 남강과 연결된다. 좀 더 오래된 과거와 그보다 늦은 과거에 다시 포기된 채굴 시도 이후 이 광산은 1896년부터 여러 소유주에 의하여 중단되지 않고 채굴되고 있다. 금을 얻는 과정은 운산(雲山) 광산과 유사하다(p.362 이하).

대동분지의 경제 경관에 있어서 실제로 좀 더 중요한 것은 대동강 하류 주변의 광산이다. 대동강 대만곡부의 동쪽으로 5,000톤의 화물선이 접안할 수 있는, 매우 심하게 침식된 구릉 지역의 중앙에 송림(松林, Kenjiho)이 위치한다(20,051명, 그중 12%는 일본인). 수 킬로미터 동쪽으로 조선계 석회암 지역에 네 개의 **철광산**이 있다(817). 이들 철광산은 협궤로 송림과 연결되고, 이것은 다시 황주 부근에서 표준궤도로 한국의 철도망과 연결된다. 대동강 하안에 1919년에 설립된 세 개의 용광로가 있는 제철소가 있고, 그 옆에 거대한 굴뚝으로 인하여 멀리서도 잘 보이는 미쓰비시(三菱)의 제철·주물공장이 있다. 송림은 거의 전적으로 제철과 가공 및 이들의 선적으로 생활하는 도시이다. 송림은 한국에서 이러한 유형의 가장 중요한 중심지이다. 송림은 1894년 청일전쟁 시에 병력과 전쟁물자를 가지고 이 지역에 상륙하였던 일본인 장교 와타나베 겐지(渡边兼二)의 이름과 연관되어 겸이포(兼二浦) 명명되었다.

대동분지에서 가장 중요한 광산은 대동강 양측의 평양 부근에 위치한다. 이 지역에서 평안계 지층은 여러 통(統)에 **무연탄**을 함유하고 있다. 총매장량은 6억 톤으로 추정된다(796-804). 홍점통의 무연탄이 가장 많이 채탄되고 있다. 무연탄을 형성하게 한 심한 습곡작용과 오버트러스트로 인하여 지층이 복잡하여 채탄이 쉽지 않다. 채탄은 지하채굴이다. 채탄량이 가장 많은 탄광은 철도와 연결된 남강 하안에 위치한 승호리(勝湖里) 부근에서 동쪽으로 수 킬로미터 떨어지고, 평양의 북서쪽 15km에 위치한 평양 반대편 사동(沙洞) 부근의 낙랑평야에 위치한다. 무연탄이 분탄이므로 채탄량의 상당 부분은 그 주변에서 연탄으로 가공된다. 일부는 바지선에 실려 하류로 운반된다.

탄광 개발로 인하여 낙랑평야 내 평양의 관문 전면에 중요한 **산업**이 입지하게 되었다(별도

44). 선교리(船橋里)에 서조선발전소의 건물과 과거에 주변 지역의 사탕무를 가공했던 일본 제당회사의 건물이 있고, 승호리에는 오노다(小野田) 시멘트공장이 있다. 평양의 다른 기업으로는 도정공장, 청주양조장, 맥주공장, 담배제조창, 제사공장, 고무신과 양말공장, 항아리와 기와공장 및 식료품과 전분공장이 있다. 후자는 현재까지 미국인 소유이다. 그 외에도 평양에는 대규모 철도공작창이 있다.

평양의 지리적 위치는 한국의 북반부에서 가장 유리하다(809-813). 평양은 이 도시까지 과거에 해선(海船)의 운항이 가능하였고, 아마도 이미 낙랑시대에 중국 남부의 목재가 운반되었던 대동강변에 위치한다(p.55). 이 지역에서 분지의 하천들이 수렴한다. 이 지역에서 서울로부터 북경으로 가는 사신들이 이용했던 도로가 대동강을 지난다. 낮은 재들이 있어서 한국주산맥을 넘어 영흥만으로 갈 수 있다. 인접 지역에서는 집약적인 경작이 가능하다. 평양은 당연히 '전통 도시'라고 명명된다. 평양은 한국에서 가장 오래된 취락의 역사를 가지고, 항상 한반도 북반부에 위치한 국가들의 수도였다. 역사를 다룬 장에서 기자시대, 낙랑시대, 고구려시대에 관해서는 살펴보았다. 그 외에도 한국의 국경이 압록강이 아니었을 때, 평양은 북서부의 관문 역할을 하였다. 평양의 군사적 중요성은 여러 전쟁에서, 특히 임진왜란과 1894~1895년의 청일전쟁에서 항상 나타났다. 1894년에 일어났던 전투의 포탄흔이 현재에도 평양의 북부에 있는 정자에 남아 있다.

평양은 대동강과 북쪽으로 이어지는 구릉지 산록의 오른쪽 지류인 보통강(普通江) 사이에서 남쪽으로 뻗어 있는 반도 위의 방어 위치에 있다. 이 두꺼운 층후의 그레이와케(Grauwacke)로 된 구릉은 암석의 공격 사면으로 대동강에 접한다. 유로는 평양 부근에서는 서안을 유지하는 반면, 낙랑준평원 쪽에서는 썰물 시에 넓은 사주가 나타난다. 평양이 위치한 평탄한 단구는 구시가지에서 하천의 수면보다 조금 높아서 범람이 일어난다. 이러한 범람으로 인하여 평양은 1925년에 큰 피해를 입었다(452). 구릉지의 산록으로부터 구시가지는 하안에서 남쪽으로 3km 더 이어진다. 평양의 낙랑박물관에 걸려 있는 약 300년된 시가도(市街圖)는 그 당시의 가옥들이 남문까지 있었음을 보여 준다. 그러나 이 시가도는 또한 한국 대부분의 다른 도시들과는 달리 평양에 이미 일제시대 훨씬 이전에 넓은 직선의 도로망이 있었음을 보여 준다. 현재 이 도로망은 완전히 체계적이진 않지만 다행히도 부분적으로 일부 도로는 하안을 따라 평행하게, 부분적으로 다른 도로는 이 도로에 직교하면서 과거보다 정비되었을 뿐이다. 이 주도로망의 내부에는 과거 한국의 좁은 골목들이 미로를 이룬다. 또한 그 외에도 평양에는 일제시대 이전의 과거에 서울로 가는 나룻배가 다니던 곳에 서 있는 2층의 지붕을 가진 대동문과 그 옆에 있는 높

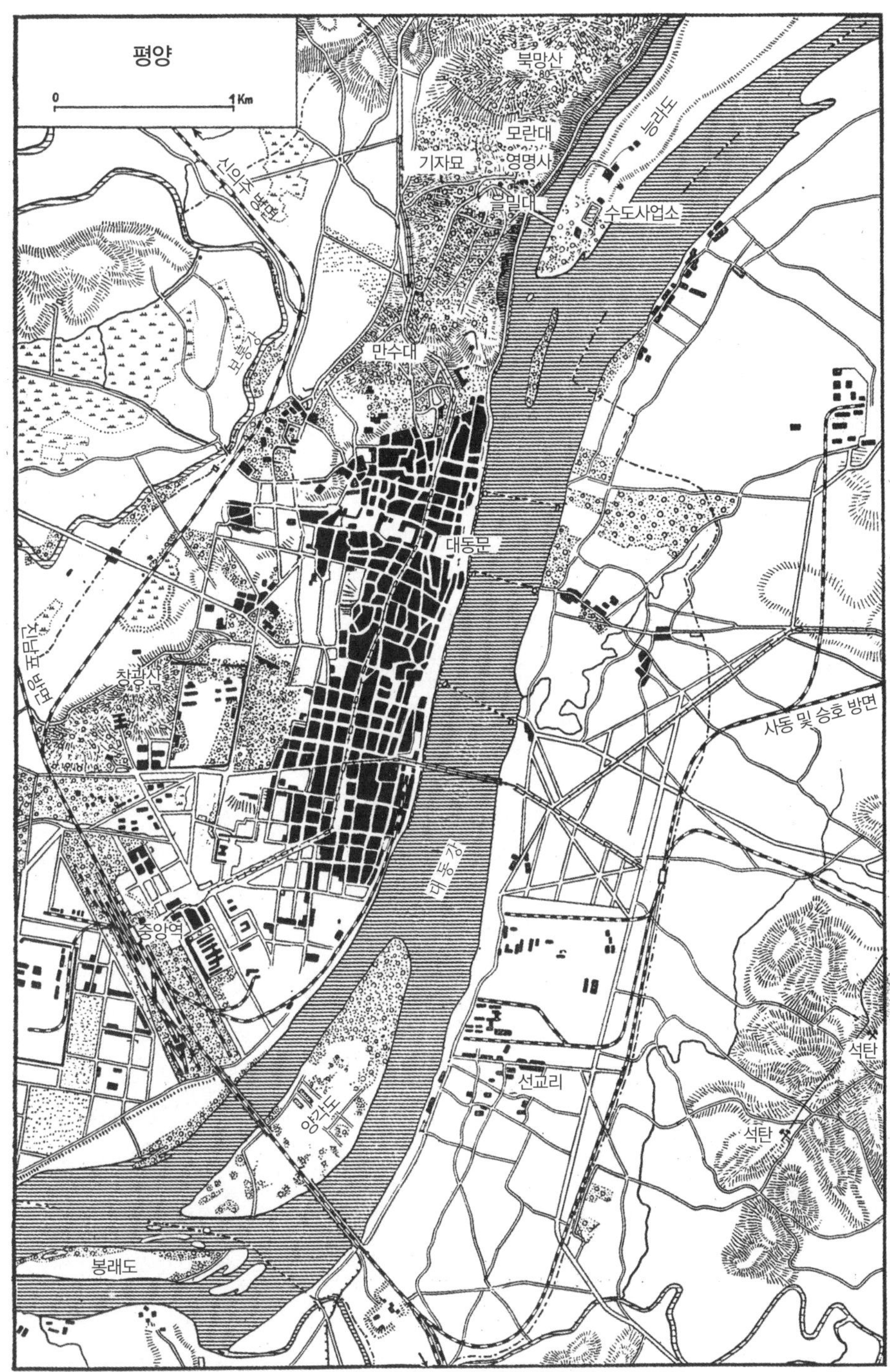

[별도 44] 평양과 그 주변 지역(출전: 『도설 조선지리풍속(圖說 朝鮮地理風俗)』

은 석탑과 같은 많은 건축물들이 있다. 매우 아름다운 도시, 강과 그 반대편에 있는 곡창 평야지대의 아름다운 전망을 볼 수 있는 훌륭한 옛 한국의 연회장들이 북쪽의 구릉 위에 있다. 구시가지는 현재까지 남대문에서 끝난다. 남대문에서 남서쪽으로 병영, 사령부, 평안남도 도청, 호텔과 평양역이 있는 순일본식 신시가지가 전개된다(별도 44).

평양은 한국의 실정으로 보아 잘 정비된 도로망의 중심에 위치하며, 평양의 양 반부는 대동강 위의 한 근대적인 철교로 연결된다. 한국의 간선철도는 대동강 위를 1,200m 길이의 다리로 횡단하는 도시 하부의 첫 번째 큰 섬을 지난다. 이 지역에서는 탄광과 산업용 지선(枝線)을 제외하고 순천(順川)과 개천(价川)을 경유하여 강계(江界)로 가는 철도와 순천과 파읍(破邑)을 경유하여 원산으로 가는 철도 및 항구도시 진남포로 가는 철도가 갈라진다. 그리하여 평양은 한국의 두 번째 철도교차점이 된다. 평양은 한국에서 두 번째로 큰 도시(1938년 234,726명, 그중 13%는 일본인)이며, 여전히 성장하고 있다.

대동분지의 항구인 **진남포**는 청일전쟁 당시에 작은 어촌이었다(814-816). 진남포의 발전은 조선 정부가 국제조약항구(개항장)로 허락한 1897년에 시작되었다. 그 사이에 진남포는 1934년에 149,000,000엔의 물동량을 가진 한국에서 세 번째로 큰 항구로 성장하였다. 진남포는 61,457명(1938년)의 인구를 갖고, 그중에 12%가 일본인이다. 진남포는 하구역 북측의 두 간석지 만 사이에, 그 구릉지 고도가 100m나 되는 암석으로 이루어진 육지부의 돌출한 끝(Landzunge)에 위치한다. 항구의 분지에는 중규모 기선의 직접적인 접안이 가능하며, 철도와 연결된 근대적 적환시설을 갖추었다. 불행하게도 진남포, 특히 입항로는 매년 겨울에 대동강의 유빙으로 인하여 장애를 받는다. 그러므로 조선무연탄주식회사(Chôsen Anthracite Mining Co.)는 평양-원산 간의 횡단 철도가 완성되면 한겨울에 석탄을 동해안의 항구에서 선적하려고 한다. 중요 수출품으로는 석탄, 철광석, 면화, 철강제품, 콩, 사과와 종이가 있다. 진남포는 어항으로서도 중요하다. 진남포에는 또한 정미소, 제분공장과 철제품공장과 같은 산업시설이 있다. 진남포에서 12km 북서쪽에 있는 광량만(廣梁灣)에 한국 북반부에서 가장 중요한 염전이 있다.

위에서 언급한 두 **도시**와 비교하여 다른 도시들은 그리 중요하지 않다. 이들 다른 도시들 중에 어느 도시도 인구가 14,000명을 넘지 않는다. 일부 도시들에는 견방적과 견직업 및 다른 섬유공업이 있다. 언급할 만한 도시들로는 북서쪽의 철도교차점이고 군청소재지인 순천(順川)과 특히 고려시대에 중요한 역할을 하였고, 현재에도 원거리 교통로가 지나는 성천(成川)이 있다. 번창하고 있는 인접한 작은 군청소재지 파읍은 교통상으로 중요한 서부 산악지대의 계곡교차점에 위치한다. 서울로 향하는 간선철도와 도로변에는 지역 시장과 교량 입지에 위치한 중화

(中和)와 황주가 있다. 이들 모든 지방 소도시들의 가옥은 이 지역에서도 농촌형이다. 널리 분포하는 초가지붕은 용마루를 따라서 땋은 이엉을 지니고 있고, 그 끝에 돌을 매달아 팽팽하게 해 놓았으며, 여름에는 호박과 오이덩굴이 무성하게 반 이상을 덮는다. 그러나 기와뿐만 아니라 점판암이나 석회질 셰일로 덮은 지붕도 있다.

대동분지는 그 평균 **인구밀도**에 있어서 한국 전역의 평균에 상당히 근접한다(p.46). 한국주산맥의 분수령까지 이르는 군들에서 인구밀도는 당연히 낮다(영원군: 22명/km², 양덕군: 31명/km²). 해안 지역으로 갈수록 인구밀도는 매우 규칙적으로 증가하고, 남서부에서 인구밀도가 가장 높다(용강군 151명/km², 지도 3과 별도 76).

6. 황해반도

한국의 서해안에 있는 가장 큰 반도는 황해도(黃海道)의 남서부를 점유한다. 황해반도는 서쪽으로 돌출한 위치로 인하여 자연이나 문화에 있어서 주변 지역, 특히 대동분지와 밀접한 관계가 있다고 하더라도, 별개 지역으로 다루어져도 될 만한 많은 특색을 갖고 있다. 그러나 이러한 특색은 대동강과 한강의 하구역에 의하여 구분되는 실제의 반도 상에만 미친다. 북쪽과 동쪽으로는 경계를 설정하기가 어렵다. 대동분지의 남한계는 근본적으로 지형적·수문지적 관점으로 설정되었다(p.366, p.370). 이것으로 황해반도의 북한계는 정해졌다. 동쪽으로 예성강(禮成江) 유역이 문제를 일으키는데, 그 이유는 예성강 유역이 한편으로 황해반도와 다른 한편으로 경기 지역과 한강 상류 지역 사이의 점이지대에 위치하기 때문이다. 저자는 예성강 유역을 황해반도에 속하는 것으로 하였는데, 그 이유는 예성강 유역이 전혀 황해반도의 일부로서 간주될 수 없다고 할지라도, 예성강 유역이 550년 이래로 대부분 황해도에 속해 있었고, 문화지리적 영역에서 동쪽으로 이어지는 지역보다 황해반도와 좀 더 많은 관련성이 있기 때문이다. 과거 고려의 수도 개성(開城)이 위치한 경기도의 북서단도 역시 예성강 유역에 속한다. 대체로 상방형인 황해반도는 그에 따라서 평균 약 160km의 길이와 90km의 폭을 가지며, 그 면적이 약 13,000km²이다(별도 23).

p.370의 설명에서 나타난 바와 같이, 이미 대동분지의 서쪽 1/3은 더 이상 단순히 남서 방향

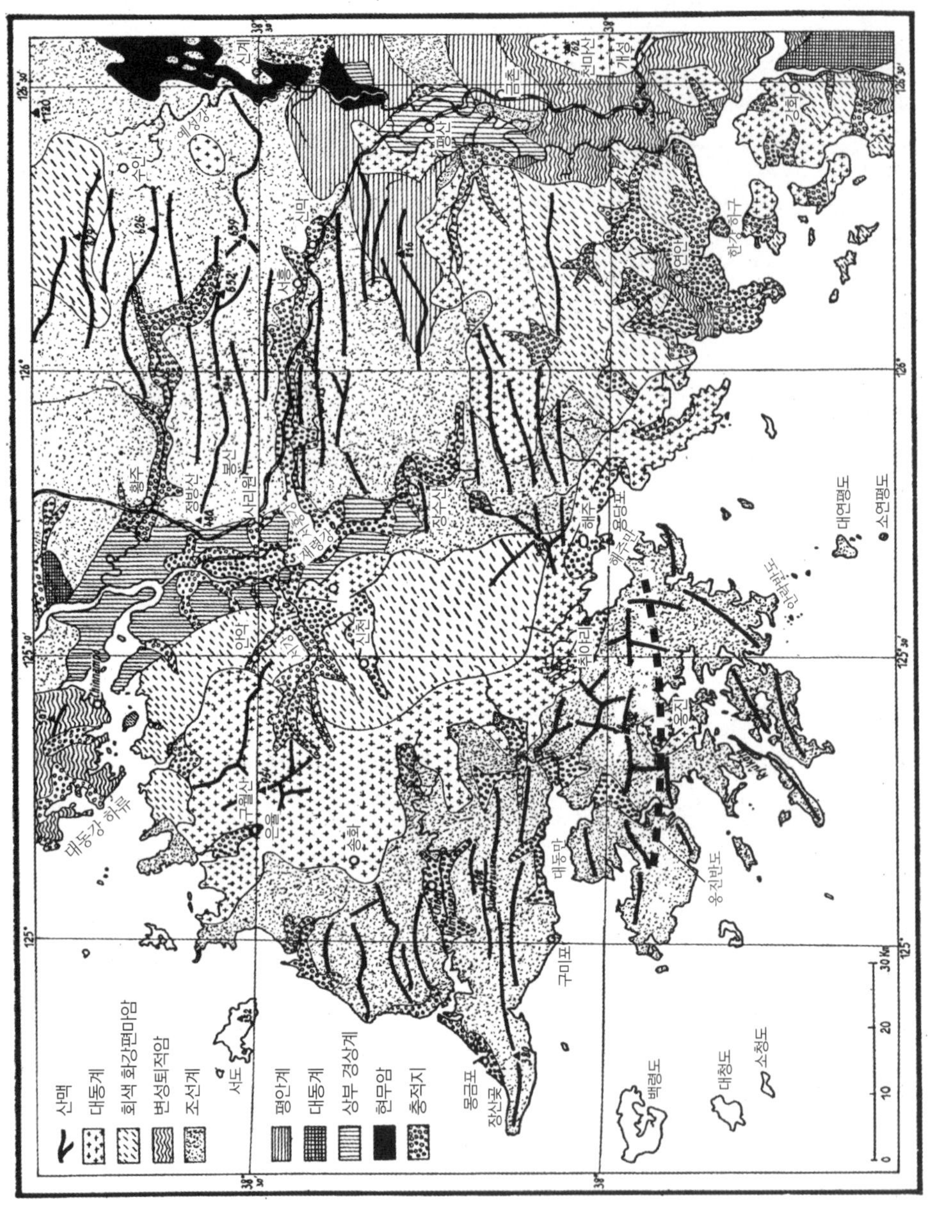

[별도 45] 황해반도의 지질-지형도

[별도 46]

43. 황해반도 장연 부근의 불타산에서 본 서쪽 전경

규암 능선 사이의 세일이 있는 종곡(從谷). 후면 좌측은 서해

44. 도청소재지 해주 북동쪽의 휴양소

으로 경사진 완사면의 일부로 고려될 수 없다. 황해반도는 이러한 관점에서 완전히 벗어나고, 뚜렷한 그 자체의 **지형적 특징**들을 갖고 있다(별도 45). 황해반도 지형의 구조선(構造線, Leitlinie)은 부분적으로 동서로, 부분적으로 남북으로 달리고 있다. 남북으로 좁은 100km 길이의 예성강 유역이 달리고, 남쪽 해안으로부터 불과 18km 떨어져서 발원하나 큰 대동강의 유로로 유입하는 60km 길이의 재령강(載寧江) 분지가 남북으로 달린다. 이들 두 하천 유역의 지형적 특성은 매우 상이하다. 예성강은 고립된 정상이 해안 부근에서조차 700m가 넘는 산지와 구릉지를 개석하였다. 이와 대조적으로 재령강은 단지 동부에서만 뚜렷한 산지외연(山地外緣, Gebirgsrand)으로 둘러싸인 넓은 평야지대를 흐른다.

이들 두 지역 이외의 황해반도 상에는 절대고도는 높지 않지만 때때로 거의 고산성의 경사도를 갖는 **동서로 달리는 산맥**이 지배적이고, 이들 산맥 사이에 부분적으로 사행(蛇行)하는 좁은 계곡과 부분적으로 넓은 범람원이 동일한 방향으로 달린다. 이러한 구조는 북동부와 남서부에서 가장 뚜렷하게 나타난다. 이와 대조적으로 북서부에서는 덜 뚜렷한 종 방향을 갖는 넓은 돔과 같은 형태의 정상과 파랑상(波浪狀)의 구릉 지역이 지배적이고, 남동부에서 파랑상의 구릉 지역과 이와 연결되는 충적늪지평야(沖積濕地平野, alluviale Marschebene)가 지배적이다. 황해반도 지형의 이와 같은 주요한 두 가지 특성은 황주(黃州)와 개성 사이에서 동서와 남북으로 달리는 구간으로 이루어진 한국의 간선철도(幹線鐵道)의 경로로 매우 뚜렷하게 나타난다.

북동부와 남서부가 주로 동서 산맥으로 이루어진 것은 **지질구조**의 결과이다. 황해반도의 이 두 지역에서도 대동분지와 마찬가지로 조선계의 지층이 널리 분포한다. 그러나 황해반도에서는 규암과 셰일이 대동분지에서보다 좀 더 많이 나타난다. 습곡은 대부분 동일한 동서 방향의 주향을 갖고, 첨예한 동서 주향산릉(走向山稜)은 주로 경사가 급하게 위로 습곡작용을 받은, 주변에서 선택적으로 침식을 받은 층후가 두꺼운 규암의 능선으로 이루어져 있다. 개울과 하천들은 이들 능선을 반복하여 후생적(epigenetisch)으로 관통했다. 후에 융기한 과거의 준평원이 이러한 지형 발달의 출발점이었을 가능성이 있다. 규암 능선의 훨씬 아래쪽에 아마도 낙랑준평원에 상응할 것 같은 개석된 최근의 평탄면이 있다. 이와 대조적으로 북서부와 남동부에는 화강암과 '회색화강편마암'이 지배적인데, 후자는 이 지역에서 여러 주향의 매우 조립(粗粒)의 편마암, 얇은 판상세립(板狀細粒)의 편마암과 규암이 교대로 나타나는 지층으로 이루어져 있다. 그 결과로 이 지역에서 산맥의 주향이 일반적으로 일정하지 않다. 그럼에도 불구하고 산맥의 주향이, 예를 들어 해주의 북부 곳곳에 존재하는 이유는 아마도 지루(地壘)의 발달에 기인할 것이다. sugarloaf와 암석돔 현상은 고립되어 솟아 있는 화강암 지괴에서 잘 발달하였다.

황해반도의 기후자료

관측소	고도 (m)	기온							강수량								
		1월			8월			연교차	2월				7월				연강수량
		평균기온	평균최저기온	절대최저기온	평균기온	평균최고기온	절대최고기온		평균 (mm)	‰	평균강수일수	강수강도	평균 (mm)	‰	평균강수일수	강수강도	
신계	60	−7.3	−13.1	−36.4	24.8	30.1	40.1	32.1	15.4	14	4	3.3[1]	302	274	15	21.6[2]	1105
재령	30	−6.7	−12.0	−26.0	25.3	30.3	41.0	32.0	10.2	12	3	2.9[1]	212	246	13	17.4[2]	858
개성	60	−6.1	−11.6	−24.5	25.1	29.8	38.0	31.2	19.2[1]	16[1]	4	2.7[1]	330	281	15	22.0[3]	1185
은율	28	−6.2	−11.5	−25.5	24.8	29.4	36.5	31.0	11.9	16	3	3.4[1]	196	269	10	19.6	728
서도	94	−3.4	−	−	23.4	−	−	26.8	6.3	13	4	1.9[1]	107	223	11	11.5[2]	480

[1] 12월 [2] 8월 [3] 7월

남서쪽으로 가면 갈수록 **해양성기후**의 특성이 자연히 점점 더 강해진다. 기온의 연교차는 이 방향으로 급격히 감소한다. 남서부 해안 전면에 위치한 등대(燈臺)섬 소청도(小靑島)는 최소의 연교차(25.7℃)를 갖는다. 별도 10에서 나타나는 바와 같이 황해반도 상의 연교차는 대동분지보다 작다. 그러나 황해반도가 해양으로 많이 돌출한 위치를 가졌음에도 불구하고 남부 지방의 그와 같은 위치를 가진 해안 지역에서보다 연교차가 더 크다. 또한 이 지역에서도 서쪽으로 산맥의 고도가 낮아짐에 따라 강수량이 감소한다. 두 하구역 사이의 실제의 반도와 특히 해안의 전면에 위치한 섬들은 한국 전역에서 가장 적은 강수량을 갖는다(지도 2). 지금까지 언급한 내용은 위의 표에서 제시되고, 그 이외의 내용은 대동분지에서 그에 해당되는 설명을 참조할 수 있다(p.385).

고려시대에 송도(松都, p.62)라는 이름의 개성은 거의 500년 동안 국가의 중심지였다. 이미 선사시대에 나타나는(p.49 이하) 자연경관의 인문지리적 개조는 황해반도 상에서 이 500년 동안에 크게 진행되었다. 현재에도 불교의 전성기에 건립되어 산지에 은둔해 있는 수많은 사찰들을 마주칠 수 있다. 이들 사찰의 주변에는 아직 완전히 파괴되지 않은 원시림의 잔재가 남아 있으나, 이들 원시림의 잔재 역시 인간의 간섭을 받았다. 저자는 황해반도의 어느 곳에서도 처녀림을 보지 못하였다. 산지의 **식물군락**은 대체로 크게 황폐화되었는데, 그 이유는 어느 곳에나 그 주변에 목재의 수요가 많은 사람들이 거주하는 계곡과 분지가 조밀하게 있었기 때문이다(지도 3). 때때로 여러 참나무속 수종과 싸리속 수종으로 이루어진 매우 키가 작은 관목군락과 초지, 그리고 그 사이에 광범위한 식생이 없는 애추(崖錐)를 보게 된다. 이 관목의 종 구성에 작용하는 참나무속 수종은 매우 여러 종이다. 북부 지방에 신갈나무가 지배적인 반면, 참나무 상부한계를 어느 곳에서도 도달하지 못하고, 낮은 고도에서 매우 상이한 입지 상태의 차이를 나타내는 황해반도에는 수많은 다른 종들이 현저하게 나타난다. 이들 수종은 건조한 남사면을 선호하는 상수리나무(*Quercus acutissima*), 떡갈나무(*Qu. dentata*), 갈참나무(*Qu. aliena*), 깃참나무(*Qu. mongolica* Fisch. var. *mandschurica* Nakai [*Qu. mongolica* var. *liaotungensis* Nakai])와 졸참나무(*Qu. serrata*)이다. 규암 주향산릉과 접근이 어려운 화강암 산지의 협곡에는 벌써 남부 지역의 여러 종들을 포함하는 종이 풍부한, 잘 성장한 후계 식물군락이 남아 있다. 언급한 지배적인 수종으로 보아 황해반도는 여전히 일반 분류(p.196)의 때죽나무지대에 속하는 것으로 추측될 수 있다.

앞에서 언급한 바와 같이 황해반도 원시식생의 큰 파괴는 이미 오래되었다. 저자는 황해반도의 어느 곳에서도 활발한 **화전경작**을 보지 못하였다. 그래도 황해도의 통계에서 화전경지의 면적이 적게나마 나타났다면(p.560) 그 이유는 황해도가 북동쪽으로 황해반도의 경계를 훨씬 지나서 높은 산맥에 이르기 때문이다.

황해도는 전체 면적 중에 **경지 면적**의 비율(34.5%)이 가장 높은 지역이다. 황해도는 여기서 다루게 될 황해도의 주요부, 즉 황해반도만으로 이러한 순위를 얻게 된다. 황해도의 주요부 이외의 지역에서 경지 면적은 적다. 이 지역에서 가장 큰 군인 곡산군(谷山郡)은 단지 14.3%의 경지 면적을 갖는 반면, 황해반도의 신천군(信川郡)과 연백군(延白郡)은 각각 46.5%와 57.6%의 경지 면적을 갖는다(별도 77). **논**의 비율은 평안도에서처럼 해안으로 갈수록 증가하나, 평안도보다 그리 높지는 않다. 밭이 지배적이다. 황해도 전체 면적의 8.3%만이 논인 반면, 26.2%가 밭이다. 개별 군, 예를 들어 한강 하구의 북부 늪지(연백군: 34.3%)에서 논의 비율은 훨씬 더 높다. 대동분지에서와 같이 이 지역에서도 밭의 비율이 높은 것은 투수성이 있는 암석이 널리 분포하기 때문이다. 석회암 이외에 황해반도의 북동부에는 현무암이 분포한다.

밭작물의 종과 영농 방법은 대동분지와 같이 다양하여, 황해반도는 농업지리적으로 대동분지의 남서부와 매우 유사하다. 이 지역에는 한국의 어느 곳에서도 그와 같이 집약적으로 재배되지 않는 밀이 있다(별도 80). 이외에 조, 수수, 피, 밭벼, 보리, 메밀, 대두 및 다른 콩들, 고구마, 면화, 참외, 호박, 채소가 재배된다. 이 지역에서 면화의 집중적인 재배는 일본 측에 의하여, 특히 사리원(沙里院)에 있는 농업시험장에 의하여 보급되었다. 이와 대조적으로 대동분지에서처럼 귀리가 거의 없다. 옥수수, 대마와 감자는 드물게 재배된다. 간작(間作)은 대동분지와 마찬가지로 다양하다. 대동분지보다 좀 더 온화하기 때문에 보리와 밀은 겨울작물로 대동분지에서보다 좀 더 많이 재배된다. 대동분지와 마찬가지로 보리와 밀은 고랑에 심고, 여름작물(면화, 콩 또는 조)은 겨울작물의 수확 수 주일 전에 이랑에 파종된다. 마을 주변에는 과수와 밤나무의 담장 및 큰 느티나무(*Abericea serrata [Zelkowa serrata]*)들이 자란다. 농가 옆의 굴뚝들은 황해반도에서 때로 굽지 않은 점토로 만들고, 비를 막기 위하여 짚으로 만든 거적을 씌운다.

많은 만으로 이루어진 해안에서는 **어로**가 행해진다. 어로 수확량은 해마다 크게 변한다. 저자가 체류하던 해에는 어로 수확량이 매우 많은 해였다. 안락반도(安樂半島)의 유일한 어촌인 부포리(釜浦里)는 100,000엔의 수입을 올렸으며, 대연평도(大延坪島)의 다른 어촌은 600,000엔의 수입을 올렸다. 중요하나 현재까지 대체로 덜 발달한 어항으로는 서쪽 해안의 몽금포(夢金浦), 구미포(九味浦), 부포리와 남쪽 해안의 용당포(龍塘浦)가 있다. 대연평도에서처럼 이들 어항에는 성어기(p.604)에 많은 어선들이 몰린다. 한때 황해반도의 해안 전면에서 유명하게 성행했던 진주조개 채취업(p.58)은 해저사구(Bänke)가 고갈되었기 때문에 매우 쇠퇴하였다. 겨울에는 단지 몇 마리의 고래만이 잡히는 어한기(漁閑期)이다. 봄에는 대구, 상어, 도미류와 조기가 잡히고, 여름에는 고등어, 정어리, 새우와 장어, 가을에는 방어류와 갈치가 잡힌다. 반면에 민어 어획은 하반년 전 기간 동안 진행되고, 삼치, 해삼, 가자미와 숭어과의 어류는 봄과 가을에 잡힌다.

마을의 수공업을 제외하고 산업의 발달은 지금까지 초기 단계이다. 이와 대조적으로 대동분지의 서부에서처럼 **광업**이 주목할 만한 역할을 한다. 금 채취는 옹진군(甕津郡)에서 크게 발달하였다. 그 외에는 금광이 철광 다음에 속한다. 철광은 이곳에서도 주로 조선계의 퇴적광상이나 경상계의 퇴적광상에서 채굴된다. 재령강 상류의 하성(下聖)과 내토(內土) 철광 및 재령 부근의 철산(鐵山) 철광과 같은 철광 중에 여럿은 철도와 연결되었다. 철산 광산에서는 1910년과 1927년 사이에 1,000,000톤의 순도 43~62%의 철광이 채굴되었다(817). 다른 철광은 은율(殷栗) 부근, 동창리(東倉里)와 금강리(金岡里: 안악군, 安岳郡) 및 송화(松禾) 부근에 있다(819). 어느 곳이나 노천광(露天鑛)인데 이 중에 때로 5~6단계까지 밑으로 들어간다. 물론 언급된 광산 중의 여럿은 지속적으로 채굴되지 않는다. 끝으로 옹진, 백천(白川), 송화, 안악 및 신천(信川)과 같은 편마암과 화강암에서 솟아오르는 광천(鑛泉)이 미래에 중요하다(346-348).

황해반도 역시 한국의 전체 평균인구밀도에 가까운 보통의 **인구밀도**를 갖는다(p.46). 그러나 북동부와 남서부 사이의 차이는 평북 지역과 대동분지에서처럼 그리 크지 않은데, 그 이유는 황해반도의 범위가 거주에 부적절한 태백산맥 지역까지 이르지 않기 때문이다. 이 지역에 완전히 속하는 군(郡) 중에 예성강 상류에 위치한, 57명/km^2의 인구밀도를 갖는 신계군(新溪郡)이 인구밀도가 가장 낮은 군이고, 한강 하구에 위치하여 175명/km^2의 인구밀도를 가지며 논으로 가득찬 연백군(延白郡)이 가장 인구밀도가 높다(별도 76).

황해반도는 우리가 이미 최북동단 개마고원에서 그 자연적 특성을 알게된 바와 같이 부분 지역으로 시작한다. **곡산과 신계 사이**에 남강(南江)과 예성강 사이의 분수령이 달리는데, 아마도 남강 최상류 계곡의 구조적 연장부인, 그 이전에 침식된 남북으로 달리는 계곡에 여러 용암층으로 이루어진 **현무암**이 퇴적되었다. 곡산의 남쪽에서 이 현무암은 100m 고도의 층계(層階, Schichtstufe, 영: cuesta)로 시작된다. 이 층계 위의 현무암의 표면은 260~280m의 해발고도를 갖고, 남쪽을 향하여 하강한다. 신계를 지나 예성강 중류의 하곡으로 계속되는 연장부는 끝으로 30m의 고도만을 갖는다. 현무암 분출의 총길이는 52km이고, 최대폭은 17km이다. 예성강 상류는 현무암에 의하여 구하곡(舊河谷)의 우측이 침범당하여 이 지역에서 그 이후로 환류(還流)하는 하곡이 개석되었다. 현무암의 투수성 때문에 그 표면에는 거의 하곡이 발달하지 못하였다. 남강과 예성강 사이의 분수령은 이 현무암 표면에서 확정하기가 어렵다. 예성강의 지류인 지석천(支石川)만이 현무암을 통하여 투수되지 않은 상태에서 약 60m 깊이로 감입(嵌入)하여, 훌륭한 기둥을 가진 두 개의 용암 피복층을 노출시킨다. 조선계의 셰일과 석회질 셰일로 이루어진 현무암 분출 이전의 지표면은 현무암층을 뚫고 수많은 작은 둥근 구릉의 형태로 솟아 있다. 현무암의 테이블과 같은 형태의 지표면은 여름의 우기 동안 물을 완전히 흡수하며, 비옥하여 경작이 잘되는 적색토로 피복되었다. 이와 대조적으로 구산지(舊山地)에는 단지 참나무속 식물과 싸리속 식물로 이루어진 관목만이 성장한다.

그 이후 **예성강**은 경상계의 붕괴된 지괴의 적색 사암과 역암으로 이루어진 사력퇴(砂礫堆, Bänke)를 절단하여, 마침내 개성의 서쪽에서 조류(潮流)로 인하여 넓어진 한강 하구로 유입한다.

개성은 한국의 대도시 중에서 한국적 특성을 가장 잘 보존하고 있는 도시이다. 56,595명의 인구 중에 3%만 일본인이다(그림 38). 개성은 조립흑운모화강암에서 발달하고, 동일한 암석으로 이루어져서 북쪽에서 488m 고도(송악산, 松岳山)까지 상승하는 녹색의 주변 산지를 갖는 분지 내의 40m 고도에 위치한다. 고려시대 도성(都城)이 잘 보존된 긴 구간은 북쪽에서 이 주변 산지 위를 지나서 최고 정상까지 이른다. 그러나 이 성곽에 의하여 둘러싸인 면적은 가옥들로 완전히 채워지지는 않았다. 이와 대조적으로 개성은 남쪽으로 성곽의 축조 이후에 평야 지역으로 계속 성장하였다. 이 지역에서 구성곽(舊城廓)은 동서로 달리면서 시역(市域)을 양분하고, 아름다운 '남대문(南大門)'은 현재 두 주요 도로의 교차점인 중심에 위치한다. 그리 오래되지 않은, 일부 구간만이 토루(土壘, Erdball)로 보존되어 있는 방어요새는 동쪽과 남쪽에서 전체 분지를 둘러싼다. 개성의 역사적으로 중요한 유적지는 구도시의 북반부와 운치 있는 주변 지역에 있다. 두 아름다운 활터와 고려시대에 매우 존경받은 마지막 재상 정몽주를 기념하기 위하여 설립한 송양서원, 이성계[36]가 보낸 자객(刺客)에 의해 정몽주가 피살된 석교인 선죽교(善竹橋), 선죽교에 바로 인접한 커다란 정몽주 기념비각, 성균관(成均館), 고려시조 왕건(王建)의 능, 만월대(滿月臺) 구릉 위의 구왕궁의 성곽과 같은 것을 들 수 있다. 고려인삼 재배의 최초의 중심지는 개성과 그 인접 지역, 특히 임진강 변까지 이르는 논농사 평야지대의 군데군데 구릉 지역이 있는 개성의 남동쪽이다(p.579). 고려시대 이래로 도자기산업이 그 주변 지역에서 유지되어 왔고, 도자기의 거래 장소는 개성이다(822).

개성 분지와 그 북부 경계를 이루는 동일한 화강암 관입은 북쪽 천마산(天摩山: 하늘에 닿은 산, 762m)의 암석돔 암주(岩株)에 솟아 있다. 천마산은 서쪽, 북쪽과 동쪽을 향하여 흑회색 변성편암의 피복으로부터 매우 심하게 개석되었다. 후자인 변성편암은 보통의 경사를 가진, 어느 곳이나 식생피복이 있는 사면을 가진 구릉 지역을 이룬다. 이 구릉 지역에서 둥근, 때로 식생이 없는 급경사를 가진 천마산이 약 300~500m 솟아 있다. 천마산의 최고봉들은 약 3km의 직경 내에 환형으로 배열되어 있고, 산지의 중심은 분지를 이루고 있다. 분지의 물은 주변 산지 내의 가장 낮은 지점을 통과하여 북쪽으로 유출된다. 이 지역에는 화강암–편암의 경계에 넓게 불쑥 나온 단애가 발달되어 있다. 오조천(吾助川)은 이곳의 아름다운 박연폭포(朴淵瀑布)에서 약 50m 높이의 둥근 암벽 위를 낙하한다. 한국인들이 박연폭포와 분지의 아름다움에 바친 경모(존경)는 암벽에 암각(岩刻)한 수많은 한자 비문으로 나타난다. 정상부의 능선을 따라서 박연폭포 옆에 정문이 있는 잘 보존된 산성이 있다. 산성 내부의 숲에는 두 개의 사찰이 있다. 고려시대에 이 분지는 피난성새(避難城塞)였다. 일부 승려를 제외하고 이 산지에는 사람들이 거주하지 않는다. 그러나 최근에 산지와 삼림의 소유권을 가진 이왕가(李王家)는 다시 숯 굽는 것을 허용하였는데, 이것은 분지의 높은 고도에 있는 삼림의 심각한 파괴를 초래하였다.

천마산에는 회색의 암석돔, sugarloaf와 토오르(Turm)가 때로 바로 조밀한 삼림 위로 솟아 있다. 정상부에서 암석돔 사면은 갈색토 밑으로 사라져서, 이것은 삼림 또는 조밀한 관목으로 덮인다. 그 밑으로 여름에 물이 암석 사면 아래로 포상류(布狀流) 형태로 흐른다. 포상류가 흐르는 밝은 사면 사이에 지의류(地衣流)로 덮인 검은 부분과 선태류(蘚苔類)로 덮인 푸른 부분이 있다. 분지의 고도가 높은 무성한 관목숲에는 싸리속 수종들, 진달래속 수종들과 p.385에서 언급한 참나무속 수종들, 당단풍(*Acer pseudo-sieboldianum*), 신나무(*A. ginnala*)와 고로쇠나무(*A. mono*), 소나무와 마가목(*Sorbus commixta*)이 지배적이다. 일본잎갈나무(*Larix Kaemperi* Sargent [*Larix leptolepsis* (S.

---

36 역자 주: 원문에 이장군(李將軍, General Yi)의 당원(黨員, Parteigänger)이라고 기록되었으나, 일반적으로 이방원(李芳遠)이 보낸 자객 조영규(趙英珪)에 의하여 피살되었다고 알려져 있다.

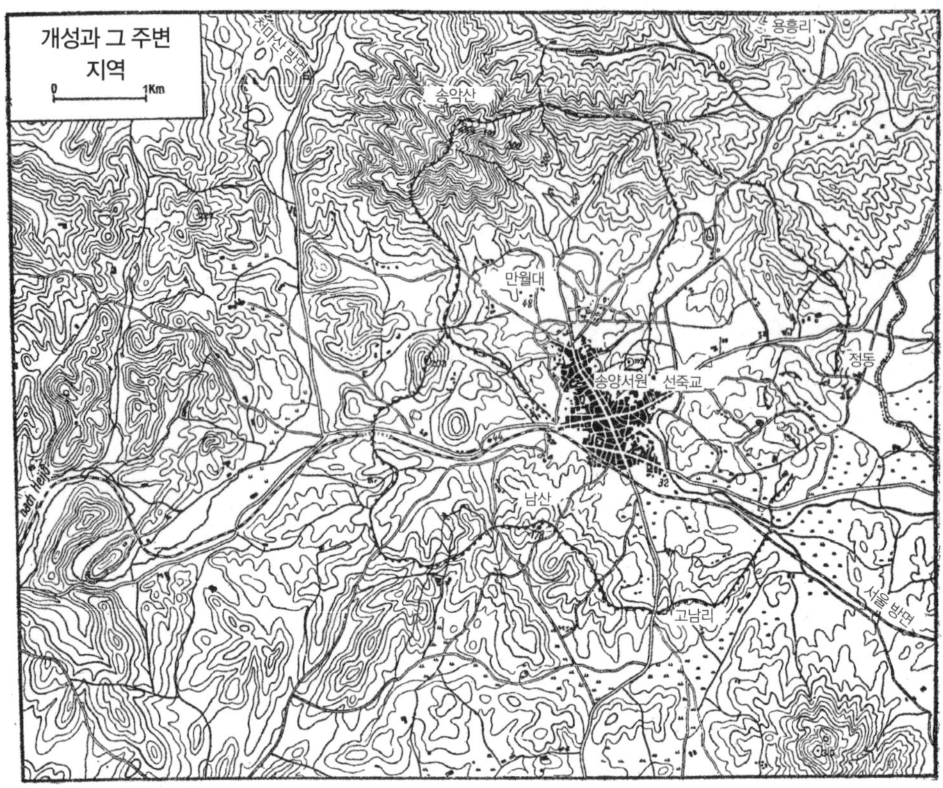

그림 38. 개성과 그 주변 지역(1:50,000 지형도에서 간략하게 그린 단면)

et Z.) Gordon]), 들메나무(Chinesische Esche)[37], 물개암나무, 산앵도나무, 밤나무(*Castanea crenata* S. u. Z. var. *dulcis* Nakai [*Castanea crenata* S. u. Z.]), 팥배나무(*Micromeles alnifolia* Koehne var. *typica* Schneid. [*Sorbus alnifolia* (S. et Z.) K. Koch.]), 둥굴레(*Polygonatum officinale*)[38], 생강나무(*Benzoin obtusilobum* Kuntze [*Lindera obtusiloba* Bl.], 국수나무(*Stephanandra incisa*), 쪽동백나무(*Styrax obassia*), 개옻나무(*Rhus trichocarpa* Miquel)와 으름(*Akebia quinata* Decne)은 덜 흔하다. 두 사찰의 주변 삼림에는 이러한 여러 관목들이 수목으로 나타난다. 이 삼림에는 추가적으로 산돌배, 까치박달(*Carpinus erosa* [*Carpinus cordata*]), 산사(*Crataegus pinnatifida* Bunge), 왕보리수나무(*Elaeagnus crispa* Thunb. var. *typica* Nakai[39] [*Elaeagnus umbellata*

37 역자 주: Chinesische Esche를 찾을 수 없어서 독일어로 Esche가 *Fraxinus*이므로 들메나무(*Fraxinus mandschurica*)로 번역하였다.

38 역자 주: 이창복의 『대한식물도감』에서 *Polygonatum officinale*를 찾을 수가 없어서 *Polygonatum*의 한 종(種)인 둥굴레(*Polygonatum odoratum* var. *pluriflorum* Ohwi)로 번역하였다.

39 역자 주: 정태현의 『조선삼림식물도설』에서 *Elaeagnus crispa* Thunb. var. *typica* Nakai는 찾을 수가 없었고, *Elaeagnus*

Thunb. var. *coreana* Lév.]), 산초나무(*Fagara schinifolia* [*Zanthoxylum schinifolia*]), 노린재나무(*Palura paniculata* Nakai var. *pilosa* Nakai [*Symplocos chinensis* for. *pilosa*(Nak.) Ohwi]), 광대싸리(*Securinega fluggeoides* Müller [*Securinega suffruticosa* Rehder]) 및 작살나무(*Callicarpa japonica* Thunb.)가 있다. 칡(*Pueraria hirsuta* [*Pueraria thunbergiana*]), 청가시덩굴(*Smilax sieboldii*), 미역줄나무(*Tripterygium regelii*)와 왕머루와 같은 여러 덩굴식물들이 나무를 타고 위로 올라간다. 이러한 식물 목록은 아름다운 천마산의 삼림이 아직 일반적인 분류의 때죽나무지대에 속하는 것을 보여 준다. 물론 천마산의 삼림에는 참나무지대의 수많은 수종도 나타난다.

예성강 하구의 서쪽에서 옹진반도의 뿌리 부근에 있는 **취야리**(翠野里)**까지**, 그 일부가 해안 늪지의 형성으로 인하여 육지화된 화강편마암으로 이루어진 과거의 군도(群島)가 이어진다. 한강에 의하여 운반된 쇄설물이 이러한 집중적인 충적지 형성을 위한 물질을 공급하였다. 고도가 낮은 늪지 북쪽의 구릉들은 완만하게 개석되어 적색토로 피복된 구릉 지역을 이룬다. 이 해안 늪지에 부분적으로 시범 관개된 대부분의 논이 전개된다. Seiyôsa와 같은 일부 일본인 수리조합은 이 지역에서 큰 공로가 있다. 배후의 구릉 지역에는 많은 큰 저수지가 있다. 연안(延安: 15,884명)이 군청소재지인 연백군에는 과거 논의 바닥에서 양질의 흑색 이탄이 채굴된다.

이 부분 지역의 서단 부근 현재의 간선교통로에서 벗어난 곳에 약 1400년경에 설립되어 1467년에 현재의 장소로 이전된 황해도의 도청소재지 **해주**(48,649명, 그중에 9%가 일본인)가 위치한다. 수년 전부터 해주는 사리원과 재령강 상류를 따라 달리는 사철(私鐵)로 연결되었다. 이 사철의 연장부가 해주를 인접 항구인 용당포와 연결시킨다. 해주는 간석지 해안으로부터 2.5km 떨어져서 해안에 평행하게 달리는 계곡에 위치하고, 945m의 고도를 가진 화강암으로 된, 이미 동서로 달리는 산맥의 산록에서 산지로 둘러싸여 있다. 시가도에서는 아직도 과거 한국 도시의 엄격한 정사각형의 경계가 매우 뚜렷하게 나타난다(821). 해주는 이 경계를 넘어서 사방으로 성장하였다. 동서로 달리는 주 도로변에는 중국식으로 건설된 과거 한국의 정자 부용당(芙容堂)이 연꽃이 피어 있는 연못에 서 있다. 해주 신사로부터의 아름다운 전망이 보여 주는 바와 같이, 북반부는 일본인들의 기와지붕이, 남반부에는 한국인들의 초가지붕이 지배적이다. 과거에 필수적이었던 피난성새가 해주에서도 북쪽으로 인접한 산지에 있다. 이 피난성새는 907~960년에 건설되었다(131, p.95). 아름다운 고목의 소나무 숲으로 장식된 산지 산록 암석 하상 바로 위에 서 있는 세 채의 우아한 정자는 과거 한국의 도시 거주자들의 명상적인 생활의 증거이다.

---

crispa Thunb.의 변종으로는 왕보리수나무(*Elaeagnus crispa* Thunb. var. coreana Nakai)와 당보리수나무(*Elaeagnus crispa* Thunb. var. *parvifolia* Nakai)만이 있어서 왕보리수나무로 번역하였다.

이 해안 지역의 북쪽으로 대보조산운동의 방향으로 동쪽에서 서쪽으로 향하는 주로 조선계와 평안계 지층으로 이루어진 산맥이 달린다. 이 중에 가장 북단의 산맥은 서쪽에서 피난성새가 있는 험준한 정방산(正方山: 480m) 정상에서 끝나고, 그중의 여러 정상들은 700m 고도에 이른다. 개성-평양 간의 도로와 철도로 이용되는 계곡이 **정방산맥**(正方山脈)을 따라 달리는데, 이 계곡에 장터와 농업 중심지인 신막(新幕)과 서흥(瑞興)이 있다. 서흥강(瑞興江)은 암석 협곡에서 남쪽으로 이어지는 산맥을 관통하는 10km 길이의 중류를 제외하고 이 계곡에서 곡류한다. 이 계곡의 서단 부근에 현재 집중적으로 채굴되고 있는 제삼기의 봉산탄전(鳳山炭田)이 위치한다(818). 이 계곡은 결국 깔데기와 같은 형태로 넓어져서, 남쪽에서 장수산(將帥山: 747m)의 험한 규암벽으로 둘러싸인 재령강(載寧江) 분지로 바뀐다. 서흥강 하곡과 재령강 분지 사이의 모서리에 간선도로와 철도변의 논과 밭, 과수원의 한가운데에 성시를 이루는 장터 사리원(沙里院: 30,389명)이 위치한다. 최근 사리원에서는 정미업도 발달하였다.

조선계 암석으로 이루어진, 이미 기술한 산맥들은 서쪽에서 남북으로 달리는 직선의 단층애(斷層崖, Bruchstufe)에서 끝난다. 이 단층애에서 반암, 반암역암(Phorphyritkonglomerate), 응회암, 편암, 석회암과 경상계의 사암으로 이루어진 대동강 대만곡부에서 언급한 지괴가 지하로 하강한다(817). 이들 암석은 사리원으로부터 도로와 철도가 달리는 구릉성 페디멘트(Fußstufe)를 이루고, 북쪽으로 황주를 향해서 정방산의 산록을 지난다. 동부의 단층지괴와 대조적으로 **경상지괴**의 서부 단층지괴는 뚜렷하지 않다. 서부 지역에서 펴져 나가는 구릉 지역은 경상계 지층으로부터의 주 단층 위를 지나서 화강편마암으로 연장된다. 위에서 언급한 수많은 철광산의 시설이 솟아 있는, 경작이 잘 되는 이 적색의 구릉 지역 중심에 시장도시인 재령(17,566명), 안악(19,171명)과 신천(17,239명)이 있다. 이 구릉 지역과 사리원-황주의 페디멘트 사이에 경상지괴의 가장 깊숙이 침강한 부분이 있다. 후빙기의 해수면 상승은 이 지역에서 재령강과 그 지류인 서강(西江)을 크게 침수시켰다. 밀물은 이 두 하천과 수많은 지류들까지 멀리 상류로 올라온다. 기름진 범람원에서 벼농사를 하기 위하여 이들 두 하천을 따라 제방이 건설되어야만 했다. 만조시 하천의 수위는 농가가 산촌(散村)으로 흩어져 있는 범람원보다 높다. 아직 제방을 쌓지 않은 지역은 현재까지 취락이 없는 갈대 숲이다.

황해반도의 최북서단에 중부 지방의 대규모 화강암 관입 중의 하나가 나타난다. 이 지역의 건조한 토양과 불모지는 자연림의 파괴가 덜 비참한 분포를 가져온 조선계 분포 지역의 밝은 녹색과 현저하게 차이가 난다. 고도가 낮은 화강암 산지와 구릉 지역은 침식된 나지의 황색토상에 빈약하게 소나무로 피복되었다. 그렇지만 서쪽으로 화강암 지역까지 이르는 신천평야는 남측에 저수지를 건설한 일본인들의 수리조합에 의하여 논농사 지역이 되었다.

평야와 황색토의 구릉지를 둘러싸는 산지는 동일한 화강암으로 이루어져 있다. 한국의 5대 성산(聖山) 중 하나인, 황해반도에서 가장 높은 산인 **구월산**(九月山: 954m)이 이들 산지에 속한다. 이 산지의 중심부에 있는 화강암은 매우 세립으로 좁은 간격의 절리가 잘 발달하였다. 그로 인하여 경사가 매우 급하고, 식생이 없는 벼랑에 유리하여 sugarloaf의 발달(Felspanzerbildung)이 감퇴된다. 천마산과 같이 정상 부근에 총 300m의 고도에 3단계의 폭포에서 물이 아래로 낙하하는 고원 분지가 있다. 구월산 분지 역시 한때 피난성새의 역할을 하였다. 그 산성이 아직 주변 산지의 능선을 달리고 있다. 현재에도 산성(山城)이라는 이름을 가진 작은 마을은 분지의 산록을 농업적으로 이용한다(p.231). 고도로 인하여 조는 이 지역에서 Fingerhirse(*Eleusine coracana*)[40]로 대체되었다. 폭포가 있는 계곡의 아름다운 삼림은 주로 소나무와 잣나무로 구성되었다. 과거 원시림의 활엽수는 단지 관목과 간재의 형태로만 나타난다. 이 삼림은 작은 산지의 서측 산록에 지나치게 방치된 상태로 놓인 본산 사찰의 하나인 패엽사(貝葉寺)의 소유이다.

황해반도의 남서 지역에는 다시 조선계 습곡이 지배적이고, 이것으로 또한 이 지역을 특징짓는 산맥들이 시작된다. 이 산맥들을 분리시키는 종곡(從谷)들과 같이 이들 산맥은 동서 방향으로 달린다. 이 부분 지역의 중심은 남대천 변의 군청소재지인 장연(長淵: 13,463명)이다. 이들 산맥은 이러한 한 종곡을 따라 흐르는 주 하천인 남대천과 남쪽 해안 및 대동만 사이에서 크게 발달하였다. 급경사의 판상의 편암을 50~70m의 비고를 가진 준평원이 절단한 장연 분지의 바로 위에 규암으로 이루어진 불타산(佛陀山)이 벽과 같이 솟아 있다. 불타산의 각 정상부는 대단한 절벽으로 단애 위에 600m까지 솟아 있는 반면, 평균고도는 400m이다. 남쪽에서 평행하게 달리는 산맥에는 현저한 정상부가 없다. 그렇지만 이 산맥은 훨씬 더 서쪽으로 연장되어 황해도를 서쪽으로 돌출시키며, 절벽으로 둘러싸이고, 조류 때문에 위험한 장산곶(長山串)에서 끝나는 20km 길이의 반도를 이룬다. 이들 두 산맥 사이에 습곡작용을 받은 두꺼운 셰일층을 갖는 종곡이 달린다. 이들 두 산맥의 남쪽 구미포 부근에서 사주가 형성되기 시작하였으며, 장산반도(長山半島) 북쪽의 서해안에서는 드문 해안선의 직선화 과정이 상당히 진전되었다. 세기의 전환기에 이미 한국에 거주하는 유럽인들이 구미포 부근의 '소래 해수욕장'으로 알려진 곳에 가족용 가옥들이 있는 하계 휴양지를 건설하였다(823). 헐벗은 규암이 지배적이지 않은 곳에서 불타산은 사람 키의 두 배 정도인 관목군락으로 덮여 있다. 이 관목군락은 친숙한 참나무

40 역자 주: Hirse 중에 기장(Rispenhirse), 조(Kolbenhirse), 피(Japanische Hirse), 수수(Mohrenhirse)가 있으나 Fingerhirse(*Eleusine coracana*)의 우리말 명칭은 무엇인지 알 수가 없다.

속 수종과 싸리속 수종으로 이루어져 있다. 남사면의 건조하고 양지바른 곳에서는 싸리속 수종 중에 상수리나무(*Quercus acutissima*)가 매우 많다. 이들 관목 사이에서 수많은 풀과 꽃들이 자라는데, 그중에 현란하게 불처럼 붉은 털중나리(*Lilium amabile* Palibin)가 있다. 북측의 협곡에는 규암괴 사이에서 흑갈색의 미끄러운 이끼가 형성되었고, 이 습윤하고 음지인 장소에는 장엄하고 종이 풍부한 활엽수림이 보존되어 있다. 이 활엽수림은 주로 이 지역에서 기름을 짜는 열매가 달리는 큰 나무인 생강나무(*Benzoin obtusilobum* Kuntze [*Lindera obtusiloba* Bl.])로 이루어져 있다. 다른 키가 큰 나무들은 까치박달(*Carpinus erosa* [*Carpinus cordata*]), 왕고로쇠(*Acer mono* var. *savatieri*)와 넓은잎딱총나무(*Sambucus latipinna* Nakai)이다. 이 활엽수림은 알려진 덩굴식물로 인하여 거의 통과할 수 없다.

서쪽으로 대동만과 동쪽으로 해주만 사이에서 육지는 25km까지 좁아진다. 이곳에서 폭이 77km까지 넓어지고, 45km 남쪽으로 돌출한 포도 모양의 2차 반도가 시작된다. 이 반도가 **마산반도**(옹진반도, 甕津半島)이다. 최근에 중부 지방 서해안에 일어난 내진(內進)으로 인하여 초래된 복잡한 해안선은 이 지역에서 가장 최고로 발달하였다. 제3차 반도들은 고찰될 수 있는 모든 세 방향에서 비교적 작은 본체에 연결된다. 이 중 가장 큰 반도는 면의 명칭을 따라 **안악반도**(安岳半島)라고 부를 남동쪽의 반도이다.

옹진반도 역시 대부분 조선계 지층으로 이루어져 있다. 그렇지만 그 중앙에 다시 화강암 관입이 나타난다. 조선계 지층과 화강암 관입의 접촉부에서 반도는 최고 고도에 이른다(광대산, 廣大山: 432m). 이 산에 한국에서 세 번째로 큰 금광산이 운영되고 있다. 그러나 화강암의 중심지는 식염을 함유하는 옹진온천(30~40℃)이 분출하는 분지를 이룬다(348). 습곡의 주향(남서-북동)을 달리는 약 30km 길이의 안악반도는 거의 그 중앙에 단지 1km 폭의 지협을 갖는다. 안악반도는 매장된 규암층과 함께 조선계의 당정(糖晶)의 흰 사암과 217m 정도의 고도를 갖는 수십 개의 정상으로 이루어져 있다. 만입된 조수만은 충적평야까지 연장되는데, 이 충적평야는 정상부들을 하나로 연결시킨다. 북서쪽의 내측은 과거의 산맥이 길게 뻗은 섬들인 순위도(巡威島)와 용호도(龍湖島)로 돌출한, 변화되지 않은 내진해안이다. 남동부 외측 상에 절벽과 사주의 형태에서 해안선의 직선화가 시작되었다. 사람들이 거주하지 않는 안악반도의 외측 끝은 알려진 참나무로 이루어진 무성한 소관목, 마가목(*Sorbus commixta*), 진달래(*Rhododendron mucronulatum*)와 싸리속 수종들과 함께 소나무로 이루어진 키가 작은 숲으로 덮여 있다. 북동쪽으로 충적평야와 고도가 낮은 적색토 구릉 지역이 좀 더 빈번해지는 것과 마찬가지로 작은 마을, 밭과 논이 증가한다.

장산곶과 안악반도의 남서단 사이 황해도의 전면에 과거에 유럽인들이 Sir James Hall-Insel-Group이라고 칭한 군도가 있다(p.42). 이 섬들 중에 가장 큰 섬의 이름을 따라 현재 이 군도는 **백령군도**(白翎群島)라고 불린다. 이 군도의 최남동단에 있는 섬이 방금 언급한 순위도이다. 이들 섬 역시 단애와 내진만을 가진, 고도가 200m까지 이르는 인구가 조밀한 바위섬이다. 백령도와 남쪽으로 인접한 두 섬인 대청도(大靑島)와 소청도(小靑島)에는 농업과 어업에 종사하는 7,459명(1936년)의 인구가 거주한다. 이들 섬을 옹진반도의 연장부와 분리시킨 후빙기의 내진 연대는 이 지역에서 백령도 부근의 해저에서 발견된 상아(象牙)로 증명된다(820).

7. 경기 지역과 수도 서울

북쪽으로 황해반도와 남쪽으로 태안반도(泰安半島) 사이에서 해안은 거의 약 100km 정도 북동쪽으로 들어오는데 이 지역에 경기만이 있고, 그 남반부에는 덕적군도(德積群島)의 섬들이 분포한다. 이 해안은 일련의 뚜렷한 하구역만(河口域灣, Trichterbuchten)들로 구분된다. 이들 하구역 중에 가장 큰 것은 이 해안 구간의 양 끝에 위치한다. 이것은 한강과 안성천(安城川) 하구역의 만으로 후자를 아산만(牙山灣)이라 부른다. 경기 지역의 배후지는 거의 예외 없이 한강으로 배수를 한다. 한강 본류의 여러 구간의 지류는 남서 방향으로 달려서 중부 지방의 경동지괴의 특성을 잘 나타낸다. 그러나 본류는 충주에서 하구까지 200km를 북서 방향, 즉 경동지괴의 방향에 수직으로 흐른다. 한강의 가장 큰 지류인 임진강은 중류에서 한강과 반대 방향으로 흐른다. 이 두 하천은 중류 지역에서 개개의 정상이 다소 급한 경시를 가지고 그 위에 솟아 있는 구릉 지역과 평야지대를 관통한다. 1,000m 이상의 고도를 갖는 산지는 해안에서 약 80km 떨어진 지역, 즉 한강과 임진강 중류의 북동쪽에서 시작한다. 높은 산지와 경기만 해안 사이의 이 지역은 한국의 경제지리적, 교통지리적, 정치지리적 중심 위치를 차지한다. 이 지역이 수도가 있는 지방인 경기도의 대부분과 일치하기 때문에 이 지역을 경기 지역이라 부르겠다. 이 지역의 세 내륙 측면에서 경기 지역은 경기도의 외부로 크게 벗어나지 않는다. 황해반도와의 경계는 p.381에 언급되어 있다. 남동부에서 천안(天安)-장호원(長湖院)을 연결하는 철도를 따라 천안에서 충청 지방을 향하고 있는 좁은 대상 지역은 충청-전라 지역에 포함된다. 북동부에서 도 경계는 1,468m 고도의 화악산(華岳山)까지 이르는 반면, 저자는 경기 지역을 좀 더 높은 산지의 산록까지로만 한정하여 지역 경계를 위에서 언급한 하천들의 중류의 북동쪽으로 설정하였다. 이들 경계로 경기 지역은 길이 130km, 평균 폭 85km로 약 11,000km^{2}의 면적을 갖는다. 남동쪽 해안으로부터 95km 떨어져서 산포되어 있는 덕적군도가 경기 지역에 포함된다(별도 23).

한강 하구로부터 북쪽으로 50km 떨어져서 한강 하류의 깔때기 모양의 하구역으로 유입하는 임진강 유역을 포함하게 되면 한강의 수계는 320km 이상 태백산맥 서사면을 흐른다(별도 48). 가장 긴 본류(420km)는 남한강이다. 남한강은 오대산(五臺山: 1563m) 부근의 태백산맥에서 발원하여 단양(丹陽)까지 남쪽을 향하여 큰 호(弧)를 그리며, 충주부터 위에서 강조한 북서쪽으로 흐른다. 한강 수계의 모든 다른 큰 하천들은 오른쪽으로부터 유입한다. 영월(寧越: 강원도) 부근에서 평창강(平昌江)은 남한강으로 유입하며, 강천리(康川里) 아래에서 횡성강(橫城江)이 유입하고, 끝으로 서울로부터 40km 상류에서 북한강이 유입한다. 금강산에서 발원하여 주로 남남서 방향으로 흐르는 북한강에 춘천(春川) 부근에서 소양강(昭陽江)이 왼쪽으로부터 유입하고, 이보다 42km 하류에서 홍천강(洪川江)이 유입한다. 끝으로 마찬가지로 왼쪽으로부터 유입하는 고미탄천(古味呑川), 평안천(平安川)과 한탄천(漢灘川)이 대체로 북한강 서쪽으로 평행하게 흐르는 임진강(臨津江)의 지류가 된다.

이러한 지류가 매우 많은 하계의 모든 부분은 화강편마암, 조선계 지층과 변성퇴적암에서 심한 사행천을 형성하게 한다. 곡류 구간은 그 특성에 관하여 차후에 언급할 뚜렷한 직선의 하천 구간과 서로 연결된다. 곡류 구간의 대부분은 계곡 위의 여러 고도면에서 암석단구를 따라 달리는 V자곡과 협곡의 형태로 경동지괴의 사면을 개석하였다. 하상이 대체로 곡저를 완전히 채워서 곡저평야가 없다. 한강은 서울에서 상류 방향으로 30km 떨어진 창우리(倉隅里)까지 이러한 계곡으로 흐르고, 수도 부근에서까지 하상은 전폭의 곡저를 차지한다. 그러나 이들 협곡 구간 사이의 중앙에 폭이 넓고 집약적으로 경작을 하는 곡저평야를 가진 개개의 넓은 곡저평지(谷低平地)들이 있다. 가장 규모가 큰 것으로 충주, 춘천과 창우리로부터 하류에 위치한 뚝섬의 곡저평지이다.

서울에 이르러야 비로소 35km의 단절되지 않는 범람원이 하천을 따라 전개된다. 그러나 이 범람원은 간석지(干潟地)로 이어지고, 만조 때에 하천은 다시 하천 양안의 암석 하안을 씻어내린다. 임진강 하구 바로 아래에서 조석의 영향을 받는 간석지는 3km의 폭을 갖는다. 강화도(江華島) 북쪽에서 간석지의 폭은 9km까지 넓어진다. 1860년대에 유럽 탐험대가 그들의 불운을 확인해야만 했을 때처럼 이 간석지는 매우 얕고, 해저사주(海底砂洲)와 이질뱅크(泥質–, Schlickbänke)는 홍수 때마다 매번 그 위치가 변한다. 1925년과 1936년 여름에 발생한 홍수로 인해 하안은 큰 피해를 입었다(452, 824). 끝으로 한강은 암석 섬들 사이에서 여러 지류로 갈라진다. 그 이유는 최근의 내진(Ingression)이 하구 지역의 여러 깊은 지대를 범람하였기 때문이다. 폭이 좁고, 여전히 강과 같은 염하(鹽河)라는 이름을 가진 지류는 김포반도(金浦半島)로부터 큰 섬인 강화도(280km²)를 분리시킨다. 이 염하에는 빠른 속도의 조류(8knot)가 흐른다. 강화도 북서부에 실제 하구역이 위치한다. 이 하구역은 교동도(喬桐島)와 석모도(席毛島)에 의하여 여러 지류로 분리된다.

조수의 이동은 서울의 위쪽 약 20km까지 상류 쪽으로 하천을 밀고 들어온다. 겨울에 한강은 수도 부근에서도 2½개월간 동결된다. 한강의 **주운가능성**(舟運可能性)은 낮다. 한강에서 서울-용산(龍山)까지만 작은 하천증기선(河川蒸氣船)이 다닐 수 있다. 수도의 외항은 서울과 39km의 철도와 1939년에 근대적인 도로로 연결된 인천이다. p.265에서 기술한 평저선은 남한강의 영춘(永春)과 북한강의 화천(華川)까지 운항이 가능하다. 이러한 방법으로 한강에서 300km나 주운이 가능하다.

경기 지역은 북서쪽으로 인접한 지역과 대조적으로 지괴를 형성하는 동일한 이름의 **구조 지역**에 속한다(별도 7). 경기 지역은 남남서-북북동 방향으로 달리는 일련의 지대로 이루어져 있다. 주로 화강암이 분포하는 이들 세 지대 사이에 그에 상응하는 방향으로 달리는 편마암과 편암이 노출된다. 후자는 연천계에 속한다(별도 6). 연천계는 운모편암, 천매암, 셰일과 규암, 즉 매우 상이한 형태적인 성질을 가진 암석으로 이루어져 있다.

주로 동일한 방향을 갖는 단층과 파쇄대가 경기지괴를 관통한다(별도 54). 가장 조밀한 작은 다발은 아산만에서 시작하여 영흥만까지 달린다. 이 파쇄대는 긴 거리 상에서 직선의 계곡들을 형성하였는데, 이것은 그 계곡을 흐르는 개울이나 하천들과 비교하여 때때로 현저히 폭이 넓다. 이 계곡에서 수로가 서로 반대 방향으로 흐르는 경우가 적지 않아서 여러 계곡의 일부는 주 사면의 경사 방향과 반대되는 경사를 갖는다. 예를 들어 양주(楊州)-전곡(全谷) 사이의 계곡 부분이 이에 해당한다. 이 지대가 서울 부근의 뚝섬으로부터 의정부(議政府)를 지나 대광리(大光里)까지 달리고, 북북동쪽으로 계속 영흥만(永興灣)까지 뻗는 가장 긴 계곡열(溪谷列)의 일부를 이룬다. 이것이 이미 여러 번 언급된 추가령열곡(楸哥嶺裂谷)이다(p.33, p.119, p.123). 이 열곡으로부터 동쪽으로 13~20km 떨어진 지역에 의정부로부터 포천(抱川)을 지나 한탄천 상류를 따라서 회양(淮陽)의 남서쪽까지 100km 뻗어 있고, 네 개의 분수령을 포함하는 다른 계곡이 달린다. 서울에서 원산(元山)까지의 도로는 금화(金化) 전까지 이 계곡을 따른다. 서울 남부의 화강암으로 된 관악산(冠岳山 629m)은 이와 같은 직선 계곡에 의하여 둘로 갈라졌다. 편마암과 편암 지역에서 이러한 구조선(構造線)을 따르는 하천들은 때때로 직선 주위를 왔다 갔다 하며, 이러한 곡류 지점에서 직선 계곡은 잘 발달된 단구의 고도에서 추적될 수 있다. 이와 대조적으로 화강암지대에서 이 계곡의 하천들조차 상당히 곧바로 달린다. 앞에 언급한 주요 하천의 지류들은 단지 비교적 짧은 구간에서 이 구조곡들을 따라 흐른다. 경기 지역 내에서 연천규암을 개석한, 완전히 직선인 북한강의 하류 구간이 가장 좋은 예이다.

해안 부근에 널리 분포하고, 경기 지역의 남반부에서 동쪽으로 남한강까지 이르는 **구릉 지역**은 200m 등고선을 잘 넘지 않는다. 추측하건대 이 구릉지는 여주(驪州), 이천(利川)과 장호원(長湖院)에서 Kobayashi가 추적한 낙랑준평원의 개석으로 인하여 형성되었을 것이다. 해안 부근의 구릉 지역들 사이에는 충적평야가 있다. 가장 큰 충적평야는 경기 지역의 남단으로, 그 중심은 군청소재지인 평택(平澤)이다.

수도의 연료 수요로 인하여 이 구릉 지역의 삼림은 원거리까지 지속적으로 벌채되어 **우식**(雨蝕)에 의한 엄청난 상처가 남아 있다. 이들 구릉 지역이 화강암으로 이루어진 경우에는 벌채된 사면이 민둥산으로 침식되었다. 심층풍화를 받은 암석과 우식된 물질로 이루어진 쇄설 사면은 밝은 황색이다. 일본인들의 식목사업으로 비로소 하천이 위험할 정도로 모래로 채워졌으며, 곡저의 경지가 파괴되었던 심각한 토양황폐화 현상을 조절할 수 있게 되었다. 편마암과 편암 상에서는 적색토 풍화가 지배적이다.

황색토로 풍화되고, 구릉 지역과 분지를 이루는 동일한 화강암은 이 구릉 지역이나 분지 상의 곳곳에 고산성의 급경사를 이루는 흑회색의 **둥근 암석돔**으로 솟아 있다. 암석은 하부로부터의 표면과 평행한 박리 현상(剝離現象)을 통하여 최근의 암석 파괴가 일어난 지점에서만 밝은 색을 띠게 된다. 관악산에서와 같이 정상 지역에서 화강암이 경사가 급한 수많은 절리로 갈라져 있는 곳에서 화강암은 예리한 능선과 탑을 형성한다. 서울의 북쪽에 위치한 북한산(北漢山: 836m)의 정상 형태는 완전히 다른데, 60° 이상의 경사를 가진 벌거벗은 돔과 sugarloaf로 특징지어진다. 천마산(p.389)과 구월산(p.393)에서와 같이 북한산에서 이들은 이곳에서 자연적인 성곽과 같이 높은 고도에 위치한 분지를 둘러싼다.

구릉 지역은 서쪽의 반도로도 연장된다. 그러나 강화도의 화강암 지역에서조차 468m나 되는 산이 있다. 만의 가장 안쪽 끝 부분에만 해안 늪지가 있는 작은 지역이 발달하였다. 이 지역은 부분적으로 과거에 인공제방을 쌓아 만든 것이다. 그 외에는 갯골이 있는 **간석지**가 만들을 전체적으로 메운다. 서해안의 어느 지역도 이 지역보다 간만의 차가 크지 않아서 간석지가 이

[별도 47]

45. 서울 부근 북한산의 둥근 암석돔

왼쪽이 화강암 정상, Schlußblock(영: keystone)이 있는 백운대, 오른쪽이 아래로부터의 '박리 현상'

46. 수원 농사시험장, 잠사시험부

오른쪽 뽕나무, 왼쪽 상수리나무(*Quercus acutissima*). 나무에 있는 배버들나방의 일종(*Lasiocampa quercus*)을 새가 먹지 못하도록 천으로 만든 자루로 씌워 놓았다. 연구소의 일본인과 한국인 연구원.

지역보다 넓지 않다. 진흙과 모래 간석지의 엄청난 면적은 서만도(西晩島), 대무의도(大舞衣島), 영흥도(靈興島)와 같은 육지에 가까운 섬들까지 연결된다. 이 지역으로부터 경기만의 외부까지 해저사주가 연장되고, 대조(大潮)의 낮은 평균수심에서 20m 등심선도 육지 퇴적작용의 영향을 받는다(별도 48). 전체 만을 통하여 한강 하구에서 시작하여 남서 방향으로 깔때기 형태로 넓어지는 깊은 수로가 달린다. 이러한 불리한 조건에도 불구하고 대도시 주민의 해안에 대한 욕구로 인하여 일부 해수욕장이 생겼다. 일본인들은 인천의 건너편에 위치한 월미도(月尾島)를 선호한다(그림 39). 인천을 제외하고 해안에 중요한 항구가 없다. 개펄의 만에서는 근대적인 시설을 갖춘 **염전**(鹽田)을 자주 볼 수 있다. 가장 큰 염전은 인천에서 가장 가까운 주안(朱安)에 있다. 해양학적인 조건이 불리하여 어획량이 한국에서 가장 적다(p.604).

덕적군도(德積群島)는 백령도와 완전히 같은 유형이다(p.395). 이 두 섬들도 간석지로 둘러싸여 있다. 선갑도(仙甲島)는 고도가 359m나 된다. 가장 멀리 떨어진 섬은 등대가 있는 목덕도(木德島)이다. 어부와 농부들이 사는 이들 섬의 인구는 1936년에 28,164명이지만, 그중에서 일본인은 10명뿐이다.

한국의 다른 지역보다 경기 지역의 경관상(景觀像)을 좀 더 강하게 결정하는 위에서 언급한 풍화와 침식의 형태 및 색채는 다음과 같은 세 가지 인자에 의해 좌우된다. 경사진 절리면을 가진 풍부한 조립화강암의 출현, 자연식생에 대한 1,000년 이상 소급되는 엄청난 인간의 간섭과 **기후**의 특수성, 특히 겨울의 혹한과 예외적으로 높은 여름 강수강도. 이러한 기후 특성과 기타 중요한 기후 특성을 측정을 통하여 파악될 수 있는 범위까지 경기 지역의 기후자료 표에 제시하였다.

황해반도의 기후자료와 비교할 경우 경기 지역은 황해반도보다 좀 더 남쪽에 위치하기 때문에 겨울에 좀 더 온화함을 알 수 있다. 또한 이 지역에서도 겨울 혹한은 내륙에서 해안으로 갈수록 감소하고 섬들에서 가장 덜하다. 그러나 추운 계절의 과우 현상은 황해반도에서와 같이 심각하지 않으며, 겨울 강수량의 일부는 눈으로 내린다. 서울은 연평균 32.5일, 인천은 30일의 강설일수를 갖는다. 이 지역에서도 단지 5~9월에만 눈이 오지 않는다. 12월과 1월은 평균 8~9일의 강설일수를 갖는다. 물론 매우 예외적으로 추웠던 겨울이 지난 다음인 1933년 4월에 저자는 100m까지의 고도상에서 잔설(殘雪)을 발견하였다. 그러므로 경기 지역의 겨울에 눈으로 덮인 사면이나 소나무 및 초가지붕이 없는 것은 상상할 수 없다. 이와 같은 겨울 경관은 때때로 밝은 빛으로 빛난다. 인천은 2월에 65%의 상대일조시간을 갖는다. 겨울에는 경기 지역도 육지계절풍의 지배하에 있다. 인천에서 1월 관측 중 54.3%가 북서에서 북북동의 풍향이다. 지형이 풍향에 영향을 미치는 결과로 이 육지계절풍의 특성은 내륙의 계곡이나 분지에서 뚜렷하게 나타나지는 않는다. 또한 이들 지역에서는 풍속도 훨씬 약하다. 그러나 해안에서, 예를 들어 강화도에서 하늬(寒意)바람은 매우 두려운 존재로 마을들은 이 바람으로부터 피하기 위하여 요지형(凹地形, Geländefalte)에 위치한다(829, p.9).

경기 지역의 기후자료

관측소	고도(m)	기온							강수량								
		1월			8월			연교차	2월				7월				연강수량
		평균기온	평균최저기온	절대최저기온	평균기온	평균최고기온	절대최고기온		평균(mm)	‰	평균강수일수	강수강도	평균(mm)	‰	평균강수일수	강수강도	
가평	62	−6.1	−12.8	−28.0	25.2	30.1	38.0[1]	31.3	19.2[2]	14[2]	4	4.8	434	324	14	31.0	1337
서울	86	−4.7	−9.6	−23.1[3]	25.8	30.5	37.5	30.5	23.9	18	6	4.0	395	295	16	24.7	1340
인천	69	−4.1	−5.6	−21.0	25.1	29.2	36.9	29.2	21.1	19	5	3.2[3]	308	275	15	20.5	1106
목덕도	66	−1.3	−	−	23.7	−	−	25.0	15.3[2]	21[2]	5	2.1[3]	171[4]	232[4]	11	17.1	732

[1] 7월, [2] 1월, [3] 12월, [4] 8월

한여름에는 황해반도보다 조금 더 덥다. 그 결과로 경기 지역 기온의 연교차는 황해반도보다 작다. 그러나 여름 강수량과 강수강도는 어느 곳이든 황해반도보다 좀 더 많고 높아서 대동분지의 자료와만 비교될 수 있다. 서울에서 북동쪽으로 40km 떨어진 포천 관측소의 7월 평균강수량은 468mm이다. 포천의 7월 강수량은 한국에서 모든 달을 통틀어서 최고치이다. 또한 이 지역에서도 해안과 섬들이 내륙 산악 지역보다 여름 강수량과 연강수량이 적다는 것을 알 수 있다. 여름에 고온에서의 상대습도는 유럽인들이 불쾌하게 느낄 정도로 상승한다(인천: 7월 85.9%). 높은 습도는 해양계절풍에 의해 육지로 확산된다. 그러나 인천에서 7월에 남남동풍 내지 남서풍의 관측은 단지 44.7%이고, 서남서풍 내지 북서풍의 풍향도 25.3%인 사실은 주로 저기압이 많은 양의 여름 강수량을 가져온다는 것을 의미한다.

경기 지역은 높은 문화와 조밀한 취락을 가진 역사가 오래된 지역이다. 그 결과로 인하여 한국의 다른 어느 지역보다도 식생이 빈약하다. 육로로 경기 지역에 이르는 모든 여행자들에게는 구릉지와 돔 형태 산지 삼림의 황폐함이 눈에 띈다. 1487년 중국 시신의 보고서에 서울 주변의 '무수한 소나무'가 언급된 반면(836, p.35), 초기 유럽의 여행자들에게는 경기 지역 구릉지와 돔 형태 산지 삼림의 황폐함이 늘 눈에 띄었다(176, 179). 저자는 인적이 닿지 않은 원시림을 어디서도 보지 못하였고, 키가 큰 2차 삼림조차 현재 드물다.

비교적 흔하게 아름다운 **소나무**들을 볼 수 있다. 이들 소나무는 예를 들어 수도의 시역 남측에 위치한 신성한 남산(南山), 수원(水原) 부근의 일부 구릉 지역과 수원과 평택 간의 도로에서 멀지 않은 용주사(龍珠寺) 부근의 화산(花山)을 장식한다. 마지막에 언급한 삼림은 잣나무와 상수리나무(*Quercus acutissima*)도 포함한다. 지표의 지의류는 현란하게 진홍의 붉은 꽃이 피는 진달래(*Rhododendron mucronulatum*)로 덮여 있다. 서울로부터 남쪽으로 35km 떨어져 있는 조선의 포츠담(Potsdam)[41]인 수원 부근에 있는 소나무 숲은 그의 아버지의 왕릉 주변에 5,500,000그루의 소나무를 식목하게 한 세조(世祖 1455~1468년)까지 그 연대가 소급된다. 의정부의 북동쪽 **광릉**(光陵: 빛나는 무덤)**의 울창한 삼림**이 자연 상태에 훨씬 더 가깝다. 광릉에는 봉선사(鳳仙寺)와 방금 언급한 세조 및 왕비의 능이 있어서 최근에 조선총독부의 임업시험장이 광릉을 보호하고 관리할 때까지 460년간 지속적으로 보존되었다. 광릉에는 소나무, 젓나무(*Abies hollophylla*), 잣나무, 신갈나무(*Quercus mongolica*), 섬속소리나무(*Qu. neoglandulifera* [*Quercus serrata* subsp. *serrata*])[42], 떡갈나무(*Qu. dentata*)와 갈참나무(*Qu. aliena*), 산벚나무[43](*Prunus serrulata* var. *intermedia*)와 개살구와 서어나무속 수종 등이 가장 흔하게 나타난다. 광릉 임업시험장이 발간한 방대한 식물 목록(826)에는 13종의 참나무, 6종의 단풍나무, 벚나무속에 속하는 5종의 야생벚나무, 4종의 버드나무속과 3종의 서어나무속이 수록되어 있다. 이 종들 중에 22%는 일본 열도에서도 자연발생적으로 나타난다. 광릉의 삼림은 때죽나무지대(p.196)에 속한다.

기타 경기 지역에 지배적인 빈약한 **관목림으로** 인하여 도처에서 노란색과 붉은색의 토양풍화색을 잘 볼 수 있다. 관목림에는 또한 신갈나무와 깃참나무 및 소나무가 지배적이다. 관목림에서는 4월에 철쭉꽃이 분홍색, 붉은색과 보라색으로 핀다. 최근에 일본의 산림청이 사방공사를 하고 식목한 황색토의 사면에는 주로 소나무, 물갬나무, 상수리나무, 난티잎개암나무(*Corylus heterophylla* Fisch.)와 땅비싸리(*Indigofera kirilowi* Max.)가 있다.

관목으로 덮여 있거나 또는 완전히 헐벗은 구릉지의 사면 아래에 밭이 전개된다. 우아한 맥상(脈狀)의 **논**은 주 계곡과 측면 계곡의 곡저뿐만 아니라, 사면과 오래된 평탄한 애추 지역에도 있다. 서해안의 이보다 훨씬 더 북쪽에 위치한 지역에서 주로 주 계곡의 습윤한 저지에 제한되는 논농사가 경기 지역에서는 큰 면적을 차지한다. 경기 지역의 논은 전체 면적의 1/6과 경지

---

41 역자 주: 서울에 대한 수원의 위치가 베를린에 대한 포츠담의 위치와 유사하다.

42 역자 주: 정태현의 『조선삼림식물도설』에는 우리말 명칭이 솜속소리나무이나 이 수종의 현재 학명 *Quercus serrata* subsp. *serrata*는 이창복의 『대한식물도감』에서 찾을 수 없다. *Quercus serrata*는 졸참나무이다.

43 역자 주: 라우텐자흐는 이 식물명을 Koreanische Bergkirsche라고 명명하고 *Prunus serrulata* var. *intermedia*라는 학명을 제시하였으나, 역자는 이 학명을 찾을 수가 없어서 산벚나무(*Prunus sargentii* Rehder)로 번역하였다.

면적의 1/2 이상을 차지한다(p.560, p.567). 전체 면적의 단지 16.4%만이 경작되는 양평군과 같은 산악 지역에 위치한 군조차도 논이 전체 경지 면적의 48.8%가 되고, 남서단에 위치한 진위군(振威郡: 평택군)에서도 전체 면적의 34.3%와 경지 면적의 67.5% 이상이 논이다(별도 78). 이보다 좀 더 넓은 벼농사 지역들은 하천 주변에 위치하고, 해안 주변에 밀집한다. 실제로 벼농사 분포도(지도 4)에서는 심지어 일부 직선의 구조곡들도 눈에 띄게 나타난다. 이 지역 쌀 생산량의 대부분은 내수용이다. 경기 지역에서, 특히 강화도의 논에서 드물지 않게 왕골이 재배된다.

황해반도에서처럼 경기 지역에서도 **밭농사**가 집약적이고 다양하게 행해진다. 겨울이 비교적 온화하여 북서부 지역보다 좀 더 광범위하게 겨울작물이 재배된다. 이 지역에서는 겨울밀이 거의 예외 없이 겨울 밭작물로 재배되고, 실제로 보리는 남부 지방에서 특징적인 재배 형태로 논에서도 곳곳에 재배된다. 특히 가평군(加平郡)에서 많이 재배되는 밀 역시 주로 겨울작물이다. 이외에도 콩, 팥, 녹두, 조, 밭벼, 호밀, 수수와 메밀이 밭에서 재배된다. 경기 지역의 최남단에서 이미 미국 육지면(陸地棉)이 재배된다. 귀리와 기장은 거의 북부에서만 재배된다. 경기 지역은 북부 지방과 남부 지방의 작물 및 영농 방법의 뚜렷한 점이 지역이다. 이 지역에서도 잘 고려된 체계적인 간작(間作)이 발달하였으며, 경기 지역에서도 예를 들어, 보리·옥수수와 수박의 동시 경작으로 혼작(混作, Dreifachbau)이 나타난다. 특히 대도시 주민들에게 공급할 채소 재배(무, 고추, 상추, 배추, 파, 오이, 호박, 수박, 연근)가 매우 중요하다. 수도에 가까워질수록 채소 재배 면적이 눈에 띄게 증가한다. 대도시에 훌륭한 시장이 있어서 힘든 촉성재배(Frühgemüse)를 할만 하다. 저자는 4월에 오이밭에서 농부들이 아직 위험한 야간의 서리에 대비하여 모든 작은 작물을 보호하기 위하여 기름종이 봉투로 덮는 것을 보았는데, 이 종이봉투가 바람에 불려서 날아가는 것을 막기 위하여 그 주위를 흙으로 덮었다. 끝으로 이 지역에도 사면의 하부에 과수와 뽕나무의 이식이 흔히 있다. 경기 지역의 그림과 같이 오래된 군청소재지 수원(25,252명)에 학문적으로 면밀하게 시험된 영농 방법을 한국인들에 지도할 한국 최초의 권업모범장(농사시험장)이 있다(610).

경기 지역에서는 **화전경작**이 소멸되었다. 경기도의 통계에 이에 관한 작은 흔적이라도 있다면(p.560), 이것은 저자가 경기 지역으로 고려하지 않는 동부의 고도가 높은 산악 지역에서 나타난다.

인구수는 이와 같은 매우 높은 경제 발전 수준에 상응한다. 경기 지역은 200명/km² 이상으로 한국에서 가장 인구밀도가 높다. 이 지역에서도 동쪽의 군들은 비교적 인구밀도가 낮고(포천군: 81명/km², 여주군: 100명/km²), 서쪽의 군들은 인구밀도가 가장 높다(강화군: 195명/km², 진위군

(평택군: 199명/km²). 물론 경기도의 다른 어느 군도 위에 언급한 평균인구밀도를 갖지는 못한다. 1938년의 인구조사에 의하면 이와 같은 인구밀도는 경기 지역 인구의 37% 이상이 거주하는 서울과 인천 두 대도시의 비중을 통해서 비로소 도달하였다.

현재까지도 유럽과 미국에 수도는 **게이조**(京城)라는 명칭보다는 서울(Ssòul, Seoul)이라는 이름으로 좀 더 잘 알려져 있다(833-843). 후자는 아직도 한국인들이 좀 더 선호하는 단순히 '수도'를 의미하는 이름이다. 오랜 역사 동안에 때때로 서울은 그 이름이 바뀌었거나 또는 여러 명칭이 동시에 이용되어, 예를 들어 일찍이 중국인들이 선호하고 Carl Ritter(133)도 이용한 Kong ki tao와 한국어의 한양(漢陽: 한강 옆의 성)이라는 이름이 있다. 일본이 점령한 이래로 서울은 일본어로 게이조(京城: 성곽으로 둘러싸인 수도)라고 발음하는 두 자의 한자가 공식화되었다. 경성이라고 발음되는 한국어 발음은 통용되지 않는다.

태조가 1392년에 송도(松都: 개성)로부터 서울로 행정수도를 이전할 때, 그는 탁월한 정치·교통지리적 선견지명을 밖으로 표방하였다(별도 48). 서울은 경기도와 경기도 구릉 지역의 중앙, 지형과 여름 기후 특성에 의하여 매우 선호되는 한국 서반부의 중앙, 한반도에서 가장 큰 하천으로부터 근거리, 북북서와 남쪽으로부터 서해안에 평행하고, 북북동으로부터 추가령열곡으로 통하고, 동쪽으로부터 태백산맥의 대관령(大關嶺)과 다른 고도가 낮은 재들을 경유하고, 남동쪽으로부터 소백산맥의 추풍령(秋風嶺)과 이화령(梨花嶺)을 경유하여 서울에서 수렴하는 자연적인 육지교통로의 초점에 위치한다. 서해의 불친절함(Ungastlichkeit)과 과거 한국의 해양부지성(海洋不知性, Meerfremdheit)을 고려하면, 해안으로부터 30km 떨어져 있다는 사실은 큰 의미가 없었다.

국지적인 위치도 마찬가지로 유리하다. 한강의 위험한 범람으로 인하여, 그리고 좀 더 나은 군사적인 방어를 위하여 서울은 한강변에 위치하지 않고, 수 킬로미터 북쪽으로 떨어진 분지에 정도(定都)되었다. 서울 분지는 주로 조립화강암으로 이루어져 있으며, 20~30m의 기저면 고도를 갖고, 동서로 6.5km, 남북으로 5km가 된다. 동쪽으로만 열려 있고, 같은 방향으로 수표교(水標橋: 수위를 측정하는 교량)를 통하여 뚝섬의 분지로 배수된다. 그 외에 서울은 높은 산들로 둘러싸여 있다. 남쪽에는 265m의 남산이 솟아 있고, 북서쪽에는 338m의 인왕산(仁旺山), 북쪽에는 342m의 북악산(北岳山)이 솟아 있다. 북악산의 북쪽에 보통의 경사에 소나무 관목으로 덮여 있는 황색토 사면 위에 가파른 암회색의 암석돔 사면(Felspanzerhänge)과 암석돔이 있다. 낮은 절대고도에도 불구하고 남산으로부터 분지를 지나 이 산들을 보면 높은 북한산의 돔과 sugarloaf가 이들 뒤에 보이기 때문에 험준한 고산의 특성이 나타난다. 이 분지의 주변 산지는

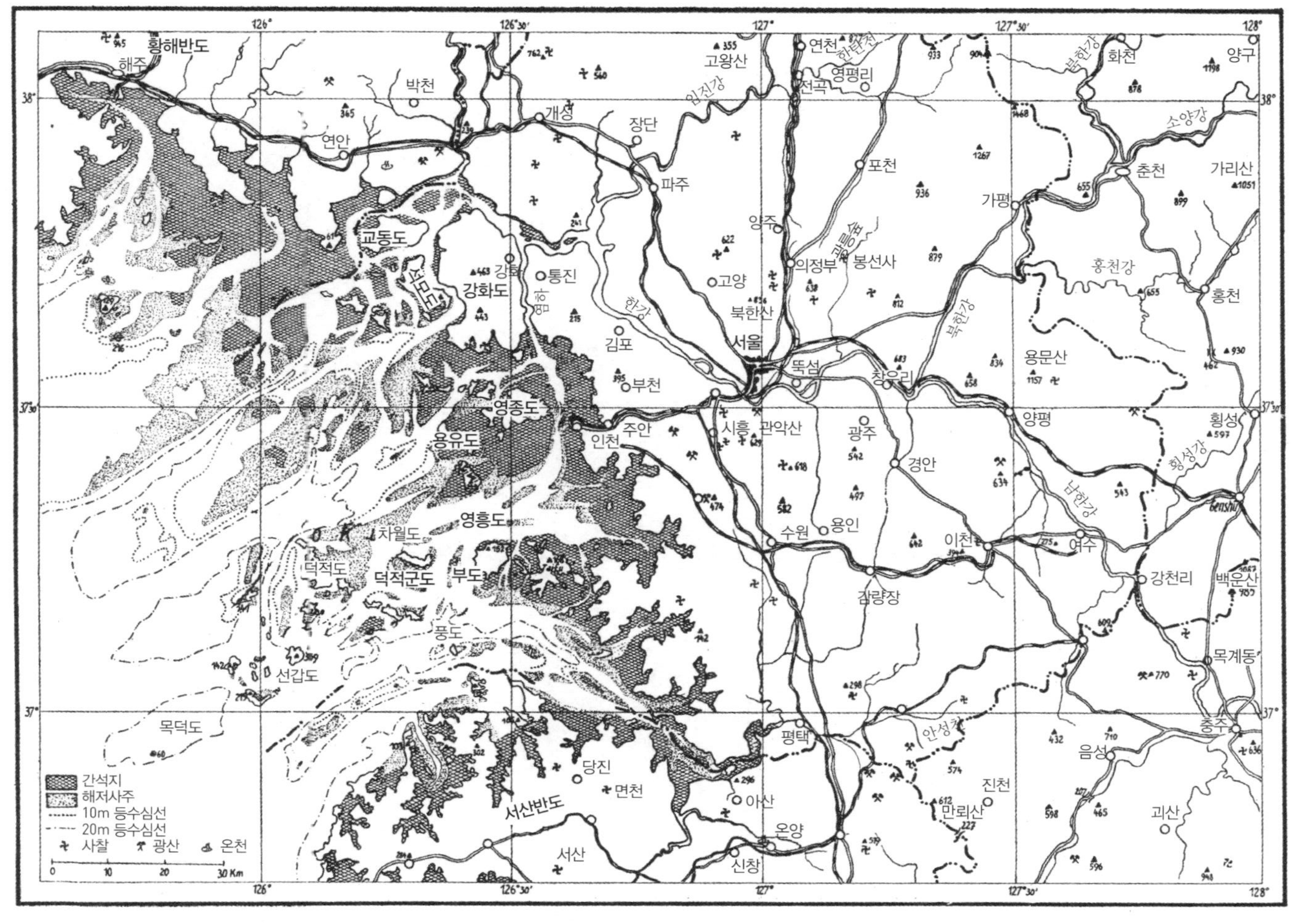

[별도 48] 경기 지역과 경기만의 스케치

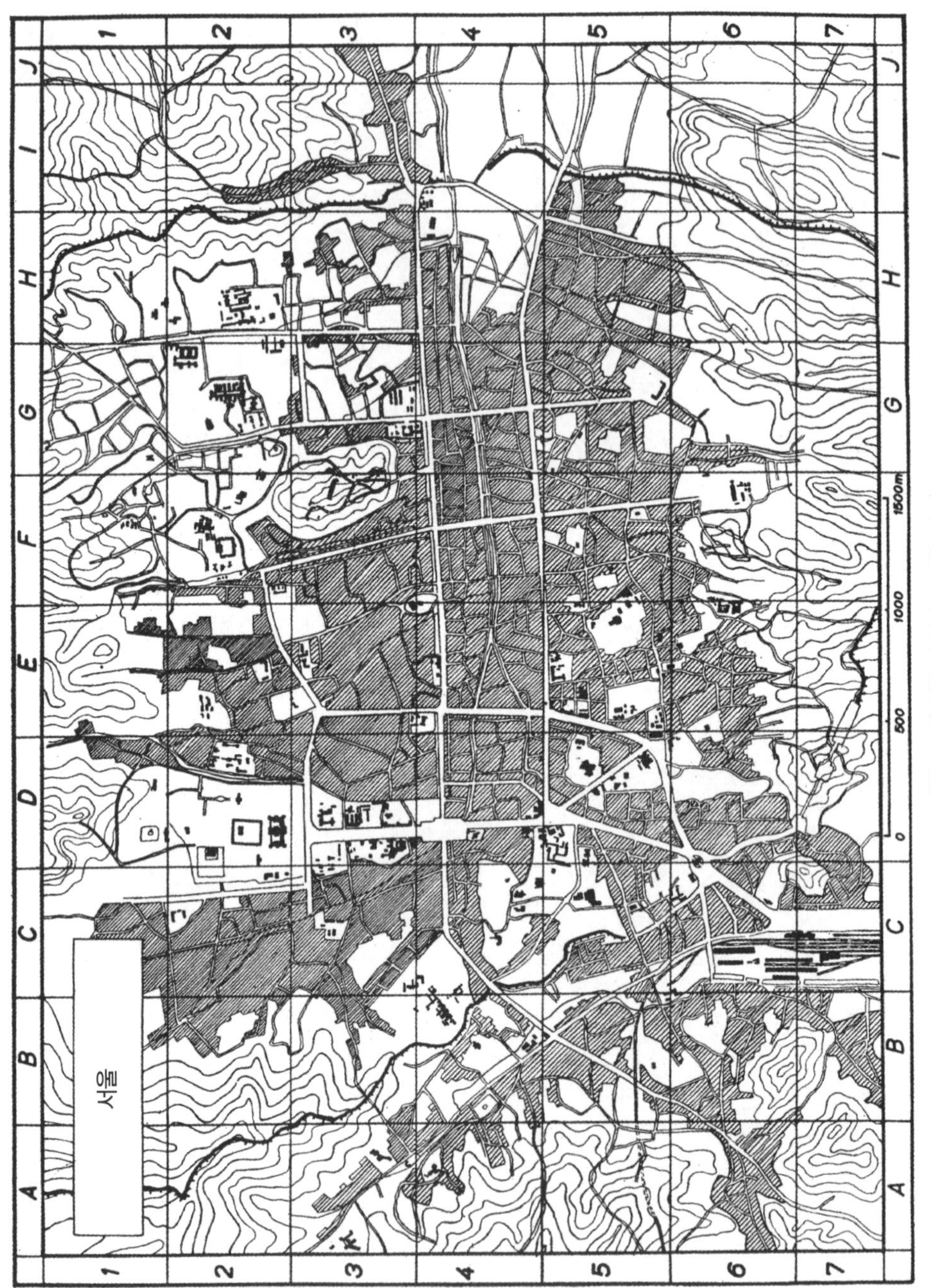

[별도 49] 서울의 시가도(관용 지도)

[별도 50]

47. 남산에서 본 서울의 중심지(북쪽 방향)

전면: 일본인 거주지. 중앙: 은행, 상점, 중앙우체국, 시청. 산록: 조선총독부. 후면: 북한산(836m)

48. 서울의 남대문로

낮은 옛 한국 가옥들, 2층의 일본인 소상인의 가옥들과 근대적 일본 백화점이 비조직적으로 서로 옆에 붙어 있음.

[별도 51]

49. 서울의 명동

일본인 거주지의 주 상가도로

50. 무악재로 가는 도로 옆의 서울의 북서쪽 교외

한국의 초가. 좌측 중앙: 독립문

동쪽으로 개방된 곳 이외에도 교통상으로 중요한 출구들을 갖고 있다. 북서쪽의 무악재(北京嶺, Peking Paß: 74m)를 통하여 과거에 중국 사신들이 매년 이용하였던 해안과 평행한 간선도로가 서울로 들어온다(p.66). 단지 37m의 고도로 이 지역으로부터 4km 떨어진 한강과 인천 및 남서지방들과 연결되는 길인 폭넓은 남서 출구가 가장 중요하다.

태조 훨씬 이전의 시기에 이 분지와 그 주변 지역에 사람들이 거주하였다. 웅봉(Takonomie)의 **선사유적지**는 남동쪽의 분지 주변 산지의 구릉 상에 있는 동기시대(銅器時代, äneolithisch)[44] 취락의 증거이다(p.48 이하). Gale(836)에 의하여 수집되고 번역된 **역사적 전설**은 바로 그 직후부터 시작된다. 서울 지역에 관한 최초의 기록에 의한 언급은 B.C.18년까지 소급된다. 그로부터 12년 후에 백제의 시조인 고구려의 왕자 온조(溫祚)가 새로 건국한 나라의 수도를 북한산의 고도가 높은 분지에 정하였다. 이러한 사실 역시 바로 그 위치에 있는 절의 비문으로 확인된다. 371년에서 475년까지 서울은 한성이라는 이름의 백제 수도였고, 다음 수 세기 동안에 이 도시는 삼국 간의 전쟁 시에 중요한 역할을 하였다(p.59). 1101년부터 이 도시는 풍수지리사상(風水地理思想)을 기초로 하여 새로이 건설되었다. 그 당시에 이 도시는 수도는 아니었으나 935년까지는 신라에 속하였고, 그 이후에는 고려에 속하였다.

확실하게 증명할 수 있는 **현재의 도시 발달의 시초**는 1392년에 시작하였다. 그 이후로 서울은 계속하여 정치적으로 통일된 한반도의 수도였다. 현재 남아 있는 것과 같은, 그 당시에 새로이 건설된 성곽이 있었다. 성곽의 설치는 무학이라고 하는 승려의 풍수지리적인 지도를 기초로 이루어졌다. 분지의 남서쪽 출구 지역의 뚜렷한 한 선에서 끝난 폭설이 성곽이 달리는 경로를 지시하였다고 한다. 1396년의 첫 달에 시작된 성곽의 건설을 위하여 119,000명의 인력이 북부 지방과 서부 지방에서 징집되었다. 이들의 부역이 끝난 후에 남부 지방에서 온 79,000명이 성곽을 건설하였고, 같은 해 9월에 성곽 공사가 완료되었다. 마찬가지로 풍수지리적인 관점에 의거하여 같은 기간에 현재에도 옛 형태로 남아 있거나 또는 과거의 설계도에 따라 복원한, 외국인들이 명명한 여름궁전(Sommerpalast: 경복궁, 景福宮: 빛나는 행복의 궁, 별도 49, C/D, 1/2)과 수많은 다른 궁궐들이 건설되었다. 1468년에 경복궁의 광화문(光化門)으로부터 나가는 도로와 폭이 넓은 동서 도로 간의 교차점에 위치한 낮은 정자 보신각에 거대한 청동으로 만든 도시의 종을 걸었다. 이 교차점을 종로(鍾路, 별도 49, D4)라고 부른다. 따라서 도시 형태의 기본 구조는 약 500년이나 되어 동아시아의 목조 도시로서는 상당히 오래된 것이다. 동아시아의 도시들

44 역자 주: 신석기시대와 청동기시대 사이의 구리가 이용되던 점이 시기.

중에 많은 도시들이 중국의 풍수지리사상의 영향을 받아서, 도시들의 이름은 태조시대에 특히 한국의 지성인 생활에 큰 영향을 미친 중국의 철학관에 기초한다(p.64).

분지의 방어시설을 견고히 한 취락과 밀접하게 관련하여 북한산에는 피난성새가 항시 있었다. 북한산성(北漢山城)은 여러 번 서울에 거주하는 왕들의 피난처로 이용되었다. 그러나 현재 남아 있는 시설은 1771년에 숙종(肅宗)에 의하여 축성되었다(837). 북한산의 고도가 높은 분지는 주변에 이중의 성문을 가진 10km 길이의 성곽으로 둘러싸여 있다. 이 성곽 내에 궁궐과 성채의 잔재, 기념비, 경지가 있는 작은 마을인 북한리(北漢里), 삼림과 수 개의 황폐화된 사찰이 있다. 청나라의 침입 이후로, 즉 쇄국의 전 기간을 통하여 서울의 안보는 그 외에도 더 외곽 지역의 주요 침략 도로에 위치한 '5개의 요새'를 통하여 보장되었다. 이들 요새는 강화, 개성, 춘천, 광주(廣州)와 수원에 있었다. 이들 도시들 중의 대부분에 있는 구성곽과 성문은 현재에도 특징적인 형태를 나타낸다. 몽골의 침입 이래로 반복하여 왕들의 피난처였던 강화도의 섬 요새가 특히 특징적인 형태를 잘 나타낸다(829).

쇄국정책(鎖國政策)의 종료 바로 직후인 1880년대에 서울은 그 근본 특징이 수백 년 된 모습을 나타내었다. 태조의 성곽은 건설될 당시와 그리고 현재에도 분지 주위를 23km 둘러싸고 있으며, 여러 차례 300m 이상의 고도까지 올라 가며, 성곽의 높이는 7.5m에서 12m 사이이다. 8개의 성문 중에 현재에도 동대문(별도 49, I 3)과 남대문(별도 49, C/D 6)이 남아 있다. 남대문은 남서 출구에 위치하고, 현재 고립되어 덩굴로 덮여서 로터리를 장식한다. 밀집된 가옥들의 미로가 이미 1880년에 커다란 남대문을 경유하여 한강 쪽으로 들어 찬 반면, 당시에도 분지를 둘러싼 높은 지역에는 어느 곳에서도 가옥들이 성곽까지 이르지 못하였는데, 그 이유는 이 지역에서 성곽이 때때로 암석돔의 사면 위를 따라 높이 지나갔기 때문이다. 1880년경 서울에는 폭이 넓은 도로가 단지 두 개 있었는데, 그중에 한 도로는 여러 줄의 노점으로 들어차 좁아졌다. 가옥들은 당시에 대부분이 초가로 된 시골풍의 집이었다. 1903년까지 42,821호의 가옥이 있었는데, 그중에 초가가 71%, 기와집이 19%, 부분적으로 초가지붕과 기와로 덮인 가옥이 10%였다(Kor. Rev. 1903, p.361). Isabella Bishop은 1894~1897년의 그녀의 인상을 기초로 이러한 가옥들의 미로에 관한 생생한 특징을 기술하였다(207, I, p.36). "관습적으로 2층 건물의 건축이 금지되었다. 그 결과로 250,000명으로 추정되는 인구가 주로 미로와 같은 골목의 '지면 위'에 살고, 이들 미로와 같은 골목 중에 상당수가 짐을 실은 2마리의 황소가 동시에 통과할 수 있을 만큼 넓지 않다. …… 그리고 일련의 혐오할 만한 구덩이와 가옥들로부터 나오는 고체나 액체의 오물이 들어가는 녹색의 진흙으로 된 배수구로 인하여 골목은 좀 더 좁아진다. 더럽고 냄새 나는 골목의 가장자리는 오물로 더럽혀진 반벌거숭이의 아이들과 진흙구덩이에서 뒹구르고, 햇볕에 눈을 깜박거리는 크고, 덜된, 눈꼽이 낀 개들이 선호하는 도피처이다."

1880년에는 이들 가옥들의 미로 위에 왕궁의 건물들만이 솟아 있었다. 새벽에 보신각은 불교신화의 33천(天)에 상응하여 33번 종을 울리고, 저녁에 널리 퍼지는 절박하게 낮은 소리가 28개의 주요성(主要星)에 상응하여 서울의 분지 위로 28번 울린다. 저녁 종소리와 함께 장님과 공무원을 제외하고 모든 사람은 통과하기 어려운 캄캄한 어두움이 덮여 있는 거리로부터 사라져야만 했다. 주간에는 오늘날과 같이 당시에도 골목과 도로, 특히 종로 주변에 검은 갓을 쓰고, 흰 옷을 입은 남자들로 가득 찼다. 1880년경에 부인들은 드물게 도로 상에 나타났고, 녹색 비단으로 만든 장옷으로 머리를 감추었다. 보부상들은 모든 종류의 물건을 높이 쌓아 등에 지고 다녔고, 외치며 팔거나, 도로 주변의 노점에 장죽과 담배쌈지, 모자, 부채, 신발, 종이, 옷감, 작은 소반, 소금, 곡물, 두부, 놋그릇, 장독, 바구니, 미다지 창호지문, 청동의 장식이 붙은 옷장과 궤들을 진열하였다. 장작을 가득 실은 황소들이 수다 떨고, 담배 피며, 빈둥거리는 사람들 사이를 통해서 느릿느릿 밀고 나아갔다. 1894년에 E. von Hesse-Wartegg(204, p.49)은 1894년 어느 날의 서울의 특징을 다음과 같이 기술하였다. "수만 채의 초가지붕을 가진 작은 집들이 도로가 없이, 눈에 띄는 건물이 없이, 사원이 없이, …… 수목과 정원이 없이 밀집하여 묘지의 회색 무덤과 같이 지면과 거의 구별이 안되는 회색 속의 회색이다. …… 단지 도시의 넓은 범위와 대단한 자연 그대로에서 위로 솟아 있는 고도를 통하여 숭고함과 같은 어떤 것을 얻는 형언하기 어렵게 애처러우나 특이한 풍경."

쇄국정책의 종말 직전에 서울의 외관과 생활은 이러하였다. 일본과 다른 서구의 열강들이 통상조약을 강요한 이후에 서울의 북서쪽에 최초의 변화로서 공사관 건물들이 들어섰다. 이들 공사관 건물은 최초의 유럽 양식의 여러 층으로 된 건물이었다. 이 건물들은 영사관으로 대부분 현재까지 남아 있다. 그러나 일본 공사관은 1882년에 군사봉기(임오군란)로 인하여 소실되어 남산 북사면의 남동쪽에 새로 건설되었다. 이러한 이전은 그때 이후의 도시 발달에 좀 더 큰 중요성을 갖게 되었다. 기독교 국가들의 공식적인 대표부와 함께 선교단체 역시 서울에 확고한 거점을 확보하여 건축적 특징에 영향을 주기 시작하였다. 1893년에 서울 분지 남반부의 한 구릉 상에 단순한 고딕 양식을 가진, 멀리서 도시를 내려다보는 프랑스의 성당이 건축되었다(별도 49, E 5). 외적으로 가톨릭 선교회보다 좀 더 성공한 것은 서울에서도 개신교의 미국 선교회였다. 미국 선교회의 가장 중요한 건물들은 웅장한 로마네스크 양식의 교회(별도 49, D 4)와 서울역의 동측에 위치한 커다란 세브란스 병원(별도 49, C 6)이다.

명목상의 1895년의 독립선언의 결과로 무악재로 가는 도로 상에 왕이 중국 황제의 사신을 영접하였던 영은문(迎恩門)은 두 석주만을 남겨 놓고 철거되었다. 그 자리에 현재 붕괴되기 직전인 당당한 르네상스 양식의 독립문이 건축되었다. 왕궁 중의 한 곳 정원에는 현재 동아시아 미술관으로 이용되는, 이오니아식의 석주가 있는 대리석 건물 '석조전'이 건립되었다(별도 49, C 4). 다른 유럽 기술의 성과들도 빠르게 전파되고 있다. 세기의 전환기에 서울은 전보와 전화, 수도, 전차와 전등을 동시에 가진 동아시아의 유일한 도시였다. 1910년 한일합방 후에 완전히 새로운 발달이 시작되었다. 실제로 도시의 발달을 약간 과장하여 말한다면, 일본의 지배하에서 완전히 새로운 도시가 형성되었다고 할 수 있다. 한 세대 동안에 구서울은 현대적인 경성으로 변모되었다.

일본인들이 주도한 도시행정은 대한제국의 마지막 시기에 시작된 도로망 개조를 대규모로 속행시켰다. 시가도에서 나타나는 바와 같이 두 직선의 폭넓은 동서 도로가 가옥의 바다를 횡단한다. 이들 도로는 네 개의 폭넓은 남북 도로와 교차하는데, 그중에 두 서측 도로가 남대문에서 만난다. 남대문으로부터 남쪽으로 부심인 용산을 통과하여 한강으로 주요 간선도로가 뻗어 있고, 이 도로가 450m 길이의 철교로 한강을 지난다. 동서 도로의 북쪽 연장부에서 '서대문로'는 성곽으로 둘러싸인 도시 내부의 주요 교통을 서측의 부심과 무악재를 경유하여 북서 지방과 연결한다. 이에 상응하는 다른 간선도로들은 대체로 다른 문들을 통하여 나간다. 이 모든 시내도로와 외곽도로들은 현재 잘 포장되어 있다. 이 도로들을 따라서 전차노선이 있고 동아시아 도시들의 특징인 수많은 전봇대들이 낮은 가옥들의 지붕 위로 높게 서 있다.

한국의 전체 발전이 일본의 통치하에서 진보한 것과 유사하게 수도의 기능들도 복잡하고 다양해졌다. 이러한 기능들은 여러 시역에 분배되어 점진적으로 각 도시 구역의 개별화 현상이 점점 더 뚜렷하게 되었다. 경복궁의 남쪽 시내의 북서부는 관가이다(별도 49 C/D, 2/3). 이곳에는 화강암으로 지은 조선총독부 건물이 있다. 이 건물은 미국화된 르네상스식으로 55m 높이에 돔으로 장식되었고, 경복궁의 남측에 배치되어 과거 왕궁의 잔여 건물과 뚜렷한 건축양식의 대조를 이루고 있다. 남쪽으로 유럽인 거주지와 개신교 선교회의 일부와 함께 영사관 구역이 이어진다(별도 49, C/D, 4/5). 삼각형의 시청광장(별도 49, D 5)과 '남대문로'의 커브 사이의 지역에서 경복궁 지역과의 건축양식 차이가 더 커진다(별도 49, D/E 5). 이 지역에 바로 서로 인접하여 단층의 옛 한국 상점들, 2층의 일본인 상점들과 여러 층의 미국식 또는 유럽식 건물들이 있다. 은행, 백화점, 중앙우체국, 시청, 1935년에 완성된 높은 탑을 가진 부민관, 조선호텔. 이 지역의 서쪽과 동쪽 거리에서 수차례 뚜렷한 중국인의 얼굴을 마주치게 된다. 1885년에 일본

[별도 52]

51. 인천의 차이나타운

52. 수원의 남문, 시 밖에서 본 전경

[별도 53]

53. 한강 상류 지역 금화 주 도로변의 가촌

양측에 한국인 상점. 평탄한 초가지붕은 새끼줄로 고정되었다. 용마루가 굽어 있다.

54. 합진리 곶에서 북쪽으로 본 원산 풍경

전면에 넓은 해변을 가진 사주. 그 후면 고기산지(古期山地)의 활동이 중지된 단애. 이 둘 사이에 석호. 후면 섬들이 있는 영흥만.

공사관이 신설된 남쪽 남산의 사면과 산록에 일본인 거주 지역이 있다(별도 49, E/F, 5/6). 이 지역에는 회색의 기와지붕과 작은 정원이 있는 1층 또는 2층의 일본 목조가옥들이 있다. 이 지역에 조선총독의 관저가 있다. 이 지역의 중앙에 동서 방향으로 차량통행이 제한된 좁은 주요 도로인 혼마찌(本町: 현재의 명동)가 있다. 이 거리에는 여러 층의 일본 상점과 식당이 끊임없이 연결되어 있다. 이 거리에서의 생활과 활동은 일본의 도로에서와 똑같다. 일본인들은 남산의 전망이 좋은 서사면에 메이지 천황(明治天皇)을 봉헌한 조선에서 가장 높은 신사인 조선신사를 건립하였다(별도 49, D/E 7). 시내의 북동쪽은 대학가이다(별도 49, F/G/H, 1/2/3). 이 지역에는 동식물원, 대학부속병원, 강의실, 연구소와 실험실이 있는 경성제국대학 및 동성상업학교가 있다. 시내의 다른 지역으로 특히 동쪽, 중심부와 중북부는 과거와 같이 한국인 가옥의 미로로 들어차 있고, 이 지역의 특징은 비록 일본인들이 청결하게 하기 위하여 어느 정도 골목을 정비하였을지라도 아직 1880년의 옛 서울과 유사하다.

동쪽, 서쪽과 남서쪽으로, 즉 지형이 허락하는 곳에서는 어디서나 **교외**가 성곽으로 둘러싸인 문안(市內)과 연결된다. 한강과 철도로 인하여 서쪽과 남서쪽의 교외는 교통이 편리하다. 이들 지역에 공장들과 규모가 큰 작업장들(정미소, 제분소, 비누공장, 고무신공장, 종이공장, 견사공장, 맥주공장, 한강으로부터의 얼음채취공장, 기계와 자동차 정비공장, 발전소, 정부인쇄소)이 소재한다. 최근의 공업 발달은 한강을 건너 큰 도기공장과 벽돌공장, 철도작업창, 방적공장, 양조장과 제철소가 있는 **영등포**(永登浦)로 팽창하였다. 실제로 공업의 발달은 한국의 간선철도를 따라 안양(安養)과 수원으로 확산되기 시작하였다. 남서쪽 교외인 **용산**에는 한국의 국철 철도청이 있으며, 한국에서 가장 큰 철도공작창이 있다. 그러나 용산은 특히 유럽 양식의 사단과 포병부대 및 일본의 조선군사령부가 있는 한국의 군사 중심지이다. 끝으로 한강변 교외에 주로 한국의 어부와 뱃사공들이 거주한다. 1911년에 실시된 최초의 **인구조사**에 의하면 서울의 실제 인구는 277,711명이었다. 그중에 86%는 한국인, 13%는 일본인, 0.2%는 중국인이었다. 유럽인과 미국인의 수는 단지 45명이었다. 1933년 서울에는 394,592명의 주민이 살았는데, 그중에 71%가 한국인, 28%가 일본인, 1.5%가 중국인, 기타가 0.1%였다. 모든 국적의 절대인구수는 그 사이에 크게 증가하였다. 한국인의 수는 상대적으로 감소하였고, 일본인과 특히 중국인의 수가 크게 증가하였다. 1936년 4월에 주로 한국인들이 거주하는 주변 지역들이 서울에 편입되었다. 이로 인하여 일본인의 수는 상대적으로 감소하여 단지 19%에 이르렀다. 그로 인하여 시내와 실제 교외 지역의 특징적인 인구구성은 은폐되었다. 서울은 이미 한국의 왕조시대에 수많은 지주들이 그들의 소작료를 소비하는, 일반적으로 경모되는 한국 전역의 중력 중심지였다. 서울은 현재 그 외에 산

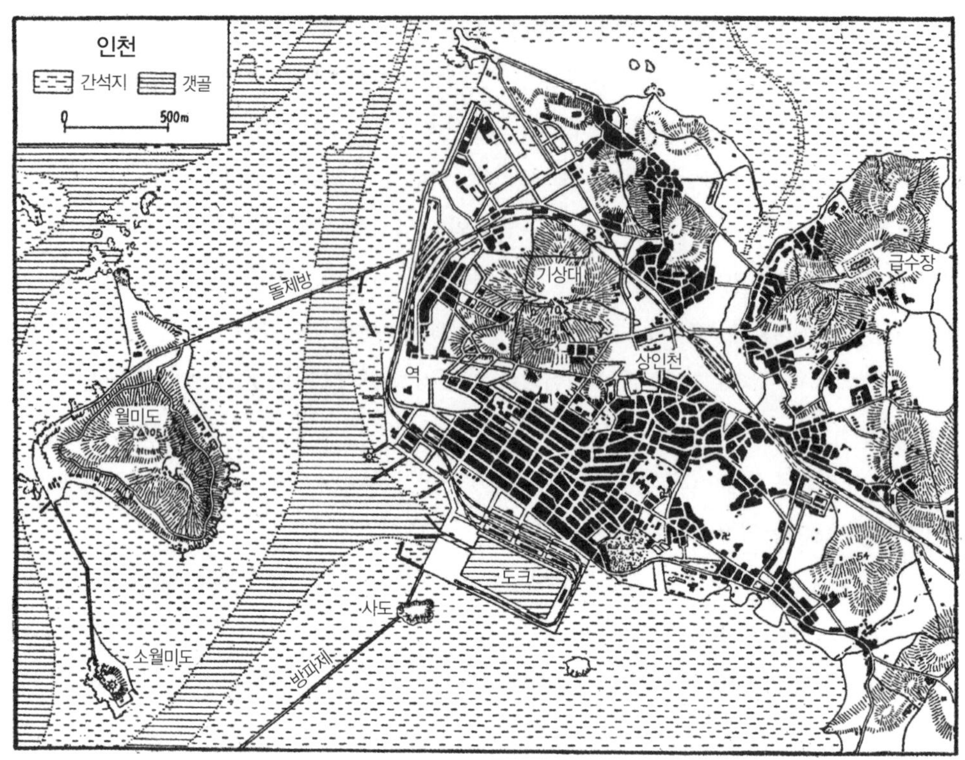

그림 39. 인천과 그 주변 지역(출전: 관용 시가도)

업과 상업중심지 및 한국에서의 일본 민간행정과 군사행정관서의 소재지이다.

서울은 한국의 근대적인 **교통체계**의 동시적인 중심지가 될 때에만 위에서 언급한 역할을 할 수 있다. 한국의 교통로를 다룰 때에 서울의 중심적인 위치가 강조될 것이다(p.633 이하). 한국 내에서 서울의 탁월하게 유리한 자연적 위치는 교통로의 확장을 매우 용이하게 하였고, 철도 시대에 그 기능을 완전히 발휘하였다. 한국 간선철도의 남쪽 부산으로부터 오는 노선(경부선)은 영등포에서 경인선과 만난다. 이 두 노선은 650m 길이의 이중 철교로 한강을 건너서 용산역에서 추가령열곡을 이용하여 마지막 구간인 한강의 북안을 따라 달리는 북동부 지방에서 오는 노선(경원선)과 만난다. 서울역은 남대문 부근의 산들 사이의 빈틈(Berglücke)에 매우 유리하게 위치하였다. 서울역은 원래 종착역으로 한국 간선철도의 북쪽 구간은 용산을 경유하여 이곳으로 왔다. 제1차 세계대전 동안에 서울역은 기술적으로 어려운 신의주로의 철도가 부설되면서 간선철도의 통과역이 되었다.

한국 철도망의 중심으로서 서울은 한국의 국경을 넘어 남쪽과 북쪽으로 멀리 영향을 미친다. 대도시가 그 주변 지역에 미치는 근거리 효과가 경관적으로 좀 더 영향력이 크다. 주변 산지가 헐벗었다는 사실은 이미 언급하였다. 15km 반경까지 도시 사람들의 옛 묘지들을 볼 수가 있다. 이보다 좀 더 외곽으로 가면, 예를 들어 광릉의 세조왕릉과 수원의 세종대왕릉[45]과 같은 왕릉들이 있다. 서울 주변의 도처에서는 현재에도 한국인의 원시신앙의 흔적을 볼 수 있다. 성황당, 이정표 역할을 하는 장승(p.232), 무당들이 굿하는 곳. 이와 뚜렷하게 대조를 이루면서 서울 주변에 예를 들어 청량리(淸凉里)의 중앙임업시험장과 수원의 농사시험장과 같은 일본의 근대적인 연구소들이 있다.

1902년에 S. Genthe(217, p.201)는 서울을 '거짓이 없는 조야함(야만)과 근대적인 외관이 혼합된 모든 아시아의 수도들 중에서 가장 진기한 수도'라고 칭하였다. 서울은 그 이후로 다양한 문화적 특징을 잃지 않았다. 이미 기술한 내용에서 알 수 있듯이 서울은 그와 반대로 좀 더 다양해졌다. 건축적인 특징에서 서울은 동아시아에서 가장 모순이 많은 도시이다.

서울이 매우 오랫동안 크게 발전하였던 것을 회고할 수 있는 반면, 인천은 한국의 쇄국정책 말기까지 그 항구의 위치에 있던 중요하지 않은 마을이었다. 한 구릉 지역의 반도가 서쪽으로 인천까지 이르고, 갯골이 전면에 돌출한 섬들 사이에서 인천 바로 부근까지 달린다(그림 39). 1880년대까지 이 지역에 후면의 70m 고도의 편마암 구릉과 가장 가까운 갯골 사이에 한국의 어촌 제물포(濟物浦)가 위치한 반면, 동일 구릉의 동측 후면에 농촌인 인천이 있었다. 유럽인들은 한국의 5번째 대도시를 아직까지도 사라진 어촌의 이름으로 부르는 반면, 일본인들과 한국인들 사이에서는 현재까지 과거의 특징을 유지하고 있는 농촌의 이름만 통용된다.

인천의 발달은 이 지역이 일본인과 유럽인들에게 자유무역항으로 특권이 부여된 1883년부터 시작된다. 어촌 지역에 현재 직교상의 도로를 가진 시구(市區)가 전개된다. 이 시구는 이미 활기 있는 상가와 항구 구역으로 그 사이에 고층의 유럽식 석조건물들이 군데군데 있는 주로 1층 또는 2층의 일본식과 중국식 가옥으로 이루어져 있다. 높은 섬들이 있는 간석지를 잘 전망할 수 있는 구릉 지역의 바다 쪽 사면과 그 정상부에 일부 일본인들의 소유가 된 유럽인들의 별장이 있다. 인천을 통한 한국과 유럽과의 교역이 활발하던 시기는 지났고, 통상조약의 체결 이후로 이 지역에서 대담하게 일하던 독일인들의 소집단도 곤궁한 위치에 빠졌다.

인천에서 간만의 차는 9.60m(p.177)이다. 그 결과로 항외 정박소에서의 하역이 어려워 일본인들은 철로가 있는 도크를 건설하였다. 그러나 이 도크도 하루 중 아무 때나 접안할 수 있는

45 역자 주: 여주의 영릉을 잘못 표기한 것 같다.

것은 아니다. 그 이유는 도크로 이어지는 갯골이 지속적인 준설작업에도 불구하고 단지 4m의 최저 깊이를 갖기 때문이다. 현재는 제2 도크가 건설 중이다. 주요 수출품은 쌀, 콩, 식육용 가축, 가죽과 숯이고, 주요 수입품은 밀, 설탕, 기계, 석유, 섬유제품, 연탄과 시멘트이다. 1934년에 인천의 해상교역량은 총 160,300,000엔으로 한국에서 두 번째 항구였다. 그 이후로 중국에서의 사건으로 인하여 200,000,000엔을 초과하였다. 인천항은 뤼다(旅大, 현 지명: 다롄, 大連), 칭다오(靑島), 상하이(上海) 및 타이완(臺灣)과 정기 여객·화물선으로 연결된다. 인천의 108,774명의 인구(1938년) 중에 13%는 일본인이고, 3%는 중국인이다. 1900년에 인천은 이와 대조적으로 14,073명의 인구를 갖고, 그중에 31%가 일본인, 8%가 중국인, 0.5%가 미국인과 유럽인들이었다(217). 그러므로 인천의 성장은 주로 한국인의 유입을 통하여 이루어졌다. 최근에 유리한 교통입지는 제분업, 정미소, 양조업, 성냥공장, 비누공장 및 방적공장을 비롯한 산업의 발달을 가져왔다.

8. 한강 상류 지역

강원도(江原道)는 동해안에서 넓은 전선으로 융기하여, 한반도 폭의 2/3로 남서쪽으로 태백산맥을 넘어서 전개된다. 따라서 강원도는 한편으로 좁은 해안 지역을 포함한 태백산맥과 다른 한편으로 한강 상류에 의하여 심하게 개석된 경동지괴의 고도가 높은 지역들로 이루어진 지리적으로 매우 상이한 두 개 지역을 포함한다. 후자는 독특한 개성을 갖고, 자연과 문화가 동해안 지역과는 매우 달라서 이 지역을 독립된 지리적 단위로 다룰 만하다. 한강 상류 지역은 240km의 길이와 평균 90km의 폭을 갖는 넓은 지역으로, 임진강의 발원지로부터 남한강의 남부 대만곡부(großer Südbogen)까지 이르며, 약 20,000km²의 면적을 포함한다. 태백산맥과의 경계는 한강 수계의 최상부 발원 계곡을 포함하는 태백산맥 능선의 정상들이 포함되지 않도록 설정되었다. 따라서 한강 상류 지역은 강원도의 2/3, 경기도와 충청북도의 주변 지역과 심지어 임진강 유역으로 연장되는 함경남도의 남서단도 포함한다(별도 23).

한강 상류 지역은 바다에 접하지 않는 중부 지방의 유일한 지역으로 북부 지방의 개마고원 지역에 상응한다. 한강 상류 지역의 개석된 경동지괴의 고도가 높은 지역에서 지형적인 상황

(지세) 역시 개마고원 지역과 유사하다. 그러나 개마고원 지역에서보다 이 지역에서 절대적 침식기준면이 좀 더 가깝다. 한강의 지류들은 압록강의 지류보다 짧다. 그 결과로 한강 상류 지역은 최근에 훨씬 더 깊이 개석되었다. 그렇지만 이 지역의 정상들은 관모봉(함경)산맥이나 그 주변 산맥들의 절대고도에 이르지는 못한다. 어느 군청소재지도 350m 이상의 고도에 위치하지 않는데 반하여, 정상의 고도는 1,300~1,400m나 된다. 실제로 남한강과 평창강(平昌江) 사이의 가리왕산(加里旺山)에서 한강 상류 지역은 1,561m까지 상승한다. 그리고 임진강 지역에서 매봉산(鷹峰)의 고도는 1,665m이다. 전체 한강 수계를 기술할 때(p.396)에 한강 상류 지역의 수문지적 특성을 다루었다. 한강의 지류에 의하여 드러나게 깊이 침식되어 경동지괴의 완사면은 남서와 남남서 방향으로 달리는 수많은 산맥들로 분리되었다. 이 완사면 상에는 수많은 정상들이 있어서 원거리상에 대규모의 단일한 특성이 기복에서 전혀 나타나지 않는다.

한강 상류 지역은 경기 지역의 북동 연장부로 대부분 경기지괴와 같은 **구조 지역**에 속한다(별도 7). 한강 상류 지역에는 경기 지역과 같이 동일한 화강암 지대와 편마암-편암 지대가 달린다. 춘천의 화강암 관입은 연천계의 좀 더 강화된 규암의 접촉부로 둘러싸여 있다. 화강암 지역에서 북한강과 소양강(昭陽江)이 합류한다. 북한강과 소양강에 의하여 화강암이 침식되어, 화강암 관입 지역은 10km 폭의 분지를 형성하였다. 분지의 주변부는 규암으로 이루어져 있다. 이 규암을 합류된 하천이 남서쪽의 좁은 협곡에서 뚫고 나아간다. 분지의 주변부는 서쪽에서 655m(삼악산, 三岳山)까지, 동쪽에서 899m(대룡산, 大龍山)까지 상승한다. 이 분지는 두 개의 산록을 갖는다. 고도가 낮은 산록은 65~80m의 고도에 위치하고, 8km 폭의 범람원을 이룬다. 이 산록 위의 125~200m 고도에 화강암으로 이루어진 두 번째 산록이 위치한다. 두 번째 산록은 황토로 된 구릉 지역으로 개석되었다(p.126 참조).

그러나 남동쪽에서 한강 상류 지역은 옥천(沃川) 저지(低地, depression) 지역으로 연장된다. 이 지역에서 조선계, 평안계와 대동계 지층이 영월(寧越)의 와상중첩구조(瓦狀重疊構造)로 밀렸다(p.111). 이 복합체는 충주 부근의 남서단에서 북동 방향으로 태백산맥을 넘어서 동해까지 이른다. 단양(丹陽)과 영월 간의 조선계 지층은 셰일, 규암질 편암, 부분적으로 미세한 입자를 가진 자홍색으로 풍화된 백운석, 백운석질 석회암, 석회질 역암과 이회암으로 이루어져 있다(844-847). 단양의 북서쪽에 닭의 볏(鷄冠)과 같은 형태의 금수산(錦繡山: 1,116m)의 화강암 관입이 이들 암석에서 솟아 있고, 남한강이 그 남단을 급류의 성난 협곡으로 돌파한다. 습곡작용을 받은 다른 조선계 지층 지역은 고미탄천(古味呑川)과 북한강 사이의 북부에 위치한다. 조선계 지층의 이들 지역에서 곡류 현상이 특히 심하게 나타난다. 이들 지역에서 역시 평안계 지층의 석회암 지대에서처럼 돌리네, 석회동과 지하하천을 가진 카르스트 현상이 발달하였다(848, 849).

이 지역의 대부분 지역에 대하여 한강 상류 지역의 **구조곡**은 매우 중요하다. 경기 지역에서 알게 된 파쇄대(破碎帶) 역시 한강 상류 지역을 통과하고, 부분적으로는 태백산맥도 통과한다(별도 54). 임진강 상류는 이들 중에 가장 북서쪽의 구조곡을 따른다. 그 후 이 구조곡은 북쪽으로 무흘내령(無訖內嶺)을 넘어서 영흥만을 향해 급류로 흐르는 살여울강(箭灘川) 하곡으로 달린다. 이 무흘내령을 편안하게 통과할 수 있는 이유는 함경남도가 이 지역에서 37km를 분수령을 넘어서 임진강의 직선 하곡으로 연장되기 때문이다.

이 지방은 남동쪽으로 조금 더 떨어져서 두 번째의 조금 더 긴 남쪽으로의 만곡(彎曲)을 갖는다. 이 만곡은 **추가령열곡**을 따른다. 추가령열곡은 본서에서 이미 여러 번 짧게 다루었다(p.33, p.119, p.123). 추가령열곡은 Kotô의 견해처럼 구조적인 지구대(地溝帶)가 아니라, 오히려 대부분 현무암으로 채워져서 평탄한 바닥이 된 구조곡이다. 추가령열곡은 영흥만의 남쪽 주변부에서 시작하여 대광리(大光里)까지 120km를 남남서 방향으로 완전히 직선으로 달린다. 대광리에서부터 추가령열곡은 경기 지역을 정남향으로 80km를 계속하여 더 달린다(p.397). 추가령열곡의 주요부를 동반하는 산맥들은 수차례 1,000m 이상으로 상승하고, 주로 화강암과 2차적으로 조선계 지층과 연천계 편암으로 이루어져 있다. 추가령열곡의 북단은 분수령부터 추가령열곡을 흐르는 안변(安邊) 남대천(南大川)의 넓은 삼각주 평야에 의하여 점유된다. 삼각주의 지층 아래에 해안으로부터 9km의 현무암층이 나타나고, 이것은 추가령열곡에서 33km나 상부로 이어진다. 이 경우에 그 지표면은 280m까지 상승한다. 남대천은 추가령열곡을 한 협곡에서 단절하는데, 그 급경사 주변은 현무암주(玄武岩柱)로 이루어져 있다. 추가령열곡의 사면들은 예리하게 요각(凹角)을 이루며 현무암층 밑으로 들어간다. 이 현무암층은 드물지 않게 투수성이 있어서 측면곡들의 개울은 이 층에 의하여 흡수된다. 이 개울들은 원거리상에서의 지표유출이 없고, 단지 얕은 건곡(乾谷)들만이 달린다. 현재 측면곡의 물은 시멘트로 만든 수로를 통하여 이 건곡에 공급되며, 이 건곡 내에서 함께 퇴적된 적색토는 논농사에 이용될 수 있다. 원산에서 서울까지의 철도와 도로는 장애물 없이 이 현무암 표면 위를 달린다. 남쪽으로 11km 길이의, 전체 형태의 침식을 받은 특징을 뚜렷하게 나타내는, 현무암이 없는 좁은 열곡 부분이 연결된다. 현무암층에서 사행(蛇行)하는 남대천은 이 열곡 부분에서 완전히 직선으로 달린다. 좁은 열곡의 곡저는 이 구간에서 급하게 상승한다. 철도는 이 지역에서도 이 구간을 달리는 반면에 도로는 철령(鐵嶺: 685m)을 경유하여 동쪽으로 우회하여 북한강의 발원 지역을 통과한다.

추가령열곡에서 새로운 용암층이 580m 고도에서 시작하여, 남쪽으로 큰 면적을 차지한다.

남대천은 추가령열곡에서도 사행천을 형성하여 철도가 많은 터널을 가진 구간을 사행천을 따라 달린다. 그러나 최근의 침식은 용암 표면의 습지화된 부분에 위치한 하천의 발원지까지 도달하지는 않았다. 추가령열곡은 600m 이하에 열곡과 철도의 최고점을 갖는다. 현무암의 투수성 때문에 뚜렷한 분수령은 없다. 여기서부터 평강(平康)까지 용암 표면은 400m로 하강하고, 평강에서 철원(鐵原) 북쪽 지역까지 250m로 하강한다. 이 마지막 구간에서 용암 표면 밑에 있는 편마암과 화강암의 섬과 같은 형태의 산들이 이 지역에서 분명히 층후가 두껍지 않고, 13km까지의 폭을 가진 현무암을 뚫고 반복하여 솟아 오른다. 이 지역의 투수성이 적은 구간에서 Yamadanôjô와 다른 수리조합이 큰 저수지를 건설하였다. 이 저수지로 곡의 주변부와 섬과 같은 형태의 산들의 개울이 콘크리트 수로를 통하여 물이 흘러 들어간다. 이와 같은 다른 저수지들은 현무암이 없는 측면 계곡들에 위치한다. 따라서 평강과 철원 주변 지역은 1급 관개농업의 중심지가 되었다(별도 78).

추가령열곡 내 이 부분의 서쪽에서 고미탄천과 평안천(平安川)의 수계는 현무암으로 채워진 열곡의 표면보다 훨씬 더 깊게 개석되었다. 이들 하천의 측면 계곡들은 용암이 분출된 이후에 서측의 열곡 주변을 통과하여 용암이 분출할 당시에 존재할 수 없었던 지형 상태를 만들었다. 과거에 용암류의 크기를 결정했던 테두리는 현재 이곳에 없다. 평안천 상류는 심지어 현무암 대지를 관통하여 구멍을 뚫어 그 동측에서 발원한다. 그러나 철원 북측의 여러 지점에서 이러한 관통은 이미 현무암 분출 이전에 일어났다. 이 지역에서 현무암의 혀 부분은 추가령열곡의 주변부를 통과하여 좀 더 멀리 서쪽으로 달린다. 이 지역에서 용암은 과거의 하천쟁탈(河川爭奪)에 의하여 형성된 계단(Anzapfungsstufe) 위를 폭포처럼 아래로 흘러내려서, 이것은 현재에도 그 표면의 경사가 크게 증가한 것으로 표현된다. 그에 상응하는 용암폭포는 같은 지역에서 동측 주변부를 통과하여 한탄천(漢灘川) 계곡으로 달린다. 용암은 이 지역에서 이 두 출구로만 흘렀다. 추가령열곡 자체에서는 용암류가 더 이상 남쪽으로 흐르지 않았다. 이 지역에서 추가령열곡은 다음 18km 구간에서 오히려 다시 연천계 편암지대로 감입한다. 차탄천과 철도는 연천군 군청소재지가 있는 좁은 120~180m 고도에 위치한 산록을 따라 달린다.

실제 추가령열곡의 이 남쪽 1/3 바로 동쪽에 원래 구조곡에서 발원하는 한탄천이 훨씬 더 낮은 고도에서 흐른다(p.397). 한탄천의 하곡도 현무암으로 채워졌다. 이 현무암은 임진강과의 합류 지점까지 60km를 계곡을 따르고, 임진강에서 하구 앞의 32km까지 하류로 계속된다. 두 강은 용암류를 개석하여 이 지역에서도 잘 관개되는 하안단구를 이루었다. 이 용암류는 연천의 남쪽에서 추가령열곡을 횡단하여 차탄천이 매적(埋積, Aufschotterung)되도록 추가령열곡에 그 혀를 위로 밀었다. 이것으로 추가령열곡이 현무암으로 채워지는 과정이 끝났다. 이와 대조적으로 한탄천의 현무암류는 긴 측면 계곡들로 향하는 한 계곡을 채웠다. 이들 측면 계곡으로도 용암이 어느 정도의 거리를 위쪽으로 흘러 들어가 곡구를 차단했다. 이렇게 차단된 곡구들의 상부는 넓은 하성 범람원들로 이어진다. 이들 범람원은 금화(金化)의 도로교차점 부근과 영평리(永平里) 부근의 영평천(永平川)에서 가장 넓다. 이들 범람원 역시 인공관개된다. 관개수로는 둑에서 위에서 언급된 하천들로부터 갈라진다. 하천들은 소나무 줄기의 뗏목 운반에 이용되기 때문에 둑에 특수한 우회시설이 건설되었다.

이보다 좀 더 동쪽과 남동쪽으로 다른 구조곡들이 따른다. 북한강 상류를 횡단하는 창도리(昌道里) 구조곡만이 17km 길이에서 다시 현무암으로 채워졌다. 소양강(昭陽江)이 서쪽으로 휘어서 큰 사행천이 시작되는 소양강 중류로부터 남서 방향으로 홍천강(洪川江) 중류로 달리는 다른 구조곡이 특히 교통을 위해서 중요하다. 이 구조곡은 인제(麟蹄) 군청소재지(12,215명)와 홍천을 연결하며, 벼농사 지도(지도 4) 상에서 뚜렷하게 나타난다.

한강 상류 지역은 실제 한반도의 중심부를 차지하여 이 지역의 기후는 동부나 서부의 인접 지역보다 좀 더 강한 대륙성기후의 특성을 갖는다. 특히 이러한 특성은 한강 상류 지역의 남서 반부에 적용되고, 반면에 북동부는 태백산맥이 그 사이에 위치함에도 불구하고 동해로의 근접성을 뚜렷하게 인식하게 한다. 저위도이며 반도의 폭이 좁기 때문에 대륙성기후의 특성이 약하게 나타나지만 기후권에 있어서 개마고원과 특정한 유사성이 나타난다. 이것은 다음의 표에서 알 수 있다.

끝의 세 관측소는 대체로 한반도의 중심축에 위치한 한 열에 속하고, 처음의 세 관측소는 이보다 훨씬 더 북동쪽, 즉 동해에 가까운 곳에 위치한 한 열에 속한다. 이 중에 추가령열곡의 최고점 부근에 위치한 세포리(洗浦里)는 개마고원과의 유사성이 특히 뚜렷하게 나타나는 높은 고도에 위치한 관측소이다. 두 열에서 남동쪽으로 갈수록 겨울은 좀 더 온화하고, 여름은 좀 더 더워진다. 기온의 연교차는 일반적으로 이 방향으로 감소하고, 두 해양성기후의 특성을 가진 인접 지역에서보다 좀 더 크다. 이 지역보다 경기 지역이 고도가 낮지만 연강수량은 경기 지역보다 조금 적다. 남서와 북서 방향에서 불어 오는 저기압성바람(zyklonale Winde)은 분명히 이미 그 전면에서 많은 양의 습기를 잃는다. 한강 상류 지역은 개마고원보다 현저히 고도가 낮음에도 불구하고 한반도의 경동지괴 상에 위치하므로 많은 강수량을 갖는다. 강수량은 매우 강하게 한여름에 집중된다. 거의 모든 곳에서 연강수량의 약 1/3이 7월에 내린다.

한강 상류 지역의 자연적인 상태가 개마고원 지역의 자연적인 상태와 유사한 것을 고려하면

한강 상류 지역의 기후자료

관측소	고도 (m)	기온							강수량								
		1월			8월			연교차	2월				7월				연강수량
		평균기온	평균최저기온	절대최저기온	평균기온	평균최고기온	절대최고기온		평균 (mm)	‰	평균강수일수	강수강도	평균 (mm)	‰	평균강수일수	강수강도	
세포리	540	−12.1	−18.4	−28.1	20.9	24.9	32.0	33.0	10.7[1]	10[1]	4	1.5[1]	395	354	16	24.7	1115
인제	200	−5.9	−11.3	−30.0[1]	24.4	29.1	37.4[2]	30.3	18.5[1]	17[1]	6	3.1[1]	335	313	15	22.4	1076
정선	307	−5.4	−10.8	−27.1	24.5	29.1	37.0	29.9	22.8[3]	22[3]	5[3]	3.8[3]	287	274	14	19.1	1047
이천	115	−7.7	−14.5	−34.0[1]	24.4	29.3	37.4	32.1	18.0	15	4	4.5	384	319	15	25.6	1203
춘천	154	−6.9	−13.9	−36.0	25.5	30.9	37.9[4]	32.4	22.8	19	6	3.6[1]	374	311	15	25.1	1205
원주	128	−6.0	−12.2	−29.9	25.9	31.0	38.1	31.9	23.2	20	5	4.6	395	335	16	24.7	1186

[1] 12월, [2] 7월, [3] 1월, [4] 6월

개마고원 지역에서 특히 특징적이고 중요한 결과를 가져오는 현상이 한강 상류 지역에서 이러한 분포의 두 번째 주요 지역을 갖는다는 사실을 이해하게 한다. 이것은 화전경작이다(p.318 이하). 강원도는 **화전경작**의 집중도에 있어서 한국에서 네 번째 지방으로(p.560), 강원도 화전경작의 대부분은 한강 상류 지역에서 행해진다. 이 지역에서도 화전경작은 농업적 토지이용의 가장 고도가 높은 지대에 제한된다. 저자는 원주–강릉 사이의 도로를 따라서 화전경작이 고루포기산(1,238m) 정상까지 행해지고 있는 것을 보았다. 화전경작의 영향을 받는 지역의 전반적인 이미지는 개마고원과 같다. 가장 중요한 화전 재배작물은 이 지역에서도 감자, 콩, 메밀과 귀리이다. 한강 상류 지역은 두 번째로 중요한 귀리 분포 지역이다(별도 80). 이 지역의 화전이 개마고원보다 고도가 좀 더 낮을 수 있고, 기후 역시 동일한 고도에서 좀 더 온화하기 때문에 흔히 재배되는 화전작물의 수는 개마고원보다 좀 더 많다. 평북 지역과 같이 옥수수, 보리, 콩, 조, 깨, 피마자, 대마 등이 재배되고, 평북 지역에서는 드문 호밀도 화전작물로 흔하게 볼 수 있다.

한강 상류 지역에서의 화전경작은 개마고원보다 그 유래가 더 오래되었다. 화전경작으로 인하여 일어난 자연 **식생**의 변화가 이 지역에서 좀 더 심하다. 원시림의 잔재가 드물어서 저자는 원시림의 잔재를 조사하지 않았다. 이들 삼림은 아마도 태백산맥의 울창하게 잘 보존된 삼림과 유사할 것이다(p.440 이하). 한강 상류 지역의 대부분은 경기 지역과 같은 유사한 종 구성을 이룬 2차 관목식물군락으로 덮여 있다.

이 지역의 고도가 좀 더 높은 부분에서 **숙전경작**은 화전경작과 거의 마찬가지로 빈약하다. 숙전에서도 돌들이 제거되지 않고, 쟁기질이 표면적으로만 행해져서 전년의 옥수수의 뿌리와

줄기가 밭 주변에 여전히 서 있다. 이보다 좀 더 형편이 나은 상태는 경기 지역으로의 점이지대인 이천(伊川), 영평리, 춘천, 홍천, 횡성과 원주 주변 및 배후지의 고도가 낮은 계곡의 숙전경작에서 볼 수 있다. 숙전경작 작물로는 일부 소득이 좀 더 많은 작물들을 포함하여 화전경작과 동일한 작물들이 재배된다. 밀, 기장, 수수, 담배, 면화와 채소가 추가적으로 재배된다. 이 지역에서도 계곡에서 과수와 뽕나무 재배가 어느 정도 중요하다. 단양(丹陽) 주변은 인삼 재배의 지방 중심지이다.

위에서 기술한 내용과 지도 4 및 별도 78에서 알 수 있는 바와 같이, 여러 계곡과 분지들에서 **수도(논벼)**는 주목할 만한 규모와 근대적인 방법으로 재배된다. 평강과 철원의 현무암 지대, 춘천분지의 충적 산록, 홍천 북동부의 구조곡, 홍천강 하곡, 횡성과 원주 주변 지역은 특별히 다루어질 만하다. 이들 모든 지역은 고도가 낮은 남서부에 위치한다. 논은 북동부 계곡에서 750m의 고도까지 연장되지만, 고도가 높은 북동부에는 논이 드물다. 철원군에서 논의 면적은 전체 면적의 15%이고, 경지 면적의 40.2%이다. 이와 대조적으로 정선군(旌善郡)에서 전체 면적의 단지 0.6%와 경지 면적의 5.1%만이 논이다.

다른 경제 분야는 매우 미미하다. 영월(寧越)의 평안계 지층에서 최근에 개발된 **석탄 광산**만이 언급할 만하다. 1937년 가을부터 영월에서 남부 지방의 대도시에 전력을 공급하는 석탄화력발전소가 가동 중으로, 100,000kW의 전력을 공급한다.

현재까지 한강 상류 지역은 **자연적인 교통의 불편함**에 영향을 받고 있다. 한강 상류 지역 하천들의 주운 가능성은 산악 지역의 특성으로 인하여 크게 제한된다(p.174). 현재까지 도로는 매우 적고, 이들 도로조차, 예를 들어 서울–춘천 간의 도로와 같은 적은 예외를 제외하고는 불완전하게 확장되었다. 가장 중요한 장거리 교통로는 서울에서 횡성–가천리(佳川里)–대화(大和)–하진부(下珍富)–대관령(大關嶺)을 경유하여 한반도 동해안의 중심지인 강릉(江陵)으로 가는 도로이다. 한강 상류 지역의 유일한 직선 철도는 추가령열곡을 따라 달리는데, 그 통과 지점의 개별 특성은 위에서 기술되었다. 그러나 이 철도는 **소도시**인 연천(漣川), 철원, 평강과 복계리(福溪里)에만 경제적인 활기를 가져왔다. 이들 소도시 중에 가장 큰 중심지는 철원(20,744명)으로 쌀, 콩, 소, 목재와 숯을 거래하는 중요한 시장이다. 철원에서 간선철도로부터 금화를 경유하여 금강산으로 가는 사철인 전철이 나뉘어서 갈라진다. 이 사철은 관광 목적으로 건설되었으나, 경제적인 목적도 충족시킨다. 이러한 이유들로 철원군에 가장 조밀하게 사람들이 거주한다(103명/km²). 개마고원의 매우 낮은 인구밀도에는 이르지 못하지만, 산악 지역의 특성과 불리한 교통 조건으로 인하여 한강 상류 지역의 **인구밀도**는 낮다. 평균인구밀도는 약 50명/km²이다.

춘천은 아직 철도가 연결되지 않은 한국의 유일한 도청소재지이다. 춘천은 그 위치가 강원도 도청소재지로서의 기능을 거의 갖추지 못한, 단지 16,959명의 인구(그중 13%가 일본인)를 가진 뒤쳐진 소도시이다. 춘천의 이러한 기능은 한반도의 동해안이 비해양 왕국에 의해 등한시된 후면이었을 때인 옛 한국의 시대에서 유래한다. 당시에는 실제로 지방행정 관청이 가능한 한 서울에 가까이 입지하는 것을 권장하였다. 그러나 현재 강원도의 해안이 서서히 잠에서 깨어나기 시작하고 있다. 그리고 강릉으로의 행정중심지의 이전은 아마도 동해안을 따라 철도가 부설될 때까지 오랫동안 기다려야 할 것이다. 춘천은 앞에서 기술한 분지 내의 작은 계곡 분지(Talbecken)의 소양강 범람원에 가장 가까이 위치한다. 중심지는 충적곡저를 점유하고, 주변 지역은 주변의 화강암 구릉지 위로 연장된다. 춘천은 한국인의 초가집, 기와 또는 양철지붕을 가진 일본인의 가옥, 상가 및 관청과 일부 여러 층을 가진 유럽 양식의 건물들이 비조직적으로 혼합되어 있다. 주변 지역의 좁은 골목망은 미로같이 복잡하다.

9. 영흥(원산)만 지역

울릉도와 제주도를 제외하면 영흥만(永興灣) 주변 지역이 본서에서 구분된 지지 단위 중에서 가장 작다. 이 지역은 동한만(東韓灣)의 배후지에서 남동–북서 방향으로 150km를 달리고, 동한만의 해안으로부터 한국주산맥의 원산호(元山弧, Genzanbogen)를 따르는 주분수령까지 이른다(p.33). 이것으로 이 지역은 평균 45km의 폭을 갖고, 그 면적은 6,500km^{2}가 된다(별도 23). 일본인들이 영흥만이라고 부른 원산만은 한국의 해안에서 유일한 형태이다. 영흥만은 20km의 만의 깊이와 40km의 길이로 동한만의 육지 쪽 연장부를 이루어 동해의 가장 서측을 이룬다. 한반도의 뿌리에 위치하며, 교통이 결빙으로 인한 장애를 결코 받지 않고, 동해의 작은 간만의 차가 나타나며, 추가령열곡을 통하여 수도와 아호비령(阿虎飛嶺)을 통하여 평양과 편안하게 연결되는 영흥만 지역은 탁월한 정치지리적 중요성을 갖는다. 이러한 중요성은 1854년에 러시아의 순양함 Pallas호가 한국의 동해안을 항해하여 영흥만에서 지속적인 점령에 매우 유리하게 보이는 Port Lazareff(원산)를 발견하였을 때 갑자기 나타났다(p.68). 원산은 1879년에 조선 정부가 일본의 통상에 개항을 해야만 했던 항구들 중에 두 번째 항구이다. 이때부터 도시가 발달하기 시작했다. 1885~1887년에도 러시아인 Schestakoff와 Ostolopoff는 이 지역에서 해양학 연구를 하였다. 한일합방 이후에 일본인들은 영흥만의 주변 지역을 그들의 전략지대로 만들었다. 그 결과로 인하여 영흥만 지역의 지형적, 지리적인 자료가 드물다.

영흥만의 외측은 바다 쪽으로 매우 단조로운 요형의 곡선을 갖는다(별도 54). 북쪽으로부터 좁은 석호(潟湖)를 가진 긴 사주(砂洲)가 돌출하여 268m로 솟은 편마암 섬을 육계도(陸繫島)로 만들었다. 이렇게 하여 16km 길이의 호도반도(虎島半島)가 형성되었다. 남동쪽에서 직각으로 과거의 작은 편마암 섬으로 튀어나온 두 개의 짧은 사주가 군산리(君山里)의 갑(岬)을 형성하였다. 군산리의 갑과 호도반도의 남쪽 끝 사이에 위치한 만의 입구는 단지 24km의 폭을 갖는다. 그 중앙에 편암 섬인 여도(麗島)가 솟아 있다. 10m 등심선이 달리는 경로는 외측의 단조로운 요형(凹形)의 곡선을 강조하나, 여도의 북쪽에서 만 깊숙이 돌출하여 흘수 7m의 선박들이 원산항에 접안할 수 있다. 아마도 동해안 주변부가 요곡(撓曲, Flexur)과 같은 하향요곡(下向凹曲, Abbiegung)을 통해서 이렇게 만의 매끄러운 외측이 형성되었을 것이다. 영흥만 자체는 국지적인 함몰지(Senkungsfeld)로 동해가 내진(內進)함에 따라 형성되었다. 만의 내부에는 이러한 내진으로 작은 섬이 된 수많은 작은 편마암과 편암의 구릉지들이 솟아 있다. 그러므로 이렇게 많은 작은 풍경들이 분명히 한국의 서해안을 연상시킨다. 그러나 반원형의 만 전체로서는 한국의 남측이나 서측과는 다른 성질의 현상이다. 과거의 여러 작은 섬들은 삼각주나 사주로 인하여 호도반도와 마찬가지로 육지와 연결되었다. 이러한 유형으로 남쪽으로부터 5km 만 안으로 돌출하여 동쪽에서 오는 파도로부터 원산항을 보호하는 갈마반도(葛麻半島)가 있다. 또한 과거에 만의 가장 내측에 있던 지역에서 최근에 있었던 하천의 충적작용으로 편암의 섬들이 육계도로 연결되었다. 이들의 후면에 현재 덕원(德原)의 충적곡이 뻗어 있다. 후빙기의 내진 직후에 영흥만은 현재의 거의 두 배나 되었다. 남쪽으로부터 안변(安邊) 남대천(南大川), 북서쪽으로부터 용흥강(龍興江)과 살여울강이 영흥만에 그들의 삼각주를 퇴적하였다. 만의 내측에 하구가 없는 구간에는 초기의 내진 형태들이 변함없이 남아 있다.

1880년에 원산으로부터 *Petermans Mitteilungen*에 온 편지(*Pet. Mitt.* 1880, p.317, p.369)에는 일본인에 의하여 원산항이 개항된 바로 직후 당시의 도시와 교역 상태가 기술되어 있다. 한국인들이 원산이라고 부르는 이 항구는 당시에 현재 원산리로서 도시의 남동부를 이루며, 만을 따라 거의 2km에 흩어져 있는, 꼬불꼬불한 골목들이 있는 가난한 어촌과 농촌으로만 이루어져 있었다. 당시의 주요 수출품은 이 지역의 서부와 남부에서 온 면화와 면직물, 함경도의 소금, 콩, 해초와 건어물, 개마고원의 사금(砂金), 호피(虎皮)와 표범가죽, 부근 지역의 대마와 삼베옷, 담

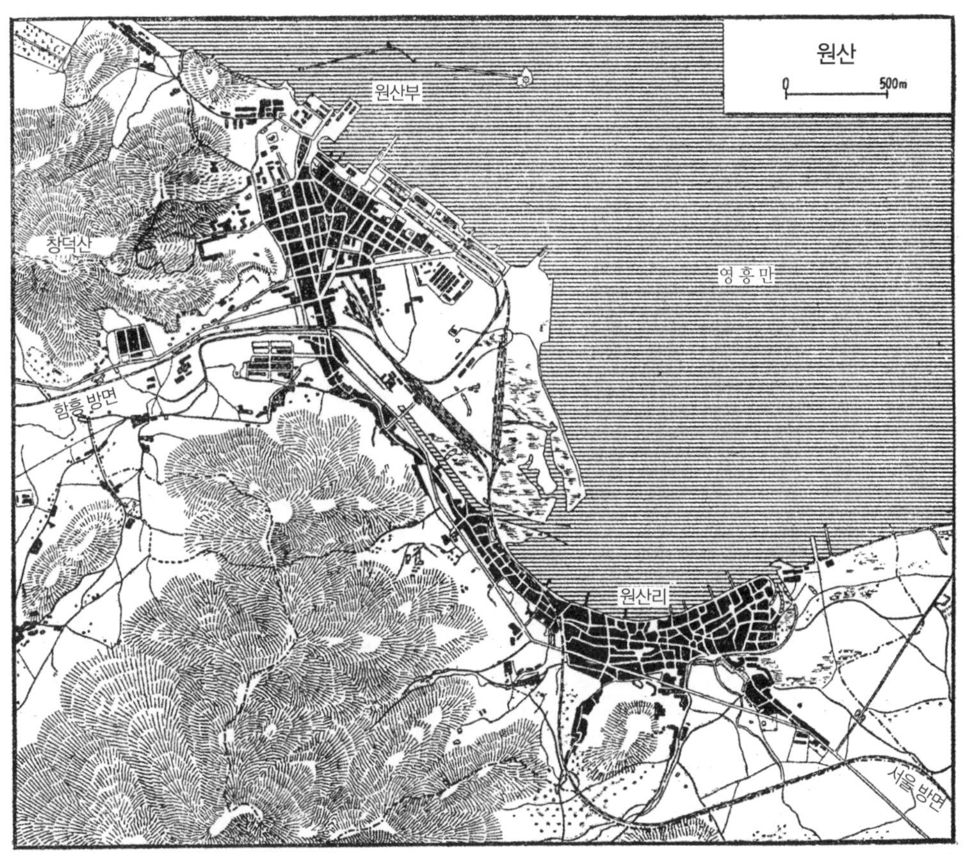

그림 40. 원산과 그 주변 지역(출전: 『도설 조선지리풍속(圖說 朝鮮地理風俗)』)

배, 장죽, 배, 밤과 감이었다. 원주민들은 당시에 주로 기장, 밀과 콩으로 연명하였다. 현재 주변 지역에서 가장 중요한 작물인 쌀은 당시에 드물었다. 현재(1938년) 원산은 인구 67,363명의 도시이며, 그중에 19%는 일본인이고 다른 외국인이 2%이다. 원산은 느슨한 관련성만이 있는 두 개의 구역, 즉 하나는 그동안 서울로 가는 직선의 큰 도로가 놓인 구취락이 있는 원산리(元山里)와 다른 하나는 근대적인 항구와 행정도시인 원산부(元山府)로 이루어져 있다(그림 40). 산사면을 따라 뻗어 있는 도시 건축물들의 좁은 지대가 이 두 지역을 연결하는데, 그 전면에 서울로부터 북동 지역을 연결하는 철도역이 위치한다. 원산에는 베네딕트 신교회의 독일 교회와 학교가 있다. 원산부는 육지화된 산지성의 편마암 섬인 창덕산의 동측 산록에 위치한다. 원산부는 도시적으로, 부분적으로 유럽식으로 건축되었다. 북쪽으로부터의 파도에 대해 긴 석축으로 된 방파제로 보호되는 부두시설과 창고를 갖춘 항구는 작은 연안 항해뿐만 아니라 특히 일본으로의 원해 여객과 화물교통의 항구로 이용된다. 그 외에도 원산은 중요한 어류 선착장이다. 원산의 해상교역이 여전히 중요하기는 하지만(1934년: 24,5000,000엔), 북동부 지역의 항구들이 번성한 이후(p.290 이하)로 동해안 수위 항구로서의 역할을 더 이상 하지 못한다. 주요 수출품목은 건어물, 어유, 어묵, 흑연, 금, 가축, 콩과 목재이다.

영흥만 주변 지역은 **네 개로 뚜렷하게 구분되는 암석 및 기복 지대**로 이루어져 있다. 서쪽에는 영흥만을 형성한 함몰지의 호를 제시하듯이, 서해로 흘러 들어가는 하천들의 분수령이 되는 조선계 지층으로 이루어진 석회질 셰일 산맥이 예리한 정상 및 능선과 함께 솟아 있다. 분수령의 동쪽에도 많은 정상들이 1,000m의 한계를 넘는다. 분수령의 바로 부근에 한 구조곡이 70km 남쪽으로 달린다. 이 구조곡에서 용흥강의 두 상류가 서로 사행한다. 문천군(文川郡)과 고원군(高原郡)에서 무연탄과 석탄 광상을 함유한 평안계 셰일과 사암이 조선계 석회암층으로 습곡되었다(851, 852). 이 무연탄과 석탄이 채굴되기 시작했다. 만에서 높은 산맥의 장벽처럼 보이는 이 배후지의 전면에 화강암 산록이 둥그나 경사가 급하고, 소나무 숲 또는 소나무-참나무 관목군락을 갖는 구릉들과 함께 달린다. 바다 쪽으로 변성편암으로 이루어진 낮은 구릉지대가 이어지는데, 이 구릉지는 넓은 충적평야를 향하여 급격하게 낙하한다. 끝으로 주로 내진으로 인하여 앞에서 기술된 섬들과 반도들로 분리된, 편마암으로 이루어진 적색토의 구릉 지역이 있다.

변성편암 지대와 서쪽으로 연결된 화강암 구릉들은 이들 지대를 관통하는 충적평야 및 삼각주와 함께 가장 **경제 강도가 높은 지대**이다. 후자는 대부분 논농사를 용이하게 한다(지도 3). 주 분수령까지 산맥으로 연장되는 군들의 크기에도 불구하고 군별 인공관개되는 논의 비율을 나타내는 지도(별도 78)에서조차, 이들 충적평야에서 벼농사의 집약도가 잘 나타난다. 이에 이어지는 구릉들에서는 밭작물, 특히 수수와 기장이 조심스럽게 재배된다. 이 지대에 인구가 밀집한다(지도 3과 별도 78). 이 지대에 또한 안변, 문천, 고원과 영흥의 군청소재지와 시장이 있다. 이들 중 여러 지역에 낮은 집들의 바다 위에 교회가 솟아 있다. 북동부 지역의 독일 베네딕트 선교회의 중심이 1927년 이후 덕원에 있다. 이곳에는 대수도원이 순수 니더작센-로마네스크 교회 스타일의 벽돌 건물로 솟아 있다. 이미 언급한 모든 장소들은 서울로부터 원산과 함흥(咸興)을 경유하여 북동부 지역으로 달리는 주요 철도 주변에 있다. 이 철도로부터 평양으로 가는 철도가 고원에서 나뉘어서 갈라진다. 현재에도 추가령열곡의 입구에 원산으로부터 서울로 가는 구도로에서 멀지 않은 곳에, 추가령열곡의 서쪽으로 이 지역에서 이미 거의 1,300m까지 솟아 있는 산맥 주변부 산록에 있는 거대한 사찰 석왕사(釋王寺)가 옛 한국시대에 있어 원산 지역의 중요성을 증명한다. 이 사찰은 아직도 조선 태조의 유물을 갖고 있다.

원산항의 유리한 입지와 그 주변 지역에서 농업이 번창한 이유는 우리가 원산 지역의 기후를 마지막으로 평가해야만이 비로소 완전히 이해할 수 있다. 이미 1908년에 A. Defant이 Okada(853)의 기상 연구결과를 재간행함으로써 유럽 기상학자들이 원산 지역의 기후(Föhn)에 관해서 관심을 갖게 되었다. 원산 지역의 기후는 중국 북부에 고기압이, 동해 상 어딘가에 저기압이 위치할 때 주분수령의 재들로부터 동해안으로 빈번하게 온난건조한 푄(Föhn) 바람이 내리 불어서 유명하다. 1905년 4월 27일에 이러한 푄 기압배치 발달의 영향하에서 원산의 기온은 6시에서 14시 사이에 4.6℃에서 22.4℃로 상승하고, 반면에 상대습도는 96%에서 24%로 감소하고, 남서풍은 서풍이 되었다. 그리고 이때 풍속은 1.4에서 6.5가 되었다. 또 다른 특징적인 경우는 1904년 6월 26일로 이 날에는 기온이 유사한 조건하에서 무려 38.2℃로 상승하였다. 원산에서 푄은 봄과 늦가을에 가장 빈번히 나타난다. 푄은 농작물의 초기 성장과 성숙에 매우 중요하다.

평균 기후 조건을 특징짓기 위해서 내륙 관측소 영흥, 해안 관측소 원산, 섬 관측소 여도의 기후자료를 아래의 표에 기록하였다.

섬 관측소에 비하여 내륙 관측소의 열대륙도가 좀 더 큰 점과 섬이 상대적으로 과우인 현상은 한국의 어느 지역에서나 반복되고 이미 자주 두드러지게 나타난 특성이다. 원산 지역은 동위도 상에 위치한 대동분지의 해안보다 겨울에 훨씬 더 온화하고, 여름에 약간 더 서늘하다. 깊고 큰 동해로부터 불어오는 바람은 어느 계절에나 온화하게 영향을 미치는 반면, 얕고 폭이 좁은 서해로부터 불어오는 바람은 어느 계절이든 동해만큼의 영향을 미치지 못한다.

또한 원산 지역은 대동분지와 비교하여 봄과 가을이 온난하다. 영흥은 그에 상응하는 위도 상에 위치한 의주(義州)보다 11월 평균최고기온이 약 2.2℃ 높고, 그와 반대로 8월 평균최고기

원산 지역의 기후자료

관측소	고도(m)	기온							강수량								
		1월			8월			연교차	1월				8월				연강수량
		평균기온	평균최저기온	절대최저기온	평균기온	평균최고기온	절대최고기온		평균(mm)	‰	평균강수일수	강수강도	평균(mm)	‰	평균강수일수	강수강도	
영흥	35	−4.5	−9.2	−21.9[1]	24.3	28.6	38.5[2]	28.8	10.9	10	4	2.7	292[2]	273[2]	14[2]	20.9[2]	1070
원산	35	−4.2	−7.9	−21.9	23.6	27.4	38.2[2]	27.8	29.3[3]	22[3]	6	4.9[3]	301	227	17[2]	18.8	1334
여도	67	−2.9	−	−	23.6	−	−	26.5	18.7	19	6	3.1	210	214	15[2]	15.0	978

[1] 2월, [2] 7월, [3] 9월

온은 약 0.4℃ 낮다. 분명히 이 현상은 한여름에 나타나지 않는 푄의 영향이다. 원산 지역의 다른 특징은 전체 강수량 중 겨울비의 비율이 비교적 높은 것이다. 이것은 이 지역에서도 겨울계절풍, 특히 북동계절풍이 불면 지형성강우가 내릴 수 있는 사실에 기인할 것이다. 그러나 원산에서 북동계절풍이 부는 것은 자주 증명되지 않는다. 또한 겨울에는 1월에 69.4% 이상의 빈도를 갖는 남서풍, 서남서풍, 서풍이 탁월풍이다(p.134). 이 계절에 이들 풍향은 항상 최저기온과 관련된다. 그러나 겨울의 눈은 이들 풍향의 바람이 불 때가 아니라 북동풍이 불 때 내린다.

10. 금강산을 포함하는 태백산맥

일본의 지리학자와 지질학자들, 특히 B. Kotô(352)는 태백산맥(太白山脈)이라는 이름으로 한국 주산맥의 남반부를 명명하였다(p.33). 태백산맥은 영흥만의 바로 남쪽에서 시작하여 완만한 호(Flachbogen)를 반복하면서 동해안을 따라 달린다. 태백산맥은 이렇게 포항(浦項)−경주(慶州)−대구(大邱) 간의 넓은 구조곡까지 연장되어 380km를 달린다. 120km 길이의 비교적 낮은 남단으로 태백산맥은 남부 지방까지 이르러 이 지역에서 경상분지를 둘러싸는 일부가 된다. 그러므로 이 부분은 경상분지와 함께 다루어지므로 본 장에서는 태백산맥의 북부와 중부만을 고찰하도록 하겠다. 중부는 태백산의 산맥교차점(Gebirgsknoten)을 포함하여 낙동강의 발원지까지 이른다. 북부 지방의 동해안 지역과 대조적으로 중부 지방의 동해안 지역은 어느 곳에서나 폭이 좁아서 독자적인 경관을 이루지 못한다. 지리적으로 이 지역은 태백산맥의 동사면으로 좀 더 잘 이해되므로 그 일부로서 다루어질 것이다. 이 범위 내에서 태백산맥은 260km의 길이와 평균 40km의 폭으로 약 10,000km^{2}의 면적을 갖는다. 태백산맥은 대부분 강원도의 북동부 1/3 지역에 제한되고, 남단만이 일부 경상북도로 연장된다(별도 23).

태백산맥은 한국 주경동지괴의 경사가 급한 동사면과 경사가 완만한 서사면의 가장 높은 부분인 주향산릉(走向山稜, First)을 포함한다. 이러한 관찰로 태백산맥의 주요 지형 특성은 파악되나, 매우 적은 지형 특성만이 파악된다. 그러므로 Kotô는 태백산맥을 세 개의 서로 평행한 능선으로 구분하였다(352). 그러나 이러한 생각 역시 지나치게 개략적이다. 이러한 능선들을 좁고 긴 단층쐐기(Keilscholle)로 분석하는 것은 좀 더 잘못된 일이다. 당분간 개개의 특성을 분석하는 일은 불가능하다. 때때로 우리는 기본 특성 중에서 지형 기술을 하는 것에 만족해야 한다.

태백산맥 지형의 거의 어디서나 뚜렷하게 나타나는 기본 특성은 1:50,000 지형도의 수많은 도엽에서 두드러지게 나타나는 **경사가 급한 동사면과 훨씬 더 완만한 서사면 간의 차이**이다. 이와 같은 사실은 한국인들의 의식에도 깊게 뿌리박혀 있다. 과거 이래로 강원도(江原道)의 동사면은 영동(嶺東)이라는 이름을 갖고, 서사면은 영서(嶺西)라고 불렸다. 영동은 통천(通川), 고성(高城), 양양(襄陽), 강릉(江陵), 삼척(三陟)과 울진(蔚珍) 등 6개의 좁고 긴 군으로 이루어져 있다. 강릉-서울 간 도로의 분수령 재인 대관령(大關嶺: 865m)은 동해안으로부터 불과 18km 떨어져 있다. 이 재의 서쪽에 있는 위에서 언급한 도로는 영서 지역에서 항상 곡저를 달리기는 하나, 마찬가지로 긴 구간이 560m 고도 이상에 위치한다. 이 도로는 이 고도 상에서 남한강(南漢江) 상류에 이른다. 이 도로가 영동에서 매우 경사가 급한 사면을 굽이쳐 오르는 반면에, 영서에서는 상당히 평탄한 사면을 가진, 그 위의 여러 고도의 정상부에 좀 더 오래된 평탄면의 잔재를 가진 구경관(alte Landschaft)을 통과한다. 분수령은 이렇게 평탄한 지형을 영동의 가장 고도가 높은 지역의 오래 되지 않은 급사면들, 첨예한 능선(Grate) 및 쇄설물로 채워진 협곡과 분리시킨다. 분수령이 조선계의 석회질 셰일을 통해서 달리는 지역에서 이것은 특히 남쪽, 즉 옥천(沃川) 지향사의 사례이며, 고지표면(古地表面)은 그 부근에서 돌리네에 의하여 움푹 파였다.

침식기준면의 고도가 매우 상이한 결과로 영동의 하천들은 분수령을 빠르게 서쪽으로 후퇴시킨다. 간성(杆城)-인제(麟蹄) 간의 도로로 이용되는 단지 530m 고도의 이름 없는 주분수령을 넘는 재는 개울의 쇄설물로 이루어지고, 영서로부터 이 재에 이르는 완만한 직선의 계곡은 분수령의 반대편에서 동해로 유입하는 간성 북천(北川)의 깊게 개석된 협곡 위에 높게 위치한 단구들에서 계속된다. 이러한 **두부침식**(頭部侵蝕)이 빠르게 진행됨으로 인하여 구평탄면경관(alte Flachlandschaft)의 잔재는 때때로 동사면의 경사가 급한 단애로 거의 완전하게 둘러싸여 있어서 이들이 침식의 잔재를 이룬다. 실제로 분수령의 동쪽에서 완전하게 분리된 평탄면의 잔재인 잔존구릉(殘存丘陵, Auslieger)이 외연구릉(外緣丘陵, Zeugenberge)으로 나타난다. 이러한 것들 중의 하나가 육백산(六百山)과 그 주변 지역(1,220~1,267m)으로, 구평탄면은 10km 서쪽으로 이어지는 분수령보다 높은 곳에 위치한다.

p.114에서 설명한 바와 같이 Kobayashi는 육백산 주변 지역을 특히 상세히 연구하여 한반도 전체를 통해서 추적하려 시도하였으며, 이를 육백산의 명칭에 따라 비대칭적인 지배사로 요곡(撓曲)된 일정한 **침식평탄면**(Verebnungsfläche)으로 명명하였다(380). 그러나 실제로 상황은 훨씬 더 복잡하다. 구침식평탄면의 잔재는 매우 상이한 고도에 위치하여 단 하나의 단일한 지형윤회(地

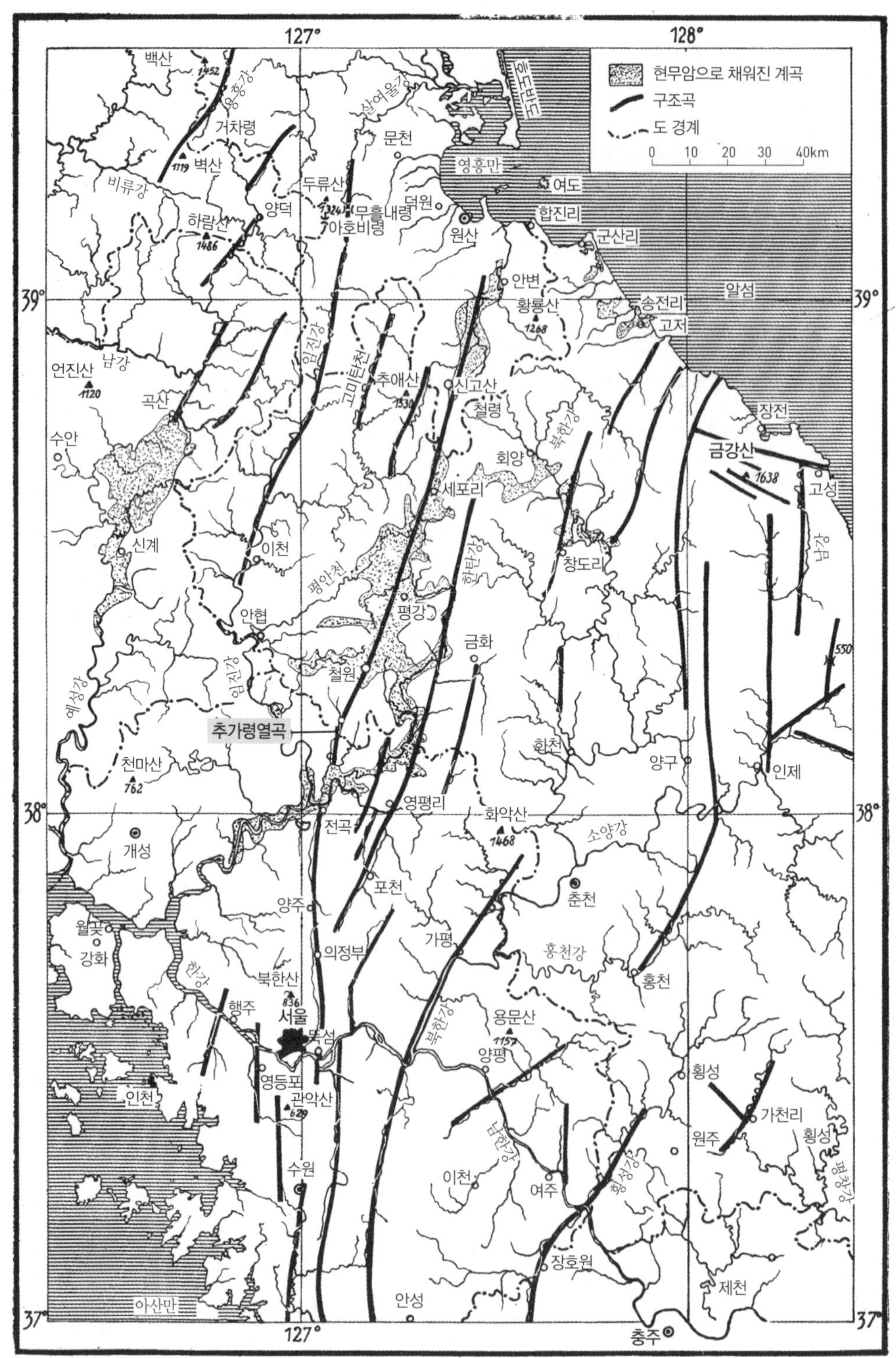

[별도 54] 중부 지방의 구조곡 특성과 현무암으로 채워진 계곡

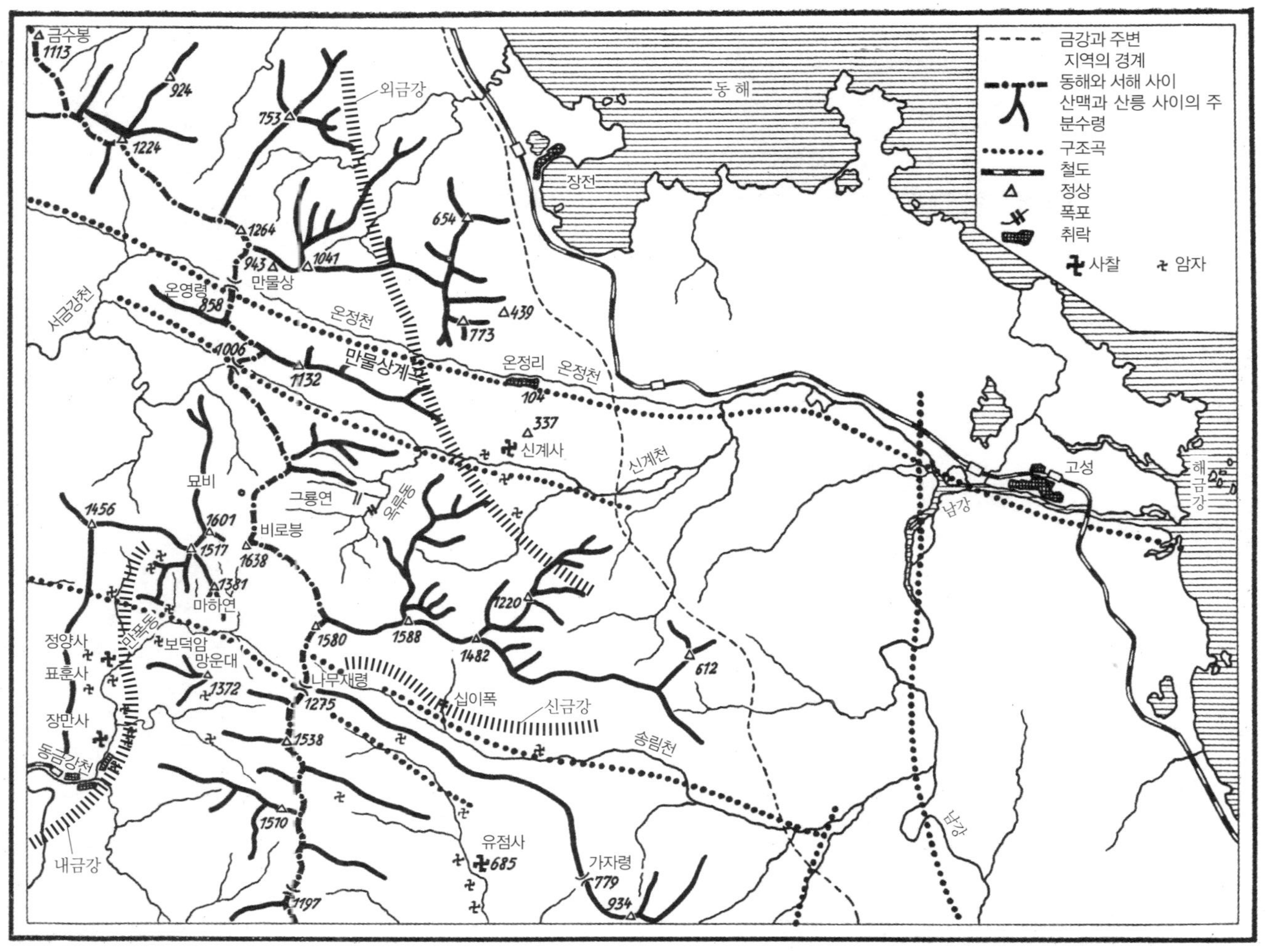

[별도 55] 금강산의 개관도

[별도 56]

55. 원산 부근 덕원에서 서쪽으로 본 독일 수도원의 전경

중앙에 논. 그 후면에 화강암 구릉 지역. 수평선에 한국주산맥의 원산호에 있는 1,000m 이상의 고도를 가진 석회암 산맥

56. 고저와 간성 사이 영동 지역의 농촌과 어촌

[별도 57]

57. 오대산 남한강 최상류의 월정사 원시림

58. 금강산 보덕암과 만폭동 계곡

形輪廻)에 속하지 않는다. 따라서 대관령의 북서쪽 황병산(黃炳山)의 정상 고원은 1,400m의 고도를 갖고, 노추산(老鄒山)의 남동쪽에 방금 언급한 돌리네 지역은 800~900m의 고도를 갖는다. 방금 기술한 재 P.530[46](간성-인제 간 도로로 이용되는 530m 고도의 이름이 없는 주분수령)의 동쪽 630m의 고도에 4km 길이의 거의 테이블과 같이 평탄한 잔존구릉면이 있다. 분명히 태백산맥의 주향산릉 지역에서 융기의 강도가 지역적으로 매우 상이한 것을 고려하더라도, 이 매우 상이한 고도를 가진, 서로 관련이 없는 평탄면들이 유일한 침식 고도에 속할 것 같지 않다.

한강 상류 지역과 마찬가지로 때때로 주분수령을 가로지르는 수많은 직선의 **구조곡**들이 남북 방향으로 태백산맥을 통해서 달린다. 이들 지역에서 태백산맥은 물론 특히 낮은 고도로 하강한다. 태백산맥의 전 구간에서 가장 낮은 재이며, 넓은 통로인 재(P.530)가 이러한 고도에 위치한다. 이 재의 북쪽 북천(北川) 협곡의 절리가 잘 발달한 암벽에서 대규모 슬럼핑(Rutschung)이 일어났다. 저자가 이곳에 머무를 당시에 간성에서 인제까지 이 암벽을 따라 달리는 도로는 목숨을 걸어야만 달릴 수 있었다. 이 남북으로 달리는 구조곡들을 이용하는 동해 하천(東海河川)들은 해안이 북북서 방향으로 달리기 때문에 당연히 급한 예각으로 동해에 유입하는데, 이러한 경우가 매우 많다. 금강산(金剛山)의 남강(南江)은 우선 구조곡을 따라 남쪽으로 20km 흐르고, 다음에 이어지는 구조곡을 동쪽으로 관통하여, 마지막 25km를 북쪽으로 흐른다. 이 두 계곡의 북단 부근에서 10km의 수평거리에서 곡저의 고도차는 630m나 된다. 그 결과로 남강의 발원지에서는 위에서 기술한 영동과 영서의 기복 차이가 없다. 때때로 주분수령의 특히 고도가 낮은 지역에서 발원하여 남쪽으로부터 예각으로 동해로 유입하는 영동의 이들 계곡은 북동쪽을 향하는 순수한 경동지괴면의 계곡들(필종곡, 必從谷, 독: Abdachungstäler, 영: consequent valleys)과 상반된다(그림 13, 별도 54).

태백산맥은 북쪽에서 **황룡산**(黃龍山: 1,268m)과 함께 곧바로 거대하게 시작한다. 북한강의 발원지에서 조금 고도가 낮아진 이후에 비로봉(毘盧峰)에서 1,638m까지 고도가 상승하는 **금강산**이 이어진다. 40km 떨어진 곳의 재 P.530과 P.641 주변에서 분수령의 고도가 매우 낮아진다. 그러나 매우 근접한 산들은 영서에서 1,271m까지 솟아 있다. 조금 더 남쪽으로 주분수령 자체가 전 태백산맥의 최고봉인 **설악산**(雪岳山: 1,708m)까지 상승한다. 설악산의 화강암 지형은 금강산의 지형과 유사하고, 금강산과 같이 수많은 사찰로 인하여 평판이 좋다(857). 대관령의 서쪽 남한강 발원 지역에서 영서 지방의 최고봉은 분수령의 최고봉보다 다시 장엄하다. 이 지역에

46 역자 주: 라우텐자흐가 P.530이라고 한 재는 기술의 내용으로 보아 진부령(珍富嶺)인 것 같다.

서 경탄할 만한 **오대산**(五臺山)은 1,563m까지, 계방산(桂芳山)은 1,577m까지, 평안계 지층으로 이루어진 발왕산(發旺山)은 1,458m까지 솟아오른다. 좀 더 남동쪽으로 분수령은 직선의 화강암 구조곡에서 새로이 651m까지 하강한다. 주분수령에서 마지막으로 고도가 높은 정상은 금산(錦山: 1,245m)이다. 한강과 낙동강 사이에서 분수령을 장식하는 서쪽의 인접 산지 함백산(咸白山: 1,573m)과 **태백산**(太白山: 1,561m)이 금산보다 고도가 더 높다. 이들 정상 육괴에서 소백산맥이 태백산맥으로부터 남서 방향으로 분기한다. 태백산맥은 그 이후에 급격히 고도가 낮아진다. 경상도에 위치한 남부의 1/3에서 매우 적은 수의 정상들만이 1,000m의 한계를 넘는다.

영동에서 측면 주향산릉(Seitenkämme)들은 때때로 해안 바로 부근까지 도달한다. 이와 같은 두 개의 주향산릉이 주(主) 주향산릉과 함께 아마도 구조적인 성인을 갖는 화강암으로 된 **강릉 분지**를 둘러싼다. 분지 산록의 황갈색으로 풍화된 구릉 지역은 해안 쪽으로 점점 더 넓어지는 충적 평야들에 의해 분리된다. 조사(粗砂)로 된 사주가 이 분지를 바다 쪽으로 막는다.

Kobayashi의 **여도평야**(麗島平野)는 영동의 여러 지역에서 측면 주향산릉 아래의 평균고도 200m 상에서 발달하였다(p.115). 이 여도평야는 이류(泥流, Rüfe)와 협곡에 의해 침식된 많은 수의 둥글고, 경사가 급한 구릉지들로 분리되었다. 여도평야의 최대 폭이 10km에 이르는 남쪽의 용추갑(龍湫岬) 부근에서 이 평야의 잔재가 가장 빈번하게 나타난다. 영동의 고도가 낮은 지역의 심한 벌채로 인하여 우세(雨洗, 독: Abspülung, 영: rain wash)가 엄청나고, 계곡들은 단지 집중적인 큰비 기간 동안에만 물이 흐르는 황량한 사력하상으로 채워져 있다.

영동의 남동단에 위치한 울진(蔚珍)과 강릉 사이에는 거의 예외 없이 얕은 해식만으로 분할된 **단애해안**(Kliffküste)이 발달하였다. 꽤 큰 계곡들조차 다소 좁은 충적산록으로 해안에 유입한다. 이들 충적평야는 바다 쪽으로 때때로 보잘것없는 하천들에 매우 좁은 출구만을 남겨 놓은 짧은 사주로 끝난다. 단애 위에는 해성력(海成礫)이 있는 **융기된 해안단구**가 150m까지의 여러 고도 상에 발달하였다. 습곡작용을 받은 평안계 지층을 단절한 금진(金津)–정동진(正東津)의 해안단구는 1km의 폭에 60~80m의 고도를 갖는다. 이들 해안 단구 중에 고도가 좀 더 높고, 오래된 것은 여도평야와 같이 구릉들로 분리되었다. 해안단구의 후면 연장부에서 하안단구들의 상이한 고도는 특히 20m, 70m과 100m의 비고(比高)에서 영동의 계곡들 위쪽으로 연장된다.

강릉의 북쪽에서 최근 해안 융기의 증거는 좀 더 드물다. 이 지역에는 해수면의 변화에 의한 **후빙기 내진**과 그 결과의 흔적이 좀 더 많다. 과거의 만들을 채운 하구의 충적평야가 점점 더 넓어지고, 사주는 점점 더 길어진다. 사주 후면에서 석호 역시 북서쪽으로 갈수록 더 커진다. 사주들 사이에 단애들에서 끝나는 암석의 갑들이 돌출해 있다. 꽤 큰 규모의 섬들은 평야에 의

해 육지화되었고, 다른 섬들은 아직도 해안 전면에 위치한다. 해식평탄면에 의하여 단절된 암석 섬인 알섬(卵島)은 육지에서 17km 떨어져서 아직도 108m나 솟아 있다. 금강산 부근의 장전만(長箭灣)처럼 꽤 큰 내진만들은 큰 하천이 유입하지 않는 지역에서 삼각주 평야를 대체한다. 금강산 전면에 이러한 내진 지형들 중에 가장 최근의 것이 보존되어 있다. 영흥만의 남쪽 주변까지 이르는 북서단은 평활작용(平滑作用, Ausgleich)이 끝난 직선의 해안 구간을 갖고 있다.

태백산맥의 **영서 지역**에는 관측소가 없다. 이 지역의 **기후**는 추측하건대 한강 상류 지역 북동부의 기후, 특히 이 지역의 높은 고도에 위치한 세포리(洗浦里) 관측소의 기후와 유사할 것이다. 그러나 겨울에는 아마도 세포리보다 좀 더 춥고, 여름에는 좀 더 서늘할 것이다. 오대산 아래의 월정사(月精寺) 스님들은 저자에게 이 지역의 650m 고도에는 일반적으로 눈이 11월 중순에서 4월 초순까지 쌓여 있으며, 때때로 그 적설이 엉덩이 높이까지 이른다고 이야기하였다. 또한 어느 겨울에는 적설의 깊이가 3m까지 이른 때도 있었다. Nakai도 금강산의 높은 지역에 대해 이와 유사한 내용을 보고했다(860). 이 지역은 단지 7월과 8월에만 완전히 무상기간이다. 저자는 1933년 10월 14일 오전 7시에 두껍게 서리가 내린 비로봉(毘盧峰: 1,638m)에서 −2.5℃의 기온을 측정하였다. Baelz는 1903년 5월 21일에 금강산의 900m 고도에서 '수많은 눈 덮인 지역과 부분적으로는 수 피트(feet) 깊이의 눈'과 마주쳤다(218, p.230). 영동의 비교적 많은 겨울 강수량은 분명히 영서의 인접 지역까지 내린다. 추측하건대 한여름에는 이 높은 지역에 엄청난 양의 비가 내릴 것이다. 무더웠던 날 다음 날인 1933년 6월 13일에 저자가 오대산을 등반할 때 뇌우전선(Gewitterfront)이 통과하는 것을 경험했는데 이때 3시간 30분 내에 엄청난 비가 내리고 월정사에는 비둘기 알만큼 큰 우박 알갱이가 떨어졌다.

영동에는 수많은 관측소가 있으나 이들 관측소는 모두 낮은 고도와 바다에 매우 근접해서 위치하므로 단지 좁은 해안 지역의 기후에 관해서만 알 수 있다. 그 사례로 다음의 관측소들을 제시하였다.

이 지역도 해안 지역은 동위도 상의 서해안보다 겨울에 예외적으로 훨씬 더 온화하고, 한여름에는 약간 더 선선하다. 강릉의 1월 평균기온은 서울보다 약 3.5℃ 높고, 죽변만(竹邊灣)은 태안반도(泰安半島)의 당진(唐津)보다 약 3.9℃ 높다. 그리고 1월 평균최저기온의 차이는 이보다 좀 더 크다. 강릉에서 1931~1932년의 겨울에 유상일수는 88일, 결빙일수는 단지 4일인 반면, 서울에서는 각각 115일과 14일이었다. 이와 대조적으로 앞에서 언급했던 영동 관측소들의 8월 평균기온은 서해안의 관측소들보다 약 1.2℃와 1.8℃ 낮다. 그러므로 기온의 연교차는 서해안보다 영동에서 훨씬 더 작다. 겨울에 이 지역이 좀 더 온화하여 영동의 최남단은 1월 평균기온

태백산맥 영동 지역의 기후자료

관측소	고도 (m)	기온							강수량								
		1월			8월			연교차	12월				7월				연강수량
		평균기온	평균최저기온	절대최저기온	평균기온	평균최고기온	절대최고기온		평균 (mm)	‰	평균강수일수	강수강도	평균 (mm)	‰	평균강수일수	강수강도	
통천	23	−3.8	−8.2	−28.5[1]	24.0	27.9	38.4	27.8	24.4[1]	19[1]	4[1]	6.1[1]	277	219	13[2]	23.1	1262
온정리	104	−3.0	−8.7	−21.0	23.9	29.6	35.0[3]	26.9	38.7	22	5[4]	2.8	348[2]	199[2]	15[2]	13.3[2]	1755
강릉	15	−1.2	−5.3	−20.2	24.6	28.8	37.4	25.8	59.2[4]	46[4]	6	6.8[5]	236	182	15	15.7	1297
죽변만	49	+0.7	−	−	23.8	−	−	23.1	41.5	43	6[4]	5.0[5]	164	170	13	12.6	965

[1] 2월, [2] 8월, [3] 7월, [4] 1월, [5] 3월

이 영상인데, 서해안에서는 이보다 190km 더 남쪽에 위치한 곳에서야 비로소 영상이 된다. 또한 이러한 **영동의 해양성 기후 특성**은 전체 강수량 중에서 겨울비의 비율이 비교적 높은 것으로 명백하게 드러난다. 비가 가장 많은 여름달의 강수량과 가장 적은 겨울달의 강수량 비율은 서울에서 16.5:1인 반면, 강릉에서는 4.0:1이다. 이 겨울 강수량은 부분적으로 Tc_2 저기압과 부분적으로 Mwb 기압배치에 기인한다. 산지는 분명히 매우 많은 연평균강수량을 갖는다. 금강산의 입구에 위치한 온정리(溫井里)의 많은 연평균강수량이 이 사실을 가리킨다. 온정리는 한국 전역에서 강수량이 가장 많은 관측소이다. 그와 반대로 죽변만과 같이 돌출한 갑은 이 지역에서도 비교적 강수량이 적다. 그 외에 영동에서는 여름에 종종 주분수령의 반대편에서 걷히는 짙은 안개가 특징적이다(857).

영흥만에서는 봄과 가을에 **푄**(Föhn)이 중요한 것으로서 강조되었다. 영동에 대해서는 그에 상응하는 개개의 관측결과들이 발간되지 않았다. 그러나 영동의 지형적 상황은 영흥만의 상황과 같고, 푄이 동반년에 이 지역에서도 중요한 역할을 한다는 것을 지적한 일련의 기후지리적인 사실들이 있다. 풍향 관측의 결과가 발간되는 영동의 유일한 관측소는 강릉이다. 강릉에서는 원산에서와 같이 겨울에 북계절풍이 풍향 중의 대부분을 차지하지 않고, 오히려 남서풍에서 서풍이 대부분을 차지한다(p.134). 이들 남서풍에서 서풍의 풍향은 모든 풍향 관측 중에 11월에 63.9%, 12월에 72.5%, 1월에 70.5%와 2월에 62.6%가 된다. 이들 달 중에 평균최고기온은 서울보다 약 1.5~3.7℃ 높다. 강릉의 평균상대습도는 10월에서 4월까지의 북계절풍에도 불구하고 서울의 상대습도보다 낮다. 1월에 서울의 상대습도는 66.8%이고, 그와 반대로 강릉의 상대습도는 54.9%이다. 이 모든 사실들은 영동의 겨울 기후에 푄이 실질적인 역할을 한다는 것을 의미한다.

겨울에 기후가 온화하여 영동의 여러 상관적으로 중요한 식물들이 서해안보다 훨씬 더 북쪽에 분포하는 결과가 나타난다(별도 17). 이들 식물에 속하는 것으로 금강산에서까지 발견되는 여러 야생대나무종들을 들 수 있다. 취락 부근에서는 곳곳에서 작은 규모의 키가 큰 재배 대나무 숲도 볼 수 있다. 양양(襄陽) 부근의 단애 위 해식대에 있는 낙산사(洛山寺)의 창건설화(創建說話)에서 대나무는 중요한 역할을 하고(857, p.12), 영동 해안에 돌출한 여러 암석 단애는 죽도(竹島)라는 이름을 갖는다. 영동은 적어도 남반부에서 일반식물지리적인 분류의 '대나무지대'에 속한다(p.195).

그러므로 해안 지역의 자연식생은 아마도 무성하고 다양했을 것이다. 현재는 그중에 매우 적은 일부만이 남아 있다. 곳곳에서 단지 소나무들과 눈향나무(*Juniperus sargentii* Takeda [*Juniperus chinensis* var. *sargentii* Henri])의 키가 큰 고목들을 볼 수 있다. 이 지역의 삼림파괴는 대단한 정도로 진행되었다. 해안 부근의 구릉 대부분은 키가 작은 소나무들로만 덮여 있고, 이 구릉들 사이는 어느 곳이나 침식을 받은 나지(裸地)의 토양이 나타난다. 해안 지역의 북반부에서 참나무속 수종들, 특히 잎이 큰 떡갈나무(*Quercus dentata*)와 진달래속 수종들(*Rhododendron*)이 나타난다. 일본 산림청에 의한 식목사업은 이미 만족할 만한 성과를 가져왔으나, 아직 많은 과제가 남아 있다.

고도가 높아질수록 태백산맥의 식생은 좀 더 조밀해진다. 이 지역에도 과거에 화전경작이 널리 분포하여 식생은 주로 관목이나 기껏해야 2차 산림으로 이루어져 있다. 대관령의 남쪽에 바로 인접한 능경봉(1,123m)을 예로 들어 2차 산림의 구성을 기술하겠다. 조밀한 수관(樹冠, Kronenschluß)에 신갈나무, 피나무, 당단풍, 붉은 줄기를 가진 시닥나무(*Acer tschonoskii*), 까치박달(*Carpinus erosa* [*Capinus cordata*]) 및 단풍나무와 유사한 두릅나무속(*Araliacee*)[47], 음나무(*Kalopanax pictum* [*Kalopana pictus*])가 주요 구성 요소를 이룬다. 침엽수 중에는 단지 적은 예의 소나무만이 존재한다. 일부 흰색 또는 보라색의 꽃이 피고, 좋은 향기가 나는 관목들과 추가로 당음나무(*Kalopanax pictum* var. *chinense* [*Kalopana pictus*]), 참개암나무, 국수나무(*Stephanandra incisa*) 및 끝으로 여러 종류의 진달래속(*Rhododendron*), 싸리속(*Lespedezaarten*)과 양치류들(*Farnarten*)이 총림을 이룬다. 왕머루가 모든 것을 무성하게 감싼다. 이러한 2차 식물군락은 특히 침엽수의 수가 크게 감소하여 원시림과 구별된다. 2차 식물군락은 1차 식물의 참나무지대와 관련성을 갖는다.

주분수령 부근 태백산맥의 급사면에서 곳곳에 오래된 원시림의 잔재가 보존되어 있다. Isabella Bishop(207 I, p.152)은 400~500m 고도의 금강산 서쪽 지역의 이러한 삼림에 관하여 기술

47 역자 주: *Araliacee*는 찾을 수 없었고, *Araliaceae*는 정태현의 『조선삼림식물도설』에 오가과로 나와 있다.

하였다. 이 지역에서 산 측면은 "무성하고 향기가 좋은 식생, 특히 참나무, 밤나무, 산사, 여러 단풍나무속 수종, 담홍색의 철쭉과 노란색의 미나리아재비속 식물(*Clematis*)로 덮여 있고, 작고 비뚤게 자란 소나무들이 그 사이에 흩어져 있다." 설악산, 금강산과 오대산에 있는 수백 년간 사찰이 소유해 온 삼림지가 가장 적게 손상되었다.

오대산의 삼림은 적어도 15세기 중반 이후로 수많은 암자를 갖고 있는 월정사에 속한다. 뛰어난 감각으로 선별된 훌륭한 위치인 1,100m 고도의 조용한 삼림에 '석가모니'의 적멸보궁(寂滅寶宮)이 있다. 월정사는 이미 645년에 창건되었기 때문에 아마도 이 시기 이후로 이 사찰이 삼림 소유권을 가졌을 것이다. 현재까지도 취락과 사냥, 그리고 당연히 무엇보다도 나무를 베는 일이 남한강의 주발원 계곡을 둘러싸는 월정사의 삼림에서 금지되고 있으며, 나물과 버섯 채집자들조차도 허가증을 필요로 한다. 월정사의 전 삼림 지역에는 아름답게 꽃피어, 때때로 자극적인 향기가 나는 관목의 총림을 갖는 매우 키가 큰 활엽수가 지배적이다. 오대산(1,563~1,450m) 정상 지역에는 털야광나무(*Malus baccata* var. *mandschurica*), 주목(*Taxus cuspidata*), 분비나무(*Abies nephrolepsis*)와 이 지역에서 6월에 화려한 분홍색 꽃이 피는 철쭉꽃(*Rhododendron schlippenbachii*)이 있다. 왕머루는 바로 정상 지역에서 매우 무성하게 성장한다. 정상 지역은 침엽수림이 지배적인 지대에 속한다(p.196 이하). 1,450m 고도 이하에서는 신갈나무, 피나무와 당단풍(*Acer pseudo-sieboldianum*)과 청시닥나무(*A. barbinerve*)와 그 아래에 개회나무(*Syringa resticulato* var. *mandschurica*)와 작은 꽃이 피는 함박꽃나무(*Magnolia sieboldii*) 및 참개암나무로 된 관목이 지배적으로 나타난다. 침엽수 중에는 단지 40m까지의 훌륭한 고목인 젓나무(*Abies holophylla*)와 잣나무만이 중요하다. 정상 지역에서 지배적으로 나타나는 식물들 중에 많은 식물들이 월정사까지 사면의 낮은 부분을 가로질러 하강한다. 1,450m 고도로부터 이 낮은 부분까지의 전체 지대가 참나무지대에 속한다. 이 지역에서 특별한 단풍나무지대는 남부 지방에서와 같이 발달하지 못하였다. 대부분 길이 없어서 통과하기 어려운 이러한 삼림에는 특히 검은 곰, 산돼지, 매우 많은 야생 비둘기와 우아한 다람쥐가 산다. 엄청난 피나무와 참나무로 둘러싸인 숲속의 빈터에 서 있는 사자암(獅子庵)의 제단으로부터 원시림으로 덮인 경사가 급한 산의 배경 앞에서 이러한 '다람쥐'가 쌀알을 먹고 있는 것을 보았을 때, 저자는 Ludwig Richter의 그림들을 연상하게 되었다.

취락은 해안 지역, 특히 북반부의 충적 지역에서 조밀하다(지도 3과 별도 76). 태백산맥의 고도가 높은 지역에는 취락이 매우 드문 반면, 이 지역에는 큰 마을들이 있다. 충적평야는 우선 **벼농사**에 이용되는데(지도 4), 급류가 많은 양의 쇄설물을 운반하기 때문에 급류는 때때로 관개되는 경지(Rieselfelder) 주위를 흐른다. 식목사업을 전제로 하는 인공관개의 확대를 통하여 수확량이 현저히 증가하였다. 많은 논이 지하수에 의존하거나 천수답이다. 그러므로 해안 지역의 북부에는 평지에도 많은 밭이 있다. 가장 중요한 밭농사 재배작물들로는 보리, 밀, 조, 메밀, 콩, 팥, 완두, 감자, 옥수수, 배추와 양파이다. 옥수수는 때때로 경재작물(境栽作物)로서 재배된다. 간작은 서해안만큼 발달하지 않았다. 일반적으로 농업은 매우 낙후되었다. 고립된 위치가 현재까지 외부로부터 생산활동을 촉진하는 자극을 저해하였다.

해안 지역에서는 농업 이외에 **해산물 채취**가 마찬가지로 중요하다. 대솔(Quirlen: 빗자루 모양의 솔) 또는 작은 낫(Sensen)을 이용하여 많은 양의 식용 해초가 해저로부터 채취된다. 이러한 일은 부분적으로 원시적인 뗏목을 이용하여 행해진다. 제주도(濟州島)에서 온 해녀(海女)들은 수중에 떠 있는 해초를 채취하고, 이 해초는 사주에서 건조된다. 정어리 어획량의 많은 부분이 사주에 설치된 보일러에서 어유와 어묵으로 가공된다. 이들 생산물을 일본으로 운반하기 위하여 많은 양의 양철통과 가마니가 작은 항구들로 운반된다. 겨울에는 북쪽으로부터 해류와 함께 오는 한대성 어류, 특히 청어·새우·뱀장어가 잡히는 반면, 대구와 명태는 가을에서 봄까지 잡힌다. 여름에는 남쪽으로부터 대마도해류와 함께 오는 온대성 어류, 예를 들어 정어리·고등어·삼치·방어·도미와 전복이 잡힌다. 미역 채취와 상어 및 해삼의 어획은 봄에만 가능하다. 그러나 영동 해안은 이 분야뿐만 아니라 다른 경제 분야에서도 아직 크게 낙후되어 있다.

육상교통에 관한 한 상황은 자연적으로 매우 불리하고, 지난 10년간에야 비로소 이러한 어려움를 극복하기 위한 활기 있는 시도가 이루어졌다. 여도 단구와 해식대지를 이용하여 원산에서 포항까지 전문가가 잘 만든 해안도로는 물론 현재까지 완전히 건설되지는 않았다. 서울–하진부–대관령을 경유하여 강릉, 그리고 인제–P.530(진부령)를 경유하여 간성과 통천과 같은 산맥을 횡단하는, 부분적으로 매우 교통량이 많은 도로들이 좀 더 중요하다. 매우 중요한 해안철도는 1938년에 일본인들에 의하여 안변(安邊)으로부터 양양까지 추진되었다. 포항까지의 연결은 수년 내에 이루어질 것이다. 이 구간이 완성될 때까지 단거리 **연안 항해**가 여객 운송에 주된 역할을 하고 있다. 원산, 부산 및 일본과의 화물 운송에는 연안 항해가 항상 중요할 것이다. 북서쪽으로부터 남동쪽으로 가장 중요한 기항지는 고저(庫底), 장전, 거진리(巨津里), 대포동(大浦洞), 주문진(注文津), 삼척과 죽변이다. 이들 중에 많은 항구들은 만에 위치하거나 또는 그 북쪽에 바로 돌출해 있는 작은 반도의 보호를 받는다. 이 단조로운 하향요곡해안(下向凹曲海岸, Abbiegungsküste)에는 좀 더 큰 천연 항구가 전혀 없다. 죽변에서 8시간 걸리는 울릉도(鬱陵島)로의 운항이 1주일에 세 번 있다. 항구들은 드물지 않게 주요 취락에 대하여 매우 불리하게 위치하여, 항구와 군청소재지 사이에는 상당히 긴 육로여행이 필요하다. 이러한 사실은 고성(11,906

명), 강릉(18,431명)과 울진(14,476명)에 적용되는 반면, 삼척(12,230명)은 항구 부근에 위치한다.

백두산(白頭山)을 제외하고 한국의 어느 지역도 한국, 일본과 서양의 문헌에 **금강산**(金剛山)만큼 자주 기술되지 않았다. Gale(864)은 1498년까지 소급되며, 한국인들이 얼마나 생생하게 이 산의 특색을 살릴 줄 아는 가를 인상깊게 보여 주는, 한국의 **여행기들**의 인용 구절들을 번역하였다. 한 한국의 저자는 다음과 같이 기술하였다(864, p.1). "고래로 왕들은 금강산을 경모하였다. 불교의 승려들은 금강산의 아름다움을 찬양하였다. 위대한 학자들은 금강산을 찬양하는 노래를 불렀다. 예술가들은 금강산의 경치를 그렸으나 그 어느 누구도 완전히 실력을 발휘하지는 못하였다. 금강산은 과거에 동아시아의 불가사의한 것이었으나, 현재 점차로 세계의 불가사의한 것이 되고 있다". 금강산의 이름은 이미 당(唐)나라 시대(617~935년)의 중국 문헌에도 나타난다. 고려의 학자이자 정치가인 권근(權近)이 1396년 가을에 중국 사신으로 파견되었을 때 황제가 그에게 이미 당시 중국에 잘 알려진 금강산에 관한 시를 짓도록 요구하였다. 금강산에 관한 일본의 문헌 중에는 T. Nakai(860)의 식물지리 연구논문이 탁월하다(860). 금강산을 방문하였던 최초의 유럽여행자는 Ch. W. Campbell, E.Brass, Lord Curzon, Isabella Bishop과 S. Genthe(197, 201, 206, 207, 217, 865)였다. 그 후에 독일의 수도원장 Norbert Weber가 금강산에 관한 상세한 여행기를 저술하였다(867).

이렇게 문헌이 많은 데에는 두 가지 이유가 있다. **한국의 불교**에 대해서 이 신성한 산이 갖는 특별한 중요성과 미적인 매력이 결코 적지 않은 나라가 제공하는 다른 모든 것을 능가하는 탁월한 **경관의 아름다움**이다. 현재는 관광적·미적인 관점이 수많은 여행과 문헌의 집필에 대한 동기가 된 반면, 과거에는 종교적인 관점이 우선하였다. 그러나 또한 승려들도 한국인들이 타고난 미적 경치에 대한 감각을 완전하게 개발하였고, 금강산의 수많은 지명은 승려들의 미적·사실적 감각 및 불교의 신화에 그 기원이 있다. 이에 대한 사례로는 만물상(萬物相), 백운대(白雲臺), 뒤집어 놓은 사발(Umgekehrter Topf), 만폭동(萬瀑洞), 노래하는 눈 폭포(Wasserfall des singenden Schnee), 청학봉(靑鶴峰, Blaukranichspitze), 비봉폭포(飛鳳瀑布, Wasserfall des fliegenden Phönix), 구룡폭포(九龍瀑布, Neundrachenfall), 황룡소(黃龍沼, Gelbdrachengumpe), 용왕궁(龍王宮, Drachenkönigspalast), 명경대(明鏡臺, Höllenspiegelfelsen), 황음천(黃陰川, Fluß der gelben Schatten(Hölle)), 삼불암(三佛岩, Dreibuddha-stein), 열반봉(涅槃峰, Nirwanenspitze), 선녀탕(仙女湯, Schminktöpfe der Engel)이 있다[48]. 실제로 금강산의 이름조차 아마도 '다이아몬드와 같이 예리하게 자르듯 모든 지상 사물의 덧없음과 관련된' 불교의 경전 금강경(金剛經)에 근거한다(O. Nachod, Pet. Mitt. 1931, p.317). 어쨌든 주로 화강암으로 이루어진 금강산에는 없는 실제의 보석과는 관련이 없다.

금강산에 불교가 도래한 데에 관한 다음과 같은 전설이 있다(858). 서기 4년에 인도의 펀자브 지방에서 온 53명의 부처가 고성(高城) 부근의 동해안에 도착하자마자 금강산으로 들어왔다. 이들은 현재 유점사(楡岾寺)가 있는 남강(南江) 하곡에 있는 커다란 느릅나무의 큰 가지들에 앉아서 그들의 종을 타종하였다. 그때 인접한 못(沼)에서 9마리의 용이 나타나서 계곡과 산은 태고 이래로 자신들의 소유이기 때문에 승려들에게 그 계곡을 떠날 것을 요구하였다. 승려들은 그것을 거부하며, 위대한 부처님이 그들이 이곳에 거처를 정하고 부처님의 가르침에 따라 살도록 인도에서 이곳으로 보냈다고 설명하였다. 이에 용들은 맹렬하게 위협하였다. 즉각 무서운 뇌우가 일어나고, 하늘은 어두워지며, 번개가 치고, 산들의 기반을 흔들었다. 다시 밝아졌을 때 느릅나무는 날아갔으나 53명의 승려들은 그곳에 그대로 고요히 앉아서 그들의 종을 타종하고 있었다. 그들 중 한 승려가 종이 위에 몇 자의 주문을 써서 그것을 못에 던졌다. 그때 그 못은 부글부글 끓어올라 비등하기 시작하였고, 용들은 큰 비명을 지르면서 후에 그들이 정착한 구룡연(九龍淵)의 깊은 산 밑으로 달아났다. 53명의 부처를 추종하였던 고성의 군수는 왕의 윤허를 받아서 느릅나무가 서 있던 곳에 유점사라 부르는 사찰을 건축하였다. 이 사찰의 한 건물에는 매우 오래되어 현재까지도 엄격하게 관리되는 인조나무(künstlicher Baum)에 새긴 불상이 있다. 한국의 학자 이원(李黿)은 이미 1489년에 현재의 불상을 보았다(864, p.46). 그 사이에 53개의 불상 중 단지 20개의 불상만이 사라졌다. 이것은 한국 불교에 의하면 자연의 폭력을 믿음과 지식으로 제압했다고 하는 이야기이다.

불교가 372년에 한국에 도래하였기 때문에(p.59), 이 전설은 불교의 도래보다 앞선 이야기이다. 아무튼 유점사는 금강산에서 가장 오래된 사찰일 것이다. 다른 세 개의 큰 사찰 중에서 신계사(神溪寺) 역시 4세기에, 후에 왕의 호의로 크게 번창하였던 장안사(長安寺)는 5세기에, 표훈사(表訓寺)는 677년에 창건되었다. 고려시대 불교 전성기에는 금강산에 180개의 사찰이 창건되었다고 한다. 당시에는 매년 수천 명의 신자들이 금강산에 왔는데, 그 이유는 한국의 불교계에서 성지를 참배하려는 사람들에게 지옥으로 가는 것을 막을 수 있다는 믿음이 널리 퍼졌고, 심지어 중국으로부터도 신도들이 어려운 여행을 하였다. 최정상(비로봉) 바로 아래에 신라 왕자(마의태자)의 무덤이 있고, 산의 내부 높은 곳에 있는 암벽들에까지 과거 방문자들의 이름과 시가 새겨져 있으며, 그중 일부는 13세기의 것도 있다(863). 이 모든 내용은 사찰의 거주자들과 순례

48 역자 주: 라우텐자흐가 우리말 명칭을 단순히 독일어로 번역하여 우리말 명칭을 정확히 알 수가 없다.

자들이 이미 매우 일찍, 경우에 따라서는 첫 번째 1000년기에 금강산의 가장 내부의 구석까지 들어왔다는 사실을 의미한다.

태백산맥의 주분수령은 금강산의 중앙을 통해서 남북 방향으로 달린다(별도 55). 그러므로 금강산의 동반부는 영동 지방에 속하여 심한 급경사를 갖는다. 이 동반부를 **외금강**(外金剛)이라 부른다. 완만한 경사를 갖는 서반부는 영서 지방에 속한다. 서반부는 서금강천(西金剛川)과 동금강천(東金剛川)으로 흘러서 북한강으로 유입한다. 남서부는 **내금강**(內金剛)이라 부른다. 내금강은 예외 없이 동금강천 상류의 계곡망으로 이루어져 있다. 내금강은 남북과 동서 방향으로 단지 약 25km 정도밖에 안 된다.

이 두 가지 사실이 금강산의 독특한 지형의 기초를 이룬다. 금강산은 주로 절리가 많고, 수많은 두꺼운 석영맥이 있는 대체로 조립의 흑운모화강암으로 이루어져 있다. 그리고 금강산은 태백산맥과의 관계에 있어서도 또한 해안으로부터 매우 근거리에서 **강한 최근의 융기 있었던 지역**이다. 이것이 금강산의 주분수령이 바다로부터 불과 10km의 거리에서 1,600m 이상 솟아 있는 이유이다. 그러므로 외금강은 엄청나게 강력한 하방침식이 일어난 무대이다. 단지 그 남부에서만 남강의 대만곡부(p.436)로 인하여 절대적 침식기준면으로부터 매우 멀리 떨어져 있다. 유점사는 이 지역에서 이미 685m의 고도에 위치한다. 그렇지만 내금강 역시 강한 하방침식의 영향을 받았다. 이 지역에서의 하방침식의 정도는 외금강 주요부에서보다는 작다. 그 이유는 동금강산의 계곡에서 침식기준면이 산지 주변부에서도 450m의 고도에 위치하기 때문이다. 남서부는 주로 편마암으로 이루어져 있고, 지형의 풍부함에 있어서 영서 지방의 정상적인 상태와 크게 구별되지 않는다.

외금강의 계곡들은 아마도 주로 **구조곡**일 것이다. 온정리(溫井里)의 계곡은 확실히 구조곡인데, 그 이유는 온정리 부근의 곡저에서 일평균 12,000hl의 물을 공급하는 40~45℃의 수온을 갖는 라디움 성분을 포함하는 6개의 광천(鑛泉)이 있기 때문이다(347). 이 직선의 구조곡은 고성의 동쪽 해안에서 시작하여 서북서 방향으로 금강산 내로 달려서 이곳에서 매우 깊게 개석된 '여러 형상(만물상, 萬物相)의 계곡'을 이룬다. 이 구조곡을 따라서 주분수령은 온정령(溫井嶺)에서 금강산의 가장 낮은 고도인 858m로 낮아진다. 끝으로 이 구조곡은 영서로 8km 더 연장된다. 외금강의 수많은 다른 계곡들은 동일한 성인을 갖는 것으로 추측될 수 있는데, 그 이유는 이 구조곡을 따라 나타나는 직선의 연장, 깊은 감입(嵌入)과 파쇄대(Ruschelzoner) 때문이다. 온정천(溫井川) 계곡과 2km 간격으로 남쪽으로 평행하게 달리는 신계천(神溪川) 계곡, 그 주변 환경이 최근에 미학적·관광적으로 흥미 있는 것으로 발견되어 신금강(新金剛)으로 불리는 송림천

(松林川) 계곡과 끝으로 유점사 위의 남강 최상류 역시 이들 계곡에 속한다. 내무재령(內霧在嶺: 1,275m) 너머로 후자는 내금강에서 동금강천(東金剛川) 계곡으로 계속 이어진다.

최근에 일어난 화강암괴의 융기로 인하여 활발해진 **침식**이 이들 구조선을 따라서 금강산을 매우 깊게 잠식해 들어갔다. 이들 계곡의 사면들은 알프스 산맥과 같은 급경사를 갖고, 작은 측면의 계곡들은 때로 꽤 큰 계단들을 가지며 본류로 유입하고, 측면의 골짜기에서는 멀리서도 누런 흰색으로 눈에 띄는 슬럼핑(slumping)과 산사태가 일어났다. 이 깊게 침식된 부분들로부터 침식과 삭박의 힘은 금강산이 동아시아에서뿐만 아니라 전 세계에서 유일무이한 특성을 갖는 엄청난 암석의 형상을 이루어 놓았다.

한반도의 다른 지역에서와 같이 이 지역에서도 세 개의 상이한 **풍화와 침식지형의 고도 지대**가 구분된다(p.126 이하). 주로 화학적 황색토 풍화작용이 지배적인 지역은 화강암으로 이루어진 북동 산록에서만 발달하였고, 그 외에 산지가 바다 쪽으로 돌출한 편마암 구릉 지역에서도 나타난다. 그 위에 둥근 암회색의 사면을 가진 화강암 돔과 sugarloaf가 있는 지대가 있다. 끝으로 정상부에는 모가난 암주, 탑, 뾰족한 봉우리(독: Zinne, 영: pinnacle)와 침봉(針峰)들이 있는 면도칼 같은 능선(독: Grat, 영: knife ridge), 늑골(Rippen)과 급사면이 나타난다. 이들은 때로 매우 얇으나 상관적으로 매우 효과적인 회백색의 피복으로 된 지의류로 덮여 있다. 지의류로 덮여 있지 않은 곳에서 풍화된 화강암은 이 지대에서 자주색을 띠는 갈색으로 보인다.

이 세 고도 지대는 확실히 기후적인 성인을 갖는다. 그러나 이들 지대 사이의 경계 고도는 **화강암의 입도와 절리** 및 대지형(大地形, Großformen der Relief)에 종속된다. 절리가 잘 발달하지 않은 조립화강암인 경우에는 둥근 지형들(Panzerformen)의 발달이 촉진되며, 이러한 조건이 존재하는 곳에는 흑색의 단애들(Prallhäng)과 돔들(Kuppen)이 해수면까지 내려오고, 매우 높은 고도에까지 이를 수가 있다. 금강산 최북단의 산인 금수봉은 1,113m의 고도에도 불구하고 하나의 거대한 돔을 이룬다. 세립화강암에 절리가 잘 발달해 있으면 암주상(岩柱狀)의 지형(Pfeilerformen)이 발달되기 쉽다. 그러므로 만물상(萬物相) 계곡에서는 이러한 지형이 구만물상(舊萬物相)이라고 부르는 암석의 미로에서 500m 고도까지 내려온다. 이 지역에서 세립의 화강암은 상당히 큰 절리 간격과 결합되어 폭이 넓고, 높으며, 모난 탑(독: Türme, 영: pinnacle)으로 발달하였다. 좁은 절리 간격을 가진 조립의 화강암과 관련된 입접한 신만물상(新萬物相: 943m)은 산능을 덮을 뿐만 아니라, 급사면에서도 훨씬 아래에까지 이르는 수없는 암주상의 지형과 침봉들로 얽혀 있다. 이러한 암주상의 지형과 침봉들로 얽혀 있는 곳은 거력들이 곡저로 낙하한 협곡에 의하여 단절되어 아래의 사면을 애추로 덮는다. 억만물상(億萬物相: 1,041m)에는 조립화강암과 중간 정도

[별도 58]

59. 금강산의 장안사

외벽에 벽화(학, 승려가 있는 산의 풍경, 백마를 탄 사람)가 있는 부속 건물, 간장독

60. 금강산에서의 잣 수확

매우 맛있는 잣나무의 열매(잣)가 10월이면 익는다. 한 농부가 숲에서 잣송이를 따서 잣을 떼어 내 말리려고 펼쳐 놓고 있다.

[별도 59]

61. 세존봉에서 바라본 금강산 옥류동 계곡
둥근 지형과 뾰족한 지형 간의 경계인 'Kamihattan' 능선

62. 고성 부근 해금강의 해식과 풍화지형

[별도 60]

63. 고저 부근 동해안 해식해안의 현무암 주상절리

64. 울릉도 도동항

65. 울릉도. 최고봉(성인봉: 984m)에서 북쪽으로 본 전경

중심 분화원추구가 있는 함몰칼데라. 후면 동해. 급사면들은 주로 무성한 하록삼림으로 덮여 있다. 전면 흰 꽃이 피는 마가목(*Sorbus commixta* Hedl).(1933년 6월 5일)

66. 울릉도. 남서부의 고립가옥

가옥의 지붕은 너와로 덮여 있고, 그 위를 돌로 눌러 놓았다. 전면 저마밭

의 절리 간격이 지배적으로 나타난다. 이 지역에는 독일의 클리페(Klippe)와 유사한 양털 부대 같이 생긴 정육면체(wollsackförmige Quader)의 더미가 지배적으로 나타난다. 온정천 계곡의 최상류 북측에 있는 유명한 만물상은 실제로 금강산의 유일무이한 특성이 가장 풍부하며 완벽하게 나타나는 지역이다. 만물상은 '일만 개의 형상'을 의미한다. 여기서 일만(一萬)은 물론 말 그대로의 숫자를 의미하는 것이 아니라 '무수함(Myriaden)'을 반영하는 불교에서의 신비적인 숫자이다. 평균적으로 뾰족한 형태와 둥근 형태(die splittrigen und runden Formen) 간의 경계는 약 800m 고도에 위치한다.

계곡들에서는 둥근 형태가 산릉에서보다 좀 더 높게 올라간다. 이들 형태가 사면에서는 요형(凹形)의 만곡인 반면, 계곡의 횡단면에서는 철형(凸形)의 만곡이다. 이러한 형태는 하천의 홍수위 하상에서 가장 뚜렷하게 발달하였다. 그렇지만 구조곡들에서는 만곡 형태가 하상에서 나타나지 않는다. 이들 형태는 곡 방향이 절리와 전혀 관련성이 없는 경우들에 제한된다. 이들 계곡의 구간들은 경사가 매우 급하고, 일련의 개개의 계단들로 이루어져 있다. 이들 계단 위로 하천들은 격렬한 폭포로 낙하하여, 그 안에서 물이 검푸른색으로 보이는 산록에 깊은 웅덩이를 형성한다. 이 구혈(독: Strudellöcher, 영: pothole)의 산록에서 가는 기구(Mahlsteine: 작은 돌들)는 단지 홍수를 통해서만 회전한다. 이러한 계곡 구간들 중에서 가장 아름다운 사례가 외금강에서 옥류동(玉流洞)이라는 신계천 상류 계곡과 내금강의 '만폭동(萬瀑洞) 계곡'이다. 후자는 표훈사(表訓寺) 위에 위치한 동금강천 계곡의 일부이다. 옥류동의 급류 계곡은 50m 높이 이상의 곡 계단(Talstufe)을 낙하하는 구룡폭포(九龍瀑布)를 포함한다. 이들 계단 계곡(Stufental)들의 지형은 빙하지형을 연상시키나 실제로 빙하지형과는 관련이 없다.

돔과 암주상 지형의 최고점들에서는 조립화강암에서 용해(溶解)로 형성된 작은 웅덩이(Kessel)가 드물지 않게 나타난다. 이러한 유형이 신만물상의 '선녀탕'이다. 조립암석에서 용해는 또한 암주의 모서리를 둥글게 하고, 이들 암석에서 모든 가능한 사람 또는 동물과 유사한 형태를 이루어서 그에 따라 만물상 계곡이라는 이름을 갖게 되었다.

끝으로 최근의 침식이 강하면 강할수록, 그리고 이로 인하여 사면의 경사가 급하면 급할수록 위에서 기술하였던 모든 암석 형태들을 형성하는 경향이 더욱 크다. 이로써 외금강과 내금강 사이의 근본적인 차이를 이해할 수 있다. 외금강에는 면도칼 같은 암주의 능선(Pfeilergrat)이 하나씩 계속 이어지고, 돔 산(Kuppelberg)이 하나씩 계속 이어진다. 폐쇄된 임분(林分, Waldbestände)은 단지 애추 사면들만을 덮고, 협곡들까지 위로 연장된다. 이와 대조적으로 내금강에서는 아름다운 삼림이 있는 보통 경사의 애추로 덮인 사면이 지배적이고, 이곳에서 가끔 단 하나의 암주, 암벽 또는 돌흉벽(Felsburg)이 솟아 있다.

지형 이외에 금강산에 있어서 두 번째 경관 요소로서 **삼림**이 결정적이다. 사찰들의 영향력과 농가가 거의 없기 때문에 금강산에는 대부분 자연 상태 또는 적어도 키가 큰 폐쇄된 임분이 잘 보존되어 있다. 동쪽의 편마암 전면지, 사찰이 없는 화강암 산지의 북단과 북서부는 농부들에 의하여 벌채되어 소나무, 잎이 큰 참나무속 수종들(Riesenblatteichen), 싸리속 수종들과 진달래과 수종들로 이루어진 **관목**으로 덮여 있다. 다른 우세한 삼림들을 압도적으로 구성하는 많은 수종들에 대해 상상하기 위해서 3종의 소나무속 수종, 3종의 느릅나무속 수종, 4종의 피나무속 수종, 5종의 자작나무속 수종, 6종의 벚나무속 수종(Wildkirsch), 8종의 참나무속 수종, 9종의 단풍나무속 수종과 10종의 버드나무속 수종의 이름들이 포함된 Nakai(860)의 연구를 참조하기 바란다. 전면지의 임분들에서는 소나무가 지배적이다. 역사시대에 이 하부 삼림지대는 훨씬 더 넓었다. 현재 단지 다양한 관목들만이 지배적인 지점들에서 이원은 1489년에 수 킬로미터를 가도록 하늘을 볼 수 없는 울창한 원시림을 발견하였다(864, p.44).

그 외에는 금강산에서 키가 큰 **혼합림**이 지배적이다. 외금강에서 혼합림은 급경사로 인하여 때로 드문드문 분포하고, 남사면에서는 소나무속 수종들이 지배적이고, 북사면에서는 활엽수가 지배적이다. 내금강과 남강 상류 지역의 삼림은 조밀하고 무성하며, 방금 언급한 많은 종들의 활엽수가 지배적으로 나타난다. 내무재령(內霧在嶺) 주변과 같은 내금강의 일부 알려지지 않은 지역에서만 **침엽수**, 즉 30m 높이의 가을에 붉은 열매가 열리는 주목(*Taxus cuspidata*), 거대한 잣나무, 향나무(*Juniperus chinensis*), 가문비나무(*Picea jezoensis*)가 지배적으로 나타난다. 사찰들 주변에도 침엽수 수종들이 나타나는데, 그중에 크게 성장한 젓나무(*Abies holpohylla*)가 눈에 띄게 나타난다. 사찰의 기록에 의하면 이러한 큰 나무들이 있는 것은 승려들이 과거부터 침엽수를 선호한 결과이다. 비로봉(毘盧峰) 정상(1,638m)과 그 주변 지역을 단지 보통 경사의 사면에서만 과거 인간의 간섭에 기인한 매우 조밀한 키 작은 식물군락이 덮고 있다. 그 바로 인근에 신라 왕자의 비석이 서 있다. 금강산을 하록혼합림(p.196 이하)의 일반적인 고도 구분에 맞추기는 어렵다. 계곡의 깊은 곳과 그 전면지에서 때죽나무지대가 뚜렷하게 나타난다. 그러나 참나무지대, 단풍나무지대와 침엽수지대가 서로 뚜렷한 차이를 보이지 않는다.

Nakai가 확인한 바와 같이(860, p.9), 외금강과 내금강의 식생은 추측하건대 기후적인 원인으로 인하여 종 구성에 있어서 확실한 차이가 있다. 좀 더 강한 해양성의 외금강은 일본과 확실한 관련성이 있고, 좀 더 대륙성의 내금강은 만주와 관련성이 있다.

키가 큰 무성한 삼림, 에메랄드빛 푸른색을 지닌 웅덩이(沼), 흰 거품을 내는 폭포와 하천, 검은 암석돔과 밝은 회색 또는 보라색을 띄는 갈색의 톱니 같은 능선, 이들이 금강산 경관을 구성하는 요소들이다. 고요한 가을 하늘의 청명함 아래 10월 초반에 아주 특별한 순간으로서 **단풍**이 추가된다. 단풍은 매우 다양하고, 이러한 관점에서 독일이 제공할 수 있는 모든 것을 능가한다. 바로 이러한 점 때문에 금강산의 경치가 그렇게 유명하다. 커다란 신갈나무와 깃참나무의 분홍색, 피나무속 수종들과 자작나무속 수종들의 강렬한 노란색, 물푸레나무와 특히 당단풍의 타는 듯한 적색이 잣나무의 짙은 청록색 및 암주(岩柱)들의 회백색과 함께 매년 수백 명의 방문객들을 유인하는 색채 효과를 나타낸다.

금강산의 세 번째 경관을 형성하는 영역은 현재에도 역시 **불교**이다. 금강산에는 4개의 **대사찰** 이외에도 21개의 작은 사찰들이 있고, 이들 사찰에는 현재 210명의 비구와 30명의 비구니가 거처한다. 이들 사찰은 전답을 소유하는데, 그 임대료로 사찰의 유지가 가능하다. 일본 정부는 이들의 소유권을 인정하였다. 그러나 이것이 승려 수가 감소하는 현상을 막지는 못했다. 4개의 대사찰 중에 2개는 외금강의 주변부에 위치하고, 다른 2개는 내금강에 있다. 이와 대조적으로 작은 사찰들은 금강산 전역에 고루 분포하지 않고, 주로 내금강에 분포하여 내금강에서 불교권이 훨씬 더 강하게 나타난다. 4개의 대사찰은 주 계곡의 곡저에 위치하는 반면, 작은 사찰들은 측면 계곡이나 사면에 흩어져 있다. 후자의 경우에 사찰 주변의 인공적인 간벌(間伐)로 인하여 삼림과 암봉(岩峰)에 대한 좋은 전망을 제공한다. 7세기 이래로 동금강산의 오른쪽 계곡 사면에 위치한 정양사(正陽寺)로부터의 '일만이천봉(一萬二千峰)의 전망'이 유명하다. 이 사찰은 호랑이, 왜가리(학), 코끼리와 다른 동물들의 형상을 그린 육각형 사찰 건물(육면전, 六面殿)의 외측에 있는 선명한 색채의 벽화(천왕신)로 알려져 있다. 끝으로 대부분 몇 개의 작은 건물로 이루어진 암자는 등산로로만 갈 수 있는 위험한 곳에 위치한다. 8세기 이래로 보덕암(普德庵)은 만폭동 계곡의 거의 수직인 절벽 위의 아주 작은 암석 대지 위에 있고, 청동 기둥 하나가 그 위에 돌출해 있는 부분을 받지고 있다.

사찰들로부터 먼 곳에서도 방문객들은 금강산에서 **불교가 경관을 형성하는 데 미친 영향**을 마주치게 된다. 암벽에 새긴 한자로 된 이름과 시는 흔히 이러한 목적으로 사찰에 시주를 한 경건한 신도들과 관련이 있다. 이들은 암석, 이끼와 삼림의 주변과 고상하게 어울린다. 내금강에는 그 외에도 거대한 암괴의 수직면에 새긴 한 그룹의 세 입상(立像) 부처와 암벽에 새겨진 20m 높이의 결가부좌(結跏趺坐)한 미륵보살(묘길상, 妙吉祥)이 있다. 1603년에 외금강의 가장 내측 골짜기를 지나갔던 한국인 이정구(李廷龜)는 현재 보이는 것과 같은 모습을 한 후자의 불상을 이미 당시에 발견하였다(864).

한국의 농촌과 경지는 일반적으로 외금강과 내금강의 주변에서 끝난다. 단지 유점사 부근에만 가을에 높은 산에 올라가 잣을 수집하는 약 20명의 감자 재배 농부가 있다. 온정리는 과거에 농촌의 특성을 가졌으나, 현재는 주로 온천욕객과 관광객으로부터의 수입으로 산다. 온정리는 현재 해안철도를 통해서 쉽게 도달할 수 있는 외금강의 관광 중심지이다. 내금강의 중심은 장안사(長安寺)이다. 철원에서 출발하는 금강산 전철(電鐵)이 이곳에서 끝난다. 장안사는 아주 먼 옛날부터 내륙에서 금강산으로 가는 관문이다. 사찰과 역 사이에 한국의 다른 곳에서도 아직 잘 알려지지 않은 시설인 여름 휴양객을 위한 호텔과 가옥들이 갑자기 생겼다.

이 두 중심으로부터 현재까지 아직 대체로 매우 유치한 단계의 관광 도로망이 금강산과 연결되어 금강산 유람은 과거와 마찬가지로 몹시 힘들다. 내부 지역에는 현재 일본어 도로 안내판과 지도에 독일어로 'Hütte(산장)'라고 쓴 대피소들이 있다. 비로봉에 있는 이들 중의 첫 번째 대피소는 독일의 엔지니어 Kumme 박사의 이름을 붙였다. 주 관광로에는 곳곳에 휴게소로 다방이 있다. 그 외에 금강산의 내부는 경제적으로 거의 이용되지 않는다. 때때로 나무꾼을 마주치게 되고, 가끔 높은 곳에서 텅스텐 채석장을 보게 된다.

고성 부근 금강산 전면의 해안에 돔이나 둥근 사면을 이루는 조립화강암이 다시 나타난다. 이들은 남강 하구의 북측에서 육지와 연결된 섬과 섬으로 그대로 남아 있는 다른 곳에서 특히 잘 발달하였다. 이들 섬에는 부분적으로 그림과 같은 우산 모양의 소나무가 있고, 염수로 인하여 용식 형태를 가진 험준한 단애들이 있다. 이들 단애에서 화강암은 심지어 다시 석주나 탑을 형성한다. 바다에 옮겨 놓은 소형의 외금강이 있는 이 지역을 해금강(海金剛)이라 부른다.

고저(庫底) 부근에서 북서쪽으로 50km에 30m 높이의 좁은 현무암 갑(岬)이 바다로 돌출하여 파도가 거대한 수직의 주상절리 다발(총석정: 叢石亭)을 깎아서 만든 수직 단애가 형성되었다. 이 '서 있는' 기둥에 대하여 동아시아의 언어 관습으로 '앉아 있는'과 '누워 있는' 기둥이라고 부르는 다른 표현이 있다. 이 누워 있는 기둥은 주 표면을 후에 수직 또는 경사지게 관통한 현무암맥의 기둥으로 이루어져 있다. 냉각면에 대하여 수직으로 배열된 이들 맥의 기둥은 수평이거나 비스듬한 위치를 갖는다. 앉아 있는 기둥들은 파도에 의하여 잘리고 남은 수직 기둥의 밑부분이다. 우산 모양의 소나무가 있는 이 단애와 그 위의 현무암대지에 있는 매력적인 정자인 총석정이 금강산 자연미(自然美)의 전초 지점을 이룬다.

11. 울릉도

울진(蔚珍) 부근 태백산맥의 산들로부터 맑은 날에는 먼 동쪽으로 울릉도(鬱陵島)의 정상을 볼 수 있다(p.29). 울릉도는 심해로부터 솟아올라 사방으로 적어도 2,150m에 도달한다. 주변 해저로부터 가파름이 육지 위에서도 계속되어, 직경이 12km가 되지 못하는 오각형의 섬이 984m까지 대담하게 솟아 있다(그림 41). 울릉도는 1914년 이래 행정구역상으로 경상북도에 속하는데, 그 이유는 경상북도 주민들이 정착했기 때문이다. 지리적으로 울릉도는 태백산맥 지역과 좀 더 밀접한 관련이 있다. 그렇지만 울릉도의 해안 지역, 특히 남측 해안은 한국 최남단의 한 지역을 연상시키는 특성을 갖고 있는데, 그 이유는 울릉도의 섬 기후가 동위도(37°30') 상의 영동 지역의 기후보다 훨씬 더 온화하기 때문이다. 그 외에 울릉도는 자체적으로 작은 세계를 이루어 별도로 다룰 만한 극히 많은 매우 뚜렷한 섬의 특성들을 갖고 있다(877-884).

『삼국사기』(三國史記, 102)에 쓰여 있는 바와 같이, 울릉도는 신라시대의 수백 년간 신라왕들에게 굴복하도록 책략에 의하여 강요된 512년까지 우산(于山)이라는 이름을 가진 독립된 정치 조직이었다. 그 이후로 현재의 이름인 울릉도(삼림이 울창한 외로운 섬)가 되었다. 1160년에 강원도 관찰사 김유립(金柔立)이 울릉도를 실제로 탐험하여, 이때에 무인도에서 과거 취락의 자취를 발견하였다. 늦어도 1500년경에 일본인들이 울릉도에 도착하여 거대한 소나무를 이용하기 시작

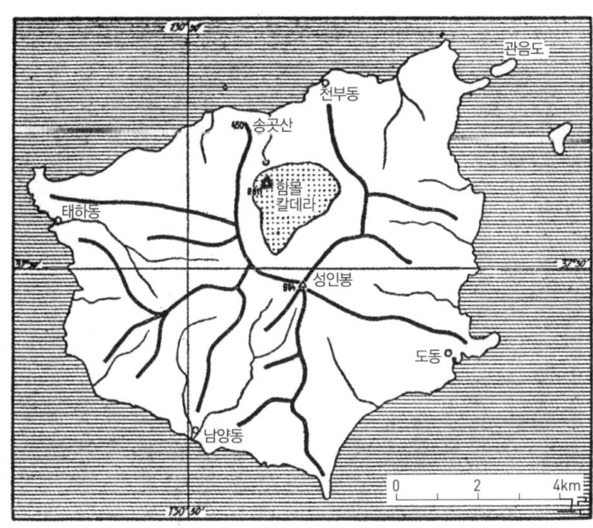

그림 41. 울릉도의 지형 개략도

했고, 거대한 소나무에 따라서 '마쓰시마(松島)'라고 그 당시에 이름을 붙였다. 유럽의 탐험가 La Pérouse(p.85)는 1787년에 사람이 살지 않는 이 섬을 다시 발견하였고, 작은 만 내부의 드문 모래 해안에서 소수의 한국의 조선소를 발견하였다. 정상으로부터 섬 주위를 거의 완전히 둘러싸는 수직 단애 상부까지의 경사가 급한 사면은 조밀한 원시림으로 덮여 있다(160). 18세기의 후반에야 비로소 조선 정부는 경상도로부터 이주시켰다. 그 후손들이 현재에도 울릉도에 거주한다. 따라서 중부 지방의 다른 어느 지역도 울릉도와 같이 최근에 사람들이 정착한 곳이 없다. 북부 지방의 화전 지역에서만 유사점을 찾을 수 있으며, 그러한 이유로 북부 지방과 같이 현재에도 이용할 수 있는 풍부한 목재에 기초하고, 부분적으로 화전경작 범위에 속하는 문화지리적 유사성이 있다.

울릉도는 동해의 해저로부터 3,150m 솟아 있는 **화산**으로 단지 약 1/3만이, 그리고 73km²의 면적만이 해수면 위로 솟아 있다(그림 42). 울릉도의 연대에 관하여는 확실하게 알려진 것이 없다. 그렇지만 화산 사건들은 아직도 현재의 섬 형태 중의 일부에 크게 영향을 주어서 최후의 화산 사건들은 플라이스토세 전기 이전은 결코 아니었을 것이다. 섬의 북반부의 중앙을 점유하는 함몰칼데라(나리분지)가 울릉도의 지형적·구조적 중심을 이룬다. 함몰칼데라에는 울릉도의 가장 최근의 화산인 초승달 모양의 응회암 벽으로 둘러싸인 조면암 화산추(알봉)가 611m로 솟아 있다. 함몰칼데라를 둘러싼 외륜산은 남반부의 정상들에서 900m 이상 상승한다. 울릉도의 중앙에 위치한 최고봉인 성인봉(聖人峰)도 외륜산에 속한다. 외륜산지의 두꺼운 층후를 갖는 조면암질·포놀라이트(phonolite) 용암과 응회암층은 칼데라에 대하여 사방으로 경사진(periclinal) 층을 이루고 있다. 이 층들은 외부로부터의 깊은 두부침식을 통해서 깊이 개석되어 암석의 침식 저항력에 따라 매우 상이한 지형적인 역할을 하였다. 이렇게 생성된 다양한 지형은 거대한 벽을 이루는 수직·방사상으로 배열된 용암의 암맥을 통해서 더욱 증가되었다.

울릉도의 특성의 두 번째 근원은 **균등한 섬의 기후**이다. 특히 겨울에 울릉도는 위도에 비하여 뚜렷하게 온화하다. 남동부의 주요 마을인 도동(道洞)은 1월 평균기온이 +1.7℃로 영동 해안의 동 위도 상에 위치한 삼척(三陟)보다 거의 2℃ 높다. 섬 기후의 균등함은 강수량의 계절변화에서도 나타난다. 한반도는 겨울에 어디서든지 뚜렷하게 강수량이 최저인 반면에 울릉도에서는 겨울에 절대최대강수량이 내린다(별도 13). 겨울계절풍은 동해 상을 지나오는 과정에 습기를 포함하게 되는데, 저기압경로 a–c를 지나는 저기압은 많은 강수량을 가져온다(p.151 이하). 따라서 울릉도의 기후는 일본 혼슈(本州)의 북서 해안의 기후와 매우 유사하다. 그러나 여름에도 많은 양의 저기압성비가 내린다. 도동에서 첫눈은 평균적으로 12월 중순에 내리고, 마지막 눈은

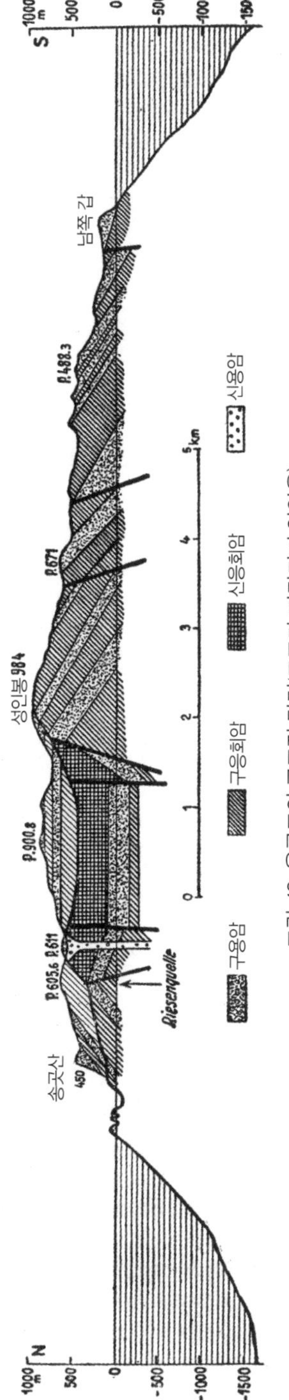

그림 42. 울릉도의 구조적 단면(고도가 과장되지 않았음)

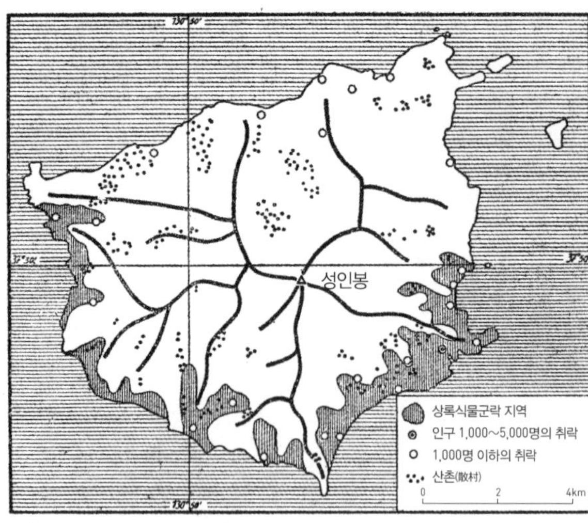

그림 43. 울릉도의 취락과 식생

2월 하순에 내린다. 고도가 좀 더 높은 곳에는 혼슈와 같이 상당한 양의 눈이 쌓인다.

울릉도에서 벌채는 매우 최근에 시작되었기 때문에 이 섬의 7/10은 **삼림 지역**이다. Nakai(881)에 의하면 이 섬에 372종의 유관속식물(維管束植物)이 있고, 그중에 9%는 고유종(固有種)이다. 89종의 목본성식물 중 16%는 실제로 고유종이고, 이들 식물 중에는 해발고도 200m부터 정상 지역까지 무성한 한국의 유일한 너도밤나무(*Fagus multinervis* Nakai [*Fagus crenata* var. *multinervis* (Nak.) T. LEE]), 작은 잎을 가진 단풍나무속 우산고로쇠(*Acer okamotoanum* Nakai), 젓나무 같은 솔송나무(*Tsuga sieboldii* Carr.)와 밝은 회색의 나무줄기를 가진 섬피나무(*Tilia insularis* Nakai)와 같은 흔하고 특징적인 식물들이 있다. 마찬가지로 고유종인 섬잣나무(*Pinus parviflora* S. et Z.)는 그와 반대로 위에 언급한 벌채 때문에 드물게 되었다. 이와 같이 높은 고유가 나타내는 오랜 기간 울릉도의 고립은(p.118), 또한 호랑이, 여우, 토끼뿐만 아니라 개구리와 뱀이 없다는 사실로도 확인된다. 전체적으로 울릉도의 식생은 한반도보다 일본 열도의 식생과 좀 더 밀접하게 관련된다.

연중 강수량이 많고, 여름에 온난하며, 겨울에 온화하여 잘 자라는 **하록활엽수**와 **혼합림**이 발달하였다. 이미 언급한 것에 추가하여 특히 두드러지는 활엽수는 왕고로쇠(*Acer mono* var. *savatieri* Nakai), 음나무(*Kalopanax pictum* Nakai [*Kalopanax pictus*] (Thnb.) Nakai), 쪽동백나무(*Styrax obassia* S. et Z). 및 마가목(*Sorbus commixta* Hedl)을 포함한다. 마지막의 두 수종은 한여름에 좋은 향기를 가진 큰 산형화(繖形花)로 덮인다. 이 하록수림은, Wilson(496)이 이미 강조한 바와 같이, 고도에 따른 구조에 어떤 불규칙성을 갖고 있기는 하지만, 때죽나무지대와 대나무지대에 속하는 것으로 분류될 수 있다. 북부를 제외하고 이 지대 이하의 해안에서 남부 해안 지역에 상응하는 식물군락과 유사한 밝게 빛나는 혁질(革質)의 상록수가 있는 식물군락이 있다(p.512 이하, 그림 70). 이것은 육지계절풍에 면하지 않는 하부지대가 매우 두드러지게 온화한 겨울을 갖기 때문이다. 이 하부지대의 삼림이 지난 100년간 특히 파괴되었기 때문에 **상록식물군락**은 현재 거의 전적으로 경사가 매우 급한 사면에만 남아 있다.

울릉도의 주민 12,030명 중 대략 80%는 농업으로 생계를 유지한다. 이 농업이 얼마나 집약적이어야만 하는가는 농업적 토지이용 면적과 관련된 **인구밀도**가 547명/km^2이나 되는 사실로 증명된다. 지역적·경제적인 차이는 최근에 사람들이 정착한 섬에서 때때로 아주 예기치 않게 충돌한다. 동아시아에서 가장 집약적인 농업의 표현인 **논**은 울릉도에서 거의 손상되지 않은 처녀림의 바로 옆에 위치할 수 있다. 모든 개울의 수량이 항시 풍부하지만, 대부분의 사면이 매우 급하기 때문에 관개농업은 매우 작은 역할만을 한다. 관개답은 전체 경지 면적의 1.7%에 불과하다. **밭**에는 대체로 옥수수 26%, 감자 25%, 대두 13%, 보리 11%, 면화 6%, 뽕나무 6%, 밀 3%, 대마와 저마 3%와 같은 작물들이 분포한다(892). 한국의 실정에서 이러한 비율은 매우 근대적인 재배 상황이고, 이것은 윤작(輪作)과 간작(間作) 방법이 널리 분포하는 것을 통해서 국지적인 상태에 매우 적절하게 적응한 것을 드러낸다.

농업 다음으로 **어업**이 중요한 보충 산업으로서 섬 인구의 약 10%가 어업에 종사한다. 그렇지만 자연항은 매우 드물다. 적은 선착장에서는 어디서나 부인들이 녹색의 낚시줄을 보수하는 것을 볼 수 있다. 그 후 이 줄을 사용하기 쉽게 꼬아서 만든 통 위에 놓는다. 줄이 엉키는 것을 막기 위하여 낚싯바늘은 짚으로 만든 주변에 끼워 놓는다. 가장 중요한 어종은 고등어이다. 오징어와 전복 역시 잘 잡힌다. 더욱이 원시림에서 반찬으로 나물을 채집하는 일이 여전히 널리 행해지고 있다. 그러나 벌목은 일본 당국에 의하여 엄격하게 관리된다.

한국인 농가와 어가는 여전히 너와시붕을 갖는다. 개미고원에 있는 통나무집은 없다. 거의 500명의 일본인 주민 대부분은 울릉도의 행정·상업 중심지인 도동에 거주한다(그림 43).

한여름에 거의 들어갈 수 없는 관목을 통하고, 덩굴과 대나무 밀림을 통하여 칼데라 주변의 최고점까지 등반하면 사방으로 원시림의 한결같은 푸른색이 흰 산형화들로 우아하게 차단된 둥근 나무 위를 볼 수 있다. 갑자기 원시림의 물결이 끝나고, 깊은 심연의 다른 측면에 밝고 푸른 동해가 측량할 수 없는 깊이와 폭으로부터 위로 빛난다. 그러나 겨울에 해안으로부터 위로 천천히 응시하면 잎이 없는 회색의 개개 나무의 형태는 눈같이 흰 지면을 배경으로 눈에 잘 띄고, 해안 부근의 상록식생지대들은 메마른 겨울철 주변에서 뚜렷하게 나타난다. 이러한 계절적 차이, 화산 특성과 최근의 주민 정착이 울릉도가 지닌 지리적 특성의 기본적인 특징을 결정한다.

12. 경상분지

제2부에서 한반도의 남동부에 위치한 경상분지는 몇번이고 독특한 특성을 가진 지역으로 두드러지게 나타났다(예: p.34, p.105, p.143). 경상분지는 한국의 여타 지역과 소백산맥(小白山脈)으로 차단된다. 소백산맥 동쪽 산록은 일반적으로 매우 뚜렷하여 경상분지와 소백산맥의 경계를 설정하기가 어렵지 않다. 이 경계선은 대략 풍기(豊基)-함창(咸昌)-김천(金泉)-지례(知禮)-창천동(倉泉洞)-고령(高靈)-산청(山淸)-하동(河東)을 연결하는 선을 따라 달린다. 경상분지는 그 북반부에서 동쪽으로 태백산맥(太白山脈)의 남부 1/3로 막힌다. 대구(大邱)-포항(浦項)-곡선(谷線)의 다른 쪽에서 토함산(吐含山: 745m)[49], 가지산(加智山: 1,240m)과 백역산(942m)의 안행구조(雁行構造)가 따른다. 끝으로 경상분지는 남쪽 대한해협(大韓海峽) 방향으로, 산맥과 정상의 고도가 200m 이하인 통로로 남해안의 만들과 연결되지만, 빈번히 700~800m의 고도에 이르는 산맥과 정상에 의하여 막힌다. 이 남부의 해안산맥들은 인접한 반도, 만 및 섬들과 함께 좀 더 서쪽으로 한국의 남서단까지 지배적인 것과 같은 유형이고, 이 서쪽의 연장부와 함께 남해안 지역을 이룬다. 저자는 북동부부터 단지 마산만(馬山灣)까지를 경상분지로 지역을 구분하였다(별도 23). 이 경계선 내에서 경상분지는 남북으로 230km이고, 동서의 최장거리가 160km이며, 면적은 약 25,000km²이다.

내륙은 하천을 따라 북쪽으로 상당한 거리까지 주목할 만하게 그 고도가 현저히 낮다. 낙동강 발원지로부터 하천 길이의 약 1/4 지점에 위치한 안동(安東)에서 하천 수위는 이미 100m 이하이다. 이러한 낮은 고도는 전적으로 침식에 의해서 발달한 것이 아니라 백악기(p.105)에 분지 형성 과정과 관련하여 그 뒤에 일어난 **침강**의 결과일 것이다. 이러한 침강은 당시에 주로 하계망의 주요 특성에 동시에 영향을 주었던 일련의 국지적 운동들로 이루어졌을 것이다. 이 운동

49 역자 주: 원저에는 불국사산맥 664m로 기록되어 있다.

들은 현재까지 지속되고 있는데 곳곳에, 예를 들어 인동(仁洞) 부근 낙동강에서 나타나는 고침식지형(古侵蝕地形)의 매적(埋積)이 이를 가르킨다.

경상분지의 주 하천은 526km 길이의 낙동강(洛東江)이다. 낙동강은 남쪽과 서쪽 또는 동쪽으로 네 차례 직각으로 휘면서 유로를 바꾼다. 낙동강은 남강(南江) 하구로부터 65km를 남해안과 평행하게 흐른다. 이러한 독특한 수문지적 특징은 이 구간의 처음에 해안으로부터 불과 8km 떨어져 있지만 하류의 95km를 해안을 따라 흐르는 남강에 의하여 좀 더 뚜렷하게 강화된다. 소백산맥에서 발원하는 남강보다 큰 다른 오른쪽의 지류는 황강(黃江), 감천(甘川), 내성천(乃城川)이고, 태백산맥에서 발원하는 왼쪽의 지류는 반변천(半邊川)과 금호강(琴湖江)이다. 끝으로 낙동강은 양산(梁山) 남쪽에서 거의 직각으로 남남서 방향의 구조곡으로 방향을 바꾸어 여러 지류로 갈라지면서 동쪽에서 위에서 언급한 백양산(白陽山)과 서쪽에서 불모산(佛母山 801m)의 측면에 있는 과거의 만에 삼각주(三角洲)를 퇴적한다(p.50). 낙동강은 이미 기술한 낮은 경사 때문에 하구로부터 340km, 즉 내성천 하구의 상부까지 한국의 범선으로 운항할 수 있다. 부산(釜山) 부근에서 간만의 차가 약 2m밖에 되지 않으므로 만조의 물결이 수십 킬로미터 상류로 올라간다.

경상분지의 내륙은 주 하천 지류들의 곡선(谷線)에 대해 균등하게 경사진 표면을 갖지 않는다. 분지 내륙의 지표는 오히려 보헤미아 분지의 내륙처럼 산악지형이기 때문에 분지의 형상은 실제로 하계망이 스스로 적응하여 분지를 둘러싸는 좀 더 높은 산지들을 통해서 형성되었다. 내륙의 이와 같이 큰 활발한 기복은 위에서 언급한 차별적인 구조운동뿐만 아니라 매우 상이한 암석의 침식저항력에 크게 영향을 미친 차별침식을 통해서 이루어졌다. 낙동강 지역은 대부분 매우 두꺼운 층후의 경상계 암석층이 퇴적된 쓰시마(對馬島) 분지의 백악기 퇴적 지역에 속한다(별도 7). 지질연대표(별도 6)에서 알 수 있듯이 쓰시마 분지의 경상계는 낙동통, 신라통, 불국사통으로 세분된다. 낙동통은 주로 셰일, 역청을 함유한 점토, 사암, 그레이와케(graywacke), 규암과 역암으로 이루어져 있으며, 경상분지의 서쪽에서 10~20km 폭의 대(帶)를 형성한다. 경상분지의 중부와 동부는 동일한 암석학적 특성을 갖는데, 엄청난 반암과 응회암층으로 구성된 주로 신라통의 암석들로 이루어져 있다. 신라통의 퇴적암과 화성암은 엄청난 층후를 갖는다. 추자산층의 반암은 1,000m, 대구층의 셰일은 2,000m의 층후를 갖는다. 불국사통은 거의 화산암으로만 이루어져 있다. 분출규장반암(Felsophyr)과 화강반암은 특히 경상분지의 동부에서 발달한 반면에 신화강암 관입층은 경상계의 어느 곳에서나 좀 더 오래된 두 개의 통을 대체한다. 동해안을 따라 최고 30km 폭의 대에서 끝으로 연일통의 제삼기 역암과 셰일뿐만 아니라 더 최근의 현무암·안산암·조면암층과 응회암이 분포한다.

[별도 62]

67. 울릉도. 관개된 계단식 논이 있는 북부 해안
저기압이 다가오는 전조인 연무층에서 해가 저문다.

68. 모내기를 하기 위하여 못자리에서 못단을 묶는 작업 광경
영주 부근(경상분지, 1933년 6월 2일)

69. 왜관 부근의 낙동강

부산–서울–무크덴(선양) 간을 운행하는 급행열차가 지나가고 있는 철교

70. 무주 남서쪽의 소백산맥

덕유산(1,594m)의 화강편마암 능선

화산암은 일반적으로 경도가 높고, **높은 능선**을 이룬다. 신화강암 관입은 접촉대와 함께 때때로 폭이 넓은 아치형의 구릉 형태로 나타난다. 계곡들은 반암층으로 급한 가장자리로 굴삭되었다. 이와 대조적으로 셰일은 **넓은 분지**를 발달하게 하였다. 낮은 침식면들은 이 지역들을 단절하여 그 밑에 하천을 따라 넓은 충적평야가 이어진다.

경상분지의 남동부는 남동 방향과 남남서 방향을 갖는 두 개의 직선의 **구조선** 시스템에 의해 교차된다. 이 파쇄대를 따라 서로 상이한 암석을 통해서 천이점이 없이 달리는 직선의 **구조곡**이 발달했다. 퇴적암과 화강암 지역에서 이 구조곡들은 때때로 폭이 넓고, 충적 저부 또는 서로 맞물린 애추(崖錐)를 갖고 있다. 이들 중의 한 지역인 부산에서 북쪽으로 15km 떨어진 동래(東萊)에서 온천이 솟아 오른다(345). 장기곶으로부터 부산 동쪽까지 직선의 동해안은 이 두 구조선 시스템 중의 하나와 같은 방향을 달리고, 이것은 아마도 최근의 단층의 결과로 형성되었을 것이다. 이것을 가르키는 다른 온천이 부산의 북동쪽 바로 해안에 있는 해운대(海雲臺) 온천이다(346).

북서쪽과 북쪽에서 경상분지는 **영남지괴**로 돌출한다(별도 7). 이 지역에서 경상분지는 그중에 많은 것이 선캄브리아기의 연대를 가진 화강편마암과 화강암 관입으로 이루어졌다. 이들 암석은 내성천변과 낙동강의 인접 지역에서 넓은 면적을 차지하는 주로 구릉 지역들과 파랑상(波浪狀)의 침식면을 이룬다.

경상분지는 신라(新羅)의 핵심 지역이었다. 신라의 수도 경주(慶州)가 한 때 790,000명의 인구를 가졌다는 주장이 상당히 과장된 수치라고 할지라도 이러한 핵심 지역으로서 경상분지는 적어도 기원 원년 이래로 인구가 조밀하였다. 경기 지역과 유사하게 이렇게 인구가 조밀하게 거주함으로써 **집중적인 삼림과 토양의 파괴**가 일어났다. 특히 북반부에서 현재의 사면들은 매우 빈약한 2차 식물군락으로 덮여 있다. 이들 2차 식물군락은 드물지 않게 그 사이에 초지조차 없는, 때때로 매우 빈약한 소나무 관목으로 이루어져 있다. 고도가 좀 더 높은 지역에는 우열(雨裂)이 기반암을 깊이 개석하여 산들을 예리한 산릉 형태로 만들었으며, 암괴류(岩塊流)가 협곡에서 아래쪽으로 연장되었다. 고도가 낮은 이 지역에서도 화강암 지역의 벌채된 토양이 매우 심하게 황색토 풍화의 영향을 받은 반면에 다른 암석들은 적색의 풍화색을 갖는 경향이 있다. 여름의 폭우는 많은 양의 풍화 물질을 하천으로 우세(雨洗)하여 하천들은 폭이 넓은 낮은 하상을 갖는다. 많은 노력을 들여 측면 개울들의 물줄기 방향을 논의 주변으로 바꾸어 놓았다. 매적작용(埋積作用)으로 인하여 측면 개울의 하상은 주변 경지 위로 2~5m 높아졌고, 포플러와 아카시아를 심은 사력댐으로 막았다. 우곡(雨谷)들이 남벌되고 풍화된 사면 깊이 파였다. 호우 시 하천은 심한 범람으로 인한 재해를 가져온다. 1933년 5월 20~21일까지 저자가 체류하는 동안 왜관 부근의 낙동강은 수위가 약 5m 상승했다. 물은 적갈색이었고, 직경 1m까지 그리고 10cm까지의 높이를 가진 무수한 엷은 갈색의 거품 덩어리로 덮였다. 이것은 마치 급류 위에 부빙이 떠 있는 것과 같았다. 1936년 태풍에 의한 홍수 피해로 인하여 조선총독부는 대규모로 제방을 건설하기 시작했다. 동시에 경상분지에서 가장 심하게 황폐된 지역에서 조림사업을 정력적으로 시행하였다. 조림 수종은 특히 소나무, 물오리나무(*Alnus tinctoria* Sagent. var. *glabra* Call. [*Alnus hirsuta*]), 좀사방오리(*A. firma* S. u. Z. v. *multinervis* Regel)와 물갬나무(A. *sibirica Fisch.* [*Alnus hirsuta* var. *sibirica* (Spach) Schneid.]) 및 참싸리(*Lespedeza cyrtobotrya* Matsum Miquel)이다.

충청-전라 지역의 동위도와 비교하여 경상분지의 **기후**는 겨울에 비교적 온화하고, 여름에 충청-전라 지역과 같이 덥다. 그러므로 이 지역에서 기온의 연교차가 충청-전라 지역보다 작다. 이러한 이유로 경상분지는 또한 한반도 해양성 외측의 일부임을 보여 준다. 특히 겨울의 기온은 바다에 가까워질수록 현저히 상승하기 때문에 분지 내에서의 연교차는 당연히 이 방향으로 감소한다. 겨울에는 항상 어느 지역에서나 낮은 고도에도 적설이 있을 만큼 상당히 춥다. 비정상적으로 추웠던 겨울이 지난 다음 해인 1933년 3월 25일에 저자는 계류(溪流)의 우곡(Wildbachrunsen)에서 잔설(殘雪)이 100m 고도까지 내려오고, 1,000m 이상되는 산들이 완전히 눈으로 희게 덮인 것을 보았다.

경상분지의 북부는 한반도에서 강수량이 매우 적은 것이 특징이다. 그 이유는 이 지역이 서쪽으로부터 오는 Td_2와 Te_2 저기압의 비그늘에 위치하기 때문이다. 여름계절풍 자체가 강수량을 가져온다면 북쪽 반원의 산맥으로 둘러싸인 이 지역에는 많은 지형성강우가 내려야 한다. 그와 반대로 남부에서는 특히 강하게 발달한 Tf_2 저기압과 Td_1 태풍에 의해 비가 내리게 되어, 이 지역에서 강수량은 남쪽으로 갈수록 크게 증가한다. 이 모든 사실은 p.466의 표에서 증명된다. 표에 수록된 관측소들 중에서 청송(靑松)은 경상분지 북부의 군청소재지이다. 영덕(盈德)은 청송보다 단지 28km 동쪽에 위치하나 태백산맥에 의해 청송과 분리되고, 동해안으로부터 멀지 않은 곳에 위치한다. 거창(居昌)은 소백산맥의 바로 산록인 황강(黃江) 계곡에 위치한다. 울기(蔚岐)는 울산(蔚山)의 남동쪽에 위치한 곳이고, 진주(晋州)는 남강변의 군청소재지이다.

이미 강조한 바와 같이 **원시활엽수림과 혼합림**은 거의 남아 있지 않다. 이 관련성에 대한 가장 좋은 출발점은 이 지역에서도 특히 현재까지 존속하는 수많은 대사찰 주변 지역이다. 645년에 창건된 양산군(梁山郡) 통도사(通度寺)의 삼림은 저자가 확인한 바에 따르면 100~200m에 떡갈나무(*Quercus dentata*), 갈참나무(*Quercus aliana*), 신갈나무(*Quercus mongolica*), 굴참나무(*Quercus* *variabilis*), 서어나무(*Carpinus laxiflora*)와 개서어나무(*Carpinus tschonoskii*), 느티나무(*Zelkova serrata*), 팽나무(*Celtis japonica* [*Celtis sinensis*]), 왕보리수(*Elaegnus crispa* Thunb. var. *typica* Nakai [*Elaegnus umbellata* var. *coreana* Lév.]), 밤나무(*Castanea crenata* S. et. Z. var. *dulcis* Nakai [*Castanea crenata* S. et. Z.]), 쇠물푸레(*Fraxinus sieboldiana*)와 팥배나무(*Micromeles alnifolia* Koehne var. *typica* Schneid [*Sorbus alnifolia*])가 있다. 이들 모든 활엽수는 하록수이고, 대부분 일본 중부 지역에서 다시 나타난다. 침엽수 중에는 단지 젓나무(*Abies holophylla*)와 소나무만이 있다. 소나무는 이 삼림에서도 유일한 인공조림 수종이다. 그 아래에는 쥐똥나무의 일종인 *Lingustrum amurense* Koehne, 철쭉꽃(*Rhododendron schlippenbachii*), 생강나무(*Benzoin obtusilobum* [*Lindera obtusiloba*]), 병꽃나무(*Weigela subsessilis*), 붉은병꽃나무(*Weigela florida*)와 털조록싸리(*Lespedeza maximowiczii* Schneid. var. *tomentella* Nakai.)와 같은 활엽관목들이 자란다. 큰꽃으아리(*Clematis patens*)와 다른 덩굴식물들은 나무를 타고 자라며, 지면에는 조릿대풀(Bambusgras)[50]이 무성하게 자란다. 열거된 수종 중의 많은 것이 대나무지대와 때죽나무지대의 전형적인 대표 수종이다.

경주 부근의 계림(鷄林)은 『삼국사기』(102)에 기록된 신라왕조의 기원에 관한 전설과 관련된 작은 관목숲이다. 그 이름은 신비주의적·우화적(mystisch-allegorisch) 의미에서 신라와 심지어 한국 전체에 걸쳐서 확대되어 적용된다. 이 전설에 의하면 계림은 적어도 A.D. 65년 이래로 존속한다. 계림은 분명히 인간에 의해서 크게 변형되고 빈약하나, 통도사의 숲에 존재하는 나무

경상분지의 기후자료

관측소	고도 (m)	기온							강수량								
		1월			8월			연교차	1월				7월				연강수량
		평균기온	평균최저기온	절대최저기온	평균기온	평균최고기온	절대최고기온		평균 (mm)	‰	평균강수일수	강수강도	평균 (mm)	‰	평균강수일수	강수강도	
청송	195	−3.4	−9.3	−25.5	25.1	30.2	39.0	28.5	23.2	22	4	5.8	196	230	11	17.8	852
영덕	20	+0.3	−4.2	−17.0	25.8	30.0	38.5	25.5	25.5	25	4	6.4	182	198	12	15.2	1026
거창	199	−2.5	−8.2	−19.6	25.8	30.8	37.4[1)]	28.3	28.0	24	3[2)]	9.3	248	216	13	19.1	1113
경주	39	−0.2	−5.2	−16.2	26.6	31.8	42.0[1)]	26.8	25.7[2)]	25[2)]	5[2)]	5.0	192[2)]	189	12	17.4[3)]	1014
울기	44	+0.4	−	−	22.9	−	−	22.5	43.7	35	6	6.5[2)]	219	176	13	16.1	1245
진주	25	0.0	−4.9	−16.4[2)]	26.5	30.5	36.9	26.5	29.6[2)]	22[2)]	5	5.4[2)]	253	187	15	17.7[3)]	1353
부산	13	+1.7	−2.1	−14.0	25.8	29.6	35.3	24.1	31.5[2)]	22[2)]	6	5.2[2)]	277	195	13	21.3	1418

[1)] 7월, [2)] 12월, [3)] 8월

50 역자 주: Bambusgräser는 직역하면 대나무풀이나 이에 해당하는 명칭이 없어서 조릿대풀(*Lopatherum gracile* Brongn.)로 번역하였다.

들만 포함하고 있다. 이와 같은 것은 마찬가지로 경주 부근의 1592년에 파괴된 불국사(佛國寺)의 수종이 풍부한 삼림에도 적용된다. 특히 주목할 만한 것은 이들 삼림이 저위도임에도 불구하고 상록활엽수가 전혀 없다는 것이다. 겨울 기온은 저위도임에도 불구하고 매우 낮다. 침엽수를 제외하고 지면에서 자라는 키 작은 조릿대풀만이 상록 요소이다. 남해안 지역을 향한 경상분지의 남부에서야 비로소 부분적으로 상록식물군락이 나타나기 시작한다.

후계 식물군락은 위에서 기술한 바와 같이 전체적으로 그리 빈약하지 않다. 반암, 응회암과 편암 위에 실제로 통도사 삼림의 수종을 포함하는 좀 더 다양한 수종의 다소 빽빽한 관목식물군락이 있다.

경상분지의 좋은 기후 조건에도 불구하고 산이 많고 범람으로 인해 경작 가능한 토지가 빈번하게 황폐화되어 전체 면적 중 **경지 면적**은 중부 지방의 서부 지역에서 보다 작다. **경지 면적**은 황해도에서 34.5%, 경기도에서 32.2%인데 반하여 경상북도에서 21.4%, 경상남도에서 23.7%이다. 그러나 이 면적에서 경작 형태는 단연코 남부 지방의 경작 형태이다. 경지 면적 중에 **관개 면적**의 비율이 상당히 높다. 관개 면적의 비율은 경상북도에서 48.8%, 경상남도에서는 심지어 61.5%에 이른다. 논은 특히 분지와 구조곡의 충적평야와 측면에 연결된 단구를 점유한다. 큰 하천들의 바로 주변부에서는 범람의 위험 때문에 때때로 논이 없다. 벼 재배의 상대적 집중도는 전체적으로 보아 북쪽으로부터 남쪽으로 증가한다. 한국의 재래 벼 품종은 수확량이 많은 일본의 벼 품종으로 거의 완전히 대체되었다. 일본의 벼 품종 중에 남부 지방의 모든 지역에서처럼 고쿠료도(穀量都), 소신레키(早神力), 미야코(都), 추신레키(中神力)와 같은 중생종에서 만생종이 지배적이다. 한국의 다른 어느 지역보다도 겨울에 넓은 면적의 논에 다른 밭작물, 특히 보리, 쌀보리, 밀이 재배된다. 전체 논 면적 중 이모작 논의 비율은 경상북도에서 46.4%와 경상남도에서 48.4%이다. 늦봄에 어느 지역에서나 잘 생장한 눈부시게 푸른 모판을 볼 수 있고, 반면에 모판 바로 옆에서 겨울작물이 누렇게 익기 시작한다. 많은 군에서 보리, 쌀보리, 밀의 수확 중 1/2 이상이 논을 겨울에 이용함으로써 생산된다.

그러나 다른 작물들은 여름에 고온을 필요로 하기 때문에 이 지역에서도 밭에 제한된다. 이러한 작물들로는 특히 콩, 팥, 녹두, 고구마, 들깨, 대마, 담배, 면화와 닥나무이다. 국지적으로는 경상분지의 북반부에서 인삼 재배가 활발하다. 뽕나무 재배와 양잠이 번창한다. 가내공업과 공장에서 비단 원사, 청주, 가마니, 직물과 유기, 가구가 생산된다. 조는 북쪽으로부터 경상분지까지 재배된다. 수수, 기장, 메밀과 감자는 적게 재배되고, 피, 귀리, 옥수수, 채두와 같은 북부 지방의 작물은 전혀 재배되지 않는다. 마을들은 때때로 사과나 다른 유실수 과수원, 대나무 숲, 호박, 참외, 채소밭으로 둘러싸여 있다.

울산에서 마산(馬山)까지의 전 해안에, 특히 부산과 그 주변에서 **자망과 트롤 어업**이 크게 발달하였다. 동해안의 모든 지역에서처럼 어유와 생선 비료의 획득이 큰 의미를 갖는다. 또한 식용 생선의 어획도 집중적으로 행해진다. 방어, 상어와 같은 다양한 온대성 어류는 경상남도 해안의 높은 해수면 온도로 인해 겨울철에도 잡힌다. 정어리, 고등어, 전갱이, 도미는 주로 봄과 가을에 잡힌다. 삼치와 갈치는 가을에만 잡힌다. 반면에 청어, 대구, 숭어, 가자미, 고래와 같은 한대성 어류는 거의 겨울에만 잡힌다. 울산만의 장생포(長生浦)에 일본 포경선기지가 있다. 가장 중요한 어항은 여객선과 화물선 항구인 포항, 부산과 마산이다. 그러나 어업은 동해의 직선의 해안에 서로 인접한 모든 작은 해식만에서도 행해진다. 이러한 유형의 순수 어항은 구룡포(九龍浦)와 방어진(方魚津)이다.

주지하는 바와 같이 낙동강 하구 지역은 육교적 위치인 한국의 **해양 관문**이다. 낙동강 하구 지역은 한국의 모든 다른 해안 지역보다 혼슈(本州)의 서단과 규슈(九州)의 북단에 좀 더 가깝게 위치한다. 이와 동시에 울산, 부산과 마산의 만들은 접안(接岸)과 항구의 건설을 위해 좋은 가능성을 제공한다. 그 이유는 이들이 만 깊숙이 12~18m의 깊이를 갖고, 간만의 차가 적어서 간석지가 없기 때문이다. 이보다 좀 더 북동쪽으로는 간만의 차로 나타나는 간석지는 없으나 이들 지역의 단층 해안과 하방요곡 해안들에는 거의 깊은 내진만이 없다. 이보다 좀 더 남서쪽으로 만들의 수가 증가하나 간만의 차가 커서 내륙 부분이 넓은 간석지로 덮여 있다. 그 외에 중간 부분의 만들로는 단지 작은 하천들이 유입하므로 퇴적이 적다. 그 이유는 전체 배후지가 낙동강 하계에 의해 지배되어 그 미사퇴적(微砂堆積)이 이 만들에 영향을 주지 않기 때문이다. 대한해협에서 일본의 군사적 지위에 대한 낙동강 관문의 현재의 중요성은 전 지역이 그 중심에 진해(鎭海) 군항을 가진 전략지대를 형성한다는 사실에서 나타난다.

경상분지는 이 관문의 직접적인 배후지이므로 역사상 모든 전쟁 시기에 항상 제1차 **통과 지역**이었다(p.60). 경상분지의 높은 문화는 이러한 전쟁 시기에 항상 폐허가 되었다. 그러나 평화 시기에도 경상분지는 낙동강 하구로부터 북서쪽으로 소백산맥을 넘어서 수도로 향하는 주요 도로가 지나는 지역이다. 옛 한국 왕조시대에 세 개의 주요 도로가 있었다. 1. 울산, 경주, 안동 및 죽령(竹嶺)을 넘어 충주(忠州)까지의 도로, 2. 대구, 상주(尙州)와 이화령(梨花嶺)을 경유하는 마찬가지로 충주까지의 도로, 3. 창녕(昌寧), 김천(金泉)과 추풍령(秋風嶺)을 지나 청주(淸州)까지의 도로. 초기 유럽 여행자들은 이들 도로를 이용했다(별도 5).

현재 이들 과거의 좁은 산길은 **철도**로 대체되었다. 한국의 간선철도는 부산에서 시모노세키로부터 오는 증기선에 연결되어 우선 낙동강 계곡을 따라 삼랑진(三浪津)까지 가서 북쪽으로 휘어 금호강(琴湖江)까지 긴 터널을 통하여 분수령을 가로 지른다. 그 후 대구와 낙동강이 지나는 왜관과 김천을 경유하여 소백산맥의 가장 낮은 재인 추풍령(254m)까지 간다. 이 간선철도로부터 표준궤도와 협궤철도가 진해, 마산, 진주, 경주, 포항, 울산, 안동으로 갈라진다. 상당히 조밀한 도로망이 이들 정기 왕복 교통을 철도노선으로 연결한다.

경상분지의 전체 경제에 대해 논농사의 매우 높은 중요성을 고려할 때 **인구밀도**가 전체 면적에 대한 관개답의 비율에 매우 높게 상응하는 것은 놀랄 만한 일이 아니다. 이러한 관점에서 가장 뒤진 군들은 역시 가장 인구밀도가 낮다. 이들 군들은 영양군(英陽郡: 58명/km²)과 청송군(靑松郡: 65명/km²)으로 북부에 위치한다. 가장 집중적인 관개농업이 진행되고 있는 군들은 인구밀도가 가장 높은 군들이고, 남부에 위치한다(밀양군: 264명/km², 창원군: 217명/km², 김해군: 191명/km²). 또한 부산에 인접한 동래군(174명/km²)과 대구 부근 달성군(達城郡: 223명/km²)의 높은 인구밀도는 산업과 교통이 평균적으로 매우 높은 인구밀도에 기인하는 것을 증명한다. 이들 군의 인구밀도는 약 180명/km²이다.

분지의 북서부는 금산(錦山)부터 선산(善山), 상주와 예천(醴泉)을 경유하여 안동과 영주(榮州)까지 이르는 소백산맥의 산록을 따라 달린다. 이 지역은 빈약하게 관목으로 덮이고, 최근에 부분적으로 소나무가 식목된, 그 고도가 빈번히 300m를 넘지 않는 구릉 지역인 반면에 계곡들은 단지 30~150m의 고도로 개석되었다. 이 지역은 위에서 기술된 바와 같이 풍화·침식된 화강편마암과 흑운모화강암으로 이루어져 있다. 그 결과로 생긴 모든 현상은 이 지역에서 가장 뚜렷하게 발달했다. 많은 곡저는 연중 대부분 물이 없는 모래 하상으로 채워져 있다. 논-보리밭은 얼룩이 진 형태로 측면 계곡들과 구릉 지역 위의 단구들에 드문드문 있다. 단지 곳곳에, 특히 김천-안동의 철도가 지나는 저지에 아주 넓게 계속 이어지는 논이 있다. 이 철도 주변의 좀 더 큰 취락들은 모두 군청소재지나 시장이 있는 시역이다. 김천(18,892명)은 감천(甘川)의 좌측 경사가 급한 하안에 위치한 중요한 철도·도로 결절점이다. 상주(29,915명)와 안동(21,686명)은 김천보다 더 크지만 교통이 불편하여 도시화와 일본화가 덜 되었다.

120km 길이의 **태백산맥 남단**은 조금 약한 정도로 그 주요부의 특징적인 특성을 갖는다. 이 지역에서도 특히 동측의 급사면과 서측의 완사면 간에 차이가 나타나고, 고도가 높은 지역에는 크게 융기된 고침식면의 잔존물이 남아 있다. 정상들은 남쪽으로 갈수록 낮아진다. 낙동강의 최상류 동쪽에 산맥이 화강편마암과 영남지괴의 변성퇴적암을 통해서 달린다. 그러나 다시 1,219m 고도의 일월산(日月山)과 함께 이 산맥이 경상층으로 들어간다. 지질학적으로 잘 연구

된 영덕(盈德)의 북쪽 지역(888)에서 경사가 급한 동측에 산맥의 주향에 평행한 여러 계단단층들(Staffelbrüche)이 발달했다. 이 계단단층을 통해서 신라통의 사암과 역암이 관입 신화강암과 단층을 이룬다. 그러나 지형은 후에 깍여서 발달한 일부 구조곡 구간을 제외하고 이 계단단층을 통해서 영향을 받지 않았다. 이들 구조곡 중의 한 곳에서 백암(白岩) 온천이 솟아오른다. 주분수령을 단지 330m의 고도에서 넘는 중요한 청송–영덕의 도로 남측에서 태백산맥의 어느 정상도 1,000m의 고도에 이르지 못한다.

태백산맥의 남부 1/3 지역 전면의 해안 지역에 대해서도 모든 기본 특성에 있어서 북쪽의 연결된 해안 지대에 상응하게 p.430 이하에 기술된 내용을 참고할 수 있다. 울진, 평해, 영해(寧海), 영덕과 흥해(興海=의창, 義昌)의 큰 취락은 해안 부근의 논농사가 이루어지는 작은 평야 주변에 위치한다. 이 중 어느 곳도 인구수가 15,000명이 되지 못한다.

반변천과 금호강 유역 사이 **경상분지의 중심부**에는 꽤 큰 높은 곳들이 있다. 이들 중 일부는 동쪽에서 합쳐지는 태백산맥보다 좀 더 높다. 가장 고도가 높은 것은 이미 언급한 낙동강의 두 지류 사이 분수령을 따라 배열되어 있다. 신라층으로 이루어진 보현산(普賢山: 1,124m)과 대구의 북동쪽 팔공산(八公山: 1,192m)의 엄청난, 삐죽삐죽한 화강암 정상이 고도가 가장 높은 것에 속한다. 이 능선은 왜관 부근에서 낙동강에 의해 단절된다. 이 협곡의 서쪽으로 금오산(金鰲山: 977m)의 매우 경사가 급한 곡벽을 가진 반암 산의 정상이 연결된다. 금오산은 위에서 언급한 옛 한국의 통과 도로의 중부에 가장 높이 솟아 있으므로 성곽, 성문, 우물과 빗물통이 아직도 부분적으로 남아 있는 큰 성곽이 건설되었다. 정상 부근의 이 성곽 내에 사람들이 열심히 찾는 절이 있다. 또한 800m의 고도에 작은 마을이 있는데 이 마을의 거주자들은 과거에 이 지역에서 시도한 논농사는 포기한 반면에 드문드문 감자와 기장류를 심는다.

이 거대한 산맥의 남쪽으로 **금호강과 형산강 수계의 분지**는 상주로부터 대구와 영천을 경유하여 안강과 경주까지 서에서 동으로 90km나 전개된다. 이 분지는 대부분 두꺼운데, 종종 두껍게 지층을 이룬 대구층의 흑색 셰일에 위치한다. 화강암과 섬록암의 관입 및 반암층의 잔재가 대구 구릉 위에 솟아 있다. 이 빈약하게 관목으로 덮인 구릉 지역에 관개를 위해 막아 놓은 수많은 저수지가 있다. Ankori 회사와 같은 일본의 수리조합은 이미 이곳에 큰 저수지를 건설했다. 군청소재지와 시장도시인 영천(17,559명)과 대구 사이에 위치한 금호강의 넓은 범람원에 넓은 논농사 지역이 있다. 대도시 부근의 범람원은 또한 잘 설계된 과수원과 채소밭으로 이용된다.

대구는 경상분지 전역의 교통 중심지이다. 이러한 교통 중심지와 경상도의 도청소재지로서 대구는 이미 옛 한국의 전쟁 시나 평화 시에 중요한 역할을 하였다. 1931년부터 1938년까지 대구의 인구는 부분적으로 주변 지역의 편입을 통해서 93,319명에서 172,040명으로 증가하였다. 이 인구 중의 1/4이 일본인이라는 사실은 대구가 경상북도의 도청소재지, 교통과 상업 중심지 및 주둔지로서 중요하다는 것을 말한다. 대구는 남쪽과 서쪽으로부터 곳곳에 개개의 구릉지맥이 솟아 있는 금호강 하곡 남쪽 주변부의 평탄한 충적단구 위에 대부분이 위치한다. 도심에는 청회색의 기와나 반짝거리는 양철지붕을 가진 단층의 일본인 가옥이 주로 있는 반면에 교외에는 한국의 초가집들이 있다. 중심 도로는 일본인들에 의해 직선화되고 확장되었다. 도로변에는 뒤죽박죽으로 서 있는 낮은 건물들 사이에 2~4층의 석조건물이 비조직적으로 들어서 있다. 남동쪽에 초가지붕들 위로 2개의 탑을 가진 개신교 교회가 우뚝 솟아 있다. 과거의 여행기들에 빈번히 기술되었던 정사각형의 성곽은 남아 있지 않다. 그러나 현재 신도(神道) 사찰이 있는 아름다운 공원이 위치한 대구 서부에 옛 성의 토벽은 남아 있다. 구시가지의 서쪽과 남쪽에 9월 초와 1월에 과거부터 유명한 큰 장이 열리는 장소가 각각 1개소씩 있다. 대구는 한국에서 견사와 견직의 가장 중요한 중심지이며, 한국에서 가장 큰 담배공장 중의 하나가 있다.

대구와 대조적으로 992년간 56명의 왕의 수도였던 **경주**는 935년 신라의 멸망 이후에 점차로 쇠퇴하였다. 경주(21,787명, 별도 64)는 포항, 대구, 부산, 울산과 편안하게 연결하는 계곡들이 서로 교차하는 체계의 중심에 위치하고, 벌채된 산사면들로 둘러싸인 벼농사 평야에 위치한다. 측면의 길이가 600m인 정사각형 성곽이 동쪽과 남쪽으로 이 성곽을 훨씬 넘어서 성장한 현 도시의 일부를 둘러싼다. 신라의 왕도(王都)는 남쪽으로 남산까지, 동쪽으로 북천까지의 전 평야를 점유하였던 것 같다. 중국의 영향을 강하게 받은 옛 신라 문화의 잔여물은 20km의 거리까지 경관 중에 폐허로 남아 있고, 현재에도 여전히 경관의 특성에 확고하게 영향을 미친다. 현 도시의 남부와 그 전면 지역에는 매우 큰 반구형의 잔디를 입히거나 나무를 심은 지면에서 25m까지의 고분들이 있다. 남천(南川)의 북안에 옛 왕성의 잔재가 넓은 빈달 형태의 토성으로 놓여 있다(반월성). 반월성의 북서쪽으로 647년에 건축되어 동아시아에서 가장 오래된 천문대가 9m 높이의 병 모양의 석탑 형태로 서 있다(첨성대). 좀 더 먼 주변 지역에 왕들과 신하들의 제단과 능, 반도를 통일한 무열왕을 기념하는 멋진 거북 기념비가 있고, 기초벽, 석탑, 부도, 예술적으로 매우 중요한 석불 등의 형태로 옛 절터의 유물이 남아 있다. 이들 사찰 중에 가장 아름다운 것은 1500년 이상 전에 건립되고 1592년에 파괴된 후 수십 년 전에 부분적으로 재건된 불국사이다. 불국사는 경주에서 남동쪽으로 6km 떨어진 토함산(吐含山)의 사면에 위치한다. 토함산의 바다 쪽 풍화된 암석에 둥근 바위굴 암자가 있는데 그 중앙에 화강암으로 만든 거대

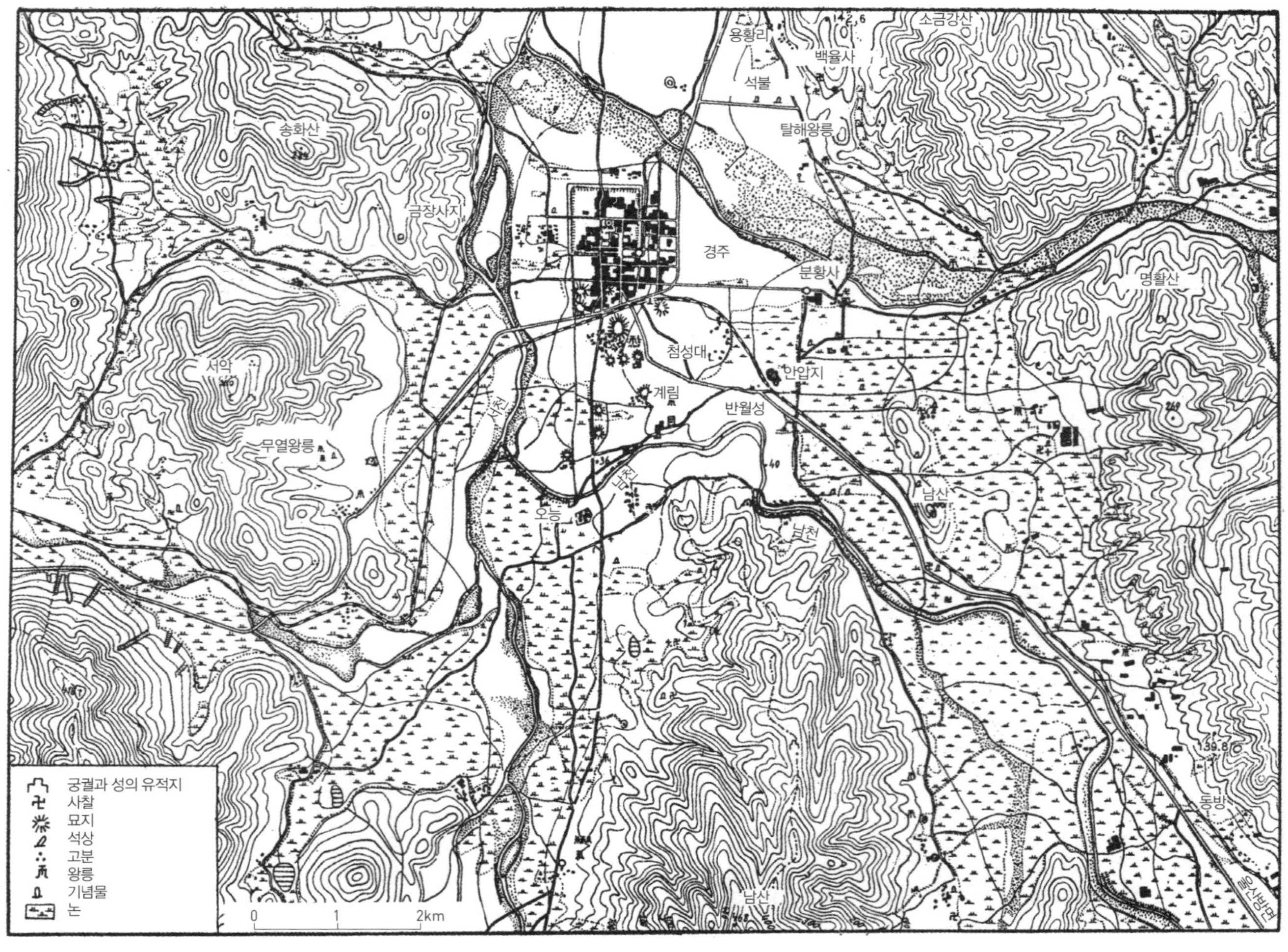

[별도 64] 경주와 그 주변 지역(출전: 299)

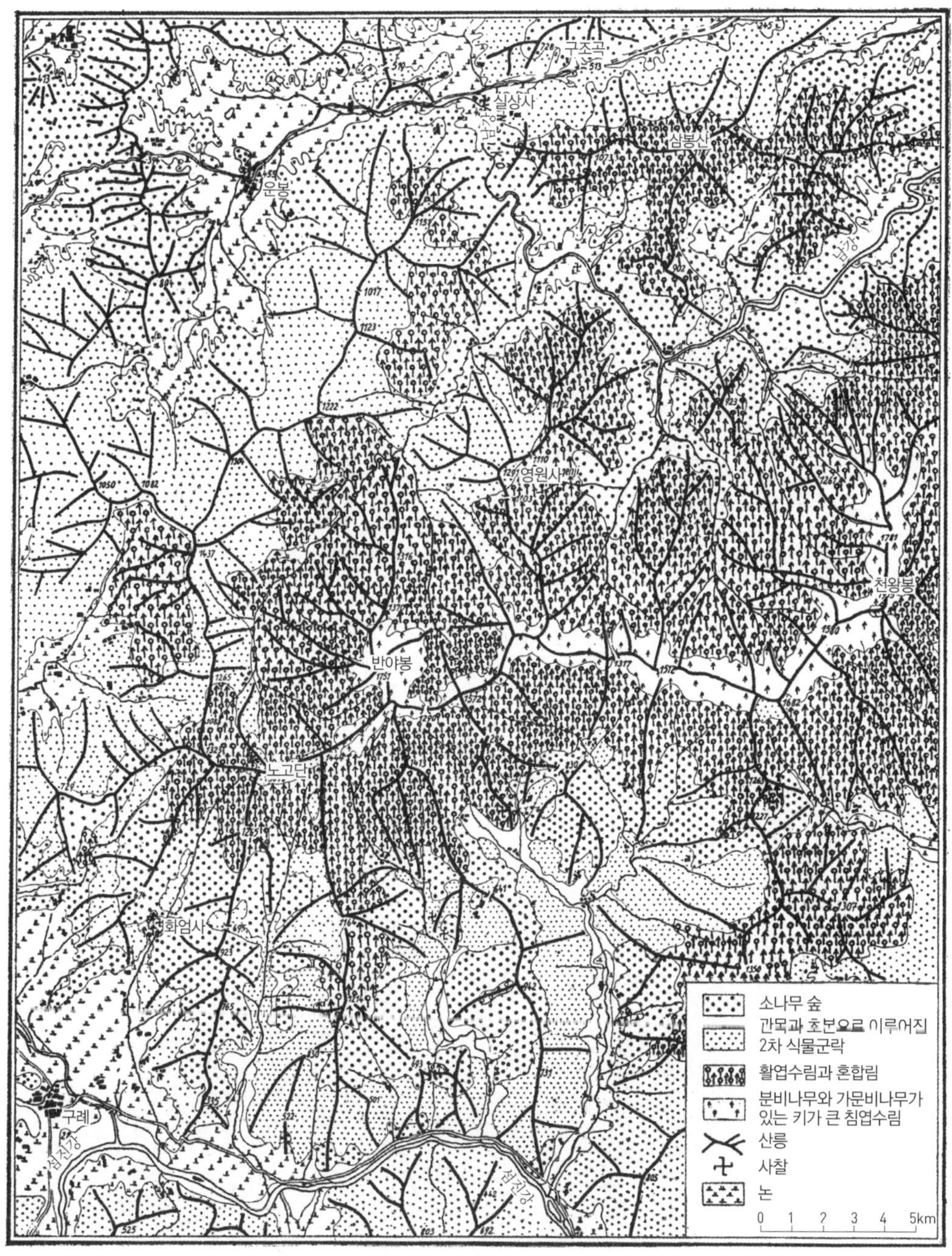

[별도 65] 지리산의 지형과 식생(Nakai의 지도를 이용하여 저자가 제도)

[별도 66]

71. 속리산(1,057m)의 법주사

한국에서 유일한 5층 누탑이 법주사에 있다.

72. 지리산의 최고봉인 천왕봉(1,915m)

구상나무, 잣나무와 자작나무로 이루어진, 날씨의 영향을 받은 고지대의 삼림. 정상(전면)은 거의 헐벗었다.

[별도 67]

73. 두 마이산이 있는 진안의 구릉지

충청-전라 지역. 논이 있는 곡저와 관목으로 덮인 구릉지

74. 고성 부근 어선 상에서의 생선 거래

두 개의 돛을 가진 범선이 육지로 깊숙이 들어온 갯골의 끝까지 들어와 있다. 중앙은 습지이고, 후면은 소나무로 덮인 구릉이다.

한 불상이 있다(石窟庵). 이 암자는 역력하게 중국의 불상을 따라 만든 것으로 신라 예술의 가장 성숙된 작품 중의 하나이다.

15km 길이의 삼각형 **장기반도**는 동해안에서 유일무이한 형상이다. 장기반도의 성인은 경상분지의 남동부 안행구조와 아마도 관련이 있을 것이다. 장기반도는 이 지역에서 제삼기 안산암, 현무암, 조면암과 유난히 화려한 푸른빛의 응회암으로 이루어진, 장기갑에서 끝나는 불국사지괴의 북쪽 부분을 이룬다. 그러나 현재의 지형은 최근에 일어난 사건들의 결과이다. 반도의 동부 지역은 육지 쪽으로 상승하여 60m까지 융기된 구단애에서 끝나는 850m까지의 폭넓은 해식대를 점유한다. 장기반도의 산릉을 이루는 구산지는 그 후면에서 215m까지 상승한다. 이 산지는 북서쪽으로 융기되지 않은 활동 중인 단애를 향해 급하게 떨어진다. 따라서 장기반도는 최근에 일어난 비대칭적인 곡륭운동(曲隆運動)을 경험했다. 해식대는 겨울에 보리밭과 여름에 콩과 기장(조)밭으로 덮여 있다. 반도의 주변 해안에는 봄에는 어유를 짜는 정어리를 잡으며, 겨울에는 청어를 잡고, 연중 미역을 열심히 채취하는 어촌들이 있다. 북서 해안의 지저분하고 작은 한국인 어촌은 대나무 기둥, 판자와 잔가지로 된 울타리로 바깥쪽을 둘러싼 농장들로 이루어져 있다. 이 울타리에 생선을 걸어 말린다.

장기반도에 의해서 그 북부가 10m 이상 깊이인 **영일만**(迎日灣)이 폐쇄된다. 육지 쪽으로 영일만은 장미와 메꽃속의 식물(bindweed)이 자란 9km 길이의 사주에서 끝나고, 그 후면에서 형산강이 삼각형의 삼각주를 퇴적했다. 사주의 북서단과 급하게 삼각주 평야로 떨어지는 좀 더 높은 지형의 주변에 작은 어항이자 무역항인 포항이 위치한다(15,250명, 그중 17%는 일본인). 이러한 위치로 인하여 포항은 단치히(Danzig)와 매우 유사하다.

대구 분지의 남쪽으로 **분지 내륙의 남부**는 다시 산악 지역이 된다. 고도가 높은 정상은 다시 화강암 관입 또는 반암층 내에 있다. 따라서 최고의 정상인 가지산(加智山)은 화강암과 반암의 바로 경계에 솟아 있다. 반암, 휘석반암, 규장반암의 계곡들은 예외적으로 매우 급한 곡벽을 갖는다. 전형적인 예는 삼랑진과 양산 간의 낙동강 협곡이다. 낙동통과 신라통의 퇴적층 지역에서 지형은 대체로 고도가 낮다. 강들을 따라서 곳곳에 작은 침식분지들이 발달하였다. 낙동층 내에서 폭넓은 범람원이 남강을 따른다. 그 하안에 1925년까지 경상남도의 도청소재지였던 진주(35,380명)가 범람의 위험을 받지 않는 곳에 위치한다. 이 부분 지역의 최대 충적평야는 그 북단에 군청소재지이자 시장 도시인 김해(22,512명)가 있는 길이 15km, 폭 17km의 낙동강 삼각주이다(그림 2 참조). 이 지역 동반부의 지형은 위에서 기술된 구조곡들을 통해서 강하게 영향을 받는다. 이 구조곡들 중의 하나에 울산(15,587명)이 위치한다. 울산의 특별한 중요성은 민간항공

비행장이 있다는 데 있다. 서울–도쿄 항공 노선은 한편으로 부산–김해와, 다른 한편으로 시모노세키(下關)의 군사 지역을 피하기 위하여 울산과 후쿠오카(福岡)를 경유한다. 울산은 60m의 송신탑을 통해서 먼 곳에서도 알아볼 수 있다.

울산만부터 **대한해협의 내진해안**(Ingressionsküste)이 시작된다. 이 내진해안의 첫 부분 지역은 위에서 강조한 바와 같이 마산만까지이다. 이 부분 지역은 일본과의 교통에 실제로 좋은 조건을 제공한다. 울산만은 현재 일본과의 교통에 중요한 역할을 하지 못한다. 진해항, 마산항과 부산항만이 중요하다. 이 중 **진해**는 주로 군항이다. 진해의 취락은 방사상 가로망(Straßenstern) 주변에 건설되었다(18,988명, 그중 24%는 일본인). **마산포**의 전성기는 지났다. 마산포는 금세기 초반에 설치되었고(p.70), 마산포에는 상부가 반원형인 아치 창을 가진 육중한 석조건물인 과거 러시아의 영사관이 있다. 1907년에 마산포의 해상무역 이익은 부산의 1/4이었다. 그 사이에 접근 도로가 진해 부근을 통과하였기 때문에 마산포(馬山浦)는 국제무역 항구로서의 기능이 중지되었다. 그러므로 마산포는 깊고, 거의 간석지가 없는 만의 위치에도 불구하고 현재 주로 주변 지역의 쌀, 콩, 담배 반출항으로 주로 국지적인 중요성만을 갖는다(32,411명, 그중 18%는 일본인). 구마산은 한국의 농촌 마을이다. 철도의 끝 지점인 만 밖으로 2km 떨어진 곳의 방파제와 부두에 신마산이 전개된다.

일본과 한국 간 거의 모든 여객교통과 화물교통의 상당 부분이 현재 **부산**에 집중된다. 모든 방향으로 하루에 2회 대형 증기선이 운행되고, 도쿄와 서울의 급행열차에 연결되는 시모노세키와 부산 간의 224km 길이의 구간은 9시간 30분 걸린다. 연락선의 연결 시설은 한국 철도망과 일본 철도망의 궤도 폭이 서로 다르기 때문에 당분간 장점이 되지 못한다. 또한 부산과 그 반대쪽에 위치한 일본 항구들 간에 바쁜 화물선 운행도 있다. 그 외에 부산은 한국 연안여객선 운항의 중심지이다. 그러므로 부산은 한국 제일의 여객·화물항구이다. 끝으로 부산은 또한 일본에 많은 신선한 생선을 공급하는 한국에서 가장 중요한 수산시장이다(653, p.300 이하 참조).

이미 1443년에 세종대왕은 쓰시마 섬의 다이묘(大名)와 부산을 포함하는 남동 해안의 세 항구를 여는 통상조약을 체결하였다(900). 이는 즉시 부산 부근에 일본인들의 지속적인 거주지로 발전하였다. 한국에 대한 도요토미 히데요시의 전쟁(임진왜란) 동안에 이 작은 도시(왜관)는 한반도에서 일본의 가장 중요한 병참지원기지가 되었다. 그 이후부터 일시적으로 단절되기는 하였으나 부산 부근에 일본인 어부와 상인이 거주했다. 1678년에 조선 정부는 일본인에게 한국의 소도시 부산의 남쪽 9km 지점(초량)에 특별 거류지를 지정했다. 한반도에서 영도의 반대편에 위치한 이 지역에는 그 이후에 일본 취락이 결코 다시 사라지지 않았다. 1876년에 조선 정

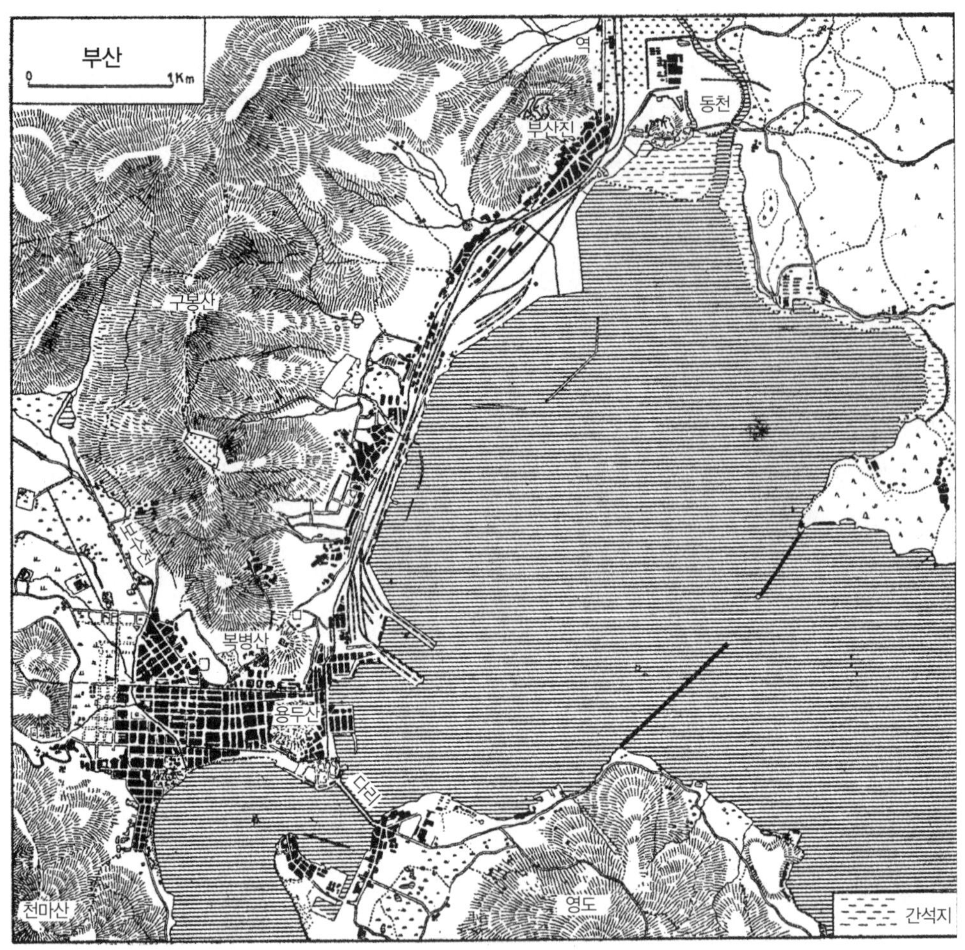

그림 44. 부산과 그 주변 지역(출전: 『도설 지리풍속대계(圖說 朝鮮地理風俗)』)

부가 일본과의 교역에 개항을 하였을 때 이 일본인 거주지 신부산은 한국에서 최초의 섬 제국의 큰 근거지가 되었다. 1876년부터 도시와 항구는 일본인들의 근면과 조직에 대한 재능을 통해 인상적인 발달을 하기 시작했다. 1910년 한일합방 시에 부산의 인구는 38,217명, 1931년에 146,098명, 1938년에 213,744명이었는데, 그중에 59,231명(29.8%)이 일본인이었다.

부산은 경사가 급하고 나무가 없는 산으로 둘러싸여 있으며, 7km 길이의 섬 영도(影島)에 의해 내려다보이는 넓은 만의 중앙에 위치한다(그림 44). 영도는 최근에 400m 길이의 철교로 육지와 연결된 이후 취락이 북서단까지 확장되었다. 구부산(부산진)은 성이 있는 산이 솟아 있는, 만의 가장 안쪽 구석에 자리 잡고 있다. 근대적인 거주도시는 영도 맞은편 헐벗은 구봉산(龜峰

山)의 남쪽 산록에 2,000m 길이와 500m 폭의 직사각형을 차지하고, 거리들 사이에 잘 꾸며진 공원인 구릉 용두산(龍頭山)이 솟아 있는 직교하는 직선의 거리를 가진 여러 블럭으로 이루어져 있다. 용두산 주변의 좁은 지역에 대부분의 높은 건물들(도청, 병원, 어시장, 상공회의소, 경찰서, 일본선박회사 사무소, 은행, 시청, 호텔, 극장)이 서 있다. 항구, 철도, 공장시설은 신부산과 구부산 간의 7km 폭과 구봉산과 부분적으로 힘들게 바다를 매립한 만 사이에 위치한다. 큰 증기선이 바로 접안할 수 있는 네 개의 접안시설은 그 부근의 수심이 11m이기 때문에 총길이가 1,368m나 된다. 여객교통은 1928년에 이미 806,980명이었다. 이 중에 64%가 일본인이고, 35%가 한국인이었다. 1929년에 1,340,000톤에 이르는 9,995척의 기선과 140,000톤에 달하는 15,274척의 범선이 부산에 입항했다. 전체 교역은 1934년에 269,400,000엔에 달했다. 수출은 주로 쌀, 생사, 콩, 수산물과 축산물이고, 수입은 일본의 산업 생산품으로 특히 기계, 의약품, 비료, 무명실, 조면(繰綿: 목화의 씨를 앗아 틀어 만든 솜), 석유이다. 한국의 근대 산업화는 또한 지난 수십 년간 면화, 대마, 린넨(아마포), 도자기, 범랑 철기 공장 등이 들어선 부산에 퍼졌다. 인접한 동래(18,985명)는 부산의 소풍, 휴양지이다.

13. 지리산을 포함한 소백산맥

소백산맥(小白山脈)은 남부 지방을 대각선으로 가로질러 280km 달린다. 소백산맥은 이내 남서 방향과 잠시후 전적으로 남쪽 방향을 유지하고, 이 전 구간에서 한편으로 충청도와 전라도 사이, 다른 한편으로 전라도와 경상도 사이의 경계가 산맥의 정상을 따라 달린다. 일반적으로 소백산맥은 충청–전라 지역을 향해서보다 경상분지를 향해서 좀 더 급경사를 이루고, 소백산맥의 동측 주변에는 또한 미호천(美湖川), 금강(錦江), 섬진강(蟾津江) 및 보성강(寶城江)이 가로지르는 산악 지역이 있다. 그러므로 소백산맥은 약해진 정도로 태백산맥과 같은 비대칭성을 갖는다. 그러나 태백산맥이 지질구조에 대하여 뚜렷한 부정합의 방향을 달리는 반면에, 소백산맥은 근본적으로 영남지괴를 따라 달리고, 단지 북반부의 중앙에서 옥천지향사로 조금 확장된다(별도 23). 따라서 소백산맥은 근본적으로 **정합 방향**을 갖는다. 그러므로 소백산맥은 주로 화강편마암과 화강암으로 이루어져 있고, 위에서 언급한 옥천지향사에서만 신라통과 불국사통이 일부 나타나며, 변성퇴적암도 나타난다. 이러한 것은 아마도 영남지괴 형성 이후의 곡륭(曲隆, posthume Aufwölbung)으로 해석될 수 있는데, 그 이유는 정상 지역에 구완경사 침식면의 잔존물이 있기 때문이다. 계곡은 깊게 감입되어 경사가 급한 곡벽을 갖고, 능선들은 때로 삐죽삐죽한 톱니 모양이다.

국망봉(國望峰: 1,421m)에서 최고 고도에 달한 소백산맥의 첫 구간이 죽령(竹嶺: 689m)에 이른다. 죽령은 단양(丹陽)에서 영주(榮州)를 연결하는 도로로 이용되는 구조곡 사이에 위치한다. 그 후 하늘재(한원령, 限院嶺) 또는 **이화령**(梨花嶺)까지 이르는 거의 정서쪽 방향으로 달리는 주로 화강암의 소백산맥 구간이 이어진다. 이 지역에서 소백산맥을 다시 그 사이에서 분수령이 각각 519m와 548m까지 하강하는 구조곡이 횡단한다. 최초의 서양 여행자들의 보고서에 때때로 기술된 서울-부산 간의 과거의 가장 중요한 도로는 이화령(梨花嶺)을 넘는 도로이다. 계곡이 교차하는 이화령의 동쪽 산록에 군청소재지인 문경군(聞慶郡)이 위치한다. 문경 부근에서 평안계에 속하는 석탄이 채굴된다.

소백산맥의 다음 구간은 거의 정남쪽 방향으로 달리며 고도가 그 이전보다 훨씬 낮다. 이 구간의 가장 높은 정상은 **속리산**(俗離山: 1,057m)으로, 속리산의 반암은 훌륭한 혼합림으로부터 높이 솟아 웅장한 암벽과 암주를 이룬다. 이 산은 법주사(法住寺)의 소유이며 신성하게 여겨진다. 그다음에 정확하게 전체 소백산맥의 중앙에 매우 심하게 감입된 재인 **추풍령**(秋風嶺)이 나타난다(254m). 추풍령은 한국의 간선철도에 의해 이용되어 현재 소백산맥에서 원거리 교통을 위해 유일하면서도 실제로도 중요한 재이다. 충청남도와 경상북도의 도청소재지들을 연결하는 대전(大田)에서 대구(大邱)까지의 도로가 또한 추풍령을 통과한다. 이 재의 바로 다음에 이어서 소백산맥은 황학산(黃鶴山)에서 다시 1,111m의 고도로 솟아오른다. 소백산맥의 100km 이상이 되는 이 구간은 대덕산(大德山)의 안산암 정상에서 1,290m의 고도에 이르고, **덕유산**(德裕山)의 웅장한 화강편마암 능선에서는 심지어 1,594m의 고도에 이른다. 경상분지를 향하여 덕유산은 30km 길이의 지맥을 밀고 나가며, 이 지맥은 동쪽 끝인 웅대한 가야산(伽倻山: 1,430m)에서 최고 고도에 이르고, 대체로 남원(南原)-운봉(雲峰)-함양(咸陽)을 연결하는 도로에서 끝난다. 그다음에 소백산맥은 거대한 **지리산**(智異山)의 지괴에서 소백산맥의 최고 고도(1,915m)로 상승하고, 그 직후에 섬진강 협곡에서 30m 이하로 하강한다. 섬진강의 바로 남측에서 소백산맥은 **백운산**(白雲山)에서 다시 1,218m로 솟아오르고 그 후 바로 광양(光陽) 부근에서 짧게 끝난다. 마지막 두 구간은 산맥의 경선 방향을 따라 각각 30km와 20km로 뻗어 있으나, 소백산맥은 지리산에서 그 최대 폭에 이른다.

소수의 관측소가 곡저의 큰 읍면에 위치하기 때문에 이 고산지대의 **기후**에 관한 관측자료가 없다. 이들 관측소 중에 두 전형적인 관측소의 평균치가 아래의 표에 수록되어 있다.

저위도에서 측정된 것을 고려할 때 겨울은 상당히 추워서 적은 강수량이 눈으로 내린다. 좀 더 높은 산들은 5~6개월간에 걸쳐 적설을 갖는다. 1933년 5월 8일 저자가 지리산 정상을 등반할 때 잔설과 마주쳤고, 지리산에서 보낸 이 날 전후의 야간에 1,400m의 고도에서 수은주는 0℃ 이하로 떨어졌다. 그와 반대로 지리산 북부의 남강 계곡 250m의 고도에는 11월 말부터 3월 초까지만 눈이 내리며, 늦어도 대체로 이보다 1주일 후에 눈이 녹으나, 드물게 적설의 깊이가 30cm에 이른다. 여름에는 덥고, 매우 많은 비가 내리며, 정상은 빈번히 수 주일간 구름과 안개로 가려진다.

태백산맥과 같이 **화전경작**이 소백산맥에서도 취락 상한계에서 여전히 일반적으로 널리 분포한다. 1933년 봄에 저자는 산림 또는 관목 지역이 타는 연기를 어디에서도 볼 수 없는 소백산맥의 어떠한 정상도 결코 오르지 않았다. 물론 경관상(景觀像)에 대한 화전경작의 중요성은 상당히 다양하다. 분명히 경상북도 당국이 충청북도보다 화전경작을 방지하는 데 훨씬 더 성공하였다. 그 결과로 죽령 부근의 도 경계가 뚜렷한 경계선이 된다. 충청도 쪽에서는 단지 경사가 급한 갈색의 경지, 잡목림, 관목과 파괴된 산림지대만을 볼 수 있는 반면, 경상도 쪽은 키가 큰 참나무와 소나무 숲으로 덮여 있다. 이 화전경작지는 태백산맥과 개마고원의 화전경작지와 유사하다. 저자는 1,150~1,400m의 고도, 즉 대부분의 정상 바로 밑에서 가장 높은 화전경작지와 마주쳤다. 단지 조금 낮은 곳에서 화전민들의 작은 마을과 산포된 취락들이 시작된다.

따라서 화전민들의 생활공간은 이 지역에서 대단히 좁다. 그 이유는 **영구 경작**이 깊이 개석되어 큰 마을들이 차지한 계곡들에서 상당히 위까지 도달하기 때문이다. 여름에 덥기 때문에 다양한 종류의 많은 작물이 성장한다. 더 이상 발달되지 않는 애추가 계단식 논으로 분리되고,

소백산맥의 기후자료

관측소	고도 (m)	기온							강수량								
		1월			8월			연교차	1월				7월				연강수량
		평균기온	평균최저기온	절대최저기온	평균기온	평균최고기온	절대최고기온		평균(mm)	‰	평균강수일수	강수강도	평균(mm)	‰	평균강수일수	강수강도	
문경	175	−4.0	−8.0	−20.2	25.5	30.0	37.2	29.5	26.0[1]	21[1]	6[1]	4.3[1]	329	266	15	21.9	1237
함양	169	−1.5	−6.9	−18.5	26.0	30.8	38.6[2]	27.5	33.4	28	5	6.7	261	219	14	18.6	1194

[1] 2월, [2] 7월

높은 수위의 하상 위의 곡저 또한 논으로 덮여 있다. 관개답의 일부는 이 지역에서도 역시 겨울에 보리 재배를 위해 이용된다. 독자들은 밭작물의 유형에 대해서 경상분지의 내용을 참고할 수 있다. 특히 북서쪽 계곡들에서의 집중적인 담배 재배, 무주 부근의 인삼 재배, 보리와 여름작물의 이랑과 함께 때때로 같은 경지에서 자라는 뽕나무 및 대나무 숲과 사과, 배, 복숭아나무와 취락 주변에 감나무가 언급될 만하다.

이러한 산맥 지역에 대해서 다양한 경제 상황은 가끔 있는 **광업**으로 보충된다. 이러한 광산 중에는 최북동단 봉화(奉化) 부근 내성(內城)의 금광(890), 무주 위의 금산(錦山) 금광과 광양(光陽) 부근의 천암 금광을 특히 언급할 만하다. 무주–금산 금광은 화강암과 구편암의 접촉부에 금을 함유하는 동광석을 포함한 평균 3m 폭의 석영맥에서 채굴된다.

한국의 **인구밀도**도 또는 인구분포도(별도 76과 지도 3)를 보면 낮은 인구밀도를 가진 지대가 소백산맥을 따라서 남부 지방을 거쳐서 달리는 것을 알 수 있다. 그러나 취락은 방금 고찰한 다양한 경제 상황으로 인하여 태백산맥의 어느 지역보다도 훨씬 더 조밀하다. 장수군(長水郡: 93명/km^2)은 아마도 평균인구밀도를 추정하기 위한 좋은 기준점이 될 것이다.

수백 년 동안 존재해 온 화전경작으로 인하여 산맥의 대부분은 부분적으로 고도가 높은 정상까지 자연삼림이 벌거숭이가 되었고, 다소 빈약한 **2차 식물군락**으로 덮여 있다. 이러한 사례로서 덕유산 정상과 그 동사면의 식생을 기술하도록 하겠다. 덕유산 정상의 매우 빈약한 식물군락은 초본 이외에 싸리(*Lespedeza bicolor* Turcz.), 철쭉꽃(*Rhododendron schlippenbachii*), 음나무(*Kalopanax pictum* [*Kalopanax pictus*]), 홍괴불나무(*Lonicera sachalinensis*), 신갈나무(*Quercus monoglica*), 피나무(*Tila amurensis*), 들메나무(*Fraxinus mandschurica*)와 산앵도나무(*Vaccinium koreanum*)의 관목림으로 이루어져 있다. 과거의 화전경작지 바로 옆의 보통 경사면을 덮은 안산암 암괴로 이루어진 큰 애추 사면의 관목숲이 좀 더 종이 많고 무성하다. 그 이유는 애추 사면에는 화전경작이 불가능하기 때문이다. 여기서 저자는 음나무(*Kalopanax pictus*), 찔레꽃(*Rosa multiflora*), 개머루(*Ampelopsis heterophylla*), 방금 언급한 싸리속 수종들, 산돌배(*Pyrus ussuriens*), 참개암나무(*Conylus sieboldiana*), 흰가시가 난 잎을 가진 산딸기(*Rubus crataegifolius*), 산초나무(*Fagara schiniifolia* [*Zantholylum schiniifolium*]), 국수나무(*Staphanandra incisa*)와 여러 덩굴식물들을 수집하였다. 대덕산(大德山)의 정상까지 위로 올라오는 키가 작은 초지 아래에 대나무속 수종들이 있는 것이 주목할 만하다. 이러한 사실은 과거 화전이 있었던 남부 지방의 특징이다. 저자가 소백산맥과 제주도에서 가장 빈번하게 접하였던 종들은 조릿대(*Sasamorpha purpurascens* Nakai [*Sasa borealis* (Hack.) Makino])와 왕대(*Sasa albomarginata* Makino u. Shib. [*Phyllostachys bambusoides* S. et. Z])이다. 이들 속(屬)은 마을과 각 농가 주변의 낮은 곳에서 재배되는 키가 큰 대나무 숲과는 관련이 없다.

그러나 암석의 급사면과 특히 접근이 어려운 산지의 수많은 사찰 주변에는 역시 적지 않은 1차 삼림의 꽤 큰 임분(林分)들이 남아 있다. 죽령의 바로 남쪽 두솔봉(兜率峰: 1,314m) 주변에서 1차 삼림은 다음과 같은 수종으로 이루어져 있다. 키가 큰 참나무속 수종들과 단풍나무속 수종들이 지배적이고, 쇠물푸레와 들메나무(*Fraxinus sieboldiana* BI. and *F. mandschurica* Rupr.), 까치박달(*Carpinus erosa* [Carpinus cordata]), 피나무(*Tilia amurensis*), 붉은병꽃(*Weigela florida*)과 검노린재(*Palura paniculata* Nakai var. *vilosa* Nakai [*Symplocos paniculata* Miq.])가 드물게 나타난다. 이들 수종 모두는 그 안에 이미 수많은 남부 지방의 요소들을 포함한 참나무지대의 순수활엽수림이다. 그러나 거의 같은 고도의 인접 정상에는 젓나무속 수종들(*Abies*)도 있다.

소백산맥에서 가장 폭이 넓고, 고도가 높은 지리산은 특별하게 주목해야 한다(별도 65). 지리산은 앞 단락들에서 언급될 수 없었던 많은 개별적인 특성을 포함하고 있다. 지리산의 척추는 남강과 섬진강 사이의 분수령이 달리는, 동서로 향하는 25km 길이의 능선을 이룬다. 이 능선은 서쪽 노고단(老姑檀: 1,507m)에서 정상을 이루고, 중간에 반야봉(般若峰: 1,751m)의 피라미드가 노고단의 바로 북쪽에 위치하고, 동쪽 재(P.1,682)에서 끝난다. 후자로부터 북쪽으로 분기하는 한 횡단능선이 다른 모든 것들 위에 솟아 있는, 깨지기 쉽고 뾰족하며, 경사가 급한 협곡으로 개석된 매우 경사가 급한 천왕봉(天王峰) 정상 피라미드를 포함한다. 다른 횡단능선들은 북쪽으로 남강 계곡뿐만 아니라 남쪽으로 섬진강 계곡으로 달린다. 이 산지는 단단한 흑백의 편마암, 홍수위 하상 주변에서 회청색의 풍화색을 갖는 섬록암과 흑운모편마암으로 이루어져 있다. 천왕봉은 후자로 이루어져 있다. 이 지역에서 둥근 암석돔(Felspanzer)은 대체로 발달하지 않았으나, 집채만한 암괴들로 이루어진 큰 하천들이 발달했다.

남강의 발원지인 운봉(雲峰) 주변에서 주능선과 그 측면 능선들의 북쪽으로 남부 지방에서 매우 예외적으로 450~500m 고도에 단지 보통 경사의 사면을 갖는 폭이 넓은 계곡들이 있다. 이것은 최근의 융기에 의하여 현재의 위치에 이르렀으나, 융기에 의하여 활발해진 침식을 통해서 아직 도달하지 못한 완만한 구중산성기복(alte Mittelrelief)이다. 침식은 오히려 남강 상류 쪽으로 실상사(實相寺)의 계곡 교차점 바로 남쪽까지만 진행되었다. 지리산의 지형 체계는 광범위한 최근의 융기와 선행하천(先行河川)을 통해서만 이해된다. 남강은 실상사에서 하류로 천왕봉의 측면 능선을 관통하여 직각으로 흰 바위 투성이의 협곡을 단절하여 이를 삼봉산(三峰山)과 분리시키는 반면, 후자의 바로 북쪽에서 남강은 그 분수령이 513m의 고도인, 남원으로부터 함양(咸

陽)으로 가는 도로가 있는, 편안한 직선의 구조곡을 이용할 수 있다. 이에 상응하는 선행 협곡은 V자곡 형태로 깊게 개석된 섬진강 하류 계곡이다. 이 V자곡은 전라도 구릉지의 지리산 경계 서쪽에서 이미 시작하여 그 유로의 중간 지점에서 두 개의 길게 뻗은 남원과 구례의 구조분지(構造盆地, Einbruchsbecken)를 둘러 간다. 이 분지들로 높은 산지에서 거대하나 더 이상 활동을 하지 않는 애추가 내려와 쌓여 있다. 이들 두 분지 사이에 마찬가지로 크게 감입하는 보성강(寶城江)이 섬진강으로 유입한다. 백운산(白雲山)은 최근에 융기한 동일한 지역의 침식으로 인하여 분리된 일부이다. 운봉보다 훨씬 더 오래된 지형의 잔존물은 특히 노고단의 북서쪽을 비롯하여 주능선 1,200~1,600m 고도의 여러 곳에서 나타난다. 남원 분지의 화강암 주변부에서 풍화쇄설물과 우열 형성(Grus- und Rachelbildung) 외에 황색토 풍화가 발달하였다. 이 지역 위에 짙은 녹색의 암석돔이 있는 지역이 여기에서도 이어진다.

지리산에는 수많은 사찰이 있다. 지리산은 한국의 5대 성산의 하나이다. 많은 사찰, 사면의 급경사와 중심 지역의 벽지성(僻地性)으로 인하여 한국의 다른 어느 곳에서도 마주치지 못할 정도의 **1차 삼림**이 잘 보존되어 있다. Nakai는 그의 한국 식물연구에서 첫 번째로 지리산의 식생을 연구하였다(902). Nakai의 연구와 본인의 수집을 근거로 한 지리산 삼림의 자연 고도대는 대체로 다음과 같다. 가장 빈번히 출현하는 삼림 수종들 중에 소나무는 산지의 산록에서 800~1,150m까지 나타나고, 졸참나무(*Quercus glandulifera* [*Quercus serrata*])와 떡갈나무(*Qu. dentata* von *Ebenda*)는 500~600m까지, 졸참나무(*Qu. serrata*)는 500~1,000m까지, 신갈나무(*Quercus mongolica*)는 900~1,400m까지, 사스래나무(*Betula ermani*)는 1,350m부터 천왕봉 정상까지, 잣나무(*Pinus koraiensis*)는 300m부터 천왕봉 정상까지, 구상나무(*Abies koreana*)는 1,000m부터 천왕봉 정상까지 나타난다. 이들 8개 가장 중요한 수종의 고도분포에 의거하여 소나무(900m까지), 신갈나무(900~1,400m), 구상나무(1,400m부터)의 세 개 식생 고도대를 설정할 수 있다. 이들 세 개 식생 고도대의 고도한계는 물론 사면의 방향과 다른 인자들에 의하여 변한다.

소나무지대는 전체적으로 보아 일반 구분(p.195)의 대나무지대 및 때죽나무지대와 상응한다. 인공적으로 조림한 지역에는 물론 실제로 이들 침엽수가 지배적이다. 소나무는 자연림에서는 단지 드물게 나타난다. 이 지역에는 오히려 풍부한 활엽수가 우세하다. 이 식생 고도대에서 500m까지 산지의 남측에는, 예를 들어 늦어도 550년에 창건된 구례 화엄사(華嚴寺)의 삼림에는 유일한 상록수로 동백나무(*Camellia japonica*)가 출현한다. 다른 활엽수 중에 지배적인 수종으로는 신갈나무(*Quercus mongolica*)를 제외한 이미 언급한 참나무속 수종들, 느티나무(*Abericea serrata* [*Zelkowa serrata*]), 약밤나무(*Castanea bungeana*), 여러 팽나무속(*Celti*) 수종들, 복사나무(*Prunus persica*), 붉나무(오배자나무, *Rhus javanica* [*R. chinensis*]), 떡버들(*Salix hallaisanensis*), 아그배나무(*Malus Toringo*[51] [*Malus sieboldii* (Regel) Rehder]), 산뽕나무(*Morus bombycis*), 호두나무(*Julgans sinensis*)가 있다. 이들 수종의 여러 나무에는 봄에 흰색 또는 분홍색 꽃이 만개한다. 침엽수 수종들로는 이 하층 식생 고도대에서 단지 잣나무와 눈개비자나무(*Cephalotaxus drupacea* S. u. Z. [*Cephalotaxus koreana* Nakai var. *nana* Nakai])만이 출현한다. 그러므로 이 식생 고도대에는 주로 하록활엽수가 있고, 그 수종들은 북부 지방의 수종들과 이미 매우 상이하다. **신갈나무의 고도대**에서는 이들 수종 외에 다음과 같은 수종들이 출현한다. 주황색 또는 노란색의 미상화서(尾狀花序, Kätzchenblüten)를 가진 여러 서어나무속 수종들(*Carpinus*), 여러 야생벚나무 수종들(Wildkirschen), 단풍나무속 수종들, 자작나무속 수종들, 층층나무(*Cornus controversa*), 황벽나무(*Phellodendron amurense*), 노린재나무(*Symplocos crataegoides* [*Symplocos chinensis* for. *pilosa* (Nak.) Ohwi]) 등과 침엽수 수종들로는 잣나무, 구상나무와 젓나무(*Abies hollophylla.*). 지면의 여러 종류의 관목 사이에 산지의 산록으로부터 참나무지대의 상부 경계까지 엉덩이 높이까지의 여러 대나무속 수종들이 무성하게 자란다. **최상부 식생 고도대**에는 실제로 종이 다양하지 않다. 최상부 식생 고도대에는 침엽수 수종들이 지배적으로 나타난다. 구상나무, 잣나무, 가문비나무, 사스래나무(*Betula ermani*), 박달나무(*Betula schmidtii*)가 지배적이다. 이 삼림은 천왕봉 피라미드의 급사면에 높이 솟아 있고, 그 최상부 한계는 정상 바로 아래까지 이른다. 후자는 진달래속(*Rhodendron*) 수종들과 자작나무속 수종들로 이루어진 관목숲으로만 덮여 있다. 천왕봉은 아마도 바로 이 지역의 국지기후(Lokalklima)로 인하여 약간 낮아진 자연삼림 한계에 위치하는 것 같다.

Nakai의 지리산 식물 목록에는 464종이 수록되어 있다. 이 중에 349종은 일본 열도에도 출현하는 반면, 57종은 중국 북부와 만주와만 공유한다. Nakai에 의하면 일본에서 동시에 출현하는 34종의 식생은 지리산에서 그 북한계를 갖는다. 이 수종의 수는 지리산의 식생이 일본의 식생과 얼마나 관련되는가를 뚜렷하게 보여 준다.

아주 넓은 충분히 자란 삼림(Hochwald)은 훨씬 더 풍부한 **야생동물생활**(Wildtierleben)을 보장한다. 저자는 주능선에서 표범(Leopard)의 흔적을 보았고, 커다란 호랑이 덫도 보았다. 화전민들은 멧돼지의 피해를 매우 크게 입는다. 그러므로 현재 멧돼지가 특히 좋아하는 작물은 가능한 충분히 자란 숲으로부터 멀리 떨어진 경지에서만 재배된다. 저자는 숲에서 멧돼지가 대나무 줄기로 만든 둥지를 보았는데 그 안에서 암퇘지가 분만하고 있었다. 고도가 높은 지역의 고요

51 역자 주: 라우텐자흐가 *Malus Sieboldii* var. Koringo f. *vulgaris* Koidz.을 잘못 표기한 것 같다.

한 삼림의 도처에서 야생 비둘기의 울음소리가 울려 퍼진다. 여름에 곡저에서는 주간에 거의 항상 꿩소리가 들린다.

구례와 남원 분지(14,814명) 및 운봉 지역의 고도가 높은 넓은 계곡들에는 **마을과 아주 작은 마을**이 조밀하게 들어서 있고, 애추와 곡저평야에는 논과 보리밭이 있다. 전체 경지 면적 중에 논의 비율은 구례군이 72.4%, 남원군이 76.4%이다(별도 78). 지리산에 면해 있는 모든 군들에서 **경지 면적**은 당연히 전체 면적 중의 매우 작은 비율만을 차지한다. 총면적에 대한 경지 면적의 비율은 산청군(山淸郡)에서 14.7%, 구례군에서 14.8%이다. 섬진강 협곡에는 수많은 풍요로운 마을들이 있는데, 부분적으로 대나무 숲에 가려져 있다. 겨울에 알팔파(Alfalfa)를 심는 논 외에 보리밭과 밀밭이 넓은 면적을 차지하고 있다. 푸르게 빛나는 하천 위에는 큰 무명 돛을 가진 작은 범선들의 왕래가 빈번하다. 지리산에서 논은 섬진강 하곡의 낮은 고도로부터 위로 750m의 고도까지 이른다. 산지의 내부에는 높은 논둑을 가진 관개된 계단식 논들로 나뉘어 있는, 한국에서는 드문 급경사의 사면을 보게 된다. 정착농민의 아주 작은 마을들은 계곡을 따라서 위로 약 700m 고도까지 이어지고, 그들의 경지는 1,000m 고도까지 이른다. 사면의 급경사로 인하여 모든 개별 재배작물(감자, 밀)의 열은 특히 작은 수평의 계단식 밭에 배치된다. 가장 고도가 높은 화전농가는 약 1,200m 고도의 노고단 북서쪽 구평탄면의 잔재 상에 위치하고, 가장 높은 화전은 약 1,400m 고도에 위치한다. 가장 높은 고도에 위치한 사찰은 아마도 영원사(靈源寺, 920m)일 것이다. 그러나 불교가 경관에 미친 영향은 금강산에서보다 지리산에서 훨씬 미약하다. 계곡의 가장 후미진 모서리에 일본의 영림소가 있고, 여름에는 매일 사냥꾼, 나뭇꾼, 숯 굽는 사람, 버섯·산딸기·약초뿌리와 송진을 채집하는 사람들이 주능선들까지의 접근이 어려운 좁은 소로에 들어간다. 남부 지방의 미국 선교사들은 노고단의 북서쪽 1,300~1,400m 고도에 단독 가옥들로 이루어진 여름 별장을 건설하였다.

곡저에서 높은 고도까지 이 지역에서도 **'문화지리적 연속**(kulturgeographische Serie)'의 관점으로 파악될 수 있는 규칙적인 경관상(景觀像)의 변화가 나타난다. 남원 분지에서 북동쪽으로 높은 산을 오르면 다음과 같은 이러한 연속의 구분을 밝히게 된다. 1. 논-보리밭-평야, 2. 황색 풍화사면과 암회색의 암석돔, 부분적으로 완전히 헐벗고, 부분적으로 왜소한 소나무 2차 삼림, 3. 2차 관목숲 사이의 직사각형 화전, 4. 2차 또는 원시 혼합림, 5. 거의 변화가 없는 원시 침엽수림.

14. 충청–전라 지역

소백산맥의 서측 주변부와 서해안 사이에는 한편으로 남부 지방 내의 경상분지의 대응 지역이며, 다른 한편으로는 북쪽으로 이어지는 중부 지방의 서해안 지역들과 밀접한 관계를 가진 지역이 전개된다. 이 지역은 경기도의 최남단 지역에서 시작하여 충청북도의 서반부, 충청남도의 전역, 전라북도의 대부분 지역과 전라남도의 북부 1/4 지역을 포함한다. 이 지역은 충청도와 전라도의 모든 네 개 주요 도시를 포함하여 충청–전라 지역으로 명명하였다. 위에서 강조한 바와 같이 소백산맥에는 뚜렷한 서측 산록(Westfuß)이 없으므로 소백산맥과 충청–전라 지역 사이의 가장 적절한 경계선을 설정하는 데 대한 논란의 여지가 있을 수 있다. 남측의 경계선에 대해서도 이와 마찬가지이다. 저자는 연풍(延豊)–보은(報恩)–영동(永同)–무주(茂朱)–장수(長水)–석곡리(石谷里)를 잇는 선과 석곡리–화순(和順)–나주(羅州)–함평(咸平)을 잇는 선을 이 지역의 경계선으로 선택하겠다. 이 범위에서 충청–전라 지역은 최대 210km의 길이와 160km의 폭을 갖고, 그 면적은 대략 21,000km²이다(별도 23).

한국 주경동지괴의 일부분으로서 충청–전라 지역은 남서 방향으로 기울어져 있다. 대부분의 큰 **하천들**이 이 방향을 따라 흐르는데 안성천(安城川), 부강(芙江)부터의 금강 하류, 그 상류 쪽으로의 연장부, 미호천(美湖川), 만경강(萬頃江)과 끝으로 영산강(榮山江)의 남부에서 그러하다. 가장 긴 두 하천인 **금강**(402km)과 **섬진강**(蟾津江: 212km)의 상류와 중류는 이러한 체계에 꼭 들어맞지는 않는다. 이 두 하천은 서측에서 소백산맥과 평행하게 달리는데, 금강은 북쪽, 섬진강은 남쪽으로 흐른다. 두 하천, 그중에서도 특히 금강은 한반도의 다른 어느 하천에서도 보기 드물 만큼 조밀하게 크게 감도는 사행천을 그 유로 구간 위에서 갖는다. 섬진강과는 달리 금강은 오로지 충청–전라 지역 내에서만 흐른다. 금강은 군산에서 가까운 하구에서 상류 쪽으로 121km 떨어진, 사행하는 중류가 바로 시작되는 부강까지 강배로 운항할 수 있는 하천이다. 강경(江景: 17,009명)에서 하류 쪽으로 50km 구간은 조수의 영향을 받아 하폭이 넓어서 소형 바다선박이 드나들 수 있다. 조수는 상류 쪽으로 부여까지 20km나 더 올라간다.

충청–전라 지역의 동부는 뚜렷한 종축 방향(Längsrichtung) 또는 주향산릉의 발달(Kammentwicklung)이 없이 널리 제멋대로 뻗어 나간 **산악 지역**들(Bergländer)로 이루어져 있다. 이 산악 지역들은 전라남도의 도청소재지인 광주(光州)의 남동쪽에 완만한 아치 모양의 무등산(無等山)에서 1,187m, 전주의 북동쪽에는 운장산(雲長山)에서 1,126m 고도에 이른다. 대략 운장산의 정상으로부터 노령산맥(蘆嶺山脈)이 시작하여 남서쪽으로 서해안에서 멀지 않은 함평까지 뻗어 있다. 노령산맥은 763m의 내장산(內藏山)에서 정점에 도달하고, 다시 문수산에서 620m의 고도에 이른다. 한강 상류 지역에 있는 상응하는 방향을 달리는 산맥들의 연장으로서 충주 이남에서 남한강을 가로지르며, 대천(大川) 부근의 서해안까지 이르는 차령산맥(車嶺山脈)이 이와 평행하게 충청-전라 지역의 북부를 관통하며 달린다. 차령산맥과 노령산맥의 명칭은 서울에서 목포에 이르는 옛 한국의 장거리 교통로가 넘는 재들의 이름에서 유래한다.

산악 지역과 산맥들은 일반적으로 200m의 고도에 달하지 않는 구릉 지역들의 배경을 이룬다. 구릉 지역들은 강들의 하류를 따라 남쪽으로 갈수록 면적이 넓어지는 **충적평야**로 바뀌어 늪지로 이행된다. 이 충적평야가 또한 크지 않은 하천들 옆에 매우 넓게 나타난다는 사실은 아마도 범세계적인 해수면 상승(die eustatische Hebung des Meeresspiegels)을 통해 일어난 조수의 정지 상태(Stau)에 기인하는 것 같다. 구릉 지형은 충적평야 위로 급경사로 솟아 있다.

하천 유로들과 주향산릉들이 남서로 달리는 것은 이에 상응하는 경동지괴의 경사면과 일치하는 결과일 뿐만 아니라, 이 지역에서 기복을 이루는 주요 지형 요소들과 정합으로 달리는 **지질구조**의 결과 때문이기도 하다(별도 7). 북서단에는 경기지괴의 화강암, 화강편마암과 변성편암이 지배적이며, 남동단에는 그에 상응하는 영남지괴의 암석들이 지배적이다. 그러나 넓은 주요 부분이 옥천지향사 지역 내에 위치한다. 옥천지향사는 화강암, 편마암, 변성퇴적암, 반암 및 대동계의 지층, 경상계의 낙동통 및 신라통에 속하는 지층들과 같은 매우 상이한 특성을 갖는 암석들로 이루어져 있다. 이러한 모든 지층들이 남서-북동 방향의 주향을 갖고 대상(帶狀)으로 발달하였다는 것이 공통점이다. 차령산맥은 주로 옥천지향사의 북서 주변부를, 노령산맥은 그 남동 주변부를 따라 달린다. 차령산맥과 노령산맥은 이 주변부들에서 그 후에 일어난 조륙운동에 의한 융기로 생성되었을 가능성이 있다. 이것은 이러한 관점에 대한 Kotô의 오래된 견해(p.113)에 그 정확한 핵심이 있다는 것을 의미한다.

고도가 낮은 곳에는 드문드문 식생으로 덮인, 깊은 우열이 파인 사면 상에서 **적색토**(rotgefärbter Boden)가 지배적이다. 화강암 풍화토는 적색토를 형성하는 경향이 드물지만, 예를 들어 전주와 정읍(井邑) 사이와 특히 겨울에 온화한 담양(潭陽)-나주(羅州) 분지에서만은 도처에서 적색토가 지배적이다. 그러나 고도가 200m 이상인 곳에서는 화강암 지역 내 독특한 형태를 지니는 황색토가 도처에 분포하며, 이보다 좀 더 높은 지대에서는 절리의 발달 정도에 따라 암각(Zacken), 산릉(Graten), 암석돔(Felspanzer), 종상산지(Glocken) 등이 지배적이다. 암석돔은 지층이 발달하지 않는 한 특히 반암, 역암, 규암을 비롯한 다른 암석 지대에서도 나타난다. 충청-전라

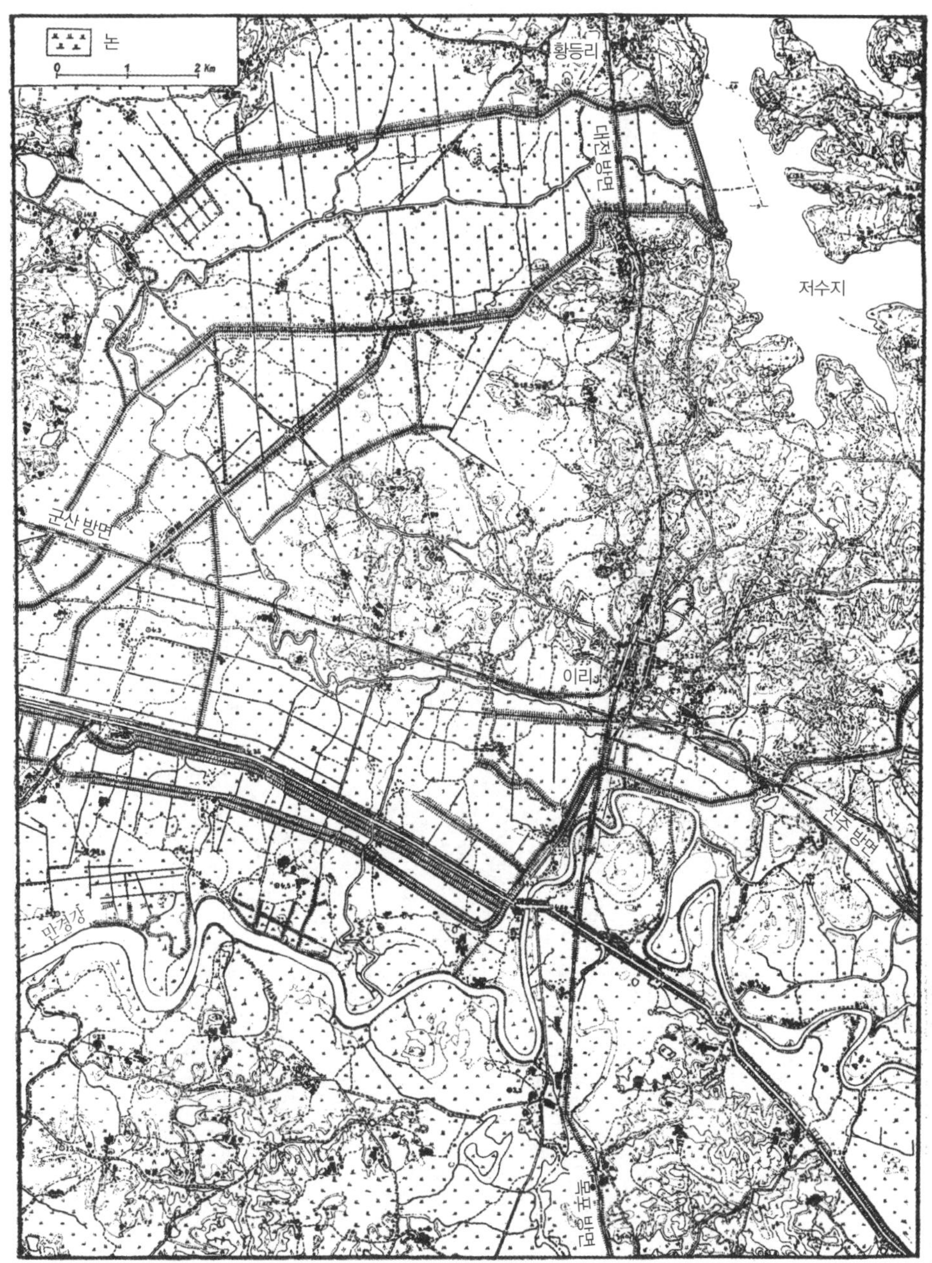

[별도 68] 이리(전라북도) 부근의 관개 답작평야(1:50,000 지형도의 단면)

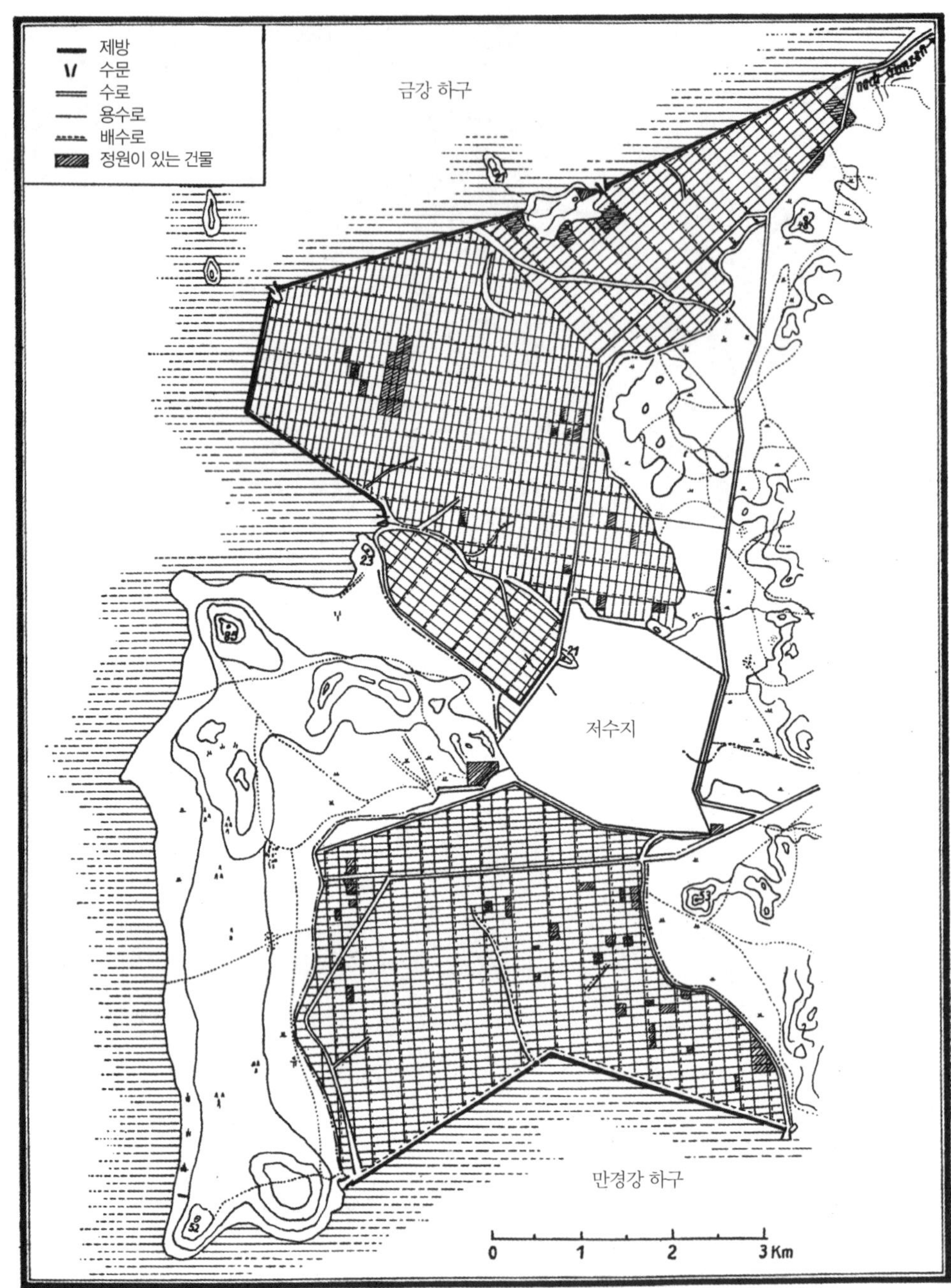

[별도 69] 군산 부근 후지사(富士社)의 간척지(출전: 후지사의 여러 계획도)

지역의 화강암 지역들에서 독특한 것은 하류 쪽으로 동일한 암석들로 이루어진 장애물에 의해 폐쇄된 매우 작은 하천들을 따라서 있는 고도가 낮은 넓은 **침식분지**(Ausräumungsbecken)들이다. 이와 같은 유형으로는 충주, 조치원(鳥致院), 대전과 담양-나주 분지가 있다. 그 분지들이 길게 연장되고 직선인 점에서 크게 확장된 구조곡들이라고 볼 수 있다.

충청-전라 지역의 북서부에는 **내진해안**의 미세한 윤곽이 우리가 지금까지 한국의 서해안에서 알게된 모든 해안을 능가한다. 중부 지방의 만(경기만, 京畿灣)과 특히 경기만의 남동단인 아산(牙山)의 하구역[52]을 경계로 하여 이 지역에서 2차 반도가 분기하였는데, 군청소재지인 서산(瑞山)의 대표명을 따서 명명되었다고 한다[53]. 태안반도(泰安半島)의 남쪽에서는 해안선의 형태가 다소 더 단순해지며, 곳곳에 사주의 형태로 평활과정이 시작되었다. 하구역의 만들 사이에는 이곳에서 산악지형의 반도들이 서쪽으로 뻗어 있다. 가장 멀리까지 돌출한 것은 부안반도(扶安半島)[54]이다. 퇴적물이 많은 금강의 하구에 위치하는 군산반도는 암석 도서와 늪지가 결합하여 형성된 것이다. 이 모든 만들은 간석지와 좁은 갯골로 채워져 있다.

산이 많은 고립된 **도서들**이 해안으로부터 50km에 이르기까지 전면에 분포하며, 고군산열도(古群山列島)만 군도를 이루고 있다. 도서들은 천해나 간석지로부터 급경사의 단애를 가진 채 솟아 있다. 그 도서로는 인접한 육지부와 동일한 편마암, 반암과 변성퇴적암으로 이루어지고, 어부와 농부들이 거주한다. 위도(蝟島)는 해발 255m까지 솟아 있다.

충청-전라 지역은 남부 지방에서 대륙을 향한 측면에 위치하므로 겨울에 경상분지보다 훨씬 더 춥다. 따라서 기온의 연교차가 더 크다. 1월 평균기온은 남쪽과 해안 쪽으로 상승한다. 그러나 단지 최남서단만 0℃ 이상의 1월 평균기온을 갖는다. 연강수량은 매우 많은데, 주로 Td_2 저기압과 Te_2 저기압, 여름의 Tb_1 태풍과 Tc_1 태풍이 강수량을 가져오기 때문에 경상분지의 강수량을 능가한다. 차령산맥과 담양-나주 분지 주변의 산지는 1,300mm 이상의 강수량을 갖는 국지적인 지역이다. 그 외에는 남동부의 산악 지역에서만 이 1,300mm 이상의 강수량을 보인다. 경상분지에서와 같이 연강수량은 일반적으로 남쪽으로 갈수록 증가한다. 그러나 서해안과 특히 그 전면에 위치한 섬들은 이 지역에서도 실제로 강수량이 적다. 여름의 우기는 여러 달에 걸쳐 있다. 다음의 표에는 북부, 중부, 남부의 각각 두 개의 육지 관측소(두 개소 중 내륙과 해안 부근의 각각 한 개 관측소)를 수록하였다. 끝으로 북부과 남부의 각각 한 개 섬 관측소를 포함시

52 역자 주: 안성천 하구를 의미한다.
53 역자 주: 태안반도를 가리킨다.
54 역자 주: 흔히 변산(邊山)반도라고 한다.

충청–전라 지역의 기후자료

관측소	고도 (m)	기온							강수량								
		1월			8월			연교차	1월				7월				연강수량
		평균 기온	평균 최저 기온	절대 최저 기온	평균 기온	평균 최고 기온	절대 최고 기온		평균 (mm)	‰	평균 강수 일수	강수 강도	평균 (mm)	‰	평균 강수 일수	강수 강도	
충주	190	−4.7	−10.8	−27.2	26.4	31.5	39.6	31.1	23.5[1]	22[1]	6[4]	3.2[1]	324	297	14	23.1	1093
서산	36	−2.4	−6.4	−17.8[3]	25.6	29.8	38.9	28.0	21.0	18	4	5.2	303	257	13	23.3	1178
영동	111	−3.5	−8.6	−20.2	26.0	30.8	37.1	29.5	23.0	23	4[4]	3.8	223[2]	215	14	20.3[2]	1041
공주	20	−3.4	−8.1	−24.6	26.0	30.3	37.0	29.4	30.0[3]	22[3]	6[4]	3.4[3]	346	258	15	23.0	1340
광주	39	−1.0	−6.7	−19.5	26.5	31.1	38.3[5]	27.5	35.5[1]	29[1]	7[4]	4.4[1]	238	194	16	14.9	1225
영광	35	0.0	−4.2	−17.7	26.5	30.6	36.5	26.5	30.8[6]	26[6]	6[6]	5.1[6]	218	183	14	15.6	1192
가의도	75	−1.4	–	–	23.1	–	–	24.5	17.7	22	6[6]	2.2	199	234	13	15.3	819
어청도	61	+0.4	–	–	25.3	–	–	24.9	21.8	24	6[4]	1.8[3]	195	211	14[3]	16.2	925

[1] 2월, [2] 8월, [3] 12월, [4] 10월, [5] 7월, [6] 3월

켰다.

경상분지와 마찬가지로 충청–전라 지역도 '삼국' 중 한 나라, 즉 백제의 중심 지역이었다. 그러므로 이곳도 일찍이 인구밀도가 비교적 높았다(p.59). 현재 전라도와 충청남도는 한국에서 인구밀도가 가장 높은 곳에 속하는데(p.46), 도시 인구를 제외하면 한국의 최고 수준이다. 주로 농촌 지역인 김제군(金堤郡)이 321명/km²의 밀도를 나타내며, 인접한 익산군(益山郡)은 심지어 458명/km²에 달한다. 그러므로 **1차 산림의 파괴** 또한 이곳에서 매우 심하게 진전되었다. 충청–전라 지역의 어떠한 곳도 경상분지 내 북반부에 있는 여러 지역만큼이나 초라한 인상을 풍기지 않는다면 그 이유는 주로 충청–전라 지역에서 경상분지의 북반부보다 이미 **식목사업**이 상당히 진전되었기 때문이다. 식목사업은 이미 조선시대에 시행되었다. 한국의 어디에서나 이용되는 소나무와 더불어 겨울에 온화한 이 지역 내 식목된 임분에서는 곰솔(*Pinus thunbergii*)도 볼 수 있다. 곰솔은 송충이의 습격에 쉽게 당하지 않는다는 장점이 있다. 그러나 이곳 대부분의 구릉과 산지도 다소 빈약한 관목으로 덮여 있으며, 이 때문에 멀리서 보면 때로 완전히 황량하다. 저자는 해안에 위치한 남포(藍浦)의 남쪽에 있는 역암과 사암층 상의 P.417의 정상에서 비교적 수종이 다양한 빽빽한 관목림을 보았는데, 거기에는 소나무, 상수리나무(*Quercus acutissima*), 산초나무(*Fagara schiniifolia* [*Zanthoxylum schinifolium*]), 싸리속 수종들, 장미속의 야생 수종들(Wildrosenarten)이 지배적이다.

원시림의 잔존물은 주로 수많은 사찰 주변에 보존되어 있다. 대표적인 예로는 정읍의 남동

쪽에 있는 노령산맥에 위치한 내장사(內臧寺)의 울창한 삼림이다. 이 삼림은 혼합림으로서 이곳에서도 삼림 중 활엽수는 겨울이면 헐벗는다. 그럼에도 불구하고 이 삼림은 남부 지방의 뚜렷한 특색을 가지며, 일반적인 분류상 대나무지대에 속한다. 참나무속에 속하는 수종들 중에 신갈나무는 없으며, 굴참나무(*Quercus variabilis*)와 더불어 상수리나무(*Quercus acutissima*)와 같은 주로 남부 지방의 참나무속 수종들이 지배적이다. 게다가 서어나무(*Carpinus laxiflora*)와 같은 여러 서어나무속 수종들, 복사나무(*Prunus persica*), 단풍나무(*Acer palmatum* var. *coreanum* [*Acer plarnatum*]), 느릅나무(*Zelkowa serrata*와 고추나무(*Staphylea bumalda*)가 있다. 침엽수로는 소나무가 없진 않지만, 곰솔(*Pinus thunbergi*), 젓나무(*Abies holophylla*), 비자나무(*Torreya nucifera*)가 보다 흔한 편이다. 덤불(Bodenwuchs)로는 조릿대풀(Bambusgräser), 난티잎개암나무(*Corylus heterophylla*)와 진달래속 수종들(*Rhododendren*)이 있다. 이 삼림은 4월 하반기에 아름다운 색깔을 발한다. 침엽수 수종들은 진한 녹색이고, 아직 잎이 나지 않은 나무들은 칙칙한 회갈색이며, 반면에 막 돋아나는 다른 나뭇잎은 우아한 연녹색을 띤다. 그리고 서서히 잎이 돋아나는 참나무속 수종들은 전체적으로 회녹색을 갖는다. 갈색을 띤 주황색에서부터 녹황색에까지 이르는 미상화서(尾狀花序)가 달린 서어나무속 수종들, 진홍색의 산복사(Wildpfirsich)[55], 생강나무(*Bezoin obtusilobum* [*Lindera obtusiloba*])와 같이 짙은 황색 빛을 발하는 관목들, 장미색 혹은 자주색의 진달래속 수종들이 나타난다.

강수량이 풍부한 동부 산악지대로부터 발원하는 큰 하천들이 흘러가는 충적평야가 상당히 넓게 발달하고 긴 여름철의 더위로 말미암아 집약적인 논농사가 국내 어느 지역과도 비교할 수 없을 정도로 발달했다. 총면적 중 전라남도의 20.9%, 전라북도의 20.7%가 논농사에 이용된다. 익산군의 경우 이 비율은 총면적의 62.9%나 된다. 논의 비중은 각 지역별로 총경지 면적의 1/2로부터 2/3를 넘는 곳도 있다. 방금 언급한 전라남도와 전라북도는 각각 65.8%와 71.5%로 가장 비율이 높다. 금강 하구의 남쪽에 있는 옥구군(沃溝郡)은 총경지 면적에 대한 논의 비율이 한국에서 최고에 이른다(86.6%). 논농사의 집중도는 대략 북동에서 남서로 갈수록 증가하는 것을 확인할 수 있다. 충청북도에서는 논농사가 지형 및 기후 조건으로 인하여 가장 저조한 상태이다. 충청북도의 괴산군(槐山郡)에서는 총면적의 7.3%, 총경지 면적의 40.5%만이 논이다. 논은 논산(論山)과 정읍 사이를 흐르는 하천들의 하류, 특히 금강과 만경강(萬頃江) 사이의 넓은 곡저평야에서 가장 넓다. 이미 오랜 옛날에도 이곳에는 논이 많았다. Hulbert는 이 시기에 대해 다음과 같이 전한다(557, p.52). "한국에서 가장 비옥한 논농사 지대는 전라도의 금구(金溝)

55 역자 주: Wildpfirsich는 지리산에 분포하는 수종인 산복사(*Prunus davidiana* Fr.)로 번역하였다.

와 만경 지구에 있는 판자와 같은 평야(tischgleiche Ebene)이다. 이 두 지구는 금구–만경벌이라 부르며, '황금의 계곡과 파도치는 듯한, 끝없는 알곡의 바다(das Goldene Tal - ein grenzloses Meer wogenden Korns)'를 의미하는 평야의 이름에서 유래한다." 과거 한국의 곡창인 이 지역은 김제 주변의 만경강 남서쪽에 위치한다. 관개용수는 구릉 지역에 산재하고, 오늘날까지 보존되어 있는 작은 저수지들로부터 공급된다. 그동안에 일본 수리조합의 적극적인 활동을 통해서 만경강 하류 및 만경만의 북쪽 지역과 용안(龍安), 강경과 논산 주변의 금강 하류 지역은 금구–만경 지구만큼이나 쌀 생산이 많은 지역으로 변했다(별도 68). 전주군의 대아리(大雅里) 저수지와 익산군의 황등리(黃登里) 저수지와 같은 배후산지와 구릉 지역에 있는 저수지들은 물을 저수하고 비정상적인 여름의 갈수기에 필요한 용수를 하천에 공급한다. 물은 저수지와 하천으로부터 흘러나와 수많은 수로를 거쳐 논에 공급된다. 이곳에서도 고쿠료도(穀量都), 타마킨(多摩錦), 소신레키(早神力), 세키산소(石山粗)와 추신레키(中神力)같은 중생종에서 만생종까지 다수확 품종의 벼가 선호된다. 국지적으로는 나주 주변과 같이 논에서 연근의 재배가 다소 의미를 갖는다.

이 지역의 **밭작물 종류**와 재배 방식은 경상분지와 같다. 충청–전라 지역도 콩, 면화, 뽕잎의 생산이 뛰어나다. 그 외에 특산물로서 생강과 모시의 재배를 주목할 만하다. 이 지역에서도 보리, 쌀보리와 밀이 겨울작물로서 논에서 재배되며, 영광군(靈光郡)에서는 호밀도 널리 재배된다. 그러나 이 지역에서는 겨울에 밭으로 활용되는 논의 비율이 경상분지보다 낮은데, 그 이유는 추측하건대 기후 조건 때문일 것이다. 그 비율은 전라북도에서 33.2%, 전라남도에서 38.8%이나, 이와 대조적으로 충청북도에서는 12.9%에 불과하다. 이 지역에서도 간작은 중부 지방의 서부 지역과 같이 그리 성행하지 않는 편이다. 중요한 것은 간작의 형태로 열을 이루며 재배되는 밭작물들이 이곳에서도 다년생 관목들(Sträucher)이라는 점이다. 저자는 예를 들어 동일한 경지 상에서 밀과 뽕나무, 완두와 대나무를 함께 재배하는 것을 보았다. 대나무 숲은 충청도 지방의 중북부에 이르기까지 점점 그 분포가 줄어든다. 마을 주변에서는 고추, 호박, 참외밭과 배, 사과, 복숭아, 밤, 감밭이 눈에 띈다.

이 지역에서도 **어업**이 중요하다. 한국의 어업은 갯골 위의 간석지 만의 끝 부분에 위치하는 작은 어항을 중심으로 이루어진다. 그러한 어항은 광천(廣川), 대천, 남포(藍浦), 서천(舒川), 만경, 줄포(茁浦)와 법성포(法聖浦)이다. 범선들은 대체로 썰물 시에 갯골의 이토 위에 주저앉아 있다. 소형증기선으로 행하는 일본의 어업은 금강 하구의 군산을 근거지로 삼는다. 성어기는 봄과 가을이며, 주요 어종은 도미류, 조기, 갈치와 해삼이고, 그 밖에도 새우가 있으며, 여름에는 정어리, 민어와 전복이 어획된다. 대구와 숭어의 겨울철 어업은 보잘것없다. 전반적으로 어획고는 서해안 전체가 그러하듯 그리 많지 않다.

비교적 번창하는 다양한 **산업**이 여러 크고 작은 도시에 집중해 있는데, 그 도시들에는 옛 한국의 정방형 도시의 성벽이 있거나 그 위에 요새들이 솟아 있다. 각 제조업 분야들은 거의 전적으로 농산물에 기반을 두고 있다. 이들 제조업 분야는 쌀 운반을 위한 가마니 제작, 정미, 조면(繰綿)과 면실유(綿實油) 추출, 견방직 및 면방직과 그 밖에 죽세공품, 청주, 맥주, 가죽, 밧줄, 종이, 간장, 된장 생산에 기여한다. 그 외에도 농촌 지역에는 특히 금광을 비롯한 몇 개의 광업체와 점토 채굴업체가 있으며, 점토는 출토지에서 기와나 도기를 굽는 데 이용된다. 가장 큰 광산은 김제의 금광이다.

농산물, 특히 쌀은 대규모로 일본으로 수출된다. 가장 중요한 수출항은 군산이다. **육상교통로**로는 예로부터 두 그룹의 도로가 있다. 그 하나는 남해안으로부터 와서 서해안과 평행하게 달려 서울로 향하는 것이다(p.404). 이 중 하나의 도로를 통하여 하멜은 그의 동료들과 함께 제주도에서 서울로 압송되었다. 이 도로가 노령산맥을 넘는 바로 그 지점에 지금도 큰 규모의 옛 한국의 성벽시설이 남아 있는데, 이것은 북한산성의 형태와 유사하다. 또 다른 그룹의 도로는 낙동강 하구의 관문에서 시작하여 마찬가지로 수도에서 끝난다. 오늘날 국도뿐만 아니라 철도도 두 방향을 따라 달린다. 서울–대전 구간에서는 한국 주간선철도가 두 방향의 교통로로 함께 활용된다. 대전에서 부산과 남서 항구인 목포로 향하는 철도가 갈라진다. 목포로 향하는 철도에서 서해안과 남해안의 항구로 향하는 여러 지선들이 갈라진다.

경상분지와 같이 이 지역에서도 **인구밀도**는 벼농사의 집약도와 어느 정도 일치함을 알 수 있다. 금강 하류의 남쪽에 위치하는 익산군은 이 두 지표의 관점에서 한국의 모든 군들 중에서 수위를 나타낸다. 그곳으로부터 해안 쪽으로 인접한 서천군(舒川郡: 285명/km^2), 옥구군(沃溝郡, 270명/km^2)과 김제군(321명)이 그 뒤를 잇는다. 벼농사의 집약도와 함께 인구밀도는 대체로 남서에서 북동으로 갈수록 감소한다. 충청–전라 지역의 평균인구밀도는 대략 충청남도의 인구밀도(186명/km^2)에 상응하며, 이는 경기 지역의 인구밀도에 조금 못 미친다.

경기도와 충청북도에 속하는 **충청–전라 지역의 최외곽 북동부**는 기후, 지형, 지질 조건이 가장 불리한 지역이다. 괴산군(槐山郡)에서는 총면적의 18%만 농경지로 이용된다. 이 지역에 고구마와 대나무는 없으나, 담배 재배는 한국 내 어느 곳과도 비교가 안될 만큼 집약적으로 발달하였다. 미국산 황색종이 일부 재배된다. 담배의 수확량은 1930년에 14,000톤에 달했다. 그 외에도 충주(忠州) 부근에서는 인삼 재배가 활발하다. 군청소재지인 충주(26,210명)는 화강암 침식분지에 위치하며, 이 분지의 북부를 거쳐 하운이 가능한 남한강(南漢江)이 흐른다. 동부에는 높은 규암 산지가 솟아 있다. 이 도시에서 서쪽으로 5km 떨어진 곳에 이 규암에 속하는 변성퇴적암 지역 내에 철광산이 있다. 충주는 중요한 도로교통의 결절지이다. 인근에는 중앙탑(中央塔)이 서 있으며, 이는 한반도의 중앙을 표시한 것 같다. 충주를 조치원(鳥致院) 부근에서 한국 주간선철도(京釜線)와 연결시키는 철도(충북선)는 청주 외곽을 통과한다. 청주는 한국에서 가장 면적이 좁은 도의 도청소재지인 동시에 도청소재지 중에서 세 번째로 작다(30,143명, 그중 10%는 일본인). 이 도시는 황색으로 풍화되어 관목으로 덮인 화강암 구릉들로 둘러싸인 논농사 평야에 위치한다. 현재 이 도시는 주로 단층집으로 이루어진 서양 장기판의 형태(직교상 평면형태)를 지니며, 행정, 상업과 약간의 제조업에 의존한다.

최외곽 북서부는 **서산(태안)반도**이다. 북쪽, 서쪽, 남쪽으로부터 오묘하게도 무딘 톱니바퀴 모양으로 들쭉날쭉한 내진만들이 서산반도로 깊숙이 들어와 있다. 반도 본체의 두 군데에서 매우 좁다란 갯골에 의해 육지와 단절되어 있는, 제3의 반도 안면도(安眠島)가 마치 포도송이처럼 달려 있다. 안면도는 5km의 평균 폭에 길이는 45km이다. 안면도는 여러 간석지 만들을 통해서 다시금 제4의 작은 반도들로 깎여서 만들어지고 있다. 안면도 역시 예외 없이 소나무로 덮여 있고, 낮은 구릉을 이루는 변성퇴적암으로 이루어져 있다. 또한 실제의 서산반도도 화강암과 변성퇴적암(규암, 점토운모편암(Tonglimmerschiefer))으로 이루어진 기반암 위에 관목과 수목이 덮인, 언덕이 많은 붉은색의 구릉지이다. 반도의 서반부를 화강암으로 된 돔형 산인 백화산(白華山: 284m)이 차지하는데, 그 정상부에는 오래된 피난성새가 있다. 간석지의 뾰족한 끝 부분들은 도처에서 방조제에 의해 차단되어 답작 평야로 변했다. 서산반도의 최남서단은 반도의 형태로 약 10km 돌출해 있다. 그곳에는 갯골에 작은 어항인 안흥(安興)이 위치하며, 큰 규모의 옛 한국의 성이 솟아 있다. 사실 이러한 갑(岬)은 전략적으로 중요하다.

서산반도는 동쪽으로 삽교천변(揷橋川邊) 논농사 평야지대에서 끝난다. 이 평야의 동부에는 남북 방향으로 달리며 여러 장소에서 해발 450m를 넘는 산지애(山地崖, Gebirgsstufe)가 성벽처럼 솟아 있다. 이 산지애를 산지 내에 위치하는 군청소재지인 예산(禮山)의 이름에 따라 이하에서는 예산 산지애로 칭한다. 삽교천 평야의 전면에 있는 예산 산지애는 놀랍게도 재령평야 전면의 정방산(正方山) 산지애와 유사하며(p.392), 그와 같은 일종의 단층애(斷層崖, Bruchstufe)일 것이다. **예산지괴**(Scholle)의 북쪽에는 고분다리천(곡교천, 曲橋川)의 계곡이 동서 방향으로 일직선으로 뻗어 있으며, 그 계곡 내에는 옛부터 많은 사람들이 찾아온 온천리 온천(온양, 溫陽: 51℃)이 있다(346, 349). 고분다리천의 온천지대 내에는 주간선철도(경부선) 상에 교통의 교차 지점인 천안(天

安: 17,977명)이 위치한다.

천안 바로 남쪽에서 주간선철도가 통과하는 **차령산맥**은 북동부에서 700m 고도까지 솟아오르며 주로 편마암으로 이루어져 있다. 편마암과 화강암이 접촉하는 곳인 서운산(瑞雲山) 부근에는 산출량이 많은 금광(직산 광산)이 있다. 그러나 해안에 인접한 남서부에는 별도 6에서 제시한 대동계 지층이 매우 넓게 분포한다. 대동계 지층은 대보조산운동을 통해서 규칙적으로 산지의 주향을 따르는 습곡에 놓여 있다. 이 지역에 대한 세밀한 지질학 연구(905)를 보면 지형이 지질구조에 종속됨을 뚜렷하게 알 수 있다(그림 45). 가장 중요한 산릉은 개화리역암과 옥마산층(삽입된 혈암과 함께 사암과 역암)으로 이루어져 있다. 옥마산층은 산릉의 북서단에서 680m까지 솟아 있다. 신라통의 지층으로 이루어진 동일한 주향으로 달리는 하방요곡된 향사가 공주 아래에서 금강과 같은 방향으로 달리며, 그 핵이 되는 앵봉산층(갈색 응회셰일(Tuffschiefer)과 사암)은 하천과 평행하게 달리고, 308m의 고도에 이르는 능선을 이룬다.

차령산맥 중간의 남동쪽에는 고립된 작은 산지인 **계룡산**(鷄龍山: 828m)이 솟아 있다. 이 산은 주로 세립화강암으로 이루어져 있다. 일반적으로 우수한 1:1,000,000 한국지질도에 의해 표시된 넓은 반암 지역을 저자는 어느 곳에서도 전혀 마주칠 수가 없었다. 직선상의 서쪽 경계선은 공주의 동쪽에서 논산의 동쪽까지 이르는 깊게 개석된 구조곡을 이룬다. 이 구조곡으로부터, 그리고 북쪽 인근에 있는 금강으로부터 계단상의 폭포가 많은 V자곡들이 매우 경사가 급한 암벽을 갖게 이 화강암 산지를 침식했다. 측면 계곡들을 갈라놓는 분수령들은 면도날 같으며, 톱니같이 뾰족하다. 대규모의 경사가 급한 암괴류가 계곡 배후에서 흘러내린다. 많은 사찰이 산지 도처에 분포하기 때문에 아직도 때죽나무지대(Styraxstufe)를 대표하는 수종들을 포함하는 삼림이 무성하다. 최정상에는 무속신앙의 성소로서 천을 두른 앙상한 나무가 서 있고, 위에 등이 달린 돌 더미가 있다.

계룡산의 북서쪽에 충청남도의 구도청소재지가, 동쪽에는 신도청소재지가 각각 위치한다. 도청소재지인 **공주**(公州)는 포플러가 늘어선 금강에 접하나, 홍수에 대비하여 계곡 내 평탄한 분지 상에 입지한다. 공주의 지형적 입지는 서울과 유사하다. 공주는 최근에 와서 쇠퇴하였으나(12,054명), 바로 그 때문에 옛 한국의 전통적 특성을 간직하고 있으며, 가로를 따라 만개하는 벚꽃으로 유명하다.

신도청소재지인 **대전**(大田)은 한국에서 세 번째로 중요한 철도의 결절이 형성된 이후에야 비로소 번창하기 시작했다. 대전이 1904년에 시로 승격될 때 188명의 일본인이 거주하였고, 1938년에는 일본인의 수가 9,278명으로 40,001명의 총인구 중 23%를 차지하였다. 대전은 매

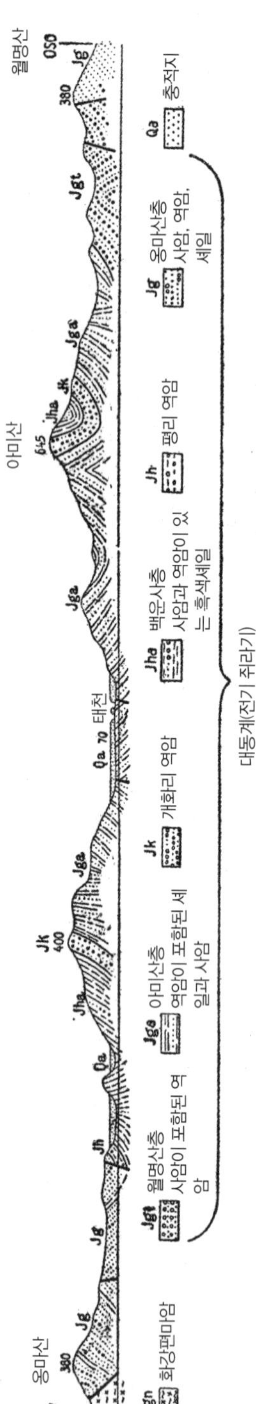

그림 45. 금강 하구 북쪽의 대동계 지층 습곡지대의 지질단면도(출전: S. Shimamura) (축척 약 1:60,000)

우 급속히 발전하였으며, 계속 빠른 성장을 하고 있다. 대전은 기존의 어떠한 한국 전통 취락과도 연계되지 않으므로 도시의 건축은 대단히 강한 일본 요소를 갖고 있다. 대전 시가지는 작은 대전천의 제방을 따라 직선상의 도로와 함께 길고 좁게 뻗어 있다. 철도공작창과 역전 취락이 대전의 독특한 느낌을 준다.

금강 하류에 위치한 부여(夫餘: 13,049명)는 수백 년 동안 백제의 수도였으나, 현재는 작은 군청소재지에 불과하다. 지금도 전래된 사찰, 탑, 왕릉, 성곽, 산성 등이 남아 있다. 부여로부터 20km 남쪽, 논산 부근의 관촉사(灌燭寺) 배후에는 편평하고 관목이 우거진 화강암 사면 위에 한국에서 가장 큰 미륵불상(彌勒佛像)이 서 있다. 거대하고, 종으로 장식되었으며 사각형의 탑모양으로 된 갓(보계)을 쓴 불상의 높이는 26m[56]이다.

군산(群山)은 깔때기 모양의 넓은 금강 하구의 남안에 위치한다. 즉, 갈색의 하천수가 흘러가며 하구역이 최대 수심을 갖는 쪽에 위치한다. 이 도시는 한때 섬이었으나 지금은 공원으로 꾸민 적색 셰일로 된 구릉에 자리 잡고 있다. 매우 관리가 잘되어 깔끔한 이 도시는 완전한 직교식의 신시가지를 이루고 있는데, 이는 1899년 개항장이 된 이래 형성된 것이며, 뚜렷하게 일본식의 인상을 풍긴다. 두 개의 옛 한국의 농촌이 오직 외적으로만 군산과 연결되어 있다. 지금도 급격히 성장하는 군산의 인구는 1938년 현재 44,284명이며, 그중 24%는 일본인이다. 식수조달의 난제는 도시 남서쪽의 후지수로(富士水路, Fujikanal)의 용수 일부를 약 50m까지 펌프시설로 양수하고, 정수장을 통하여 공급함으로써 해결되었다. 군산의 산업은 위에서 기술된 성격을 지니나, 그 밖에도 금속 및 고무제품이 생산된다. 항구는 매우 현대적인 대규모의 시설을 갖추고 있다. 부두를 따라 세 개의 큰 창고가 서 있다. 간만의 차가 최대 7.5m에 달하므로 부두 전면에 큰 수상 플랫폼(Schwimmponton)들이 떠 있으며, 수상 플랫폼들은 크레인과 같은 하역장비와 돌쩌귀가 달린 부잔교(浮棧橋)를 통해 육지와 연결되었다. 이러한 방식으로 선거(船渠)를 만들지 않아도 되었다. 그리하여 부두 노동자들은 솜꾸러미와 특히 쌀가마니를 창고로부터 부잔교에 고정된 거룻배로 끊임없이 옮겨 싣는다. 이미 1929년에 쌀 수출은 34,000,000엔에 달했다. 쌀과 면화 외에 콩, 가죽과 가마니가 주요 수출품이다. 매우 양이 적은 수입품 중 섬유제품, 석탄, 비료, 밀가루와 농기구를 들 수 있다. 군산은 74,400,000엔의 해상 수출입물동량(1934년)으로 한국에서 네 번째 항구이다. 현재 도 경계를 이루는 이곳의 1,200m 폭의 금강 건너편에는 1930년에 철도가 충남 서부를 거쳐 그곳까지 개통된 후, 장항(長項) 항구가 발달하기

56 역자 주: 관촉사의 안내문에는 18m로 적혀 있다.

시작했다.

군산반도의 전면에는 1923년 이래 **후지회사의 간척지**가 전개되어 있으며, 이 간척지는 그 특징에 있어서 용암포 간척지(p.361 이하)와 같다. 이전에 이곳에도 실트질 간석지가 있었고, 간석지에서 소나무가 우거진 몇 개의 섬들이 돌출해 있었는데, 부분적으로 사주에 의해 서로 연결되어 있었다(913, 914). 섬을 이어 건설된 수 마일의 길이에 달하며, 외측을 돌로 쌓아 만든 경사가 급한 거대한 제방을 통하여 두 개의 큰 간척지가 간석지로부터 조성되었다. 이 간척지들은 섬들 중 가장 큰 섬과 저수지에 의해 서로 분리되었다(별도 69). 수문 가운데 하나는 오래된 편마암 섬의 기반에서 암석을 폭파하여 만들었으며, 세 개의 수문이 본토의 물을 배수한다. 두 개의 간척지에는 각각 1,000정보(992ha)의 논이 있고, 그 밖에 건물, 길과 밭을 포함한 면적이 500정보이다. 각 간척지의 논은 5단보(0.5ha)의 정사각형 논으로 구획되어 있다. 정사각형 경지의 방향은 북부 간척지의 경우 세 단지가 서로 다르게 배열되어 있음을 알 수 있는데, 그것은 간석지의 경사 관계와 그에 따른 수로의 방향에 적합하도록 한 것이다. 남부 간척지의 경지는 한 단위의 단지를 이루고 있다. 남부 간척지는 한국 농부에게, 북부 간척지는 일본 농부에게 각각 임대되었다. 1937년 북부 간척지에는 가족들을 포함하여 1,708명의 일본인이 거주했다. 모든 농부는 각각 여섯 필지, 즉 3ha를 임차하여 경작한다. 토양은 매우 비옥하여 쌀 수확량은 단보당 6석(109hl/ha)이나 된다. 1933년 일본인이 거주하는 간척지에는 각각 10호씩으로 구성된 27개 촌락이 산재해 있었다. 3호마다 한 마리의 역우(役牛)를 공동으로 소유한다. 간척지의 토양은 염분을 함유하고 있으므로 벼농사를 위해서는 매우 집중적으로 관개되어야 한다. 특히 제방에서 가까운 곳을 위시하여 식물이 자라지 않는 제방 위에서는 저습지 토양에서 나온 흰 띠 모양의 소금 결정을 볼 수 있다. 동쪽으로 이리평야(裡里平野)까지 연결된 큰 수로 중 하나가 이 간척지까지 도달한다. 그 물은 가을에서 봄까지 매우 높은 제방과 이에 걸맞는 큰 저수 용량을 가진 간척지들 사이에 있는 저수지로 퍼 올려진다. 이 저수지의 넓이는 319ha이며, 6월부터 그 물이 경지에 관개된다. 주수로, 부수로, 그 밖에 분기된 용수로가 직각으로 교차하는 용수 공급체계에 의해 물이 경지에 공급된다. 배수로들은 급수로 아래에 있는 경지를 통과하여 수문으로 집수된다.

만경강 하류 주변에서 논농사 지역의 중심은 철도교통의 결절지인 **이리**(裡里: 21,335명, 그중 20%는 일본인, 별도 68)이다. 만경강이 노령산맥으로부터 흘러나오는 바로 그곳으로 황색으로 풍화된 화강암 구릉들이 솟아 있는 비옥한 평야에 과거부터 전라북도의 도청소재지인 **전주**(42,520명, 그중 14%는 일본인)가 위치한다. 옛 왕조시대의 많은 유적들이 아직도 남아 있으며, 그

중 특히 아름다운 2층의 남문(풍남문)이 있다. 이곳에서도 좀 더 최근의 발전은 체계가 없이 진행되어 왔다. 전주는 이 지방의 중심으로서 뛰어난 교통입지를 지니며, 선행하천의 협곡을 따르면서 노령산맥을 횡단하는 도로들의 자연적인 구심점이다.

노령산맥은 이곳에서 18km의 폭을 가지며, 북동–남서 방향의 주향을 달리는 신라층군으로 이루어져 있다. 이 산맥의 남동 주변부에서 길이 10km, 폭 5km에 걸쳐 층후가 적어도 500m인 거의 성층을 이루지 않은 역암괴가 이 신라통군 위를 덮고 있다. 이 역암괴는 각력에서 완전한 원력까지, 또한 규암, 편마암, 각섬석화강암, 흑운모화강암, 천매암, 반암으로 이루어진 머리 크기까지 이르는 역으로 구성되어 있다. 작으며 가장 작은 중력에서 모래 크기까지 접합물질을 이룬다. 이 역암괴는 북동쪽을 향하여 직각으로, 그리고 이 단층과 경계를 이루며 진안면(鎭安面)의 편마암 지역으로 뻗어 있다. 역암으로 된 전 지역은 뚜렷한 sugarloaf 지역이다. 이 sugarloaf는 역암괴의 북동단인 두 개의 **'마이산**(馬耳山: 673m와 667m)'에서 가장 장관을 이루며 발달해 있다. 이 정상들은 진안면 위로 거의 400m 더 솟아 있다. 이 두 정상을 연결하는 안부가 정상보다 200m나 낮지만, 두 정상은 불과 약 500m 떨어져 있다. 둥근 암벽의 경사는 최고 90°에 이른다. 경사 70°에 이르는 곳까지 무성하게 자란 관목림으로 덮여 있다. 그 밖에도 사면들은 조류(藻類, Algen)와 지의류(Flechten)에 의해 암회색을 띤다. 남사면 상에는 아마도 지하수의 유출 때문에 사면에 반구형의 공동(空洞)들이 생겨났는데, 공동들의 형성은 급속히 진행되고 있다. 두 개의 마이산 아래에는 한국에서 자연미로는 첫째라고 할 수 있는 사찰들이 있다. 서쪽 산의 정상에는 주요 기본 방위에 시계 방향으로 배열된 5개의 제기와 등을 하나 갖춘 제단이 있다.

섬진강은 마이산에서 발원하여 처음에는 노령산맥의 방향인 남서로 흐른다. 섬진강은 사행을 하면서 중간 정도로 감입하는 유로에서 아마도 선행(先行)하듯이 위에서 언급한 신라층군에 속하는 신라통의 퇴적암과 불국사동의 반암을 통과하여 흐른다. 곡지까지 흘러내린 외궁리의 느슨한 애추 퇴적물에는 겨울의 찬 공기가 연중 저장되어서 거기에 조성된 찬 공기 저장소는 원하는 부화기까지 누에 알을 보관하는 데 활용될 수 있다(398, 그림 46).

부안(변산)**반도**는 석영반암층으로 채워져 있다. 그중 좀 더 단단한 암석들은 수직벽을 이루어 수직벽에서 반암의 주상절리를 볼 수 있다. 매우 가파르고 울창한 삼림을 가진 산들이 줄포만(茁浦灣) 바로 위에 424m까지 솟아 있다.

최남부는 도청소재지인 **광주**(光州: 57,461명, 그중 14%는 일본인)에 의해 지배된다. 넓은 면적의 이 도시는 그 위에 웅장한 무등산(無等山)이 솟아 있는 담양–나주의 큰 분지 내 남동부에 위치한

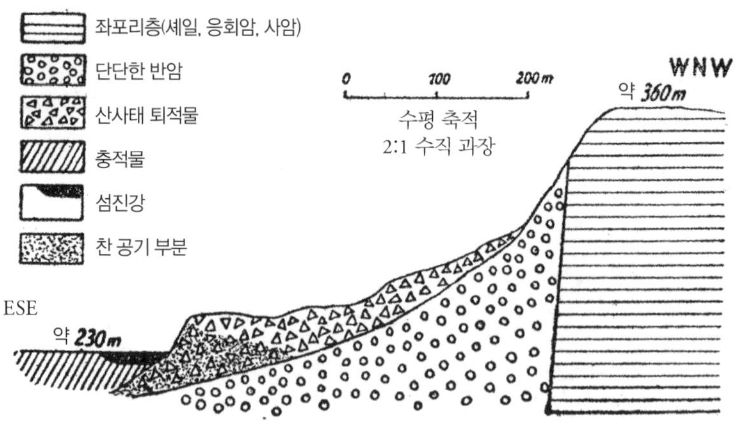

그림 46. 외궁리(外弓里, 전라북도)의 애추와 찬 공기저장소(Kaltluftreservoir)를 나타낸 단면도

다. 도심은 관공서 건물들이 있는 쾌적한 일본 도시이다. 도시의 축을 이루는 동일한 주 간선 도로변에 북서쪽과 남동쪽으로 조밀한 한국인 지구가 연결되어 있다. 도시를 유지하는 산업은 분지 평야의 넓은 벼농사 지역과 화강암 산지 주변의 비옥한 밭을 경작하는 것, 양잠, 행정, 섬유산업과 상업이다.

15. 남해안 지역

한국의 어느 지형도 상에서도 서해안의 함평만(咸平灣)과 대한해협의 마산만(馬山灣) 사이의 남부에 위치한 해안 지역이 바로 눈에 띈다(별도 70). 서해안의 다른 구역에도 도서와 반도가 많이 있으나, 전반적으로 그 규모와 수효를 감안하면 이곳과 같이 큰 역할을 하지 않는다. 다만 마산반도[57]와 서산반도(p.394, p.496)만이 최남단과 유사한 해안선 형태를 나타낸다. 그밖에 다른 어느 곳도 수평적 윤곽이 이 지역만큼 깊고 뚜렷하지 않다. 해남반도(海南半島)는 길이가 40km에 달한다. 고흥반도(高興半島)와 여수반도(麗水半島)는 그보다 조금 짧다. 반도들을 분리하는 만

57 역자 주: 옹진(甕津)반도를 가리킨다.

들은 그에 상응하게 크다. 가장 중요한 만으로는 진해만, 진주만[58], 광양만(廣梁灣), 순천만, 득량만(得良灣), 도암만(道岩灣)과 마로해(馬老海)가 있다. 흔히 이와 같은 **반도들**이 좁은 해협을 통해서만 육지로부터 분리되는 큰 **도서들로** 대체된다. 거제도(巨濟島: 385km²), 진도(珍島: 315km²)와 남해도(南海島: 305km²)는 여기서 고려되지 않는 제주도를 제외하고 한국에 있는 가장 큰 섬들이다. 화원(花園) 및 통영(統營)과 같은 많은 반도들도 최근에 일어난 충적지의 형성으로 육지와 결합되었으며, 많은 도서들이 썰물 때에는 육지와 연결되기 때문에 큰 섬들과 반도들 사이에는 근본적인 차이가 없다. 그러므로 상세한 본토의 해안선 위치라는 것은 기본적인 형태적 의미가 없다. 반도들, 큰 섬들과 만들이 조밀하게 상호 서로 이어져서 그 사이의 어디에도 직선상의 해안 구간이 있을 여지가 없다.

부분적으로 큰 섬들과 반도들의 전면이나, 부분적으로 만의 외측 넓은 곳에 작은 섬들이 연속되어 있다. 이 섬들은 최고 35km의 폭을 가진 **제2 도서지대**(zweiter Ring)를 이룬다. 그러한 섬들은 도서지대 내에서 꽤 조밀하게 위치하며, 경우에 따라 군도를 이룬다. 제2 도서지대에 속하는 섬들로는 돌산도(突山島), 완도(莞島), 소안군도(所安群島)와 우이군도(牛耳群島)가 있다. 약 20km 폭의 도서가 없는 해수면으로부터 분리된 다음에 끝으로 소수의 규모가 작은 섬들로 구성된 **최외곽 도서지대**가 나타난다. 이 중 가장 바깥의 소흑산도(小黑山島)는 서해의 먼 바다에 위치하며, 가장 가까운 본토 지점으로부터 126km나 떨어져 있다. 세 개의 섬으로 구성된 하나의 작은 군도도 같은 도서지대에 속하는데, 이 군도는 수심이 깊은 중앙의 만(Zentralbucht)을 둘러싸고 있다. 이 섬은 거문도(巨文島) 혹은 삼도(세 개의 섬)라 불린다. 식수 조달이 용이한 이 군도는 영국-러시아 관계의 심각한 위기 동안인 1885~1886년에 영국인에 의해 점령되었다. 영국인들은 이 섬을 Port Hamilton이라고 명명했다(922). 최외곽 도서지대는 섬이 없는 80km 폭의 바다 지대에 의해 전혀 다른 특성을 갖는 제주도로부터 분리된다. 둘레가 500m 이상이 되는 총 1,029개의 도서가 전라남도에 속한다. 전라남도와 경상남도에는 총 2,244개의 다양한 크기의 섬들이 있다(299, Bd.17, p.60). Schröter(354)는 도서의 해안선이 한국 남해안 길이의 69%를 차지하는 것으로 계산하였다.

서양 문화권에서는 Murray Maxwell 선장과 Basil Hall 선장이 이 도서 지역을 탐험한 공로가 있다(p.85). 그들은 이 도서 지역을 **한국열도**(Korea-Archipel)라고 명명했다(162-164). 제2 도서지대 중 어느 한 섬에서 탐험대의 일원들은 "정확히 한눈에 135개의 작은 섬들을 셀 수" 있었

58 역자 주: 사천만(泗川灣)을 가리킨다.

다(C. Ritter 133, p.622). 이보다 늦은 시기에 제주도로부터 한국 본토로 되돌아오는 길에 한국열도를 모험적으로 항해했던 S. Genthe의 생동감 넘치는 수기가 나왔다. 그는 제2 도서지대의 특징을 다음과 같이 기술했다(217, p.340). "이제 시야에 들어오는 모든 방향은 다양한 크기의 끝없는 섬들로 둘러싸여 있다. 그중 가장 작은 섬에도 사람이 거주하는 것 같았다. 망원경으로 도처에서 주름진 지표(Gelände falten) 위에 조밀하게 경작되는 지역들을 볼 수 있으며, 때로 위로 솟아오르는 연기가 이미 그 위치를 드러내 주는, 주름진 지표에서 돌출한 원주민의 초가집들을 볼 수 있다. 나는 도처에서 정성들여서 벼, 면화, 메밀, 콩, 조와 고추가 재배되고, 경작지에는 가을파종을 하는 농부의 흰색 옷들이 빛나며, 목화밭에서는 열개(裂開)한 송이에서 티 없는 흰색으로 부풀어 오른 솜 뭉텅이를 추수하는 여자들과 아이들의 다채로운 옷들을 발견했다. 섬나라(Inselreich) 전체는 풍요롭고 행복하며, 손상되지 않은 자연 그대로라는 인상을 준다."

인문지리적 측면에서나 자연지리적 측면에서 도서 지역과 그에 바로 인접한 본토 지역 간의 근본적인 차이는 없다. 도서에 인접한 본토 지역이라는 것은 북쪽으로 대략 함평만과 마산만을 직선으로 잇는 선까지를 말한다(별도 23). 이렇게 경계를 정한 '남해안 지역'은 동시에 화산섬인 울릉도와 제주도를 제외하고, 경관상(景觀像)에서 상록 식생요소가 두드러진 한국의 유일한 지역이다(별도 17). 이것은 동시에 기후의 특수성(Sonderart)을 의미한다. 따라서 **남해안 지역**은 여러 가지 측면에서 뚜렷하게 개별화된 지역이다. 이 지역은 전라남도의 남부 3/4과 경상남도의 최남단을 점유하며, 그 면적은 약 10,000km^{2}이다.

도서와 본토 간의 차이가 수평적 구조에서 매우 적은 역할을 하며, **수직 구조와 지질 구조**에 대해서도 마찬가지로 중요하지 않다. 편마암, 운모편암과 규암으로 이루어진 영남지괴가 여기서 매우 크게 좁아진다(별도 7). 영남지괴는 본토의 남서단에서 끝난다. 서해를 향한 남해안 지역은 옥천지대(옥천지향사)의 암석들로 이루어져 있으며, 대한해협을 향하는 지역은 이 지역에서 남서 방향으로 멀리까지 뻗은 주로 쓰시마분지의 퇴적암 지역에 속한다. 낙동통과 특히 신라통에 속하는 셰일, 역암, 사암, 석영운모편암, 반암과 응회암이 앞서 언급한 두 지대에서 본토나 도서의 넓은 면적을 지배한다. 그 밖에 불국사통의 화산암들이 있는데, 이것들은 예외적으로 이 지역에서 암석학적으로 매우 다양하게 발달하였으며, 석영반암, 장석반암, 문상반암(文象斑岩), 섬장암(閃長岩), 섬록암, 명반석과 화강암으로 나타난다(917, 918).

이 모든 암석들은 그들의 형태적 성질에 따라 침식되었다. 대체로 고도가 매우 낮은 우수영반도(右水營半島)[59]는 신라통의 응회암으로 이루어져 있다. 이와 대조적으로 본토의 남서단 갑에 솟아 톱날같이 깎아지른 듯하게 703m 고도까지 솟아서 북동쪽으로 40km를 달리는 인근의 두륜산(頭輪山) 능선은 선캄브리아기의 조립질 규암으로 이루어져 있다. 본토에서 두 번째로 높은 영암(靈岩) 부근의 월출산(月出山: 809m)은 운모가 매우 적은 화강암으로 이루어졌으며, 굴뚝암주(Quarderfelsburgen)[60], sugarloaf와 첨봉(톱날) 능선의 형태로 화강암 침식지형을 아주 인상적으로 나타낸다. 반도와 도서들에는 규암, 화강암과 반암으로 된 산지들이 비슷한 고도로 솟아 있다. 고흥반도의 천등산(天燈山: 555m)은 신라통에 속하는 암회색의 극세립질 규암이며, 반암으로 이루어진 절해고도 소흑산도는 639m까지 솟아 있다. 특히 남해안 지역의 동반부에는 본토 위와 도서 위에서 신화강암의 거대한 병반(餠盤)이 신라통의 퇴적암층에서 형태를 드러낸다. 그와 같은 산들은 남해도(南海島)에서는 786m(망운산, 望雲山), 거제도에서는 555m(옥녀봉, 玉女峰), 그리고 본토에서는 849m(금오산, 金鰲山)의 고도에 이른다. 본토와 마찬가지로 도서들에도 매우 뚜렸하게 산이 많다. 충적평야는 매우 작은 면적을 차지하며, 당연히 매우 짧은 개울들만 있는 본토에 있다.

전 남해안 지역은 최종 빙기 동안만하더라도 주로 측방침식에 의해 넓어진 계곡들을 가진 본토였다. 측면 계곡들 사이의 분수령의 고도는 주변부에서는 낮으나, 지금의 본토 쪽으로 갈수록 높아지며, 분수령을 이루는 암석의 상이한 침식저항력에 따라 변한다. 그와 같은 형태를 이룬 본토의 지괴가 전 세계적 빙하성 해수면 상승의 가능한 범위 내에 놓여 있어서 **내진**(Ingression)의 영향을 받았다고 상상하면, 현재의 지표 형태의 모습은 쉽게 설명될 수 있다(p.28). 반도들과 큰 섬들로 이루어진 제1 도서지대는 과거의 측면 계곡들과 사이의 분수령과 그 주변의 후면부에 속하고, 제2 및 제3의 도서지대는 주변부의 측면 계곡들과 사이의 분수령 상에 있던 국지적 경암잔구(硬巖殘丘, Härtlingen)들에 해당한다. 최외곽 도서지대에 있는 작은 섬들에 이르기까지 서해의 수심은 대한해협과 마찬가지로 70m를 초과하지 않으며, 소흑산도 주변에서만 수심이 거의 100m로 증가한다. 만들은 과거의 넓은 계곡에 해당한다. 만의 수심은 얕으며, 만을 둘러싸고 있는 반도 및 도서의 고도와는 관계가 없다. 20m 등수심선은 만들 중에 동쪽 만으로만 곡선을 이룬다. 만들 안에 곳에 따라 국지적으로 고립되어 수심이 깊은 곳은 대체로 좁은 수로에 위치하고, 이는 조수의 하방침식이 그 원인이 된다. 목포에 바로 접해 있는 각력암의 돔형 산인 유달산(鍮達山) 위에 서서 동쪽을 응시하면, 내진이 계속 일어날 경우 서쪽과 남쪽을 향한 경관이 현재 보여 주는 바와 같이 인접한 본토가 정확하게 똑같이 반도들과 섬들의 미로로 갈라지는 것을 쉽게 상상할 수 있다.

---

59 역자 주: 화원반도를 가리킨다.

60 역자 주: 흔히 이러한 암주는 입석대라 불린다.

최외곽 도서지대에 있는 섬들만이 높은 단애들로 사방이 둘러싸여 있다. 때로 섬의 가장 바깥쪽 돌출부에는 수직의 암첨(岩尖, Felsnadeln)들이 있다. 제2 도서지대의 섬들에는 외측에 보통 최고 10m 높이의 단애가 발달해 있다. 내측 도서지대의 해안은 완벽하게 침식받지 않은 상태의 암석으로 된 내진해안이다. 그것은 최근의 내진 과정의 결과일 뿐만 아니라, 전면의 섬들에 의한 보호작용의 결과이다. 도서 위에 다소의 충적지 형성은 현재의 해수면 수준에 적응했다. 섬진강이나 영산강과 같은 긴 하천이 포함된 본토에서 충적 지역이 좀 더 넓다. 그 충적 지역들은 거의 전적으로 하성 충적지와 늪지로 이루어져 있다. 해안 늪지는 지금까지 전혀 발달하지 않았다.

평균 조차(潮差)의 높이는 대한해협에서는 서쪽으로 갈수록, 서해에서는 북쪽으로 갈수록 증가한다. 조차는 부산에서 2.1m, 거문도에서 3.4m와 목포에서 5.4m에 달한다(457). 이러한 큰 조차와 만조시간(Hafenzeit)의 큰 차이로 인하여 조류의 유속은 지구 상에서 보기 드물게 빠르게 발달한다. 이것은 목포해협(10knot)과 최소폭이 1,200m에 불과한 진도와 화원반도 사이의 해협(9~11knot)에서 특히 악명이 높다. 울돌목(명량해협, 鳴梁海峽)의 조류에 대한 무지 때문에 이곳에서 1592년 도요토미 히데요시의 침략 때 일본 함대는 조선 수군에게 참패를 당했다(p.65). 이와 같은 강한 조류, 잦은 저기압성 폭풍 및 태풍, 이에 동반한 집채만한 높이의 파도, 늦봄과 여름의 잦은 안개, 섬들과 단애들의 미로로 한국열도(다도해)의 수역은 모든 나라의 선원들이 두려워하는 해역이다.

동쪽에서 서쪽을 거쳐 북쪽으로 가면서 조차의 높이가 증가하는 결과는 같은 방향으로 간석지의 면적이 증가하는 것이다. 거제도에는 언급할 만한 간석지가 없다. 남해도는 이미 썰물 시에 본토와 연결된다. 광양만(光陽灣)의 북측에서는 이미 이토 간석지의 면적이 넓다. 지도(智島) 군도 주변의 함평만 서쪽 해역은 거의 폭넓은 갯골이 나 있는 간석지로만 이루어져 있다.

남해안 지역의 대지형(Großform)조차도 위에 언급한 설명만으로는 아직 완전히 이해되지 않는다. 무엇보다도 다음과 같은 의문이 제기된다. 남해안과 동일하게 과거의 육지를 침범했던 서해안의 먼 북쪽에는 내진 형태를 이루지 않는 데 반해 최근의 양(+)의 해안선의 이동(Strandverschiebung)이 왜 이곳에서만 극도의 내진 형태를 이루었는가? 이 물음에 대한 답은 이 지역의 본토 주변부를 관찰함으로써 얻을 수 있을 것 같다. 이미 경상분지를 다루면서 남강이 진주 부근의 해안에서 불과 8km 떨어져 흐르긴 하나 동북동으로 방향을 바꾸어 낙동강의 지류가 된다는 특이한 사실을 지적했다. 진주로부터 낙동강 하구까지 강물은 187km를 흐른다. 똑같은 경우가 훨씬 서쪽에서도 반복된다. 보성강(寶城江)은 해안으로부터 5km 떨어진 곳에서 발원하

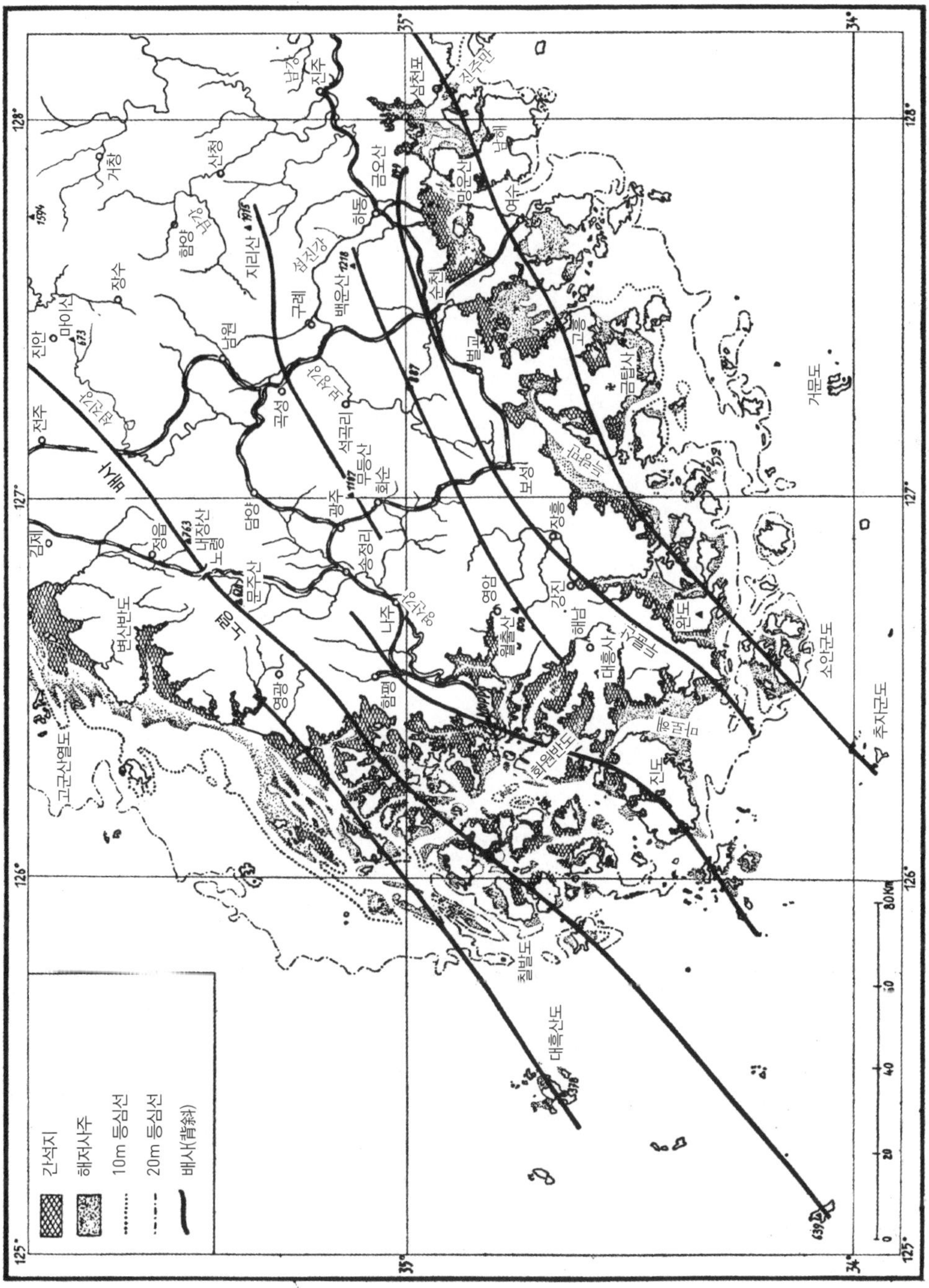

[별도 70] 남해안 지역의 지형 개관

[별도 71]

75. 하동 부근의 섬진강 계곡에 있는 관개답들(남해안 지역)

뒤는 백운산(1,218m)

76. 유달산에서 내려다본 항구와 만이 있는 목포

사진에서 일본인 시가지를 볼 수 있다.

[별도 72]

77. 남해안 지역의 내진해안 경관

천등산(고흥반도)에서 남서쪽을 바라 본 전경

78. 제주도. 취락 내의 도로

새끼줄로 엮은 농가들이 현무암 담장 뒤에 가려져 있다.

[별도 73]

79. 울진의 여름 장날(경상분지, 1933년 4월 4일, 정오)
오른쪽 전면에 갓을 쓴 남자

80. 제주도, 서귀포 동쪽 하효리 부근 현무암층에 있는 협곡
주로 돌참나무(Shiinobaum)들로 이루어진 상록수

여, 곧바로 200m의 절대 고도의 넓은 곡저평야를 관통하여 흐르고 바다와는 전혀 무관한 완만한 기복을 가진, 옛 지역을 횡단한다. 좁은 사행천 협곡에서 보성강은 북동쪽으로 방향을 바꾸어 소백산맥의 남단을 관통하는 바로 섬진강의 선행하는 협곡에 이르러 섬진강에 합류한다. 보성강의 물은 발원지로부터 하구까지 170km를 흐르며, 해안으로부터 35km까지 떨어져 있다. 이 두 가지 경우는 그 축이 동북동–서남서 방향으로 해안선과 나란히 달리는 **최근에 일어난 융기운동**을 통해서만 설명될 수 있다(별도 70). 실제로 저자는 이 지대 내에서 융기된 구침식면과 마주쳤는데, 그 예로는 사천(泗川)과 마산 사이에 약 250m 고도와 또 다른 약 550m 고도의 구침식면이 있다. 남측의 도서들과 반도들이 그 한가운데 망치 형태의 넓은 부분들을 지니고 있으며, 그 위를 한산 전위계(Dislokationssystem)의 단층선의 하나가 지나간다고 Kotô가 이미 지적한 바 있다. 확실히 단층선의 존재를 가정하기 위한 최소한의 증거는 없으나, Kotô의 기본 견해가 뒷받침될 수 있는 경우들 중의 하나가 이 지역에 있다. 최근에 일어난 두 융기축에 대략 평행하게 다른 융기축들이 달릴 것이다. 유달산과 월출산으로부터 저자의 관찰을 근거로 하면 저자는 좀 더 북서쪽으로 5개의 융기축이 있을 것으로 추측한다(별도 70). 끝에서 두 번째의 융기축은 노령산맥의 연장부를 이룬다. 이 모든 융기축은 대한해협, 서해와 동중국해 사이의 경계 지역을 향하여 남서 방향의 주향을 갖는다. 그리고 한국 본토와 도서 열들의 전진도 같은 방향을 갖게하여 이 지역의 특수한 해안 유형을 이루게 했을 것이다.

남해안 지역의 **기후**도 독특한 특성을 가졌다는 사실을 이미 위에서 언급하였다. 다음의 표는 그에 관한 정보를 제시한다. 이 표는 서반부와 동반부의 각각 한 개의 본토 관측소, 서부와 남부 각각 한 개소의 섬 관측소와 끝으로 이보다 훨씬 남서쪽에 위치한 소흑산도를 포함한다.

남해안 지역은 제주도를 제외하고 고도가 낮은 어느 지역에서나 최한월의 평균기온이 0℃ 이상인 한국에서 유일한 지역이다. 목포와 하동 사이의 비교와 칠발도(七發島)와 거문도(巨文島) 사이의 비교에서 나타나는 바와 같이, 이 지역에서도 동부의 1월 평균기온이 서부보다 좀 더 높다. 다른 모든 곳에서와 같이 이 지역에서도 섬들은 인접한 본토 관측소들보다 겨울에 좀 더 높은 평균기온을 갖는다. 1월 평균최저기온이 −3℃ 이하가 되지 않고, 절대최저기온이 어느 곳에서도 −15℃에 이르지 않는다는 사실이 식물 성장에 있어 매우 중요하다. 남쪽의 위치에 상응하듯이 여름에는 덥다. 연교차는 단지 북부에서만 25℃ 경계를 넘고, 최외곽 도서지대에서 약 22℃가 된다. 이것은 한국의 상황에서 매우 낮은 수치이다(별도 10).

남해안 지역에서 충청–전라 지역에서보다 좀 더 뚜렷한 강수량 계절변화의 균등성이 나타난다. 겨울의 최저강수량이 항상 1월에 나타나지는 않지만 절대적으로나 상대적으로 비교적 많고, 여름의 최대치는 제주도와 울릉도를 제외하고는 한국에서 상대적으로 가장 적다. 겨울 강수량의 중요성은 섬들에서 강수일수의 계절변화의 최대가 때때로 이 겨울 동안의 어느 한 달에 나타나는 것을 통해서 표현된다. 연강수량은 특히 남부에서 매우 많다. 그 이유는 Td_2 및 Te_2와 강하게 발달한 Tf_2 저기압이 연강수량의 대부분을 비로 가져오기 때문이다. 한여름과 초가을에 Ta_1, Tb_1과 Tc_1 태풍도 추가적으로 비를 가져온다. 그러나 서해안과 특히 그 전면에 위치한 섬들은 여름을 위시한 어느 계절에나 서해안의 모든 곳에서 확인된 강수량의 감소 현상을 보여 준다. 칠발도는 하동의 1/2도 되지 않는 강수량을 갖는다.

이 지역에서 유일한 기상관측소인 목포는 겨울에 완전히 북계절풍(Nordmonsun)의 지배하에 있다. 그러나 이 북계절풍은 서해 상을 지나 이 지역에 도달하여 비교적 습윤하다. 이 북계절풍과 때때로 통과하는 저기압의 영향으로 인하여 겨울에 높은 상대습도(1월 70.4%), 낮은 일조율(12월 44%) 및 높은 구름량(1월 6.9)이 나타난다. 이미 언급한 바와 같이 늦봄과 이른 여름에 해안과 도서 지역에 안개가 많다. 한여름에는 남계절풍이 강하게 발달한다. 목포에서 7월에 최고상대습도(85.3%)와 최고구름량(7.7)이 나타나고, 한겨울과 거의 같은 낮은 일조율(46%)이 나타난다. 가장 아름다운 계절은 강수일수와 구름량(10월 5.1%)이 최저이고, 일조시간이 최고(66%)인 맑은 가을이다. 그렇지만 이 고요한 천후(天候)는 때때로 태풍의 통과로 인하여 중단된다.

제주도와 울릉도를 제외하고 남해안 지역은 **식생 중에서 상록의 요소**가 중요해지는 한국의 유일한 지역이다. 그러나 이것을 이 지역 북부 주변의 뚜렷한 경계에서 갑자기 모든 하록활엽수가 상록활엽수로 대체되는 것처럼 생각해서는 안 된다. 상록 요소들은 이 산악 지역에서 비

남해안 지역의 기후자료

관측소	고도 (m)	기온							강수량								
		1월			8월			연교차	1월				7월				연강수량
		평균 기온	평균 최저 기온	절대 최저 기온	평균 기온	평균 최고 기온	절대 최고 기온		평균 (mm)	‰	평균 강수 일수	강수 강도	평균 (mm)	‰	평균 강수 일수	강수 강도	
목포	31	+0.9	−2.4	−14.2	26.2	30.5	37.0	25.3	34.9	32	8[1)]	2.7	200	181	15	13.6[2)]	1103
하동	20	+1.2	−3.9	−14.6	26.5	30.6	37.9[3)]	25.3	33.9[4)]	22	4	6.8[4)]	315	202	15	21.3[2)]	1564
칠발도	103	+1.8	–	–	25.9	–	–	24.1	27.5[5)]	37[5)]	7[1)]	2.0	138	184	14[6)]	11.5	750
거문도	69	+3.4	–	–	25.5	–	–	22.1	32.3[4)]	28[4)]	5[1)]	5.4[4)]	174	153	11	15.8	1135
소흑산도	84	+3.7	–	–	25.5	–	–	21.8	40.0	36	7[1)]	5.0	186	165	14[4)]	12.4	1122

1) 10월, 2) 8월, 3) 7월, 4) 12월, 5) 2월, 6) 12월과 1월

교적 작은 면적을 갖는 가장 낮은 고도대에 제한되어 있다. 동일한 고도대에 대나무를 제외하고는 일년생 밭작물과 하록활엽수들이 차지하는 집약적인 농업지대가 위치한다. 그러나 무엇보다도 다음과 같은 사실이 중요하다. 이 지역에서는 자연림의 파괴가 높은 산지를 제외한 남부 및 중부 지방의 모든 곳만큼 대규모로 진전되었다. 그러나 한때 원시림이었던 곳에 대신 들어선 키 작은 반자연발생적 후계 식물군락에서 추위에 민감한 상록 식생 요소들은 그들 분포 지역의 북한계에서 빈약하게 발달했다. 그 이유는 벌채된 토양은 겨울에 키가 큰 숲으로 덮여 있을 때보다는 훨씬 더 차가워지기 때문이다. 그러므로 강한 상록 요소가 있던 매우 많은 원시림이 삼림 파괴로 황폐화되어 주로 하록관목군락으로 대체되었다고 추측할 수 있다. 2차 삼림은 상당히 널리 분포하고 있고, 심지어 소흑산도와 같이 제2 도서지대의 섬들에도 무성하게 발달하였다. 그러나 여기에서도 2차 삼림은 거의 전적으로 소나무로만 이루어져 있다.

따라서 강한 상록 요소가 있는 **자연림**의 잔존물은 거의 사찰 소유인 계곡 분지(Talbecken)에만 있다. 저자는 그와 같은 사찰림을 월출산 남측 산록과 특별히 대흥사(大興寺)의 계곡 분지 내 두륜산 북측 사면에서 마주쳤다. 이 분지의 사면들은 운모편암으로 이루어져 있으며, 위로부터 흘러내린 거대한 규암괴들이 그 위에 흩어져 있다. 신라시대에 건립된 본 사찰에는 남해안 지역의 자연림의 수직 대상 분포를 완벽하게 보여 주는 멋진 교목림(喬木林)이 있다. 최하부 삼림지대는 하록활엽수종과 상록활엽수종들의 혼합림을 이룬다. 상록활엽수의 종은 하록활엽수보다 적으나, 개체 수는 비슷하거나, 국지적으로는 심지어 하록활엽수를 능가한다. 동백나무(*Camelia japonica*)가 특히 많으며, 4월 말에는 불꽃같이 붉은 꽃으로 온통 뒤덮인다. 상록수의 하나인 붉가시나무(*Quercus acuta* Thunb.)는 키가 더 크다(약 15m). 다른 상록수로는 넓은 피침(披針) 모양에 우상(羽狀)의 맥과 두꺼운 잎을 가진 센달나무(*Machilus japonica* S. et. Z.), 중간 크기에 알 모양이면서 둔한 톱니 모양의 잎을 가진 사스레피나무(*Eurya japonica* Thunb. var. *montana* Bl. [*Eurya japonica*])[61], 가죽 같고 피침 모양이면서 우상의 맥에다 큰 잎을 가진 참식나무(*Neolitsea glauca* Koidzumi)[62], 손과 같은 갈래와 수상(手狀)의 큰 잎을 가진 황칠나무(*Textoria morbifera* Nakai [*Dendropanax morbifera* Lév.]), 혁질의 거의 원형이면서 익상의 잎을 지닌 보리밥나무(*Elaeagnus macrophylla* Thunb.), 크고 매우 두꺼우며 혁질의 타원형 잎을 가진 굴거리(*Daphniphyllum macropodum* Miquel)가

61 역자 주: 라우텐자흐가 *Eurya japonica* Thunb. var. *montana* Bl.(kor. kjowusari=Winterleben)으로 표기하고 있으나 겨우살이의 학명은 *Viscum album* var. *coloratum*이므로 사스레피나무로 번역하였다.

62 역자 주: 라우텐자흐가 *Neolitsea sericea* Koidzumi=*Tetradenia glauca* Koidzumi인 것을 *Neolitsea glauca* Koidzumi로 오기한 것 같다.

있다. 상관적 관점에서 눈개비자나무(*Cephalotaxus drupacea* S. & Z. var. *nana* Nakai [*Cephalotaxus koreana* var. *nana* Nakai])도 이에 포함될 만하다. 그 이유는 선형으로 배열된 된 엽침들이 꽤 넓어서 우상의 나뭇잎(Blattfieder)으로 보이기 때문이다. 그 밖에 젓나무(*Abies holophylla*), 노간주나무(*Juniperus rigida*), 비자나무(*Torreya nucifera*) 등의 몇 가지의 침엽수 수종들이 있다. 상록수림의 특성은 송악(*Hedera Tobleri* Nakai [*Hedera rhombea* Bean]) 및 마삭줄(*Trachelospermum asiaticum* S. & Z. var. *intermedium* Nakai)과 같은 덩굴식물과 회양목(*Buxus microphylla* var. *koreana* Nakai)의 관목림을 통해 강화된다. 침엽수 수종들과 하록활엽수 및 관목들은 내장사(內藏寺)의 삼림과 거의 유사하며(p.493), 따라서 초봄의 경치는 내장사와 상당히 유사하다. 남부 지방의 상록수는 잎이 넓고, 꽃향기가 없는 것이 지중해의 상록수와 다른 점인데, 이것은 생태적으로 여름이 다습한 아열대계절풍기후의 특성과 관련이 있다. 동백나무와 많은 다른 상록수들은 대흥사의 삼림에서 해발 450m까지 위로 도달하지만, 그곳까지 이르기 전에 이미 상록 요소들이 확연히 감소한다. 그 위에 이어지는 두 번째 식생지대, 소위 대나무지대(p.195)는 거의 전적으로 하록활엽수이며, 하부 식생지대의 수많은 하록활엽수들로 특징지어진다. 이 지대의 암자 주변에서 거대한 은행나무들을 마주치게 되는데, 아마도 인공식수된 것 같다. 600m에서 대흥사 삼림은 빈약한데, 이는 확실히 인간의 간섭 때문이다. 두륜산의 정상까지 침엽수림, 진달래속 관목림, 조릿대(*Sasamorpha purpurascens* Nakai [*Sasa borealis*])가 위로 올라온다.

고흥반도 금탑사(金塔寺)의 **2차 관목림과 교목림**에서 저자는 위에서 언급한 것과 같은 매우 많은 하록요소들과 침엽수 수종들을 마추쳤다. 이와 대조적으로 위에서 언급한 상록목본식물로는 보리밥나무(*Elaeagnus macrophylla*)와 사스레피나무(*Eurya japonica*)만을 마주쳤다.

남해안 지역의 인문지리 분야는 자연지리 분야만큼 북쪽의 인근 지역들과 근본적으로 큰 차이가 없다. 당연히 육지와 바다가 서로 드나듦이 매우 복잡하므로 어업과 해운의 비중이 인근 지역보다 이 지역에서 훨씬 더 강하게 나타난다. 그러나 경제의 기반은 여기서도 **농업**이다. 위에서 제시된 Genthe의 인용문이 보여 주듯이, 농업은 제2 도서지대의 섬들에서도 활발히 이루어지고 있다. 실제로 소흑산도에도 주업인 어업에 부가적으로 다소 농업에 종사하는 세 개의 아주 작은 마을이 있다. 그러나 흑산군도 중 다른 섬들에서는 어업만으로 생활을 영위하며, 초지와 관목림으로만 덮여 있다. 제2 및 제3 도서지대의 작은 돌섬에만 사람이 거주하지 않는다.

가장 중요한 **주곡**은 이 지역에서도 쌀이며, 쌀은 인근 지역에서와 같이 동일한 겨울작물로 이모작된다. 남해도에서는 심지어 거의 모든 보리가 논에서 재배되며, 호밀도 남해도와 여수군에서와 마찬가지로 논에서 재배된다. 별도 36이 보여 주듯이, 벼농사의 집약도는 본토의 핵심 지역보다 도서와 반도에서 좀 더 낮다. 이는 충적지와 관개수가 부족하기 때문이다. 이 지역에서는 밭작물이 좀 더 집약적으로 재배된다. 총면적의 1/4 내지 1/3, 간혹 인근 본토의 군들보다도 더 높은 비율의 토지가 도서와 반도의 군들에서 농업에 활용된다(별도 35). 특히 완도, 거제도와 여수반도에서 많이 재배되는 고구마, 미국 육지면과 모시와 같은 온난한 기후 조건을 요하는 작물의 재배가 상대적으로 집약적이다. 목포 부근의 무안군(務安郡)은 완두콩 재배로, 덕진(德津)의 주변 지역은 연근 재배로 유명하다. 겨울의 온화한 기후 덕분에 한국의 어느 곳에서도 이곳만큼 대나무 재배가 넓은 면적을 차지하지 않는다. 전라남도는 한국 대나무 재배지의 70%를 차지하며, 그 면적 중 가장 넓은 부분이 남해안 지역에 있다.

모든 유인도와 반도에서 한국인의 **어업**은 평균 약 7m 정도의 길이밖에 되지 않는, 작고 덮개가 없는 배에 의해 집중적으로 행해진다. 이와 같이 매우 위험한 바다 부분들에서 어업은 어부에게 최상의 용기, 기술과 지구력을 크게 요구하는 것이다. p.604에서 언급한 남해의 모든 어종들이 잡힌다. 겨울철의 간석지에서 행하는 참김(*Porphyra tenera*, 일: nori) 양식 또한 중요한 역할을 한다. 김 양식은 특히 완도(莞島) 해안과 광양만(光陽灣)에서 많이 행해진다. 길이가 수백 미터나 되는 양식 틀이 이토 간석지 상에 설치되는데, 그중에는 때로 수십 개의 틀이 나란히 설치된 것도 있다. 조류의 변화에 따라 부유하는 김은 이 양식 틀에 활모양으로 고정된 작은 가지에 걸리게 된다. 채집된 김은 육지에서 사각형으로 짜여진 틀 위에 부어서 민물로 헹군 다음 해를 향한 낮은 온실같이 생긴 건조대에서 건조된다. 김은 한국과 일본의 식사에서 요오드를 함유하는 귀중한 반찬이다. 이 해역의 풍부한 어류는 외진 작은 섬들과 암초를 비롯한 해안 지역에서 동시에 바다새 떼들의 먹이가 된다. 알의 채집과 새 사냥은 한국 어부의 중요한 부업이다. 일본인의 어업은 이 지역에서도 주로 작은 특수 증기어선을 이용하여 이루어지며, 통영(충무, 忠武)을 비롯한 좀 더 큰 항구들을 근거지로 삼는다.

이들 **항구**는 부산 및 마산과는 달리 썰물 때에 바닥이 드러나는 만 내에 위치하지 않고, 삼천포(三千浦: 20,177명)와 해창리(海倉里)처럼 만의 중간 지점에 위치하거나 심지어 통영(23,826명), 여수(31,259명), 목포와 같이 반도의 끝에 위치한다. 여수와 목포로부터 일본 열도와 연결되는 증기 화물선과 여객선이 정기적으로 운행한다. 일본의 대안과의 활발한 교통으로 인하여 주민 중 일본인의 비율이 상당히 높다(여수 11%, 통영 13%, 목포15%). 아마도 언젠가는 거제도가 특히 중요하게 될 것이다. 한국 고지명으로 Cargo라 불리는 섬(예: Geogr. Zeitschr. 1941, p.323)에 관한 보고서에 따르면, 거제도는 규슈(九州)로부터 계획된 해저터널이 한국 영토에 도달할 곳이다. 여수와 목포는 한국의 철도망에 연결되어 있으며, 목포는 간선철도를 통해 대전과 연결되어 있고, 여수는 반도의 목 부근(die Wurzel der Halbinsel)인 군청소재지 순천(順天邑 23,660명)에서 분기되는 두 개의 지선으로 연결되어 있다.

언급한 항구들 중에서 최대 항구는 **목포**이다(1938년 65,572명). 목포는 북쪽으로부터 돌출한 좁은 산악지형으로 된 반도 끝 부근에 위치하며, 그 반도는 남동쪽으로부터 뻗어 나온 또 다른 반도와 1,300m의 거리를 두고 마주 보고 있다(459, 그림 47). 이 두 반도가 여러 작은 만들이 있는 큰 목포만을 둘러싸고 있다. 이 좁은 해협을 통하여 만 안으로 순환하는 매우 강한 조류 때문에 전자의 수심은 10m 이상 유지된다. 목포는 위에서 언급한 유달산(228m)의 산록, 반도의 보호된 내측에 펼쳐져 있다. 목포는 1897년 개항 이후 크게 성장하기 시작했다. 일본인 지구는 정방형의 가옥 구획으로 형성되어 있으며, 구획들 간에 유달산 각력암으로 이루어진 황량한 산봉우리들이 여러 장소들에서 급작스럽게 높이 솟아 있고, 수많은 다층의 공공건물들이 있다. 1934년의 수출량은 22,600,000엔이고, 수입량은 그 절반이다. 주된 수출품은 면화이다. 목포는 군산이 한국 제일의 쌀 수출항인 것처럼, 제일의 면화 수출항이다. 그렇지만 목포에서도 쌀은 활발하게 선적된다. 군산과 마찬가지로 거의 전적으로 일본과의 교역이 이루어진다.

목포와 다른 항구도시들에서는 농업의 기반 위에 소규모 **산업**이 발달했다. **광업** 중에 특히 우수영반도(화원반도)의 명반석 광산을 언급할 만하다. 그 광산에서는 부분적으로 회색과 붉은색의 반점이 있는 반투명의 부드러운 백색 광석이 생산된다. 그 광석은 인근의 군청소재지 해남을 따서 해남옥이라 불리며, 일부는 설화석고(雪花石膏)처럼 예술 조각에 쓰이고, 또 일부는 화학공업 및 요업의 원료로 사용된다(917).

이와 같이 다양하고 집약적인 경제로 인하여 **인구밀도**는 매우 높다. 도서와 반도에서 인구밀도는 부분적으로 본토보다 높다. 남해군의 인구밀도는 362명/km^{2}이고, 통영군은 264명/km^{2}이며, 최외곽 남서부의 모든 작은 섬들을 포함하는 무안군(務安郡)과 진도군에서조차 각각 187명/km^2, 147명/km^{2}을 나타낼 정도이다. 1936년의 인구조사에 따르면 남해안 지역의 서부 전면의 도서들에만 171,102명의 주민이 거주했다. 보다 산지가 많은 본토에서는 순천군이 144명/km^2, 심지어 화순군(和順郡)은 127명/km^{2}에 불과하다(별도 34). 이 지역의 평균인구밀도는 아마 충청-전라 지역의 인구밀도에 결코 뒤지지 않을 것이다.

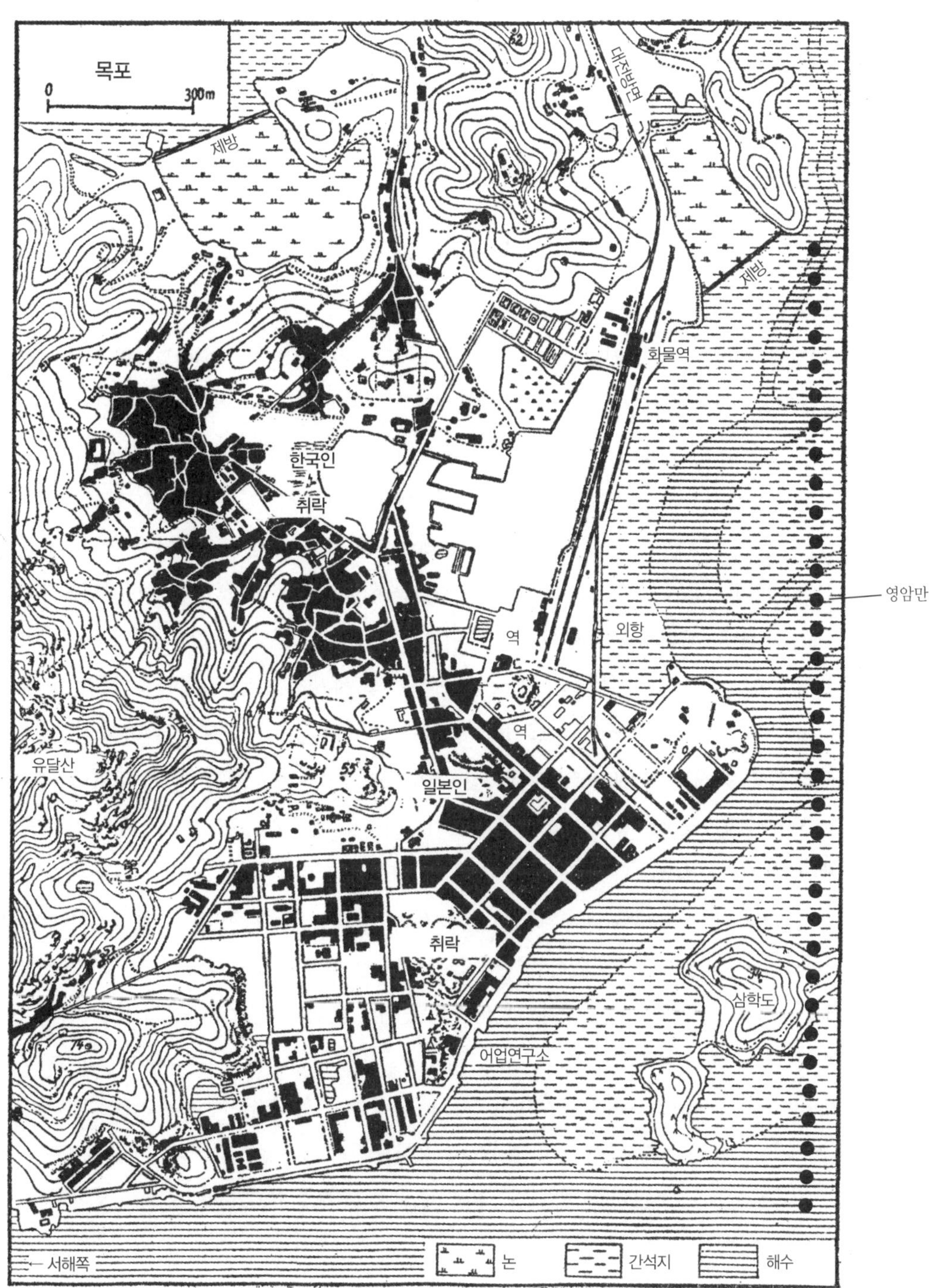

그림 47. 목포와 그 주변 지역(출전: 『도설 조선지리풍속(圖說 朝鮮地理風俗)』)

16. 제주도

섬의 크기, 고도와 둥그스름한 해안선에서 제주도(濟州島)는 첫눈에 남해안 지역의 섬들과는 다르다(그림 48). 제주도는 그 축의 길이가 76km와 32km인 타원형이며, 그 면적은 1,859km^{2}이다. 수심이 130m에 이르는 곳이 드문 천해(淺海) 상에 제주도는 한라산(漢拏山; 은하수에 닿는 산)까지 1,950m로 솟아 있다.

제주도도 울릉도와 마찬가지로 본토에서 육안으로 볼 수 있으므로 이미 역사의 초기 이래 본토와 밀접한 관계를 가졌다. 『삼국사기』(925)가 전하는 바와 같이 제주도는 비록 514년부터 본토의 여러 나라에게 조공의 의무를 져 왔지만, 1147년까지는 탐라국(耽羅國)이라는 독립국가였다. 그 당시 제주도는 하나의 현이 되었고, 현재에도 계속 사용는 지명인 제주도로 명명되었다. 1231년 제주도는 처음으로 몽골인의 수중에 들어갔고, 몽골인은 이곳에서 대규모로 말을 사육했다. 또한 몽골인은 두 번에 걸친 일본 침략을 위한 배를 건조하기 위하여 삼림을 벌채했다. 몽골의 지배는 잠시 중단되었으나 1368년까지 계속되었다. 대만-나가사키(長崎) 간의 항로 상에서 이 거대한 섬이 시야에 들어오므로 제주도는 16세기에 포르투갈인에게 알려졌는데, 그들은 Ilha dos Ladrones(해적섬)라고 불렀다. B. Hoetink는 이 섬이 아마도 1642년에 네덜란드인에 의해 다시 목격된 'Quelpart de Brack'일 것이라고 날카로운 통찰력으로 입증했다. 네덜란드어로 Quelpart는 당시 범선의 한 유형을 가리키며, 네덜란드인은 그 이름을 따서 이 섬을 명명했다(172). 1648년 이러한 의미로 그 이름이 처음으로 나타났으며, 그로부터 20년 후 그 이름은 하멜(Hendrick Hamel)의 책에 의해 서구 세계 전역에서 유명해졌다(171). 해상에서 바라 본 이 섬 전경에 대한 최초의 분명한 기술은 La Pérouse(160)가 기록했으며, 첫 번째의 해안탐사는 Belcher(168)가 수행했다. 자유인으로 제주도를 여행한 최초의 비아시아인은 미국의 총영사였던 Chaillé-Long이었던 것 같다(195, 196). S. Genthe의 체류는 보다 큰 성과를 가져왔다(217). 1926년에 R. Burnett Hall(927)은 방대한 자료에 근거를 둔 인문지리학 개관을 발표했다. 저자 자신은 저자의 여행 관찰에 근거한 제주도와 울릉도의 비교지지(比較地誌)를 저술했다(883). 특히 T. Nakai(935)와 K. Haraguchi(933)를 비롯한 일본 학자들은 지리학적으로 이용할 수 있는 훌륭한 논문들을 저술했다.

제주도는 거의 전적으로 최근의 화산암류로 이루어져 있으며, 그 지표면의 형태는 넓은 범위에 걸쳐 주로 화산암류에 의해 결정되었다(그림 49). 그러므로 한국에서 보면 제주도는 울릉도

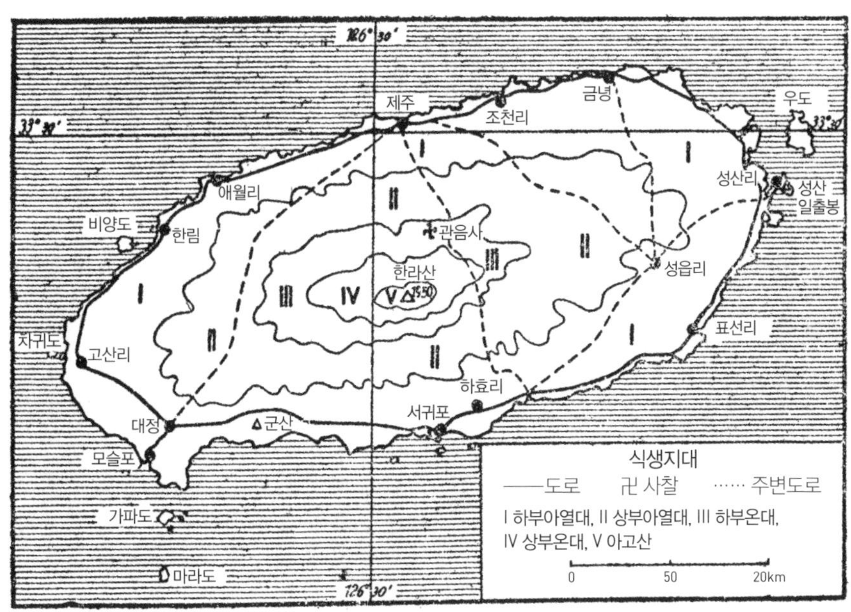

그림 48. 식생지대를 포함한 제주도의 지세도

와 유사하게도 규슈(九州)로 향하는 하나의 주변 현상을 이룬다. 기후 및 식생지리적 관점에서도 제주도는 점이적 특성을 지닌다. 그 결과가 전적으로 입증되지는 않은 Haraguchi의 연구에 의하면, 최하부의 용암통(Lavaserie)은 여러 가지의 조면암으로 이루어져 있다. 조면암 용암들 중 가장 오래된 것은 한라산 최고 정상의 화구 주변부를 이루고 있다. 그다음으로 부분적으로 이미 두꺼운 층후의 형태로 발달한 조면암질 안산암 용암통이 뒤를 잇는다. 그러나 지표면 형태의 대부분은 세 번째 분화통을 이루는, 아마도 신기 플라이스토세의 현무암 용암을 통해 형성되었을 것이다. 한라산 현무암은 섬 지역의 거의 1/2을 덮고 있다. 현무암이 분출한 정상 화구는 타원형 섬의 중앙에 매우 가까이 위치한다. 가장 최근의 분출 시기 중에 한 시기는 현무암으로 된 약 360개의 기생화산의 형성으로 이루어졌으며, 이것들은 용암대지 상에 무리 지어 나타나면서 중앙화산으로부터 좀 더 멀리 떨어진 섬의 각 부분들의 형태를 결정하였다. 그것들은 최외곽 동쪽에 있는 성산 일출봉(城山日出峰)과 같이 모델과 같은 돔을 이루었으며, 외측벽의 경사가 매우 급하게 떨어지는 몇 개의 화산회구(火山灰丘, Aschenkegel)로 연결된다. 최후의 화산활동 시기는 분명히 역사시대까지 이른다(932).

전체적으로 제주도는 섬의 중심을 이루는 중앙화산체의 돌출부를 향하여 지표면이 모든 방향으로부터 오목한 단면선을 갖는 순상화산(楯狀火山)을 이룬다. 용암은 거의가 주상구조(柱狀構

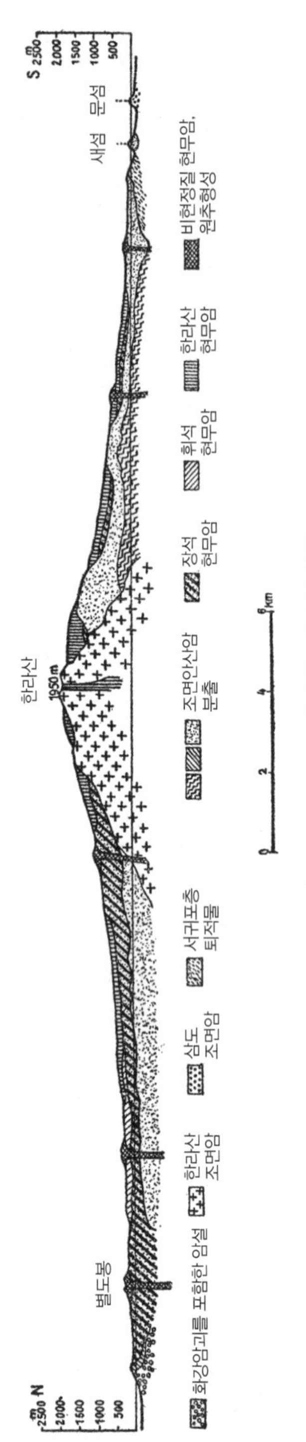

그림 49. K. Haraguchi의 제주도의 구조 단면

造)를 가지므로 투수성이 매우 크다. 결과적으로 지표면은 매우 건조하다. 큰 거력으로 채워진 개울들의 무질서한 사력 하상에는 대체로 물이 흐르지 않는다. 북서 폭풍이 바람문(Windtore)들을 통해서 북쪽 해안과 북서쪽 해안의 4km까지 내륙으로 다량의 패사(貝砂)를 운반하여 사구(砂丘)들을 형성했다. 사구들은 비화산활동으로 발달한 거의 유일한 지형이다.

제주도는 멀리 남쪽의 온난한 바다에 도달하는 한국의 전초 지역이므로 전 국토에서 가장 약한 대륙성기후를 갖는다(별도 10). 이 사실은 두 개(북쪽 해안 중앙에 위치한 군청소재지인 제주와 남부의 부속 도서인 마라도, 馬羅島)의 관측소 관측자료에 기초한 다음의 표에서 나타난다.

제주도의 기후자료

관측소	고도 (m)	기온							강수량								
		1월			8월			연교차	12월				7월				연강수량
		평균 기온	평균 최저 기온	절대 최저 기온	평균 기온	평균 최고 기온	절대 최고 기온		평균 (mm)	‰	평균 강수 일수	강수 강도	평균 (mm)	‰	평균 강수 일수	강수 강도	
제주	17	+4.5	+2.1	−5.7	26.2	29.6	37.0	21.7	59.1[3]	43[3]	17	3.5	220	160	13[2]	18.3	1380
마라도	44	+5.8	−	−	26.4	−	−	20.6	44.4	38	12	4.5	190[1]	163[1]	11[1]	17.3	1166

[1] 6월, [2] 8월, [3] 1월

겨울의 육지계절풍은 쿠로시오해류의 한 지류가 흐르는 대한해협 상에서 가열될 기회를 갖는다(p.178 이하). 그러므로 1월 평균기온은 한국 전역에서 가장 높다. 특히 한라산의 풍하에 위치한 남쪽 해안은 북쪽으로부터의 추위에 특히 잘 보호된다. 남쪽 해안은 겨울에 제주(濟州)보다 좀 더 온난하다. 제주도는 동시에 겨울의 평균최저기온이 영하로 내려가지 않는 한국에서 유일한 지역이다. 제주도는 연평균 단지 18일간의 유상기간과 강설일수를 갖는다. 남쪽 해안에서 강설은 심지어 가장 드문 일에 속한다. 고도가 높아짐에 따라 당연히 제주도에서도 겨울에 좀 더 추워진다. Pieters(924)가 보고한 바와 같이 분화구 내에 잔설이 6월까지 있다. 북계절풍은 대한해협을 건너올 때 습기를 포함하게 되고, 그 외에 겨울에 부분적으로 쿠루시오해류의 온난한 경로를 따르는 저기압이 제주도를 빈번히 엄습한다(p.151 이하). 그 결과로 겨울에 특히 북쪽 해안이 비교적 습윤하고 강수량이 많다. 한라산은 거의 겨울 내내 구름으로 덮여 있는데, 그 구름의 하부는 남측보다 북측에서 수백 미터 더 낮다.

여름의 해양계절풍은 이 섬의 기온과 습도를 상승하게 한다. 한라산의 남측에서 상승하는 습기가 응결하여 두꺼운 구름층을 형성한다. 그 결과로 남쪽 해안은 북쪽 해안보다 여름에 좀 더 서늘하고, 기온의 연교차는 제주보다 마라도에서 훨씬 더 작다. 평균적으로 제주도에서 기온의 연교차는 압록강 대만곡부(großer Nordbogen)의 반 정도밖에 되지 않는다(별도 10). 이외에 해양계절풍 지배하의 날씨는 다소 맑다. 한국의 다른 어느 관측소도 8월에 제주보다 일조시간이 길지 않다(61%). 그럼에도 불구하고 여름은 이 지역에서도 주 우기이다. 이 여름비는 해양계절풍 자체에 의해서라기보다는 오히려 Td_2, Te_2와 Tf_2 저기압 및 가을이 다가오면서 이 섬의 가장 가까운 주변을 때때로 통과하는 태풍이 가져온다. 따라서 전체적으로 제주도는 빈번한 강풍과 특히 봄에 짙은 안개 때문에 항해자들에게 매우 불리하나, 농부들에게는 한국적인 기준으로 보아 단연 유리한 기후를 갖는다.

192,638명의 인구를 갖는 제주도의 인구밀도는 104명/km^2이다. 주민은 이 지역에서도 대부분 농업에 종사한다. 총면적의 48.8%가 경지이며, 나머지 1/2 중 초지와 삼림의 비율이 대략 같다. 총면적의 약 1/5을 점하는 급경사의 중앙화산은 현재도 삼림이 무성한 반면, 평탄한 주변부에는 초지와 경지가 지배적이다. 이 평탄한 주변부에서는 다만 경사가 급한 하천 하각(Flußeinschritten) 주변과 단애로 둘러싸인 부속 도서에만 원시식생이 보존되어 있다. 수천 년 이래 주민이 거주해 온 이 섬은 이미 오랜 옛날부터 **중심과 주변 사이의 인문지리적 차이**를 뚜렷하게 나타낸다. 이 둘 사이의 경계선은 대략 해발 700m에 위치한다. 중앙의 삼림 지역은 현재 국유지이며, 돌담이나 방화대(防火帶)에 의해 주변 사유지와 분리되어 있다.

제주도는 매우 인상적인 **식생의 수직 대상 분포**를 통해서 특징지어진다. 저자는 Nakai(935)의 10개 수직 식생 지역을 아열대, 온대, 아고산대의 세 개 주요 식생지대로 요약하였다(그림 48). 각 식생지대는 대략 700m와 1,600m의 등고선으로 서로 분리된다. 아열대는 집약적 경작과 목축이 행해지는 곳이다. 따라서 이 지역에서 자연 상태로 식생을 복원하는 일은 어렵다. 그럼에도 불구하고 이 지역 내에서 두 개의 하부지대가 구분될 수 있다. 하부지대는 상록수가 지배하는 것으로 특징지어진다. 남측은 겨울에 기후가 유리하므로 이 식생대는 이곳에서 좀 더 높은 곳, 즉 약 400m까지 상승하며, 여기서는 잎이 무성하며 튼튼하게 잘 자란 20m에 달하는 상록수들이 발달하였다. 외관상으로는 넓게 퍼져 나가는 모밀잣밤나무(*Lithocarpus cuspidata* Nakai [*Castanopsis cuspidata* var. *thunbergii* Nakai])가 지배적이다. 한국에서 유일하게 여기서만 녹나무(*Cinnamomun camphora* sieb.)가 나타난다. 북측에서 이와 같은 수종들은 다만 줄기가 가는 작은 나무들일 뿐이다. 다른 수종들은 북측에는 전혀 없다. 해안의 북서부는 겨울계절풍에 가장 크게 노출되어 북서부에서 상록수가 자라기에는 기후가 가장 불리한 것 같다. 상부 아열대(대나무지대)에서는 동백나무와 같은 상록수종들이 관목과 소목(小木)으로만 도처에 나타나며, 하록활엽수가 지배적이다. 하록활엽수로는 다양한 참나무속 수종들과 버드나무(*Salix koreensis*)가 있다. 이곳과 그 아래 아열대에서 유일한 침엽수는 곰솔(*Pinus thunbergii*)이다.

다소 훼손되지 않은 원시림이 널리 보존되어 있는 온대는 한편으로 규슈(九州)의, 다른 한편으로는 남부 지방의 유사한 종 구성에서 나타나는 다양한 수종의 하록활엽수로 이루어져 있다. 약 1,100m까지 도달하는 하부 온대(때죽나무지대)로 북측에서 조차 매우 흔한 굴거리(*Daphniphyllum macropodum*)와 같은 개개 상록관목들이 침투한다. 그 밖에 이 삼림은 덩굴식물들로 휘감기고 착생식물(Epiphyten)로 덮인 종종 꽤 큰 하록활엽수로만 전적으로 이루어져 있다. 과거에 서어나무(*Carpinus laxiflora*)와 개서어나무(*C. tschonoskii*)의 아름다운 임분(林分)들이 이 지대에 속했다. 그 나무들은 썩은 줄기에 식용 표고버섯(*Lentinula edodes*)을 재배하기 위해 한국인에 의해 대부분 벌채되었다. 상부 온대(참나무지대)에서는 상록요소들이 전혀 없다. 좁은단풍(*Acer pseudosieboldianum* var. *koreanum* Nakai)과 같은 하부 온대에 속하는 하록활엽수들은 다소 멀리 위로 이 식생대 안에 도달해 있다. 다른 수종들이 물참나무(*Quercus crispula* Bl. [*Quercus X grosse serrata* Bl.]) 및 사스래나무(*Betula ermanii*)와 같은 명백한 고지대 수종들(Höhengewächse)로서 이 하부지대에서 시작한다.

북측의 해발 1,600m에서 침엽수가 빠른 추이로 지표면을 점유하기 시작한다. 침엽수 중에 구상나무(*Abies koreana*), 주목(*Taxus cuspidata*)과 눈향나무(*Juniperus Sargentii Takeda* [*Juniperus chinensis* var. *sargentii* Henry]) 세 수종만이 있다. 총림으로는 진달래(*Rhododendron mucronulatum* Turcz.), 시로미(*Empetrum nigrum* [*Empetrum nigrum* var. *japonicum*])와 들쭉나무(*Vaccinium uliginosum* L.)가 이끼와 초본류 사이에 나타난다. 이러한 식물군락은 성장을 방해받으며 화구 주변부까지 위로 올라간다.

상부 아열대를 특징짓는 **초지**가 용암대지와 기생화산추들 전체에 걸쳐 무차별적으로 펼쳐져 있다. 한국의 다른 어느 지역도 제주도만큼 초지가 풍부하지 않으며, 따라서 그 어느 곳도 이곳만큼 목축이 중요하지 않다. 특히 겨울에는 한반도에서 익숙하지 않은 조랑말, 소와 염소가 큰 무리를 이루는 풍경을 이곳에서 볼 수 있다. 털이 많고, 땅딸막한 제주도 조랑말은 여름에 백록담까지 올라간다. 제주도는 한국 전체 말의 70%를 차지하는 가장 대표적인 말 사육 지역이다.

대부분이 경지인 하부 아열대에서 투수성이 큰 용암은 갈색토로 덮어 있는데, 이 지표면에는 도처에 아직도 풍화되지 않은 큰 돌들이 박혀 있다. 이렇게 큰 돌들은 수백 년 동안의 힘든 작업을 통하여 제거되었으며, 작은 밭 주위에 1~2m 높이의 담으로 올려 싸여져 있다. 그러한 담들이 길을 따라 늘어서 있다. 담들은 방목되는 가축이 밭에 들어오는 것을 막으며, 폭풍으로부터 토지와 작물을 보호한다. 해안 부근에서는 해초로 시비(施肥)하나, 최근에 와서는 일본인이 경영하는 어유공장에서 나오는 찌꺼기도 비료로 이용된다. 그 때문에 하부 아열대에는 휴경지가 드물다.

충청–전라 지역과는 매우 대조적으로 제주도 **논**의 면적은 총경지 면적의 0.9%에 불과하다(별도 78). 그 이유는 용암 토양의 투수성으로 인하여 제주도가 관개농업에 대한 매우 적은 가능성만을 제공하기 때문이다. 이를 통해 이 섬은 한국 북부 지방과 관련되는 농업 특성을 갖는다. **밭작물의 종류**도 그러한 특성을 나타낸다. 1930년에 관개되지 않는 경지에 조 34%, 보리 26%, 콩 8%, 메밀 5.5%, 밭벼 4.4%, 고구마 4.4%가 각각 재배되었다. 겨울의 기후가 온화함에도 불구하고 보리만이 겨울작물이다. 조에 대한 강한 선호는 북부 지방의 특성과 같다. 메밀 재배가 활발한 반면, 감자 재배가 거의 전무한 점과 밀의 비중이 낮은 점이 오래된 특성이다. 제주도는 한국문화 발달의 좀 더 오랜 과거에만 참여했으나, 그 후로는 자급자족하는 도서의 폐쇄적 안정기에 접어들어 본토에서는 사라졌거나, 혹은 북부 지방에서만 간직된 옛 특성들을 보존해 왔다. 1937년에 일본 정부는 제주도 경제를 활성화 시키기 위한 야심찬 계획을 수립했다. 그 계획 중 축산 분야는 독일인 Carl Raymon의 제안에 따른 것이다.

그러므로 매우 유리한 기후는 지금까지 농업 특성에서 매우 불완전하게만 부각되었다. **상록목본재배식물**로 장식된 하부 아열대의 마을들에 있는 대체로 작은 과수밭들만이 그중의 일부를 드러낸다. 제주도 이외에는 한국의 그 어디에도 귤나무 및 감귤나무가 없다. 1921년에 이미 제주도에는 21,000주의 감귤나무류가 있었다.

제주도의 경지 면적당 인구밀도는 217명/km²이다. 이 인구밀도를 부양하기 위해서는 미발달된 농업 상태가 부수적인 경제활동으로 보완되어야만 한다. 거의 일본과 같은 다양성을 갖는 **바다로부터의 식품 획득**이 큰 역할을 할 것이다. 방금 언급한 계획에 따르면 15년 내에 그 산출량이 5~7배 증가할 것이다. 식품 획득에는 배만 사용되는 것이 아니라, Hulbert에 따르면 타이완에서 유래한 원시적 썰매와 유사한 뗏목도 활용된다(925). 제주도민의 낚시 및 어망어업에 의한 어획물의 종류는 도미, 세 가지의 고등어류, 정어리, 방어, 참치, 날치, 갈치, 전복, 상어 등이며, 이로써 당연히 한국의 최남단 특성을 갖는다. 어획물 중에 한대성 어류는 거의 완전히 없다. 바다 식품을 채취하는 해녀의 잠수는 해안에서 널리 행해진다. 한때 진주조개가 이 힘든 작업의 가장 큰 보상이 되는 대상이었다. 1895년경 일본인이 현대적 잠수 장비를 갖추고 굴을 채취하기 시작하였고, 지금 제주도의 굴 채취는 전적으로 일본인의 수중에 있다. 해녀가 잡은 것 중에 현재 가장 중요한 해물은 맛있는 가시발새우이다. 해녀들은 잡은 가시발새우를

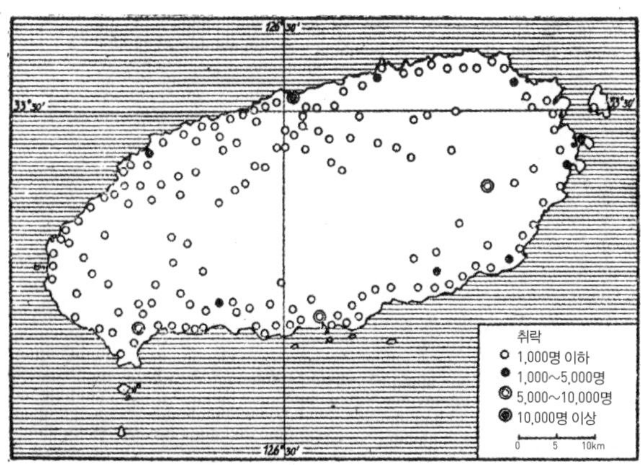

그림 50. 제주도의 취락 분포(출전: R. Burnett Hall)

새로 설립된 일본인의 통조림공장에 판매한다. 그 밖에 해녀들은 이 지역에서도 식용 해초를 채취한다. 수많은 제주도 해녀들은 연중의 일부 기간 동안에 본토의 해안에서 일한다.

1937년까지 제주도의 농업이 일본제국 경제의 관점에서 일본인의 영향을 매우 적게 받은 반면, 몇몇 일본의 대어업회사들은 이미 오래전부터 존재했다. 9월 초에서 11월 말까지 작업하여 매년 약 30마리의 고래를 잡는 서귀포(西歸浦) 고래잡이 전진기지도 이들 회사 소유이다. 고래들 중에 가장 큰 것은 길이가 21m까지 달한다고 한다.

인종적으로 **제주도 주민**은 한국 본토민보다는 오히려 일본 남부와 훨씬 더 많은 관련성을 보여 준다. 또한 주민의 기원에 관해 널리 퍼져 있는 설화도 일본을 지목하고 있다. 그러나 미지의 먼 옛날로부터 주민들은 한국어를 사용해 왔다. 수백 년을 거치면서 조선은 제주도를 범죄자의 유배지(流配地)로 삼았다. 아마도 하멜의 표류기와 자유롭게 여행한 최초의 유럽인들의 기행문에서 나타나듯, 제주도 주민의 정열적이고(Leidenschaftlichkeit), 자연적이며(Roheit), 폐쇄적인 본성(Verschlagenheit)은 이 때문인 것 같다. 지금은 엄격한 일본의 통치 때문에 그러한 고유한 특성이 표출될 기회가 별로 없다[63].

의상에 있어서도 제주도는 본토와는 상이하다. 제주도에서는 본토의 흰 면 옷감이 토속 식물염료로 염색된다. 북측에서는 광택 없는 적갈색을, 남측에서는 밝은 청색을 주로 입는다. 이

63 역자 주: 제주도민들의 오해가 있을 것 같아 원저 p.374의 문장을 그대로 옮겨 놓겠다. "Vielleicht gründet sich darauf die Leidenschaftlichkeit, Roheit und Verschlagenheit der Inselbevölkerung, die aus den Schilderungen Hamels wie der ersten frei reisenden Europäer hervorgeht. Heute läßt die straffe japanische Verwaltung wenig Gelegenheit mehr zum Hervortreten solcher Charaktereigenschaften."

렇게 하여 빨래를 줄이고, 여자들은 그 대신에 한국의 다른 지방들과는 달리 바다 식품의 채취뿐만 아니라, 농업과 같은 생업에도 종사한다. 작업 시에는 치마 대신에 위에서 언급한 색으로 된 주름 잡힌 넓은 바지를 입는다.

제주도 민가의 벽들은 항시 검은 현무암으로 축조되었다. 해안 부근에는 간혹 세 벽에 창이 없고, 거무스름한 용암벽으로 된 가옥도 있다. 측벽의 돌출부와 앞으로 튀어나온 지붕에 의해 보호를 받는 전면은 본토 양식으로 건축되었으며, 달팽이집 속의 달팽이처럼 집의 틀에서 내다보인다. **취락**에서는 식수 조달이 가장 큰 문제이다. 그 때문에 주민들은 인구 1,000~5,000명의 큰 규모를 갖는 9개 마을을 포함한 약 150개의 마을과 5,000명 이상의 4개 도시에 집중하여 거주한다(그림 50). 4개 도시는 부분적으로 지금도 현무암으로 된 높은 도성 내에 있으며, 성문 앞에는 여기저기에 크고 검푸른 현무암을 투박하게 깎아 세운 수호신상[64]이 서 있다. 취락의 분포는 해안과 해안에 인접한 곳에 심하게 집중해 있는 것을 분명히 보여 준다.

지금도 **타 지역과의 교통**은 한국 본토를 지향한다. 따라서 북쪽 해안에서 군청소재지인 제주(36,260명: 제주도 전체 인구의 18%)가 번창하였다. 그러나 그 외에도 최근에 남쪽 항구인 서귀포(西歸浦)가 발달하였다. 서귀포는 지금의 발달 상태에 비해 과잉 인구가 사는 제주인들이 일본의 산업도시들에서 생계를 잇기 위해 떠나는 제주도민의 출구이다. 서귀포와 직행 증기선의 노선이 연결된 오사카(大阪)에는 약 50,000명의 제주도 출신이 산다고 한다. 제주도의 인구는 1931년부터 1936년까지 약 5.5%가 감소했다. 앞에서 언급한 일본 정부에 의한 경제 활성화 계획이 실현되면 이러한 불건전한 발전은 확실히 종지부를 찍게 될 것이다.

64 역자 주: 돌하루방을 뜻하는 것 같다.

[별도 74]

81. 제주도. 비현정질 현무암으로 이루어진 최근의 화산추

P.575. 관음사에서 북쪽으로 3km 떨어진 지점. 화구가 잘 보존되어 있다. 말과 소의 방목지대

82. 제주도. 한라산의 백록담(1,950m)

지표유출이 없는 화구호. 화구호 벽의 암괴사면 상에 눈향나무(*Juniperus sargentii* Takeda [*Juniperus chinensis* var. *sargentii* Henry])로 이루어진 무릎 높이의 관목과 구상나무(검은 반점)의 작은 줄기가 있다.

제4부

일본의 해외 속령으로서 한국

1. 일본이 영향을 미치게 된 근거와 역사

한국의 거의 어디에서도 일본인들의 활동이 남겨 놓은 지리적인 영향과 부딪치지 않고는 단 한시간의 길도 갈 수가 없다[1]. 인문지리의 넓은 토대는 아직 한국적이긴 하지만, 지난 한 세대 동안 완전히 일본에 기원을 둔 것이거나, 또는 적어도 간접적인 일본의 영향에서 유래한 인문지리의 상부 구조가 놀랄 만한 속도로 발달하였다. 그것의 영향은 농업개혁과 삼림지 이용, 도시 및 항만의 발달, 어로와 어로방식, 광산 개발과 산업시설, 상수도시설, 도로, 철도 및 항공노선의 개설 등 모든 부문에서 나타난다. 이러한 사실들은 모든 중요한 세부 사항들을 다룬 제3부의 각 주요 지역의 장들에서 몇 번이고 계속해서 강조되었다. 여기서는 이러한 일본인들의 활동이 남겨 놓은 지리적 영향에 관한 최근의 발달 상황을 밀접하게 관련시켜 기술하고, 그 결과를 개괄하겠다.

지난 2000년 동안 일본은 4~6세기(p.60 이하), 16세기 말(p.65 이하), 그리고 19세기 말(p.69 이하)에 크게 세 차례에 걸쳐 섬 제국으로부터 대륙으로의 자연적 건널목으로서 한국이라는 육교를 그들의 영토로 합병하려는 시도를 하였다. 정치적인 전체 체제를 통해서 강요된 이 세 번째 시도가 성공한 이후 일본은 극복하여 안정시키기 어려운 상황에 직면하게 되었다. 이들 세 차례의 시도, 특히 도요토미 히데요시(豊臣秀吉)가 일으킨 임진왜란(壬辰倭亂)은 한국인의 마음에 일본에 대한 뿌리 깊은 거부감과 심지어 증오심을 물려주고 갔다. 분명히 대다수의 한국인들은 지난 수백 년간 그들 자신의 정부의 실정(失政)을 매우 가혹하게 여겼다. 그러나 "그들의 나라가 아무리 불행하다고 해도, 그것은 그들의 조국이다. 그들은 표면적으로는 자기 나라에 거의 관심을 두지 않다가도, 일단 외부의 정복자가 나타나면 희미하게 마음속에 쌓여 있던 애국심이 한꺼번에 갑자기 격렬하게 되살아난다. …… 외래 정복자의 엄격한 정의보다 그들 자신의 관리들의 부정(不正)이 그들에게 왜 덜 짜증스럽게 나타나는지를 분명히 이해할 수 있다(A. J. Brown, 705, p.117, 122)." 물론 중국도 지난 수 세기에 걸쳐 끊임없이 한국의 독립을 심각하게 위협해 왔으며, 몽골과 만주의 정복자들도 중국 황제의 자리에 이미 올랐거나 이를 얻자마자 곧 이 불운한 나라에 엄청나게 심한 손상을 입힌 침략을 여러 차례하였다. 그러나 중국은 동시에

1 역자 주: 본문을 직역하여 의미 전달이 어려울 수 있으므로 독자들이 원문을 참조할 수 있도록 원문을 그대로 옮겨 놓았다. "Fast nirgends kann man in Korea auch nur eine Wegstunde zurücklegen, ohne auf geographische Auswirkungen der japanischen Tätigkeit zu stoßen."

그들의 높은 수준의 문화의 우월성을 가지고 와서, 이것이 한국인의 마음을 끌어 이들에게 지대한 영향을 미쳤다. 중국의 고전은 한국의 지식인이 좀 더 높은 교육과 종교의 세계로 나아가는 유일한 통로가 되어 왔다. 중국보다 더 높은 문화 세력(kultivierte Macht)이 결코 등장하지 않았을 때 중국의 고전은 좀 더 강한 호감과 연대감을 가졌다. 그리고 1000년 동안 중국 황제의 통치권이 거의 언제나 매우 온화한 방법으로 미쳐 왔다. 일본이 한반도에 침입해 들어오면 중국은 늘 한국의 편이었다. 이와 대조적으로 한국인들은 일본인들에 대해서 결코 문화적 열등감을 가져본 적이 없다. 그들은 아직까지도 4~6세기경 그들 스스로의 높은 문화재를 일본에 전해 주었다는 사실은 기억하고 있으면서도(p.60), 그들 역시 원래 중국으로부터 같은 것을 받아들였다는 사실은 너무 쉽게 잊고 있다.

표면상으로 일본인들이 한국을 개발하기 시작했을 때, 그들의 나라는 유럽 식민 강대국의 지배하에 있던 아프리카의 어느 지역보다 전혀 좀 더 정돈된 상태에 있지 않았다. 따라서 일본이 개발을 시도한 방법은 기본적으로 우리 시대의 유럽의 식민지 개척 국민들의 방법과 유사할 수밖에 없었다. 모든 공식적인 논평에서 일본의 외교는 일본에 대한 한국의 종속적인 관계에 대해 '식민지'라는 용어 사용을 철저히 피하면서, 심지어 1942년에는 모국 일본과 완전한 정치적 평등을 선언하였다. 그러나 실제로는 한국이 식민지로 개발되는 것 이외에 다른 것은 전혀 불가능했다. 그러나 흑인들과는 달리 한국인들은 영광스럽고 풍부한 문화를 가진 수천 년의 역사를 의식하는 정신적 지주(支柱)을 가지고 있었다. 그들이 이러한 자긍심을 얼마나 강렬히 느끼는지, 그리고 그들의 민족의식이 지난 수 세기 동안의 끔찍한 고난하에서 얼마나 적게 고통받았는지는 유럽 열강들과 최초로 접촉했을 때 여러 차례 정말로 이상한 방법으로 나타났다. 심지어 오늘날에도 한국은 근대문명으로의 발전을 전혀 회피할 수 없으며, 한국은 그 자신의 힘만으로는 이러한 발전은 할 수 없었다는 확신이 널리 받아들여지고 있지 않다.

한국인들의 전통에 대한 얽매임(Traditionsgebundenheit)이 일본이 한국에서 성취한 것을 이해하기 어렵게 하는 장애가 된다. 1927년 한국인 한상욱은 농업개혁에 대한 그의 동포 농민들의 태도에 대해 다음과 같이 기술하였다(607, p.15). "그러나 나의 조국에서 농민들은 아직도 매우 낙후되었으며, 그에 따라서 쇄신에 대하여 일반적으로 강력히 반대하는 태도를 가지고 있다는 사실이 강조되어야만 한다. …… 또한 어떤 유형의 조직이든 운영되기 어렵게 되어 있어서 사람들이 서로 합의를 보지 못하고 있다." 농업 여건의 개혁뿐만 아니라 철도와 도로의 건설, 위생 규칙의 제정, 삼림을 파괴하는 화전농업의 규제 등이 주로 전통과 미신을 따르는 한국인들의 태도와 심각한 갈등을 일으킨다는 사실은 불가피한 일이다. 수백 년간의 궁핍함을 통해 습득

된 만족감 때문에 좀 더 나은 생활 여건을 만들기 위한 모든 욕망은 사라져 버렸다. 그러한 어떤 개선이 쇄신의 결과로 일어나도 그들은 감사할 줄 모르고 그것을 당연한 것으로 여긴다.

게다가 모든 신생 식민지에서와 같이 한국에서도 여러 식민지 개척 국민들의 대표자들(일본인들)은 그와 같은 매우 감지하기 힘든 과제를 처리할 특성이나 능력을 갖고 있지 않다. 우가키 가즈시게(宇垣一成) 총독 자신도 이러한 사실을 솔직하게 알고 있다. 그는 1936년 〈오사카 마이니치〉의 매우 유익한 정보를 주는 특집호에 다음과 같이 쓰고 있다(305). "한국에 거주하는 일본인들은 종종 피상적 우월주의 콤플렉스에 기인한 경멸감으로 그들의 반도인들을 대했다." 또 다른 곳에서 그는 다음과 같이 기술하고 있다(302, p.7). "한국에 거주하는 일본인 중 일부가 한국인을 대하는 무분별하고 불손한 태도는 현지의 통치 방식에 대해 한국인들이 갖는 기존의 혐오감과 편견의 한 가지 원인이 된다."

한국인들이 일본의 조치들에 대해 부정적 태도를 가지게 되는 또 다른 이유는 일본 당국의 규정을 좋아하는 성향과 하급기관을 통해서 차별 없이 수행되는 방식에 있었다. 우가키 가즈시게 총독도 이 점에 대해 다음과 같이 언급하였다. "일본인들은 한국인들의 적대감에 대한 책임이 있다. 일본인들은 이전에 옛 질서들에 의해서도 전혀 얽매이지 않았던 한국인들을 너무 많이 규제하려 하였다. 일본의 지배하에서 빠른 속도로 하나의 현대적인 규정을 공시(公示)한 뒤에 또 다른 규정을 공시한 것은 한국인들이 마침내 이들 법령을 아무말 없이 받아들이는 데 익숙해질 때까지 반감을 일으키게 했다."

그러나 일본의 금융업자들이 한국인의 토지를 매점해서 한국인들을 자기 토지의 소작인으로 전락시킴으로 인해 일본에 대한 적대감은 더욱 악화되었다. 확실히 일본인 소유의 경지 비율은 오늘날에도 비교적 작다. 그럼에도 불구하고 앞에서(p.244) 기술한 조선의 비참한 토지 소유 여건에 대한 불만이 일본인 토지 소유 때문에 민족적 색채(편견)를 가지게 했다. 또한 한국인들의 빈약한 경제 예측 능력과 끈기 부족도 이러한 발달에 실제로 책임이 있다. 그 이유는 일본 당국이 한국 농민들의 토지를 팔도록 아무런 직접적인 강요도 하지 않았기 때문이다. 그러나 농부들 생활 수준의 계속되는 빈곤화의 결과로 일본인들만 비난받게 되었다. 일본인 지주들을 종종 과장해서 고발하지만, 가장 격렬하며 그 핵심에서 부당하지 않은 내용은 바로 이 점에 있다(p.553 이하).

끝으로 한국인들은 그들의 지능에도 불구하고 경제적 소극성에 머무르고 있으며, 근대적 경제 생활의 모든 분야에서 이루어 온 거대한 발전에 한국인은 작은 비율로만 참여하였다. 따라서 사기업 분야에서의 경제적 지도력은 거의 전적으로 일본 기업들과 경영자들이 장악하게 되었고, 그들만이 거대한 이윤을 향유하게 되었다. 최근에 적지 않은 한국인들이 미국에서 교육을 받았으며, 이보다 훨씬 더 많은 한국인들이 한국에 있는 미국인 선교학교에서 교육을 받았다. 그러나 유감스럽게도 그들 대부분은 환상이 지배하는 피상적인 교육만을 받아 일본과의 협력을 일관되게 거부하였다. 그들이 비록 서구 세계와 밀접한 접촉을 하기는 했지만, 그들은 지금까지 목적의식이 있는 경제 지도자가 될 능력을 갖지는 못했다.

1905년에서 1931년까지 한국은 일본의 유일하게 큰 해외 속령이었다. 타이완과 가라후토(樺太: 사할린 남부)는 프러시아 한 지방의 면적에 불과했고, 인구수도 단지 한국의 1/4과 1/60에 불과했다. 따라서 일본인은 잉여 국력의 대부분을 가까운 한반도에 집중시켰다. 우가키 가즈시게 총독은 한국이야말로 일본제국 미래의 진보적인 발달과 번영의 시금석(試金石)이라고 하였다(302, p.6). 다른 곳과 마찬가지로 이곳에서도 일본인들은 그들의 능력을 유감없이 발휘하였다. 부지런함과 재능, 야망과 애국심, 인내와 규율, 공공정신과 조직력, 본토와의 근접성, 자연환경의 유사성, 인종 및 언어의 유사성이 일본인들로 하여금 본국에서의 많은 경험을 쉽게 그들의 최초의 식민지에 대규모로 이식할 수 있도록 하였다. 물론 그들 자신이 서구 자본주의 경제 방법과 근대적 행정 체제를 이미 습득하여 이것이 모국의 발전에 장기적으로 어떤 영향을 미치게 되는가 관찰할 시간적 여유를 갖지는 못하였다. 따라서 한국에서 취해진 많은 조치들은 졸속이었고 단기적일 수밖에 없었다. 특히 한국에서 자본주의 발달은 혼란스러운 모습을 띨 수밖에 없었다.

한국은 일본의 해안 앞에서 불과 200km 떨어져 끝나는 한반도를 지구 상에서 가장 큰 대륙 세력의 손아귀에 들어가지 않게 잘 버텨 왔다. 1895~1905년의 시기에 한국은 거의 전적으로 이러한 전략적 관점에서 일본 측에 의하여 평가되어, 그 이후에 군사용 목적으로 훌륭한 1:50,000 지형도가 제작되었다. 오늘날까지도 한국의 이러한 전략적 역할이 완전히 끝나지 않았다. 이것은 한국에 대규모의 막강한 경찰 및 헌병 조직 외에 내부 질서를 유지시키기 위해서 더없이 많은 세 개 사단 병력(서울, 평양, 나남)이 주둔하고 있는 사실을 통해서도 증명된다. 이는 또한 부산-진해, 원산과 나진 주변의 요새지대를 통해서도 증명되며, 한반도의 최북동단, 한강 하구의 북쪽 지역과 서남해 상의 도서들 일부의 지형도가 등고선이 없이 음영으로만 그려져 발행된 사실로도 증명된다. 최초의 철도 건설, 특히 경부선과 경의선 및 최초로 개선된 육상도로 역시 전략적 관점으로 건설되었다. 그러나 이와 같은 관점은 점차 그 중요성이 서서히 사라졌는데, 특히 중국으로부터 만주가 분리된 이후 압록강-두만강 경계가 일본에 의해 지배되는 본토 내에서 사실상 내부 경계선이 된 이후에 점점 희미해졌다. 그런데 최근에 들어서 비로소 북동단 지역이 소련 우수리 지역과의 민감한 국경 지역으로 또 다시 중요해졌다. 1920년대 후반부에 경흥(慶興) 부근 러시아-일본 국경에서의 소규모 접전은 1938년에 전차와 비행기가 동원된 수일간의 교전으로 치열해졌다. 그러나 한반도 자체는 전략적 관점에서 그 육교로서의 역할을 일시적으로 끝마치게 되었다. 1931~1933년에 만주로 가는 병력은 주로 서해를 거쳐 다롄(大連: 뤼다, 旅大)으로 수송되었다.

전략적 관점 외에 즉시 **경제적 관점**이 뒤를 이었으며, 지난 세대에 의해 초래된 인문지리적 변화의 대부분은 경제적 원인을 갖는다. 한국은 경제적으로 일본 전체의 필요성에 따라 개발되었다. 우선 한국은 중요한 쌀과 콩의 생산지가 되었다. 곧이어 면화와 견사의 생산이 추가되었다. 그 후에는 광업이 점점 강화되어 특히 금, 석탄, 구리의 채굴이 중시되었다. 일본 본토에 동물성 식품과 원료를 공급하기 위한 목적의 세 번째 산업 분야로 어업이 증가하였다. 끝으로 중국과의 분쟁, 영·미국 시장의 폐쇄와 제2차 세계대전에의 참전과 관련하여 한국은 공업화 시대를 맞게 되었다. 일본제국의 필요를 지향한 이러한 경제 개발은 자연히 도시의 취락구조 정비, 수력발전소 및 관개시설, 고압선과 전화선, 항공 노선, 끝으로 항만·철도·도로 건설과 관련되었다.

일본이 이 분야에서 거둔 분명하고도 정말 놀라운 성공은 그것의 대부분이 많은 한국인의 호의적인 참여 없이 일어난 것이기 때문에 좀 더 높이 평가되어야 한다. 또한 이것은 주로 한국에서 일본 활동의 음지 측면들만을 강조하고 그들의 평가에서 부정적인 전체 평가만을 한 사람들로부터도 인정을 받았다(724, 725). 이는 한국에서 처음부터 지역계획 과제에서 기여했던 가장 진지한 학문적 연구의 토대 위에서 성취되었다. p.94 이하에서 이미 설명한 바와 같이 이러한 연구는 고찰되어야 할 모든 분야에서 진행되었다. 지질구조, 광상, 기상 조건, 하천의 유량, 주변 바다의 해양학적·생물학적 조건, 주민의 관습과 전통, 자연식생과 한국인들의 식생 이용, 전통 작물과 신품종 도입 가능성, 축산과 그 진흥법, 도시와 농촌의 위생 상태. 이러한 연구결과가 본서의 주요 내용을 이루며, 그것은 특히 지난 세대 동안 인문지리적 발전을 이끌어 왔다.

이러한 조사결과에 기초한 지역계획은 부분적으로 조선총독부나 예하 행정기관들에 의해 직접적으로 시행되었다. 이러한 것으로는 도로 및 철도 건설, 조림 그리고 최근의 도시 건설이 있다. 그 외에도 조선총독부는 이런 사업을 **일본인 회사**에 위임했는데, 이들 회사 중 일부는 특별히 이런 사업을 수행할 목적으로 조선총독부가 설립한 것도 있고, 또 일부는 이미 일본 본토에 있던 회사를 좀 더 확장하여 식민지에서의 사업을 수행하도록 한 것도 있다. 첫 번째 유형의 회사들은 특히 농업 부문과 취락 부문에서, 그리고 두 번째 유형의 회사들은 공업 부문에서 사업을 수행하였다. 이와 대조적으로 사기업의 역할은 대단히 미미하였다. 첫 번째 유형의 회사들로는 동양척식주식회사(東洋拓植株式會社, Tôkyo Takushoku Kabushiki Kaisha, The Oriental Development Co. Ltd.), 선-만개발회사(鮮滿開發會社, Sen-Man Takushoku Kaisha), 만-선공사(滿鮮公社, Man-Sen Kungsu), 조선면화(朝鮮棉花, Chôsen Menka), 후지농업(Fuji Nôson)이 있다. 이들 중 가장 큰 회사는 동양척식주식회사로서, 이 회사는 회사활동을 요약하여 연 2회 영문 잡지를 발간하기도 하였다(XXVI). 이 회사는 1908년 농업을 진작시키고 다른 경제자원을 발굴해 냄으로써 한국을 발전시키는 데 참여할 특수한 목적으로 설립되었다. 1917년에는 한국의 국경을 넘어 다른 지역에까지도 그 활동 범위를 확장시켰으나, 업무는 변함이 없었다. 1933년 총자산 133,900,000엔의 2/3를 한국의 기업들에 투자하였으며, 1938년에는 한국에 대한 이 회사의 투자액이 102,100,000엔에 달하였다. 이를 투자 부문별로 살펴보면 다음과 같다. 농업 부문 33.5%, 상수도 20.4%, 도시건물 7.9%, 광업 3.9%, 토지개량 1.7%, 양조 0.6%, 도기제조 0.4%, 교통 및 상업 0.4%, 양잠 0.3%, 방적 0.3%, 조림 0.3%, 과수식수 0.3%, 도정 0.3%, 문화활동 0.3%, 정유 0.2%, 제지업 0.2%, 비료산업 0.1%, 전기 및 가스 0.1%. 1932년 이 회사는 논 38,243ha, 밭 26,444ha, 그리고 식목한 임야 140,549ha를 소유하였다. 일본인들이 경제 분야에서 이룩한 성공적 업적 중 대부분이 이들 회사가 성취한 것인데, 그들은 직접 사업을 하거나 이들 회사를 통해서 한국 농민들에게 간접적 영향력을 행사하였다. 때때로 발생하는 조직상의 오류는 어쩔 수 없는 것이었다.

일본인들이 영향을 미친 세 번째 관점은 **민족적 관점**이며, 이 분야에 있어서 동양의 열강은 서구 열강들이 그들의 식민지에서 수행했던 과제와는 전혀 다른 과제에 직면했다. 한국인들은 인종적, 언어적으로 일본인들과 가깝다. 따라서 궁극적 목표는 동화(內鮮一體論), 즉 23,000,000명의 한국인을 일본의 국가이념(Staatsidee)을 위하여 일본인화하는 것이다. 이러한 고도의 장기적인 목표는 교육을 통해서만 도달될 수 있다. 이는 우선 단기적 경제 목표로서 한국인들에게 수많은 학교에서 농업교육을 실시하는 것으로 시작되었다. 오늘날과 같은 농업전문학교가 없었기 때문에 농업의 주요 분과는 거의 없었다. 공업학교와 상업학교에서는 좀 더 수준 높은 산업 분야에 참여할 수 있는 적절한 한국 학생을 가르쳐서 준비시키려 노력하였다. 일본인들이 시범적으로 개발한 일반 학교체제는 전적으로 동화교육의 관점에서 설립되었다(728). 일본의 역대 총독들은 한국인을 교육시키기 위한 초등교육의 중요성을 근면, 인내심, 경제적 식견, 지식과 일본의 국가이념에 대한 긍정적 태도에 있다고 보았다. 그러나 1934년에 의무교육 취학 연령 아동의 1/5만이 취학하였다. 일찍이 일본인과 한국인 사이에 결혼이 허용되었으며, 일본인 공무원과 한국인 공무원은 신분상 동일하다고 선포되었다. 점차 한국인들도 지역사회 및 도시 행정에서 자문 역할뿐만 아니라, 의사결정 역할도 담당하게 되었다(p.537). 저자가 한국에 체류할 당시 13명의 도지사 중 6명이 한국인이었으며, 부지사는 일본인이었다. 이러한 모든 조치들은 일본에 충성스러운 자치정부와 경제적 번영을 목표로 하였다. 앞에서 기술한 것과 같은 한국인들의 태도와 더불어 이러한 목표에 도달하는 일은 아직도 요원하다. 최근에는 한국 가족의 옛 문중(門中) 제도를 없애고, 단음절인 성의 한국어 발음을 다음절인 일본어 발음으로 대체시키려 하고 있다. 이러한 의도의 배후에도 역시 한국인의 민족성을 말살하려는 의도가 근저에 깔려 있다.

러일전쟁 초기인 1904년에 한국이 군사적으로 점령되었을 때, 한국은 우선 순수한 군사 통치하에 있었다. 천황(Tennô, 天皇)이 일본제국의 가장 중요한 정치가인 **이토 히로부미**(伊藤博文) **후작**을 조선통감(朝鮮統監)으로 임명한 것은 다가올 과제의 중요성을 그가 통찰하고 있었다는 증거이다. 이토 히로부미는 3년의 재임 기간 동안 민정(民政)을 설립하고, 비당파적인 법원을 세웠으며, 한국의 국가 세입의 질서를 확립하고, 금본위제를 시행함으로써 한국 화폐를 일본에서도 통용되게 하였으며, 도적의 행패를 제압하고[2], 러일전쟁의 와중에서 화급하게 부설한 철도와 도로를 개선하였으며, 한국인을 괴롭히는 것을 유죄로 하여 일본인에 대해서 가장 강력한 법적 조치를 취하였다.

1910년에 한일합방이 이루어진 이후, **데라우치 마사타게**(寺內正毅) **백작**이 초대 총독이 되었다. 그는 6년 동안 재임하면서 항구, 도로, 철도, 전신선 건설의 1단계 공사를 끝냈다. 도시에는 상하수도 시설과 병원이 건립되어 기본적인 위생 조치가 취해졌다. 최초의 농업학교도 설립되었다. 데라우치 마사타게 백작은 한국인들에게 모든 중요한 농업기술을 지도할 의도로 많은 전문가들을 지방행정 요직에 임명하였다. 그는 또한 오늘날까지도 시행되는 '식목일'의 제정자이기도 하다. 초대 일본 천황의 기일인 매년 4월 3일에 위로는 총독 자신과 모든 관리들로부터 아래로는 교사와 어린 학생에 이르기까지 모두 헐벗은 사면에 나무를 심는다. 이를 통해 사람들에게 수목 및 관목의 육림과 식목사업의 중요성을 깨닫게 하려고 하였다. 데라우치 마

2 역자 주: 여기서 도적의 행패라고 하는 것에는 아마도 의병활동을 진압하였다는 의미도 포함되어 있는 것으로 보인다.

사타게는 또한 양 국민 사이에 결혼을 허용함으로써 동화정책(同化政策)을 시작하였다.

이와 같은 전도가 유망한 시작에도 불구하고 1919년에 한국에서 일본의 지위가 흔들린 가장 힘겨운 부하시험(負荷試驗, Belastungsprobe)이 닥쳐왔다. 약소 민족의 독립에 관한 윌슨(T.W. Wilson) 대통령의 약속에 자극을 받아 한국인들이 봉기한 것이다. 한국의 우국지사들은 1907년에 양위한 고종(高宗) 황제의 장례식을 이용하여 한국의 독립을 선언한 것이다. 이에 놀란 일본인들은 이 독립운동을 무자비하게 탄압함으로써 다시 한 번 한국인들의 영혼에 깊은 상처를 남겨 놓았다.

그럼에도 불구하고 같은 해에 시작된 총독 정치사의 두 번째 시기는 점차 유화국면을 맞게 되었다. 이는 신임 총독으로 부임한 사이토 마코토(齋藤實) 남작의 현명하고 온건한 유화정책 때문이었다. 그의 재임기간(1919~1927년) 동안 1919년의 사태로 불타올랐던 저항운동은 그 규모나 강도가 약화되었다. 이 사태로부터 사이토 마코토 총독은 일본의 국가이념을 위해서 한국인들의 정신을 개조하는 데에 총력을 기울여야 한다는 결론을 내리게 되었다. 그는 동화정책의 실질적 입안자였다. 1919년에 이미 그는 지방자치의 목적에 맞게 도, 시, 면의 행정을 재편하기 시작하였다. 그는 자문 역할을 하는 자치의회를 만들고, 그중 2/3를 선거로 선출하였다. 그리고 두 번째로 총독(1929~1931년)이 되었을 때, 그는 지방의회를 의사결정권을 가진 기관으로 전환시키기 시작했다(721). 이와 같은 행정기관을 가진 지방자치단체를 읍(邑)이라 부르고, 다른 것을 면(面)이라고 하였다. 1936년까지는 43개 지방자치단체가 읍으로 승격하였다. 똑같은 의사결정권이 부(府, 도시)에도 부여되었다. 1936년 이와 같은 도시법(都市法)을 가진 부가 18개였다. 이들 부는 주로 전체 인구 중에 일본인의 비율이 상대적으로 높은 부로, 그중에는 나진(羅津)과 같은 신도시가 있다. 현재에도 부의 성격을 갖지 않으면서도 도청소재지인 곳이 네 곳(해주, 춘천, 청주, 나남)이나 있다. 이들은 읍에 속한다. 그러므로 부라는 지위를 가진 취락의 특성은 그 도시의 중요성이 아니라 도청소재지와 관련이 있다. 그것은 인구수와도 반드시 일치하는 것은 아니다. 1936년에 나진의 인구는 23,695인이고, 이와 대조적으로 해주의 인구는 41,140명이었다.

1923년에 한국의 국민학교에 동화교육의 이념을 도입해야 한다고 주장한 장본인도 바로 사이토 마코토였다. 불행히도 그의 재임기간 동안 농산물 가격이 하락하는 바람에 한국 농업의 위기가 위험 수위에까지 이르렀다. 일본 본토에서도 마찬가지였으나, 한국인들은 일본 정부에만 책임을 전가하여 1926년 한국의 마지막 황제(순종)의 장례식을 기하여 또다시 독립운동을 표명하였다.

일본의 해외 속령의 마지막 개발 기간은 1931년에 시작되었다. 1936년까지는 우가키 가즈시게가 총독으로 재임하였다. 한국 농민들의 극심한 가난과 부채를 감면해 주기 위해 그는 '농부자립책(die bäuerliche Selbsthilfe)'을 마련하였다. 농부자립책은 모든 개별 농민과 소작인들에게 철저한 개별지도를 해 주는 것인데, 이를 통해 생산력을 향상시키고, 특히 매년 봄철마다 겪는 식량 부족[3]을 해소하며, 협동조합을 구성하고, 가내공업을 장려하며, 고리대금업을 방지하는 것을 주요 내용으로 하고 있다. 그러나 특히 이러한 개별지도를 통해 농민들이 근로 의욕과 확고한 희망을 가지도록 하였다. 끝으로 10개년 계획 속에는 곤궁에 처한 모든 가구들이 농촌자립운동에 참여하도록 계획되었다. 농산물 가격의 상승과 범일본경제권에 만주가 포함됨으로써 생긴 전반적인 경제 활성화에 힘입어 이 정책은 성공을 거두었다. 이와 비슷한 자립운동이 한국의 어촌에서도 시작되었다. 그 외에도 우가키 가즈시게 총독은 인구가 과밀한 남부의 논농사 지역 한국인 농부들을 북부 지방과 인근의 남동 만주 지역으로 이주시키고, 남부 지방의 면화 생산을 장려하는 한편 금광 개발을 촉진시켰다. 함경북도에서는 그의 지도하에 양 사육도 시작되었다. 그는 자신의 대규모 정책 목표를 여러 차례의 인상적인 연설로 개략적으로 언급하였다(301, 302, 304, 305).

중국과의 분쟁 발발[4]과 함께 광산 개발과 공업 발전이 급속도로 진행되었다. 같은 해에 연속적인 풍작이 잇따라서, 1936~1938년의 기간은 바로 '코리안 붐(Korean boom)'의 이념과 관련된다. 공업과 광업이 지금까지 농업에서 매우 빈약한 식량만을 얻었던 끊임없이 계속 증가하는 수의 노동력을 흡수함으로써 농업 부문에서의 엄청난 인구압이 서서히 감소하기 시작하였다. 특히 1936년 부임한 미나미 지로(南次郎) 총독은 한국의 공업 발달을 강력히 추진하였다. 1941년에 산업 확장으로 인해 철도와 항만확장 사업은 일시적으로 제한되었다. 일본이 제2차 세계대전에 완전히 참전함으로 인해 일본 상품에 대해 세계 여러 나라가 시장을 폐쇄하자 일본은 한국의 모든 경제력을 활용하여 급속한 발전을 서두르고, 한국을 범일본경제권으로 더욱 더 공고히 결속시켰다. 이로 인해 번영의 결실 중 일부가 농가에도 돌아가기 시작하고, 그에 따라서 일본의 통솔력에 대한 한국인 대다수의 태도도 얼마간 개선되었다.

3 역자 주: 보릿고개를 의미하는 것 같다.
4 역자 주: 만주사변을 의미하는 것 같다.

2. 일본인 인구 요소

한국은 최근에 본토 동아시아에서 일본의 활동 무대가 된 대륙에 큰 면적을 차지하고 있지도 않고, 넓은 평야도 가지고 있지 않다. 한국은 우아하게 경관이 변하는 산악국가로, 일본과 마찬가지로 거의 모든 곳에서 바다에 근접하여 사람들이 산다. 여름은 일본과 같이 거의 열대처럼 고온습윤하며, 벼와 대나무가 적어도 남부 지방에서 특징적인 작물이고, 겨울에만 살을 에는 듯하게 건조한 추위를 통해서 매우 큰 환경의 차이가 나타난다. 저지에서는 거의 어디에서나 소나무의 특징적인 형태와 마주치게 되고, 봄에는 진달래속(*Rhododendron*) 수종들이 화사한 꽃망울로 사면을 장식하고, 일본과 마찬가지로 벚꽃이 특히 장관이며, 가을이 되면 단풍이 물든다. 그럼에도 불구하고, 더욱이 일본의 과도한 인구압에도 불구하고 지난 세대 동안 일본인들은 주변 국가인 한국에 전혀 물밀듯이 몰려들지 않았다. 한국에 거주하는 일본인 수는 다음 표의 추이와 같이 나타난다(주로 출전 VI을 참조).

한국에 거주하는 일본인 수

연도	일본인 수	총인구에 대한 비율(%)	연도	일본인 수	총인구에 대한 비율(%)
1890	9,204	0.01	1925	424,740	2.2
1900	19,200	0.2	1930	501,867	2.5
1910	171,543	1.3	1935	583,439	2.6
1920	347,850	2.1	1940	633,288	2.6

그러므로 1890년에 일본인의 수는 매우 적었으며, 그들의 분포도 부산, 원산, 인천의 세 개 조약항구와 수도에 국한되어 있었다. 이들 도시에서 일본인들은 일본 영사관의 행정하에 정확히 제한된 그들 자신의 도시 구역을 갖고 있었다. 1890~1900년 사이 청일전쟁이 주로 한국에서 일어났으며, 그 결과로서 많은 일본인들이 한국으로 몰려들었다. Hamilton이 매우 사실적으로 기술한 바와 같이(219, p.131 이하), 일본의 지배 초기에 양 국민 사이의 관계에 그러한 부담을 준 것은 바로 이러한 요소들이었다. 을사보호조약(乙巳保護條約)으로 당연히 많은 수의 일본인 관리, 사업가, 상인들이 갑자기 한국으로 몰려들면서 1900~1910년 사이에 일본인의 수가 급속히 증가하였다. 1920년까지는 다시 2배로 늘어났다. 그 후 일본인의 수는 꾸준히, 그러나 서서히 증가하였다. 그러므로 총인구에 대한 일본인 비율은 항상 적은 편이었다. 1937년까지 일본인의 수는 한국인의 수보다 상대적으로 좀 더 빠르게 증가하여 총인구에서 차지하는 비율

이 좀 더 커졌다. 1937년에 그 비율은 최대로 2.9%에 이르렀다. 지난 몇년 동안 증가율은 약간 감소하고 있는데, 이는 중국에서 강한 일본인의 유대 관계와 관련된다. 여기서 제시한 인구수에는 군병력 수가 포함되어 있지 않다.

살기 좋은 환경 특성에도 불구하고 한국 내 일본인의 수가 이처럼 조금씩밖에 증가하지 않은 이유는 무엇인가 하는 문제가 제기된다. 그 이유는 다음의 표에서 나타나는 바와 같이(출전: VI, XLIII), 한국 내 일본인들의 직업구조를 고찰하여 드러난다.

한국 내 일본인 직업 구조(1938년 말 현재)

업종	일본인 취업자 수		
	취업자 수 (명)	일본인 총수에 대한 해당 직업 분야에 종사하는 비율(%)	취업 일본인 총수에 대한 분야별 비율(%)
농업·임업	7,222	0.24	4.5
어업·제염업	2,273	3.5	1.4
광업	4,661	7.7	2.9
공업	26,252	18.0	16.5
상업	31,992	9.8	20.2
교통	9,089	18.0	5.7
공공기관	64,365	32.2	40.6
기타	5,240	1.5	3.3
미확인	7,749	7.2	4.9
총계	158,843	3.7	100.0

그러므로 일본인들이 한국에서 개인적으로 종사하고 있는 분야는 매우 다르다. 농업과 임업 부문에 종사하는 일본인을 매우 적다. 유감스럽게도 이 두 부문은 통계에서 구분되어 있지 않다. 주로 국가가 운영하는 경제 형태인 임업에는 매우 많은 일본인이 고용되었다(p.586 이하). 따라서 농업 부문에 남아 있는 일본인의 수는 좀 더 적다. 그것은 결코 6,500가구를 넘지 않을 것인데, 이는 일본인 농업인구 30,500명과 일치하는 것이다. 1940년과 1941년 『일본연감(The Japan Year Book)』에는 농업과 임업으로 부양되는 일본인 총가구원 수가 33,638명으로 나타나 있다. 어업에 종사하는 일본인 수는 한국에 거주하는 일본인 취업자의 평균과 일치하고 있다. 광업과 상업 부문에서 이미 일본인 종사자가 매우 상당하게 나타나며, 일본인들은 주로 요직을 독점하고 있다. 공업과 교통 부문에서는 이미 전체 취업자의 거의 1/5이 일본인이며, 공공기관(행정, 헌병, 법원, 교육, 연구 등)의 거의 1/3을 일본인이 차지하고 있다. '기타 업종'에는 의사와 식당 경영자들이 주를 이룬다.

업종에 따른 한국에 거주하는 일본 취업자의 비율은 다소 다른 양상을 나타내는데, 그 이유는 물론 한국에서 업종별 취업자의 전체 수가 매우 다르기 때문이다. 그러나 한국에서 일본인의 비중이 특히 두드러지게 나타나는 업종은 대체로 일본인들 내에서도 매우 선호되는 업종들이다. 전체 일본인의 2/5 이상이 공공기관에 고용되어 있으며, 1/5이 상업에, 그리고 1/6이 공업 부문에 고용되어 있는 반면, 단지 1/17만이 교통 부문에, 그리고 1/22만이 농업과 임업 부문에 종사하고 있다.

좀 더 많은 수의 일본인을 한국에 이주시키려던 시도는 실패하였다. 그리고 1910년경에 도쿄(東京)에 있는 관리들뿐만 아니라, E. Grünfeld 같은 비판적인 일본의 전문가들도 구상했던 큰 희망은 부적절한 것으로 증명되었다. 특히 일본인 농부들의 정착을 준비했던 동양척식주식회사도 1910~1929년 사이 단지 3,971가구만을 정착시키는 데 그쳤다. M. Schwind는 이러한 실패의 원인을 최근에 지적한 바 있다(696). 한국 자체, 특히 겨울에 온화하기 때문에 일본인 농부들의 정착지로 우선 고려될 수 있는 그 남반부가 이미 극도의 인구과밀 지역이다(p.551). 게다가 일본인 농부는 그들이 언어를 이해하지 못하는 한국 농촌에 개별적으로 들어가는 것을 매우 꺼렸다. 그러므로 전체 한국 농촌을 강제로 이주시키는 방법이 고찰될 수 있었을 것이다. 그러나 1919년 이래로 조선총독부는 이러한 방법을 결코 더 이상 시행하지 않았으며, 1919년 이전에도 이러한 일은 매우 드물었다. 여기에 덧붙여 일본인들은 자기 고국을 벗어나서 마치 자기가 주인처럼 행세할 수 있는 직업을 선호했다. 따라서 일본 농부들이 좀 더 많이 정착한 새로 개척된 토지, 특히 서해안의 간척지 논(p.500)에 있는 일본인 마을과 아주 작은 마을에만 정착하였다. 그러나 지금까지 이와 같은 새로 개척한 토지는 그렇게 충분하지 못했다. 그러므로 한국에 거주하는 일본인의 수가 적은 것은 한국이 아주 작은 범위에서만 일본의 농업 생산 기지가 된 결과이다. 그러나 다른 업종들은 아직까지 농업의 보조 역할을 하고 있으며, 다른 업종의 중요성이 증가하는 만큼 거기에 종사하는 일본인의 수도 증가할 가능성이 있다.

일본인들이 가장 선호하는 세 가지 직업은 일본인의 3/4 이상이 종사하는 공공기관, 상업, 공업으로 이들은 주로 도시 업종들이다. 따라서 한국 전역에 걸쳐 일본인 분포는 매우 균등하지 않다. 이와 같은 사실을 별도 75에서 볼 수 있다(695의 M. Schwind의 연구와 비교). 이 그림은 도별 전체 인구 중 일본인 인구 비율을 나타내며, 그 외에도 18개 부와 43개 읍의 일본인 비율을 원그래프로 표시하였다(p.542). 읍이 많은 도, 특히 큰 부가 많이 있는 도에서는 상대적으로 일본인 비율이 높게 나타난다. 반대로 강원도와 충청북도처럼 큰 읍이 별로 없는 도에서는 일본인 비율이 매우 낮다. 한국 내 모든 일본인 중 도시에 거주하는 비율은 69.4%정도이며, 이 중

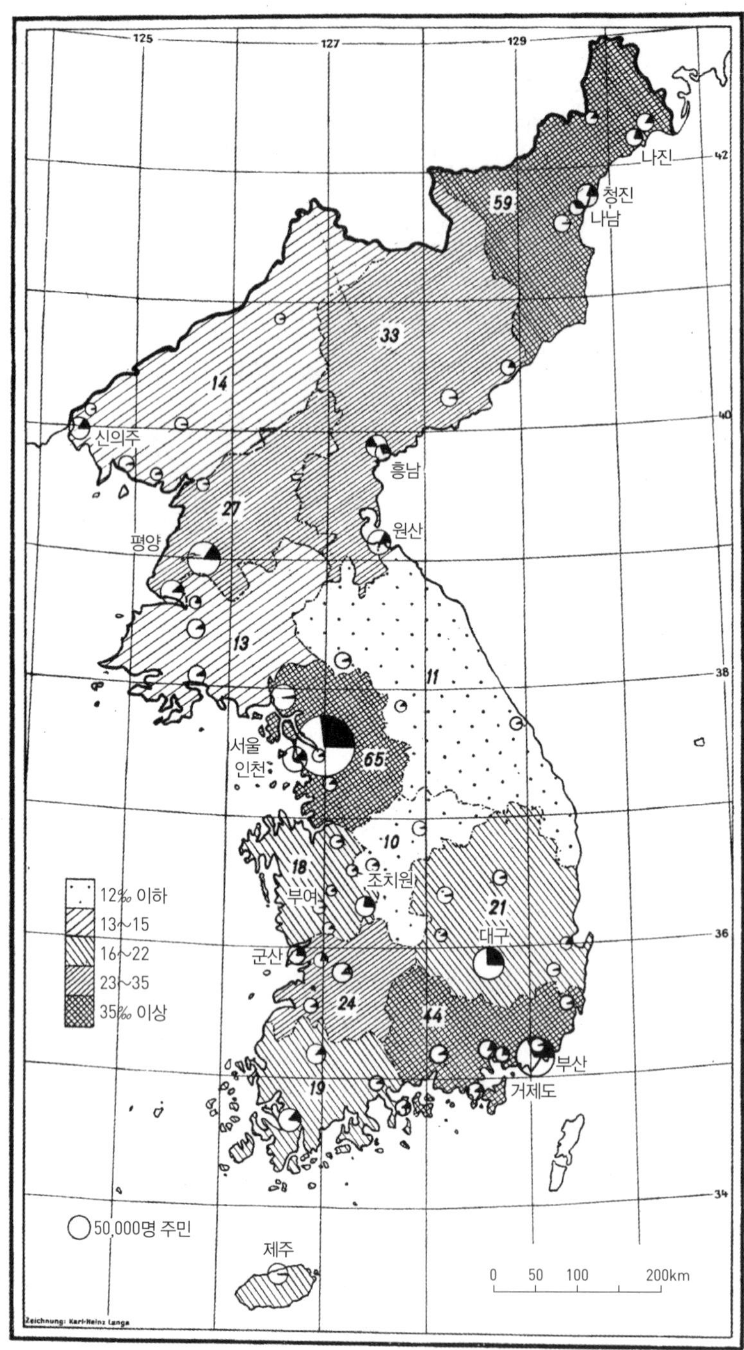

[별도 75] 도별과 시별 전체 인구 중 일본인 비율(1938년 말)

도시는 원으로 표기하였으며, 원의 면적은 도시의 인구와 비례한다. 검은 부분이 일본인의 비율을 나타낸다.

거의 절반은 서울, 인천, 평양, 원산, 청진, 군산, 대구, 부산과 같이 적어도 10,000명 이상의 일본인들이 거주하는 8대 도시에 살고 있다. 부와 읍에서의 일본인 비율은 적게는 2%(부여, 제주)부터 많게는 33.1%(나남)까지 이른다. 남부 지방과 경기도에 이러한 큰 도시들이 많이 분포해 있기 때문에 일본인 인구 비율은 대체로 남쪽에서 북쪽으로 갈수록 감소한다. 그러나 함경도, 특히 함경북도는 예외이다. 이는 최근에 이 지역에서 집중적인 경제 개발이 이루어진 결과이다. 북부 동해안 지역은 지난 10년간 눈부신 경제 발전을 하였다(p.282 이하). 1930~1937년 사이에 함경남도에서 일본인 수는 53%나 증가하였으며, 함경북도에서는 심지어 85% 증가하였다. 그러므로 부·읍 이외의 지역에 거주하는 일본인 비율은 단지 30.6%에 불과한데, 이는 전국 평균으로 $1km^2$의 면적에 단지 한 명의 일본인이 살고 있는 셈이다. 그러나 적어도 각 면소재지에는 최소한 한 가구의 경찰 가족과 한 가구의 식당 주인 가족이 거주하며, 해안이나 국경 지역의 거의 모든 큰 마을도 마찬가지이다.

도시 내에서 일본인들은 주로 직선의 가로망이 있는 **폐쇄된 구역 내**에 모여 거주하고 있다. 이러한 사실은 멀리서 보아도 일본식 가옥 양식을 통하여 쉽게 알 수 있다. 일본식 가옥은 여닫이 문과 청회색 기와지붕, 일본에서 유명한 아기자기한 정원이 있는 아름다운 목조가옥이다. 한국 겨울의 혹한에도 불구하고 일본인들은 한국에서도 대부분 비효율적이고 유해한 숯화로로 난방을 한다. 단지 극도로 추운 북부 내륙 지방에서만 일부 일본인들이 한국식 난방시설인 온돌을 쓰고 있다. 이러한 도시 지구에는 일본식 도시 복장이 압도적이다. 남자들도 집에서는 그러한 복장을 선호하는 반면, 직장에서 일을 할 때는 주로 유럽식 의복이나 제복을 입는다. 거리에서는 종종 인력거꾼이 끄는 인력거를 볼 수 있는데, 이는 일본 본토의 일상생활에서 흔히 볼 수 있는 광경이다. 소년 및 소녀의 축제는 풍선과 같이 바람에 날리는 물고기 모양으로 생긴 깃발을 띄우면서 하는데, 그 수와 크기는 아들과 딸의 수와 나이에 상응한다.

일본인들이 좀 더 큰 집단으로 거주하는 지역 부근에는 흔히 **신사**(神社)가 있다. 벚나무들이 늘어서 있으며 흔히 석등이 측면에 있는 직선의 도로는 산 위로 나무나 돌로 만든 대문(일: torii)으로 연결된다. 청회색 기와의 맞배지붕을 가진 단층 목조건물인 신사는 토리이 뒤에 위치해 있는데, 대개 나무로 반쯤 둘러싸여 있다. 지붕의 용마루 위에는 튀어나온 서까래들이 서로 교차한다. 내부가 비어 있는 중앙을 통해서 똑바로 들여다볼 수 있다. 입구 위에는 새끼줄이 걸려 있다. 가끔, 특히 국경일에는 일본인들이 신사 앞에서 기도를 하거나 제물을 바친다. 공무원으로서 신사참배는 정확하게 규정된 의무이다. 각각의 신사에 특별한 공휴일도 지정되어 있다. 이들 신사가 봉헌하는 국가신도(國家神道)는 일본의 국가이념과 황궁, 건국신과 위대한 민족적 영웅들을 숭배하는 것으로 특정한 교리와는 아무 상관이 없다. 한국에서 가장 중요한 신사는 서울의 남산에 있다. 그것은 조선신궁으로 이 궁의 주제신은 태양여신(Ama-terasu Okami, 天照大神, 아마테라스 오 오가미)과 메이지천황을 모신다. 그 밖에 도청소재지와 다른 큰 도시에도 신사가 있다. 현재는 58개의 신사가 있다. 총 322개의 소규모 신사(일: jinshi)가 전국 각지에 있다(727). 국가신도 외에 기도원이 301개, 전도자가 613명이나 되는 수많은 **신도종파**(神道宗派)가 있다. 신도수는 1939년 현재 95,900명으로 기록되어 있다. 이들 종파가 운영하는 신사는 일본의 토속종교에서 발달한 것이므로 이들도 일종의 종교라고 할 수 있다. **일본의 불교**도 9개 교파로 나뉘어 있으며, 수백 개의 기도원과 사찰이 있다.

3. 인구의 성장과 분포

한국인은 그들 국가의 독립 폐지에 대해 우리가 말했던 사실에 놀라야만 하는 생물학적 답변으로 반응을 하고 있다.[5] 1876년에 일본으로부터 영향을 받기 시작할 무렵 한국의 인구는 기껏해야 10,000,000명에 불과했으며, 이는 수 세기 동안 정체되어 왔거나 오히려 감소하기도 하였다(p.214). 1940년 말 현재 한국에는 23,653,039명의 한국인이 살고 있다. 지난 60년간 다른 나라로 이주해 나간 사람이 상당히 많은 것에 비하면 한국인 총수는 대단히 많아졌다(p.547 이하). 그러므로 한국 내에서만 한국인은 이 기간에 2.4배나 증가했으며, 증가율도 매우 높은 편이다. 이렇게 인상적인 인구 증가는 일본이 한일합병 후에 바로 실시한 최초의 인구조사 연도로부터 통계적으로 정확하게 추적될 수 있다. 옛날의 모든 통계 수치는 거의 신빙성이 없다. 일본의 조사결과에 따르면 1910~1940년 사이에 한국의 인구는 80.2%나 증가하였다. 이는 연평균 350,000명씩 증가한 셈이다. 그러므로 지난 60년간의 인구 성장분 중 대부분이 협의로 보아 이 기간의 후반기에 증가한 것이다. 이 기간 동안 출생률은 항상 높았다. 1923년 출생률은 40.2‰로 최고치에 이르렀다가 1936년에는 28.5‰로 떨어졌으나, 그 후 '코리안 붐(Korean

5 역자 주: 독자들이 번역문의 내용을 이해하기 쉽지 않아서 참조할 수 있도록 원문을 그대로 옮겨 놓았다. "Das Koreanische Volk hat auf die Beseitigung seiner Unabhängigkeit eine biologische Antwort gegeben, die nach dem Gesagten überraschen muß."

boom)'의 해들에는 다시 33.6‰로 상승했다. 일본의 위생 조치를 통해서 사망률은 23.2‰(1916년)에서 16.4‰(1938년)로 감소하였다. 그리하여 꽤 많은 출생잉여가 있었다. 출생잉여율은 4.2‰(1920년)과 19.7‰(1930년) 사이에 있다가, 1938년에는 다시 17.2‰로 상승했다. 한국인의 출생률과 잉여율은 한국 내 일본인들의 그것보다 심지어 훨씬 높았는데, 일본인의 증가는 자연증가에 의한 것보다 이주해 들어오는 인구에 의해 좀 더 많이 늘어났기 때문이다. 이와 같은 인구 성장의 결과가 다음의 표에 나타나 있다.

한국의 인구 성장

연도	절대 수치(명)				비율(%)			매년 ‰ 증가(+)·감소(–)			
	한국인	일본인	외국인	계	한국인	일본인	외국인	한국인	일본인	외국인	계
1910	13,128,780	171,543	12,694	13,313,017	98.6	1.3	0.10				
1920	16,916,078	347,850	25,031	17,288,959	97.8	2.1	0.14	+28.8	+103	+97	+29.9
1925	18,543,326	424,740	47,460	19,015,526	97.5	2.2	0.25	+19.2	+44	+179	+20.0
1930	19,685,587	501,867	69,109	20,256,563	97.2	2.5	0.34	+12.3	+36	+91	+13.1
1935	21,248,864	583,439	58,888	21,891,191	97.1	2.6	0.27	+15.9	+33	–30	+18.1
1938	21,950,616	633,320	49,815	22,633,751	97.0	2.8	0.22	+11.0	+29	–51	+13.1
1940	23,653,039	633,288	40,000	24,326,327	97.2	2.6	0.16	+38.8	–0.05	–99	+37.4

이 표에 나타난 수치들은 **한국의 인상적인 인구 성장**을 보여 준다. 연도별 인구 성장은 부분적으로 해외이주 때문에 1938년까지는 점차 감소하다가, 그 후 호경기의 해들 동안 최대의 인구수까지 급등했다. 1938년까지는 일본인 인구가 상대적으로 좀 더 크게 증가하여, 총인구 중 한국인의 비율이 약간 감소하였다. 그러나 1938~1940년 사이에는 한국인의 비율이 다시 증가하였다. 이러한 인구 성장은 심리적 무기력과 뚜렷하게 대비되는 생물학적 활력을 나타내며, 동시에 심리적 무기력 역시 점차로 극복될 수 있다는 희망을 불러일으켰다.

이 표는 한국 내 **외국인** 수도 포함하고 있다. 외국인 수는 절대적으로나 상대적으로 한국인과 일본인 수에 비하면 항상 소수에 불과하다. 외국인 수는 1930년까지 크게 증가하다가, 그 후에는 다시 크게 감소하였다. 이들 외국인 중 대다수는 단연 **중국인**들이다(560, 698). 중국인들은 서울, 평양, 북진, 대구와 신의주, 인천, 청진, 원산, 진남포, 부산, 군산, 목포 등 항구도시에서 매우 숙련된 기술을 가진 근면하고 검소한 운수업 노동자, 광부, 상인, 야채 재배 농부, 식당업자와 기능공 등으로 살고 있다. 이들 도시에서 중국인들은 대체로 좁은 공간에 제한된 작은 지역의 화북 지방과 비슷한 환경을 갖는 특정 구역에 모여 살았다. 한국의 서반부에서는 여러 작은 읍에서도 개별적으로 중국인들을 마주친다. 만주가 범일본경제권으로 통합되면서 이들 중 상당수의 중국인들이 고향으로 돌아갔는데, 이것으로 한국에서 외국인 수가 감소한 것이 설명될 수 있다.

그러나 **유럽인과 미국인**의 수도 크게 감소하고 있다. 유럽인과 미국인의 수는 1938년에 1,500명이었다. 이들 중 약 1,100명은 여러 신교 교파를 대표하는 영미 선교사 가족들이며, 약 200명은 로마 가톨릭의 신부와 평수사(平修士)들이다. p.240에서 강조한 바와 같이 로마가톨릭 신부들 중에 약 30명이 독일인이다. 나머지 유럽인과 미국인들은 상업과 광업에 종사하거나, 서울에 있는 총영사관과 영사관에 근무하는 사람들이다. 통상조약의 체결 후에 성공을 기대하며 시작했던 한국의 유럽인들과 미국인들의 사기업 활동의 시기는 이미 지나가 버렸다. 유럽의 기업들은 대체로 일본 기업과의 경쟁을 견뎌낼 수 없었으며, 최근에는 광업 운영이 완전히 일본인들의 손으로 넘어갔다(p.607). 인천에 있는 E. Meyer가 한국에 아직 남아 있는 유일한 독일 회사이다.

한국에서의 인상적인 인구 성장은 전국 어디에서나 똑같은 정도로 일어난 것은 아니다. 그 이유는 광범위한 **국내 인구 이동**이 동시에 일어났기 때문이다. 1910~1938년 사이에 경상남도는 가장 적은 인구 성장(56.2%)을 기록한 반면, 강원도는 가장 높은 인구 성장(99.8%)을 기록했다. 황해도, 경기도, 충청남도, 강원도, 함경남도와 함경북도의 6개 도에서는 평균 이상의 인구 성장이 일어났다. 황해도는 경지 면적에 비해서 가장 인구밀도가 낮은 지역으로, 특히 토양이 비옥해서 현재도 인구를 수용할 수 있다. 경기도에는 서울과 인천 두 대도시가 있어 인구를 끌어들이고 있으며, 강원도와 함경도는 현재까지 평균 이하의 인구밀도를 갖는 산악 지역이다. 그 외에도 함경도에서 광업, 공업, 어업의 급속한 발달이 인구 전입을 크게 촉진하고 있다. 인구 성장이 가장 낮은 지역은 남부의 4개 도로서, 이들 지역은 전체 면적 및 경지 면적에 대해서 계산된 인구밀도가 가장 높은 지역이기도 하다. 따라서 두 가지 유형의 국내 인구 이동 패턴을 확인할 수 있다. 한 가지 패턴은 인구과잉인 남부 지방으로부터 아직 인구를 수용할 수 있는 북동부 지방으로 이동하는 패턴이다. 다른 한 가지 패턴은 이촌향도(離村向都)이다. 후자는 직업의 변화와 관련이 있으나, 전자는 그렇지 않다. **북부 지방으로의 인구 이동**은 기존의 남부 지방과 북부 지방 사이의 지금까지의 큰 인구밀도의 차이를 균등하게 하는 효과가 있는 반면, **도시로의 인구 이동**은 도농 간의 국지적인 차이를 좀 더 심화시키고 있다. 전자는 조선시대부터 시작된 인구 이동이 계속되고 있는 것이다(p.214). 북부 지방은 오늘날에도 아직 개척지대로 남아 있다.

한국 대부분의 군들은, 특히 남부에 위치한 대부분의 군들은 농업과 관련하여 과잉인구 지역이다. 1938년 말에 한국 전체는 경지 면적 1km²당 493명의 인구밀도를 가졌다. 황해도는 294명인 반면, 경상남도는 무려 763명에 이르렀다. 그러므로 한국인들의 검소함(Genügsamkeit)에도 불구하고 이러한 엄청난 인구 증가가 **해외이주**를 초래하였다. 특히 과도한 부채로 토지를 잃은 많은 가족들이 해외이주를 하였다. 한국인들의 최초 이주 지역은 **만주**(滿洲), 특히 한국과 접하고 있는 만주의 남동부 지역이었다(699-703). 그러므로 한국의 북부 개척지대는 국경에서 끝나지 않고, 이웃 나라로 연장되었다. 압록강과 두만강은 아마 한번도 뚜렷한 두 민족 간의 경계가 되지 못했을 것이다. 아마도 지난 수 세기 동안 많은 한국인들이 국경 너머에 거주하였을 것이다. 만주 남동부 지역은 한국인들이 이주해 간 핵심 지역 중 하나가 되었다(p.66). 지난 수 세기 동안 역이주가 일어났고, 1904~1905년 러일전쟁 후에는 역이주가 일시적으로 거세게 일어났다. 한국의 북부 지방 사람들은 바로 국경 너머 인접 지역으로 이주하였다. 남부 지방 사람들은 만주 남동부 지역에 부설된 철도를 따라 이주하였다. 많은 이주민들이 중국인 고리대금업자 밑에서 영주 거주권도 없이 수년 동안 기아 수준에서 살았다. 만주가 범일본경제권으로 편입된 이후 조선총독부가 재정착사업을 지원할 목적으로 설립한 세 개의 회사를 이용하여 재정착을 후원했다. 만주로 이주한 한국인들은 거의 모두 농부였다. 그들은 화북의 정착자들보다 벼 재배 경험이 앞서 있었으며, 그들에게는 만주 남동부 지역의 기후가 좀 더 유리하였다. 그들은 만주에서 바로 벼농사를 독점하였다. 현재도 두만강 대안의 **간도 지방**(間島地方)에 484,000명의 한국인이 거주하고 있다. 그들은 그 지역에서 전체 인구의 75%를 차지하며, 도시를 제외한 그 지방의 전체 문화경관은 완전히 한국풍이다. 사람들의 기억에 의하면 이 지역에는 이미 숙종(1674~1720년) 때 수많은 한국인 촌락들이 있었다. 그 이유는 1909년까지도 이 지역에서 한국과 중국 사이의 국경을 분명하게 설정하지 않았기 때문이다(p.66). 1890년 한국 북동부 지방에 기근이 발생하여 새로운 대규모 이주가 일어났다. 옌키(현 지명: 옌지, 延吉)에 통감부가 개설된 후, 1907년에 간도 지방에 한국인이 급증했다. 압록강 대안의 안둥(安東, 현 지명: 단둥, 丹東) 지방에도 453,000명의 한국인이 거주한다. 만주국(滿洲國) 통계에 의하면 1939년 한국인 총수는 1,152,127명이었다. 만주의 모든 농촌 지역 거주자들과 마찬가지로 그들도 지난 수십 년간 마적의 횡포에 시달려 왔다.

두 번째의 대륙 이주 지역은 러시아의 **우수리 지역**으로, 특히 간도 지방과 직접 국경을 접하고 있는 남서부 지역이다. 이미 1893년에 I. Bishop이 이 지역의 한국 정착민들을 방문하여 이에 대해 기술하였다(207 II, pp.1-20). 그들은 한카호(K'ankasee, 영: Lake Khanka) 부근에 특히 밀집해 거주하였으며, 이곳에서 주로 벼와 기장을 재배하였다. 정착민의 수는 1926년 87,000명에서

1939년에는 180,400명으로 증가하였다. 이들 한국인은 조국과 거의 접촉을 끊고 살고 있는데, 그 이유는 소련과 일본이 모두 월경(越境)을 사형으로 금지하고 있기 때문이다. 일본은 자기 영토로 공산주의 이념이 유입되는 것을 두려워하고 있다.

끝으로 일본 국민인 한국인들은 한일합방 이후 점차 증가하는 추세로 **일본열도**로 이주하였다. 1930년에 약 400,000명이 일본열도에 거주했으나, 1937년에는 이미 800,000명이 거주했다. 이들은 주로 한반도의 남부 지방과 제주도(p.526) 출신들이다. 그러므로 이제는 한국에 거주하는 일본인의 수보다 일본열도에 거주하는 한국인의 수가 좀 더 많다. 그들은 주로 오사카(大阪), 고베(神戶), 나고야(名古屋), 요코하마(橫濱), 도쿄(東京) 등지에서 운수업이나 제조업 노동자로서 저급한 직종에 종사하고 있다.

주로 중국 및 그 외에 미국, 멕시코와 유럽에 살고 있는 나머지 재외 한국인을 최대 60,000명으로 추정하면, **해외에 거주하는 한국인**은 총 2,190,000명에 이른다. 1940년 한국인 총수는 약 25,800,000명에 달할 것이다.

생물적 성장, 국내 인구 이동과 해외이주의 결과로 나타나는 바와 같은 현재의 **인구분포**는 이미 지방 구분에 관한 제1부에서 그 전반적인 개요로 기술되었다(p.44 이하). 인구분포 역시 몇몇 드문 경우들에만 조선총독부의 영향을 직접적으로 받았다고 한다면, 간접적으로는 일본의 조치에 의해 크게 결정되었을 것이다. 이러한 사실은 한국의 근대적 경제개발의 영향하에서 한국의 경제지리적 상황을 다루고 있는 다음 장에서의 설명을 통해 드러날 것이다. 그리고 이를 통해서 인구분포의 개별 특성이 이해될 수 있을 것이다. 한국의 여러 지역(제3부)에서는 이러한 관련성들을 개별 지역의 관점에서 매번 평가하였다. 제1부에 실린 별도 2는 도별 인구밀도를 나타낸 것이다. 인구밀도는 북동에서 남서 방향으로 증가한다. 북부 지방의 산악 지역과 중부 지방의 동부 산악 지역에서는 인구밀도가 60명/km^2 이하이고, 남서부의 논농사 지역에서는 175명/km^2 이상이다. 조선총독부가 발표한 1940년의 평균인구밀도는 산악국가로는 매우 높은 110.2명/km^2으로 증가하였다(1941년 스위스는 103명/km^2).

인구분포의 개별 특성은 지도 3에서는 절대적인 방법에 따라, 별도 76에서는 상대적 방법에 따라 제시되었다. 저자는 이들 지도를 1936년에 발표된 공식 통계(691)를 사용하여 그렸는데, 이 통계에는 부·읍별 인구수와 2,322개 면 단위 인구수가 수록되어 있다. 지도 3에서 점 하나는 인구 1,000명을 나타낸다. 인구 1,500~19,500명인 취락에서는 이들 점이 단순한 기하학적인 형태를 이루도록 조합되었다. 인구 19,500명 이상인 취락은 면적을 비례로 한 원으로 표시했다. 군 경계는 붉은 선으로 표시했다. 별도 76은 군별 인구밀도를 나타낸다. 도시(府)는 면적이 너무 작기 때문에 제외하였다.

이 점 분포도를 자세히 볼 때 받게 되는 첫인상은 분지나 계곡, 해안 지역의 조밀한 인구와 **희박한 인구, 심지어 산이 많은 높은 곳의 사람이 없는 지역** 사이의 차이이다. 주요 산맥들이 분명하게 드러난다. 백두산 고원과 마천령산맥, 그리고 함경산맥의 북동부가 약 10,000km^{2}의 면적에 달하는 거의 완전히 무인(無人) 지역이 된다. 이 지역 내에 있는 서두수 계곡에만 6,000명이 거주한다. 따라서 무산군은 두만강 연변과 측면 계곡을 따라 취락이 발달해 있음에도 불구하고 인구밀도가 9.7명/km^{2}으로 한국에서 가장 인구가 희박한 군이다. 개마고원의 낮은 인구밀도(장진군: 13명/km^2, 풍산군: 18명/km^2)는 함경산맥의 북쪽 측면 주향산릉에 사람이 없는 것으로 설명된다. 한국주산맥도 점 분포도 상에서 분명하게 나타난다. 이러한 사실은 심하게 개석된 원산호(元山弧)에서 가장 적게 적용되고, 인구가 조밀한 동해안의 영동 지역과 뚜렷한 차이를 나타내는 태백산맥에서 가장 크게 적용된다. 태백산맥의 남서쪽 지맥인 소백산맥과 제주도 내륙에서도 거의 유사하다고 말할 수 있다. 그러나 전체적으로 지형의 영향이 남부 지방에서보다는 북부 지방에서 훨씬 더 큰 것이 분명하다. 그 이유는 이미 여러 차례 상세히 평가되었던 북부 지방의 불리한 기후 조건 때문이다. 그러나 또한 북부 지방이 지난 수십 년 동안에야 비로소 점차로 사람들이 정착한 개척지대임을 유념해야 한다. 이러한 관점은 특히 북동단 지역에 적용되는데, 이 지역의 기복으로 인한 어려움은 비교적 크지 않으며 지금까지도 인구밀도가 아주 희박하다(종성군: 30명/km^2). 평안북도 북동부 지역도 개척지대에 속한다(후창군: 36명/km^2, 자성군: 61명/km^2, 강계군: 63명/km^2). 20세기 초에야 비로소 화전민들이 몰려들어 오는 물결이 이 지역 위로 지나갔으며, 최근에야 영구 정착이 이루어졌다(p.361). 이와 같은 사실은 태백산맥의 서사면 지역에도 적용된다(인제군: 32명/km^2, 정선군: 34명/km^2, 회양군: 39명/km^2).

인구가 조밀한 해안, 계곡 및 평야 지역이 인구가 매우 희박한 산악 지역과 뚜렷한 대조를 보인다. 동해안은 청진에서 포항까지는 좁지만 연속적인 취락지대를 따르며, 이 지대는 함흥과 원산 사이의 충적평야에서 상당히 넓어진다(함주군: 140명/km^2, 고원군: 92명/km^2). 그러나 북부 지방과 중부 지방의 서해안을 따라서 인구가 조밀한 지역이 훨씬 더 넓다. 압록강으로부터 청천강 이남까지는 해안 쪽으로 갈수록 인구가 더욱 조밀해진다(용암포군: 221명/km^2, 정주군: 161명/km^2). 이와 같은 사실은 해주와 한강 하구 사이의 해안 지역에도 적용된다(연백군: 175명/km^2). 이와 대조적으로 평안남도와 황해도에서는 최고 인구밀도 지역이 해안에 바로 나타나지 않는다. 그 대신에 인구밀도가 가장 높은 지역은 평양과 재령 사이의 대동강과 재령강 하류의 매우 비옥한 분지에 모여 있다(대동군: 165명/km², 봉산군: 139명/km², 신천군: 145명/km²). 이와 같은 특징은 한강 하구와 안성천 하구 사이의 지역에서도 다시 나타난다. 이 지역에서 최고 인구밀도 지역은 한강 최하류에서 시작해 서울과 수원을 지나 천안으로 이어진다(고양군: 167명/km², 수원군: 181명/km², 진위군: 199명/km²).

평안북도 해안과 해주로부터 남동쪽으로 뻗은 지대에서는 특히 벼농사의 집약도가 인구밀도에 대해 결정적인 반면, 평양과 재령 사이의 분지에서는 논농사와 밭농사가 혼합되어 있다. 남부 지방의 어느 지역에서나 벼농사가 인구부양에 단연코 가장 중요하다. 지도 4와 별도 78에 나타나는 바와 같이 벼농사는 서해안의 분지에서뿐만 아니라, 경상분지에서도 집약적으로 행해진다. 따라서 이곳에서는 계곡들의 어디에서나 인구밀도가 크게 증가한다. 서해안 부근에서 특히 인구밀도가 높은 지역은 다음과 같다. 삽교천 분지(예산군: 203명/km²), 영산강 분지(나주군: 241명/km²), 그리고 특히 금강 유역의 공주로부터 군산, 이리, 전주를 경유하여 정읍까지의 전 지역(논산군: 246명/km², 익산군: 458명/km², 김제군: 321명/km², 옥구군: 270명/km², 정읍군: 246명/km²). 익산군은 한국에서 가장 인구밀도가 높다. 경상분지에서는 영주에서 상주를 경유하여 김천에 이르는 산맥의 산록(예천군: 205명/km²)과 대구–영천 주변의 침식분지 지대(Ausraumzone, 달성군: 223명/km²), 낙동강 하곡의 하류(밀양군: 264명/km², 창원군: 217명/km²)와 동해안 부근의 구조곡(울산군: 143명/km²)에서 인구밀도가 높다.

전체적으로 보아 한국의 취락은 주변부에 입지한다. 동부에서 인구밀도가 높은 좁은 지대와 서해안에서 인구밀도가 높은 넓은 지역이 인구밀도가 훨씬 낮은 내륙 지역과 대조를 이룬다. 이러한 차이는 북부 지방에서 가장 크다. 남쪽으로 갈수록 이러한 차이는 약해지는데, 남부 지방에서는 좁은 소백산맥에서만 약하게 나타난다. 해안 부근 지역들은 낮은 고도, 유리한 기후 조건, 주로 비옥한 토양과 그 밖의 다양한 경제 발전 가능성이 조화를 이루고 있다. 이 지역에는 산지가 많음에도 불구하고 취락을 뒷받침하는 이러한 여러 인자들이 남해안의 반도와 도서에서도 매우 높은 인구밀도를 나타나게 한다(통영군: 264명/km², 남해군: 362명/km², 여수군: 245명/km²). 심지어 남서단의 작은 섬들조차 꽤 많은 인구를 부양하고 있다(p.516).

한국인의 3/4 이상이 농업으로 생계를 유지하기 때문에 인구밀도는 자연히 **총면적에 대한 경지 면적의 비율과 밀접한 관련**이 있다. 이러한 사실은 전술한 사항에서 이미 여러 번 언급되었다. 그러므로 총면적에 대한 경지 면적의 비율을 군별로 제시한 별도 77을 인구밀도도와 비교해 보면 매우 유익한 결과가 나타난다. 경지 면적의 비율이 가장 낮은 개마고원의 장진군(32‰)과 무산군(37‰)은 인구밀도도 가장 낮은 군들이다(각각 13명/km², 9.7명/km²). 한국 전역에서 가장 인구밀도가 높은 방금 언급한 익산군은 또한 가장 높은 경지 면적의 비율을 갖는다(781‰). 그러나 이러한 기본 원칙에서 수많은 예외들도 나타난다. 경지들은 매우 상이한 생산성을 갖고 있다. 동아시아에서 가장 집약적 농업이 이루어지는 논이 밭보다 훨씬 많은 인구를 부양한다. 종성군(함경북도)에는 거의 밭만 있어서 125‰의 경지 면적의 비율에도 불구하고 인구밀도는 단지 30명/km²이다. 이와 대조적으로 경상북도 북동부에 있는 영덕군은 논이 많기 때문에 124‰의 경지 면적의 비율에 인구밀도는 112명/km²이나 된다. 인구가 부분적으로 농업 이외의 다른 직종으로 부양되면, 동일한 농업 여건에서도 인구밀도의 차이가 나타나게 된다. 일례로 운산군에는 대규모 금광이 있어서 191‰의 경지 면적의 비율에 인구밀도가 69명/km²이나 되지만, 이웃에 있는 구성군은 경지 면적의 비율은 208‰이지만 인구밀도는 56명/km²에 불과하다. 비농업적 산업은 대도시 부근의 군들에서 특히 흔하다. 따라서 서울 근교에 있는 고양군은 경지 면적의 비율 368‰에 인구밀도가 167명/km²이지만, 이와 대조적으로 한강을 상류 쪽으로 약간 거슬러 올라가 있는 이천군은 경지 면적의 비율은 379‰이지만 인구밀도는 140명/km²에 불과하다.

만약 토질과 식량 수요가 어느 지역에서나 동일하고, 다른 직업들이 완전히 무시될 수 있다면, 경지 면적과 관련된 인구밀도는 지역 간의 아무런 차이도 나타내지 않을 것이다. 따라서 실제로 존재하는 이러한 인구밀도의 차이는 방금 다룬 바와 같은 토양 특성, 기후와 농업 토지이용 및 추가적인 취업 기회의 차이를 드러낸다. p.546 이하에서 이미 **한국에서 경지 면적과 관련된 인구밀도의 절대 수치가 매우 높다**는 것이 강조되었다. 그러므로 다른 직업들의 낮은 중요성을 고려할 때 한국에는 강한 농업 인구압이 있다. 그럼에도 불구하고 **그 지역적 차이**가 아직도 엄청나다.

개마고원은 다시 경지 면적과 관련된 가장 낮은 인구밀도를 갖는다. 풍산군은 165명/km²로 한국 전역에서 가장 낮은 인구밀도를 갖는다. 이는 불리한 기후 및 토양 조건과 임업을 제외하고 다른 경제활동이 없기 때문이다. 그러나 두만강 대만곡부 역시 해발고도는 훨씬 낮지만, 매우 낮은 인구밀도를 갖는다(종성군). 여기에는 아직 정착 가능성이 존재한다. 황해반도의 인구밀도는 이미 이보다 좀 더 높다(282~374명/km²). 이 지역에서는 경지 면적은 비교적 넓으나, 밭이 대부분이다. 벼 재배 지역은 어느 곳이나 높은 농업인구밀도로 특징지어진다. 남부 지방은 550~800명/km²의 인구밀도를 갖는다. 단지 제주도만이 여러 가지 다른 관련성 때문에 당분간 농업인구밀도가 북부 지방의 수준에 있다(217명/km²). 해안 지역이 일반적으로 내륙 지역보다 높은 농업인구밀도를 갖는다. 해안 지역에서는 낮은 해발고도, 상대적으로 비옥한 토양과 부업이 단위 면적당 부양 능력을 증가시킨다. 이는 선험적으로 도시 지역에서는 당연한 것이며, 농촌 지역에도 적용된다. 따라서 북동부 지방에서 546명/km²의 인구밀도를 갖는 해안에 위치한 북청군은 방금 언급한 풍산군(165명/km²)에 바로 접해 있다. 또한 남쪽의 영동 지역에서 삼척군(614명/km²)은 청송군(281명/km²)에 접해 있다. 한반도의 전 동해안과 남해안은 거의 끊어지지 않는 최고값을 갖는 대상 지역으로 특징지어진다. 영동 지역에서는 고성군(740명/km²)과 영덕군(903명/km²)을 지적할 수 있다. 대한해협에서 여수군은 996명/km², 남해군은 1,131명/km², 그리고 통영군은 무려 1,354명/km²에 이른다. 마지막으로 언급한 1,354명은 한국의 한 군이 도달한 가장 높은 수치이다. 이 지역에서는 어업, 양식업, 광업, 운수업 및 상업이 농업과 조화를 이루어 이와 같이 엄청난 인구밀도를 이룰 수 있었다. 전체적으로 이러한 수치들은 한국이 일본 제도의 영향하에서 대부분 매우 인구 과잉인 국가가 되고 있음을 뚜렷하게 보여 준다. 계절풍 아시아 지역의 많은 유럽 식민지들도 이와 유사한 인구 성장을 하고 있다.

4. 경지

초기부터 일본 정부는 한국의 농업 개발에 특별한 관심을 가져왔다. 이러한 관심은 한편으로는 점점 증가하는 수백만 명의 인구를 부양하여 가난으로 야기되는 불만을 완화시키기 위하여, 다른 한편으로는 한국의 농업 생산을 일본의 수요로 전환시키면서 해외 속령을 점차 범일본경제권의 안정된 한 구성원으로 만들기 위하여 나타났다. 10년 전까지만 해도 주로 농업 부문에서만 이러한 통합을 추구하였다. 그 이후에야 비로소 다른 경제 부문들에, 특히 광업, 어업 및 공업 부문에 농업 부문에 상응하는 역할이 부여되었다. 그때까지 범일본경제권 내에서 한국의 역할은 주로 일본이 필요로 하는 쌀, 콩, 면화, 생사, 소고기, 가죽과 같은 식량과 농업 원료를 공급하고, 그 대신에 일본의 공산품을 받아들이는 것이었다.

한국인의 3/4 이상이 농민이기 때문에 일본의 지배에 대한 한국인들의 태도는 거의 전적으로 이들 농민들의 생활 여건의 개선에 달려 있었다. 옛 한국에서 이들의 생활 여건은 대단히 비참했다(p.244). 그러나 지난 20여 년간 일본의 통치를 받으면서 이들의 생활 여건은 더욱 악화되었다. 이것으로 인해 1919년에 봉기[6]가 일어났고, 다른 한일 관계에 큰 부담이 되었다. 이미 옛 한국시대에도 불운했던 **토지 소유 관계**가 더욱 큰 원성을 사게 되었다. 점점 더 많은 농민들이 자신의 토지를 매각하지 않을 수 없었다. 1935년에 총 3,006,489농가 중에 17.9%만이 자작농이었던 반면, 51.9%가 순소작농이었고, 27.7%는 반자작·반소작농이었다. 그러므로 전체 농민의 4/5가 전적 또는 부분적으로, 일본인들의 점령 이후에 좀 더 큰 압박만을 받는 소작 조건하에 있었다. 소작은 토지가 특히 비옥한 남부 미작지대에서 가장 널리 성행하였다. 이 지역은 영농 규모가 가장 작았기 때문에 한국의 소작 경지 면적은 소작농의 수보다도 비율로 보아 좀 더 작았다. 그래도 소작 경지 면적은 어쨌든 전체 경지 면적의 57.5%이었으나(1937년), 논 면적은 67.9%, 밭 면적은 50.9%에 이르렀다. 이러한 상태는 전체 경지 면적의 76.2%가 소작지인 최대 미작지대 전라북도에서 가장 불리했고, 논의 면적이 작은 함경북도(20.6%)에서 가장 유리하였다. 조선시대 말 이래 소작인에 대한 지주들의 태도는 이해될 수 없는 것이었다. **이훈구**(李勳求)의 연구에 따르면, 그것은 심지어 비인간적으로 가혹한 것이었다(605, p.173). 한국의 미작농업에 관한 우수한 사회–경제적 연구를 저술한 일본인 Y. Yagi(688)는 1930년 조선총독부에서 발간한 「한국의 소작관행(Pachsitten in Korea)」이라는 보고서(614, p.230)에서 다음과 같은 한 구절을 인용하고 있다. “소작농들에 대한 대다수의 지주들과 마름들의 태도는 한마디로 오만불손하다. 이는 소작료를 강탈하기 위해서이다. 어쨌든 과중한 소작료로 인해 소작농들이 당하고 있는 엄청난 고초는 쉽게 상상할 수 있는 일이다.”

이렇게 터무니없이 지나친 소작 관계는 일본에 극심하게 영향을 미친 농업 위기와 함께 완전히 지탱할 수 없는 농가 경영의 수지를 가져왔다. 『일본연감(The Japan Year Book)』과 같은 신뢰할 수 있는 자료의 최신호(XLI)에 「전형적인 한국 농민들의 상태」에 관한 다음과 같은 보고가 수록되어 있다. 이 보고서는 상당히 많은 관찰에 근거한 명백한 평균치로 세 농가의 사례를 제시하고 있다.

가구원 수	……	6명	5명	5명
가족 종사자 수	……	2.9명	2.1명	2.4명
소유권	……	반자작	소작	소작
영농 규모	……	4.5ac(1.82ha)	3ac(1.22ha)	2ac(0.81ha)
연간 현금 소득	……	98.50엔	52.70엔	48.40엔
지출	……	121.70엔	69.60엔	59.20엔

6 역자 주: 3·1운동을 의미한다.

적자	……	23.20엔	16.90엔	10.80엔
부채	……	130.00엔	49.00엔	52.00엔
추가 활용 가능 작업일 수	……	290일	260일	240일

1924년 이후, 절반 이상의 농민에게서 소득보다 지출이 많았다. 부채는 점점 커지고, 그 결과로 점점 좀 더 많은 농민들이 영세 자작농 상태에서 소작농 상태로 전락하였다. 이러한 수지 하에서 근대적인 농기구나 비료 등을 위한 지출이 불가능한 것은 말할 필요도 없다. 동시에 자료를 통해서 농부들의 노동력이 연중 충분히 활용되지 못하고 있음을 알 수 있다. 여러 차례 언급했던 한국인들의 정신적 특성과 함께 기후 조건으로 인해 궁핍함에도 불구하고 실제 작업일 수는 약 75~125일밖에 되지 않는다. 일본 농민들은 그들의 훨씬 더 온화한 겨울 기후 조건에다 좀 더 근면하여 연간 약 200~250일간 노동을 한다(XLI).

대중이 점점 좀 더 빈곤해지면서 **생활수준**은 악화되어 갔다. 쌀은 가장 수요가 많은 주식이다. 그러나 갈수록 더 불리해지는 경제 수지를 통해서 한국의 농가들은 점점 더 많이 그들이 수확한 쌀을 팔고, 그 대신에 부분적으로 한국에서 생산되거나 부분적으로 만주에서 수입된 기장과 생산 규모가 점점 증가하는 규모로 그들 스스로 재배한 보리를 먹도록 강요받았다. 일본인 Y. Yagi와 한국인 이훈구는 이와 같은 한국의 농업 발달 상황에 대해 거의 일치하는 다음과 같은 수치를 증거로서 제시하고 있다(688, 605). 1912년에 한국에서 평균 쌀 소비량은 1인당 124.0L였으나, 1929년에는 77.2L에 불과했다. 이와 대조적으로 같은 기간 동안 기장 소비량은 42.1L에서 65.3L로 증가하였다. Yagi는 일본 본토에서 연평균 쌀 소비량을 1인당 198L로 제시하고 있다. 만약 한국의 평균 쌀 소비량이 일본만큼 높다면, 1937년(p.569)과 같이 최대 풍작조차도 수요를 충당할 수 없었을 것이다. 한국은 현재 한국 내에서 소비되지 않는 잉여분 때문이 아니라, 앞서 기술한 생활수준의 악화 때문에 세계 최대 쌀 수출국 중의 하나이다. 이렇게 진전된 상황에 대한 책임은 일본에 있다. 특히 이에 대한 책임은 조선총독부에 있다. 일본 정부가 아무런 효과적인 구제책을 강구하지 않는 한 이러한 비난은 정당한 것이다.

한국 농민들의 상황은 사회적인 문제만은 아니다. 그것은 동시에 일본 자본이 한국의 토지 소유에 침투하여 민족적 문제가 되었다. 그러므로 한국인 지주만 있는 것이 아니라 일본인 지주도 있으며, 후자들은 주로 수리조합들에 소속되어 있다(p.556, p.565). 그렇지만 **일본 자본의 침투 규모**는, 그리고 이것은 편향된 비평가들에 의해 대체로 고려되지 못했던 바와 같이, **매우 광범위하지는 않았다**. 상당한 신빙성이 인정되는 이훈구의 조사자료에 따르면(605, p.147) 1927

년에 한국인이 전체 경지 면적의 92.7%를 소유하고 있었으며, 외국인(주로 중국인)이 0.5%, 그리고 일본인 소유의 경지는 6.8%에 불과했다. 좀 더 최근의 수치는 이용할 수 없다. 그 이후 일본인의 소유 비율이 다소 증가하였다. 그러나 일본인들이 주로 가치가 큰 논을 소유하고 있다는 사실을 고려한다고 하더라도, 일본 자본의 침투가 그렇게 엄청나게 큰 것은 아니었다. 그럼에도 불구하고 이와 같은 사실이 한국인들 사이에서 강한 분노를 자아내고, 두 나라 국민들 사이의 관계에 무리를 주었는데, 이는 특히 다음과 같은 두 가지 이유 때문이었다. 첫째, 지난 20년 동안 빈곤 때문에 여러 차례 발발한 국지적인 농민 봉기 때 일본 경찰은 법과 질서의 수호자로서 반항적인 소작인들을 저지해야만 했다. 이로 인해 한국 농민들에게 일본 당국은 항상 농민들에 대항하여 대지주편를 지원한다는 인상을 불러일으켰고, 따라서 소작인들과 영세 자작농들이 곤경에 처한 것은 일반적으로 일본의 한반도 지배로 귀결지었다. 둘째, 일본 자본의 침투가 일시적으로 증가하는 규모지만 특히 대토지 소유에서 이루어져 그것이 가지는 사회적 의미가 크게 증가하였다. 이와 같은 사실은 마찬가지로 이훈구와 Yagi가 제시한 자료를 근거로 계산된 아래의 표로 증명된다.

아래의 표를 통해 다음과 같은 사실을 알 수 있다. 1. 소규모 농지를 소유한 지주 수가 중규모 및 대규모 지주 수보다 훨씬 더 많다. 2. 토지의 분할이 1921년부터 1928년까지 계속 증가하였다. 단 100정보(99ha) 이상의 대토지 소유는 예외이다. 3. 전체 지주 수 가운데 일본인은 매우 작은 역할을 한다. 4. 그러나 일본인 지주 수는 소규모 소유 계층에서보다 대규모 소유 계

토지 소유 규모별·국적별 지주 수

연도	1정보 미만			1~5정보[1]			5~20정보		
	지주 수(명)	비율(%)		지주 수(명)	비율(%)		지주 수(명)	비율(%)	
		한국인	일본인		한국인	일본인		한국인	일본인
1921	2,319,254	98.9	1.1	979,667	98.8	1.2	145,073	97.2	2.8
1928	2,646,543	98.6	1.4	1,043,538	98.2	1.8	157,044	95.6	4.4

20~50정보			50~100정보			100정보 이상			계		
지주 수(명)	비율(%)		지주 수(명)	비율(%)		지주 수(명)	비율(%)		지주 수(명)	비율(%)	
	한국인	일본인		한국인	일본인		한국인	일본인		한국인	일본인
15,858	91.1	8.9	2,169	76.4	23.6	916	46.5	53.5	3,462,937	98.7	1.3
17,681	86.8	13.2	2,300	70.3	29.7	888	37.7	62.3	3,867,994	98.3	1.7

1) 1 정보=0.99ha

층에서 상대적으로 훨씬 더 많다. 최고 소유 계층에서는 1921년에 이미 일본인 지주가 다수를 차지하였다. 5. 모든 경지 소유 규모에서 1921년부터 1928년까지 일본인 지주의 비율은 증가하였다. 6. 이러한 비율의 증가는 경지 소유 규모가 커질수록 상대적으로 항상 커지고 있다. 7. 50정보 이상 경지를 소유한 계층에서 한국인 지주의 수는 상대적으로뿐만 아니라 절대적으로도 감소하고 있다. 지주 수가 아니라 경지 면적을 고려하여도 이러한 국적별 비교와 거의 동일한 결과가 나타난다. 예를 들면, 100정보 이상의 경지를 소유한 계층의 경우에 일본인들은 1921년에는 57.1%를 차지하였으나, 1928년에는 66.9%를 차지하고 있다. 물론 이러한 대규모 경지 소유 계층은 면적으로 보아 전체 경지 면적의 매우 작은 부분만을 차지한다.

일본인 소유 경지의 매우 큰 부분은 **수리조합**의 수중에 있다. 이들 중에 1937년 말 전국에 215,345ha의 관개면적을 가진 189개의 수리조합이 있었으며, 관개시설에 투자된 자본이 139,000,000엔에 달했다. 바로 이러한 수리조합이 있는 곳에서 한국의 소규모 토지 소유 농민들이 농사를 짓기가 어려웠는데, 그 이유는 관개시설을 사용하면 자연히 엄청난 비용이 따르기 때문이었다. 따라서 한국인들의 불만의 대부분은 수리조합에 대한 것으로, 특히 이들 중 규모가 가장 큰 동양척식주식회사를 향한 것이었다. 그러나 다른 한편으로 서해안 하구들 부근의 충적평야에 현재와 같은 번영을 가져다 주고, 자연이 준 이 선물을 인간이 집약적으로 이용할 수 있도록 해 준 것은 바로 일본인 수리조합이었다. 한국의 쌀 생산량이 1910년보다 3배 이상 증가한 것도 상당한 정도는 이들의 노력에 기인하는 것이다.

또한 조선총독부에 농민들의 궁핍함을 완화해 주기 위한 의지가 없었던 것은 아니지만, 1934년까지만 해도 조선총독부는 이를 위한 과감한 조치를 취하지 않았다. 지금까지 조선총독부는 지나치게 형식적인 정당성의 관점에 서서 식량 증산의 과제만을 강조해 왔는데, 이는 일본 본토의 수요를 고려한 것이었다. 그러나 1934년부터 단호하게 농민을 위한 정책이 시작되었다. 우가키 가즈시게 총독이 **'농부자립책'**(p.538)의 설립자가 되었다. 이 운동은 그 사이에 만족스러운 진전을 이루었다. 만주가 범일본경제권으로 편입된 이후 매우 유리해진 경제 상황이 이 운동이 보다 빠른 성과를 거둘 수 있게 하였다. 비록 대다수의 농민들이 결코 위기를 헤쳐나갈 상황에 있지는 못했지만, 궁핍한 상황은 많이 완화되었다. 농부자립책의 실행으로 이미 1938년 8월까지 곡물 생산 중심지에 68개의 대형 창고와 주요 항구에 2,340,000~4,140,000hl 용량을 갖는 11개의 수출 창고가 건설되었다. 농민들은 유리한 계절까지 수확물의 일부를 창고에 저장할 수 있으며, 시장에서의 심각한 과잉 공급과 가격 하락을 막을 수 있다.

농민들의 참혹한 가난에도 불구하고, 한국은 한 세대 내에 인구수가 두 배 이상이 되었을 뿐만 아니라, 이렇게 증가한 인구를 대부분 자체적으로 부양했으며, 동시에 엄청나게 많은 잉여농산물을 수출하며 살아 냈다. 이렇게 놀랄 만한 성과가 근본적인 농업개혁과 결부되어야만 하는 것은 분명하다. 일본 당국은 처음부터 부단한 정력을 기울여서 생산량 증대에 부인할 수 없는 성공을 하였다. 이 시책은 항상 신중하게 추진되었다. 우선 모든 농업 부문에서 광범한 현지조사가 실시되었다. 이러한 현지조사는 1910년부터 1918년까지(553) 실시된 대규모 측량 및 1:50,000 지형도 작업과 함께 시작되었다. 1906년에는 수원에 대규모 권업모범장(勸業模範場)이 설립되었다. 현재 보천보(普天堡), 차련관(車輦館), 용강(龍岡), 사리원(沙里院), 이리(裡里), 김제(金堤) 및 목포(木浦)에 넓은 시험장이 있는 7개 출장소가 설립되었다. 1931년에 수원 농사시험장[7] 설립 25주년 기념으로 이 시험장의 시험방법과 결과들이 상세하고 인상 깊게 제시된 두 권의 방대한 보고서가 출간되었다(610). 이 시험장의 과제는 무엇보다도 한국의 모든 재배작물들을 조사하는 데 있었다. 여러 가지 외국 변종으로도 시험을 했으며, 필요한 경우에는 새로 육종(育種)도 하였다. 따라서 이 보고서에는 일례로 충청북도에서 492종의 벼 품종을 시험한 내용과 같은 여러 정보가 포함되어 있다. 이와 같은 방법으로 최적의 재배법이 결정되었다. 한국의 상이한 기후와 토양 조건에 대한 개별 작물들의 적합성도 조사되었다. 각 작물에 피해를 주는 해충들도 조사해서 이를 방제(防除)하는 방법도 개발되었다. 뿐만 아니라 재배작물별 질병과 이를 치료하고 방지하는 방법도 연구되었다. 이러한 모든 연구는 일년생 식물뿐만 아니라, 뽕나무, 조릿대, 과수나무에 대해서도 이루어졌다. 한국의 농기구들도 연구해서 좀 더 개선된 기구들을 고안해 내기도 했다. 토양 조사도 실시되었으며, 화학비료가 각 작물에 어떠한 영향을 미치는가도 조사되었다. 끝으로 가축 사육과 양잠에 대해서도 상응하는 연구를 했다. 7개 출장소들의 과제는 지역에 따라 할당되었다. 목포 출장소는 특히 면화 재배, 이리는 벼 재배, 사리원은 밭작물들과 과수 재배, 보천보는 화전농업을 각각 연구했다. 그러나 이런 방식으로 얻어진 농업 시험 결과들은 시험재배지에서의 표본수확량을 제시해야 할 뿐만 아니라, 더 나아가 농민 개개인이 실제 농사를 짓는 데 미치는 영향도 밝혀야 했다. 시험소의 부속학교들이 이러한 목적을 수행하고 있다. 이들 학교는 한국 농민들을 위한 교육과정을 개설하고, 이동 교사들을 직접 마을에 파견하기도 했다. 양잠학교에서는 특히 한국의 부인과 소녀들을 대상으로 교육을 실시했는데, 그 이유는 농가에서 여성 노동력이 양잠 분야에서 대부분의 일을 했기 때문이다. 조선총독부는 모든 도시와 군 지역에 농업협동조합을 결성하도록 지원하는데, 여기에는 재정

---

7 역자 주: 권업모범장은 1929년에 조선총독부 농사시험장으로 명칭이 변경되었다.

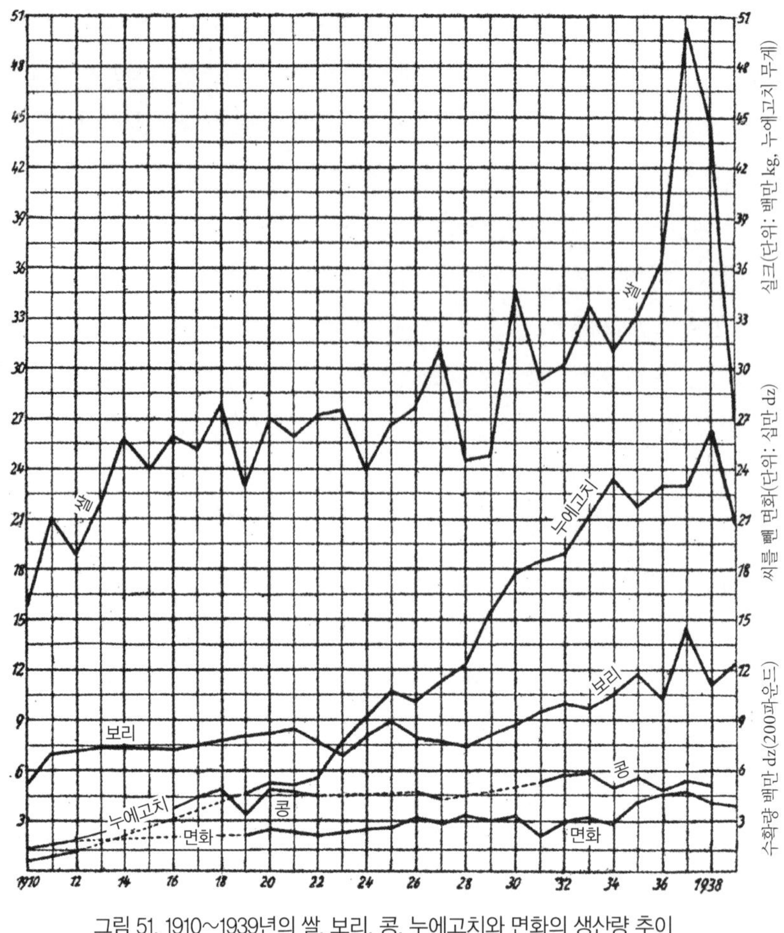

그림 51. 1910~1939년의 쌀, 보리, 콩, 누에고치와 면화의 생산량 추이

dz=Doppelzentner=200파운드

적인 지원도 포함된다. 이러한 협동조합은 농업 부문별로 존재하는데, 예를 들면 축산업조합, 양잠업조합, 과수재배조합, 수리조합 등이 있다. 수십 개 혹은 수백 개의 개별 조합이 모여 중앙조직을 구성했다. 이들 조직의 임무로는 종자를 보급하고, 보다 나은 농기구를 제공하며, 강연과 전시회를 통해 영농교육을 실시할 뿐만 아니라, 특히 좋은 성과를 이룬 사람을 수상하는 것 등을 들 수 있다. 그러나 이와 대조적으로 일본 정부는 그 구성원들의 농업을 장려하기 위해 복권 추첨과 같은 것을 하는 전통적인 한국의 상호부조회(계)는 지원하지 않고 있는데, 그 이유는 투기적 근거를 지닌 상조회의 체계가 조선총독부의 엄격한 합리적 사고방식과 부합하지 않기 때문이다(607).

한국 농민들의 굼뜬 성향에도 불구하고 조선총독부의 한 세대에 걸친 체계적인 노력의 성과들은 엄청난 것이었다. 경지 면적이 1910년 3,500,000ha에서 1938년에는 4,900,000ha로 증가함에 따라 전 국토 면적의 22.2%에 도달했다. 경지 면적은 1910년보다 현재 약 1/3 커졌다. 이러한 발달의 주요 부분은 일본의 강점 후 첫해들에 일어난 것 같다. 1918년에 경지 면적은 이미 4,500,000ha에 달하였다. 이는 과거에 휴경을 했던 수많은 농지들이 새로운 증산운동의 첫해들에 다시 경작된 데에 있을 수 있다. 따라서 1918년부터의 발전만이 아마도 실제로 경작된 면적의 증가에 기초한다. 조선총독부의 견해에 따르면(VI) 현재 300,000ha 미경작지만이 경지로 바꿀 수 있다. 이 중 100,000ha는 화전민들의 정착을 위해 사용될 것이라고 한다(p.590). 그 나머지는 이 경지를 성공적으로 개간하여 무상으로 소유하고자 하는 다른 농민들에게 임대할 계획이다. 농업 생산액은 1910년에 241,700,000엔에서 1937년에는 1,134,100,000엔으로 증가하여, 거의 5배나 되었다. 그림 51은 가장 중요한 농산물들 중 5개의 생산량 추이를 보여 준다. 따라서 단위면적(ha)당 생산량이 상당히 증가하였다. 『국제농업통계연감(Annuaire international de Statistique agricole)』의 조사가 제시하는 바와 같이, 이들 작물의 단위면적당 생산량은 현재 대체로 세계 값에 근접하며, 특히 쌀과 대마가 그러하고, 몇 개 작물은 심지어 세계 값을 훨씬 상회한다. 귀리, 감자, 콩과 같은 한국의 고지대 작물들만이 ha당 생산량이 훨씬 적다. 그러나 이 경우에 대부분의 밭작물들, 특히 콩은 간작(間作)에서 얻는다는 것을 고려해야만 한다. 다시 말해 간작을 하면 전 농지에 한 작물만을 재배하는 것이 아니기 때문에 당연히 ha당 생산량이 다소 떨어지게 된다. 실례로 대부분 간작으로 재배된 밀이 1934~1939년 사이에 6.7dz/ha[8]에서 9.8dz/ha의 ha당 생산량만 증가한 반면에 세계 평균값은 같은 기간 동안 9.0dz/ha에서 10.9dz/ha까지 달하고 있다.

p.560의 표는 각 도별 토지이용 개관이다. 저자가 각 도별 최신 통계자료를 이용할 수 없었기 때문에 경지별 자료는 1930년 통계를 이용한 반면, 산림통계는 1937년도 자료이다. 산림면적이 1930~1937년 사이에 감소했기 때문에 묘지(총 47,300ha, p.232 참조), 하천, 도로 등 기타 면적이 실제로 표에 제시된 것보다 다소 적게 산정되었다.

산림에 관한 내용은 후에 해당 부분(p.585)에서 언급하기로 하고, 여기서는 우선 이 표의 경지에 대해서만 다루기로 한다. 이 표에서는 중부 지방과 남부 지방의 서해안 지방들에서 총면적

8 역자 주: dz는 'Doppelzentner'를 의미하며 1dz는 200파운드이다. 여기서는 환산의 어려움 때문에 그대로 dz로 표시하였다.

1930년과 1937년 13개 도별 토지이용 현황

지역	총면적 (km²)	경지(%)				임야(%)				취락 (%)	기타 (%)
		계	논	숙전	화전	계	삼림과 관목림	식목림	나지		
함경북도	20,347	10.8	0.6	9.6	0.6	82.8	61.7	9.6	4.4	0.2	6.2
함경남도	31,979	12.3	1.5	8.9	1.9	83.5	54.8	12.1	8.4	0.3	3.9
평안북도	28,445	15.1	3.0	9.8	2.3	80.3	52.1	12.4	5.6	0.3	4.3
평안남도	14,925	28.0	4.9	21.5	1.6	65.7	52.3	2.1	2.7	0.6	5.7
황해도	16,732	34.5	8.3	25.9	0.3	58.7	43.8	8.7	2.5	0.8	6.0
강원도	26,263	13.2	3.1	8.9	1.2	82.5	47.5	17.3	10.7	0.3	4.0
경기도	12,814	32.2	16.8	15.4	0.03	59.6	43.8	5.4	2.7	1.3	6.9
충청남도	8,106	31.8	20.9	10.9	0.02	60.8	41.8	11.9	4.4	1.5	5.9
충청북도	7,418	22.2	9.9	12.1	0.15	71.9	54.0	10.1	3.4	0.9	5.0
경상북도	18,989	21.4	10.7	10.6	0.05	70.0	59.4	3.5	3.8	0.3	8.3
경상남도	12,305	23.7	14.6	9.1	0.01	68.1	48.4	8.8	2.9	1.0	7.2
전라북도	8,531	29.0	20.7	8.3	0.04	63.9	51.7	5.2	1.9	1.2	5.9
전라남도	13,887	30.9	15.1	15.8	0.02	62.9	48.9	6.0	3.3	1.2	5.0
계	220,741	20.8	7.5	12.4	0.9	73.2	52.1	9.6	5.2	0.6	5.4

모든 비율은 두 번째 칸에 기재된 도별 총면적에 대한 비율임.

에 대한 경지 면적의 비율이 가장 높음을 알 수 있다. 이러한 사실은 지형 조건과 p.260에서 다룬 내용을 기초로 쉽게 설명될 수 있다. 황해도는 경지 면적의 비율이 34.5%로 가장 높다. 개마고원과 태백산맥이 위치한 지방들에서 경지 면적의 비율은 이 최고값의 1/3에 불과하다. 충청북도와 경상남·북도가 그 중간이다.

별도 77은 군별 전체 면적에 대한 경지 면적의 비율을 나타낸 것이다. 이 그림은 개마고원과 그 주변 산맥의 높은 고도에 있는 군들 및 태백산맥과 심지어 소백산맥의 높은 고도에 위치한 군들에서 경지 면적의 비율이 낮다는 것을 뚜렷하게 보여 준다. 지형과 기후가 모두 불리한 북부 지방의 무산군, 후창군, 장진군, 희천군과 영원군이 경지 면적의 비율이 가장 낮은 단계에 속한다(p.306 이하, p.356 이하). 이와 대조적으로 서해안 부근의 군들이 남부 지방, 중부 지방 및 북부 지방에서 최대값을 나타낸다. 전체 면적의 1/2 이상이 경지로 이루어진 모든 군들은 이 지역에 위치하고 있다(용암포군, 평원군, 대동군, 연백군, 진위군, 익산군, 김제군). 제주도도 거의 50%까 경지로 이루어져 있다. 이와 대조적으로 한반도의 동쪽 주변부는 산발적으로만 선호되는 좁은 지대들로서 나타나는데, 그 이유는 해당 군들이 모든 곳에서 태백산맥의 분수령까지 위로 이르기 때문이다. 이와 대조적으로 넓은 북부 동해안 지역에 있는 수많은 군들은 개마고원에 인

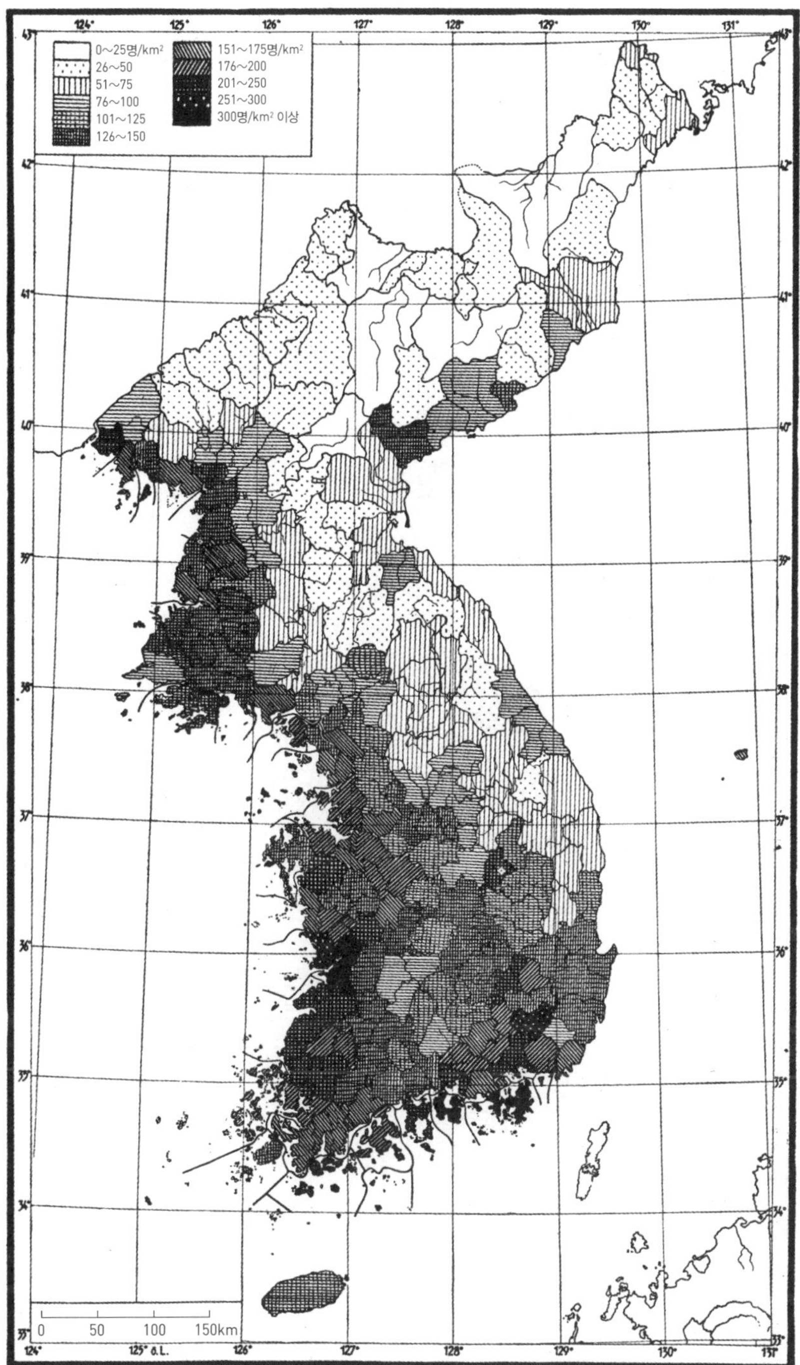

[별도 76] 군별 인구밀도(1936년)

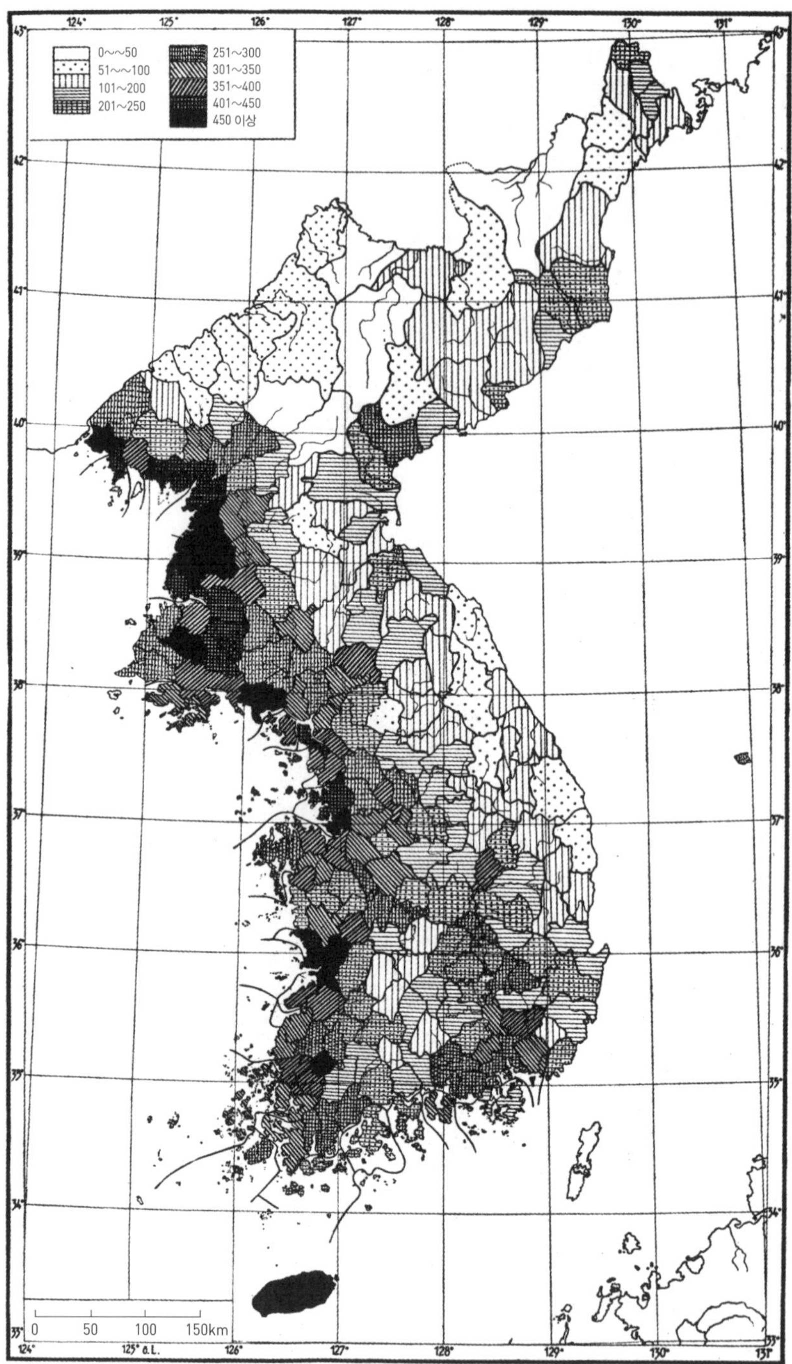

[별도 77] 군 전체 면적에 대한 경지 면적의 비율(‰, 1930년)

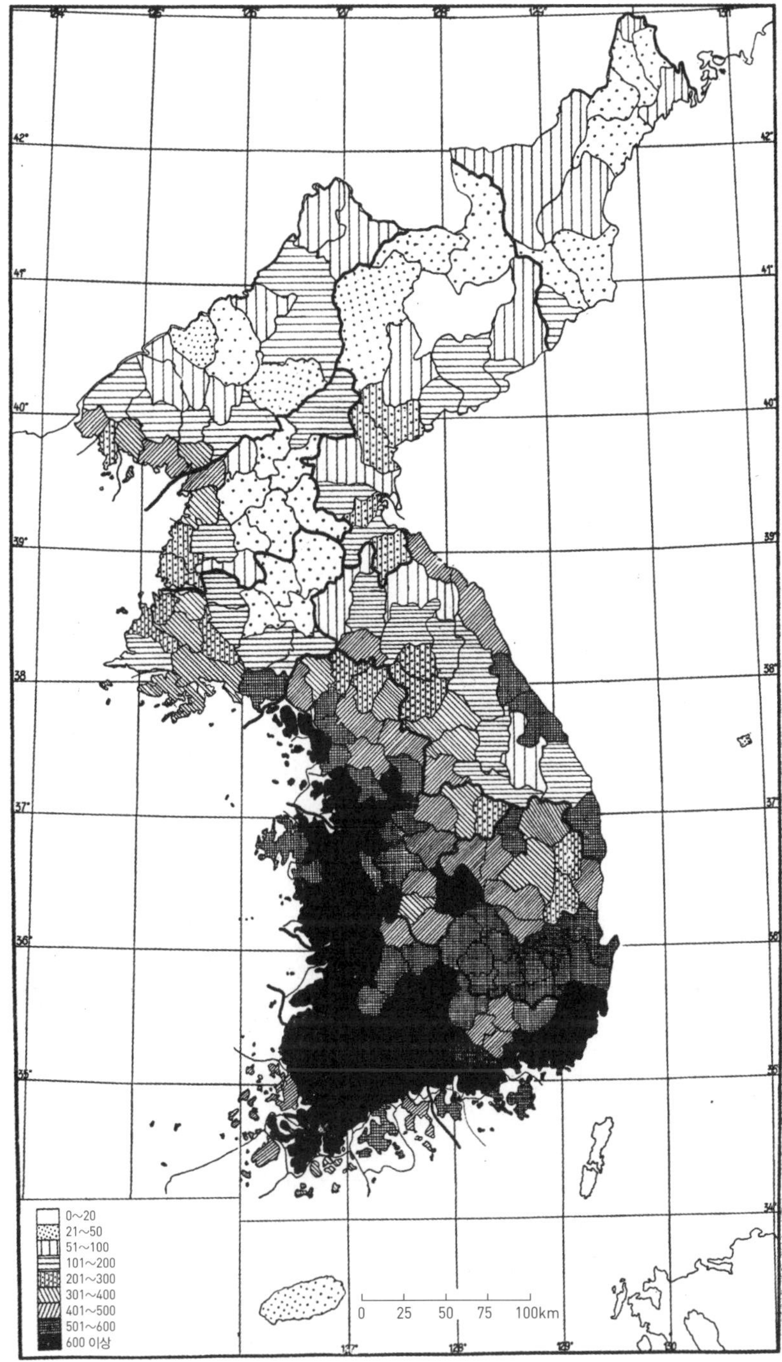

[별도 78] 군별 총경지 면적에 대한 논의 비율(‰, 1930년)

접한 군들보다 좀 더 높은 단계의 경지 면적의 비율을 갖는 군들에 속한다. 남부 지방에서는 해안과 내륙 간의 차이와 동부와 서부 간의 차이가 훨씬 약하게 나타난다. 그 이유는 남부 지방은 그 동부에 넓고 비옥한 경상분지를 포함하기 때문이다. 앞 장의 끝 부분에서 이미 이 지도와 인구밀도도를 연계시켜 이에 관한 관련성을 상세히 다룬 바 있다(p.549 이하).

농업의 자연적 기반과 경작 및 영농의 정성적 특성에 대해 여기서 상세하게 설명할 필요는 없다. 이러한 모든 관점들은 이미 옛 한국에 관한 장에서 충분하게 다루었다(pp.240~260). 여기서 저자의 의도는 일본을 통한 발전의 영향하에서 한국의 농업상(農業像, Agrarbild)이 경험하게 된 변화만을 개관하는 것이다. 특히 현재의 정량적 상태만을 강조하여 고찰하기로 하겠다.

한국의 경지는 통계적 목적으로 **논**, **숙전**, **화전**의 세 유형으로 구분된다. 앞의 표는 이들 세 유형의 도별 면적 비율을 포함하고 있다. 화전은 옛 한국의 잔존물로 오늘날의 화전의 역할에 대해서는 삼림과 관련시켜 다루기로 하겠다(p.318, p.589 이하). 이미 p.249에서 강조한 바와 같이, 논은 거의 전적으로 **벼 재배**에만 이용된다. 지난 20년간 한국의 쌀 증산은 조선총독부의 주요 경제 목표 가운데 하나였다. 놀랄 만한 성과는 품종의 선택, 관개시설의 확충, 쌀 재배 면적의 확대 이 세 가지 조치를 통하여 성취되었다(618).

비록 여름의 고온 때문에 만주와 우수리 지역을 가로질러 달리는 쌀 재배 북한계선에 한국이 위치하지는 않지만, 기후 조건은 특히 중부 지방과 북부 지방에서 매우 신중하게 **벼 품종**을 선택하게 했다. 한국의 재래종 벼는 남부 지방에서는 비교적 수확량이 적은 단점이 있고, 북부 지방에서는 짧은 기온 조건에 잘 적응하지 못하는 단점이 있다. 동시에 동물성과 식물성 병충해에 크게 영향을 받는다. 일본 농업시험장에서는 기존의 모든 벼품종 중에서 한국 각 도에 가장 적합한 품종, 즉 가장 수확량이 많고, 기상 조건과 병충해에 가장 저항력이 있는 벼 품종을 선별하는 데 집중적인 노력을 해 왔다. 이러한 품종들은 농민들에게 점증하는 규모로 보급되었다. 많은 도에서, 특히 남부 지방의 도들에서는 재래종을 선별된 품종으로 교체하는 작업이 이미 거의 완전히 이루어졌다. 이들 지역에서 한국의 재래종은 이제 깊은 계곡으로 밀려났는데, 이곳에서 잔존토종(Reliktendemismus) 상태로 아직 잠시 동안 명맥을 유지하고 있다. 경상남도에서 1930년에 재래종 벼 품종의 재배 면적은 전체 논 면적의 5%에 불과했다. 이와 대조적으로 평안남도에서는 아직도 82%를 차지하고 있다. 전국 평균은 22%에 불과하다(304와 620에 있는 지도 참조). 한국에서 가장 중요한 수도종(水稻種)들과 그 분포 지역에 관해 매우 유익한 Nagai와 Nakagawa의 보고서(620)에서 1930년에 66종 이상의 논벼 품종이 재배되고 있는 것이 확인된다. 이들 품종은 각각 1,000정보(992ha) 이상의 재배 면적을 차지하고 있으며, 이 보고서에는 이들 중 51개 품종의 분포도가 포함되어 있다. 전체 품종의 수는 이보다 훨씬 더 많다. 다음의 표에는 이들 중 1930년에 2% 이상의 논벼 재배 면적을 차지하고 있는, 가장 중요한 13개 품종만을 열거하였다. 이들 13개 품종의 재배 면적은 전체 논벼 재배 면적의 77.2%를 차지한다.

한국의 중부나 남부에서는 중·조생종이나 만생종이 우위를 차지하며, 재배 면적과 관련하여 지배적인 지위를 차지하고 있다. 이러한 그룹에 속하는 1, 2, 3, 5 품종들이 전체 논 면적의 1/2을 차지한다. 조생종(4, 6, 9)은 멀리 떨어져서 그 뒤를 따라 특히 북서 해안 지역과 영흥만 주변에서 재배된다. 남해안을 대부분 극만생종(7, 8, 10)이 지배한다. 극조생종은 소출이 가장 적으며 북부 지방에서만 재배되는데, 재배 면적이 매우 작기 때문에 아래의 표에는 포함되어 있지 않다. 이 그룹에서 가장 대표적인 극조생종(오다요)은 함경북도에서만 재배되며, 전체 논벼 재배 면적의 0.6%에 불과하다.

관개시설을 확충하는 것이 조선총독부의 강력한 후원으로 설립된 **수리조합의 업무**이다. 많은 다른 경제 분야에서와 마찬가지로 이 분야의 가장 선두적인 조합은 동양척식주식회사(p.535)이다. 동양척식주식회사는 수리조합에 관한 특수 잡지도 발간하였다(619). 동양척식주식회사가 설립되자마자, 즉 통감부시대에 이미 Rineki 회사도 설립되었다. 조선총독부가 '산미증식계획(産米增殖計畫)'을 시작한 후 1919~1931년에야 비로소 대다수의 국민이 이를 따랐다. 1917년에

주요 벼 품종(1930)

벼 품종	재배 면적		특성	주요 분포 지방	재배 동향
	km²	%			
1. 코쿠료도(穀良都)	3685	25.2	중조생–만생	경기, 충남, 경남·북, 전남·북	급증
2. 타마킨(多摩錦)	1526	10.4	만생, 많은 물 요함	경기 남서부, 충남, 전남·북	거의 일정
3. 소신레키(早神力)	1312	9.0	중조생	경기 남부, 경북 남부, 충남	
4. 카메노(龜の尾)	717	4.9	조생	함남 남부, 평북 남부	매우 급감
5. 쿠미	575	4.0	중조생	충북, 강원 남서부	급증
6. 하쿠소	572	3.9	조생, 적은 물 요함	황해 서부와 남부	미증
7. 미야코(都)	562	3.8	극만생, 소출 다	경남 남부	
8. 오마찌(雄町)	553	3.8	극만생, 소출 다	전남 남부	거의 일정
9. 히노데(日の出)	448	3.1	조생–중조생	평남 남부, 황해 북부 및 강원	급증
10. 추주쿠신레키(中州神力)	362	2.5	극만생, 소출 다	전남	급감
11. 세키산소(石山粗)	349	2.4	만생, 많은 물 요함	전북 서부	증
12. 벤카이(弁慶)	302	2.1	만생	전남 북부	
13. 추신레키(中神力)	300	2.1	만생	충남 남부, 경남	최급증

공포된 법률이 계의 원리(p.559)에 따라 설립된 옛날부터 있었던 한국인들의 관개 협동조합식의 조직을 통제하였다. 1919년 또 하나의 법률이 선포되었으며, 이에 따라 기존의 관개시설을 개선하는 비용의 20%와 밭을 논으로 전환하는 데 소요되는 비용의 25%, 그리고 내륙의 산지를 개간하거나 해안에서 간척을 통해 새로운 논을 만드는 비용의 30%를 정부가 보조하였다. 예를 들어 1930년에 이러한 정부 보조금의 영향하에 개간을 통해 얻은 논이 937ha, 그리고 간척을 통해 11,479ha의 논이 새로 조성되었다(605, p.119, p.121). 이들 사업의 대부분이 이 분야에서 엄청난 권한을 누리고 있는 수리조합에 의해 수행되었다. 1926년에는 116,292ha의 관개농지를 가진 80개의 수리조합이 존재했으며, 1932년에는 219,929ha의 관개농지를 가진 191개의 수리조합이, 그리고 1937년에는 215,345ha의 관개농지를 가진 189개의 수리조합이 존재했다. 이미 앞에서 언급한 것을 제외하고 이들 조합 중 중요한 것으로는 Fuji Nôson, Taishô, Ekiyoku와 Chu-o를 들 수 있다.

10정보(9.9ha) 미만의 소규모 조합들은 위에서 언급한 법으로 인하여 정부 보조를 받지 못했기 때문에 주로 일본인들이 경영하는 자본이 많고 수행 능력이 있는 조합들만이 정부 보조의 혜택을 받았다. 이들 대규모 조합은 우선 조차가 큰 서해안에 간척지를 조성하였다. 이들 간척지 중 두 개에 대해서는 본서의 지역 부분에서 기술하였다(p.361, p.500). 또한 이들 조합은 내륙에서도 대규모 농지개발사업을 시행하였다. 별도 68은 이들 사업으로 인해 자연경관이 얼마나 크게 변화되었는가를 인상적으로 보여 준다. 산지나 구릉 지역에는 대규모 저장 능력을 갖는 근대적인 댐을 건설했는데, 이들 중 몇 개는 전력도 공급했다. 깊고 넓은 수로들이 평야를 가로질러 직선으로 멀리까지 뻗어 있다. 강에는 철제 수문을 갖춘 콘크리트 둑을 축조하였는데, 이는 강물을 수로로 돌리는 역할을 한다. 또한 높은 제방을 쌓아서 홍수 시 강물이 논으로 유입되는 것을 막는다. 한국 농민들이 사용하던 나무로 만든 용두레(p.247) 대신에, 훨씬 성능이 좋은 일본의 족답차(足踏車)를 사용한다. 일본의 족답차는 나무상자들이 그 안에 있는 수차(水車)인데, 수차가 물 아래로 들어가면 수차 가장자리를 사람이 밟아서 그 힘으로 물을 퍼 올린다. 대량의 물을 퍼 올릴 필요가 있는 곳에는 증기나 전기 펌프가 설치되었다.

이러한 시설들로 인해 논 면적이 국지적으로 확대되었을 뿐만 아니라, 특히 지금까지 지하수나 빗물에만 의존했던 많은 천수답(天水畓)들이 현재 관개용수를 공급받게 되었다. 이러한 사실이 하천 유역별로 관개면적을 정리한 다음의 표에서 제시되어 있다. 이 표는 자료 453을 근거로 작성되었다.

조선시대 말까지만 해도 전체 논 면적의 약 1/6만이 유수로 관개되어 이곳만이 원할 때 언

하천유역별 관개답(1928년)

하계	유역 면적 (km²)	관개답		관개시설							
		유역 면적에 대한 비율(%)	km²	과거시설		수리조합		개인시설		계	
				수 (개)	관개답의 비율(%)	수 (개)	관개답의 비율(%)	수 (개)	관개답의 비율(%)	수 (개)	관개답의 비율(%)
대령강	3,635	4.8	176.0	54	3.1	3	44.7	1	1.8	58	49.6
청천강	9,778	2.4	230.7	200	7.2	–	–	1	2.7	201	9.9
대동강	16,465	2.7	449.7	284	6.3	6	19.1	6	4.1	296	29.5
재령강	3,671	10.2	372.2	112	9.9	2	33.6	2	0.9	125	44.4
예성강	4,049	5.6	226.1	349	22.7	1	1.0	4	2.3	254	26.0
임진강	8,118	6.2	507.2	653	12.0	9	25.6	12	10.4	674	48.0
한강	26,355	6.1	1,603.4	2,777	10.8	11	4.9	11	1.5	2,799	17.1
금강	9,886	15.2	1,507.4	1,564	15.1	11	3.7	6	0.3	1,581	19.0
만경강	1,602	27.5	440.6	?	?	5	33.4	4	2.2	9	35.6
영산강	2,798	22.4	626.5	394	27.6	2	0.8	4	1.0	400	29.4
섬진강	4,897	12.8	628.8	1,797	19.8	4	2.3	–	–	1,801	22.1
낙동강	23,860	11.0	2,633.3	3,718	16.9	21	6.4	16	1.2	3,755	24.5
용흥강	3,397	1.5	49.6	2	10.9	–	–	2	3.0	4	13.0
성천강	2,338	7.1	165.7	75	34.1	–	–	1	0.2	76	34.3
기타	99,892	6.1	6,094.7	14,962	18.2	42	9.9	143	4.6	15,147	32.7
합계	220,741	7.1	15,711.8	26,850	17.1	117	9.5	213	2.9	27,180	29.5

제든지 관개될 수 있었다는 것을 이미 p.246에서 언급하였다. 이 표에 따르면 이 비율이 17.1%에 이른다. 이 표는 가장 중요한 관개 지역이 서해로 유입하는 하천들(Gelbmeerflüsse) 중에 작은 하천들을 따라 분포해 있는 것을 보여 준다. 조선시대 말까지 통계 수치는 없으나 예성강, 금강, 영산강, 섬진강 외에 만경강이 있다. 그러나 당시에도 만경강 유역에 가장 비옥한 논농사 평야가 있었다(p.494). 대체로 이곳에 소규모 수리조합들이 매우 많이 있었다. 이들 조합에는 평균 10ha만의 관개답이 있었다. 이와 대조적으로 이 표에서 새로 설립된 수리조합들은 평균 1,273.8ha의 관개답을 가지고 있다. 이 조합들은 특히 대령강, 재령강, 임진강과 만경강 유역에서 관개 면적을 상당히 확장했다. 일제강점 이래 개인이 만들어 놓은 관개시설은 평균 210.9ha였다. 따라서 213개라는 숫자에도 불구하고 관개 면적을 단지 2.9%만 확장시켰다. 개인이 만든 관개시설은 특히 임진강, 낙동강, 대동강 유역에 있다. 대체로 보아 1928년에 논 면적의 29.5%가 관개답이었다. 관개답의 비율은 그 후 분명히 좀 더 증가하여 현재 약 1/3에 이른다. 조선총독부의 공식 보고서(VI)는 관개답의 비율을 68%로 기록하였는데, 원시적인 한국

인들의 용두레를 통해 공급되는 지하수에 의한 모든 관개농지를 포함하여 계산하면, 이와 같은 높은 비율이 정확할 수 있을 것이다. 그러나 이러한 유형의 관개는 장기간의 가뭄에는 효과가 없다. 따라서 실제로 관개되는 면적은 개발이 본격화 된 이래 두 배로 증가하였다. 이것은 엄청난 성과였다. 연간 수확량의 곡선(그림 51)을 보면 현재도 쌀 수확량이 매년의 기상 특성에 얼마나 크게 좌우되는가를 알 수 있다. 그러므로 단지 비나 지하수에 의해 한시적으로 물에 잠기는 관개시설이 없는 2/3의 경지들이 지금도 어떤 비중을 갖는가를 알 수 있다.

조선총독부 스스로 범람의 위험이 있는 하천들에 제방을 건설함으로써 지금까지 국토의 무분별한 벌채로 인하여 항시 심각한 피해를 입었던 충적평야의 생산량을 증가시키는 데 크게 기여하였다(p.173). 1925년에 시작된 11개년계획에서 6개 대하천이 통제되었다. 한국의 하천에 관한 3권의 조사보고서에 수록된 측정자료와 계획들(453)이 이와 같은 제방 건설과 다른 하천 관련(flußtechnisch) 작업의 기초가 되었다. 소하천들에는 조선총독부의 재정 지원을 받아 도청이 제방을 건설하였다. 1936년 여름에 엄청난 호우로 인해 낙동강을 비롯한 남부 지방 및 중부 지방의 다른 하천들이 새로이 큰 피해를 입자 일본 정부는 신속하게 대규모 대책을 수립하고, 일본 의회는 그 대책을 실행시키기 위한 상당한 예산을 승인하였다. 일본 정부는 이러한 홍수피해를 방지하기 위해 3억 엔 이상의 예산을 투자하였다. 이 금액은 1939~1940년 국가 전체 예산의 거의 절반에 해당하는 액수였다.

이러한 일본의 모든 조치들로 인해 쌀 재배 면적이 매우 크게 확대되었다. 그 이전에는 남부 지방에만 비중이 주어졌던 반면, 이제는 무엇보다도 북부 지방이 한국의 쌀 재배 지역에 포함되게 되었다. 1404년과 1769년에 조사된 조선의 인구조사에 따르면 전체 쌀 재배 면적 중 76%가 현재의 남부 지방 6개 도에 있었던 데 비해, 1930년에는 그 비율이 61%에 불과했다. 일제 강점 이후 한국의 연도별 전국 논 면적에 관한 여러 가지 수치들은 현재까지도 매년 크게 차이가 나고 있다. 1910년 전국의 논 면적은 아마도 1,340,000ha에 달했으나, 일본 연감에 따르면 논 면적은 1938년에는 1,730,000ha로, 즉 국토 면적의 7.8%로 증가했으며, 전체 경지 면적의 35.3%로 증가하였다. 따라서 이는 1910년에 비해 29%나 증가한 것이다.

쌀 재배는 동시에 집약적으로 이루어졌다. 이는 좀 더 좋은 품종을 선정하고, 관개시설을 확충하며, 영농 방법의 개선, 특히 비료를 더욱 효율적으로 활용함으로써 가능하게 되었다. 남부 지방에서는 현재 논에다 겨울에 밭작물을 심지 않고 알팔파를 심어 풋거름으로 사용하는 것이 흔하다. 질소 고정 식물인 알팔파의 붉은 꽃들이 겨울에 남부 지방 논의 특징적인 현상이 되었다. 동시에 인공비료도 이용하는데, 특히 현재 한국에서 대량 생산되는 황산암모늄이 이용되

도별 주요 작물의 재배 면적(각 도의 전체 경지 면적에 대한 비율)

1930년	경지(km²)	논벼	밭벼	보리	쌀보리	밀	호밀	조	피	기장	수수
함경북도	2,378	5.4	0.25	19.0	..	0.1	–	29.0	4.48	0.94	1.7
함경남도	4,673	12.2	0.63	7.6	..	1.2	–	18.1	7.38	0.96	3.2
평안북도	4,715	19.9	0.48	1.3	–	0.05	2.2	25.1	3.27	0.63	4.0
평안남도	4,172	16.9	2.01	4.1	1.08	9.3	1.9	29.5	1.12	0.45	5.4
황해도	5,575	24.2	0.73	2.6	0.34	23.4	0.6	31.2	0.85	0.31	2.3
강원도	3,754	24.6	0.21	9.8	0.13	8.4	0.2	20.9	2.20	0.18	0.9
경기도	3,877	53.5	0.89	22.6	0.28	6.2	0.4	8.0	0.95	0.09	2.0
충청남도	2,440	65.8	1.09	25.1	1.36	5.0	1.8	0.9	0.09	0.06	0.7
충청북도	1,610	43.9	0.57	39.9	0.13	10.4	–	9.9	0.05	0.37	1.6
경상북도	3,855	48.8	0.38	50.7	3.00	10.5	5.0	11.3	0.03	0.13	0.3
경상남도	2,605	61.5	1.53	55.7	5.31	6.0	8.8	0.9	0.06	0.10	0.2
전라북도	2,384	71.5	0.38	21.1	5.90	4.0	10.0	1.0	0.13	0.09	0.3
전라남도	4,516	49.5	1.27	28.3	5.82	3.8	9.6	8.5	0.50	0.06	0.6
합계	46,555	36.2	0.82	19.0	1.66	7.4	3.0	16.8	1.83	0.35	2.0
전국에 대한 면적 순위		1	17	2	15	5	8	4	14	19	12

–: 재배되지 않는 작물, ..: 재배 면적이 0.01% 미만

고 있다(p.614). 이를 통해서 ha당 수확량이 상당히 증가하였다. 1910년에는 11.6dz/ha이던 것이 흉년이었던 1934년에는 18.3dz/ha, 그리고 최대 풍작을 기록한 1937년에는 무려 30.8dz/ha나 되었다. 따라서 수확량이 재배 면적보다 훨씬 많이 증가하였다. 전체 쌀생산량은 1910년에 15,600,000dz, 1934년 31,000,000dz, 그리고 1937년에는 50,100,000dz나 되었다. 그림 51의 쌀 생산량 곡선이 이러한 증가 추세를 잘 보여 주고 있다. 지금까지 관개시설이 충분히 완성되지 않았기 때문에, 강수량이 부족한 해에는 이러한 증가 추세가 급격한 역전으로 중단되었다. 1934~1939년의 6년 평균 쌀 수확량은 1910년 쌀 수확량의 137% 이상이었다. 이렇게 쌀 수확량이 엄청나게 증가했음에도 불구하고(p.553 이하) 농업 위기의 압박하에서 한국인들은 그들의 쌀 소비를 제한했기 때문에 **엄청난 양이 일본으로 수출**되었다. 수출과잉량은 1910년에 1,020,000dz에 불과했으나, 1934~1938년 사이에 연평균 11,900,000dz/ha에 달했다. 따라서 수출과잉량은 거의 12배나 증가하였다. 1940년 『일본만주국연감(Japan Manchoukuo Year Book)』의 수치들이 보여 주는 바와 같이, 1934년과 1935년에는 수출량이 국내 소비량보다도 훨씬 더 많았다.

p.569의 표는 **논농사 지역의 비율**을 포함하여 실제로 **도별 면적에 대한** 벼 재배 면적의 비율

(계속)

1930년	옥수수	귀리	메밀	감자	고구마	콩	팥	녹두	채두	완두	면화	대마	모시	닥나무	들깨
함경북도	1.5	6.2	0.5	4.45	..	26.5	14.8	0.21	1.92	0.91	–	0.72	–	–	0.35
함경남도	1.3	16.9	2.8	8.77	..	12.1	5.0	0.13	0.31	0.12	..	0.68	–	..	0.28
평안북도	11.5	0.5	3.6	1.48	0.07	15.5	0.7	0.61	0.08	0.01	2.0	1.15	–	0.01	0.30
평안남도	4.9	0.2	3.8	1.33	0.20	12.8	10.8	0.88	0.01	..	7.3	0.25	–	0.05	0.11
황해도	0.9	0.1	2.7	0.34	0.26	16.8	11.0	3.21	0.01	..	2.3	0.13	–	0.03	0.14
강원도	3.9	2.5	5.9	3.47	0.02	19.0	6.4	0.45	–	–	1.0	1.42	..	0.09	0.55
경기도	0.1	0.5	1.4	0.65	0.16	21.8	3.4	1.07	0.09	0.02	0.9	0.24	..	0.05	0.50
충청남도	0.2	0.2	0.9	0.37	0.25	18.5	2.7	0.85	0.10	0.01	4.9	0.40	0.18	0.01	0.42
충청북도	0.3	0.1	1.7	0.79	0.06	20.3	4.2	0.99	0.01	..	8.5	0.23	–	0.28	0.68
경상북도	0.3	..	0.8	0.61	0.12	25.3	0.9	0.30	..	..	5.8	0.64	..	0.86	0.16
경상남도	0.1	–	0.6	0.46	0.78	17.6	1.7	0.50	0.02	0.03	8.6	1.38	0.03	0.37	0.23
전라북도	0.1	–	0.7	0.62	0.55	13.2	2.5	0.46	0.01	0.02	3.3	0.50	0.55	0.66	0.24
전라남도	0.1	..	1.5	0.07	1.57	7.4	1.4	0.55	..	0.34	11.7	0.41	0.10	0.05	0.13
총계	2.3	2.3	2.3	1.91	0.31	16.9	5.1	0.89	0.15	0.10	4.1	0.61	0.03	0.15	0.28
전국에 대한 면적 순위	11	9	10	13	20	3	6	16	22	24	7	18	25	23	21

을 제시한다. 남부 지방의 북서부 지역인 충청남도와 전라북도가 가장 비율이 높은데, 이들 지역에서는 논이 전체 면적의 1/5 이상을 차지한다. 논의 비율이 가장 낮은 도는 함경북도이다. 함경북도의 짧고 서늘한 여름과 험준한 지형 조건으로 인해 벼 재배가 해안 부근의 국지적으로 유리한 작은 지역에 한정되어 있다. 지도 4에서는 현재의 논 면적의 절대적인 분포 상황을 알 수 있다.

p.569의 표는 **각 도별 총경지 면적에 대한 논의 비율**을 포함하고 있다. 이 표를 통해 논벼가 단연코 한국에서 가장 중요한 작물임을 알 수 있다. 함경남·북도에서만 논 면적이 전체 경지 면적의 1/5에 미치지 못한다. 중부 지방의 서부와 최남동단에 있는 네 개 도, 즉 경기도, 충청남도, 전라북도와 경상남도는 경지 면적의 1/2 이상이 논이다. 전라북도에서 그 비율이 가장 높은데, 이곳에서는 논이 전체 경지 면적의 7/10 이상을 차지한다. 그러나 전라북도는 가장 빈곤한 농민이 많은 도이자 빈번한 소요가 있는 도이다.

별도 78은 이들 수치보다 좀 더 정확하게 전국의 논 분포를 나타낸다. 이 지도는 **군별 전체 경지 면적에 대한 논의 비율**을 보여 준다. 개마고원에 있는 군들과 이를 둘러싼 산맥들에 위치한 군들에서 논의 비율이 가장 낮다. 동해안과 특히 서해안으로 갈수록 집중도가 높아진다. 서해안 북부 지방의 많은 해안 지역에서는 이미 논이 전체 경지 면적의 거의 1/2을 차지한다. 개마고원의 낮은 집중도는 중부 지방의 내륙 산악 지역까지 계속 이어진다. 그러나 중부 지방의 해안 지역은 강도가 서로 다른 집중도를 갖는다. 이는 특히 서해안 지역에 적용된다. 절대면적으로 보면, 평안남도와 황해도의 논 면적이 매우 크다. 그러나 한국에서 유일하게 밭 면적(p.560의 표)이 넓어 이 지역의 논의 비율은 상대적으로 낮아진다. 그리고 한강 하구에서 남부 지방의 서해안 지역의 매우 높은 집중도 값이 나타나기 시작한다. 서부 지방의 남부와 남부 지방이 최대 집중도 지역으로서 거대하게 나타난다(60% 이상). 최대값을 갖는 군은 군산 부근의 옥구군이다(86.6%). 최남단의 반도와 도서 지역에서 다시 집중도가 낮아진다. 그 이유는 이들 지역에는 산이 매우 많아서 관개시설에 좀 더 적합한 큰 하천과 평야가 없기 때문이다. 제주도는 현무암의 투수성 때문에 불과 0.9%로 눈에 띈다.

위에 제시된 쌀 생산량의 수치들은 **밭벼**를 포함한 것이다. 그러나 1935년 밭벼의 수확량은 전체 쌀 생산량의 1/65에 불과하였다. ha당 생산량도 논벼 생산량보다 훨씬 낮다. 그럼에도 불구하고 밭벼는 현재에도 한국의 모든 도에서 재배되는데, 특히 투수성이 큰 석회암질 토양으로 인해 인공관개가 크게 제약을 받는 평안남도에서 가장 많이 재배된다. 평안남도에서는 밭벼가 심지어 전체 쌀 재배 면적의 11.4%를 차지한다. 그러나 전국 평균은 2.5%에 불과하다. 1920~1930년까지만해도 밭벼 재배 면적은 논벼 재배 면적보다 상대적으로 좀 더 크게 증가했다. 그 이유는 밭벼 소작료가 관개가 되는 논벼 소작료보다 훨씬 저렴하여 밭벼가 싸게 생산될 수 있었기 때문이다. 그 외에도 지형이나 지질 조건상 논벼 재배가 불가능한 지역사회에서는 밭벼 재배가 수요가 많은 식량을 얻기 위한 유일한 가능성이었다. 여기에는 일본인들이 Oiran이라는 품종을 연구하여 한국인들에게 밭벼 품종을 보급해 준 것도 추가된다. 1935년 총 쌀 생산액은 전체 농업 생산액의 71% 이상을 차지하였다.

조선총독부의 관심사는 항시 최우선으로 쌀 재배가 목적이었지만, 대규모 개량사업의 영향은 **숙전**에서도 매우 뚜렷하다. 한국의 전체 농업에서 면적으로 보아 밭이 아직 우위를 차지한다. 1910년에 밭 면적은 약 2,000,000ha에 달했다. 1938년에는 논 면적 1,730,000ha, 밭 면적은 2,740,000ha였다. 따라서 밭 면적은 약 1/3이나 증가하였다. 도별 숙전의 분포 현황은 p.560의 표에서 볼 수 있다. 이 표에서 다음과 같은 네 가지 유형이 나타난다. 1. 산지가 많아 밭 면적이 적은 도(함경도, 평안북도, 강원도), 2. 논이 많아 밭 면적이 적은 도(경상남도, 충청남도, 전라북도), 3. 밭이 매우 많은 도(평안남도, 황해도), 4. 논과 밭의 면적이 비슷한 도(경기도, 충청북도, 경상북도, 전라남도).

옛 한국의 시대와 같이 현재에도 많은 논과 밭에서는 일 년에 두 번 작물을 수확한다. 게다

논과 밭의 비율로 본 이모작 빈도(%)

지역	논	밭	지역	논	밭
함경북도	0	19	충청남도	12.9	78
함경남도	0.1	13	충청북도	21.5	83
평안북도	0	21	경상북도	46.4	83
평안남도	0	24	경상남도	48.4	84
황해도	0.6	31	전라북도	33.2	63
강원도	1.3	32	전라남도	38.8	46
경기도	1.5	5	전국	21.2	39

가 **이모작**(二毛作)의 빈도는 일본 통치의 영향과 농업의 집약화로 증가하였다. 밭에서는 간작(間作, p.256)이 행해지고, 논에서는 이모작으로 독일의 곡물과 같은 작물의 겨울 재배를 한다(p.248). 이모작 빈도의 척도는 모든 개별 작물들의 재배 면적의 합을 실제 경지 면적으로 나누어서 구한다. 이렇게 구한 수치에 100을 곱한 후 그 값에서 100을 빼면 총경지 면적에 대한 이모작에 이용된 재배 면적의 비율이 나온다. 1930년에 대해서 이훈구가 제시한 자료(605, p.111, p.150)를 이용하여 다음과 같은 이모작의 백분율이 나타난다.

1년 중 이모작은 간작이 불가능한 논보다 밭에서 더욱 활발하다. 이모작은 여름이 짧은 북부 지방보다 겨울이 온화한 남부 지방에서 널리 행해진다. 논과 밭에서 이모작의 빈도가 가장 높은 곳은 경상남도이다.

여기서 모든 밭작물에 대해서 다시 다루지는 않겠다. 이에 대한 내용은 pp.249~255의 옛 한국을 다룬 내용을 참조할 수 있을 것이다. 저자는 여기서 일본의 영향이 특히 강하게 나타나고, 그 영향이 지리적으로 중요한 사례들에 대해서만 고찰하겠다. 별도 80은 대표적인 9가지 밭작물의 재배 면적 분포를 점으로 나타낸 것이며, p.569 이하의 표에 도별 경지 면적에서 25개 주요 작물이 차지하는 면적 비율을 제시하였다. 이 표는 1930년을 기준으로 한 것인데, 그 이유는 저자가 최신 도별 자료를 구할 수가 없었기 때문이다. 이모작으로 인해 어느 지역에서나 재배 면적 비율의 합이 100을 넘는데, 어떤 지역은 이를 훨씬 상회하기도 한다. 예를 들어 경상남도의 경우에 논벼와 보리 재배 면적의 비율만으로도 117.2에 이른다. 끝으로 다음의 표는 1935년도의 전국 총생산량과 ha당 생산량을 나타낸 것이다(p.573, 출전 XLVI).

재배 면적과 수확량 면에서 주요 작물 중 **보리**가 2위를 차지한다. 그러나 보리의 재배 면적과 수확량은 논벼와 밭벼를 합한 것의 대략 1/2에 불과하다. 그림 51을 보면, 1910년 이후 보리의 수확량이 거의 3배 정도 늘어났다. 보리는 현재 쌀 및 기장류와 함께 한국인들의 가장 중

주요 작물의 재배 면적, 수확량과 ha당 수확량(1935년)

1935년	재배 면적 (천 ha)	수확량		ha당 수확량	1935년	재배 면적 (천 ha)	수확량		ha당 수확량
		중량 (백만 단위)	백만 엔				중량 (백만 단위)	백만 엔	
논벼	1642	31.8[a]	489.6	19.4[a]	콩	785	7.9[a]	60.2	10.1[a]
밭벼	38	0.5[a]		13.2[a]	팥	233	1.7[a]	14.3	7.3[a]
보리	870	15.8[a]	73.3	18.2[a]	녹두	38	0.24[a]	2.3	6.3[a]
쌀보리	162	2.9[a]	21.2	17.9[a]	무와 순무	62	6.1[X]	12.7	98.4[X]
밀	324	3.5[a]	24.5	10.8[a]					
조	788	8.8[a]	58.0	11.2[a]	면화	208	128.2°	36.3	616°
피	72	0.83[a]	3.60	11.5[a]	대마	27	19.0°	6.2	704°
기장	15	0.13[a]	0.86	8.7[a]	모시	2	0.57°	0.69	326°
수수	82	1.0	6.3	12.2[a]	닥나무	7	6.9°	1.2	955°
옥수수	118	1.29[a]	7.4	10.9[a]	참깨	10	0.07[a]	0.96	7.0[a]
귀리	116	0.75[a]	2.6	6.5[a]	(들깨)	13	0.11[a]	0.93	8.6[a]
메밀	125	1.13[a]	6.1	9.0[a]					
감자	109	6.0[X]	19.8	55.0[X]	담배	17	0.22[X]	47.3	12.9[X]
고구마	24	2.1[X]	8.5	87.5[X]	인삼	12.5[+]	6.1°	2.6	
					계	4271		733.4	

[a] 헥타리터, [×] dz(100kg), [°] 킬로그램, + 아아르

요한 주곡작물이 되고 있다(p.554 이하). 일본 농사시험장에서는 한국 각 지역의 상이한 농업 환경에서 재배가 가능하도록 하기 위해 33종의 재래종 보리와 28종의 일본 보리 품종을 시험하였다(624). 대부분의 한국산 재래종 보리가 일본 보리 품종보다 겨울 추위에 좀 더 강한 것으로 판명되었다. 따라서 이들 재래종이 겨울작물로 많이 재배되고 있다. 전체 보리 재배 면적 중 24.7%가 겨울에 건조한 상태로 유지되는 논이다. 경상남도에서는 이 비율이 44.4%로 증가한다(1930년). p.569의 표와 별도 79에서 나타나는 바와 같이, 보리의 주요 재배 지역은 한국의 남반부 지역이다. 경상북도의 경우에는 보리 재배 면적이 심지어 논 면적을 능가하기도 한다. 경상남·북도의 경우 보리 재배 면적이 총경지 면적의 1/2 이상을 차지한다.

가격이 대단히 높은 **쌀보리**의 겨울 재배는 일본의 통치하에 남부 지방에서 크게 증가했다. 사람들은 추위에 민감한 보리 중에 가장 저항력이 강한 품종을 선호한다. 전국 평균으로 볼 때 쌀보리 재배 면적의 정확하게 1/3은 논이다. 경상남도에서는 그 비율이 심지어 56%나 된다. 쌀보리 재배는 앞에서 언급한 이유로 최남부 네 개 도에 집중되어 있으며, 이들 네 개 지역이 전체 재배 면적의 87.1%를 차지한다.

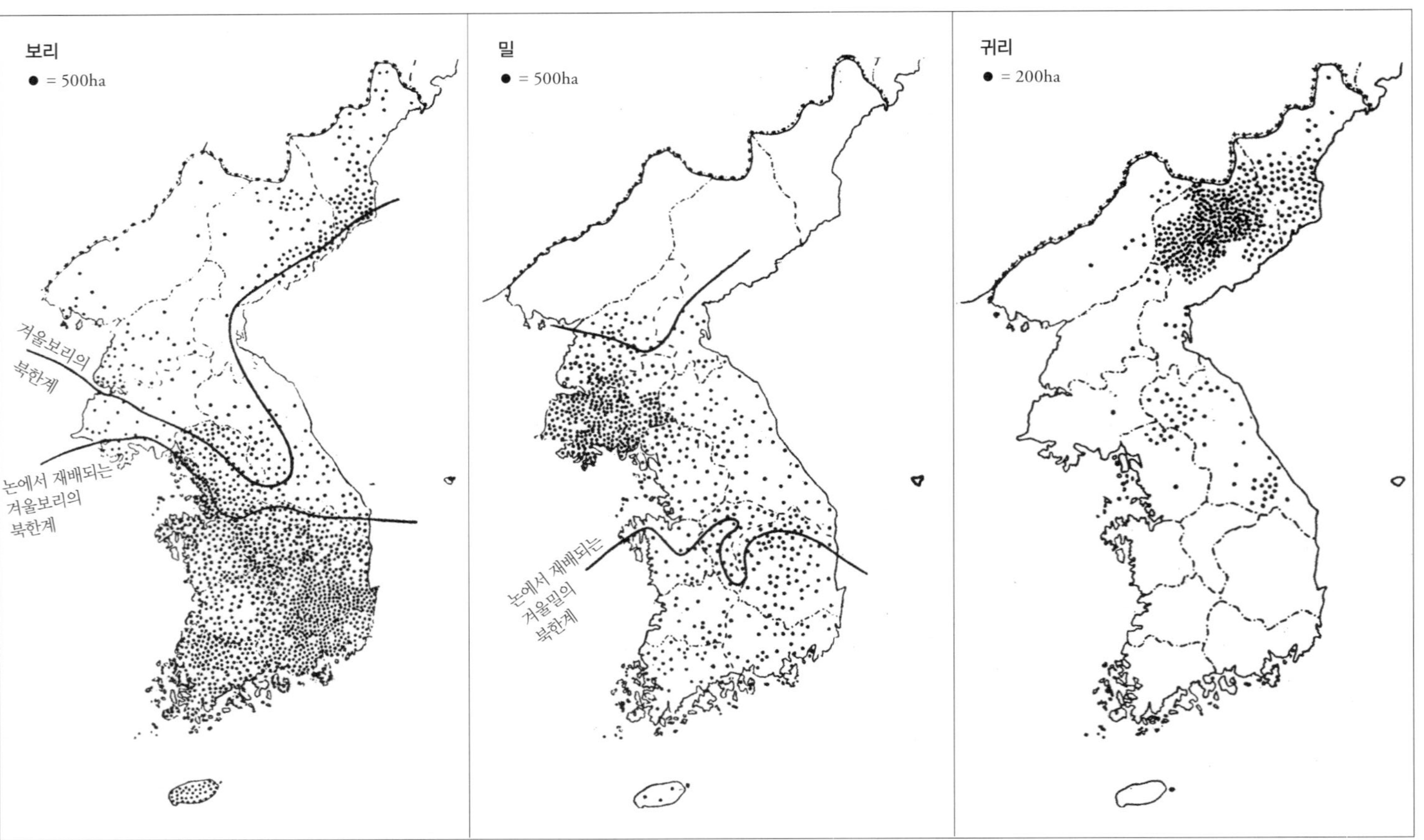

[별도 79] 9가지 주요 밭작물 재배 면적 분포(1930년과 1934년, 출전: 304와 624)

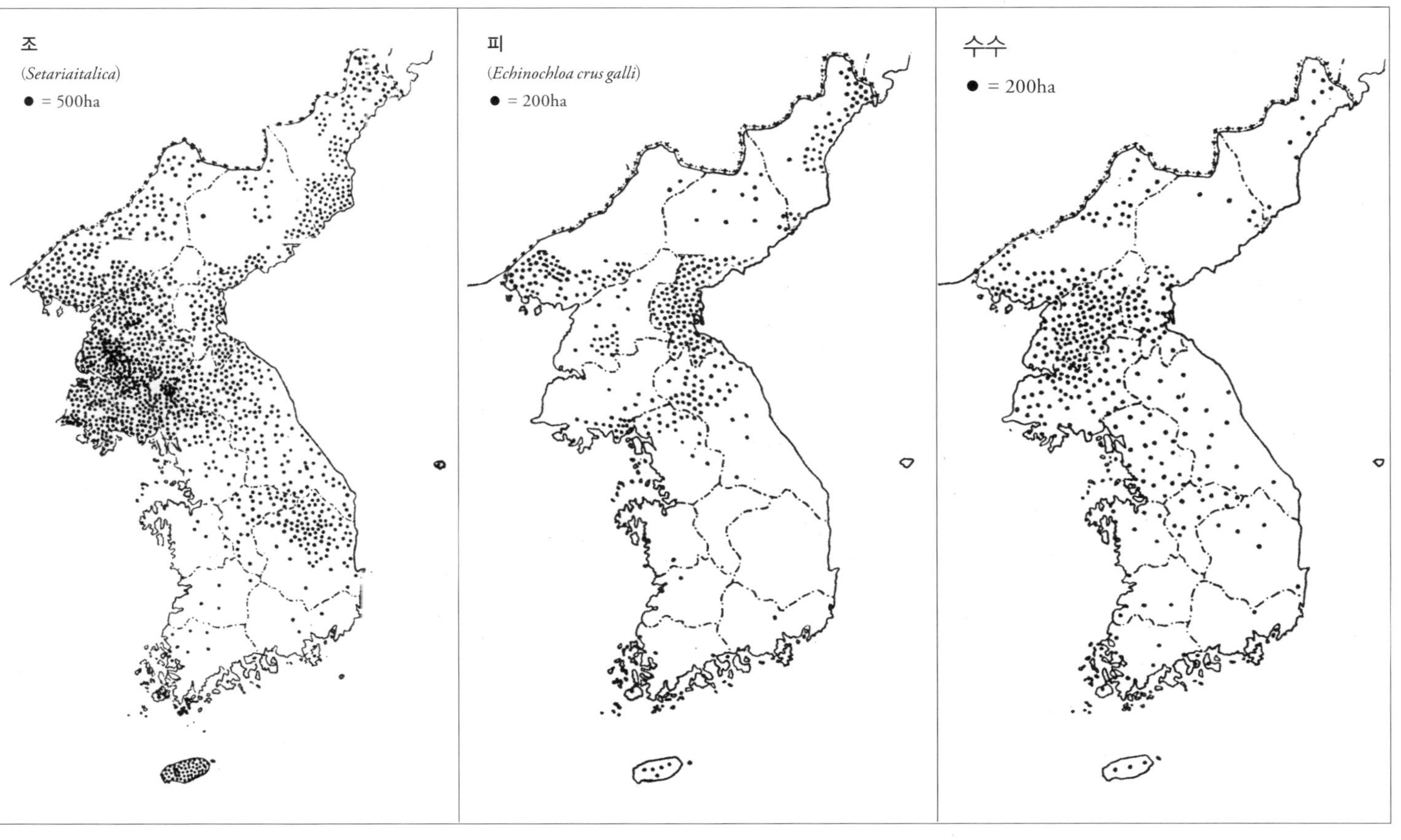

조
(Setariaitalica)
● = 500ha
피
(Echinochloa crus galli)
● = 200ha
수수
● = 200ha

(계속)

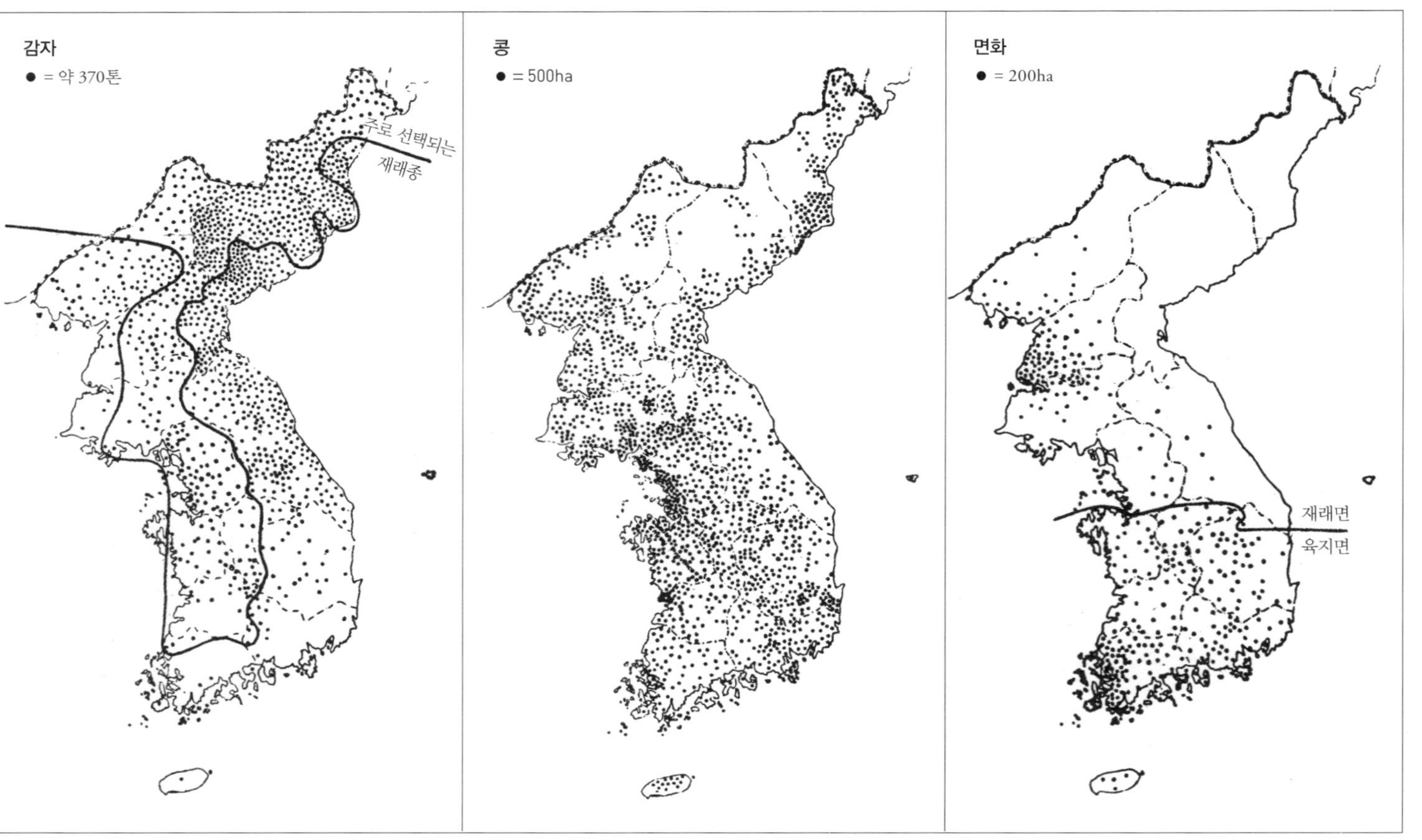

(계속)

밀 재배는 전국 평균으로 8.4%만을 논에서 하며, 이와 관련해서 재배지가 앞에서 언급한 두 작물처럼 한국의 남반부에만 심하게 집중되어 있지는 않다(p.569의 표와 별도 79). 오히려 평안남도와 황해도 두 도에서만 전체 밀 재배의 49.4%가 나타난다. 보리와 마찬가지로 밀도 주로 겨울작물이다. 겨울 밀 재배의 북한계선은 현재 겨울보리의 북한계선보다 훨씬 북쪽으로 올라가는데, 그 이유는 일본인들이 추위에 대한 저항력이 매우 강한 품종을 개발했기 때문이다. 1927년 조선총독부가 밀을 주정(酒精)용으로만 사용하도록 규제한 이후로 밀 재배 면적이 약간씩 감소하고 있다.

남부 지방에서는 일본의 경제정책 영향하에서 보리가 주곡작물이 된 반면, 쌀의 대부분은 판매된다. 제2의 밀 재배 지역인 황해도와 평안남도에서는 밀이 쌀의 역할을 하며, **기장류**가 가장 중요한 식량이 되고 있다. 상당량의 기장류가 만주에서 이 지역으로 수입되어 들어온다(624). 세 가지 기장류의 재배 면적은 매우 상이하다(p.569의 표). 조의 재배 면적은 보리 재배 면적에 크게 뒤지지 않는 반면, 피의 재배 면적은 조 재배 면적의 1/10에 지나지 않으며, 기장의 재배 면적은 피의 1/3에 불과하다. 별도 79를 보면 **조** 재배지가 밀 재배지와 유사하게 황해도와 평안남도에 크게 집중되어 있음을 알 수 있다. 이들 두 개 도가 전체 재배 면적의 38.0%를 차지하는 반면에, 남부 지방의 여러 도에서는 조가 거의 재배되지 않는다. 값싼 **피**는 분명히 북부 동해안 지역의 곡물이다. 함경남·북도가 전체 재배 면적의 53.1%나 차지한다.

감자 재배에서도 일본인들의 연구가 좋은 결과를 가져왔다. 아마도 Gützlaff가 가져온 구근식물(球根植物, p.85)에서 유래된 것으로 보이는 한국의 '재래종' 감자는 기후에 좀 더 잘 적응하는 '외국산' 품종으로 교체되었다(별도 79). 1930년에 전체 재배 면적의 52%가 여전히 재래종 감자였다. 화전이 많은 함경남도가 전체 감자 재배 면적의 46%로 수위를 차지하고 있다.

콩은 재배 면적의 순서로 볼 때 조와 3위 자리를 겨루는 작물이다. 콩은 기상 조건이 비정상적인 해에도 실패할 염려가 없이 재배가 잘 되는 작물이다. 그러므로 콩의 수확량 곡선은 다른 작물들, 특히 논벼처럼 특징적인 부침을 보이지 않는다(그림 51). 또한 많은 다른 작물들처럼 일제시대에 재배 면적과 ha당 수확량이 크게 증가하지도 않았다. 그럼에도 불구하고 콩은 현재 국가에서 품질을 관리·감독하는 세 번째로 중요한 농산물 수출품이다. 콩 수확량의 약 1/4이 수출된다. 가장 중요한 수출 시장은 웅기, 청진, 성진, 원산, 신의주, 평양, 금천과 철산이다(600). 이들 도시들은 모두 한반도 북반부에 위치한다.

한국의 **팥**, 특히 북동부 해안 지역에서 생산되는 팥은 품질이 뛰어나 일본 시장에서 매우 호평을 받고 있는데, 청진항에서 일본으로 수출된다. 생산량의 대부분은 한국 내에서 소비된다.

재배 면적을 기준으로 보면 팥은 6번째 작물이다. 전체 재배 면적의 59.4%가 서해안 북부의 세 개 도에 위치한다.

경제정치적으로 매우 중요한 작물은 바로 **면화**이다. 주지하는 바와 같이 일본은 면화 수입량이 매우 많다. 그러므로 면화의 원료 산지를 부분적으로 인근의 해외 속령으로 옮기는 것이 당연한 일일 것이다. 이미 조선시대에도 조선에서의 면화 재배로 일본 국내의 섬유 원료 수요를 충당하려 했었다(p.220). 일본 농사시험장, 특히 목포의 시험장은 한국에서의 면화 재배를 새로 조직하기 위한 학문적인 기초자료를 제공하였다. 한국의 면화종은 섬유가 너무 짧아서 기계로 공장에서 가공하기에 적합하지 않으며, 섬유질이 성글어서 질 좋은 상품을 생산하기가 어려웠다. 그러나 남부 지방은 기후적으로 미국산 면화종(Kings Improved) 재배에 적지임이 판명되었다. 그리하여 남부의 6개 도, 즉 별도 79에 설정된 경계선 이남에서 재래종 면화가 미국산 면화종(육지면)으로 완전히 교체되었다. 대략 9월 평균기온 20℃ 등온선과 일치하는 육지면 경계선의 북쪽에서는 조생종인 재래종이 계속 재배되고 있다. 면화 재배 면적은 일본의 계획에 따라 59,000ha(1910년)에서 233,000ha(1938년)로 증가하였다. 특히 남부의 도들에서 재배 면적이 크게 증가하였다. 면화시험재배소의 설치와 새로 설립된 면화조합의 부단한 홍보활동이 생산량 증대에 기여하였다. 수확량은 1910년부터 1934년까지 조면(繰綿)된 중량을 기준으로 50,000dz에서 295,000dz로 서서히 증가하였다. 1933년에 함경남·북도를 제외한 모든 도에서 면화증산 10개년 계획이 시작되었다. 면화 재배 면적은 345,000ha, 생산량은 2,500,000dz로 증가할 것이다. 일본의 통계에 의하면 이 계획이 시행된 이후 실제로 면화 생산량은 상당히 증가하였다. 그러나 그림 51에서 이용한 『국제농업통계연감(Annuaire International de Statistique agricole)』에 수록된 자료는 이러한 증가 추세를 단지 약하게만 나타낸다. 별도 79의 지도에서 두 개의 면화 재배 중심지를 확인할 수 있다. 1930년에 서해안의 북부 세 개 도가 면화 재배 면적의 27.4%를 차지했으며, 이 지역에서는 거의 예외 없이 재래면이 재배되었다. 남부 지방의 6개 도가 동시에 재배 면적의 68.6%, 전체 면화 생산량의 75.5%를 차지했으며, 여기서는 거의 육지면만 재배된다. 육지면과 그 제품은 한국의 중요한 수출품 중 하나이다(p.644). 이들 수출품은 군산, 목포, 여수와 그 밖의 남부 지방 항구들을 통해 일본으로 수출되었다.

담배 재배는 현재 철저하게 국가의 감독을 받는데, 그 이유는 1921년 이후 담배 제조가 4대 국가 전매사업 중 하나이기 때문이다(p.65, p.252). 세 가지 품종이 재배되고 있는데, 한국종, 일본종과 황색종 혹은 미국종이 그것이다. 한국종이 재배 면적과 생산량 양면에서 일본종과 미국종을 훨씬 능가하고 있다. 미국종 담배는 충청북도의 특산품이다(p.495). 한국종은 현재 평안남도와 황해도의 후미진 산간 계곡과 무주군, 영동군과 금산군에서 재배된다. 담배 재배는 특정한 농부들에게만 허가되고 있다. 이들은 전매청과 관련된 담배 재배조합에 소속되어 있다. 담배 종자는 매우 제한된 수의 농부들과만 관계하는 전매청 분소로부터 공급된다. 수확한 담배는 건조 후 전량 수매된다. 담배 재배 지역에서는 전매청 소유인 골함석 지붕의 담배 창고를 흔히 볼 수 있다. 1938년에 총재배 면적은 19,507ha, 생산량은 293,000dz, 그리고 생산액은 61,900,000엔에 달했다.

홍삼 생산도 국가전매사업이다. p.255 이하에서 기술한 바와 같이, 인삼은 특히 고려의 수도였던 개성 부근과 그 주변의 넓은 지역에서 많이 재배된다. 고려인삼이라는 이름은 개성군, 개풍군, 장단군(경기도), 그리고 금천군, 서흥군, 평산군, 봉산군(황해도)에서 생산되는 제품에만 붙이는 이름이다(632). 저자는 중부 지방과 남부 지방의 경계에 있는 충주군, 단양군, 영주군, 안동군과 금강 상류에 위치한 무주군에서도 수많은 넓은 인삼 재배시설을 목격하였다. 국가 전매사업은 조선시대부터 발달해 왔다(p.67). 일본인들은 넓은 재배 인삼의 병충해를 막기 위해 연구해 왔으며, 인삼 재배에 알맞은 지침을 만들어 놓았다. 담배 재배와 마찬가지로 오늘날 인삼 재배도 조선총독부로부터 특별 허가를 받아야 한다. 인삼 생산자가 생산된 인삼을 모두 국가 수매소에 제공하면, 여기서는 홍삼 제조에 적절한 인삼을 선별하고, 나머지는 백삼용으로 돌려준다. 일본인들은 인삼 생산을 보잘것없는 사업에서 출발하여 아주 이윤이 좋은 경제 부문으로 발전시켰다. 1911년 인삼 재배 면적은 473a, 생산량은 4,631kg이었는데, 이 중 1,380kg이 홍삼용으로 사용되었다. 당시 인삼 전매사업으로 국가가 벌어들인 수입은 100,000엔에 불과하였다. 1931년에는 재배 면적 12,511a, 생산량 91,238kg, 이 중 23,892kg이 홍삼용, 국가 수입액 1,800,000엔이었다. 그러나 그 이후부터 인삼 사업이 하향 추세를 나타내는데, 그 이유는 1937년에 대부분의 인삼이 수출되던 중국과의 전쟁이 시작되었기 때문이다(p.255).

일본 측에서 특히 장려한 농업 활동 중에 하나는 **뽕나무 재배**와 **양잠**이었나. 최근 수년간 뽕나무 재배 면적은 약 78,000ha에 이른다. 수원과 차련관에 있는 농사시험장(634)을 비롯한 몇몇 시험장에는 이 분야의 연구와 교육을 위한 특별 부서가 있다. 이들의 연구소에서는 한국산과 일본산 뽕나무의 기후 적응력과 잎의 성장 속도, 그리고 누에 먹이로서의 적합성을 조사하였다. 이에 더하여 누에의 질병과 그 병원체(病原體)를 연구하고, 누에의 종류에 따라 다양하게 생산되는 고치의 크기와 품질을 밝히며, 중국종과 일본종 나방의 잡종을 만들어 품질과 생산량면에서 상당한 성과를 이루었다. 수원 농사시험장에는 매우 일목요연한 전시관이 마련되어 있는데, 특히 이러한 각종 시험결과들을 한눈에 볼 수 있도록 전시해 놓았다. 1919년 이후 조선총독부는 이러한 연구들을 위한 법령을 제정하였다. 잠사학교(蠶絲學校)에서는 어린 소녀들에게 1년 동안 가장 좋은 양잠 방법을 교육하였다.

양잠은 수익성이 좋기 때문에 농민들의 가난을 해소시키는 데에 적합하여 대개 농가에서 부업으로 행해지는 가내 활동이다. 나방은 1장당 28칸으로 되어 있는 산란대지 위에 누에 알을 낳는데, 이 알은 점액선에서 분비된 액으로 산란대지 위에 단단히 붙는다. 국립양잠소에서는 이렇게 알이 붙어 있는 산란대지를 양잠농가에 보급한다. 1938년에 그 수는 1,000,000장 이상에 달했으며, 817,000가구에 보급되었다. 같은 해 총생산된 누에고치 양은 26,300,000kg에 생산액은 21,000,000엔이었다. 이러한 발전은 1910년에 76,000가구에서 400,000엔 가치의 생산량으로 시작하였다. 그러므로 결국 생산액 면에서 약 50배나 증가하였다. 그림 51은 이러한 발전 추세를 제시하고 있다. 고치 속의 누에가 고치(번데기)로 변하면 고치는 즉시 양잠소로 보내지며, 여기서는 번식용으로 쓸 것을 선별한 다음, 나머지 고치는 모두 증기시설에 넣어 죽인다. 그 후 대부분의 누에고치를 수출용 생사(生絲)를 뽑아내는 견사공장(絹絲工場)으로 보낸다. 일부 나머지 고치는 양잠조합을 통해 한국인 농가에 맡겨져 얼레로 실을 뽑는다. 이렇게 농가에서 생산된 생사는 내수용으로 쓰인다. 1938년에 생사 총량은 약 3,000,000kg, 생사 수출액은 15,600,000엔, 국내에서 소비된 생사는 5,100,000엔에 달했다. 양잠은 뽕나무가 자랄 수 있는 곳이면 어디서나 가능하기 때문에 전국적으로 보급되어 있다. 북부 동해안 지역의 남반부를 제외하고 함경남·북도에서는 양잠이 매우 드물다. 대체로 남쪽으로 갈수록 양잠이 늘어난다. 전라남도와 경상북도의 북서부에서 누에고치 생산량이 가장 많다.

이미 p.258에서 언급한 바와 같이, 평안북도에서는 아직도 **야잠**(野蠶: 멧누에치기)을 한다. 1937년에 4,257ha의 참나무 숲에서 멧누에를 길렀고, 고치 생산량도 11,500,000kg이나 되었다. 멧누에고치는 대개 봄고치인데 만주로 수출된다. 이것으로 작잠사(作蠶絲)를 생산한다.

옛 한국에는 **차 재배**가 알려져 있지 않았으나, 일제시대에 소규모 차 재배지가 전라남도의 'Ryôkurei'와 제주도에 생겼다. 차 재배지가 확산되는 데 있어서 가장 큰 장애는 차 나무가 겨울 추위에 대단히 민감하다는 점이다.

일본 농업학교는 과수 재배도 장려하여 만족스러운 결과를 가져왔다. 한국 **과수**의 수확량은 품질뿐만 아니라 생산성에 있어서도 증가했다. 따라서 과일 수출도 중일전쟁 발발까지는 매년 증가했다. 이것은 특히 품질이 좋은 한국산 **사과**에 적용된다. 1937년 사과 수확량은 765,700dz에 달했고, 이 중 150,000dz이 같은 해에 수출되었다. 가장 중요한 사과 생산지역들은 평안남도 남서부와 황해도 북부, 북부 동해안 지역과 경상남도와 경상북도의 경계 지역에 위치한다. 일본인들의 주도하에 **포도 재배**도 보통 규모로 성하다. 1933년에 포도나무 230,700그루에서 24,500dz의 포도를 수확하였는데, 전적으로 과일로만 소비되었다. 평양, 서울, 대구, 포항과 부산 같은 도시 주변이 포도 주산지이다. 1937년에 총과일 수확량은 약 1,020,000dz, 생산액은 약 10,600,000엔에 달했다.

한국은 **축산업**이 발달할 수 있는 기반이 처음부터 다른 동아시아 국가들보다 다소 넓었다. 그 이유는 이미 옛 한국에서 여러 가축 사육 수, 특히 소의 수와 일본과 비교하여 또한 돼지의 수가 상대적으로 많았기 때문이다(p.260 이하). 그럼에도 불구하고 일본 당국은 가축 수의 증가에 대해 단지 2차적인 가치만을 부여하여 다른 농업 부문에서 거두었던 큰 성과가 이 부문에서는 나타나지 않았다. 이러한 사정은 1914년과 1937년의 가축 수를 비교하여 제시된다.

아래의 표를 보면 당나귀와 노새를 제외한 모든 부문에서 축산업은 진전을 보였다. 그러나 돼지, 양, 염소, 닭의 경우에서만 그 증가가 인구 성장보다 커서 인구와 관련한 가축 수가 증가하였다. 나머지 가축들은 인구 1,000명당으로 계산하여 그 수가 1914년보다 적었으며, 이것을 유럽의 기준으로 보면 모든 가축에 있어서 그 수가 아직도 여전히 적다. 그러나 품질은 일본인들의 노력으로 상당히 향상되었다. 이러한 품질 향상은 주로 국가의 지원을 받는 조선축산조합을 통해 이루어졌는데, 이 조합은 이미 1923년, 전국의 모든 지역에 213개의 지회를 두고 있었다.

소는 처음부터 역우(役牛)와 육우(肉牛)로서 훌륭했으므로 일제 강점 이전에 이미 예외적인 위치를 차지했으며, 당시에도 이미 그 수가 상당히 많았다. 따라서 일본의 관심은 높은 번식률을

1914년과 1937년의 가축 수

구분	단위: 1,000마리		가축 수			
			1km²당		인구 1,000명당	
	1914년	1937년	1914년	1937년	1914년	1937년
말	52.5	52.6	0.24	0.24	3.5	2.4
당나귀·노새	14.87	5.6	0.07	0.03	1	0.3
소	1338.4	1710.	6.1	7.8	89.8	76.3
돼지	757.8	1625.1	3.4	7.4	50.9	72.5
양	0.14	20	..	0.09	0.01	0.89
염소	11.6	43	0.05	0.19	0.78	1.9
닭	4110.2	7221.1	18.6	32.7	276	322.
오리	..	37.8	..	0.17	..	1.7

유지하고 그 수를 증가시키는 데에 있었다. 조선총독부에서 종모우(種母牛) 보급하기는 했지만, 한국 농민들은 지금까지 가난하기 때문에 사육 수를 증가시키는 일에는 그렇게 성공적이지 못했다. 1938년부터 적어도 소 사육 수를 2,500,000두까지 증가시키는 것을 목표로 새로 입안된 20개년계획이 시행되었다. 그 이유는 논 면적이 증가함에 따라 역우에 대한 수요도 늘어났으며, 일본의 도시들에서 소고기 소비가 증가하였기 때문이다. 한국의 가축 구조는 서양의 여러 나라들과는 완전히 다른데, 특히 암컷 수가 유럽만큼 압도적이지 못하다는 점에서 그러하다. 한국에서 암컷과 수컷의 비율이 약 2:1인데, 이와 대조적으로 스위스에서는 그 비율이 약 9:1이나 된다(한상욱 607). 이렇게 된 이유는 한국에서 지금까지 식량으로 우유를 거의 소비하지 않았기 때문이다. 최근에는 휴경지에서 무성하게 자라는 싸리속 덤불(Lespedezabüschen)의 건초를 사료로 젖소에게 먹이는 성공적인 시도가 있었다(636, 637). 단위면적당 소의 밀도는 개마고원을 제외하고는 어디서나 거의 동일하다. 남부 지방은 벼 재배에 축우의 수요가 많기 때문에 다른 지역에 비해 밀도가 다소 높다. 북부 지방은 인구밀도가 훨씬 더 희박하기 때문에 인구 1,000명당 소의 수는 남부 지방보다 오히려 훨씬 더 많은 편이다. 인구 1,000명당 소의 수는 전라북도는 36.7마리, 전라남도는 60.1마리인 반면, 함경북도는 139.4마리, 평안북도는 139.9마리나 된다.

일본인들의 영향은 **돼지 사육**에서 특히 유익하게 나타났다. 돼지의 수가 인구 성장보다 훨씬 높게 증가해서 현재 단위 인구당 돼지 수가 1914년보다 거의 1/2 증가하였다. 무엇보다도 좀 더 무겁고, 빨리 자라며, 비계가 많은 외래종을 도입하여 공급되고 있다. 1933년에 이미 이러한 외국종 지방용 돼지(Fettschweine) 수가 몸집이 작고, 비경제적인 재래종보다 훨씬 더 많았다. 경기도, 평안남도와 황해도 북부에서 이미 외국종이 재래종을 거의 완전히 대체하였다. 이와 대조적으로 남부 지방의 남반부에서는 아직도 재래종이 훨씬 우세하다(304에 있는 가축 사육 지도 참조).

극히 드문 **말 사육**을 장려하기 위해서 조선총독부는 특히 남곡(강원도)과 경원(함경북도)에 있는 국립종마사육장(國立種馬飼育場)에서 일본산 종마(種馬)와 몽골산 암말을 교배했다. 1936년부터 우수한 일본 및 한국산 암말을 최고의 종마와 교배시키는 8개년계획이 시행되었다. 이 경우에 값비싼 종마는 모두 조선총독부의 소유였다. 이런 식으로 특히 한국에 주둔하는 육군에서의 수요를 충족시킬 수 있기를 바랐다.

1914년에 추가령열곡 내에 있는 세포리에서 몽골산 양 사육 농가가 처음 문을 열어 옛 한국에 전혀 없던 **양 사육**이 시작되었다(p.261). 1929년에는 북부 6개 도에서 민간인들의 양 사육을 촉진하기 위한 대규모 계획이 발표되었다. '남면북양(南綿北羊)'이 우가키 가즈시게 총독 재임 동안의 슬로건이 되었다. 이들 지방의 농민들에게 양 사육을 장려했고, 이후 5년 동안 계속해서 오스트레일리아와 뉴질랜드로부터 각각 2,500마리의 코리데일(Corridale) 종이 수입되었다. 이 양들은 국립농장들, 특히 명천군에 있는 국립농장에서 풍토 적응을 마친 뒤 농가에서 사육하도록 분양되었다. 조선총독부는 양 사육 농부들에게 보조금을 지급하였다. 따라서 이 경제 분야는 아직 시작 단계이며, 당분간은 양 사육에 가장 유리한 함경북도에서조차 미미한 역할만을 할 것이다.

양계를 증진하기 위한 노력은 이미 오래되었으며, 따라서 그 성과가 상당하다. 한국산 재래종은 체구가 작고, 알도 적게 낳는다. 그래서 한국산 재래종은 대개 고기용으로만 사육된다. 조선총독부는 외국종 산란계(産卵鷄)를 수입하여 농가에서 사육하도록 보급하고 있다. 1933년에 3,800,000마리의 한국 재래종 외에 이미 3,000,000마리의 외국종이 있었다. 현재는 아마 외국종이 이미 더 많을 수 있으며, 한국산 재래종은 북부 지방의 내륙에서만 아직도 사육되고 있다.

p.245~255에서 언급한 바와 같이 오늘날 농업지리의 개별 요소들은 거의 모두 이미 옛 한국에 이미 존재했었다. 다만 차 재배의 도입과 같은 하찮은 세부사항에 일본의 지역계획을 통해서 완전히 새로운 특성들이 추가된 것이다. 그럼에도 불구하고 일본의 지역계획을 통해서 한국의 모든 경관들의 외모(外貌)가 입은 변화는 매우 컸다. Ratzel이 기술한 바와 같이(p.63), 한국은 폐허의 나라에서 활기가 넘치는 농업 생산성의 나라가 되었다[9]. 일본의 영향하에 발달한 **한국의 농업 지역 구분**은 별도 18에 제시되어 있으며, 농업 지역 구분을 기초로 한 농업지리의 유형은 이미 p.259 이하에서 언급되었다. 여기서는 일본이 미친 영향의 관점에서 이들 농업 지역을 간략하게 종합적으로 고찰해 보기로 하겠다.

일본의 영향은 겨울의 기후가 온화하고, 여름이 길기 때문에 가장 폭넓은 발전 가능성이 있었던 남부 지방에서 가장 컸다. 고도가 높은 산지들을 제외한 남부 지방 전체는 수위의 쌀 재배 지역이 되었다. 별도 18에서 10번과 11번 유형의 분포 지역이 이 지역에 위치한다. 일본이 한국의 경관에 미친 영향은 광대한 관개수로가 종횡으로 통하는 남부 지방의 충적평야와 서해안의 간척지 논에서 특히 매우 크게 나타난다(별도 68과 69). 충청남도와 전라북도의 경계에서

9 역자 주: 독자들의 오해가 있을 것 같아 본 내용의 원문을 그대로 옮기겠다. "Korea ist aus dem Ruinenland zu einem Land kräftiger landbaulicher Produktivität geworden."

금강 하류를 따라 전개된 내포평야가 일본인들에 의해 단일 곡창(穀倉)으로 바뀌었다. 이들 쌀 수출 중심 지역들은 동시에 겨울 동안 논에 독일과 동일한 곡물 종류와 쌀보리를 재배하는 것으로 특징지어진다. 쌀보리를 재배하지 않는 나머지 논에 겨울에 알팔파를 재배하는 추세가 매년 증가하고 있기 때문에 이 지역의 경지도 겨울에 푸르게 되었다. 밭에도 대부분 겨울작물이 재배된다. 밭은 여름에 미국산 육지면을 많이 재배하는 것으로 인하여 특별한 성격을 갖는다. 과수와 뽕나무 재배지가 취락을 둘러싸고 있다. 부정적인 특징으로는 기장과 옥수수 재배가 점점 감소하거나 전혀 없는 것이다. 이 넓은 **남반부** 지역의 또 다른 특징들로 상록의 대나무 숲과 추위에 민감한 저마(모시풀), 닥나무와 고구마 재배가 추가된다. 이들은 일제시대 동안 재배 면적이 크게 증가하였다(11번 유형). 후자들은 또한 멀리 떨어진 섬들인 **울릉도**와 **제주도**를 특징짓는다. 그러나 이들 도서 지역에는 논벼 재배가 전혀 없어서 특수 유형(12번 유형)을 나타낸다. 그 외에도 제주도는 현재까지 조와 메밀이 집중적으로 재배되어 북부 지방을 연상시키는 매우 오래된 정체된 농업 특성을 갖고 있는 반면(p.524), 울릉도는 매우 최근에 정착한 농업 지역의 모든 특성을 갖고 있다(p.456).

경기 지역과 **태백산맥의 영동 지역**은 뚜렷한 점이 지역이다(9번 유형). 논농사가 이들 농업 지역의 기본 특성이기는 하나, 겨울에 논을 이용하지 않거나 단지 드문드문 이용하고, 벼 재배 외에 겨울과 여름 밭작물의 재배가 거의 동일하게 이루어진다.

황해반도와 그에 이어지는 **대동분지의 남서부 지역**은 매우 특수한 특성과 일본의 영향을 집중적으로 받은 지역이다(6번 유형). 이 지역만큼 밭이 광범위한 곳은 어디에도 없다. 논이 전혀 없는 것은 아니나, 재령강 분지와 장연군의 종곡(從谷)과 같은 곳에 국지적으로만 대규모 단지를 이루고, 어디에도 논에서 겨울작물을 재배하지 않는다. 밭은 겨울작물로 보리, 쌀보리와 밀의 집중적인 재배를 통해서, 여름작물로 조, 수수, 메밀, 콩, 팥과 녹두, 재래면의 집중적인 재배를 통해서 특징지어진다.

평북 지역의 서해안에 뚜렷한 특성을 가진 다른 지역이 이어진다(8번 유형). 이 지역에서는 수리조합의 활동을 통해서 특히 압록강과 청천강 하구에서 다시 논농사가 매우 집약적으로 발달했지만, 겨울에 몹시 춥기 때문에 겨울작물은 거의 재배되지 않으며, 따라서 밀 재배도 이 지역에서 갑자기 끝나고, 봄보리만 드문드문 재배된다. 이와 대조적으로 피와 옥수수가 주요 요소로서 나타난다.

일본의 영향을 받아 크게 변화된 마지막 농업 지역은 **북부 동해안 지역**이다(3번과 5번 유형). 이 지역에서는 옛 한국시대에 벼 재배가 거의 이루어지지 않았다. 일본인들은 조생종 벼를 도입하여 이 벼를 특히 남반부에서 중요한 농업 생산의 요소로 만들었다. 이와 대조적으로 여름이 서늘하기 때문에 면화는 완전히 배제되었다. 이 지역의 특산물은 벼가 지속적인 성공을 보증하는 북한계를 넘어서 재배된 후에 최근 북부에서 논작물로 나타나고 있는 피이다. 다른 기장류와 수많은 콩류도 나타난다. 보리도 상당히 많이 재배되지만, 북부에서는 여름작물로만 재배된다(3번 유형).

나머지 세 개 유형(2번, 4번과 7번 유형)은 중부 지방과 북부 지방의 산악 지역에 제한되어 낮은 농업 생산량으로 특징지어진다. 이들 세 개 유형이 지배적인 농업 지역에서 일본의 영향이 가장 미미하다.

5. 산림

농지를 제외한 한국의 거의 모든 토지는 조선총독부 산림국의 감독하에 있다. p.560의 표에 의하면 이 '삼림 면적'이 자그마치 국토의 73.2%를 차지한다. 함경도(함경남도: 83.5%, 함경북도: 82.8%)가 총면적에 대한 산림 면적의 비율이 가장 높고, 높은 산지가 적은 황해도(58.5%)가 가장 낮다. 따라서 지역 간 차이가 중유럽만큼 크지는 않다.

그러나 이미 앞의 식물지리 장에서 산림국의 감독을 받는 임야의 약 1/3만이 키가 큰 교목림으로 덮여 있는 것을 강조하였다. 전체 임야 16,200,000ha 중 5,400,000ha가 교목림이다(1938년). 그 나머지 10,800,000ha, 즉 전 국토 면적의 1/2은 식물지리 장에서 그 종 구성에 관하여 언급하였던 바와 같이 다소 경제성이 없는 관목군락이다. 실제로 1937년 말에 11,400,000ha, 즉 국토 면적의 5.2% 내지 독일 튀링겐(Thüringen) 지방만큼 큰 지역이 '나무가 없는', 즉 완전히 황량하거나 전혀 이용되지 않는 땅이었다(XLIII). 과거와 현재의 죄악의 결과인 이와 같은 산림지의 상태는 곡저에 있는 경지가 항시 최악의 피해를 입는 엄청난 홍수를 일으켰다(p.173).

그러므로 일본 정부는 산림이 대부분 파괴된 상태에 있으며, 임야 소유권도 혼란한 무질서 상태에 있음을 알게 되었다. 조선통감부의 권유로 대한제국 정부는 1908년에 산림법을 공포했는데, 이 법에 따르면 임야를 소유하고 있는 사람은 모두 3년 이내에 당국에 등록하도록 되어 있었다. 사람들은 이것이 새로운 세금이라고 추측해서 대부분 등록을 하지 않았다. 한국이 일본의 손아귀에 들어가자마자 조선총독부는 1911년에 반환을 청구하지 않은 임야는 모두 국유림이라고 선포하였다. 이런 방식으로 전체 산림의 4/5가 국유화되었는데, 실제로 이들 임야는 옛 한국법에 따라 이미 수 세기 이래로 명목상으로는 국가 소유였다. 그러나 이 산림법은 엄격히 규정된 법률에 익숙하지 않았던 한국인들에게 아무런 공감도 얻지 못했다. 그들은 자신의 재산을 빼앗기는 것으로 느꼈다(이훈구 605, p.183). 그러나 1911년에 제정된 산림법은 동시에 새로운 국유림에 조림을 할 의사가 있는 사람들에게 국유림을 임대해 줄 수 있는 가능성도 규정하였다. 국유림을 임대한 사람이 조림을 성공적으로 수행하면, 그 토지의 소유권은 그 사람에게 넘어가도록 되었다. 1939년에 1,600,000ha, 즉 전체 임야의 약 1/10이 이러한 목적으로 임대되었다. 산림법의 유익한 효과가 현재 도처에서 분명하다. 엄청난 크기의 황폐된 산림 면적을 고려해 볼 때, 개인들의 폭넓은 지원이 없었다면 이렇게 빠른 시일 내에 큰 성공을 거두기는 어려웠을 것이다. 각 학교에 나무를 심을 땅을 할당하고, '기념식수'를 하도록 권장하며, 식목일(p.536)을 제정한 것 등이 많은 국민들 사이에서 식목사업에 대한 관심사를 갖도록 유도하였다.

그러나 등록을 하지 않은 구소유주들의 항의가 시끄러워짐에 따라 조선총독부는 1917년과 1924년 두 차례에 걸쳐 1911년의 산림법을 개정하는 조치를 취했다. 즉, 임야의 구소유권을 증명할 수 있는 사람은 국가가 수용한 임야에 대해 '연고자(緣故者)'로서 소유권 반환을 청구할 수 있었다. 그 이후로 개인 소유권이 청구된 국유림과 청구되지 않은 국유림이 생겼다. 소유권 반환이 청구된 임야는 부분적으로 연고자의 소유가 되었다.

1936년에 이미 전체 산림 면적의 58.4%가 다시 **사유림**이 되었으며, 5.6%가 **면유림**(面有林), 1.1%가 아직도 사찰림(寺刹林), 그리고 35.0%만이 **국유림**이었다(XLIV). 거의 국유림과 사찰림에만 키 큰 교목이 우거져 있었다. 이들 대부분은 북부 지방의 고원과 산맥, 특히 개마고원(2,100,000ha)과 태백산맥 및 소백산맥(2,800,000ha)에 제한되어 있었다(지도 4). 현재에도 사유림 중에 거의 양반들 묘 주위에만 키가 큰 교목들이 있다(p.234). 국유림 가운데 적은 부분만이 국립공원과 대학의 연구용 연습림으로 배정되어 경제적으로 개발되지 않고 있다. 예를 들어 지리산 천왕봉 주위의 훌륭한 키가 큰 숲은 교토대학(京都大學)에 위탁되었다. 사유림은 한국인뿐만 아니라, 일본인도 소유하고 있다. 개인뿐만 아니라 회사들, 예를 들어 조선조림회사(朝鮮造林會社, Chôsen Nobles Afforestation Co.), 동양척식주식회사(東洋拓植株式會社, p.535), 가와사키조림회사(川崎造林會社)와 미쓰이합명회사(三井合名會社)도 조림사업에 참여했는데, 이들 회사는 1911년에 제정된 법률에 따라 현재 이들 회사가 조림한 삼림을 소유하고 있다.

일본 산림청이 식목사업을 시행하기 위해 행한 첫 단계는 서울과 평양 근교의 구릉지에 시범림을 조성하는 것이었고, 이는 나중에 수원, 개성, 대구 부근에서도 시행되었다. 1913년에 서울 근교 청량리에 **중앙임업시험장**이 설립됐으며, 이는 1922년에 대폭 확장되었다(638). 광릉(p.402)과 진해 부근의 국유림에는 임업시험장 분소가 설치되었다. 임업시험장의 과제는 나무의 성장조건, 그 분포, 질병, 해충의 연구와 토양 연구이며, 묘포(苗圃)에서 **묘목을 길러 공급**하는 것이다. 종묘원(種苗園)에서는 주로 소나무, 참나무, 밤나무, 포플러와 낙엽송 묘목을 재배하는데, 1907년 이후 그 수가 점차 늘어나 현재 각 도에 한두 개 이상의 종묘원이 있다. 묘목은 처음에는 관심 있는 사람들에게 무료로 제공되었다. 그 외에 종자시험장도 생겼는데, 1913년에 이미 319개소가 있었다.

A. Hoffmann(494)은 1907년 남부 지방에서 행해진 최초의 식목사업에 관해 생생하게 보고했다. 그는 부산의 북쪽 5km쯤에서 떡갈나무(*Quercus dentata*), 편백(*Chamaecyparis obtusc*)과 화백(*C. pisifera*), 삼나무(*Cryptomeria japonica*), 은행나무(*Gingko biloba*)와 여러 버드나무속 수종들이 재배되고 있는 약 400ha 규모의 조림지와 마주쳤다. 모두 일본에 분포하는 이들 수종 중 대다수가 이제 더 이상 한국에서 **식목용**으로 사용되지 않고 있다. 현재 식목용으로 가장 중요한 수종은 이미 옛 한국에서 식목용으로 쓰이던 소나무이다(p.194). 소나무 사이에는 대개 오리나무속 수종들과 싸리속 수종들을 심는다. 초기에 매우 빨리 자라는 싸리속 수종들은 토양을 고정시킨다. 오리나무속 수종들은 소나무의 성장을 촉진시키는데, 아직까지 완전히 밝혀지지 않은 방법으로 토양을 고정시킨다. 임업시험소에서는 이러한 방향으로 실험을 한다. 척박한 토양을 가진 능선 위에 심은 소나무들은 처음에는 이곳에서 성장이 위축된다. 소나무들 사이에 오리나무속 수종들을 심으면 소나무가 새로 왕성하게 곧은 줄기로 자라기 시작하는데, 저자가 한국에 체류할 당시에 2m 크기로 자란 것을 보았다. 이런 용도로 가장 빈번하게 사용되는 오리나무속 수종으로는 물갬나무(*Alnus sibirica* [*Alnus hirsuta* var. *sibirica*]), 좀사방오리(*A. firma* var. *multinervis* [A. *pendula* Matsumura])와 물오리나무(*A. tinctoria* var. *glabra* [*A. hirsuta* (Spach) Rupr.])가 있다. 현재 조림용으로 이용되는 다른 수종으로는 상수리나무(*Quercus acutissima*), 졸참나무(*Qu. serrata*)와 떡갈나무(*Qu. dentata*), 난티잎개암나무(*Corylus heterophylla*), 노간주나무(*Juniperus rigida*)와 아까시나무(*Robinia pseudo-acacia*)가 있다. 조림에 사용되는 수종은 당연히 지역에 따라 변한다. 남부 지방에서는 송충이 피해에 좀 더 강한 곰솔을 소나무보다 선호한다(p.194). 그러나 유감스럽게도 이 아름다운 곰솔은 추위에 매우 약하다. 소나무조차 잘 견디지 못하는 기후지역에서는 일본 잎갈나무(*Larix kaempferi* [*Larix leptolepsis*])나 재래종인 잎갈나무와 청잎갈나무(Wilsonlärche)[10]와의 교배종이 잘

자란다. 그러나 현재는 아직도 소나무가 주류를 이룬다. 전국의 대부분 지역에서 한때 완전히 황폐되었으나, 현재는 울창한 소나무 임분들로 뒤덮인 사면들이 경관상(景觀像)의 전형적인 특징을 이룬다. 조선총독부가 발간한 여러 보고서(예: VI, 304)에는 조림 이전과 이후 수십 년 동안에 동일한 지역이 어떻게 달라졌는가를 보여 주는 사진이 많이 제시되어 있는데, 그 변화는 실제로 깜짝 놀랄 만하다. 화강암이 황색토로 풍화된 지역에서는 지금까지 드물지 않게 우곡(雨谷) 및 작은 계곡과 이들에 면한 사면들에서만 식목사업이 성공하였다. 이와 대조적으로 이들을 분리시키는 능선에서는 영양분이 부족하고 바람과 추위로 인해 묘목이 크지 못하고 있거나 죽는 경우가 많았다. 이러한 지역에서 산의 골격은 푸른색과 노란색의 차이로 이미 멀리서도 뚜렷하게 나타났다. 민둥산이거나 매우 빈약한 식생이 있는 만주의 사면들과 울창한 관목이나 수목으로 덮인 한국의 사면을 분리시키는 두만강과 압록강 하안에서의 식목사업의 성공이 특히 눈에 띤다. p.560의 표에 의하면, 1937년 말에 '묘목 조림지(areas with saplings)'는 약 2,100,000ha(국토 면적의 9.6%)이며, 독일 베스트팔렌(Westfalen) 주보다 좀 더 넓은 이 면적의 대부분은 식목사업을 통해서 현 상태에 이르게 되었다. 일제 강점 이후 44억 주 이상의 묘목을 식목하였다. 산림청이 국유지에 직접 식수한 것이 88,645ha에 307,600,000주나 된다. 따라서 이것은 현재 매년 국가가 8,000ha씩, 민간인이 80,000ha씩 조림을 하고 있는 것과 같다. 표에는 도별로 묘목을 심은 지역의 분포도 제시되어 있다. 그 면적은 도 면적의 2.1~17.3% 사이에서 변한다. 동시에 이 표에는 식목을 해야하는 헐벗은 면적의 비율이 도별로 제시되어 있다. 이 면적의 비율은 1.9~10.7%에 이른다. 산악 지방인 강원도에서 묘목 조림지와 아직 헐벗은 면적의 비율 모두 가장 높다. 오직 두 개 도에서만 아직 헐벗은 면적이 묘목 조림지 면적보다 좀 더 넓으며, 이들 두 도에서는 이 면적이 상대적으로 작다.

헐벗은 사면에서는 빈번히 우식(雨蝕)이 너무 심해서 사면에 묘목을 직접 심는 것이 불가능하다. 특히 화강암의 황색토 풍화가 일어난 지역에서 일반적으로 우식이 나타난다. 그러므로 사면은 엄청난 노력을 기울여 서로 약 1m인 수직 간격의 **수평계단**으로 나뉜다. 급경사 측에는 잔디를 입히고, 그 위의 평평한 계단에는 앞에서 언급했던 수종들의 관목을 심는다. 심은 나무의 키가 작은 경우에 사면은 폭넓고, 길게 수평적으로 띠를 두른 것처럼 보인다. 전주(전라북도) 남서쪽에서 저자는 그림 52에 제시된 약간 변형된 사방공사(砂防工事) 방식을 목격하였다. 208,000ha의 헐벗은 지역이 조림을 하기 전에 아직 이러한 **'사방공사'**를 필요로 한다. 국가는

10 역자 주: *Larix olgensis* A. Henry for *riridis* (E. H. Wilson) Nakai를 의미하는 것 같아 청잎갈나무로 번역하였다.

현재 매년 약 3,000ha씩 사방공사를 하고 있다. 국가는 또한 국가의 허가 없이 계단에 심은 나무를 벨 수 없다는 조건하에서 이러한 사방공사 비용 전액과 여기에 심는 수목 비용의 1/2을 지원해 줌으로써 민간인들의 사방공사를 장려하고 있다.

그러나 식목만으로는 한국의 산지들을 다시 나무로 덮고, 과거의 무분별한 남벌(濫伐)로 인해 생긴 깊은 상처를 치유하기에 충분하지 않다. 한국인들은 한때 국가의 재산이었던 것은 예견이 없이 작은 나머지까지 헛되이 다 써 버려 아직도 빈약한 이자만으로는 만족하려 하지 않는 사람들과 비슷하다. 한국인들의 엄청난 땔감 수요는 현재도 또한 한국인들이 남아 있는 관목군락 마저도 훨씬 더 집중적으로 이용하지 않을 수 없게 했다. 실제로 지금 막 자라기 시작하는 묘목들을 몰래 도끼로 찍어 내는 광경을 드물지 않게 볼 수 있다. 그러므로 조선총독부는 1933년 1월부터 다음 세 가지 주요 사항을 골자로 하는 새로운 산림관리지침을 마련하였다. 1. 국가의 생산력을 회복시키고, 자연을 재생시키기 위해 종목(種木)을 보전한다. 2. 벌목을 해도 좋을 만큼 충분히 다 자란 나무에서 좀 더 많은 화목을 얻으며 좋은 임분(林分)을 좀 더 많이 이용하고, 새로운 경지나 목초지를 만들기 위해 노력한다. 3. 어린 나무와 총림을 보호하고, 풀과 약초 이용을 규제하는 반면, 그 대신 키 큰 교목을 베고 수종을 늘리는 일을 장려한다. 세 번째 관점은 이미 우가키 가즈시게 총독이 질책한 한국인의 관습, 즉 소나무만 높게 평가할 뿐 그 밖의 다른 수종들은 하찮게 생각하는 한국 사람들의 관습에 대한 반응이다. 산림정책은 수십 년이 지나야 비로소 뚜렷하게 가시적인 결과를 얻을 수 있기 때문에 한국이 좀 더 낮은 고도대에서 벌거숭이 땅의 특성을 잃게 되기까지 적어도 한 세대는 걸릴 것이다.

아직 전체 산림의 약 1/3을 차지하고, 예전에 좀 더 낮은 고도대의 울창한 원시림으로서 동

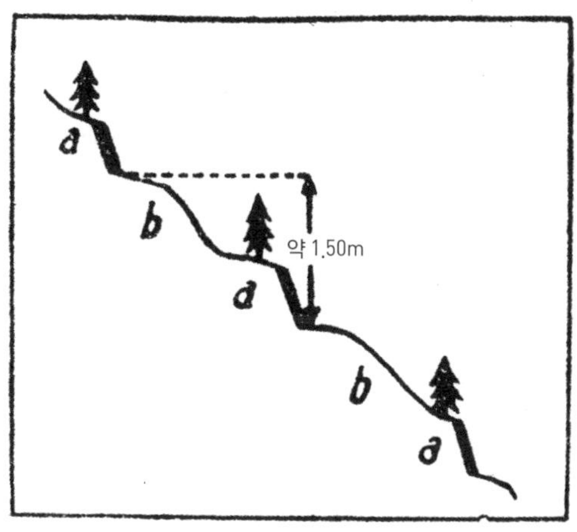

그림 52. 전라북도의 식목을 위한 사방공사 방식

일한 운명 앞에서 단지 접근이 어려웠기 때문에 보존되었던 키 큰 수목들로 이루어진 삼림은 지난 수십 년 동안 **화전민들**에 의해 파괴될 위험이 점차 높아져 가고 있다. 일본 산림청은 이들 산림의 관리를 맡아서 현재 수목이 다시 자라는 것보다 많은 목재를 베지 않는다는 정책을 집행하고 있다. 산림청 관리들이 대개 독일에서 교육을 받아, 독일의 임학 문헌들을 참고하여 건전한 임학의 관점으로 개발한 산림관리규정은 당연히 화전민에게 있어 주적(主敵)으로 간주됨이 틀림없다. 일본의 추정치에 따르면 1916년에 50,000~60,000ha의 교목림이 화전으로 인해 파괴되었다. 1930년에도 여전히 38,000ha가 파괴되었다(VI). 그러므로 일본 정부는 강점 이후 즉시 화전민을 규제하기 시작하였다. 같은 해(1910년)에 국유림 내에서 모든 화전 행위를 금지하는 법을 제정하여 이를 어기면 엄청난 벌금을 물리거나 투옥시켰다. 그러나 이러한 법도 거의 아무런 효과가 없었다. 화전민들은 화전금지법을 위반하여 당하는 징역형을 불명예로 생각하지 않았으며, 벌금형은 그들에게 이제 더 이상 은밀한 것이 아닌 화전경지의 소유를 인증하는 구입 대금으로 간주되었다(560, p.27 이하).

1912년에는 국유림 내에 136개 **산림보호구역**을 설치하여 각 구역마다 한 명의 산림감시인을 배치하였다. 그러나 이러한 조치도 충분히 효과를 발휘하지 못했는데, 그 이유는 한 산림감시인이 관리해야 하는 산림 면적이 너무 넓었기 때문이다. 그러므로 1932~1934년 사이에 영림서의 수를 53개에서 64개로 늘리고, 산림감시인 수를 11명 증원했을 뿐만 아니라, 242명의 보조감시인을 새로 두었다. 이러한 조치들을 통하여 화전민들이 원시림을 새로이 훼손하는 것을 거의 완전히 방지할 수 있었다고 한다. 이런 조치가 있은 후 산림 손실이 매년 1,000ha를 넘지 않았다고 한다. 지금까지 화전민들과의 투쟁은 각 도별로 그 성과가 다르게 나타났다. 이것은 도 경계가 높은 분수령 위로 달리는 부분들이 때때로 화전 분포의 집중도의 명확한 경계가 되는 사실을 통하여 지리적으로 매우 뚜렷하게 나타난다(p.360, p.481).

이미 수년 전에 **화전민들이 끊임없이 정착하기 위하여 원시림을 소멸시키는 것을 예방하고,** 그들에게 침탈(侵奪)되었던 소유권을 점차적으로 국가가 인정하는 소유권으로 전환하려는 가능한 모든 **시도들**이 숙고되었다. 1916년 이래 원시림으로 들어가는 입구에 방화하는 것을 경고하기 위해 수목과 오두막이 훨훨 타는 광경을 그린 포스터가 나붙고, 원시림을 파괴하는 행위가 나무 정령(精靈)에 대한 죄악으로 낙인찍힌다는 팻말도 설치되었다(p.376). 그 외에도 화전민들이 국가가 허가해 준 국유지를 가지고 정착 생활을 하도록 화전민들의 욕구를 자극하고, 그들을 안정된 정착 농민이 되도록 하기 위한 여러 가지 응용 방법도 강구되었다(561). 즉, 단위면적당 생산량 증대, 가축 사육법 개선, 농한기 부업 마련, 잉여물을 생산하도록 하기 위한 자극제로써 판매 가능성을 창출하고, 지금까지 답습해 온 빈약하고 자의적인 자급자족 농업을 탈피하도록 하는 교육 등이 강구되었다. 이러한 목적을 달성하기 위해 조선총독부는 산지농업지도소(Mountain Agriculture Guidance Station)를 설립하였다. 물론 이러한 모든 조치들이 계속적인 원시림의 훼손을 방지하는 데에 무관한 것은 아니었다. 후자를 통해서 더 이상 화전이 확대되는 것만은 막을 수 있었으나, 화전의 존재를 아주 없앨 수는 없었다. 2차 식물군락의 계속적인 새로운 훼손은 일시적으로 계속되고 있다. 이것은 기존의 화전민을 정착시키고, 집약화시키며, 경제성이 없는 토지에는 가능한 한 자연적인 발아(natürliche Aussamung)로 삼림이 다시 형성될 수 있도록 놓아두어야 한다는 것을 의미한다. 그러므로 이와 같이 흥미는 있으나, 해로운 원시적인 한국의 경제형태가 과거가 되기 전에 일본인들의 조직적 능력은 아직도 가야할 길이 멀다.

저지대에 사는 주민들에게 필요한 땔나무를 공급하고, 그들이 관목군락을 계속하여 새로이 남벌(濫伐)하는 것을 중지시키기 위해서는 **남아 있는 원시림과 2차 교목림을 임학적으로 이용하기 위한 방안**을 마련해야만 한다. 이러한 방안은 특히 압록강과 두만강 상류 지역의 엄청난 산림지에 적용되어야 한다. 이 지역에는 지금까지 대부분 부패되도록 내버려 둔 약 150,000,000m^{3}의 원목(原木)이 있다. 이들 수목을 이용하기 위한 기구로 신의주 산림관리소(Forstverwaltungsstation)가 설립되었다. 1937년에 신의주 산림관리소는 압록강에서 뗏목으로 운반된 464,000m^{3}의 원목을 팔아 10,200,000엔의 수익을 올렸다. 개마고원 지역에서 나무를 벌채하고 이를 운반하는 방법에 대해서는 p.324 이하에서 기술하였다. 최근에는 뗏목 운반이 가능한 강까지 목재를 운반하기 위해 특히 협궤철도가 건설되었다. 1938년에 이러한 목적으로 건설된 철도는 138km인데, 이 철도로 연간 130,000m^{3}의 목재를 운반할 수 있다.

1910년에 **산림지의 생산액**은 19,200,000엔이었고, 1937년에는 138,700,000엔이었다. 1937년의 금액 중 25.9%는 건축용 목재, 셀룰로오스와 판재이며, 23.2%는 땔나무, 2.4%가 목탄, 그리고 0.3%는 대나무 생산액이었다. 나머지 48.2% 중 가장 큰 비중을 차지하는 것은 농민들이 갈퀴로 긁어 가고, 도끼로 자른 덤불, 가지 및 잡초의 추정액이다. 삼림지의 생산량은 1910년 이후 지속적으로 증가하고 있으나, 다른 경제 부문에 비하면 매우 느리다. 그 이유는 바로 이 부문에서 다른 부문에서보다 과거에 저지른 죄악의 부작용이 훨씬 더 많이 극복되어야 하며, 이는 국민 대부분의 호의적인 협조 없이는 가능하지 않기 때문이다. 그러므로 당분간 한국의 산림지는 산림청의 통제를 받는 한에서만 '산림(Forste)'이란 명칭을 가질 수 있을 것이다. 이와 대조적으로 합리적으로 이용되고, 관리되는 교목림은 지금까지 소규모 지역에만 있다. 현재 이들 교목림은 부패되도록 내버려 두어 목재가 과잉인 이용되지 않은 원시림에서 시작하여 화강암 황색 토양 상의 나뭇가지 하나까지 무모하게 이용된 헐벗은 지역으로 끝나는 사슬 중에서 단지 한 부분만을 이루고 있다.

6. 어장

어획량은 일본인들에 의해 농업이나 임업보다 좀 더 크게 증가했다. 어획고는 1911~1937년 사이에 9.5배나 증가하였다. 한국 주변의 바다에는 매우 다양한, 특히 경제성 있는 유용한 해양 동물상이 풍부하다. S. Tanaka는 일본 해역에서만 961종의 어류가 서식하고 있음을 밝혔는데(511), 일본인들은 이들 중에 아주 소수의 종들만을 이용하지 않고 있다. 반면 한국인들은 이와 같이 풍부한 수산자원을 적절히 이용하지 못하고 있다. A. Hamilton과 같은 과거의 여행가들의 기술(219, p.241 이하)은 한국인들이 20세기로의 전환기에도 매우 태만하게 어로활동을 하였음을 뚜렷하게 보여 주고 있다.

18,204km의 길이에 달하는 한국의 해안(p.30)은 완전히 상이한 해양학적 조건을 가진 삼면의 바다와 접하고 있다(p.177 이하). 동쪽에는 매우 좁은 대륙붕 지대가 있어서 조차가 작고, 수심이 대단히 깊은 바다가 전개된다. 동해의 해수는 여름에 쓰시마해류의 염도가 매우 높은 쿠로시오해류의 난류가 공급되는 특히 그 남반부의 상층 10m에서 따뜻하지만, 그 이하의 수심에서는 광범위한 냉수역이 이어진다. 겨울에는 북부의 해수면 온도가 매우 낮다. 이때에는 차가운 북한한류가 해안을 따라 남쪽으로 멀리 확장하여 경상북도 근해 난류 밑으로 흐른다. 이들 두 해류는 연중 계절에 따라 그 위치가 변위하는 조경수역(潮境水域, Konvergenzlinie)에서 경계를 이룬다. 이들 두 해류가 만나는 곳에서 난류와 한류가 혼합되어 소용돌이가 생긴다. 한류수역에서 강한 통풍으로 많은 양의 플랑크톤이 존재할 수 있다. Uda에 따르면(467) 플랑크톤은 수심 25~50m의 중간층에 가장 풍부하다. 일본 해역에 서식하는 플랑크톤에 대한 특수한 연구를 한 H. Aikawa(513)는 북부 지방 해안 전면의 한류는 규조류(硅藻類, Diatomeengemeinschaften)로 특징지어지며, 한반도 전면의 난류는 식물플랑크톤 군락(Phytoplanktonassoziationen)으로 특징지어진다고 강조하였다.

서쪽에서 한국은 어느 곳에서도 수심이 100m에 이르지 못하는 대륙붕과 경계를 이루며, 이곳에서 조차가 매우 크다. 거의 셀 수 없을 정도로 많은 섬들과 반도들 및 이들을 둘러싸고 있는 간석지에 해저사주들(海底砂洲, Sandbänke)과 해저이퇴들(海底泥堆, Schlickbänke)이 있다. 이들은 깊은 갯골로 분리되며, 갯골 내에서는 조류의 유속이 매우 빠르다. 여름에는 서해의 해수면이 태양복사로 인해 동해보다 좀 더 가열되며, 쿠로시오해류의 지류가 한국 서해안 전면을 따라 멀리 북쪽까지 올라가나, 이미 30m 수심에서 수온약층(水溫躍層, Sprungschicht)이 항시 수온이 낮은 층으로 넘어간다. 겨울에는 동위도 상의 동해 해수면 온도보다 서해의 해수면 온도가 낮은데, 실제로 평안남·북도 해안에서는 때때로 결빙 현상이 나타난다. 한국의 해안 부근에서 북쪽으로부터 오는 연안류는 염도가 낮은 한류를 남서단까지 수송한다. 여름에는 큰 하천들이 삼면에서 산소가 풍부하고, 혼탁한 대량의 물을 서해로 유입시킨다. 북부 지방과 중부 지방 전면의 해역은 다시 식물플랑크톤으로 특징지어지며, 반면에 다른 해역에는 규조류가 압도적으로 많다.

끝으로 한국의 남해는 항시 상대적으로 수온이 높은 대륙붕해(大陸棚海, Shelfmeer)이다. 해수면 온도는 연중 동쪽과 남쪽으로 갈수록 상승한다. 8월의 해수면 온도는 약 24~27℃이며, 남서단 전면에서만 용승류(湧昇流)로 인해 20℃로 하강한다. 2월의 해수면 온도는 8~15℃이다. 연중 쓰시마해류가 흐르는 동반부가 특히 온난하며, 염도가 높다. 동쪽으로 갈수록 조차가 크게 감소한다. 수많은 만을 가진 많은 섬들과 반도들은 어업전진기지(어항)로서 최적의 조건을 제공한다.

그러므로 한국 주변의 해양학적 조건은 매우 큰 지역적·계절적 차이를 나타내고 있다. 그에 따라서 이용되고 있는 해양 생물(Meeresorganismen)의 세계도 매우 다양하다. 이러한 해양 생물로는 어류뿐만 아니라, 서양인들이 개발하는 해저에서보다 훨씬 더 광범위하게 게, 조개 및 오징어와 심지어는 해초와 김도 포함된다. 이와 같은 지역적·계절적 차이들 중에서 가장 큰 차이는 아열대의 어느 지역에서도 이 지역과 같이 크지 못한 해수면 온도의 변화를 통해서 나타난다(p.180). **온대성 어류와 한대성 어류가 뚜렷하게 구분된다.** 전자는 여름철에 남쪽으로부터 서해와 동해로 북상하며, 주로 해수면 부근의 수층에서 산다. 한국의 남해에서는 이들 중에 많은 어류들이 연중 머문다. 한대성 어류는 북쪽으로부터 베링 해와 오호츠크 해에서 온다. 이들 한대성 어류는 북한한류와 함께 한국의 동해안을 따라 남하한다. 이들 중에 많은 어류들이 여름에 수온이 낮은 심층으로 내려간다. 이와 대조적으로 겨울에는 이들 어류가 해수면 부근의 수층을 지배한다. 이러한 한대성 어류 중에 여러 어류는 서해에서도 나타난다. 서해의 북쪽이 육지로 둘러싸여 있기 때문에 서해의 동물상(動物相)이 동해보다 훨씬 빈약하다. Tanaka는 그가 기록한 어류 중 76.6%가 남해 지역을 대표하며, 13.9%는 북부 지역을 대표하는 반면, 적은 나머지 어류가 양쪽 바다 모두에 나타나고 있는 것으로 평가했다.

온대성 어류 중에 현재 가장 중요한 어류는 정어리이다(*Amblygaster melanosticta* T. u. S. [*Sardinops melanostictus*], 일: iwashi). 정어리는 해수면 부근의 수층에서 무리를 지어 이동하는 회유 어류(回游漁類)이다. Uda와 Okamoto는 1918~1930년 관찰을 기초로 동해에서 이들의 서식(棲息) 조건을 연구하였다(517, 464). 정어리는 봄에 서부 규슈 전면의 산란지를 떠나 한국의 동해안을 따라 북상한다. 이들은 조경수역[11]이 북쪽으로 후퇴하는 만큼 쓰시마해류를 따라 북상한다. 여름에 정어리는 한류가 크게 가열된 해수면 부근의 수층에서 살다가 초가을부터 무리를 지어 다시 회유한다. 이와 같은 회유 시기에 상응하여 정어리잡이는 4월에 경상도 해안에서 시작된다. 정어리잡이는 5월이면 영흥만까지 확산되고 6월에는 이미 두만강 하구를 지나게 된다. 7월에는 정어리잡이 남한계선이 경상북도 북단까지 올라오고, 8월에는 영흥만까지 북상한다. 10월부터는 어장의 북한계선이 남쪽으로 후퇴하여 11월에는 다시 경상도 북부에 이른다. 따라서 경상도와 강원도 해안에서는 봄과 가을에 두 차례의 성어기가 있으며, 함경도 해안에는 한여름부터 초가을에 걸치는 오직 한 차례의 성어기만이 있다. 함경도 해안의 전면에서는 7~10월 사이에 주로 어획한다. 여기서는 어장이 해안에서 30해리까지 공해상으로 뻗어 있다. 어획이 가능한 수심은 상부의 온난한 표층의 두께와 일치해서 북쪽보다 남쪽에서 훨씬 더 깊다. 평균적으로 10~40m의 수심에 정어리가 가장 풍부하다. 어획이 가능한 수층의 수온 범위는 남쪽에서 좁고, 북쪽에서 좀 더 넓다. 수심 10m에서 어획이 가능한 수온 범위는 성어기에는 8~19℃인 반면, 주 성어기에는 12~16℃이다. 정어리잡이에 가장 적합한 수온은 14℃인 것 같다. 매해 수온 조건에 따라 이와 같은 최적 조건의 길이가 달라짐으로 연 어획고가 변동한다. 그러나 풍어와 흉어는 정어리 자체의 성장 상태에 의해서도 좌우된다. 그러므로 풍어와 흉어는 각각 지배적인 정어리의 연령 집단에 따라 좌우되는 수년간 지속되는 추이를 갖게 된다. 한국의 동해안에서 최고어획량은 1926년, 1927년, 1929년, 1930년, 1936년과 1937년에 나타났으며, 1928년, 1932년, 1938년은 어획량이 매우 적은 해였다. 남해에서는 어획량이 상대적으로 적고, 서해도 마찬가지인데, 여기서는 주로 7~9월 사이에 정어리가 잡힌다. 경기만에서는 매우 불리한 해류 조건으로 인하여 정어리잡이가 불가능하다. 평안북도 해안 전면에서도 정어리잡이가 더 이상 의미가 없다.

11 역자 주: 원저에는 'Kaltfront(한랭전선)'이라고 표기되어 있어서 '조경수역'이라고 번역하였다.

오늘날 **정어리잡이**는 그물코에 정어리의 아가미가 걸리는 유자망(流刺網)이나 일본 사람들이 도입한 자루와 같은 건착망(巾着網)으로 한다. 이들 두 가지 방법 모두 수심이 깊은 동해에서 어선들이 정박하지 않고, 그물을 끌고 다니며 행해진다. F. Bartz(653)에 의하면 동해에서 해안 바로 부근에서는 주 어로가 건착망으로 이루어지고, 먼바다에서는 유자망 어업이 행해진다. 각 건착망 어선에는 그물을 내리고 올리는 것을 도와주는 소형 보조선이 동행한다. 주 성어기에는 선원 약 40명이 거의 밤낮으로 계속 일을 한다. 특수한 운반 전용 거룻배가 동해안의 어장과 항구 사이를 오가며 어획물을 나른다. Shin Air Service Co.가 함경도 해안에서 정어리 떼를 찾는 비행활동을 한다. Sten Bergmann(229, p.102 이하)은 10월에 웅기 부근에서 유자망으로 행해지는 정어리잡이를 생생하게 기술하고 있다. 그가 동승한 한국의 범선은 적어도 1000년은 된 유형에 속하는 배인 것 같다(p.600). 먼바다에는 길이 약 900m, 높이 9m 정도되는 유자망이 설치되는데, 그물의 위쪽 끝은 수심 15m의 목재 부이에 부착되어 있다. 이때는 돛을 말아 올리고, 키를 제거하여 범선은 조류를 따라 부유한다.

고등어류도 정어리와 마찬가지로 온난 수역에서 떼를 지어 이동하는 회유어류이다. 한국 해역에는 세 종의 고등어류가 있는데, 고등어(*Scomber japonicus* Houttuyn, 독: Gemeine Makrele, 일: saba), 삼치(*Scomberomorus niphonius*, 독: Pferdemakrele 또는 Spanische Makrele, 일: sawara), 그리고 전갱이(*Cybium sp.* [*Trachurus japonicus*], 독: Goldmakrele, 일: aji)이다. 전갱이는 길이가 1m까지, 그리고 무게가 무려 15~20kg이나 된다. 이들 세 종류 모두 식욕이 왕성한 포식자들이다. 이동경로의 추적에서 나타난 바와 같이, 고등어는 봄과 여름에 해안을 따라 북상했다가 가을과 겨울이 되면 다시 돌아간다(512). 적정 수온은 대개 14~16℃ 사이인 반면(516), 전갱이는 염도가 좀 더 높고 좀 더 따뜻한 곳을 좋아하기 때문에 주로 남해안까지만 올라온다. 남해에서 전갱이는 여름과 가을에 잡히는데, 일부는 그물로 잡고, 또 일부는 낚시로 잡는다. 고등어의 분포 지역과 어획기는 정어리와 매우 유사하다. 서해에서 고등어는 한국 쪽에서만 잡히나, 그 양은 매우 적다. 아마도 실트 입자들로 인해 바다물이 매우 탁하기 때문에 거의 서식하지 않는 것으로 보인다. 삼치는 경기만을 제외한 전 해안에서 잡히며, 주로 봄과 가을이 성어기이다. 고등어와 삼치는 이미 옛 한국에서 수요가 많았던 생선이었는데, 간장으로 요리하거나, 소금에 절여 말린 것을 먹는다. 전갱이는 많은 양이 일본으로 수출된다.

한국 해역으로 몰려오는 **상어**(일: fuka)는 길고 홀쭉한 동물로서, 하반년에 도르래에 달린 줄을 사용해서 잡는다. 상어 지느러미는 진미(珍味)로 중국에 수출된다.

지금까지 언급한 온대성 어류와는 달리 **참돔**(*Pagrus major* [*Chrysophrys major*], 독: Rote Seebrasse, 일:

tai)은 바다 밑바닥에서 사는 생선이다. 키가 크고, 홀쭉한 참돔은 몸 전체를 똑같이 장식한 아름다운 빛깔을 가지고 있다. 참돔은 가장 값비싼 식용 생선 가운데 하나로 예를 들어 석가탄신일(p.239)과 같이 특별한 행사 때만 먹는다. 어획기는 함경도와 평안도 해안에서는 한여름철에, 충청도, 전라도와 경상도 해안에서는 봄과 가을철에 제한된다. 참돔은 가끔 납추를 달아 무겁게 한 도르래에 달린 줄로도 어획된다.

또 하나의 심해어가 바로 몸이 크고, 둥근 **참조기**(*Sciaena schlegeli* Bleeker [*Larimichthys polyactis*], 독: Umberfisch, 일: guchi)인데, 주요 어로 지역은 서해이고, 부분적으로 저층 트롤 또는 건착망으로 잡는다.

조기와 달리, **방어**(*Seriola quinqueradiata* T. & S., 독: Gelbschwanz, 일: buri)는 서해에서 드물다. 이 큰 생선은 겨울에는 남해에서, 여름과 가을에는 동해안에서 어획된다(512). 이와 반대로 동해에 없는 어류가 바로 **갈치**(*Trichiurus leptures*, 독: Schwertfisch, 일: tachiuwo)인데, 갈치의 은빛 비늘은 인공진주를 만드는 데 쓰인다. 중간 크기의 어류인 **민어**(*Nibea schlegeli* Bleeker [*Milchthys miiuy*], 독: Nibea, 일: nibe)는 5~10월 사이에 서해에서 압록강 하구까지 이르는 해역에서 대량으로 어획된다. **멸치**(*Engraulis japonica* Schleg., 독: Sardellen, 일: hishiko)의 어획고는 상당히 많은 편이나, 저자는 멸치의 성어기나 어획 방법에 관해서 전혀 모른다.

지금까지 언급한 어류보다 많은 어류들이 열대 및 온난 해역에만 제한되어 이들은 한국에서 남해에서만 어획된다. 이러한 어류에는 다양한 종류의 **다랑어류**(*Thunnus sp.*, 일: maguro)가 속하는데, 다랑어류는 길이가 2~3m에 무게가 150~300kg에 달한다. 대양에서 동해로 들어오는 5종의 다랑어류 가운데 2종, 즉 날개다랑어(*Thunnus germo* [*Thunnus alalunga* Bonnaterre], 독: Libellenthun, 일: tombomaguro)와 흑다랑어(*Thunnus orientalis* [*Thunnus thynnus* L.], 독: Schwarzthun, 일: kuromaguro)만이 남해까지 온다. 다랑어 어장의 최적 온도는 20~21℃이다(515). 이들은 산 정어리를 미끼로 해서 낚시로 어획된다. 이들보다 크기는 작지만 마찬가지로 값이 비싼 **가다랑어**(*Katsuwonus pelamis* L., 독: Bonitfisch, 일: katsuwo)는 남해에서 가다랑어 분포의 북서 경계에 도달한다. 가다랑어는 20.5~26.5℃의 수온을 선호한다(514). 대단히 빠른 속도로 떼를 지어 이동하는 가다랑어는 낚싯대로 어획된다. 두족류(頭足類)에 속하는 연체동물인 **오징어**(*Teuthida*, 일: ika) 역시 주로 남해에 서식하는데, 오징어를 유인하는 집어등을 사용해서 이곳에서 밤에 잡는다. 오징어는 건조하여 시장에 출하한다.

끝으로 많은 **갑각류**(甲殼類)와 **연체동물**(軟體動物)이 온대성 어류에 속하는데, 이들 어종으로는 진미로 유명하여 옛 한국의 주요 수출품의 하나였던 **해삼**(*Holothurie*, 독: Trepang, 일: namako, p.67),

전복(*Haliotis tuberculata*, 독: Seeohr, 일: awabi)[12], 바지락(*Lima cardiformis* [*Venerupis philippinarum*]), 가시발새우[13]와 굴(일: kaki)이 있다. 가시발새우와 굴은 삶거나 튀겨서 먹는다. 이들 대부분은 간석지에 서식하여 남해안과 특히 서해안에서 많이 잡힌다. 부분적으로 어민들은 간석지를 걸어 다니며 이들을 손으로 주워 담는다. 그러나 강하고 변화하는 조류에도 견딜 수 있도록 정교하게 만든 잡는 도구를 사용한다(653). 이러한 잡는 도구에는 닻으로 고정시킨 배에서 작업하는 길이가 약 100m나 되는 안강망(鮟鱇網)과 이것보다 규모가 작은 도구로 때려 박은 기둥에 고정시킨 자망이 있다. 동해에서는 저서성(底棲性) 어류, 원양 회유어류와 모든 다른 어종을 잡기 위해 자망(독: Stellnetzwerke, 영: gillnet)을 사용한다(그림 53).

동물들뿐만 아니라 식물, 특히 조류(藻類)와 해초(海草)도 양식된다. 조류는 거의 남해안에서만 자란다. 무엇보다도 갈파래(*Ulva latissima* [*Ulva lactuca*])와 김(*Porphyra tenera*)이 많이 채취된다. 이들은 접착제나 식용(김, 일: nori, p.515)으로 쓰인다. 해초류는 훨씬 더 널리 분포한다. 특히 미역(*Undaria pinnatifida* Suringar, 일: wakame)은 두만강 하구 너머까지 그리고 대동강 하구에서까지도 자라는데, 이들 지역 겨울의 매우 낮은 수온에서도 잘 견디기 때문에 미역은 더 이상 온대성 해초라 할 수 없다. 미역의 넓적한 녹갈색 잎을 얕은 바다 밑에서 봄과 초여름에 가늘고 긴 대나무 자루가 달린 작은 낫으로 채취한다. 이렇게 채취한 미역은 끝이 날카로운 조가비로 넓게 편다. 미역은 사주의 해변에서 직사각형의 길고 좁은 조각으로 건조된다. 미역에 간장과 다른 양념

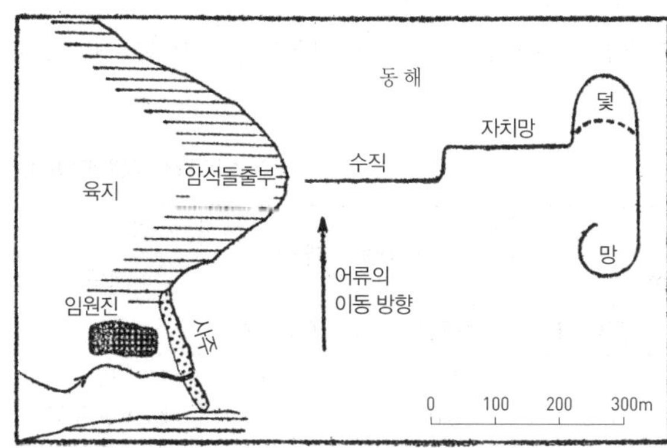

자망은 수심이 얕은 곳에 세워진 기둥에 수직으로 걸린다. 기둥들 사이는 가볍고 얇은 나무 들보로 받혀진다. 북쪽으로 이동하던 어족들은 그물에 닿아서 오른쪽으로 몰리게 된다. 반원형으로 굽은 끝은 이동하던 어족이 도망가지 못하게 한다. 결국 그물에 걸리게 된다. 이동하던 어족들은 단지 들어가게만 되어 있는 남쪽으로 경사지게 상승하는 그물에 걸리게 된다. 그물은 하루에 세 번씩 비운다.

그림 53. 임원진(강원도) 부근에 설치된 자망

---

12 역자 주: *Halio tis tuberculata*는 독일어로 Grünes Seeohr이다. 따라서 여기서는 전복(*Haliotis gigantea*)을 말하는 것 같다.

13 역자 주: 독일어로 Langusten은 영어로 Spiny lobster(*Palinurida*)인데, 우리나라에는 없는 어류이다. 따라서 우리나라에 있는 가시발새우(*Metanephrops thomsoni*)를 말하는 것 같다.

을 넣어 한국에서 매우 선호되는 국을 끓인다.

제주도에서는 얕은 수심에서 미역을 비롯한 모든 해산물을 **해녀들**이 채취한다. 현재 일본인들의 주도하에 조합에 가입할 수 있는 해녀의 수는 8,000명이다. 그들은 일시적으로 고용되어 멀리 본토 해안에서도 작업을 한다(p.442).

한대성 어류는 동해안을 따라 다소 멀리 남하한다. 여름 동안 표층수에 사는 어류는 없으나, 차가운 심해에 사는 어류는 있다. 이들 중 가장 중요한 어류는 등에 뚜렷한 짙은 줄무늬가 있고 가느다란 중간 크기의 어류인 **명태**(*Theragra chalcogramma*, 일: mentai)이다. 명태는 겨울에 함경도와 강원도 해안에서 네 가지 유형의 그물로 어획되는데, 이들을 이곳에서 건조하여 한국 전역으로 보낸다.

큰 서태평양 **청어**(*Clupea harengus* Pallasi, 일: nishin)의 어로 지역은 이미 명태보다 훨씬 더 남하해서 경상남도까지 이른다. 청어는 경상남도에서 1월과 2월에 잡히며, 이와 대조적으로 함경북도에서 늦가을과 초봄에 잡힌다. 추측하건데 청어 떼는 온대성 어류와 반대 방향으로 동해안을 따라 이동한다. 청어잡이 그물은 현재 유럽에서 쓰는 그물의 형태와 유사하다.

대구(*Gadus* sp. [*Gadus macrocephalus*], 일: tara)의 분포 지역은 이미 한국 전 해역에 걸쳐 나타난다. 대구는 저인망(底引網)이나 긴 줄낚시(Langleinenangel)로 잡는데, 남해에서는 12월부터 2월까지, 서해의 북부에서는 3월과 4월에, 그리고 함경도 해안에서는 봄과 가을에 잡힌다.

연어(*Oncorhynchus keta*, 일: sake)는 두만강 하구 지역에만 제한되는 것 같다. 연어의 주요 분포 지역은 이보다 훨씬 더 북쪽에 위치한다. 다른 종들의 연어는 동해뿐만 아니라 서해에서도 나타난다(501a). 중간 크기의 홀쭉한 **숭어**(*Mugil cephalus*, 일: bora)는 겨울 동안 한국의 모든 해안에서 어획된다.

여러 종의 넙치속 어류, 즉 **줄가자미**(*Pleuronectes asperrimus* Schleg. [*Clidoderma asperrimum*], 일: karei)와 **넙치**(*Paralichthys olivaceus*, 일: hirame) 및 갑각류, 특히 **왕게**(*Paralithodes* sp. 일: kani), **새우**(*Crangon vulgaris* Fabr. 일: ebi)와 **참새우**(*Palaemon serratus* Fabr.)도 한대성 어류에 속한다. 줄가자미는 한국 해안 어디에서나 잡히는데, 남부에서는 봄에서 가을까지 잡히고, 함경도 해안에서는 여름에 잡히지 않는다. 새우는 동해에서 드물다. 새우의 주요 어장은 서해의 간석지이다.

끝으로 한대 수역에 사는 동물로 **고래**(일: kujira, shin)를 언급할 수 있다. 과거에는 겨울이면 고래가 한반도 전 해역에서 빈번히 나타났다. 1905년에는 노르웨이의 회사가 이곳에서 211마리나 잡았다(658). 그 사이에 법적 규제에도 불구하고 무자비한 남획으로 인해 그 수가 급감하였다. 포경업은 이제 일본인들에 의해 특수한 포경 전진기지로부터 행해진다. 1930년에 1,200,000엔에 달했던 고래 어획고는 1935년에 1/3로 감소하였다. 그 이후에 고래 어획고가 통계에서 사라졌다.

1904년 일본은 대한제국의 황제와 조약을 체결하여 일본인들이 한국 해안에서 어로활동을 할 수 있도록 허용하였다. 그러나 일본 어부들은 이미 그 이전 수 세기 동안 한국 수역에서 어로활동을 해 왔다. 한일합방 직후 일본인들은 어업활동을 준비하기 시작하였다. 1912년에 제정된 **어업법**은 한국 주변 수역을 자국민만을 위한 배타적 어업수역으로 지정하였다. 별도 18에 제시된 것처럼, 어업전관수역의 경계가 설정되었다. 어업전관수역은 본토 해안으로부터 몇 해리(海里)의 일정한 거리를 유지하고 있는 것이 아니라, 울릉도, 제주도 남부와 소흑산도까지의 넓은 지역을 포함하고, 개개의 육지 지점들 사이를 직선으로 달린다. 이 법은 어업전관수역 내에서의 유해한 어업활동을 금지하고, 지역주민들에게 어로 허가증을 발급해 주는 것을 규정하며, 개인이 어느 특정한 어장을 독점하는 것을 금지하고 있다. 그 외에도 이 법은 어로장비, 어획기, 어장과 관련된 어느 특정한 금지 사항을 포함하고 있으며, 특히 여러 수역에서 트롤(trawl) 어업을 금지하고 있다. 이와 더불어 중국의 불법 어업활동으로부터 서해안을 보호하기 위한 조치들도 포함되어 있다. 조선총독부는 이 규정과 다른 규정들은 감독하기 위해 1936년에 해양감시 증기선 'Teru Kaze Maru'를 취역시켰다. 1912년에 이미 어로 방법과 저장을 위한 새로운 방법을 개발할 목적으로 한국의 어족 분포와 이들의 이동, 그리고 산란 습관을 **학술적으로 조사**하기 시작했다. 또한 양식을 위한 연구도 시작하였다. 이러한 연구를 위해 1922년에 **부산에 수산시험장**이 설립되었다. 여기서는 1924년부터 연보를 발간하고 있다(XV, XVI와 p.96). 최근에는 수산시험장 분소가 목포와 인천을 비롯한 몇몇 항구도시에도 설립되었다. 그 외에도 군산, 여수 등지에 **한국 어민들을 위한 학교**가 개설되었다. 수출용 한국산 생선 통조림의 질을 향상시켜 해외에서 한국 상품의 명성을 높이기 위해서 1918년에 모든 통조림 상품은 선적하기 전에 품질 검사를 받도록 의무화했는데, 특히 토마토소스를 넣어 만든 정어리 통조림과 해초류, 그리고 어유(魚油)가 주요 검사 대상 품목이었다. 이러한 조치를 통해 실제로 수출이 많이 증가하였다. 이미 1912년에 조선어업조합의 설립이 시작되었다. 소선어업조합의 수는 1937년에 197개로 증가하여 조합원 수는 136,000명에 이르렀다. 많은 조선어업조합들이 조선총독부의 금융 지원을 받았다. 조선어업조합의 주요 업무는 어로장비를 조달하고, 판매를 조직하며, 어선 임대, 자금 대여, 어선의 정박지 조성 등이다. 마침내 1923년에는 **'조선어업협회**

(Koreanische Fischereigemeinschaft)'가 설립되었는데, 서울에 본부를 두고 각 도에 지회를 설치하였다. 조선어업협회는 난파선을 구조하고, 어민들의 사회적 지위를 조사하며, 전문적 자문 등을 담당하고 있다. 그러나 무엇보다도 조선총독부는 수많은 어항을 건설하고, 해안에 등대를 설치하여 어업을 독려해 왔다(p.635). 이미 1925년에 방파제와 접안시설을 갖춘 어항이 42개나 있었다. 1937년까지는 그 수가 56개로 늘어났다. 이러한 모든 조치들을 마련하고 시행함에 있어서 일본인들은 이미 세계 제일의 어업국가가 된 본국의 오랜 경험을 십분 활용할 수 있었다.

일제 강점 직후인 1911년 일본 통계에 의하면 한국에서 어업이나 수산양식업으로 생계를 유지하는 인구수는 226,208명이었다(651). 이러한 인구수는 1922년 522,108명으로 증가했다가 1938년 말에는 333,882명으로 감소하였다. 유럽의 기준으로 보면 이는 매우 높은 수치이다. 어가(漁家) 수는 72,030가구(1911년)에서 108,624가구(1925년), 120,000가구(1937년)로 증가하였다. 이들 어가는 1,800개 어촌에 분포되어 있다. 어선 수도 14,297척(1911년)에서 34,610척(1925년), 50,331척(1935년)으로 증가하였다. 1935년의 어선 수 중에 1,410척이 동력선이다. 이들 동력선은 대부분 일본인 소유이며, 조선총독부가 건설한 어항에 정박한다. 그러나 점차 작은 엔진을 가진 한국 어선들의 수가 증가하고 있는데, 특히 함경도 해안에서 증가하고 있다. 한국 어선들은 뱃전이 낮고, 기껏해야 15m 길이의 용골(龍骨)[14]이 없는 평저선(平底船)이다. 이러한 유형은 대부분 옛 한국의 어선에서 유래한 것이다(p.265). 바람이 없는 상태에서도 움직일 수 있도록 하기 위하여 한국 어선에는 하나나 두세 개의 큰 노가 부착되어 있는데, 경우에 따라서는 10여 명의 많은 사람들이 이를 젓는다. 거센 조류와 때때로 극히 얕은 수심, 그리고 높은 파도를 고려해야 하는 서해안의 어선들은 동해안의 어선들보다 좀 더 견고하게 건조되며, 동해안에서 탁월하게 나타나는 한 개의 돛 대신에 수평 대나무 막대에 면화로 만든 두 개의 큰 직사각형 돛을 달고 있다. 한국 어선은 삭구(索具)[15]의 형태를 통해서 일본 어선이나 중국 어선과 멀리서도 쉽게 구별된다(577, 578). 동해안의 어항이 없는 곳에서 이들 어선은 현재에도 날씨가 나빠지면 기중기를 이용하여 해변 위로 끌어올려진다. 서해안에서 이 배들은 육지까지 이르는 갯골을 접안시설로 이용하는데, 갯골에서 배들은 썰물 시에 대개 지면 위에 있게 된다.

한국의 어업은 한국 어부들의 한가운데에 정착한 어로 경험이 풍부한 일본 어부들에 의해 크게 촉진되었다. 한국 어부들은 일본 어부들로부터 특히 과거에 알려지지 않았던 심해어업 방법을 비롯한 매우 많은 어업기술을 배웠다. 비록 한국에 정착한 일본 어부의 수는 얼마되지 않

14 역자 주: 선박의 바닥의 중앙을 이물에서 고물로 뻗어 선체를 버티는 장대한 재료.
15 역자 주: 배에서 쓰는 로프, 쇠사슬 따위의 총칭.

지만 이 결과는 성취되었다. 1938년에 일본인 어부 수는 그들의 가족을 포함하여 9,537명으로, 이는 한국 내 전체 어업 종사자 수의 2.9%를 차지한다(XLI). 그러나 이들 일본 어부들 중에 많은 사람들이 한국에서 기업가로 활동하였으며, 한국인 선원들이 승선한 많은 어선을 소유하고 있었다. 그러므로 한국인 선원들은 일본인들의 경험을 규정을 통하여 직접 실제로 이용할 수 있었으며, 한국인 소유의 배들은 이들 일본 어선으로부터 필요한 것들을 배웠다.

이와 같이 한국은 지난 한 세대 동안 해양식량의 획득에 있어서 일본과 동등한 위치를 차지하게 되었다. 일본제국은 현재 전 세계 어획고의 30~40%의 비율을 점유한다. 매년 일본제국에 도달하는 4~6억 엔의 가격에 해당하는 500~600만 톤의 해산물 중에 약 1/4이 한국에서 어획된 것이다(657). 1937년 인구 1인당 어획고는 일본이 약 4.5엔, 한국이 약 4.0엔에 달했다. 그러므로 후자의 수치는 세계 최고 수산물 생산국의 수치에 거의 달하는 것이다. 한국의 총어획량은 98,000톤(1911년)에서 651,000톤(1925년), 825,000톤(1929년), 1,000,000톤(1933년)을 거쳐 마침내 1,600,000톤(1937년)으로 증가하였다. 그러나 총량의 비교만으로는 적절하지 못한데, 여기에는 예를 들어 값이 비싸고 질 좋은 방어(*Seriola quinqueradiata*, 독: Gelbschwanz)의 중량단위가 대량 생산되는 해초류의 중량단위와 아무 구별 없이 함께 계산되어 있기 때문이다. 어획고는 9,400,000엔(1911년)에서 83,600,000엔(1925년)으로 증가하였다가, 그 후 47,800,000엔(1930년)으로 감소하였으며, 그 후 다시 51,400,000엔(1933년)으로 증가하여 현재까지의 최대치인 89,900,000엔(1937년)까지 증가하였다. 이미 어민 수에서 알게된 바와 같이, 1920년대 중반의 감소 현상은 부분적으로 중국에서 시작된 일본제국 상품의 거부 운동에 기인한다. 그 후 새로이 시작된 엄청난 증가는 만주와 중국의 일부 인구가 많은 지역이 범일본경제권 내에 통합된 이후 한국의 전체 경제가 겪게 된 대단한 활성화의 결과이며, 특히 1931년 이후 엄청난 규모로 추정되는, 과거에 단지 완전히 이용되지 못하였던 정어리의 대량 어획의 결과이다. 이때부터 총어획고는 대부분 경제 상황이 아니라, 해양학적 요인과 생물학적 요인에 종속되는 매년의 정어리 어획고에 의해 결정되었다.

한국 어획고의 전체 구조는 이와 같이 추이에 따라 근본적으로 변하였다. 과거에 어업은 거의 전적으로 인구 부양에만 기여하였다. 따라서 특정 어류의 어획고가 압도적인 우세를 나타냄이 없이, 매해의 해양학적 특성에 따라 한 해에는 이 어류가, 그리고 다른 해에는 다른 어류의 어획고가 총어획고에서 차지하는 비중이 컸었다. 그러나 1931년 이후 매년 어획고 중에 어유 가공의 비중이 증가함에 따라 정어리 어획고가 급속하게 완전한 우위를 점유하게 되었다. 이러한 사실은 다음의 표에서 두드러지게 나타난다. 이 표에는 5개 표본연도에서 어획고에 따른 수위 6개 수산물이 총어획고에서 차지하는 비율이 제시되어 있다.

총어획고에 대한 6개 주요 수산물의 어획고 비율

1911년		1925년		1930년		1933년		1937년	
명태	13.6	정어리	13.6	고등어	12.4	고등어	12.4	정어리	38.0
정어리	11.7	고등어	11.3	정어리	9.9	정어리	11.2	명태	7.2
고래	10.2	참조기	6.9	참조기	7.4	참조기	7.2	고등어	6.7
넙치	8.7	고래	5.6	김	4.2	명태	6.9	참조기	5.3
참돔	7.2	명태	5.2	청어	3.9	김	4.9	멸치	3.3
삼치	6.7	참돔	4.0	참돔	3.7	청어	3.7	청어	3.0

이 표에서 정어리는 모든 해에 6대 주요 수산물 중에 나타나는 유일한 어류이며, 항상 1위나 2위를 차지하고 있는 것으로 나타난다. 그러나 정어리 어획고가 압도적인 우위를 차지하는 것은 1937년에야 비로소 나타난다.

한국의 전체 어획고에서 개별 어종들의 역할에 관한 설명은 1937년도의 6대 주요 수산물을 제외한 기타의 가치로 보아 중요한 어종들의 어획고 목록을 통해서 보충될 수 있다. 금액을 기준으로 했을 때 기타 주요 어류의 비율은 다음과 같다. 갈치 2.8%, 새우 2.4%, 넙치 1.8%, 삼치 1.6%, 대구 1.5%, 참돔 1.4%, 전갱이 1.3%, 민어 1.0%, 방어 0.9%, 상어 0.8%, 굴 0.6%, 전복 0.4%, 게 0.4%, 바지락 0.3%(VI). 나머지 19.3%는 부분적으로 위에서 기술된 수많은 해양동물상에 분배되는데, 그 어느 것도 0.3%에 이르지 못한다. 그 외에도 양적으로 매우 많고, 금액으로도 아주 중요한 수산물이 해초 채취이다. 따라서 전체 특징은 매우 다양하고, 삼면의 서로 다른 바다의 역할과 한랭 수역 및 온난 수역의 역할을 뚜렷하게 반영한다. 온대성 어류는 한대성 어류와 함께 나타나기도 하는데, 예를 들어 갑각류와 홍합, 굴과 오징어, 해초와 조류가 함께 나타난다. 일본의 문헌(651)에는 79종 이상의 해양생물의 이용에 관한 한 통계자료가 포함되어 있다.

정어리는 과거에 매우 소중한 어류가 아닌 값싼 식용 어류에 불과했다. 따라서 정어리는 가격을 기준으로 할 때보다 양적으로 훨씬 더 큰 점유율을 차지하였다. 그러므로 **정어리 어획고의 엄청난 증가**는 중량의 수치로만 볼 때에야 비로소 완전하게 표현된다. 정어리 어획고는 다음과 같다. 1911년 9,400톤(전체 어획고의 9.5%), 1925년 101,000톤(15.5%), 1930년 330,000톤(40.0%), 1933년 667,000톤(66.7%), 1937년 1,387,000톤(86.7%). 따라서 1937년 한국의 정어리 어획고는 일본보다 200,000톤이나 초과했다. 그렇지만 일본에서도 정어리가 전체 어획고에서 수위를 차지하고 있었다(657). 중량으로 볼 때 정어리 어획고만으로도 독일 총어획고의 거의 2.5배에 해당했다. 한국은 세계 최대의 정어리 어획 국가이다. 이러한 엄청난 증가량은 대부분이 함경남·북도 해안에 있었는데, 특히 함경북도 해안에서 나타났다. 이와 같은 증가는 정어리가 현재 어유를 생산하기 위한 가장 중요한 원료를 제공한다는 사실의 결과이다.

일본인들은 한국에 이러한 유형의 가공공장을 건설하였다. 소규모 어유공장이 동해안의 평탄한 해변 곳곳 어디에나 산재해 있었다. 날정어리를 육지로 끌어올린 후 바로 커다란 쇠 가마솥에서 끓인다. 악취를 풍기는 정어리를 끓인 국물은 바다로 흘려보내거나 논에 비료로 보낸다. 끓인 정어리는 원통형의 수동압착기 속에서 압착된다. 이때 기름이 나무통으로 흘러나오는데, 여기서 함께 배출된 물과 분리된다. 어유는 다시 나무통 속의 갈라진 틈을 통해 옆에 놓아둔 나무 용기로 스며들며, 나무 용기에서 어유를 양철통 속에 옮겨 담는다. 원통형으로 압착된 어유를 짜고 남은 찌꺼기는 망치로 부숴서 그 조각들을 해변 위에 깔아 놓은 멍석 위에 널어 말린다. 저녁이나 날씨가 궂을 때에는 찌꺼기가 있는 멍석을 말아 놓는다. 건조된 후에는 찌꺼기를 가마니에 담아서 비료로 사용하기 위해 내륙 지방이나 일본으로 운반된다. 깡통에 담은 어유는 거의 대부분 일본으로 보낸다. 청어도 이와 똑같은 방법으로 어유로 가공된다.

주로 청진, 어대진(漁大津), 웅기, 서수라(西水羅), 독진(獨津), 성진, 신창(新昌), 서호진(西湖津)과 원산 등을 포함하는 함경도의 큰 어항들에는 최근에 일본인들이 좀 더 경제적으로 어유를 가공할 수 있는 공장들을 건설하였다. 1934년 청진에 세워진 조선합성유회사(Chôsen Synthetic Oil Co.)에서는 기름을 고화(固化)시킨다. 1936년 어유 생산량은 이미 114,000톤에 달해 이것으로 일본의 생산량을 훨씬 능가하였다(653).

식용으로 어획된 어류의 일부는 인근 지역에서 선어(鮮魚)로 판매된다. 해안 부근에는 인구가 크게 집중되어 있다. 일본 사람들이 소개한 매우 신선한 날생선 조각(생선회, 일: sashimi)에 간장을 찍어 먹는 일도 한국 사람들 사이에서 널리 유행하고 있다. 좀 더 큰 어항들에 일본수산주식회사(Nippon Suisan Kabushiki Kaisha)와 같은 일본 회사들이 냉동과 냉장시설을 만들었다. 이 시설로부터 어류가 특수 운반선을 이용해 일본 소비지로 운송된다. 특히 부산에서 엄청난 양의 선어가 일본으로 수송된다. 부산항은 일본 서부에 어류를 공급하는 가장 중요한 항구 가운데 하나이다. 한국 내에서 소비될 대부분의 생선은 과거와 같이 짜게 소금에 절이거나 건조된다. 각 어촌에는 이러한 용도로 쓰기 위한 넓은 건조틀이 있다. 어획량 중 단지 일부만을 통조림공장으로 보낸다. F. Bartz(653)에 의하면, 현재 약 50개의 통조림공장이 있는데, 대개 생산용량이 적은 소규모 공장들이다. 이들 중 동해 연안에 위치한 약 10개의 공장에서는 토마토 소스를 가미한 정어리 통조림을 생산하며, 8개의 공장은 새우 통조림을 생산한다. 어류가공품 생산액은 1935년에 약 65,000,000엔에 달했으며, 이 중 45%는 식용품이며, 29%는 어유이고, 24%는 비료였다.

저자는 **한국 주변 해역의 어장을 지역 구분**하기 위해 1925년 이후의 도별 수산물 생산량 및 액수에 대한 최신 자료를 이용할 수가 없었다. 따라서 현재 가지고 있는 자료와 앞서 언급했던 내용들을 기초로 다음의 표를 작성하였고, 이 표를 기초로 별도 18의 지도를 작성하였다.

서해지대는 1925년이나 현재나 어획량과 액수에 있어서 가장 적은 어획 결과를 갖는다. 이는 불리한 해양학적 조건의 결과이다. 어획고가 가장 적은 곳은 대부분이 거센 조류가 있는 해저사주(海底砂洲), 간석지와 갯골로 이루어져 있는 경기만이다(경기어장 참조). 경기만에서는 숭어, 조기, 갈치 및 게, 뱀장어의 어획량만이 어느 정도 역할을 할 뿐이다. 겨울에 서해지대에서는 대구와 숭어를 제외하고는 어로활동이 거의 완전히 중단된다. 주요 어획물로는 조기, 삼치, 상어, 참돔, 가자미, 민어, 전복, 새우와 해삼을 들 수 있다.

남해지대에서는 원양에서 온 고등어, 삼치, 전갱이, 참돔, 방어, 정어리, 갈치, 상어, 참조기, 가다랑어, 다랑어, 오징어 등 온대성 어류의 어획이 주류를 이룬다. 간석지 만에서는 그 외에도 굴, 해삼, 김, 미역, 전복, 가시발새우가 잡힌다. 깊은 수심층에서 한대성 어류, 특히 대구, 숭어, 가자미가 잡히며, 동부에서는 청어도 잡힌다. 남해지대에서는 어업이 연중 고르게 이루

수산물 생산량과 액수의 지역별 분포(1925년)

<table>
<tr><th colspan="3">도별 어획고</th><th colspan="3">어장별 어획고</th><th colspan="3">해역별 어획고</th></tr>
<tr><th></th><th>양(%)</th><th>액수(%)</th><th>양(%)</th><th>액수(%)</th><th></th><th>양(%)</th><th>액수(%)</th><th></th></tr>
<tr><td>함경북도
함경남도</td><td>15.5
12.3</td><td>6.1
7.7</td><td>27.8</td><td>13.8</td><td>함경어장</td><td rowspan="2">37.5</td><td rowspan="2">28.5</td><td rowspan="2">동해지대</td></tr>
<tr><td>강원도
경상북도</td><td>2.1
7.6</td><td>4.9
9.8</td><td>9.7</td><td>14.7</td><td>경상·강원어장</td></tr>
<tr><td>경상남도</td><td>26.6</td><td>35.6</td><td>26.6</td><td>35.6</td><td>경상어장</td><td rowspan="2">45.2</td><td rowspan="2">52.9</td><td rowspan="2">남해지대</td></tr>
<tr><td>전라남도</td><td>18.6</td><td>17.3</td><td>18.6</td><td>17.3</td><td>전라어장</td></tr>
<tr><td>전라북도
충청남도</td><td>1.6
1.2</td><td>2.7
3.3</td><td>2.8</td><td>6.0</td><td>충청·전라어장</td><td rowspan="3">17.3</td><td rowspan="3">18.6</td><td rowspan="3">서해지대</td></tr>
<tr><td>경기도</td><td>1.0</td><td>1.3</td><td>1.0</td><td>1.3</td><td>경기어장</td></tr>
<tr><td>황해도
평안남도
평안북도</td><td>4.8
2.1
6.6</td><td>4.6
2.1
4.6</td><td>13.5</td><td>11.3</td><td>평안·황해어장</td></tr>
</table>

어진다. 그러나 온대성 어류는 주로 여름에, 한대성 어류는 겨울에 어획된다. 이와 같이 해양학적으로 매우 유리한 이 지역은 1925년에 비교적 작은 면적에도 불구하고 가장 많은 어획량을 나타냈는데, 이는 특히 어획량보다는 금액을 기준으로 할 때 수위를 차지했다. 그 이유는 남해지대에서 가다랑어나 참돔과 같은 고가의 어류들이 특히 많이 잡혔기 때문이다. 부산을 중심으로 한 경상어장이 이보다 면적이 훨씬 넓은 전라어장을 능가했다.

지난 10년간 대규모 정어리 어업의 발달을 통해서 1925년에 2위였던 **동해지대**가 그 사이에 수위를 차지하였다. 어획량에 있어서는 동해지대가 압도적인 우위를 달성했다. 이 지대는 현재 정어리 어업이 완전히 우위를 차지하고 있는데, 경상·강원어장에서는 봄과 가을에, 함경어장에서는 여름과 가을에 앞에서 기술한 방법으로 정어리가 어획된다. 함경북도의 어항들에만 현재 한국 전체 정어리 어획량의 약 절반이 하역된다. 이로 인하여 액수와 특히 어획량에 있어서 동해지대 내의 중심이 1925년의 통계로 추측할 수 있었던 것보다 훨씬 더 크게 함경어장으로 이동하였다. 강원도 해안은 다른 경제 부문에서와 마찬가지로 어업에서도 크게 뒤처져 있다. 동해지대에서는 고등어, 삼치, 방어, 참돔, 상어와 같은 다른 온대성 어류가 정어리 다음 순위를 차지한다. 특히 명태, 청어, 대구, 가자미, 연어, 숭어와 새우 같은 한대성 어류에 대한 겨울 어업이 온대성 어류에 비하여 훨씬 더 중요한 역할을 한다. 미역 채취도 상당히 활발하다. 이러한 방법으로 동해지대는 주종인 정어리 어업 외에 큰 다양성을 포함하고, 동해지대의 북반부는 현재 한국에서 가장 중요하며, 가장 현대적인 어업 지역을 이룬다.

일본인을 통해서 한국에 **양식업**이 도입되었다. 양식업에는 많은 사람들이 주로 부업으로 종사하고 있다. 양식업의 생산액은 1933~1936년 동안에 2,900,000엔에서 4,700,000엔에 달했으나 이는 전체 어획고의 약 1/20에 불과했다. 김 양식이 가장 수위를 차지하고, 그다음에 특히 굴과 같은 조개 양식이 이루어지고 있다. 어류, 게, 연체동물의 양식은 적은 역할만을 한다. 가장 중요한 양식지는 전라남도의 간석지이다(p.515).

저자는 한국 여행을 통해 여름철 **내수면 어업**이 매우 많은 한국 농부들에게 중요한 부업이 된다는 것을 알게 되었다. 그러나 저자는 내수면 어업에 대한 문헌을 전혀 찾아 볼 수가 없었다. 내수면 어업은 투망이나 어살[16], 낚시, 작살로 행해지는데, 작살은 두 개의 미늘[17]로 되어 있고, 길이는 6.5m까지 된다. 이와 대조적으로 문헌에 반복되어 기술된 것은 동결된 하천에서

16 역자 주: 물고기를 잡기 위해 물속에 나무를 세워 고기를 들게 하는 나무 울타리.

17 역자 주: 낚시 끝의 안쪽에 있는, 거스러미처럼 되어 고기가 물면 빠지지 않게 만든 작은 갈고리.

작은 구멍을 뚫어 놓고 하는 얼음낚시이다(652). 얼음낚시는 서울 부근의 한강, 신의주 부근의 압록강과 같은 대도시 부근에서 행해지는 일종의 스포츠이다. 일본인들은 담수어(淡水漁)를 양식하기 위해 1927년 진해(경상남도)에 양식장을 건설하였다. 이 양식장은 하천과 저수지에 방류될 치어(稚漁)들을 분양했다.

마지막으로 해산물 중에 **해염**(海鹽)이 있다. 현재까지 간만의 차가 작은 동해 연안에서 행해지고 있는 옛 한국의 원시적 제염법에 대해서는 이미 p.262에서 언급되었다. 한국에는 암염(岩鹽)이 없고, 염천(鹽泉)도 드물기 때문에, 일본인들은 간만의 차가 큰 서해안에 대규모의 근대적인 염전(鹽田)을 만들었다. 한국에서 소금 생산은 국가전매사업이다. 이미 1907년에 통감부는 값이 비싼 연료 대신에 해수에서 소금을 분리시키는 데 태양열을 이용하는 시설(염전)을 설치하기 시작하였다. 이 사업은 조선총독부에 의해 계획적으로 점점 더 확대되었다. 가장 중요한 염전은 인천 부근의 주안(朱安), 진남포 서쪽의 광량리(廣梁里)와 남시(南市: 용암포군)로 결국 경기도와 평안도에 있다. 1937년에 두 지방에 있는 4,285ha의 염전에서 240,000톤의 소금이 생산되었다. 염전의 면적은 1940년까지 4,605ha로 증가하여 현재 개인 수요량을 자급하는 데 충분하다. 그러나 국가의 산업화의 결과로 수요가 그사이에 급증하여 지속적인 많은 수입을 제한할 수 없는 상황이다.

저자가 방문했던 주안 염전은 간석지 위의 만 끝에 있는 1,644ha의 면적에 전개되어 있다. 주안 염전은 화강암 각석(角石)으로 축조된 직선 제방과 자연적으로 형성된 늪지 사이에 위치한다. 민물 때에 바다물이 제방을 관통하는 좁은 수로를 통해 흘러들어 오는데, 이 물을 나무로 만든 답차(踏車)를 이용해 좀 더 높은 곳으로 퍼올린다. 그런 다음 두 번째 수로에 들어온 물을 50×40m나 되는 평탄한 직사각형의 염전에 고이게 한다. 염전은 바닥과 벽면이 회색의 진흙으로 되어 있다. 이곳에서 물속에 있는 부유물을 걸러 낸 후 물이 증발되어 염도가 높아진다. 염도가 높아진 물은 매우 천천히 염전 내의 높은 곳에서 낮은 곳으로 흐른다. 염도가 높아진 액체는 다시 한 번 답차로 퍼올려져 약 8×10m 크기의 결정지(結晶池)로 보내진다. 결정지에서 염도가 높아진 소금 용액은 매끄러운 돌을 깐 바닥 위에 약 손가락 두마디 정도의 높이로 고여 있다. 여기에서 소금 결정체가 생긴다. 소금 결정체는 나무 고무래를 이용하여 작은 더미가 되게 하고, 즉시 삽으로 광주리에 담아서 창고로 가져간다. 이러한 작업은 매우 빠르게 진행되는데, 이는 소금이 과포화 상태가 되는 것을 막아 결정체로부터 쓴 맛의 소금(苦味鹽)이 되는 것을 방지하기 위해서이다. 나머지 소금 용액은 바다로 다시 흘려보낸다.

7. 광업과 공업

한국은 광물자원이 가장 다양하고 풍부한 나라이다. 이러한 사실은 광상(鑛床)을 개관하면서 언급한 바 있다(p.109 이하). 주요 광산물 가운데 석유와 주석만 없다. 그러나 옛 한국에서는 이렇게 풍부한 광물자원이 거의 이용되지 않았다. 그 이유는 세계에 대한 자연과학적-기술적 사고방식이 한국인들에게 익숙하지 않았기 때문이다. 청일전쟁(1894~1895년)의 종전 이후부터 한국 정부가 광산채굴권을 인정한 외국 회사들만이 실제로 광산업을 시작하였다. 1911년에 광업 생산액이 겨우 6,100,000엔에 불과했던 것은 외국 회사들만이 생산에 참여했기 때문이다. 일본인들은 메이지유신(明治維新) 기간에 자연과학적-기술적 사고방식을 채택하여 광업 부문에서 서양 기업과 경쟁할 수 있는 광산을 설립할 수 있었다. 그러므로 일본인들이 바로 그들이 새로이 만든 조선의 경제체제에서 서구의 기업을 외국의 요소로서 여긴 것은 당연하다. 그 결과로 1916년에 미래의 광업권은 일본인이나 일본법하에서 생긴 법인(法人)에게만 하락된다는 규정을 공표하였다. 이 규정은 현재에도 여전히 유효하다. 그 외에도 1939년까지 일본 기업들이 모든 외국 기업을 사들여 현재 모든 광산이 일본인 또는 한국인 소유가 되었다. 1936년에 한국에 있는 총 5,518개 광산 중 2,944개가 일본인 소유이며, 2,571개가 한국인 소유이고, 단 3개만이 외국인 소유이다. 그러나 이들 외국 기업은 가장 수익성이 높은 기업에 속하며, 한국인 소유의 광산들은 대부분 과거와 같이 많은 자본 없이 운영되는 초보적인 광산이다.

제1차 세계대전 동안 화물 집적소가 부족하고, 국제 분쟁에서 일본이 배제됨으로 인하여 광업은 일본의 새로운 해외 속령에서 급속히 번창하기 시작하였다. 그러나 제1차 세계대전의 종전 직후 심각한 경제 불황이 시작되어 수많은 광산이 문을 닫게 되었다. 1925~1930년에 서서히 경기가 상승하기 시작하였다. 이러한 경기 상승은 1932년에 우가키 가즈시게 총독이 광업에 특별한 관심을 나타내기 시작하면서 더욱 가속되었다(p.538). 무엇보다도 엔화의 평가절하는 급속한 금광 개발을 가져왔다. 이러한 상승 추세는 중국과의 분쟁이 시작되고, 세계시장이 폐쇄됨에 따라 격렬해졌고, 수많은 다른 광산물 분야로 확대되었다. 현재 광물 생산은 기술적으로 가능한 모든 지역에서 집중적으로 이루어지고 있다. 1937년에 광산물 생산액은 총 150,100,000엔으로 이는 1911년 생산액의 약 25배에 달했다. 그 후 광물 생산은 계속 증가하고 있다. 광업의 분야별 현황에 대한 가장 최근의 통계인 1936년과 1938년의 자료가 p.609의 표에 제시되어 있다. 저자는 수은, 망간, 안티몬, 니켈, 석면에 관한 자료를 이용할 수 없었다.

금광이 가장 중요하다. 종종 금과 직접적으로 결합되는 은과 함께 금은 1936년에 광업 총생산액의 64.7%를 차지하였다. 지난 10년간 조선총독부는 금 채광을 독려하기 위해 금광 탐사와 저품위 광석을 인근 철도나 항로로 운송하는 데 재정지원을 하였다. 1911년 금 생산액은 4,500,000엔에 달하였다. 1916년에 최초로 최고 생산을 기록한 후 1921년에는 3,400,000엔(2,668kg)으로 감소했고, 1928년 다시 7,500,000엔(5,553kg)으로 증가하였다. 그러나 그 이후 앞에서 언급한 바와 같은 국내외 상황의 영향하에서 격렬한 생산 증가가 시작되어 31,300,000엔(12,130kg, 1933년), 48,500,000엔(16,296kg, 1935년), 그리고 59,300,000엔(18,662kg, 1937년)으로 급증하였다. 1940년에는 아마 1억 엔을 초과했을 것이다. 현재 한국의 금 생산은 일본 총생산의 절반 이상을 차지한다. 한국의 금 생산은 1937년에 세계 금 생산의 1.7%에 달하였다. 다음의 표는 이러한 금 생산이 대부분 수많은 소규모 기업에 의해 이루어지고 있음을 보여 준다. 1936년에 전체 금 생산의 13.1%를 공급한 모든 사금(砂金) 채취업은 이들 소규모 기업들에 속한다. 제2차 세계대전 중인 현재 남부 지방의 충적층에서 채굴이 다시 더 활발히 이루어지기 시작했다.

금광 지역은 한반도 거의 전역에 걸쳐 분포하는데, 그 이유는 한반도 거의 전 지역에서 회색 편마암 혹은 신화강암 관입이 있었기 때문이다(p.110). 멀리 떨어져 있는 화산섬인 제주도와 울릉도, 그리고 백두산 지역에만 금광이 없다. 1937년에 1,000,000엔 이상의 금을 생산했던 금광이 13곳이었다. 이들 금광의 생산액은 다음과 같다. 대유동(大楡洞: 평안북도) 7,500,000엔, 운산(북진 부근: 평안북도) 5,500,000엔, 옹진(甕津: 황해도) 3,300,000엔, 금정(金井: 경상북도) 3,200,000엔, 서흥(西興: 평안남도) 3,000,000엔, 김제(전라북도) 2,600,000엔, 의주(평안북도) 2,000,000엔, 광양(전라남도) 2,000,000엔, 수안(遂安: 황해도) 1,500,000엔, Getsuden[18](전라남도) 1,400,000엔, 학산(鶴山: 충청북도) 1,300,000엔, 순안(順安: 평안남도) 1,200,000엔, 자성(慈城: 평안북도) 1,100,000엔. 그러므로 도별로는 평안북도가 금 생산의 수위를 차지한다. 그다음으로는 전라남도, 황해도와 평안남도 순이다. 여러 개별 광산들은 본서의 지역 부분에서 지역적 관점으로 다루어졌다(특히 p.362 이하). 현재 대부분의 큰 금광은 모두 일본인 광산회사가 소유하고 있는데, 예를 들어 일본광업주식회사(Nippon Kogyô K. K., Japan Mining Co.)와 1938년에 설립된 반국영의 Nippon Sankin Shinko K. K. 같은 회사들이 있다.

은 생산은 1929년에 1,702kg에 불과했으나, 그에 비해서 1937년에는 46,655kg에 달하여 세

18 역자 주: 우리말 지명을 확인할 수 없었다.

1936년과 1938년의 광업 생산

구분	업체 수(1938년)		생산량(1936년)			
	채굴 중	채굴 중지	중량		액수	
					백만 엔	비율(%)
금·은광	2,774	1,422	금광맥	14,722kg	49.9	45.2
			은	58,821kg	2.8	2.5
			금과 은광석	79,029t	9.4	8.5
사금광	304	162	사금	2,768kg	9.4	8.5
동광석	11	9	동광석	2,590t	0.06	0.05
			원동	3,637t	3.3	3.0
철광석	49	99	283,000t의 철을 포함한 629,000t		1.9	1.7
아연광	45	2			0.2	0.2
연광석	16	7		2,738t	0.8	0.7
수은광	7	19				
중석광	17	16	텅스텐산 함량	1,707t	2.3	2.1
몰리브덴광			몰리브덴 함량	80t	0.2	0.2
망간광	0	3				
비소광			비산 함량	230t	0.03	0.03
석탄과 무연탄	149	257	석탄 무연탄 갈탄	2,282,000t	13.3	12.0
흑연	89	94		40,914t	1.0	0.9
운모	14	16		70t		
형석	10	13		8,740t	0.1	0.1
명반석	6	1		114,569t	0.7	0.6
중정석	8	4		5,113t	0.07	0.06
마그네사이트	4	3		14,258t	0.04	0.04
기타 광물	399	484			15.0	13.6
계	3,902	2,611			110.5	100.0

계 은 생산의 0.5%를 점유하였다.

탄광업은 생산액에 있어서 두 번째이고, 생산량에 있어서 첫 번째를 차지했다. 석탄 매장량은 거의 전적으로 일본 지질학자와 광산 기술자들에 의해 발견되고, 개발되었다(p.261). 금광상의 분포와는 달리 석탄 매장량은 훨씬 더 제한된 지역에 한정되어 있다. **무연탄과 석탄 매장량**

은 평안계와 대동계 지층들에서 나타난다(p.112). 채탄은 처음에 평양 부근에서 시작되었는데, 이곳은 석탄의 운송과 소비에 매우 좋은 조건을 구비하고 있으나, 층리(層理)가 채탄하기에 아주 어렵다. 1911년에는 이곳 '남평안탄전(Southern Heian Coal-Field)'이 유일한 생산지였다. 이 탄전은 400,000엔을 생산했다. 이곳에서 생산되는 석탄은 조선무연탄광업회사(Chôsen Anthracite Mining Co.)의 소유이며, 지금도 가장 중요하다. 개천군과 덕천군에 위치한 '북평안탄전(Northern Heian Coal-Field)'은 지금까지 조금만 개발되었다. 오히려 회령(함경북도) 부근의 세천동(細川洞)과 함경남도의 문천(文川)-고원(高原)의 석탄 매장량에서 이미 석탄이 많이 생산되었다. 남한강 발원 지역의 석탄 매장량이 앞으로 유망한데, 이곳에 남부 지방에 전력을 공급하기 위하여 1937년에 영월 부근에 대규모 화력발전소가 건설되었다. 문경(聞慶: 경상북도)과 화순(和順: 전라남도)에서도 석탄이 채굴되기 시작하였다. 1934년 한국의 석탄 및 무연탄 생산은 982,370톤(6,200,000엔)에 달하였다.

p.112에서 언급한 바와 같이 **갈탄**은 동해안 주변부의 제삼기층 및 봉산(鳳山: 황해도)과 신안주(新安州: 평안남도)의 제삼기층에서 나타난다. 서울-신의주 간 간선철도가 후자의 두 광상인 봉산과 신안주를 통과하여 이들 탄전이 집중적으로 개발되고 있다. 그러나 아직도 북부 동해안 주변부에서의 생산량이 훨씬 더 많다. 가장 중요한 탄전들은 경원, 경흥, 회령, 경성, 주을, 명천과 길주(함경북도), 함흥과 영흥(함경남도), 그리고 통천(通川: 강원도) 부근에 위치한다. 아오지(阿吾地)와 고건원(古乾原) 탄광의 생산량은 각각 100,000톤 이상에 달했다. 1934년 갈탄의 총생산량은 706,277톤(3,800,000엔)에 달했다.

서해안 북부의 주변부, 특히 한강, 청천강, 압록강 하구에 **이탄층**(泥炭層)이 있다. 연백군, 안주군, 박천군, 정주군과 용암포군에서 농부들은 이탄을 채취한다. 이탄은 대개 논바닥에서 캐낸다.

동광산에 대해서는 저자가 이용할 만한 자료가 거의 없다(p.110). 가장 중요한 광산들이 모두 북부 지방에 위치하는데, 한편으로는 개마고원(갑산, 甲山)과 다른 한편으로는 압록강의 대만곡부(동점, 銅店)에 있다. 구리가 이미 옛 한국에서 채광되었다고는 하지만(p.63), 1911년의 통계에서도 구리 생산에 대한 기록이 없다. 1921년까지도 구리 생산량이 아주 미미하였으나, 지난 10년 동안 698톤(1931년)에서 1,434톤(1934년)을 넘어 앞의 표에서 제시된 양만큼 증가하였고, 그 이후로 훨씬 더 증가하였다.

액수를 기준으로 볼 때 **중석광**(Wolframerze)이 그 뒤를 잇는다. 중석광은 한국에 특히 텅스텐의 형태(회중석, 텅스텐산칼슘)로 매장되어 있다. 1920년대부터 비로소 통계적으로 파악된 중석 생산량이 나타나기 시작하였으나, 700,000엔 상당의 368톤(1934년)에서 표에 제시된 액수만큼 빠르게 증가하였다. 1939년에 좀 더 많은 중석광산이 열렸는데, 그 이유는 중석이 철강 및 전등 산업에 필수적인 금속이기 때문이다. 좀 더 큰 중석광산이 대화(大和), 백년(百年), 경주, 곡산, 충주, Kyurairei 부근과 금강산에 위치한다. 1936년의 생산액이 이미 세계 총생산의 7.5% 이상에 달했다.

철광상의 개발은 아직 시작 단계이다. 한국에는 철광상이 매우 풍부하다. 한국의 광업 중에서 철광 부문은 특히 유망하다. 두만강 부근 무산(茂山)의 매장량만 해도 약 4억 톤으로 추정된다. 철광 생산은 1912년 122,500톤에서 1928년까지 504,000톤으로 증가하였다. 그 후 생산량 증가가 둔화되고 있으나, 여러 해의 생산량은 이미 일본의 생산량보다 많았다. 자철광은 단천(端川: 함경북도), 충주(충청북도), 양양(襄陽: 강원도)과 김해(경상남도) 부근에서 채굴된다. 무산의 엄청난 매장량은 자철광-적철광으로 이루어져 있다. 순수한 적철광은 이원(利原: 함경남도)과 안악(安岳: 황해도) 광산에서 공급된다. 적철광-갈철광은 개천(開川: 평안남도) 부근과 황해도의 여러 광산에서 채굴되는데, 특히 송림(松林), 재령(載寧), 하성(下聖), 내토(內土), 철산(鐵山), 은율(殷栗)과 송화(松禾)에서 생산된다. 황해도의 광산들은 풍부한 매장량뿐만 아니라 유리한 교통 입지를 가지고 있어 이 지역은 현재 다른 지방에 비해서 철광 생산이 월등히 많다. 그러나 이는 함경도 지방에 의해 바로 추월될 것으로 전망된다.

흑연 생산은 중요한 역할을 맡았다. 1911년과 1921년에 흑연 생산은 모두 200,000엔으로 저조한 수준이었다. 그러다가 1934년에는 500,000엔으로 증가하였다(31,294톤). 1936년에는 1,000,000엔에 도달했고, 계속 상승하고 있다. 이미 1935년에 한국은 전 세계 흑연 생산량의 22%를 생산하여 세계에서 두 번째 흑연 생산 국가였다. 인상 흑연(p.112)은 주로 북부 지방(강계, Shinkori, 성진, Fushiki, Jôkan)의 회색편마암에서 채굴된다. 토상 흑연(erdiger Graphit)도 주로 함경남도(영흥)에서 채굴된다. 그러나 주요 흑연광산은 충청북도와 경상북도에 위치한다(Yamano Getsumei 광산, Komiya 흑연광산).

1911년과 1921년의 **납 생산**에 관한 통계는 없다. 1929년에 납 생산량은 333톤에 달했고, 1937년에는 2,738톤으로 증가하였다. 같은 해에 한국의 납 원광석 생산량은 이미 일본 생산량의 절반에 달하였다.

아연광은 매우 부족한 편인데, 전적으로 Sansei Mining Co.의 관리하에 있다. 이 회사는 소민동(평안북도), 성천(평안남도)과 Genseki(황해도)에서 광산을 운영하고 있다.

몰리브덴광은 주로 Tenkei 광업(황해도), 금강광업(강원도)과 조선광업(전라북도)에 의해 채굴된다. 그 생산량이 최근에 크게 증가하였는데, 특히 1939년 이후 크게 증가했다.

한국은 또한 세계에서 가장 큰 **운모 생산국** 중에 하나이다(1934년 103톤, 이후에는 감소). 가장 중요한 광산은 마천령 산맥의 편마암에 있다(p.305).

우가키 가즈시게 총독은 1934년에 그의 대규모 광업계획에 **경금속 광업**도 포함시켰다(302). 경금속 광업은 그사이에 시작되었다. 특히 남해안 주변부 화원반도(花園半島)의 알루미늄 광물 명반석(Alunit) 생산(p.516)과 마그네사이트 생산이 강조될 만하다. 마그네사이트 광산은 성진군의 마천령산맥 결정질 석회암에 위치한다.

세계적인 생산의 관점에서 볼 때 한국의 광업은 아직 대부분의 분야에서 여전히 미미한 경영 상태에 있다. 예외적인 분야에 대해서는 이미 위에서 지적하였다. 한국의 경제 전체 내에서도 광업은 우선 당분간 상당히 미미한 역할만을 하고 있다. 1938년 말에 한국 내에 있는 일본인의 2.3%, 한국인의 1.2%와 외국인(주로 중국인)의 4.9%만이 광업에 종사하고 있으며, 1937년 광업 생산액은 총경제생산액의 6.1%에 달했다. 그러나 일본제국의 경제체제 내에서 금, 철광석, 납, 텅스텐, 석탄, 흑연, 마그네사이트 생산은 이미 오늘날 매우 중요한 인자이며, 광업의 중요성은 해마다 증가하고 있다. 하지만 일본의 영토 내에서 가장 최근의 엄청난 광업 생산량 증가의 파급 효과는 결코 간과될 수 없다.

1934년에 우가키 가즈시게 총독은 한국의 **공업**을 '요람기(搖籃期)에 있는 아기(Kind im Wiegenstadium)'로 명명하였다(302). 그러나 그사이에 이 분야에서도 상황은 아주 근본적으로 변화하였다. 이 분야에서의 취업률에 관한 수치를 제시하기가 쉽지 않은데, 그 이유는 수공업과의 경계를 설정하기가 어렵기 때문이다. 그러므로 『일본연감(The Japan Year Book)』(XLI)의 자료를 부분적으로만 참조할 수밖에 없는데, 이 자료에 따르면 1911년에는 252개 '공장'에 14,575명의 근로자가 있었으나, 이와 대조적으로 1937년에는 6,298개 공장에 207,002명의 근로자가 있었다. 이는 공장 수는 25배, 근로자 수는 14배 증가한 것이며, 공장 수의 증가가 근로자 수의 증가율을 훨씬 상회하여 단위 공장당 근로자 수가 적어졌다는 것을 의미한다. 이와 같이 적어진 이유는 최근의 통계에 근로자 5인 이상의 모든 소규모 가내공업이 공업에 포함된 반면, 1911년에는 통계 파악의 범위가 이러한 가내공업을 포함시킬 수 있을 만큼의 수준에 충분히 도달하지 못하였기 때문이다. 그러므로 1911년의 공업 생산액은 19,600,000에 달했으며, 1938년에는 1,140,100,000에 달했다는 사실이 공업성장을 이해하는 데 훨씬 더 중요하다. 이는 58배나 성장한 것이다. 여하튼 대규모 경제활동 중 일제시대에 가장 크게 성장한 분야가 바로 공업이다. 더욱이 이러한 성장 중 주요 부분이 지난 10년 내에 이루어진 것이다. 1931년 공업 생산액은

252,000,000엔에 불과했으나, 1934년에는 367,000,000엔, 그리고 1937년에는 959,000,000엔에 달했다. 1931년 공업 생산액은 총생산액의 23%를 점유하였으며, 1937년에는 이미 33%였고, 이후에도 그 비율은 계속 증가하였다. 아마도 현재 공업 생산액은 농업 생산액과 이미 동일할 것이다(663). 1938년 말 한국 내 일본인 근로자의 16.5%가 공업 근로자인 것에 비해 한국인 근로자의 2.9%만이 공업에 종사하였다. 이미 이러한 비교를 통해 **선도적인 경제 편제로서 공업이 얼마나 강하게 일본인에 의해 지배되고 있는가**를 알 수 있다. 한국인들에게는 기업심(Unternehmungsgeist)이 부족하여 기업경영은 전적으로 일본인들의 손에 있다.

공업화의 증가는 한국이 우리시대에 지금까지 주로 농업지향적이었던 대부분의 국가들과 공유하고 있는 경제 발전의 한 가지 특징이다. 그러나 한국의 깜짝 놀랄 만한 성장은 다시 한국이 대일본의 경제권에 가입되었다는 사실에 기초한 다른 특수한 이유들을 갖고 있다. 세계 시장으로부터의 쇄국은 현지인의 발전 가능성을 극도로 활성화시킬 필요성을 불러일으켰다. 현 총독 미나미 지로(南次郎)는 이러한 필요성을 인식하고, 1936년부터 조선의 공업화를 강력히 추진하였다. 일본의 자본이 이 과업에 활발히 유입되었다. 아직 미개발된 에너지원과 원료 매장량, 저임금과 본토에서의 자본주의 발달을 제한하는 특정한 규정의 부재가 기업들을 가까이 위치한 식민지 지역으로 끌어들였다. 따라서 한국 공업의 설립은 대부분 '섬 자본(Inselkapital)'으로 이루어졌다. 다른 어느 경제 분야도 한국의 공업만큼 **일본 회사들**에 의해서 크게 발전하지 못하였다. 이들 회사의 대부분은 주식회사이며, 그들의 본사나 자금원은 일본에 있다. '반도 자본가들'에 의해 설립된 경성방직회사(Keijô Spinning Co.)는 한 가지 예외이다(663). 이들 회사와 그 조직을 개별적으로 다루는 것은 본서의 지리적 목적에 부합하지 않을 것이다. 이들 회사의 대부분은 한 가지 업종에 관여하고 있는데, 예를 들면 면방직, 대마 가공, 마그네슘 생산, 법랑식기 생산, 어유(魚油) 경화, 맥주 생산 등이다. 그러나 몇몇 회사는 여러 상이한 분야에서 동시에 활동을 하고 있는데, 이들 중 가장 큰 회사는 흥남에 있는 조선실소비료회사(朝鮮窒素肥料會社, Chôsen Tisso Hiryo Kaisha, Chôsen Nitrogenous Fertilizer Co.)이다. 이 회사는 질소비료뿐만아니라 폭약, 마그네슘 금속과 콩기름도 생산한다. 동양척식주식회사의 매우 다양한 활동에 대해서는 앞에서 이미 언급되었다(p.535). 거의 모든 이들 회사의 한국지사는 1932년부터 비로소 설립되었다. 지난 10년 동안 한국의 공업 발전은 전적으로 범일본적 관점에서 전체 상황의 피할 수 없는 필요성에 따라 이루어졌다. 그러므로 다른 어느 분야도 한국 경제의 가장 어린 이(공업) 분야만큼 강하게 대일본(大日本)과 통합되지 않았다.

1,140,000엔의 공업 총생산액(1938년) 중에 화학이 30.9%, 음·식료품 24.3%, 섬유 14.5%,

금속 8.1%, 요업 3.1%, 기계와 도구 2.4%, 가스와 전기 2.1%, 종이와 인쇄 1.5%, 목재가 1.3%를 차지했다(XLI). 1931~1938년 사이에 화학공업의 생산액은 42,000,000엔에서 353,000,000엔으로 증가하였으며, 금속공업은 6,000,000엔에서 92,000,000엔으로, 그리고 섬유공업은 32,000,000엔에서 165,000,000엔으로 증가하였다(663).

화학공업의 엄청난 성장은 거대한 노구치 재벌(野口財閥, Noguchikonzern)의 자본으로 이루어진 대규모 **수력발전소의 건설**을 통해서만 가능하였다. 개마고원 남동 주변부의 거대한 발전소와 아직 공사가 진행 중인 압록강 댐 건설에 대해서는 지역 부분에서 상세히 기술하였고, 강원도 영월 부근의 화력발전소 건립에 대해서도 이미 언급하였다. 1936년 말에 이미 총 2,400,000kW의 발전 용량을 가진 147개의 수력 및 화력발전소가 있었다. 이들 발전소에서 뻗어 나간 고압선들이 한국 경관의 특징적 요소가 되기 시작하였다. 조선총독부가 의뢰한 수력발전 용량에 관한 조사에 따르면, 수력발전소 건설 적지가 148개이며, 발전용량은 5,700,000kW로 나타났다. 1938년까지 2,800,000kW 용량을 가진 40개의 발전소 건설이 인가되었다(VI). 이들 인가된 발전소의 대부분은 부전강, 장진강과 황수원강 유역에 건설된 발전소와 동일한 원리에 기초를 두고 있다. 댐들은 함경산맥과 태백산맥에서 발원하여 북쪽이나 북서쪽으로 흐르는 하천들의 발원지에 건설될 것이다. 강물은 분수령 아래에 설치된 터널을 통해 유로를 바꾸게 되며, 수압관(水壓管)이 동해 쪽의 급사면을 이용하는 것이다.

조선질소비료회사의 주 공장은 부전강과 장진강 수력발전소와 인접한 함흥 부근의 흥남(興南)에 있다. 제2공장은 함흥–청진 간 고압선이 지나가는 함경북도 극동(極洞) 부근에 있다. 이들 공장은 1937년에 황산암모늄 418,000톤, 인산암모늄 109,000톤과 인산칼슘 42,000톤을 생산하였다. 1936년 질소비료 생산은 이미 세계 제일의 생산국인 독일제국의 1/8에 달했다. 이 중 일부는 한국 내에서 논에 시비하는 데 사용되었고, 대부분은 일본으로 건너갔다. 함경북도의 갈탄 채굴과 전화(電化)는 최근에 나남(羅南) 부근에 최초의 석탄액화공장을 건설할 수 있게 했는데, 이 공장은 연간 100,000톤의 석탄만을 소비한다.

한국은 본래 농업국가이기 때문에 공업은 무엇보다 농산물 가공과 관련이 있었다. **음·식료품공업**과 섬유공업은 모두 거의 전적으로 한국 내에서 생산된 원료를 이용한다. 이들 공업은 주로 생산지 근처에 입지하며, 동시에 노동력, 교통 또는 소비가 있는 곳에도 입지한다. 정미와 도정 공장은 주로 충청–전라 지역의 쌀 재배 중심지에 있으나, 서울, 인천, 평양과 같은 소비도시와 진남포와 군산 같은 수출항에도 있다. 그 외에도 평양은 현재까지 미국인 소유인 식료품 공장으로 유명하다. 평양에는 근처에서 재배되는 사탕무를 가공하는 한국에서 유일한 제당 공장이 있다. 이 공장은 사탕무 재배의 중단 이후 대만에서 수입된 사탕수수에 의존하고 있다. 밀 제분 공장은 서울, 인천, 사리원에 있다. 함경북도 동해안에는 만주산 콩을 가공하는 콩 공장들이 있다. 청진에서 포항에 이르는 동해안 전역에는 생선통조림 공장이 분포한다(p.603). 서울과 그 외곽인 영등포, 평양과 몇몇 다른 도시에는 맥주 공장이 발달했는데, 1931년까지 맥주 소비는 전적으로 일본으로부터의 수입에 의존하였다. 가장 흔히 애용되는 술, 즉 청주(일: sake)의 생산액은 1937년에 81,000,000엔에 달했다. 그럼에도 불구하고 한국 내 일본인들에게 공급하기 위해 2,000,000엔 상당의 청주를 일본으로부터 수입해야 했다. 1921년부터 국가에서 운영하고 있는 담배제조는 서울, 평양, 대구, 부산과 청주에 집중되어 있다. 1930년에 64억 개피의 담배가 생산되었다.

면직, 마직과 **견직물** 생산은 1937년에 68,400,000엔에 달했으나, 국내 수요도 결코 충족시키지 못했다. 면방적(綿紡績) 공장과 면실유(棉實油) 생산공장이 군산과 충청-전라 지역의 다른 도시들에 세워졌다. 면방직 공장도 마찬가지로 면화가 많이 재배되는 특정 지역에 집중되어 있다. 섬유공업은 숙련된 노동자가 필요하기 때문에 도시들에 제한된다. 대규모 공장들은 평양, 영등포, 안양, 수원, 인천, 군산, 광주와 부산에 위치한다. 누에고치 생산이 엄청나게 증가함에 따라(p.579), 견직물 공업도 큰 비중을 차지하고 있다. 견직물 공업의 가장 중요한 중심지는 대구이다. 또한 누에고치의 생산량이 많은 남부 지방의 다른 도시들, 즉 전라도의 도청소재지인 전주와 광주에도 견직물 공장이 있다. 그 밖에 평안남도의 몇몇 도시와 서울에도 견직물 공장이 있다. 마가공(麻加工)은 아직도 대부분 한국인들에 의해 가내공업으로 행해진다. 지금까지 마직물 공장은 부산에서만 발달했다. 부산에는 아마직물(亞麻織物) 공장도 집중해 있다. 원료와의 근접성이 청진에 현재까지 소규모 인조견사 공업이 생기게 했다. 면양 사육과 함께 양모가공업은 아직까지 초기 단계에 있다.

해당 광석 채굴의 문제로 인해 **철강** 및 **금속공업**은 지금까지 빈약한 편이다. 송림(松林)은 현재 유일한 선철(銑鐵) 생산의 최대 중심지이다. 그러나 청진에 새로운 공장이 들어서면 곧 이를 능가할 것이다. 1936년 선철 생산량은 아직 216,000톤(7,900,000엔)의 적은 양이었다. 미쓰비시재벌(三菱財閥)은 이 회사가 황해도에서 채굴한 철광석의 대부분을 진남포항을 통해 일본으로 반출하고 있다. 송림에는 또한 유일하며 규모가 큰 강철 및 주물공장이 있다. 강철 생산은 1935년에 97,000톤(6,500,000엔)에 달했으며, 그 이후에는 다시 조금 감소하였다. 철의 가공은 진남포, 영등포, 부산, 군산과 몇몇 도시들에서 행해진다. 동해안의 내측 주변 지역에서의 전력 생산은 최근에는 경금속, 특히 마그네슘 생산을 가능하게 했다. 마그네슘은 흥남과 성진에서 생산된다. 전화(電化)는 또한 한국 내에서도 금제련을 점차 증가하게 했다. 금제련소는 홍남과 군산과 마주 보고 있는 장항(長項)에 생겼다.

요업(窯業)으로는 특히 대규모로 행해지는 도기, 기와 및 벽돌 제조를 들 수 있다(p.262). 이러한 공장들은 여러 도시 주변에 발달하였다. 가장 큰 공장은 영등포와 평양에 위치한다. 자기(磁器)공업은 특히 부산과 개성에서 발달하였다. 한국의 시멘트 생산은 전적으로 오노다(Onoda) 회사가 담당하고 있는데, 이 회사는 평양 부근의 승호리(勝湖里)에 본 공장을, 원산 부근의 천내리(川內里)에 제2공장을 가지고 있으며, 연간 생산량이 각각 320,000톤이다. 몇 년 전에 제3공장이 수성천(輸城川: 함경북도, 연간 생산량: 140,000톤) 계곡의 고무산(古茂山) 부근에 설립되었다. 시멘트 소비량(1932년: 288,000톤, 1935년: 519,000톤)이 계속 증가하기 때문에 이와 같은 시설 확장이 필요하게 되었다.

한국은 아직 공업화의 초기 단계에 있기 때문에 **기계 및 도구 생산**은 지금까지 상당히 미약하다. 그러나 많은 기계 및 자동차 수리점이 대도시들, 특히 서울과 평양에서 번성하고 있다. 또한 철도청이 용산, 영등포와 평양에 개설한 공작창들도 주로 수리만을 하고 있다. 과거에는 국철의 기관차를 독일이나 미국에서 수입하였으나, 지금은 궤도 폭이 다름에도 불구하고 일본에서 생산한다.

제지업은 옛 한국에서 가내공업으로 행해졌고(p.262), 오늘날에도 상당량이 가내공업 형태로 생산된다. 특히 오지회사(王子會社)가 목재펄프로 인쇄용 종이를 대량 생산한다. 오지회사는 압록강을 따라 뗏목으로 목재가 운반되는 신의주에 대규모 공장을 가지고 있다. 다른 생산성이 높은 제지공장은 서울과 충청-전라 지역의 몇몇 도시들에서 성장했다.

제당공업을 제외하고 전적으로 수입 원료를 사용하는 유일한 공업은 **고무신** 생산이다. 한국에서는 고무신을 덧신으로 신는 것이 아니라 직접 신는데, 이러한 형태가 매우 일반적이다. 고무신은 센와고무주식회사(昭和고무株式會社)에서 만드는데, 이 회사는 서울, 이리, 강경(江景), 광주, 대구, 목포와 부산에 공장을 가지고 있다. 평양에 또 다른 대규모 고무공장이 있다.

한국의 공업은 지금까지 대규모로 넓은 지역을 지배하고 있지 못하다. 가장 먼저 충청-전라 지역에 공장이 넓게 분포해 있다고 말할 수 있으나, 이들은 대부분 소규모이고, 더욱이 이 지역에서도 농업적으로 편향된 전체 경제 특성을 지배하지 못하고 있다. 그렇지만 공업적인 요소가 강한 새로운 경제 지역이 북부 동해안 지역에서 빠르게 생성되고 있다. 그 밖의 지역에서 기업들은 점의 형태(punktförmig)로 유리한 교통 입지를 지닌 대도시들에 집중되어 있다. 공업화와 인구 성장은 한국에서도 상호 밀접한 영향을 미쳤다. 이들 중에 많은 공장들은 원료 또는 연료 산지에 동시에 입지해 있다. 이러한 성격을 가진 도시들로는 특히 용산 및 영등포를 교외로 갖고 있는 서울과 이웃 도시들, 진남포를 끼고 있는 평양, 군산, 부산, 대구와 청진을 들 수 있다. 특히 송림과 흥남 같은 몇몇 도시들은 실제로 공장이 건설되면서 생겨났다.

8. 취락

지난 한 세대 동안 한국이 겪게 된 문화지리적인 큰 발전의 영향은 현재 거의 모든 마지막 촌락까지 이르고 있다. 앞에서 기술한 바와 같이(p.227 이하) 물론 **촌락**의 유형들이 근본적으로 변하지는 않았다. 그러나 한국의 급속한 인구 성장으로 말미암아 마을의 규모가 좀 더 커지고 마을의 수도 증가하였다. 규모가 큰 거의 모든 촌락에는 현재 함석지붕을 가진 단순한 단층 목조건물의 경찰 주재소(파출소)가 있다. 주재소 마당에는 높고 널찍한 사다리가 수직으로 서 있는데, 그 끝에는 화재의 경종(警鍾)이 매달려 있다. 때때로 좀 더 편리한 목재 구조물(망루)로 이러한 화재 감시 사다리가 대체된다. 종종 작은 우체국 건물이나 학교가 있다. 2,365개의 면소재지와 또한 다른 작은 마을들에서 유사하게 건축된 일본식 여관과 몇 개의 일본인 상점들로 인하여 일본의 요소가 강화되고 있다.

취락이 크면 클수록, 일반적으로 일본의 영향으로 인한 취락의 변화가 좀 더 크게 나타난다. 이러한 발전의 개별적 양상은 지역 부분에서 서로 다른 도시들을 기술할 때 나타났다. 여기서는 **일본의 지배하에서 이루어진 도시 발달의 전형적인 특징**만을 기술하겠다. 이 경우에 통계자료를 비교하는 데 있어서는 부(府)와 읍(邑)의 권리를 갖는 61개 취락을 '도시'로 간주하였다(p.537). 대체로 이것은 인구 10,000명 이상의 모든 취락을 포함한다. 통계적인 비교를 하기 위한 기초로서 다른 형태의 도시 개념을 사용하는 것은 불가능하다. 그 이유는 개별 취락에 대한 인구통계자료의 이용이 불가능하고, 규모가 큰 취락(ho-men)에 대해서만 이용이 가능하며, 이 통계자료가 대체로 면(面)소재지뿐만 아니라 다른 주변 취락도 포함하고 있기 때문이다.

한국에 정착한 일본인들은 대부분 도시인이다(p.539 이하). 그들의 활력은 다른 무엇보다도 더 도시에 집중되었다. 그러므로 일본인은 일반적으로 전체 인구보다 비교가 안 될 정도로 크게 증가하였다. 이러한 유형의 **도시화**는 한편으로 지난 수십 년간 세계 경제 발전에 따른 일반적인 특징이나, 한국의 도시화는 이에 더하여 일본권에 통합되어 나타나는 특수한 특징을 나타낸다. 1910년에서 1937년까지 전국 평균 인구 성장률은 67.9%로 이는 매년 약 2.5%에 달하는 것이다. 1910년에 전체 인구의 7.5%만이 61개 도시에 살았으나, 그에 반하여 1937년에 13.1%가 도시에 살았다. 개별 도시의 인구 성장에 관한 연구는 다음과 같은 결과를 나타낸다.

첫 번째 그룹의 도시들은 1910년에 존재하지 않았거나, 작은 마을에 불과하여 이들 도시에 대한 당시의 인구통계를 구할 수 없다. 이렇게 새로이 설립된 도시로는 나진과 흥남이 있다. 두 번째 그룹은 1910년 직전에 설립된 도시들이다. 따라서 이들 도시는 초기 발달 단계에 있던 도시들로서 계산된 인구 성장률이 엄청나다. 이러한 도시로는 청진(1910~1937년 동안 연평균성장률 124.8%), 송림(124.8%)과 신의주(50.8%)를 들 수 있다. 목포(66.4%)도 이들 도시보다 좀 더 일찍 설립되었음에도 불구하고 이 그룹에 속한다.

세 번째 그룹의 연평균 인구 성장률은 약 30%이다. 이 그룹에 속하는 도시로는 대전(31.2%), 진주(31.2%), 청주(27.9%)를 들 수 있다. 진주와 청주는 조선시대 말에도 작은 도청소재지였다. 청주는 현재까지 이 기능을 유지하고 있으나, 진주는 비록 최근에 그 기능을 상실하였지만, 중심적 특성으로 인하여 생긴 추진력을 오랫동안 발휘할 수 있었다. 이들 두 도시는 동시에 중요한 공업과 상업의 중심지로 발전하였다. 대전은 비교적 최근에 도청소재지가 되었으나, 1910년 직후 가장 중요한 철도교통의 결절점의 하나로서 중요성을 얻게 되었다.

네 번째 그룹의 도시는 연평균 인구 성장률이 13~20%인 도시들이다. 여기에는 네 개의 도청소재지(춘천: 20.1%, 나남: 15.2%, 평양: 14.1%, 전라남도 광주: 13.6%)와 세기의 전환기에 조선 정부가 개항한 몇 개의 항구들이 포함된다. 이들 도시는 1910년에 이미 도시 발달의 초기 단계의 일부를 끝냈는데, 특히 군산(17.7%)의 경우가 그러하다. 이들 모든 도시에서는 공업이 큰 도시의 확장에 크게 기여하였다. 이것은 특히 평양에 적용된다. 평양은 1910년에 이미 한국에서 세 번째로 큰 도시였고, 공업과 광업의 급속한 발달만으로 매우 강한 절대적인 성장을 하여 상대적으로도 아직 이 그룹에 속한다.

한국의 대다수의 도시들은 다섯 번째 그룹에 속하는데, 이들 도시는 연평균 인구 성장률이 7~10% 사이의 좁은 범위에 있으며, 따라서 전국 평균성장률의 3~4배나 된다. 이 그룹의 도시들은 매우 상이한 유형들에 속한다. 우선 몇몇 도청소재지들은 매우 비옥한 환경에 입지하여 조선시대에 이미 상당한 인구를 가지고 있었다. 이러한 도시들로는 대구(9.7%), 함흥(8.3%), 해주(7.9%), 전주(7.5%)가 있다. 1910년에 이미 상당히 발전해 있었던 네 개의 가장 오래된 조약항구인 인천(10.5%), 원산(10.2%), 진남포(7.7%)와 부산(7.4%)이 이 그룹에 속한다. 1910년 이전에는 작은 군청소재지였으나 북부 지방에서의 일반적인 발전에 참여했던 회령(9.3%)과 같은 북부 개척지대의 몇 개의 도시들도 이 그룹에 속한다. 끝으로 중심지로서 일반적인 상승 혜택을 크게 받은, 예를 들어 수원(9.1%)과 같은, 중부와 남부 지방의 많은 군청소재지들도 이 그룹에 속한다.

이와 같은 고찰을 통해서 인구 100,000명 이상의 대도시들이 성장률면에서는 결코 상위에 있지 않다는 것을 이미 제시하였다. 일본인들은 그들의 새로운 개발을 주로 기존의 도시들과 연계시켰다. 현재까지 일본인들의 지배하에서 이미 조선시대에 상당한 규모에 도달했던 취락들만이 대도시로 성장하여 이들의 상대적인 성장률은 제한된 한계 내에 머물러 있다. 특히 이러한 사실은 1910년의 인구조사에서 이미 278,958명의 인구를 가졌던 수도 서울에 적용된다. 서울은 1936년 4월에 넓은 주변 지역을 행정구역에 편입시켜서만 인구 700,000명 이상이 되었다. 그러나 서울에 새로 편입된 행정구역의 1910년 인구수는 알려져 있지 않아서 이를 1910년의 서울 인구수에 추가시켜 계산할 수가 없다. 따라서 1910년과 1937년의 통계자료를 기초로 하여 연평균 인구 성장률 5.7%를 계산했다면 이는 서로 전혀 다른 시역을 비교한 것이다. 주변 지역을 편입시키기 전에 서울은 인구 약 400,000명으로 심지어 전국 평균성장률에도 훨씬 못미치는 1.9%의 성장률을 가졌다.

끝으로 마지막 그룹의 도시들은 인구 성장률이 전국 평균과 같거나 심지어 평균에 못 미치는 도시들로 이루어진다. 이들 도시로는 공주(2.5%), 의주(2.3%)와 같이 일찍이 도청소재지가 이전된 도시, 폐쇄된 조약항구인 마산(2.7%), 조선시대에 어업 및 일본과의 무역으로 크게 발달했던 충무(2.9%)와 한때 수도였으나 현대에 거의 일본화되지 않은 개성(2.5%)이 있다.

전반적으로 보아 지금까지의 고찰을 통해 매우 상이한 발생적 유형을 가진 도시들이 각 개별 성장 그룹에 속하여, 이들 그룹으로 구분하는 것이 큰 의미가 없다는 것이 제시된다. 그러므로 Linke가 행한 것과 같이(604, p.104), 개별 도시에 대한 상세한 지식이 없이 인구 성장률만으로 일반적 결론을 도출하는 것은 적절하지 못하다.

61개 도시의 위치에 관한 한, 특히 대다수 도시의 바다와의 근접성을 강조하는 것이 중요하다(별도 75). 61개 도시 중 45개 도시가 해안으로부터 50km 이내에 위치한다. 나머지 16개 도시 중 단지 3개 도시(청주, 대전, 대구)만이 인구 30,000명을 갖는다. 따라서 도시의 입지는 확실히 주변적(peripher) 이고, 전체 인구의 분포보다 좀 더 주변적이다(p.550). 한반도의 동해안에는 도시가 현저히 적다. 동해안의 북위 36~39° 사이에 도시로는 오직 강릉만이 위치하며, 인구는 18,000명에 불과하다. 그에 반해서 서해안 지역에는 동일한 위도 범위 사이에 14개의 도시가 있으며, 이 중에는 한국의 5대 도시 중 3개가 있다. 남부 지방에서는 다시 전체 인구분포와 일치하여 다른 두 지방보다 도시의 주변적 입지가 훨씬 덜 발달하였다. 남부 지방의 6개 도가 국토 면적의 31%에 31개 시, 즉 전체 도시의 1/2 이상을 포함하고 있다.

따라서 도시들의 입지는 전체 인구분포와 여러 관점에서 밀접하게 관련된다. 그 이유는 도시의 **경제적 · 국내 정치적 기능**이 전체 인구분포를 결정하는 동일한 힘에 의해 지배되기 때문이다. 61개 도시 중 19개가 항구인 동시에 어항(漁港)이며, 단 하나의 주요 항구도 그중에서 빠지지 않는다. 마찬가지로 13개 도청소재지가 이들 61개 도시에 포함된다. 해안에서 멀리 떨어진 25개 도시는 모두 중심지, 즉 상업과 행정의 지방 중심지이며, 이들 중 어느 도시도 30,000명의 인구를 갖지 않았다. 이들 중 많은 도시들이 특히 비옥한 배후지를 갖는 농업도시들이다. 이러한 특징적인 도시들로는 충주, 천안(天安), 이리(裡里), 남원(南原), 순천(順天: 전라남도), 안동(安東), 상주(尙州), 울산(蔚山), 사리원(沙里院), 철원(鐵原), 북청(北靑)과 주을(朱乙)을 들 수 있다. 61개의 도시 중에 10개 도시만이 아직 철도로 연결되지 않았다. 따라서 현재 대부분의 도시는 중요한 교통 기능을 갖고 있다. 10개 도시는 양호한 도로로 가장 가까운 철도역과 연결된다. 1개 도시(북진)는 주로 광업도시이고, 2개 도시(송림과 홍남)의 중요성은 전적으로 공업에 기초하며, 3개 도시(나남, 강계, 진해)에서는 군사적 기능이 가장 중요하다. 5개 도시(대전, 신의주, 순천, 조치원, 회령)는 주요 철도교차점이거나 국경도시이다. 5대 대도시(서울, 평양, 부산, 대구, 인천)에서는 앞서 언급한 수많은 개별 인자들이 일치한다.

p.541 이하에서 강조한 바와 같이, 한국 내 일본인의 거의 7/10이 61개의 부(시) · 읍에 거주하고 있다. **따라서 새로운 발전도 다른 어느 곳에서보다 이들 도시에서 좀 더 분명하고, 지리적으로 좀 더 효과가 있게 나타난다.** 도시들의 성장을 합리적으로 체계화하기 위해 1921년에 최초의 **도시계획법**이 공포되었다. 그러나 이 법은 시기상조인 것으로 드러났다. 뒤이어 1934년에 도시 가로망의 개선 및 확장과 신도로 건설을 다룬 제2차 도시계획법이 나왔다. 이 법은 현재까지 서울, 청진, 나진과 성진에서 시행되었다. 서울을 제외하고는 작은 촌락에서 시작하여 엄청나게 빠르게 성장한 북부 동해안 지역의 항구도시들에서 시행되었다. 그러나 도시계획법 제정 전에도 이들 도시의 가로망 패턴을 근대적인 교통과 위생의 요구에 적합하게 하려는 일이 이미 많이 있었다. p.411의 서울의 사례에서 기술된 바와 같이 이러한 개발은 이미 한일합병 한 세대 전에 시작되었다. 간선도로, 특히 주 직통로(直通路)는 그사이에 거의 모든 대도시에서 **직선화 및 확장**되었고, 부분적으로 직업이 없는 한국인을 위한 구제사업의 형태로 실시되었다. 이들 도로는 도시계획도 상에서 첫눈에 옛 골목길의 미로 중에서 특수한 패턴으로서 눈

에 띈다. 간선도로를 따라서 단층집들 위로 높이 솟아 있는 동아시아 도시의 독특한 외형적 특징인 전신주(電信柱)와 전주(電柱)의 열이 달린다. 지금까지 수도 서울에서만 전선 및 전화선의 지중화(地中化)가 시작되었다. 대도시의 경우에 주요 간선도로는 이미 상당히 쇄석포도(碎石鋪道, macadam)나 아스팔트로 포장되었다. 서울, 부산, 평양에서 이미 광범위한 망을 이룬 전차 노선은 간선도로를 따라 달린다. 이러한 변화는 최근에 점차 상수도 체계의 건설을 동반했다. 1910년 전에는 서울, 평양, 부산과 목포만이 **상수도 시설**을 갖추었다. 그렇지 않을 경우 도시들의 물 수요는 우물에서 공급되었는데, 이 물은 가뭄 동안 때때로 충분하지 못하고, 종종 깨끗하지 않아 전염병이 발생하기도 하였다. 1937년 말에는 이미 74개 도시에서 깨끗하고 풍부한 물이 공급되었다.

성장하는 도시들에서 **신도시 지구**의 건설은 초기에는 다소 무계획적으로 일어났다. 구시가에서와 똑같이 좁고 구부러진 골목이 있는 한국인 교외가 생겼다. 주로 일본인들이 거주하는 지구도 그들이 영향을 준 처음 10년 동안, 예를 들어 서울의 남산 북사면의 일본인 지구에서 뚜렷하게 나타나는 바와 같이, 대규모 건설계획 없이 성장하였다. 최근에야 비로소 이러한 교외 지역의 도시계획이 법제화되어 나진에 처음으로 적용되었다. 또한 조선총독부는 가로체계에 들어설 건물들의 건설계획도 감독하려고 생각하였다. 이를 통하여 다행히도 미래에 신도시 지구에 새로 건설될 건물들의 양식은 좀 더 동일할 것이다. 지금까지는 개인의 독단이 이러한 관점에서 지배하였다. 직선도로변의 오래된 한국의 초가집이나 단층 기와집 옆에 2층짜리 일본인 상점들과 다층 건물들이 들어섰다. 이를 통해서 가로 경관은 지역 부분에서 많은 도시에 대하여 언급한 바와 같이 전혀 조화되지 않는 특성을 유지하고 있다. 그러한 특성이 오늘날까지도 많은 도시에서 흔히 목격될 수 있다. 가로체계가 많은 옛 골목들과 적은 폭넓은 직선화도로들 사이의 부조화를 드러내 보이는 것처럼, 거리의 정면도(正面圖)도 낮은 초가집들과 직통로 및 새로 건설된 도로를 따라 높은 석조건물들이 일렬로 서 있는 것을 보여 준다. 노청 및 기타 관청 건물들, 시청, 병원, 학교, 은행, 우체국, 호텔, 음식점, 백화점, 경찰서, 상공회의소, 군 막사 및 경찰 막사, 공장, 연구소 등의 석조건물이 있다.

일본인들이 한국에 세운 가장 오래된 공공건물은 소박하며, 대체로 낮은 맞배지붕과 외벽에 기와와 같이 맞물리게 수평으로 붙인 판자가 있는 2층 이하의 목조건물이다. 현재도 총독의 관저로 이용되고 있는, 남산의 북사면에 있는 서울 주재 일본공사관은 1885년에 이와 같은 일본에서 옮겨 놓은 **건축 양식**으로 건축되었다. 현재 조선총독부 박물관인 인접한 조선총독부의 구건물도 동일한 양식이다. 지방에는 매우 많은 일본인들이 건축한 오래된 공공건물, 특히 경찰서와 예를 들어 수원에 있는 농사시험장의 옛 부분들과 같은 영림서들이 이러한 양식에 해당한다. 이러한 건축 양식은 특히 목재가 풍부한 북부 지방에서 흔하게 나타나며, 이 지역에서는 현재도 공공건물들이 이러한 양식으로 건축되고 있다. 그러나 지난 수십 년간 대체로 좀 더 내구성이 강한 석조건물로 바뀌고 있는데, 그 이유는 행정 수요가 많아짐에 따라 건물의 규모가 커졌기 때문이다. 자연석, 특히 화강암이 시멘트와 철근, 콘크리트만큼 많이 이용된다. 최근에는 값이 싼 붉은 벽돌을 좀 더 많이 사용한다. 건축자재가 바뀜에 따라 건축 양식도 변하여, 이러한 관점에서 현재까지 동일한 형태나 독자적인 양식을 갖지 못했다. 일본의 영향을 통해서 약간 변형된 매우 다양한 유럽식과 미국식 건축 양식을 마주치게 된다. 제1위의 유명한 건축물들로 신르네상스(Neurenaissance) 건축 양식이 선호되었다. 1925년에 이 건축 양식으로 새로운 경성역(京城驛, 서울역)이 완공되었으며, 1916~1926년에 조선총독부 신청사가 건축되었다. 도청의 신청사들도 수도의 이러한 양식을 표본으로 삼았다. 현재 대부분 벽돌로 지은 학교, 병영, 백화점은 이 건축자재와 매우 쉽게 결부된 볼품없는 상자 형태를 갖는다.

도시 내 일본인 거주 지구에 대해서는 이미 p.543에서 언급하였다. 그러나 **일본인 거주 지구가 도시 전체의 내부에서 한국의 구도시 지구 및 신도시 지구와 어떻게 결합되어 있는가** 하는 **방식**은 기술할 필요가 있다. 이러한 관점에서 도시의 전체적인 유형들이 열거될 수 있다. 우선 도시 내에 적은 수의 일본인만이 거주하기 때문에 일본의 영향이 무시해도 될 정도인 도시로 시작하자. 이러한 사례로 함경북도의 옛 도청소재지인 경성(鏡城)의 도시계획도를 그림 54에 제시하였다. p.230 이하에서 기술된 바와 같이 여기에는 거의 손상되지 않은 옛 한국의 도시 경관이 나타난다. 네 개의 모서리 탑과 주로 직사각형 각 변의 중앙에 문이 있는, 아직도 잘 보존되어 있는 직사각형의 도성(都城)이 초가집 또는 기와집이 무질서하게 뒤섞여 있는 곳을 둘러싸고 있다. 아마도 가장 오래된 도심을 나타내는 도심 지역의 서반부에 과거 도청과 마찬가지로 낮은 건물들이 서 있다. 북서쪽과 남쪽에서 시가지가 불규칙하고 무질서하게 성곽 밖으로 확장되어 있으며, 단지 북서단, 즉 간선철도가 서쪽으로부터 뻗어 나와 구릉지를 우회하는 평야의 주변에 철도역과 몇 개의 근대적 건물들이 새 시대의 상징으로 자리 잡고 있다. 마찬가지로 과거의 도청소재지였던 의주(義州)도 같은 유형에 속한다. 많은 군청소재지도 이러한 유형에 속한다. 압록강 유역에 있는 도시들인 삭주(朔州), 벽동(碧潼)과 초산(楚山)이 좋은 사례이다. 옛 초가, 기와, 너와 및 점판암 지붕을 점차 대체해 가고 있는 골함석 지붕만이 새로운 시대임을 나타낸다.

두 번째 유형의 도시들은 이미 뚜렷하게 인식할 수 있는 일본의 영향을 보여 준다. 주요 간선도로는 직선화되어 있다. 도로의 직선화가 이미 크게 진전되어 격자망도로라고 부를 수 있다. 이러한 직선의 폭넓은 도로변에 위에서 언급한 목적으로 지어진 몇 개의 새로운 높은 석조 건물들이 서 있다. 이 유형의 도시는 한국인 거주 지구와 함께 세기의 전환기에 시역을 넘어 성장하였으나, 폐쇄된 큰 일본인 거주 지구는 없다. 일본인 가옥들은 오히려 주로 구도시 지구의 직선화된 도로변에 있다. 이러한 유형의 도시로는 특히 개성이 대표적이다. 춘천, 공주, 청주, 충주, 논산, 전주도 이러한 유형에 속하나, 부분적으로 일본인 가옥이 좀 더 많이 들어섰다. 경주도 이와 유사하긴 하지만, 시가지가 좀 더 산개되어 있어 이들 도시와 구별된다. 해주에서는 이미 도시의 북반부 전체가 많은 일본인 가옥들로 특징지어진다.

세 번째 유형에서는 이미 대규모 일본인 거주 지구가 p.543에서 기술된 특성으로 발달하였다. 구도심 지역에 대한 일본인 거주 지구의 위치에 따라 몇 개의 하위 유형이 나타난다. 두 번째 유형의 관점에서 변형된, 한국인 거주 지구와 직접 연계되어 있는 일본인 거주 지구가 가장 흔하다. 평양이 대표적인 사례로서, 일본인이 새로이 건설한 도시 지구가 남문과 중앙역 사이의 지역과 서부 지역을 차지하고 있다. 수원에서 구도심 지역의 남단과 변두리에 있는 기차역 사이의 지역을 차지하는 신시가지가 건설되기 시작하였다. 그러나 수원에서는 신시가지에도 많은 한국인이 거주한다. 함흥에서 좀 더 많은 근대적 변화가 진전되었는데, 일본인 상가가 좀 더 도심으로 확장되고 있는 반면, 북동부의 넓은 교외 지역에는 완전히 일본군 막사와 다른 큰 건물 및 일본인 가옥들이 들어서 있다. 성진(城津)에는 일본인 거주 지구가 항구에 위치하고, 그 바로 북쪽에 작은 한국인 취락이 위치한다. 두 번째 하위 유형에서는 일본인 취락이 한국인 거주 지구 사이의 중앙에 들어서 있다. 길게 뻗어 있는 전라남도의 도청소재지인 광주가 대표적인 사례이다. 끝으로 일본인 거주 지구가 때때로 한국인 취락과 완전히 분리되어 있는 경우이다. 마산이 좋은 사례이다.

이와 같은 사실은 부산에도 적용된다. 그러나 부산에서는 일본인 거주 지구가 오래전부터 전체 시설의 주요한 부분이 되었다. 간석지로 채워진 만의 북단에 자리 잡은 한국인 취락은 단지 하찮은 부속물에 불과하다. 따라서 부산은 일본인들의 기반이 훨씬 우세한 것으로 특징지어지는 네 번째 유형에 속한다. 이들 일본인 도시는 항상 직교하는 교차 지점들이 있는 계획 도로망으로 특징지어진다. 직사각형 주택 지구가 정사각형보다 좀 더 많다. 때때로 지형이 도시 계획을 갈라 놓는다. 이 경우 일본인 도시는 격자형 도로망의 방향과 간격에 따라 상이한 각 부분들로 이루어져 있다. 군산, 원산, 목포와 진남포(鎭南浦)가 이러한 사례이다. 따라서 이러한 유형은 주로 대규모 항구도시에서 나타난다. 인천도 이 유형에 속하기는 하지만, 현재까

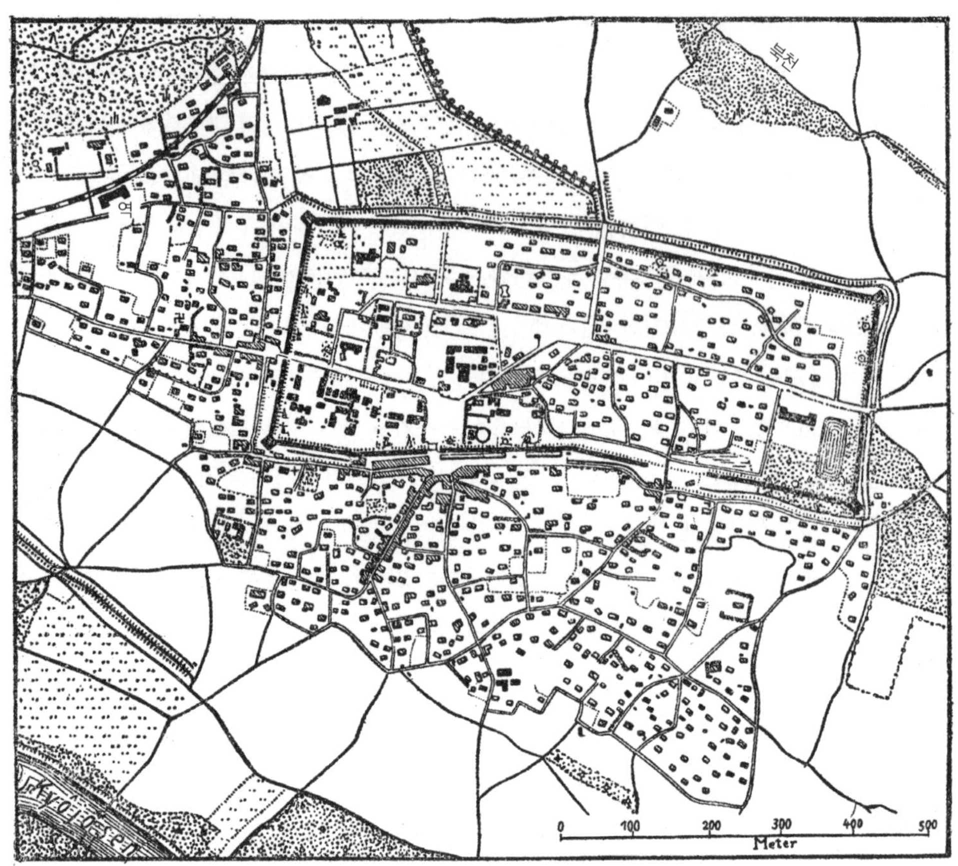

그림 54. 변모되지 않은 한국 도시의 사례, 경성(출전: 공식 시가도)

지도 도시 경관에 크게 그 영향이 남아 있는 유럽의 영향으로 인해 이들 도시와 구분된다. 대전은 범람원(Flußebene)에 위치하여 지형의 영향을 받지 않아 단 하나의 직교상의 도로망만을 갖고 있다. 나남도 이 유형과 유사하다. 그러나 나남은 지배적인 군사적 특성으로 아주 특수한 경우이다. 이 도시에 속하여 이로부터 지명이 유래된 한국인 취락은 대개 작은 어촌이거나 농촌이다. 이들 한국인 취락은 굴곡이 심한 소로로 직선의 도로망을 가진 일본인 도시보다 지형 조건에 좀 더 잘 맞는다.

마지막 유형은 전적으로 새로 설립된 일본인들의 도시이다. 이들 신도시는 신의주, 신안주, 송림, 흥남, 청진과 나진이다. 이들 도시에서는 거의 전체 도시가 직각의 새로운 블럭으로 지배된다. 압록강의 충적평야에 위치한 신의주는 도시 전체가 단 하나의 직교하는 도로망으로 이루어져 있다. 그에 반해서 청진은 다시 가능한 최대로 산악지형 및 해안의 형태에 따라야 하기 때문에 주요 간선도로도 곡선으로 달리며, 계곡으로 연장된 많은 개별적인 직사각형 블럭이 있다. 지역 부분에 포함된 도시계획도들은 지금까지 언급된 상이한 유형들에 관한 내용들을 입증해 준다.

수도 서울은 면적이 넓고, 일본의 영향을 매우 다양하게 받았기 때문에 앞에서 언급한 어느 한 가지 유형에 따라 구분되지 못한다. 서울의 일본인 도시는 일본의 순수한 특색을 그대로 옮겨 놓은 것이다. 서울 동부에는 반대로 훼손되지 않은 옛 한국을 그대로 나타내는 넓은 지구가 있다. 과거의 외교관 지구는 아직까지도 유럽의 영향을 그대로 보여 주고 있다. 도심지는 위에서 언급한 두 번째 유형을 뚜렷하게 나타낸다. 그에 반해서 북서부와 북동부에서 일본의 가장 오래된 대륙의 속령인 수도의 근대적인 건물들 옆에 옛 국왕의 궁궐과 정원이 확연히 일치하지 않게 서 있다.

9. 도로와 수송

국가의 경제 개발을 위해서는 수송체계의 근대화가 절대적으로 필요한 전제조건이다. 전체로서 오래된 국가와 개별 한국 가정의 제멋대로인 경제적 자급자족이 붕괴된 만큼 매년 증가하는 국내외 교역량과 동일한 정도로 늘어나는 승객 수송을 처리하기 위해서 효율적인 수송로와 항구가 건설되어야 하고, 이와 더불어 통신수단도 발달되어야 한다. 1910년대에 물론 군사적·정치적 필요성이 교통체계를 발전시킬 때 우선되었다. 그러나 매우 빠르게 경제적 중요성이 대두되었고, 오늘날 한국의 교통시설은 한국의 문명 증대뿐만 아니라 일본의 발전과 식민지 지배의 도구로서 이러한 모든 목적들에 동일하게 기여한다. 문화경관상(文化景觀像) 중에 다른 어느 분야도 대규모 수송 분야의 문화경관상만큼 전적으로 일본의 성취에 의해 지배되지 않았다.

거의 모든 곳에 산이 매우 많은 한국에서 근대적인 교통망을 구축하기 위해서는 매우 많은 재원이 필요하다. 따라서 조선총독부는 도로와 철도망을 한꺼번에 동일한 정도로 발달시킬 수 없었다. 전략적·정치적 이유 때문에 철도가 먼저 건설되었다. 따라서 몇몇 예외를 제외하고 저자가 한국에 있던 당시(1933년)에 **도로 건설**은 매우 열악한 상태였다. 일본의 강점기 초기에 건설된 많은 도로들, 심지어 1급 도로조차도 그 사이에 방치되었는데, 그 이유는 철도가 이들 도로와 평행하게 건설되었기 때문이다. 논농사 평야 지역에서는 이들 도로가 때로 주민들에 의해서 다시 경작되었다. 산악 지역에서는 도로가 풀로 덮이고 관목이 무성하게 자랐다. 절개된 도로 안으로 주위의 암석이 굴러 떨어져 있다. 그러나 이들 도로는 1:50,000 지형도에 표시되어 있으며, 이 지형도에는 원래 계획은 되어 있었으나 후에 전혀 건설되지 않았거나, 적어도 지도에 제시된 대로 건설되지 않은 도로도 포함되어 있다. 1:50,000 지형도에 나타난 도로들이 이보다 작은 축척의 지도로 이행되었다. 따라서 Linke(604, p.98 이하)처럼 이들 지도를 기준으로 한국의 도로망을 연구한 사람들은 분명히 잘못된 결과를 갖게 된다. 2급과 3급 도로는 현재 납세의무를 이행하지 않은 사람들의 강제부역으로 아직 개선되고 있다. 이러한 강제부역 방법은 옛 한국에서 전수된 것이다. 이 노동자들은 근처의 강이나 해변의 거친 자갈이나 대충 다듬은 예리한 모서리를 가진 돌층을 도로에 깔기만 한다. 도로용 롤러(roller)나 다른 기계 장비는 전혀 사용되지 않는다. 대신 차량들 스스로 길을 내야한다. 대체로 우마차나 자동차 폭의 2차선만이 이 돌 더미에 파인다. 도로들은 아주 널리 드물지 않게 고산의 토목공사 기술을 드러내는 매우 훌륭한 시설을 보여 주나 상태는 불량하다. 하천을 건너는 일이 특히 어려운데, 그 이유는 콘크리트나 목재로 된 교량이 너무 좁고, 낮게 건설되어 여름철 홍수에 이들 교량이 유실되기 때문이다. 또한 수없이 도로에 끼어 있는 나루를 건널 때 나룻배를 빈번하게 이용하는 데도 시간이 많이 소모된다. 최근의 조사 보고서에 기술된 바와 같이(XLVII, Jahrg. 1938) 여행하기 매우 어려운 이러한 도로 사정은 저자의 체류기간 이후에도 계속되고 있다. 주요 도시와 가장 가까운 철도역을 연결해 주는 지선 도로와 현재까지 철도 미부설지에서 철도의 역할을 대신하고 있는 직통로의 사정은 이보다 훨씬 좋은 편이다. 특히 이러한 직통로가 함경산맥과 태백산맥을 횡단한다. 그러므로 효율적인 도로 건설이 철도 건설보다 훨씬 뒤처져 있음을 부인할 수 없다.

한국 도로망의 권위자인 W. W. Taylor(667, p.42)가 강조한 바와 같이, 한국에서 도로 건설의 최대 시기는 1907~1912년의 기간이었다. 그는 모든 도로가 군사적 이유로만 건설된 것은 아니며, 이러한 이유로 건설된 도로조차도 동시에 경제적 목적으로 이용되고 있음을 정확히 강조하였다. 제1차 **도로건설계획**이 1917년에 끝났으며, 이를 통해서 총 2,700km의 도로가 생겼다. 1급 도로는 폭 7m 이상, 2급 도로는 5.5m, 3급 도로는 4m로 하였다. 후속 계획이 잇따라 시행되었는데, 이들 중 일부 계획은 빈민과 실업자들을 구제하려는 관점에서 시행되었다. 연보(VI 1938~1939년, p.148 이하)에 실린 통계에서 알 수 있듯이, 1938년 말까지 조선총독부는 도로 건설 및 개선에 총 120,000,000엔을 지출하였다. 2급 도로의 건설을 담당하고 있는 각 도와 3급 도로의 건설 및 유지를 담당하고 있는 군과 읍이 그 외의 자금을 지출하였다. 여름철 홍수에 대비하여 현재 매우 길고 견고하게 건설된 강을 가로지르는 콘크리트 교량 건설에 특히 많은 비용이 들었다. 이러한 교량 건설로 불편한 나루가 점차 대체되고 있다.

조선총독부 보고서에 따르면 1938년 말에 1급 도로는 모두 38개로 총연장 3,241km, 2급 도로는 97개에 9,966km, 3급 도로는 516개에 14,524km에 이른다. 이 밖에 금광과 중요한 산림지 연결 도로가 278km에 이른다. 따라서 이 보고서에 따르면 4년 전에 한국의 도로 총연장은 28,009km이며, **도로밀도**는 12.7km/100km²에 상응한다. 이는 포르투갈의 1/2 수준에도 미치지 못한다.

도로망이 확충·개선됨에 따라 공공 **자동차 교통**이 뚜렷하게 증가하였다. 이러한 버스노선과 화물노선은 주로 군청소재지나 규모가 큰 도시로부터 가장 가까운 기차역까지 달렸다. 다른 노선들은 전국에 걸쳐 수백 킬로미터나 뻗어 있으며, 이들 노선은 이 산악국가에서 지금까지 철도가 없는 곳의 교통을 담당한다. 정기 및 비정기 화물 및 여객노선들이 있다. 이들 노선의 총연장은 1938년에 31,183km였다.

이미 언급한 바와 같이 공식지도 상에 기입된 도로망이 여러 부분에서 현실과 맞지 않기 때문에 별도 80에는 1930년도의 **대중교통망**을 제시했다. 이 지도 상에서는 간선철도를 따라서 공공 자동차 교통이 없다는 사실이 뚜렷하게 나타난다. 따라서 철도와 도로 사이의 경쟁이 처음부터 배제되었다. 이러한 사실은 서울–대전–부산, 대전–목포, 서울–원산–함흥–나남–남양, 그리고 서울–평양–신의주 철도를 따라 달리는 도로에 특히 적용된다. 그에 반하여 이들 4대 간선철도 상의 매우 많은 역들은 지선도로로 주변 지역과 연결된다. 그 외에도 이 지도는 큰 장거리 도로들을 보여 주는데, 이들 도로 상에 한국의 기준으로 보아 매우 많은 트럭 교통량이 있다. 북부 지방에는 앞서 언급한 두 개의 간선철도와 연결되는 짧은 지선도로 외에 거의 이러한 장거리 도로만이 있다. 다음과 같은 장거리 도로가 특히 중요하다. 신북청(新北靑)–혜산(惠山)과 신갈파진(新乫坡鎭), 함흥–장진(長津), 그리고 신안주(新安州)–희천(熙川)–강계(江界)–금창동(金昌洞)과 자성(慈城). 중부 지방은 평양–성천(成川)–양덕(陽德)–원산, 서울–춘천(春川)–인제(麟蹄)–간성(杆城), 서울–횡성(橫城)–강릉(江陵)의 장거리 도로에 의해 횡단된다. 이들 장거리 도로는 서해안 지역의 대도시들을 동해안과 연결해 준다. 남부 지방에서도 많은 장거리 도로가 동서 방향으로 달린다. 이러한 도로는 다음과 같다. 청주(淸州)–문경(聞慶)–안동(安東)–영

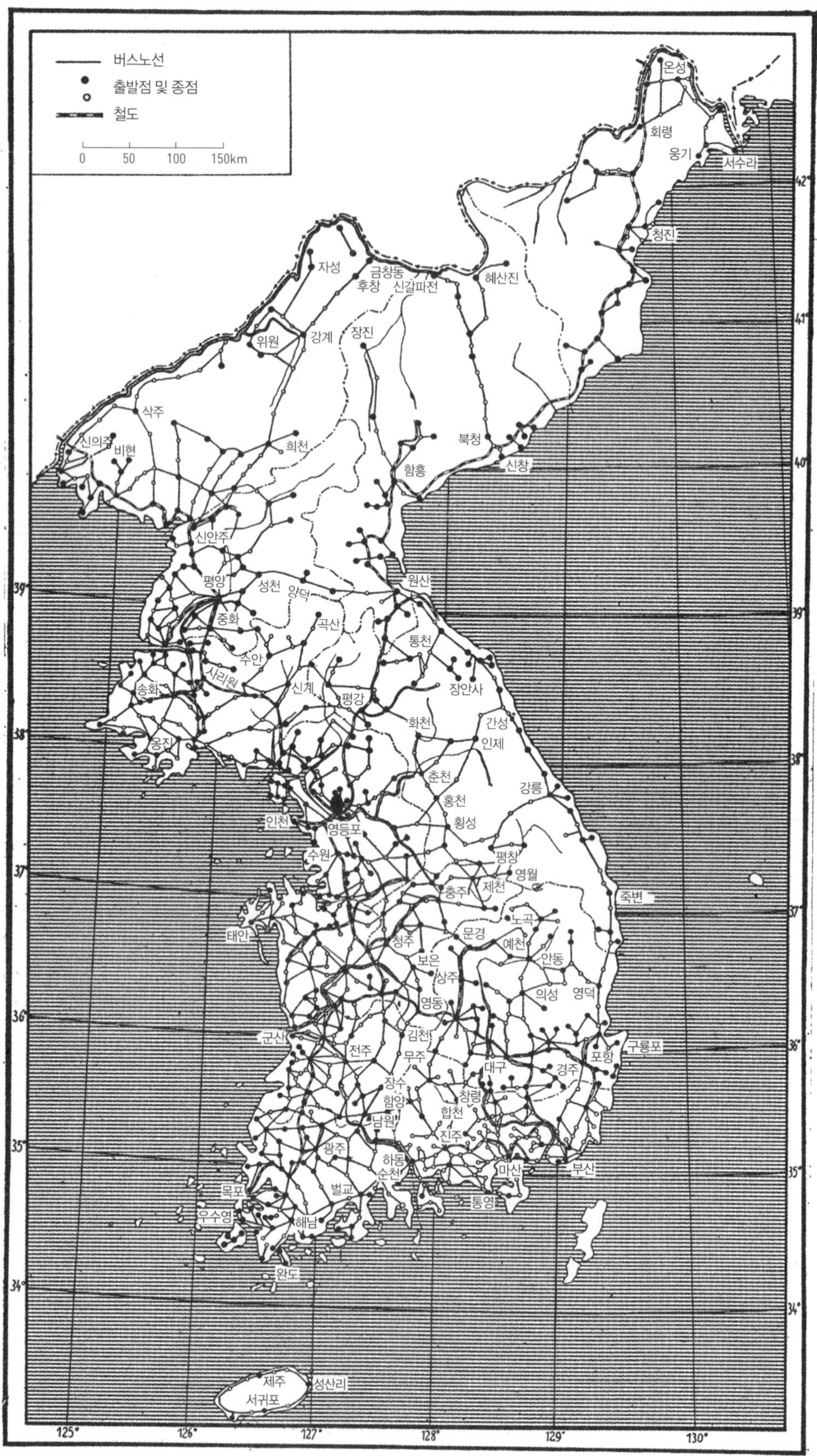

[별도 80] 교통망 1930년(출전: 조선총독부 경찰청 지도)

덕(盈德), 군산(群山)–전주(全州)–남원(南原)–진주(晉州), 우수영(右水營)–해남(海南)–벌교(筏橋)–하동(河東)–진주–충무(忠武). 그러나 남부 지방에는 다음의 몇몇 중요한 남북 방향 도로도 있다. 마산(馬山)–창녕(昌寧)–대구(大邱)–안동–노곡(魯谷), 진주–거창(居昌)–김천(金泉), 문경–남원–장수(長水)–영동(永同)–보은(報恩)–청주. 끝으로 철도가 완전히 부설될 때까지 동해안을 따라 달리는 포항–영덕–강릉–간성–원산의 도로가 특히 매우 중요하다.

대체로 공공 자동차 노선망은 인구밀도 및 도시밀도와의 밀접한 관련성을 나타낸다. 공공 자동차 노선망은 남부 지방과 서해안 전 지역에서는 조밀하고, 태백산맥 지역에서는 간격이 넓으며, 개마고원과 그 서부 인근 지역에는 대단히 빈틈이 많다. 도로밀도가 가장 높은 곳은 한편으로는 경상분지의 남반부와 다른 한편으로는 남부 지방의 서해안 주변부이다. 각 도로의 경로는 산지가 많은 나라에서 자연히 지형과 밀접한 관련을 나타낸다. 지역 부분에서 이에 대한 많은 사례들이 제시되었다. 언제나 가장 낮은 재들은 주요 산맥들을 횡단하는 데 적절하고, 구조곡은 매우 빈번하게 긴 구간의 도로 건설을 용이하게 한다.

조선에서 **철도 건설**은 20세기로의 전환기 직전에 시작되었다. 1896년에 요코하마(橫濱)에 체류하던 미국인 기업가 J. R. Morse는 조선의 왕(고종)으로부터 제물포–서울 간 철도부설권을 얻었다. 쇄국정책을 포기한 후에 번창하는 수도와 인근 조약항구 사이의 교통량은 크게 증가하였으나, 한강 하구의 수로(水路)는 매우 많은 교통량을 처리하지 못하였다(p.397). 경인철도 건설 공사에 있어서 용산 부근에서 한강을 도강하는 것을 제외하고는 아무런 지형적인 장애도 없었다. 이 철도 구간은 길이는 짧지만(39km), 이후의 철도 발달에 매우 중요한 의미를 가졌다. Morse는 미국식 철로와 차량을 사용하여 한국에 표준궤도(Normalspur)를 도입하였다. 한국에서 이후에 건설된 대부분의 철도는 표준궤도인 반면, 일본은 협궤(狹軌)를 가졌다. 1900년 경인선이 완공되기도 전에 이 철도는 일본인 회사의 소유로 넘어갔다. 따라서 일본은 적절한 시기에 서양 자본이 이와 같은 결정적인 수송 분야에 침투하는 것을 봉쇄하였다.

고종은 두 개의 다른 부설권을 넘겨 주었다. 또한 1896년에 고종은 중국으로 가는 구사신로(使臣路)를 대체하려는 의도로 서울–의주 간 철도 부설권을 프랑스 회사에 위임하였다. 프랑스인들은 선교 활동을 통해 한국에서 상당한 영향력을 갖게 되었다. 그러나 이 프랑스 회사는 자금이 부족하여 자기 회사에 부여된 부설권을 늦게 시작하여 지연시키고 있다가 결국은 조선 정부에 반환하였다. 그에 반하여 서울–부산 간 철도 부설은 1898년에 처음부터 일본인 회사인 경부철도주식회사(京釜鐵道株式會社, Keifu-Railway Co.)에 위임되었다. 계약서상에 경부선은 표준궤도라고 명시되었다. Preyer는 1914년까지 한국에서의 철도건설 역사에 대해 탁월하고 해박한 연구를 하였다(673). 한국의 전체 철도건설사는 조선총독부 철도국의 공식 안내서에서 간략히 다루고 있다(669).

경부철도주식회사는 1901년에야 비로소 **경부선**(京釜線)을 건설하기 시작하였다. 1904년 2월에 러일전쟁이 발발했을 당시 경부선은 전체 구간의 3/4이 완료되었다. 나머지 구간은 최고의 속도로 부설되었다. 1904년 12월 말에 최초의 기차가 450km의 구간을 달렸다. 경부선은 서울부터 서해안 주변부에서 큰 지형적 장애 없이 대전까지 달린다. 그러나 소백산맥을 넘어야 한다. 이것은 가장 낮은 재인 추풍령(秋風嶺: 254m)에서 일어난다. 기술적으로 가장 어려운 공사 구간은 대구–밀양(密陽) 사이에 위치한다. 이 구간에서 1,220m나 되는 긴 터널을 분수령 밑에 뚫어야 했다. 깊게 개석된, 때로 크게 범람하는 낙동강 최하류를 따라가는 삼랑진(三浪津)부터 양산(梁山)까지의 구간에서도 수많은 값비싼 인공구조물이 필요했다. 경부선에는 총연장 7,300m의 24개 터널과 낙동강과 금강에 400m 이상의 철도교가 2개 있다. 경부선은 1938년에 복선화 공사가 시작되어 1940년에 완공될 예정이다. 반면에 한국의 다른 모든 철도는 현재까지 단선이다. 경부선은 한국에서 가장 중요한 철도이다. 경부선은 수도를, 크게 발달한 한국의 남반부를 대각선으로 가로질러 일본으로의 횡단을 이어 주는 관문인 한국 제일의 항구와 연결한다.

러일전쟁이 발발한 후에 경부선의 북부 연장선인 **서울–신의주**(경의선, 京義線) 간 철도가 우선 몹시 급하게 협궤로 부설되었다. 이 501km의 구간은 1904년 3월부터 1905년 4월까지 놀라우리 만큼 단시일 내에 완성되었는데, 이는 젊은 일본 철도 부대원들의 탁월한 공적이었다. 대동강과 청천강은 처음에는 나룻배로 건너야 했으며, 철도가 전적으로 서해안 주변부를 달리기 때문에 서해로 유입하는 수많은 하천을 제외하고는 극복되어야 할 실질적인 장애물은 없었다. 동시에 우선 마찬가지로 협궤로 부설된 안둥(安東, 현 지명: 단둥, 丹東)–무크덴(Mukden[19], 현 지명: 셴양, 瀋陽) 간 철도와 함께 이 군용철도는 만주에서 전투 중인 일본 육군에게 보급품을 운송하는 중요한 역할을 하였다. 러일전쟁 후 경의선도 표준궤도로 개조되었으며, 그중의 여러 구간도 개선되었다. 동시에 압록강을 가로질러 신의주와 안둥을 잇는 942m의 긴 교량이 건설되었다. 이 공사는 1911년에 완공되었다. 그 이후로 한국의 전 길이를 종단하는 966km의 신의주–서울–부산 간 '한국의 간선철도'는 유라시아 철도망의 한 부분이 되었다. 러일전쟁 발발 때까지 이 철도는 유럽과 일본을 연결하는 가장 중요한 대륙의 마지막 철도구간이었다. 하루에 두 번

19 역자 주: 무크텐(Mukden)은 봉천(현 지명: 셴양, 沈陽)을 가르키는 만주어라 한자로 표기할 수 없다.

씩 부산–무크덴(무크덴–신킹(新京, 현 지명: 창춘, 長春)–베이징(北京)) 간을 양방향으로 특급열차가 운행하며, 간간이 고속 호화열차도 운행한다. 부산에 시모노세키로의 직항로가 있다. 현재도 한국의 간선철도는 일본과 만주를 연결하는 가장 중요한 철도이다.

마찬가지로 러일전쟁 중에 마산–삼랑진 간의 지선철도가 부설되었으며, 125km 길이의 청진–회령 간의 철도도 군당국에 의해서 우선 협궤로 부설되었다. 이 구간에서는 막노동꾼들이 화차를 밀었다. 이것으로 순전히 군사 목적으로 일본인들이 건설한 철도가 열거되었다. 극히 최근에 와서야 다시 한국의 북동부 지역에서 철도를 부설하는 데 전략적 관점이 부각되었다. 따라서 Linke(604p. p.95 이하)가 일본인들이 부설한 모든 철도를 경제적 측면을 무시한 채 **전략 철도**로만 평가한 것은 잘못되었다. 오히려 한일합방 직후부터 철도건설에 있어서도 한국의 **경제 개발의 관점**이 우선되었다. 1906년부터 일본국유철도에서 관장해 온 철도 관리는 조선총독부로 넘어갔다. 다만 일부 지선만이, 특히 경부선에서 북동쪽으로 달리는 지선철도와 황해반도로 가는 길을 연 다른 철도들만이 개인회사에 일임되었다.

일본인들이 한국에서 철도를 건설한 제1차 전성기는 1914년에 끝났다. 이 해에 두 개의 다른 주요 철도, 즉 추가령열곡의 전 구간을 따라 달려 수도와 동해를 연결하는 서울–원산(경원선: 223km) 간 철도(p.421)와 한국의 최대 미작 및 면화 재배 지역을 관통하는 대전–목포(호남선: 284km) 간 철도가 완공되었다.

최근의 대규모 철도 건설은 특히 북부 지방으로 가는 길을 열기 위한 것으로, 이 지역에서 지형적 장애 요인이 가장 크다. 가장 중요한 철도 노선으로는 평양–순천(順川)–강계–만포진(滿浦鎭) 구간(1931~1939년, 320km), 원산(元山)–회령(會寧) 간의 함경선(1917~1928년, 625km)과 회령–남양–웅기–나진 간의 두만선(1928~1935년, 240km)이 있다. 이들 철도 노선은 만포진과 남양에서 새로운 교량으로 압록강과 두만강을 건너 만주의 철도망과 연결된다. 1933년 신킹–남양 간의 만주선이 완공됨으로써 한국 북동단의 철도가 만주의 수도와 일본열도를 동시에 연결하게 되었다(p.282). 그 결과로 조선총독부는 총연장 346km의 이 철도를 남만주철도주식회사(南滿州鐵道株式會社)의 관할로 넘겨 주었다.

1927년 일본 의회는 한반도의 철도망 확장을 위한 **12개년계획**을 결정하고 이에 소요되는 자금을 제공하였다. 이 계획에는 평양–원산(평원선: 214km) 간 횡단철도와 안변(安邊)–포항(浦項)(동해선: 478km) 간 철도 완공이 포함되었다. 같은 법안은 338km에 이르는 한국 사철(私鐵)의 구입(국유화)도 결정하였다. 그 외에도 서울–부산 간 제2 경부선의 건설도 준비되었다. 이 노선은 중부 지방과 남부 지방의 내륙 산악지대를 통과하는 것이다. 그러나 1941년 태평양 전쟁의 영향으로 철도망 확충은 광업과 공업 발전을 위하여 일시적으로 보류되었다.

1939년에 한국 철도망의 총연장은 5,411km로, 이 중 4,177km가 국철(國鐵)과 남만주철도주식회사에 의하여 운영되는 구간이고, 1,234km가 사철이었다. 따라서 평균 **철도밀도**는 2.5km/100km²로서 아시아 국가들의 기준으로 볼 때는 상당히 높은 수치이며, 여러 유럽 국가들의 철도밀도에 단지 조금 뒤질 뿐이다(예: 포르투갈 3.5km/100km²). 그럼에도 불구하고 지금까지 철도는 조선총독부의 대규모 경제개발계획을 위해서 아직 충분하지 못하다. 국철 중에서 235km는 0.762m 폭의 협궤이고, 나머지는 모두 표준궤도이다. 국철에는 모두 558개 역이 있다. 그러므로 역 사이의 평균거리는 약 7.5km이며, 이는 한국의 협소성 및 조밀한 인구밀도에 적합하다. 철도에는 33,000명의 직원이 종사하는데, 이 중 14,000명이 한국인이다. 따라서 일본 공무원이 다수를 차지한다(p.540). 아래의 표는 지금까지 기술된 철도 발달에 관한 개관이다(VI).

국철의 발달

연도	길이 (km)	절대치			1km 구간당		
		승객 수 (백만 명)	화물 (백만 톤)	수입 (백만 엔)	승객 수 (명)	화물 (톤)	수입 (엔)
1911	1,078	2.0	0.9	4.1	1,877	824	3,799
1920	1,851	12.4	3.2	28.8	6,705	1,721	15,568
1930	2,792	20.7	5.9	36.8	7,396	2,126	13,188
1939	3,831	45.1	13.9	95.1	11,760	3,634	24,832

이 수치들을 통해 한국의 국철과 그 사업의 절대적·상대적 성장에 관한 내용을 명확히 알 수 있다. 국철의 사업은 절대적 측면에서뿐만 아니라, 단위 거리에서도 모든 면에서 매우 빠르게 증가하였다. 1930~1939년 사이의 상승이 특히 인상적이다. 이 기간 동안 국철의 사업은 절대수치상으로 2배 이상 증가하였고, 1km 구간당의 수입도 약 50~90%나 증가하였다. 여기에 사철까지 포함시킨다면, 1939년 한 해 동안 철도를 이용한 승객 수는 56,600,000명, 화물 운송량은 16,800,000톤, 그리고 철도 수입은 105,400,000엔에 이른다. 이 수치에는 북동부 지방의 철도가 포함되지 않았다. 이 수치까지 포함한다면 위의 수치는 적어도 약 10% 정도 증가할 것이다. 승객의 대부분은 한국인이다. 역명(驛名)은 이 점을 고려하여 표시되었다. 역명은 모든 역 표지판 중앙에 한자로 표기되었고, 좌측에는 히라가나로 일본어 발음을, 우측에는 한글로 한글 발음을, 하단에는 알파벳으로 일본어 발음을 표기하였다.

한국의 **철도망**은 북서쪽, 북쪽, 남동쪽, 남쪽으로부터 서울에서 수렴하는 네 개의 간선철도로 이루어져 있다. 두 개의 남부 간선철도는 이미 대전에서 합류하나 호남선의 승객과 화물은 이 합류점에서 경부선으로 인계된다. 이들 네 개의 간선철도는 대부분 이미 1914년에 완전히 부설되어 철도망의 기본 특성에서 **구심적 특성**이 가장 오래된 특징으로 나타난다. 이러한 특성은 현재 건설 중에 있는 부산과 서울 사이 제2 경부선에 의해 더욱 강화될 것이다. 이러한 철도의 구심적인 특성을 완성시키기에는 강릉 부근의 동해안 중부에서 춘천을 경유하여 서울에 이르는, 현재까지 자동차 교통으로 대체된 철도만이 없다. 철도 발달의 후기 단계에는 간선철도로부터 내륙을 연결하는 **지선철도** 건설의 중요성이 증가하였다. 간설철도들은 한반도의 항구들과 지선으로 연결된다. 평양–진남포, 이리(裡里)–군산, 순천–여수, 경주–포항을 연결하는 지선들과 이미 기술된 서울–인천 간의 철도가 특히 중요하다. 현재 철도로 연결되지 않은 주요 항구는 없으며, 실제로 항구의 발달은 철도의 연결로 비로소 가능하게 되었다. 현재 건설 중인 주요 노선들도 **외곽 지역과의 연결의 필요성**을 고려한 것이다. 이러한 외곽 철도로는 원산–포항 간의 동해선과 송정리–보성–순천–진주–마산 간의 남해선이 있다.

쇄국정책 시기 동안 조선에는 인공구조물이 없는 어항들만이 있었다. **국제항구**가 없었는데, 그 이유는 정부가 외국과의 교역을 금지했기 때문이다. 1876년 개국(강화도조약)과 더불어 국제항구가 개설되기 시작하였다. 이 해부터 조약항구의 수가 꾸준히 증가하였다. 그러나 조선 정부는 이들 항구를 개발하려는 노력을 거의 하지 않고, 모든 것을 외국인 특히 일본인들에게 위임하였다. 한일합방 이후에는 당연히 모든 항구가 일본인들의 선박에 개방되었다. 그러나 외국인 선박에 대한 개방은 조약항구(개항장)에만 계속 제한되었다. 조약항구의 수는 그 이후로 변하지 않았다. 마산은 제외되고, 최근에 나진이 추가되었다. 한국의 큰 항구는 모두 조약항구들이다. 그 이유는 외국 선박들이 처음부터 가장 유리한 입지를 찾아냈고, 한일합방 이전 한 세대의 기간에 가능성이 모두 고갈되었기 때문이다. 현재는 웅기, 나진, 청진, 성진, 원산, 부산, 목포, 군산, 인천, 진남포, 용암포, 신의주 등 12개의 조약항구가 있다.

엄청난 해안선의 길이에도 불구하고 우수리 지역과 만주의 인근 해안들과 달리 겨울철에 부동(不凍)이나, **유리한 항구의 입지**가 드물다(p.180). 서해안에서는 큰 조차(潮差), 빠른 조류, 암초, 이동하는 해저사주, 낮은 수심, 작은 섬과 안개일수가 많은 위험한 항로가 항구 입지의 장애 요인이다. 동해안은 함경산맥과 태백산맥에 의해 내륙으로부터 단절되어 있기 때문에 이들 지역의 항구는 충분한 배후지를 갖기가 곤란하며, 그 외에도 한반도 동쪽의 경사가 급한 요곡해안(撓曲海岸, Flexurküste)에는 적절한 만들이 없다. 그에 반해서 남해안의 만들은 대부분 그 끝부분이 간석지로 채워져 있다. 따라서 그 가능성이 처음부터 일부 적절한 지점에 한정되어 있으며, 이러한 불리한 자연 조건을 완화하기 위해서는 자주 견고하고 건설 비용이 많이 드는 구조물이 필요하다.

가장 유리한 구간은 낙동강 하구의 양안에 위치한다. 이곳을 본서에서 **낙동강 관문**이라 명명하였다(p.60). 이곳이 항구 건설에 유리한 이유는 p.468에서 지적되었다. 작은 조차는 수심이 깊은 만, 아주 넓은 자연 배후지와 일본 대안(對岸)과의 근접성과 결합된다. 따라서 일본이 한반도에 영향을 미치기 시작한 후에 부산이 한반도의 제1의 항구가 된 것은 우연이 아니다. **한국 해안의 최북동부**도 이와 유사한 장점을 제공하고 있다. 그러나 이 지역의 만들은 중국과의 국경이 해안으로부터 55~75km의 거리에 있고, 만주가 저개발 상태인 한 배후지를 갖고 있지 못하다. **원산항**은 추가령열곡과 한국주산맥 원산호(Genzanbogen)의 비교적 낮은 재를 통해 서울과 평양, 심지어 남만주까지 그 배후지를 개발할 수 있는 가능성을 가지고 있다. 동시에 넓은 만은 훌륭한 정박지로서의 기회를 제공하고 있다.

남부 지방이 일본에서 필요한 생산물의 일급 수출 지역이 되자 그에 따라서 남해안과 일본의 대안(對岸) 사이에 교통량이 증가하게 되었다. 그러나 앞서 기술한 지형적·수문지적 조건 때문에 대규모 시설을 갖춘 항구를 건설하기가 어려웠다. 충무, 여수, 목포는 멀리 반도의 끝 부분에 위치한다.

서해안에 항구가 많은 것은 자연적인 편의성(便宜性) 때문이 아니라, 이들의 배후에 인구와 도시가 가장 많고, 가장 생산성이 높은 지역이 입지한 결과이다. 개항 이전 전 기간 동안 서해안은 활기가 없었으며, 제1부에서 항시 강조된 바와 같이 중국과의 활발한 문화 또는 전쟁의 접촉도 대부분 육로로 멀리 우회하여 일어났다. 외국인과 특히 일본인들과의 접촉으로 비로소 이 위험한 서해안은 활기를 되찾았다. 신의주-용암포, 안주(安州), 진남포, 군산-장항(長項)은 서해안의 하구에 위치한 항구들이다. 한반도에서 가장 큰 강인 한강 하구는 수심이 너무 얕고, 조차가 너무 크며, 홍수가 너무 심해서 수도의 서해 항구들도 하구 항구로서 발달할 수 없었다. 그 대신에 수도의 서해 항구가 인천이 되었다. 인천은 한국에서 가장 어려운 입항 및 항구 조건을 가지고 있으나 수도와 근접해 있기 때문에 시간적으로나 순위로 한국에서 두 번째로 큰 항구가 되었다.

위에서 언급한 항구들은 최우선적으로 해외무역을 위한 무역항이다. 그 외에도 거의 모든 항구들은, 예를 들어 청진과 같이, 매우 주요한 어항이다. 그러나 여기서 어항에 대해 또 다시 언급할 필요는 없다(p.600). 일본인들은 그들이 영향을 미치기 시작한 첫해부터 무역항에 **대규**

모 시설의 건설 사업을 수행하였다. 을사보호조약 당시 이미 이들 중 11개 항구에서 공사가 시작되었다. 한일합방 후에는 조선총독부가 이 공사를 인수하여 훨씬 더 대규모로 공사를 계속하였다. 모든 주요 항구에 하역 시설과 철도의 측선(側線)을 갖춘 현대식 부두가 건설되었다. 많은 항구, 특히 서해의 항구에서는 부단한 준설 작업을 통하여 항로가 좀 더 깊은 수심을 유지하고 있다. 그러나 물론 현재까지 흘수(吃水)가 깊은 증기선이 직접 부두까지 들어올 수 있는 항구는 몇 개에 불과하다. 나진, 청진, 부산과 인천이 이들 항구에 해당한다. 대부분의 항구에서 이들 증기선은 항외정박지(港外碇泊地)에 정박해야만 하고, 육지로의 수송은 바지선을 통해 이루어지는데, 이것은 동아시아에서 노동력이 저렴하기 때문에 유럽과 같이 큰 부담이 되지 않는다. 그러나 항외정박지는 대부분의 경우 길고 값비싼 방파제를 통해서 거친 파도로부터 보호된다. 서해안에서 엄청난 조차로 인한 어려움은 인천에서 선거(船渠)를 통해서 극복되고, 군산에서 부두 전면의 큰 수상 플랫폼(Schwimmponton)을 통해서 극복되었다(p.499).

조선총독부는 또한 해안의 항로 표지에서도 많은 일을 수행하였다. 등대 건설은 이미 1903년에 이전(대한제국) 정부하에서 시작되었다. 1906년에는 이미 53개의 등대가 있었다(682). 그러나 이 숫자는 남해안과 특히 서해안이 얼마나 위험한가를 생각한다면 아직도 너무나 적다. 전체 해안의 길이에서 330km마다 등대가 하나씩 있는 셈이었다. 현재는 총 370개의 항로 표지가 설치되어 있는데, 등대가 195개, 형상 표지 146개, 음파 표지 29개로 현재 해안의 길이 90km마다 등대가 하나씩 설치되어 있다(IV). 지도 4에는 한국에서 가장 중요한 81개 등대의 위치와 도달 거리가 포함되어 있다(683). 이들 등대의 도달거리는 65km나 된다. 당연히 서해안과 남서해안의 등대가 특히 잘 밝혀 준다. 그에 반해서 항구가 없는 한반도의 동해안은 항로 표지도 빈약하다. 근래에 수송의 중요성이 빠르게 증가하고 있는 한국의 북동 해안은 다시 대부분 도달 거리가 짧은 등대이기는 하나 좀 더 좁은 간격의 등대를 보여 준다. 서해안과 남해안 주변부에는 종종 흰색을 칠한 등대들이 높은 돌심의 징싱부에 시 있이서 그것으로 이 지역의 내진(內進)해안 경관의 랜드마크가 된다(459와 460의 스케치).

항구 건설과 철도 연결은 일본인들의 신중하게 고려된 계획에 따라 진행되어 배후지를 놓고 벌이는 경쟁이 전혀 나타나지 않았다. 한국 북동단의 서로 인접한 세 개 항구에서조차 배후지 경쟁 문제가 발생하지 않았는데, 그 이유는 지난 10년간 이 지역에서 운송량이 엄청나게 증가하여 각 항구마다 자기 몫을 처리하기에도 힘겨웠기 때문이다. 이들 항구는 무엇보다도 남동 만주에서 일본으로 가는 화물과 여객의 통과 항구이며, 이들 항구의 배후지는 멀리 하얼빈(哈爾濱)과 신킹까지 확대된다. 이는 특히 웅기와 나진항에 적용된다. 청진에서는 한국의 생산품,

특히 광산물, 목재, 어류와 공산품의 수출 비중이 매우 크다. 이는 함경남도의 항구들, 특히 성진, 신창(新昌), 서호진(西湖津)에도 똑같이 적용되는데, 이들 항구의 배후지는 개마고원뿐이다. 원산은 중부 지방 전체의 동해안 항구로서 그 배후지는 남만주까지 이른다. 포항은 경상북도의 작은 배후지만을 갖는다. 부산의 세력 범위는 화물 수송 면에서는 한반도 전역을 포괄하며, 여객 수송 면에서는 한반도 전역뿐만 아니라 만주의 대부분 지역을 포함하고, 심지어 평화 시에는 유럽까지 확대된다. 마산은 인위적으로 억제되었다. 남해안의 다른 항구들은 풍요한 인접 배후지에만 기여한다. 목포는 한국 제일의 면화 수출항이며, 군산은 제일의 쌀 수출항이다. 인천의 배후지는 대안(對岸)인 동해안에 무역항이 없기 때문에 동쪽으로 태백산맥까지 이른다. 그러나 인천은 무엇보다도 수도의 여객과 화물 항구이다. 진남포는 평양에 대해서 이와 똑같은 역할을 한다. 그러나 진남포는 인천의 역할보다 좀 더 광범위하다. 진남포에서는 대동분지와 재령 분지에서 생산된 풍부한 광산물, 농산물과 공산품의 대부분을 선편으로 수송한다. 신의주는 주로 압록강을 따라 뗏목으로 내려온 목재를 운송한다. 그러나 이제 곧 압록강이 국경하천의 성격을 완전히 상실하고 바다에서 내륙으로 들어가는 관문이 되면 신의주와 그 대안에 있는 안둥의 역할은 다양해질 것이다.

모든 항구의 해상 운송량의 거의 대부분은 일본으로 간다. 거의 모든 해상 운송은 정기 화물선 및 여객 증기선으로 일본과 연결된다. 그 외에도 한국 북동부의 항구들은 비록 적은 양이지만 블라디보스토크와 연결되며, 서해의 항구들에서는 지난 몇 년간 중국 내 일본 점령지와의 수송이 크게 증가하였다. 태평양전쟁 전에는 유럽과 미국의 증기선들이 가끔 조약항구들에 기항(寄港)했으나 이 연결은 그리 빈번하지 않았다. 한국의 외국과의 해상무역의 대부분은 일본 선박에 의해 주로 일본이나 상하이(上海)로 간다. 모든 항구들은 동시에 한국 내의 연안 항해의 항구이다. 연안 항해는 또한 수많은 작은 지역들에, 특히 큰 항구가 없는 한반도 동해안의 작은 지역에 기항하여 큰 항구의 지선 역할을 담당한다. 제주도는 목포를 경유하여, 울릉도는 죽변을 경유하여 한반도와 연결된다(지도 1).

부산과 시모노세키(下關) 사이의 정기 여객과 화물 수송은 조선총독부 철도국 소속으로 1936년과 1937년에 취역한 화물증기선 공고마루(金剛丸)와 고안마루(興安丸: 7100톤 급) 두 대로 하루 2회 운행된다. 1937년에 여수와 시모노세키(下關) 사이를 매일 운행하는 선편도 생겼다. 그 외에도 한국 해역에서 8개의 일본 선박회사가 운영되고 있는데, 이들 중 가장 중요한 회사는 니폰유센카이샤(日本遊船會社)와 오사카상선회사(大阪商船會社)이다. 23개 취항노선은 조선총독부의 지원을 받으며, 21개 노선은 도청, 8개 노선은 기타 공공기관의 지원을 받는다. 끝으로 순수한 개인 소유의 대부분 단거리 연안 노선이 203개가 있다(305). 한국의 항구에 선적(船籍)을 두고 있는 증기선의 수는 1919년에 87척이었으나, 1937년에는 568척이었으며, 총톤수는 각각 35,700톤과 91,100톤이었다. 따라서 비록 한국의 총톤수는 아직 매우 작지만 꽤 크게 증가했다. 개별 증기선의 등록 톤수 역시 매우 작다(각각 410톤과 160톤). 해운에 취항 중인 범선의 수는 483척 16,400톤에서 1,065척 40,408톤으로 증가하였다(VI). 따라서 총톤수에서 범선의 비율이 아직 30%에 달한다. 1938년 총톤수 14,200,000톤의 13,062척의 증기선이 한국의 항구에 기항하였다. 이들 선박 중 89%, 총톤수의 86%가 일본 선박이었다. 또한 범선 26,275척 510,000톤이 한국의 항구에 기항하였다. 범선 수의 45%만이 일본과 한국 선적(船籍)이었다. 그러나 범선 톤수의 76%가 일본이나 한국 선적이었다(XLIII). 외국 범선은 아마도 대부분이 소형 중국 범선이었을 것이다. 저자는 각 항구에 기항한 선박에 관한 통계를 가지고 있지 않다. 각 항구별 교역은 지역 부분에서 제시되었다.

해상 운송과 전혀 다르게 **하상 운송은** 일본인들에 의해서 크게 발달하지 못했다. 그 이유는 앞에서 기술한 한국 하천들의 특성 때문이다. 하천들의 특성은 매우 제한된 범선의 운행만을 가능하게 하며, 이는 현재에도 옛 한국과 같은 방법으로 운행되고 있다(p.265). 한국에서 가장 긴 강인 압록강에서만 일본인들은 p.352에서 기술된 프로펠러보트를 700km의 길이에서 운행하고 있다. 그 외에도 삼림의 합리적 이용을 위하여 경동지괴의 서해 사면(Gelbmeerabdachung) 상의 하천들에서 뗏목이 대규모로 운반되었다. 일본, 한국, 중국의 뗏목은 p.324, p.346, p.363에서 기술한 방법으로 엮는 방법이 서로 다르다. 그런데 일본의 뗏목과 동일한 형태의 뗏목이 Yünnan에서도 다시 나타난다(P. Deffontaines, L'homme et la forêt. Paris 1933[6]. pp.114-115의 사진).

해상 교통과 마찬가지로 **항공 교통**도 한국을 국경 넘어로 연결한다. 항공 교통은 한국에서 심지어 대부분 그러하다. 국내선 항공 교통은 적은 여유만이 있다. 한반도 전역은 일본 항공이 담당한다. 민간 항공은 1929년 일본인에 의해 시작되었다. 현재 한국에는 민간 공항이 6개 있는데, 울산, 대구, 서울-영등포, 평양, 신의주와 청진에 있다. 야간에 회전하며 빛을 발산하는 착륙 방향 지시탑이 위에서 언급한 5개의 공항을 지정하는 선을 따라서 울산, 황간(黃澗), 대전, 천안, 서울, 사리원(沙里院), 평양, 정주(定州), 신의주에 있다. 1940년 비행시간표에 따르면, 도쿄에서 출발하여 후쿠오카-울산-서울-칭다오(青島)를 경유하여 베이징(北京)까지 매일 11시간 20분간 항로 비행을 한다. 서울에는 무크덴-신킹과 다이렌(大連, 현 지명: 뤼다, 旅大)으로의 연결항로가 있다. 후쿠오카와 울산 사이에서 항로는 시모노세키, 이키(壹岐), 쓰시마 섬과 부산–마산을 잇는 비행 금지 구역을 우회한다. 그 외에도 도쿄와 서울 간의 요나고(米子)를 경유하는 5시간 걸리는 직항로가 있다. 끝으로 1937년부터 독일산 장거리 여객기가 도쿄와 신킹 사이를 청진에 중간 기착하며 5~7시간 비행한다(지도 4).

통신에 관해서도 지역별로 세분화된 자료가 없기 때문에, 지리적 고찰을 완전히 효과적으로 할 수가 없다. 최초의 일본 우체국은 개항이 되던 해(1876년)에 부산의 일본인 지구에 설치되었다. 1896년에 조선 정부는 자체적으로 유럽식 모델로 우정국(郵政局)을 설립하였다. 을사보호조약이 체결된 해(1905년)에 한국에는 427개의 한국 우체국과 89개의 일본 우체국이 있었다. 1938년 조선총독부가 관할하는 우체국 수는 1,183개로 증가하였고, 444,000,000건의 편지를 배달하였다.

전보는 1884년에 부산과 시모노세키 사이에 최초의 해저 케이블 건설로 시작되었다. 전보는 처음에는 외국인들이 관장하였는데, 1910년에야 일본인들이 이를 넘겨 받았다. 현재 수많은 전신 케이블들이 한국 남해안 및 여타 지역으로부터 일본으로 가설되어 있다. 1894년 조선 정부는 최초의 육상 전신 케이블을 서울에서 구사신로(舊使臣路)를 따라 의주까지 가설하였다. 1905년 한국에 44개의 전신국이 있었다. 1938년까지 그 수는 1,019개로 증가하였다. 총연장 51,624km의 전신 케이블을 통해 10,000,000통 이상의 전보가 전달되었다.

1902년 서울과 인천 사이에 최초로 전화선이 가설되었다. 1905년에는 16회선, 1911년에는 828회선, 그리고 1938년에는 총 12,969회선의 시내와 장거리 회선이 있었다. 당시 전화선의 총연장은 281,264km에 달했다. 전화대 수 53,306대에 303,000,000통의 전화 통화가 이루어졌다. 직통 전화가 서울에서 도쿄와 하얼빈(哈爾濱)까지 도달한다(VI, XLIII). 전화선과 전신선은 주로 철도망을 따른다. 그리고 새로운 통신선의 개통은 매우 빈번하게 새로운 철도의 개통과 직접 관련이 있다. 중유럽에서 일반적인 것과 같이 도로를 따라 세워진 전신주는 한국에서는 예외이다.

최초의 라디오 송신시설은 1923년 서울 부근에 설치되었다. 뒤이어 청진, 진남포, 울산, 부산, 목포와 제주에 송신시설이 설치되었다. 서울, 평양, 청진과 부산에는 라디오 방송국이 있다. 그러나 등록된 청취자 수는 고작 11,838명에 불과하여 무선으로 한국인을 교육할 수 있는 가능성은 매우 낮다.

대체적으로 일본인들은 수송 분야의 발달에 전력하였고, 근대적인 수송시설은 경관상(景觀

像)의 외적인 면(Physiognomie)과 내적인 면(Physiologie)에서 매우 중요하였는데, 특히 도시나 그 주변 지역에서 더욱 중요하였다. 이러한 발달은 당연히 중유럽과 서유럽의 집약도까지 아직 도달될 수 없었다.

10. 해외무역

개국 이전 한국의 대외무역은 국경의 2~3개 지점에서 일년 중 단 며칠간으로 제한되었으며, 정부가 매우 엄격히 통제했다. 거래량과 거래액은 극히 미약하였다. 우리는 p.67에서 이미 수출 품목에 대해 살펴보았다. 해외무역은 쇄국정책의 종말과 함께 시작되었다. 서구 열강들이 한국과의 거래를 위해 많은 노력을 기울였음에도 불구하고 그 결과는 그리 성공적이지 못하였다. 그에 반하여 이웃 일본과의 무역 관계는 유리하게 발전하여 몇몇 유럽 국가들, 특히 영국의 물품조차 일본의 무역회사를 통해 한국에 반입되었다. 비록 한국의 해외무역이 전체적으로 상승 추세를 나타내기는 했으나 대체로 미미한 상태에 머물렀다. 총교역액은 1890년에 8,200,000엔, 1900년에는 20,600,000엔으로 기록되어 있다. 일제 강점이 시작되던 해에 총교역액은 5,970,000,000엔으로 증가하였다.

그 이후 대외무역 발달 추이는 그림 55에 나타나 있다. 1910년부터 한국에서 일어난 거대한 변화의 어느 것도 전문화된 무역에 대한 **수출과 수입 곡선의 엄청난 증가**보다 인상적으로 제시되지 못한다. 1939년에 전문화된 총교역액은 2,395,200,000엔에 달하였다. 이는 1910년보다 무려 40배가 증가한 것이다. 이러한 성장은 거의 전적으로 일본인늘 수도의 산물이다. 그들은 앞에서 기술된 방법으로 한국의 자연 경제자원을 개발하고 대량의 상품을 생산하여 수출할 수 있었으며, 수출에 걸맞는 수입도 가능하게 하였다. 동아시아 국가의 유리한 입지와 모든 주요 생산지들이 해안 가까이 입지한다는 사실이 이러한 무역의 발달을 용이하게 했다.

그림 55에는 총수출과 총수입, 일본과의 수출과 수입, 그리고 기타 모든 국가와의 수출과 수입의 발달이 6개의 곡선으로 제시되었다. 6개의 곡선 모두 본질적으로 동일하게 강한 상승 추세를 보여 주고 있다. **총수출입 곡선**의 경우 지난 제1차 세계대전 기간과 제2차 세계대전 기간에 특히 매우 급격한 상승 추세를 나타내고 있다. 제1차 세계대전 직후인 1920~1922년 사이

에 약간 감소하였는데, 이것은 세계 경제 위기의 기간, 대공황(1930~1932년) 동안에도 반복되었다. 1924년과 1925년을 제외하고는 수입이 항상 수출보다 많았으며, 따라서 전문화된 총무역 수지는 늘 적자였다. 이는 빠르게 발전하고 있어서, 이 발전을 위해 많은 양의 완제품이 필요한 최근의 식민지가 된 국가들의 특징이다.

일본은 주로 자국의 필요의 관점에서 일본의 가장 오래된 식민지 경제를 발전시켰다. 따라서 **한국의 수출입에서 일본이 차지하는 비중**은 전반적인 증가와 보조를 같이 해 왔다. 1910년 이래 일본의 비중은 항상 매우 컸다. 1910년 당시 일본의 비율은 총수출의 77%, 총수입의 63%를 차지하였다. 전자는 1911년에 71%, 후자는 1913년에 56%로 감소하였다. 그러나 그 후 제1차 세계대전은 서구 열강이 무역 상대국에서 거의 완전히 배제됨으로써 일본의 비율을 크게 증가시켰다. 일본으로의 수출은 1919년 90%, 일본으로부터의 수입은 1918년 73% 증가하였다. 1921~1932년까지 수출 부문에서 일본의 비율은 항상 90% 이상이었으며, 수입에서의 비율도 이 기간 동안 점차 증가하여 80%에 이르렀다. 1933년 엔화의 통용 지역이 상당히 확대되

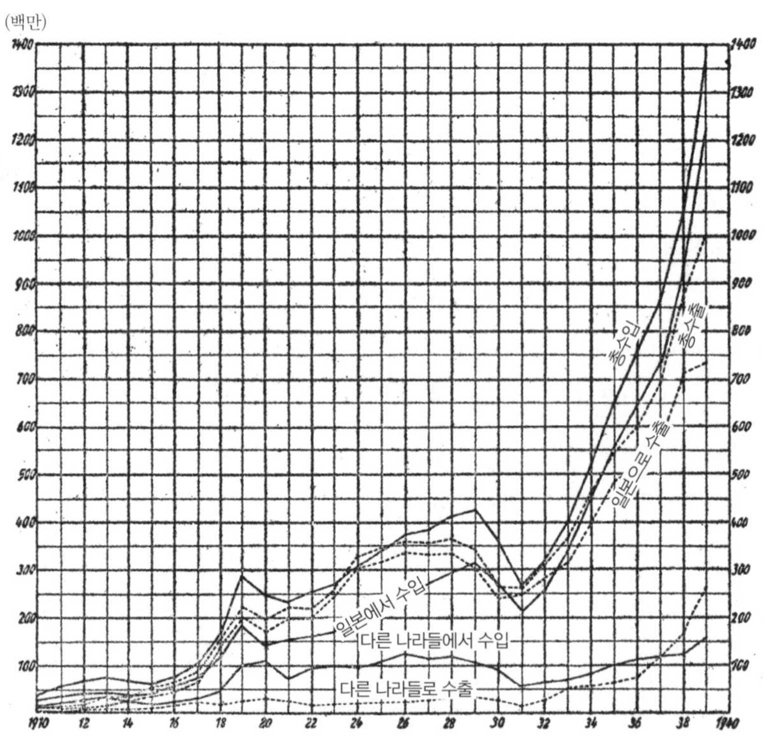

그림 55. 수출입 추이(1910~1939년)

기 시작하였다. 거주지도 확대되어 한국이 엔화 통화권에 속하는 다른 나라들과 거래한 무역량도 상당히 증가하였는데, 특히 인접한 만주와의 무역이 많았으며, 1937년부터는 중국 내 일본 점령지와의 무역도 활발하였다. 무엇보다 이들 국가에 대한 한국의 수출이 크게 발달하였다. 이들 국가로부터의 수입은 한국의 광업과 공업이 개발되던 해에 급격히 증가한 일본으로부터의 수입만큼 증가하지는 않았다. 그 결과로 1939년에 한국의 총수출량 중 일본의 비율이 73%로 떨어진 대신, 수입의 비율은 89%로 더 높아졌다. 1910~1939년 기간 중 거의 대부분 한국의 수출 부문에서의 일본의 비율이 수입 부문에서의 비율보다 훨씬 더 컸으며, 그 결과로 일본으로 수출한 절대액이 여러 해에 있어서 일본으로부터 수입한 절대액보다 훨씬 더 많았다. 그림 55의 두 개의 일본 곡선이 이를 분명히 보여 주고 있다.

한국과 **'외국들'과의 무역**, 즉 일본을 제외한 모든 국가들과의 무역 있어서는 거의 항상 수입이 수출을 상당히 초과하였다. 1922년과 1926년에는 심지어 수입이 수출의 5배나 되었다. 단지 1938년과 1939년 두 해에만 이와 반대였다. 수입 증가는 이미 1914년에 제1차 세계대전이 시작되면서 중단되었다. 전쟁이 끝난 후 수입이 처음에는 갑자기 증가하였으나 곧 정체되었다. 한국에서 대규모 철도 부설 공사가 이루어진 1925~1929년 기간 동안 다시 수입이 증가하여 세계대공황 동안 계속되었다. 오직 마지막 몇 년간만 계속 증가했다. 이후부터 이러한 증가를 가능하게 한 것은 세계의 거대한 공업국가들이 아니라 엔화 통화권에 속한 다른 나라들이었다. 제1차 세계대전은 수출에서 하향 곡선으로 나타나지 않았다. 그 이유는 교전국(交戰國)들의 수요가 있었기 때문이다. 그러나 세계 경제 위기는 그 후에 끊임없이 수출을 오르락내리락하게 하였다. 1931년 '외국'에 대한 수출이 또 다시 최저에 이르렀다. 이 해의 수출은 1910년 수출의 겨우 2배에 불과했다. 그러나 만주 합병과 더불어 1933년에 수출이 갑자기 증가하기 시작했다. 이 증가는 매우 커서 마침내 이들 국가에 대한 수출이 수입을 훨씬 초과하게 되었다. 세계 여타 국가와의 무역은 최저 수준으로 감소하였다.

1938년에 **수출국가** 분담률은 다음과 같다(그림 56). 일본열도 80.8%, 만주국 13.9%, 중국 내 일본 점령지 2.5%, 관둥(關東, 현 지명: 랴오둥 반도) 2.1%. 따라서 엔화 통화권 국가들로의 수출이 99.3% 이상을 차지한다. 외국 통화를 사용하는 국가로는 미국이 0.15%, 독일이 0.12%를 차지한다. 같은 해 한국이 **수입한 국가들**의 분담률은 다음과 같다. 일본열도 87.3%, 만주국 5.5%, 중국 내 일본 점령지 1.2%, 관둥 1.0%. 따라서 엔화 통화권 국가들로부터의 수입이 95%를 차지함으로써, 수출에서 차지하는 비중보다는 낮은 비율을 보인다. 그 밖에 국가들의 순위는 다음과 같다. 미국 1.7%, 영국령 인도 1.0%, 네덜란드령 인도네시아 0.4%, 동남아 영국령 해협

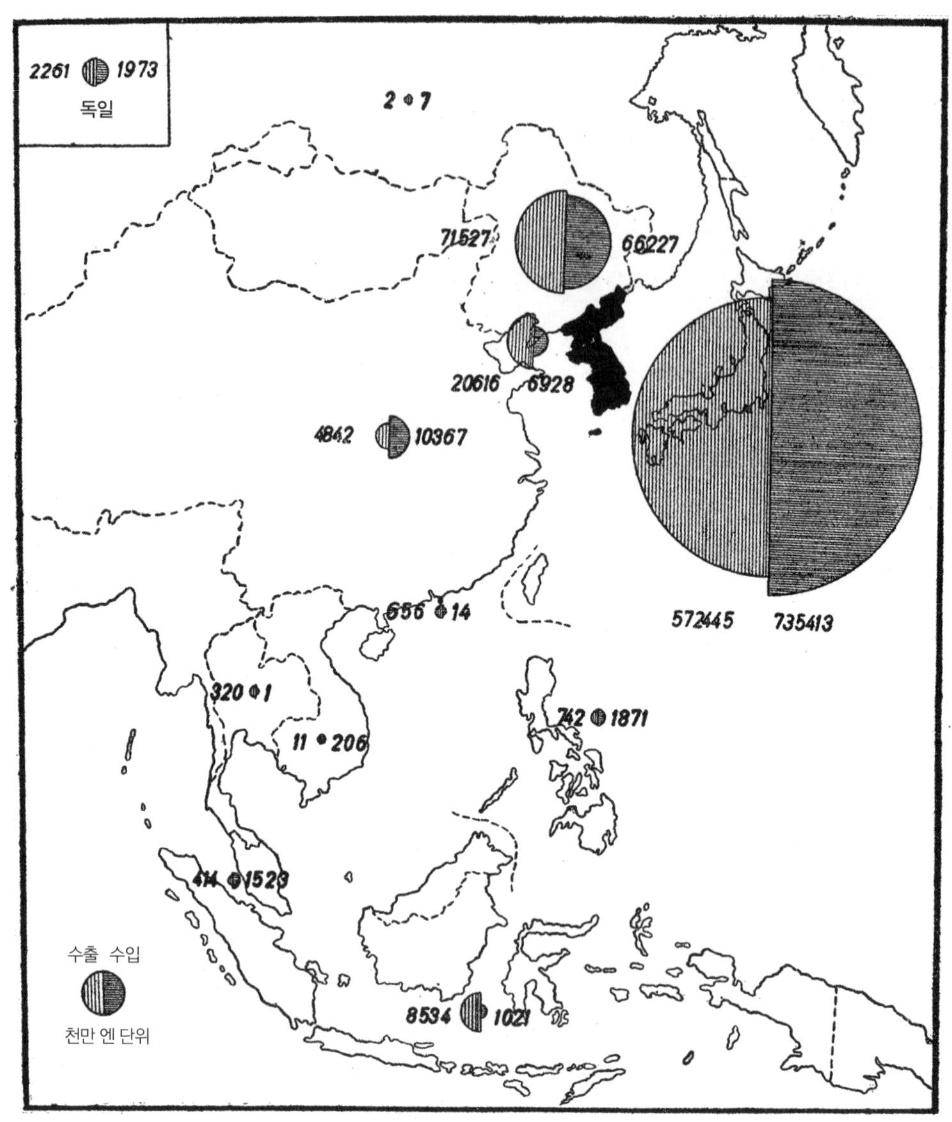

그림 56. 동남아시아 여러 나라와 한국의 대외무역(1937년)
반원의 면적은 액수와 비례한다. 반원 옆의 수치는 1,000엔 단위의 수출입액을 나타낸다.

식민지(Straits Settlements) 0.3%, 필리핀 2.0%, 독일 0.18%. 독일과 한국 사이의 무역수지는 독일이 흑자였다(1,900,000: 1,100,000엔). 영국과 한국의 교역은 극히 미미한 상태였으며, 인접한 소련과도 마찬가지였다.

한국의 전문화된 무역 상품들의 특성을 아래의 표에서 볼 수 있다(XLV).

이 표에 대한 상세한 설명은 본서의 제4부 4~7장(pp.552-617)에 걸쳐 있는 경제지리의 설명에 포함되어 있다. 그러므로 여기서는 몇 가지 주요 요점만 강조하고, 출전 VI, XLI, XLIII, XLV 이외에 『국제농업통계연보(Annuaire international de Statistique agricole)』의 최신호에 실린 자료들만 추가하기로 하겠다. 한국은 일본인들을 통해서 **세계 제일의 쌀 수출국 중 하나**가 되었다. 1934년 이래 한국은 항시 최대 쌀 수출 잉여생산량을 가진 세계 4대 국가들 중의 하나였으며, 때로는 2위를 차지하기도 하였고, 지난 수년 동안 쌀은 가장 중요한 수출 품목이었다. 수출된 쌀의 대부분은 일본으로 간다. 주로 일본으로부터의 저질미 수입은 거의 중단되었다. 1938년 쌀은 일본에 대한 전체 수출액의 42% 이상이 되었는데, 그 이유는 1937년에 한국에서 전례 없는 쌀 대풍작이 있었기 때문이었다. 1939년에는 일본에 대한 쌀 수출액 비중이 20%에 불과하였다. 상대적으로 적은 양의 쌀이 다른 나라로 수출됐는데, 주로 화북(華北)으로 수출되었다. 대풍작의 해에 화북으로 수출된 쌀이 470,000dz인 것에 비해 일본으로 수출된 양은 11,800,000dz에 이르렀다.

수출액을 기준으로 할 때 두 번째로 중요한 수출 농산물은 **생사**(生絲)이다. 일본에 대한 생사

한국의 가장 중요한 수출품과 수입품(1939년)

일본		기타 외국		일본		기타 외국	
품목	수출액 (백만 엔)	품목	수출액 (백만 엔)	품목	수출액 (백만 엔)	품목	수출액 (백만 엔)
쌀	149	면직물	32	광석과 금속	138	기장	20
비료	53	기계	19	기계	132	콩	16
구리 원광	52	어물 등	18	철물	102	석탄	12
어물 등	32	인조견사	15	차량	50	면화	10
기타 광물	31	차량	13	견직물	44	비료	7
생사(生絲)	24	목재	10	목재	39	기계	6
콩	23	인조견	9	인조견사	33		
석탄	14	과일, 씨앗	9	면직물	32		
어유(魚油)	12	철물	9	석탄	28		
면화	12			인조견	24		
				종이	23		
				문방구	23		
				모직	22		
				인조견 및 합성견직	22		
				비료	19		

수출량은 1934~1938년 5년 동안 2,000톤에서 2,750톤 사이였다. 게다가 누에고치도 상당량이 수출되었다. 이들 수출품 중 일부는 견직물(絹織物)과 반견직물(半絹織物)의 형태로 일본으로부터 역수입된다.

p.643의 표에 따르면 일본에 수출되는 **콩과 작물** 중에 콩이 수위를 차지한다. 일본으로의 **콩 수출**은 1934~1938년 사이에 1,300,000~1,900,000dz였다. 다른 나라들로의 콩 수출량은 적다. 반면에 한국의 북동부 항구에서는 만주의 콩이 독일과 영국으로 선적된다. 게다가 적지 않은 양의 만주 콩이 한국으로 수입된다(290,000~1,020,000dz까지). 또한 한국에서 생산된 상당량의 콩 가공제품이 일본으로 선적된다(콩기름: 11,550dz까지, 두부: 1,200,000dz까지). 따라서 콩기름(3,210dz까지)과 두부(1,300,000dz)는 만주에서 수입된다.

위에서 일본으로 선적되는 상품들 가운데 언급된 농산물 중 마지막으로 **면화**가 있다. 1934~1938년 동안 일본으로 수출된 면화량은 82,600~135,100dz였다. 그러나 동시에 311,200dz까지에 달하는 상당량의 원면이 일본을 통해 수입되어 여러 해에 수입량이 수출량을 초과하기도 하였다. 그 외에도 다른 나라들로부터도 상당한 양의 면화가 수입되어서 한국의 조면(繰綿) 무역수지는 항상 적자였다. 그러나 한국의 공업이 이 기간에 이미 상당히 발달해 있었기 때문에, 많은 양의 면직물이 일본을 제외한 엔화 통화권 국가들로 수출되었다. 그러나 동시에 일본으로부터 수입되는 면직물의 액수도 이보다 적지 않았다. 또한 다른 면제품의 교역도 활발하였다. 123,000dz까지의 목화씨가 일본으로 수출되었으며, 그 절반 정도가 다른 나라로부터 수입되었다. 면실유(棉實油)는 전적으로 일본과 다른 나라로 나가는 수출 품목이었다. 약 92,000dz까지의 목화씨 깻묵도 일본으로 수출되었다. 따라서 콩과 면화 및 이들의 가공제품은 한국의 대외무역에서 다양한 역할을 하였다.

비일본 국가들로 선적된 과일들 중에는 **사과**가 수위를 차지한다. 사과의 수출량은 77,700dz에 달했다. 그러나 일본으로 수출된 사과의 양이 훨씬 더 많다. 1938년에 8,100,000엔에 달하는 81,100두의 **소**가 수출되었는데, 대부분 일본으로 수출되었다. 그에 더하여 소가죽도 상당량이 수출되었다(3,400,000엔).

수입 식품 가운데는 **기장**, 특히 조가 수위였다. 한국의 빈곤한 계층을 부양하기 위한 만주산 기장의 중요성은 이미 p.554에서 언급된 바 있다. 평양 부근에서 사탕무의 자체 생산이 중단되었기 때문에 한국 내에서 소비되는 모든 **설탕**은 수입되어야만 했다. 설탕 수입액은 1938년에 15,000,000엔에 달하였다. 이들 중 일부는 일본에서 정제된 설탕(500,000dz까지)을, 일부는 해외에서 원당(原糖)을 수입하였다(약 300,000dz까지).

앞서 언급한 농산물과 비교하여 다른 농산물의 교역은 한국의 경제생활에서 그 비중이 그리 크지 않다. 일본으로부터 **밀과 밀가루**를 수입하고(1,100,000dz까지), 엔화를 사용하는 다른 나라들에 수출(300,000dz까지)하는 것이 중요하다. 한국 내에서 소비되는 **보리**의 대부분은 국내에서 생산된다. 그러나 일본에서 약간 수입되기도 하였으며(800,000dz까지), 과잉생산이 된 해(1938년)에는 반대로 상당량이 일본으로 수출되기도 하였다. 정부의 감독하에서 광범위하게 재배되었음에도 불구하고 **잎담배**는 상당량이 수입되었다. 잎담배 수입량은 일본으로부터 48,190dz, 다른 나라로부터 68,010dz나 되었다. 수출액은 수입액의 1/10까지만 증가하였다. 국내에서의 가공을 위하여 66,200dz까지에 이르는 **생고무**가 일본을 통해 수입되었다.

비농산물 교역품 중에서는 우선 목재를 들 수 있다. p.643의 표에서 나타나는 바와 같이, 만주와 중국으로 수출되는 북부 지방의 목재가 남부 지방으로 수입되는 많은 양의 일본의 목재와 대조를 이룬다. 목재가공품에 있어서는 상당량의 목재펄프가 일본으로 수출되며, 셀룰로오스와 인조견사(人造絹絲)가 다른 나라들로 수출된다. 그러나 액수로는 훨씬 많은 셀룰로오스, 인조견, 인조견사, 종이와 종이제품들이 일본으로부터 수입된다.

한국의 어업이 상당한 지위에 있다는 사실로부터 p.643의 표의 수출품 중 **수산물**이 큰 비중을 차지하고 있는 것은 쉽게 이해될 수 있다. 생선, 생선 통조림과 어유(魚油)는 주로 일본으로 수출되고, 건어물과 소금에 절인 생선은 다른 나라들로 수출된다. 그러나 상당량의 **미역과 김** 역시 일본으로 수출된다. 그 수출액은 1938년에 6,800,000엔이나 되었다. 소금을 제외하고는 해산물이 수입되지 않았다.

광산물 중에서는 **금이** 수위 수출품인데, 한국에서 생산되는 금은 모두 일본으로 건너갔다. 그러나 전문화된 무역만을 다룬 앞에서 제시한 해외무역 표에는 포함되어 있지 않다. 두 번째 수출품은 현재 **구리 원광**(原鑛)이다. 대외무역에서 **철광석**과 **선철**(銑鐵)의 역할은 극히 변동이 심하다. p.643의 표에서 '기타 광물'은 주로 **금, 은, 텅스텐 광석**이다. **흑연**도 일본으로 많이 수출되었다. **석탄**은 일본으로 많이 수출되었으나, 그보다 좀 더 많은 양이 일본과 다른 나라들로부터 수입되었다. **석유**와 석유 관련 제품은 전적으로 수입 목록에만 실려 있다.

몇몇 공산품, 특히 섬유에 대해서는 섬유의 농산물 원료와 관련하여 언급된 바 있다. 이 분야 중 특정 부문에서 한국은 최근에 이미 중요한 수출국이 되었다. 면제품을 제외하고 이것은 특히 **인공비료**에 적용되었는데, p.643의 표에서 일본에 대한 수출 품목 중 두 번째 위치에 있다. 그러나 황산암모늄(약 110,000dz까지)과 인산암모늄(44,700dz까지)의 일본으로의 수출은 일본과 독일로부터의 부분적으로 이보다 훨씬 많은 양의 수입과 대비된다. 세 번째로 중요한 수출

공산품은 **시멘트**이다. 그 밖에 기계, 차량과 철물도 엔화를 사용하지 않는 나라들로 수출된다.

그러나 **공산품 수입**이 훨씬 더 많은 액수에 도달하였는데, 특히 대부분 일본으로부터 수입되며, 서구 공업국가, 특히 독일과 미국에서도 일부 수입된다. 1939년에 조금속(粗金屬), 철물, 기계가 일본으로부터의 수입 중 30.3%를 차지했다. 이에 더하여 차량(자동차, 객차), 모직물, 자전거, 성냥, 청주(淸酒)와 맥주도 중요한 수입품인데, 모직물은 양모 생산이 워낙 적어서 한국 내에서는 생산되지 않는다.

한국의 경제구조는 현재 매우 빠른 전환 단계에 있다. 쇄국정책이 끝난 후에도 몇 십년 동안 한국은 주로 농업 생산 지역이었으며, 부수적으로만 광업 지역이었던 반면, 이제는 모든 형태의 경제 생산에서 서로 다소 균등하게 빠른 발전이 진행되고 있다. 이러한 발전은 대외무역의 특징에 뚜렷하게 반영된다. 과거에는 농산물이 수출의 주종을 이루었고, 이보다는 훨씬 처지지만 광산물이 그 뒤를 따랐다. 번창하는 나라(개발도상국)의 수입품은 주로 모든 유형의 공산품들로 이루어진다. 공산품의 수입이 계속 주종을 차지하면서 실제로 총수입에서의 비율도 증가하였으나, 수출품 가운데서는 광산물의 비율이 증가하고, 수산물, 임산물과 공산품이 괄목할 정도로 추가되었다. 이러한 추이가 다음 표에 제시되어 있다.

한국의 수출입 품목별 비율(%)

연도	수입				수출			
	살아 있는 동물	식음료	원료 및 반제품	완제품	살아 있는 동물	식음료	원료 및 반제품	완제품
1929	0.1	19.8	21.7	58.4	1.1	52.1	34.6	12.2
1937	0.2	11.5	22.8	65.5	0.8	42.3	33.6	23.3

11. 대일본의 일부로서 한국

제2차 세계대전 중에 새로 점령된 지역을 제외하면, 대일본(大日本)의 면적은 678,826km², 인구는 105,100,000명이다(1940년). 이 중 면적의 32.4%, 인구의 23.1%가 한국에 있다. 따라서 일본의 가장 오래된 대륙 속령인 한국은 일본제국의 상당한 부분을 이루고 있다. 한국은 일본제국의 **북서쪽 모서리 기둥**(거점)이다. 한국을 지배하는 것은 두 개의 인접한 주변 바다[20] 역시 일본의 손에 확고히 들어오게 하기 위한 가장 중요한 전제 조건 중 하나이며, 그런 이유 때문에 주변 바다는 일본제국의 건설을 위해 필수 불가결한 구성요소를 이룬다. 따라서 K. Haushofer가 여러 차례 강조한 바와 같이 일본제국의 매우 특징적인 특성, 즉 일본에 의하여 지배되는 육지와 해양 지역을 침투하는 일은 일본 세력권의 북서부에 있는 한국을 소유해야만이 완전히 그 역량을 발휘한다.

만주국이 일본의 대륙 지역에 합병됨에 따라 한국은 일본 세력권 내에서의 주변적 위치를 거의 완전히 상실하였다. 단지 두만강 하구 25km 구간에서만 한국의 국경이 현재도 여전히 한국의 말단부를 이룬다. 이를 통해서 일본제국의 방어를 위한 한국의 실제적인 **전략적 중요성**은 크게 감소하였다. 그러나 두 개의 주변 바다를 지배하고, 심장 지역(Kernland)으로의 접근을 가능하게 하는 대한해협을 지배하는 것은 인접 해안에 심사숙고한 '전략지대' 체제 구축을 보장하고, 이 체제에서는 한국 국토에서의 요새화된 지역이 매우 중요한 역할을 한다(p.533, 지도 4). 그러나 전략적 의미에서 볼 때 한국은 당분간 육교로서의 그 역사적 역할을 더 이상 수행할 필요가 없다. 바로 현재의 전쟁 경험은 교전국들 중 어느 한쪽이 해상을 완전히 장악하고 있는 매우 좁은 해협을 건너는 것조차 바닷속에 단 한 척의 잠수함을 통해서 위험에 빠질 수 있다는 사실을 분명하게 보여 주었다. 따라서 일본은 한국 본토에서 거제도, 쓰시마 섬과 이키(壹岐) 섬을 거쳐 규슈(九州)에 이르는 대규모 해저터널 계획을 검토하고 있다. 이와 관련해서 그들은 도쿄(東京)까지 표준궤도의 고속철도 건설을 구상하고 있다. 이렇게 되면 중국, 만주국과 한국 본토의 철도망으로부터 일본제국의 수도까지 연속적인 표준궤도 철도의 연결이 가능하게 된다. 당분간은 일본과 일본의 대륙 지역의 철도 궤도 폭이 다르기 때문에 부산과 시모노세키(下關) 사이에 철도 페리선(Eisenbahnfähre)을 취항시킬 필요는 없다.

그럼에도 불구하고 **한국은 일본제국의 수송체계에 있어서** 매년 더욱 중요한 역할을 수행하고 있다(그림 57). 이 분야에서 한반도는 현재도 여전히 일본열도로부터 일본이 지배하는 대륙 지역의 북서 주변에 이르는 수송로 상의 육교를 이루고 있다. 이것은 무엇보다도 부산–서울–신의주–무크덴을 연결하는 한국 간선철도의 부설 목적이기도 한데, 이 철도는 만주의 옛 수도에서 남만주 철도와 연결된다. 무크덴으로부터 육상교통이 신킹(新京, 현 지명: 창춘, 長春)과 베이징(北京)까지 방사상으로 뻗어 나간다. 이 간선철도와 평행하게 일본으로부터 만주까지 연결하

20 역자 주: 서해와 동해를 의미한다.

는 제2철도가 1933년부터 개발되고 있는데, 도쿄-니가타(新潟, 쓰루가, 敦賀)-청진(나진)-신킹(新京)으로 연결된다. 한·만 국경에서 이 철도로부터 닝구타(Ninguta, 현 지명: 닝안, 寧安)-무단 강(牡丹江)-하얼빈(哈爾濱)으로 가는 철도가 갈라진다. 일본으로부터 간선철도에 접근하려면 224km의 해로(海路)를 건너야 하는 반면, 북동 철도까지 가려면 바다로 860km나 900km를 건너야 한다. 이 해로가 일본제국의 수도로부터 신킹, 하얼빈과 시베리아 횡단철도까지 가는 최단 연결편이다. 이 노선은 청진에서 난양(南陽)까지 불과 215km의 구간만 한국을 관통하는 반면, 부산에서 신의주 사이의 간선철도의 길이는 966km나 된다. 한국을 횡단하는 이들 범일본 철도망은 머지않아 확장될 것인데, 특히 평양-만포(滿浦)-신킹을 연결하는 철도와 쓰루가-원산-평

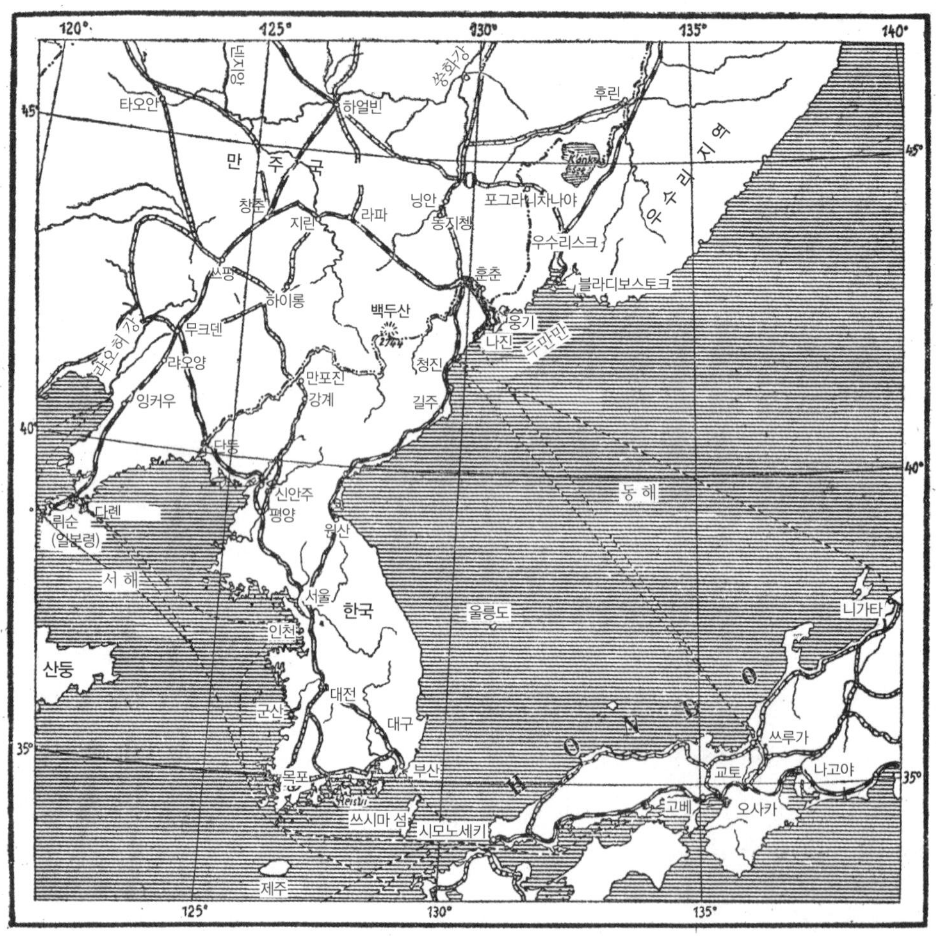

그림 57. 범일본 교통망의 일부로서 한국

양-무크덴 구간을 연결하는 철도가 연장될 것이다. 후자는 일본에서 남만주로 가는 교통량의 일부를 흡수할 것이다.

제4부 2장에서 지적한 바와 같이 한국은 **일본인의 거주지**로서 실제적인 의미를 가지지 못한다. 한국에 살고 있는 일본인은 600,000명으로 이는 1938년 74,500,000명으로 추정될 수 있는 일본인 전체 인구의 0.85%에 불과하다. 계속 증가하는 한국의 인구는 경제적으로 일본의 목적에 매우 중요하나 정치적으로는 일시적으로 항시 부담이 되고 있으며, 많은 인내와 노력을 요구하는 과제이기도 하다.

한국이 범일본 경제체제 속에서 수행하는 역할은 더욱 커지고 있으며, 이 역할은 매년 좀 더 증대되고 있다. 1938년 일본 본토의 총수입액은 49억 엔으로, 이 중 46.2%를 해외 속령(한국, 사할린 남부, 대만, 관동, 남태평양)이 차지한다. 따라서 해외 속령으로부터의 수입이 총수입의 거의 1/2에 달하며, 한국은 전자의 거의 1/3(31.2%)을 공급하였다. 같은 해 일본 본토의 총수출액은 52억 엔에 달하였다. 이 중 49.0%를 해외 속령이 차지하는데, 수출 중 36.0%가 한국으로 간 것이다. 한국 경제와 일본열도 및 범일본 경제의 통합은 그 파급 효과가 현재 전 세계적으로 매우 심각한 고통을 끼치고 있는 전쟁을 통해서 1939년부터 그 강도가 엄청나게 증가했다. 일본의 무역은 현재 동아시아와 남아시아, 그리고 일본이 지배하는 태평양 지역에만 거의 전적으로 한정되어 있다. 그 결과로 해외 속령의 역할은 더욱더 증대되었다. 한국 경제와 범일본 경제의 결합은 앞 장들에서 다양한 개개 특성별로 상세히 기술되었다. 그것은 한 세대 동안 완전히 힘들게 쌓아 올린 작품이다. 이러한 발전의 결과를 위에서 다룬 각 경제 분야별로 p.650의 표에 요약하였다.

이 표에서 세 번째 열은 각 직업 분야에서 한국인 노동력이 얼마나 많은 비중을 차지하고 있는지를 보여 준다. 이들 각 직종에서 일본인 인구 요소가 입법자, 경영자, 조직자, 자본가, 산업지도자, 계획가와 연구원으로서 행하는 역할에 대해서는 제4부의 다른 장들에서 여러 번 언급한 바 있다. 이 표에 나타나 있는 외국인 중 4/5는 중국인이다. 국적에 따른 경제 분야별 취업자 분포의 열을 보면, 한국인은 대부분이 농업에 종사하는 반면, 일본인은 공공 부문이나 상업과 제조업에 많이 종사하고 있다. 중국인은 유능한 상인이거나 근면한 원예농부이다. 마지막 열은 일제강점 이후 모든 경제 분야에서 생산액이 엄청나게 증가한 개요를 보여 주고 있다. 동시에 이는 한국의 전체 경제가 구조 조정 중에 있음을 보여 준다. 1910년에는 농업이 생산액면에서 모든 다른 분야를 능가했으나, 지난 몇 십년 동안 공업이 농업 생산액과 거의 상응하게 성장함에 따라 상대적인 농업 생산의 비율은 거의 1/2로 감소하였다. 광업 또한 절대적으로뿐

한국의 경제 분야

1938년 말	가족을 포함한 고용자 수							생산액			
	절대 수(명)	국적별 비율(%)			경제 분야별 비율(%)			백만 엔		총경제비율(%)	
		한국인	일본인	외국인	한국인	일본인	외국인	1910	1937	1910	1937
농업	16,659,894	99.7	0.2	0.1	75.7	5.3	21.1	241.7	1,134.1	81.6	45.8
임업								19.2	138.7	6.5	5.6
어업 및 제염	338,882	97.1	2.9	..	1.5	1.5	0.1	9.6	94.8	3.2	3.8
광업	274,188	93.8	5.3	0.9	1.2	2.3	4.8	6.1	150.1	2.1	6.1
공업	697,959	83.9	15.1	1.0	2.7	16.6	14.4	19.6	959.3	6.3	38.7
상업	1,585,271	89.7	9.4	0.9	6.5	23.4	29.6				
교통	235,279	83.6	15.9	0.5	0.9	5.9	2.5				
공무원	892,073	72.4	27.1	0.5	2.9	38.1	9.2				
기타	1,559,218	98.2	1.2	0.6	7.0	2.9	18.0				
미분류	395,987	93.6	6.4	..	1.6	4.0	0.3				
계	22,633,751	97.0	2.8	0.2	100.0	100.0	100.0	2,96.2	2,477.0	100.0	100.0

만 아니라 상대적으로도 그 지위가 강화되었다. 절대적으로는 어업도 생산이 증가하였으나, 상대적인 성장은 미약한 편이다. 임업 생산은 전체 경제와 같은 정도로 증가하지 못하여 상대적으로 감소하였다.

전체적으로 대일본 경제에서 한국이 가지는 중요성과 특히 개별 경제 상품들에 있어서 **일본의 중요성**을 특징짓기 위해 저자는 한편으로는 1938년에 한국의 생산이 범일본권의 생산에서 차지하는 비율을 계산하였고, 다른 한편으로는 이것이 일본열도의 생산에서 차지하는 비율을 계산해 보았다. 범일본권 생산에는 만주의 생산도 포함된다. 1938년 한국의 **쌀 수확량**(44,800,000dz)은 각각 범일본권 생산량의 23.4%, 일본 자체 생산의 36.6%에 달했다. 그에 반해 한국의 인구는 범일본권 인구의 15.8%, 일본 자체 인구의 31.8%에 달했다. 게다가 한국에서 1인당 쌀 소비량이 일본에서보다 훨씬 낮았기 때문에, 앞 장에서 기술된 것처럼 엄청난 양의 쌀을 수출할 수 있었다. 일본의 쌀 수입 중 63.2%가 한국에서 온 것이었다. 같은 해 한국의 **보리 수확량**은 범일본권의 42.6%, 일본의 79.5%를 차지하여 일본이 수입한 보리의 92.9%가 한국에서 올 수 있었다. **콩**의 경우에는 이들 수치가 각각 6.4%, 68.7%, 17.8%였다. 그 외에도 일본이 수입한 콩기름의 87.5%가 한국에서 왔으며, 범일본권 **면화 수확량**의 99.5%가 한국에서 생산된 것이다. 그러나 대부분의 면화는 한국에서 가공되었기 때문에, 일본열도가 수입한 총면화의 1.2%만이 한국에서 수입된 것이었다. 이와 대조적으로 일본이 수입한 면화 깻묵의 16.8%, 면실유의 96.3%는 한국에서 왔다. 한국의 **누에고치 생산량**은 범일본권 생산량의 8.5%, 일본열도 생산량의 9.3%를 차지하며, 일본이 수입한 생사의 98.4%가 한국산이다. 소의 경우에는 이들 수치가 각각 27.1%, 93.9%와 100%를 차지한다. 또한 일본이 수입하는 모든 사과도 한국산이다. 텅스텐 생산은 범일본권 생산의 96.8%를 차지하는데, 생산량은 모두 일본으로 선적되었다. 금 생산은 범일본권 생산의 43.7%, 일본열도 생산의 84.1%를 차지한다. 범일본권에서 채광되는 흑연의 거의 전부가 한국산이다. 일본이 수입한 석탄의 12.2%, 황산암모늄의 20.5%가 한국에서 왔다. 한국의 어획고는 세계 제일의 어업국으로 알려져 있는 일본열도 어획고의 1/4이 넘는다. 이와 같은 모든 통계자료는 한국이 범일본경제권 내에서 차지하고 있는 매우 중요한 위치를 인상 깊게 보여 주고 있다. 이들 통계자료는 실제 생산액이나 무역액 혹은 무역 중량에 대한 통계가 있는 생산품들만 포함한 것이다.

1932년에 H. Schmitthenner는 '식민지 유형'을 지리적으로 분류하였는데(Koloniale Rundschau pp.52–64), 여기서 그는 한 특정 식민지 유형을 특징짓기 위해서는 정치–경제적 관점뿐만 아니라 식민지와 본국과의 위치 관계의 관점도 고려되어야만 한다는 것을 제시하였다. 그는 "정치 및 권력 기구를 통해서, 민족과 경제 기구를 통해서 본국으로 지정되며, 문화적으로 좀 더 높게 조직화된 지역에 대해 종속 관계에 있는 모든 지역을 식민지"라고 정확하게 정의하였다. 게다가 협의로 식민지는 정치적인 토지 소유권(Besitztitel)을 필요로 한다. 비록 이 명칭이 공식적으로는 사용되지 않았지만, 이 정의에 따르면 한국이 일본의 식민지라는 것은 의심의 여지가 없다(p.71, p.531).

한국이 일본과 동일한 주변 바다들에 위치해 있기 때문에 한국은 해양 공유 식민지(Seegemeinschaftskolonien) 혹은 공동 해양 식민지(konmaritimen Kolonien)에 속한다. Schmitthenner는 다음과 같이 강조하고 있다. "이러한 식민지들의 성인은 본국이 정치적·군사적·경제적·문화적으로 식민 지역보다 우월하거나, 혹은 민속적 전통이 활발하고 깊이가 있을 경우에만 존재할 수 있다. 본국으로부터 바다로 인하여 생긴(thalassisch) 해양 공유 식민지로의 경제적·문화적인 경도가 존재해야만 하는 것이 필수 전제조건이다." 한국과 일본의 경우에 일본의 메이지유신(明治維新) 이래로 이러한 우월성이 존재해 왔으며, 이러한 우월성을 통해서 섬나라가 인접한 육교에까지 미칠 수 있게 되었고, 중국과 러시아와 같은 초강대국에 대한 새로운 속령의 안보가 보장될 수 있었다. 같은 유형의 일본의 과거 시도(p.60 이하, p.65)가 실패했던 것은 당시에 이와 같은 경제적, 문화적 우월성이 존재하지 않았기 때문이다. 일본열도와 한국 사이의 현재의 전략적 및 교통지리적 관련성의 매우 많은 부분은 인접한 바다의 위치를 고려해서만 이해될 수 있다.

농업 분야에서의 역할 또한 한국이 일본과 동일한 대기후대에 위치해 있어서 일본에서 오랫동안 필수품이 되어 온 식량과 원료, 특히 쌀과 비단을 공급할 수 있다는 사실에 기인한다. 공동해양의 위치는 이들 상품의 운송을 매우 용이하게 해 준다.

그러나 가까운 위치에도 불구하고, 한국이 일본의 거주 식민지(Siedlungskolonie)가 되지 않았다는 사실과 이유는 여러 차례 강조된 바 있다. 한국은 현재까지 기본적으로 **피지배 식민지**(Herrschaftskolonie)였다. Schmitthenner는 이 식민지 유형을 "본국에 의해 지배를 당하는 국가로 정의하고 있다. 토착민은 문화적으로 높은 수준에 있다. 이 식민지는 구경제형태를 유지하고 있으며, 이는 본국이 취한 조치들에 의해 발전되고 근대화되었다. 본국의 과잉 인구는 여기에 발붙일 여지가 없다. 따라서 경제 분야에서는 비록 대부분 간접적이긴 하지만 정치적 지배로 인해 크게 종속된다. 그러나 피지배 식민지와 본국(이 경우에 좀 더 적절하게 표현하면 주인 나라, Herrenland) 국민 사이에는 실제로 아무런 관계도 없다. 식민지로서의 성격은 정치적 지배에만 있거나 일치된다." 여러 면에서 한국은 이렇게 기술된 유형에 적합하다. 그러나 바로 두 가지 기본적인 점에서 차이가 있다.

과거의 순수한 농업적-자급자족적 경제 형태는 유지되지 못하였다. 그 대신 과거의 경제 형태는 한국인들이 이해하는 만큼, 그리고 일본이 필요로 하는 만큼의 속도로 계속 발전되어 왔으며, 새로운 경제 형태로 보충되고 있다. 이러한 과정을 통해서 전반적인 경제체제가 근본적으로 변화하였으며, 거듭 강조한 바와 같이 범일본의 제국 이념(panjapanische Reichsidee)에 따라 변화되었다. 따라서 지난 한 세대가 지나는 동안 한국은 순수한 피지배 식민지로부터 **경제 식민지**(Wirtschaftskolonie)로 이행하였다.

게다가 한국의 경우에 본국과 식민지의 국민 사이에 아주 밀접한 언어적, 인종적 근친성이 있다. 그러나 한국인들은 지금까지 이러한 근친성을 강조하는 데 크게 중요성을 부여하지 않았다. 한국인들은 그의 집에 초대받지 않고 살림을 차린 사촌의 가족과 동화하는 대신에 계속 그들 자신의 가족을 이루려고 한다. 그러나 시기는 일본에 유리하게 기울어 일본의 방법은 현재 한국인들을 정신적으로 동화시키는 것을 큰 목표로 삼고 있다. 경제적·상업적 동화는 이미 상당히 진전되었다. 뿐만 아니라 주로 학교교육을 통해 일본어를 이해하고 말할 수 있는 한국인 수가 절대적·상대적으로 매년 증가하고 있다. 낙관적 추정에 따르면 한국인의 1/2 이상이 이미 일본어를 이해하고 말할 수 있는 그룹에 속한다. 최근 몇 년간 지속된 경제 호황으로 황국신민에 대한 한국인들의 저항이 일시적으로 완화되었으며, 이 기회를 이용하여 일본은 한국을 '**동화 식민지**(同化 植民地, Assimilationskolonie)'로 만들려는 목표에 서서히 다가가고 있다. 다시 말하면 한국인들로 하여금 일본의 국가이념(Staatsidee)을 수용하도록 유도하여 결국은 그들을 일본인과 동화시키려는 것이다. 그사이에 부정적인 상황이 개입되지 않는다면 한국은 약 2000년전 로마제국의 '공동 해양 동화 식민지(konmaritime Assimilationskolonie)'가 되었던 서 지중해 주변의 나라들과 똑같은 경로를 따르게 될 것이다.

12. 요약: 한국의 지리적 특성의 본질과 변화

한국은 지리적 위치로 볼 때 동아시아의 태평양 주변부에 위치한 **점이지대**이다. 북부 지방은 아직 동아시아 대륙지괴의 균일한 블럭의 일부인데, 이것은 이 지역에서 두만강 하구의 침강만(Einbruchsbucht)과 발해만(보하이 만, 渤海灣)의 내진만(Ingressionsbucht)으로 이미 약하게 구별된다. 그에 반해서 중부 지방과 남부 지방은 약 800km 폭의 주변해 회랑지대(Randmeerkorridor)에 속하고, 제주도는 태평양 호상열도지대 가까이 뻗어 나가 있다. 한국 전체는 이러한 대륙의 형태에서 해양의 형태로의 점이로 크게 지배된다. **대륙–해양의 경관변이**(kontinental-maritime Landschaftswandel)가 주요 형성원리(Gestaltungsprinzip)가 된다. 이러한 경관변이는 또한 한반도의 축을 따르는 북북서–남남동 방향으로 일어나고, 만주의 순 대륙성 형태로부터 서 혼슈(本州)와 규슈(九州)의 순 해양성 형태로 일어난다. 이러한 영향은 경선(經線) 방향으로의 형태변이(Formenwandel)의 경향이 있는 지구 상의 어디서나 좀 더 강하게 나타난다. 이러한 남북 형태변이(planetarischer Wandel)는 한국에서 대륙–해양 형태변이와 결합이 되는데, 그 이유는 이 두 형태변이가 대체로 동일한 방향을 갖기 때문이다.

한국은 **지질구조**에 있어서 근본적으로 동아시아 대륙지괴의 일부이다. 선캄브리아에서 쥐라기까지 암석들이 남서–북동과 서남서–동북동 주향을 갖는 개개의 구조지대들은 산둥반도(山東半島), 남동만주와 우수리 지역의 구조지대와 밀접한 관계가 있다. 그러나 한반도의 남동부에서는 백악기 퇴적물과 화성암으로 채워진 북서 규슈와 서 혼슈까지 이르는 쓰시마분지(對馬島盆地)가 일본열도의 태평양 주변 지역들로의 점이지대를 나타낸다. 그 외에도 대륙 주변부의 전형적인 현상으로 최근의 화산 분출이 있다. 이러한 화산 분출은 대륙에 면한 서부와 북서부에는 없으나 북동부, 동부, 남부에서는 중요한 구조 요소를 이룬다. 화산 분출은 부분적으로 엄청난 성층화산(成層火山: 백두산, 울릉도, 제주도)을 형성하였고, 부분적으로 주변-동중국해 호(Peri-Tunghai-Bogen)에 속하는 열하분출을 하여 길게 뻗은 구조곡들, 특히 추가령열곡을 메웠다. 그 분포 지역은 동쪽과 남쪽에서 한국을 호와 같은 형태로 둘러싸고 있으며, 이는 지표 형태의 특성을 결정하는 대규모 구조 과정들과 관련된다. 그 배열은 이미 한국의 구조 관계에 동서의 차이를 가져왔다.

지형 영역에 있어서 대륙성-해양성 경관변이는 북동부 지방의 지괴에서 가장 두드러진다. 북동부 지방의 지괴는 v. Richthofen의 퉁구스 호의 일부를 이루어, 그 축이 서남서-동북동 방향으로 달리는 경동지괴(Pultscholle) 내지 비대칭적인 배사(asymmetrische Geoantiklinale)를 나타낸다. 완사면(Pultfläche)인 개마고원은 대륙을 향하고 있어서 대륙의 영향에 완전히 노출되어 있다. 절대적 침식기준면으로부터의 거리 때문에 최근의 침식 단면을 대단치 않을 정도로만 만든 완사면 상의 하계망이 대륙 쪽으로 달린다. 개마고원의 오래된 지형과 남동 사면의 지형, 즉 바다와 면하고 있는 경동지괴의 단층애의 전면(Stirn) 사이에 가장 강한 차이가 있다. 이 지역에서 최근에 일어난 동해 지역의 하방요곡(下方撓曲, Einsenkung)의 영향은 분수령까지 매우 집중적으로 개석된 형태로 뚜렷하게 나타난다. 그러나 반도 자체는 주로 동서 차이의 영향하에 있다. 남동부, 즉 경상분지에서만 대륙-해양 형태변이가 다시 나타나는데, 그 이유는 낙동강이 한국에서 반도의 축과 대체로 평행하게 흐르는 강이기 때문이다.

대륙-해양 형태변이는 **기후** 분야와 직접적 또는 간접적으로 기후에 종속되는 모든 지리적 현상들에서 특히 강하게 나타난다. 그러나 한여름의 기후는 한국의 모든 곳에서 상당히 동일하다. 한국 전역은 해양계절풍으로 인하여 열대의 뜨거운 공기로 둘러싸인다. 북동 지괴의 지역만이 눈에 띄게 강수량이 적어서 아직 인접한 대륙 지역들의 측면에 있다. 대부분의 지역이 한여름에는 온대저기압 및 태풍에 의한 폭우의 영향을 받는데, 이때 수분은 그 발원지가 주로 해양이다. 모든 곳에서 주로 비를 가져오는 것은 여름계절풍 그 자체가 아니라 태풍과 온대저기압이다. 개마고원은 해발고도가 상당히 높음에도 불구하고 동시에 대륙성의 높은 기온을 갖는다. 따라서 8월의 해면경정된 등온선의 추이는 북쪽을 향한 남북 기온경도를 드러내지 않는다. 그에 반해서 한겨울에는 북쪽 방향을 향한 남북 기온경도가 엄청나게 커서 이로 인한 대륙-해양 형태변이가 발달한다. 북부 지방은 남부 지방보다 소위 겨울계절풍이라고 부르는 경향이 있는 북쪽으로부터의 변질되지 않은 한기쇄도의 영향을 훨씬 더 자주 받는다. 한국에서 나타나는 것과 같이 위도 9° 범위 내에서 1월 평균기온이 약 25℃ 감소하는 현상은 아마도 지구 상에서 거의 유일무이할 것이다. 북부 지방의 엄청나게 추운 겨울과 관련하여 이곳에서 기온의 계절변화 곡선이 매우 급하게 상승·하강하며 식물생육기간도 최남단의 1/2에 불과하다.

이와 같이 엄청난 기후 차이는 **자연 식물피복**에서 그에 상응하는 대륙-해양 형태변이를 일으킨다. 한반도의 남부 주변부와 육지에서 멀리 떨어진 제주도, 울릉도만이 상록아열대식생 요소가 있는 하부 지대를 갖는다. 그 외의 지역에서는 하록혼합림이 지배적이다. 여기서 추위에 민감한 교목(喬木)과 관목(灌木)은 북쪽으로 갈수록 수종과 개체 수가 감소하며, 북쪽으로 갈수록 강한 겨울의 추위를 견디며, 짧은 생육기간이 필요한 수종으로 대체된다. 아열대상록활엽수림대는 해안선을 따라 남쪽에서 북쪽으로 갈수록 대나무지대, 때죽나무지대, 그리고 끝으로 참나무지대로 바뀐다.

재배식생도 이와 같은 변화를 나타낸다. 이들은 대부분 일년생 작물로, 이들이 여름작물로 재배되는 한 이들에게 겨울 추위의 정도는 중요하지 않다. 따라서 벼, 면화 같은 아열대작물들이 아열대상록식생 요소들보다 훨씬 더 북쪽으로 전진할 수 있으며, 특히 일본인들이 북쪽으로 갈수록 짧아지는 생육기간에 적응할 수 있는 품종들을 개량해 놓았다. 그러므로 이들 변종들의 분포를 고려해야만 비로소 해양-대륙 형태변이가 완전히 나타난다. 그러나 전반적으로 벼 재배의 집약도 역시 그와 같이 북쪽으로 갈수록 감소한다. 면화는 서해안 주변부를 제외하고 북부 지방에서는 전혀 재배되지 않으며, 추위에 민감한 육지면의 분포는 이미 남부 지방의 북한계 부근에서 끝난다. 자생작물은 해양-대륙 간 변화를 강조하는, 그에 상응하는 북쪽의 분포 한계를 갖는다. 남쪽으로부터 북쪽으로 이어지는 각 작물의 분포 한계는 다음과 같다. 겨울쌀보리, 겨울밀(논), 보리(논), 겨울보리(밭), 겨울밀(밭), 여름밀. 여름 보리의 재배한계는 북부 주변부를 훨씬 넘어 분포한다. 다른 작물, 예를 들면 조, 피, 귀리 등은 한국의 북반부가 재배 중심지이거나 심지어 북반부에만 제한된다. 키가 큰 다년생 재배식물들의 분포도 이에 상응하는 변화를 보여 준다. 감귤나무는 제주도에만 제한되며, 대나무는 북위 37~38°선에서 사라지고, 감나무는 이보다 약간 북쪽에서 끝난다.

군별 총면적에 대한 경지 면적의 비율은 남쪽에서 북쪽으로 갈수록 감소하며, 한국인들은 오늘날까지 우선 농경민족이기 때문에 북쪽으로 갈수록 기후 조건이 나빠짐에 따라 **인구밀도**도 감소하는 것은 놀랄 일이 아니다. 한국의 북부 주변부는 최근에야 비로소 사람들이 들어와 살기 시작한 개척지대이다.

이와는 달리 **옛 한국의 문화경관의 기본 특성**은 전국 어디서나 거의 유사하다. '삼한시대'의 전환기에 있었던 남북의 차이는 지난 2000년 동안 사라졌다. 인종 구성에 있어서만 한쪽은 북쪽으로부터, 다른 한쪽은 남쪽으로부터 이동해 옴에 따라 나타나는 특정한 지역적 차이를 오늘날에도 인식할 수 있다. 그러나 한국의 문화양식은 놀라울 정도로 어느 곳에서나 유사하다. 그 이유는 과거에 이미 여러 국가가 북부 지방에서 한반도 깊숙이 도달한 후에 한반도가 1300년간이나 정치적으로 통일되었고, 북부 지방도 500년간 동일 국가에 속했기 때문이다. 전국 어디서나 남녀 모두 같은 흰옷을 입고, 지붕의 재료만 다를 뿐 똑같은 오두막에서 살며, 장점과 단점이 있는 동일한 기본 사고방식을 가지고 있다. **한국은 다른 어떤 분야에서 보다도 한국의 옛 문화 분야에서 가장 강한 단일성(동질성)을 드러낸다.**

북북서에서 남남동 방향으로 대륙–해양 형태변이를 하고 있는 지역 특성은 다른 **동서 방향으로의 규칙적 변화**와 중복된다. 한국의 서쪽으로도 거대한 육지가 전개되는데, 이는 천해(淺海)이면서 계절적인 기후변화의 영향을 완전하게 받는 서해에 의해서만 거대한 육지로부터 분리된다. 이에 반하여 한반도의 동쪽에는 넓고 깊은 동해가 있는데, 이는 일본열도 호의 좁은 띠에 의해서만 외해인 태평양과 분리된다. 그 결과로 한국의 여러 특성에서 나타나는 이러한 동–서 형태변이도 서쪽의 좀 더 큰 대륙도(Kontinentalitä)와 동쪽의 좀 더 큰 해양도(Maritimität)의 의미에서 기후적으로 결정된다. 한반도의 동측(Ostfront)은 한국의 외측(Außenseite)이다. 그러나 변화는 다른 기원에서 유래하는 특징도 포함한다. 이 변화가 황해(黃海, 일본어: Kôkai)로부터 동해(日本海, 일본어: Nipponkai)까지 이르는 규칙적인 형태변화(Formenänderung)이기 때문에 이를 **황일변이**(黃日變移, Kônippon-Wandel)라고 부를 수 있다.

한반도는 그 자체로서 **경동지괴**(Pultscholle)로 이루어져 있다. 그 단층애의 전면(Stirn)은 동쪽을 향하고 있고, 완사면(Pultfläche)은 서쪽을 향하고 있다. 후자는 북부 지방으로 연장된다. 경동지괴의 주향산릉(走向山稜, First)이 압록강부터 남부 지방까지 한국주산맥(Koreanische Hauptkette: 낭림산맥과 태백산맥)을 이룬다. 이 경동지괴는 규슈 서쪽 주변부와 류큐제도를 거쳐 타이완까지 뻗어 있는 대규모 주변–동중국해 호(Peri-Tunghai-Bogen)의 경선 방향으로 달리는 날개이다. 이것의 일부는 남부 지역의 거의 2/3에서 Tokuda의 견해로 본 안행구조로 배열된 지형 요소들(staffelförmig versetzte Formenelementen)로 뚜렷하게 이루어진다. 남동부 지방에 있어서 이러한 지형 요소들은 동해안에서 예각(銳角)으로 시작해서 한반도의 지체를 직선으로 달리는 구조곡들로 대체되었다. 압록강부터 영산강까지 대하천들은 완사면의 방향을 따른다. 완사면 자체는 후빙기의 내진(內進, Ingression)을 통해서 생긴 서해 해수면 아래로 완만하게 잠긴다. 이러한 내진을 통해서 한국의 서해안은 동해의 하방요곡의 매끈한 해안선과 아주 대조적으로 매우 다양하고 복잡한 형태의 해안선을 이루고 있다. 서해안 부근에 상당히 넓은 저지가 존재하는 반면, 동해안 바로 뒤에는 한국주산맥이 가파르게 솟아 있다. 그러므로 서측이 선사시대부터 이 나라의 문화 지역(Kulturseite des Landes)이었다. 그러나 광대한 간석지, 해저사구, 암초와 유속이 빠른 조류로 인한 항해의 어려움이 이 나라의 문화를 바다와 결부된(meerverbunden) 문화가 되지 못하게 했다.

한국의 좁은 동해안 주변부는 넓은 서해안 주변부보다 한여름에는 좀 더 서늘하고, 그 밖의 계절에는 좀 더 온난하다. 따라서 기온의 연교차는 동해안 주변부에서 서해안 주변부보다 훨씬 더 작다. 봄과 가을에 동해안 주변부는 푄(Föhn)과 같은 하강풍으로 유명하며, 한겨울에는 서해안 주변부보다 상대적으로 많은 강수량을 갖는다. 따라서 강수량의 계절변화 역시 서해안 주변부보다 약간 고르게 나타난다. 그러므로 동해안 주변부는 서해안 주변부보다 좀 더 강한 해양성 기후의 특성을 갖는다. 이러한 이유로 위에서 언급한 자연식생 분포지대가 동해안 주변부에서 훨씬 더 북쪽으로 올라가며, 이와 같은 사실은 많은 재배작물이나 대나무 등에도 적용된다.

그럼에도 불구하고 동해안 주변부는 지형 조건 때문에 문화지리의 발달 측면에서 볼 때 **발전이 뒤진 낙후된 지역**이었다. 상대적으로 충적평야가 많은 저지대의 서해안 주변부에서 군별 전체 면적에 대한 경지 면적의 비율이 동해안 주변부보다 훨씬 더 높고, 재배작물의 수도 좀 더 많다. 따라서 서해안 주변부의 인구는 매우 조밀하다. 전국 5개 대도시 중 3개 도시와 수많은 중규모 도시가 서해안 주변부에 위치하는 반면, 동해안 주변부에는 원산과 포항 사이에 단 하나의 중규모 도시[21]만이 있다.

한국을 지배하는 세 번째 반대되는 것(Gegensatz)은 해안 주변부와 내륙 사이의 변화, 즉 **주변부–중심부**(der peripher-interne)의 형태변이이다. 내륙은 높이 솟은 산맥들로 채워져 있다. 이 산맥들은 두 경동지괴의 주향산릉과 완사면의 개석된 상단부를 이룬다. 그 외에 부분적으로 좀 더 오래된 기복 특성을 유지하거나, 부분적으로 최근의 국지적 융기의 결과로 생긴 측면주향산릉들(Seitenkämme)이 있다. 따라서 내륙은 매우 강한 **고도에 따른 형태변이**(Formenwandel mit der Höhe)를 나타낸다. 이는 해안으로부터 거리가 멀어질수록 나타나는 변화와 결합된다.

내륙 지역의 **기후**는 겨울에 해면경정된 등온선도에서도 해안 주변부보다 훨씬 더 춥다. 이러한 기온 차이는 실제로 높은 고도의 영향하에서 훨씬 더 크다. 여름에는 높은 고도의 영향이 좀 더 강한 가열의 영향을 능가하는데, 이는 한반도의 폭넓은 남반부에서 해면경정된 8월 등

21 역자 주: 강릉을 말한다.

온선의 추이로 뚜렷하게 나타난다. 그러므로 내륙은 연중 해안보다 서늘하며, 특히 한여름보다는 한겨울에 더욱 그러하다. **자연식생**도 이러한 기온 감소에 적응하고 있다. 앞서 언급한 각 식생대는 북부에서는 저지대에 발달한 반면, 남부로 갈수록 상당히 서늘한 높은 고도로 올라간다. 아열대 식생대는 가장 온난한 지대로서 전적으로 저지대에만 나타난다. 아열대 식생대 중에 가장 한랭한 지대인 참나무지대 위에 중부와 북부 지방에서는 단풍나무지대가 발달하였고, 어느 곳이나 삼림은 침엽수지대로 끝나며, 가장 높은 산지에는 아고산(亞高山)의 키 작은 관목림지대(Zwergstrauchfluren)가 나타난다. 그러므로 고도에 따른 식생지대의 구분(Höhengliederung der Vegetation)으로 해안 주변부와 산악 지역 사이에 매우 두드러진 차이가 나타나게 된다.

사면의 평균 경사도가 증가하고 고도가 높아짐에 따라 **경작의 가능성**은 점점 더 제한된다. 벼, 면화, 수수, 밀, 콩의 경작지는 깊은 계곡에만 있다. 기장류, 강낭콩, 보리, 감자, 귀리와 메밀은 좀 더 높은 고도의 밭작물들인데, 특히 감자, 귀리, 메밀은 경작의 상한계선에 도달한다. 이들 작물이 재배되는 곳에서 대부분의 고도가 높은 산지에 비정착 화전민들의 원시적 경제 형태가 유지되고 있다. 경지의 비율은 고도가 높은 곳에 위치한 군(郡)들에서 감소하며, 그에 따라서 인구밀도도 하강한다. 인구와 도시는 어업이 중요한 부업을 제공해 주는 해안 부근에 집중한다. 한국 취락들의 주요 특징은 주변(peripher) 취락이라는 점이다. 소백산맥을 제외하고 매우 완만한 지형을 가진 남부 지방 전 지역에만 조밀한 취락이 널리 분포되어 있다.

한국의 발전은 약 두 세대 전 일본인들이 한국을 정체 상태에서 흔들어 깨우기 전까지 이러한 세 가지 유형의 지역변이(Regionalwandel)의 상호간섭(Interferenz)을 통해서 생긴 형태를 유지해 왔다. 그 후 문화경관의 엄청난 변화가 시작되었다. 나라 전체가 움직이기 시작하였다. 지역적 형태변이(regionaler Formenwandel)에 **시간적 구조변이**(zeitlicher Strukturwandel)가 추가되었는데, 이는 점점 더 빠른 속도로 일어났다. 잘 고려된 방법들을 이용하여 기존의 조건들 위에 쌓아 나갔다. 그러므로 처음에는 많은 부문에서, 특히 농업 부문에서 양적인 변화가 질적인 변화를 능가했다. 그러나 일본의 실질적인 강점 이전인 세기의 전환기에 최초의 철도와 도로 건설이 새로운 요소들로 경관상(景觀像)에 들어왔다. 철도 및 도로망은 10년마다 더욱더 조밀해졌다. 한국의 인구는 꾸준히 빠른 속도로 성장했으며, 특히 농촌에서보다 도시에서 훨씬 더 빠르게 성장했다. 시가지가 확장되고, 일본인 거주 지구가 한국인 거주 지구 옆에 발달하였다. 항구들은 인공구조물들을 갖추었다. 영림서는 남아 있는 울창한 수목을 관리하고, 과거의 남벌로 벌거벗은 구릉과 산에 조림을 하였다. 부분적으로 일본인과 부분적으로 서양 여러 나라의 광산업자들에 의해 최초의 지하 채굴이 시작되었는데, 이러한 채굴 방법은 옛 한국의 표층 채광보다 생산력과 경관에 미치는 영향에 있어서 훨씬 빠르게 앞섰다. 일본인들의 해양학과 생물학 연구, 그리고 실제 경험을 바탕으로 어업이 매우 집약적으로 이루어져 오늘날 한국의 해안 지역 어디서나 일본의 영향이 많든 적든 간에 강하게 나타나고 있다. 끝으로 지난 10년간 공업이 발달하기 시작하여 현재 그 생산액이 이미 농업 생산액에 이르렀다.

일본의 영향이 전국 어디서나 동일하게 미치거나, 전국을 동일한 정도로 변화시킨 것은 아니다. 지진(地震) 지대에서 매우 상이한 지진 활동을 구분할 수 있는 것과 마찬가지로, **식민지 발달의 집중 지대들**(Intensitätszonen der kolonialen Entwicklung)이 구분될 수 있다. 이것들은 앞에서 세 가지 형태변이(Formenwandel)의 관점에 따라 요약된 옛 한국의 규칙적인 형태(Bild)와 밀접한 관계가 있다. 그 이유는 이미 언급한 바와 같이 일본인들은 옛 한국에 존재했던 조건들 위에 쌓아야만 했기 때문이다. 일본인들은 또한 한국의 자연 조건들을 과학적으로 조사하여 그것들을 적절히 이용했다. 그러나 다른 개발 방향은 채굴할 만한 광물자원의 부존과 같은 우연한 형태(Zufallsform)나 두 개의 자연적인 교통로의 교차점과 같이 지형에 따라 결정되는 개별 특성과 관련이 있다.

일반적으로 말하면 다양한 발전 가능성이 있는 해안 주변부가 내륙보다 좀 더 높은 식민지의 변화 정도에 도달했다고 말할 수 있다. 이는 특히 서해안 주변부에 적용된다. 남해안 주변부는 일본과 가까이 있기 때문에 또한 이곳에서 개발이 이미 일찍 시작되었다. 남동 지역의 관문인 부산에 이미 1443년 이후 거의 끊임없이 왜관(倭館)[22]이 있었고, 부산을 기점으로 일본의 영향이 남부 지방과 중부 지방으로 크게 흘러나갔다. 남해안의 다른 항구들로부터도 이와 같은 영향이 훨씬 제한된 정도로 흘러나갔는데, 그 이유는 지형 조건이 이들 항구에서 넓은 배후지를 발전시키기가 어려웠기 때문이다. 북부 동해안 주변부는 지난 10년 동안에야 비로소 움직이기 시작했으나 지금은 이곳에서 어업, 광업, 공업 및 교통이 동아시아에서 일찍이 전례가 없는 속도로 발전하고 있다. 한반도의 동해안 주변부만이 오늘날까지도 거의 옛 한국의 상태를 지속하고 있다. 방금 제시된 바와 같이 동해안 주변부는 한국에서 자연조건이 가장 불리한 해안지대이다.

해안 주변부의 발달은 부분적으로 옛 한국의 **도시들**에서 시작되었다. 현재 수도이거나 한때 수도였던 세 개 도시, 즉 서울, 평양, 개성은 이미 옛 한국에서 인구수, 거대한 건축물 및 성곽

22 역자 주: 라우텐자흐는 이를 'japanische Kolonie(일본의 식민지)'라고 표현하고 있다.

을 통해서 다른 도시들보다 수위에 있었고, 이러한 사실은 해주, 전주, 광주(전라남도), 진주, 경주 같은 다른 도시들에도 약하게 적용된다. 이들 중 대부분의 도시는 현재 취락 형태와 경제구조 양면에서 엄청난 변화를 겪고 있다. 그에 반하여 의주, 안주, 공주와 같은 몇몇 중요한 옛 한국의 도시들은 쇠퇴하였는데, 그 이유는 이들 도시의 기능이 철도 주변에 위치한 인근의 신도시들(신의주, 신안주, 대전)로 넘어갔기 때문이다. 일본의 식민지화가 시작된 다른 출발점들은 조선 정부가 1876년부터 일본에게, 그리고 1882년부터는 서구 열강에게 자유무역을 허용했던 **개항장**(조약항구)들이었다. 큰 항구로서 가장 유리한 입지에서 이들 항구는 전무한 상태에서 성장하여 일제 강점 이후에는 일본인들에 의해 유지 및 확장되었다. 현재 거의 모든 큰 항구들은 이러한 개항장이다. 끝으로 해안 주변부의 작은 한국인 마을들에서 공업 중심지로 발전했는데, 광업이 발달 중이거나 전력 공급과 수송에 유리한 조건을 가진 송림과 흥남 같은 도시가 그 사례이다.

내륙과 고지대로 갈수록 식민지 개발의 강도가 일반적으로 감소한다. 그러나 춘천과 같은 벽지에 위치한 도청소재지나 강계와 같은 군사도시, 그리고 광산이나 발전소 댐, 철도와 도로를 따라 입지한 군청소재지에서 식민화의 강도가 증가한다. 또한 압록강과 두만강의 국경을 따라서 일본의 영향이 이미 일찍, 그리고 강하게, 무엇보다도 군사안보의 관점에서 시작되었다. 고산 지역에서의 변화를 위한 일본인들의 바람이 만든 최후의 전초 기지는 벌목 도로, 협궤철도와 뗏목시설 및 최근에 몇 개의 등산용 산장을 가진 영림서이다. 개마고원의 집중적인 개발은 최근 10년 내에야 비로소 시작되었는데, 그 이유는 이 지역의 지형이 도로나 철도를 연결하는데 사실상 고산의 어려움에 직면했기 때문이다.

전반적으로 **남부 지방의 개발**이 자연적으로 불리한 북부 지방에서보다 일찍이 좀 더 활발하게 시작되었다. 북부 지방과 비교하여 남부 지방에서는 또한 해안 주변부 이외의 전 지역에서 식민화가 면상(面狀)으로 침투했다고 말할 수 있다. 남부 지방에서 해안으로부터 멀리 떨어진 오래된 도청소재지인 대구가 대규모 공업 및 교통 중심지로 발달하였다.

경제, 교통, 취락 및 육상·해상 군사 안보에서 식민화의 모든 개별 특성들을 고려하여 다음과 같은 **집중도의 등급**(Intensitätsabstufung)에 도달하게 된다. 1. 5개 대도시 서울, 평양, 부산, 대구, 인천, 2. 다른 큰 항구, 3. 다른 공업 중심지, 철도 교차점 및 주요 행정 중심지, 4. 대부분의 군청소재지, 5. 현재까지 크게 낙후된 제주도를 제외한 남부 지방의 농촌 군 지역, 6. 중부 지방과 북부 지방 서해안의 농촌 군 지역, 7. 북부 동해안 주변부의 농촌 군 지역, 8. 한반도의 동해안 주변부, 9. 중부 지방의 산악 지역, 10. 주변 산맥들과 백두산을 포함한 개마고원. 1~4

등급은 점의 형태로 분포하고, 기타 등급은 면상으로 분포한다. 1등급은 취락, 교통, 행정 및 부분적으로는 광업과 군사 안보의 포괄적 발달을 통해서 특징지어진다. 2등급은 해상교통과 어업에서 좀 더 일방적인 발전만을 하였다. 5등급은 최고로 다양한 수준의 농업, 특히 논을 위한 대규모 관개시설을 통해서 특징지어진다. 6등급에서는 관개농업이 밭농사에 뒤진다. 7등급은 기후적으로 이미 크게 제약을 받은 다양한 형태의 농업이 공존하며, 새로운 광업, 전력, 교통, 공업 및 어업시설을 보여 준다. 9등급과 10등급에서는 일본의 개혁이 마지막 소산물에 제한되는데, 특히 산림관리와 화전민들을 점진적으로 정착시키는 데 제한된다.

일본의 식민지 개발과 수반되는 시간적인 구조변이(zeitlicher Strukturwandel)와 **계절의 규칙적인 변화**(Rhythmus des Jahreszeitenwechsels)가 중첩된다. 한국은 열대연중습윤기후(Dauerklima der immerfeuchten Tropen)에 상응하는 여름과 최남단에서 아일랜드 기후와 유사하고 최북단에서 페초라 분지(Petschorabecken)의 기후와 유사한 겨울을 갖는다. 따라서 기후의 계절변화가 엄청난 크기에 이르고, 이는 남부 지방에서보다 북부 지방에서 심지어 훨씬 더 크다. 한국 경관의 지리적 특성에서 계절 차이는 그에 따라서 크다.

연초(年初)에 한국의 대부분 지역은 적설 아래에 있다. 북부 지방에서는 적설이 수개월 동안 해안까지 이르나, 대체로 얇다. 백두산 칼데라 내부에는 수개월 동안만 눈이 없다. 남부 지방에서 눈은 해안 부근에서 단기간만 쌓여 있으나, 1932~1933년 겨울과 같이 특히 춥고, 상대적으로 강수량이 많았던 겨울 후에는 이 지역의 고산이 3월이나 4월까지 하얗게 눈으로 덮여 있었다. 제주도 화산 정상에서는 6월까지 눈을 볼 수 있었다. 북부와 중부 지방에서 한겨울은 완전히 농한기(農閑期)이다. 그러나 남부 지방의 하곡과 평야에서는 어린 겨울작물이 논과 밭에서 엷은 녹색의 싹을 티우며, 그 밖의 논은 알팔파의 붉은 꽃으로 장식된다. 경사지에서는 남부 지방의 소나무 숲이 암녹색으로 지표면을 뒤덮고, 남해안의 최남단 주변부에서는 상록수들이 줄기와 가지만 앙상하게 남은 주변의 회색빛 수림 사이에서 뚜렷하게 드러난다. 가옥의 온돌은 한국의 어디에서나 밤낮으로 꺼지지 않고, 때때로 아궁이와 굴뚝에서 나오는 연기와 수증기가 온 마을을 뒤덮기도 한다. 한국인들은 두껍게 솜을 넣은 흰 옷이나 여러 벌의 평상복을 층층이 껴입으며, 북부 지방에서는 모피 모자를 쓴 남자들을 흔히 마주칠 수 있다.

봄철 파종의 시작은 남쪽에서 북쪽으로, 저지에서 고지로 3월부터 4월 또는 5월까지 진행된다. 파종 시기는 또한 작물의 종류에 따라 다르다. 벼 재배 지역 어느 곳에서나 모판 작업이 주변 경지에서의 모든 일보다 선행된다. 북부 지방에서도 4월부터 겨울작물들이 활발하게 싹을 틔워서 경지가 활기를 띤다. 또한 간작이 행해지는 경지에서 4월부터 겨울작물 열 사이에 여름작물을 파종한다. 4월에 삼림과 관목림의 낙엽수와 관목들이 꽃을 피우기 시작하고 푸르름을 더해 간다. 남부 지방의 삼림은 주황색이나 황록색을 띄는 서어나무속의 유제화서들로 장식된다. 관목에서 개나리속은 노랗게, 그리고 진달래속은 분홍색, 빨간색 및 자주색으로 빛난다. 5월에 남부 지방에서 겨울작물의 수확이 시작되며, 중부 지방에서는 6월까지 지연된다. 남부 지방에서 그다음에 즉시 모판에서 논에 모를 옮겨 심는다.

6월 중순부터 7월 중순 사이에 한국인들은 얇은 황갈색의 삼베옷을 입는다. 곧 한여름이 다가온다. 교목림이 가장 울창한 잎을 달고 있고, 개간지에는 무수한 다년생초와 약초가 자란다. 이들 가지각색의 꽃들이 무수한 수목 및 덩굴식물들과 어우러진다. 더위에서 온실과 같이 다습하며, 쏟아지는 많은 빗속에서 자연은 엄청난 성장력을 발휘한다. 8월에 대마가 섬유로 무르익고, 그 이전에 이미 참외밭에서 수확이 시작된다. 참외밭에 서 있는 원두막에서 밤낮으로 사람이 지키고 있다. 북부 지방에서는 6월에야 비로소 파종한 메밀밭이 새하얀 꽃으로 덮인다.

9월에 삼베옷이 다시 흰 무명옷으로 바뀐다. 여름작물들을 수확하기 시작하는데, 대개 남부 지방보다 북부 지방에서 먼저 시작된다. 대부분의 밭작물들은 벼보다 먼저 수확되며, 남부 지방에서는 11월 초까지 수확이 지연된다. 때때로 첫서리가 벌써 짙은 갈색의 이삭 위에 내린다. 10월까지 시들은 잎을 지닌 채 밭에 서 있는 콩과 함께 추수기가 끝난다. 추수가 끝나고 나면 삼림과 관목림이 중유럽에서는 볼 수 없는 타는 듯한 붉은색, 분홍색, 구리빛 갈색, 황록색과 눈부신 노란색 등의 다채로운 색깔로 빛난다. 그러고 나서 낙엽이 지기 시작하고, 흐릿한 회색빛이 산을 덮는다. 9월에 이미 북부 지방에서 밤에 서리가 내리기 시작하고, 낙엽이 지자마자 이 지방에 첫눈이 내린다. 남부 지방에서 첫서리가 11월이 되어야 내리기 시작하고, 첫눈은 12월경에 내린다. 위도와 고도에 따라 10월 말에서 12월 중순 사이에 방의 온돌에 계속 불을 때기 시작하고, 북쪽에서 끔찍하게 추운 겨울이 다시 다가온다.

아시아의 기준으로 보아 한국은 단지 작은 나라, 계절풍이 그 위로 부는 대륙의 태평양 해안에 있는 좁은 반도 돌출부이다. 그러나 아열대에서 온대로 바뀌는 위도적 위치(Breitenlage)는 한국에 매우 풍부한 형태(Formenreichtum)를 부여하였다. 한국의 산악 특성(Gebirgsnatur)과 한반도를 둘러싸고 있는 바다들의 다양성이 이렇게 풍부한 형태를 다양화시켰으며, 지난 60년(1876~1936년)간의 역사적 발전이 이를 더욱 증폭시켜 왔다. 그럼에도 불구하고 전체적으로 보아 한국은 균질적이라는 인상을 안겨 준다. 그 이유는 한국의 다양성이 불과 몇 개의 서로 관련된 관점으로 요약될 수 있기 때문이다. 한국은 식민 지배를 받고 있는 대부분의 다른 나라들이 겪고 있는 것처럼 완전히 이질적인 문화에 의해 심각하고 광범위하게 영향을 받지 않았다. 사람들이 외부로부터 한국에 가져온 지리적 특성들도 일본이 우선 서구 문화권으로부터 취하여, 그들의 의도에 맞게 변형시킨 요소들을 제외하고, 한국 위를 불어가는 바람만큼 먼 곳에서 유래하지 않았다. 지속적으로 작용하는 고유문화를 가진 동아시아의 온대계절풍 지역에 위치한 반도국가로서 한국은 본서에서 다루어진 것과 같은 상세한 지리적 연구를 할 만한 가치가 있는 강한 개성을 지닌 국가이다[23].

23 역자 주: 독자들이 참고할 수 있도록 마지막 두 문장의 원문을 그대로 옮겨 놓았다. "Was von außen her an geographischen Zügen vom Menschen in das Land hineintragen ist, stammt nicht so weit her wie die Winde, die es überwehen, mit Ausnahme der Elemente, die Japan erst selbst aus dem westlichen Kulturkreis genommen, aber immerhin eingenstark überformt hat. Als Halbinselland des außertropischen Monsungebiets Ostasiens mit nachhaltig wirkender Eigenkultur ist Korea ein stark geprägtes Länderindividuum, das einer so ausführlichen Würdigung wie der vorstehenden wohl wert sein mag"

참고문헌

■ 역자 주: 참고문헌의 분량이 방대하여 새롭게 인쇄 및 교정하는 일이 어렵고, 또한 일본어 참고문헌 제목의 독일어 번역 내용을 독자들이 이해하기 어려울 것 같아 Katherine and Eckart Dege의 Korea(1988) 영역본의 참고문헌 파일을 이용하여 편집하였다. 따라서 일본어 참고문헌 제목의 독일어 번역 내용이 영어로 번역되는 과정에서 원래 일본어 참고문헌에 나타난 영어 제목과 다를 가능성도 있음을 밝혀 둔다.

정기간행물

(괄호 안의 문자는 정기간행물의 약자임).

I. Transactions of the Korea Branch of the Royal Asiatic Society. Vol. 1-30. Seoul 1900-1940. (Tr. Kor. Br. R. As. Soc.).

II. Korean Repository, ed. by F. and Mrs. F. Ohlinger. Vol. 1-5. 1892-1898. (Kor. Rep.).

III. The Korea Review, ed. by H. B. Hulbert. Vol. 1-6. Seoul 1901-1906. (Kor. Rev.).

IV. The Korea Magazine. Vol. 1-3. Seoul 1917-1919. (Kor. Mag.).

V. The Korea Mission Field. Publ. in the Interests of all Evangelical Missions in Korea by the Fed. Council of Evang. Missions. Seoul since 1902, annually.

VI. Annual Report on Administration of Chôsen (Tyôsen). Since 1908, annually. Until 1923 under the title: Annual Report on Reforms and Progress in Chôsen. Keijô. Government-General of Chôsen (Eng.) - Jap. edition under the title: Chôsen Sôtokufu Shissei Nempô. (Ann. Rep. Adm. Chôs.).

VII. Chôsen Sôtokufu Tôkei Nempô (Statistical Yearbook of the Government-General of Chôsen). Keijô, annually (Jap.).

VIII. Chôsen Ihô (Chôsen Bulletin). Since 1916 (Jap.). (Chôs. Bull.).

IX. Chôsa Geppô. Research Monthly of the Government-General (Jap.).

X. Bunkyô no Chôsen. Scientific journal on Korean topics. (Jap.).

XI. Bulletin on the Geological Survey of Chôsen (Korea). Since 1919. Geol. Survey of the Gov.-Gen. of Chôsen (Jap. or Eng.). (B. Geol. S. Chôs.).

XII. Chôsen Tanden Chôsa Hôkoku (Report on the Geological Survey of the Coal-Fields in Chôen). Since 1926 (Jap.). (Rep. Geol. Surv. Coal-Fields).

XIII. Bulletin on the Mineral Survey of Chôen (Korea). Since 1912 (Jap., some with Engl. summary). (B. Min. S. Chôs.).

XIV. Annual Report of the Meteorological Observatory of the Government-General of Tyôsen. Since 1907, annually (Jap. and Eng.). (Ann. Rep. Met. Obs. Gov. Gen. Tyôsen).

XV. Annual Report of Hydrographical Observations. Suisan Shikenjô (Fishery Experiment Station). Chôsen Sôtokufu, Husan. Since 1926 (Jap. with Eng. summary). (Ann. Rep. Hydr. Obs. Husan).

XVI. Kayô Chôsa Hôkoku (Report of the Oceanographical Observations). Suisan Shikenjô (Fishery Experiment Station). Chôsen Sôtokufu, Husan. Since 1924 (Jap. with Eng. summary). (Rep. Oc. Obs. Husan).

XVII. Chôsen Hakubutsu Gakkai Zasshi (Journ. of the Chôsen Natural History Society). Since 1924 (Jap.). (Journ. Chôs. Nat. Hist. Soc.).

XVIII. Chôsen no Keisai Jijô (Economic Status in Korea). Statistical survey of the Government-General. Annually (Jap.).

XIX. Chôsen Sanrin Kaihô (Bulletin of the Forest Society of Korea) (Jap.). (Bull. For. Soc.).

XX. Ringyô Shikenjô Hôkoku (Bulletin of the Forest Experiment Station). Chôsen Sôtokufu. Since 1924 (Jap.). (Bull. For. Exp. Stat.).

XXI. Nôji Shinkenjô Ihô (Annals of the Agricultural Experiment Station). Suigen. Chôsen Sôtokufu. Since

1926, annually (Jap., some with Eng. summary). (Ann. Agr. Exp. Stat.).

XXII. Nôji Shinkenjô Kenkyû Hôkoku (Journal of the Agricultural Experiment Station). Suigen. Chôsen Sôtokufu. Since 1916 (Jap.). (Journ. Agr. Exp. Stat.).

XXIII. Chôsen Sôtokufu Kwangyô Mohanjô Ôbun Hôkoku (Bulletin of the Agricultural Experiment Station of the Government-General of Chôsen). Since 1922 (Jap.). (Bull. Agr. Exp. Stat. Chôs.).

XXIV. Jimbun Chiri (Anthropogeographical journal). Keijô (Jap.).

XXV. The Journal of the Keijô Imperial University Social Sciences Association. Keijô. Since 1928 (Jap. with Eur. summaries). (Journ. Keijô Imp. Univ. Soc. Sc. Ass.).

XXVI. The Oriental Development Company, Limited. A General Survey. Tôkyô, since 1924, semiannually (Eng.) (Or. Dev. Comp.).

XXVII. Japanese Journal of Geography and Geology. Ed. Nat. Research Council of Japan. Tôkyô. Since 1922 (primarily Eng.). (J. J. G. G.).

XXVIII. Chirigaku Hyôron (The Geographical Review of Japan). Ed. Association of Japanese Geographers. Since 1925 (Jap., some with Eng. summary). (Chir. Hyô.).

XXIX. Chigaku Zasshi (Geographical Journal of the Tôkyô Geographic Society). Since 1879 (Jap.). (Chi. Z.).

XXX. Chikyû (The Globe). Since 1913 (Jap.).

XXXI. Proceedings of the Imperial Academy of Tôkyô. Since 1925 (Eng.). (Pr. I. A. T.).

XXXII. Journal of the Geological Society of Tôkyô, Japan. Since 1894 (Jap.). (Journ. Geol. Soc. Tôkyô).

XXXIII. Journal of the Meteorological Society of Japan. Tôkyô. Since 1881 (Jap., some with Eng. summary). (Journ. Met. Soc. Japan.).

XXXIV. Suiro Yôhô (Hydrographic Bulletin). Tôkyô. Since 1922 (Jap.).

XXXV. Records on Oceanographic Works in Japan. Tôkyô. Since 1929 (Eng.). (Rec. Oc. Works.).

XXXVI. Journal of Oceanography. Tôkyô. Since 1930 (Eng.). (Journ. Oc.).

XXXVII. Bulletin of the Hydrographic Department of the Imperial Japanese Navy. Tôkyô. Since 1922 (Eng.). (Bull. Hydr. Dep. Imp. Jap. Navy).

XXXVIII. Memoirs of the Imperial Marine Observatory Kobe. Since 1930 (Eng.). (Mem. Imp. Mar. Obs. Kobe).

XXXIX. Journal of the Imperial Fishery Experiment Station Tôkyô. Since 1930 (Jap. with Eng. summary). (Journ. Imp. Fish. Exp. Stat. Tôkyô)

XL. Shizen Guku Zasshi (Journal of Prehistory). Ed. K. Ôyama. Tôkyô. Since 1929 (Jap., some with Ger. summary). (Shiz. Z.).

XLI. The Japan Year Book. Ed. Foreign Affairs Association of Japan. Tôkyô. Since 1905. Korea: section XL. Chôsen (Korea). Most recent: 1940/41 (pp.858-881).

XLII. The New Japan Year Book. Tôkyô, annually. Since 1907/08.

XLIII. Japan-Manchoukuo Year Book. Tôkyô, annually. Most recent: 1940.

XLIV. Résumé Statistique de l'Empire du Japon. Tôkyô. Since 1887 (Fr.).

XLV. The ...th Financial and Economic Annual of Japan. Tôkyô. Since 1901 (Eng.).

XLVI. The Statistical Abstract of the Ministry of Agriculture and Forestry. Tôkyô, annually.

XLVII. Economic Conditions in Japan. With Annexes on Economic Conditions in Formosa, Korea and Japanese Mandated Territory 1914-1919. London 1920. Department of Overseas Trade. Stationary

Office. Since then annually. (Dep. Ov. Tr.).

XLVIII. Mitteilungen der Deutschen Gesellschaft für Natur- und Völkerkunde Ostasiens. Tôkyô. Since 1873 (M. D. O. A. G.).

XLIX. Transactions of the Asiatic Society of Japan. Tôkyô. (Tr. As. Soc. Jap.).

L. Transactions of the North China Branch of the Royal Asiatic Society. (Tr. N. China Br. R. As. Soc.).

LI. T'oung Pao. Archives concernant l'histoire, les langues, la géographie, l'ethnographie et les arts de l'Asie orientale. Leyden.

LII. Memoirs of the National Research Institute of Meteorology. Nanking, now Chungking. Since 1928 (Chin. or Eng.). (Mem. Nat. Res. Inst. Met.).

LIII. Ostasiatische Rundschau. Since 1920. (O. A. R.).

LIV. Far Eastern Review. Since 1904. (F. E. R.).

LV. Proceedings of the ...th (Pan-)Pacific Science Congress (in Eur. languages). (Pr. P. S. C.).

P. M. = Petermanns Geographische Mitteilungen. Gotha, Justus Perthes
(L. B. =Literaturbericht)

Z. G. E. B. = Zeitschrift der Gesellschaft für Erdkunde zu Berlin

관계도서와 지명사전

A. H. Lautensach, Korea (1926-1936) mit Nachträgen aus älterer Zeit. Geogr. Jahrb. 53, 1938. I, pp.225-274.

B. H. H. Underwood, A Partial Bibliography of Occidental Literature on Korea, From Early Times to 1930. Tr. Kor. Br. R. As. Soc. 20 , 1931. pp.1-185.

C. E. and G. Gompertz, Supplement to "A Partial Bibliography of Occidental Literature on Korea" by H.H. Underwood. Tr. Kor. Br. R. As. Soc. 24 , 1935. pp.21-48.

D. O. Nachod, Bibliographie von Japan 1906-1926. 4 vols. Leipzig 1928. Korean titles esp. in vol. II, pp.662-691, pp.757-759 and vol. IV, pp.301-325. Continued by Praesent-Haenisch (vols. V and VI of O. Nachod's work). Leipzig 1937, 1940.

E. H. Praesent, Ostasien-Bibliographie der Ostasiatischen Rundschau. Since vol. 10, 1929. - H. Praesent, Japan-Bibliographie der Zeitschrift Nippon. Since vol. 1 , 1935.

F. O. Nachod, Bibliographie über Bevölkerungsfragen. Ethnol. Anzeiger 1, 1927, p.66.

G. W. Gottschalck, Katalog der Handbibliothek der Orientalischen Abteilung der Preußischen Staatsbibliothek. Leipzig 1929. 573p.

H. M. Courant, Bibliographie Coréenne. 3 vols. Paris 1894-96, Suppl. 1901. Geography: vol. II, pp.474-535 and Suppl. pp.52-58. - Introduction to Courant's "Bibliographie Coréenne". Translated from the French by Mrs. W. Massy Royds. Tr. Kor. Br. R. As. Soc. 25, 1936. pp.1-100.

I. H. Cordier, Bibliotheca Sinica. Paris. Vol. IV, 1907/08^2 , no. 2939-3008, 3235-3236. Suppl. 1922^2, no. 4405-4428.

J. Publications of the Geological Survey. Government General of Chôsen, No.1. Keijô 1929. 8p.

K. Kokusai Bunka Shinkôkai, Catalogue of the Kokusai Bunka Shinkôkai Library (Works in Western Languages). Tôkyô 1937. 203p.
L. Kokusai Bunka Shinkôkai, Bibliographical Register of Important Works Written in Japanese on Japan and the Far East Published During the Year 1932. Tôkyô 1937. 166p.
M. Kokusai Bunka Shinkôkai, A Short Bibliography of English Books on Japan. Tôkyô 1936[3]. 44p.
N. Kokusai Bunka Shinkôkai, Bibliographie abrégée des livres relatifs au Japon en français, italien, espagnol et portugais. Tôkyô 1936. 50p.
O. K. B. S. Quarterly. Bulletin of the Kokusai Bunka Shinkôkai (The Society for International Cultural Relations). Tôkyô. Regularly contains: A List of Books on Japan in Western Languages.
P. E. D. Merrill and C. H. Walker, A Bibliography of Eastern Asiatic Botany. Jamaica Plains (Mass.) 1938. 715p.
Q. R. Streit and J. Dindinger, Bibliotheca Missionum. Vol. X. Die Missionsliteratur Japans und Koreas von 1800 bis 1909. 32 + 565p. Aachen (1937).
R. T. Kobayashi, Japan und Chôsen (Korea). Geol. Jahresberichte II B 1 (1937/38). Berlin 1940. pp.322-337. IV B (1939/40). Berlin 1943. pp.327-346.
S. S. Yoshimura, Classified List of Papers and Reports Bearing on Oceanic Geology Published in Japan During 1927-1937. Geologie d. Meere u. Binnengewässer 2 , 1938. pp.451-476.
T. C. Hasenclever, Bibliographie zur Industrialisierung Japans. Weltwirtsch. Archiv 46 , 1937 II. pp.332-366.
U. Manual of Corean Geographical and Other Proper Names Romanized. Yokohama 1883. English Legation.
V. E. M. Satow, List of Korean Geographical Names. Yokohama 1884. 70p.
W. B. Kotô and S. Kanazawa, A Catalogue of the Romanized Geographical Names of Korea. Tôkyô (1903). 88p.
X. S. Kanazawa, Untersuchungen über die japanischen und koreanischen Ortsnamen in alten Zeiten. Seoul, Government-General 1912. 18p. German, 31p. Japanese.

지도

a. Topographical Map of Korea 1:50,000. 723 sheets. Ed. Chôsen Sôtokufu (Government General of Korea). Cf. p.91.
b. Special maps 1:50,000: Environs of Seoul (monochrome), Kŭmgangsan (in five colors).
c. Topographical Map of Korea 1:200,000. 65 sheets. Ed. Chôsen Sôtokufu. Cf. p.91.
d. Topographical map of parts of Korea 1:25,000. 97 sheets. Ed. Chôsen Sôtokufu. Cf. p.91.
e. City maps 1:25,000, monochrome: Seoul (2 sheets), Kaesŏng, Kyŏngju etc. Ed. Chôsen Sôtokufu.
f. 45 City maps 1:10,000. In four colors. Ed. Chôsen Sôtokufu. Cf. p.55.
g. Maps of the 13 Korean provinces 1:500,000. In 4 colors. Ed. Chôsen Sôtokufu. Cf. p.55.
h. International Map of the World 1:1 Million. Sheets N.J.51 Ryôzyun (Lüshun), N.J.52 Keizyô (Seoul) and N.I.52 Nagasaki.
i. Kokusai Bunka Shinkôkai, Map of Japan and Adjacent Regions. 1:2million. Tôkyô 1937.
j. General Geological Map of Chôsen (Korea). 1:1 million. Tôkyô 1926.

k. Geological Atlas of Eastern Asia 1:2 Million. Ed. Tôkyô Geographic Society. Tôkyô 1929. Especially sheet 8 (Wonsan) and 12 (Fukuoka).
l. Geological Atlas of Tyôsen 1:50,000. Issued to date: 1-19. Seoul 1924-1938. Ed. Geological Survey of the Government General of Tyôsen (Review of all installments by T. Kobayashi in J. J. G. G., especially in 16 , 1939. pp.33-42).
m. T. Okada, Climatic Atlas of Japan and Her Neighbouring Countries. Tôkyô 1929. 95 plates. Central Meteorological Observatory.
n. Hydrographic Department Tôkyô, The Current and Meteorological Charts of the Seas near Japan. Tôkyô 1925. 24 plates (Jap.).
o. Suisan Shikenjô (The Fisheries Experiment Station of the Government-General of Tyôsen, Husan), Oceanographical Charts of the Adjacent Seas of Tyôsen. Yearly since 1924. Husan.
p. Suisan Shikenjô (The Fisheries Experiment Station of the Government-General of Tyôsen, Husan), The Hydrographical Charts of the Neighbouring Seas of Tyôsen. Husan 1936.
q. British Admirality Charts No. 54, 104, 358, 882, 898, 913, 1257, 1258, 1270, 1271, 1316, 1558, 1656, 2365, 3365, 3366, 3480, 3642, 3666, 3699.
r. German ocean charts No. 299, 552, 553, 554.
s. Kon. Nederlandsch Meteorol. Instituut, Oceanographische en Meteorologische Waarnemingen in de Chineesche Zeeen en in het Westelijk Deel van den Noord Stillen Ocean. Atlanten No. 115, 2 vols. 's Gravenhage 1935 and 1937.
t. Tozawa-Nakai, Atlas Illustrating Geographical Distribution of Korean Woody Plants and Bamboos. Part I. Forest Experiment Station. Government-General of Chôsen. Keijô 1929 (Jap. and Eng.).
u. The Map of Chôsen Showing Distribution of Staple and Special Products. Government-General of Chôsen. Commercial and Industrial Museum. Keijô 1933 (Jap.).
v. Forest and Economic Map of Korea 1:1.5 million. Keijô 1933 (with five inset maps, Jap.).
w. N. Takahashi, Map Illustrating the Distribution of Paddy Field and Field in Chôsen. 1:1.5 million. Keijô 1933.

저서와 논문

I. 선사시대

1. R. Torii, Yushi izen no Nippon (Prehistoric Japan). Tôkyô 1925 (Jap.).
2. R. Torii, Ancient Japan in the Light of Anthropology. Tôkyô 1937[2]. 22p., 12 plates, Kokusai Bunka Shinkôkai.
3. Z. Nakaya, Contributions à l'étude de la civilisation néolithique du Japon. Rev. des Arts Asiatiques 6 , 1929/30. pp.151-167.

4. Z. Nakaya, L'influence des civilisations continentales sur l'âge de pierre au Japon. Rev. des Arts asiatiques 7 , 1931. pp.141-155.
5. M. C. Haguenauer, Notions d'archéologie japonaise (Bull. Maison Franco-Japonaise, Série Française, Vol. 3, 1931).
6. O. Menghin, Die Steinzeit Ostasiens. In: Festschrift P. W. Schmidt. Mödling 1928.
7. W. Eberhard, Die vorhistorische Entwicklung von Japan. O. A. R. 1936, p.554.
8. W. Eberhard, Eine neue Arbeitshypothese über den Aufbau der chinesischen Frühkulturen. 2. Tagung d. Ges. f. Völkerkde. in Leipzig, 12.-15. Okt. 1936.
9. M. Ramming, Über die Herkunft der Japaner. Nippon 3 , 1937. pp.82-91.
10. K. Ohyama, Yayoi-Kultur. Eine prähistorische Kultur der japanischen Inseln. Jubiläumsbd. D. O. A. G. I , 1933. pp.127-134, Plates IX-XII.
11. S. Yokoyama, Keijô fugai Takonomine iseki hôkoku (Excavation report on Takonomine near Seoul). Shiz. Z. 2, 1930. pp.289-300 (Jap.).
12. S. Yokoyama, Fusanfu Zetsuyeitô Tôsandô kaizuka hôkoku (Report on the Shell Mound of Tôsandô on Zetsuyeitô near Fusan). Shiz. Z. 5 , 1933. 56p. (Jap. with Ger. summary).
13. Taishô kyô nen do koseki chôsa hôkoku (Report on the Investigation of Antiquities in 1920): The Shell Mound of Kimhae. Chôsen Sôtokufu.
14. H. Lautensach, Die Urlandschaft in Portugal und in Korea, ein Vergleich. C. R. Congr. Intern. Géogr. Varsovie 1934, Vol. IV, Warszawa 1938. pp.161-172.
15. R. Torii, Les dolmens de la Corée. Mem. Research Dept. Tôyô Bunko 1926. pp.93-100.
16. W. Gowland, Dolmens and Other Antiquities of Korea. Journ. Anthropol. Inst. London 24 , 1895. p.316.
17. E. Baelz, Dolmen und alte Königsgräber in Korea. Zeitschr. f. Ethnol. 42, 1910. pp.776-781 (reprinted in Deutsche Japanpost 9 , 1910/11).
18. E. Baelz, Über Dolmen in Korea. Ostasiat. Lloyd. No. 50, 15 Dec. 1911.
19. F. Krüger, Koreanische Dolmen. Nordische Welt 2 , 1934, No. 9, pp.1-12.
20. M. Colani, Mégalithes du Haut-Laos. 2 vols. Paris 1935. (Rev. in Z. G. E. B. 1936, p.376.).
21. K. Hamada, Alte Gräber in Korea. Kokogaku Zasshi 14 , 1924. pp.915-932 (Jap.). (Cf. Ethnol. Anz. 1 B, 1928, p.351.).

II. 고고학

22. Taishô go nen Chôsen koseki chôsa hôkoku (Report on the investigation of Korean antiquities in 1916). Chôsen Sôtokufu 1917. - Taishô roku nen do koseki chôsa hôkoku (Report on the investigation of antiquities in 1917). Chôsen Sôtokufu 1920. This series has been continued regularly. Most recent: Reports on 1934 (Jap.). Cf. no. 13.
23. Koseki chôsa tokubetsu hôkoku (Special reports on antiquities). Vol. I. Heijô fukin ni okeru Rakurô jidai no fumbo (Tombs of the Lolang Period near P'yǒg-yang). Chôsen Sôtokufu 1919. 68p. (Jap.). Supplement to 22. This series has also been continued. Vol. VI contains archaeological investigations in ancient Koguryö (two

parts with 250 plates. Chôsen Sôtokufu 1933), vol. IV (1928) again reports on Lolang excavations.

24. Chôsen koseki zufu (An Illustrated Catalogue of Ancient Monuments and Historical Remains in Korea). Chôsen Sôtokufu. 14 vols., 1915-34. 6200 figures (text Jap.).
25. Chôsen koseki zufu kaisetsu (continuation of 24). Four issues to date. Chôsen Sôtokufu (Jap.).
26. O. Kümmel, Altchinesische Kunst auf koreanischem Boden. Forsch. u. Fortschr. 4, 1928. p.147f.
27. Y. Harada and K. Tazawa, Lo-Lang: A Report on the Excavation of Wang Hsü's Tomb in the "Lo Lang" Province, an Ancient Chinese Colony in Korea. Tôkyô 1930. 4°, 128 tables. Text partly Jap., partly Ger., partly Eng.
28. Rakurôgun jidai no iseki (Investigations on the period of the Lolang commandery). 1 vol. text, 2 vols. plates. Tôkyô 1932 (Jap.).
29. K. Hamada, On the Recent Excavations of the Han Tombs at the Ancient Lo-lang District, Korea. Pr. I. A. T. 10 , 1934, No. 4. pp.191-195.
30. Y. Harada, Excavation of the Mud-Castle at Lolan. Pr. I. A. T. 11 , 1935, No. 6. pp.207-209.
31. A. Koizumi and S. Sawa, Tomb of the Painted Basket and Other Two Tombs of Lo-lang. Detailed Report of the Excavations of the Tombs of the Lo-lang District, Korea, Ancient Chinese Colony of the Han Dynasty, Carried Out in the Season of 1931 by the Society for the Study of Korean Antiquities. New York 1935. p.111, 132 maps.
32. H. Ikeuchi, A Study on Lo-lang and Tai-fang, Ancient Chinese Prefectures in Korean Peninsula. Mem. Research Dept. of the Tôkyô Bunkô (The Oriental Library) no. 5. Tôkyô 1939. 17p.
33. S. Umehara, Deux grandes découvertes archéologiques en Corée. Rev. des Arts asiatiques 3, 1926. pp.24-33.
34. H. E. Fernald, Rediscovered Glories of Korean Art. Asia 1931. pp.788-795, pp.799- 802.
35. Studien zur Kunst der Han-Zeit. Die Ausgrabungen von Lo-lang in Korea. Festschrift J. Strzygowski (Wiener Beiträge zur Kunst- u. Kulturgeschichte Asiens VII). Wien 1933. 96p., 4°.
36. Abbildungen von Rakurô-Gräbern. Atlantis 1929, p.249ff.
37. H. B. Hulbert, The Treasures of Kyong-ju. Kor. Rev. 2, 1902. pp.385-392.
38. K. Hamada and S. Umehara, A Royal Tomb, "Kinkan-tsuka" or the Gold Crown Tomb at Keishô and its Treasures. Chôsen Sôtokufu 1924. 1 vol. text (221p.), 1 vol. plates (folio with 50 plates) (Jap.).
39. Memoir of Historic Remains in Keishû (Kyung-ju). Chôsen Sôtokufu 1926. 55p., 27 plates (Jap. and Eng.).
40. The Oldest Relic in Korea (Tangun's Altar, Kangwha Island). Kor. Rev. 4 , 1904. pp. 255-259.
41. T. de Lacouperie, The Miryeks or Stone-men of Corea. J. As. Soc. Jap. 22, 1887.

III. 역사

42. H. B. Hulbert, The History of Korea. Seoul 1905. 2 vols. 409 and p.374 Previously published in Kor. Rev. 1-4 , 1901-1904.
43. H. B. Hulbert, The Passing of Korea. New York 1906. 473p.
44. J. Ross, Corea, Its History, Manners and Customs (also under the title: History of Corea, Ancient and Modern). London 1880 (1891). 404p.

45. W. E. Griffis, Corea, the Hermit Nation. New York 1882. 462p. 1907[2]. 1911[3].
46. W. E. G. (Griffis), Corea Without and Within: Chapters on Corean History, Manners and Religion, with Hendrik Hamel's Narrative of Captivity and Travels in Corea. Philadelphia 1885. 315p. (Rev. in P. M. 1886, L. B. 118).
47. W. E. Griffis, Korea and the Koreans: In the Mirror of Their Language and History. Bull. Am. Geogr. Soc. 27, 1895. pp.1-20.
48. E. H. Parker, On Race Struggles in Corea. Tr. As. Soc. Jap. 18 II, 1890. pp.157-228.
49. J. S. Gale, The History of the Korean People. Seoul 1931. Also: Korean Mission Field 1924-27.
50. M. Courant, La Corée jusqu'au IXe siècle. T'oung Pao 9, 1898. pp.1-27.
50a. Kei Won Chung and G. F. Hourani, Arab Geographers on Korea. Journ. Am. Oriental Soc. 1938, p.658ff.
51. E. Baelz, Korea von seinen Anfängen bis zu seinem Ende. Frankfurt a. M. 1910. 24p. (reprint from Frankf. Zeitung.).
52. W. Eberhard, Kultur und Siedlung der Randvölker Chinas. Leyden 1942. 506p. Korea: Die koreanischen Völker, pp.15-28.
53. J. H. Longford, The Story of Korea. London and Leipzig 1911. 400p.
54. E. H. Parker, Corea. The Fortnightly Review N. S. 63, 1898. pp.224-238.
55. A. Herrmann, Historical and Commercial Atlas of China. Cambridge, Mass. 1935.
56. O. Franke, Geschichte des Chinesischen Reiches. 3 vols. to date. Berlin and Leipzig 1930/37.
57. F. M. Trautz, Die Landbrücke von Korea. Z. f. Geopol. 1, 1924. pp.485-496.
58. T. Hayashi, Chôsen tshushi (Comprehensive History of Korea). Tôkyô 1925. 608p. (Jap.).
59. Chôsen rekishi chiri (Historical geography of Korea). Tôkyô 1913. 394p. (Jap.).
60. K. Aoyanagi, Chôsen bunkashi taisei (Complete Cultural History of Korea). Keijô 1924[4]. Ges. z. Erf. Koreas. 1260p. (Jap.).
61. J. Inaba, Chôsen bunkashi kenkyô (Studies on the Cultural History of Korea). Tôkyô 1925. 378p. (Jap.).
62. T. Shidehara, Chôsen shiwa (Historical Accounts of Korea). Tôkyô 1925. 531p. (Jap.).
63. S. Shirabori, Manshû Chôsen rekishi chiri (Historical Geography of Manchuria and Korea). 8 vols., Tôkyô 1927 (Jap.).
64. T. Yoshida, Historical Atlas of Japan. Tôkyô 1935. 141 plates, 27p. text (Jap.).
65. S. Umehara, Kodai Chôsen ni okeru hoppô-kei bumbutsu no konseki (The Traces of the Northern Civilisation in Ancient Korea). Seikyô gakusô 1932, no. 7 (Jap.).
66. C. Hentze, Schamanenkronen zur Han-Zeit in Korea. Ostasiat. Zeitschr. N. F. 9, 1933. pp.156-163.
67. H. Koppelmann, Die Eurasische Sprachfamilie. Indogermanisch, Koreanisch und Verwandtes. Heidelberg 1933. 220p.
68. H. Jensen, Indogermanisch und Koreanisch. Germanen und Indogermanen. Hermann Hirt-Festschrift vol. II. Heidelberg 1936. pp.159-170.
69. J. S. Gale, The Influence of China upon Korea. Tr. Kor. Br. R. As. Soc. 1, 1900. pp.1-24.
70. H. B. Hulbert, Korean Survivals. Tr. Kor. Br. R. As. Soc. 1 , 1900. pp.25-50.
71. L. C. Goodrich, Korean Interference with Chinese Historical Records. Tr. N. China Br. R. As. Soc. 68, 1937. pp.27-34 (cf. also Tr. Kor. Br. R. As. Soc. 30, 1940. pp.33-45).

72. W. W. Rockhill, China's Intercourse with Korea from the XVth Century to 1905. London 1905. 60p. (Rev. in P. M. 1906, L. B. 514.)
73. A. Herrmann, Das geographische Bild Chinas im Altertum. Sinica-Sonderheft 1937. pp.72-87.
74. F. Hirth and W. W. Rockhill, Chau Ju-Kua, His Work on the Chinese and Arab Trade in the 12th and 13th Centuries, Entitled Chu-Fan-Chi. Translated from the Chinese and annotated by... Petrograd 1911. Academy of Sciences. Korea: pp.166-169.
75. J. Hackin, L'Oeuvre de la délégation archéologique française en Afghanistan (1922-32). I. Archéologie bouddhique. Tôkyô 1933. Maison Franco-Japonaise.
76. G. Haloun, Seit wann kannten die Chinesen die Tocharer oder Indogermanen überhaupt. 1. Teil. Leipzig 1926.
77. Z. N. Matveeff, The State Bohai. From the History of Eastern Asia from the 8th to the 10th Century. Vladivostok 1929 (Russ. with Eng. summary).
78. H. B. Hulbert, The Invention of the Ni-t'u. Kor. Rep. 5, 1898. Feb.
79. M. Courant, Note sur les différents systèmes d'écriture employés en Corée. Tr. As. Soc. Jap. 23 , 1895. p.5ff.
80. F. X. Biallas, Der Ursprung der koreanischen Schrift. Anthropos 25, 1930. pp.731-736.
81. A. Eckardt, Ursprung der koreanischen Schrift. M. D. O. A. G. 1928, vol. B.
82. E. Satow, Further Notes on Movable Types in Korea and Early Japanese Printed Books. Tr. As. Soc. Jap. 10 , 1882. Part 2.
83. J. Daland, The Evolution of Modern Printing and the Discovery of Movable Metal Types by Chinese and Koreans in the 14th Century. Journ. Franclin Institute 212, 1931. pp.209-234.
84. W. C. Rufus, Astronomy in Korea. Tr. Kor. Br. R. As. Soc. 26, 1936. pp.1-52.
85. E. Satow, The Korean Potters in Satsuma. Tr. As. Soc. Jap. 6, 1878. Part 2.
86. A. Wedemeyer, Japanische Frühgeschichte. Tôkyô 1930. M. D. O. A. G. Supplement XI, 346p.
87. Y. S. Kuno, Japanese Expansion on the Asiatic Continent. Berkeley, Cal. Vol. I, 1937. 373p. Vol. II, 1940. 352p.
88. R. M. Cory, Some Notes on Father Gregorio de Cespedes, Korea's First European Visitor. Tr. Kor. Br. R. As. Soc. 27, 1937. pp.1-55.
89. A. Pfizmaier, Der Feldzug der Japaner gegen Corea im Jahre 1597. Aus dem japan. Geschichtswerk Chôsen Monogatari translated. 2 vols. Wien 1874.
90. J. Yamagata, Japanese-Korean Relations After the Japanese Invasion of Korea in the XVIth Century. Tr. Kor. Br. R. As. Soc. 4, part 2, 1913. pp.1-11.
91. W. Krebs, Der Koreakrieg in seinen natürlichen Beziehungen zu den Witterungs und Bevölkerungsverhältnissen Ostasiens. Samml. Wiss. Vortr. no. 232. Berlin 1895. 47p., five maps.
92. E. M. Cable, The United States-Korean Relations 1866/1871. Tr. Kor. Br. R. As. Soc. 28, 1938. pp.1-229.
93. C. Duncan, Corea and the Powers. A Review of the Far Eastern Question. Shanghai 1889. 96p.
94. N. Weber, Gotteswege. Ein Blick in die koreanische Missionsgeschichte. St. Ottilien 1929.
95. L. G. Paik, History of Protestant Missions in Korea. Pyengyang 1929. 438p.
96. J. D. van Buskirk, Korea, Land of the Dawn. New York 1931. 200p.
97. H. A. Rhodes, History of the Korea Mission, Presbyterian Church, USA 1884-1934. Seoul 1934. 672p.

98. C. A. Clark, The Korean Church and the Nevius Methods. New York etc. 1930. 278p.
99. A. Eckardt, Eine deutsche Benediktinerabtei in Korea. O. A. R. 13, 1932. pp.12-15.
100. H. Lautensach, Das Deutschtum in Korea. Neueste Zeitung 1935, no. 107.

IV. 옛 한국 관계 서적과 지도

101. M. N. Trollope, Corean Books and Their Authors, Being an Introduction to Corean Literature. Tr. Kor. Br. R. As. Soc. 21, 1932. pp.1-104.
102. Kim Pu-sik (1075-1151), Samguk sagi (Records of the Three Kingdoms). Completed around 1150. Eight books in 50 vols.
103. Sŏ Kŏ-jŏng (1420-1488), Tongguk t'onggam (Complete Mirror of the Eastern Country). Korean History from 2300 B.C.-1392 A.D. Completed in 1484. 50 books in 28 vols.
104. J. S. Gale, Korean History (Translated from the Tonggook t'onggam). Kor. Rep. 3, 1895, pp.321-327. 4, 1896, pp.14-19, pp.95-100, pp.183-188.
105. No Sa-sin and Sŏ Kŏ-jŏng, Tongguk Yŏji Sŏngnam (Earth-loaded Cart-records). Completed 1481. Printed 1487. 11 books in 55 vols. One section is translated by H. B. Hulbert in Kor. Rep. 1898.
106. Sin Suk-chu and Kwŏn Nam-i, Kukcho pogam (History of the Chosŏn dynasty). Begun under King Sejo (1455-1468).
107. Hong Pong-han, Tongguk munhŏn pigo (Korean Encyclopedia). First published in 1770. 100 books in 40 vols. Geography included.
108. J. S. Gale, A Shipwreck (Korean) in 1636 A.D. Translated from the Korean by ... Tr. Kor. Br. R. As. Soc. 15, 1924. pp.1-22.
109. Ôtani, Chôsen kôchizu tenkan mokuroku (Catalogue of old Korean maps). Keijô 1933. 37p. (Jap.).
110. H. Nakamura, Über die Entwicklung der Karten von China, Japan und Korea vom 8. bis zum 18. Jahrh. To be published in Imago Mundi IV.
111. H. Cordier, Description d'un atlas Sino-Coréen, manuscript du British Museum. Recueil de voyages et de documents p. s. à. l'histoire de la géographie. Sect. Cart., no. 2. Folio. Paris 1896 (Rev. in P. M. 1896, L. B. 718).

V. 한국과 친숙하지 않는 외국인들이 저술한 지리학 연구(주로 쇄국정책 시기부터)

112. G. Ferrand, Voyage du marchand arabe Sulaymân en Inde et en Chine rédigé en 851 suivi de remarques par Abû Zaid Hasan (vers 916). Traduit de l'arabe par... Paris 1922. Les Classiques de l'Orient vol. VII. 155p.
113. Maçoudi, Les prairies d'or. Coll. d'Ouvrages orientaux publ. par la Societé asiatique. Paris 1859.
114. A. Jaubert, Géographie d'Édrisi. Traduite de l'arabe en français. Paris 1836 (Recueil de voyages et de mémoires). Vol. I, p.93f, p.500f.
115. K. Miller, Charta Rogeriana. Weltkarte des Idrisi vom Jahre 1154 n.Chr. Stuttgart 1926. - Mappae arabicae.

Vol. VI, Stuttgart 1927. Plate 10 and 30.

116. Itinerarium Wilhelmi de Rubruk in: Receuil de voyages et de mémoires publié par la Soc. de Géogr. Vol. IV, Paris 1839. pp.205-396.

117. Marci Pauli Veneti...de regionibus orientalibus libri III.

118. Three Severall Testimonies Concerning the Mightie Kingdom of Coray, Tributary of the Kingdom of China...and Called by the Portugales Coria etc...Collected out of the Portugale Yearly Japonian Epistels, Dated 1590, 1592, 1594. Included in 119.

119. R. Hakluyt, The Principal Navigations, Voyages, Traffiques and Discoveries of the English Nation Made by Sea or Over Land to the Remote and Farther Distant Quarters of the Earth. 3 vols., London 1589-1600.

120. J. Huygen van Linschoten, Itinerario. Voyage oftte schipvaert van...naer oost ofte Portugaels Indien 1579-1592. Vierde deel. Werken uitgeg. door de Linschoten-Vereeniging XLIII, 1939.

121. M. Quadus, Fasciculus geographicus. Coloniae 1606.

122. P. Nicol. Trigautius, De christiana expeditione apud Sinas suscepta ab Societate Jesu, ex P. Matthei Riccii ejusdem Societatis Commentariis Libri V. Lugduni 1616.

123. M. Martini, Novus Atlas Sinensis. Amsterdam 1653. German edition Wien 1655.

124. C. Arnold, Wahrhaftige Beschreibungen dreyer mächtigen Königreiche, Japan, Siam und Corea...mit neuen Anmerkungen und schönen Kupferblättern vermehrt, verbessert und geziert. Nürnberg 1672. On Korea: pp.811-900, only a translation, however, of the text in Martini's atlas (no. 123) and Hamel's account (no. 171).

125. J. B. du Halde, Description géographique, historique, chronologique, politique et physique de l'empire de la Chine et de la Tartarie chinoise. 4 vols., Paris 1735. In vol. IV, pp.529-537: Observations géographiques sur le royaume de Corée, tirées des mémoires du Père Régis.

126. J. B. B. d'Anville, Nouvel Atlas de la Chine, de la Tartarie chinoise et du Thibet, contenant des cartes générales et particulières de ces pays ainsi que la carte du royaume de Corée. La Haye 1737.

127. J. B. du Halde, Ausführliche Beschreibung des chinesischen Reiches und der groβen Tartarey, nebst Engelbr. Kämpfers Beschreibung des japonischen Reiches. 4 vols., Rostock 1747-1756.

128. J. B. Régis, Observations géographiques et histoire de la Corée. In: Prévost, Histoire générale des voyages vol. 8, 1749. La Haye. p.395ff.

129. J. Klaproth, Mémoires relatifs à l'Asie. Vol. 1. Paris 1826. Korea: Voyage à la Montagne Blanche, traduit du Mandchou, pp.455-460.

130. Timkowski, Travels of the Russian Mission Through Mongolia to China and Residence in Peking, in the Years 1820/21. London 1827. Vol. II, pp.43-96.

131. J. Klaproth, San Kokf Tsou Ran To Setsu ou Aperçu Général des Trois Royaumes. Paris 1832. 288p.

132. P. Fr. von Siebold, Nippon. Archiv zur Beschreibung von Japan und dessen Neben-und Schutzländern: Jezo mit den südlichen Kurilen, Krafto, Kooraï und den Liukiu-Inseln. Leyden 1832-1851. Especially: VII, Nachrichten über Kooraï. 163p.

133. C. Ritter, Die Gebirgshalbinsel Korea. In: Die Erdkunde, 4. Teil. 2. Buch. Asien, 3, II. Berlin 1834. pp.573-647.

134. A. Pfizmaier, Nachrichten von den alten Bewohnern des heutigen Corea. Sitz.-Ber. Kais. Ak. Wiss. Wien.

Phil.-hist. Cl. 57, 1867. pp.461-523.
135. A. Williamson, Journeys in North China, Manchuria and Eastern Mongolia; with Some Account on Corea. London 1870. 2 vols. 444p., 442p.
136. A. Pfizmaier, Darlegungen aus der Geschichte und Geographie Corea's. Sitz.-Ber. Kais. Ak. Wiss. Wien. Phil.-hist. Cl. 78, 1874. pp.89-142.
137. C. Dallet, Histoire de l'Église de Corée, précédée d'une introduction sur l'histoire, les institutions, la langue, les moeurs et coutumes coréennes. 2 vols., Paris 1874. 1174p.
138. P. Kempermann, Corea und dessen Einfluβ auf die Bevölkerung Japans. Verhandl. Berl. Ges. f. Anthropol., Ethnol. u. Urgeschichte 8 , 1876. pp.(78)-(83).
139. Der Markt am Thor von Korea. Das Ausland 1876, pp.387-391.
140. F. v. Richthofen, Schreiben des Freiherrn Ferdinand von Richthofen über seine Reisen zur Grenze von Korea und in der Provinz Hu-nan. Z. G. E. B. 5, 1870. pp.317-339.
141. F. v. Richthofen, China. On Korea: vol. I, 1877, p.575f. Vol. II, 1882, p.25, p.52, p.57, p.63, pp.82-89, p.131f, p.141, p.147f, pp.161-170, p.244, p.262.
142. F. Scherzer, Journal d'une mission en Corée par Koei-Ling, ambassadeur de S. M. l'Empereur de la Chine près de la Cour de la Corée. Traduit du Chinois. Paris 1877. Recueil d'itinéraires dans l'Asie Centrale. pp.1-62, with map. Also in Revue de Géogr. 1877, pp.129-134, pp.209-214, pp.287-292.
143. E. v. Kudriaffsky, Korea. Das Ausland 1877. pp.353-355, pp.501-504.
144. S. Mossmann, Corea. Geogr. Mag. 4, 1877. pp.148-152.
145. F. Ratzel, Korea, die Liukiu-Inseln und die zwei ostasiatischen Groβmächte. Österr. Monatsschr. f. d. Orient 5, 1879. pp.189-196.
146. É. Reclus, Nouvelle Géographie Universelle. Vol. VII. L'Asie Orientale. Paris 1882. Korea: pp.649-683.
147. F. G. Müller-Beeck, Unsere wissenschaftliche Kenntnis von Korea. 1. Jahresber. d. Geogr. Ges. Greifswald 1882. pp.35-57.
148. P. A. Dimitrewski, Facts on Korea. Compendium "General Geography," ed. R. Lenz. Vol. XII, section 4 (Russ.). Translated from the Japanese. (Rev. in P. M. 1884, p.271).
149. P. Dimitrewski, Geografitscheskoe opisanie Korei. Perewod s kitaiskago (Geographical description of Korea. Translated from the Chinese). Chankou 1883 (Russ.).
150. Die Entwicklung der Kartographie von Korea. P. M. 1883, pp.341-344. W. map 1 : 1.7 million (Plate 10).
151. W. J. Kenny, Account of a Secret Trip into the Interior of Korea. Tr. As. Soc. Jap. 11, 1883. pp.141-148. Translated from the Japanese.
152. A. W. D., Notes on Corea. Shanghai 1884. Reprinted from "The Star in the East" (Rev. in P. M. 1885, p.270).
153. M. Jametel, La Corée avant les traités. Souvenirs de voyages. Paris 1885. Also in Rev. de Géogr. 15, 1884; 16, 1885 and 17, 1885.
154. M. F. Scherzer, Tchao-sien-tche, Mémoire sur la Corée, par un Coréen anonyme. Traduit pour la première fois du chinois, avec un commentaire perpétuel. Journ. Asiatique VIIIe Sér., V, Août-Oct. 1885, pp.160-242. VII, Févr.-Avr. 1886, pp. 223-332. Also English translation.
155. L. de Rosny, Les Coréens. Aperçu ethnographique et historique. Paris 1886. 144p.
156. M. A. Pogio, Korea. Wien and Leipzig 1895. Translated from the Russian by St. Ritter v. Ursyn-Pruszyński.

248p. (rev. in P. M. 1896, L. B. 496).

157. L. Nocentini, Materiali per la storia degli antichi stati Coreanì. Rendiconti R. Ac. dei Lincei. Cl. di Sc. morali, stor. e fil. V, 5. 1896, pp.12-36.- Materiali per la geografia della Corea, ibid. pp.111-138.- Notizie generali della Corea, ibid. pp.234-249 (Rev. in P. M. 1897, L. B. 360).

158. H. Cordier, De la situation du Japon et de la Corée. Manuscrit inédit du Père A. Gaubil, S. J. T'oung-Pao 9 , 1898. 16p.

159. A. Pawlowski, Historique de la connaissance de la Corée d'après la cartographie. Bull. Soc. Géogr. de Rochefort 26, 1904. pp.216-225. (Geogr. Journ. 25 , 1905. p.456).

VI. 서양의 선박탐험

160. Voyage de La Pérouse autour du monde, rédigé par M.L.A. Milet-Mureau. Paris, an V (1797). 4 vols. and atlas. Korea in vol. II, pp.384-392.

161. W. R. Broughton, A Voyage of Discovery to the North Pacific Ocean: in which...the Coast of Corea has been examined and surveyed. Performed in His Majesty's Ship "Providence" and her tender, in the years 1795, 1796, 1797, 1798. London 1804. 396p.

162. Captain Basil Hall, Account of a Voyage of Discovery to the West Coast of Corea and the Great Loo-choo Island. London 1818. 222p. App. 130p. German translation: Weimar 1819. 2nd abbreviated edition: London 1820. 259p.

163. Captain Basil Hall's Account of his Voyage to the West Coast of Korea in 1816. Tr. Kor. Br. R. As. Soc. 11, 1920. pp.3-37. Excerpt from 162.

164. L. G. Paik, The Korean Record on Captain Basil Hall's Voyage of Discovery to the West Coast of Korea. Tr. Kor. Br. R. As. Soc. 24, 1935. pp.15-19.

165. J. M'Leod, Voyage of His Majesty's Ship "Alceste", along the Coast of Corea, to the Island of Lewchew: with an Account of her subsequent Shipwreck. London 1818[2]. 323p. Fr. translation 1818.

166. C. Gutzlaff, Journal of three Voyages along the Coast of China in 1831, 1832 and 1833, with Notices on Siam, Corea and the Loo-choo Islands. London 1834. 312p.

167. Report of Proceedings on a Voyage to the Northern Ports of China, in the Ship "Lord Amherst". Extracted from papers printed by order of the House of Commons, relating to the trade with China. London 1833. A. Lindsay's Report pp.215-259. B. Gützlaff's Report pp.293-295.

168. Captain Sir Edward Belcher, Narrative of the Voyage of H. M. S. Samarang, During the Years 1843-1846, Employed Surveying the Islands of the Eastern Archipelago. With Notes on the Natural History of the Islands, by A. Adams. London 1848, 2 vols.

169. E. Oppert, Ein verschlossenes Land. Reisen nach Corea. Leipzig 1880. 316p. Also Engl. edition.

170. Captain Sir F.J.O. Evans, Report on Admirality Surveys for the Year 1882. Nautical Mag. 52 , 1883. pp. 656-668 (British surveys on the west and south coast of Korea. (Cf. P. M. 1883, p.387f).

VII. 서양의 여행보고서

171. H. Hamel van Gorcum, Journael, Van de Ongeluckige Voyagie van't Jacht de Sperwer van Batavia gedestineert na Tayowan in't Jaer 1653, en van daer op Japan; hoe't selve Jacht door storm op't Quelpaerts Eylant is ghestrant... Als mede een pertinente Beschrijvinge der Landen Provintien Steden ende Forten leggende in't Coninghrijck Coeree:... Rotterdam 1668. Ger. translation in 124.

172. H. Hamel, Verhaal van het Vergaan van het jacht de Sperwer en van het wedervaren der schipbreukelingen op het eiland Quelpaert en het vasteland van Korea (1653-66), met eene beschrijving van dat rijk, door Hendrik Hamel. Uitgegeven door B. Hoetink. 's Gravenhage 1920. 220p. Revised edition of 171 published as vol. 18 of Werken uitgegeven door de Linschoten-Vereeniging.

173. An Account of the Shipwreck of a Dutch Vessel on the Coast of the Isle of Quelpart, Together with the Description of the Kingdom of Korea. Engl. translation of 171. Tr. Kor. Br. R. As. Soc. 9, 1918. pp.91-148.

174. H. Zuber, Une expedition en Corée. Le Tour du Monde 25, 1873. pp.401-416.

175. J. C. Hall, A Visit to Corea, in October 1882. Proc. R. Geogr. Soc. N. S. 5, 1883. pp.274-284.

176. J. C. Hall, A Visit to West Coast and Capital of Korea. Tr. As. Soc. Jap. 11, part 2, 1883. pp.148-161.

177. H. A. C. Bonar, Notes on the Capital of Korea. Tr. As. Soc. Jap. 11, part 2, 1883. pp.243-259.

178. W. G. Aston, A Journey from Söul to Songdo in August 1884. Comm. Reports by H. M. Consul-General in Corea, 1882-1883. London 1885.

179. P. Lowell, Chosön: the Land of the Morning Calm. Boston 1885. 402p. (Rev. in P. M. pp.1886, L. B. 119).

180. P. Mayet, Ein Besuch in Korea im October 1883. M. D. O. A. G. 4, 1884/88. pp.18-28, pp.146-152.

181. G. W. Morrison, Some Notes on a Trip to Corea,in July and August, 1883. Tr. N. China Br. R. As. Soc. 28, 1884. pp.141-157.

182. S. B. Bernerston, A Trip from Söul to Peng Yang. Journ. Am. Geogr. Soc. 16, 1884. pp.234-241. (Cf. P. M. 1885, 182p.)

183. G.C. Foulk, Report on Four Important Towns of Corea. USA Foreign Relations 1885.

184. W. Gowland, Journey from Seoul to Pusan, rev. in Nature 31, 1884/85. p.397.

185. A. Glocker, Reise nach Korea. Dtsch. Rundschau f. Geogr. u. Stat. 9, 1886/87. pp.108-116, pp.212-219, pp.358-366 (Dtsch. Kolonialztg. 3, 1886. pp.729-733).

186. W. R. Carles, Recent Journeys in Korea. Proc. R. Geogr. Soc. N. S. 8, 1886. pp. 289-312.

187. W. R. Carles, Life in Corea. London 1888. 317p. (Rev. in P. M. 1888, L. B. 303).

188. C. Gottsche, Über Land und Leute in Korea. Verhandl. Ges. Erdk. Berlin 13, 1886. pp.245-262. (Also as independent publication: Berlin 1886.).

189. C. Gottsche, Korea und seine Nachbarn. Mitt. Ver. Erdk. Leipzig 1886, p.XXXIIff.

190. H. E. M. James, The Long White Mountain. London 1888. 502p. (Rev. in P. M. 1888, L. B. 304).

191. F. Kraus, Die Hauptstadt von Korea und ihre Bewohner. Ostasiat. Lloyd 1887. No. 218, 257, 263.

192. F. Kraus, Eine Reise nach Korea. Dtsch. Rundschau f. Geogr. u. Stat. 11, 1889. pp.207-219.

193. O. Genest, Kapitän Jakobsen's Besuch bei den Koreanern. Globus 52, 1887. pp.58-61, pp.71-75.

194. Ch. Varat, Voyage en Corée. Le Tour du Monde 1892, I. pp.289-368. (C. R. Soc. Géogr. Paris 1890, p.67f).

195. C. Chaillé-Long, De Séoul à Quelpaërt et Voyage de retour par Fou-San, Wôn-San et Vladivostok. Bull.

Soc. Géogr. VIIe Série 10, 1889. pp.425-444 (Eng. translation: From Corea to Quelpaert. Journ. Am. Geogr. Soc. 22 , 1890. pp.219-266).

196. C. Chaillé-Long-Bey, La Corée ou Chösen. Ann. Mus. Guimet XXVI, 1. Paris 1894. pp.1-75 (Bull. Soc. Norm. Géogr. 14, 1892, pp.384-418. 15, 1893, pp.1-18). (Rev. in P. M. 1896, L. B. 499).

197. Ch. W. Campbell, A Journey through North Korea to the Ch'ang-pai Shan. Proc. R. Geogr. Soc. N. S. 14 , 1892. pp.141-161. (Scott. Geogr. Mag. 8, 1892. pp.579-591).

198. J. S. Gale, To the Yaloo and Beyond. Kor. Rep. 1, 1892, pp.17-24, pp.37-51, pp.75-85.

199. L. O. Warner, A Journey of Exploration in Corea. Corea Mission Field 38, 1893. pp.134-142 (Geogr. Journ. 9, 1897. p.661f. Österr. Monatsschr. f. d. Orient 23, 1897. p.82).

200. G. W. Gilmore, Korea from Its Capital. Philadelphia 1892. 328p.

201. E. Brass, Reise durch Korea. Export 15 , 1893. p.105f, pp.119-121, p.136f, pp.167-170.

202. H. Goold-Adams, A Trip to the Mont Blanc of Corea. Kor. Rep. 1, 1892. pp. 237-244, pp.269-277, pp.300-307.

203. A. E. J. Cavendish, Korea and the Sacred White Mountain, Together with an Account of an Ascent of the White Mountain by Captain H. E. Goold-Adams. London 1894. 220p. (Scott. Geogr. Mag. 10, 1894. pp.561-574). (Rev. in P. M. 1896, L. B. 498).

204. E. v. Hesse-Wartegg, Korea. Eine Sommerreise nach dem Lande der Morgenruhe 1894. Dresden and Leipzig 1895. 220p. (Rev. in P. M. 1896, L. B. 495).

205. A. H. Savage-Landor, Corea or Chosen. The Land of the Morning Calm. London 1895. 304p. (Rev. in P. M. 1896, L. B. 497).

206. G. N. Curzon, Problems of the Far East. Japan-Korea-China. New York 1894. Korea: pp.81-233.

207. I. B. Bishop, Korea and Her Neighbours. A Narrative of Travel, with an Account of the Recent Vicissitudes and Present Position of the Country. 2 vols. London 1898. 261p., 321p. (Rev. in P. M. 1898, L. B. 799).

208. C. T. Gardner, Corea. Rep. VI. Meeting Australasian Ass. Brisbane 1895. pp.483-532 (P. M. 42, 1896, p.91).

209. J. S. Gale, A Trip Across Northern Korea. Kor. Rep. 4, 1896. pp.81-89.

210. Frh. v. Grünau, Von Wönsan nach Soul. Globus 72, 1896. pp.149-151. (P. M. 43, 1897, p.295).

211. J. H. Veitch, A Traveller's Notes; or Notes of a Tour Through India... Corea... During the Years 1891-1893. London 1896. 219p.

212. D. Lièvre, Promenades japonaises et coréenes 1894-1896. Bull. Soc. Géogr. Commerc. 1898/99. Korea: pp.195-211.

213. H. Webster, Korea - The Hermit Nation. Nat. Geogr. Mag. 11, 1900. pp.145-155.

214. B. Knochenhauer, Korea. Dtsch. Kol. Ges. Abt. Berlin-Charlottenburg. Verh. 1900/01, no. 4. pp.74-124.

215. M. Monnier, A Travers la Corée. La Géogr. 1, 1900. pp.35-50.

216. C. Rosetti, L'Impero di Corea. Bol. Soc. Geogr. Ital. Ser. IV, 5, 1904. pp.550-574.

217. S. Genthe, Korea. Reiseschilderungen. Berlin 1905. 343p.

218. E. Baelz, Das Leben eines deutschen Arztes im erwachenden Japan. Stuttgart 1931. Korea: pp.219-246.

219. A. Hamilton, Korea, das Land des Morgenrots. Leipzig 1904. 296p. (Also Eng. and Fr. editions).

220. W. Sieroszewski, Korea. Land und Volk nach eigener Anschauung gemeinverständlich geschildert. Berlin (1904). 302p. (Rev. in P. M. 1906, L. B. 512).

221. V. Ehrencron-Müller, Korea og Koreanerne. Köbenhavn 1904. 79p.
222. R. Zabel, Meine Hochzeitsreise durch Korea während des russisch-japanischen Krieges. Altenburg 1906. 462p. (Rev. in P. M. 1907, L. B. 450).
223. A. v. Schmidt auf Altenstadt, Reisindrucken van en Hollandsche in Korea. Bull. Soc. Roy. Géogr. Anvers 29, 1905. pp.75-142.
224. E. Kroebel, Wie ich an den Koreanischen Kaiserhof kam. Berlin-Schöneberg (1909). 185p.
225. E. G. Kemp, The Face of Manchuria, Korea and Russian Turkestan. London 1910. 248p. Korea: pp.65-148.
226. N. Weber, Im Lande der Morgenstille. Reiseerinnerungen an Korea. St. Ottilien 1923^2. 467p. (Rev. in P. M. 1920, p.177).
227. S. Bergman, I Morgonstillhetens Land. Skildringar fran en Forsk nings färd till Korea. Stockholm 1937. 231p.
228. S. Bergman, Koreanska Äventyr. Stockholm 1938. 281p.
229. S. Bergman, In Korean Wilds and Villages. London 1938. 232p. (Rev. in P. M. 1939, L. B. 119).
230. S. Bergman, När körsbärsträden blomma i Korea. Jorden Runt 9, 1937. Vol. I, pp.1-13.
231. H. Lautensach, Hauptergebnisse meiner Koreareise. P. M. 1934, pp.172-175, pp.213-217, pp.256-259.
232. H. Lautensach, Forschungen in Korea. Verhandl. 25. Dtsch. Geogr.-Tag Bad Nauheim 1934, pp.25-40.
233. H. Lautensach, Forschungsreise in Korea. Z. G. E. B. 1934, pp.352-359.

VIII. 러시아 문헌

234. E. Bretschneider, Rußland und Korea. P. M. 1901, pp.179-182.
235. K. v. Lysakowski, Die erloschenen Vulkane und die Bergketten der Halbinsel Korea. Das Weltall 6, 1905/06. pp.133-139, pp.162-164.
236. J. Gontcharov, Fregat "Pallada". Otscherki puteschestwija (Frigate "Pallas." Brief accounts of the voyages.) Petrograd 1858 (Russ.).
237. P. M. Delotkevitch, Dnewnik po putji peschkom is Seula w Posjet, tscheres sew. Koreju. S. 6-go dekabrja 1885 g. 29 febr. 1886 g. (Diary written during the trip by foot from Seoul to Pos'yet, through northern Korea. From 6 Dec. 1885 to 29 Feb. 1886). Sbornik geogr. top. i stat. mater. po Asii 38, 1887 pp.128-167 (Izvest. Imp. Russ. Geogr. Ob. 25, 1889. pp.294-315) (Russ.).
238. Lieutenant Colonel Webel, Pojesdka w Koreju w 1889 g. (Travels through Korea in 1889). Sbornik geogr., top. i stat. mater po Asii 41, pp.143-255 (Russ.).
239. Lieutenant Colonel Alftan, Pojesdka w Koreju w dek. 1895 g. i w janw. 1896 g. (Travels through Korea in Dec. 1895 and Jan. 1896). Sbornik geogr., top. i stat. mater. po Asii 69 (Russ.).
240. M. A. Pogio, Otscherki Korei (Brief descriptions of Korea). Petrograd 1892. Original of 156 (Russ.).
241. A. G. Lubenzov, Chamkenskaja i pchienhanskaja prowinzii Korei (The Korean provinces of Hamgyŏng-do and P'yŏng-ando). Sapiski of the Priamur Section of the Imp. Russ. Geogr. Ob. II, 4. Khabarovsk 1897. 297p. (Russ.).
242. A. Zweginzov, Pojesdka w sewernuju Koreju (Journeys in northern Korea). Izvest. Imp. Russ. Geogr. Ob.

36, 1900. pp.502-518 (Russ.).

243. P. I. Schmidt, Westji iz Koreisko-Sachalinskoi ekspedizii 1900 (Investigations from an expedition through Korea and Sakhalin 1900). Izvest. Imp. Russ. Geogr. Ob. 36, 1900. pp.463-501. Route map in 39, 1903 (Russ.).

244. E. Ahnert, Puteschestwije po Manjurii (Travels through Manchuria). Sapiski Imp. Russ. Geogr. Ob., Sect. General Geography. vol. 35, 1904. Especially pp.253-291, p.300-308 (Russ.). (Rev. in P. M. 1905, L. B. 622).

245. Opissanie Koreai (S'Kartoi). (Description of Korea [with map].) Compiled in the Office of the Minister of Finance. Petrograd 1900. 3 vols. 448p., 490p., 318p. (Cf. P. M. 1901, pp.179-182. La Géogr. 5, 1902. pp.116-121) (Russ.).

246. D. Puschdnejeff, Description of Korea from the standpoint of physical, economic and ethnographical conditions. 4 vols. Petrograd 1910. Ministry of Finance. 1500p. (Russ.).

247. N. W. Kjuner, Statistiko-geografitscherkij i jekonomitschjeskji otscherki Korei (Statistical-geographical and economic description of Korea). 2 vols. Vladivostok 1912. 376p., 380p. Vostocnyi Institute (Rev. in P. M. 1913, I, p.147. 1914, II, p.37).

IX. 서양의 기타 문헌

248. G. Baudens, La Corée. Paris 1884. 38p.

249. J. Haas, Wirtschaftliche Zustände von Corea. Österr. Konsulatsbericht 1884. 30p.

250. F. v. Hellwald, Korea. Österr. Monatsschr. f. d. Orient 13, 1887. pp.17-21, pp.33-38.

251. C. W. Campbell, The Discovery of Korea: With a Brief Sketch of Korean Physiography. Tr. Ninth Internat. Congr. Or. London 1892, II. p.423f.

252. C. W. Campbell, Report on a lecture on the earliest mention of the name Korea in the Occident. Tr. As. Soc. Jap. 1892.

253. F. v. Richthofen, Der Schauplatz des Krieges zwischen Japan und China. Verhandl. Ges. Erdk. Berlin 21, 1894. pp.456-476 (Geogr. Journ. 4, 1894).

254. F. v. Richthofen, Der Friede von Schimonoseki in seinen geographischen Beziehungen. Geogr. Zeitschr. 1, 1895. pp.19-39.

255. D. L. Gifford, Places of Interest in Korea. Kor. Rep. 3, 1895. pp.281-287.

256. Anonymous, Korea of to-day. London 1894. 128p.

257. L. Jordan-Miln, Quaint Korea. London 1895. 306p.

258. J. S. Gale, Korean Sketches. Chicago, etc. 1898. 256p. (Scott. Geogr. Mag. 15, p.165).

259. C. Wolter, Korea, einst und jetzt. Mitt. Geogr. Ges. Hamburg 17, 1901. pp.63-77.

260. M. de Lapeyrière, La Corée. Bull. Soc. Géogr. Commerc. 24, 1902. pp.217-259.

261. É. Bourdaret, En Corée. Paris 1904. p.363 (Rev. in P. M. 1905, L. B. 615).

262. C. Rosetti, Corea e Coreani. Impressioni e ricerche sull'Imperio del Gran Han. 2 vols. Bergamo 1904. 170p., 231p. (Rev. in P. M. 1906, L. B. 513).

263. Generalmajor Krahmer, Die Beziehungen Rußlands zu Japan (mit besonderer Berücksichtigung Koreas). Rußland in Asien vol. VII, Leipzig 1904, 221p.
264. A. von Schmidt auf Altenstadt, Van't land der morgenkalmte ent 't Hemelsche Rijk. Haarlem 1904.
265. H. N. Allen, Korea. Fact and Fancy. Seoul 1904. 285p.
266. Villetard de Laguérie, La Corée, indépendante, russe, ou japonaise. Paris 1898, 304p. 2nd edition Paris 1904. (Rev. in P. M. 1898, L. B. 800 and 1905, L. B. 617).
267. A. Legrand, La Corée. Bull. Soc. Bretonne de Géogr. (Lorient) 1905, pp.315-351. 1906, pp.391-413.
268. G. Trumbull Ladd, In Korea with Marquis Ito. London 1908. 477p.
269. H. N. Allen, Things Korean. New York 1908. 256p.
270. v. Ursyn-Pruszińskі, Kleiner Führer durch das annektierte Korea. Wien 1910 (Rev. in P. M. 1911 I, p.56).
271. M. A. Lushington and A. Hamilton, Korea, Its History, Its People and Its Commerce. Boston 1911. 326p.
272. R. M. Keir, Modern Korea. Bull. Am. Geogr. Soc. 46, 1914. pp.756-769, pp.817-830.
273. E. J. Urquhart, Glimpses of Korea. Mountain View, Cal. 1923. 103p.
274. A. Ireland, The New Korea. New York 1926. 354p. (Rev. in P. M. 1927, L. B. 526).
275. K. Haushofer, Korea (Chosen). In: Andree-Heiderich-Sieger, Geographie des Welthandels. Vol. II. Wien 1927. pp.574-583.
276. T. P. Terry, Terry's Guide to the Japanese Empire including Korea and Formosa. A Handbook for Travellers. London 1927^3. Korea: pp.693-756.
277. R. Goldschmidt, Neujapan. Reisebilder aus Formosa, den Ryukyu-Inseln, Bonininseln, Korea und dem südmandschurischen Pachtgebiet. Berlin 1927. Korea: pp.235-290. (Rev. in P. M. 1927, L. B. 519, Z. G. E. B. 1927, p.530f).
278. J. Sion, La Corée. In: Géographie Universelle. IX, Asie des Moussons. Part I. Paris 1928. pp.245-252.
279. B. Baráthosi-Balogh, Korea, a hajnalpir országa. Budapest 1929. 160p.
280. F. M. Trautz, Japan mit Korea und Formosa. Berlin 1930. 54p. text, 256 plates. 4°.(Rev. in P. M. 1933, L. B. 295).
281. H. B. Drake, Korea of the Japanese. London and New York 1930. 225p.
282. E. Wagner, Korea: The Old and the New. New York etc. 1931. 160p. (Rev. in P. M. 1933, L. B. 299).
283. J. D. van Buskirk, Korea and Manchuria. New York 1931. 200p.
284. J. Wright Baylor, The Geography of Chosen. Econ. Geogr. 7, 1931. pp.238-251.
285. M. Moncharville, Le Japon d'Outre mer. Paris 1931.
286. M. Craft Dering, Chosen - Land of Morning Calm. Nat. Geogr. Mag. 64, 1933, pp.421-448. Numerous black and white and color photos.
287. S. McCune, Chosen. Journ. of Geogr. 34, 1935. pp.305-317.
288. G. Vacca, La Corea. In: Geografia Universale Illustrata. Vol. 4, 1936. pp.1230-1239.
289. H. Rosinski, Korea. In: Handb. Geogr. Wiss. Vol. Nordasien, Zentral- u. Ostasien. Potsdam 1937. pp.536-543.
290. W. Sieroszewski, Korea, klucz dalekiego Wschodu (Korea, key to the Far East). 2 vols., Warszawa 1937. 201p., 214p.
291. W. Credner, In Japans Herrschaftsbereich. Die Auswahl 2, 1940. pp.416-421.

292. H. Lautensach, Die amtlichen japanischen Kartenwerke. P. M. 1942, pp.33-38.

X. 한국 전역에 관한 일본의 문헌

293. An Official Guide to Eastern Asia. Vol. I. Manchuria and Chosen. Tokyo 1913. Imp. Jap. Gov. Railways. 350p. (Eng.).
294. Government General of Chosen, Chosen in Pictures. 58 Plates and Statistics. Seoul 1921 (Eng.).
295. Chosen (Korea). Keijo 1929. Illustrated guide publ. by the Government-General (Eng.).
296. S. Kiriyama, Chosen of to-day. Compiled in Commemoration of the Vicennial of the Government General of Chosen. Keijo 1929. 60p. (Eng.).
297. F. Kobayashi, Dai Nihon Taikoku Chiri Seigi (Geography of the Japanese Empire). Tôkyô 1936. Korea: vol. II, pp.260-373. Publ. by Geogr. Soc. Tôkyô (Jap.).
298. Sh. Nakamura, Nihon Chiri Taikei (Geography of Japan). Tôkyô 1930. Vol. XII. Chôsen-hen (Jap.).
299. T. Mukoyama, Nihon Chiri Fûzoku Taikei (Survey of Japan's geography and customs). Tôkyô 1931. Korea: vols. 16 and 17. 399p., 404p. (Jap.).
300. Nihon Chiri Chizu (Geographical maps of Japan). Tôkyô 1934 (Jap.).
301. Governor-General Ugaki, Chosen and Among its People. Keijo 1934. 20p. (Eng.).
302. Governor-General Ugaki, The Bright Future for Chosen. Keijo 1934. 34p. (Eng.).
303. S. Uenoda, A Trip to Korea and Manchuria. Tôkyô 1934. 68p. (Eng.).
304. Thriving Chosen. A Survey of Twenty-five Years' Administration. Compiled by the Government General of Chosen. Keijo 1935 (Eng.).
305. Chosen Is Land of Promise. Supplement to Osaka Mainichi, 11 Feb. 1936.
306. Shin Nihon Chiri (New geography of Japan). Vol. VI: Taiwan and Chôsen. Tôkyô 1936 (Jap.).
307. Shôwa Nihon Chizu (Japanese maps from the Shôwa period). Tôkyô 1937^2 (Jap.).
308. Kokumin hyakka daijiten. Art. Chôsen (Vol. IX, pp.13578-13626) (Jap.).

XI. 지질구조와 광상

309. C. Gottsche, Geologische Skizze von Korea. Sitz.-Ber. Pr. Ak. d. Wiss. Berlin 1886. Vol. 2, pp.857-873. With geol. map 1:4million.
310. K. Inouye, Geology and Mineral Resources of Korea. Mem. Imp. Geol. Surv. Japan, Tôkyô 1907. 91p., with colored geol. map 1:1.5 mill. (Geol. Zentralblatt 10, 1908. pp.2-8).
311. N. Yabe, Geology of Korea. Journ. College of Sc. Imp. Univ. Tôkyô. 20, 1905 (Jap.).
312. B. Kotô, Journeys Through Korea. Journ. College of Sc. Imp. Univ. Tôkyô. (a). 26 Art. 2, 1909. 207p., 36 plates. (b). 27. Art. 12, 1910, 32p.
313. L. Leigh Fermor, On the Geology and Coal Resources of Korea State, Central Provinces. Mem. Geol. Survey of India 41, II. 1914, pp.148-245.

314. S. Kawasaki, Mesozoic Formations and Diastrophisms in Korea. Proc. 3rd Pan-Pac. Sc. Congr. Tôkyô 1926. Vol. II, Tôkyô 1927, pp.1705-1708.

315. S. Kawasaki, Geology and Mineral Resources of Korea. In: The Geology and Mineral Resources of the Japanese Empire. Tôkyô 1926. 20p.

316. S. Nakamura, Chôsen chishitsu kôzoron chôsetsu (Treatise on the tectonics of Korea). Chikyû 8, 1927 (Jap.).

317. G. B. Barbour, The Structural Evolution of Eastern Asia. In: J.W. Gregory, The Structure of Asia. London 1929, pp.188-205.

318. I. Tateiwa, Igneous Activity During Cretaceous and Postcretaceous Times in Korea. Proc. 5th Pac. Sc. Congr. Canada 1933, vol. 3. Toronto 1934, pp.2415-2419. (Rev. in J. J. G. G. 1939, p.46).

319. T. Kobayashi, On the Ordovician Formation of North-Korea and South-Manchuria. Journ. Geol. Soc. Tôkyô 36, 1929. 37, 1930 (Jap.).

320. T. Kobayashi, Three Sedimentation Facies of the Korean and Sinian Systems in Korea and Manchuria and the Bearing of the Tsingling-Keijô Line on the Palaeogeography. Journ. Geol. Soc. Tôkyô 37, 1930 (Jap.).

321. T. Kobayashi and S. Kin, Study on the Older Rock Formations of North Heian-do, Chôsen (Korea). Journ. Geol. Soc. Tôkyô 38, 1931, pp.349-355 (Rev. in J. J. G. G. 1931/32, p.14f) (Jap.).

322. T. Kobayashi and S. Kin, Stratigraphical Study of the Early Palaeozoic Formation Found in the Southern Side of the River Oryokko. Chi. Z. 43 , 1931 (Jap.).

323. T. Kobayashi, Studies on the Ordovician Stratigraphy and Paleontology of North Korea with Notes on the Ordovician Fossils of Shantung and Liaotung. B. Geol. S. Chos. 11, 1931, no. 1. 60p. (Jap.).

324. T. Kobayashi, A Sketch of Korean Geology. Am Journ. of Sc. 5th Ser. 26, 1933. pp.585-606 (Eng.).

325. E. Takahashi, On the Geological Age of the Gishu Series. Chôsen Kogyô Kaishi 20, 1937, no. 7, pp.1-2 (Rev. in J. J. G. G. 15, 1938. p.8) (Jap.).

326. S. Nakamura and S. Matsushita, Pre-Cambrian in Manchuria and Corea. Proc. 6th Pac. Sc. Congr. 1939, pp.311-319 (Eng.).

327. T. Kobayashi, The Sakawa Orogenic Cycle and its Bearing on the Origin of the Japanese Islands. Journ. Fac. of Sc. Imp. Univ. Tôkyô. Sect. II. Vol. V, part 7. Tôkyô 1941, pp.230-578 (Eng.). Korea: p.234f, pp.440-443, pp.454-457, pp.467-469, pp.499-501, pp.516-522 (Cf. S. v. Bubnoff in: Die Naturwiss. 1942, pp.569-577).

328. F. X. Schaffer, Lehrbuch der Geologie. 3. Teil Geologische Landeskunde. Wien 1941. pp.797-808: Die ostasiatischen Inselbogen.

329. J. Roth, Beiträge zur Petrographie von Korea. Sitz.-Ber. Pr. Ak. d. Wiss. Berlin 1886. Vol. 2. pp.875-881.

330. C. Gottsche, Über den Mineralreichtum von Korea. Mitt. Geogr. Ges. Jena 8, 1890. pp.1-20.

331. K. Schulz, Zur Petrographie von Nordkorea. N. Jahrb. f. Min., Geol. u. Paläont. 29, 1910. Suppl. pp.1-52.

332. K. Inouye, On Gold Ore Deposits in Korea. Chi. Z. 23, 1911. pp.97-109 (Jap.).

333. S. Kawasaki and E. Tamura, Coal in Chôsen. B. Min. S. Chôs. 1, I, 1912 (Jap.).

334. M. Fukuchi, The Minerals of Chôsen. In: Contributions to the Mineralogy of Japan. Tôkyô 1915. pp.207-305 (Jap.).

335. Geological Survey of the Government General of Chôsen, Mineral Resources of Chôsen (Korea). Seoul

1913-1929. 13 vols. (Jap.). Written primarily by S. Nakamura, E. Tamura and S. Kawasaki. The individual volumes deal with the mineral deposits of the 13 Korean provinces. (Rev. in J. J. G. G. 1, 1922, p.38ff, etc.).

336. H. Tanikawa, Minerals in Chôsen. B. Min. S. Chôs. 2, 1923. 104p. (Jap.) (Rev. in J. J. G. G. 2 , 1923. p.20).

337. Y. Kamikishi and K. Seto, Chôsensan alkali ganseki ni tsuite (On alkali rocks in the Korean mountains). Chishitsugaku Zasshi 29, 1923 (Jap.).

338. F. Yamanashi, Chôsen no alkali ganseki ni tsuite (On alkali rocks in Korea). Chôsen Hakubutsugaku Koenshu Dainishu 1924 (Jap.).

339. T. Kato, A Revised Summary of the Metallogenic Epochs of Japan, Including Korea, with Special Reference to the Periods of Orogeny and Igneous Activity. Proc. 3rd Pan-Pac. Sc. Congr. Tôkyô 1926. Vol. 1, Tôkyô 1928. pp.581-588.

340. M. Kamo, Korean Coals and Their Utilization. World Power Conf. London 1928. Vol. I, pp.119-131.

341. T. Watanabe, On the Gold-Copper-Bismuth Ores of the New Ore Body, Holkol Gold-mine, Suan, Korea. Journ. Geol. Soc. Tôkyô 40, 1933. pp.70-85, pp.125-148, pp.188-209 (Jap.) (Summary in J. J. G. G. 11, 1933/34, p.4).

342. S. Kawasaki, Mineral Resources of Chôsen Appeared in Ancient Books. B. Min. S. Chôs. 9, 1935 (Jap.).

343. T. Kato, Two Types of Nickeliferous Pyrrhotite Deposits Found in Korea. J. J. G. G. 13, 1936. pp.269-275 (Eng., cf. also F. E. R. 1934, p.19).

344. E. Ahnert, Zonale Verteilung der Erzlagerstätten in der Mandschurei. Intern. Geol. Congr. Rep. Sess. XVI, USA. 1933. Vol. 1. Washington 1936. pp.447-458.

345. I. Komada, Report on the Thermal Springs of Torai. B. Geol. S. Chôs. 2, 1923 (Jap. with Eng. summary). - Report on the 3rd and 4th Examinations of the Thermal Springs of Torai. Ibid. 3, 1925 (Jap.). - Report on the 5th and 6th Examinations of the Thermal Spring of Torai. Ibid. 7, 1926 (Jap.).

346. I. Komada, Report on the Thermal Springs of Kaiundai, Jujo, Onyo, Shinsen, Angaku and Ryuko. B. Geol. S. Chôs. 3, 1925 (Jap. with Eng. summary).

347. I. Komada, Thermal Springs in Onseiri, Shuotsu, Lower Shuotsu and Heisan and Cold Carbondioxidated Spring of Shôseiri. B. Geol. S. Chôs. 7, 1926 (Jap. with Eng. summary).

348. S. Kawasaki, Report on the Thermal Springs of Masan. B. Geol. S. Chôs. 8, 1928 (Jap.).

349. I. Tateiwa, Report on the Thermal Springs of Onyo, Unsan and Suianpo. B. Geol. S. Chôs. 8, 1928 (Jap.).

XII. 지형학

350. W. G. Aston, Earthquakes in Corea. Transact. Seismol. Soc. Japan 12, 1888. pp.77-79.

351. F. v. Richthofen, Geomorphologische Studien aus Ostasien. I-V. Sitz.-Ber. Pr. Ak. d. Wiss. 1900-1903, Phys.-math. Kl.

352. B. Kotô, An Orographic Sketch of Korea. Journ. College of Sc. Imp. Univ. Tôkyô 19, Art. 1. 1903. 61 p. With map 1:2 mill.

353. L. Laloy, Orographie de la Corée. La Géogr. 8, 1903. pp.377-381. Summary of 352.

354. W. Schröter, Korea und die riasverwandten Küsten dieser Halbinsel. Diss. Leipzig 1904.

355. L. Pervinquière, Constitution géologique et ressources minérales de la Manchourie et de la Corée. Rev. Scientif. Sér. V, vol. 1, 1904. p.552ff.

356. T. Lorenz, Beiträge zur Geologie und Paläontologie von Ostasien. 1. Teil. Zeitschr. Dtsch. Geol. Ges. 57 , 1905. p.495ff.

357. Orographical Features of Korea. Geogr. Journ. 22, 1903. p.567f. (Rev. of 352).

358. W. Volz, Der ostasiatische Landstufenbau als Ausdruck oberflächlicher Zerrung. P. M. 1914 II. pp.174-178.

359. B. Kotô, A Morphological Summary of Japan and Korea. Journ. Geol. Soc. Tôkyô 22, 1915. pp.115-126, pp.147-157, pp.163-176.

359. W. H. Hobbs, The Asiatic Arcs. Bull. Geol. Soc. Am. 34, 1923. p.246ff.

361. S. Nakamura, Rakurô jun heigen (On the Nangnang plain). Chikyû 3, 1925. p.464.

362. S. Tokuda, On the Echelon Structure of the Japanese Archipelagos. J. J. G. G. 5, 1926/27. pp.41-76 (Eng.).

363. W. H. Wong, Crustal Movements and Igneous Activities in Eastern China Since Mesozoic Time. Bull. Geol. Soc. China 6, 1927. pp.9-36. - The Mesozoic Orogenic Movement in Eastern China. Ibid. 8, 1929. pp.33-44.

364. H. Schmitthenner, Die Oberflächengestaltung im außertropischen Monsunklima. Düsseldorfer Vortr. u. Erört. 3. Teil, Morphologie d. Klimazonen. Breslau 1927. pp.26-36.

365. S. Toyama, On the Marine Terraces Along the Coast of the Japan Sea. Chi. Z. 39, 1927. pp.332-337, pp.393-400 (Jap.).

366. S. Hanai, Ryôtô hantô ni hattatsuru iwayuru tei ichi jun heigendo sono shoseishitsu ni tsuite (On the peneplain on the Liaodong peninsula and its characteristics). Chir. Hyô. 4, 1928.

367. N. Mori, Chôsen san honyurui ka sekimokuroku (Overview of the mammalian fossils in Korea). Chôsen Hakubutsugaku Kaishi (Journ. of the Kor. Biol. Soc.) 9, 1929.

368. S. Tokunaga, Mammalian Fossils Found in Limestone Caves in Korea. Proc. Imp. Ac. Tôkyô 5, 1929. pp.139-141.

369. H. Yabe and R. Tayama, On Some Remarkable Examples of Drowned Valleys Found Around the Japanese Islands. Rec. Oc. Works II, 1, 1929. pp.11-17 (Eng.).

370. J. Ruud, Entwicklung der ostasiatischen Gebirgsbogen. P. M. 1929. pp.230-234.

371. M. Matuyama, Gravity Measurements in Tyôsen and Manchuria. Proc. 4th Pac. Sc. Congr. Java 1929. Vol. II B. Batavia-Bandoeng 1930. pp.745-748.

372. S. Togunaga, Kôseki jidai Hônshu, Kyûshû, Chôsen ni okeru jurui kekiono iseki (Pleistocene finds from caves in Hônshu, Kyûshû and Korea). Nippon Gakushutsu Hôkoku (Report of the Soc. for Jap. Art) 6, 1930.

373. H. Yabe, The Latest Land Connection of the Japanese Islands to the Asiatic Continent. Proc. Imp. Ac. Tôkyô 5, 1929. pp.167-169 (Rev. in J. J. G. G. 7, 1929/30. p.7. Cf. Journ. Geol. Soc. Tôkyô 36, 1931. p.253f).

374. H. Yabe, Geological Age of the Latest Continental Stage of the Japanese Islands. Proc. Imp. Ac. Tôkyô 5, 1929. pp.430-433 (Rev. in J. J. G. G. 8, 1930/31. p.4. Cf. Journ. of Geogr. 42, 1930. pp.324-329).

375. B. Kotô, The Rocky Mountain Arcs in Eastern Asia. Journ. Fac. Sc. Imp. Univ. Tôkyô. Sect. II, vol. III, part 3, 1931 (Eng.).

376. Y. Otuka, The Geological Age of Drowned Valleys in the Shelves Around the Japanese Islands and the

Migration of Strandlines During the Early Alluvium. Chir. Hyô. 7, 1931, pp.447-458 (Jap.).

377. F. Ruellan, La décomposition et la désagrégation du granite à biotite au Japon et en Corée et les formes du modèle qui en resultent. C. R. Ac. Sc. Paris 193, 1931. pp.67-69.

378. W. Credner, Das Kräfteverhältnis morphogenetischer Faktoren und ihr Ausdruck im Formenbild Südost-Asiens. Bull. Geol. Soc. China 11, no. 1, 1931.

379. H. Schmitthenner, Landformen im auβertropischen Monsungebiet. Wiss. Veröff. Mus. f. Länderkunde, Leipzig, N. F. 1, 1932. pp.81-101.

380. T. Kobayashi, Chôsen hantô hattatsushi to kindai chishi (Topography and Cenozoic Geology of the Korean Peninsula). Chir. Hyô. 7, 1931. pp.523-550, pp.628-648, pp.708-733. (Jap., rev. in J. J. G. G. 12 , 1935. p.19).

381. A. C. Lawson, Insular Arcs, Foredeeps and Geosynclinal Seas of the Asiatic Coast. Bull. Geol. Soc. Am. 43, 1932.

382. S. Ebara, Geological Structure of the Median Line and the Origin of the Japan Sea. Journ. Assoc. Advanc. Sci. 7, 1932. p.346f. (Jap.).

383. T. Kobayashi, Brief Notes on the Geomorphology of the Korean Peninsula and Its Relation to the Cenozoic History. Proc. 5th Pac. Sc. Congr. Canada 1933. Vol. II. Toronto 1934. pp.1605-1607 (Summary of [380]).

384. I. Tateiwa, On the Cycle of Erosion in Korea. Proc. 5th Pac. Sc. Congr. Canada 1933. Vol. II. Toronto 1934. pp.1609-1612 (Rev. in J. J. G. G. 16, 1939. p.46).

385. G. Imamura, Bottom Topography of the Japan Sea. Chikyû 20, 1933. pp.270-275 (Jap.).

386. H. Yabe and R. Tayama, Bottom Relief of the Seas Bordering the Japanese Islands and Korean Peninsula. Bull. Earthquake Research Inst. Tôkyô Imp. Univ. 12, 1934. pp.539-565 (Jap. with Eng. summary) (Rev. in J. J. G. G. 15, 1938. pp.20-22).

387. P. Lejay, Exploration gravimétrique de l'Extrême-Orient. Comm. Nat. Franç. de Géodésie et de Géophysique. Paris 1936. 75p.

388. J. S. Lee, The Framework of Eastern Asia. Intern. Geol. Congr. Rep. Sess. XVI, USA. 1933. Washington 1936.

389. S. Yehara, On the Echelon Structure of Shikoku and the Origin of Japanese Arcs. J. J. G. G. 13 , 1936. pp.1-24 (Jap.).

390. S. Nakai, Rotation of Chôsen Peninsula and the Origins of the Yellow Sea, Gulf of Liaotung and Japan Sea According to the Continental Drift Theory. Journ. Assoc. Advanc. Sci 11, 1936. pp.308-313 (Jap.).

391. T. Kano, Chôsen tôhoku bu sanchi no hyôga chikei ni tsuite (On the glacial topography of the northeast Korean mountains). Chir. Hyô. 13, 1937. pp.1126-1145 (Jap. with Eng. summary).

392. Y. Sasa and T. Yamasaki, A Few Palaeoclimatological Facts in the Neogene and Later Periods Obtained by Pollen-Analysis in North Japan. Geol. Soc. Tôkyô 45, 1938. p.527f (Jap.) (Rev. in J. J. G. G. 15 , 1938. p.62).

393. Y. Sasa and K. Tanaka, Glaciated Topography in the Kanbô Massif, Tyôsen (Korea). Journ. Fac. Sc. Hokkaidô Imp. Univ. Ser. IV, vol. 4, 1938. pp.193-212 (Jap.) (Rev. in J. J. G. G. 15 , 1938. p.63f).

394. F. Machatschek, Das Relief der Erde. Vol. I. Berlin 1938. East Asia: pp.292-321.

395. K. Motizuki, A Study of Japanese Arcuate Mountains. J. J. G. G. 15, 1938. pp.139-200.

396. K. Motizuki, On Some Features of the Meeting of Arcs in the Japanese Archipelago. J. J. G. G. 15, 1938.

pp.201-207.
397. K. Motizuki, Mountain Systems in Eastern Asia as a Peripheral Ring of Continent. Chir. Hyô. 15, 1939. pp.343-372 (Jap., rev. in J. J. G. G. 16 , 1939. p.81).
398. H. Lautensach, Unterirdischer Kaltluftstau in Korea. P. M. 1939, pp.353-355.
399. M. Schwind, Die eiszeitliche Vergletscherung Ostasiens. Geogr. Zeitschr. 1942, pp.157-172.

XIII. 기후학

400. Y. Wada, The Amount of Precipitation in Keizyo During the Last 140 Years. Reports on the Korean Meteorological Observations in Former Times. Meteorol. Observ. in Korea. Jinsen 1917 (Jap.).
401. F. Tada, Über die periodische Änderung der Regenmenge in Chosen seit dem Jahre 1776. C. R. Congr. Intern. Géogr. Amsterdam 1938. Vol. II, Travaux Sections A-F. Leiden 1938. pp.305-308 (Ger.).
402. A. Woeikow, Zum Klima von Korea. Met. Zeitschr. 4, 1887. pp.160-164.
403. L. E. Dinklage, Beitrag zur Kenntnis des Klimas von Korea. Ann. d. Hydr. etc. 1891, pp.1-8.
404. C. Waeber, Notes on the Climate of Korea. Seoul 1891.
405. A. Supan, Regentafeln von China und Korea. P. M. 1896. pp.205-209.
406. J. Beicht, Das Koreanische Meteorologische Observatorium. Sturm- und Wettersignale an der Koreanischen Küste. Ann. d. Hydr. etc. 39, 1911. p.84f.
407. Meteorological Observatory of the Government-General of Chosen, Results of the Meteorological Observations Made at Chosen, for the Lustrum 1911-1915. Chemulpo 1917 (Jap. and Eng.). Likewise for further lustra.
408. Meteorological Observatory of the Government-General of Chosen, Rainfall in Chosen (Korea). Zinsen (Chemulpo) 1925. 186p.
409. Meteorological Observatory of the Government General of Tyôsen, Air Temperature in Tyôsen (Korea). Zinsen 1928. 343p.
410. T. Hirata, Rainfall of Chosen (Korea). Ann. Rep. Met. Obs. Gov. Gen. Tyôsen 1915, pp.133-175 (Eng.).
411. T. Hirata, The Climate of Korea. Jinsen 1916 (Jap.).
412. J. D. van Buskirk, The Climate of Korea and Its Probable Effect on Human Efficiency. Tr. Kor. Br. R. As. Soc. 10, 1919. pp.1-58 (Cf. Geogr. Journ. 55, 1920. p.325f and Geogr. Rev. 10, 1920. p.45f).
412a. P. I. Koloskoff, Klimatischerskoje oppisanie Korei. Leningrad and Moskva 1936. 46p. (Russ.) (Climatological Description of Korea).
413. G. Schumacher, Das Klima Südkoreas auf Grund der japan. Wetterbeobachtungen der Jahre 1914-1933. Arch. Dtsch. Seewarte 59, no. 2, 1939. Diss. Greifswald.
414. E. Trojan, Das Klima Nordkoreas auf Grund der japan. Wetterbeobachtungen der Jahre 1914-1933. Diss. Greifswald (in preparation).
414a. S. McCune, Climatic Regions of Korea and Their Economy. Geogr. Rev. 31, 1941. pp.95-99.
415. L. Froc, L'Atmosphère en Extrême-Orient. Paris 1920[2]. 291p.
416. T. Okada, The Climate of Japan. Bull. Central Met. Obs. Japan IV, 2. Tôkyô 1931. pp.89-416. 35 plates.

Korea: pp.156-160 (Eng.).

417. K. Tsukuda, The Mean Cloudiness in the Far East. Mem. Imp. Mar. Obs. Kobe 4, 2. 1931. pp.75-98. 12 monthly charts.

418. E. Biel and O. Moese, Versuch einer Anwendung des Andauerprinzips auf das Klima von Japan. Gerlands Beitr. z. Geophys. 35, 1932. pp.241-262.

419. H. v. Wissmann, Die Klima- und Vegetationsgebiete Eurasiens. Z. G. E. B. 1939, pp.1-14.

420. H. v. Wissmann, Mean Variability of Annual Rainfall in Eurasia. Mem. Nat. Res. Inst. Met. XI, 1. 1937. 21p.

421. T. W. F., The Aridity of North China. Scott. Geogr. Mag. 52, 1936. p.50f.

422. Y. Yamanouchi, Kishô shûsi (three cold four warm). Journ. Met. Soc. Japan 34, 1914. p.324.

423. T. Okada, On the Seven Day Period in the Winter Temperature of Korea and Manchuria. Pr. I. A. T. VIII, 4. 1932. pp.116-118 (Eng.).

424. K. Takahashi and S. Harada, On Sankansion (7 Days Periodicity in Air Temperature). Journ. Met. Soc. Japan, Ser. 2, 14, 1936, Jap. pp.370-376, (Eng.) p.33.

425. T. Okada, On the Bai-u or Rainy Season in Japan. Quart. Journ. R. Met. Soc. 1911, p.277.

426. J. Lee, Precipitation on the Islands Along the Chinese Coast. Monthly Weather Rev. 64, 1936. pp.287-291.

427. J. Lee, The Cause of the Scarcity of Precipitations on the Islands Along the Chinese Coast. Mem. Nat. Res. Inst. Met. 9, 1937. pp.43-53.

428. H. Arakawa, Die Luftmassen in den japanischen Gebieten. Met. Zeitschr. 54, 1937. pp.169-174.

429. H. Arakawa, (The) Air Masses in Japan. Journ. Met. Soc. Japan, 2, Ser. 13, 1935. pp.387-402. 14, 1936. pp.328-338, p.(30). 15, 1937. pp.185-189, p.(17f)(Jap. with Eng. summary).

430. T. Yamanaka and C. Ikeda, The 3 Principal Air Masses in Japan and Their Neighbourhood. Journ. Met. Soc. Japan, 2, Ser. 17, 1939.

431. E. Gherzi, Air Masses Acting over China and the Adjoining Seas. Beitr. z. Phys. d. freien Atm. 24, 1938. pp.45-52.

432. Coching Chu, The Climatic Factors of China. Journ. Geogr. Soc. China II, 2. 1935. 16p.

433. Chang-Wang Tu, A Preliminary Study on the Mean Air Currents and Fronts of China. Mem. Nat. Res. Inst. Met. XI, 3. 1937. 12p.

434. Chang-Wang Tu, The Air Masses of China. Mem. Nat. Res. Inst. Met. XII, 2. 1938. 50p. (Cf. Quart. Journ. R. Met. Soc. 65, 1939. pp.33-51).

435. R. W. Richardson, Winter Air-Mass Convergence over the North Pacific. Monthly Weather Rev. 64, 1936. pp.199-203.

436. Sjan-zsi Li, Die Kaltlufteinbrüche in Ostasien. Diss. Berlin 1935. 80p. (Met. Zeitschr. 1936, pp.74-76).

437. A. Lu, The Cold Waves of China. Mem. Nat. Res. Inst. Met. 10, 1937. 49p.

438. Yellow Dust Haze at Mokuho, Tyosen (Corea). Journ. Met. Soc. Japan 43, 1924. p.76.

439. S. P. Peters, Note on a Cold Front at Chefoo, N. China. May 15, 1928. Quart. Journ. R. Met. Soc. 55, 1929. pp.86-88.

440. K. Takahashi, Dynamic Climatological Consideration on the Alternation of Weather in Early Winter in the Far East. Journ. Met. Soc. Japan, 2, Ser. 18, 1940, Jap. pp.177-191, (Eng.) p.21 (Cf. Das Wetter 1940,

p.304f).

441. Coching Chu, The Enigma of Southeast Monsoon in China. Journ. Geogr. Soc. China I, 1. 1934. p.1.

442. L. Froc, Atlas of the Tracks of 620 Typhoons 1893-1918. Zikawei 1920.

443. S. Li, Untersuchungen über Taifune. Veröff. Met. Inst. Univ. Berlin I, 5. 38p. Berlin 1936 (Met. Zeitschr. 1937, p.349f).

444. C. L. Mitchell, Cyclones and Anticyclones of the Northern Hemisphere, January to April, incl., 1925. Monthly Weather Rev. 58, 1930. pp.1-22.

445. G. Tokuyama, On the Evolution of Cyclones in Japan Sea. Journ. Met. Soc. Japan 43, 1924, Jap. pp.184-189, Eng. p.196 (J. J. G. G. 3 , 1924, p.[19]).

446. E. Gherzi, Note sur les dépressions extratropicales de Chine. Gerlands Beitr. z. Geophys. Köppen-Band I, 1931. pp.368-378.

447. Shio Wang Sung, The Extratropical Cyclones of Eastern China and Their Characteristics. Mem. Nat. Res. Inst. Met. 3, 1931. 60p.

448. Coching Chu, A Brief Survey on the Climate of China. Mem. Nat. Res. Inst. Met. 7, 1936. 35p.

449. S. Ooma, On the Development of Cyclones in the Neighbourhood of Japan (I). Journ. Met. Soc. Japan, 2, Ser. 17, 1939, Jap. pp.356-366, Eng. p.33f.

450. H. Futi, S. Tazima and N. Murase, On the Structure of an Extratropical Cyclone in the Far East (I). Journ. Met. Soc. Japan, 2, Ser. 17, 1939, Jap. pp.343-355, Eng. p.[33].

XIV. 수문학과 해양학

451. Chisui oyobi suiri chôsa sho (Book on water regulation works and water usage). Chôsen Sôtokufu. 1920. 833p. (Jap.).

452. Kinnen ni okeru Chôsen no fusuigai (Storm damage in Korea). Chôsen Sôtokufu, Meteorol. Observ., 1926. 264p. (Jap.).

453. Chôsen kasen chôsa sho (Book on Korea's hydrographical conditions). Chôsen Sôtokufu 1929. 1 vol. text (902p., 80p. appendix), 1 vol. tables (1163p.) and 1 vol. with 243 maps and diagrams (Jap.).

454. S. Ohti, On the Freezing of Rivers in Korea and Southern Manchuria. Journ. Met. Soc. Japan, 2, Ser.3, 1925, Jap. pp.211-221, (Eng.) p.(26f).

455. L. von Schrenck, Strömungsverhältnisse im Ochotskischen und Japanischen Meere und in den zunächst angrenzenden Gewässern. Mém. Ac. Imp. Sc. St. Pétersbourg, Ser. VII, XXI, 3. 1873.

456. A. Glocker, Die ostasiatischen Gewässer und der Korea-Archipel. Mitt. Geogr. Ges. Wien 30, 1887. pp.482-489.

457. F. H. Mörsel, The Tidal Wave in the Yellow Sea. Kor. Rev. 1, 1901. pp.202-206. (Cf. L.E. Dinklage in Ann. d. Hydr. 40, 1891 and E. Brass in Export 15, 1893. p.169).

458. G. Schott, Oberflächen-Temperaturen und Strömungen der Ostasiatischen Gewässer. Arch. Dtsch. Seewarte 14, 1898. No. 3. 46p.

459. Hydrographic Department Admirality, China Sea Pilot, Vol. III. Comprising .... the Western Coast of

Korea. London 1937. 652p. Korea: pp.402-540.

460. Hydrographic Department Admirality, South and East Coast of Korea, East Coast of Siberia, and Sea of Okhotsk Pilot (No. 2079). London 1937³. 658p. Korea: pp.1-278.

461. V. Akhmatov, Oceanography. With map: The Probable Tracks of Bottles, Thrown for the Investigation of Currents. In: The Pacific Russ. Scient. Investigations. Leningrad 1926, pp.95-112.

462. K. Nisida, On the Currents, Water Temperature and Salinity of the Adjacent Seas of Tyôsen (Chôsen). Rep. Oc. Obs. Husan 2, 1927. 32p.

463. L. Rudovitz, Oceanographical Researches in the Sea of Japan (1926-28). Bull. Pac. Comity Ac. of Sc. USSR. Leningrad 1929, no.2.

464. M. Uda and G. Okamoto, Of the Monthly Oceanographical Charts of the Adjacent Seas of Japan Based on the Averages for the Eleven (Thirteen) Years from 1918 to 1929 (1930), with a Discussion of the Current-System Inferred from These Charts. Part I. From July to December. Part II. From January to June. Journ. Imp. Fish. Exp. Stat. Tôkyô 1930. I, 1. pp.39-55. I, 2. pp.59-81.

465. K. Nisida, Hydrographical Observations off the Shore Along the East Coast of Chôsen in October 1932. Charts and Tables. Oceanogr. Chart for the Year 1932. Suppl. B. Fish. Exp. Stat. Gov. Gen. Chôsen 1933.

466. M. Uda, Hydrographical Researches on the Normal Monthly Conditions in the Japan Sea, the Yellow Sea and the Okhotsk Sea. Journ. Imp. Fish. Exp. Stat. Tôkyô 5, 1934. pp.191-236.

467. M. Uda, The Results of Simultaneous Oceanographical Investigations in the Japan Sea and its Adjacent Waters in May and June 1932. Journ. Imp. Fish. Exp. Stat. Tôkyô 5, 1934. pp.57-190 (Jap. with Eng. summary). excerpt in Eng. in: Rec. Oc. Works VI, 1. 1934. pp.19-107.

468. M. Uda, Results of Simultaneous Oceanographical Investigations in the Japan Sea and its Adjacent Waters During October and November, 1933. Journ. Imp. Fish. Exp. Stat. Tôkyô 7, 1936. pp.91-151 (Jap. with Eng. summary).

469. G. Wüst, Kuroshio und Golfstrom. Eine vergleichende hydrodynamische Untersuchung. Veröff. Inst. Meereskde. Univ. Berlin. N. F. Ser. A. No. 29. 1936. 69p.

470. S. Ogura, On the Depths of the Adjacent Seas of Japan. Pr. 3rd P. S. C. Tôkyô 1926. Vol. I, 1928. pp.246-249. Also separately with large colored map.

471. S. Ogura, On Recent Soundings and Mapping of the Sea Floors in the Seas near Japan. Pr. 5th P. S. C. Canada 1933. Vol. I, 1934. pp.893-947.

472. T. Kumata, On the Temperature of Sea Water and Meteorological Elements Observed at the Coast of Korea. Journ. Met. Soc. Japan, 2, Ser.4, 1926. p.1.

473. K. Suda and K. Seiki, Report on the Mean Surface Temperatures of the Neighbouring Seas of Japan. Journ. Oc. 1 , 1930. p.57f, p.132f, pp.379-382. 2, 1930. pp.74-77, pp.266-275, p.447f, pp.644-646.

474. S. Ogura, On the Currents in the Tung Hai. Suiro Yôhô 5 , 1926. pp.103-113 (Jap.).

475. K. Nisida, Results of the Current Measurements in the Adjacent Seas of Tyôsen, 1923-1926. 1st Rep. Rep. Oc. Obs. Husan 2, 1927. 150p. (Jap. with Eng. summary).

476. S. Ogura, On the Tides in the Seas of Eastern Asia. Pr. 3rd P. S. C. Tôkyô 1926. Vol. I, Tôkyô 1928. pp.167-182.

477. T. Kubo, On the Surface Drift Currents in the Yellow and Chinese Eastern Sea, Determined by Drift

Bottles. Journ. Oc. 2, 1930. pp.289-296.
478. S. Ogura, The Discussion of the Results of Tidal and Current Observations Made by the Yodo in the Hwang Hai. Suiro Yôhô 11, 1932. pp.185-203 (Jap.).
479. S. Ogura, The Tides in the Seas Adjacent to Japan. Bull. Hydr. Dep. Imp. Jap. Navy 7, 1933. 189p. (Eng.).

XV. 식물지리학

480. T. Nakai, Aperçu sur la flore de Corée. Bull. Acad. Intern. Géogr. Bot. 20, 1910. p.227f.
481. T. Nakai, Chôsen shokubutsu (Korean Plants) 1914. 430p. (Jap.).
482. T. Nakai, Flora silvatica Koreana. To date 21 vols., 1906-36. The first two with the title: Flora Coreana. Journ. Coll. of Science Imp. Univ. Tôkyô 1909 and 1911, the following publ. by Government-General, Forest Experiment Station.
483. T. Nakai, Tôa shokubutsu kukei (The distribution of plants in East Asia). Iwanami seibutsugaku kôsa 1931 (Jap.).
484. T. Nakai, Lespedeza of Japan and Kora. Gov. Gen. Chôsen, For. Exp. Stat. Keijô 1927. 101p. (Jap.).
485. T. Mori, Chôsen shokubutsu meii (An enumeration of the plants hitherto known from Corea). Seoul 1922. 372p. (Jap. and Lat.).
486. I. Kokumen and T. T. Keng, Chôsen shinrin jimoku kanyô (Survey of the tree species in Korean forests). Chôsen Sôtokufu. For. Exp. Stat. 1923. 129 + 20 + 35p. (Jap., Kor., Lat.).
487. B. Hayata, General Aspects of the Flora of Japan, Including ... Korea... In: Scientific Japan, Past and Present. Kyôtô 1926. pp.77-104.
488. H. Uyeki, Chôsen no rimboku (Corean timber trees). Vol. I. Gingkoales and Coniferae. Bull. For. Exp. Stat. 4 , 1926. 154p. (Jap.).
489. H. Uyeki, On the Physiognomy of Pinus densiflora Growing in Corea and Sylvicultural Treatment for Its Improvement. Bull. Agr. For. Coll. Suigen 3 , 1928. 263p. (Jap.).
490. H. Uyeki, Chôsen shinrin shokubutsu tai (Korean forest zones). Shokubutsu Bunrin Chiri II, 2. Keijô 1932 (Jap.).
491. H. Uyeki, On the Forest Zones of Korea. Acta Phytotaxonomica et Geobotanica 2, 1933. pp.73-85.
492. H. Uyeki, The Regeneration of Conifers in Korea. Pr. 5th P. S. C. Canada 1933. Vol. 2, pp.973-979.
493. Y. Takenaka, On the Botanical Natural Monuments in Chôsen. 47p. (Jap.).
494. A. Hofmann, Die forstlichen Produktionsverhältnisse von Korea. M. D. O. A. G. XI, 1, 1906. pp.47-76.
495. A. Hofmann, Aus den Waldungen des Fernen Ostens. Wien and Leipzig 1913. 220p.
496. E. H. Wilson, The Vegetation of Korea. Tr. Kor. Br. R. As. Soc. 9, 1918. pp.1-68.
497. E. H. Wilson, A Phytogeographical Sketch of the Ligneous Flora of Korea. Journ. Arnold Arboretum 1, 1919. pp.32-43.
498. E. H. Wilson, A Summary Report on the Forests, Forest Trees and Afforestation in Chosen (Korea). Tr. Scott. Arb. Soc. 33, 1919. pp.44-51.
499. M. N. Trollope, Arboretum coreense. Tr. Kor. Br. R. As. Soc. 9, 1918. pp.69-90. 11, 1920. pp.39-100.

500. Wayside Flowers of Central Korea. Tr. Kor. Br. R. As. Soc. 18, 1929. pp.22-82.
501. Fl. Heddleston Crane, Flowers and Folklore from Far Korea. Tôkyô and Osaka 1931. 92 + 4p.
502. W. v. Burmeister, Die forsttechnisch wichtigen Bäume und Sträucher des Fernen Ostens. Zeitschr. f. Weltforstwirtsch. 2, 1935. pp.7-9, pp.385-417.
503. Korean Lespedeza. Kansas Agricultural Board. Biennial Report 1933, pp.19-205.
504. J. Palibin, Conspectus Florae Koreanae. Trudy Imp. St. Petersb. Botan. Sada XII, 1. 117p.
505. A. Eckardt, Ginseng. Die Wunderwurzel des Ostens. Festschr. P. Wilhelm Schmidt. Wien 1928. pp.220-230 (Cf. Heil- und Gewürzpflanzen 16, 1935. pp.94-104).

XVI. 동물지리학

506. H. H. Underwood, Hunting and Hunters' Lore in Korea. Tr. Kor. Br. R. As. Soc. VI, 2. 1915. pp.23-43.
507. Y. Abe, On the Korean and Japanese Wolves. Journ. Sc. Hiroshima Univ. B 12, 1930. pp.33-37.
508. D. J. Cumming, Notes on Korean Birds. Tr. Kor. Br. R. As. Soc. 22, 1933. pp.1-94.
509. D. Starr Jordan and C. M. Metz, Catalogue of the Fishes Known from the Waters of Korea. Carnegie Museum Memoirs. 1913.
510. T. Mori, A Catalogue of the Fishes of Korea. Journ. Pan-Pac. Res. Inst. (Honolulu) 3, 1928. pp.3-8.
511. S. Tanaka, On the Distribution of Fishes in Japanese Waters. Journ. Fac. Sc. Imp. Univ. Tôkyô. Sect. IV, Zoology 3, 1931/34. Part 1. 90p. - Figures and Descriptions of the Fishes of Japan, Including Riukiu Islands, Bonin Islands, Formosa, Kurile Islands, Korea and Southern Sakhalin. 48 vols. Tôkyô 1911-1933.
512. H. Marukawa and T. Kamiya, Some Results of the Migrations of Important Food Fish. Journ. Imp. Fish. Exp. Stat. Tôkyô 1, 1930. pp.5-38 (Jap. with Eng. summary).
513. H. Aikawa, On the Quantitative Analysis of Plancton Associations in the Seas Surrounding Japan I and II. Journ. Imp. Fish. Exp. Stat. Tôkyô 2, 1931. pp.37-57 and 5, 1934. pp.237-247 Jap. with Eng. summary).
514. I. Takayama, N. Ikeda and S. Andô, A Study of the "Katsuwo" (Katsuwonius pelamis) Fishing in 1930. Journ. Imp. Fish. Exp. Stat. Tôkyô 5, 1934. pp.23-56 (Jap. with Eng. summary).
515. I. Takayama and S. Andô, A Study of the "Maguro" (Thunnus) Fishing in 1930. Journ. Imp. Fish. Exp. Stat. Tôkyô 5, 1934. pp.1-21 (Jap. with Eng. summary).
516. I. Takayama, M. Uda and Z. Tukusi, A Study of "Saba" (Scomber japonicus Houttuyn) Fishing in 1930 and 1931. Journ. Imp. Fish. Exp. Sta. Tôkyô 7, 1936. pp.1-18 (Jap. with Eng. summary).
517. M. Uda and G. Okamoto, Effect of the Oceanographic Conditions on "Iwasi" (Sardine) Fishing in the Japan Sea. Journ. Imp. Fish. Exp. Stat. Tôkyô 7, 1936. pp.19-49 (Jap. with Eng. summary).
517a. T. Mori, On the Geographical Distribution of Korean Salmonoid Fishes. Bull. Biogeogr. Soc. Japan 6, 1935. No. 8. pp.1-9.

XVII. 지리인류학

518. H. B. Hulbert, The Origin of the Korean People. Kor. Rep. 1895, pp.219-229, pp.255-264.
519. H. B. Hulbert, The Korean Physical Type. Kor. Rev. 3, 1903. pp.55-59.
520. E. Baelz, Menschen-Rassen Ost-Asiens, mit specieller Rücksicht auf Japan. Zeitschr. f. Ethnol. (Verhandl. Berl. Ges. f. Anthropol. etc.) 33, 1901. pp.(166)-(189).
521. E. Baelz, Über die Rassenelemente in Ostasien. M. D. O. A. G. VIII, 2. 1900. pp.227-235.
522. E. Baelz, The Origin of the Korean People. Kor. Rev. 2, 1902. pp.440-446, pp.453-458.
523. E. Baelz, Zur Rasse der Japaner und Koreaner. Verhandl. Ges. Dtsch. Naturf. u. Ärzte 78 , 1906. Part II, 1. p.311f.
524. T. Koganei, Über Schädel und Skelette der Koreaner. Zeitschr. f. Ethnol. 1906. p.523.
525. É. Chantre and É. Bourdaret, Esquisse anthropologique des Coréens. Bull. Soc. Anthropol. Lyon 21, 1902. pp.22-38.
526. T. Kubo, Beiträge zur physischen Anthropologie der Koreaner. Part I. Mitt. Med. Fak. Kais. Univ. Tokyo 12 , 1911. 676 + 32p. (Ger.). Part II. Mitt. Med. Fachschule Keijô 1917. 212p. (Ger.).
527. R. G. Mills, Physical Anthropological Study of the Korean People. China Medical Journ. 31, 1917. pp.523-549 (Excerpt of [526]).
528. R. G. Mills, Korean Stature and Weight, Compared According to Provinces. China Medical Journ. 32, 1918. p.566 (after Kubo).
529. R. G. Mills, A Contribution to the Nosogeography of Northern Korea. China Medical Journ. 25, 1911. pp.277-293.
530. R. M. Wilson, Leprosy in Korea. Journ. Am. Med. Ass. 87, 1926. p.1211f.
531. H. Fowler, Leprosy in Korea. Leprosy Rev. 1, 1930. pp.28-31.
532. R. M. Wilson, A Leper Colony. Its Management and Maintenance. China Medical Journ. 45, 1931. pp.827-834.
533. H. C. de Souza-Aranys, Leprosy-Survey Made in 40 Countries 1924-27. Oswaldo Cruz Inst. Rio de Janeiro 1929. Korea: pp.118-121.
534. R. M. Wilson, Pelagra in Korea. China Medical Journ. 38, 1924. p.705. 39, 1925. p.661f.
535. R. M. Wilson, Pelagra or Pelagroid in Leper Settlements in Korea. China Medical Journ. 47, 1933. pp.287-289.
536. S. H. Martin, Hookworm Disease in Korea. China Medical Journ. 42, 1928. pp.187-191 (Cf. Acta med. Keijô 12, 1929. No. 2. pp.8-13).
537. W. R. Cate, Typhoid Fever in Korea. China Medical Journ. 40, 1926. pp.554-558.
538. The Population of Korea. Kor. Rep. 5, 1898. pp.28-31.
539. T. Imamura, Chôsen fûzoku shû (Collection of Korean traditions and customs). Keijô 1919[3]. 474p. (Jap.).
540. Y. Murata, Chôsen no seikatsu to bunka (Life and culture in Korea). Tôkyô 1924. 358p. (Jap.).
541. H. G. Arnous, Korea. Märchen und Legenden nebst einer Einleitung über Land und Leute, Sitten und Gebräuche Koreas. Leipzig o.J. 147p.
542. H. B. Hulbert, Korean Folk-Tales. Tr. Kor. Br. R. As. Soc. 2, 1902, II. pp.45-79.

543. W. Hough, Korean Clan Organisation. American Anthropologist 1, 1893. pp.150-154.
544. D. L. Gifford, Every-Day Life in Korea. Chicago etc. 1898. 229p.
545. C. I. D. Tayler, Koreans at Home. The Impressions of a Scots Woman. London 1904[2]. 80p. (Rev. in P. M., L. B. 618).
546. J. R. Moose, Village Life in Korea. Nashville (Tenn.) 1911. 242p. (Rev. in P. M. 1913, I, L. B. no.276).
547. S. Y. Kwun, Korean Customs of the Year. Kor. Mag. 2, 1918. pp.106-113.
548. P. L. Gillet, The Village Gilds of Old Korea. Tr. Kor. Br. R. As. Soc. 4, 1913, II. pp.13-44.
549. Y. Kang, The Grass Roof. New York 1931 (also Ger.: Unter dem Grasdach. Leipzig 1933).
550. Mirok Li, Suam und Mirok. Kindheitsbilder aus Korea. Atlantis 7, 1935. pp.349-360, pp.428-437.
551. A. C. Kim, Village Life in Korea. Journ. of Geogr. 36, 1937. pp.315-320.
552. Essays on Korean Economic History (End of Li Dynasty). Journ. Keijô Imp. Univ. Soc. Sc. Ass. No. 6, 1933. 567 + 23p. (Jap. with Eng., Ger. and Fr. summary).
553. Essays on Korean Economy. Journ. Keijô Imp. Univ. Soc. Sc. Ass. No. 2, 1929. 773 + 13p. (Jap. with Eng. summary).
554. E. Werth, Zur Geographie und Geschichte der Hirsen. Angewandte Botanik 19, 1937. pp.42-73.
555. S. Saigo, The History of Korean Agriculture. Suigen 1922 (Jap.).
556. M. C. Fenwick, Korean Farming. Kor. Rep. 5, 1898. pp.288-293.
557. (H. B. Hulbert), The Products of Korea. Kor. Rev. 2, 1902. p.49, p.108, p.203, p.300, p.341, p.393.
558. M. Heydrich, Koreanische Landwirtschaft. Beiträge zur Völkerkunde von Korea. I. Abhandl. u. Berichte d. Museen f. Tierkde. u. Völkerkde. Dresden 19, 1931. 44p.
559. H. Lautensach, Über den Brandrodungsfeldbau in Korea. P. M. 1941, pp.41-54.
560. U. Oda, Kadenmin raiju Shinajin (Fire-field farmers and Chinese immigration). Vol. 1. Chôsen buraku chôsa hôkoku (Research reports on Korean settlements). Keijô 1923. 65p. and 33 plates (Jap.).
561. Kaden chôsa hôkoku shô (Investigation of fire-fields). Keijô 1928. 58p. (Jap.).
562. T. Odauchi, Chôsen no kadenmin (Fire-field farmers in Korea). Jimbun Chiri 1, 1926. pp.25-35 (Jap.) (Cf. A. Demangeon, La géographie humaine au Japon. Ann. de Géogr. 37, 1928. pp.359-361).
563. Seihokusen-chihô ni okeru kaden ni kansuru chôsho (On the fire-fields in the northwest Korean provinces). Chôsen Sôtokufu Riuji Tochi Chôsa Kyoku. Keijô 1916 (Jap.).
564. Y. Niijima, Kaden, ein Röderland in Korea. Forstwissensch. Centralblatt 52, 1938. pp.367-372.
565. D. Fairchild, Foods in Korea. Nat. Geogr. Mag. 36, 1919. pp.57-77.
566. J. D. van Buskirk, Some Common Korean Foods. Tr. Kor. Br. R. As. Soc. 14, 1923. pp.1-8.
567. J. D. van Buskirk, Studies in the Diet of the Korean People. China Medical Journ. 36, 1922. pp.136-145.
568. R. L. Hobson, Corean Pottery. Burlington Mag. 56, 1930. pp.54-64, pp.186-193.
569. E. W. Mills, Gold Mining in Korea. Tr. Kor. Br. R. As. Soc. 7, 1916, I. pp.5-39, with map 1:1.5 million.
570. O. Kümmel, Die Kunst Chinas, Japans und Koreas. Handb. d. Kunstwissenschaft. Wildpark-Potsdam 1929. Korea: pp.187-191.
571. A. Eckardt, Geschichte der koreanischen Kunst. Leipzig 1929. 227p. text, 168p. plates. Also Eng.: History of Korean Art. London 1929.
572. O. Kümmel, Koreanische Baukunst. Wasmuths Lexikon der Baukunst. Vol. 3, Berlin 1931. pp.416-419.

573. F. Tada, Morphology and Settlements in North Korea. Journ. Geol. Soc. Tôkyô 1935 (Jap.).
574. Chôsenfu raku chôsa hôkoku. Vol. I (House construction). Chôsen Sôtokufu 1924.
575. J. S. Gale, The Korean Pony. Kor. Rep. 1895, pp.176-181.
576. H. H. Underwood, Korean Boats and Ships. Tr. Kor. Br. R. As. Soc. 23, 1934, I. pp.1-99.
577. Fishing Boats on the East Coast of Chôsen. Publ. Fish. Exp. Stat. Gov. Gen. Chôsen 1, 1924 (Jap.).
578. Fishing Boats on the South and West Coast of Chôsen. Publ. Fish. Exp. Stat. Gov. Gen. Chôsen 2, 1928 (Jap.).
579. E. W. Koons, Beacon-Fires of Old Korea. Tr. Kor. Br. R. As. Soc. 16, 1925. pp.46-52.
580. C. A. Clark, Religions of Old Korea. New York 1932. 295p.
581. T. Ohm, Das religiöse Chaos in Korea. O. A. R. 10, 1929. pp.223-227.
582. W. Gundert, Japanische Religionsgeschichte. Die Religionen der Japaner und Koreaner in geschichtlichem Abriß dargestellt. Stuttgart 1935. Korea: pp.187-203.
583. H. Lautensach, Religion und Landschaft in Korea. Nippon 9, 1943. pp.204-219.
584. M. Courant, Sommaire et histoire des cultes coréens. T'oung Pao II, 4. 1901, I. pp.37-58.
585. W. W. Rockhill, Notes on Some of the Laws, Customs and Superstitions of Korea. American Anthropologist 4, 1896. p.177.
586. G. H. Jones, The Spirit Worship of the Koreans. Tr. Kor. Br. R. As. Soc. 2, 1901, I. pp.37-58.
587. G. H. J(ones), Hanging Rags on Trees. Kor. Rev. 1, 1901. p.21f.
588. T. Ohm, Naturgeisterverehrung in Korea. O. A. R. 11, 1930. pp.742-744.
589. A. Eckardt, Vom Geisterglauben in Korea. Ostasiat. Beobachter 6, 1938, Folge 60. p.29f.
590. D. L. Gifford, Ancestral Worship as Practiced in Korea. Kor. Rep. 1892, pp.169-176.
591. Y. K. Li, Ahnenkult in Korea. O. A. R. 14, 1933. pp.255-258.
592. M. N. Trollope, Introduction to the Study of Buddhism in Corea. Tr. Kor. Br. R. As. Soc. 8, 1917. pp.1-40.
593. F. Starr, Korean Buddhism: History - Condition - Art. Boston 1918. 19 + 104p.
594. T. Ohm, Der koreanische Buddhismus. Zeitschr. f. Missionswiss. u. Religionswiss. 21, 1931. pp.327-338.
595. H. Lautensach, Koreanische Klöster. Durch alle Welt. 1935, no. 11. p.26f.
596. Picture Album of the 31 Main Korean Temples. Keijô 1931 (Jap.).
597. H. B. Hulbert, The Religion of the Heavenly Way. Kor. Rev. 6, 1906. pp.418-424, pp.460-465.
598. Chuntokyo: Korea's New Religion. Review of Reviews 79, 1929. Feb. pp.94-96.
599. T. Ohm, Neuere Religionsbildungen in Korea. O. A. R. 15, 1934. pp.553-555.

XVIII. 경제지리학과 취락지리학

600. T. Tanaka, Chôsen no jimbun chishi gaku teki kenkyû (Anthropogeographical studies on Korea). Chiri Kyôiku 15, 1931. pp.105-111, pp.226-230, pp.346-349. 16, 1932. pp.587-592. 17, 1933. pp.40-45, pp.256-263, pp.376-382.
601. H. Lautensach, Japan als kolonialer Gestalter der koreanischen Landschaft. (unpublished manuscript).
602. Y. S. Lee, Statistical Korea. Seoul 1931. 2 vols.

603. E. de Schweinitz Brunner, Rural Korea. A Preliminary Survey of Economic, Social and Religious Conditions. In: The Christian Mission in Relation to Rural Problems. Rep. Jerusalem Meeting Int. Missionary Council vol. VI. London etc. 1928, pp.100-208.

604. J. Linke, Veränderung der wirtschaftsgeographischen Beziehungen in Korea unter dem Einfluβ der Erschlieβung. Diss. Leipzig 1932. 134p. Weltwirtschaftl. Abhandl. vol. 10, Stuttgart 1933.

605. H. K. Lee, Land Utilization and Rural Economy in Korea. The Institute of Pacific Relations, Honolulu. London 1936. 302p. (Cf. Econ. Geogr. 1937).

606. J. O. Lévine, La situation économique du peuple coréen. L'Asie Française 38, 1938. pp.217-222 (Excerpt of [605]).

607. Sang-uk Han, Die Landwirtschaft von Korea. Diss. Zürich 1927. 95p.

608. J. W. Coulter and B. B. Hee Kim, Land Utilization Maps of Korea. Geogr. Rev. 24, 1934. pp.418-422 (The eight maps are reproduced in: Krische, Mensch und Scholle, Berlin 1936, p.119f).

609. R. Burnett Hall, Agricultural Regions of Asia. Part VII. The Japanese Empire. Econ. Geogr. 10, 1934. pp.323-347. 11, 1935. pp.33-52, pp.130-147.

610. Chôsen Sôtokufu nôji shikenjô nijûgo shûnen kinenshi (Publication on the occasion of the 25th anniversary of the Agricultural Experiment Station of the Government-General of Korea). Chôsen Sôtokufu 1931. 2 vols., 645p., 558p. (Jap.).

611. Chôsen no nôgyô (Treatises on Korean agriculture). Chôsen Sôtokufu Nôrinkyôku. Keijô 1933. 211p. (Jap.).

612. I. Nagai, Recent Progress of Agriculture in Tyosen. Pr. 3rd P. S. C. Tôkyô 1926. II, 1928. pp.2149-2154.

613. N. Mori, Tori to shokubutsu to nôringyô to no kankei (The relationships between birds, food and agriculture and forestry). Journ. Chôs. Nat. Hist. Soc. 1927, no. 5.

614. Chôsen no kosaku kwanku (Tenant customs in Korea). Chôsen Sôtokufu. Keijô 1930. Survey Material no. 26 (Jap.).

615. J. Lewin, Korea. Landwirtschaftliche Besitzverhältnisse. O. A. R. 13, 1932. pp.26-28.

616. Development and Current Status of Agriculture in Korean Villages. Keijô 1935 (Jap.).

617. Bauernfrage und Selbsthilfeplan in Korea. Wirtschaftsdienst N. F. 23, 1938 I. p.265f.

618. H. Lautensach, Zur Geographie der künstlichen Bewässerung in Korea. P. M. 1940, pp.289-303 (Jap. summary by T. Ootuki in Chir. Hyô. 17 , 1941. pp.152-158).

619. Korea and Irrigation. Compiled by the Oriental Development Co., Ltd., in: The Herald of Asia. Tôkyô 1927. p.42 (cf. F. E. R. 21, 1925. pp.207-210. 23, 1927. pp.226-231).

620. I. Nagai and T. Nakagawa, Chôsen ni okeru suitô no shuyô hinshu to sono bumpu jôkyô (Important varieties of paddy rice in Korea and their distribution). Ann. Agr. Exp. Stat. 5, 1931. Supplement 1. 42p., 31 maps (Jap.).

621. T. Ikeda, Rice in Chosen. F. E. R. 23, 1927. p.313, p.316.

622. Chôsen no kome (Rice in Korea). Chôsen Shokusan Ginko Chôsaka. Keijô 1927 (Jap.).

623. S. Nakayama, The More Important Insect Enemies of the Rice Crop in Chosen. Pr. 4th P. S. C. Java 1929. Batavia-Bandoeng 1930. Vol. 4, pp.181-183.

624. I. Nagai, T. Nakagawa and T. Takasaki, Chôsen ni okeru shuyô densakubutsu no bumpu oyobi saibai jôkyô

(On the distribution and breeding of Korea's most important crops). Ann. Agr. Exp. Stat. 6, 1932. No. 1 and 2. 87p. and 27 maps (Jap.).
625. B. Laufer, Rye in the Far East and the Asiatic Origin of Our Word Series "Rye". T'oung Pao. 31, 1935. pp.237-273.
626. Chôsen no daitsu (Soybeans in Korea). Chôsen Shokusan Ginko Chôsaka. Keijô 1924 (Jap.).
627. Chôsen no menka (Cotton in Korea). Chôsen Shokusan Ginko Chôsaka. Keijô 1924 (Jap.).
628. Tobacco in Korea. Kor. Mag. 1, 1917. pp.248-254, pp.289-292.
629. Tobacco Industry of Chôsen. F. E. R. 21, 1925. pp.31-34.
630. H. G. Appenzeller and G. H. Jones, Korean Ginseng. Kor. Rep. 5, 1898. pp.161-170.
631. C. T. Collyer, The Culture and Preparation of Ginseng in Korea. Tr. Kor. Br. R. As. Soc. 3, 1903, I. pp.18-30.
632. The Chosen Government Monopoly Bureau, Do You Know Koryo Ginseng? Keijô 1937. 11p.
633. Chôsen no mayu ni tsuite (On sericulture in Korea). Chôsen Sôtokufu Shokusan Kyôku. Keijô 1927 (Jap.).
634. Sericulture Office in Ch'aryŏn-gwan, Facts on the Sericulture School 1931. 45p. (Jap.).
635. Chôsen no chikusan (Livestock raising in Korea). Chôsen Sôtokufu Shokusan Kyôku. Keijô 1927 (Jap.).
636. W. C. Etheridge and C. A. Helm, Korean Lespedeza in Rotation of Crops and Pastures. Univ. of Missouri. Agricult. Exp. Stat. (Columbia). Bull. no. 360, 1936. pp.1-22.
637. C. W. Holdaway, Korean Lespedeza and Lespedeza sericea Hays for Producing Milk. Virginia Polytechnic Inst. Agricult. Exp. Stat. (Blacksburg). Bull. no. 305, 1936. pp.1-7.
638. Chôsen Sôtokufu ringyô shikenjô yô ran (Facts on the forestry experiment station of the government-general of Korea). Keijô 1932. 30p. and 29 col. maps (Jap.).
639. E. W. Koons, Afforestation in Korea. Tr. Kor. Br. R. As. Soc. 6, 1915, I. pp.35-42.
640. P. M. Roxby, Afforestation in Korea. Scott. Geogr. Mag. 1923, pp.3-6.
641. P. M. Roxby, Forestry in Korea. F. E. R. 22, 1926. pp.9-12.
642. Chôsen no ringyô (Forestry in Korea). Chôsen Sôtokufu Sanrinbu. Keijô 1929 (Jap.).
643. Chôsen no kogyô (Mining in Korea). Chôsen Sôtokufu Sanrinbu. Keijô 1922 (Jap.).
644. A. A. Friedman, Gold Mining in Korea. Eng. and Mining Journ. 132, 1931. p.453f.
645. B. P. Torgašev, The Mineral Industry of the Far East: Economic and Geological Report on the Mineral Resources and Mineral Industries of the Far Eastern Countries:....Japan with Its Dependencies Korea and Formosa...Shanghai 1930. 510p.
646. Salt Industry of Korea. F. E. R. 21, 1925. p.81.
647. K. Tago, The Marine Production of Korea. Chi. Z. 33, 1921. pp.595-606 (Jap.).
648. Chôsen no jûdai gyogyô (The ten most important branches of fishing in Korea). Chôsen Sôtokufu Shokusan Kyôku. Keijô 1921 (Jap.).
649. Chôsen no jûyo gyogyô (The most important branches of fishing in Korea). Chôsen Sôtokufu Shokusan Kyôku. Keijô 1923 (Jap.).
650. Chôsen no suisan shôken (Trade in marine products in Korea). Chôsen Sôtokufu 1938.
651. Chôsen no suisan gyô (Marine products of Korea). Chôsen Sôtokufu 1927. 44p. with map (Jap.).
652. A. M. Karlin, Fischfang in Korea. Der Erdball 4, 1930. p.332f.

653. F. Bartz, Die Seefischerei Koreas. Zeitschr. f. Erdk. 1940, pp.296-303.
654. W. H. de Roos, De Visscherij in Japan. In: Economische Verslagen van Nederlandsche Diplomatieke en Consulaire Ambtenaren. s'Gravenhage 24, 1930. pp.121-184.
655. H. Schepers, Japans Seefischerei. Breslau 1935. 228p.
656. S. Yoshimura, Fishing in Japanese Waters. Chir. Hyô. 15, 1939. pp.57-65, pp.76-84 (Jap.).
657. F. Bartz, Japans Seefischereien. P. M. 1940, pp.145-160.
658. C. Rabot, La chasse à la baleine sur les côtes du Japon et de la Corée. La Géogr. 15, 1907. p.126.
659. Chôsen no mentai (The Korean Alaska pollack). Chôsen shokusan Ginko Chôsaka. Keijô 1925 (Jap.).
660. Production and Industry in Korea. F. E. R. 24, 1928. pp.469-474 (Excerpt of VI).
661. Chôsen no shokogyô (Trade and industry in Korea). Chôsen Sôtokufu Shokusan Kyôku. Keijô 1928 (Jap.).
662. Y. Muto, New Economic Trends in Korea. Contemporary Japan 5, 1936/37. pp.204-210.
663. K. Moritani, The Present and Future of Chosen Industry and Culture. Bull. South Seas Ass. 3, 1940. pp.1-9 (Eng.).
664. K. Ishiyama, Industrialization of Korea. Contemporary Japan 10, 1941. pp.1160-1165.
665. Chôsen no sanshigyô (Silk reeling in Korea). Chôsen Sôtokufu Shokusan Kyôku. Keijô 1929 (Jap.).
666. Katei kogyô chôsa (Investigation on cottage industry). Keijô Shogyô Kaigisho. 1927 (Jap.).

XIX. 교통과 상업지리학

667. W. W. Taylor, Korean Roads, Past and Present. Tr. Kor. Br. R. As. Soc. 15, 1924. pp.35-82.
668. Improvements in Chosen. F. E. R. 30, 1934. pp.425-428 (Cf. 24, 1928. p.270f. Excerpt of VI).
669. Chosen and its Railways. Railway Bureau, Gov. Gen. of Chosen. New editions each 2-3 years.
670. The Seoul - Chemulpo Railroad. Kor. Rep. 5, 1898. p.272f.
671. The Seoul Fusan Railroad. Kor. Rev. 5, 1905. pp.16-21, pp.183-187.
672. K. Haushofer, Der Ausbau des Eisenbahnnetzes in Korea. P. M. 1914, II. p.56.
673. Dr. Preyer, Die Eisenbahnen in Korea (Chosen). Arch. f. Eisenbahnwesen 37, 1914. pp.402-418, pp.720-743.
674. L. Mayer, Die japanischen Eisenbahnen und ihre Entwicklung. Mitt. Geogr. Ges. Wien 70, 1927. pp.327-337.
675. T. Ohmura, Present Railway Conditions of Korea. F. E. R. 24, 1928. pp.111-114.
676. Railway Development in Chosen. F. E. R. 1929, pp.25-27, p.380, p.570. 1931, pp.250-253. 1932, p.321, p.329. 1933, pp.331-335.
677. Das Eisenbahnwesen Koreas. Die Lokomotive 27, 1930. p.37f.
678. W. Paschen, Die Eisenbahnen in Chosen (früher Korea). Arch. f. Eisenbahnwesen 1930 II, pp.520-524.
679. M. Arikawa, Communications in Chosen. Japan Mag. 24, 1934. pp.124-126.
680. Government Railways of Chosen. Japan Mag. 24, 1934. pp.127-129.
681. W. Paschen, Die Eisenbahnen in Japan. Arch. f. Eisenbahnwesen 1940, pp.849-876.
682. J. R. Harding, Memorandum on the Lighthouse Department of the Korean Customs Service in November,

1905. Kor. Rev. 5, 1905. pp.414-423.
683. Oberkommando der Kriegsmarine, Verzeichnis der Leuchtfeuer und Signalstellen aller Meere 1938. Teil X, Stiller Ozean, W-Seite. Berlin 1938, 66th edition. pp.60-89: Tyôsen (Korea) mit naheliegenden Inseln.
684. Chôsen shijô (The Korean markets). Chôsen Sôtokufu Chôsa Shiryô. Keijô 1923 (Jap.).
685. Shigaichi no shôken (Street trading). Chôsen Sôtokufu Chôsa Shiryô. Keijô 1928 (Jap.).
686. Chôsen shijô keizai (Markets in Korea). Chôsen Sôtokufu Chôsa Shiryô. Keijô 1929 (Jap.).
687. S. Miyake, Economic Relations Between Chosen and Japan Proper. Journ. Keijô Imp. Univ. Soc. Sc. Ass. 1, 1928, IV (Jap.).
688. Y. Yagi, The Relation Between Japan Proper and Korea as Seen from the Standpoint of Rice-Supply. Kyôtô Univ. Econ. Rev. 6, 1931, II. pp.86-112.
689. Le Clerc, Rice Trade in the Far East. Washington 1927. 73p.

XX. 인구분포

690. Chôsen no jinko gensho do fuzu (Population distribution in Korea and its cartographic representation). Chôsen Sôtokufu Chôsa Shiryô. Keijô 1927 (Jap.).
691. H. Sawada, Chôsen, Karafuto, Kantoshû, Nanyoshôtô. Chimei no yomi kata oyobi jinko hyô (Results of the population census in Korea, Karafuto, Kwantung und the South Seas territories). Tôkyô 1938 (Jap., with transcription of names).
692. Chôsen ni okeru Naichijin (The Japanese in Korea). Chôsen Sôtokufu. Keijô 1923.
693. T. Ogishima, L'émigration japonaise. Rev. intern. Travail, Genève 34, 1936. pp.663-698.
694. K. J. Pelzer, Japanese Migration and Colonization. In: I. Bowman, Limits of Land Settlement. New York 1937, pp.155-194. Korea: p.165.
695. M. Schwind, Der japanische Bevölkerungszuwachs im Rückgang. O. A. R. 22, 1941. pp.216-220. Included: Map of the distribution of Japanese in Korea.
696. M. Schwind, Japanische Bauern jenseits des Stammlandes. 3. Japanische Bauern in Chôsen und auf Taiwan. Nippon 7, 1941. pp.163-168.
697. H. Lautensach, Das japanische Bevölkerungselement in Korea. Geogr. Anz. 43, 1942. pp.371-375.
698. Chôsen ni okeru Shinajin (The Chinese in Korea). Chôsen Sôtokufu. Keijô 1924.
699. H. K. Lee, The Pioneer Belt in Manchuria with Special Emphasis on Korean Settlements. Am. Geogr. Soc. 1931.
700. H. K. Lee, Korean Immigrants in Manchuria. P'yŏng-yang (1932). 270p. (Kor.).
701. H. K. Lee, Korean Migrants in Manchuria. Geogr. Rev. 22, 1932. pp.196-204.
702. G. Dubarrier, Un aspect du problème mandchourien: Les populations coréenes de Mandchourie. Rev. Franco-Chinoise 1932, pp.87-91.
703. G. Dubarrier, La question des Coréens en Mandchourie. Rev. du Pacifique 1932, pp.687-691.

XXI. 한국에서의 일본

704. A. J. Brown, The Mastery of the Far East. The Story of Korea's Transformation and Japan's Rise to Supremacy in the Orient. New York 1919. 671p.

705. A. J. Brown, Japan, Aufstieg zur Weltmacht. Zürich 1931. Japan and Korea: pp.109-127.

706. H. Schmitthenner, Die japanische Expansion und Kolonisation in Ostasien. Geogr. Zeitschr. 1928, pp.1-22.

707. H. Schmitthenner, Kulturgeographische und politisch-geographische Entwicklungen in Ostasien. Geogr. Zeitschr. 1935, pp.56-78.

708. L. Mecking, Japans räumliche und wirtschaftliche Entwicklung und ihre geographischen Grundlagen. Jahrb. Ak. d. Wiss. Göttingen 1940/41, pp.37-51.

709. R. S., Die japanische Expansion. Zeitschr. f. Geopol. 1939, pp.617-622.

710. M. Schwind, Japanische Raumnot und Kolonisation. M. D. O. A. G. 32, 1940. 23p.

711. T. Gollier, Le Japon colonisateur: Les Japonais en Corée. Rev. Économ. Intern. 4, 1909. pp.242-282.

712. A. Backhausen, Die japanische Verwaltung in Korea und ihre Tätigkeit. Berlin 1910. 79p.

713. M. Komatsu, The Old People and the New Government. Tr. Kor. Br. R. As. Soc. 4, 1912, I. pp.1-12.

714. A. Halot, La colonisation japonaise en Corée. Bull. Soc. Franco-Japonaise de Paris 26/27, 1912. pp.61-74.

715. K. Haushofer, Dai Nihon. Betrachtungen über Groβ-Japans Wehrkraft, Weltstellung und Zukunft. Berlin 1913. 377p. Korea: pp.187-202.

716. T. Hoshino, Economic History of Chosen. Seoul 1920. 266p.

717. S. Motono, Le rôle de la Corée dans la politique japonaise. La Revue Mondiale. Sér. 11, année 27, vol. 172, 1926. pp.119-126.

718. K. K. Kawakami, Korea Under Japanese Rule. The Review of Nations 1927, pp.65-75.

719. M. Moncharville, Études sur la colonisation japonaise. La Corée. L'Asie Française 1929, pp.385-394.

720. O. Richter, Die Kolonien Korea und Formosa. O. A. R. 11, 1930. pp.182-184.

721. O. Mossdorf, Der Weg zur koreanischen Verwaltungsreform. O. A. R. 11, 1930. p.278f. (Cf. ibid. p.244).

722. Twenty-five Years of Progress in Chosen. Peninsula's Resources and Development. Japan Mag. 24, 1934. pp.112-119.

723. C. Porter, Korea and Formosa as Colonies of Japan. Far Eastern Survey 4, 1935. pp.81-88.

724. B. Nikitine, Où en est la Corée? Notes politico-économiques. Rev. Économ. Intern. 27, 1935, I. pp.489-522.

725. A. J. Grajdanzev, Korea Under Changing Orders. Far Eastern Survey 8, 1939. pp.291-297.

726. H. Thierbach, 30 Jahre japanische Kolonialpolitik in Korea. Deutscher Kolonialdienst 5, 1940. pp.136-139.

727. A. Eckardt, Der Shintoismus in Korea. Die kathol. Mission 61, 1933. pp.249-251, pp.277-278, pp.306-307.

728. C. W. Kim, Die Volksschule in Korea. Die japanische Assimilationserziehung. Diss. München 1934. 69p.

XXII. 북부 동해안 지역

729. Chôsen Sôtokufu, Tetsudôkyôku Eigyôka, Tomankô ryuiki keizai jijô (The economic situation in the drainage area of the Tumen River). Keijô 1927.

730. T. Ichimura, On the Basaltic Rocks in Kainei-District, Kankyô-Hokudô, Chôsen. Journ. Geol. Soc. Tôkyô 30, 1923. pp.413-428 (Jap., rev. in J. J. G. G. 3, 1924. p.[1]).

731. T. Ichimura, Kainei Coal Field. Rep. Geol. Surv. Coal-Fields 1, 1927. pp.1-76 (Jap. rev. in J. J. G. G. 1939, p.[45]).

732. S. Ushimaru, Geology of the Kainei-Chientao Coal-Fields. Bull. Geol. Inst. South Manchurian Railway Comp. Dairen 1936. No. 87, pp.27-37 (Jap.).

733. H. Lautensach, Japanische Eisenbahnen und Kriegshäfen in Korea. P. M. 1935, p.151f.

734. A. J. Avdoscenkov, Severo-koreiskie źel dorogi, kak novyi etap transportnoj svazi Japonii s materikom. Vestnik Mańčžurii (Harbin) 1934, pp.102-111, pp.141-149 (Russ. with Eng. summary: North Korean Railways as a New Stage of Transport Connections Between Japan and the Mainland).

735. A. J. Avdoščenkov, Stroitel' stvo porta Rašin. Vestnik Mańčžurii (Harbin) 1934, no. 6 (Russ. and Eng.). 17 + 15p.

736. E. Schultze, Rashin, ein neuer Welthafen in Ostasien. Verkehrstechn. Woche 29, 1935. p.283f.

737. G. B. Cressey, Rashin, New Gateway to Asia. Asia 35, 1935. pp.587-589.

738. Rashin Kô (Rasin Hafen), Rashin Wan, Thôsen (Korea), O-Küste. Der Seewart 7, 1938. pp.248-256.

739. S. Shimamura, Geological Atlas of Chôsen no. 16. Renshin and Seishin Sheets. Keijô 1933 (Jap.).

740. W. Muroi, On the Geology and Groundwater of the Vicinities of Seisinfu, Korea. Chi. Z. 50, 1938. pp.442-456 (Jap. with Eng. summary).

741. T. Shiraki, Coal-Fields in Kyôjô-gun. Rep. Geol. Surv. Coal-Fields 5, 1930. 105p. (Jap., rev. in J. J. G. G. 19, 1940. p.[8f.]).

742. F. Yamanari, Alcaline Rock Region in the Kisshû-Meisen District, North-East Korea. Journ. Geol. Soc. Tôkyô 30, 1923. pp.212-226 (Jap., rev. in J. J. G. G. 2, 1923. p.[27f.]).

743. F. Yamanari, Geological Atlas of Chôsen no. 3. Kayôho-Kisshû-Shiho and Rinmei Sheets. Keijô 1925 (Jap. w. Eng. summary).

744. I. Tateiwa, Geological Atlas of Chôsen no. 4. Kyokudô-Meisen-Shichihôzan and Kotendô Sheets. Keijô 1925 (Jap. with Eng. summary).

745. A. Lacroix, Les rhyolites et les trachytes hyperalcalins quartzifères à propos de ceux de la Corée. C. R. Ac. Sc. Paris 185, 1927. pp.1410-1415.

746. J. Makiyama, The Meisen Miocene of North Korea. Mem. College Sc. Kyôtô Imp. Univ. Ser. B 11, no. 4. 1936. pp.193-288 (Jap., rev. in J. J. G. G. 16, 1937. p.[14f.]).

747. Phook-Chyung Guidance (Hamnam Chosun) (Illustrated guide to Pukch'ŏng-gun, Hamgyŏngnam-do). Hokusei 1933.

748. K. Morita and Y. Kubota, The Fusenko Hydro-electric Power Plant. Tr. Tôkyô Meeting World Power Conference 1929, vol. II. pp.473-531 (Cf. F. E. R. 1930, pp.131-138. 1932, pp.475-477).

749. Das Kraftwerk Fusenko auf Korea. Handel u. Industrie 41, 1932. pp.497-499.

750. I. Tateiwa, Geological Atlas of Chôsen no. 6. Shinkô, Kodosui, Genpeijo, Gorori, Kankô and Seikoshin Sheets. Keijô 1926 (Jap. with Eng. summary).

XXIII. 개마고원

751. S. Nakamura, Kankyô-Nandô hokubu kôsho chôsa hôkokubun (Research report on the conditions in the northern part of Hamgyŏngnam-do). Chôsen Kôsho Chôsa Hôkoku 5, 1927.
752. T. Watanabe and K. Nagazawa, Chôsen, Kanhoku no yama yama (Kambôhô, Hizanhô, Hakutôzan) (The mountains of Hamgyŏngbuk-do in Korea). Sangaku 27, 1932. No. 2.
753. S. Nakamura, Kôzan Chôshin kôgen no nan yen (The southern limit of the P'ungsan-Changjin plain). Chikyû 8, 1919.
754. T. Nakai, Roho no shokubutsu chôsa (Report on vegetation of Mt. Waigalbong, northern Chosen). Chôs. Bull. 1916. 39p. (Jap.).
755. Y. Kishinami, Über die alpinen Pflanzen der Tôrohôkette in Nordkorea. Bot. Mag. Tôkyô 46, 1932. p.257 (Ger.).
756. C. H. Archer, Some Climbs in Korea. Alpine Journ. 1931, pp.103-113.
757. N. Mori, Hakutôzan oyobi Kankyô-Nanhoku kôchitai no dobutsu ni tsuite (On the fauna of Paektusan and the high regions of Hamgyŏngbuk-do and Hamgyŏngnam-do). Bunkyô no Chôsen 1926, no. 11.
758. Geological Map of Manchuria with Explanatory Text (Scale 1:400,000). Tou-Man-Chiang. Geol. Inst. South Manch. Railway Comp. 1932 (Jap. with Eng. summary).
759. T. Ichimura, Geological Notes on the Mozan Iron-Bearing District, N. Kankyôdô, Korea. Mem. Fac. Sc. and Agriculture, Taihoku Imp. Univ. VI, 6 (Geology). 1933 (Jap.).
760. T. Kato, On the Origin of the Mozan Iron Ore Deposits, North Korea. J. J. G. G. 16, 1939. pp.233-238.
761. T. Ichimura, Geological Consideration of Some Basalt Flows on the Frontier Region of North Korea. Pr. 5th P. S. C. Canada 1933. Vol. 3, 1934. pp.2421-2427 (Rev. in J. J. G. G. 16, 1939. p.[45]).
762. Y. Kinosaki, Geological Atlas of Chôsen no. 14. Saitoku, Shimpokujô, Kôho and Gosokuri Sheets. Keijô 1932 (Jap. with Eng. summary).
763. Y. Kinosaki, Geological Atlas of Chôsen no. 19. Gyohyôri, Kozyôri, Tyokodô and Zyônôri Sheets. Keijô 1938 (Jap. with Eng. summary).
764. Y. Nakai, Chôsen Kankyô-Hokudô no meizan Kambôhô to sono shokubutsu (Kambôhô, a noted mountain in the province of Kankyô-Hokudô, Korea, and its vegetation). Jissai engei (Practical Horticulture) 1929, pp.25-32 (Jap.).
765. T. Nakai, List of Plants, Collected at Mt. Matinryöng, Korea. Bot. Mag. Tôkyô 22, 1908. pp.179-182 (Lat.).

XXIV. 백두산 지역

766. T. Nakai, Hakutôzan shokubutsu chôsa sho (Florula of Mt. Paik-tu-san). Gov. Gen. Chôsen. Seoul 1918.

77p.
767. G. Fenzel, Report on Forest Regions of Fengtien and Kirin Provinces, Manchuria. Lingnan Sc. Journ. (Canton) 7, 1932. p.539ff.
768. S. Kawasaki, Hakutôzan myaku (On the Hakutô volcanic chain). Journ. Chôsen Nat. Hist. Soc. 4, 1927, no. 4 (Jap.).
769. T. Mori, On the Flora of Mt. Hakutô. Journ. Chôsen Nat. Hist. Soc. 4, 1927. pp.25-54 (Jap.).
770. Report on the District of the Forestry Station Hyesan. 1928. 30p. text. 28 plates. 2 maps 1:200,000 (Jap.).
771. Survey of the Forests of the Forestry Station Musan (Hamgyŏngbuk-do). Map 1:200,000 (Jap.).
772. M. B. Ordun, Mountain-Water Adventure in Korea. Asia 33, 1933. pp.344-350.
773. W. Fuchs, The Long White Mountain in Manchuria. China Journal 18, 1933 I. pp.196-198.
774. A. de C. Sowerby, The Heavenly Lake. China Journal 19, 1933 II. p.54.
775. H. Lautensach, Eine Räuberreise zum Weiβkopfberg an der koreanisch-mandschurischen Grenze. Die Umschau 1935, pp.221-227.
776. Kyôtô teikohu daigaku Hakutôzan enseitai hôkoku (Report on the climbing of Paektusan by researchers from the University of Kyôtô). Kyôtô 1935. 148p.
777. K. Takahashi, Hakuto-san im Winter (Korea). Deutsche Alpenzeitung 31, 1936. pp.123-126.
778. H. Lautensach, Der Hakutôzan, eine vulkanische Landschaft im koreanisch-mandschurischen Grenzbereich. Geogr. Zeitschr. 1941, pp.354-371, pp.409-431.

XXV. 평북 지역

779. T. Ôzaki, Ôryokukô. Tôkyô 1910. 258p. (Jap.).
780. R. Farquharson, The Yalu-River to Linkiang. China Journal 8, 1928 I. pp.22-27.
781. R. G. Mills, Ecological Studies in the Tong-nai River Basin, Northern Korea. Tr. Kor. Br. R. As. Soc. 12, 1921. pp.1-78.
782. Map of the Forestry District Kanggye, as of 1 April 1930. 1:200,000 (Jap.).
783. Survey of the Activities of the Forestry Station Ch'osan. 1932. 33p. (Jap.).
784. Survey of the Production of Ch'osan-gun (P'yŏnganbuk-do) 1932 (Jap.).
785. S. Shimamura, Geological Atlas of Chôsen no. 17. Seijochin, Tenmadô and Eizanshi Sheets. Keijô 1936 (Jap.).
786. Y. Kinosaki, Geological Atlas of Chôsen no. 15. Hokuchin and Gyukenchin Sheets. Keijô 1933 (Jap. with Eng. summary).
787. S. Amanuma, The Third Account of my Travels in Korea. 1. The Buddhist Temple Myôkôsan Hokenji. Tôyô Bijutsu 1932, no. 15 (Jap.).
788. The Cave of Dong Long Kul. Picture album (Jap.).
789. C. D. Morris, The City of Yung-byun (Neihen). Kor. Rev. 5, 1905. p.134.
790. Kisengun no kaden-jôkyô (The situation of fire-field farming in Hŭich'ŏn-gun). Chôsa Geppô 1928 (Jap.).

XXVI. 대동분지

791. H. Yabe, Report on the Anthracite-Bearing Formation of S. Heian-Do. B. Geol. S. Chôs. I, 1. Seoul 1919 (Jap.).

792. Ichimura, Kohira and Soki, Heian-Nandô hokubu tanden chishitsu zu (On the bituminous coal deposits in the northern part of P'yŏngannam-do). Seoul 1927 (Jap.).

793. T. Shiraki, The Northern Coal-field in the Tokusen District in Heian-Nandô. Rep. Geol. Surv. Coal-fields 10, 1931. 133p. (Jap., rev. in J. J. G. G. 1940, p.[8]).

794. I. Tateiwa, Geological Atlas of Chôsen no. 12. Tôsô, Inzan, Bessori and Seisen Sheets. Keijô 1931 (Jap. with Eng. summary).

795. S. Mizugori, Geography and Geology of Tenseiri in Chosen. Journ. Geol. Soc. Tôkyô 43, 1931. pp.377-383 (Jap., rev. in J. J. G. G. 1931/32, p.[15]).

796. S. Matsushita, The Stratigraphy and Structure of the District North-East of Heijô, Korea. Chikyû 20, 1933. pp.1-26 (Jap., rev. in J. J. G. G. 1933/34, p.[10]).

797. S. Matsushita, Geological Structure of Kôto Area and Northeastern Area of Heijô, Chôsen. Journ. Geol. Soc. Tôkyô 45, 1938. p.487f. (Jap., rev. in J. J. G. G. 17, 1938. p.[63]).

798. N. Ikebe, Geological Structure of Santô and Syôgen Districts, Heizyô Coal-Field, Korea. Journ. Geol. Soc. Tôkyô 46, 1939. pp.433-440 (Jap., rev. in J. J. G. G. 1940, p.[62]).

799. N. Kôbatake, Thrust-Structure in the Santô Area in Heijô Coal-field. Journ. Geol. Soc. Tôkyô 44, 1937. p.616f. (Jap., rev. in J. J. G. G. 1937, p.[37]).

800. N. Ikebe, On the Geology of Taisei Mine and its Vicinity. Journ. Geol. Soc. Tôkyô 44, 1937. p.614f. (Jap., rev. in J. J. G. G. 1937, p.[37]).

801. S. Maejima, Geology of the Vicinity of the City of Heijô, S. Heian-dô, Korea. Chikyû 24, 1935. pp.81-88 (Jap., rev. in J. J. G. G. 1936, p.[1]).

802. E. Konnô, The Geology and Geological Structure of the Western Marginal Region of the Heijô-Coal-Field, Korea. Journ. Geol. Soc. Tôkyô 35, 1928. pp.65-104 (Jap., rev. in J. J. G. G. 1928/29, p.[12]).

803. S. Nakamura, The Geological Structure of the Western Heijô Coal Field, Korea. Chikyû 25, 1936. pp.159-171 (Jap., rev. in J. J. G. G. 1936, p.[23]).

804. S. Matsushita, The Heian-Nandô Southern Coal Field. Rep. Geol. Surv. Coal-Fields 13, 1938. 164p. (Jap., detailed rev. in J. J. G. G. 1939, p.[43f.]).

805. K. Saitô, Cambrian Formations of the Chunghwa District, Western North Korea. Journ. Geol. Soc. Tôkyô 40, 1932. pp.242-260 (Jap., rev. in J. J. G. G. 1933/34, p.[3]).

806. D. F. Higgins, Geology and Ore Deposits of the Collbran Contact of the Suan Mining Concession, Korea. Economic Geology 13, 1918. pp.1-34.

807. T. Watanabe, The Geology of the Suian Gold Mining District. Journ. Fac. Sc. Hokkaidô Imp. Univ. Sapporo III, 1935, no. 1. pp.49-59.

808. (H. B. Hulbert), The Caves of Kasa. Kor. Rev. 5, 1905. pp.292-298.

809. J. H. Wells, Pyengyang. Kor. Rep. 4, 1897. pp.57-59.

810. L. Nocentini, P'ieng-iang (città della Corea). Giornale Soc. Asiat. Ital. XIV, 1901. pp.217-240.

811. (H. B. Hulbert), A Visit to Pyeng-yang. Kor. Rev. 5, 1905. pp.287-292.
812. Oh Seung Keun, What to See at Pyeng-yang. Kor. Rev. 6, 1906. pp.321-324.
813. Brief History of P'yŏng-yang. 57p., 50p. 1932 (Jap.).
814. F. H. Morsel, Chinnampo and Mokpo. Kor. Rep. 4, 1897. pp.334-338.
815. Das Klima von Chinnampo. Ann. Hydr. u. Mar. Met. 40, 1912. pp.489-498, 567.
816. K. Saitô and M. Matsuno, The Coal Shipping Plant at Chinnampo Harbour, Korea. Journ. Civil Engineering Soc. (Tôkyô) 20, 1934. pp.977-1021.

XXVII. 황해반도

817. S. Shimamura, Geological Atlas of Chôsen no. 8. Kenjiho, Shariin and Sainei Sheets. Keijô 1929 (Jap. with Eng. summary).
818. Matsushita, Onoyama and Maejima, Geology and Fossil of Hôzan Coal-Field, Kôkaidô, Chôsen. Chikyû 23, 1935. pp.403-430 (Jap., rev. in J. J. G. G. 1938, p.[63]).
819. Y. Kinosaki, Angaku Iron Ore Deposit, Kôkaidô, Chôsen. Journ. Geol. Soc. Tôkyô 33, 1926. pp.142-154, pp.175-186, pp.232-242 (Jap., rev. in J. J. G. G. 1925, p.[26]).
820. F. Takai, A Tooth of Elephant from the Seabottom near the Island of Hakurei, Kôkaidô, Korea. Journ. Geol. Soc. Tôkyô 44, 1937. p.304f (Jap.).
821. S. F. Moore, Note on Hai-ju. Kor. Rev. 4, 1904. pp.207-211.
822. Excursion to Songdo. Kor. Mag. 2, 1918. pp.290-292.
823. J. W. Hirst, A Trip to Sorai Beach. Kor. Rev. 6, 1906. pp.27-34.

XXVIII. 경기 지역

824. Tateiwa, Shimamura, Tamura and Yamazawa, Report on the Flood of the Kankô in 1925. B. Geol. S. Chôs. V, 1. 1925 (Jap.).
825. T. Ishidoya and P. S. To, Florula Seoulensis. Journ. Chôs. Nat. Hist. Soc. 14, 1932. pp.1-48 (Jap. with Lat. plant lists).
826. M. Tozawa and T. Nakai, Kôryô shikenrin no ippan (Brief description of the experimental forest of Kwangnŭng). Forest Experiment Station of the Government-General 1932. 171p. (Jap.).
827. H. Uyeki, Vegetations in the Kwa-San Hill and the Environs of Suigen. Bull. Agr. For. Coll. Suigen 5, 1936. 155p. (Jap.).
828. E. B. Landis, Notable Dates of Kang-wha. Kor. Rep. 4, 1897. pp.245-248.
829. M. N. Trollope, Kang-wha. Tr. Kor. Br. R. As. Soc. 2, I, 1901. pp.1-36.
830. F. H. Mörsel, Climatical Records for Chemulpo. Kor. Rep. 3, 1896. p.460f. 4, 1897. p.76f, p.156f, p.318f.
831. G. H. Jones, Chemulpo. Kor. Rep. 4, 1897. pp.374-384.
832. Beiträge zur Küstenkunde: Chemulpo-Chemuropo (Westküste Koreas). Der Seewart 3, 1934. pp.180-195.

XXIX. 서울

833. H. G. Appenzeller, The Beginnings of Seoul. Kor. Rep. 1, 1892. May.
834. H. N. Allen, Places of Interest in Seoul with History and Legend. Kor. Rep. 2, 1895. pp.127-133, pp.182-187, pp.209-214.
835. M. Courant, Souvenir du Séoul, Corée. 8p., 24 plates. Paris 1900.
836. J. S. Gale, Han-Yang (Seoul). Tr. Kor. Br. R. As. Soc. 2, II, 1902. pp.1-43.
837. Oh Seung-Keung, The Fortress of Puk-han. Kor. Rev. 3, 1903. pp.44-51.
838. J. D., Die Gründung der Hauptstadt Koreas. Deutsche Rundschau f. Geogr. u. Stat. 26, 1903/04. p.337f.
839. Places of Interest About Seoul. Kor. Mag. 2, 1918. p.252, p.302, p.409, p.443, p.492.
840. Keijô. 42 plates. Text Jap. and Eng.
841. Japan Tourist Bureau, Chôsen Branch, City plan and geographical and historical description of Seoul (Eng.).
842. Japan Tourist Bureau, Chôsen Branch, How to See Keijô. Annually.
843. H. Lautensach, Koreas Hauptstadt und ihre Umwelt. Geogr. Zeitschr. 46, 1940. pp.1-17.

XXX. 한강 상류 지역

844. T. Kobayashi, Geological History of Kôgen-dô, Chôsen. Journ. Geol. Soc. Tôkyô 34, 1927 (Jap.).
845. F. Yamanari, Imbricated Structure of Kôgen-dô, Chôsen. Chir. Hyô. 2, 1926 (Jap.).
846. I. Yoshimura, On the Schuppenstruktur in the Environs of Neietsu, Kôgendô. Journ. Geol. Soc. Tôkyô 46, 1939. p.348f (Jap., rev. in J. J. G. G. 1940, p.[8]).
847. I. Yoshimura, Geology of the Neietsu District, Kôgendô, Tyôsen. Journ. Geol. Soc. Tôkyô 47, 1940. pp.112-122 (Jap.).
848. G. Ozawa, Akiyoshidai no chishi to chikei to chikasui (On the geographical history, the geographical forms and the underground water courses of Akiyoshidai). Chir. Hyô. 1, 1925 (Jap.).
849. S. Nakamura, Chiri kyôsai to shite no chikeizu daisanjugo Chôsen shimbaku fuki no karsto (On karst in Kangwon-do). Chikyû 14, 1926 (Jap.).
850. J. R. Moose, The Iron Mines of Kang-won Province. Kor. Rev. 5, 1905. pp.8-11.

XXXI. 원산 지역

851. R. Kodaira, The Kogen Anthracite Field. Rep. Geol. Surv. Coal-Fields 5, 1930. 91p. (Jap., rev. in J. J. G. G. 1940, p.[8]).
852. R. Kodaira, The Bunsen Coal-Field. Rep. Geol. Surv. Coal-Fields 5, 1930 (Jap., rev. in J. J. G. G. 1940, p.[8]).
853. T. Okada, Foehnwind at Wonsan in Korea. Journ. Met. Soc. Japan 26, 1907. pp.1-8 (detailed rev. by Albert

Defant in Met. Zeitschr. 1908, p.88).

854. F. Immanuel, Die Broughton-Bai (Ostküste von Korea). Globus 66, 1894. pp.357-360.

XXXII. 금강산을 포함한 태백산맥

855. T. Ichimura, The Tsûsen Coal-Field. Rep. Geol. Surv. Coal-Fields 3, 1938[2]. 23p. (Jap., rev. in J. J. G. G. 1940, p.[8]).

856. J. Suzuki, On the Metamorphic Rocks in the Southeastern Part of Kôryôgun, Kôgendô, Chôsen. Journ. Geol. Soc. Tôkyô 42, 1935. p.309f. (Jap., rev. in J. J. G. G. 1939, p.[43]).

857. C. Hunt, Diary of a Trip to Sul-Ak San (via the Diamond Mountains) 1923. Tr. Kor. Br. R. As. Soc. 24, 1935. pp.1-14.

858. W. B. Scranton, The Fifty Three Buddhas and the Nine Dragons. Kor. Rep. 4, 1897. pp.321-324.

859. Government-General Seoul, Keum-Gang-San (Diamond Mountain). Tourist map in five colors. 1:50,000. 1917.

860. T. Nakai, Kongôsan shokubutsu chôsa sho (Report on the vegetation of Diamond Mountains, Corea). Gov. Gen. Seoul 1918. 204p. (Jap.).

861. Cho-Sung-Ha, The Diamond Mountains. Kor. Mag. 2, 1918. pp.449-452.

862. E. J. Coatsworth, Through the Diamond Mountains of Korea with the Ancients. Asia 19, 1919. pp.16-23.

863. H. C. Bowser, The Kongo-San. Geogr. Journ. 55, 1920. pp.48-50.

864. J. S. Gale, The Diamond Mountains. Tr. Kor. Br. R. As. Soc. 13, 1922. pp.1-74.

865. Marquess Curzon of Keddleston, In the Diamond Mountains: Adventures Among the Buddhist Monasteries of Eastern Korea. Nat. Geogr. Mag. 46, 1924. pp.353-374.

866. P. Klautke, Keum Gang San, die Diamantberge Koreas. M. D. O. A. G. 21, part C. 1926. 60p.

867. N. Weber, In den Diamantbergen Koreas. St. Ottilien 1927. 109p.

868. E. S. Fischer, Die "Kongo-Shan" oder Diamanten-Bergkette in Korea. Mitt. Geogr. Ges. Wien 71, 1928. pp.240-248.

869. C. S. Deming, A Guide to the Diamond Mountains. Seoul 1929. 47p.

870. P. Chizallet, Le Keum-kang-san. Bull. Soc. Missions-Étrangères de Paris 9, 1930. pp.633-638.

871. Chôsen, Kongôsan. 1930. Album with 88 plates. Captions in Jap. and Eng.

872. P. Klautke, Beitrag zur Pflanzenwelt der Diamantberge. Jubil. Bd. D. O. A. G. I, 1933. pp.57-75.

873. D. Weber, In den Diamantbergen Koreas. Chinadienst 3, 1934. pp.392-398.

874. K. Scott, The Diamond Mountains of Korea. Canad. Geogr. Journ. 12, 1936. pp.183-192.

875. The Government Railways of Chosen, Kongosan (Chosen). Seoul, repeated editions, last in 1937. Travel guide, 27p.

876. H. Lautensach, Das Diamantgebirge in Korea. Zeitschr. f. Erdk. 10, 1942. pp.442-452.

XXXIII. 울릉도

877. F. H. Mörsel, Wölung Do (Dagelet Island). Kor. Rep. 2, 1895. p.412f.

878. (H. B. Hulbert), Ul-leung Do (Dagelet Island). Kor. Rev. 6, 1906. pp.281-285.

879. T. Nakai, Utsuryôtô shokubutsu chôsa sho (Report on the vegetation of the island Ooryongto or Dagelet Island, Corea). Gov. Gen. Chôsen, Seoul. 1919. 87p.

880. S. Tsuboi, On a Leucite Rock from Utsuryôtô Island in the Sea of Japan. Journ. Geol. Soc. Tôkyô 27, 1920 (Jap.).

881. T. Nakai, The Vegetation of Dagelet Island: its Formations and Floral Relationship with Korea and Japan. Pr. 3rd P. S. C. Tôkyô 1926. pp.911-914.

882. T. Ishidoya, On the Flora of the Island Ooryongto or Dagelet Island I. Journ. Chôs. Nat. Hist. Soc. 7, 1928. pp.21-43 (Jap.).

883. H. Lautensach, Quelpart und Dagelet. Vergleichende Landeskunde zweier koreanischer Inseln. Wiss. Veröff. Mus. f. Länderkunde Leipzig 1935, pp.177-206.

884. F. Tada, Saishûto oyobi Utsuryôtô. Chikyû 24, 1936. 11p. (Jap. summary of 883).

XXXIV. 경상분지

885. F. Yamanari, Geological Atlas of Chôsen no. 1. Mitsuyô and Yusen Sheets. Keijô 1924 (Jap. with Eng. summary).

886. I. Tateiwa, Geological Atlas of Chôsen no. 2. Ennichi-Kyûryûho and Choyô Sheets. Keijô 1924 (Jap. with Eng. summary).

887. I. Tateiwa, Geological Atlas of Chôsen no. 10. Keishû, Eisen, Taikyû and Waikan Sheets. Keijô 1929 (Jap. with Eng. summary).

888. N. Hatae, Geological Atlas of Chôsen no. 18. Neikai and Eitoku Sheets. Keijô 1937 (Jap. with Eng. summary).

889. K. Kanehara, The Geology of the Northern Part of Geizitu District, North Keisyô-dô, Korea. Journ. Geol. Soc. Tôkyô 43, 1936 (Jap.).

890. T. Katô, The Alaskitic Gold Vein of the Kinsei-Mine, Korea. J. J. G. G. 13, 1936. pp.103-105.

891. Statistical Yearbook of the Province of Kyŏngsangbuk-do (Jap.). Annually.

892. Agriculture in the Province of Kyŏngsangbuk-do (Jap.). Annual statistics.

893. Commerce, Industry and Products of the Province of Kyŏngsangbuk-do (Jap.). Annual statistics.

894. W. C. Rufus, Trip to Kyungju. Kor. Mag. 1, 1917. pp.532-541.

895. B. Gottsche, Sok-kul-am, das Steinhöhlenkloster. Ostasiat. Zeitschr. 7, 1918/19. pp.161-167.

896. Sekkutsuan and Bukkokuji. Gen. Surv. Korean Art no. 1. Nara 1928. 100 plates, Jap. text.

897. The Old Capital of the Shilla Dynasty, Kyŏngju. 44 plates, Jap. text.

898. R. H. Sidebotham, Unknown Land. Kor. Rev. 5, 1905. pp.223-227.

899. K. Nisida, Result of Current Observations Made in the Vicinity of Husan. Umi to sora (Sea and Sky) 8,

1928. pp.184-186 (Jap.).

900. M. Courant, Un établissement japonais en Coré. Pou-san depuis le XVe siècle. Bibliothèque de la France Coloniale Moderne 1904. 24p.

XXXV. 소백산맥

901. I. Tateiwa, Report on the Groundwater in Kan-an District. B. Geol. S. Chôs., V, 2, 1926 (Jap.).

902. T. Nakai, Chirisan shokubutsu chôsa hôkoku sho (Report on the Vegetation on Chirisan). Chôsen Sôtokufu 1915. 98p. (Jap.).

XXXVI. 충청-전라 지역

903. S. Shimamura, Geological Atlas of Chôsen no. 5. Chinan and Zenshû Sheets. Keijô 1925 (Jap. with Eng. summary).

904. S. Shimamura, Geological Atlas of Chôsen no. 7. Seizan and Eidô Sheets. Keijô 1927 (Jap. with Eng. summary).

905. S. Shimamura, Geological Atlas of Chôsen no. 13. Daisenri, Fuyo and Ranpo Sheets. Keijô 1931 (Jap. with Eng. summary).

906. F. Yamanari, Report on the Geology of the Reservoir of Tôshin Irrigation Association. N. Zenra-Do. B. Geol. S. Chôs. I, 2. 1923 (Jap.).

907. I. Komada, On the Pre-cambrian Formation of the Environs of Chûshû, N. Chûsei-Do, Korea, with Special Reference to the Geology and Ore-deposits of the Chûshû Iron Mine. Chôsen Kôgyô Kai-Shi (Journ. Korean Assoc. Min. Eng.) 5, 1922, no. 8 (Jap., rev. in J. J. G. G. 1923, p.[7f]).

908. I. Tateiwa, Report on the Water Supply for Dried Laver Industry and for Fishing Boats in S. Zenra-Do. B. Geol. Soc. Chôs. VIII, 2. 1929 (Jap.).

909. S. Shimamura, Report on the Groundwater in Shinho-men, N. Zenra-Do. B. Geol. S. Chôs. VIII, 2. 1929 (Jap.).

910. S. Shimamura, Report on the Groundwater in Riri, N. Zenra-Do. B. Geol. S. Chôs. VIII, 2. 1929 (Jap.).

911. Statistical Yearbook of the Province of Chŏllabuk-do (Jap.). Annually.

912. Asan-gun, Ch'ungch'ŏngbuk-do. 1929. 221p. (Jap.).

913. Introduction to the Fuji-Nôson-Farm. (Jap.).

914. Fuji-Nôson sangyô kumiai (General Report on the Fuji Agricultural Company) (Jap.).

915. D. L. Gifford, A Visit to a Famous Mountain (Mt. Kay-Riong-San). Kor. Rep. 1, 1892. pp.41-45.

916. G. H. Jones, Korea's Colossal Image of Buddha. Tr. Kor. Br. R. As. Soc. 1, 1900. pp.51-79.

XXXVII. 남해안 지역

917. Y. Kinosaki, Geological Atlas of Chôsen no. 9. Kainei and Usuiei Sheets. Keijô 1929 (Jap. with Eng. summary).
918. S. Shimamura, Geological Atlas of Chôsen no. 11. Kwantô-Kokwatô-Seizantô and Tarotô and Shoantô Sheets. Keijô 1930 (Jap. with Eng. summary).
919. T. Katô, Geology and Ore Deposits of the Tôei Gold Mine, South Keishô-dô, Korea J. J. G. G. 2, 1923. pp.85-93.
920. T. Ichimura, The Wajun Coal Field. Rep. Geol. Surv. Coal-Fields 2, 1927. pp.1-23 (Jap., rev. in J. J. G. G. 1939, p.[44]).
921. T. Nakai, A Comparison of the Florulas of the Dagelet Island and the Daikoku-zantô, Which Are Isolated in the East and West of Korean Peninsula. Journ. Orient. Art. Sci. 43, 1927, pp.214-227 (Jap.).

XXXVIII. 제주도

922. L. Nocentini, Port Hamilton e Quaelpart. Boll. Soc. Geogr. Ital. II, 12, 1887. pp.389-398.
923. B. S. Ohlinger, The Island of Quelpart. Kor. Rep. 1, 1892. pp.94-96.
924. A. A. Pieters, A Visit to Quelpart. Kor. Rev. 5, 1905. pp.172-179, pp.215-219.
925. H. B. Hulbert, The Island of Quelpart. Bull. Am. Geogr. Soc. 37, 1905. pp.396-408.
926. M. P. Anderson, Forty Days in Quelpart Island. Overland (San Francisco). N. S. 63, 1914. pp.392-401.
927. R. Burnett Hall, Quelpart Island and Its People. Geogr. Rev. 16, 1926. pp.60-72.
928. W. Stötzner, Eine Reise nach Quelpart. Forsch. u. Fortschr. 1930. p.425f.
929. W. Stötzner, Have You Been to Quelpart? Asia 33, 1933. pp.412-417.
930. W. Stötzner, Steingötter wachen über Quelpart. Die Umschau 39, 1935. p.778f.
931. A. Eckardt, Quelpart, die merkwürdigste Insel Ostasiens. Zeitschr. f. Erdk. 9, 1941. pp.742-750.
932. S. Julien, Note sur une montagne volcanique sortie du fond de la mer au sud de la Corée, l'an 1007 de J.-C. Extrait de l'Encyclopédie japonaise. C. R. Ac. Sc. Paris 10, 1840. p.835.
933. K. Haraguchi, Saishûtô no chishi zu (Saishû Volcano). B. Geol. S. Chôs. X, I. Keijô 1931. 46p. (Jap.).
934. H. Takeda and T. Nakai, Plantae ex insula Tschedschu (Quelpart). Bot. Mag. Tôkyô 23, 1909. pp.46-58 (Ger.).
935. T. Nakai, Saishûtô oyobi Kwantô ni okeru shokubutsu chôsa hôkoku sho (Report on the botanical investigation of Chejudo and Kwantô). Chôsen Sôtokufu 1916 (Jap.).
936. T. Nakai, The Floras of Tsuma and Quelpart as Related to Those of Japan and Korea. Pr. 3rd P. S. C. Tôkyô 1926. pp.893-912.

참조. 883 (Lautensach, Quelpart und Dagelet).

찾아보기

■ 내용

내용과 지명의 색인은 괄호 안에 원저의 색인명과 일본어 발음 지명을 기록하였다. 그리고 인명은 이탤릭체로 표기하였다. - 군명이 군청소재지명과 동일한 경우에는 독일어로 Bez. (군=Bezirke)로 표기하고, 지명은 O(=Ort, 군청소재지 Bezirkhauptstadt)로 표기하였다. 대부분의 지명 뒤에는 괄호 안에 유색지도(지도 1)의 방안번호를 기록하였다. 예로서 B2는 해당 지명이 B2번 방안 안에 위치함을 의미하며, BC는 지명이 두 방안에 걸쳐 있는 것을 의미한다. 군청소재지는 유색지도(지도 4)에 모두 표기되어 있다.

ㄱ

ㄷ

ㄹ

ㅁ

ㅂ

ㅇ

ㅊ

A

B

C

L

M

N

O

P

Y

Z

■ 색인

라우텐자흐의 원저에 수록되어 있는 지명은 한자로 표기된 지명을 일본어 발음으로 표기한 것이다. 따라서 별첨된 유색지도에서 한국어 발음의 지명을 쉽게 찾을 수 있게 하기 위하여 본 역서에는 두 가지의 지명색인을 작성하였다. 가나다순의 한글 지명색인에서는 한국어 발음의 지명, 한자로 표기된 지명과 〈 〉 안에 한자로 표기된 지명의 일본어 발음으로 지명을 표기하였다. 그리고 ( ) 안에 별첨된 지도 1과 지도 4에서의 해당 지명의 위치를 표시하고, 그 뒤에 위도와 경도 및 UTM 좌표를 기입하였다.
일본어 발음순의 지명색인에서는 맨 앞에 〈 〉 안에 쓴 일본어 발음의 지명을 알파벳순으로 배열하고 다른 사항은 가나다순의 한글 지명색인과 동일하게 작성하였다.

I. 가나다순의 한글 지명색인

경산 慶山 〈Keizan〉, (C5), 35-128, DQ76:
경상남도 慶尙南道 〈Keishô-Nandô〉:
경상도 慶尙道 〈Keishôdô〉:
경상북도 慶尙北道 〈Keisho-Hokudô〉:
경성 鏡城 〈Kyôjô〉, (C2), 41-129, EB51:
경성 京城 서울 참조
경안 京安 〈Keian, Kyôan, Kyôanri〉, 37-127, CS44:
경원 慶源 〈Keigen〉, (D1), 42-130, EC94:
경주 慶州 〈Keishû〉, (C5), 35-129, EQ16:
경흥 慶興 〈Keikô〉, (D1), 42-130, FC21:
계룡산 鷄龍山 〈Keiryûsan〉, (B4), 36-127, CR32/42:
계림 鷄林 〈Keirin, Hahnenwald〉, 35-129, EQ16:
계방산 桂芳山 〈Keihôzan〉, (C4), 37-128, DS57:
고건원 古乾原 〈Kokangen〉, 42-129, EC92:
고군산군도 古群山群島 〈Kôgunzangruppe〉, (B5), 35-126, BQ66:
고남리 古南里 〈Kônanri〉, (B3), 37-126, BT80:
고령 高靈 〈Kôrei〉, (C5), 35-128, DQ35:
고령산 高靈山 〈Kôreizan〉, (A/B3), 38-126, BU41:
고루포기산 〈Koripokisan〉, 37-129, DS76:
고무산 古戊山 〈Komosan〉, (C1), 42-129, EB56:
고미탄천 古味呑川 〈Komitonsen〉, (B3), 38-127, CU/CT:
고방산 高坊山 〈Kôbôzan〉, 39-125, YD52:
고베 神戸 〈Kobe〉 (일본), 34-135:
고분다리천 (= 曲橋川) 〈Kyokkyôsen〉, (B4), 36-126/127, CR:
고산리 高山里 〈Kozanri〉, 33-126, BM38:
고성 高城 (강원도) 〈Kôjô〉, (C3), 38-128, DT47:
고성 固城 (경상남도) 〈Kôjô〉, 34-128, DP63:
고성군 高城郡 〈Kôjô, Bez.〉, (C3), 38-128, DT:
고성반도 固城半島 〈Tôeihalbinsel〉, (C5), 34-128, DP:
고안 高安 〈Kôan〉, 37-127, CS45:
고양 高陽 〈Kôyô〉, (B4), 37-126, CS17:
고양군 高陽郡 〈Kôyô, Bez.〉, 37-126, BS/CS:
고왕산 高旺山 〈Kôôzan〉, 38-126, CT11:
고원 高原 〈Kôgen〉, (B3), 39-127, CU46:
고원군 高原郡 〈Kôgen, Bez.〉, 39-126/127, CU:
고저 庫底 〈Kotei〉, (B3), 38-127, DU01:
고진강 古津江 〈Koshinkô〉, 39-124, XE:
고창 高敞 〈Kôshô〉, (B5), 35-126, BQ92:
고흥 高興 〈Kôkô〉, (B5), 34-127, CP43:
고흥반도 高興半島 〈Kôkôhalbinsel〉, 34-127, CP:
곡산 谷山 〈Kokuzan〉, (B3), 38-126, BT99:
곡산군 谷山郡 〈Kokuzan, Bez.〉, 38/39-126, BT/BU/CT/CU:
곡성 谷城 〈Kokuyô〉, (B5), 35-127, CQ40:
공주 公州 〈Kôshû〉, (B4), 36-127, CR33:
관모봉 冠帽峰 〈Kambôhô〉, (C2), 41-129, EB21:
관악산 冠岳山 〈Kangakusan〉, 37-126, CS24:
관음도 觀音島 〈Kukeyamtô〉, 37-130, FS56:
관음사 觀音寺 〈Kan-on-ji〉, 33-126, BM79:
관촉사 灌燭寺 〈Kanshokuji〉, (B4), 36-127, CR30:
광대산 廣大山 〈Tenchosan〉, 37-125, YC00:
광릉 光陵 〈Kôryô〉, (B4), 37-127, CS37:
광릉임업소 光陵林業所 〈Kôryô Forstamt〉, 37-127, CS37:
광양 光陽 〈Kôyô〉, (B5), 34-127, CP67:
광양리 廣梁里 〈Kôryô〉, (A3), 38-125, XC99:
광양만 廣梁灣 〈Kôryôwan〉, (A3), 38-125, XC99:
광양만 光陽灣 〈Kôyôbucht〉, (B5), 34-127, CP75:
광주 廣州 (경기도) 〈Kôshû〉, (B4), 37-127, CS44:
광주 光州 (전라남도) 〈Kôshû〉, (B5), 35-126, CP09:
광천 廣川 〈Gôsen〉, (B4), 36-126, CR03:
광포 廣浦 〈Koho〉, 39-127, CV60/70:
괘상봉 掛上峰 〈Hitsushôhô〉, (C2), 41-129, EA19:
괴산 槐山 〈Kaizan〉, (B4), 36-127, CR97:
괴산군 槐山郡 〈Kaizan, Bez.〉, 36-127/128, CR/DR:
교동 〈Kyôdô〉, 40-125, XE74:
교동 橋洞 〈Kyôdô〉, (B4), 40-125, YE35:
교동도 喬桐島 〈Kyôdô〉, 37-126, BS58:
교토 京都 〈Kyoto〉 (일본), 35-135:
구례 求禮 〈Kyûrei〉, (B5), 35-127, CP69:
구례군 求禮郡 〈Kyûrei, Bez.〉, 35-127, CP/CQ:
구룡강 九龍江 〈Kyûryûkô〉, (A2/3), 39/40-125, YE:
구룡연 九龍淵 〈Neundrachenfall〉, 38-128, DT27:
구룡포 九龍浦 〈Kyûryûho〉, (C5), 35-129, EQ84:
구만물상 舊萬物相 〈Kyûbambutsusô〉, 38-128, DT28:
구미포 九味浦 〈Kum-i-ho, Kyûmipo〉, (A3), 38-124, XC71:
구봉산 龜峰山 〈Daichôzan〉, 35-129, EP08:
구성 龜城 〈Kijô〉, (A2/3), 39-125, XE92:
구성군 龜城郡 〈Kijo, Bez.〉, 39/40-124/125, XE:
구월산 九月山 〈Kyûgetsusan〉, (A3), 38-125, XC96:

사수리 泗水里 〈Seisuiri〉, 40-127, CV57:
사수산 泗水山 〈Shisui〉, (B3), 39-127, CV31:
사자암 獅子庵 〈Sadja-am〉, 37-128, DS68:
사천 泗川 〈Shisen〉, (C5), 35-128, DP18:
삭주 朔州 〈Sakushû〉, (A2), 40-125, XE77:
산성리 山城里 〈Sanjôri〉, (B3), 39-126, CY09:
산성 山城 〈Sanjô〉, 38-125, XC96:
산청군 山淸郡 〈Sansei, Bez.〉, 35-127/128, CQ/DQ:
산청 山淸 〈Sansei〉, (B/C5), 35-127, CQ91:
살여울강 (= 箭灘江) 〈Zenkankô〉, (B3), 39-127, CU:
삼각산 三角山 〈Sangakusan〉, (A2), 40-125, YE23:
삼등 三登 〈Santô〉, (B3), 38-126, BU51:
삼랑진 三浪津 〈Sanrôshin〉, 35-128, DQ81:
삼봉산 三峰山 〈Sampôsan〉, (B5), 35-127, CQ72:
삼봉 三峰 〈Sampô〉, (B/C2), 40-128, DV19:
삼상동 三上洞 〈Sanjôdô〉, 42-128, EB05:
삼성 三成 〈Sansei〉:
삼수군 三水郡 〈Sansui, Bez.〉, 41-127/128, CA/DA:
삼수 三水 〈Sansui〉, (B/C2), 41-128, DA16:
삼수천 三水川 〈Sansuisen〉, (B/C2), ,41-127/128, DA:
삼악산 三岳山 〈Sangakusan〉, 37-127, CS89:
삼정현 三亭峴 〈Santeikan, Kasanrei (825m)〉, 41-126, CB10:
삼지연 三池淵 〈Sanchien〉, (C3), 41-128, DB43:
삼척군 三陟郡 〈Sanchoku, Bez.〉, 37-128/129, DS/ES:
삼척 三陟 〈Sanchoku〉, (C4), 37-129, ES14:
삼천포 三千浦 〈Sansempo〉, (C5), 34-128, DP16:
삼학도 三鶴島 〈Sankakjima〉, 34-126, BP65:
삽교천 (충청남도) 揷橋川 (忠淸南道) 〈Sankyôsen〉, (B4), 36-126, BR/CR:
삽교천 (평안북도) 揷橋川 (平安北道) 〈Sankyôsen〉, (A2), 39/40-124, XE:
상원 祥原 〈Shôgen〉, (A/B3), 38-126, BU40:
상응봉 上鷹峰 〈Jôyôhô〉, (C2), 41-129, EA44:
상인천 上仁川 〈Kami-Jinsen〉, 37-126, BS94:
상주 尙州 〈Shôshû〉, (C4), 36-128, DR22:
새섬 〈Seitô〉, 33-126, BM71:
서강 西江 〈Seikô〉, (A3), 38-125, YC:
서귀포 西歸浦 〈Seikiho〉, (B6), 33-126, BM17:
서도 西島 〈Seitô〉, (A3), 38-124, XC56:
서동강 西洞江 〈Seidokô〉, 40-127, CA:
서두수 西頭水 〈Seitôsui〉, (C2), 41-128/129, DA/DB/EB:
서만도 西晩島 〈Seitô〉, (B4), 37-126, BS55:
서산 瑞山 〈Zuisan〉, (B4), 36-126, BR78:
서상리 西上里 (蓋馬高原) 〈Seiyori〉, 40-127, CA32:
서상리 西上里 (咸興 부근) 〈Seiyôri〉, 39-127, CV71:
서수라 西水羅 〈Seisuira〉, (D1), 42-130, FB38:
서악 西嶽 〈Seigaku〉, 35-129, EQ16:
서운산 瑞雲山 〈Shokusan〉, (B4), 36-127, CR48:
서울 〈Keijô〉, (B4), 37-126/127, CS25:
서천군 舒川郡 〈Josen, Bez.〉, 36-126, BQ/CQ:
서천 舒川 〈Josen〉, (B4), 36-126, BQ99:
서천 西川 〈Seisen〉, (B3), 35-129, EQ15:
서한만 西韓灣 〈Westkoreagolf〉, 38/39-124/125, XD:
서호진 西湖津 〈Seikoshin〉, (B3), 39-127, CV81:
서흥강 瑞興江 〈Suikôkô, Zuikôkô〉, (A/B3), 38-125/126:
서흥군 瑞興郡 〈Zuikô, Bez.〉, 38-126, BT:
서흥리 西興里 〈Seikôri〉, 40-127, CV47:
서흥 瑞興 〈Suikô, Zuikô〉, (B3), 38-126, BT55:
석곡리 石谷里 〈Sekikokuri〉, 35-127, CP48:
석굴암 石窟庵 〈Sekkutsu-an〉, 35-129, EQ36:
석모도 席毛島 〈Sekimô〉, (B4), 37-126, BS57:
석왕사 釋王寺 〈Shakuôji〉, (B3), 38-127, CU51:
선갑도 仙甲島 〈Senkôtô〉, (B4), 37-126, BS40:
선교리 船橋里 〈Senkyôri〉, 39-125, YD31:
선산 善山 〈Zensan〉, (C4), 36-128, DR31:
선암사 仙岩寺 〈Senganji〉, 34-127, CP47:
선죽교 善竹橋 〈Zenchikukyô〉, 37-126, BT80:
선천군 宣川郡 〈Sensen, Bez.〉, 39-124, XD/KE:
선천 宣川 〈Sensen〉, (A3), 39-124, XE60:
설령 雪嶺 〈Setsurei〉, 41-129, EB12:
설악산 雪岳山 〈Setsugakusan〉, (C3), 38-128, DT51:
설한령 雪寒嶺 〈Sekkanrei〉, (B2), 40-127, CV38:
섬진강 蟾津江 〈Senshinkô〉, (B5), 35-127, CQ/CP:
성균관 成均館 〈Seikimkan〉, 37-126, BT80:
성산리 城山里 〈Josanri〉, 33-126, CN00:
성산 일출봉 城山日出峰 〈Jôsan〉, (B6), 33-126, CN00:
성읍리 城邑里 〈Joupori〉, 33-126, BM99:
성인봉 聖人峰 〈Seitaihô〉, 37-130, FS56:
성주 星州 〈Seishû〉, 35-128, DQ37:
성진군 城津郡 〈Jôshin, Bez.〉, 40-129, EA/EV:
성진 城津 〈Jôshin〉, (C2), 40-129, EA10:

신미군도 身彌群島 〈Shinya Archipel〉, (A3), 39-124/125, XD:

신미도 身彌島 〈Shinyatô〉, (A3), 39-124/125, XD:

신복장 新福場 〈Shimpukujô〉, 41-128, DA94:

신봉산맥 新峰山脈 〈Shimpôkamm〉, 42-130, FB:

신봉 新峰 〈Shimpô〉, 42-129, EB67:

신북청 新北青 〈Shinhokusei〉, 40-128, DV44:

신성리 新城里 〈Shinjôri〉, 39-125, YE30:

신아산 新阿山 〈Shinasan〉, 42-130, FC11:

신안주 新安州 〈Shinanshû〉, (A3), 39-125, YD28:

신용산 新龍山 〈Shinryûsan〉, 37-126, CS25:

신의주 新義州 〈Shingishû〉, (A2), 40-124, XE13:

신창 (충청남도) 新昌 (忠清南道) 〈Shinshô〉, 36-126, CR17:

신창 (함경남도) 新昌 (咸鏡南道) 〈Shinshô〉, (C2), 40-128, DV54:

신천군 信川郡 〈Shinsen, Bez.〉, 38-125, YC:

신천 信川 〈Shinsen〉, (A3), 38-125, YC14:

신포 新浦 〈Shinhô, Shimpo, Senshin〉, (C2), 40-128, DV33:

신흥 新興 〈Shinkô〉, (B2), 40-127, CV74:

실상사 實相寺 〈Shitsusoji〉, 35-127, CQ71:

십이폭 十二瀑 〈Junibaku〉, 38-128, DT27:

쓰시마 對馬島 〈Tsushima〉 (일본), 34-129:

아득령 牙得嶺 〈Gatokurei〉, (B2), 40-126, CA23:

아미산 峨嵋山 〈Gabisin〉, 36-126, BR91:

아산만 牙山灣 〈Gazantrichter〉, (B4), 37-126, BR/BS:

아산 牙山 〈Gazan〉, 36-126, CR18:

아오지 阿吾地 〈Agochi〉 42-130, FC10:

아이진 〈Ajichin〉, 40-125, YF21:

아호비령 阿虎飛嶺 〈Akobirei〉, (B3), 39-127, CU33:

안강 安康 〈Ankôri〉, (C5), 35-129, EQ28:

안남 安南 〈Annan〉, 36-127, CR72:

안동군 安東郡 〈Antô, Bez.〉, 36-128, DR:

안동 安東 〈Antô〉, (C4), 36-128, DR74:

안락반도 安樂半島 〈Anrakuhalbinsel〉, 37-125, YB18:

안면도 安眠島 〈Ammintô〉, (B4), 36-126, BR54:

안반덕 安班德 〈Ampantoku〉, (C2), 41-128, DA94:

안변 安邊 〈Ampen〉, (B3), 39-127, CU72:

안산 安山 〈Anzan〉, 37-126, CS13:

안성 安城 〈Anjô〉, (B4), 37-127, CR49:

안성천 安城川 〈Anjôsen〉, (B4), 36-126, CR:

안악군 安岳郡 〈Angaku, Bez.〉, 38-125, YC:

안악 安岳 〈Angaku〉, (A3), 38-125, YC16:

안압지 雁鴨池 〈Gankamo〉, 35-129, EQ26:

안양 安養 〈Anyo〉, (B4), 37-126, CS14:

안주군 安州郡 〈Anshû, Bez.〉, 39-125, YD:

안주 安州 〈Anshû〉, (A3), 39-125, YD28:

안협 安峽 〈Ankyô〉, 38-126, CY14:

안흥 安興 〈Ankô〉, (B4), 36-126, BR36:

알섬 卵島 〈Rantô, Tamagotô, Tamagoshima〉, (C3), 39-128, DU21:

암남 岩南 〈Gannan〉, 35-129, EP80:

암사리 岩寺里 〈Ganziri〉, 37-127, CS35:

압록강 鴨綠江 〈= Amnokkang〉

압록강 鴨綠江 〈Yalu, Ôryoku〉 (A/B/C 1/2):

애월리 涯月里 〈Gaigetsûri〉, 33-126, BN50:

양각도 羊角都 〈Yôkakutô〉, 38-128, YD31:

양구 楊口 〈Yôkô〉, (B/C3), 38-127/128, DT11:

양덕군 陽德郡 〈Yôtoku, Bez.〉, 39-126, BU/CU:

양덕 陽德 〈Yôtoku〉, (B3), 39-126, BU94:

양도 羊島 〈Yantô〉, 40-129, EA51:

양동 陽洞 〈Yôdô〉, 39-125, YE40:

양령 兩嶺 〈Hojikenjirei〉, 40-125, YE16:

양산군 梁山郡 〈Ryôsan, Bez.〉, 35-128, DQ:

양산 梁山 〈Ryôsan〉, (C5), 35-128, DQ50:

양양군 襄陽郡 〈Jôyô, Bez.〉, 37/38-128, DT:

양양 襄陽 〈Jôyô〉, (C3), 38-128, DT61:

양주군 楊州郡 〈Yôshû, Bez.〉, 37-127, CS:

양주 楊州 〈Yôshû〉, (B4), 37-127, CS28:

양평군 楊平郡 〈Yôhei, Bez.〉, 37-127, CS:

양평 楊平 〈Yôhei〉, (B4), 37-127, CS65:

어대진 漁大津 〈Gyotaishin〉, (C2), 41-129, EA68:

어랑천 漁郎川 〈Gyorôsen〉, (C2), 41-129, EA:

어룡도 魚龍島 〈Gyoryûtô〉, 34-126, BN69:

어자령 於自嶺 〈Ôjirei〉, (A2), 40-125, YE25:

어청도 於青島 〈Oseitô〉, (A/B4), 36-125, YA50:

억만물상 億萬物相 〈Okubambutsusô〉, 38-128, DT28:

언양 彦陽 〈Genyô〉, 35-129, EQ13:

언진산 彦眞山 〈Genshinzan〉, (B3), 38-126, BU70:

여도 麗島 〈Reitô〉, (B3), 39-127, CU84:

여수군 麗水郡 〈Reisui, Bez.〉, 34-127, CP:

여수 麗水 〈Reisui〉, (B5), 34-127, CP84:

옹진군 甕津郡 〈Ôshin, Bez.〉, 37-125, XB/YB:
옹진반도 甕津半島 〈Masanhalbinsel〉, 37-125, YB09:
옹진 甕津 〈Masan, Yôshin〉, 37-125, YC00:
옹진 甕津 〈Ôshin, Masan〉, (A4), 37-125, XB/YB:
와갈봉 臥碣峰 〈Gage〉, (B2), 40-126, CA21:
완도 莞島 〈Kantô〉, (B5), 34-126, BP80:
왜관 倭館 〈Waikan, Ikan〉, (C5), 35-128, DQ48:
외궁리 外弓里 〈Kaikyû〉, (B5), 35-127, CQ45:
외금강 外金剛 〈Outer Kongô〉, 38-128, DT19/27:
요나고 米子 〈Yonago〉 (일본), 35-133:
용강군 龍岡郡 〈Ryûkô, Bez.〉, 38-125, XC/XD/YC/YD:
용강동 龍江洞 〈Ryûkôdô〉, 39-125, BQ70:
용강 龍岡 〈Ryûkô〉, (A3), 38-125, YD00:
용당포 龍塘浦 〈Ryûtôho〉, 37-125, YC30:
용두산 龍頭山 〈Ryûtôsan〉, 35-129, EP08:
용문산 龍門山 〈Ryûmonzan〉, 37-127, CS75:
용반 龍盤 〈Ryûtan〉, 39-127, CU37:
용산 龍山 〈Ryûsan〉, 37-126, CS25:
용안 龍安 〈Ryûan〉, 36-127, CQ19:
용암포군 龍岩浦郡 〈Ryûgampo, Bez.〉, 39-124, XE:
용암포 龍岩浦 〈Ryûgampo, Ryûsen〉, (A3), 39-124, XE12:
용유도 龍游島 〈Ryûyû〉, 37-126, BS74:
용인 龍仁 〈Ryûjin〉, (B4), 37-127, CS32:
용장리 龍藏里 〈Ryûkôri〉, 39-127, CV72:
용전리 龍田里 〈Ryûdensen〉, 41-129, EP51:
용주사 龍珠寺 〈Ryûshûji〉, (B4), 37-126, CS21:
용추갑 龍湫岬 〈Kap Ryûshûzaki〉, 37-129, ES30:
용탄 龍灘 〈Ryûnan〉, 39-125, YE20:
용택 龍澤 〈Ryûtaku〉, (B3), 39-126, BU45:
용호도 龍湖島 〈Ryûkotô〉, 37-125, YB08:
용황리 龍隍里 〈Ryûkôri〉, 35-129, EQ26:
용흥강 龍興江 〈Ryûkôkô〉, (B3), 39-126/127, CU:
용흥리 龍興里 〈Ryûkôri〉, 37-126, BT91:
우도 牛島 〈Gyûtô〉, 33-126, CN00/10:
우수영 右水營 〈Usuiei〉, (B5), 34-126, BP53:
우이군도 牛耳群島 〈Sôshigruppe〉, 34-125/126, YU/BP:
운봉 雲峰 〈Umpô〉, (B5), 35-127, CQ62:
운산군 雲山郡 〈Unzan, Bez.〉, 39/40-125, YD/YE:
운산 雲山 〈Unzan〉, (A/B3), 39-125, YE32:
운송리 雲松里 〈Unshori〉, 40-128, DA82:
운장산 雲長山 〈Unschôsan〉, (B5), 35-127, CQ57:
울기 蔚岐 〈Uruzaki〉, (C5), 35-129, EQ42:
울릉도 鬱陵島 〈Utsuryôtô, Dagelet〉, (D4), 37-130, FS:
울산군 蔚山郡 〈Urusan, Bez.〉, 35-129, EQ:
울산만 蔚山灣 〈Urusanbucht〉, 35-129, EQ32/33:
울산 蔚山 〈Urusan〉, (C5), 35-129, EQ23:
울진군 蔚珍郡 〈Uruchin, Bez.〉, 36/37-129, ER/ES:
울진 蔚珍 〈Uruchin〉, (C4), 36-129, ER39:
웅기 雄基 〈Yûki〉, (D1), 42-130, FB18:
원산리 元山里 〈Genzanri〉, 39-127, CU63:
원산 元山 〈Genzan, Wönsan〉, (B3), 39-127, CU63:
원산 지역 元山地域 〈Genzanlandschaft〉:
원산포 元山浦 〈Genzanfu〉, 39-127, CU63:
원수대 元水臺 〈Gensuidai〉, 41-129, EA57:
원주 原州 〈Genshû〉, (B/C4), 37-127, DS03:
월곶 月串 〈Gekkan〉, 37-126, BS88:
월명산 月明山 〈Getsumeisan〉, 36-126, BR91:
월미도 月尾島 〈Getsubitô〉, 37-126, BS84:
월성군 月城郡 35-129, EQ:
월정사 月精寺 〈Gesseiji〉, (C4), 37-128, DS67:
월출산 月出山 〈Gesshutsusan〉, (B5), 34-126, BP94:
위도 蝟島 〈Itô〉, 35-126, BQ54:
위원강 渭原江 〈Igenkô〉, 40-126, BA:
위원 渭原 〈Igen〉, (B2), 40-126, BA52:
유달산 鍮達山 〈Yudatsusan〉, (B5), 34-126, BP55:
유점사 楡岾寺 〈Yûtenji〉, (C3), 38-128, DT27:
유판 油阪 〈Aburasaka〉, 41-129, EB51:
육백산 六百山 〈Roppyakusan〉, (C4), 37-129, ES11:
은산리 殷山里 〈Inzanri〉, (A/B4), 39-126, BU46:
은율 殷栗 〈Inritsu〉, (A3), 38-125, XC96:
을밀대 乙密臺 〈Otsumitsudai〉, 39-125, YD32:
음성 陰城 〈Injô〉, (B4), 36-127, CR88:
응봉 鷹峰 〈Takonomine〉, 37-127, CS25:
의령 宜寧 〈Ginei〉, 35-128, DQ30:
의성 義城 〈Gijô〉, (C4), 36-128, DR72:
의정부 議政府 〈Giseifû〉, 37-127, CS27:
의주군 義州郡 〈Gishû, Bez.〉, 39/40-124, XE:
의주 義州 〈Gishû, Widju〉, (A2), 40-124, XE35:
이리 裡里 〈Riri〉, (B5), 35-126, CQ17:
이원군 利原郡 〈Rigen, Bez.〉, 40-128, DV:
이원 利原 〈Rigen〉, (C2), 40-128, DV66:

표선리 表善里 〈Hyôzenri〉, 33-126, BM98:
표훈사 表訓寺 〈Hyôkunji〉, 38-128, DT17:
풍기 豊基 〈Hôki〉, (C4), 36-128, DR57:
풍도 豊島 〈Hûtô〉, 37-126, BS60:
풍산군 風山郡 〈Hôzan, Bez.〉, (B/C2), 40-128, DA:
풍산 風山 〈Hôzan, O.〉, (B/C2), 40-128, DA21:

하광동 河廣洞 〈Kakodô〉:
하늘재 (= 限院嶺) 〈Genonrei〉, 36-128, DR27:
하단리 下端里 〈Hatanri Hantori〉, 39-126, BU44:
하동 河東 〈Katô〉, (B5), 35-127, CP88:
하람산 霞嵐山 〈Karansan〉, (B3), 39-126, CU09:
하성 下聖 〈Kasei〉, (A3), 38-125, YC45:
하얼빈 哈爾濱 〈Charbin〉 (중국), 45-126:
하종동 〈Kachôdô〉, 41-126, CB22:
하진부 下珍富 〈Kashimpu〉, 37-128, DS66:
하효리 河孝里 〈Haiyôri〉, 33-126, BM78:
학산 鶴山 〈Kakusan, Rakusan〉, 36-127, CS80:
한강상류지역 漢江上流地域 〈Upper Kankô-Gebiet〉:
한강 漢江 〈Kankô〉 (B/C 3/4):
한라산 漢拏山 〈Kanrasan〉, (B6), 33-126, BM79:
한림 翰林 〈Kanrinri〉, (B6), 33-126, BM49:
한탄천 漢灘川 〈Kannansen〉, (B3), 38-127, CT:
함경남도 咸鏡南道 〈Kankyô-Nandô〉:
함경북도 咸鏡北道 〈Kankyô-Hokudô〉:
함경산맥 咸鏡山脈 〈Kambôkette〉, 40/41-128, CV/DA/EB:
함백산 咸白山 〈Kanhakusan〉, (C4), 37-128, DS91:
함안 咸安 〈Kan-an〉, (C5), 35-128, DP49:
함양 咸陽 〈Kanyô〉, (B5), 35-127, CQ83:
함주군 咸州郡 〈Kanshû, Bez.〉, 39/40-127, CV:
함창 咸昌 〈Kanshô〉, (C4), 36-128, DR24:
함평만 咸平灣 〈Kampeibucht〉, (B5), 35-126, BP:
함평 咸平 〈Kampei〉, (B5), 35-126, BP78:
함흥 咸興 〈Kankô〉, (B3), 39-127, CV71:
합진리 蛤津里 〈Koshinri〉, 39-127, CU73:
합천 陜川 〈Kyôsen〉, 35-128, DQ23:
해금강 海金剛 〈Sea Kongô〉, 38-128, DT47/48:
해남군 海南郡 〈Kainan, Bez.〉, 34-126, BP:
해남반도 海南半島 〈Kainanhalbinsel〉, (B5), 34-126, BP:
해남 海南 〈Kainan〉, (B5), 34-126, BP82:
해미 海美 〈Kaibi〉, (B4), 36-126, BR86:
해압산 海鴨山 〈Kaiwôsan〉, 38-125, YD20:
해운대 海雲臺 〈Kaiundai〉, (C5), 35-129, EP19:
해주만 海州灣 〈Bay of Kaishû〉, 37-125, YB/YC:
해주신사 海州神社〈Kaishû-Jinja〉, 38-125, YC31:
해주 海州 〈Kaishû〉, (A3), 38-125, YC31:
해창리 海倉里 〈Kaisôri〉, 34-126, CP13:
행영 行營 〈Kôei〉, (C1), 42-129, EC70:
행주 杏州 〈Sashû〉, 37-126, CS06:
허천강 虛川江 〈Kyôsenkô〉, (B/C2), 40/41-127/128, DA:
허항령 虛項嶺 〈Kyokôrei〉, (C2), 41-128, DB42:
현풍 玄風 〈Gempû〉, 35-128, DQ45:
형산강 兄山江 〈Keizankô, Keizansen〉, (C4/5), 35-129, EQ:
혜산 惠山 〈Keizanchin〉, (C2), 41-128, DA38:
호도반도 虎島半島 〈Kotô-Halbinsel〉, (B3), 38-127, CU75/76:
호련천 瑚璉川 〈Korensen〉, 39/40-127, CV:
호명 虎鳴 〈Kômei〉, 37-127, CS67:
혼슈 本州 〈Honshu〉 (일본):
홀골 수안 〈Holgol, Suian〉, (B3), 38-126, BU60:
홍성 洪城 〈Kôjô〉, (B4), 36-126, BR95:
홍원 洪原 〈Kôgen〉, 40-127, DV13:
홍천강 洪川江 〈Kôsenkô〉, (B/C4), 37-127, DS/DC:
홍천 洪川 〈Kôsen〉, (B4), 37-127, DS07:
홍태봉 虹台峰 〈Kodaihô〉, 41-129, EB11:
화개산 華開山 〈Kakaisan, Kanansan〉, 38-126, CT19:
화경면 化京面 〈Kakumen〉, 40-126, BV:
화산 華山 〈Kasan〉, 37-126, CS21:
화순군 和順郡 〈Wajun, Bez.〉, 35-126, CP:
화순 和順 〈Wajun〉, (B5), 35-126, CP18:
화악산 華岳山 〈Kagakusan〉, (B3), 37-127, CT60:
화엄사 華嚴寺 〈Kagenji〉, 35-127, CQ60:
화원반도 花園半島 〈Usuieihalbinsel〉, 34-126, BP:
화천 華川 〈Kasen〉, (B3), 38-127, CT81:
환도 Ji'an 集安 (중국) 참조
황간 黃澗 〈Kokan〉, 36-127, DR00:
황강 黃江 〈Kôkô, Fl.〉, (B/C5), 35-128, DQ:
황등리 黃登里 〈Kôtôri〉, 35-126, CQ18:P
황룡산 黃龍山 〈Kôryûsan〉, (B3), 38-127, CU81:
황병산 黃炳山 〈Kôbôsan〉, 37-128, DS77:

II. 일본어 발음의 알파벳순 지명색인

Hôtairi 포태리 胞胎里, (C2), 41-128, DB41:

Shôkori 승호리 勝湖里, (A/B3), 39-125, YD52:
Shônei 창령 昌寧, (C5), 35-128, DQ53:
Shôrinsen 송림천 松林川, 38-128, DT27/37:
Shôrokutô 소록도 小鹿島, (B5), 34-127, CP21/22:
Shôsan, Bez. 초산군 楚山郡, 40-125/126, YE/YF/BV:
Shôseitô 소청도 小青島, (A4), 37-124, XB58:
Shôshinri, Kyôrinri 장진리 長進里, 38-125, YD41:
Shôshinzan 송진산 松眞山, (D1), 42-130, FB09:
Shôshû 상주 尙州, (C4), 36-128, DR22:
Shôteiri 송정리 (광주 부근) 松汀里 (光州 부근), 35-126, BP99:
Shôteiri 송정리 (섬진강) 松亭里 (蟾津江), 35-127, CP59:
Shôtendô 송전 松田, (B2), 41-127, CA88:
Shôyôkô 소양강 昭陽江, (B/C 3/4), 37/38-127/128, DT/CS:
Shûaizan 추애산, 38-127, CT59:
Shûsekizan 숭적산 崇積山, (B2), 40-126, BV69:
Shûshigruppe 추자군도 楸子群島, 33-126, BN55:
Siping 四平 Ssupinkai (중국), 43-124:
Somin 소민동, 39-126, BV51:
Songhua Jiang 松花江 Sungari (중국):
Sosan 증산 甑山, (C/D 1), 42-130, EC83:
Suan-Holgol, 수안 홀골, 38-126, BU60:
Südlicher Küstensaum 남해안 지역 南海岸地域:
Suian 수안 遂安, (B3), 38-126, BT78:
Suigen, Bez. 수원군 水原郡, 37-126/127, BS/CS:
Suigentan 수원단 水源端, (C3), 38-128, DT48:
Suigen 수원 水原, (B4), 37-126/127, CS22:
Suihôdô 수풍동 水豊洞, (A2), 40-124, XE67:
Suikô, Zuikô 서흥 瑞興, (B3), 38-126, BT55:
Suikôkô, Zuikôkô, 서흥강 瑞興江, (A/B3), 38-125/126:
Suiya-ri, Suiganri 취야리 翠野里, 38-125, YC21:
Sun-a-san 숭화산 崇化山, 39-126, BU45:
Sôsekitei 송전리 松田里, 38-127, DU01:
Sôsekitei 총석정 叢石亭, 38-127, DU01:
Sôsendô 창천동 倉泉洞, 35-128, DQ27:
Sôshigruppe 우이군도 牛耳群島, 34-125/126, YU/BP:

Taian 태안 泰安, 36-126, BR57:
Taibuitô 대무의도 大舞衣島, (B4), 37-126, BS74:
Taidensen 대전천 大田川, 36-127, CR:
Taiden 대전 大田, (B4), 36-127, CR52:
Taidokusan 대덕산 大德山, (B/C5), 35-127, CQ97:
Taifu 대부도 大阜島, 37-126, BS82:
Taigan Mine 태바우광, 40-125, YE35:
Taigari 대아리 大雅里, 35-127, CQ68:
Taihakukette 태백산맥 太白山脈, (B/C 3/4), 36/38-127/128:
Taihaku-sammyaku 태백산맥 太白山脈, 36/38-127/128:
Taihakusan 태백산 太白山, (C4), 37-128, DS91:
Taiheiri 대평리 大坪里, 41-128, DB51:
Taihoku 타이베이 臺北 (타이완 臺灣), 25-121:
Taihori 대포동 大浦洞, (C3), 38-128, DT62:
Taijudô, Taiyudô 대유동 大楡洞, (A2), 40-125, YE16:
Taikadô 태하동 台霞洞, 37-130, FS55:
Taika Mine 대화광산 大華鑛山, 37-127, DR09:
Taikanrei 대관령 大關嶺, (C4), 37-128, DS77:
Taikyû 대구 大邱, (C5), 35-128, DQ66:
Taikôji 대흥사 大興寺, (B5), 34-126, BP81:
Taikôri 대광리 大光里, 38-127, CT32:
Taineikô 대령강 大寧江, (A 1/2), 39/40-125, YE/YD:
Taipingchuan 太平川 Taipingkuan (중국), 42-127, CC51:
Tairi 대리 大里, (A5), 34-126, BP23:
Tairyûsan 대룡산 大龍山, 37-127, CS98:
Taiseitô 대청도 大青島, (A4), 37-124, XB48/58:
Taisei 대정 大靜, (B6), 33-126, BM38:
Taisen 대천 大川 (하천), 36-126, BR/CR:
Taisen 대천 大川, (B4), 36-126, BR82:
Taisen 태천 泰川, (A3), 39-125, YE12:
Taishôhô 대정봉 大正峰, 41-128, DB24:
Taishôtô 대초도 大草島, 42-130, FB06:
Taitôwan 대동만 大同灣, 38-125, YC81/91:
Taiwari 대화 大和, 37-128, DS55:
Takonomine 응봉 鷹峰, 37-127, CS25:
Tamagoshima 난도 卵島, 42-130, FB27:
Tanmeisan 금비라산 金毘羅山, 41-129, EP51:
Tanrei 탄령 炭嶺, (A2), 40-125, YF30:
Tansen, Bez. 단천군 端川, 40/41-128, DA/DV:
Tansen 단천 端川, (C2), 40-128, DV97:
Tanyô, Bez. 단양군 丹陽, 36/37-128, DR/DS:
Tanyô 단양 丹陽, (C4), 36-128, DR38: